世界农药大全

A COMPLETE COLLECTION
OF
WORLD AGROCHEMICALS

HERBICIDE

除草剂
卷
第二版

刘长令
李慧超 | 主编
芦志成

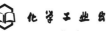
化学工业出版社
· 北京 ·

内容简介

本书在第一版的基础上，精选农药品种 343 个（收集至 2021 年 3 月），其中除草剂 26 类共计 274 个、除草剂安全剂 13 个、植物生长调节剂 56 个，系统介绍了各农药品种的创制经纬、产品简介（包括结构式、分子式、分子量、CAS 登录号、化学名称、理化性质、毒性、生态效应、环境行为、制剂、主要生产商、作用机理等）、应用（包括适宜作物与安全性、防除对象、使用方法等）、专利与登记概况（包括专利名称、专利号、申请日期及其在世界其他国家申请的相关专利、工艺专利、登记情况等）、合成方法（包括最基本原料的合成方法、合成实例）、参考文献等。另外，本书还介绍了相关重要杂草的一些知识以及除草剂概况，供读者以市场需求为导向进行研发时参考。书后附有 2020 年 HRAC 公布的除草剂作用机理分类表等附录以及农药中英文通用名称索引，供读者进一步检索。

本书具有实用性强、信息量大、内容齐全、重点突出、索引完备等特点，可供从事农药管理、专利与信息、科研、生产、应用、销售、进出口等有关工作人员，高等院校相关专业师生参考。

图书在版编目（CIP）数据

世界农药大全. 除草剂卷 / 刘长令，李慧超，芦志成主编
. —2 版. —北京：化学工业出版社，2022.9
ISBN　978-7-122-41227-0

Ⅰ.①世⋯　Ⅱ.①刘⋯　②李⋯　③芦⋯　Ⅲ.①农药-
世界-技术手册②除草剂-技术手册　Ⅳ.①TQ45-62

中国版本图书馆 CIP 数据核字（2022）第 063502 号

责任编辑：刘　军　孙高洁　　　　　　　　　　文字编辑：李娇娇
责任校对：刘曦阳　　　　　　　　　　　　　　装帧设计：王晓宇

出版发行：化学工业出版社（北京市东城区青年湖南街 13 号　邮政编码 100011）
印　　装：河北鑫兆源印刷有限公司
787mm×1092mm　1/16　印张 48½　字数 1234 千字　　2022 年 9 月北京第 2 版第 1 次印刷

购书咨询：010-64518888　　　　　　　　　　　售后服务：010-64518899
网　　址：http://www.cip.com.cn
凡购买本书，如有缺损质量问题，本社销售中心负责调换。

定　　价：298.00 元

本书编写人员名单

主　　编：刘长令　李慧超　芦志成

副 主 编：关爱莹　刘鹏飞　杨金龙

编写人员：（按姓名汉语拼音排序）

柴宝山　陈高部　陈　伟　崔东亮　高歆越

关爱莹　何晓敏　赫彤彤　李慧超　李　淼

李　青　李学建　刘长令　刘鹏飞　刘淑杰

刘彦斐　刘允萍　芦志成　马宏娟　马　森

马士存　彭永武　任兰会　田俊锋　王立增

吴　峤　夏晓丽　许磊川　薛有仁　颜克成

杨吉春　杨金龙　杨　萌　于福强　张志国

前言

　　本书是《世界农药大全——除草剂卷》（2002 年版）的再版，在第一版基础上增加了近年开发的新品种及第一版未收录的但仍在使用的部分老品种，删减了禁用、停用或退出市场的品种，对每个品种的具体内容进行了更新和补充。对一些章节进行了调整，删除了"大家非常熟悉的品种""近期报道在开发中的两个除草剂"两章，将其中的品种归入了各自的类别中。本书仍根据结构类型对除草剂进行分类，但对部分结构类型的划分进行了调整，如对 PPO抑制剂进行了重新分类，把 N-苯基四氢异吲哚二酮类、N-苯基噁唑二酮类、N-苯基咪唑二酮类、N-苯基尿嘧啶酮类、N-苯基硫代三嗪三酮类 5 小类化合物都归到了 N-苯基酰亚胺类之中，把 N-苯基三唑啉酮类、N-苯基噁二唑酮类、N-苯基哒嗪酮类 3 小类化合物都归到了 N-苯基环状酰肼类之中；增加了苯甲酰基吡唑类除草剂等，结构类型由原来的 31 类变为了现在的 26类。参照登记名称，对部分品种的中文通用名进行了更正。根据 2020 年 HRAC 公布的信息，对部分品种的作用机理进行了修改。

　　删除未能成功开发的除草剂品种 3 个，分别为 IKI 1145（磺酰脲类）、cloproxydim 和CGA215684（环己烯酮类）。植物生长调节剂中的双丁乐灵（butralin，即仲丁灵）调到二硝基苯胺类除草剂中进行介绍，删除了生物除草剂 campelyco。增加除草剂品种共 88 个，其中磺酰脲类 8 个，包括氟吡磺隆（flucetosulfuron）、iofensulfuron、嗪吡嘧磺隆（metazosulfuron）、单嘧磺隆（monosulfuron）、单嘧磺酯（monosulfuron-ester）、嘧苯胺磺隆（orthosulfamuron）、丙嗪嘧磺隆（propyrisulfuron）、噻酮磺隆（thiencarbazone-methyl）；咪唑啉酮类 2 个，包括咪草酸甲酯（imazamethabenz-methyl）、咪唑烟酸（imazapyr）；三唑并嘧啶磺酰胺类 1 个，为啶磺草胺（pyroxsulam）；苯甲酰基吡唑类 10 个，包括吡草酮（benzofenap）、双唑草酮（bipyrazone）、环吡氟草酮（cypyrafluone）、苯唑氟草酮（fenpyrazone）、pyrasulfotole、吡唑特（pyrazolynate）、苄草唑（pyrazoxyfen）、tolpyralate、苯唑草酮（topramezone）、三唑磺草酮（tripyrasulfone）；三酮类 8 个，包括氟吡草酮（bicyclopyrone）、fenquinotrione、lancotrione、喹草酮（quinotrione）、二氯喹啉草酮（quintrione）、磺苯呋草酮（tefuryltrione）、环磺酮（tembotrione）、dioxopyritrione；二苯醚类 1 个，为甲羧除草醚（bifenox）；N-苯基酰亚胺类 4个，包括 epyrifenacil、苯嘧磺草胺（saflufenacil）、氟嘧硫草酯（tiafenacil）、三氟草嗪（trifludimoxazin）；N-苯基环状酰肼类 1 个，为 bencarbazone；三嗪类 6 个，包括异戊乙净（dimethametryn）、茚嗪氟草胺（indaziflam）、西玛津（simazine）、西草净（simetryn）、特丁津（terbuthylazine）、特丁净（terbutryn）；脲类 1 个，为丁噻隆（tebuthiuron）；尿嘧啶类 3个，包括除草定（bromacil）、环草定（lenacil）、特草定（terbacil）；氨基甲酸酯类 1 个，为双酰草胺（carbetamide）；硫代氨基甲酸酯类 4 个，包括丁草敌（butylate）、茵草敌（EPTC）、威百亩（metam）、苄草丹（prosulfocarb）；酰胺类 4 个，包括二甲草胺（dimethachlor）、毒草胺（propachlor）、炔苯酰草胺（propyzamide）、tetflupyrolimet；芳基甲酸类 5 个，包括氯

丙嘧啶酸（aminocyclopyrachlor）、氯氨吡啶酸（aminopyralid）、二氯吡啶酸（clopyralid）、氯氟吡啶酸（florpyrauxifen）、氟氯吡啶酸（halauxifen）；苯氧羧酸类 4 个，包括 2,4-滴丁酸（2,4-DB）、2,4-滴丙酸（dichlorprop）、2 甲 4 氯丁酸（MCPB）、2 甲 4 氯丙酸（mecoprop）；二硝基苯胺类 3 个，包括乙丁氟灵（benfluralin）、乙丁烯氟灵（ethalfluralin）、氨氟乐灵（prodiamine）；有机磷类 3 个，包括地散磷（bensulide）、抑草磷（butamifos）、氯酰草膦（clacyfos）；其他类 19 个，包括磺草灵（asulam）、二氯异噁草酮（bixlozone）、氯草敏（chloridazon）、cyclopyrimorate、敌草腈（dichlobenil）、dimesulfazet、敌草快（diquat dibromide）、fenoxasulfone、氟啶草酮（fluridone）、碘苯腈（ioxynil）、甲硫唑草啉（methiozolin）、氟草敏（norflurazon）、唑啉草酯（pinoxaden）、异丙酯草醚（pyribambenz-isopropyl）、丙酯草醚（pyribambenz-propyl）、pyrimisulfan、砜吡草唑（pyroxasulfone）、灭藻醌（quinoclamine）、氟酮磺草胺（triafamone）。增加除草剂安全剂 4 个，包括环丙磺酰胺（cyprosulfamide）、二氯丙烯胺（dichlormid）、metcamifen、解草腈（oxabetrinil）。增加植物生长调节剂 28 个，包括环丙嘧啶醇（ancymidol）、anisiflupurin、aviglycine、整形醇（chlorflurenol-methyl）、矮壮素（chlormequat chloride）、氯化胆碱（choline chloride）、氯苯氧乙酸（4-CPA）、单氰胺（cyanamide）、胺鲜酯（DA-6）、丁酰肼（daminozide）、调呋酸（dikegulac）、烯腺嘌呤（enadenine）、乙烯利（ethephon）、吲熟酯（ethychlozate）、调嘧醇（flurprimidol）、赤霉酸 A_3（gibberellic acid）、赤霉酸 A_4+A_7（gibberellin A_4 with A_7）、吲哚乙酸（indol-3-ylacetic acid）、吲哚丁酸（4-indol-3-ylbutyric acid）、抑芽丹（maleic hydrazide）、氟磺酰草胺（mefluidide）、甲哌鎓（mepiquat chloride）、萘乙酰胺（naphthaleneacetamide）、萘乙酸（1-naphthylacetic acid）、2-萘氧乙酸（2-naphthyloxyacetic acid）、丙酰芸苔素内酯（propionyl brassinolide）、复硝酚钠（sodium nitrophenolate）、三十烷醇（triacontanol）。

　　虽然编排方式与以往基本一致，但是对每个品种的内容进行了更新。本书具有如下特点：实用性强、信息量大、内容权威、重点突出等。

　　另外，李林、迟会伟、许世樱、李洋、刘远雄、张金波、刘若霖、周银平、伍强、张茜、姜美锋、朱敏娜、张静、孙旭峰、黄光、范玉杰、郝树林、张静静、徐英、杨帆、王秀丽、姚忠远、魏思源、孙金强、刘玉猛、王帅印、张鹏飞、程玉龙、刘远昂、杨莉、焦爽、任玮静、白丽萍、杨浩、叶艳明、于春睿、吴公信、武恩明、姜艾汝、梁爽、杨金东、赵平、李新等也参与了部分工作，在此表示衷心感谢。

　　由于编者水平所限，加之书中涉及知识面广，疏漏之处在所难免，敬请读者批评指正。

编者

2022 年 3 月

第一版前言

目前国内外虽有许多介绍农药品种方面的书籍，如 *The Pesticide Manual*、《新编农药手册》等等，但尚未有较详尽介绍除草剂多方面情况如品种的创制研究、开发、专利、应用等的书籍。为此编写了本书，旨在为从事除草剂管理、专利与信息、科研、生产、应用、销售、进出口等有关工作人员，涉及工业、农业、贸易、教育等部门提供一本实用的工具书。

本书与现有书籍比较具有如下特点：实用性强、信息量大、内容齐全、重点突出、索引完备。

实用性强　书中精选品种 227 个（世界除草剂市场上出现的品种包括植物生长调节剂和除草剂安全剂共约 600 个），其中除草剂 185 个，除草剂安全剂 9 个，植物生长调节剂 29 个，生物除草剂 2 个（另附混剂 2 个）。这些品种主要选自我国生产、进口的农药品种和我国未生产亦没有进口的国外重要品种以及在开发中的新品种（内容收集至 2002 年 5 月）；国外曾生产现已停产的我国从未使用的老品种、应用前景欠佳或对环境不太友好有严重抗性的品种等均未收入，对国内外生产的大家非常熟悉的品种独立编排在一起，仅做简要介绍。对每一个化合物本书均给出美国化学文摘（CA）主题索引或化学物质名称，利于读者进一步查找，这是目前其他任何已有书籍中所没有的。*The Pesticide Manual* 中给出的美国化学文摘名称（系统名称）并不都与 CA 主题索引或化学物质名称相同，有时两者差别很大如乙呋草磺（ethofumesate）的美国化学文摘名称为 2-ethoxy-2,3-dihydro-3,3-dimethyl-5-benzofuranylmethanesulfonate，而主题索引名称则为 5-benzofuranol—, 2-ethoxy-2,3-dihydro-3,3-dimethyl methanesulfonate。

信息量大、内容齐全、重点突出　书中不仅介绍了农田重要杂草、除草剂产品的名称、理化性质、毒性、制剂与分析、作用机理与特点、合成方法、应用技术、使用方法等，还介绍了专利概况与创制经纬（供创新参考）。且重点介绍了新药创制、专利概况、合成方法、作用机理与特点、应用技术、使用方法等。对于产品名称，编者尽可能多地收集商品名包括国外常使用、在我国未使用的商品名及其他名称等，如除草剂异丙隆共收集商品名称 19 个，其中单剂 15 个，混剂 4 个。对于相关专利，书中收集某一除草剂在世界许多国家申请的专利，目的是为进出口部门提供些参考，有些品种在我国不受专利法保护，而在其他国家有可能受保护。对某些重要品种给出部分合成实例。书后附有重要除草剂品种、除草剂研究进展、除草剂应用、除草剂市场概况、除草剂的作用机理与抗性、抗性与治理等内容供进一步参考与检索。

索引完备 该书不仅具有常规的索引如 CAS 登录号、分子式、试验代号、英文通用名称、中文通用名称等索引，而且还有英文商品名称索引、外商在国内销售用中文商品名称索引等。由于编排新颖，如在查找试验代号时即可知道通用名称和商品名称；在中文名称索引中不仅列出中文名称，而且包括试验代号、英文名称等，故更利于检索。

特别说明如下。（1）为了便于准确地指导农民用药，避免用量不足或过高，故对国内生产或已进口的农药品种以亩为单位计算用量，对国内未生产或没有进口的农药品种以公顷（hm^2）为单位（1 公顷=15 亩）计算用量，国外推荐世界范围内用药量也以公顷为单位计（但部分品种在中括号内给出以亩为单位的换算）。固体制剂的用量单位为克（g），液体制剂的用量单位为毫升（mL）。（2）专利与登记部分中的使用剂量及使用方法等摘自农药登记公告，供参考。（3）在实际应用时，以当地农药应用专家或技术员推荐的剂量以及厂家在当地经过大量试验而得的使用剂量为准。

致谢： 在本书编写过程中参考了如下所述的书籍以及参考文献中列出的书目和杂志等，在此对其作（编）者表示感谢！

The Pesticide Manual（editor: CDS Tomlin）、*Pesticide Synthesis Handbook*（editor: Thomas A. Unger）、《新编农药手册》（农业部农药检定所）、《国外农药品种手册》（化工部农药信息总站）、《进口农药应用手册》（王险峰）、《农药商品大全》（王振荣等）。

对为本书提供资料的国外公司（代表）如 Dow Agroscience 公司的姚玉昆先生等表示感谢！

由于编者水平所限，加之书中涉及知识面广，疏漏之处在所难免，敬请读者批评指正。

刘长令

2002.5 于沈阳

目录

第一章
中国农田杂草概述

编者按：编写此部分内容的主要目的是让有关从事管理、信息、科研、生产、应用、销售、进出口等工作中对农田杂草了解不多的人员对杂草本身有一定的了解，具体问题具体分析，针对杂草找到适宜的除草剂或除草剂组合物，达到防除杂草之目的。编写的方式：首先对中国农田杂草予以概述，然后对部分重要杂草及其特性予以简要介绍。如欲了解更详细的内容请参考文献[1~5]等。

农田杂草一般是指农田中非栽培的植物。广义地说，对人类活动不利或有害于生产场地的植物都可称之为杂草。从生态经济的角度出发，在一定的条件下，凡害大于益的农田植物都可称为杂草，都应属于防除之列。

据联合国粮农组织报道，全世界有杂草约5万种，其中农田杂草为8000种，而危害主要粮食作物的杂草约250种，其中有76种危害较为严重，香附子、狗牙根、稗草、光头稗、蟋蟀草、白茅、假高粱、凤眼莲、马齿苋、马唐、藜、野燕麦、田旋花、绿穗苋、刺苋、铁苋菜、两耳草、筒轴草等18种杂草危害极为严重。杂草是在长期适应当地作物、栽培、耕作、土壤、气候等生态环境及社会条件中生存下来的，从多方面侵害作物。它与农作物争夺水、肥、光能等，侵占地上和地下空间，影响作物光合作用，干扰作物生长，影响产量和质量。许多杂草又是危害作物的病菌、害虫的中间寄主，如稗草是稻飞虱、稻叶蝉、黏虫等的中间寄主。刺儿菜是棉蚜、地老虎及向日葵菌核病的中间传播者。杂草是农业生产的大敌，杂草不除，最终导致作物减产，造成的损失则是不容忽视的。

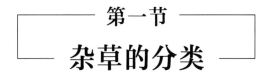
第一节
杂草的分类

杂草的分类方法较多，可根据亲缘关系、生物学习性、形态学、生境的生态学或生态习性等进行分类。

一、按亲缘关系分类

杂草与杂草之间存在着亲疏远近血缘关系，这是植物长期进化的结果。亲缘关系越近，其形态特征、生物学习性就越相近，对外界的反应亦越相似。依据亲缘关系杂草可分为五大类：藻类植物如水绵和布氏轮藻等、苔藓植物如线苔和浮苔等、蕨类植物如问荆和槐叶蘋等、裸子植物如草麻黄和蛇麻黄等、被子植物如田旋花和狗尾草等。其中被子植物占农田杂草的绝大多数。

根据进化学说，一切生物起源于共同的祖先，彼此间都有亲缘关系，并经历从低级到高级，由简单到复杂的系统演化过程。分类学上把那些亲缘关系相近的种归纳为属，相近的属组合为科，相近的科合并为目，以至组成纲、门、界等分类单位，因此，界、门、纲、目、科、属、种是分类学上的各级分类单位。在各级分类单位中，根据需要，又可分为更细的单位如亚门、亚纲、亚目、亚科、亚属、亚种、变种、变型等。如稗草是被子植物门，单子叶植物纲，禾本目，禾本科，稗属，它与水稻位于同一科，因亲缘关系较近，故其形态也近似。

二、按生物学习性分类

（1）一年生杂草 一年生杂草是农田的主要杂草类群如稗、马唐、萹蓄、藜、狗尾草、独行菜等，一般在春、夏季发芽出苗，到夏、秋季开花，结实后死亡，整个生命周期在当年内完成。这类杂草都以种子繁殖，幼苗不能越冬。

（2）二年生杂草 二年生杂草又称越年生杂草如野胡萝卜等，一般在夏、秋季发芽，以幼苗和根越冬，次年夏、秋季开花，结实后死亡，整个生命周期需要跨越两个年度。

（3）多年生杂草 多年生杂草如车前草、蒲公英、狗牙根、田旋花、水莎草、扁秆藨草等，可连续生存3年以上，一生中能多次开花、结实，通常第一年只生长不结实，第二年起结实。多年生杂草除能以种子繁殖外，还可利用地下营养器官进行营养繁殖。

（4）寄生杂草 寄生杂草如菟丝子、列当等是不能进行或不能独立进行光合作用合成养分的杂草，也即必须寄生在别的植物上靠特殊的吸收器官吸取寄主的养分而生存的杂草。

三、按形态学分类

根据杂草的形态特征对杂草进行分类，大致可以分为三大类。该方法虽然粗糙，但在杂草的化学防治中有其实际意义。许多除草剂就是由于杂草的形态特征获得选择性的。

（1）禾草类 主要包括禾本科杂草。其主要形态特征有：茎圆或者略扁，节和节间区别，节间中空。叶鞘开张，常有叶舌。胚具1子叶，叶片狭窄而长，平行叶脉，无叶柄。

（2）莎草类 主要包括莎草科杂草。茎三棱形或扁三棱形，无节与节间的区别，茎常实心。叶鞘不开张，无叶舌。胚具1子叶，叶片狭窄而长，平行叶脉，叶无柄。

（3）阔叶草类 包括所有的双子叶植物杂草及部分单子叶植物杂草。茎圆形或者四棱形。叶片宽阔，具网状叶脉，叶有柄。胚常具2子叶。

四、按生境的生态学分类

根据杂草所生长的环境以及杂草所构成的危害类型对杂草进行分类。此种分类的实用性强，对杂草的防治有直接的指导意义。

（1）耕地杂草　耕地杂草是指能够在人们为了获取农业产品进行耕作的土壤上不断自然繁衍其种族的植物。包括水田杂草、秋熟旱作物田杂草、夏熟旱作物田杂草、果园杂草、茶园杂草、桑园杂草。

（2）非耕地草　能够在路埂、沟渠边、荒地等生境中不断自然繁衍其种族的植物。这类杂草许多都是先锋植物或部分为原生植物。

（3）水生杂草　能够在沟、渠、塘等生境中不断自然繁衍其种族的植物。他们影响水的流动、灌溉、淡水养殖、水上运输。

（4）草地杂草　能够在草原和草地中不断自然繁衍其种族的植物，影响畜牧业生产。

（5）林地杂草　能够在速生丰产人工管理的林地中不断自然繁衍其种族的植物。

（6）环境杂草　能够在人文景观、自然保护区、宅旁、路边等生境不断自然繁衍其种族的植物。能影响人们要维持的某种景观，对环境产生影响。如豚草产生可致敏的花粉飘落于大气中，使大气污染。由于杂草侵入被保护的植被或物种生境，影响后者的生存和延续等。

五、按生态习性分类

根据农田环境中水分含量的不同，可将农田杂草分为旱田杂草和水田杂草两大类。据杂草对水分适应性的差异，又可分为如下6类：

（1）旱生型　旱生型杂草如马唐、狗尾草等多生于田埂及水沟两旁，不能长期生存在积水环境。

（2）湿生型　湿生型杂草如稗、灯心草等喜生长于水分饱和的土壤，也能生长于旱田。若田中长期淹水，幼苗则死亡。

（3）沼生型　沼生型杂草如鸭舌草、香蒲等的根及植物体的下部浸泡在水层，植物体的上部挺出水面。若缺乏水，生长不良甚至死亡。

（4）沉水型　沉水型杂草如金鱼藻等全部浸没在水中，根生于水底土中或仅有不定根生长于水中。

（5）浮水型　浮水型杂草如眼子菜、浮萍等植物体或叶漂浮于水面或部分沉没于水中，根不入土或入土均可。

（6）藻类型　藻类型如水绵等为低等绿色植物，整体生于水中。

第二节

危害我国农田的重要杂草

我国地域辽阔，南北纵跨热带、亚热带、暖温带、温带和寒温带，各地气候、土壤及环境条件差异很大，种植的作物种类多种多样。在长期的生产和自然选择中形成了复杂的杂草群落，种类繁多。据唐洪元先生介绍，我国有农田杂草580种，隶属77个科。其中菊科77种，占13%。禾本科66种，占11%。莎草科35种，占6%。以下依次为唇形科28种、豆科27种、蓼科27种、十字花科25种、藜科18种、玄参科18种、石竹科14种、蔷薇科13种、伞形科12种。按生态学特性分，水田杂草129种，占22%。旱田杂草427种，占74%。

水旱田均可出现的杂草 24 种，占 4%。按生物学特性分，一年生杂草 278 种，占 48%。多年生杂草 243 种，占 42%。越年生杂草 59 种，占 10%。

又据杂草在调查中出现的频率分析，经常出现并在全国各地给农作物造成危害的重要杂草有 120 种，地区性危害的重要杂草有 135 种，总计 55 科，255 种。其中禾本科 45 种，占 18%。菊科 34 种，占 13%。莎草科和蓼科各 17 种，分别占 7%。以下依次为唇形科 12 种、藜科 10 种、豆科和玄参科各 9 种、大戟科 7 种、石竹科 6 种、苋科 5 种。按生态学特性分，水田杂草 62 种，占 24%。旱田杂草 177 种，占 70%。水旱田均可出现的杂草 15 种，占 6%。按生物学特性分，一年生杂草 149 种，占 59%。多年生杂草 78 种，占 30%。越年生杂草 28 种，占 11%。

全国性危害最严重的杂草有 17 种：水旱田兼有的杂草 1 种即稗草。水田杂草 5 种：稻稗、异型莎草、眼子菜、鸭舌草、扁秆藨草等。旱地杂草 11 种：野燕麦、看麦娘、马唐、牛筋草、绿狗尾、香附子、藜、柳叶蓼、反枝苋、牛繁缕、白茅等。这些杂草大多数也是世界危害农田最严重的恶性杂草。

全国性危害严重的杂草有 31 种：水旱田兼有的杂草 3 种即千金子、细叶千金子和芦苇；其中水田杂草 9 种，包括萤蔺、牛毛草、水莎草、碎米莎草、野慈姑、矮慈姑、节节菜、空心莲子草、四叶萍；旱地杂草 19 种，包括金狗尾草、双穗雀稗、棒头草、狗牙根、猪殃殃、繁缕、小藜、凹头苋、马齿苋、大巢菜、鸭跖草、刺儿菜、大刺儿菜、萹蓄、播娘蒿、苣荬菜、田旋花、小旋花、荠和蒺藜。

地域性主要杂草即在局部地区对农作物危害较严重的杂草种类，共 28 种。其中热带、亚热带地区杂草 10 种：水龙、胜红蓟、龙爪茅、两耳草、飞扬草、硬草、辣子草、筒轴茅、飞机草和脉耳草等。温带、寒温带地区杂草 11 种：雨久花、荞麦蔓、本氏蓼、苍耳、香薷、密穗香薷、裂边鼬瓣花、薄蒴草、冬寒菜、赖草、问荆等。检疫性杂草 42 种（属）：菟丝子（属）、列当（属）、豚草（属）、毒麦、假高粱、飞机草、假苍耳、薇甘菊等。

另有文献报道，如下 32 种杂草在我国分布极广、危害严重：葎草、酸模叶蓼、卷茎蓼、藜、反枝苋、马齿苋、牛繁缕、荠菜、播娘蒿、田旋花、菟丝子、猪殃殃、胜红蓟、鳢肠、苍耳、眼子菜、看麦娘、野燕麦、狗牙根、稗、蟋蟀草、白茅、千金子、毒麦、狗尾草、异型莎草、香附子、水莎草、萤蔺、鸭舌草、扁秆藨草等。

第三节
水稻田主要杂草

水稻是我国主要粮食作物之一，种植面积约 3300 万公顷，约占粮食作物种植面积的 29%。根据地理位置和水稻生产的特点可划分为南方稻区和北方稻区，由于各个地区的气候和土壤条件、耕作制度和耕作习惯不同，又将稻区分成 6 个带：

（1）华南双季稻作带　南亚热带三熟区，早晚稻双季连作。主要杂草有稗草、扁秆藨草、牛毛草、鸭舌草、异型莎草、水龙、草龙、丁香蓼、圆叶节节菜、日照飘拂草、四叶萍、眼子菜、野慈姑、矮慈姑、尖瓣花等。常见的群落组成类型为：稗草+异型莎草+草龙、圆叶节节菜+水龙+稗草、水龙+稗草+圆叶节节菜+异型莎草、日照飘拂草+圆叶节节菜+稗草、矮慈姑+尖瓣花+野慈姑等。

（2）华中单双季稻作带　中北部亚热带，一季稻与小麦或油菜等复种，连作双季稻一年三熟，是最大的水稻产区。主要杂草有稗草、鸭舌草、异型莎草、扁秆藨草、牛毛草、萤蔺、节节菜、鳢肠、水莎草、千金子、陌上菜、泽泻、水苋菜、双穗雀稗、空心莲子草、眼子菜、四叶萍等。常见的群落组成类型为：稗草+异型莎草+鸭舌草+水苋菜、稗草+扁秆藨草、稗草+水莎草、鸭舌草+稗草+矮慈姑、千金子+稗草+矮慈姑、异型莎草+牛毛草+稗草、稗草+异型莎草+水苋菜+矮慈姑、鸭舌草+稗草+藻+空心莲子草、稗草+眼子菜+空心莲子草、水苋菜+稗草+节节菜、异型莎草+节节菜+牛毛草、野慈姑+双穗雀稗+稗草、扁秆藨草+鳢肠+千金子+稗草、空心莲子草+稗草+节节菜等。

（3）华北单季稻作带　暖温带。主要杂草有稗草、异型莎草、扁秆藨草、野慈姑、萤蔺、泽泻、节节菜、鳢肠、鸭舌草等。常见的群落组成类型为：稗草+异型莎草+扁秆藨草、水莎草+稗草+异型莎草、水苋菜+稗草+异型莎草、鸭舌草+稗草+异型莎草、鸭舌草+牛毛草+稗草、鸭舌草+牛毛草+眼子菜、野慈姑+鸭舌草+稗草、水苋菜+鳢肠+水莎草等。

（4）东北早熟稻作带　寒温带，一季稻。主要杂草有稗草、眼子菜、萤蔺、扁秆藨草、日本藨草、雨久花、狼杷草、小茨藻、沟繁缕、野慈姑、毋草、水葱、泽泻等。常见的群落组成类型为：稗草+扁秆藨草+野慈姑、稗草+扁秆藨草+水莎草、稗草+扁秆藨草+牛毛草、稗草+扁秆藨草+牛毛草+眼子菜等。

（5）西北干燥区稻作带　典型大陆性气候，早熟单季稻。主要杂草有稗草、毛鞘稗、扁秆藨草、碎米莎草、眼子菜、角茨藻、泽泻、芦苇、香蒲、轮藻、草泽泻、水绵等。常见的群落组成类型为：稗草+芦苇+扁秆藨草、芦苇+稗草+草泽泻、轮藻+芦苇+扁秆藨草。

（6）西南高原稻作带　一季早稻或一季中稻。主要杂草有稗草、牛毛草、异型莎草、眼子菜、滇藨草、小茨藻、陌上菜、沟繁缕、耳基水苋、鸭舌草、野荸荠、水莎草、矮慈姑等。常见的群落组成类型为：鸭舌草+稗草+眼子菜、眼子菜+稗草、稗草+异型莎草+小茨藻等。

部分水田重要杂草简介如下：

（1）稗草　又名稗子、水稗、野稗，禾本科稗属植物，一年生晚春性杂草。稗的适应性强，喜湿和温暖，又耐干旱和盐碱。花果期为7~9月，8~10月为种子成熟期，陆续成熟随即落粒，借助风、水，或混于谷物传播。以危害水稻为主，对大豆、玉米、甜菜、蔬菜和果园等旱田也有危害。

（2）千金子　禾本科千金子属植物，一年生湿生性杂草。主要分布于我国华南、西南、华中及华东地区。主要生长于水边湿地、稻田及田边，湿润地区的旱作物地、低湿地及浅水中亦有分布。花果期为4~11月，种子繁殖。

（3）芦苇　又名苇子、芦子，禾本科芦苇属多年生杂草，以根茎和种子繁殖。喜水也耐干旱和盐碱，多生于沼地、河岸、海边，常长于新开垦的水稻、小麦和棉花田中，强烈地与作物竞争水、肥，成为难以防除的局部危害严重的杂草。分布在东北、西北、华南垦区及东部沿海各地。

（4）扁秆藨草　又名地梨、三棱草，莎草科藨草属植物，多年生根茎型水田杂草，以根茎和种子繁殖。分布几乎遍于全国，但主要在东北、华北、西北地区，及河南、山东、云南等省的湿地及浅水中。常成单一群落或与稗等形成混合群落危害水稻。

（5）日本藨草　又名三江藨草，莎草科藨草属植物，多年生水田杂草，以根茎和种子繁殖。主要分布在黑龙江东部和吉林东北部。常成单一群落或与稗等形成混合群落危害水稻。

（6）牛毛草　又名牛毛毡、牛皮毡，莎草科荸荠属植物，多年生、根茎繁殖为主、以种子和越冬芽越冬的杂草。多生于水湿地和浅沼泽地，更多生于保水良好的稻田中。喜温、抗寒、耐碱，主要生长于浅水中，蔓延其快，很易形成连片的优势群落。人在其上走动，松软而富弹性，如履地毯。此时也是大量吸取养分时期，与水稻争肥，危害水稻生长及产量。

（7）萤蔺　莎草科蔍草属植物，多年生湿生性杂草。根茎繁殖的不定芽在3～4月开始萌发，种子在5～6月间出苗，7～10月为花果期。小坚果成熟后落地，也可由风、水流传播。分布于我国大部分地区，主要生长于浅水稻田、沼泽、池塘，常与水莎草、鸭舌草等混生，主要危害水稻及其他水田作物。

（8）水莎草　又名水三棱、三棱草，莎草科水莎草属植物，多年生湿生杂草。主要以种子及地下块茎繁殖。春天块茎先出土，种子发芽略晚，地下块茎能从15 cm以内出苗，花果期为夏秋季。以种子和地下块茎越冬。分布于全国南北水稻田浅水沙土上或沟渠中成单一种群或与稗等混生，对水稻生长危害甚大。

（9）异型莎草　又名红头草、球穗莎草，莎草科莎草属植物，水湿地一年生杂草。种子繁殖，繁殖力强，危害较严重。发芽温度30～40℃，土深2～3 cm。5～6月内为出苗盛期，7～10月为花果期，8月起小坚果陆续成熟、脱落，由水、风传播。小坚果休眠2～3个月后即可发芽，所以一年可发生两代。分布于东北、华北、西北、西南、华南等地的稻田及水湿环境。

（10）碎米莎草　又名三方草，莎草科莎草属，一年生杂草。种子繁殖，晚春出苗，夏末开花，秋天成熟，主要生长于湿润环境，也耐旱，东北至海南，西南、西北都有分布。除危害稻田外，也危害大豆、花生、甘蔗、果园等旱地作物。

（11）日照飘拂草　又名水虱草，莎草科，一年生杂草。以种子繁殖，春季出苗，夏季开花，秋季结果。主要分布于华东、华南、西南及河北、河南、陕西等地，生于水边、稻田及其周围。

（12）眼子菜　又名水上漂、竹叶草，眼子菜科眼子菜属植物、多年生水生杂草。主要靠地下根茎繁殖。6～8月是眼子菜无性繁殖最旺时期，也是大量掠取养分危害水稻的时期。7月开花，8月果实成熟、掉落，随水传播。眼子菜分布于全国各地，主要生长于地势低洼、排水不良的稻田、沟渠或水池中，形成优势或单一种群，布满水面，降低水温并吸走大量养分，可使稻苗发黄，严重减产。

（13）鳢肠　又名旱莲草、墨旱莲、墨草，菊科鳢肠属植物。一年生湿生性杂草。种子繁殖，5月开始出苗，6～7月达高峰，花果期6～10月，8～11月陆续成熟落地，经休眠后于下年萌发。广布于全国各地，主要生长于潮湿的土壤、稻田边、稻田、低湿的玉米地、棉花地及豆地。

（14）空心莲子菜　又名革命草、水花生、喜旱莲子草，苋科莲子草属植物，多年生或一年生草本杂草。南方温暖地区，主要以茎叶越冬，茎芽无性繁殖为主。北方冬季低温，茎叶不易越冬，须在背风向阳处或以种子越冬。花果期夏秋为主。原产巴西，引种于我国北京、苏、浙、赣、湘、川、粤等地作饲料植物，后成为野生，现南方各省（自治区、直辖市）都有，主要危害水稻、蔬菜、棉花、果园及湖泊，繁殖力强，成为水田、水域及湿润地区旱地作物中难以防除的杂草。

（15）野慈姑　又名驴耳菜、水慈姑，泽泻科慈姑属，一年或多年生沼生草本杂草。主要以种子及球茎繁殖，生于池沼、稻田及水沟中，单生或群生。适应性强、抗寒、耐碱，南北各地均有分布。晚春出苗，夏秋间产生匍枝，秋天结实。

（16）矮慈姑　又名瓜皮草，泽泻科慈姑属，一年生沼生草本杂草。主要以种子及球茎繁殖。春季出苗，夏季产生匍枝及开花，秋季结果。喜温，主要生长于水田，分布于我国的华南、西南、华北地区，陕西、河南也有分布，局部地区可成灾。

（17）蘋 又名四叶蘋、田字蘋，蘋科蘋属。多年生水生或湿生草本杂草。主要以根茎和孢子繁殖，春夏根茎生长，孢子囊夏秋间成熟，广布于全国南北各地，主要生长于浅水、沼地、低洼水湿等地，稻田为主要危害的场所。

（18）鸭舌草 又名兰花草、田芋、鸭仔菜、水玉簪，雨久花科雨久花属，一年生沼生草本杂草。5月起出苗，持续时间较长。花果期在8～10月，果实成熟后开裂，种子落入水中，冬季休眠，春天起能正常萌芽。分布于我国南北各地区，以中南地区为主。主要生长于稻田或浅水池塘中，成单一或混生群落，主要危害水稻及其他水田作物。与鸭舌草相似的杂草是雨久花，主要分布于华北等地区。

由于水稻栽培方式不同，分为水稻秧田、直播田、移栽田、抛秧田，杂草种群差异大，因此要根据水稻栽培方式和杂草种群因地制宜地选择适当的除草剂品种进行单用或混用，以最佳施药剂量、施药时期、施药方法和管理措施，安全合理使用一系列低用量、高活性、低成本的一次性处理剂，达到灭草增产的目的。

第四节
部分旱田主要杂草

一、麦田杂草

麦类是我国主要粮食作物，包括小麦（冬小麦和春小麦）、大麦（冬大麦和春大麦）、黑麦和元麦（青稞）。种植面积和总产量仅次于水稻，是第二大粮食作物。种植总面积3000万公顷，草害面积占种植面积30%以上。其中严重危害面积约300万公顷，占种植面积10%，每年因杂草危害损失产量约50亿千克，占麦粒总产15%左右。

由于地理环境、气候条件和栽培条件的不同，杂草的种类和习性也有很大的区别。

东北及内蒙古自治区东部春麦区主要杂草有：卷茎蓼、藜、野燕麦、苣荬菜、本氏蓼、大刺儿菜、鼬瓣花、野荞麦、问荆等。常见的杂草群落组成类型为：卷茎蓼+藜+问荆、问荆+卷茎蓼+藜、本氏蓼+问荆+卷茎蓼、绿色狗尾草+大马蓼+本氏蓼、野燕麦+大马蓼+本氏蓼、苣荬菜+绿色狗尾草+藜等。

青海、西藏春麦区主要杂草有：野燕麦、猪殃殃、田旋花、藜、密穗香薷、荠菜、卷茎蓼、薄蒴草等。常见的杂草群落组成类型为：野燕麦+藜+密穗香薷、密穗香薷+野燕麦+藜、荠菜+田旋花、薄蒴草+密穗香薷+野燕麦等。

新疆、甘肃的春麦区主要杂草有野燕麦、田旋花、芦苇、野芥菜、苣荬菜等。常见的杂草群落组成类型为：田旋花+野燕麦+藜、野燕麦+田旋花、芦苇+苣荬菜+藜、萹蓄+藜+田旋花等。

北方冬麦区，主要位于黄淮海地区，包括长城以南至秦岭、淮河以北，播种面积占全国麦田50%左右。主要杂草有：荨草、藜、播娘蒿、荠菜、萹蓄、米瓦罐、打碗花、野燕麦、猪殃殃等。河南中北部，河北、山东大部，晋中南和陕西关中麦区常见的杂草群落组成类型为：荨草+田旋花、大马蓼+萹蓄、田旋花+荠菜+萹蓄、播娘蒿+萹蓄+小藜、小藜+大马蓼+

萹蓄等。陕西和山西中北部黄土高原至长城以南麦区常见的杂草群落组成类型为：刺儿菜+小藜、独行菜+鹅虮、鹅虮+离子草+糖芥等。

南方冬麦区，地处秦岭、淮河以南，大雪山以东地区，主要杂草有：看麦娘、大马蓼、牛繁缕、碎米荠、猪殃殃、棒头草、硬草、雀麦等。广州至福建一带麦区常见的杂草群落组成类型为：看麦娘+牛繁缕+大马蓼+芫荽菊、看麦娘+牛繁缕+大马蓼+野燕麦、野燕麦+看麦娘+牛繁缕、胜红蓟+牛繁缕+看麦娘、碎米荠+看麦娘+裸柱菊、雀舌草+看麦娘+裸柱菊等。福建、两广北部至浙江、江西、湖南中部麦区常见的杂草群落组成类型为：看麦娘+牛繁缕+雀舌草+碎米荠、看麦娘+雀舌草+牛繁缕+碎米荠、春蓼+看麦娘+牛繁缕+雀舌草等。浙江、江西、湖南、四川北部至秦岭、淮河以南麦区常见的杂草群落组成类型为：牛繁缕+看麦娘+硬草、棒头草+硬草+牛繁缕、硬草+牛繁缕+萹蓄等。

二、玉米田杂草

玉米是我国主要的粮食作物，一般为春播、夏播和与小麦套播，全国种植面积2140万公顷，仅次于水稻、小麦，位居第三。黑龙江、吉林、辽宁、内蒙古、新疆主要种植春玉米，黄淮海地区主要种植夏玉米。据报道全国玉米约 1/2 面积受到不同程度的草害，严重草害的面积 200 万～400 万公顷。主要杂草如稗、马唐、野燕麦、牛筋草、千金子、藜、苋、反枝苋、马齿苋、狗尾草、画眉草、铁苋菜、龙葵、苍耳、苘麻、打碗花、田旋花、小蓟、苣荬菜、曼陀罗、胜红蓟等。若玉米田不除草，可减产50%以上。

三、大豆田杂草

全国各地均栽培大豆，总面积约 750 万公顷，但主要集中在黑龙江、吉林、辽宁、河北、河南、山东、江苏和安徽等省，其种植面积和产量均占全国种植面积和总产的 75%～80%。大豆草害面积平均在 80%左右，每年损失大豆 15 亿～20 亿千克，占总产量的 9%～14%。

东北春大豆生产区，杂草主要优势种群有稗草、卷茎蓼、问荆、鸭跖草、本氏蓼、苘麻、绿狗尾、藜、马齿苋、铁苋菜等。黄淮海夏大豆生产区的主要害草有马唐、牛繁缕、绿狗尾、金狗尾、反枝苋、鳢肠等。长江流域大豆生产区的主要杂草有千金子、稗草、牛筋草、碎米莎草、凹头苋等。华南双季大豆区的主要杂草为：马唐、稗草、牛筋草、碎米莎草、胜红蓟等。

四、油菜田杂草

油菜是我国五大油料作物之一。在世界油菜生产中，我国油菜种植面积（约 550 万公顷）占近三分之一，仅次于印度居世界第二，总产量居世界第一。冬油菜产区主要分布在四川、安徽、湖南、湖北、江苏、浙江、贵州、上海、河南和陕西等地区，面积和产量约占全国的 90%。春油菜产区主要分布在青海、新疆、内蒙古和甘肃等地区，面积和产量约占全国的 10%。

油菜田主要杂草：看麦娘、日本看麦娘、稗草、千金子、棒头草、早熟禾等禾本科杂草。繁缕、牛繁缕、雀舌草、碎米荠、通泉草、猪殃殃、大巢菜、小藜、波斯婆婆纳等阔叶杂草。

稻茬冬油菜田以看麦娘和日本看麦娘为最多。

五、蔬菜田杂草

蔬菜是人民日常生活中不可缺少的食物，种植总面积超过 680 万公顷。在今天生活水平不断提高的情况下，人们对蔬菜的要求往往胜过粮食，其经济价值也远高于粮食。由于蔬菜种类繁多，种植方式多样，倒茬快，复种指数高，土壤、水肥条件好，菜田适宜多种杂草生长。所以要按照不同蔬菜类型、种类、种植方式和时期结合当时当地的杂草数量、种类及其生育期，因地制宜地选择合适的除草剂，及时科学喷施以便达到预期的除草目的。对蔬菜田危害重的杂草有 100 余种，常见的有：苣荬菜、小藜、灰绿藜、反枝苋、凹头苋、马齿苋、荠菜、稗、狗尾草、牛筋草、碎米莎草、早熟禾、马唐、小旋花等。其中以马齿苋、稗、藜、凹头苋、牛筋草、狗尾草、碎米莎草等杂草的数量，在各类菜田中占优势。

在露地条件下早春性杂草如藜、萹蓄等及部分越年生杂草如荠菜、播娘蒿、独行菜等都可在 3 月中下旬开始发芽。而稗、马唐、狗尾草等晚春性杂草则要在 4 月上中旬开始陆续发芽。马齿苋、画眉草、铁苋菜、碎米莎草等要到 5~6 月及 7 月雨季时大量发生。多年生的小旋花、碱茅、刺儿菜等在秋季发生，春天危害较严重。藜、碱茅等也可秋天发芽，危害菜田。

六、棉花田杂草

棉花是我国主要的经济作物之一，种植总面积约 315 万公顷。根据棉区的生态条件和棉花生产特点分为五大棉区。

（1）黄河流域棉区　占全国种植面积 50%。主要杂草为马唐、绿狗尾草、早稗、反枝苋、马齿苋、凹头苋、藜、龙葵、田旋花、小蓟等，5 月中、下旬形成出草高峰，7 月随雨季的到来形成第二高峰。

（2）长江流域棉区　占全国种植面积近 40%。主要杂草为马唐、牛筋草、千金子、狗尾草、早稗、双穗雀稗、狗牙根、鳢肠、小旋花、小蓟、繁缕、酸模叶蓼、藜、香附子等，5 月中左右形成出草高峰，6 月中至 7 月初形成第二高峰。湿度大杂草相对密度高、危害重。

（3）西北内陆棉区　为内陆干旱气候，光照充足，昼夜温差大，灌溉棉区主要杂草为马唐、田旋花、铁苋菜、藜、西伯利亚蓼等，5 月中旬为第一出草高峰，7 月上旬至 8 月初为第二出草高峰。

（4）华南棉区　温度高，无霜期长，但商品棉较少。主要杂草为稗草、马唐、千金子、胜红蓟、香附子、辣子草、蓼等。生长季节因多雨、土壤湿度大，故草害重。

（5）北部特早熟棉区　年平均温度较低，6~10℃之间，无霜期短，春天霜期持续较长，只能种特早熟棉，种植面积最少。主要杂草为稗草、马唐、铁苋菜、鸭跖草、荞麦蔓、马齿苋、反枝苋、藜、蓼等。

七、烟草田杂草

烟草为我国重要的经济作物之一，每年全国种植总面积 160 多万公顷，虽仅占经济作物总面积的 7.4%，但其烤烟制品却为国家财政收入创造出较大的价值。

常见主要杂草有：马唐、狗尾草、千金子、稗、牛筋草、画眉草、看麦娘、早熟禾、狗牙根、双穗雀麦、繁缕、铁苋菜、苍耳、蒺藜、莎草、碎米莎草、猪殃殃、马齿苋、龙葵、小旋花、蒲公英、香附子、葎草、雀舌草、车前草等。

八、花生田杂草

花生为主要的油料作物，在我国大部分地区均有种植，以鲁、豫、冀种植为多。全国种植总面积 290 多万公顷，约占油料作物种植总面积的 27%。

常见主要杂草有：马唐、稗、双穗雀麦、狗牙根、牛筋草、千金子、鳢肠、刺儿菜、皱叶酸模、苋、猪殃殃、铁苋菜、小旋花、马齿苋等。

九、芝麻田杂草

芝麻为主要的油料作物，芝麻油不仅可食用，也广泛应用于工业如医药中。在我国大部分地区均有种植，以河南、湖北、安徽、河北和江西较多。全国种植总面积 67 万多公顷，约占油料作物种植总面积的 6%。

春芝麻产区常见主要杂草有：马唐、牛筋草、绿狗尾草、野燕麦、藜、反枝苋、田旋花、卷茎蓼、大马蓼、本氏蓼、问荆、苣荬菜等。

夏芝麻产区常见主要杂草有：马唐、稗、千金子、牛筋草、双穗雀麦、鳢肠、空心莲子草、田旋花、刺儿菜等。

秋芝麻产区常见主要杂草有：马唐、牛筋草、千金子、画眉草、草龙、胜红蓟、竹节草、凹头苋、碎米莎草等。

十、甘蔗田杂草

甘蔗是我国制糖工业的主要原料，广泛种植于我国江南大部分地区。种植总面积 100 多万公顷，约占糖料作物种植总面积的 60%。

甘蔗田杂草多达百种，常见的一年生杂草有：马唐、狗尾草、牛筋草、千金子、野燕麦、画眉草、稗、藜、酸模叶蓼、刺苋等。多年生杂草有：狗牙根、双穗雀麦、香附子、刺儿菜、芦苇、白茅等。

十一、甜菜田杂草

甜菜为主要的糖料作物之一。我国黑龙江、内蒙古、新疆、吉林等东北、西北地区大面积种植。种植总面积 70 多万公顷，约占糖料作物种植总面积的 40%。

常见主要杂草如稗、野燕麦、狗尾草、芦苇、马唐、刺儿菜、藜、地肤、萹蓄、酸模叶蓼、卷茎蓼、反枝苋、凹头苋、龙葵、苘麻、鼬瓣花、鸭跖草等。

十二、果园杂草

我国果树种类较多，分布面广，草害也比较复杂。尤其是随着人民生活水平的提高，对水果需求量也逐年增加，再加上世界经济一体化，使得我国种植结构发生较大的变化，水果种植面积也在逐年扩大。然而劳动力紧张等因素，使果园杂草危害尤显严重。为了做好果园杂草防除，必须对果园杂草有所了解，有的放矢。

由于我国果树分布面广，杂草的分布不尽相同，因此按如下六个区对果园杂草予以简要的介绍，详情请参考唐洪元先生著的《中国农田杂草》等专业书籍。

（1）华南果园草害　华南果园主要指北纬25°以南：福州以南至海南岛热带、南亚热带。种植的主要果树有柑橘、香蕉、荔枝、椰子、芒果、龙眼和菠萝等。主要杂草如香附子、龙葵、牛繁缕、马唐、一点红、胜红蓟、狗牙根、臭矢菜、莲子草和两耳草等。

（2）东北果园草害　东北果园主要指北纬41°~50°之间即东北三省。种植的主要果树有苹果、海棠果和梨等。主要杂草如马唐、小根蒜、苦荬菜、苣荬菜、稗草、马齿苋、野大豆、积雪草、铁苋菜、葎草和金狗尾等。

（3）西北果园草害　西北果园主要指甘肃西部、新疆、宁夏等地。种植的主要果树有苹果、梨、杏和枣等。主要杂草如苣荬菜、绿狗尾、马唐、稗草、龙葵、画眉草、田旋花、藜、大刺儿菜和反枝苋等。

（4）长江流域果园草害　长江流域种植的主要果树有桃、枇杷和柑橘等。主要杂草如马唐、牛筋草、铁苋菜、刺儿菜、空心莲子草、白茅和鳢肠等。

（5）黄淮海果园草害　主要果树有苹果和梨等。主要杂草如马唐、马齿苋、凹头苋、绿苋、圆叶牵牛、绿狗尾和牛筋草等。

（6）云贵川高原果园草害　云贵川高原种植的主要果树种类繁多，如芒果、柑橘、香蕉、苹果、梨和海棠果等。主要杂草如飞机草、空心莲子草、白茅、龙爪茅、千金子、千里光、双穗雀麦和香薷等。

部分旱地重要杂草简介如下：

（1）问荆　又名节节草、节骨草、笔头草、接骨草，木贼科木贼属植物，多年生蕨类杂草。其适应性较强，分布于东北、华北、新疆、西藏、四川等地，生长于沙地、潮湿肥沃的黑土及微酸性至中性土壤中，也生长于稻田边及沙质土的旱作地上和路边荒地，常成优势种群或单一群落，危害小麦、大豆、玉米、果园和苗圃等。

（2）藜　又名灰菜、白藜、落藜，藜科藜属植物，一年生早春性杂草。危害小麦、大豆、玉米、蔬菜、果园和苗圃等。

（3）小藜　又名灰菜、灰苋头，藜科藜属植物，一年生早春性杂草。春天出苗，发芽温度5~35℃，以15~20℃为佳。喜湿润而肥沃的土壤，夏天发芽出苗少，秋天为第二个发芽高峰期。主要危害小麦、棉花、大豆、玉米、蔬菜、果园等。

（4）萹蓄　又名扁竹、鸟蓼、猪牙菜，藜科藜属植物，一年生早春性杂草。早春3月就能在麦田等处发芽，也能在菜园、果园及路边生长。花期4~6月，果实成熟后落入土中，休眠数月后来年再行发芽。发生的地区以东北、华北最为普遍。

（5）酸模叶蓼　又名大马蓼、蓼吊子、夏蓼，蓼科蓼属植物，一年生春性杂草。主要以种子繁殖，春天适宜发芽（发芽温度为10~20℃）。花果期6~10月，种子经越冬休眠后能正常萌发。分布于东北、华北、华东、陕西等地，喜生于低湿地或沟边向阳处，危害棉花、豆类及水稻、陆稻等。

（6）卷茎蓼　又名野荞麦秧、荞麦蔓，蓼科蓼属植物，一年生春性杂草。主要以种子（瘦果）繁殖，适宜的发芽温度为15~20℃，发芽的土层为2~6 cm，种子在土中可活5年左右。子叶出土，椭圆形，茎缠绕于它物上缘，6~10月为花果期，果实落地或混于谷物中。种子经越冬休眠后大部能正常发芽。主要分布于东北、西北、华北等较冷凉的地区，危害小麦、大豆、谷子、果园及路边荒地等。

(7) 播娘蒿 又名麦蒿,十字花科播娘蒿属植物,一年生或越年生旱地杂草。主要以种子繁殖。冬麦区播麦后陆续出苗。10 月份为出苗高峰。幼苗越冬,次年早春,气温回升,还有部分种子发芽,初生叶 2 片,全株灰绿色。花果期 4~6 月,种子成熟后角果易裂,也可与麦穗一起被收获,混于麦粒中。休眠期 3~4 个月。分布于华北、西北、华东、四川等地,多生于潮湿、含盐碱的土壤上,常与小藜、碱蓬等生长在一起。危害小麦、大豆、谷子、果园及路边荒地等。

(8) 荠 又名荠菜,十字花科荠菜属,一年生或越年生草本杂草。主要以种子繁殖。黄河、长江流域大多在秋天出苗,幼苗越冬,早春返青后陆续抽薹开花,初夏成熟落粒。东北黑龙江 5 月上、中旬发芽出苗,7 月种子成熟。部分种子 8~9 月可再出苗,幼苗越冬,翌春开花结籽,主要生长于湿而肥沃的土壤上,亦耐干旱。危害小麦、菜地、果园等。

(9) 看麦娘 又名麦娘娘、棒槌草,禾本科看麦娘属植物,一年生或越年生旱地杂草。以种子繁殖,喜长于温暖湿润的土壤上,主要危害长江流域稻茬麦田。水稻收获后,撒播冬麦一周后,看麦娘陆续发芽,在麦田越冬,次年 2 月返青拔节后,抽穗,4~5 月成熟并落粒于土中,也可随水流传播,休眠期 3~6 月,越夏后即可发芽。除危害小麦外对油菜也有危害。

(10) 日本看麦娘 禾本科看麦娘属植物,一年生或越年生旱地杂草。与看麦娘不同之处在于花药为灰白色。主要分布在华东、中南的湖北、江苏、浙江、广东及西北的陕西等地。主要危害小麦、油菜、蔬菜等。

(11) 野燕麦 又名燕麦草、铃铛麦,禾本科燕麦属植物。一年生或越年生旱地杂草。以种子繁殖,适宜的发芽温度为 10~20℃,春麦区野燕麦早春发芽,冬麦区于秋季发芽。4~5月抽穗开花,6 月颖果成熟,春麦区成熟期 7~8 月。种子休眠 2~3 个月后陆续具有发芽能力。分布在西北、华北及河南、山东、山西、四川等省,主要危害小麦、大麦、燕麦、青稞、油菜、豌豆等作物。

(12) 碱茅 又名碱茅草,禾本科,碱茅属植物,多年生或越年生杂草。以种子(颖果)繁殖,幼苗或种子越冬,秋天麦播前后开始出苗,4~5 月抽穗,5~6 月成熟,落粒性很强,粒小而多,种子经夏休眠后萌发。主要生长于湿润地块及稻田边,能在 pH 5~8 的土壤中生长,是华北及黄淮海地区局部稻麦轮作区中危害麦田严重的杂草,减产幅度达 30%~90%。菜田、路旁、沟边湿地也有生长,内蒙古草原亦有分布。

(13) 毒麦 又名小尾巴麦、毒麦草、黑麦子,禾本科黑麦草属植物。一年生或越年生检疫性杂草。以种子繁殖,秋季小麦播种后发芽,春麦田早春也能发芽。越冬后,4~5 月抽穗开花,5~6 月成熟,不易落粒,全部混入谷物中,随谷物种子传播。毒麦籽粒中含有毒麦碱,面粉中若含有 4%毒麦能使人畜食物中毒,故被列为国家级植物检疫对象。种子经夏季数月休眠后即能发芽。毒麦原产欧洲,后传入我国,江苏、河南、黑龙江、甘肃、陕西、云南等地都有发现。主要危害小麦、大麦、燕麦等作物。

(14) 棒头草 又名狗尾稍草、稍草,禾本科棒头草属,越冬性草本。以种子繁殖,种子发芽温度 5~20℃,以 10~15℃为最佳。喜湿润环境。苏浙地区以秋天发生为主,早春出苗,4 月抽穗开花,5 月种子成熟,种子休眠期 2~3 个月。主要分布于华东、西南、华南等潮湿地区,危害麦类、油菜、蔬菜、果园等。

(15) 刺儿菜 又名小蓟、刺蓟、田蓟,菊科刺儿菜属植物,多年生杂草。以根茎繁殖为主,分布于南北各地,北部冷凉地区更多,主要生长于地势平坦、水肥适中、腐殖质丰富的微酸性和中性的土壤,再生力强,折断的根芽仍能生长成植株。在田间易形成群落,主要为害麦类、棉花、果园等旱田作物。

（16）苣荬菜　又名曲麻菜、苦麻菜、甜苣菜，菊科苦苣菜属植物，多年生根茎杂草。以匍匐茎和种子繁殖。春天发芽，不断长出新植株并向周围伸展。适应性强，酸性和碱性土壤上都能生长。其根茎上芽多而脆，折断后易再生成新株。分布于全国各地耕田、路边、沟旁、荒地。单生或混生于小麦、大豆、玉米及果园中。

（17）猪殃殃　又名拉拉藤、粘粘草，茜草科猪殃殃属，一年生或越年生杂草。种子繁殖，5～25℃种子发芽，以11～20℃最宜，温暖的秋天发芽最多，少量早春发芽。初生叶4～6片轮生，披针形，花期4～5月，果实成熟期为5～6月。果实落入土中或混于麦粒中，休眠期数月。主要分布于黄河以南各地。东北、华北、青海也有部分地区生长。主要危害冬播的小麦、油菜、菜园、果园等。

（18）麦家公　又名田紫草、毛妮菜，紫草科紫草属植物，越年生或一年生草本。喜湿润，种子繁殖。秋天发芽为主，少数早春出苗。花果期3～5月，麦收前成熟。种子落地或混杂于小麦等谷物中，也可黏附于人畜、机械上传播。分布于苏、浙、皖、鄂、陕、甘等黄淮地区，生于丘陵及平原，主要危害麦作及果园。

（19）香薷　又名野苏麻、野荆芥、野苏子，唇形科香薷属植物，一年生旱田杂草。种子繁殖。东北5月出苗，7～8月为花果期，全国各地都有分布，以东北、青海及内蒙古等地为多。主要危害大豆、小麦、果园等。

（20）葎草　又名拉拉秧、拉拉藻、拉拉蔓，桑科或大麻科葎草属植物。一年生春性缠绕性杂草。种子繁殖，发芽温度7～20℃，3月上旬至4月份为发芽期，5月后温度超过20℃停止发芽，但来年春还能发芽出土。6～7月开始开花，8～10月为成熟期，籽易排落，鸟也喜吃，能帮助传播。分布我国南方各省区及北方南部较暖地带，主要危害果园、麦田、玉米、大豆、大麻等。

（21）牛繁缕　又名鹅儿汤、鹅汤菜，石竹科鹅汤草属植物，多年生或越年生杂草。种子或匍匐茎繁殖。分布于全国多数省区，主要危害麦田、油菜、棉花、蔬菜，尤其是稻茬麦田湿润肥沃，危害更重。也长于果园及路边，常与猪殃殃、看麦娘等混生或成单一群落。

（22）阿拉伯婆婆纳　又名波斯婆婆纳，玄参科婆婆纳属植物，一年生或越年生杂草。以种子繁殖，秋季8～11月出苗，早春有少数出苗，种子及幼苗越冬，花果期3～5月。主要分布于华东、华中等长江流域及云南、贵州、西藏、新疆等。主要危害麦田、菜地、果园及苗圃等。

（23）马唐　又名万根草、抓根草、鸡爪草，禾本科马唐属，一年生晚春性及雨季杂草。马唐是旱地作物中主要杂草，单生或群生。20℃以下发芽很慢，25～35℃为发芽最佳温度。华北地区6～7月雨季为发芽高峰。生长迅速，数量大，每平方米可达数百至上千株，是黄河、长江流域及以南地区夏季危害玉米、大豆、棉花、花生、果园、蔬菜，及路旁、公园作物的主要杂草，且是炭疽病、黑粉病及棉实夜蛾等的寄主。

（24）狗尾草　又名绿狗尾、谷莠子，禾本科狗尾草属植物。一年生晚春性旱田杂草。以种子繁殖。适宜发芽温度为15～30℃，未发芽的种子可存活10年以上。4月中下旬开始，5～6月达到出苗高峰，花果期6～10月，颖果7月起成熟，借水、风及动物传播，冬季种子休眠后，次年发芽。广布于全国各地。适应性强，酸性土、盐碱地及钙质土等都能生长。耐干旱，耐瘠薄，是旱地作物玉米、大豆、高粱、棉花，特别是谷子地危害很大的杂草。因狗尾草和谷子同属于狗尾草属，幼苗形态更相似，难以防除，它也常生长于果园、苗圃、路边荒地。

（25）牛筋草　又名蟋蟀草、盘子草，禾本科，一年生晚春性旱田杂草，种子繁殖。发芽温度 15～35℃，夏季高温大雨后发芽达高峰。幼芽从 1～5cm 土中长出，7～10 月花果期，喜长于湿润肥沃的土壤上。广布于全国各地区，主要危害玉米、棉花、高粱、果园、菜田、苗圃及路边荒地。

（26）狗牙根　又名绊根草，禾本科狗牙根属植物，多年生旱田杂草。以匍匐茎繁殖为主的杂草。高温多雨时根茎蔓延很快，生活力强。分布于我国黄河以南各地区的棉花、甘蔗、玉米、花生、果园等作物地，地上的匍匐茎及地下茎同时蔓延繁殖。匍匐茎耐踩踏，故现在逐渐被用于修建足球场的草坪和绿化草地。

（27）假高粱　又名石茅高粱、阿拉伯高粱、宿根高粱、约翰逊草，禾本科，高粱属植物，多年生根茎类检疫性旱田杂草。假高粱源于地中海地区，随着粮食贸易和作为优良牧草引种而传播到世界五大洲的 50 余个国家和地区，危害甘蔗、小麦、大豆、玉米、棉花等 30 余种作物。主要分布于从北纬 55°到南纬 45°间的国家。假高粱适生于温暖、潮润、夏天多雨的亚热带地区。以种子和地下根茎繁殖。春天根茎萌发温度为 18～22℃，6～9 月为花果期，根茎繁殖也很迅速，嫩芽还聚积有氰化物，尤以苗期为多，人畜误食会受毒害。我国广东、海南、台湾局部地区有发生。近年因国际贸易由进口作物中带进，已在大连、上海、青岛、宁波等港口及粮食仓库、加工厂附近有发生，且有发展蔓延趋势。现全国植物检疫部门正设法研究控制其扩散的技术。

（28）白茅　又名茅草、茅柴，禾本科白茅属植物，多年生杂草。根茎或种子（颖果）繁殖，以根茎繁殖为主。4 月上中旬根茎发芽出苗，5 月全月为抽穗开花期。凡入冬前幼苗在 3 叶以上的，第二年春天都能抽穗开花，否则只能长叶并进行无性繁殖。颖果成熟后入土或随风传播至其他地方。分布几乎遍及全国各地，以南方各省为重。主要危害橡胶、茶、果园、花生、棉花、豆类、薯类等作物，但对麦田、谷田无影响。其也是褐飞虱的寄主。

（29）反枝苋　又名西风谷、野苋、红枝苋、千穗谷，苋科苋属植物。一年生晚春性杂草。种子发芽温度 15～30℃，4 月中下旬开始出苗，5 月上旬及 6 月下旬至 7 月上旬春夏作物播种后及雨后都能形成出苗高峰。花果期 7～10 月，8 月起种子陆续成熟，落粒性强，种子通过土壤、厩肥、风等传播。适应性强，广布于世界各地温暖湿润地带，喜肥沃土地。生长极快，常能超过花生、棉花、大豆、甘薯、瓜、菜类而严重危害其生长。一株反枝苋能结籽数百至数万粒。叶和种子都能食用，叶为上好的叶菜，富含赖氨酸，籽为上等饲料，也可作糕点食品。

（30）马齿苋　又名马齿菜、马须菜、长寿菜、晒不死等，马齿苋科马齿苋属植物。一年生种子繁殖肉质草本。发芽温度以 20～30℃为宜，4 月下旬开始出苗，5～7 月上旬遇雨即出现出苗高峰。幼苗肉质肥厚，子叶长圆形，生长快速，茎叶表面有蜡质层，耐干旱能力强，中耕拔除的草体或断枝久晒不死，遇雨或灌水即可恢复生长，故名"晒不死"。花果期 6～10 月。种子成熟后落地，发芽力可达 40 年。喜生长于湿润肥沃的菜园、大田、果园、苗圃中，为害农作物。马齿苋茎叶是可口的蔬菜，且是止泻杀菌的中草药。

（31）苍耳　又名老苍子、谷子棵、豆苍子，菊科苍耳属植物，一年生晚春性杂草。种子繁殖，春天发芽，南方春夏季开花，北方夏秋季开花，总苞内 2 个瘦果，正常年只 1 个发芽。只有在第一果遭害后第二果才发芽。耐干旱，贫瘠、酸碱性土壤上都能发芽生长。主要危害大豆、甜菜、果园、苗圃，也生于路边荒野。分布全国各地，因果实上有钩刺，能附着于动物或人、机械而传播。全株有毒，猪牛等食后会中毒。苍籽油也有毒，高温处理后毒性减少，是很好的润滑油。

（32）苘麻　又名青麻、野苘麻，锦葵科苘麻属植物。一年生晚春性杂草。种子繁殖，春夏于大田、路边和荒地等处发芽，花果期6～10月。原为栽培纤维植物，种子自落再发逐渐成为杂草。抗寒性、耐旱性强，能在酸性和碱性土上生长，与作物争夺水、肥和阳光。分布于全国各地，主要危害旱地作物如棉花、大豆、小麦、油菜、甜菜、蔬菜、玉米、花生、果园等。

（33）豚草　又名艾叶破布草，菊科豚草属植物。一年生晚春性杂草。种子繁殖。4月中旬至5月初为大量出苗期，7月初至8月初现蕾，7月下旬至8月末为开花盛期。8月中旬至10月初为果熟期。出苗最低温为6～8℃，土壤湿度10%～12%间最宜发芽。豚草自20世纪30年代传入我国现在的沈阳铁岭，北京的顺义、海淀，南京，武汉，南昌等地，有不同程度危害，以路边荒地为主，部分地区危害玉米、大豆田，因其生长快，生长量大，危害较明显。更甚者因其花粉可使某些人过敏，引起花粉病（枯草热），使人哮喘、流鼻涕、疲劳等，影响健康。为检疫性杂草。

（34）龙葵　又名野葡萄、黑星星，茄科茄属植物，一年生晚春性杂草。种子繁殖，4～5月出苗，7～9月开花，8～10月成熟，能产籽数万粒，埋于土中存活多年，浆果甜，鸟及人类可食，并随之传播。适生于肥沃的微酸性至中性土壤，喜光，主要危害大豆、玉米、甜菜、马铃薯、菜田和果园。又因其浆果成熟后易破碎，黑色的汁液使大豆籽粒表面染黑，有损大豆品质。

（35）田旋花　又名中国旋花、箭叶旋花、小喇叭花，旋花科旋花属植物，多年生缠生杂草。种子或根茎繁殖。4月起根茎上不定芽陆续出苗，花果期以5～6月为高峰。7～8月雨季高温，生长不旺，危害不大。9～10月天气晴朗凉爽，白天温暖，是营养生长的第二高峰，此时无性繁殖旺盛，根芽发展较快，秋末地上部枯死。主要危害小麦、春玉米、棉花、蔬菜、果园等。

与田旋花类似的小旋花又名打碗花、兔耳草。危害小麦、玉米、棉花等。

（36）香附子　又名回头青、莎草，莎草科，多年生具地下块茎的旱田难除杂草。地下块茎或小坚果繁殖。3月下旬至4月为发芽期，主株可长出1至数条根茎，向前延伸并长出块茎，块茎又可长出根茎及块茎，如此反复，在一个生长季中，繁殖速度以数十上上百倍地增长。又因一般锄地只能除去其地上部分茎叶，地下部茎块及根茎可重新长出新苗，所以又名"回头青"。6～7月开花，8～10月结籽。当年即可发芽，长成实生苗，第二年才能繁殖。香附子为世界性恶性杂草之一，广泛分布于南北纬37°之间的温暖多雨地带。我国多分布在华南、华东、西南等热带、亚热带及部分温带地区。主要危害棉花、花生、陆稻、甘蔗、大豆、甘薯、蔬菜和果园等。香附子是黑椿象、铁甲虫、飞虱等的寄主，危害甚大。

（37）菟丝子　又名无根草、兔儿丝、金丝藤，旋花科或菟丝子科菟丝子属植物，一年生寄生性杂草。其种子无休眠期，发芽温度在15℃以上，最适温度在24～28℃间，幼苗出土后成丝状体，随风旋转，遇寄主后即在接触部分产生吸盘，与土相连部分逐渐断开而营寄生生活。10 d内遇不到寄主，将自行死亡。菟丝子能大量吸取大豆等寄主体内的养料而迅速蔓延，一株菟丝子可蔓延1 m²以上，使寄主生长黄弱。7～8月间开花结实，9月间成熟，此时大豆等寄主也可因养料被吸尽而死亡。其寄主除豆科外，还有菊科、蓼科、藜科等。菟丝子种子是常用中草药之一，入药有补养肝肾、益精明目的功能。

（38）瓜列当　又名分枝列当、埃及列当，列当科一年生、寄生性杂草。检疫性杂草。种子繁殖，是主要危害瓜类的恶性杂草。幼芽出土后，遇寄主即在接触部分产生吸盘、长出幼苗，然后经30 d左右完成一个生育周期。繁殖力极强，通常一株可产10万多粒种子。如无寄主，则不萌发，可在土壤中存活 5～10 年。其寄主除瓜类外，还有番茄等多种作物。

参考文献

[1] 唐洪元. 中国农田杂草. 上海: 上海科技教育出版社, 1991.

[2] 成卓敏. 新编植物医生手册. 北京: 化学工业出版社, 2008.

[3] 苏少泉, 宋顺祖. 中国农田杂草化学防除. 北京: 中国农业出版社, 1996.

[4] 李扬汉. 中国杂草志. 北京: 中国农业出版社, 1998.

[5] 强胜. 杂草学. 第二版. 北京: 中国农业出版社, 2011.

第二章
除草剂概述

　　除草剂又叫除莠剂或杀草剂，是指能杀死或抑制杂草或有害植物而不影响农作物正常生长的药剂。除草剂并非仅用于农业，还广泛应用于林业、牧业、渔业、园艺、卫生、交通等多个领域。

第一节
除草剂的发现与发展简史

　　人类利用药物来除草的历史非常悠久。公元 1200 年，古代人用盐和灰除草。公元 1 世纪，曾报道施用橄榄油渣的水溶液可杀灭橄榄树周围杂草。1594 年，人们发现海盐与谷物混播可清除田间杂草。19 世纪末，欧洲人在防治葡萄霜霉病时偶然发现波尔多液能伤害一些十字花科杂草而不伤害禾谷类作物。1895 年，法、德、美等国几乎同时发现硫酸铜具有选择性除草作用。于是利用无机盐作为除草剂防除杂草的方法就发展起来了，从此拉开了研制化学除草剂的序幕。

　　1932 年，G. Truffaut et Cie 介绍了具有除草活性的二硝酚，这是选择性除草剂领域的第一个重要发现，也是除草剂由无机化合物转向有机化合物的里程碑。

　　1942 年，齐莫曼和希契科克报道 2,4-滴作为植物生长调节剂和除草剂的效果。1945 年苯氧乙酸类除草剂首次上市，当时引入了 2,4-滴和 2 甲 4 氯，许多产品很快随之而来，到 1957 年所有的主要产品都已进入市场。

　　1951 年人们发现了灭草隆（monuron）的除草作用，紧接着一系列脲类除草剂相继出现，很快发展成为一类重要的除草剂。第一个商品化的脲类除草剂敌草隆（diuron）于 1954 年上市，它从 2006 年至今一直是这类产品中市场销售额最大的品种。

　　三嗪类除草剂在 1956 年首次实现商品化［西玛津（simazine）］，该类产品的主打品种是 1957 年上市的莠去津，目前已接近 20 年没有新产品出现。

1957 年首个硫代氨基甲酸酯类除草剂茵草敌（EPTC）上市，对氨基甲酸酯和硫代氨基甲酸酯的研究主要集中在最初的三十年，自 1990 年之后再无新产品出现。

1956 孟山都报道了二丙烯草胺（allidochlor）的除草活性，它是第一个酰胺类除草剂，从 1960 年到 2006 年一系列酰胺类除草剂品种陆续问世，结构上可分为氯乙酰胺、氯乙酰苯胺、乙酰胺和氧乙酰胺等多个子类，其中氯乙酰苯胺类产品最成熟，其他子类也有一些重要的品种。

1960 年前后联吡啶类除草剂敌草快（1959 年）和百草枯（1962 年）上市，由于价格便宜，百草枯曾一度主导非选择性除草剂市场，行销 130 多个国家和地区，但由于对人的毒性问题，现已在多个国家禁用。

1963 年陶氏第一个吡啶类除草剂氨氯吡啶酸（picloram）上市，近年该类又有新产品问世，如氟氯吡啶酸（halauxifen）等。

二硝基苯胺类除草剂以其广泛的用途而著称，氟乐灵（trifluralin）作为首个商品化品种于 1964 年进入市场，并于 20 世纪 90 年代达到销售额的高峰。目前该类销售额最大的品种是 1976 年上市的二甲戊灵（pendimethalin）。

1970 年前后，专利报道了禾草灵及其类似物的制备和除草活性，开启了芳氧苯氧丙酸酯类化合物的研究。

1971 年，美国孟山都公司成功开发草甘膦，该品种内吸传导性强，杀草谱很广，目前仍是世界上销量最大的除草剂。

1976 年，美国杜邦公司发现了磺酰脲类除草剂氯磺隆（1982 年上市，现已禁用），使除草剂的用量大幅度降低，除草剂工业从此进入超高效时代，随后各大公司纷纷加入该类化合物的研究，先后推出 40 余个品种。

1977 年第一个环己烯酮类除草剂禾草灭（alloxydim，现已停用）上市，1981 年烯禾啶（sethoxydim）的推出打开了这类除草剂的市场，目前该类品种的主打产品是 1987 年商品化的烯草酮（clethodim）。

1980 年除草剂销售额为 47.56 亿美元，约占农药销售总额的 41%，首次超过杀虫剂跃居农药市场第一位。

1980 年左右日本三共株式会社（现三井化学农药部）首次将吡唑特投入到除草剂市场，但当时并不知道其作用靶标就是对羟基苯基丙酮酸酯双氧化酶（HPPD）。1982 年，先正达公司发现了第一个三酮类除草剂磺草酮，在随后的作用机理研究中发现三酮类除草剂是 HPPD 的有效抑制剂。HPPD 真正被确定为除草剂作用靶标是在 20 世纪 90 年代，之后人们一直未发现新的除草剂靶标。商品化的 HPPD 抑制剂类除草剂包括三类结构：吡唑类、三酮类和异噁唑类。HPPD 抑制剂领域的研究一直很活跃，近年不断有该类新产品问世。

1985 年第一个咪唑啉酮类除草剂咪唑烟酸上市，这一类共有 6 个品种，目前销售额最大的品种是最后上市（1997 年）的甲氧咪草烟（imazamox）。

2000 年之后公布的农药品种约为 200 个，其中除草剂 50 个左右，主要包括磺酰脲类、N-苯基杂环类 PPO 抑制剂、三酮和吡唑类 HPPD 抑制剂、酰胺类和磺酰胺类等类型。

2018 年世界农药销售总额 575.61 亿美元，其中除草剂销售额约为 246 亿美元，占农药市场的 42.7%，远远高于杀菌剂（28.4%）和杀虫剂（25.3%）。

第二节

除草剂的分类

除草剂有无机除草剂和有机除草剂之分。无机除草剂包括无机盐如氨基磺酸铵（ammonium sulfamidate）、硼砂（borax）、氯化钙（calcium chlorate）、硫酸铜（copper sulfate）、氰酸钠（sodium cyanate）、硫酸亚铁（ferrous sulfate）、叠氮化钾（potassium azide）、叠氮化钠（sodium azide）、硫酸（sulfuric acid）、氯化钠（sodium chlorate）、碳酸氢钠、氯酸钠（sodium chlorate）、四硼酸二钠（disodium tetraborate）、八硼酸二钠（disodium octaborate）、偏硼酸钠（sodium metaborate）、氰氨化钙（calcium cyanamide）、硫氰酸铵（ammonium thiocyanate）等，砷盐如 cacodylic acid、CMA、DSMA、六氟砷酸钾（hexaflurate）、MAA、MAMA、MSMA、亚砷酸钾（potassium arsenite）、亚砷酸钠（sodium arsenite）等，它们多为非选择性除草剂。自有机除草剂诞生之后，绝大多数无机除草剂应用范围已很小，或因毒性等问题不再使用，在此不予介绍。如无特别说明，本书下述除草剂都是指有机化学除草剂。

按照不同分类标准，除草剂的分类方法多达 20 种。由于本书主要以结构类型进行分类，在一定程度上兼顾作用机理，因此，下面对按结构类型和作用机理进行分类的方法进行简要介绍。

一、按结构类型分类

虽然都是按结构类型进行分类，但由于划分标准有粗有细，划分出来的结构类型数量也不尽相同，少到十几种，多到几十种。本书根据结构类型的差异，将除草剂分为 26 类，包括磺酰脲类、咪唑啉酮类、嘧啶水杨酸类、三唑并嘧啶磺酰胺类、苯甲酰基吡唑类、三酮类、苯甲酰异噁唑类、芳氧苯氧丙酸类、环己烯酮类、二苯醚类除草剂、N-苯基酰亚胺类、N-苯基环状酰肼类、苯基吡唑类、三嗪类、三嗪酮类、脲类、尿嘧啶类、氨基甲酸酯类、硫代氨基甲酸酯类、酰胺类、芳基甲酸类、苯氧羧酸类、吡啶氧乙酸类、二硝基苯胺类、有机磷类和其他类，此处对以下 10 类进行简单介绍。

1. 磺酰脲类除草剂

磺酰脲类除草剂是除草剂进入超高效时代的标志，也是开发品种最多的一类除草剂，从氯磺隆问世至目前为止，已有 41 个品种问世，其中氯磺隆、甲磺隆和胺苯磺隆在我国已被禁用。该类品种可分为三小类，包括三嗪磺酰脲类、嘧啶磺酰脲类和三唑酮类（因其结构与磺酰脲类相似，且作用机理相同，故归入此类）。

2. 咪唑啉酮类除草剂

咪唑啉酮类共 6 个除草剂品种，它们共享一个相同的咪唑啉酮结构，根据咪唑啉酮 2-位连接的基团不同，又可分为苯基咪唑啉酮类、喹啉咪唑啉酮类和吡啶咪唑啉酮类。

3. 嘧啶水杨酸类除草剂

嘧啶水杨酸类除草剂共 5 个品种，都含有嘧啶氧/硫苯甲酸结构。

4. 三唑并嘧啶磺酰胺类除草剂

该类除草剂共 7 个品种，根据三唑并嘧啶的结构可分为[1,2,4]三唑并[1,5-c]嘧啶类和

[1,2,4]三唑并[1,5-*a*]嘧啶类；根据氨基和磺酰基的位置可分为 *N*-三唑并嘧啶基苯（吡啶）磺酰胺类和三唑并嘧啶磺酰苯胺类。

5. 苯甲酰基吡唑类除草剂

苯甲酰基吡唑类除草剂开发之初，人们并不真正知道其作用机理，后来对三酮类除草剂进行作用机理研究时，才知道该类除草剂也是 HPPD 抑制剂。近年来，青岛清原化合物有限公司对这类化合物进行了深入研究，开发了 4 个该类品种。

6. 三酮类除草剂

各公司对三酮类除草剂的开发一直没有停止过，新品种不断问世。目前，国内外开发的这类品种已有 10 余个，多数都含有苯甲酰环己二酮结构，两个含有双环结构。

7. *N*-苯基酰亚胺类和 *N*-苯基环状酰肼类除草剂

本书对第一版中的部分 PPO 抑制剂类除草剂进行了重新分类，因 *N*-苯基酰亚胺类、噁唑啉二酮类、咪唑二酮类、尿嘧啶类和三嗪三酮都含有酰亚胺结构片段，故将它们归为一类，统称为 *N*-苯基酰亚胺类除草剂；因 *N*-苯基三唑啉酮类、噁二唑酮类和哒嗪酮类都含有环状酰肼结构片段，故将其归为一类，称为 *N*-苯基环状酰肼类除草剂。

8. 芳基甲酸类除草剂

此类品种根据芳环的种类可分为 4 小类，即苯甲酸类、吡啶甲酸类、嘧啶甲酸类和喹啉甲酸类，其中吡啶甲酸类品种较多。

9. 苯氧羧酸类除草剂

苯氧羧酸类除草剂又可分为三小类，分别为苯氧乙酸类、苯氧丙酸类、苯氧丁酸类，它们都是合成生长素类除草剂。

10. 吡啶氧乙酸类除草剂

吡啶氧乙酸类除草剂包括两个品种，即三氯吡氧乙酸和氯氟吡氧乙酸，也都是合成生长素类除草剂。

二、按作用机理分类

将除草剂按照作用机理分类，可以帮助使用者将不同作用机理的除草剂混配或轮换使用，以解决抗性问题。按照作用机理对除草剂进行分类的方法有三种，分别是 WSSA（weed science society of America）分类法、澳大利亚分类法和 HRAC（herbicide resistance action committee）分类法，其中前两种方法出现较早，而 HRAC 分类法应用范围最广。HRAC 分类法将除草剂按作用机理分为 25 类（见附录），下面仅对几种常见的重要类型进行简单介绍，详细的分类及所包含的除草剂品种见附表 1（2020 年 HRAC 公布的除草剂作用机理分类表）。

1. 乙酰乳酸合成酶（ALS）抑制剂

乙酰乳酸合成酶抑制剂（inhibition of acetolactate synthase）类除草剂主要包括磺酰脲类、咪唑啉酮类、嘧啶水杨酸类和三唑并嘧啶磺酰胺类除草剂等。

2. 对羟基苯基丙酮酸酯双氧化酶（HPPD）抑制剂

对羟基苯基丙酮酸酯双氧化酶抑制剂（inhibition of hydroxyphenyl pyruvate dioxygenase）包括苯甲酰基吡唑类、三酮类、苯甲酰基异噁唑类除草剂。

3. 乙酰辅酶 A 羧化酶（ACCase）抑制剂

乙酰辅酶 A 羧化酶抑制剂（inhibition of acetyl coa carboxylase）主要包括芳氧苯氧羧酸类和环己烯酮类除草剂等。

4. 原卟啉原氧化酶（PPO）抑制剂

原卟啉原氧化酶抑制剂（inhibition of protoporphyrinogen oxidase）主要包括二苯醚类、N-苯基酰亚胺类、N-苯基环状酰肼类和苯基吡唑类除草剂等。

5. 作用于光系统Ⅱ-264 的光合作用抑制剂

作用于光系统Ⅱ-264 的光合作用抑制剂（inhibition of photosynthesis at PS Ⅱ-serine 264 binders）主要包括三嗪类、三嗪酮类、脲类、尿嘧啶类、氨基甲酸酯类等除草剂中的大多数品种。

6. 超长链脂肪酸合成抑制剂

超长链脂肪酸合成抑制剂（inhibition of very long-chain fatty acid synthesis）主要包括硫代氨基甲酸酯类和氯乙酰胺类（属于酰胺类）除草剂等。

7. 合成生长素

合成生长素或生长素模拟物（auxin mimics）主要包括芳基甲酸类、苯氧羧酸类和吡啶氧乙酸类除草剂，但氟硫草定（dithiopyr）和噻草啶（thiazopyr）除外。

8. 微管组装抑制剂

微管组装抑制剂（inhibition of microtubule assembly）主要包括二硝基苯胺类除草剂、吡啶甲酸类中的氟硫草定（dithiopyr）和噻草啶（thiazopyr）等。

除上面介绍的这 8 种外，还有生长素运输抑制剂、光系统Ⅰ-电子转移抑制剂、作用于光系统Ⅱ-215 的光合作用抑制剂、解偶联剂、纤维素合成抑制剂、脂肪酸硫酯酶抑制剂等。另外，还有一些目前尚不清楚其作用机理的化合物，将它们归为未知一类。

第三节
我国除草剂的发展历史、现状与未来

我国农田化学除草起始于 20 世纪 50 年代后期，大致经历了三个阶段。①准备阶段：50 年代，我国有关专家、学者开始在报刊、书籍和讲学中介绍西方工业国家开展化学除草的情况，如 2,4-D、2 甲 4 氯（MCPA）等除草剂的应用技术等，为我国开展化学除草工作作了前期准备和技术引进。②试验、示范和局部地区推广阶段：50 年代后期，黑龙江省开始试验、示范 2,4-D 类除草剂防除麦田杂草；60 年代初，农垦部成立了全国化学除草领导小组，推动了全国化学除草工作。一些科研、教学单位开始研制合成除草剂，广东、湖南、上海、北京、辽宁、吉林等地区开始试验五氯酚钠（PCP）、2 甲 4 氯、敌稗（propanil）和除草醚（nitrofen）防除水稻田杂草，青海、宁夏等地开始使用燕麦灵（barban）防除麦田杂草野燕麦，黑龙江省试验示范利谷隆（linuron）防除大豆田杂草，稻田、麦田和大豆田化学除草有所发展；70 年代，上海、江苏开始试验、示范绿麦隆（chlortoluron）防除麦田杂草，并在长江流域麦田示范推广。湖南省使用伏草隆（fluometuron）防除棉田杂草获得成功。同时，草甘膦（glyphosate）防除果、桑、茶园杂草和免耕地杂草在一些地区取得较好效果，并大面积示范推广。化学除草在稻、麦、棉、大豆等作物田和果园有了较大发展，1975 年，我国农田化学除草面积达到 170 万公顷。③广泛试验、全面推广、深入研究阶段：80 年代以后，随着农村经济和科学技术的发展，化学除草工作进入了快速发展阶段。到 2000 年，在我国登记的除草剂品种有 102 个（国内厂家 76 个，国外厂家 82 个），分属磺酰脲类、酰胺类、三嗪类等 20 个类型。制剂登记总数达到 1214 个，其中国内厂家登记制剂数为 1078 个，占总数的 88.8%。但当时除草剂的产量与杀虫剂相比还有很大差距，据统计 1997 年除草剂原药的产量为 6.7 万吨，杀虫剂为 27.5 万吨，分别占农药总产量（39.5 万吨）的 17%和 69.6%。

进入 21 世纪之后，我国农药产业结构持续调整，不断提高对农业生产需求的满足度，除草剂和杀菌剂所占比重逐年提高。到 2014 年，我国农药产量为 374.4 万吨，除草剂、杀菌剂和杀虫剂占农药总产量的比例分别为 70%、9%和 21%。有机磷、磺酰脲和杂环等类除草剂市场占有率迅速上升，达到除草剂产量的 70%以上。截至 2020 年 11 月，我国原药（含母药）登记总数达到 1795 个，涉及几乎所有结构类型的品种，制剂（含单剂和混剂）总数达到了 9362 个。

我国农药生产、销售和使用量不断增加，农药生产水平不断提高，生产能力已达到世界领先水平。但我国新农药创制起步晚，创制能力相对薄弱，创制品种也比较少。据不完全统计，截至 2019 年 7 月底，我国开发或自主创制并获得过登记的农药新品种有 54 个，其中除草剂只有 10 个。值得期待的是，经过几十年的发展，我国新农药创制水平得到了很大提高，近年来我国除草剂研发公司紧跟国际步伐，在除草剂创制方面取得显著进步，研发出一批很有潜力的 HPPD 抑制剂和 PPO 抑制剂等类除草剂。随着环境生态和健康安全的要求越来越高，随着国内外公司对知识产权的重视程度越来越高，未来除草剂发展的趋势必然是开发高效、安全、经济、环境友好且拥有自主知识产权的除草剂新品种。

参考文献

[1] 环境科学大辞典(修订版), 北京: 中国环境科学出版社, 2008.

[2] 唐韵. 除草剂的科学使用指南. 农药市场信息, 2006(19): 43-44.

[3] 张一宾. HPPD 抑制剂类除草剂及其市场开发进展. 现代农药. 2013, 12(5): 5-8.

[4] David C, Ken P, Matthew R. Discovering new modes of action for herbicides and the impact of genomics. Pestic. Outlook, 2000(11): 223-229.

[5] 周蕴赟, 李正名. HPPD 抑制剂类除草剂作用机制和研究进展. 世界农药, 2013, 35(1): 1-7.

[6] 唐韵. 除草剂的分门别类. 农药市场信息, 2005(15): 33-34.

[7] 唐韵. 除草剂的结构类型与靶标类型. 农药市场信息, 2005(17): 15-17+36.

[8] 刘长令. ALS 抑制剂开发的新进展. 农药研究开发参考, 2000(3):14-18.

[9] 苏少泉. HPPD-开发除草剂品种的新靶标. 农药, 2000, 39(5):45.

[10] 刘长令. 对羟基苯基丙酸酯双氧化酶抑制剂的研究进展. 农药, 1999(2): 5.

[11] 张跃进, 黄辉. 我国农田化学除草历史回顾与发展对策. 第六次全国杂草科学学术会议, 1999, 29-33.

[12] 陈良, 王春林, 明凤, 等. 从我国除草剂登记情况看中国除草剂发展现状. 农药, 2001(1): 6-7+21.

[13] 农药工业 "十三五" 发展规划. 今日农药, 2016, 6: 11-16.

[14] 芦志成, 张鹏飞, 李慧超, 等. 中国农药创制概述与展望. 农药学学报, 2019(Z1): 551-579.

[15] 芦志成, 李慧超, 关爱莹, 等. 2015—2019 年除草剂和杀虫（螨）剂创制品种概述. 农药, 2020, 2: 79-90.

[16] Yang J C, Guan A Y, Wu Q, et al. Design, synthesis and herbicidal evaluation of novel uracil derivatives containing an isoxazoline moiety. Pest Management Science, 2020, 76(10): 3395-3402.

[17] 刘长令. 21 世纪农药的创制与展望. 21 世纪中国农药发展战略研讨专题报告集, 1999, 21.

第三章
除草剂主要结构类型与品种

本章根据结构类型将除草剂分为 26 类，其中磺酰脲类、咪唑啉酮类、嘧啶水杨酸类、三唑并嘧啶磺酰胺类（第 1~4 类）品种为乙酰乳酸合成酶（ALS）抑制剂，苯甲酰基吡唑类、三酮类、苯甲酰异噁唑类（第 5~7 类）品种为对羟基苯基丙酮酸双氧化酶（HPPD）抑制剂，芳氧苯氧丙酸类、环己烯酮类（第 8 和 9 类）品种为乙酰辅酶 A 羧化酶（ACCase）抑制剂，二苯醚类除草剂、N-苯基酰亚胺类、N-苯基环状酰肼类、苯基吡唑类（第 10~14 类）中的品种主要为原卟啉原氧化酶（PPO）抑制剂，三嗪类、三嗪酮类、脲类、尿嘧啶类、氨基甲酸酯类（第 15~18 类）中的品种主要为光合作用抑制剂，硫代氨基甲酸酯类（第 19 类）中多数品种和酰胺类（第 20 类）中的氯乙酰胺类品种为超长链脂肪酸合成抑制剂，芳基甲酸类、苯氧羧酸类、吡啶氧乙酸类（第 21~23 类）中的品种主要为合成生长素类除草剂，二硝基苯胺类（第 24 类）品种均为微管组装抑制剂，有机磷类（第 25 类）作用机理不尽相同，其他类（第 26 类）结构和作用机理差别都比较大。简单的卤代脂肪酸类除草剂如 alorac、chloropon、dalapon、flupropanate、hexachloroacetone、methyl bromide、monochloroacetic acid、SMA、TCA 等，酚类除草剂如 dinofenate、dinoprop、dinosam、dinoseb、dinoterb、DNOC、etinofen、medinoterb 等，存在毒性/致癌性或其他问题的品种如丙烯醛（acrolein）、丙烯醇（allyl alcohol）等，及其他一些不再作为除草剂使用或应用范围甚小的品种，本书均不予介绍。

第一节
磺酰脲类除草剂（sulfonylurea herbicides）

一、创制经纬

磺酰脲类除草剂由美国杜邦公司首次发现，它标志着除草剂进入了超高效时代，使得除草剂的用量由以前的 1~3 kg (a.i.)/hm^2 变为 1~200 g (a.i.)/hm^2。

其创制经纬如下（详情请参阅 G. Levitt 博士在 ACS Symp. Ser. 443, Synthesis and Chemistry of Agrochemicals Ⅱ，1991 中第 16～31 页撰写的 *Discovery of the Sulfonylurea Herbicides* 一文）。

杜邦公司的 Henry J. Gerjovich 曾向脲类除草剂灭草隆（monuron）的苯环和脲之间引入一—SO$_2$—基团合成化合物 **1-1**，他还发现芳基磺酰异氰酸酯和 *N,N*-二烷基酰胺反应生成芳基磺酰亚胺（**1-2**），虽然没有观察到这些化合物的生物活性，但他认为这种化学反应值得进一步研究。后来 Levitt 博士进入杜邦公司，时任其主管的 Henry J. Gerjovich 就建议他合成芳基磺酰异氰酸酯衍生物，1957 年 Levitt 用苯磺酰异氰酸酯和 *N*-(4-氯苯基)甲酰胺反应，与和烷基酰胺反应不同的是没有生成化合物 **1-3**，而是得到了化合物 **1-4**，但这个化合物没有值得重视的生物活性。

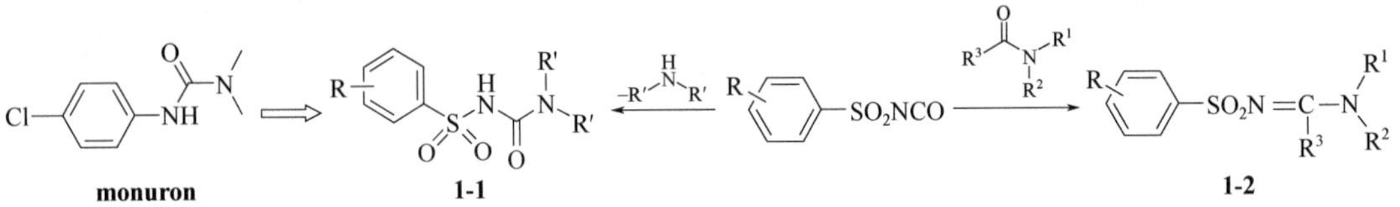

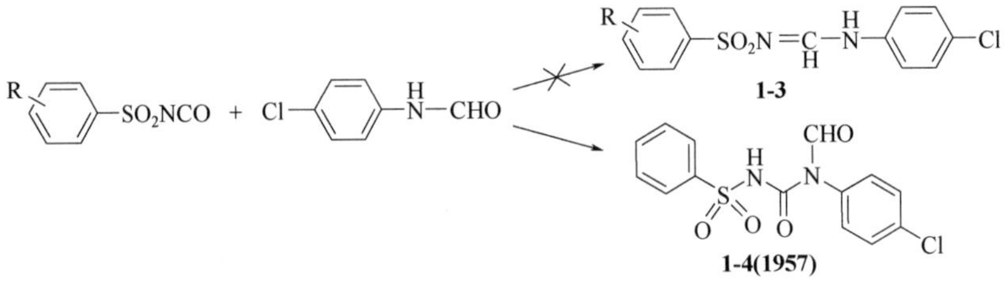

直到 1973 年，一个昆虫学家（S.S.Sharp）在研究新生测方法时发现化合物 **1-4** 可使螨类不育，并建议合成一些化合物 **1-4** 的类似物。Levitt 博士于是合成了一些没有醛基的化合物如 **1-5** 和 **1-6**，发现 **1-5** 活性比 **1-4** 稍高，其他化合物活性均不如化合物 **1-4**，但化合物 **1-6** 在 2 kg (a.i.)/hm^2 剂量下具有弱的植物生长调节活性。在与他的主管 Raymond W. Luckenbaugh 讨论这一发现时，其主管鼓励他应该多做些工作，并给他一份公司合成的所有磺酰脲类化合物（**1-A**、**1-B**、**1-C** 和 **1-D**）与室内活性结果。Levitt 博士发现这些化合物大多数是他自己合成的，并发现含杂环的化合物只有两个（1963 年合成的 **1-D**）。因为杂环化合物具有多种生物活性，因此 Levitt 博士决定合成含杂环的磺酰脲类化合物，并于 1975 年合成了化合物 **1-7**，此化合物可谓真正的先导化合物，其活性是化合物 **1-6** 的 1000 倍。随后先导优化开始，于 1976 年发现磺酰脲类除草剂中第一个商品化品种氯磺隆 **1-8**。以后经更进一步的优化，发现了许多其他磺酰脲类除草剂。

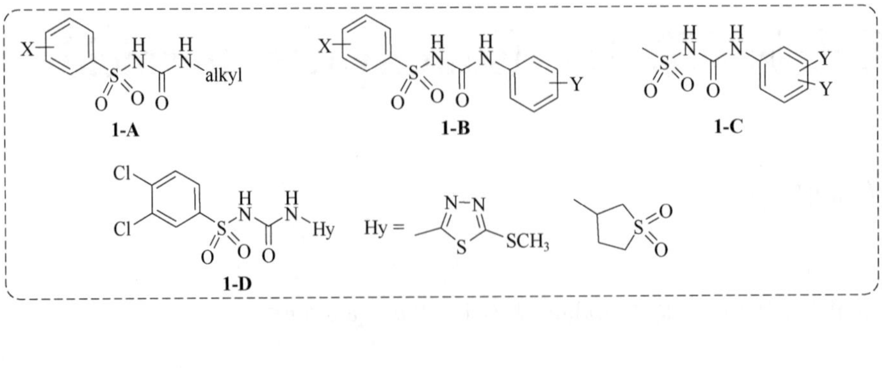

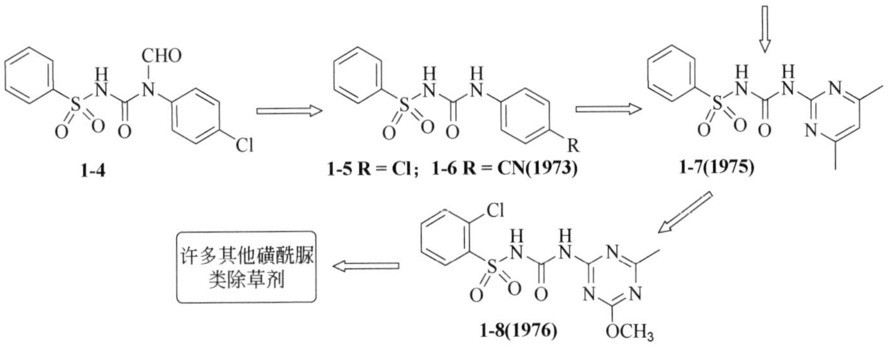

二、主要品种

到目前，磺酰脲类除草剂品种共有 41 个，可分为三小类，其中三嗪磺酰脲类 12 个，包括氯磺隆（chlorsulfuron）、醚磺隆（cinosulfuron）、胺苯磺隆（ethametsulfuron-methyl）、碘甲磺隆钠盐（iodosulfuron-methyl sodium）、iofensulfuron、甲磺隆（metsulfuron-methyl）、氟磺隆（prosulfuron）、噻吩磺隆（thifensulfuron-methyl）、醚苯磺隆（triasulfuron）、苯磺隆（tribenuron-methyl）、氟胺磺隆（triflusulfuron-methyl）、三氟甲磺隆（tritosulfuron）；嘧啶磺酰脲类 26 个，包括酰嘧磺隆（amidosulfuron）、四唑嘧磺隆（azimsulfuron）、苄嘧磺隆（bensulfuron-methyl）、氯嘧磺隆（chlorimuron-ethyl）、环丙嘧磺隆（cyclosulfamuron）、乙氧磺隆（ethoxysulfuron）、啶嘧磺隆（flazasulfuron）、氟吡磺隆（flucetosulfuron）、氟啶嘧磺隆（flupyrsulfuron-methyl-sodium）、甲酰氨基嘧磺隆（foramsulfuron）、氯吡嘧磺隆（halosulfuron-methyl）、唑吡嘧磺隆（imazosulfuron）、甲基二磺隆（mesosulfuron-methyl）、嗪吡嘧磺隆（metazosulfuron）、单嘧磺隆（monosulfuron）、单嘧磺酯（monosulfuron-ester）、烟嘧磺隆（nicosulfuron）、嘧苯胺磺隆（orthosulfamuron）、环氧嘧磺隆（oxasulfuron）、氟嘧磺隆（primisulfuron-methyl）、丙嗪嘧磺隆（propyrisulfuron）、吡嘧磺隆（pyrazosulfuron-ethyl）、砜嘧磺隆（rimsulfuron）、甲嘧磺隆（sulfometuron-methyl）、磺酰磺隆（sulfosulfuron）、三氟啶磺隆钠（trifloxysulfuron-sodium）；还有 3 个含三唑酮结构的也归为此类，它们是氟唑磺隆（flucarbazone-sodium）、丙苯磺隆（propoxycarbazone-sodium）、噻酮磺隆（thiencarbazone-methyl）。这些化合物的作用机理相同，都是乙酰乳酸合成酶（ALS）抑制剂。目前，氯磺隆、甲磺隆和胺苯磺隆在我国已被禁用。

酰嘧磺隆（amidosulfuron）

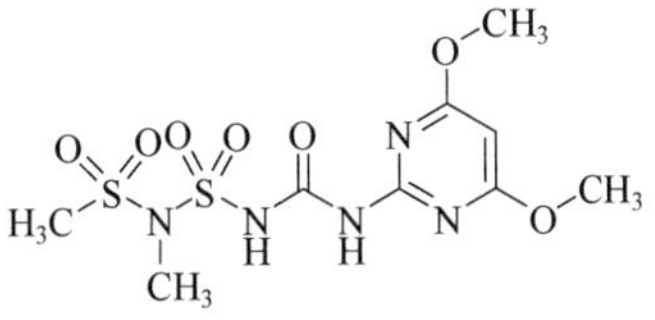

$C_9H_{15}N_5O_7S_2$，369.4，120923-37-7

酰嘧磺隆（试验代号：AE F075032、Hoe 075032，商品名称：Gratil、好事达）是由安万特公司（现拜耳公司）开发的磺酰脲类除草剂。

化学名称 1-(4,6-二甲氧基嘧啶-2-基)-3-甲磺酰基(甲基)氨基磺酰基脲。英文化学名称 1-(4,6-dimethoxypyrimidin-2-yl)-3-mesyl(methyl)sulfamoylurea。美国化学文摘（CA）系统名称 N-[[[[(4,6-dimethoxy-2-pyrimidinyl)amino]carbonyl]amino]sulfonyl]-N-methylmethanesulfonamide。CA 主题索引名称 methanesulfonamide—，N-[[[[(4,6-dimethoxy-2-pyrimidinyl)amino]carbonyl]amino]sulfonyl]-N-methyl-。

理化性质 白色颗粒状固体，熔点 160～163℃。蒸气压 $2.2×10^{-2}$ mPa（25℃），分配系数 $\lg K_{ow}$=1.63，Henry 常数 $5.34×10^{-4}$ Pa·m³/mol，pK_a(20～25℃)=3.58，相对密度 1.5（20～25℃）。水中溶解度（20～25℃，mg/L）：3.3（pH 3）、9.0（pH 5.8）、13500（pH 10）；有机溶剂中溶解度（20～25℃，g/L）：异丙醇 0.099，甲醇 0.872，丙酮 8.1。在密封容器中可稳定存在 2 年（25℃±5℃），在水中 DT_{50}（25℃）：33.9 d（pH 5），365 d（pH 7 或 9）。

毒性 大、小鼠急性经口 LD_{50}＞5000 mg/kg，大鼠急性经皮 LD_{50}＞5000 mg/kg。大鼠吸入 LC_{50}（4 h）＞1.8 mg/L。雄大鼠 NOEL（2 年）400 mg/L 饲料 [19.45 mg/(kg·d)]。ADI/RfD（EC）0.2 mg/kg bw。无致癌性、致畸性、致突变性。

生态效应 野鸭和山齿鹑急性经口 LD_{50}＞2000 mg/kg，虹鳟鱼 LC_{50}（96 h）＞320 mg/L。水蚤 LC_{50}（48 h）36 mg/L，栅藻 E_bC_{50}（72 h）47 mg/L。急性经口蜜蜂 LD_{50}＞1000 μg/只，蚯蚓 LC_{50}（14 d）＞1000 mg/kg。

环境行为 ①动物。在大鼠体内主要代谢途径是氧脱甲基化。②土壤/环境。在土壤中可以被微生物降解，DT_{50} 3～29 d，降解和 pH 无关，但和土壤中生物活性有关。

制剂 水分散粒剂、可湿性粉剂。

主要生产商 Bayer CropScience。

作用机理与特点 乙酰乳酸合成酶（ALS）或乙酰羟酸合成酶（AHAS）抑制剂。抑制必需氨基酸缬氨酸和异亮氨酸的生物合成，从而阻止细胞分裂和植物生长。通过杂草根和叶吸收，在植株体内传导，杂草即停止生长、叶色褪绿，而后枯死。施药后的除草效果不受天气影响，效果稳定。低毒、低残留、对环境安全。

应用

（1）适用作物与安全性 禾谷类作物如春小麦、冬小麦、硬质小麦、大麦、裸麦、燕麦等，以及草坪和牧场。因其在作物中迅速代谢为无害物，故对禾谷类作物安全，对后茬作物如玉米等安全。因该药剂不影响一般轮作，施药后若作物遭到意外毁坏(如霜冻)，可在 15 d 后改种任何一种春季谷类作物如大麦、燕麦等或其他替代作物如马铃薯、玉米、水稻等。

（2）防除对象 可有效防除麦田多种恶性阔叶杂草如猪殃殃、播娘蒿、荠菜、苋菜、苣荬菜、田旋花、独行菜、野萝卜、本氏蓼、皱叶酸模等。对猪殃殃有特效。

（3）应用技术 施药时期为小麦 2～4 叶至旗叶期，杂草 2～8 叶期之间。小麦 2～4 叶至旗叶期，杂草齐苗后 2～5 叶期且生长旺盛时，为最佳施药时期。其活性高，施药量低，每亩（1 亩=666.7 m²）用药量只需 1.5～2 g (a.i.)，对以猪殃殃为主的麦田阔叶杂草防效好。可混性好，可与精噁唑禾草灵（加解毒剂）等除草剂混用，一次性解除草害。也可与苯磺隆等防阔叶除草剂混用，扩大杀草谱。

（4）使用方法 作物出苗前、杂草 2～5 叶期且生长旺盛时施药，使用剂量为 30～60 g (a.i.)/hm² [亩用量为 2～4 g (a.i.)]。在中国，茎叶喷雾，冬小麦亩用量为 1.5～2 g (a.i.)，春小麦亩用量为 1.8～2 g (a.i.)（或冬小麦每亩用 50%酰嘧磺隆水分散粒剂 3～4 g，春小麦每亩用 50%酰嘧磺隆水分散粒剂 3.5～4 g）。若天气干旱、低温或防除 6～8 叶的大龄杂草，通常采用上限用药量。若防除猪殃殃等敏感杂草，即使施药期推迟至杂草 6～8 叶期，亦可取得较好的除草效果。

混用　酰嘧磺隆可与多种除草剂混用，例如在防除小麦田看麦娘、野燕麦、猪殃殃、播娘蒿等禾本科和阔叶草混生杂草时，与精噁唑禾草灵（加解毒剂）按常量混用，可一次性用药解除草害。也可与 2 甲 4 氯、苯磺隆等防阔叶杂草的除草剂混用，扩大杀草谱。

每亩用 50%酰嘧磺隆水分散粒剂 3 g 加 6.9%精噁唑禾草灵（加解毒剂）水乳剂 50 mL 可防除阔叶杂草和禾本科杂草。

每亩用 50%酰嘧磺隆水分散粒剂 2 g 加 20% 2 甲 4 氯水剂 150～180 mL 或 75%苯磺隆 0.7～0.8 g 可防除阔叶杂草。

专利概况

专利名称　Process for the preparation of *N*-alkylsulfonylaminosulfonyl ureas

专利号　EP 467251　　　　　　优先权日　1990-07-19

专利申请人　Hoechst AG

在其他国家申请的专利　AU 653538、AU 8114891、BR 9103084、CA 2047357、DE 4022982、HU 209886、IL 98877、JP 3067845、JP 4234372、PT 98376、US 5155222、ZA 9105631 等。

工艺专利　US 5374752、EP 467252、EP 560178、EP 507093 等。

登记情况　酰嘧磺隆在中国登记情况见表 3-1。

表 3-1　酰嘧磺隆在中国登记情况

登记证号	登记名称	剂型	含量	登记场所	防治对象	亩用药量（制剂）	施用方法	登记证持有人
PD20183739	双氟·酰嘧	水分散粒剂	1.6%双氟磺草胺+10.4%酰嘧磺隆	小麦田	一年生阔叶杂草	9～11 mL	茎叶喷雾	海利尔药业集团股份有限公司
PD20182240	2 甲·酰嘧	可湿性粉剂	5%酰嘧磺隆+60% 2 甲 4 氯	冬小麦田	一年生阔叶杂草	30～40 g	茎叶喷雾	山东科赛基农生物科技有限公司
PD20152064	酰嘧磺隆	水分散粒剂	50%	小麦田	一年生阔叶杂草	3～4 g	茎叶喷雾	江苏瑞邦农化股份有限公司
PD20060044	酰嘧·甲碘隆	水分散粒剂	1.25%甲基碘磺隆钠盐+5%酰嘧磺隆	冬小麦田	一年生阔叶杂草	10～20 g	喷雾	拜耳股份公司
PD20121891	酰嘧磺隆	原药	97%					江苏瑞邦农化股份有限公司
PD20060042	酰嘧磺隆	原药	97%					拜耳股份公司

合成方法　以甲基磺酰氯、氯磺酰基异氰酸酯、二甲氧基嘧啶胺为起始原料，通过如下反应即可制得目的物。

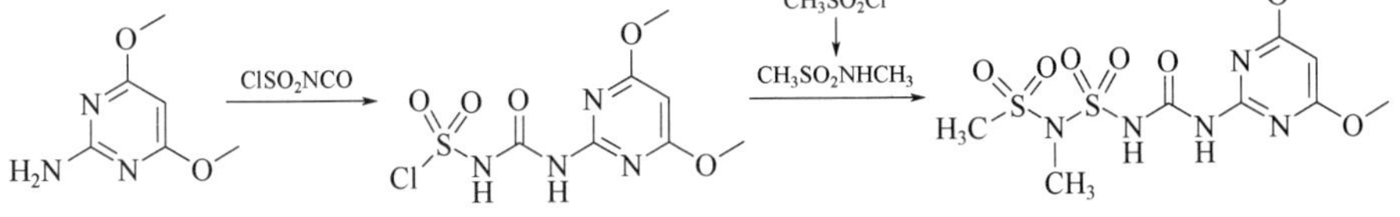

参考文献

[1] The Pesticide Manual.17 th edition: 38-39.

[2] 宿翠翠, 李玮, 郭青云. 青海大学学报(自然科学版), 2015, 33(5): 14-19.

四唑嘧磺隆（azimsulfuron）

C₁₃H₁₆N₁₀O₅S，424.4，120162-55-2

四唑嘧磺隆（试验代号：A8947、DPXA-8947、IN-A8947、JS-458，商品名称：Gulliver）是由杜邦公司开发的磺酰脲类除草剂。

化学名称　1-[(4,6-二甲氧基嘧啶-2-基)-3-[1-甲基-4-(2-甲基-2H-四唑-5-基)吡唑-5-基磺酰基]脲。英文化学名称 1-(4,6-dimethoxypyrimidin-2-yl)-3-[1-methyl-4-(2-methyl-2H-tetrazol-5-yl)pyrazol-5-ylsulfonyl]urea。美国化学文摘（CA）系统名称 N-[[(4,6-dimethoxy-2-pyrimidinyl)amino]carbonyl]-1-methyl-4-(2-methyl-2H-tetrazol-5-yl)-1H-pyrazole-5-sulfonamide。CA 主题索引名称 1H-pyrazole-5-sulfonamide—, N-[[(4,6-dimethoxy-2-pyrimidinyl)amino]carbonyl]-1-methyl-4-(2-methyl-2H-tetrazol-5-yl)-。

理化性质　原药含量＞98%，白色粉末状固体，有酚醛气味。熔点170℃，相对密度1.12（20～25℃），蒸气压 4.0×10⁻⁶ mPa（25℃），lgK_{ow}: 4.43（pH 5）、0.043（pH 7）、0.008（pH 9）。Henry 常数（Pa·m³/mol，计算）：8×10⁻⁹（pH 5）、5×10⁻¹⁰（pH 7）、9×10⁻¹¹（pH 9），pK_a(20～25℃)=3.6。水中溶解度（20～25℃，mg/L）：72.3（pH 5）、1050（pH 7）、6536（pH 9）；有机溶剂中溶解度（20～25℃，g/L）：乙腈 13.9、丙酮 26.4、甲醇 2.1、甲苯 1.8、正己烷＜0.2、乙酸乙酯 13.0、甲苯 1.8、二氯甲烷 65.9。水中 DT₅₀（25℃）：89 d（pH 5）、124 d（pH 7）、132 d（pH 9）。分解主要通过磺酰脲桥的断裂，产生四唑基吡唑磺酰胺和氨基二甲氧基嘧啶。光照水溶液中 DT₅₀（25℃）：103 d（pH 5）、164 d（pH 7）、225 d（pH 9）。

毒性　大鼠急性经口 LD₅₀＞5000 mg/kg，大鼠急性经皮 LD₅₀＞2000 mg/kg。大鼠急性吸入 LC₅₀（4 h）＞5.94 mg/L。对兔的眼睛和皮肤无刺激性，对豚鼠皮肤无致敏。NOEL [mg/(kg·d)]：雄性大鼠 34.3、雄性狗 17.9。ADI/RfD（EC）0.10 mg/kg bw。无致突变、遗传、致癌毒性。

生态效应　野鸭和山齿鹑急性经口 LD₅₀＞2250 mg/kg。山齿鹑和野鸭饲喂 LC₅₀（8 d）＞5260 mg/kg。鱼毒 LC₅₀（96 h，mg/L）：鲤鱼＞300、虹鳟鱼 154、大翻车鱼＞1000。水蚤 EC₅₀（48 h）＞941 mg/L，NOEC（21 d）＞5.4 mg/L。羊角月牙藻 EC₅₀（5 d）＞12 μg/L。浮萍 EC₅₀（7 d）1.45 μg/L。蜜蜂 LD₅₀（48 h，μg/只）：经口＞25，接触＞1000。蚯蚓 LC₅₀（14 d）＞1000 mg/kg。

环境行为　①动物。大鼠口服后，大于 95%的四唑嘧磺隆在 2 d 内排泄出来，60%～73%是以未代谢的形式排出体外的。主要的代谢途径是通过 O-脱甲基化、嘧啶环的羟基化以及随后与氧的键合。嘧啶开环断裂形成胍作为代谢物可以检测到，另外吡唑和四唑环上的 N-脱甲基化以及磺酰脲桥的断裂也是其代谢的次要途径。②植物。可迅速代谢。在成熟期的植物组织中能找到少量的母体化合物。③土壤/环境。对淹没土壤和好氧土壤的降解行为进行研究发现其代谢主要是间接的光解和土壤降解，以及化学水解作用。降解产物已被确认。在收获季节，0～50 cm 的土层没有可检测到的残留物。

制剂　水分散粒剂。

主要生产商　DuPont。

作用机理与特点　ALS 或 AHAS 抑制剂。抑制必需氨基酸缬氨酸和异亮氨酸的生物合成，从而阻止细胞分裂和植物生长。选择性源于作物体内快速降解。

应用

（1）适宜作物与安全性　水稻。四唑嘧磺隆在水稻植株内迅速代谢为无毒物，对水稻安全。

（2）防除对象　主要用于防除稗草、阔叶杂草和莎草科杂草如北水毛花、异型莎草、紫水苋菜、眼子菜、花蔺、欧泽泻等。

（3）使用方法　主要用于水稻苗后施用，使用剂量为 8～25 g (a.i.)/hm² ［亩用量为 0.53～1.67 g (a.i.)］。如果与助剂一起使用，用量将更低。四唑嘧磺隆对稗草和莎草的活性高于苄嘧磺隆，若两者混用，增效明显，混用后，即使在遭大水淋洗、低温情况下，除草效果仍很稳定。

专利概况

专利名称　Tetrazole-containing sulfonylureas, their herbicidal compositions, and their use in weed control

专利号　US 4746353　　　　　　优先权日　1985-05-30

专利申请人　Du Pont de nemours, E.I.and Co.

在其他国家申请的专利　AU 8658093、BR 8602412、CA 1231336、DK 8602521、ES 555484、ES 557392、HU 41227、IL 78962、JP 62030756、JP 6224267、JP 63185906、JP 03041007、JP 03041078、JP 06016507、JP 06025228、NO 8602137、SU 1660571、US 4786311、US 4913726、US 5017214、ZA 8604055 等。

合成方法　以丙二腈为起始原料，与原甲酸三甲酯反应后与甲肼缩合制得中间体吡唑胺，再与叠氮化钠反应，经甲基化、重氮化、磺酰化、胺化，然后与碳酸二苯酯反应，最后与二甲氧基嘧啶胺缩合。或磺酰胺与二甲氧基嘧啶氨基甲酸苯酯缩合，处理即得目的物。反应式为：

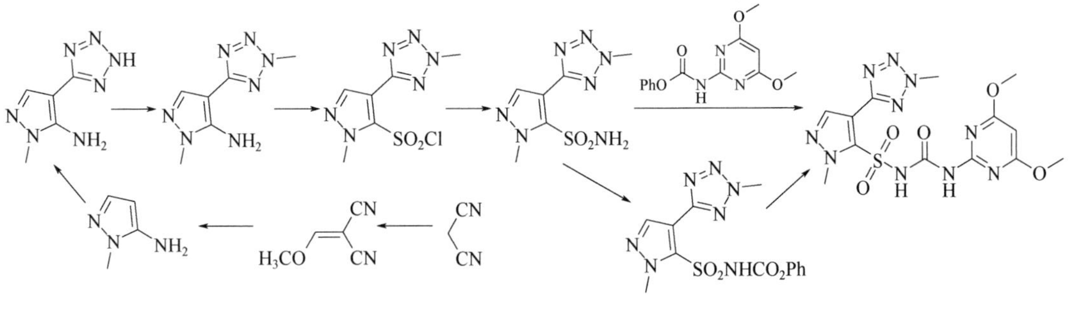

参考文献

[1] The Pesticide Manual.17 th edition: 60-61.

[2] 冯化成. 世界农药, 2001, 23(1): 53.

[3] 王玉柱. 安徽化工, 2011(4): 10-12.

苄嘧磺隆（bensulfuron-methyl）

$C_{16}H_{18}N_4O_7S$，410.4，83055-99-6

苄嘧磺隆［试验代号：DPX-84、DPX-F5384，商品名称：Bensulsun-Methyl、Londax、Quing、Dynaman、Gorbo、Innova、Kusamets、Kusastop、Sindax、Topgun（后七个为混剂）］是由杜邦公司开发的磺酰脲类除草剂。

化学名称 2-[[[[[(4,6-二甲氧基-2-嘧啶基)氨基]羰基]氨基]磺酰基]甲基]苯甲酸甲酯。英文化学名称 methyl 2-[[[[[(4,6-dimethoxypyrimidin-2-yl)amino]carbonyl]amino]sulfonyl]methyl] benzoate 或 α-(4,6-dimethoxypyrimidin-2-ylcarbamoylsulfamoyl)-o-toluic acid methyl ester。美国化学文摘（CA）系统名称 methyl 2-[[[[[(4,6-dimethoxy-2-pyrimidinyl)amino]carbonyl]amino] sulfonyl]methyl]benzoate。CA 主题索引名称 benzoic acid—, 2-[[[[[(4,6-dimethoxy-2-pyrimidinyl) amino]carbonyl]amino]sulfonyl]methyl]-methyl ester。

理化性质 白色无气味固体，熔点 185～188℃，原药含量 97.5%。相对密度 1.49（20～25℃）。蒸气压 $2.8×10^{-9}$mPa（25℃）。分配系数 $\lg K_{ow}$：2.18（pH 5）、0.79（pH 7）、−0.99（pH 9）。Henry 常数 $2×10^{-11}$ Pa·m³/mol，pK_a（20～25℃）5.2。在水中溶解度（mg/L，20～25℃）：2.1（pH 5）、67（pH 7）、3100（pH 9）；在有机溶剂中溶解度（g/L，20～25℃）：二氯甲烷 18.4、乙腈 3.75、乙酸乙酯 1.75、正己烷 $3.62×10^{-4}$、丙酮 5.10、二甲苯 0.229。稳定性：在轻微碱性条件水溶液中很稳定，酸性条件下缓慢降解；DT_{50}（25℃）：6 d（pH 4）、稳定（pH 7）、141 d（pH 9）。

毒性 大鼠急性经口 LD_{50}＞5000 mg/kg，兔急性经皮 LD_{50}＞2000 mg/kg。大鼠吸入 LC_{50}（4 h）5 mg/L。对眼睛、皮肤无刺激性作用。对皮肤无致敏。NOEL［mg/(kg·d)］：雄性狗（1 年）21.4，雄性大鼠繁殖（2 代）20，兔致畸变无作用剂量 300。无生殖毒性和致畸变性。ADI/RfD（乳油）0.2 mg/kg bw（2008），（EPA）cRfD 0.20 mg/kg bw（1991），AOEL（1 年，狗）0.12 mg/(kg·d)。

生态效应 野鸭急性经口 LD_{50}＞2510 mg/kg，野鸭和山齿鹑饲喂 LC_{50}（8 d）＞5620 mg/kg。鱼 LC_{50}（96 h，mg/L）：虹鳟鱼＞66，大翻车鱼＞120。水蚤 LC_{50}（48 h）＞130 mg/L。羊角月牙藻 EC_{50}（72 h）0.020 mg/L。浮萍 EC_{50}（14 d）0.0008 mg/L。蜜蜂 LD_{50}（μg/只）：经口＞51.41，接触＞100。蚯蚓 LC_{50}＞1000 mg/kg 土壤。蚜茧蜂属和盲走螨属 NOEC≥1000 g(制剂)/hm²。

环境行为 ①动物。在大鼠和山羊体内通过尿和粪便进行生物转移和快速排泄。主要的代谢途径包括羟基化和 O-去甲基化。②植物。被水稻吸收以后，转变成无除草活性的代谢产物。③土壤/环境。在美国弗拉纳根和基波特的沙壤土中 DT_{50} 88.5 d。在意大利土壤中 DT_{50} 16～21 d。

制剂 可湿性粉剂、水分散粒剂等。

主要生产商 DuPont、安徽扬子化工有限公司、内蒙古莱科作物保护有限公司、江苏绿利来股份有限公司、江苏省激素研究所股份有限公司、江苏维尤纳特精细化工有限公司、连云港立本作物科技有限公司、山东潍坊润丰化工股份有限公司、石家庄瑞凯化工有限公司、浙江天丰生物科学有限公司等。

作用机理与特点　支链氨基酸合成抑制剂，通过抑制必需氨基酸如缬氨酸、异亮氨酸的合成起作用，从而阻止细胞分裂和植物的生长。在植物体内的快速代谢使其具有选择性。选择性内吸传导型除草剂，通过杂草根部和叶片吸收并转移到分生组织。敏感杂草生长机能受阻，幼嫩组织过早发黄，并抑制叶部生长，阻碍根部生长而坏死。在苗前或苗后选择性控制一年生或多年生杂草或莎草，如花蔺、荆三棱、北水毛花、川泽泻、黑三棱、莎草、香蒲等。

应用

（1）适宜作物与安全性　水稻移栽田、直播田。有效成分进入水稻体内迅速代谢为无害的惰性化学物质，对水稻安全。

（2）防除对象　阔叶杂草及莎草如鸭舌草、眼子菜、节节菜、繁缕、雨久花、野慈姑、慈姑、矮慈姑、陌上菜、花蔺、萤蔺、日照飘拂草、牛毛毡、异型莎草、水莎草、碎米莎草、泽泻、窄叶泽泻、茨藻、小茨藻、四叶萍、马齿苋等。对禾本科杂草效果差，但高剂量对稗草、狼杷草、稻李氏禾、蘑草、扁秆蘑草、日本蘑草等有一定的抑制作用。

（3）应用技术　①施药时稻田内必须有水层 3～5 cm，使药剂均匀分布，施药后 7 d 内不排水、串水，以免降低药效。②（移栽田）水稻移栽前至移栽后 20 d 均可使用，但以移栽后 5～15 d 施药为佳。③视田间草情，苄嘧磺隆适用于阔叶杂草及莎草优势地块和稗草少的地块。

（4）使用方法　苄嘧磺隆的使用方法灵活，可用毒土、毒沙、喷雾、泼浇等方法。在土壤中移动性小，温度、土质对其除草效果影响小。通常在水稻苗后、杂草苗前或苗后使用，剂量为 20～75 g (a.i.)/hm² [亩用量通常为 1.34～5 g (a.i.)]。以 25 g (a.i.)/hm²、50 g (a.i.)/hm²、100 g (a.i.)/hm² [（亩用量）1.67 g (a.i.)、3.33 g (a.i.)、6.67 g (a.i.)] 施药时，对水稻有轻微、中等和严重药害，若与哌草丹混配按 25 g (a.i.)/hm²+1000 g (a.i.)/hm²、150 g (a.i.)/hm²+2000 g (a.i.)/hm²、2000 g (a.i.)/hm²+4000 g (a.i.)/hm² [（亩用量）1.67 g (a.i.)+66.7 g (a.i.)、10 g (a.i.)+133.3 g (a.i.)、133.3 g (a.i.)+266.7 g (a.i.)] 使用时，对水稻的药害分别为零、轻微、叶缘损害。为了扩大防除对象可与丁草胺等混用。具体使用方法如下：

① 移栽田　防除一年生杂草每亩用 10%苄嘧磺隆 13.3～20 g，防除多年生阔叶杂草用 20～30 g，防除多年生莎草科杂草用 30～40 g，拌细土或细沙 15～20 kg，撒施或喷雾均可。单用苄嘧磺隆不能解决水田全部杂草问题，故需与防除稗草的除草剂混用。稗草发生高峰期大约在 5 月末至 6 月初，阔叶杂草发生高峰期在 6 中下旬。若用旱育稀植栽培技术，通常 5 月中下旬插秧，插秧前整地时间在稗草发生高峰期前，施药时间在 5 月下旬至 6 月上旬，与阔叶杂草发生高峰期相距 15～20 d，因苄嘧磺隆在水田持效期 1 个月以上，故对阔叶杂草有良好的药效。若在温度较高、多年生阔叶杂草苗出齐时施药，防除效果更佳。水稻移栽后 5～7 d，苄嘧磺隆与莎稗磷、环庚草醚混用，在整地与插秧间隔时间长或因缺水整地后不能及时插秧，稗草叶龄大时，从药效考虑，最好插秧前 5～7 d 单用莎稗磷、环庚草醚，插秧后 15～20 d 苄嘧磺隆与莎稗磷、环庚草醚混用。水稻移栽后 10～17 d，苄嘧磺隆可与禾草敌混用，亦可与二氯喹啉酸混用。丁草胺、丙炔噁草酮在低温、水深、弱苗条件下对水稻有药害，丁草胺药害重于丙炔噁草酮，且仅能防除 1.5 叶以前的稗草。在高寒地区推荐两次施药，插秧前 5～7 d 单用，插秧后 15～20 d，再与苄嘧磺隆混用，不仅对水稻安全，而且对稗草和阔叶杂草的防除效果均好。

混用时每亩用药量如下：

10%苄嘧磺隆 13～17 g 加 96%禾草敌 150～200 mL，插秧后 10～15 d 施药。

10%苄嘧磺隆 13～17 g 加 50%二氯喹啉酸 20～40 g，插秧后 10～20 d 施药。

10%苄嘧磺隆 13～17 g 加 30%莎稗磷 60 mL，插秧后 5～7 d 缓苗后施药，或插秧前 5～7 d 加 30%莎稗磷 50～60 mL。插秧后 4～20 d 用 30%莎稗磷 40～50 mL 加 10%苄嘧磺隆 13～17 g。

60%丁草胺 80～100 mL 插秧前 5～7 d 施药，插后 15～20 d 用 10%苄嘧磺隆 13～17 g 加 60%丁草胺 80～100 mL。

80%丙炔噁草酮 6 g 插秧前 5～7 d 施药，插秧后 15～20 d 用 10%苄嘧磺隆 13～17g 加 80%丙炔噁草酮 4 g。

10%苄嘧磺隆 13～17 g 加 10%环庚草醚 15～20 mL，插秧后 5～7 d 缓苗后施药，或插秧前 5～7 d 用 10%环庚草醚 15 mL，插秧后 15～20 d 用 10%环庚草醚 10～15 mL 加 10%苄嘧磺隆 13～17 g。

苄嘧磺隆与二氯喹啉酸混用通常采用喷雾法施药，施药前 2 d 保持浅水层，使杂草露出水面，施药后 2 d 放水回田。苄嘧磺隆与上述其他除草剂混用时，稳定水层 3～5 cm。若与丙炔噁草酮、丁草胺、环庚草醚、莎稗磷等混用，水层勿淹没心叶，保持水层 5～7 d，只灌不排。因二氯喹啉酸是激素型除草剂，故苄嘧磺隆与二氯喹啉酸混用时要喷洒均匀。为培育水稻壮苗，提高稻苗抗药性，苄嘧磺隆与丁草胺、丙炔噁草酮、环庚草醚、莎稗磷等混用时，最好在水稻育苗浸种催芽前，每亩用种量与增产菌浓缩液 15 mL 拌种或秧田起秧前 3～5 d，结合浇最后一遍水，每 7 m² 用增产菌浓缩液 10 mL 加 20 L 水喷洒苗床，浇透为止。

② 直播田 直播田使用苄嘧磺隆时应尽量缩短整地与播种间隔期，最好随整地随播种，施药时期在水稻出苗晒田覆水后，稗草 3 叶期以前。此时也可使用混剂如每亩用 10%苄嘧磺隆 13～17 g 加 96%禾草敌 100～167 mL，施药方法可为毒土、毒沙或喷雾法。水稻 3 叶期以后，稗草 3～7 叶期，可使用的混剂如每亩 10%苄嘧磺隆 13～17 g 加 50%二氯喹啉酸 30～50 g，必须注意的是施药前 2 d 保持浅水层，使杂草露出水面，采用喷雾法每亩喷液量为 20～30 L，施药后 2 d 放水回田，稳定水层 3～5 cm，保持 7～10 d 只灌不排。

专利概况

专利名称 Herbicidal sulfonamides

专利号 EP 51466   优先权日 1980-11-3

专利申请人 Du Pont de nemours, E.I.and Co.

在其他国家申请的专利 AT 11137、AU 546628、BR 81/06972、GB 2088362、JP 57/112379、SU 1169516、US 4420325、US 4454334 等。

工艺专利 US 4420325、US 456898、EP 51466 等。

登记情况 国内登记产品很多，主要有 10%、30%、32%、60%可湿性粉剂，30%、60%水分散粒剂，0.5%、5%颗粒剂，1.1%水面扩散剂。登记作物/场所为直播水稻、移栽水稻、冬小麦田，防治对象为一年生阔叶杂草及莎草。杜邦公司在中国登记情况见表 3-2。

表 3-2 苄嘧磺隆在中国部分登记情况

登记证号	登记名称	剂型	含量	登记作物	防治对象	用药量/[g(制剂)/亩]	施用方法	登记证持有人
PD267-99	苄嘧磺隆	可湿性粉剂	30%	水稻	多年生莎草	13.3～20；或 10～15（第 1 次），6.7～15（第 2 次）	毒土法	美国杜邦公司
PD301-99	苄嘧磺隆	原药	96%					美国杜邦公司

合成方法　以邻甲基苯甲酸为起始原料，经多步反应得到目的物。反应式为：

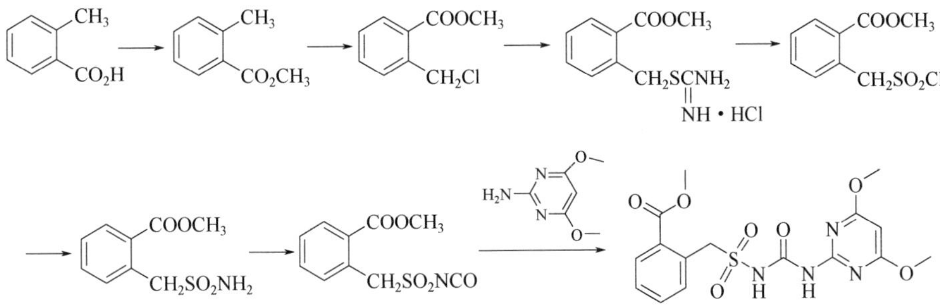

参考文献

[1]　The Pesticide Manual.17 th edition: 83-84.

[2]　林长福. 农药, 2000(3): 11-12.

[3]　王岩, 张伟. 化学世界, 2006(11): 685-687.

氯嘧磺隆（chlorimuron-ethyl）

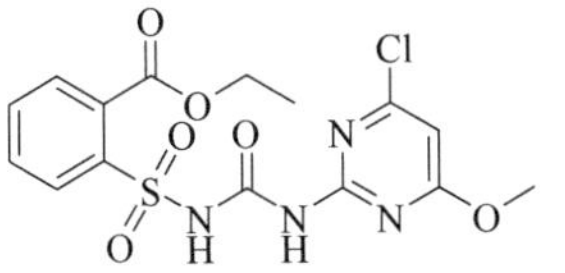

$C_{15}H_{15}ClN_4O_6S$，414.8，90982-32-4

　　氯嘧磺隆［试验代号：DPX-F6025，商品名称：Classic、Darban、Sponsor、Tirimiron、Twister、Authority XL、PINix（后两个为混剂），其他名称：豆磺隆、氯嘧黄隆］是由杜邦公司开发的磺酰脲类除草剂。

　　化学名称　2-[(4-氯-6-甲氧基嘧啶-2-基)氨基甲酰基氨基磺酰基]苯甲酸乙酯。英文化学名称 ethyl 2-(4-chloro-6-methoxypyrimidin-2-ylcarbamoylsulfamoyl) benzoate。美国化学文摘（CA）系统名称 ethyl 2-[[[[(4-chloro-6-methoxy-2-pyrimidinyl)amino]carbonyl]amino]sulfonyl] benzoate。CA 主题索引名称 benzoic acid—, 2-[[[[(4-chloro-6-methoxy-2-pyrimidinyl)amino]carbonyl]amino]sulfonyl]-ethyl ester。

　　理化性质　原药含量＞95%。无色晶体，熔点 181℃，相对密度 1.51（25℃）。蒸气压 4.9×10^{-7} mPa（25℃），分配系数 $\lg K_{ow}$=0.11（pH 7），Henry 常数 1.7×10^{-10} Pa·m³/mol（pH 7），pK_a(20～25℃)=4.2。在水中溶解度（mg/L，20～25℃）：9（pH 5）、1200（pH 7）；微溶于有机溶剂（20～25℃）。在 pH 5，25℃的水溶液中 DT_{50} 17～25 d。

　　毒性　大鼠急性经口 LD_{50}（mg/kg）：雄性 4102，雌性 4236。兔急性经皮 LD_{50}＞2000 mg/kg。对兔的眼睛和皮肤无刺激性，对豚鼠皮肤无致敏性。大鼠吸入 LC_{50}（4 h）＞5 mg/L。NOEL 数据：雄性大鼠（2 年）250 mg/kg 饲料［12.5 mg/(kg·d)］，雄性狗（1 年）250 mg/kg 饲料［6.25 mg/(kg·d)］；大鼠繁殖（2 代）250 mg/kg 饲料；大鼠致畸变 30 mg/kg，兔致畸变 15 mg/kg。ADI/RfD（EPA）cRfD 0.090 mg/kg bw。

　　生态效应　野鸭急性经口 LD_{50}（14 d）＞2510 mg/kg，野鸭和山齿鹑饲喂 LC_{50}＞5620 mg/kg。鱼 LC_{50}（96 h，mg/L）：虹鳟鱼＞1000，大翻车鱼＞100。水蚤 LC_{50}（48 h）1000 mg/L。浮萍

E_bC_{50} 0.45 μg/L，E_rC_{50} 45 μg/L，EC_{50}（以叶计数）0.27 μg/L。小龙虾 LC_{50}＞1000 mg/L。蜜蜂 LD_{50}（48 h）＞12.5 μg/只。蚯蚓 LC_{50}＞4050 mg/kg。

环境行为 ①动物。氯嘧磺隆在母鸡体内快速、广泛降解。通过 HPLC 法在排泄物中检测到 18 种代谢成分。②植物。大豆中的残留量低于 0.01 mg/L。③土壤/环境。土壤中的 K_d：＞1.60（pH 4.5，5.6%土壤有机质），0.28（pH 5.8，4.3%土壤有机质），＜0.03（pH 6.5，2.1%土壤有机质），＜0.03（pH 6.6，1.1%土壤有机质）。

制剂 可湿性粉剂。

主要生产商 AGROFINA、Cheminova、DuPont、江苏瑞邦农化股份有限公司、江苏瑞东农药有限公司、江苏省激素研究所股份有限公司、辽宁省沈阳丰收农药有限公司、山东潍坊润丰化工股份有限公司、沈阳科创化学品有限公司等。

作用机理与特点 ALS 或 AHAS 抑制剂，通过抑制必需氨基酸如缬氨酸、异亮氨酸的生物合成起作用，进而阻止细胞分裂和使植物生长停止。作物的选择性源于植物的多肽结合和脱脂化代谢途径。

应用

（1）适宜作物与安全性 主要用于大豆田除草。玉米耐药性次之。小麦、大麦、棉花、花生、高粱、苜蓿、芥菜耐药性差。向日葵、水稻、甜菜的耐药性最差。在大豆、花生田施药，72 h 后发现大豆植株内对氯嘧磺隆代谢作用最大。其选择性与其在植物体内的代谢速度有关。该药在离体植物叶片内代谢的半衰期：大豆为 1～3 h；苍耳、反枝苋大于 30 h。

（2）防除对象 主要用于防除阔叶杂草，对幼龄禾本科杂草仅起一定的抑制作用。敏感的杂草有苍耳、狼杷草、鼬瓣花、香薷、苘麻、反枝苋、鬼针草、藜、大叶藜、本氏蓼、卷茎蓼、野薄荷、苣荬菜、刺儿菜等。对小叶藜、蓟、问荆及幼龄禾本科杂草有抑制作用。耐药性杂草有繁缕、鸭跖草、龙葵。

（3）应用技术 ①氯嘧磺隆在土壤中移动性较大，与土壤的类型关系很大。除草效果在很大程度上取决于土壤酸碱度和有机质含量。pH 值越大，活性就越低。土壤中有机质含量越高，活性就越低，用药量就越多。②该药不宜采用超低量或航空喷雾。重喷会出现药害。③该药在土壤中的持留期较长，后茬不宜种植甜菜、水稻、马铃薯、瓜类、蔬菜、高粱和棉花等作物。④土壤 pH＞7 地块不宜使用此药，有机质含量＞6%地块不宜作土壤处理。土壤营养缺乏或弱苗或病、虫及其他除草剂造成伤害时，不宜使用该药。低洼易涝地不宜使用。⑤氯嘧磺隆使用后遇到持续低温及多雨（12℃以下），或高温（30℃以上）时，可能会出现药害症状，尤其是积水地块作茎叶处理。高温作茎叶处理时，应酌情减少用药量。喷液量一般每公顷为 450～750 L。⑥夏大豆产区应经过试验，取得经验后再推广应用。

（4）使用方法 用于春大豆播后苗前土壤处理，或大豆出苗后茎叶处理。土壤处理的安全性好于出苗后茎叶处理。土壤处理时，每亩用 20%氯嘧磺隆可湿性粉剂 5～7.5 g，或 5%可湿性粉剂 20～30 g，加水 30～40 L，均匀喷雾。出苗后茎叶处理时，一般于大豆第一片三出复叶完全展开时施药，每亩用 20%氯嘧磺隆可湿性粉剂 3～5 g，加水 35 L 喷雾。带苗处理应酌情减少用药量。

（5）混用 与乙草胺混用作土壤处理，每亩用 20%氯嘧磺隆可湿性粉剂 5～7.5 g 与乙草胺混匀后（加水 35 L）均匀喷雾。一般每亩用 50%乙草胺乳油 100～200 mL（有效成分 50～100 g）。还可与嗪草酮、异噁草酮等二元或三元混用，亦可与吡氟禾草灵、烯禾啶、禾草克、吡氟氯禾灵轮换（搭配）使用，两药使用的间隔期为 5～7 d。桶混可能有拮抗作用。

专利概况 氯嘧磺隆包含在专利 US 4394506 的权力要求范围内，但没有具体公开，专利 US 4547215 中公开了该化合物。

专利名称　Herbicidal sulfonamides

专利号　US 4547215　　　　　优先权日　1983-03-24

专利申请人　Du Pont (US)

工艺专利　CA 2027022、DE 4341454、JP 0116770、EP 246984 等。

登记情况　国内登记主要有 25%、50% 可湿性粉剂，25%、75% 水分散粒剂，96% 原药。美国杜邦公司在中国仅登记了 97.8% 的氯嘧磺隆原药。

合成方法　以糖精为主要原料，首先在浓硫酸存在下与乙醇反应制得磺酰胺。然后与光气反应制得磺酰基异氰酸酯，最后与 4-氯-6-甲氧基嘧啶胺缩合即得目的物。反应式如下：

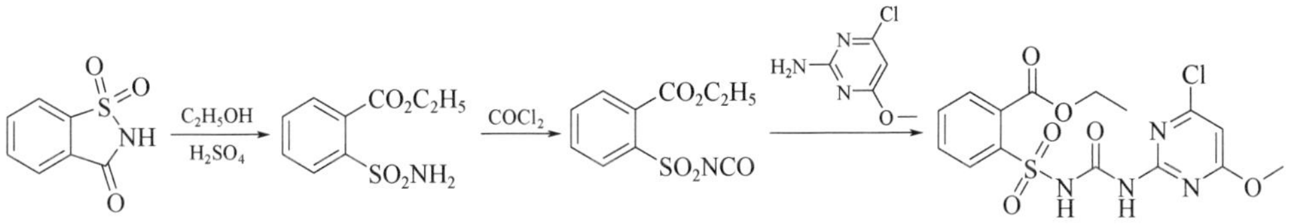

参考文献

[1]　The Pesticide Manual.17 th edition: 186-187.

[2]　李斌，刘长令. 农药, 1995(10): 36-37.

氯磺隆（chlorsulfuron）

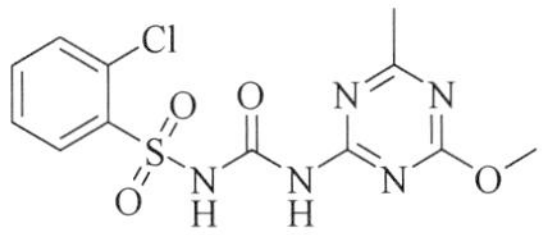

$C_{12}H_{12}ClN_5O_4S$，357.8，64902-72-3

氯磺隆（试验代号：DPX 4189、W4189，商品名：Glean、Granonet、Lasher、Megaton、Telar，其他名称：绿磺隆）由 P. G. Jensen 于 1980 年报道，由 E. I. du Pont de Nemours & Co. 开发的首个磺酰脲类除草剂，1982 年在美国上市。

化学名称　1-(2-氯苯基磺酰)-3-(4-甲氧基-6-甲基-1,3,5-三嗪-2-基)脲。英文化学名称 1-(2-chlorophenylsulfonyl)-3-(4-methoxy-6-methyl-1,3,5-triazin-2-yl)urea。美国化学文摘（CA）系 统 名 称　2-chloro-N-[[(4-methoxy-6-methyl-1,3,5-triazin-2-yl)amino]carbonyl]benzenesulfona-mide。CA 主题索引名称 benzenesulfonamide—, 2-chloro-N-[[(4-methoxy-6-methyl-1,3,5-triazin-2-yl)amino]carbonyl]-。

理化性质　白色结晶固体，熔点 170～173℃。蒸气压（mPa）：$1.2×10^{-6}$（20℃）、$3×10^{-6}$（25℃）。分配系数 $\lg K_{ow}$=−0.99（pH 7），pKa 3.4（20～25℃）。Henry 常数（Pa•m^3/mol，计算值）：$5×10^{-10}$（pH 5）、$3.5×10^{-11}$（pH 7）、$3.2×10^{-12}$（pH 9）。相对密度 1.48（20～25℃）。水中溶解度（mg/L，20～25℃）：590.0（pH 5）、876.0（pH 5）、$1.25×10^4$（pH 7）、$3.18×10^4$（pH 7，25℃）、$1.34×10^5$（pH 9，20℃）；有机溶剂中溶解度（g/L，20～25℃）：二氯甲烷 1.4、丙酮 4、甲醇 15、甲苯 3、正己烷＜0.01。干燥条件下对光稳定，192℃分解。水溶液中 DT$_{50}$：23 d（pH 5，25℃）、＞31 d（pH≥7）。

毒性 急性经口 LD_{50}(mg/kg)：雄大鼠 5545，雌大鼠 6293。兔急性经皮 LD_{50} 3400 mg/kg。对兔眼睛中度刺激，对皮肤无刺激性，对豚鼠皮肤无致敏性。大鼠吸入 LC_{50}（4 h）＞5.5 mg/L。NOEL（mg/kg 饲料）：小鼠（2 年）500、大鼠（2 年）、狗（1 年）2000。（EPA）cRfD 0.02 mg/kg [2002]。在标准试验中无致癌、致突变或致畸性。大鼠急性腹腔 LD_{50} 1450 mg/kg。

生态效应 野鸭和山齿鹑急性经口 LD_{50}＞5000 mg/kg，野鸭和山齿鹑饲喂 LC_{50}（8 d）＞5000 mg/kg 饲料。鱼 LC_{50}（96h，mg/L）：虹鳟鱼＞122，大翻车鱼＞128。LC_{50}（mg/L）：黑头呆鱼＞300，鲶鱼＞50，羊头鱼＞980。水蚤 EC_{50}（48 h）＞112 mg/L。羊角月牙藻 EC_{50} 68 μg/L。蜜蜂 LD_{50}（μg/只）：接触＞100，经口＞130。蚯蚓 LC_{50}＞2000 mg/kg。

环境行为 土壤/环境。通过生物（微生物）和非生物（水解）途径，在土壤中降解和失活，然后经微生物彻底降解为低分子量化合物。pH 值越低水解速率越快。实验室研究中平均土壤半衰期为 66 d（20℃），田间大约 36 d。K_{oc} 33.6 mL/g，pH 值越低且有机质（OC）含量越高，吸附越强。

制剂 可湿性粉剂。

主要生产商 DuPont。

作用机理与特点 支链氨基酸合成（乙酰乳酸合成酶或乙酰羟酸合成酶）抑制剂。通过抑制必需氨基酸缬氨酸和异亮氨酸的生物合成，进而阻止细胞分裂和植物生长而发挥作用。作物选择性基于植物体内的迅速代谢。内吸、超高效磺酰脲类除草剂，药剂被杂草叶面或根系吸收后，迅速向顶和根传导。

应用 适用于小麦、大麦、燕麦、黑麦、黑小麦、亚麻和非耕地等作物田，防除大多数阔叶杂草和部分一年生禾本科杂草。苗前或苗后早期、种植前或种植后早期使用，用于作物时使用剂量为 9～35 g/hm²，用于非耕地时使用剂量为 140 g/hm²。特别需要注意的是氯磺隆高效且残效期长，使用量要严格控制，不能随意增加，以免对后茬作物产生不良影响。

专利概况

专利名称 Herbicidal sulfonamides

专利号 DE 2715786　　　　　**优先权日** 1976-04-07

专利申请人 E. I. Du Pont De Nemours and Co.。

登记情况 由于氯磺隆残效期长，对使用量和使用时间要求很高，并且易对后茬作物产生药害，国内自 2013 年 12 月 31 日起撤销氯磺隆所有产品的登记，自 2015 年 12 月 31 日起禁止在国内销售和使用。

合成方法 经如下反应制得氯磺隆：

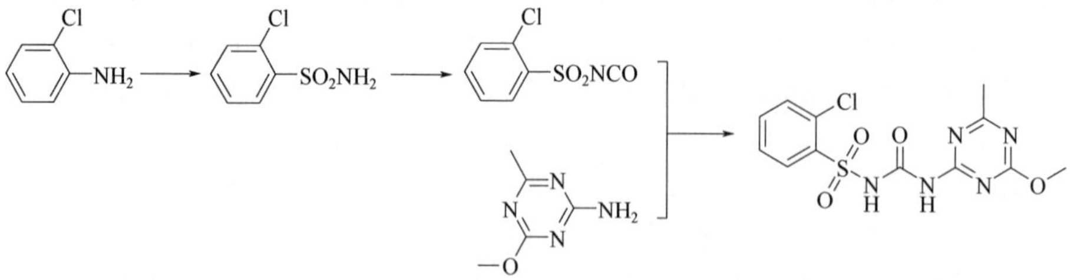

参考文献

[1] The Pesticide Manual.17 th edition: 206-207.

[2] 黄兴盛. 天津化工, 1989(1): 46.

醚磺隆（cinosulfuron）

C$_{15}$H$_{19}$N$_5$O$_7$S，413.4，94593-91-6

醚磺隆（试验代号：CGA 142 464，商品名称：Setoff、耕夫、莎多伏，其他名称：甲醚磺隆）是由汽巴-嘉基公司（现先正达公司）开发的磺酰脲类除草剂。

化学名称　1-(4,6-二甲氧基-1,3,5-三嗪-2-基)-3-[2-(2-甲氧基乙氧基)苯基磺酰基]脲。英文化学名称 1-(4,6-dimethoxy-1,3,5-triazin-2-yl)-3-[2-(2-methoxyethoxy)phenylsulfonyl]urea。美国化学文摘（CA）系统名称 N-[[(4,6-dimethoxy-1,3,5-triazin-2-yl)amino]carbonyl]-2-(2-methoxyethoxy)benzenesulfonamide。CA 主题索引名称 benzenesulfonamide—, N-[[(4,6-dime-thoxy-1,3,5-triazin-2-yl)amino]carbonyl]-2-(2-methoxyethoxy)-。

理化性质　无色粉状结晶体，熔点 127.0～135.2℃，相对密度 1.47（20～25℃）。蒸气压＜0.01 mPa（25℃）。分配系数 lgK_{ow}=2.04（pH 2.1）。Henry 常数＜1×10^{-6} Pa•m^3/mol（pH 6.7）。pK_a(20～25℃)=4.72。在水中的溶解度（mg/L，20～25℃）：120（pH 5）、4000（pH 6.7）、19000（pH 8.1）；有机溶剂中的溶解度（g/L，20～25℃）：丙酮 36、乙醇 1.9、甲苯 0.54、正辛醇 0.26、正己烷＜0.001。加热至熔点以上温度即分解，在 pH 7～10 时无明显分解现象。在 pH 3～5 时水解。

毒性　大小鼠急性经口 LD$_{50}$＞5000 mg/kg，大鼠急性经皮 LD$_{50}$＞2000 mg/kg，对兔的皮肤和眼睛无刺激性作用，对豚鼠皮肤无致敏作用。大鼠吸入 LC$_{50}$（4 h）＞5 mg/L。NOEL（mg/L）：（2 年）大鼠 400，小鼠 60；（1 年）狗 2500。

生态效应　日本鹌鹑急性经口 LD$_{50}$＞2000 mg/kg。虹鳟鱼 LC$_{50}$（96 h）＞100 mg/L。水蚤 LC$_{50}$（48 h）2500 mg/L。淡水藻 EC$_{50}$（72 h）4.8 mg/L。对蜜蜂无毒，LD$_{50}$（经口和接触）＞100 μg/只。蚯蚓 LC$_{50}$（14 d）1000 mg/kg。

环境行为　①动物。甲氧基的水解和磺酰脲桥的断裂。24 h 内 80%～100%的醚磺隆被快速排出体外。②植物。通过磺酰脲桥的断裂而快速降解。③土壤/环境。在土壤中，环上氧脱甲基化，通过磺酰脲桥的断裂形成相应的苯酚、单羟基或双羟基三嗪，降解形成结合残留物和 CO$_2$。DT$_{50}$：20 d（实验室土壤），3 d（水稻田土壤）。无潜在的生物积累。K_{oc} 约 20，表明醚磺隆可能有滤出效果，然而，纵向数据说明，快速的降解作用阻止了滤出现象。在自然条件下的水稻田中，光解作用使醚磺隆快速消散，土壤的吸附使残留量更少。

制剂　水分散粒剂、颗粒剂、可湿性粉剂。

主要生产商　Anpon、Fertiagro、Syngenta 及江苏安邦电化有限公司等。

作用机理与特点　ALS 或 AHAS 抑制剂。通过抑制必需氨基酸如缬氨酸和异亮氨酸的合成起作用，进而使细胞分裂和植物生长停止。选择性来源于植物体内的快速代谢。主要通过植物根系及茎部吸收，传导至植物分生组织。用药后，中毒的杂草不会立即死亡，但生长停止，5～10 d 后植株开始黄化、枯萎，最后死亡。

应用

（1）适宜作物与安全性　可用于移植、直接播种、湿种、干种的水稻田，使用量 20～80 g/hm^2。也可用于热带植物。可以与草坪除草剂一起使用，扩大杂草谱。适宜作物为水稻。

在水稻体内，有效成分能通过脲桥断裂、甲氧基水解、脱氨基及苯环水解后与蔗糖轭合等途径，最后代谢成无毒物。醚磺隆在水稻叶片中半衰期为 3 d，在水稻根中半衰期小于 1 d，所以醚磺隆对水稻安全。但由于醚磺隆水溶性大于 3.7 g/L 水，在漏水田中可能会随水集中到水稻根区，从而对水稻造成药害。

（2）防除对象　异型莎草、鸭舌草、水苋菜、牛毛毡、圆齿尖头草、矮慈姑、野慈姑、萤蔺、花蔺、尖瓣花、雨久花、泽泻、繁缕、鳢肠、丁香蓼、眼子菜、浮叶眼子菜、藨草、仰卧藨草、扁秆藨草等。

（3）应用技术　①醚磺隆适用于移栽稻田防除阔叶杂草和莎草，对单子叶杂草无效。②施药时间为插秧后 5～15 d，秧苗已转青时施药。施药时田间要有 3～5 cm 水层，药后要保持水层 3～5 d，防止串灌。③为了做到一次施药控制全季杂草，可与杀稗剂混用，通常与 50%丙草胺乳油混用，南方稻区每亩用 50%丙草胺 30～40 mL 加 20%醚磺隆 4～5 g，北方稻区用丙草胺 50～60 mL 加 20%醚磺隆 6～8 g。配药时先将计划用药配成母液，按比例混配后再稀释。醚磺隆对恶性杂草眼子菜、矮慈姑在推荐剂量下就可获得良好的效果，如果防除扁秆藨草，则需二次用药，第一次每亩用 1.6～2.0 g (a.i.)，10～15 d 后施第二次药，每亩用药 1.2～2.0 g (a.i.)。④因除草需要，在水稻直播田使用醚磺隆时应在 3～4 叶以后，每亩用药 1.2～1.6 g (a.i.)，采用喷雾法或药土（沙）法施用；水稻 3 叶以前不宜使用。⑤北方因水田稗草发生高峰期在 5 月末到 6 月初，阔叶杂草发生高峰期在 6 月中下旬，若采用旱育稀植栽培技术，插秧时间在 5 月 15～30 日，插前整地时间在稗草发生高峰期前，施药时间在 5 月末至 6 月初，与阔叶杂草发生时间相距 15～20 d，加之醚磺隆在水田持效期长达 1 个月以上，因此对阔叶杂草有好的药效。⑥北方醚磺隆在水稻移栽后 5～7 d 可与丁草胺、环庚草醚、莎稗磷混用，或移栽后 10～15 d 与禾草敌混用，常采用毒土、毒肥、毒沙法施药。若与二氯喹啉酸混用可再拖后些，与二氯喹啉酸混用时采用喷雾法施药。而丁草胺、环庚草醚、莎稗磷等往往因整地与插秧间隔时间过长，稗草叶龄大，药效不佳。若施药提前，则对水稻不安全。而将丁草胺、环庚草醚、莎稗磷分两次施药，既对稗草和阔叶杂草防效均好，又对水稻安全。二氯喹啉酸防除大稗草也可作为急救措施。⑦由于醚磺隆的水溶性高，所以施药后田间不能串灌，以防药剂流失影响效果。为保持 3～5 d 的水层，可以灌水，不能排水。亦不宜用于渗漏性大的稻田，因为有效成分会随水渗漏，集中到根区，导致药害。

（4）使用方法　苗后茎叶处理，也可采用药土（沙）法。喷雾时要求喷水量要足，以每亩 30～40 L 水为宜，要求喷雾均匀周到。采用药土（沙）法可先用少量的水将计划用药量稀释成母液，与 15～20 kg 细土（沙）充分拌匀后撒施。亩用量为 1～5.5 g (a.i.)。南方稻区每亩用 1～1.2 g (a.i.)，北方稻区 1.6～2.0 g (a.i.)。

为扩大对阔叶杂草的防除效果，可同如下药剂混用：

每亩用 20%醚磺隆 10 g 加 60%丁草胺 75～80 mL，水稻移栽后 5～7 d，水稻缓苗后施药。每亩用 20%醚磺隆 10 g 加 30%莎稗磷 50～60 mL，水稻移栽后 5～7 d，水稻缓苗后施药。每亩用 20%醚磺隆 10 g 加 10%环庚草醚 15～20 mL，水稻移栽后 5～7 d，水稻缓苗后施药。每亩用 20%醚磺隆 10 g 加 96%禾草敌 100 mL，水稻移栽后 10～15 d 施药。每亩用 20%醚磺隆 10 g 加 50%二氯喹啉酸 27～40 g，水稻移栽后稗草 3～5 叶期施药，施药前 2 d 放浅水层或田面保持湿润，喷雾法施药。水稻移栽前 3～5 d，每亩用 60%丁草胺 80～100 mL。水稻移栽后 15～20 d，每亩用 60%丁草胺 80～100 mL 加 20%醚磺隆 10 g 混用。水稻移栽前 3～5 d，每亩用 30%莎稗磷 50～60 mL。水稻移栽后 15～20 d，每亩用 30%莎稗磷 40～50 mL 加 20%醚磺隆 10 g 混用。水稻移栽前 3～5 d，每亩用 10%环庚草醚 15～20 mL。水稻移栽后 15～20 d，每亩用 20%醚磺隆 10 g 加 10%环庚草醚 10～15 mL 混用。

专利概况

专利名称　*N*-Phenylsulfonyl-*N*′-triazinylureas

专利号　US 4479821　　　　优先权日　1980-07-17

专利申请人　Ciba-Gcigy Corp.

在其他国家申请的专利　AU 8173036、CA 1205482、CH 657849、IL 79463、SU 1289390、US 4510325、US 4561878、US 4629810、US 4681619、US 4479821、ZA 8104874 等。

登记情况　国内登记情况见表 3-3。

表 3-3　醚磺隆中国登记情况

登记证号	登记名称	剂型	含量	登记场所	防治对象	用药量/[g(制剂)/亩]	施用方法	登记证持有人
PD20091726	醚磺隆	可湿性粉剂	10%	水稻移栽田	一年生阔叶杂草及莎草科杂草	12～20	毒土法	江苏安邦电化有限公司
PD20086354	醚磺隆	原药	92%					江苏安邦电化有限公司

合成方法　中间体邻 2-甲氧基乙氧基苯磺酰胺的合成：

① 以邻氯苯磺酰胺为起始原料,经与溴化苄、乙二醇单甲醚反应再脱保护基而得目的物。

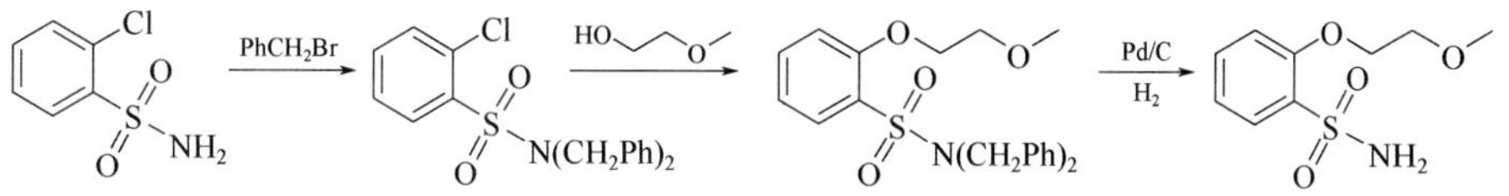

② 以对氯硝基苯为起始原料,经如下反应制得磺酰胺。

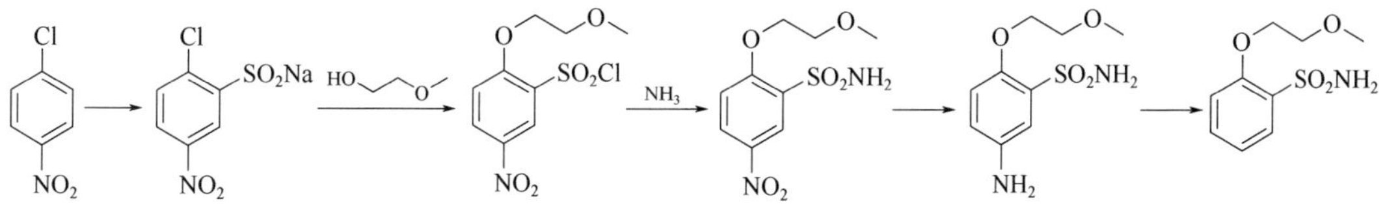

4,6-二甲氧三嗪-2-胺的合成：

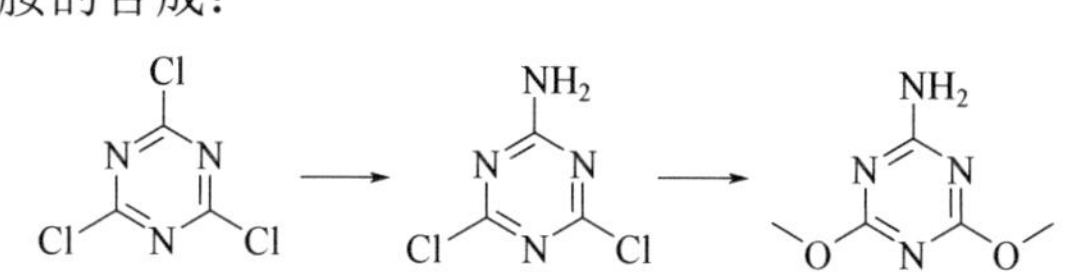

醚磺隆合成：经由邻 2-甲氧基乙氧基苯磺酰胺与光气反应生成邻 2-甲氧基乙氧基苯磺酰基异氰酸酯,与相应的三嗪胺缩合而得。

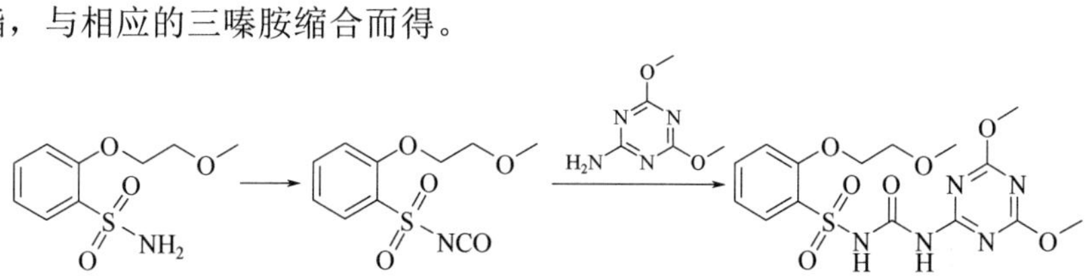

参考文献

[1] The Pesticide Manual.17th edition: 214-215.

[2] 佚名. 农化市场十日讯, 2010(4): 27.

环丙嘧磺隆（cyclosulfamuron）

C$_{17}$H$_{19}$N$_5$O$_6$S，421.4，136849-15-5

环丙嘧磺隆（试验代号：BAS 710 H、AC 322 140，商品名称：Invest、Jin-Qiu、Orysa、金秋）是由美国氰氨公司（现 BASF 公司）开发的磺酰脲类除草剂。

化学名称 1-[2-(环丙酰基)苯基氨基磺酰基]-3-(4,6-二甲氧嘧啶-2-基)脲。英文化学名称 1-[2-(cyclopropylcarbonyl)phenylsulfamoyl]-3-(4,6-dimethoxypyrimidin-2-yl)urea。美国化学文摘（CA）系统名称 N-[[[2-(cyclopropylcarbonyl)phenyl]amino]sulfonyl]-N′-(4,6-dimethoxy-2-pyrimidinyl)urea。CA 主题索引名称 urea—，N-[[[2-(cyclopropylcarbonyl)phenyl]amino]sulfonyl]-N′-(4,6-dimethoxy-2-pyrimidinyl)-。

理化性质 灰白色固体，熔点 149.6～153.2℃（原药）。相对密度 0.64（20～25℃），蒸气压 2.2×10^{-2} mPa（20℃）。分配系数 lgK_{ow}：2.045（pH 5）、1.69（pH 6）、1.41（pH 7）、0.7（pH 8），pK_a(20～25℃)=5.04。水中溶解度（mg/L，20～25℃）：0.17（pH 5）、6.52（pH 7）、549（pH 9）；在 25℃能稳定存放 18 个月，36℃时稳定存放 12 个月，45℃时稳定存放 3 个月。在水中 DT$_{50}$：0.33 d（pH 5）、1.68 d（pH 7）、1.66 d（pH 9）。

毒性 大、小鼠急性经口 LD$_{50}$＞5000 mg/kg。兔急性经皮 LD$_{50}$＞4000 mg/kg。对兔的眼睛有轻微刺激性，对兔的皮肤无刺激性。大鼠吸入 LC$_{50}$（4 h）＞5.2 mg/L。NOEL 数据（mg/kg 饲料）：大鼠（2 年）1000 [50 mg/(kg·d)]，狗（1 年）100 [3 mg/(kg·d)]。Ames 试验显示无致突变性。

生态效应 鹌鹑急性经口 LD$_{50}$＞1880 mg/kg，鹌鹑饲喂 LC$_{50}$（8 d）＞5010 mg/L。鱼 LC$_{50}$（mg/L）：（72 h）鲤鱼＞50；（96 h）虹鳟鱼＞7.7。水蚤 LC$_{50}$（48 h）＞9.1 mg/L。藻类 EC$_{50}$（72 h）0.44 μg/L。蜜蜂急性 LD$_{50}$（24 h，μg/只）：接触＞106，经口＞99。在 892 mg/kg 剂量下对蚯蚓无任何副作用。

环境行为 ①动物。在大鼠体内，环丙嘧磺隆被快速吸收，并以粪便的形式快速排出。②植物。在作物中，通过脲桥的水解，形成无活性的化合物。③土壤/环境。对 4 地美国土壤和 4 地日本水稻田土壤研究表明 K_{oc} 为 1440。

制剂 可湿性粉剂、水分散粒剂。

主要生产商 BASF。

作用机理与特点 ALS 或 AHAS 抑制剂。通过抑制必需氨基酸（例如缬氨酸、异亮氨酸）的合成起作用，进而停止细胞分裂和植物生长。选择性来源于植物体内的快速代谢。主要通过植物根系及茎部吸收，传导至植物分生组织。环丙嘧磺隆能被杂草根和叶吸收，在植株体内迅速传导，阻碍缬氨酸、异亮氨酸、亮氨酸合成，抑制细胞分裂和生长，敏感杂草根和叶吸收药剂后，在植株体内传导，幼芽和根迅速停止生长，幼嫩组织发黄，随后枯死。杂草吸收药剂到死亡有个过程，一般一年生杂草 5～15d；多年生杂草要长一些，有时施药后杂草仍呈绿色，并未死亡，但已停止生长，失去与作物竞争能力。对 ALS 的抑制活性（IC$_{50}$，mol/L）环丙嘧磺隆（0.9）远高于苄嘧磺隆（18.9）、氯嘧磺隆（6.9）、咪草烟（11.6）。

应用

（1）适宜作物与安全性　水稻、小麦、大麦和草坪。对水稻、小麦安全。苗前处理对春大麦安全，而苗后处理对大麦则有轻至中度药害。对地下水和环境无不良影响。

（2）防除对象　主要用于防除一年生和多年生阔叶杂草和莎草科杂草。对禾本科杂草虽有活性，但不能彻底防除。水田：多年生杂草如水三棱、卵穗荸荠、野荸荠、矮慈姑、萤蔺。一年生杂草如异型莎草、莎草、牛毛毡、碎米莎草、繁缕、陌上草、鸭舌草、节节菜以及毋草属杂草等。对几种重要的杂草如丁香蓼、稗草、鸭舌草、瓜皮草、日本干屈菜等活性优于吡嘧磺隆和苄嘧磺隆。小麦、大麦田苗前处理：蓝玻璃繁缕、荠菜、药用球果紫堇、一年生山靛、刚毛毛莲菜、阿拉伯婆婆纳等。小麦、大麦田秋季苗后处理：野欧白芥、虞美人、荠菜、药用球果紫堇、常春藤叶婆婆纳等。春季苗后处理：蓝玻璃繁缕、野欧白芥、荠菜、药用球果紫堇、猪殃殃、卷茎蓼等。对猪殃殃的防除效果最佳。

（3）应用技术与使用方法　环丙嘧磺隆主要用于水稻、小麦和大麦等苗前及苗后防除阔叶杂草。

① 麦田　春季苗后处理，环丙嘧磺隆亩用量为 1.6～3.2 g (a.i.)。在春季应用效果优于秋季，在春季后期应用效果优于早春，在春季苗后处理时，需用一些植物油作辅助剂，亩用量为 1.6 g (a.i.)；在秋季苗后施用，亩用量为 5～6.7 g (a.i.)。

② 水田　水稻移栽后 2～15 d 施用，亩用量为 3～4 g (a.i.)。直播稻田播种后 0～12 d 施用，亩用量为 0.6～2.7 g (a.i.)。草害严重的地区使用高剂量。当稻田中稗草及多年生杂草或莎草为主要杂草时使用高剂量。直播稻田用药时，稻田必须保持潮湿或混浆状态。无论是移栽稻还是直播稻，保持水层有利于药效发挥，一般施药后保持水层 3～5 cm，保水 5～7 d。

③ 东北、西北地区水稻移栽田　插秧后 7～10 d 施药，直播田播种后 10～15 d 施药，每亩用 10%环丙嘧磺隆 15～20 g。沿海、华南、西南及长江流域，水稻移栽田插秧后 3～6 d 施药，水稻直播田播种后 2～7 d 施药，每亩用 10%环丙嘧磺隆 10～20 g。防除 2 叶以内的稗草，每亩用 10%环丙嘧磺隆 30～40 g，采用毒土法施药。施后稳定水层 2～3 cm，保持 5～7 d。环丙嘧磺隆施后能迅速吸附于土壤表层，形成非常稳定的药层，稻田漏水、漫灌、串灌、降大雨均能获得良好的药效。防除多年生莎草科的蔗草、日本蔗草、扁秆蔗草每亩用 10%环丙嘧磺隆 40～60 g。混用：为了更有效地防除稗草，环丙嘧磺隆可与禾草敌、丁草胺、环庚草醚、莎稗磷、丙炔噁草酮、二氯喹啉酸等混用，通常采用一次性施药，每亩用 10%环丙嘧磺隆 10～20 g 加 60%丁草胺 80～100 mL 或 96%禾草敌 100 mL 或 10%环庚草醚 20 mL 或 30%莎稗磷 40～60 mL 或 80%丙炔噁草酮 6 g 或 50%二氯喹啉酸 25～30 g。由于丁草胺、莎稗磷、环庚草醚等单独一次性施药往往因整地与插秧间隔时间长，稗草叶龄大，药效不佳，而施药提前，对水稻安全性有问题。故将丁草胺、莎稗磷、环庚草醚分两次施药，推迟移栽后施药时间，这样做的好处是不仅对稗草和阔叶杂草药效均好，且对水稻安全。而禾草敌与环丙嘧磺隆混用一次性施药最好。二氯喹啉酸能杀大龄稗草，可作为急救措施。每亩用药量及施药时期如下：

10%环丙嘧磺隆 13～17 g 加 10%环庚草醚乳油 20～25 mL 于水稻移栽后 5～7 d 缓苗后施药。

10%环丙嘧磺隆 13～17 g 加 60%丁草胺 80 mL 于水稻移栽后 5～7 d 缓苗后施药。

10%环丙嘧磺隆 13～17 g 加 30%莎稗磷乳油 40～60 mL 于水稻移栽后 5～7 d 缓苗后施药。

10%环丙嘧磺隆 13～17 g 加 96%禾草敌乳油 100～150 mL 于水稻移栽后 10～15 d 施药。

10%环丙嘧磺隆 13～17 g 加 50%二氯喹啉酸可湿性粉剂 20～30 g 于水稻移栽后稗草 3～5 叶期施药，施药前 2 d 放浅水层或田面保持湿润，喷雾法施药。

水稻移栽前 5～7 d，10%环丙嘧磺隆 13～17 g 加 10 %环庚草醚乳油 15～20 mL 或 60%

丁草胺乳油 80 mL 或 30%莎稗磷乳油 40～60 mL。水稻移栽后 15～20 d，环丙嘧磺隆与环庚草醚或丁草胺或莎稗磷再用同样药量混用。

环丙嘧磺隆与丁草胺、环庚草醚、莎稗磷、禾草敌混用可用毒土、毒沙，或结合追肥与尿素混在一起撒施，也可用喷雾法施药。施药后稳定水层 3～5 cm，丁草胺、莎稗磷、环庚草醚等要注意水层不要淹没心叶，保持水层 5～7 d 只灌不排。

④ 直播田　直播稻田环丙嘧磺隆可与禾草敌、二氯喹啉酸混用。水稻苗后稗草 3 叶期前，每亩用 10%环丙嘧磺隆 13～17 g 加 96%禾草敌乳油 100～150 mL，施药采用毒土、毒沙法。水稻苗后稗草 3～5 叶期，10%环丙嘧磺隆 15～20 g 加 50%二氯喹啉酸可湿性粉剂 35～40 g。施药前 2 d 放浅水层或保持田面湿润，喷雾法施药，施药后 2 d 放水回田。

专利概况

专利名称　1-{[O-(cyclopropylcarbonyl)phenyl]sulfamoyl}-3-(4,6-dimethoxy-2-pyrimidinyl) urea herbicidal composition and use

专利号　US 5009699　　　　　　　专利申请日　1990-01-22

专利申请人　American Cyanamid Co.

在其他国家申请的专利　AU 3869693、AU 639064、AU 647720、AU 7001491、BG 60302、BR 9100669、CA 2040068、CN 1033452、CN 1057459、CN 1108880、CS 9101896、DE 69113131、EG 19322、EP 463287、ES 2077084、FI 102749、FI 910387、GR 3017455、HK 1001056、HU 56830、IE 70909、IL 97084、IN 171430、JP 2975698、JP 4224567、KR 173988、LT 1865、NO 300039、NZ 236903、PL 164558、PL 165824、PT 96775、RO 108345、RU 2002419、RU 2071257、SK 280186、TR 25504、US 5107023、ZA 9100625 等。

工艺专利　US 5559234、DE 1950768 等。

合成方法　以邻氨基苯甲酸为起始原料，经磺酰化、酰氯化，再与 γ-丁内酯缩合，制得中间体取代苯胺。嘧啶胺与氯磺酰基异氰酸酯缩合后与取代苯胺反应，处理即得目的物。反应式为：

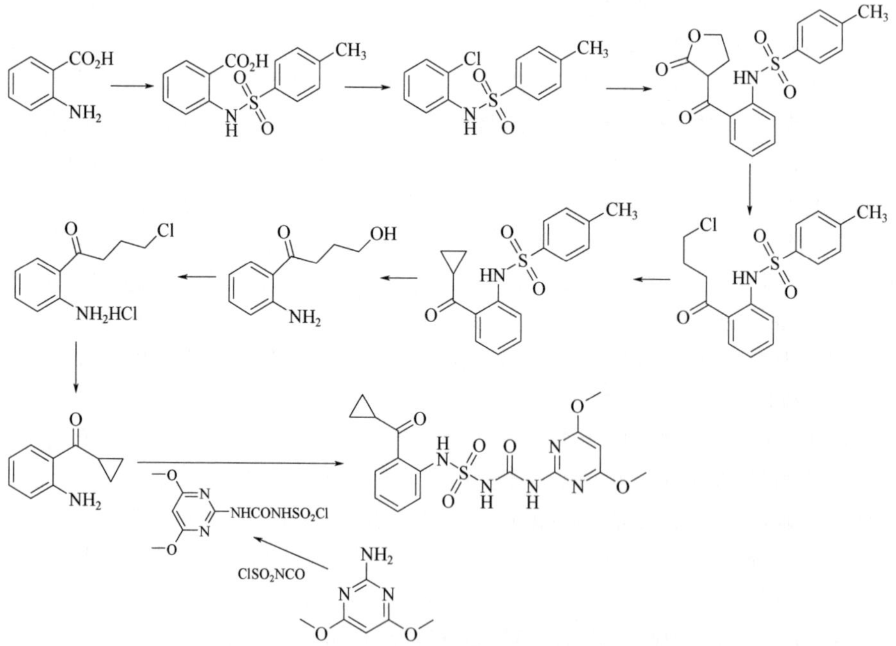

参考文献

[1] The Pesticide Manual.17 th edition: 258-259.

[2] 谭晓军, 王党生. 化学与生物工程, 2005(2): 47-48.

胺苯磺隆（ethametsulfuron-methyl）

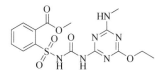

$C_{15}H_{18}N_6O_6S$，410.4，97780-06-8，111353-84-5(酸)

胺苯磺隆（试验代号：A7881、DPX-A7881，商品名称：Muster，其他名称：胺苯黄隆）是由杜邦公司开发的磺酰脲类除草剂。

化学名称　2-[(4-乙氧基-6-甲氨基-1,3,5-三嗪-2-基)氨基羰基氨基磺酰基]苯甲酸甲酯。英文化学名称 methyl 2-[(4-ethoxy-6-methylamino-1,3,5-triazin-2-yl)carbamoylsulfamoyl]benzoate。美国化学文摘（CA）系统名称 methyl 2-[[[[[4-ethoxy-6-(methylamino)-1,3,5-triazin-2-yl]amino]carbonyl]amino]sulfonyl]benzoate。CA 主题索引名称 benzoic acid—, 2-[[[[[4-ethoxy-6-(me-thylamino)-1,3,5-triazin-2-yl]amino]carbonyl]amino]sulfonyl]-, methyl ester。

理化性质　原药含量＞96%。白色无味晶体，熔点 194℃，相对密度（20～25℃）1.6。蒸气压（25℃）$6.41×10^{-10}$mPa，$\lg K_{ow}$：2.01（pH 4）、−0.28（pH 7）、−1.83（pH 9），Henry常数（Pa·m³/mol，计算）＜$1×10^{-9}$（pH 6），pK_a（20～25℃）4.20。水中溶解度（mg/L，20～25℃）：0.56（pH 5）、222.7（pH 7）、1858.4（pH 9）；有机溶剂中溶解度（g/L，20～25℃）：丙酮 0.764、乙腈 0.401、甲醇 1.554、二氯甲烷 2.066、乙酸乙酯 0.173。pH 7、9 时稳定，在 pH 5 时快速水解，DT_{50} 28 d。光解不是其主要的分解途径。反应中显酸性，不发生放热反应，无爆炸性。

毒性　大鼠急性经口 LD_{50}＞5000 mg/kg，兔急性经皮 LD_{50}＞2000 mg//kg。对兔皮肤无刺激性，对兔眼睛有轻微刺激性，对豚鼠皮肤无致敏性。大鼠吸入 LC_{50}（4 h）＞5.7 mg/L。NOEL（mg/L）：大、小鼠（90 d）＞5000，大鼠（2 年）500，狗（1 年）3000，小鼠（1.5 年）＞5000。对大鼠无致癌性和致突变性，对大鼠和兔无致畸性。ADI/RfD 0.21 mg/kg。

生态效应　山齿鹑和野鸭急性经口 LD_{50}＞2250 mg/kg，山齿鹑和野鸭饲喂 LC_{50}（8 d）＞5620 mg/kg 饲料。鱼 LC_{50}（96 h，mg/L）：大翻车鱼＞123，虹鳟鱼＞126。水蚤 LC_{50}（48 h）＞550 mg/L。羊角月牙藻 NOEL 0.5 mg/L。浮萍 EC_{50}＞5 μg/L。蜜蜂接触 LD_{50}＞12.5 μg/只。蚯蚓接触 LD_{50}（14 d）＞1000 mg/kg 土。

环境行为　①动物。在雌雄大鼠体内快速代谢，通过尿液和粪便排出体外。代谢物 DT_{50}：雄大鼠 12 h，雌大鼠 21～26 h。5 d 后组织内的残留量小于 0.2%。胺苯磺隆及其代谢物无积累。②植物。在温室中，以 30 g/hm² 剂量处理油菜，叶面的放射性残留总量迅速降低，从 1.0 mg/L（刚处理完）降到 0.02 mg/L（31d 后）。DT_{50} 为 1～3 h。已确认两个主要的代谢物，由连续的去烷基化形成，首先失去乙氧基产生相应的羟基三嗪，然后失去甲氨基取代基。成熟油菜中放射性残留物的含量很低（0.008～0.012 mg/L）。在种子中没有检测到胺苯磺隆。③土壤/环境。土壤代谢 DT_{50}：（需氧，实验室）0.5～2月，（厌氧，实验室）6.5月。在需氧代谢中共发现了 12 种代谢物，在土壤光解研究中发现光照时降解速度是黑暗中降解速度的 3～6 倍。水溶液中代谢 DT_{50}：0.8～6 月（需氧），2～9 月（厌氧）。在实验室利用土壤薄层色谱法（TLC）、土壤柱淋溶、吸附/脱附来进行土壤流动性研究，土壤中流动性取决于土壤特性以及有机质含量，沙性土壤中流动性较强，壤土中几乎无流动性。

制剂　水分散粒剂。

主要生产商　FMC。

作用机理　支链氨基酸（ALS 或 AHAS）合成抑制剂，通过抑制必需氨基酸的合成起作用，导致细胞分裂和植物生长的停止。苗后选择性除草剂，主要通过叶面吸收，土壤活性很弱，甚至没有。

应用

（1）适宜作物与安全性　油菜品种不同，其耐药性也有差异，一般甘蓝型油菜抗性较强，芥菜型油菜敏感。油菜秧苗 1～2 叶期茎叶处理有药害，为危险期。秧苗 4～5 叶期开始抗性增强，茎叶处理一般无药害。该药在土壤中残效长，不可超量使用，否则会危害下茬作物。若后作是水稻直播田、小苗机插田或抛秧田，需先试验后再用。对后作为水稻秧田或棉花、玉米、瓜豆等旱作物田的安全性差，禁止使用。

（2）防除对象　防除油菜田许多阔叶杂草和禾本科杂草如母菊、野芝麻、绒毛蓼、春蓼、野芥菜、黄鼬瓣花、苋菜、繁缕、猪殃殃、碎米荠、大巢菜、泥胡菜、雀舌草和看麦娘等。

（3）使用方法　冬播油菜田以 10～25 g (a.i.)/hm² 剂量使用[亩用量为 0.6～1.67 g (a.i.)]，施药时期为播后苗前，施药方法为土壤处理、或油菜秧移栽 7～10d 活棵后茎叶处理、或于直播田油菜秧苗 4～5 叶期茎叶处理、或播后苗前或播种前 1～3d 土壤处理。北方秋播油菜田应禁止施用，否则会危害春播作物，但南方秋播移栽田可以施用。以上兑水量为 40～50kg/亩，施药时若加入 0.05%～0.25%（体积分数）的表面活性剂或 0.5%～1.0%（体积分数）的植物油有助于改善其互溶性，并可提高活性。

专利概况

专利名称　Herbicidal sulfonylureas

专利号　US 4548638　　　　　　　　优先权日　1983-08-22

专利申请人　E. I. Du Pont De Nemours and Co.。

登记情况　国内自 2013 年 12 月 31 日起撤销胺苯磺隆单剂的登记，自 2015 年 12 月 31 日起禁止在国内销售和使用。自 2015 年 7 月 1 日起撤销胺苯磺隆原药及复配制剂登记，自 2017 年 7 月 1 日起禁止在国内销售和使用。

合成方法　胺苯磺隆可按下述反应式制备：

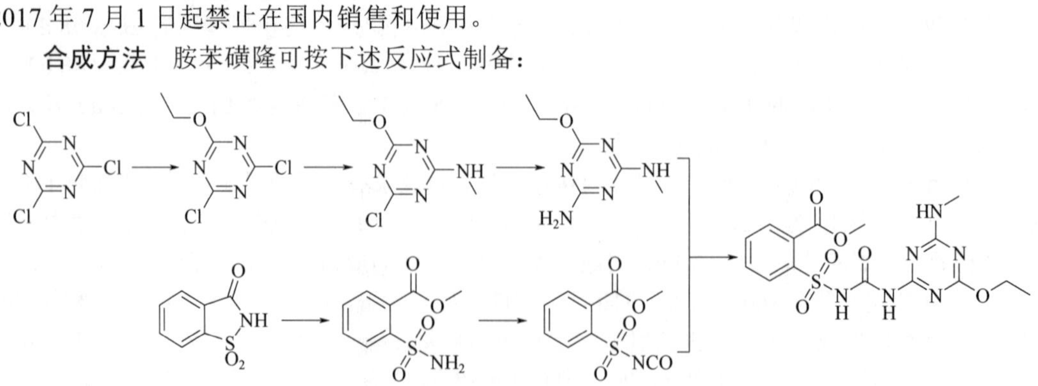

三嗪胺中间体还可通过如下反应制得：

参考文献

[1] The Pesticide Manual.17 th edition: 419-420.
[2] 耿贺利. 农药, 1998, 37(2): 36-40.

乙氧磺隆（ethoxysulfuron）

C$_{15}$H$_{18}$N$_4$O$_7$S，398.4，126801-58-9

乙氧磺隆（试验代号：AE F095404、Hoe 095404、Hoe-404，商品名称：Sunrice、太阳星，其他名称：乙氧嘧磺隆）是由安万特公司（现拜耳公司）开发的磺酰脲类除草剂。

化学名称　1-(4,6-二甲氧基嘧啶-2-基)-3-(2-乙氧苯氧磺酰基)脲。英文化学名称　1-(4,6-dimethoxypyrimidin-2-yl)-3-(2-ethoxyphenoxysulfonyl)urea。美国化学文摘（CA）系统名称 2-ethoxyphenyl ester [[(4,6-dimethoxypyrimidin-2-yl)amino]carbonyl]sulfamic acid。CA 主题索引名称 sulfamic acid—, [[(4,6-dimethoxy-2-pyrimidinyl)amino]carbonyl]-2-ethoxyphenyl ester。

理化性质　原药含量≥95%。白色至米黄色粉状,熔点 144～147℃。蒸气压:6.6×10^{-2} mPa（20℃）。相对密度 1.44（20～25℃）。分配系数 lgK_{ow}: 2.89（pH 3）、0.004（pH 7）、−1.2（pH 9）。Henry 常数（Pa·m^3/mol）:1.00×10^{-3}（pH 5）、1.94×10^{-5}（pH 7）、2.73×10^{-6}（pH 9）、pK_a(20～25℃)=5.28。水中溶解度（20～25℃，mg/L）:26（pH 5）、1353（pH 7）、9628（pH 9）;有机溶剂中溶解度（g/L，20～25℃）:正己烷 0.006、甲苯 2.5、丙酮36.0、乙酸乙酯14.1、二氯甲烷 107.0、甲醇 7.7、异丙醇 1.0、聚乙二醇 22.5、二甲基亚砜>500.0。水解 DT$_{50}$: 65 d（pH 5）、259 d（pH 7）、331 d（pH 9）。

毒性　大鼠急性经口 LD$_{50}$>3270 mg/kg。大鼠急性经皮 LD$_{50}$>4000 mg/kg。大鼠急性吸入 LC$_{50}$>3.55 mg/L。对大鼠的眼睛和皮肤无刺激性。对皮肤无致敏性。大鼠吸入 LC$_{50}$>3.55 mg/L。大鼠 NOEL 3.9 mg/(kg·d)，ADI 0.04 mg/kg。无致畸变性。

生态效应　日本鹌鹑和山齿鹑急性经口 LD$_{50}$>2000 mg/kg。日本鹌鹑和野鸭饲喂 LC$_{50}$>5000 mg/kg。鱼类 LC$_{50}$（mg/L）:斑马鱼 672,鲤鱼>85.7,虹鳟鱼>80.0。水蚤 EC$_{50}$ 307 mg/L。藻类 E$_b$C$_{50}$（mg/L）:半角月牙藻 0.19,纤维藻 0.27。浮萍 EC$_{50}$ 0.00024 mg/L。蜜蜂 EC$_{50}$（μg/只）:>200（经口），>1000（接触）。蚯蚓 LC$_{50}$>1000 mg/kg 土壤。对蚜茧蜂属和盲走螨属有轻微伤害。对豹蛛和捕食性步甲无影响。

环境行为　动物口服以后广泛吸收,7 d 后>92%的被排泄出来。土壤实验室测试,在活性土壤中的 DT$_{50}$为 18～20 d。在水稻田中，DT$_{50}$为 10～60 d。K_{oc} 为 24～243。

制剂　可湿性粉剂、水分散粒剂。

主要生产商 Bayer CropScience、江苏省农用激素工程技术研究中心有限公司、内蒙古莱科作物保护有限公司、山东潍坊润丰化工股份有限公司、浙江泰达作物科技有限公司等。

作用机理与特点 ALS 或 AHAS 抑制剂。通过抑制必需氨基酸如缬氨酸、异亮氨酸的合成起作用，进而使细胞分裂和植物生长停止。选择性源于在作物和杂草体内不同的选择性。通过杂草根和叶吸收，在植株体内传导，使杂草停止生长而后枯死。

应用

（1）适宜作物与安全性　谷类［如水稻（插秧稻、抛秧稻、直播稻、秧田）]、甘蔗等。对小麦、水稻、甘蔗等安全，且对后茬作物无影响。

（2）防除对象　主要用于防除阔叶杂草、莎草科杂草及藻类如鸭舌草、青苔、雨久花、水绵、飘拂草、牛毛毡、水莎草、异型莎草、碎米莎草、萤蔺、泽泻、鳢肠、野荸荠、眼子菜、水苋菜、丁香蓼、四叶萍、狼杷草、鬼针草、草龙、节节菜、矮慈姑等。

（3）应用技术　乙氧磺隆的使用剂量因作物、国家或地区、季节不同而不同，为 10～120 g (a.i.)/hm²。在中国水稻田亩用量为 0.45～2.1 g (a.i.)，南方稻田用低量，北方稻田用高量。防除多年生杂草和大龄杂草时应采用上限推荐用药量。碱性田中采用推荐的下限用药量。施药后 10 d 内勿使田内药水外流和淹没稻苗心叶。用于小麦田除草时若与其他除草剂混用可扩大杀草谱。

（4）使用方法

① 与沙土混施　乙氧磺隆在我国南方（长江以南）插秧稻田、抛秧稻田水稻移栽后 3～6 d 施用，每亩用 15%乙氧磺隆 3～5 g，直播稻田、秧田每亩用 4～6 g。长江流域插秧稻田、抛秧稻田每亩用 5～7 g，直播稻田、秧田每亩用 6～9 g。长江以北插秧稻田、抛秧稻田移栽后 4～10 d 施用，每亩用 7～14 g，直播稻田、秧田每亩用 6～15 g。东北地区插秧田、直播田每亩用 10～15 g。以上用药量，使用时先用少量水溶解，稀释后再与细沙土混拌均匀，撒施到 3～5 cm 水层的稻田中。每亩用细沙土 10～20 kg 或混用适量化肥撒施亦可。施药后保持浅水层 7～10 d，只灌不排，保持药效。

② 茎叶喷雾处理　插秧田、抛秧田，施药时间为水稻移栽后 10～20 d 或直播稻田稻秧苗 2～4 片叶时，每亩对水 10～25 L，在稻田排水后进行喷雾茎叶处理，喷药后 2 d 恢复常规水层管理。

鉴于乙氧磺隆主要通过杂草茎叶吸收，在干旱缺水和漏水稻田，于多数阔叶杂草和莎草出齐苗后或 2～4 叶期，采用杂草茎叶喷雾处理，每亩对水 20～40 L，将所施药量均匀喷施到稻田。这样即可有效地控制干旱缺水和漏水稻田中杂草。

③ 混　当田间稗草等禾本科杂草与阔叶草、莎草混生时，乙氧磺隆应按其单用剂量与莎稗磷、丙炔噁草酮、丁草胺、禾草敌、二氯喹啉酸等杀稗剂的常量混用，可一次用药解除草害。

a．插秧稻混用

（a）长江以南　每亩用 15%乙氧磺隆 3～5 g 加 30%莎稗磷 40～50 mL 或 60%丁草胺 80～100 mL 或 96%禾草敌 100～150 mL 或 50%二氯喹啉酸 30～44 g。

（b）长江流域　每亩用 15%乙氧磺隆 3～5 g 加 30%莎稗磷 30～40 mL 或 60%丁草胺 100～120 mL 或 96%禾草敌 100～150 mL 或 50%二氯喹啉酸 30～50 g。

（c）长江以北　每亩用 15%乙氧磺隆 7～14 g 加 30%莎稗磷 40～60 mL 或 60%丁草胺 100～150 mL 或 96%禾草敌 100～200 mL 或 50%二氯喹啉酸 40～50 g。

（d）东北　每亩用 15%乙氧磺隆 10～15 g 加 30%莎稗磷 50～60 mL 或 60%丁草胺 100～

120 mL 或 80%丙炔噁草酮 6 g。

乙氧磺隆与莎稗磷混用时，应于水稻栽后南方 3～7 d，北方 4～10 d，待水稻扎根立苗后，且稗草等单子叶杂草 0～2 叶期施药，采用毒土法或药肥法，即每亩与化肥或 10～20 kg 沙土混匀后，均匀撒施到 2～5 cm 水层的稻田中，施药后保水层 5 d 以上。乙氧磺隆与禾草敌混用时，则应于稻苗扎根立苗后、稗草 0～3 叶期施药，采用毒土法或药肥法施用。乙氧磺隆与二氯喹啉酸混用可于杂草 3～7 叶期采用喷雾法，待田间落水使杂草露出水面后，每亩对水 20～40 L，进行茎叶喷雾处理，喷药 1 d 后，恢复常规水层管理。以下为东北混用方法：

每亩用 15%乙氧磺隆 10～15 g 加 30%莎稗磷 50～60 mL 于水稻移栽后 5～7 d 施药。

每亩用 15%乙氧磺隆 10～15 g 加 80%丙炔噁草酮 6 g 于插秧后 5～7 d 施药。

每亩用 15%乙氧磺隆 10～15 g 加 96%禾草敌 100～150 mL，水稻移栽后 10～15 d 施药。

每亩用 80%丙炔噁草酮 6 g 于插秧前 5～7 d 施药。插秧后 15～20 d，15%乙氧磺隆每亩 10 g 加 80%丙炔噁草酮 4 g 混用。

每亩用 10%环庚草醚 15 mL 于水稻移栽前 5～7 d 施药。水稻移栽后 15～20 d，15%乙氧磺隆每亩 10～15 g 加 10%环庚草醚 15 mL 混用。

每亩用 60%丁草胺 80～100 mL 于水稻移栽前 5～7 d 施药。水稻移栽后 10～15 d，15%乙氧磺隆 10～15 g 加 60%丁草胺 80～100 mL 混用。

每亩用 30%莎稗磷 50～60 mL 在水稻移栽前 5～7 d 施药。水稻移栽后 15～20 d，每亩以 15%乙氧磺隆 10～15 g 加 30%莎稗磷乳油 40～50 mL 混用。

每亩用 15%乙氧磺隆 10～15 g 加 50%二氯喹啉酸 40～50 g，水稻移栽后 10～20 d 施药，施药前 2 d 放浅水层，使杂草露出水面，采用喷雾法施药，施药后 2 d 放水回田。

乙氧磺隆与莎稗磷、禾草敌、环庚草醚、丁草胺混用采用毒土或喷雾法施药，施后稳定水层 3～5 cm，保持 5～7 d 只灌不排。

b．抛秧稻混用

（a）长江以南 每亩用 15%乙氧磺隆 3～5 g 加 96%禾草敌 100～150 mL 或 50%二氯喹啉酸 30～40 g。

（b）长江流域 每亩用 15%乙氧磺隆 3～5 g 加 96%禾草敌 100～150 mL 或 50%二氯喹啉酸 30～50 g。

（c）长江以北 每亩用 15%乙氧磺隆 7～14 g 加 96%禾草敌 100～200 mL 或 50%二氯喹啉酸 40～50 g。

以上均于稻苗扎根立苗后，稗草 0～2 叶期，采用毒土法或药肥法施用，也可于稗草 2～3 叶期采用喷雾法，待田间落水使杂草露出水面后，每亩对水 20～40 L，进行茎叶喷雾处理，喷药 1 d 后，恢复常规水层管理。

c．直播稻、秧田混用

（a）长江以南 每亩用 15%乙氧磺隆 3～5 g 加 96%禾草敌 100～150 mL 或 50%二氯喹啉酸 30～35 g。

（b）长江流域 每亩用 15%乙氧磺隆 6～9 g 加 96%禾草敌 120～150 mL 或 50%二氯喹啉酸 35～45 g。

（c）长江以北 每亩用 15%乙氧磺隆 10～15 g 加 96%禾草敌 150～200 mL 或 50%二氯喹啉酸 40～50 g。

若乙氧磺隆与禾草敌混用处于播后稻苗 2～3 叶期，与二氯喹啉酸混用处于播后稻苗 3～

4 叶期，均采用喷雾法，待田间落水使杂草露出水面后，每亩对水 20～40 L，进行茎叶喷雾处理，喷药 2 d 后，恢复常规水层管理。

专利概况

专利名称　Heterocyclic 2-alkoxyphenoxysulfonylureas and the use thereof as herbicides or plant growth regulators

专利号　DE 3816704　　　　　专利申请日　1988-05-17

专利申请人　Hoechst AG

在其他国家申请的专利　AU 3478489、AU 634473、BR 8902278、CN 1038643、CN 1044427、CN 1190651、DD 283760、EP 342569、ES 2057015T、HU 50136、IL 90299、JP 2028159、JP 2043101、JP 7074206、KR 215617、SU 1829896、US 5104443、ZA 8903643 等。

工艺专利　EP 560178、EP 504817、EP 507093 等。

登记情况　国内登记情况：登记了 95%、96%、97%乙氧磺隆原药和 15%水分散粒剂。德国拜耳公司在中国的登记情况见表 3-4。

表 3-4　乙氧磺隆在中国的登记情况

登记证号	登记名称	剂型	含量	登记场所	防治对象	用药量 /[g(制剂)/亩]	施用方法	登记证持有人
PD20060010	乙氧磺隆	水分散粒剂	15%	抛秧田	阔叶杂草	3～5（华南地区），5～7（长江流域地区），7～14（东北、华北地区）	毒土或喷雾	拜耳公司
				水稻抛秧田	莎草科杂草	3～5（华南地区），5～7（长江流域地区），7～14（东北、华北地区）		
				水稻田（直播）	阔叶杂草	4～6（华南地区），6～9（长江流域地区），10～15（华北、东北地区）		
				水稻田（直播）	莎草科杂草	4～6（华南地区），6～9（长江流域地区），10～15（华北、东北地区）		
				水稻移栽田	阔叶杂草	3～5（华南地区），5～7（长江流域地区），7～14（东北、华北地区）		
				水稻移栽田	莎草科杂草	3～5（华南地区），5～7（长江流域地区），7～14（东北、华北地区）		
PD20060009	乙氧磺隆	原药	95%					拜耳公司

合成方法　乙氧磺隆的合成方法很多，适宜的方法如下：

① 以三氧化硫为起始原料，与氯氰反应制得氯磺酰基异氰酸酯，再与过量的邻羟基苯乙醚反应，最后与二甲氧基嘧啶胺于甲苯中，100℃缩合反应 2 h 得目的物，收率 96.4%，纯度 98.8%。

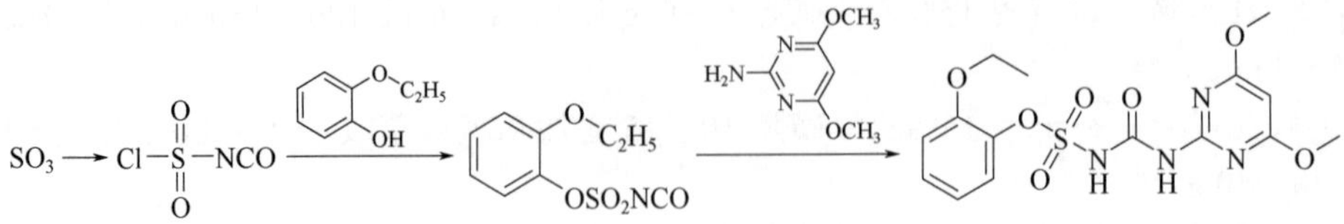

② 通过如下反应亦可制得目的物。

参考文献

[1] The Pesticide Manual.17 th edition: 429-430.

[2] 张谊友. 黑龙江农业科学, 2003(5): 48-49.

啶嘧磺隆（flazasulfuron）

$C_{13}H_{12}F_3N_5O_5S$，407.3，104040-78-0

啶嘧磺隆（试验代号：SL-160、OK-1166，商品名称：Katana、Shibagen、秀百宫，其他名称：啶嘧黄隆）是由日本石原产业化学公司开发的磺酰脲类除草剂。

化学名称 1-(4,6-二甲氧基嘧啶-2-基)-3-(3-三氟甲基-2-吡啶磺酰基)脲。英文化学名称 1-(4,6-dimethoxypyrimidin-2-yl)-3-(3-trifluoromethyl-2-pyridylsulfonyl)urea。 美国化学文摘（CA）系统名称 N-[[(4,6-dimethoxy-2-pyrimidinyl)amino]carbonyl]-3-(trifluoromethyl)-2-pyridinesulfonamide。CA 主题索引名称 2-pyridinesulfonamide—, N-[[(4,6-dimethoxy-2-pyrimidinyl)amino]carbonyl]-3-(trifluoromethyl)-。

理化性质 无味白色结晶粉末，熔点 180℃，不易燃。相对密度 1.606（20~25℃）。蒸气压＜0.013 mPa（25℃）。分配系数 lgK_{ow}：1.30（pH 5）、−0.06（pH 7）。Henry 常数＜$2.58×10^{-6}$ Pa·m³/mol。pK_a(20~25℃)=4.37。水中的溶解度（g/L，20~25℃）：0.027（pH 5）、2.1（pH 7）；有机溶剂中溶解度（mg/L，20~25℃）：甲醇 4200、乙腈 8700、丙酮 22700、甲苯 560、辛醇 200、二氯甲烷 22100、乙酸乙酯 6900、己烷 0.5。水中 DT_{50}（22℃）：17.4 h（pH 4）、16.6 d（pH 7）、13.1 d（pH 9）。

毒性 大小鼠急性经口 LD_{50}＞5000 mg/kg，大鼠急性经皮 LD_{50}＞2000 mg/kg。对兔的皮肤和眼睛无刺激性作用，对豚鼠皮肤无过敏性。大鼠吸入 LC_{50}（4 h）5.99 mg/L。大鼠 NOEL（2 年）1.313 mg/(kg·d)。ADI/RfD：（EC）0.013 mg/kg（2004），（EPA）aRfD 0.5 mg/kg，cRfD 0.013 mg/kg（2007）。Ames 试验、DNA 修复试验、染色体畸变试验显示无致畸变性。

生态效应 日本鹌鹑急性经口 LD_{50}＞2000 mg/kg，山齿鹑和野鸭饲喂 LC_{50}＞5620 mg/L。鱼 LC_{50}（mg/L）：鲤鱼＞20（48 h）、虹鳟鱼 22（96 h）。水蚤 EC_{50}（48 h）106 mg/L。月牙藻 EC_{50}（72 h）0.014 mg/L。浮萍 EC_{50}（7 d）0.00004 mg/L。蜜蜂 LD_{50}（经口和接触）＞100 μg/只。蚯蚓蠕虫 LC_{50}＞15.75 mg/L。对有益生物无害。

环境行为 ①动物。快速、广泛地吸收，7 d 内主要以尿液的形式排出 90%啶嘧磺隆，代谢主要是通过分子内重排、磺酰脲桥的消除、氧化和共轭作用进行。②土壤/环境。在土壤

中 DT_{50} 2～18 d（5 地），DT_{90} 10～100 d（5 地）。

制剂 水分散粒剂。

主要生产商 Ishihara Sangyo、吉林省通化农药化工股份有限公司、江苏瑞邦农化股份有限公司、江苏省农用激素工程技术研究中心有限公司等。

作用机理与特点 ALS 或 AHAS 抑制剂。通过抑制必需氨基酸的合成起作用，如缬氨酸、异亮氨酸，进而使细胞分裂和植物生长停止。因代谢速率不同产生选择性。为系统除草剂，被叶片快速吸收并传遍整个植物。一般情况下，处理后杂草立即停止生长，吸收 4～5 d 后新发出的叶子褪绿，然后逐渐坏死并蔓延至整个植株，20～30 d 杂草彻底枯死。

应用 苗前苗后除草剂，用于暖季型草坪控制阔叶杂草和莎草，特别是莎草属杂草和香附子。极少情况下引起植物药害，使用后会出现新叶褪色，草坪萎缩，但是可以很快恢复。

（1）适宜作物与安全性 草坪，对草坪尤其是暖季型草坪除草安全，尤其对结缕草类（马尼拉草、台湾草、天鹅绒草、日本结缕草、大穗结缕草等）和狗牙根草（百慕大、天堂草、天堂路、天堂 328）等安全性更高，从休眠期到生长期均可使用。冷季型草坪对啶嘧磺隆敏感，故高羊茅、早熟禾、剪股颖等不可使用该除草剂。

（2）防除对象 啶嘧磺隆不仅能极好地防除草坪中一年生阔叶和禾本科杂草，而且还能防除多年生阔叶杂草和莎草科杂草如稗草、马唐、牛筋草、早熟禾、看麦娘、狗尾草、香附子、水蜈蚣、碎米莎草、异型莎草、扁穗莎草、白车轴、空心莲子草、小飞蓬、黄花草、绿苋、荠菜、繁缕等，对短叶水蜈蚣、马唐和香附子防效极佳。持效期为 30（夏季）～90 d（冬季）。一般在施药后 4～7 d 杂草逐渐失绿，然后枯死。部分杂草在施药 20～40 d 后完全枯死。

（3）应用技术与使用方法 啶嘧磺隆在任何季节均可苗后施用，土壤或叶面施药均可，苗后早期施药为好，尤其以杂草 3～4 叶期为佳。土壤处理对多年生杂草防效低于一年生杂草，因为该药剂主要通过叶面吸收并转移至植物各组织。使用剂量为 25～100 g (a.i.)/hm^2［亩用量为 1.7～6.7 g (a.i.)］时对稗草、狗尾草、具芒碎米莎草、绿苋、早熟禾、荠菜、繁缕防效达 95%～100%。用量为 50～100 g (a.i.)/hm^2［亩用量为 3.3～6.7 g (a.i.)］对短叶水蜈蚣、香附子防效达 95%～100%。

专利概况

专利名称 *N*-[(4,6-dimethoxypyridin-2-yl)aminocarbonyl]-3-trifluoromethylpyridine-2-sulfonamide or its salts and herbicidal composition containing them

专利号 EP 184385　　　　　优先权日 1984-12-06

专利申请人 Ishihara Sangyo Kaisha (JP)

在其他国家申请的专利 AU 5073385、AU 580355、BR 8506081、CN 1009152、CN 85109761、DE 3579891、DK 164166、DK 563285、ES 8700230、JP 1937980、JP 6060173、JP 61267576、KR 9104431、NZ 214447、PH 20866、US 4744814 等。

登记情况 国内登记情况：25%水分散粒剂，登记作物为暖季型草坪，防治对象为杂草。日本石原产业株式会社在中国登记情况见表 3-5。

表 3-5 日本石原产业株式会社在中国登记情况

登记证号	登记名称	含量	剂型	登记作物	防治对象	用药量 /[g(制剂)/亩]	施用方法
PD390-2003	啶嘧磺隆	25%	水分散粒剂	暖季型草坪	杂草	10～20	喷雾
PD389-2003	啶嘧磺隆	94%	原药				

合成方法　反应式如下：

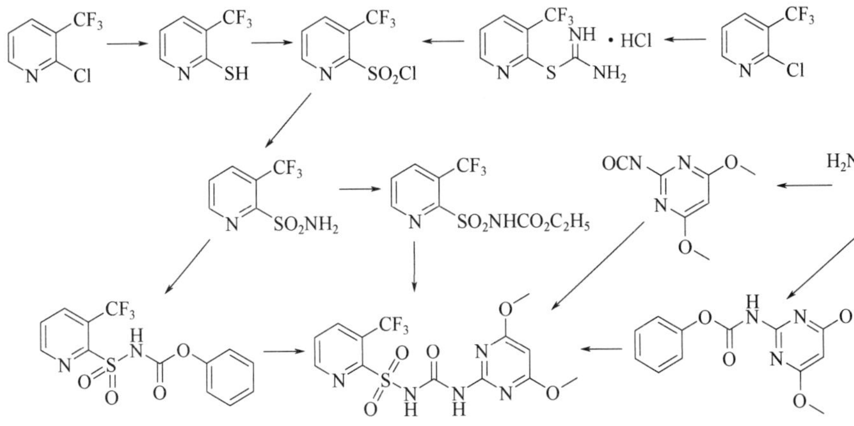

参考文献

[1] The Pesticide Manual.17 th edition: 485-486.

[2] 范文政. 世界农药, 2004, 26(1): 48-49.

[3] 顾保权, 陈应惠, 范文政. 上海化工, 2008, 33(4): 4-7.

氟唑磺隆（flucarbazone-sodium）

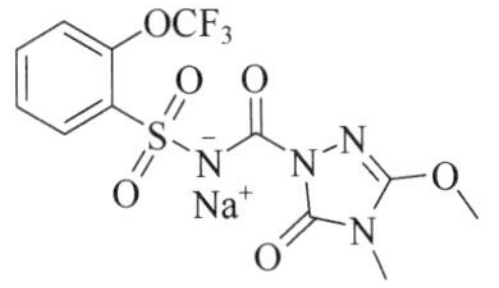

$C_{12}H_{10}F_3N_4NaO_6S$，418.3，181274-17-9

氟唑磺隆［试验代号：MKH 6562、SJO 0498，商品名称：Everest、Everest GBX（混剂），其他名称：氟酮磺隆］是由拜耳公司开发的新型磺酰脲类除草剂。

化学名称　4,5-二氢-3-甲氧基-4-甲基-5-氧-N-(2-三氟甲氧基苯基磺酰基)-1H-1,2,4-三唑-1-甲酰胺钠盐。英文化学名称 4,5-dihydro-3-methoxy-4-methyl-5-oxo-N-(2-trifluoromethoxy-phenylsulfonyl)-1H-1,2,4-triazole-1-carboxamide sodium salt。美国化学文摘（CA）系统名称 4,5-dihydro-3-methoxy-4-methyl-5-oxo-N-[[2-(trifluoromethoxy)phenyl]sulfonyl]-1H-1,2,4-triazole-1-carboxamide sodium salt。CA 主题索引名称 1H-1,2,4-triazole-1-carboxamide—, 4,5-dihydro-3-methoxy-4-methyl-5-oxo-N-[[2-(trifluoromethoxy)phenyl]sulfonyl]-ion(1−), sodium。

理化性质　无色无味结晶粉末，熔点为 200℃（分解）。相对密度 1.59（20～25℃），蒸气压 $1×10^{-6}$ mPa（20℃），分配系数 $\lg K_{ow}$：−0.89（pH 4）、−1.84（pH 7）、−1.88（pH 9）、−2.85（非缓冲液）。Henry 常数 $<1×10^{-11}$ Pa·m³/mol。$pK_a(20～25℃)=1.9$。水中溶解度 44 g/L（pH 4～9，20～25℃）。

毒性　大鼠急性经口 $LD_{50}>5000$ mg/kg。大鼠急性经皮 $LD_{50}>5000$ mg/kg。对兔的皮肤无刺激性，对兔的眼睛有轻微刺激性。对豚鼠皮肤无过敏现象。大鼠急性吸入 $LC_{50}>$

5.13 mg/L。NOEL（mg/kg 饲料）：（2 年）大鼠 125、小鼠 1000，（1 年）雌性狗 200、雄性狗 1000。ADI/RfD：（EPA）aRfD 3.0 mg/kg bw，cRfD 0.36 mg/kg bw（2000）；0.04 mg/kg（拜耳建议）。无任何神经毒性、基因毒性、致畸和致癌作用。

生态效应　山齿鹑急性经口 $LD_{50}>2000$ mg/kg。山齿鹑亚急性饲喂 $LC_{50}>5000$ mg/L。鱼毒 LC_{50}（96 h，mg/L）：大翻车鱼>99.3，虹鳟鱼>96.7。水蚤 EC_{50}（48 h）>109 mg/L。半角月牙藻 EC_{50} 6.4 mg/L。浮萍 EC_{50} 0.0126 mg/L。蚯蚓 $LC_{50}>1000$ mg/kg。对蜜蜂无毒，$LD_{50}>200$ μg/只。蚯蚓 $LC_{50}>1000$ mg/kg。

环境行为　①动物。大鼠经口摄入氟唑磺隆后 48 h 内可全部以尿液和粪便的形式排出，主要是母体化合物。②植物。在小麦体内被广泛代谢。相关的残留物是母体化合物和氮去甲基化的代谢物。③土壤/环境。平均土壤 DT_{50} 为 17 d。在土壤和水中光解 $DT_{50}>500$ d。在土壤中不移动，在分散研究中，地表 30 cm 下检测不到残留物。

制剂　水分散粒剂。

主要生产商　Arysta LifeScience。

作用机理与特点　ALS 或 AHAS 抑制剂。通过抑制必需氨基酸的合成起作用，如缬氨酸、异亮氨酸，进而使细胞分裂和植物生长停止。被植物的叶和根部吸收后，向顶部和根部传导。杂草（1~6 叶期）通过茎叶和根部吸收，脱绿、枯萎，最后死亡。因该化合物在土壤中有残留活性，故对施药后长出的杂草仍有药效。

应用

（1）适宜作物与安全性　小麦。对下茬作物安全，燕麦、芥、扁豆除外。

（2）防除对象　主要用于防除小麦田禾本科杂草和一些重要的阔叶杂草，对 ACCase 抑制剂（芳氧苯氧丙酸类、环己烯酮类）、氨基甲酸酯类（如燕麦畏）、二硝基苯胺类等产生抗性的野燕麦和狗尾草等杂草有很好的防效。

（3）使用方法　苗后茎叶处理。使用剂量为 30 g (a.i.)/hm² ［亩用量为 2 g (a.i.)］。可与其他阔叶杂草除草剂（2,4-滴、2 甲 4 氯、溴苯腈、麦草畏等）桶混使用，也可与表面活性剂一起使用，杂草防除效果更佳。氟唑磺隆剂量 30 g (a.i.)/hm² ［亩用量为 2 g (a.i.)］与 0.25%的表面活性剂一起使用，对野燕麦和狗尾草的防效与剂量 70 g (a.i.)/hm² ［亩用量为 4.7 g (a.i.)］的炔草酸（clodinafop-propargyl）相同或稍好。氟唑磺隆剂量 30 g (a.i.)/hm² ［亩用量为 2 g (a.i.)］和 2,4-滴剂量 420 g (a.i.)/hm² ［亩用量为 28 g (a.i.)］一起使用对抗性杂草野燕麦和狗尾草的防效分别为 90%~96%和 94%~97%。

专利概况

专利名称　Sulfonylaminocarbonyltriazolinones with oxygen-bound substituents

专利号　EP 507171　　　　　优先权日　1991-04-04

专利申请人　Bayer AG

在其他国家申请的专利　AU 1218992、BR 9201207、CA 2064636、DE 4110795、ES 2108056、HU 61532、JP 5194433、US 5597939、MX 9201434 等。

其他专利　DE 4030063、US 5057144、US 5541337、CN 1238663 等。

登记情况　国内登记情况：制剂有 5%、10%、35%可分散油悬浮剂，70%水分散粒剂，登记作物为小麦，防治对象为一年生杂草。爱利思达生物化学品北美有限公司在中国登记情况见表 3-6。

表 3-6　爱利思达生物化学品北美有限公司在中国登记情况

登记证号	登记名称	剂型	含量	登记场所	防治对象	用药量 /[g(制剂)/亩]	施用方法
PD20081110	氟唑磺隆	原药	95%				
PD20081109	氟唑磺隆	水分散粒剂	70%	春小麦田	杂草	2～3	喷雾
				冬小麦田	杂草	3～4	喷雾

合成方法　经如下反应可制得目的物：

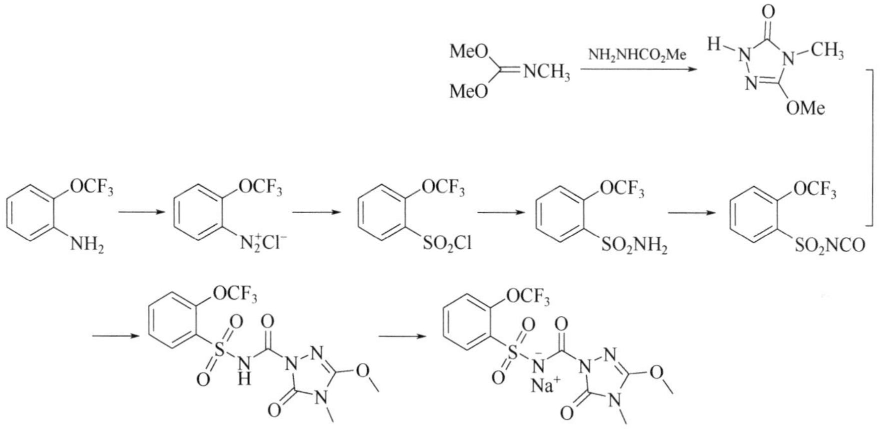

参考文献

[1] The Pesticide Manual.17 th edition: 498-499.

[2] 陈明, 段湘生, 毛春晖, 等. 农药研究与应用, 2008, 12(1): 15-17.

[3] 张勇, 刘安昌, 张良, 等. 化学世界, 2009(12): 740-742.

氟吡磺隆（flucetosulfuron）

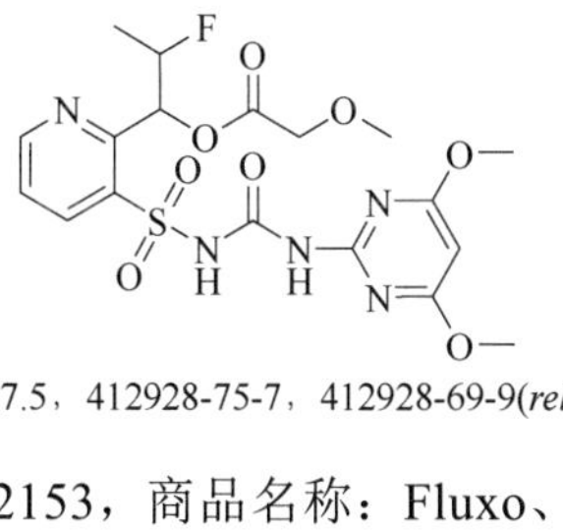

$C_{18}H_{22}FN_5O_8S$，487.5，412928-75-7，412928-69-9(rel-(1R,2S)-异构体)

　　氟吡磺隆（试验代号：LGC-42153，商品名称：Fluxo、BroadCare）是由韩国 LG 生命科学有限公司和韩国化学技术研究会共同研制出的一种新型磺酰脲类除草剂。

　　化学名称　(1RS,2SR)1-[[(4,6-二甲氧基嘧啶-2-基)氨基]羰基]-2-[2-氟-1-(甲氧基甲基羰基氧)丙基]-3-吡啶磺酰基脲和(1RS,2RS)1-[[(4,6-二甲氧基嘧啶-2-基)氨基]羰基]-2-[2-氟-1-(甲氧基甲基羰基氧)丙基]-3-吡啶磺酰基脲（比例约为 4:1）。英文化学名称(1RS,2SR)-1-(3-{[(4,6-dimethoxypyrimidin-2-yl)carbamoyl]sulfamoyl}-2-pyridyl)-2-fluoropropyl methoxyacetate 和(1RS,2RS)-1-(3-{[(4,6-dimethoxypyrimidin-2-yl)carbamoyl]sulfamoyl}-2-pyridyl)-2-fluoropropyl methoxyacetate (isomer pairs in a ratio of approximately 4:1)。美国化学文摘（CA）系统名称

1-[3-[[[[(4,6-dimethoxy-2-pyrimidinyl)amino]carbonyl]amino]sulfonyl]-2-pyridinyl]-2-fluoropropyl methoxyacetacetate。CA 主题索引名称 acetic acid—, 2-methoxy-1-[3-[[[[(4,6-dimethoxy-2-pyri-midinyl)amino]carbonyl]amino]sulfonyl]-2-pyridinyl]-2-fluoropropyl ester。

理化性质 原药是（1RS,2SR）和（1RS,2RS）两个构型的混合物（4∶1）。无味白色固体，熔点 178～182℃。蒸气压＜$1.86×10^{-2}$ mPa（25℃）。Henry 常数＜$7.9×10^{-5}$ Pa·m³/mol，分配系数 $\lg K_{ow}$=1.05，pK_a（20～25℃）=3.5。水中溶解度 114 mg/L（20～25℃）。

毒性 急性经口 LD_{50}（mg/kg）：雄鼠和雌鼠＞5000，雄狗和雌狗＞2000。大鼠 NOAEL（13 周）200 mg/L。Ames 试验、微核试验及细胞染色体畸变试验均为阴性。

生态效应 鲤鱼 LC_{50}＞10 mg/L，水蚤 LC_{50}＞10 mg/L，藻类 EC_{50}＞10 mg/L。

剂型 可湿性粉剂。

主要生产商 LG 公司。

作用机理与特点 支链的氨基酸（亮氨酸、异亮氨酸、缬氨酸）合成中的 ALS 或 AHAS 抑制剂。它可以通过植物的根、茎和叶吸收，在叶片中的传输速度比草甘膦快。症状包括生长停止、失绿、顶端分生组织死亡，植株在 2～3 周后死亡。

应用 氟吡磺隆可以用于土壤和茎叶处理，有很宽的除草谱，包括一年生阔叶杂草、莎草科杂草和一些禾本科杂草，还有部分多年生杂草，如稗、无芒稗、长芒稗、旱稗等稗属杂草、慈姑、泽泻、鸭舌草等阔叶杂草、异型莎草、牛毛毡、日照飘拂草等莎草科杂草。在直播稻田，稗草 2～5 叶期（也可以控制 7 叶期以上的大龄稗草）时，对水 30～50 kg，喷雾法施药，施药前排干田面积水，移栽稻田在水稻移栽后 5～15 d（稗草 1.5～3 叶期），采用毒土法，混土 30～50 kg，撒施或拌返青肥撒施，保水 3～5 d。氟吡磺隆对稗草的持效期达 30～40 d，显著长于禾草敌和吡嘧磺隆，所以一次用药，即可保证整个水稻生长季节中无稗草危害，对后茬作物无药害作用。

专利概况

专利名称 Preparation of herbicidally active pyridylsulfonyl ureas

专利号 WO 2002030921 　　　　**专利申请日** 2000-10-12

专利申请人 LG Chem Investment, Ltd., S. Korea

在其他国家申请的专利 AT 261440、AU 2000079661、BR 2000014412、IN 2002DN00322、US 6806229、JP 2004511478、EP 1334099、DE 60008935、CN 1377345 等。

登记情况 国内登记情况见表 3-7。

表 3-7 氟吡磺隆在中国登记情况

登记证号	登记名称	剂型	含量	登记场所	防治对象	用药量 /[g(制剂)/亩]	施用方法	登记证持有人
PD20110185	氟吡磺隆	可湿性粉剂	10%	水稻移栽田	多种一年生杂草	20～30（杂草苗前），30～40（杂草 2～4 叶期）	毒土法	株式会社 LG 化学
				水稻田（直播）		20～30	喷雾	
PD20110184	氟吡磺隆	原药	97%					株式会社 LG 化学

合成方法 通过如下反应即可制得氟吡磺隆：

参考文献

[1] The Pesticide Manual.17 th edition: 499.

[2] 马波, 宋小玲, 强胜, 等. 农药, 2004, 43(4): 186-189.

[3] 刘刚. 新农业, 2008(1): 46.

氟啶嘧磺隆（flupyrsulfuron-methyl-sodium）

$C_{15}H_{13}F_3N_5NaO_7S$，487.3，144740-54-5，150315-10-9(酸)

　　氟啶嘧磺隆（试验代号：DPX-JE 138、DPX-KE459、IN-KE459，商品名称：Lexus）是由美国杜邦公司开发的磺酰脲类除草剂。

　　化学名称　2-(4,6-二甲氧嘧啶-2-基氨基羰基氨基磺酰基)-3-三氟甲基烟酸甲酯单钠盐。英文化学名称 methyl 2-(4,6-dimethoxypyrimidin-2-ylcarbamylsulfamoyl)-3-trifluoromethylnicotinate monosodium salt。美国化学文摘（CA）系统名称 methyl 2-[[[[(4,6-dimethoxy-2-pyrimidinyl) amino]carbonyl]amino]sulfonyl]-6-(trifluoromethyl)-3-pyridinecarboxylate monosodium salt。CA 主题索引名称3-pyridinecarboxylic acid—, 2-[[[[(4,6-dimethoxy-2-pyrimidinyl)amino]carbonyl] amino]sulfonyl]-6-(trifluoromethyl)-methyl ester, ion(1−), sodium。

　　理化性质　原药纯度＞90.3%。具刺激性气味的白色粉状固体，熔点 165～170℃（分解），相对密度 1.55（19.3℃）。蒸气压：＜$1×10^{-6}$ mPa（20℃）、＜$1×10^{-5}$ mPa（25℃）。分配系数 lgK_{ow}：0.96（pH 5）、0.10（pH 6）。Henry 常数（Pa·m³/mol）：＜$1×10^{-8}$（pH 5）、＜$1×10^{-9}$（pH 6）。pK_a(20～25℃)=4.9。水中溶解度（mg/L，20～25℃）：62.7（pH 5）、603（pH 6）；有机溶剂中溶解度（g/L，20～25℃）：二氯甲烷 0.60、丙酮 3.1、乙酸乙酯 0.49、乙腈 4.3、正己烷＜0.001、甲醇 5.0。稳定性 DT$_{50}$：44 d（pH 5）、12 d（pH 7）、0.42 d（pH 9）。在大多数溶剂中稳定。

　　毒性　大鼠急性经口 LD$_{50}$＞5000 mg/kg，兔急性经皮 LD$_{50}$＞2000 mg/kg。对兔的眼睛和皮肤无刺激性。对豚鼠的皮肤无致敏。大鼠吸入 LC$_{50}$（4 h）＞5.8 mg/L。NOEL 数据（mg/L）：（18 个月）雄小鼠 25 [3.51 mg/(kg·d)]，雌小鼠 250 [52.4 mg/(kg·d)]；（90 d）大鼠 2000 [雄鼠 124 mg/(kg·d)，雌鼠 154 mg/(kg·d)]；（2 年）大鼠 350 [雄鼠 14.2 mg/(kg·d)，雌鼠 20.0 mg/(kg·d)]；（1 年）雄性狗＞5000 [146.3 mg/(kg·d)]，雌性狗 500 [13.6 mg/(kg·d)]。ADI/RfD（EC）0.035 mg/kg（2001）。无致突变性，无遗传毒性。

生态效应 野鸭经口 $LD_{50}>2250mg/kg$，山齿鹑和野鸭饲喂 $LC_{50}>5620$ mg/L。鱼 LC_{50}（96 h，mg/L）：鲤鱼 820，虹鳟鱼 470。水蚤 LC_{50}（48 h）721 mg/L，绿藻 EC_{50}（120 h）0.004 mg/L。浮萍 EC_{50}（14 d）0.003 mg/L。蜜蜂 LD_{50}（μg/只）：接触>25，经口>30。蚯蚓 $LC_{50}>1000mg/kg$。

环境行为 较低的 K_{ow} 使得该化合物不会在生物体内累积。①动物。在老鼠体内，所施的药物迅速被吸收、代谢然后排出，96 h 内 90%的代谢物通过粪便和尿液排出，分子内的环化和消除是代谢的主要途径。②植物。氟啶嘧磺隆在植物体内迅速代谢，通过谷胱甘肽对磺酰基的亲核取代或者是通过分子内磺酰脲桥氮原子的异构实现代谢。③土壤/环境 实验室内 DT_{50} 在自然环境中为 14 d，在田地里 DT_{50} 和 DT_{90} 分别为 14 d 和 47 d。在碱性土壤中迅速降解；在酸性土壤中主要是磺酰脲桥的水解。

制剂 水分散粒剂。

主要生产商 DuPont。

作用机理与特点 乙酰乳酸合成酶（ALS）抑制剂，导致植物细胞分裂和生长过程停止。选择性除草剂，主要通过叶面吸收发挥作用，几乎没有土壤活性。

应用 具有广谱活性的苗后除草剂。适宜作物为禾谷类作物如小麦、大麦等。对禾谷类作物安全。对环境无不良影响。因其降解速度快，无论何时施用，对下茬作物都很安全。主要用于防除部分重要的禾本科杂草和大多数的阔叶杂草如看麦娘等。使用剂量为 10 g (a.i.)/hm²［亩用量为 0.67 g (a.i.)］。

专利概况

专利名称 Herbicidal pyridine sulfonamide

专利号 EP 502740　　　　　**优先权日** 1991-03-07

专利申请人 Du Pont

在其他国家申请的专利 AU 1545792、BG 62051、CA 2105489、CZ 9301832、DE 69230335、EP 575503、ES 2140407、HU 65438、RU 2117666、TR 27076、WO 9215576 等。

工艺专利 US 5393734 等。

合成方法 以 4-叔丁氧基-1,1,1-三氟-3-丁烯-2-酮和丙二酸甲酯单酰胺为起始原料，经合环、氯化、巯基化、氯磺化、氨化制得中间体磺酰胺，最后与二甲氧基嘧啶氨基甲酸苯酯反应，制得目的物。反应式为：

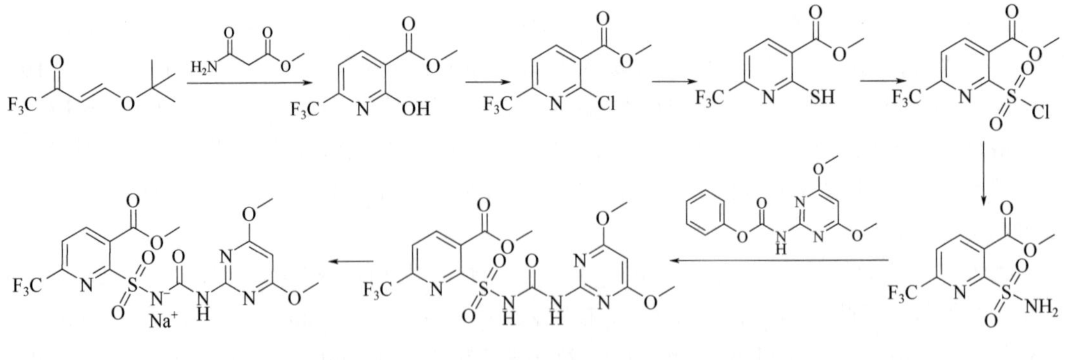

参考文献

[1] The Pesticide Manual.17 th edition: 529-530.

[2] Proc. Br. Crop Prot. Conf.－Weeds. 1995(1): 49.

甲酰氨基嘧磺隆（foramsulfuron）

$C_{17}H_{20}N_6O_7S$，452.4，173159-57-4

甲酰氨基嘧磺隆［试验代号：AEF 130360、AVD44680H，商品名称：Equip、Tribute、MaisTer、Meister（后两个为混剂），其他名称：甲酰氨磺隆］是由安万特公司（现拜耳公司）开发的新型磺酰脲类除草剂。

化学名称　1-(4,6-二甲氧基嘧啶-2-基)-3-(2-二甲基氨基羰基-5-甲酰氨基苯基磺酰基)脲。**英文化学名称**　1-(4,6-dimethoxypyrimidin-2-yl)-3-(2-dimethylcarbamoyl-5-formamidophenylsul-fonyl)urea。美国化学文摘（CA）系统名称 2-[[[[(4,6-dimethoxy-2-pyrimidinyl)amino]carbonyl]amino]sulfonyl]-4-(formylamino)-N,N-dimethylbenzamide。CA 主题索引名称 benzamide—,2-[[[[(4,6-dimethoxy-2-pyrimidinyl)amino]carbonyl]amino]sulfonyl]-4-(formylamino)-N,N-dimethyl-。

理化性质　浅肤色固体，熔点 199.5℃，原药纯度≥94%。相对密度 1.44（20～25℃）。蒸气压 4.2×10^{-8} mPa（20℃），分配系数 lgK_{ow}：1.44（pH 2）、0.603（pH 5）、−0.78（pH 7）、−1.97（pH 9）、0.60（蒸馏水，pH 5.5～5.7）。pK_a(20～25℃)=4.60。水中溶解度（g/L，20～25℃）：0.04（pH 5）、3.3（pH 7）、94.6（pH 8）；有机溶剂中溶解度（g/L，20～25℃）：1,2-二氯乙烷 0.185、丙酮 1.925、乙酸乙酯 0.362、乙腈 1.111、正己烷＜0.010、对二甲苯＜0.010、甲醇 1.660。对光稳定，水中 DT_{50}（20℃）：10 d（pH 5）、128 d（pH 7）、130 d（pH 8）。

毒性　大鼠急性经口 LD_{50}＞5000 mg/kg。大鼠急性经皮 LD_{50}＞2000 mg/kg。对皮肤无刺激作用，对兔的眼睛有轻微刺激性，对豚鼠的皮肤无致敏性。大鼠吸入 LC_{50}(4 h)＞5.04 mg/L。NOEL（mg/L 饲料）：大鼠 NOAEL（2 年）20000［雄性 849 mg/(kg·d)，雌性 1135 mg/(kg·d)］；（18 个月）雄小鼠 8000［1115 mg/(kg·d)］。兔子 NOEL（遗传毒性）50 mg/(kg·d)。ADI/RfD（EC）0.5 mg/kg bw（2003），（EPA）cRfD 8.5 mg/kg（2001）。无诱导突变作用。

生态效应　野鸭和山齿鹑经口 LD_{50}＞2000 mg/kg，山齿鹑和野鸭饲喂毒性 LC_{50}＞5000 mg/L。大翻车鱼和鲤鱼 EC_{50}（96 h）＞100 mg/L。水蚤 EC_{50}（48 h）100 mg/L。藻类 EC_{50}（96 h，mg/L）：绿藻 86.2、蓝绿藻 8.1、海洋藻＞105。浮萍 EC_{50}（96 h）0.65 µg/L，蜜蜂 LD_{50}（µg/只）：经口＞163，接触＞1.9。蚯蚓 LC_{50}＞1000 mg/kg 土壤。在 45 g/hm² 下对蚜茧蜂属有 100%的致死率，对其他的节肢动物类低毒。

环境行为　①动物。大鼠口服 24 h 后，91%的药物主要是以母体化合物的形式通过粪便排出。大部分的代谢过程与植物的相同。②植物。在玉米中，代谢主要通过磺酰脲桥的水解形成 4-甲酰氨基-N,N-二甲基-2-磺酰氨基苯甲酰胺和 2-氨基-4,6-二甲氧基嘧啶，通过苯环上酰胺的进一步水解生成 4-氨基-2-[3-(4,6-二甲氧基吡啶-2-基)磺酰脲基]-N,N-二甲基苯胺，另外的代谢是二甲氧基嘧啶环氧化代谢。这些代谢物质进一步降解形成极性较大及水溶性物质。在植物体内的残留物很少。③土壤/环境。在土壤中 DT_{50}（有氧）1.5～12.7 d。在有水/沉淀的环境中温和地降解，DT_{50} 34～55 d。

制剂　可分散油悬浮剂、悬浮剂、水分散粒剂。

主要生产商　Bayer CropScience、Lonza、河北兴柏农业科技有限公司。

作用机理与特点 ALS 或 AHAS 抑制剂，对玉米的选择性源于迅速代谢。双苯噁唑酸乙酯能降低甲酰氨基嘧磺隆在玉米中的移动性，因此二者混用可提高对玉米的选择性。施药后48 h 内可看见杂草的部分组织枯萎坏死，接着叶面枯萎坏死，甲酰氨基嘧磺隆主要通过叶面吸收，通过秸秆传到植物体内。

应用 苗后茎叶处理，用于防除谷物类及玉米田一年生禾本科和阔叶杂草。亩使用剂量为春玉米 3.3～4.1 g (a.i.)，夏玉米为 2.7～3.4 g (a.i.)。

专利概况

专利名称 Preparation of *N*-[acylamion(carbamoyl)phenylsulfonyl]-*N′*-pyrimidinylureas as herbicides and plant growth regulators

专利号 DE 4415049　　　　专利申请日 1994-04-29

专利申请人 Hoechst Schering Agrevo GMBH

在其他国家申请的专利 CA 2189044、CN 1147252、CZ 9603130、ES 2125012、HU 76144、PL 317128、RO 114894、TR 28237、WO 9529899、ZA 9503436 等。

工艺专利 US 5723409 等。

合成方法 以对硝基甲苯为起始原料，首先磺化、氧化、氯化、酯化、氨化、加氢还原、甲酰化，再与三氟乙酸反应脱烷基制得磺酰胺，然后酰胺化，最后与二甲氧基嘧啶氨基甲酸苯酯缩合即得目的物。反应式为：

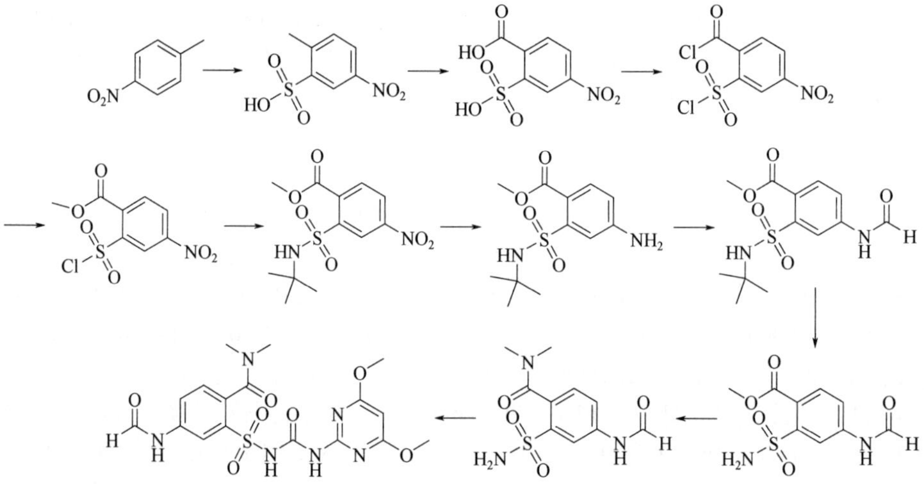

参考文献

[1] The Pesticide Manual. 17 th edition: 556-557.

[2] 刘长令, 史庆领. 农药, 2001, 40(11): 46-47.

[3] 张宗俭, 马宏娟, 罗艳梅, 等. 世界农药, 2002(5): 47-48.

氯吡嘧磺隆（halosulfuron-methyl）

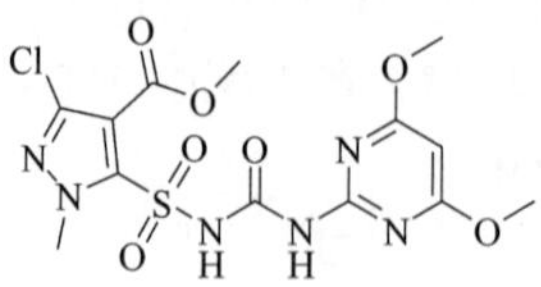

$C_{13}H_{15}ClN_6O_7S$，434.8，100784-20-1，135397-30-7(羧酸)

氯吡嘧磺隆（试验代号：NC-319、A-841101、MON-12000，商品名称：Manage、Permit、Sandea、Sempra）是由日产化学公司研制，与孟山都公司共同开发的磺酰脲类除草剂。

化学名称　3-氯-5-(4,6-二甲氧基嘧啶-2-基氨基羰基氨基磺酰基)-1-甲基吡唑-4-羧酸甲酯。英文化学名称 methyl 3-chloro-5-(4,6-dimethoxypyrimidin-2-ylcarbamoylsulfamoyl)-1-methylpyrazole-4-carboxylate。美国化学文摘（CA）系统名称 methyl 3-chloro-5-[[[[(4,6-dimethoxy-2-pyrimidinyl)amino]carbonyl]amino]sulfonyl]-1-methyl-1*H*-pyrazole-4-carboxylate。CA 主题索引名称 1*H*-pyrazole-4-carboxylic acid—, 3-chloro-5-[[[[(4,6-dimethoxy-2-pyrimidinyl)amino]carbonyl]amino]sulfonyl]-1-methyl-methyl ester。

理化性质　白色粉状固体，熔点 175.5～177.2℃。堆积密度 1.618 g/cm^3（20～25℃），蒸气压＜1.33×10^{-2} mPa（25℃）。分配系数 lgK_{ow}=−0.0186（pH 7），pK_a(20～25℃)=3.44。水中溶解度（20～25℃，g/L）：0.015（pH 5）、1.65（pH 7）；可溶于甲醇（1.62 g/L，20～25℃）。在常规条件下贮存稳定。

毒性　急性经口 LD$_{50}$（mg/kg）：大鼠 8866，小鼠 11173。大鼠急性经皮 LD$_{50}$＞2000 mg/kg。大鼠急性吸入 LC$_{50}$（4 h）＞6.0 mg/L。对兔的皮肤和眼睛无刺激性，对豚鼠的皮肤无致敏性。NOEL［mg/(kg·d)］：（104 周）雄大鼠 108.3，雌大鼠 56.3；（18 个月）雄小鼠 410，雌小鼠 1215；（1 年）雌、雄狗 10。（EPA）aRfD 0.5 mg/kg bw，cRfD 0.1 mg/kg bw（2000）。

生态效应　山齿鹑急性经口 LD$_{50}$＞2250 mg/kg，山齿鹑和野鸭饲喂毒性 LC$_{50}$（5 d）＞5620 mg/kg。鱼 LC$_{50}$（96 h，mg/L）：大翻车鱼＞118，虹鳟鱼＞131。水蚤 EC$_{50}$（48 h）＞107 mg/L。藻类 EC$_{50}$（5 d，mg/L）：绿藻 0.0053，蓝绿藻 0.158。其他水生动植物 EC$_{50}$（96 h，流动，mg/L）：牡蛎 116，小虾米 106。浮萍 IC$_{50}$（14 d）0.038 μg/L，蜜蜂接触 LD$_{50}$＞100 μg/只。蚯蚓 LC$_{50}$＞1000 mg/kg 土壤。

环境行为　①动物。在大鼠体内迅速地通过尿液和粪便排出，大部分的代谢物是去甲基的氯吡嘧磺隆。进一步的代谢是通过去甲基化或者水解嘧啶环产生部分单、双羟基化产物。②植物。主要的代谢产物是 3-氯-1-甲基-5-吡唑磺酰氨基-4-酸（脲桥断裂和酯基水解）。③土壤/环境。在土壤中代谢很广泛。在酸性土壤中主要通过水解磺酰脲桥断裂形成氨基嘧啶和 3-氯磺酰胺酯代谢物，进一步水解形成酸。在碱性土壤中，磺酰脲连接处的重排和缩合以及嘧啶环开环是重要的代谢途径。在酸性和碱性实验土壤中，矿化作用产生的二氧化碳分别达到 9%和 62%，1 年后 DT$_{50}$＜18 d。通过试验吸收和降解研究显示氯吡嘧磺隆有潜在的稳定移动性，由于土壤的快速消耗其移动是有限的。

制剂　可湿性粉剂、水分散粒剂。

主要生产商　Nissan、江苏省激素研究所股份有限公司等。

作用机理与特点　ALS 或 AHAS 抑制剂。通过抑制必需氨基酸如缬氨酸和异亮氨酸的合成起作用，进而使细胞分裂和植物生长停止。选择性源于在作物体内迅速降解。内吸型除草剂，通过杂草根和叶吸收，传导至分生组织。

应用

（1）适宜作物与安全性　对小麦、玉米、水稻、甘蔗、草坪等安全。因其在作物体中迅速代谢为无害物，故对作物安全。作为玉米田除草剂应同解毒剂 MON13900 一起使用。

（2）防除对象　阔叶杂草和莎草科杂草如苘麻、苍耳、曼陀罗、豚草、反枝苋、野西瓜苗、蓼、马齿苋、龙葵、草决明、牵牛、香附子等。

（3）使用方法　苗前及苗后均可施用。苗前施用剂量 70～90 g (a.i.)/hm^2［亩用量为 4.7～6 g (a.i.)］，苗后为 18～35 g (a.i.)/hm^2［亩用量为 1.2～2.4 g (a.i.)］。玉米田苗前使用应同解毒

剂 MON13900 一起使用，减少对玉米的伤害。

专利概况

专利名称　Pyrazolylsulfonylurea derivatives and herbicides

专利号　JP 60208977　　　专利申请日　1984-03-22

专利申请人　Nissan Chemical Industry Ltd（日产化学公司）

在其他国家申请的专利　US 4668277、US 4689417。

登记情况　国内登记情况：95%原药和 75%水分散粒剂，登记场所为番茄田，防治对象为阔叶杂草和莎草科杂草。相关产品登记情况见表 3-8。

表 3-8　相关产品登记情况

登记证号	登记名称	剂型	含量	登记场所	防治对象	亩用药量（制剂）	施用方法	登记证持有人
PD20183871	氯吡嘧磺隆	可分散油悬浮剂	12%	夏玉米田	香附子	17～25 mL	茎叶喷雾	青岛清原农冠抗性杂草防治有限公司
PD20181053	氯吡嘧磺隆	可分散油悬浮剂	15%	玉米田	一年生阔叶杂草和莎草科杂草	25～30 mL	茎叶喷雾	山东奥坤作物科学股份有限公司
PD20173342	氯吡嘧磺隆	可分散油悬浮剂	12%	玉米田	一年生阔叶杂草和莎草科杂草	20～30 mL	茎叶喷雾	成都科利隆生化有限公司
PD20171537	氯吡嘧磺隆	水分散粒剂	35%	稻田（直播）	阔叶杂草及莎草科杂草	5.8～8.6 g	茎叶喷雾	江苏省农用激素工程技术研究中心有限公司
				小麦田	阔叶杂草及莎草科杂草	8.6～12.8 g	茎叶喷雾	
PD20152537	氯吡嘧磺隆	水分散粒剂	75%	甘蔗田	一年生阔叶杂草及莎草科杂草	3～5 g	茎叶喷雾	安徽丰乐农化有限责任公司
				玉米田	一年生阔叶杂草及莎草科杂草	4～5 g	茎叶喷雾	
PD20132005	氯吡嘧磺隆	原药	98%					江苏省农用激素工程技术研究中心有限公司
PD20131927	氯吡嘧磺隆	水分散粒剂	75%	番茄田	阔叶杂草及莎草科杂草	6～8 g	苗前土壤喷雾	江苏省农用激素工程技术研究中心有限公司
				高粱田	一年生阔叶杂草及莎草科杂草	3～4 g	茎叶喷雾	
				玉米田	一年生阔叶杂草及莎草科杂草	3～4 g	茎叶喷雾	
PD20170924	氯吡嘧磺隆	水分散粒剂	75%	夏玉米田	阔叶杂草及莎草科杂草	3～4 g	茎叶喷雾	江苏江南农化有限公司

合成方法　氯吡嘧磺隆的合成方法很多，仅举两例：

① 以除草剂吡嘧磺隆（NC-311）为起始原料，在合适的催化剂存在下于二氯甲烷等溶剂中氯化即得氯吡嘧磺隆。反应式如下：

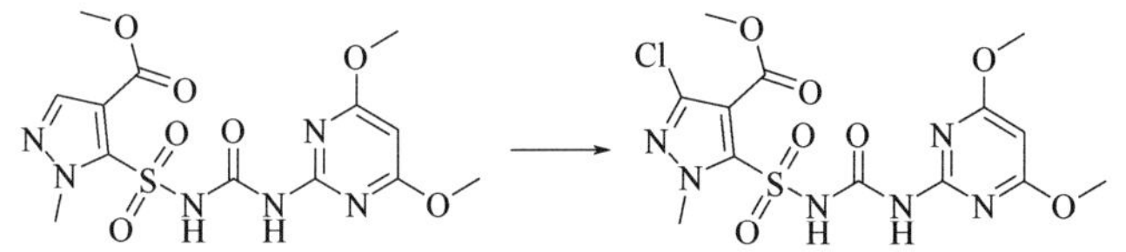

② 以 3,5-二氯-1-甲基吡唑-4-羧酸甲酯为起始原料，经巯基化、氯磺化、氨化即得磺酰胺，再与氯甲酸乙酯反应，最后与二甲氧基嘧啶胺缩合得目的物。反应式为：

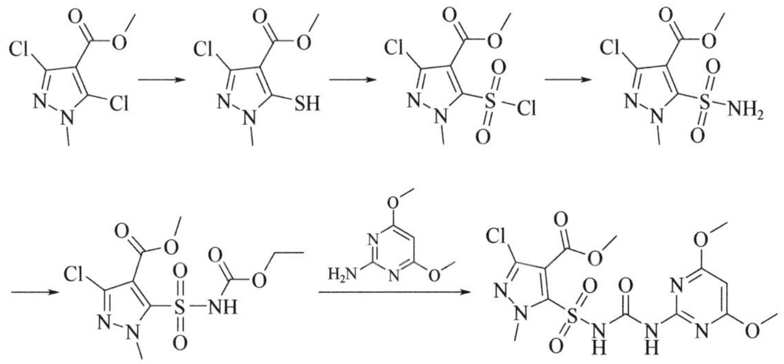

中间体 3,5-二氯-1-甲基吡唑-4-羧酸甲酯可以通过多种途径制备：

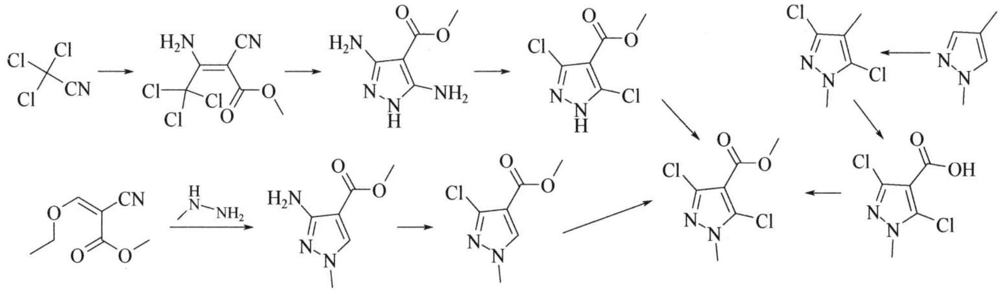

参考文献

[1] The Pesticide Manual. 17 th edition: 590-591.

[2] 苏江涛, 商志良, 袁训东. 农药, 2010(5): 332-333.

[3] 易思齐, 邓燕谊. 世界农药, 2000, 22(1): 41-45.

[4] 庄治国, 徐娜娜, 庄占兴, 等. 今日农药, 2016(10): 26-28.

唑吡嘧磺隆（imazosulfuron）

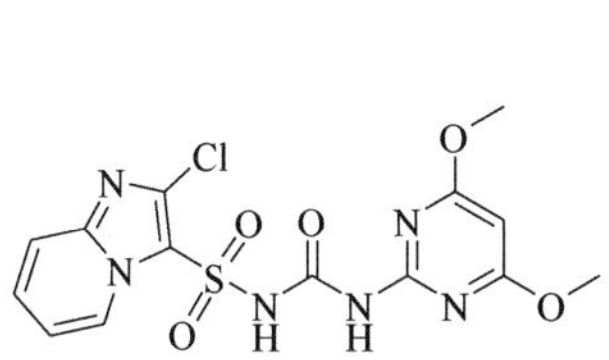

$C_{14}H_{13}ClN_6O_5S$，412.8；122548-33-8

唑吡嘧磺隆（试验代号：TH-913、V-10142，商品名称：Sibatito、Take Off，其他名称：咪唑磺隆）是由日本武田制药公司（现住友化学株式会社）开发的磺酰脲类除草剂。

化学名称　1-(2-氯咪唑[1,2-a]吡啶-3-基磺酰基)-3-(4,6-二甲氧基嘧啶-2-基)脲。英文化学名称 2-chloro-*N*-[(4,6-dimethoxypyrimidin-2-yl)carbamoyl]imidazo[1,2-*a*]pyridine-3-sulfonamide 或 1-[(2-chloroimidazo[1,2-*a*]pyridin-3-yl)sulfonyl]-3-(4,6-dimethoxypyrimidin-2-yl)urea。美国化学文摘（CA）系统名称 2-chloro-*N*-[[(4,6-dimethoxy-2-pyrimidinyl)amino]carbonyl]imidazo[1,2-*a*]pyridine-3-sulfonamide。CA 主题索引名称 imidazo[1,2-*a*]pyridine-3-sulfonamide—, 2-chloro-*N*-[[(4,6-dimethoxy-2-pyrimidinyl)amino]carbonyl]-。

理化性质 白色晶状粉末，熔点 178.6～180.7℃，原药纯度≥98%。堆积密度 1.574 g/cm^3（20～25℃）。蒸气压＜0.63 mPa（25℃）。分配系数 lgK_{ow}：1.88（pH 4）、1.59（pH 7）、＜0.29（pH 9），电离常数 pK_a：2.2、3.82、9.25（20～25℃）。水中溶解度（20～25℃，mg/L）：0.37（pH 5）、160（pH 7）、2200（pH 9）；有机溶剂中溶解度（g/L，20～25℃）：丙酮 4.2、1,2-二氯乙烷 4.3、正庚烷 0.86、乙酸乙酯 2.1、甲醇 0.16、对二甲苯 0.3。在 pH 为 7 和 9 时稳定，DT$_{50}$ 27 d（pH 5，25℃）。

毒性 大、小鼠急性经口 LD$_{50}$＞5000 mg/kg，雄和雌大鼠急性经皮 LD$_{50}$＞2000 mg/kg。对兔的眼睛和皮肤无刺激性，对豚鼠的皮肤无致敏。大鼠吸入 LC$_{50}$（4 h）＞2.4 mg/L。NOEL 数据 [mg/(kg·d)]：雄、雌大鼠（2 年）分别为 106.1 和 132.46；雄、雌狗（1 年）均为 75。对大鼠和小鼠无致癌作用，对大鼠和兔子无致畸性。ADI/RfD：（EC）0.75 mg/kg bw（2005）；（EPA）aRfD 4 mg/kg bw，cRfD 0.75 mg/kg bw（2010）。Ames 试验、DNA 修复和染色体突变试验中无致突变效应。

生态效应 野鸭和山齿鹑急性经口 LD$_{50}$ 2250 mg/kg。野鸭和山齿鹑饲喂 LC$_{50}$（5 d）5620 mg/L。鲤鱼 LC$_{50}$（96 h）250 mg/L。水蚤 EC$_{50}$（48 h）＞100 mg/L，蜜蜂 LD$_{50}$（48 h，μg/只）：经口 48.2，接触 66.5。

环境行为 ①动物。药物 72 h 内被动物迅速吸收，主要的代谢产物是失去一个甲基，48h 内主要通过尿液排出体外。②土壤/环境。土壤 DT$_{50}$（有氧，实验室）21～75 d（25℃），土壤损耗 DT$_{50}$（田地）21～91 d，K_{oc} 111～215（平均 163），K_d 1.22～5.17。

制剂 悬浮剂、水分散粒剂。

主要生产商 Sumitomo Chemical。

作用机理与特点 ALS 或 AHAS 抑制剂。通过抑制必需氨基酸如缬氨酸和异亮氨酸的合成起作用，进而使细胞分裂和植物生长停止。选择性源于在作物体内迅速降解。主要通过根部吸收，然后输送到整株植物中。唑吡嘧磺隆抑制杂草顶芽生长，阻止根部和幼苗的生长发育，从而使全株死亡。

应用

（1）适宜作物与安全性 水稻和草坪。由于唑吡嘧磺隆在水稻体内可被迅速代谢为无活性物质，因此即使水稻植株吸收一定量的唑吡嘧磺隆，也不会对水稻产生任何药害，在任何气候条件下，该药剂对水稻均十分安全，故可在任何地区使用。

（2）防除对象 主要用于防除稻田大多数一年生与多年生阔叶杂草如牛毛毡、慈姑、莎草、泽泻、眼子菜、水芹等。亦能防除野荸荠、野慈姑等恶性杂草。

（3）使用方法 可苗前和苗后使用的除草剂，持效期为 40～50 d。水稻田使用剂量为 75～100 g (a.i.)/hm^2 [亩用量为 5～6.7 g (a.i.)]，草坪中使用剂量为 500～1000 g (a.i.)/hm^2 [亩用量为 33.3～66.7 g (a.i.)]。

专利概况

专利名称 Preparation of (heteroarylsulfonyl)ureas as herbicides

专利号 EP 238070　　　　　专利申请日 1986-03-20

专利申请人　Takeda Chemical Industries Ltd (JP)

在其他国家申请的专利　CN 8712123、CN 1059073、JP 01038091、US 5017212 等。

工艺专利　EP 305939、CN 1030656、CN 1032010、DE 3851999、HU 48882、IN 167606、KR 9609263、US 4994571 等。

合成方法　以 2-氨基吡啶为起始原料，首先与氯乙酸反应，再经氯化、氯磺化、胺化，然后与氯甲酸苯酯反应，最后与二甲氧基嘧啶胺缩合即得目的物。

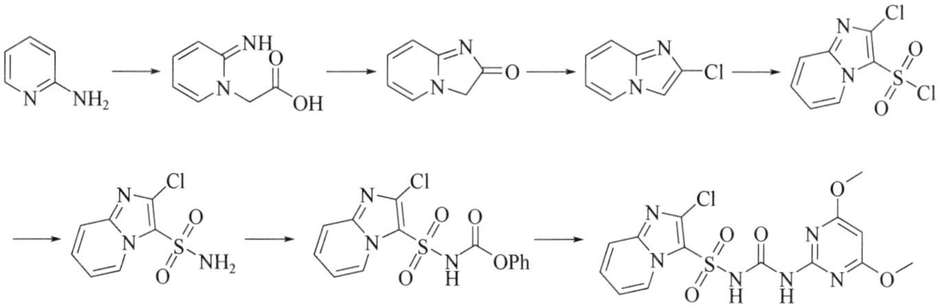

参考文献

[1] The Pesticide Manual. 17 th edition: 625-626.

[2] 马晓东. 农药译丛, 1996(6): 62-64.

[3] 张芝平. 农药译丛, 1995(1): 62-63.

[4] 石桂珍，葛军营，窦建芝，等. 煤炭与化工, 2015(6): 43-45+139.

碘甲磺隆钠盐（iodosulfuron-methyl sodium）

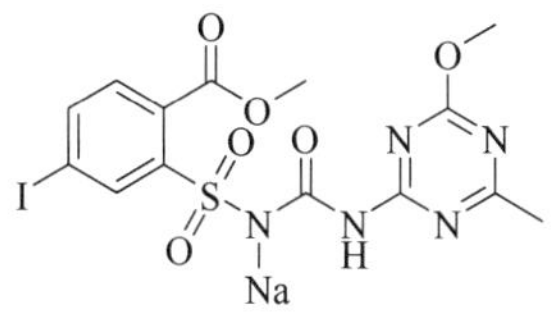

$C_{14}H_{13}IN_5NaO_6S$，529.2，144550-36-7

碘甲磺隆钠盐［试验代号：AEF 115008，商品名称：Husar、Hussar、MaisTer、Meister（均为混剂），其他名称：甲基碘磺隆钠盐］是由 AgrEvo GmbH（现拜耳公司）开发的磺酰脲类除草剂。

化学名称　4-碘-2-[3-(4-甲氧基-6-甲基-1,3,5-三嗪-2-基)脲基磺酰基]苯甲酸甲酯钠盐。英文化学名称 methyl 4-iodo-2-[3-(4-methoxy-6-methyl-1,3,5-triazin-2-yl) ureidosulfonyl]benzoate, sodium salt。美国化学文摘（CA）系统名称 methyl 4-iodo-2-[[[[(4-methoxy-6-methyl-1,3,5-triazin-2-yl)amino]carbonyl]amino]sulfonyl]benzoate, sodium salt。CA 主题索引名称 benzoic acid—, 4-iodo-2-[[[[(4-methoxy-6-methyl-1,3,5-triazin-2-yl)amino]carbonyl]amino]sulfonyl]-methyl ester, ion(1⁻), sodium。

理化性质　原药纯度≥91%。无色或者米黄色晶体粉末，熔点 152℃。蒸气压 $2.6×10^{-6}$ mPa（20℃）。Henry 常数 $2.29×10^{-11}$ Pa·m³/mol。分配系数 $\lg K_{ow}$：1.07（pH 5）、-0.70（pH 7）、-1.22（pH 9）。pK_a(20~25℃)=3.22。相对密度 1.76（20~25℃）。水中溶解度（g/L，20~25℃）：

0.16（pH 5）、25（pH 7）、60（pH 7.6）、65（pH 9）；有机溶剂中溶解度（g/L，20～25℃）：正庚烷 0.0011、正己烷 0.0012、甲苯 2.1、异丙醇 4.4、甲醇 12、乙酸乙酯 23、乙腈 52。在水中的稳定性（20℃）：4 d（pH 4）、31 d（pH 5）、≥362 d（pH 5～9）。

毒性　大鼠急性经口 LD_{50} 2678 mg/kg，大鼠急性经皮 LD_{50}＞2000 mg/kg。对兔的眼睛和皮肤无刺激性，对豚鼠的皮肤无致敏性。大鼠吸入 LC_{50}＞2.81 mg/L。NOEL 数据（mg/L）：大鼠（24 个月）70、（12 个月）200、（90d）200。ADI/RfD（EC）0.03 mg/kg bw（2003）。无致突变性。

生态效应　山齿鹑急性经口 LD_{50}＞2000 mg/kg，山齿鹑饲喂 LC_{50}＞5000 mg/L。虹鳟鱼和大翻车鱼 LC_{50}（96 h）＞100 mg/L。水蚤 EC_{50}（48 h）＞100 mg/L，藻 E_rC_{50}（96 h）0.152 mg/L，浮萍 EC_{50}（14 d）0.8 μg/L。蜜蜂 LD_{50}（μg/只）：经口＞80，接触＞150。蚯蚓 LC_{50}＞1000 mg/kg 干土。

环境行为　①动物。迅速广泛地吸收，72 h 内排出体外（主要通过尿液）。部分代谢是通过水解和 O-去甲基化、氧化羟基化和磺酰脲桥的断裂，但是大于 80% 的排泄物没有代谢。②土壤/环境。光解 DT_{50} 约 50 d，非生物水解 DT_{50} 31 d（pH 5）、＞365 d（pH 7）、362 d（pH 9，20℃）。土壤 DT_{50} 1～5 d（低湿度土壤 7～10 d）；降解主要通过微生物。K_{oc} 0.8～152。碘甲磺隆钠盐和其代谢物在土壤中几乎没有垂直移动，浓度计和计算机模拟显示碘甲磺隆钠盐和其代谢物在土壤中移动都不到 1 m。

制剂　水分散粒剂、可分散油悬浮剂、乳油等。

主要生产商　Bayer CropScience、江苏瑞邦农化股份有限公司、江苏省农药研究所股份有限公司、江苏省农用激素工程技术研究中心有限公司、江苏中旗科技股份有限公司、联化科技（德州）有限公司、辽宁先达农业科学有限公司、山东潍坊润丰化工股份有限公司等。

作用机理与特点　ALS 或 AHAS 抑制剂，通过抑制必需氨基酸缬氨酸和异亮氨酸的合成起作用，导致细胞分裂和植物生长的停止。其在谷类作物和禾本科杂草中的降解机制不同，因此对谷物有选择性，通过添加吡唑解草酯可以提高其对作物的安全性。

应用

（1）适宜作物与安全性　禾谷类作物如小麦、硬质小麦、黑小麦、冬黑麦。不仅对禾谷类作物安全，对后茬作物无影响，而且对环境、生态的相容性和安全性极高。

（2）防除对象　阔叶杂草如猪殃殃和母菊等以及部分禾本科杂草如风草、野燕麦和早熟禾等。

（3）使用方法　苗后茎叶处理。碘甲磺隆钠盐与安全剂 AE F107892（吡唑解草酯，mefenpyr-diethyl，Hoe 107892）一起使用。使用剂量为 10 g (a.i.)/hm² [亩用量为 0.67 g (a.i.)]。

专利概况

专利名称　Aryl sulphonyl urea compounds，a method of preparing them，and their use as herbicides and growth regulators

专利号　WO 9213845　　　优先权日　1991-02-12

专利申请人　Hoechst AG

在其他国家申请的专利　AU 1235492、AU 5233096、AU 682131、CA 2103894、EP 574418、ES 2124724、HU 65227、JP 2544566、ZA 9200970 等。

登记情况　拜耳公司在中国登记情况见表 3-9。

表 3-9　拜耳公司在中国登记情况

登记证号	登记名称	含量	剂型	登记场所	防治对象	亩用药量（制剂）	施用方法
PD20060045	甲基碘磺隆钠盐	91%	原药				
PD20060044	酰嘧·甲碘隆	1.25%甲基碘磺隆钠盐+5%酰嘧磺隆	水分散粒剂	冬小麦田	一年生阔叶杂草	10～20 g	喷雾
PD20081445	二磺·甲碘隆	0.6%甲基碘磺隆钠盐+3%甲基二磺隆	水分散粒剂	冬小麦田	一年生禾本科杂草及阔叶杂草	15～25 g	喷雾
PD20121072	二磺·甲碘隆	0.2%甲基碘磺隆钠盐+1%甲基二磺隆	可分散油悬浮剂	冬小麦田	一年生禾本科杂草及阔叶杂草	45～75 mL	茎叶喷雾

合成方法　反应式如下：

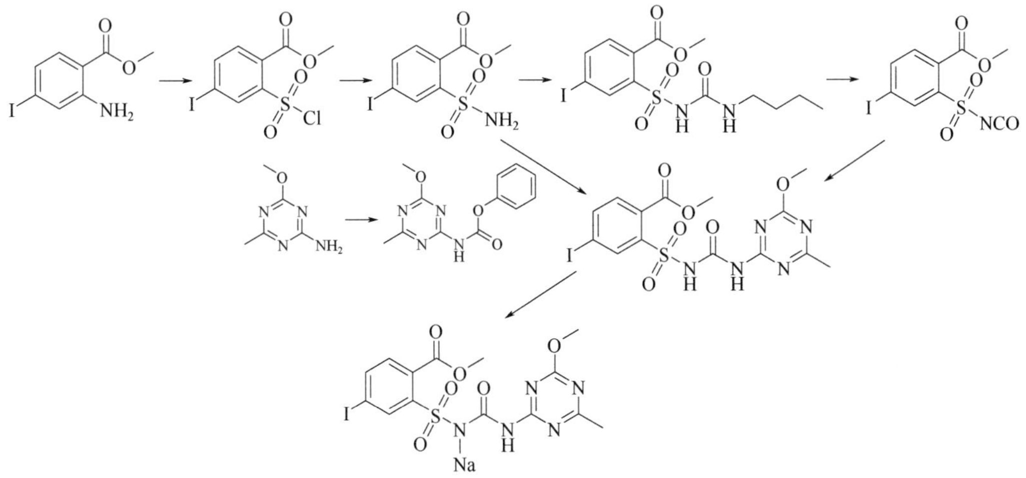

参考文献

[1] The Pesticide Manual.17 th edition: 642-643.

[2] 刘占山. 世界农药, 2010, 32(5): 54.

[3] 刁杰, 敖飞. 农药, 2007, 46(7): 484-485.

[4] 王智敏, 孔繁蕾, 曹正白. 苏州大学学报(自然科学版), 2009(1): 66-68.

[5] 李慧超, 孙克, 张敏恒. 农药, 2014, 53(3): 227-230.

iofensulfuron

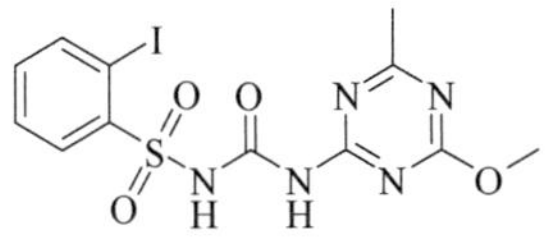

$C_{12}H_{12}IN_5O_4S$，449.2，1144097-22-2；1144097-30-2(钠盐)

iofensulfuron（试验代号为 BCS-AA10579）是由拜耳公司开发的磺酰脲类除草剂。

化学名称 1-(2-碘苯磺酰基)-3-(4-甲氧基-6-甲基-1,3,5-三嗪-2-基)脲。英文化学名称 1-(2-iodophenylsulfonyl)-3-(4-methoxy-6-methyl-1,3,5-triazin-2-yl)urea。美国化学文摘（CA）系统名称 2-iodo-N-[[(4-methoxy-6-methyl-1,3,5-triazin-2-yl)amino]carbonyl]benzenesulfonamide。CA 主题索引名称 benzenesulfonamide—, 2-iodo-N-[[(4-methoxy-6-methyl-1,3,5-triazin-2-yl)amino]carbonyl]-。

专利概况

专利名称 Herbicide combinations of iodo[(methoxymethyltriazinyl)carbamoyl]benzene-sulfonamide or salts and azoles

专利号 EP 2052615 **专利申请日** 2007-10-24

专利申请人 Bayer CropScience AG

在其他国家申请的专利 AU 2008315604、CA 2703576、WO 2009053054、AR 68959、EP 2205095、JP 2011500744、ZA 2010002566、IN 2010CN 02313、CN 101835380、US 20100323894。

合成方法 通过如下反应制得目的物：

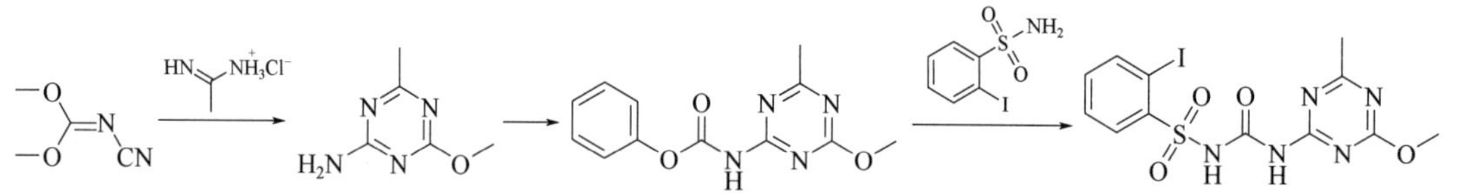

参考文献

[1] The Pesticide Manual.17 th edition: 643.

甲基二磺隆（mesosulfuron-methyl）

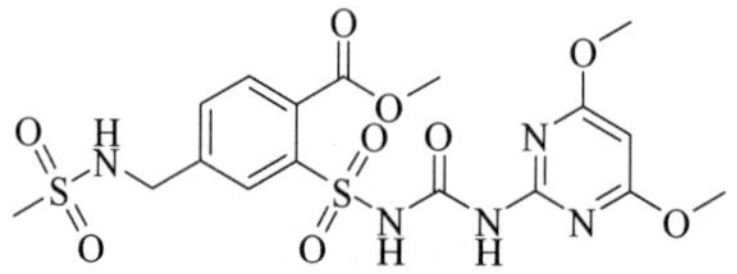

$C_{17}H_{21}N_5O_9S_2$，503.5，208465-21-8，400852-66-6(酸)

甲基二磺隆［试验代号：AE F130060，商品名称：Mesomaxx（混剂），其他名称：甲磺胺磺隆］是由安万特公司（现拜耳公司）开发的新型磺酰脲类除草剂。

化学名称 2-(4,6-二甲氧基嘧啶-2-基氨基羰基)氨基磺酰基-α-(甲基磺酰氨基)-p-甲基苯甲酸甲酯。英文化学名称 2-[(4,6-dimethoxypyrimidin-2-ylcarbamoyl) sulfamoyl]-α-(methane-sulfonamido)-p-toluic acid methyl ester。美国化学文摘（CA）系统名称 methyl 2-[[[[(4,6-dimethoxy-2-pyrimidinyl)amino]carbonyl]amino]sulfonyl]-4-[[(methylsulfonyl)amino]methyl]benzoate。CA 主题索引名称 benzoic acid—, 2-[[[[(4,6-dimethoxy-2-pyrimidinyl)amino]carbonyl]amino]sulfonyl]-4-[[(methylsulfonyl)amino]methyl]-methyl ester。

理化性质 原药纯度≥93%，奶油色固体，熔点195.4℃。相对密度（20~25℃）1.48，蒸气压 1.1×10^{-8} mPa（25℃）。分配系数 lgK_{ow}：1.39（pH 5）、-0.48（pH 7）、-2.06（pH 9）。Henry 常数 2.434×10^{-10} Pa·m^3/mol（pH 5），pK_a(20~25℃)=4.35。水中溶解度（20~25℃，g/L）：7.24×10^{-3}（pH 5）、0.483（pH 7）、15.39（pH 9）；有机溶剂中溶解度（g/L，20~25℃）：

正己烷<0.2，丙酮 13.66、甲苯 0.013、乙酸乙酯 2、二氯甲烷 3.8。对光稳定，非生物水解 DT_{50}（d，25℃）：3.5（pH 4）、253（pH 7）、319（pH 9）。

毒性　大鼠急性经口 LD_{50}>5000 mg/kg，大鼠急性经口 LD_{50}>5000 mg/kg。大鼠吸入 LC_{50}（4 h）>1.33 mg/L 空气。对兔皮肤无刺激性，眼睛有轻微刺激，对豚鼠的皮肤无致敏性。NOAEL（mg/L）：（18 个月）小鼠 800，（1 年）狗 16000。ADI/RfD：（EC）1.0 mg/kg（2003）；cRfD 1.55 mg/kg（2004）。无致突变。

生态效应　山齿鹑和野鸭急性经口 LD_{50}>2000 mg/kg，山齿鹑和野鸭饲喂毒性 LC_{50}>5000 mg/kg 饲料。大翻车鱼、虹鳟鱼和红鲈 LC_{50}（96 h）100 mg/L。水蚤 EC_{50}（静止）>100 mg/L。藻 EC_{50}（96 h）0.21 mg/L。浮萍 EC_{50}（7 d）0.6 μg/L，蜜蜂 LD_{50}（72 h，μg/只）：经口 5.6，接触>13。蚯蚓 LC_{50}（14 d）>1000 mg/kg 土壤。

环境行为　①动物。23%的药物被适度吸收，24 h 内 95%的被排出体外，大于 70%的原料没有改变。②土壤/环境。主要通过微生物迅速降解；2-氨基-4,6-二甲氧基嘧啶、4,6-二甲氧基嘧啶-2-脲和甲基二磺隆酸主要通过有氧代谢；O-去甲基甲基二磺隆主要是通过无氧代谢。土壤 DT_{50} 8～68 d（平均 39.1 d），平均 K_{foc} 92（9 种土壤），甲基二磺隆和代谢物在土壤中转移不到 1m，高于欧盟应用水的标准。

制剂　可分散油悬浮剂、水分散粒剂。

主要生产商　Bayer CropScience、淮安国瑞化工有限公司、江苏好收成韦恩农化股份有限公司、江苏省农药研究所股份有限公司、江苏省农用激素工程技术研究中心有限公司、江苏瑞邦农化股份有限公司、江西安利达化工有限公司等。

作用机理与特点　ALS 或 AHAS 抑制剂。通过抑制必需氨基酸如缬氨酸和异亮氨酸的合成起作用，进而使细胞分裂和植物生长停止。吡唑解草酯可选择性地提高该除草剂在谷类作物中的代谢。

应用　可用于芽后早期到中期，防除冬小麦、春小麦、硬质小麦、黑小麦及黑麦田的禾本科杂草和一些阔叶杂草，用量为 15 g/hm²，与吡唑解草酯混用，用量为 45 g/hm²。

专利概况

专利名称　Preparation of phenylsulfonylurea-derivative herbicides and plant growth regulator

专利号　DE 4335297　　　　优先权日　1993-10-15

专利申请人　Hoechst Schering Agrevo GMBH

在其他国家申请的专利　AU 9478556、CA 2174127、CN 1135211、CZ 9601083、ES 2122338、HU 74483、JP 9503772、US 5648315、US 5925597、ZA 9408063 等。

登记情况　拜耳公司在中国登记情况见表 3-10。

表 3-10　拜耳公司在中国登记情况

登记证号	登记名称	剂型	含量	登记场所	防治对象	亩用药量（制剂）	施用方法
PD20070062	甲基二磺隆	原药	93%				
PD20070051	甲基二磺隆	可分散油悬浮剂	30 g/L	冬小麦田	一年生禾本科杂草	20～35 mL	茎叶喷雾
				冬小麦田	牛繁缕		
				冬小麦田	部分阔叶草		
				春小麦田	一年生禾本科杂草		
				春小麦田	牛繁缕		
				春小麦田	部分阔叶杂草		

登记证号	登记名称	剂型	含量	登记场所	防治对象	亩用药量（制剂）	施用方法
PD20081445	二磺·甲碘隆	水分散粒剂	0.6%甲基碘磺隆钠盐+3%甲基二磺隆	冬小麦田	一年生禾本科杂草及阔叶杂草	15～25 g	喷雾
PD20121072	二磺·甲碘隆	可分散油悬浮剂	0.2%甲基碘磺隆钠盐+1%甲基二磺隆	冬小麦田	一年生禾本科杂草及阔叶杂草	45～75 mL	茎叶喷雾

合成方法 经如下反应可制得目的物：

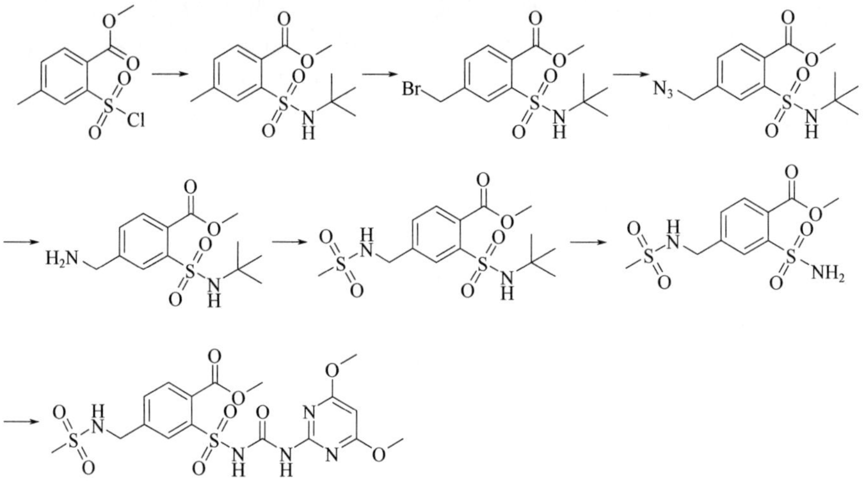

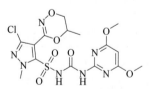

参考文献

[1] The Pesticide Manual. 17 th edition: 719-720.

[2] 刘安昌, 丁莉莉, 赵慧平, 等. 武汉工程大学学报, 2011(10): 1-3.

[3] 华乃震. 农药市场信息, 2018(7): 6-10.

嗪吡嘧磺隆（metazosulfuron）

$C_{15}H_{18}ClN_7O_7S$，475.9，868680-84-6

嗪吡嘧磺隆［试验代号 NC-620，商品名称：Altair、Comet、Gekkou、Ginga、Twin-star（后四个为混剂）］，是由日产化学株式会社开发的磺酰脲类除草剂。

化学名称 3-氯-4-(5,6-二氢-5-甲基-1,4,2-二噁嗪-3-基)-N-[[(4,6-二甲氧基-2-嘧啶基)氨基]羰基]-1-甲基-1H-吡唑-5-磺酰胺。英文化学名称 1-{3-chloro-1-methyl-4-[(5RS)-5,6-dihydro-5-methyl-1,4,2-dioxazin-3-yl]pyrazol-5-ylsulfonyl}-3-(4,6-dimethoxypyrimidin-2-yl)urea。美国化

学文摘（CA）系统名称　3-chloro-4-(5,6-dihydro-5-methyl-1,4,2-dioxazin-3-yl)-*N*-[[(4,6-dime-thoxy-2-pyrimidinyl)amino]carbonyl]-1-methyl-1*H*-pyrazole-5-sulfonamide。CA 主题索引名称 1*H*-pyrazole-5-sulfonamide—，3-chloro-4-(5,6-dihydro-5-methyl-1,4,2-dioxazin-3-yl)-*N*-[[(4,6-dimethoxy-2-pyrimidinyl)amino]carbonyl]-1-methyl-。

理化性质　白色固体，熔点 176～178℃，蒸气压 7.0×10^{-5} mPa（25℃），分配系数 lgK_{ow}=−0.35，Henry 常数 5.1×10^{-7} Pa•m^3/mol，pK_a(20～25℃)=3.4。水中溶解度（mg/L，20～25℃）：0.015（pH 4）、8.1（pH 7）、7.7（pH 9）；有机溶剂中溶解度（g/L，20～25℃）：丙酮 62、甲醇 2.5、正己烷 0.0067、甲苯 3.2、乙酸乙酯 28、二氯甲烷 177、正辛醇 0.69。54℃可稳定存在 14 d，水中 DT$_{50}$196.2 d（pH 7，25℃）。

毒性　大鼠急性经口 LD$_{50}$＞2000 mg/kg，大鼠急性经皮 LD$_{50}$＞2000 mg/kg。对豚鼠皮肤无刺激，对豚鼠皮肤无致敏性。大鼠吸入 LC$_{50}$（4 h）＞5.05 mg/L。大鼠 NOEL（2 年）2.75 mg/(kg•d)，ADI（日本）0.027 mg/(kg•d)。对水生生物高毒。

生态效应　山齿鹑急性经口 LD$_{50}$＞2000 mg/kg，鲤鱼 LC$_{50}$（96 h）＞95.1 mg/L，水蚤 EC$_{50}$（48 h）＞101 mg/L，羊角月牙藻 E$_r$C$_{50}$（72 h）6.34 μg/L。蜜蜂 LD$_{50}$（经口和接触）＞100 μg/只。蚯蚓 LC$_{50}$＞1000 mg/kg 土壤。

环境行为　①动物。经口服后，其代谢主要是嘧啶环的水解、去甲基化、开环等。另外有少量桥链断裂的代谢物生成。②植物。在水稻种后施药，在最后的饲料、稻皮、根、稻草中主要代谢物均为磺酰胺衍生物。③土壤/环境。DT$_{50}$（有氧，水田）39.3 d，水中 DT$_{50}$ 196.2 d（pH 7，25℃）。

制剂　颗粒剂、悬浮剂、水分散粒剂。

主要生产商　Nissan。

作用机理与特点　ALS/AHAS 抑制剂。通过抑制必需氨基酸（如缬氨酸、亮氨酸及异亮氨酸）的生物合成从而导致细胞分裂和植物生长停止。选择性在于其可以在作物中快速代谢。

应用　主要用于防除水稻田和小麦田的苘麻、反枝苋、马唐和稗草。对移栽水稻田一年生或多年生杂草有效，可用于苗前和苗后，使用剂量为 60～100 g/hm^2。

专利概况

专利名称　Preparation of pyrazole sulfonylurea compounds containing pyrimidine moiety as herbicide

专利号　WO 2005103044　　　　优先权日　2004-04-27

专利申请人　Nissan Chemical Industries, Ltd.

在其他国家申请的专利　AU 2005235896、JP 2005336175、JP 3982542、EP 1748047、CN 1950368、BR 2005009822、KR 2009113390、KR 1014327、KR 2010028675、KR 959317、KR 2010039456、KR 1014328、IL 178854、JP 4868151、US 20080064600、US 7557067、IN 2006DN06604、IN 252739、KR 2007006911、US 20100016584、US 7709636 等。

合成方法　通过如下反应制得目的物：

参考文献

[1] The Pesticide Manual. 17 th edition: 734.

[2] 筱禾. 世界农药, 2017(1): 58-61.

甲磺隆（metsulfuron-methyl）

$C_{14}H_{15}N_5O_6S$，381.4，74223-64-6；79510-48-8(酸)

甲磺隆（试验代号：DPX-T6376、IN-T6376，商品名称：Accurate、Allié、Ally、Escort、Gropper、Malban、Metsulsun-M、Nicanor、Retador、Rosulfuron、Stretch、Timefron、PIMix、Sindax（后两个为混剂），其他名称：合力）由 R. I.doig 等报道，由 E. I. du Pontde Nemours & Co.引入市场的磺酰脲类除草剂，1984 年首次获准登记。

化学名称 2-(4-甲氧基-6-甲基-1,3,5-三嗪-2-基氨基甲酰氨基磺酰基)苯甲酸甲酯，英文化学名称 methyl 2-(4-methoxy-6-methyl-1,3,5-triazin-2-ylcarbamoylsulfamoyl)benzoate。美国化学文摘（CA）系统名称 methyl 2-[[[[(4-methoxy-6-methyl-1,3,5-triazin-2-yl)amino]carbonyl]amino]sulfonyl]benzoic acid。CA 主题索引名称 benzoic acid—, 2-[[[[(4-methoxy-6-methyl-1,3,5-triazin-2-yl)amino]carbonyl]amino]sulfonyl]-methyl ester。

理化性质 无色晶体（原药灰白色固体，有轻微酯的气味，含量＞96%），熔点 162℃。蒸气压 $3.3×10^{-7}$ mPa（25℃），$\lg K_{ow}$=-1.87（pH 7），pKa（20～25℃）3.8。Henry 常数 $4.5×10^{-11}$ Pa·m³/mol（pH 7，计算），相对密度（20～25℃）1.447。水中溶解度（g/L，20～25℃）：0.548（pH 5）、2.79（pH 7）、213（pH 9）。有机溶剂中溶解度（g/L，20～25℃）：乙酸乙酯 11.1、甲醇 7.63、丙酮 37、二氯甲烷 132、甲苯 1.24、正己烷 $5.84×10^{-4}$。光解稳定，水解 DT_{50}（pH 4，25℃）4.7 d，pH 7 和 pH 9 时稳定。

毒性 雌雄大鼠急性经口 LD_{50}＞5000 mg/kg。兔急性经皮 LD_{50}＞2000 mg/kg，对兔皮肤和眼睛无刺激性，无豚鼠皮肤致敏性。雌雄大鼠吸入 LC_{50}（4 h）＞5 mg/L。NOEL（mg/L）：小鼠（1.5 年）5000，大鼠（2 年）500 [25 mg/(kg·d)]，雄狗（1 年）500，雌狗（1 年）5000。ADI/RfD（EC）0.22 mg/kg [2000]，（EPA）cRfD 0.25 mg/kg [1988]。无遗传毒性和致畸性。

生态效应 野鸭急性经口 LD_{50}＞2510 mg/kg，野鸭和山齿鹑饲喂 LC_{50}（8 d）＞5620 mg/kg。虹鳟鱼和大翻车鱼 LC_{50}（96 h）＞150 mg/L。水蚤 EC_{50}（48 h）＞150 mg/L。绿藻 EC_{50}（72 h）0.045 mg/L。浮萍 EC_{50} 0.36 μg/L。蜜蜂 LD_{50}（μg/只）：经口＞44，接触＞50。蚯蚓 LC_{50}＞1000 mg/kg。

环境行为 ①动物。哺乳动物经口给药后，以甲磺隆形式排出体外，甲氧羰基和磺酰脲

的部分仅通过 *O*-去甲基化和羟基化而部分代谢。②植物。在植物体内，经过水解和结合反应，在几天之内完全降解。除了羟甲基类似物，其他代谢物包括 2-氨基磺酰基苯甲酸甲酯和 2-氨基磺酰基苯甲酸。在谷类植物体内迅速代谢。③土壤/环境。土壤中，甲磺隆通过化学降解和微生物降解而分解。在一定范围内的田间土壤 DT_{50} 平均为 52d，在酸性土壤中降解快。

制剂　片剂、水分散粒剂、可溶粒剂。

主要生产商　Agrofina、Atul、Bharat、Cheminova。

作用机理与特点　抑制乙酰乳酸合成酶（ALS）活性，导致植物细胞分裂和生长迅速停止。选择性内吸除草剂，通过叶子和根部吸收，传导至植物顶点部位。几天内出现症状，2～4 周内死亡。

应用　苗后用于小麦、大麦、水稻、燕麦和黑麦，防除各种禾本科杂草和阔叶杂草，使用剂量为 4～8 g/hm²。

甲磺隆的残留期长，不应在茶叶、玉米、棉花、烟草等敏感作物田使用。中性土壤小麦田用药 120 d 后播种油菜、棉花、大豆、黄瓜等会产生药害，碱性土壤药害更重。

专利概况

专利名称　Agricultural sulfonamides

专利号　US 4394506　　　　　**优先权日**　1978-05-30

专利拥有者　E. I. Du Pont De Nemours and Co.

登记情况　甲磺隆残效期长，对使用量和使用时间要求很高，并且易对后茬作物产生药害，我国自 2013 年 12 月 31 日起撤销甲磺隆单剂的登记，自 2015 年 12 月 31 日起禁止在国内销售和使用。自 2015 年 7 月 1 日起撤销甲磺隆原药及复配制剂登记；自 2017 年 7 月 1 日起禁止在国内销售和使用。保留甲磺隆的出口境外使用登记。

合成方法　经如下反应制得甲磺隆：

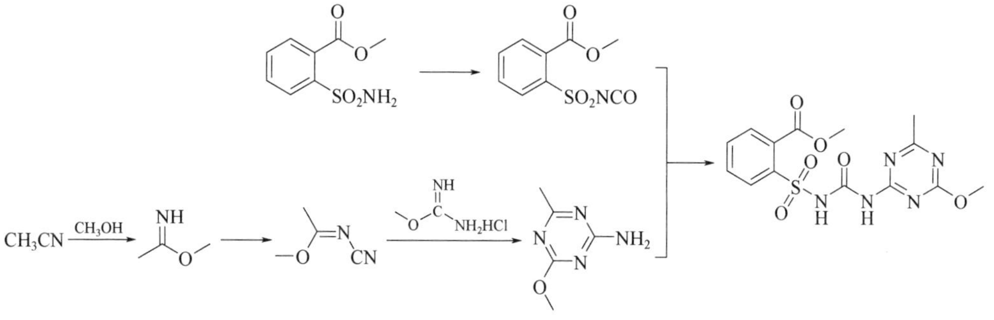

参考文献

[1] The Pesticide Manual.17 th edition: 770-772.

单嘧磺隆（monosulfuron）

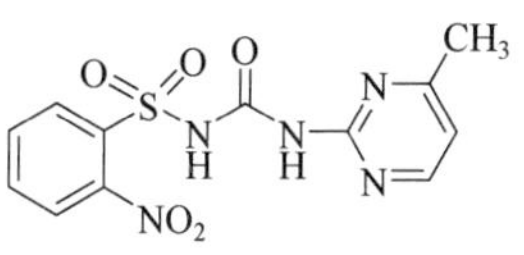

$C_{12}H_{11}N_5O_5S$，337.3，155860-53-2

单嘧磺隆是南开大学元素有机化学研究所李正名院士课题组创制开发的新型磺酰脲类除草剂品种，也是我国第一个获得正式登记的创制除草剂品种，于 1994 年发现，2012 年获农业部农药正式登记。

化学名称 N-[2′-(4′-甲基)嘧啶基]-2-硝基苯磺酰脲。英文化学名称 N-((4-methylpyri-midin-2-yl)carbamoyl)-2-nitrobenzenesulfonamide。美国化学文摘（CA）系统名称 N-[[(4-methyl-2-pyrimidinyl)amino]carbonyl]-2-nitrobenzenesulfonamide。CA 主题索引名称 benzenesulfona-mide—, N-[[(4-methyl-2-pyrimidinyl)amino]carbonyl]-2-nitro-。

理化性质 白色粉末，熔点 191.0～191.5℃，可溶于 N,N-二甲基甲酰胺，微溶于丙酮，碱性条件下可溶于水，在中性和弱碱性条件下稳定，在强酸和强碱条件下易发生水解反应。在四氢呋喃和丙酮中较稳定，在甲醇中稳定性较差，在 N,N-二甲基甲酰胺中极不稳定，温度对单嘧磺隆稳定性的影响较光照的大。

毒性 大鼠（雌、雄）急性经口 LD_{50}＞4640 mg/kg，大鼠（雌、雄）急性经皮 LD_{50}＞4640 mg/kg，对兔眼、兔皮肤有轻度刺激性。对豚鼠为无致敏性。Ames、微核、染色体试验结果均为阴性。

生态效应 鹌鹑 LD_{50}＞2000 mg/kg，斑马鱼 LC_{50}（96 h）＞58.68 mg/L，蜜蜂 LD_{50} 200 μL/蜂，桑蚕 LC_{50}＞5000 mg/kg。10%可湿性粉剂对鹌鹑、蜜蜂、藻类、爪蟾、蚯蚓和土壤微生物均为低毒，对赤眼蜂、蛙类等为低风险。

环境行为 单嘧磺隆在(25±1)℃黑暗条件下，在河南土壤、江苏土壤和黑龙江土壤中均较易降解；单嘧磺隆在(25±1)℃黑暗条件下，在 pH 5、pH 7 和 pH 9 缓冲溶液中的水解特性分别为较易水解、较难水解、易水解；单嘧磺隆在(50±1)℃黑暗条件下，在 pH 5、pH 7 和 pH 9 缓冲溶液中的水解特性均为易水解；单嘧磺隆的光解特性为难光解；水土质量比为 1∶1 时，单嘧磺隆在黑龙江土壤、云南土壤和内蒙古土壤的土壤吸附性能均为难吸附；单嘧磺隆在云南土壤中不易移动，在内蒙古土壤和黑龙江土壤中极易移动；单嘧磺隆在空气、水和黑龙江土壤表面均难挥发；单嘧磺隆的富集等级为低富集。

制剂 可湿性粉剂。

主要生产商 河北兴柏农业科技有限公司。

作用机理与特点 乙酰乳酸合成酶（ALS）抑制剂。

应用 主要防除小麦、谷子、玉米田主要杂草，如播娘蒿、荠菜、马齿苋、茅草和马唐等，每亩使用 1～3 g，在冬小麦田对我国长期难防杂草碱茅的防效可达 90%以上。单嘧磺隆的单剂及其混剂可以防治夏谷子、夏玉米田阔叶杂草及部分禾本科杂草，还可应用在经济作物田及部分蔬菜田，防效显著。

专利概况

专利名称 新型磺酰脲类化合物除草剂

专利号 CN 1106393   优先权日 1994-12-07

专利申请人 南开大学。

登记情况 单嘧磺隆国内登记情况见表 3-11。

表 3-11 单嘧磺隆国内登记情况

登记证号	登记名称	剂型	含量	登记场所	防治对象	用药量 /[g(制剂)/亩]	施用方法	登记证持有人
PD20070369	单嘧磺隆	原药	90%					河北兴柏农业科技有限公司

续表

登记证号	登记名称	剂型	含量	登记场所	防治对象	用药量 /[g(制剂)/亩]	施用方法	登记证持有人
PD20070368	单嘧磺隆	可湿性粉剂	10%	冬小麦田	一年生阔叶杂草	30～40	茎叶喷雾	河北兴柏农业科技有限公司
				谷子田		10～20	土壤喷雾（播后苗前）	

合成方法　经如下反应制得单嘧磺隆：

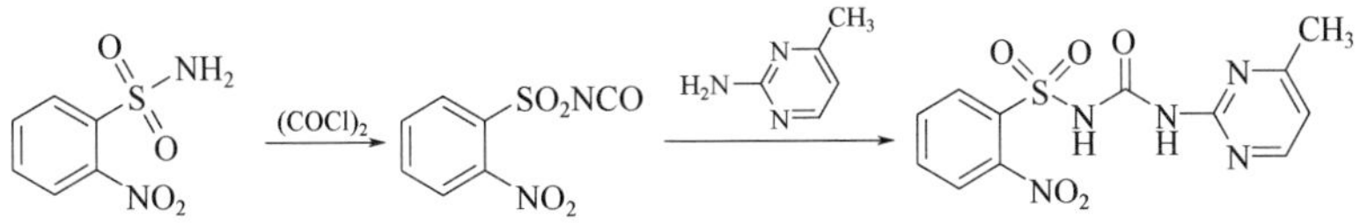

参考文献

[1] 王满意, 寇俊杰, 鞠国栋, 等. 农药, 2008, 47(6): 412-414.

[2] 佚名. 世界农药, 2006, 28(1): 49-50.

单嘧磺酯（monosulfuron-ester）

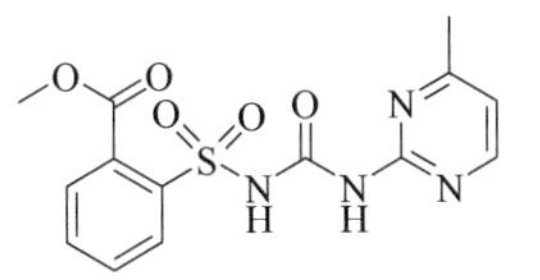

$C_{14}H_{14}N_4O_5S$，350.4，175076-90-1

　　单嘧磺酯（试验代号：#94827，商品名为麦庆）是南开大学元素有机化学研究所李正名院士课题组继单嘧磺隆之后创制的又一个超高效磺酰脲类除草剂。

　　化学名称　N-[(4′-甲基)嘧啶-2′-基]-2-甲氧基羰基苯磺酰脲。英文化学名称 N-[(4′-methyl)pyrimidin-2′-yl]-2-methoxycarbonyl phenylsulfonylurea。美国化学文摘（CA）系统名称 methyl 2-[[[[(4-methyl-2-pyrimidinyl)amino]carbonyl]amino]sulfonyl]benzoate。CA 主题索引名称 benzoic acid—, 2-[[[[(4-methyl-2-pyrimidinyl)amino]carbonyl]amino]sulfonyl]-methyl ester。

　　理化性质　白色粉末，熔点 179.0～180.0℃。溶解度（20～25℃，g/L）：甲醇 0.58、乙酸乙酯 0.69、二氯甲烷 7.54、甲苯 0.096、水 0.013、正己烷 0.149、乙腈 1.44、丙酮 2.34、四氢呋喃 5.84、N,N-二甲基甲酰 24.68。光稳定性好，在室温下稳定，在弱碱、中性及弱酸性条件下稳定，在酸性条件下容易水解。半衰期：2.04 d（pH 3）、13.57 d（pH 5）、230.4 d（pH 7）、76.38 d（pH 9）。不同溶剂中的光解半衰期（min）：丙酮 63.63，水 3.30，甲醇 3.45，正己烷 1.94。

　　毒性　大鼠（雌、雄）急性经口 LD_{50}>10000 mg/kg，大鼠（雌、雄）急性经皮 LD_{50}>10000 mg/kg。对兔皮肤无刺激，对眼有轻微刺激，24 h 恢复。对豚鼠致敏性试验为弱致敏。Ames、微核、染色体试验结果均为阴性，显性致死或者生殖细胞染色体畸变试验结果为阴性。大鼠 90 d 饲喂最大无作用剂量（mg/kg）：雌性 231.90，雄性 161.92。

　　生态效应　鹌鹑 LD_{50}>2000 mg/kg，斑马鱼 LC_{50}（96h）>64.68 mg/L，蜜蜂 LD_{50}（48h）

200 μL/只，桑蚕 LC$_{50}$＞5000 mg/kg。对鱼、鸟、蜜蜂均为低毒，对家蚕低风险。

环境行为 在 pH＜7 的土壤内，在温湿度适宜的条件下，其土壤残留半衰期小于 20 d；在 pH＞7 的可耕土壤，残留半衰期将随 pH 的增大而明显延长，但比氯磺隆土壤残留半衰期明显要短。

制剂 可湿性粉剂。

主要生产商 河北兴柏农业科技有限公司。

作用机理与特点 乙酰乳酸合成酶（ALS）抑制剂，通过抑制乙酰乳酸合成酶的活性，进而抑制侧链氨基酸的生物合成，造成敏感植物停止生长而逐渐死亡。其可通过根、茎、叶吸收，但以根吸收为主，有内吸传导作用。其选择性主要来源于吸收及代谢差异，也可利用土壤位差效应。

应用 30～60 g/hm^2 下对一年生禾本科杂草如马唐、稗草、碱茅、硬草等有很高的防效，但对多年生禾本科杂草防效较低。18～45 g/hm^2 下对阔叶杂草如播娘蒿、荠菜、米瓦罐、藜、马齿苋等具有很好的防效，但是对猪殃殃、婆婆纳、麦家公、泽漆和田旋花等多年生阔叶杂草防效低。10%单嘧磺酯可湿性粉剂 18～30 g/hm^2 用于冬小麦返青后或春小麦浇苗水前，茎叶处理，也可采用土壤处理。在较好的土壤墒情条件下，可有效防除播娘蒿、荠菜、米瓦罐、藜、萹蓄、卷茎蓼、看麦娘等小麦田主要杂草。

专利概况

专利名称 新型磺酰脲类化合物除草剂

专利号 CN 1106393   **优先权日** 1994-12-07

专利申请人 南开大学。

登记情况 单嘧磺酯国内登记情况见表 3-12。

表 3-12 单嘧磺酯国内登记情况

登记证号	登记名称	剂型	含量	登记场所	防治对象	用药量/[g(制剂)/亩]	施用方法	登记证持有人
PD20130372	单嘧磺酯	原药	90%					河北兴柏农业科技有限公司
PD20130371	单嘧磺酯	可湿性粉剂	10%	春小麦田	一年生阔叶杂草	15～20（西北地区）	茎叶喷雾	河北兴柏农业科技有限公司
				冬小麦田		12～15	茎叶喷雾	

合成方法 经如下反应制得单嘧磺酯：

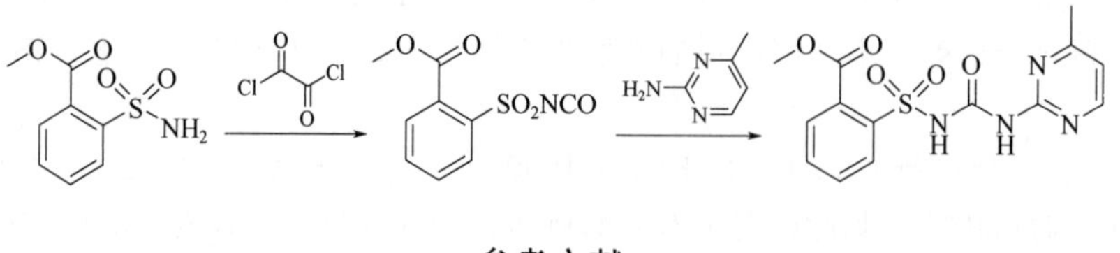

参考文献

[1] 世界农药, 2006, 28(1): 49-50.

烟嘧磺隆（nicosulfuron）

$C_{15}H_{18}N_6O_6S$，410.4，111991-09-4

烟嘧磺隆（试验代号：DPX-V9636、MU-495、SL-950，商品名称：Accent、Fertinico、Milagro、Nic-It、Nostoc、玉农乐，其他名称：烟磺隆）是由日本石原株式会社开发的磺酰脲类除草剂。

化学名称　1-(4,6-二甲氧基嘧啶-2-基)-3-(3-二甲基氨基甲酰吡啶-2-基磺酰)脲或 2-(4,6-二甲氧基嘧啶-2-基氨基羰基磺酰基)-*N,N*-二甲基烟酰胺。英文化学名称　1-(4,6-dimethoxy-pyrimidin-2-yl)-3-(3-dimethylcarbamoyl-2-pyridylsulfonyl)urea 或 2-(4,6-dimethoxypyrimidin-2-ylcarbamoylsulfamoyl)-*N,N*-dimethylnicotinamide。美国化学文摘（CA）系统名称　2-[[[[(4,6-dimethoxy-2-pyrimidinyl)amino]carbonyl]amino]sulfonyl]-*N,N*-dimethyl-3-pyridinecarboxamide。CA 主题索引名称 3-pyridinecarboxamide—, 2-[[[[(4,6-dimethoxy-2-pyrimidinyl)amino]carbonyl]amino]sulfonyl]-*N,N*-dimethyl-。

理化性质　无色晶体，熔点 169～172℃，闪点＞200℃。蒸气压＜$8×10^{-7}$mPa（25℃）。分配系数 lgK_{ow}：-0.36（pH 5）、-1.8（pH 7）、-2（pH 9）。Henry 常数 $1.48×10^{-11}$ Pa·m³/mol。pK_a（20～25℃)=4.6。相对密度 0.313（20～25℃）。水中溶解度 7.4 g/L（pH 7，20～25℃），有机溶剂中溶解度（g/L，20～25℃）：丙酮 14、乙腈 18、苯 1.5、氯仿 94、二氯甲烷 212、二甲基甲酰胺 61、乙醇 3.6、乙酸乙酯 3.4、己烷＜0.013、异丙醇 0.95、甲醇 0.35、四氢呋喃 23、甲苯 0.32、二甲苯 0.17（28℃）。稳定性：水解 DT_{50}15 d（pH 5），在 pH 7、9 下稳定。

毒性　大、小鼠（雄、雌）急性经口 LD_{50}＞5000 mg/kg，大鼠（雄、雌）急性经皮 LD_{50}＞2000 mg/kg。对兔的眼睛中等刺激，对兔皮肤无刺激。对豚鼠的皮肤无致敏性，75%制剂对眼睛无刺激。大鼠吸入 LC_{50}（4 h）5.47 mg/L。狗 NOAEL（1 年）125 mg/kg，ADI（EC）2.0 mg/kg（2007），（EPA）cRfD 1.25 mg/kg（2004），Ames 无致突变。

生态效应　山齿鹑急性经口 LD_{50}＞2000 mg/kg，山齿鹑和野鸭饲喂毒性 LC_{50}＞5000 mg/kg。虹鳟鱼 LC_{50}（96 h）65.7mg/L，水蚤 LC_{50}（48 h）＞90 mg/L。绿藻 NOEC（96 h）100 mg/L。浮萍 LC_{50}（14 d）0.0032 mg/L。蜜蜂接触 LD_{50}＞76 μg/只，经口 LC_{50}（48 h）＞1000 mg/kg，NOEC 500 mg/kg。蚯蚓 LC_{50}（14 d）＞1000 mg/kg。

环境行为　①动物。山羊作用剂量为 60 mg/L 时，在组织和奶中发现＜0.1 mg/L 的代谢物质，其代谢物不会在生物体内累积。磺酰脲桥的水解和羟基化是代谢的主要途径。②植物。在玉米内迅速降解，DT_{50}1.5～4.5 d，在所有的作物中代谢剩余物＜0.02 mg/L。磺酰脲桥水解变成吡啶磺酰胺和嘧啶胺，在嘧啶环上羟基化是代谢的主要方式。③土壤/环境。土壤 DT_{50}（有氧）26 d（pH 6.1，有机物 5.1%，25℃）。沙质壤土，K_d（25℃）0.16（pH 6.6，有机物 1.1%）～1.73（pH 5.4，有机物 4.3%）。光解 DT_{50}：（土壤）60～67 d，（水）14～19 d（pH 5）、

200~250 d（pH 7）、180~200 d（pH 9）。不同的研究数据表明：土壤 DT_{50} 24~43 d（20℃），DT_{90} 80~143 d（20℃），K_d 0.05~0.7。水中 DT_{50} 15 d（pH 5，20℃）。

制剂 悬浮剂、可分散油悬浮剂、可湿性粉剂等。

主要生产商 AGROFINA、Cheminova、DuPont、Ishihara Sangyo、联化科技（德州）有限公司、辽宁省葫芦岛金信化工有限公司、山东绿霸化工股份有限公司、江苏龙灯化学有限公司、辽宁先达农业科学有限公司、江苏省激素研究所股份有限公司、沈阳科创化学品有限公司等。

作用机理与特点 ALS 或 AHAS 抑制剂。通过抑制植物体内乙酸乳酸合成酶的活性，阻止支链氨基酸（如缬氨酸、亮氨酸与异亮氨酸）合成进而阻止细胞分裂，使敏感植物停止生长。内吸传导型除草剂，烟嘧磺隆可被植物的茎叶和根部吸收并迅速传导，杂草受害症状为心叶变黄、失绿、白化，然后其他叶由上到下依次变黄。一般在施药后 3~4 d 可以看到杂草受害症状，一年生杂草 1~3 周死亡，6 叶以下多年生阔叶杂草受抑制，停止生长，失去同玉米的竞争能力。高剂量也可使多年生杂草死亡。

应用

（1）适用作物与安全性 玉米。不同玉米品种对烟嘧磺隆的敏感性有差异，其安全性顺序为马齿型＞硬质玉米＞爆裂玉米＞甜玉米。一般玉米 2 叶期前及 10 叶期以后，对该药敏感。甜玉米或爆裂玉米对该剂敏感，勿用。对后茬小麦、大蒜、向日葵、苜蓿、马铃薯、大豆等无残留药害。但对小白菜、甜菜、菠菜等有药害。在粮、菜间作或轮作地区，应在做好对后茬蔬菜的药害试验后才可使用。

（2）防除对象 稗草、龙葵、香薷、野燕麦、问荆、蒿属杂草、苍耳、苘麻、鸭跖草、狗尾草、金狗尾草、狼杷草、马唐、牛筋草、野黍、柳叶刺蓼、酸模叶蓼、卷茎蓼、反枝苋、大蓟、水棘针、荠菜、风花菜、遏蓝菜、刺儿菜、苣荬菜等一年生杂草和多年生阔叶杂草。对藜、小藜、地肤、鼬瓣花、芦苇等亦有较好的药效。

（3）应用技术 ①施药时期为玉米苗后 3~5 叶期，一年生杂草 2~4 叶期，多年生杂草 6 叶期以前，大多数杂草出齐时，除草效果最佳，且对玉米也安全。杂草小、水分好时烟嘧磺隆用低量；杂草较大、干旱条件下用高量。②烟嘧磺隆不但有好的茎叶处理活性，而且有土壤封闭杀草作用，因此施药不能过晚，过晚杂草大、抗性增强。在土壤水分、空气温度适宜时，有利于杂草对烟嘧磺隆的吸收传导。长期干旱、低温和空气相对湿度低于 65% 时不宜施药。一般应选早晚气温低、风小时施药。干旱时施药最好加入表面活性剂。长期干旱如近期有雨，待雨过后田间湿度改善，再施药或有灌水条件的灌后再施药；尽管施药时间拖后，但除草效果会比雨前施药好。施药 6 h 后下雨，对药效无明显影响，不必重喷。③用有机磷药剂处理过的玉米对该药敏感，两药剂的使用间隔期为 7 d 左右。烟嘧磺隆可与菊酯类农药混用。

（4）使用方法 玉米田苗后施用，使用剂量通常为 35~70 g (a.i.)/hm^2［亩使用量通常为 2.3~4.7 g (a.i.)］。4% 烟嘧磺隆在我国每亩推荐用量为 50~100 mL。为减少用量、降低成本、扩大杀草谱，可与莠去津等混用。每亩用 4% 烟嘧磺隆 67 mL 加 38% 莠去津 83 mL，加入表面活性剂不仅可增加药效，而且在干旱条件下仍可获得稳定的除草效果，同时可达到减少用药量、降低成本之目的。据有关文献报道烟嘧磺隆与嗪草酮苗后混用亦具有良好的药效及安全性：每亩用 70% 嗪草酮 7 g 加 4% 烟嘧磺隆 50~67 mL。

专利概况

专利名称 Substituted pyridinesulfonamide compounds, herbicidal composition containing them, and method of preparing these compounds

专利号 EP 232067　　　　　优先权日 1986-01-30

专利申请人 日本石原产业化学公司

还申请了如下专利 AU 589250、AU 6813687、BG 49702、BR 8700357、CN 87100436、DE 3750633、DE 3768286、ES 2021027、ES 2064517、IN 164880、JP 2567235、JP 63146873、KR 9501043、KR 9508311、LV 10151、MX 163196、MX 9102467、TR 23205、YU 8787 等。其中，中国专利获得了授权。

专利名称 Pyridinecarboxamides

专利号 EP 0237292　优先权日 1986-03-07

专利申请人 美国杜邦公司

还申请了如下专利 BR 8700970、CA 1333800、CN 87101735、DE 3788967、DK 117287、ES 2061486、HU 45523、IE 60440、JP 7033740、KR 9000670、US 4789393 等。其中，中国专利未授权。

工艺专利 EP 353944、EP 298752、WO 9005728、CN 1062263、CN 87101735、CN 1062352、CN 1032137 等。

登记情况 国内登记情况：40 g/L、8%、10%、20%、21%等可分散油悬浮剂，80%可湿性粉剂，75%水分散粒剂，40 g/L 悬浮剂，登记作物为玉米，防治对象为一年生杂草。日本石原产业株式会社登记情况见表 3-13。

表 3-13　日本石原产业株式会社登记情况

登记证号	登记名称	剂型	含量	登记场所	防治对象	亩用药量（制剂）	施用方法
PD371-2001	烟嘧磺隆	原药	90%				
PD235-98	烟嘧磺隆	可分散油悬浮剂	40 g/L	玉米田	一年生单子叶杂草	67～100 mL	茎叶喷雾
				玉米田	一年生双子叶杂草	67～100 mL	茎叶喷雾
PD20110960	烟嘧磺隆	可分散油悬浮剂	60 g/L	玉米田	一年生杂草	44～67 mL	茎叶喷雾
PD20083325	烟嘧磺隆	可湿性粉剂	80%	春玉米田	一年生单、双子叶杂草	3.3～5 g	喷雾
				夏玉米田	一年生单、双子叶杂草	3.3～4.2 g	喷雾

合成方法 烟嘧磺隆合成的主要方法如下：

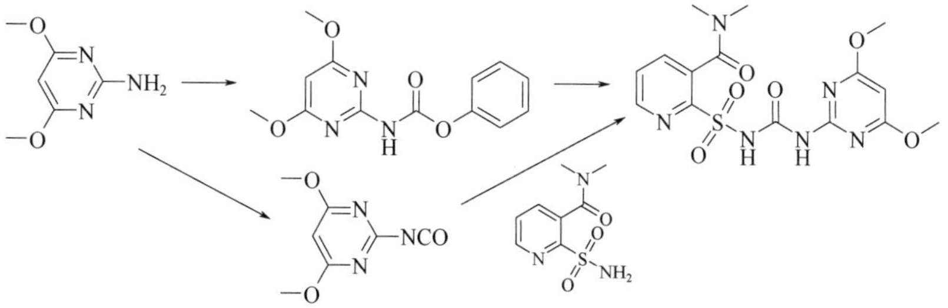

或

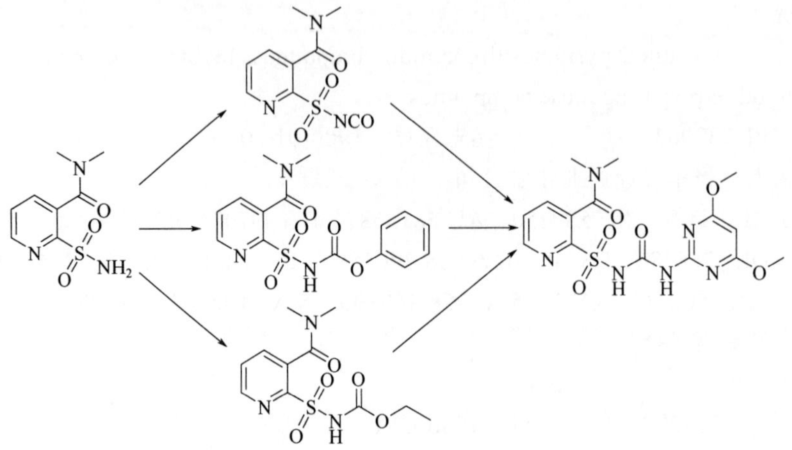

中间体磺酰胺的合成主要有下列几种方法：

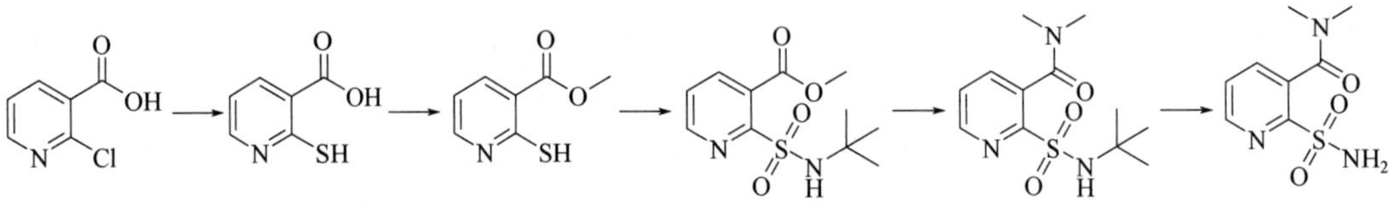

或

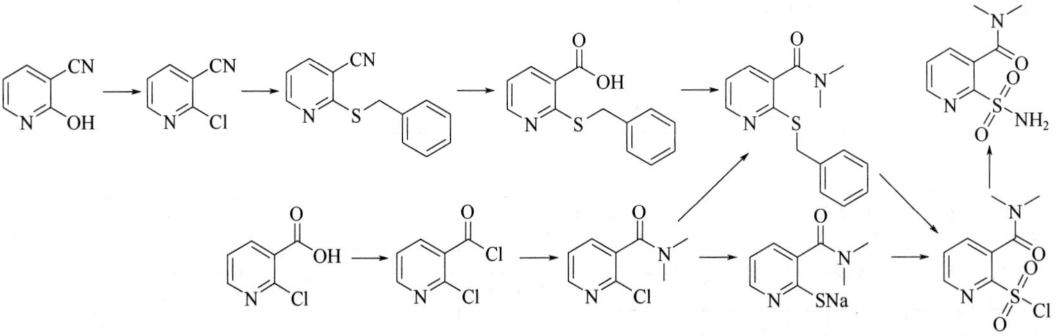

或

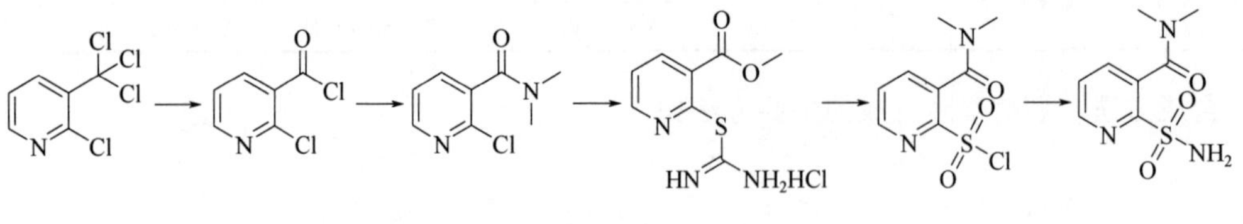

参考文献

[1] The Pesticide Manual. 17 th edition: 795-796.

[2] 孙健, 彭学伟. 化学与生物工程, 2011(9): 47-48.

[3] 雷艳, 姜春艳, 李彦龙. 农药研究与应用, 2010(3): 19-21.

[4] 戴士记, 李国田, 高学利, 等. 河北农业, 2019(7): 31-32.

嘧苯胺磺隆（orthosulfamuron）

C$_{16}$H$_{20}$N$_6$O$_6$S，424.4，213464-77-8

嘧苯胺磺隆（试验代号：IR 5878，商品名称：Flamma、Kelion、Percutio、Pivot、Strada、Vortex）是由意大利意赛格公司研发的磺酰脲类除草剂。

化学名称　1-(4, 6-二甲氧基嘧啶-2-基)-3-[(2-二甲氨基甲酰)苯氨基磺酰]脲。英文化学名称 2-[[[[[(4,6-dimethoxy-2-pyrimidinyl)amino]carbonyl]amino]sulfonyl]amino]-*N,N*-dimethylbenzamide。美国化学文摘（CA）系统名称 2-[[[[[(4,6-dimethoxy-2-pyrimidinyl)amino]carbonyl]amino]sulfonyl]amino]-*N,N*-dimethylbenzamide。CA 主题索引名称 benzamide—, 2-[[[[[(4,6-dimethoxy-2-pyrimidinyl)amino]carbonyl]amino]sulfonyl]amino]-*N,N*-dimethyl-。

理化性质　原药纯度＞98%。白色粉末，时有结块，熔点157℃。在达到沸点之前分解。蒸气压＜0.1116 mPa（20℃），分配系数 lgK_{ow}：2.02（pH 4）、1.31（pH 7）、＜0.3（pH 9）。Henry 常数＜7.6×10^{-5} Pa·m^3/mol（pH 7），相对密度1.48（20～25℃）。水中溶解度（mg/L，20～25℃）：26.2（pH 4）、629（pH 7）、38900（pH 8.5）；有机溶剂中溶解度（g/L，20～25℃）：丙酮19.5、乙酸乙酯3.3、1,2-二氯乙烷56.0、甲醇8.3、正庚烷0.00023、二甲苯0.1298。稳定性：在54℃时稳定性≥14 d。水解 DT$_{50}$（50℃）：0.43 h（pH 4）、35 h（pH 7）、8 d（pH 9）；DT$_{50}$（25℃）：8 h（pH 5）、24 d（pH 7）、228 d（pH 9）。

毒性　大鼠、小鼠、兔子急性经口 LD$_{50}$＞5000 mg/kg。大鼠急性经皮 LD$_{50}$＞5000 mg/kg。对兔的眼睛和皮肤无刺激，对豚鼠皮肤无致敏。空气吸入 LC$_{50}$（4 h）大鼠＞2.190 mg/L。NOEL 数据［mg/(kg·d)］：大鼠5（2年）；雄小鼠100，雌小鼠1000（18个月）；狗75（1年）。ADI/RfD：cRfD 0.05 mg/kg。对鼠和兔子没有致突变性、基因毒性、致癌性和致畸性作用。

生态效应　山齿鹑和野鸭急性经口 LD$_{50}$＞2000 mg/kg。山齿鹑和野鸭饲喂 LC$_{50}$（5 d）＞5000 mg/L。鱼 LC$_{50}$（96 h，mg/L）：虹鳟鱼＞122，大翻车鱼＞142，斑马鱼＞100。水蚤 EC$_{50}$（48 h）＞100 mg/L。藻类 E$_b$C$_{50}$（72 h，mg/L）：淡水绿藻41.4，淡水蓝绿藻1.9。其他水生生物：浮萍 E$_b$C$_{50}$（7 d）0.327 µg/L。LC$_{50}$（96 h，mg/L）：杂色鳉＞123，摇蚊＞122；（流动）太平洋牡蛎＞97。蜜蜂 LD$_{50}$（48 h，µg/只）：经口＞109.4，接触＞100。蚯蚓 LC$_{50}$＞1000 mg/kg 干土。

环境行为　①动物。迅速通过肠道吸收，同位素检测90%的代谢物24 h 内通过尿液排出，48 h 内通过粪便排出，不受性别和剂量的影响。大多数代谢主要是通过 *O*-脱甲基作用、*N*-脱甲基作用和水解消除磺酰脲键。②植物。在水稻和稻秆中没有发现重要的残留物。③土壤/环境。在两处水稻田中（沙土地 pH 6.3，有机碳0.7%；粉沙黏土地 pH 6.2，有机碳7.2%）DT$_{50}$ 分别为10 d 和21 d，DT$_{90}$ 分别为33 d 和72 d。

剂型　水分散粒剂、颗粒剂。

主要生产商　Isagro、江苏省盐城南方化工有限公司、日本农药株式会社。

作用机理与特点　通过抑制杂草的乙酰乳酸合成酶（ALS），阻止植物的支链氨基酸的合成，从而阻止杂草蛋白质的合成，使杂草细胞分裂停止，最后杂草枯死。该药可经叶、根吸收。经田间药效试验表明，对水稻田稗草、莎草及阔叶杂草有较好的防效。

应用 主要作用于水稻中一年生和多年生阔叶草和莎草。有效成分用药量为 60～75 g (a.i.)/hm² (折成 50%水分散粒剂商品量为 120～150 g/hm² 或 8～10 g/亩)；最佳施药时期在水稻插秧后 5～7 d；使用方法为茎叶喷雾或毒土法；生长季施药 1 次；对低龄杂草防效较明显。在南方稻田使用，对水稻存在一定程度抑制和失绿现象，2 周后可恢复。在推荐的使用剂量下 [150 g (a.i.)/hm² 以下] 对当茬水稻和水稻田主要后茬作物安全。水稻收割后，广西、湖南、湖北等地后茬种植萝卜、马铃薯、小麦、油菜、甘蓝、大蒜，黑龙江省、辽宁省后茬种植大豆、玉米、甜菜等，未发现异常。

专利概况

专利名称　Preparation of aminosulfonylureas with herbicidal activity

专利号　WO 9840361　　　　　优先权日　1997-03-13

专利申请人　Isagro Ricerca S.R.L

在其他国家申请的专利　CA 2283570、AU 9868306、EP 971902、BR 9808327、JP 2001516347、JP 4351741、AT 211133、ES 2165151、PT 971902、CN 1129585、IL 131855、MX 9908373、US 6329323、CN 1446806 等。

登记情况 国内登记情况见表 3-14。

表 3-14　嘧苯胺磺隆国内登记情况

登记证号	登记名称	剂型	含量	登记场所	防治对象	用药量/[g(制剂)/亩]	施用方法	登记证持有人
PD20180860	嘧苯胺磺隆	水分散粒剂	50%	水稻移栽田	一年生杂草	8～10	茎叶喷雾	日本农药株式会社
PD20121667	嘧苯胺磺隆	水分散粒剂	50%	移栽水稻田	稗草、莎草及阔叶杂草	8～10	茎叶喷雾或毒土法	意大利意赛格公司
PD20172007	嘧苯胺磺隆	原药	98%					日本农药株式会社
PD20151030	嘧苯胺磺隆	原药	98%					江苏省盐城南方化工有限公司
PD20121674	嘧苯胺磺隆	原药	98%					意大利意赛格公司

合成方法 具体合成方法如下：

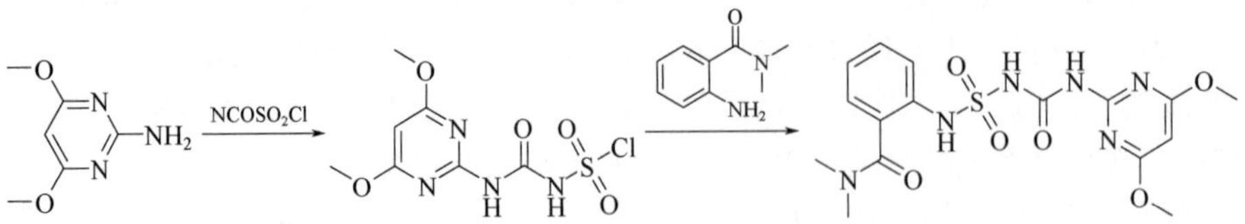

参考文献

[1] The Pesticide Manual. 17 th edition: 814-815.

[2] 佚名. 农药科学与管理, 2009, 30(11): 60.

[3] 柴宝山, 孙旭峰, 崔东亮, 等. 农药, 2015, 54(1): 14-15.

环氧嘧磺隆（oxasulfuron）

$C_{17}H_{18}N_4O_6S$，406.4，144651-06-9

环氧嘧磺隆（试验代号：CGA 277476，商品名称：Dynam）是由瑞士诺华公司（现先正达公司）开发的磺酰脲类除草剂。

化学名称 2-[(4,6-二甲基嘧啶-2-基)氨基羰基氨基磺酰基]苯甲酸-3-环氧丁酯。英文化学名称 oxetan-3-yl 2-[(4,6-dimethylpyrimidin-2-yl)carbamoylsulfamoyl]benzoate。美国化学文摘（CA）系统名称 2-[[[[(4,6-dimethyl-2-pyrimidinyl)amino]carbonyl]amino]sulfonyl]benzoate。CA 主题索引名称 benzoic acid—，2-[[[[(4,6-dimethyl-2-pyrimidinyl)amino]carbonyl]amino]sulfonyl]-3-oxetanyl ester。

理化性质 原药纯度≥96%。白色无味粉末，熔点158℃（分解）。相对密度1.41（20～25℃）。蒸气压<$2×10^{-3}$ mPa（25℃），分配系数$\lg K_{ow}$：0.75（pH 5）、-0.81（pH 7）、-2.2（pH 8.9），Henry 常数 $2.5×10^{-5}$ Pa·m³/mol，pK_a(20～25℃)=5.1。水中溶解度（20～25℃，mg/L）：63（pH 5.0）、1700（pH 6.8）、19000（pH 7.8）。有机溶剂中溶解度（20～25℃，mg/L）：甲醇1500、丙酮9300、甲苯320、正己烷2.2、正辛醇99、乙酸乙酯2300、二氯甲烷6900。稳定性DT_{50}（d，20℃）：17.2（pH 5）、22.7（pH 7）、20.0（pH 9）。

毒性 大鼠急性经口LD_{50}>5000 mg/kg。兔急性经皮LD_{50}>2000 mg/kg。大鼠吸入LC_{50}>5.08 mg/L 空气。对兔的眼睛和皮肤无刺激，对豚鼠皮肤致敏。NOEL 数据［mg/(kg·d)］：大鼠（2年）8.3，小鼠（1.5年）1.5，狗（1年）1.3。ADI/RfD 0.013 mg/kg。无致突变和遗传毒性。

生态效应 野鸭和山齿鹑急性经口LD_{50}>2250 mg/kg。野鸭和山齿鹑饲喂LC_{50}>5620 mg/L。鱼毒LC_{50}（96 h，mg/L）：虹鳟鱼>116，大翻车鱼>111。水蚤EC_{50}（48 h）>136 mg/L。藻E_bC_{50}（120 h，mg/L）：月牙藻0.145，舟形藻>20。浮萍EC_{50}（7 d）0.01 mg/L。蜜蜂LD_{50}>25 μg/只。蚯蚓LC_{50}（14 d）>1000 mg/kg。用量为0.075 kg/hm²对地鳖虫无影响。

环境行为 ①动物。大部分的作用剂量（70%～80%）通过尿液排出，在组织体内没有积累，降解DT_{50} 7～14 h。嘧啶甲基的水解、氧杂环丁烷的水解和磺酰脲桥的断裂是代谢的主要方式。②植物。主要的代谢物是糖精（0.002 mg/L 在成熟的大豆中）；同时形成了少量的丁醇。代谢方式与动物相同。③土壤/环境。土壤DT_{50}：5～10 d（实验室），<3.2～20 d（土地），降解主要通过微生物和水解进行；取决于土壤的酸碱性、有机物质或者土壤的结构，平均K_{oc} 44（5～162）（13 地土壤）。

制剂 水分散粒剂。

主要生产商 Syngenta。

作用机理与特点 ALS 或 AHAS 抑制剂，抑制必需氨基酸缬氨酸和异亮氨酸的生物合成，从而阻止细胞分裂和植物生长。对作物的选择性源于快速代谢。通过杂草根和叶吸收，在植株体内传导，杂草即停止生长，叶色变黄、变红，而后枯死。

应用

（1）适宜作物与安全性　大豆。环氧嘧磺隆在大豆植株内迅速代谢为无毒物，对大豆安全，加之其残效期短，故对后茬作物亦安全。

（2）防除对象　主要用于防除阔叶杂草。

（3）使用方法　环氧嘧磺隆用于大豆田苗后除草，使用剂量为 60～90 g (a.i.)/hm² ［亩用量为 4～6 g (a.i.)］。

专利概况

专利名称　Sulfonylureas as herbizides

专利号　EP 496701　　　　　优先权日　1991-01-25

专利申请人　Ciba Geigy Corp

在其他国家申请的专利　AP 296、AU 1043292、AU 5513794、AU 645389、AU 653480、BG 61187、BG 95816、BR 9200213、CA 2059882、CN 1039771B、CN 1063490、CS 9200215、DE 59205530、EG 19684、ES 2084975、FI 920279、GR 3019245、HU 60603、IE 71042、IL 100741、JP 4346983、LT 1655、LV 10610、MD 940282、MX 9200273、NO 179251、NZ 241385、PL 169407、PL 169554、RO 106991、RU 2056415、SK 278536、TR 25726、US 5209771、ZA 9200503 等。

合成方法　以邻氨基苯甲酸为起始原料，经如下反应，即可制得目的物。

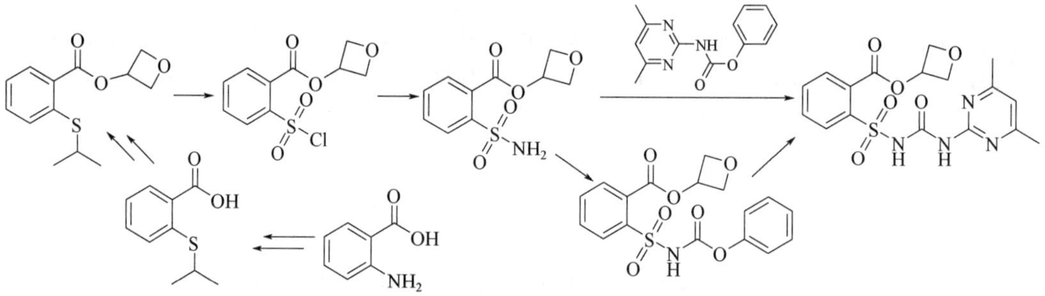

参考文献

[1] The Pesticide Manual. 17 th edition: 825-826.

[2] Proc. Br. Crop Prot. Conf.—Weeds. 1995(1): 79.

[3] 吴忠信. 农药, 2008, 47(11): 794-796.

氟嘧磺隆（primisulfuron-methyl）

$C_{15}H_{12}F_4N_4O_7S$，468.3，86209-51-0

氟嘧磺隆［试验代号：CGA 136872，商品名称：Spirit（混剂）］是由汽巴-嘉基公司（现为先正达公司）开发的磺酰脲类除草剂。

化学名称　2-[4,6-双(二氟甲氧基)嘧啶-2-基氨基甲酰氨基磺酰基]苯甲酸甲酯。英文化学名称 methyl 2-(4,6-bis-(difluoromethoxy)pyrimidin-2-yl-carbamoylsulfamoyl)benzoate。美国化学文摘（CA）系统名称 methyl 2-[[[[(4,6-bis(difluoromethoxy)-2-pyrimidinyl)amino]carbonyl]amino] sulfonyl]benzoate。CA 主题索引名称 benzoic acid—, 2-[[[[[4,6-bis(difluoromethoxy)-2-pyrimidinyl]amino]carbonyl]amino]sulfonyl]-。

理化性质　白色粉状固体，熔点 194.8～194.7℃，蒸气压＜5.0×10⁻³ mPa（25℃）。分配系数 lgK_{ow}: 2.1（pH 5）、0.2（pH 7）、−0.53（pH 9）。Henry 常数 0.023 Pa·m³/mol（pH 5.6），pK_a(20～25℃)=3.47，相对密度 1.64（20～25℃）。水中溶解度（mg/L，20～25℃）：3.7（pH 5）、390（pH 7）、11000（pH 8.5）。有机溶剂中溶解度（mg/L，20～25℃）：丙酮 45000、甲苯 590、正辛醇 130、正己烷＜1。室温下至少在 3 年内稳定，水解 DT$_{50}$ 约 25 d（pH 5，25℃），在 pH 为 7 和 9 时稳定，温度达到 150℃时仍稳定。

毒性　急性经口 LD$_{50}$（mg/kg）：大鼠＞5050，小鼠＞2000，急性经皮 LD$_{50}$（mg/kg）：兔子＞2010，大鼠＞2000。对兔的眼睛有轻微刺激性作用，对兔的皮肤无刺激性，对豚鼠皮肤无致敏，大鼠吸入 LC$_{50}$（4 h）＞4.8 mg/L 空气。NOEL 数据［mg/(kg·d)］：大鼠（2 年）13，小鼠（19 个月）45，狗（1 年）25。ADI/RfD: 0.13 mg/kg，（EPA）cRfD 0.25 mg/kg（2002）。在各种试验中无致突变性。

生态效应　山齿鹑与野鸭急性经口 LD$_{50}$＞2150 mg/kg。山齿鹑与野鸭饲喂 LC$_{50}$（8 d）＞5000 mg/kg。鱼 LC$_{50}$（96 h，mg/L）：虹鳟鱼 29，大翻车鱼＞80，红鲈＞160。水蚤 LC$_{50}$（48 h）＞260～480 mg/L。藻 EC$_{50}$（7 d，μg/L）：月牙藻 24，鱼腥藻＞176，舟形藻＞227，骨条藻＞222。浮萍 EC$_{50}$（14 d）2.9×10⁻⁴ mg/L。对蜜蜂无毒，LD$_{50}$（48 h，μg/只）：经口＞18，接触＞100。蚯蚓 LC$_{50}$（14 d）＞100 mg/kg 土壤。

环境行为　①动物。在大鼠和其他大型动物中的主要代谢方式是嘧啶环的羟基化，部分还有苯基和嘧啶环之间磺酰脲桥的断裂。②植物。在玉米内主要是环氧化降解，随后是糖的键合，其中一个重要的代谢产物是 5-羟基氟嘧磺隆。在收获期，在粮食和饲料中没有检测到残留（＜0.01～0.05mg/kg）。③土壤/环境。土壤中吸收较少，K_d 0.13～0.56，K_{oc} 13～33。土壤研究和渗透测定显示氟嘧磺隆很少被浸出；微生物降解是药物在土壤中的主要分解方式；DT$_{50}$（实验室，25℃，有氧）1～2 月，DT$_{50}$（土地）4～29 d。

制剂　水分散粒剂。

主要生产商　Syngenta 等。

作用机理与特点　ALS 或 AHAS 抑制剂，抑制必需氨基酸缬氨酸和异亮氨酸的生物合成，从而阻止细胞分裂和植物生长。对作物的选择性源于快速代谢。选择性内吸除草剂，通过根和叶吸收，并迅速向顶向基传导。

应用

（1）适宜作物与安全性　玉米。玉米对该药剂有很好的耐药性；在正常条件下，超过剂量，仍有很好的耐药性，不同品种玉米的耐药性有些差异。

（2）防除对象　主要用于防除禾本科杂草和阔叶杂草，其中包括苋属、豚草属、曼陀罗属、茄属、蜀黍属、苍耳属以及野麦属等。对一年生高粱属杂草有一定防效，对双色高粱、石茅高粱等其他高粱属杂草的活性分别在 80%以上［10 g (a.i.)/hm²］、90%以上［20 g (a.i.)/hm²］。另外对藜、茄属杂草和蓼科杂草也有活性。

（3）应用技术　①由于本药剂缺乏对其他黍类禾本科杂草的活性，故在芽前应同其他禾本科杂草除草剂一起施用或在其后使用，如先施异丙甲草胺后再施用氟嘧磺隆，效果更好。如防除多年生石茅高粱，施药时期可适当迟一些，至少株高达 15～20 cm 时进行。②氟嘧磺隆若与溴苯腈混用，对三嗪类除草剂产生抗性的阔叶杂草有很好的防效，且对后茬作物如麦类、豆类、高粱、甜菜等无任何危害。

（4）使用方法　在玉米 3～7 叶期，杂草处于芽前是最佳使用时期，施药时间拖后防效较差。氟嘧磺隆通常以 10～40 g (a.i.)/hm² 用于玉米田。在实际应用中也可采用半量两次施药法（semi-directed way），表面活性剂浓度（喷雾液中）不应超过 0.1%～0.2%（体积），水的用量应低于或等于 500 L/hm²。在低剂量下，对偃麦草也有活性，最佳施药时间是偃麦草长到 10～20 cm 高时。在 20 g (a.i.)/hm² 剂量下（加表面活性剂），在早期苗后施用对苍耳属杂草、苋属杂草、豚属杂草、曼陀罗属杂草和大多数十字花科杂草等的防效等于或超过 80%。

专利概况

专利名称　*N*-Arylsulfonyl-*N'*-pyrimidinylureas

专利号　EP 84020　　　　优先权日　1982-01-11

专利申请人　Ciba Geigy Corp

在其他国家申请的专利　AU 1023483、AU 539958、BR 8300093、CA 1222760、CS 8300183、CY 1566、DD 209381、DE 3373653、DK 166083、DK 6883、EG 16537、ES 8407029、GR 77877、HU 189212、IL 67650、JP 1902152、JP 6025162B、JP 62142166、KR 9100524、MX 162188、NZ 202980、PH 20626、SU 1187700、TR 21764、US 4551531、ZW 1383 等。

工艺专利　JP 01238588、US 4542216、EP 70804、EP 72347、WO 9600008、US 5084086 等。

合成方法　以丙二酸二甲酯为起始原料通过如下两条路线制得：

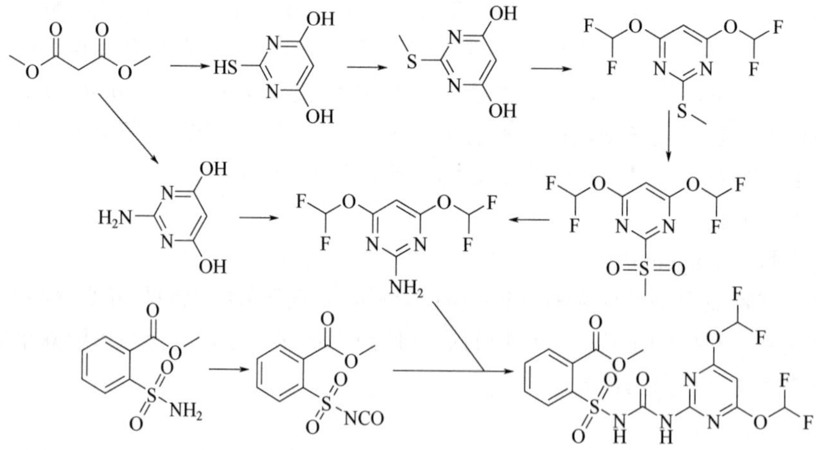

参考文献

[1] The Pesticide Manual. 17 th edition: 902-903.

[2] 王金玲, 刘登才, 尹业平. 应用化学, 2009, 26(4): 486-488.

[3] 刘海辉, 许丹倩. 浙江化工, 2003, 34(10): 3-4.

[4] 相东, 洪忠, 史记, 等. 农药, 2000, 39(7): 12.

丙苯磺隆（propoxycarbazone-sodium）

C$_{15}$H$_{17}$N$_4$NaO$_7$S，420.4，181274-15-7，145026-81-9(*N*-H)

丙苯磺隆（试验代号：BAY MKH 6561，商品名称：Attribut、Attribute、Olympus、Canter R&P）是由拜耳公司开发的新型磺酰脲类除草剂。

化学名称　2-[[(4,5-二氢-4-甲基-5-氧-3-丙氧基-1*H*-1,2,4-三唑-1-基)羰基]氨基磺酰基]苯甲酸甲酯钠盐。英文化学名称 sodium (4,5-dihydro-4-methyl-5-oxo-3-propoxy-1*H*-1,2,4-triazol-1-ylcarbonyl)(2-methoxycarbonylphenylsulfonyl)azanide。美国化学文摘（CA）系统名称 methyl 2-[[[(4,5-dihydro-4-methyl-5-oxo-3-propoxy-1*H*-1,2,4-triazol-1-yl)carbonyl]amino]sulfonyl]benzoate, sodium salt。CA 主题索引名称 benzoic acid—, 2-[[[(4,5-dihydro-4-methyl-5-oxo-3-propoxy-1*H*-1,2,4-triazol-1-yl)carbonyl]amino]sulfonyl]-methyl ester, ion(1−), sodium。

理化性质　原药含量≥95%。无色无味晶形粉末，熔点 230～240℃（分解）。蒸气压＜1×10^{-5} mPa（20℃）。相对密度 1.42（20～25℃）。分配系数 lgK_{ow}：−0.30（pH 4）、−1.55（pH 7）、−1.59（pH 9）。Henry 常数 1×10^{-10} Pa·m^3/mol（pH 7），pK_a(20～25℃)=2.1（*N*-H）。水中溶解度（20～25℃，g/L）：2.9（pH 4）、42.0（pH 7）、42.0（pH 9），有机溶剂中溶解度（g/L，20～25℃）：二氯甲烷 1.5，正庚烷、二甲苯和异丙醇＜0.1。水中稳定性：在 pH 4～9（25℃）的水中稳定。

毒性　大鼠急性经口 LD$_{50}$＞5000 mg/kg，大鼠急性经皮 LD$_{50}$＞5000 mg/kg。对兔的眼睛和皮肤无刺激性，对豚鼠的皮肤无致敏，鼠吸入 LC$_{50}$（4 h）＞5.030 mg/L。NOAEL［2 年，mg/(kg·d)］：大鼠 43，雌性大鼠 49。ADI/RfD：(EC) 0.4 mg/kg 体重（2003）；cRfD 0.748 mg/kg（2004）。所有遗传毒性测试（沙门菌微粒试验、HGPRT、非常规 DNA 合成、哺乳动物细胞遗传试验和老鼠微核试验）均为阴性。无神经毒性、致肿瘤性，无繁殖毒性。

生态效应　山齿鹑急性经口 LD$_{50}$＞2000 mg/kg。山齿鹑饲喂 LC$_{50}$＞10566 mg/kg 饲料，鱼类 LC$_{50}$（96 h，mg/L）：大翻车鱼＞94.2，虹鳟鱼＞77.2。水蚤 EC$_{50}$（48 h）＞107 mg/L，绿海藻 EC$_{50}$（96 h）7.36 mg/L，浮萍 E$_r$C$_{50}$（14 h）0.0128 mg/L，蜜蜂 LD$_{50}$（μg/只）：经口＞319，接触＞200。蚯蚓 LC$_{50}$＞1000 mg/kg 土壤。

环境行为　①动物。48 h 内仅吸收约 30%，且有＞88%通过粪便排出体外。75%～89%未改变的母体化合物通过尿液和粪便排出。代谢主要是通过磺酰胺链的断裂，在哺乳期的山羊代谢物中，母体化合物是主要的代谢残留。②植物。对小麦新陈代谢的研究表明主要的植物代谢残留是没有改变的母体化合物及它的 2-羟基丙氧基代谢物。③土壤/环境。DT$_{50}$（20℃，实验室，有氧）为 60 d（8 地土壤），土地 DT$_{50}$（北欧）9 d，土壤中分解 DT$_{50}$（北欧）12～56 d，水中光解 DT$_{50}$（25℃）30 d。平均 K_{oc} 28.8 L/kg（5 地土壤）；K_d 0.2～1.7 L/kg（5 地土壤）。

制剂　水分散粒剂、可溶粒剂。

主要生产商　Bayer CropScience。

作用机理与特点　乙酰乳酸合成酶或乙酰羟酸合成酶抑制剂。通过抑制必需氨基酸的合成起作用，如缬氨酸、异亮氨酸，进而使细胞分裂和植物生长停止。由叶片和根部吸收，通过木质部和韧皮部向顶向基传导。

应用

（1）适宜作物与安全性　禾谷类作物如小麦、黑麦、黑小麦。不仅对禾谷类作物安全，对后茬作物无影响，而且对环境、生态的相容性和安全性极高。

（2）防除对象　主要用于防除一年生杂草和部分多年生杂草如燕麦、看麦娘、风剪股颖、茅草、鹅观草、阿披拉草和很难除去的雀麦草以及部分阔叶杂草白荠、遏蓝菜等。

（3）使用方法　苗后茎叶处理。使用剂量为 $28 \sim 70$ g (a.i.)/hm^2 ［亩用量为 $1.9 \sim 4.7$ g (a.i.)］，喷洒水量为 $200 \sim 400$ L/hm^2。丙苯磺隆以 28 g (a.i.)/hm^2 ［亩用量为 1.9 g (a.i.)］ 使用时其活性与以 1500 g (a.i.)/hm^2 ［亩用量为 100 g (a.i.)］ 使用的异丙隆效果相当。当天气干旱时，由于土壤水分不足，可与非离子表面活性剂一起使用，效果会更佳。为了充分利用有效成分的土壤活性，最好是在早春杂草刚恢复生长的时期施用。为了更好防除阔叶杂草，还需要与作用机理不同的其他类除草剂如麦草畏等混合使用，桶混也是可行的。

专利概况

专利名称　Sulfonylaminocarbonyltriazolinones with oxygen-bound substituents

专利号　EP 507171　　　　　优先权日　1991-04-04

专利申请人　Bayer AG

在其他国家申请的专利　AU 1218992、BR 9201207、CA 2064636、DE 4110795、ES 2108056、HU 61532、JP 5194433、US 5597939、MX 9201434 等。

其他专利　DE 4030063、US 5057144、US 5541337、CN 1238663 等。

合成方法　经如下反应可制得目的物：

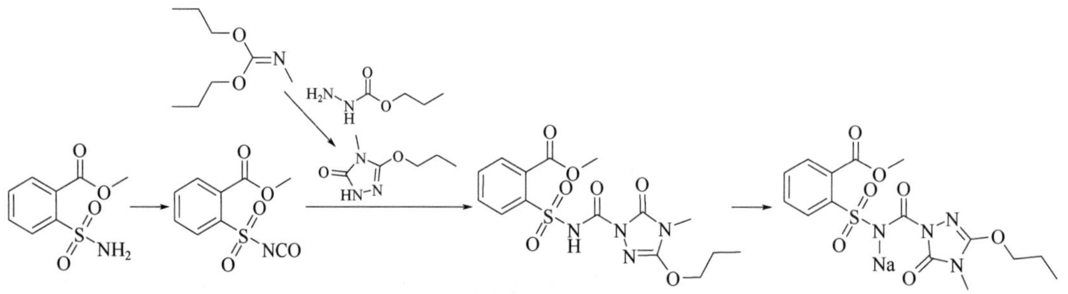

参考文献

[1] The Pesticide Manual.17 th edition: 935-936.

[2] 宋丽丽, 耿丽文, 杨丙连, 等. 现代农药, 2012(2): 11-15.

[3] 刘冬青, 关爱莹, 刘长令. 农药, 2003(8): 38-41.

丙嗪嘧磺隆（propyrisulfuron）

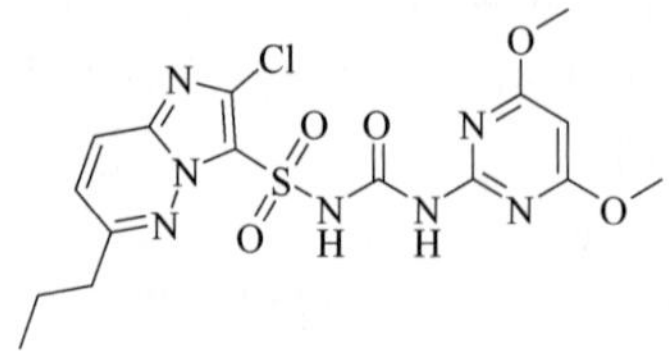

C$_{16}$H$_{18}$ClN$_7$O$_5$S，455.9，570415-88-2

丙嗪嘧磺隆（试验代号：TH-547、S-3650，商品名称：Zeta-One、MegaZeta）是由住友化学株式会社开发用于防除稗草和阔叶杂草的磺酰脲类除草剂。

化学名称　1-(2-氯-6-丙基咪唑[1,2-b]哒嗪-3-磺酰基)-3-(4,6-二甲氧基嘧啶-2-基)脲。英文化学名称 1-(2-chloro-6-propylimidazo[1,2-b]pyridazin-3-ylsulfonyl)-3-(4,6-dimethoxypyrimidin-2-yl)urea。美国化学文摘（CA）系统名称 2-chloro-N-[[(4,6-dimethoxy-2-pyrimidinyl)amino]carbonyl]-6-propylimidazo[1,2-b]pyridazine-3-sulfonamide。CA 主题索引名称 imidazo[1,2-b]pyridazine-3-sulfonamide—, 2-chloro-N-[[(4,6-dimethoxy-2-pyrimidinyl)amino]carbonyl]-6-propyl-。

理化性质　无色无味结晶。熔点＞193.5℃（分解），沸点 218.9℃（分解），分配系数 $\lg K_{ow}$=2.9（25℃），相对密度 1.775（20～25℃），pK_a(20～25℃)=4.89。水溶解度 0.98（mg/L，20～25℃），有机溶剂中溶解度（g/L，20～25℃）：甲苯 0.156、氯仿 28.6、乙酸乙酯 1.61、丙酮 7.03、甲醇 0.434、己烷＜1×10^{-5}。对热稳定。

毒性　雌性大鼠急性经口 LD_{50}＞2000 mg/kg，大鼠急性经皮 LD_{50}＞2000 mg/kg，大鼠吸入 LC_{50}（4 h）＞4.300 mg/L。

生态效应　山齿鹑急性经口 LD_{50}＞2250 mg/kg，鲤鱼 LC_{50}（96 h）＞10 mg/L，水蚤 EC_{50}（48 h）＞10 mg/L，藻类 E_rC_{50}（0～72 h）＞0.011 g/L。蜜蜂 LD_{50}（接触）＞100 μg/只。

应用　对一年生及多年生水稻田杂草如稗草和难对付的荸荠、慈姑等有很好的防除效果。虽然属于磺酰脲类除草剂，但根据住友化学的介绍，丙嗪嘧磺隆对某些已知磺酰脲类除草剂产生抗性的杂草有很好的活性。主要是用在早中期一次性灭杀杂草的除草剂。

专利概况

专利名称　Preparation of fused heterocyclic sulfonylureas as herbicides

专利号　WO 2003061388　　　　　　**优先权日**　2002-01-18

专利申请人　Sumitomo Chemical Takeda Agro Company, Limited,Japan

在其他国家申请的专利　TW 327462、JP 2004123690、JP 3682288、EP 1466527、BR 2003006810、CN 1617666、CN 100349517、RU 2292139、AT 401002、PT 1466527、ES 2307891、KR 977432、IL 162566、WO 2004011466、AU 2003252509、EP 1541575、CN 1671707、CN 100341875、AT 459626、IL 166374、PT 1541575、ES 2340582、JP 4481818、KR 1027360、TW 315309、US 20050032650、US 7816526、IN 2005CN 00086、IN 215392、JP 2005239735、JP 4336327、JP 2005325127、JP 4403105、JP 2010143944、JP 5197645、US 20100160163、US 8399381 等。

登记情况　丙嗪嘧磺隆国内登记情况见表 3-15。

表 3-15　丙嗪嘧磺隆国内登记情况

登记证号	登记名称	剂型	含量	登记场所	防治对象	用药量/[mL(制剂)/亩]	施用方法	登记证持有人
PD20151575	丙嗪嘧磺隆	原药	95%					日本住友化学株式会社
PD20151576	丙嗪嘧磺隆	悬浮剂	9.5%	水稻田（直播）	一年生杂草	35～55	茎叶喷雾	日本住友化学株式会社
				水稻移栽田	一年生杂草	35～55	茎叶喷雾	
				水稻移栽田	一年生杂草	35～55	药土法	

合成方法　通过如下反应制得目的物：

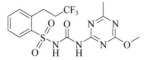

参考文献

[1] The Pesticide Manual. 17 th edition: 937-938.

[2] 李源, 于乐祥, 张学忠. 化工设计通讯, 2017, 43(1): 134+147.

[3] 刘安昌, 张树康, 余彩虹, 等. 世界农药, 2016(5): 30-32.

氟磺隆（prosulfuron）

C$_{15}$H$_{16}$F$_{3}$N$_{5}$O$_{4}$S，419.4，94125-34-5

氟磺隆［试验代号：CGA 152005，商品名称：Peak、Casper、Spirit（后两个为混剂），其他名称：三氟丙磺隆］是由汽巴-嘉基公司（现先正达）开发的磺酰脲类除草剂。

化学名称　1-(4-甲氧基-6-甲基-1,3,5-三嗪-2-基)-3-[2-(3,3,3-三氟丙基)苯基磺酰基]脲。英文化学名称　1-(4-methoxy-6-methyl-1,3,5-triazin-2-yl)-3-[2-(3,3,3-trifluoropropyl)phenylsulfoyl]urea。美国化学文摘（CA）系统名称　N-[[3-(4-methoxy-6-methyl-1,3,5-triazin-2-yl)amino]carbonyl]-2-(3,3,3-trifluoropropyl)benzenesulfonamide。CA 主题索引名称 benzenesulfonamide—, N-[[(4-methoxy-6-methyl-1,3,5-triazin-2-yl)amino]carbonyl]-2-(3,3,3-trifluoropropyl)-。

理化性质　原药纯度≥95%。无色无味结晶体，熔点 155℃（分解）。蒸气压＜3.5×10^{-3} mPa（25℃），分配系数 lgK_{ow}：1.5（pH 5.0）、−0.21（pH 6.9）、−0.76（pH 9.0）。Henry 常数＜3×10^{-4} Pa·m^3/mol，堆积密度 1.45 g/cm^3（20～25℃），pK_a(20～25℃)=3.76。水中溶解度（mg/L，20～25℃）：蒸馏水 29（pH 4.5）、87（pH 5.0）、4000（pH 6.8）、43000（pH 7.7）；有机溶剂中溶解度（g/L，20～25℃）：乙醇 8.4、丙酮 160、甲苯 6.1、正己烷 0.0064、正辛醇 1.4、乙酸乙酯 56、二氯甲烷 180。稳定性：可快速水解，DT$_{50}$ 5～10 d（pH 5），＞1 年（pH 7 和 9）（均在 20℃），对光稳定。

毒性　急性经口 LD$_{50}$（mg/kg）：大鼠 986，小鼠 1247。兔急性经皮 LD$_{50}$＞2000 mg/kg。大鼠急性吸入 LC$_{50}$（4 h）＞5400 mg/L。对兔的眼睛和兔皮无刺激性。小鼠 NOAEL（18 个月）1.9 mg/(kg·d)，NOEL（2 年，mg/kg 饲料）：大鼠 200 [8.6 mg/(kg·d)]（2 年），狗 1.9（1 年）（60 mg/L）。ADI（EC）0.02 mg/kg（2002），（EPA）0.02 mg/kg（1995）。无致畸、致突变作用（大鼠、兔）。

生态效应　野鸭和山齿鹑急性经口 LD$_{50}$ 分别为 1300 mg/kg 和＞2150 mg/kg。野鸭和山齿鹑饲喂 LC$_{50}$（8 d）＞5000 mg/L。鱼 LC$_{50}$（96 h，mg/L）：鲇鱼、虹鳟鱼和鲤鱼＞100，大

翻车鱼和鲈鱼＞155。水蚤 LC_{50}（48 h）＞120 mg/L，藻类 EC_{50}（mg/L）：月牙藻 0.011、项圈藻 0.58、舟形藻＞0.084、骨条藻＞0.029。其他水生生物 EC_{50}（mg/L）：糠虾＞150，牡蛎（太平洋牡蛎）＞125，浮萍（14 d）0.00126。蜜蜂 LD_{50}（48 h，经口和接触）＞100 µg/只。蚯蚓 LC_{50}（14 d）＞1000 mg/kg。对有益甲壳虫、瓢虫在 30 g/hm² 下无影响。对呼吸和消化系统无影响。

环境行为　①动物。在动物体内被快速而广泛地吸收（＞90%），在 48 h 内有 90%～95% 代谢，主要代谢途径是 O-脱甲基化作用和侧链羟基化。②植物。在植物体内主要的代谢途径是羟基化以及苯基和三嗪环的分解。③土壤/环境。在土壤和环境中 DT_{50} 4～36 d，主要取决于温度，土壤湿度和含氧量；DT_{90} 14～120 d，K_{oc} 4～251，取决于含氧量和土壤类型。在实际条件下，迁移速度高于代谢速度，在超过 50 cm 土壤深度下没有发现氟磺隆存在。

制剂　水分散粒剂。

主要生产商　Syngenta。

作用机理与特点　ALS 或 AHAS 抑制剂。通过抑制必需氨基酸如缬氨酸和异亮氨酸的合成起作用，进而停止细胞分裂和植物生长。选择性来源于植物体内的快速代谢。磺酰脲类除草剂的选择性代谢请参照文献（M. K. Koeppe & H. M. Brown, Agro-Food-Industry, 1995, 6: 9-14）。通过杂草根和叶的吸收，在木质部和切皮部传导到作用位点，在施药后 1～3 周杂草死亡。不能与有机磷农药混用。

应用

（1）适宜作物与安全性　禾谷类作物（如玉米、高粱）、草坪和牧场。因其在土壤中的半衰期为 8～40 d，在玉米植株内的半衰期为 1～2.5 h，明显短于其他商品化磺酰脲类除草剂在玉米植株内的代谢时间。对玉米等安全，对后茬作物如大麦、小麦、燕麦、水稻、大豆、马铃薯影响不大，但对甜菜、向日葵有时会产生药害。

（2）防除对象　主要用于防除阔叶杂草。对苘麻属、苋属、藜属、蓼属、繁缕属等杂草具有优异的防效。

（3）使用方法　对玉米和高粱具有高度的安全性，主要用于苗后除草，使用剂量为 12～30 g (a.i.)/hm² [亩用量为 0.67～2.67 g (a.i.)]。若与其他除草剂混合应用，还可进一步扩大除草谱。

专利概况

专利名称　*N*-phenylsulfonyl-*N'*-pyrimidinyl and triazinyl ureas

专利号　EP 120814　　　　优先权日　1983-03-28

专利申请人　Ciba Geigy Corp

在其他国家申请的专利　AU 4468593、AU 665262、BG 61805、BG 97972、BR 9303392、CA 2104148、CN 1043889、CN 1083480、CN 1225361、CZ 9301680、DE 69305711、FI 933604、HR 931119、HU 64741、LT 814、LV 10558、MD 930054、MX 9304811、NO 932921、NZ 248412、PL 173856、PL 300119、RO 112846、SI 9300431、SK 88693、TR 28269、ZA 9305998 等。

工艺专利　EP 584043 等。

合成方法　主要有如下两条路线：

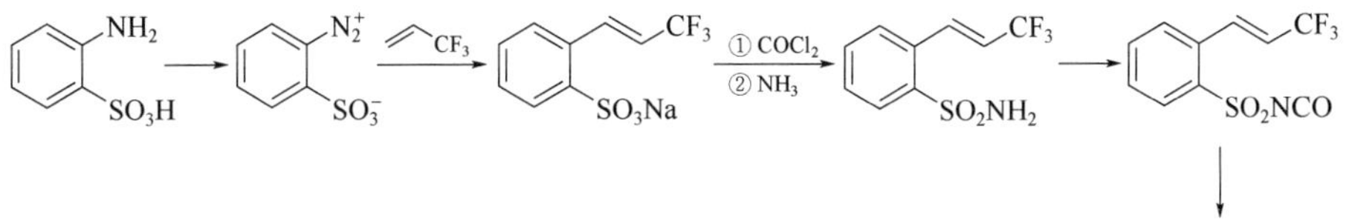

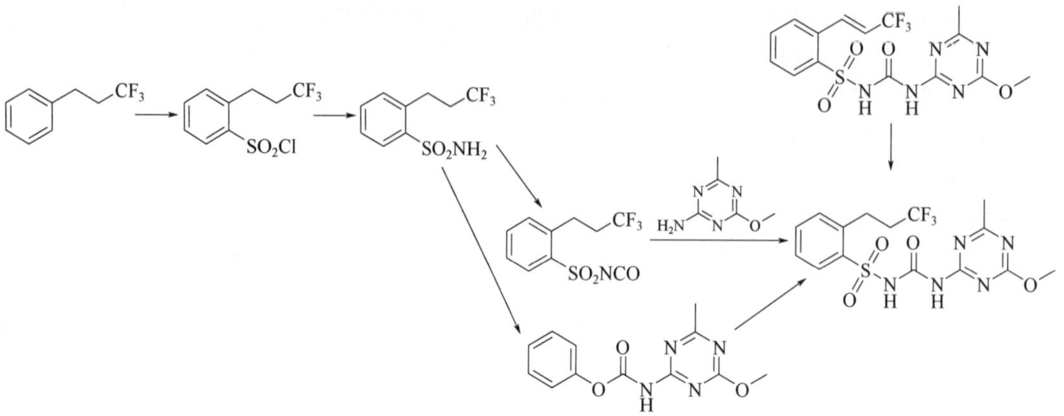

参考文献

[1] The Pesticide Manual.17 th edition: 942-943.

[2] Konopski Leszek. Pesticide Science, 1994, 41(4): 335-338.

[3] Dingwall, John G. Pesticide Science, 1994, 41(3): 259-267.

吡嘧磺隆（pyrazosulfuron-ethyl）

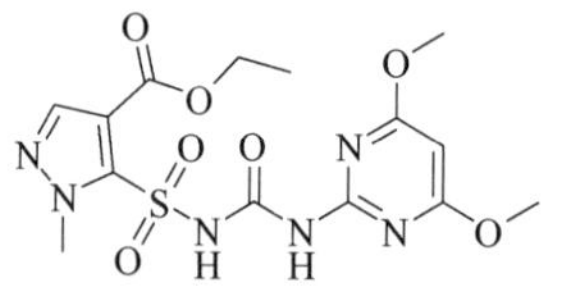

$C_{14}H_{18}N_6O_7S$，414.4，93697-74-6

吡嘧磺隆［试验代号：A 821256、NC-311，商品名称：Agreen、Pyrazosun、Sirius、Act、Apiro Max、Apiro Star、SiriusExa、Sparkstar G（后五个为混剂），其他名称：草克星、草灭星、草威、韩乐星、水星、西力士、一克净］是由日本日产公司开发的磺酰脲类除草剂。

化学名称　5-(4,6-二甲氧基嘧啶-2-基氨基羰基氨基磺酰基)-1-甲基吡唑-4-羧酸乙酯。英文化学名称 ethyl 5-(4,6-dimethoxypyrimidin-2-ylcarbamoylsulfamoyl)-1-methylpyrazole-4-carboxylate。美国化学文摘（CA）系统名称 ethyl 5-[[[[(4,6-dimethoxy-2-pyrimidinyl)amino]carbonyl]amino]sulfonyl]-1-methyl-1*H*-pyrazole-4-carboxylate。CA 主题索引名称 1*H*-pyrazole-4-carboxylic acid—, 5-[[[[(4,6-dimethoxy-2-pyrimidinyl)amino]carbonyl]amino]sulfonyl]-1-methyl-ethyl ester。

理化性质　无色晶体，熔点 177.8～179.5℃，相对密度 1.46（20～25℃），蒸气压 4.2×10^{-5} mPa（25℃）。分配系数 $\lg K_{ow}$=3.16，pK_a(20～25℃)=3.7。水中溶解度 9.76mg/L（20～25℃），有机溶剂中溶解度（g/L，20～25℃）：甲醇 4.32、正己烷 0.0185、苯 15.6、氯仿 200、丙酮 33.7。在 50℃保持 6 个月稳定，在酸、碱条件下不稳定，在 pH 7 时相对稳定。

毒性　大、小鼠急性经口 LD_{50}＞5000 mg/kg，大鼠急性经皮 LD_{50}＞2000 mg/kg，大鼠急性吸入 LC_{50}＞3.9 mg/L。对兔的皮肤和眼睛无刺激性作用。对豚鼠皮肤无致敏性。小鼠 NOEL 为 4.3 mg/(kg・d)（78 周）。ADI/RfD（日本）0.043 mg/(kg・d)。Ames 试验无致突变性，对大鼠和兔子无致畸性。

生态效应　山齿鹑急性经口 $LD_{50}>2250$ mg/kg。虹鳟鱼和大翻车鱼 LC_{50}（96 h）>180 mg/L，鲤鱼 LC_{50}（48 h）>30 mg/L。水蚤 EC_{50}（48 h）700 mg/L。蜜蜂 LD_{50}（接触）>100 μg/只。

环境行为　①动物。大鼠进食吡嘧磺隆 48 h 后，80%的吡嘧磺隆以尿和粪便的形式代谢掉。主要的代谢反应是甲氧基的脱甲基化作用。②土壤/环境。在土壤中 $DT_{50}<15$ d，在 pH 7 的缓冲溶液中、水稻田和河流中，DT_{50} 为 28 d。

制剂　可湿性粉剂、可分散油悬浮剂、水分散粒剂、颗粒剂、泡腾颗粒剂、泡腾片剂等。

主要生产商　Fertiagro、Nissan、江苏绿利来股份有限公司、江苏瑞邦农药厂有限公司、江苏瑞东农药有限公司、辽宁省沈阳丰收农药有限公司、内蒙古莱科作物保护有限公司、沈阳科创化学品有限公司等。

作用机理与特点　ALS 抑制剂。通过抑制必需氨基酸缬氨酸和异亮氨酸的合成而起作用，从而阻止细胞的分裂和植物的生长。它的选择性来源于在作物中的快速的甲氧基脱甲基化作用的代谢。通过杂草根和叶吸收，在木质部和韧皮部传导到作用位点，在施药后 1～3 周杂草死亡。用于控制一年生和多年生阔叶杂草和莎草，在水稻苗前和苗后使用，剂量为 15～30 g/hm²。

应用

（1）适宜作物与安全性　适用于水稻秧田、直播田、移栽田、抛秧田。不同水稻品种对吡嘧磺隆的耐药性有差异，但在正常条件下使用对水稻安全。若稻田漏水或用药量过高时，水稻生长可能会受到暂时的抑制，但能很快恢复生长，对产量无影响。其虽对水稻安全，但应尽量避免在晚稻如糯米芽期使用，以免产生药害。

（2）防除对象　一年生或多年生阔叶杂草、莎草科及部分禾本科杂草如稗草、稻李氏禾、水莎草、异型莎草、鸭舌草、牛毛毡、扁秆藨草、日本藨草、狼杷草、雨久花、窄叶泽泻、泽泻、矮慈姑、野慈姑、鳢肠、眼子菜、节节菜、萤蔺、紫萍、浮萍、浮生水马齿、水芹、小茨藻、三蓂沟繁缕等。

（3）应用技术　①吡嘧磺隆活性高，用药量低，必须准确称量。南北方稻田可根据当地条件和草情酌情增加或降低用药量。②施药时田内必须有 3～5 cm 深的水层，而且要保水 5～7 d，在此期间不能排水，以免影响药效。③混用要考虑的因素是杂草发生时间，如东北稗草发生高峰期在 5 月末 6 月初，阔叶杂草发生高峰期在 6 月中下旬，水稻插秧在 5 月中下旬，施药应在 5 月下旬至 6 月上旬，此时与阔叶杂草发生高峰期相距 15～20 d，加上吡嘧磺隆在水田中持效期 1 个月以上，因此对阔叶杂草有良好的防效。

（4）使用方法　水田苗前或苗后使用，剂量为 15～30 g (a.i.)/hm²［亩用量为 1～2 g (a.i.)］。

①　移栽田施药时期为水稻移栽前至移栽后 20 d。若用于防除稗草，应在稗草 1.5 叶期以前施药，并需高剂量。插秧后 5～7 d，稗草 1.5 叶期前施药，每亩用 10%可湿性粉剂 10～20 g（有效成分 1～2 g），拌细土 20～30 kg，均匀撒施于田间，施药后保持 3～5 cm 深的水层 5～7 d。若水层不足时可缓慢补水，但不能排水。

为降低成本，吡嘧磺隆可与除稗剂混用，在多年生莎草科杂草如扁秆藨草、日本藨草发生相对密度较小时，采用两次施药。对多年生阔叶杂草的防除效果晚施药比早施药效果好，晚施药气温高，吸收传导快，若在阔叶发生高峰期施药效果更好。在水稻移栽后 5～7 d，吡嘧磺隆可与莎稗磷、环庚草醚混用：在整地与插秧间隔期长或因缺水整地后若不能及时插秧，从药效考虑最好在插秧前 5～7 d 单用莎稗磷、环庚草醚，插秧后 15～20 d 吡嘧磺隆与莎稗磷、环庚草醚混用。水稻移栽后 10～15 d，吡嘧磺隆与禾草敌或与二氯喹啉酸混用时，可拖后些时间使用。虽然丁草胺、丙炔噁草酮在低温、水深、弱苗条件下，对水稻有药害，且丁草胺的药害重于丙炔噁草酮，并且仅能防除 1.5 叶以前的稗草。但在高寒地区可推荐两次施药，插秧前 5～7 d 单用丁草胺、丙炔噁草酮，插秧后 15～20 d 吡嘧磺隆再与丁草胺、丙炔噁草酮混用，这样做不仅对水稻安全，而且对稗草与阔叶杂草的防除效果也好。

混用：吡嘧磺隆与其他除草剂混用时每亩用药量如下：

10%吡嘧磺隆 10 g 加 50%二氯喹啉酸 20～40 g，插秧后 15～20 d 施药。

10%吡嘧磺隆 10 g 加 96%禾草敌 100～133 mL 混用，插秧后 10～15 d 施药。

80%丙炔噁草酮每亩 6 g 插秧前 5～7 d 施药，插秧后 15～20 d，10%吡嘧磺隆每亩 10 g 加 80%丙炔噁草酮 4 g 混用。

60%丁草胺每亩 80～100 mL 插秧前 5～7 d 施药。插秧后 15～20 d，10%吡嘧磺隆 10 g 加 60%丁草胺 80～100 mL 混用。

10%吡嘧磺隆 10 g 加 30%莎稗磷 60 mL，插秧后 5～7 d 缓苗后施药。或插秧前 5～7 d，30%莎稗磷每亩 50～60 mL，插秧后 15～20 d 10%吡嘧磺隆每亩 10 g 加 30%莎稗磷 40～50 mL 混用。

10%吡嘧磺隆每亩 10 g 加 10%环庚草醚 15～20 mL 混用，插秧后 5～7 d 缓苗后施药。或插秧前 5～7 d，10%吡嘧磺隆 10 g 加 10%环庚草醚每亩 15 mL，插秧后 15～20 d，10%吡嘧磺隆 10 g 加 10%环庚草醚 10～15 mL 混用。

吡嘧磺隆与二氯喹啉酸混用通常采用喷雾法施药，喷液量人工每亩 20～30 L，飞机 2～3 L。施药前 2 d 应保持浅水层，使杂草露出水面，施药后 2 d 放水回田。吡嘧磺隆与禾草敌、环庚草醚、莎稗磷、丙炔噁草酮、丁草胺混用，采用毒土法施药，施药前将吡嘧磺隆加少量水溶解，然后倒入细沙或细土中，沙或土每亩需 15～20 kg，充分拌匀再均匀撒入稻田。施药时水层控制在 3～5 cm，以不淹没稻苗心叶为准，施药后保持同样水层 7～10 d，缺水补水。

② 直播田施药时期可在播种后 3～10 d，施药量、施药方法及水层管理同插秧田。

在北方直播田应尽量缩短整地与播种间隔期，最好随整地随播种，水稻出苗晒田覆水后立即施药，稗草 1 叶 1 心以前每亩用 10%吡嘧磺隆 10 g。稗草 2～3 叶期，吡嘧磺隆与禾草敌混用，每亩用 10%吡嘧磺隆 10 g 加 96%禾草敌 100～150 mL。水稻 3 叶期以后若防除 3～7 叶期稗草，吡嘧磺隆须与二氯喹啉酸混用，每亩用 10%吡嘧磺隆 10 g 加 50%二氯喹啉酸 30～50 g。水稻播种后 3～5 d 或晒田覆水后若防除 2 叶期以前稗草，吡嘧磺隆可与异噁草酮混用，每亩 10%吡嘧磺隆 10 g 加 48%异噁草酮 27 mL。吡嘧磺隆单用或与禾草敌、异噁草酮混用均采用毒土法施药，先用少量水将吡嘧磺隆溶解，再与细沙或细土混拌均匀，每亩通常用细沙或细土 15～20 kg，均匀撒入田间。吡嘧磺隆与二氯喹啉酸混用采用喷雾法施药，施药前 2 d 保持浅水层，使杂草露出水面，施药后放水回田。吡嘧磺隆单用或混用施药后均须稳定 7～10 d，水层 3～5 cm。

③ 防除多年生莎草科难治杂草。吡嘧磺隆防除多年生莎草科难治杂草如藨草、日本藨草、扁秆藨草等的最佳施药时期应在杂草刚出土到株高 7 cm 以前施药。施药过晚上述杂草叶片发黄、弯曲，生长虽严重受抑制，但 10～15 d 可恢复生长，仍能开花结果。在北方因扁秆藨草、日本藨草等地下块茎不断长出新的植株，并在 6 月中旬种子萌发的实生苗陆续出土，故吡嘧磺隆早施药比晚施药药效好。若采用两次施药不仅可获得稳定的药效，第二年杂草发生数量也会明显减少，具体方法如下：

a. 移栽田　施药时期在插秧前整地结束后，插秧前 5～7 d。每亩用 10%吡嘧磺隆 10～15 g。插秧后 10～15 d，扁秆藨草、日本藨草等株高 4～7 cm，再用 10%吡嘧磺隆每亩 10～

15 g，也可与除稗剂混用。如插秧早、杂草发生晚可在插秧后 5～8 d，每亩用 10%吡嘧磺隆 10～15 g，间隔 10～15 d，扁秆藨草等株高 4～7 cm 时每亩再用 10%吡嘧磺隆 10～15 g。

　　b. 直播田　施药时期为播种催芽后 5～6 d，每亩用 10%吡嘧磺隆 10～15 g，晒田灌水后 3～5 d，每亩再用 10%吡嘧磺隆 10～15 g，或晒田灌水后 1～3 d，每亩用 10%吡嘧磺隆 10～15 g，间隔 10～20 d 每亩再用 10%吡嘧磺隆 10～15 g。

专利概况

专利名称　Pyrazolesulfonyl urea derivative, its preparation andherbicide containing the same

专利号　JP 59122488　　　　　优先权日　1982-2-27

专利申请人　Nissan Kagaku Kogyo KK

在其他国家申请的专利　JP 05043706、CA 1340326。

登记情况　国内登记情况：10%、20%可湿性粉剂，5%、12%、15%、20%、30%可分散油悬浮剂，20%、33%、35%、75%水分散粒剂，0.6%颗粒剂，15%泡腾颗粒剂，2.5%、10%泡腾片剂等，登记场所为水稻移栽田、水稻秧田、水稻抛秧田、水稻直播田等，防治对象莎草、阔叶杂草、稗草等。日产化学工业株式会社在中国登记情况见表 3-16。

表 3-16　日产化学工业株式会社在中国登记情况

登记证号	登记名称	剂型	含量	登记作物	防治对象	用药量/[g(制剂)/亩]	施用方法
PD187-94	吡嘧磺隆	可湿性粉剂	10%	水稻	阔叶杂草	10～20	药土法或喷雾
				水稻	稗草	10～20	
				水稻	莎草	10～20	

合成方法　吡嘧磺隆的主要合成方法如下：

方法 1：以丙二酸二乙酯与甲基肼为原料，经如下反应即得目的物。

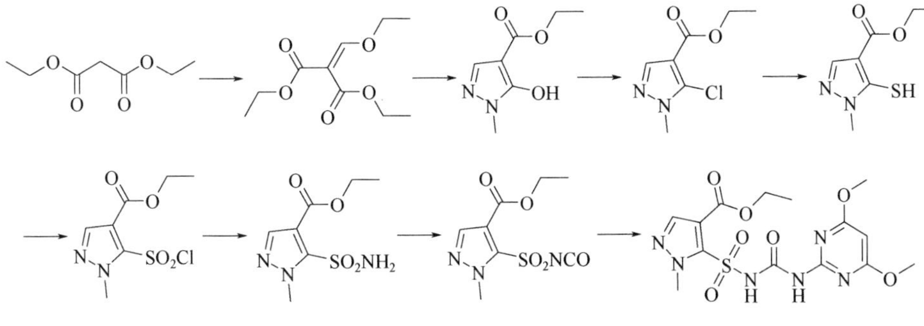

方法 2：以氰乙酸乙酯与甲基肼为原料，经如下反应即得目的物。

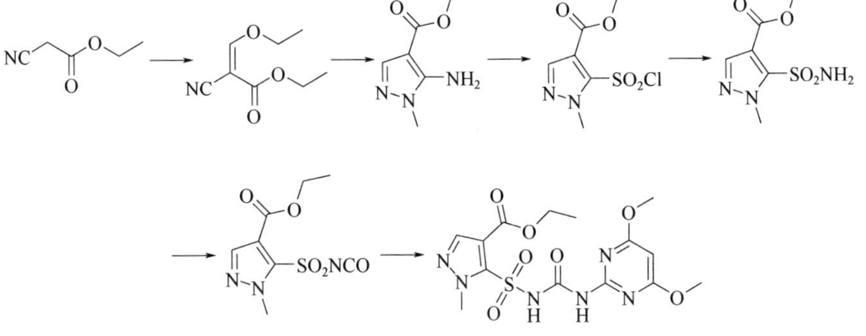

方法 3：以磺酰胺为原料，经如下反应即得目的物。

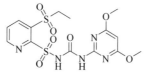

参考文献

[1] The Pesticide Manual. 17 th edition: 960-961.

[2] 易思齐，邓燕谊. 世界农药，2000(1): 41-45.

[3] 刘新河，王学勤，陈华. 农药，2000(12): 14-15.

[4] 陈云刚，曹乾超，丁珊珊，等. 广东化工，2013(14): 11-12.

砜嘧磺隆（rimsulfuron）

$C_{14}H_{17}N_5O_7S_2$，431.4，122931-48-0

砜嘧磺隆（试验代号：DPX-E9636，商品名称：Matrix、Solida、Titus，其他名称：玉嘧磺隆）是由美国杜邦公司开发的磺酰脲类除草剂。

化学名称 1-(4,6-二甲氧基嘧啶-2-基)-3-(3-乙基磺酰基-2-吡啶磺酰基)脲。英文化学名称 1-(4,6-dimethoxypyrimidin-2-yl)-3-(3-ethylsulfonyl-2-pyridylsulfonyl)urea。美国化学文摘（CA）系统名称 N-[[(4,6-dimethoxy-2-pyrimidinyl)amino]carbonyl]-3-(ethylsulfonyl-2-pyridinesulfonamide。CA 主题索引名称 2-pyridinesulfonamide—，N-[[(4,6-dimethoxy-2-pyrimidinyl)amino]carbonyl]-3-(ethylsulfonyl)-。

理化性质 原药含量99%。无色结晶体，熔点172~173℃。蒸气压 $1.5×10^{-3}$ mPa（25℃）。分配系数 lgK_{ow}：0.288（pH 5）、-1.47（pH 7）。Henry 常数 $8.3×10^{-8}$ Pa·m³/mol（pH 7）。相对密度 0.784（20~25℃），pK_a（20~25℃）=4.0。水中溶解度（20~25℃）<10 mg/L（非缓冲溶液）、7.3 g/L（pH 7）。水解 DT_{50}（25℃）：4.6 d（pH 5）、7.2 d（pH 7）、0.3 d（pH 9）。

毒性 大鼠急性经口 LD_{50}>5000 mg/kg。兔急性经皮 LD_{50}>2000 mg/kg。对兔的皮肤没有刺激，对兔眼有中度刺激。对豚鼠皮肤无致敏。大鼠急性吸入 LC_{50}（4 h）>5.4 mg/L。NOEL（mg/L）：（2 年）雄大鼠300、雌大鼠3000，（1.5 年）小鼠2500，（1 年）狗50，大鼠两代繁殖试验研究3000。无致畸，无致癌。ADI/RfD（EC）0.1 mg/kg bw（2006），（EPA）0.818 mg/kg bw（2006）。Ames 试验无致突变。

生态效应 山齿鹑和野鸭急性经口 $LD_{50}>2250$ mg/kg，山齿鹑和野鸭饲喂 LC_{50}（5 d）$>$ 5620 mg/L。鱼毒 LC_{50}（96 h，mg/L）：大翻车鱼、虹鳟鱼>390、鲤鱼>900、羊头鲃鱼 110。水蚤 LC_{50}（48 h）>360 mg/L，羊角月牙藻 NOEC（72 h）1.2 mg/L，浮萍 EC_{50}（14 d）0.0046 mg/L。蜜蜂 LD_{50}（接触和经口）>100 μg/只。蚯蚓 LC_{50}（14 d）>1000 mg/kg。

环境行为 ①动物。很快以尿和粪便的形式代谢排出。②植物。DT_{50}：玉米 6 h，大穗看麦娘 46 h，约翰逊草 25 d，高粱 52 d。③土壤/环境。在土壤中快速代谢，主要是通过化学途径（微生物代谢起很小一部分作用）。主要的代谢物是[1-(3-乙基磺酰基)-2-吡啶基]-4,6-甲氧基-2-嘧啶胺。降解速率受 pH 的影响，化合物在中性的土壤中最稳定，降解速率在碱性土壤中要快于酸性土壤。土壤中 DT_{50} 10～20 d（25℃，实验室研究）。

制剂 水分散粒剂、可分散油悬浮剂。

主要生产商 DuPont、Fertiagro、合肥星宇化学有限责任公司、江苏瑞邦农化股份有限公司、江苏瑞东农药有限公司、江苏省农用激素工程技术研究中心有限公司、联化科技（德州）有限公司、辽宁省葫芦岛金信化工有限公司、浙江泰达作物科技有限公司等。

作用机理与特点 ALS 抑制剂。通过抑制必需氨基酸缬氨酸和异亮氨酸的合成而起作用，从而阻止细胞的分裂和植物的生长。它对作物的选择性来源于磺酰脲基团的分解、芳环迁移、嘧啶环的羟基化的快速代谢（L. Martinetti et al., Proc. Br. Crop Prot. Conf. - Weeds, 1995, 1: 405），接着是葡萄糖接合［M. K. Koeppe, IUPAC 5E-003（1998）］；通过杂草根和叶吸收，在木质部和韧皮部传导到作用位点。砜嘧磺隆是苗后磺酰脲类除草剂，它能有效地控制玉米田中一年生和多年生阔叶杂草，也能用于番茄和马铃薯田中。对多数作物剂量为 15 g/hm²。

应用

（1）适宜作物与安全性 玉米和马铃薯。砜嘧磺隆对玉米安全，对春玉米最安全。砜嘧磺隆在玉米中的半衰期仅为 6 h，用推荐剂量的 2～4 倍处理时，玉米仍很安全。在玉米田按推荐剂量 5～15 g (a.i.)/hm²［每亩 0.33～1.0 g (a.i.)］使用时，对后茬作物无不良影响。但甜玉米、黏玉米及制种田不宜使用。

（2）防除对象 玉米田大多数一年生与多年生禾本科杂草和阔叶杂草如香附子、阿拉伯高粱、铁荸荠、田蓟、莎草、匍匐野麦、皱叶酸模等多年生杂草。野燕麦、稗草、止血马唐、马唐、法式狗尾草、灰狗尾草、狗尾草、轮生狗尾草、千金子属、羊草、多花黑麦草、二色高粱、扁叶臂形草、蒺藜草、毛线稷、秋稷等一年生禾本科杂草。苘麻、西风古、小苋、结节苋、藜、繁缕、猪殃殃、反枝苋、母菊属、薄荷、虞美人、田芥、牛膝菊等一年生阔叶杂草。

（3）应用技术 ①春玉米出苗后 2～4 叶期或杂草 2～4 叶期（基本出齐后）施药。施药前后 7 d 内，尽量避免使用有机磷杀虫剂，否则可能会引起玉米药害。应在 4 叶期前施药，如玉米超过 4 叶期，单用或混用玉米均有药害发生，药害症状表现为拔节困难，株高矮小，叶色浅，发黄，心叶蜷缩变硬，有发红现象，但 10～15 d 恢复。②使用非离子表面活性剂、浓植物油等辅助剂，对该药剂的持效和在某些植物中的活性起着关键作用，因此，砜嘧磺隆按推荐剂量 5～15 g (a.i.)/hm²［每亩 0.33～1.0 g (a.i.)］使用时，应添加 0.1%～0.25%（体积比）的表面活性剂。

（4）使用方法 玉米田苗前和苗后均可使用。推荐剂量为 5～15 g (a.i.)/hm²［每亩 0.33～1.0 g (a.i.)］。在苗后早期使用，对大多数 2～5 叶期的一年生杂草防效最好。一年生禾本科杂草在分蘖前用药效果好，对多年生杂草则应在枝叶生长丰满时施用效果较好，此时有利于药剂喷雾液的吸收，对施药后萌发的枝叶无作用。

（5）混用 砜嘧磺隆若与莠去津或噻吩磺隆（噻磺隆）混用，不仅可扩大杀草谱，还可提高对阔叶杂草如藜、蓼等的防除效果。每亩用 25%砜嘧磺隆 5 g 加 38%莠去津 120 mL 加表面活性剂 60 mL，对水 30 L 喷雾。或每亩用 25%砜嘧磺隆 5 g 加 75%噻吩磺隆 0.7 g 加表面活性剂 60 mL，对水 30 L 喷雾（仅限于东北地区）。具体配药方法：应先把砜嘧磺隆在小杯内用少量水配成母液，倒入已盛一半对水量的喷雾器中，搅拌，然后再把适量的莠去津加入喷雾器中，搅拌，最好加入表面活性剂，补足水量，搅拌均匀。配药次序具有科学性不可颠倒，以免影响药效。用药方法，应沿单垄均匀喷施在土壤表面，在喷药时定喷头高度及行走速度，不要左右甩动，也不可重喷或漏喷。使用扇形喷头为佳。

专利概况

专利名称　Herbicidal pyridinesulfonylureas

专利号　US 4808721　　　　　　优先权日　1986-12-08

专利申请人　Du Pont (US)

在其他国家申请的专利　AU 1181888、AU 613011、BR 8707571、CA 1308101、DE 3751903、EP 120814、EP 273610、EP 334896、ES 2094110、GR 3021652、HU 206438、IL 84726、JP 2572954、JP 7300473、JP 8005875、NZ 222813、RU 2111965、US 46711819、US 4774337、US 4952726、WO 8804297 等。

工艺专利　US 4759793、US 4908467 等。

登记情况　国内登记了 25%水分散粒剂，4%、12%、17%、22%可分散油悬浮剂，登记作物/场所为烟草、马铃薯田及玉米田等，防治对象为一年生杂草。美国杜邦公司在中国登记情况见表 3-17。

表 3-17　美国杜邦公司在中国登记情况

登记证号	登记名称	含量	剂型	登记作物	防治对象	用药量/[g(制剂)/亩]	施用方法
PD20040018	砜嘧磺隆	99%	原药				
PD20040019	砜嘧磺隆	25%	水分散粒剂	马铃薯	一年生杂草	5.5～6	喷雾
				烟草	一年生杂草	5～6	喷雾

合成方法　砜嘧磺隆的合成方法较多，如：

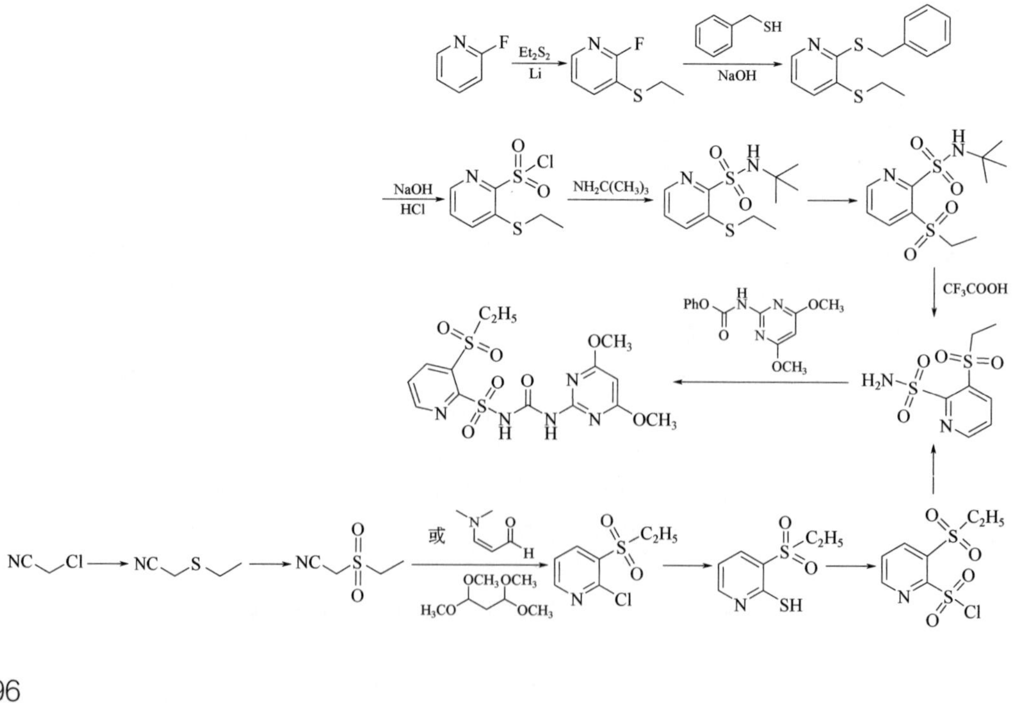

参考文献

[1] The Pesticide Manual. 17 th edition: 1005-1006.

[2] 张晓进. 现代农药, 2010(3): 44-47+50.

[3] 范洁群, 刘福光, 陈军平, 等. 上海农业学报, 2018(3): 117-122.

甲嘧磺隆（sulfometuron-methyl）

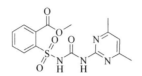

C$_{15}$H$_{16}$N$_4$O$_5$S，364.4，74222-97-2

甲嘧磺隆（试验代号：DPX T5648，商品名称：Oust，其他名称：嘧磺隆）是由杜邦公司开发的磺酰脲类除草剂。

化学名称　2-(4,6-二甲基嘧啶-2-基氨基甲酰基氨基磺酰基)苯甲酸甲酯。英义化学名称 methyl 2-(4,6-dimethylpryimidin-2-ylcarbamoylsulfamoyl)benzoate。美国化学文摘（CA）系统名称 methyl 2-[[[[(4,6-dimethyl-2-pyrimidinyl)amino]carbonyl]amino]sulfonyl]benzoate。CA 主题索引名称 benzoic acid—, 2-[[[[(4,6-dimethyl-2-pyrimidinyl)amino]carbonyl]amino]sulfonyl]-methyl ester。

理化性质　原药含量＞93%，无色固体。熔点 203～205℃，蒸气压 7.3×10^{-11} mPa（25℃），相对密度（20～25℃）1.48，分配系数 lgK_{ow}: 1.18（pH 5）、−0.51（pH 7）。Henry 常数 1.2×10^{-13} Pa·m³/mol。pK_a(20～25℃)=5.2。水中溶解度（20～25℃）244 mg/L（pH 7），有机溶剂中溶解度（g/L，20～25℃）：丙酮 2.6、乙腈 1.4、二氯甲烷 20、乙醚 0.04、二甲亚砜 35、乙酸乙酯 0.59、己烷＜0.0007、甲醇 0.43、辛醇 0.12、甲苯 0.21。pH 7～9 的水溶液中稳定。在 pH 5 的水溶液中 DT$_{50}$ 大约 18 d。

毒性　雄性大鼠急性经口 LD$_{50}$＞5000 mg/kg，免急性经皮 LD$_{50}$＞2000 mg/kg。对鼠的皮肤有轻微刺激性作用。对兔的皮肤和眼睛有轻微刺激性作用。对豚鼠皮肤无致敏性。大鼠吸入 LC$_{50}$（4 h）＞11 mg/L 空气。大鼠 NOEL（2 年）50 mg/kg 饲料，对大鼠繁殖（二代）饲喂 NOEL 500 mg/kg 饲料。大鼠在 1000 mg/kg 饲料剂量下，兔在 300 mg/kg 饲养剂量下都未致畸。ADI/RfD（EPA）aRfD 和 cRfD（仅喂水）0.275 mg/kg bw（2008）。

生态效应　鸟急性经口 LD$_{50}$（mg/kg）：野鸭＞5000，山齿鹑＞5620。虹鳟鱼和大翻车鱼 LC$_{50}$（96 h）＞12.5 mg/L。水蚤 LC$_{50}$＞12.5 mg/L，蜜蜂 LD$_{50}$（接触）＞100 μg/只。

环境行为　①动物。甲嘧磺隆在动物体内代谢成羟基化的甲嘧磺隆。②土壤/环境。在环境中经微生物作用和水解作用被降解，土壤中 DT$_{50}$ 4 周，K_{oc} 85。

制剂　可溶粉剂、水悬剂。

主要生产商　DuPont、江苏常隆农化有限公司、江苏瑞东农药有限公司、江苏省激素研究所股份有限公司、迈克斯（如东）化工有限公司等。

作用机理与特点　ALS 抑制剂。通过抑制必需氨基酸缬氨酸和异亮氨酸的合成而起作用，从而阻止细胞的分裂和植物的生长。内吸传导型，苗前、苗后灭生性除草剂，除草灭灌谱广，活性高，可使杂草根、茎、叶彻底坏死。渗入土壤后发挥芽前活性，抑制杂草种子萌发，叶面处理后立即发挥芽后活性。施药量视土壤类型、杂草、灌木种类而异。残效长达数月甚至一年以上。

应用

（1）适宜作物与安全性　甲嘧磺隆用于林地，森林防火隔离带开辟前、伐木后林地、荒地垦前、休闲非耕地、道路边荒地除草灭灌。针叶苗圃和幼林抚育对短叶松、长叶松、多脂松、沙生松、湿地松、油松等和几种云杉安全，而对花旗杉、大冷杉、美国黄松有药害，对针叶树以外的各种植物包括农作物、观赏植物、绿化落叶树木如构树、泡桐等均可造成药害。某些针叶树可将甲嘧磺隆代谢为无活性的糖苷，故具有选择性。在低 pH、高有机质含量土壤中吸附量大，在碱性土壤中的移动性比在酸性土壤中大，在土壤中因水解或微生物作用而降解。在冻土条件下几乎不发生降解。

（2）防除对象　适用于林木防除一年生和多年生禾本科杂草以及阔叶杂草，对阿拉伯高粱有特效，防除的杂草有丝叶泽兰、羊茅、柳兰、一枝黄花、小飞蓬、六月禾、油莎草、黍、豚草、荨麻叶泽兰、黄香草木樨等。

（3）使用方法　林地、非耕地杂草萌发至草高 10 cm 以下，每公顷用 10%甲嘧磺隆可溶粉剂或 10%甲嘧磺隆水悬剂 3750～7500 g，加水 500～750 L 作常规均匀喷雾茎叶处理（每亩用 10%甲嘧磺隆可溶粉剂或 10%甲嘧磺隆水悬剂 250～500 g，加水 30～50 L 作常规均匀喷雾茎叶处理）。杂草覆盖度高，杂灌多，有机质含量高，偏酸性土壤用药量应适当增加。气温高、湿度大有利于药效发挥。针叶苗圃以蒿属、禾本科杂草、莎草科、蕨科、蓼科、苋科等杂草为主，芽前处理，每公顷用 10%甲嘧磺隆可溶粉剂或 10%甲嘧磺隆水悬剂 1050～2100 g，加水 450～600 L 均匀喷雾处理。严格掌握用药剂量，二年油松勿超过有效成分 210 g，三年油松勿超过 375 g（每亩用 10%甲嘧磺隆可溶粉剂或 10%甲嘧磺隆水悬剂 70～140 g，加水 30～40 L 均匀喷雾处理。严格掌握用药剂量，二年油松勿超过有效成分 14 g，三年油松勿超过 25 g），否则易产生药害。

专利概况

专利名称　Agricultural sulfonamides

专利号　US 4394506　　　　　优先权日　1979-11-30

专利申请人　Du Pont (US)

在其他国家申请的专利　AT 7840、AU 8313286、EP 30138。

登记情况　国内登记情况：10%、32%悬浮剂，75%水分散粒剂，10%、75%可湿性粉剂等，登记场所为防火隔离带、针叶苗圃、非耕地等，防治对象为杂草、杂灌等。美国杜邦公司仅在中国登记了 95%的原药。

合成方法　以糖精为原料经如下反应得到产品：

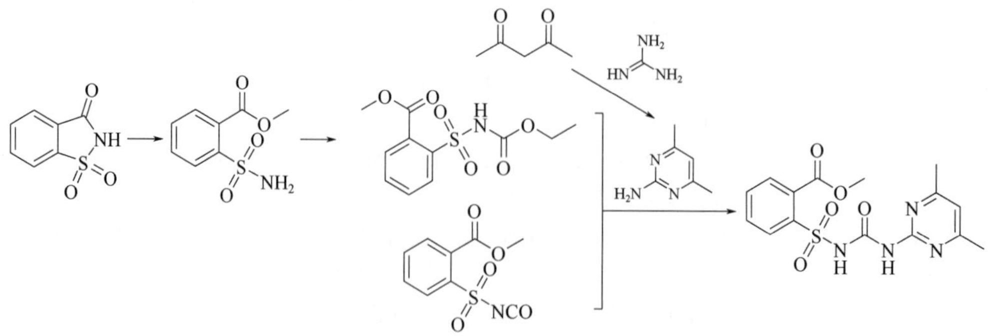

参考文献

[1] The Pesticide Manual. 17 th edition: 1042-1043.

[2] 谭晓军，刘善奎. 化工中间体，2010(1): 49-50.

磺酰磺隆（sulfosulfuron）

$C_{16}H_{18}N_6O_7S$，470.5，141776-32-1

磺酰磺隆（试验代号：MON 37500、MON 37588、TKM 19，商品名称：Image、Maverick、Monitor、Munto、Outrider）是由日本武田制药公司研制，并与孟山都公司共同开发的磺酰脲类除草剂。

化学名称　1-(4,6-二甲氧基嘧啶-2-基)-3-(2-乙基磺酰基咪唑[1,2-*a*]并嘧啶-3-基)磺酰脲。英文化学名称 1-(4,6-dimethoxypyrimidin-2-yl)-3-(2-ethylsulfonylimidazo[1,2-*a*]pyridin-3-yl)sulfonylurea。美国化学文摘（CA）系统名称 *N*-[[(4,6-dimethoxy-2-pyrimidinyl)amino]carbonyl]-2-ethylsulfonylimidazo[1,2-*a*]pyridine-3-sulfonamide。CA 主题索引名称 imidazo[1,2-*a*]pyridine-3-sulfonamide—，*N*-[[(4,6-dimethoxy-2-pyrimidinyl)amino]carbonyl]-2-(ethylsulfonyl)-。

理化性质　原药含量≥98%。无味白色固体，熔点 201.1～201.7℃。蒸气压 $3.1×10^{-5}$ mPa（20℃），$8.8×10^{-5}$ mPa（25℃）。分配系数 lgK_{ow}：0.73（pH 5）、-0.77（pH 7）、-1.44（pH 9）。相对密度 1.5185（20～25℃）。pK_a(20～25℃)=3.51。水中溶解度（mg/L，20～25℃）：17.6（pH 5）、1627（pH 7）、482（pH 9）。有机溶剂中溶解度（g/L，20～25℃）：丙酮 0.71、二氯甲烷 4.35、甲醇 0.33、乙酸乙酯 1.01、二甲苯 0.16、庚烷<0.01。稳定性：低于 54℃时稳定存在 14 d。水解 DT_{50}（25℃）：7 d（pH 4）、48 d（pH 5）、168 d（pH 7）、156 d（pH 9）。

毒性　大鼠急性经口 LD_{50}>5000 mg/kg。兔急性经皮 LD_{50}>5000 mg/kg。对兔皮无刺激性，对兔的眼睛有中度刺激性。对豚鼠皮肤无致敏性。无吸入毒性。NOEL 数据［mg/(kg·d)］：大鼠（2 年）24.4～30.4，狗（90 d）100，小鼠（18 月）93.4～1388.2。ADI/RfD（EC）0.24 mg/kg（2002）。Ames、CHO/HGPRT、体外染色体试验（中国地鼠）、体外培养的人类淋巴细胞和小鼠微核试验均为阴性。

生态效应　野鸭和山齿鹑急性经口 LD_{50}>2250 mg/kg，野鸭和山齿鹑饲喂 LC_{50}（5 d）>5620 mg/L。鱼毒 LC_{50}（96 h，mg/L）：虹鳟鱼>95、鲤鱼>91、大翻车鱼>96、羊头鲦鱼>101。水蚤 EC_{50}（48 h）>96 mg/L。藻类（mg/L）：羊角月牙藻 E_bC_{50}（3 d）0.221、E_rC_{50}（3 d）0.669，鱼腥藻 EC_{50}（5 d）0.77，舟形藻 EC_{50}（5 d）>87，中肋骨条藻>103。浮萍 IC_{50}（14 d）>1.0 μg/L，糠虾 EC_{50}（96 h）>106 mg/L。蜜蜂 LD_{50}（μg/只）：经口>30，接触>25。蚯蚓 LC_{50}（14 d）>848 mg/kg 土。对锥须步甲、星豹蛛、梨盲走螨以及烟蚜茧蜂等无害。

环境行为　代谢的主要途径是断裂磺酰脲类除草剂与土壤链接，其中氧化脱甲基化作用起着重要的作用。①动物。能广泛地吸收和快速代谢；低剂量时，主要的代谢途径是通过尿排出（77%～87%），高剂量时，通过粪便排出（55%～63%）。代谢是有限的，组织中会存在微乎其微的产品；代谢出的产品高达 88%的是母分子，其次是脱甲基化作用产物和嘧啶环羟基化作用产物。产品在牲畜体内快速消除。微量的产品会遗留到奶、蛋、器官和组织中。②植物。小麦中的残留量也是很少的。在未经处理的小麦饲料和稻草中主要的成分是未代谢的磺酰磺隆。主要的代谢产物为磺酰胺，源自磺酰脲桥的断裂。少量的代谢产物来自氧化脱甲基化作用产生的去甲磺酰磺隆和开环后的胍类似物。③土壤/环境。在土壤中主要的降解途径是磺酰脲部分的水解产生相应的磺酰胺和 2-氨基-4,5-二甲氧基嘧啶。DT_{50}（试验）32d（淤泥中，pH 7.6，0.8% o.m.）（o.m.指土壤有机质），35 d（沙土中，pH 6.8，1.6% o.m.），53 d（壤质沙土中，pH 5.8，3.9% o.m.）；在其他土壤中 DT_{50} 值会更大。光降解也是环境代谢的一种主要形式，DT_{50} 值为 3 d，在欧洲的 11 地试验中，裸地中的 DT_{50} 平均值为 24 d（11～47d 之间）；DT_{90} 平均值为 261 d。代谢迅速，对轮作植物的伤害也是可以预料的，参见 S. K. Parrish et al., Proc. Br. Crop Prot. Conf. - Weeds, 1995, 1: 667。平均 K_{oc} 33；平均 K_d 0.36。在河流中 DT_{50} 值为 32 d（pH 7.0，1.7% o.m.），池塘中 DT_{50} 值为 20 d（pH 7.0，2.9% o.m.）（均为 20℃）。在河流中 DT_{50} 19.5 d，池塘 16 d。通过土壤分散研究和溶解度研究，磺酰磺隆迁移性有限。磺酰磺隆在渗滤液中的浓度经 3 年的研究＜0.01 μg/L。

制剂　水分散粒剂。

主要生产商　Atul、Meghmani、Monsanto、Rallis、Sumitomo Chemical。

作用机理与特点　ALS 抑制剂。通过抑制必需氨基酸缬氨酸和异亮氨酸的合成而起作用，从而阻止细胞的分裂和植物的生长。对作物的选择性源于快速代谢。通过杂草根系和叶吸收，在植株体内传导，杂草即停止生长，而后枯死。

应用

（1）适宜作物与安全性　对小麦安全，是基于其在小麦植株中快速降解。但对大麦、燕麦有药害。

（2）防除对象　一年生和多年生禾本科杂草和部分阔叶杂草如野燕麦、早熟禾、蓼、风剪股颖等。对众所周知的难除杂草雀麦有很好的效果。

（3）使用方法　主要用于小麦田苗后除草。使用剂量为 10～35 g (a.i.)/hm² [亩用量为 0.67～2.34 g (a.i.)]。

专利概况

专利名称　Herbicides

专利号　EP 477808　　　　　　　　优先权日　1990-09-26

专利申请人　Takeda Chemical Industries Ltd (JP)

在其他国家申请的专利　AU 644476、AU 8476491、BR 9104119、CA 2052263、CN 1044428、CN 1060385、CS 9102930、DE 69126836、ES 2103762、GR 3024756、HU 212127、JP 5009102、MX 9101239、PL 169813，RU 2007084、RU 2040901、SK 279496、ZA 9107435 等。

合成方法　以 2-氨基吡啶为起始原料，经合环、氯化、醚化（或巯基化、再醚化）、氧化、氯磺化、氨化制得中间体磺酰胺，最后与二甲氧基嘧啶氨基甲酸苯酯反应，制得目的物。反应式为：

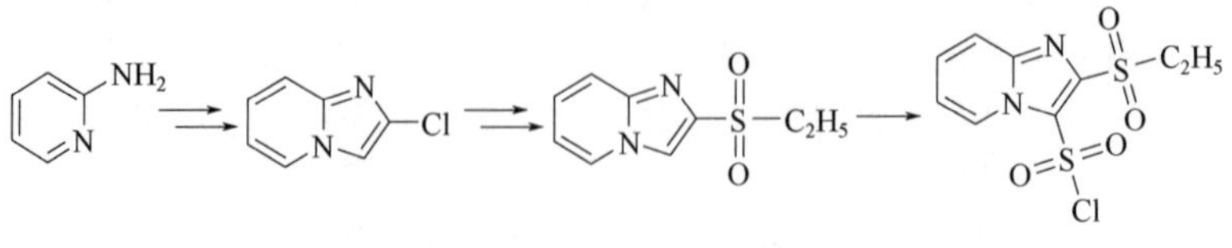

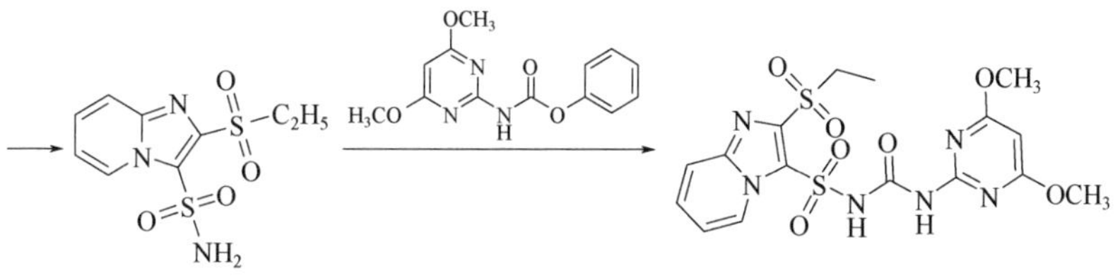

参考文献

[1] The Pesticide Manual. 17 th edition: 1044-1045.

[2] 周月，根孔繁. 农药，2012, 51(10): 717-719.

噻酮磺隆（thiencarbazone-methyl）

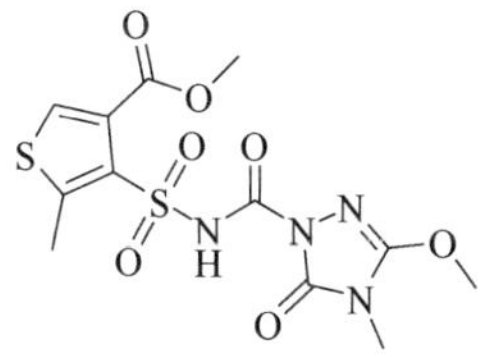

$C_{12}H_{14}N_4O_7S_2$，390.4，317815-83-1

噻酮磺隆（试验代号：BYH 18636，商品名称：Corvus，其他名称：Adengo、Capreno、Tribute Total、酮脲磺草吩酯）是由拜耳公司开发的三唑类除草剂。

化学名称　甲基 4-[(4,5-二氢-3-甲氧基-4-甲基-5-氧-1H-1,2,4-三唑-1-基)羰基氨基磺酰基]-5-甲基噻吩-3-羧酸酯。英文化学名称　methyl 4-[(4,5-dihydro-3-methoxy-4-methyl-5-oxo-1H-1,2,4-triazol-1-yl)carbonylsulfamoyl]-5-methylthiophene-3-carboxylate。美国化学文摘（CA）系统名称　methyl 4-[[[(4,5-dihydro-3-methoxy-4-methyl-5-oxo-1H-1,2,4-triazol-1-yl)carbonyl]amino]sulfonyl]-5-methyl-3-thiophenecarboxylate。CA 主题索引名称　3-thiophenecarboxylic acid—, 4-[[[(4,5-dihydro-3-methoxy-4-methyl-5-oxo-1H-1,2,4-triazol-1-yl)carbonyl]amino]sulfonyl]-5-methyl-methyl ester。

理化性质　熔点 206℃。蒸气压 9×10^{-11} mPa（20℃，推测），lgK_{ow}：−0.13（pH 4）、−1.98（pH 7）、−2.14（pH 9）。相对密度（20~25℃）1.51。pK_a(20~25℃)=3.0。水中溶解度（g/L，20~25℃）：0.072（蒸馏水）、0.172（pH 4）、0.436（pH 7）、0.417（pH 9）；有机溶剂中溶解度（g/L，20~25℃）：丙酮 9.54、乙醇 0.23、二氯甲烷 100~120、二甲亚砜 29.15、乙酸乙酯 2.19、正己烷 0.00015、甲苯 0.19。

毒性　大鼠急性经口 LD$_{50}$＞2000 mg/kg。大鼠急性经皮 LD$_{50}$＞2000 mg/kg。对皮肤和眼睛无刺激。大鼠吸入毒性＞2.018 mg/L。

主要生产商　Bayer CropScience。

作用机理与特点　乙酰乳酸合成酶或乙酰羟酸合酶抑制剂。

应用　用于防治禾本科与阔叶杂草。苗后使用剂量为 15 g/hm²，土壤处理用量为 45 g/hm²。在玉米田，可与其他除草剂和安全剂混用。在小麦田，苗后用量为 5 g/hm²，并与安全剂混用。

专利概况

专利名称　Preparation of thien-3-ylsulfonylamino(thio)carbonyltriazolin(thi)ones as herbicides

专利号　DE 19933260　　　　专利申请日　1999-7-15

专利申请人　Bayer A.G.。

登记情况　国内仅有拜耳股份公司登记的 98%噻酮磺隆原药。

合成方法　通过如下方法合成噻酮磺隆。

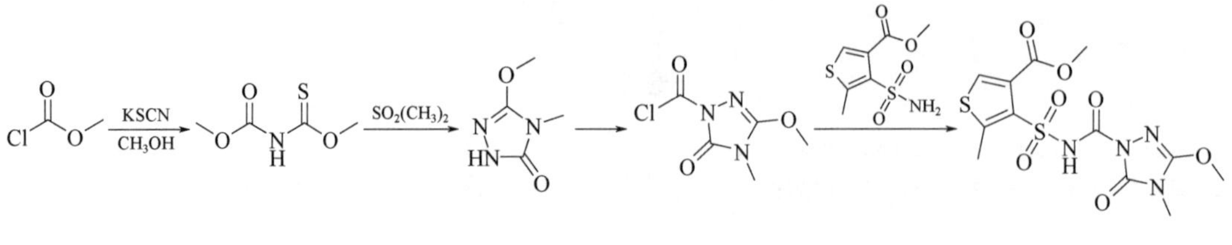

参考文献

[1] The Pesticide Manual.17 th edition: 1096.

[2] 孔月, 主艳飞, 左文静, 等. 山东化工, 2019, 48(9): 85-87.

噻吩磺隆（thifensulfuron-methyl）

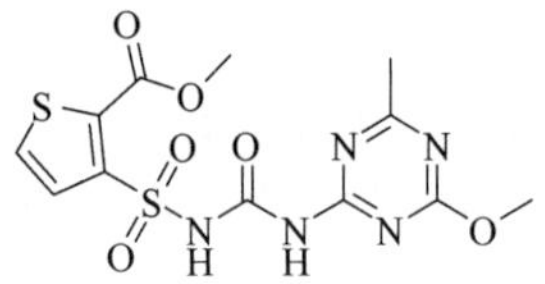

$C_{12}H_{13}N_5O_6S_2$，387.4，79277-27-3；$C_{11}H_{11}N_5O_6S_2$，373.4，79277-67-1(酸)

噻吩磺隆［试验代号：DPX-M6316、M6316，商品名称：Harass、Harmony、Pinnacle、Harmony Extra（混剂）、Nimble（混剂）、阔叶散，其他名称：噻磺隆］是由杜邦公司开发的磺酰脲类除草剂。

化学名称　3-(4-甲氧基-6-甲基-1,3,5-三嗪基-2-基氨基羰基氨基磺酰基)噻吩-2-羧酸甲酯。英文化学名称　methyl 3-(4-methoxy-6-methyl-1,3,5-triazin-2-yl-carbamoylsulfamoyl)thiophen-2-carboxylate。美国化学文摘（CA）系统名称　methyl 3-[[[[(4-methoxy-6-methyl-1,3,5-triazin-2-yl) amino]carbonyl]amino]sulfonyl]-2-thiophenecarboxylate。CA 主题索引名称　2-thiophene-carboxylic acid—, 3-[[[[(4-methoxy-6-methyl-1,3,5-triazin-2-yl)amino]carbonyl]amino]sulfonyl]-methyl ester。

理化性质　原药纯度＞96%。米白色无味结晶体，熔点 176℃，蒸气压（25℃）1.7×10^{-5} mPa。分配系数 lgK_{ow}: 1.06（pH 5）、0.02（pH 7）、0.0079（pH 9），Henry 常数 9.7×10^{-10} Pa・m³/mol（pH 7），pK_a(20～25℃)=4.0，相对密度 1.58（20～25℃）。水中溶解度（mg/L，20～25℃）：223（pH 5）、2240（pH 7）、8830（pH 5）。有机溶剂中溶解度（g/L，20～25℃）：正己烷＜0.1、邻二甲苯 0.212、乙酸乙酯 3.3、甲醇 2.8、乙腈 7.7、丙酮 10.3、二氯甲烷 23.8。水解 DT$_{50}$（25℃）：4～6 d（pH 5）、180 d（pH 7）、90 d（pH 9）。

毒性　大鼠急性经口 LD$_{50}$＞5000 mg/kg，兔急性经皮 LD$_{50}$＞2000 mg/kg。对皮肤和眼睛无刺激，对皮肤无致敏。大鼠吸入 LC$_{50}$（4 h）＞7.9 mg/L 空气。NOAEL（mg/kg 饲料）：大鼠（90 d）100，大鼠（2 年）500，大鼠（2 代）繁殖研究 2500。大鼠致畸研究 NOAEL 200 mg/(kg・d)。ADI/RfD（EC）0.01 mg/kg bw（2001），（EPA）cRfD 0.013 mg/kg bw（1991），（公司建议）

0.026 mg/kg。在 Ames 试验及其他三种致突变试验中均无致突变。

生态效应　野鸭急性经口 LD_{50}＞2510 mg/kg，野鸭和日本鹌鹑饲喂 LC_{50}（8 d）＞5620 mg/kg 饲料。鱼类 LC_{50}（96 h，mg/L）：虹鳟鱼 410，大翻车鱼 520。水蚤 LC_{50}（48 h）970 mg/L。绿藻 NOEC（120 h）15.7 mg/L。浮萍 EC_{50}（14 d）值为 0.0016 mg/L。对蜜蜂无毒，蜜蜂 LD_{50}（48 h，接触）＞12.5 μg/只。蚯蚓 LC_{50}＞2000 mg/kg。烟蚜茧蜂和梨盲走螨 LR_{50}＞82 g (a.i.)/hm^2。

环境行为　①动物。经口摄入，70%～75%未分解的噻吩磺隆通过尿和粪便排出体外。主要的代谢机理是酯基的水解，杂环上的脱酸反应以及磺酰脲基团的水解等。②植物。在小麦和玉米内，残余物消散迅速，主要是脲桥的断裂和三嗪环上甲氧基的分解，噻吩环上酯基的水解。③土壤/环境。噻吩磺隆在土壤中被微生物降解，化学水解和光解速度很快，DT_{50}＜1～7 d，DT_{90}＜1～50 d。

作用机理与特点　通过抑制乙酰乳酸合成酶（ALS）对敏感杂草起作用，从而阻止植物体内的细胞分裂，使其停止生长。苗后选择性除草剂，主要通过叶面吸收，几乎没有土壤活性。能很好地防除谷物、玉米和牧场中的一年生杂草。谷物被处理后可能会导致暂时的停止生长和叶面上颜色的变化。

主要生产商　Cheminova、DuPont、Fengle、安徽广信农化股份有限公司、安徽佳田森农药化工有限公司、江苏龙灯化学有限公司、江苏瑞邦农化股份有限公司、江苏润泽农化有限公司、江苏天容集团股份有限公司、内蒙古莱科作物保护有限公司等。

制剂　干悬浮剂、可湿性粉剂、水分散粒剂。

应用

（1）适宜作物与安全性　冬小麦、春小麦、硬质小麦、大麦、燕麦、玉米、大豆等。由于噻吩磺隆在土壤中有氧条件下能迅速被微生物分解，在处理后 30 d 即可播种下茬作物（对下茬作物无害）。正常剂量下对禾谷类作物（如小麦、大麦、燕麦和玉米）及大豆安全。

（2）防除对象　一年生和多年生阔叶杂草如苘麻、龙葵、香薷、问荆、凹头苋、反枝苋、马齿苋、臭甘菊、藜、蓣草、春蓼、本氏蓼、卷茎蓼、酸模叶蓼、桃叶蓼、鼬瓣花、鸭舌草、猪殃殃、婆婆纳、播娘蒿、地肤、野蒜、牛繁缕、繁缕、王不留行、遏蓝菜、猪毛菜、芥菜、荠菜等，对田蓟、田旋花、野燕麦、狗尾草、雀麦、刺儿菜及禾本科杂草等无效。

（3）应用技术　在同一田块里，每一作物生长季中噻吩磺隆的亩用量以不超过 32.5 g (a.i.)/hm^2［亩用量为 2.2 g (a.i.)］为宜，残留期 30～60 d。当作物处于不良环境时（如严寒、干旱、土壤水分过饱和及病虫危害等），不宜施药，否则可能产生药害。噻吩磺隆可与禾谷地用的杀虫剂混用或按先后顺序施用。但在不良环境下（如干旱等），噻吩磺隆与有机磷杀虫剂混用或按先后顺序施用，可能有短暂的叶片变黄或药害。所以，在大面积施用前应先进行小规模试验。噻吩磺隆亦不能与马拉硫磷混用。在药液中加入 0.2%～0.5%的非离子型表面活性剂（如中性洗衣粉）有助于降低药量及提高药效。

（4）使用方法　防除一年生阔叶杂草，用量为 9～40 g (a.i.)/hm^2［亩用量通常为 0.6～2.7 g (a.i.)］，并加入 0.2%～0.5%（V/V）非离子表面活性剂于作物 2 叶期至开花期，杂草高度或直径小于 10 cm、生长旺盛但未开花以及作物冠层无覆盖杂草的时期进行苗后喷药。鉴于用量、环境条件及杂草种类不同，其持效期也不一样，但不超过 30 d。

防除野蒜，亩用量为 0.6～2.3 g (a.i.)。大豆 1 复叶至开花前，阔叶草 2～4 叶期喷药，用量为 0.55～0.8 g (a.i.)。小麦 2 叶至拔节期，阔叶草 2～4 叶期，用量 1.0～1.5 g (a.i.)。玉米 3～7 叶期，阔叶草 3～4 叶期，用量为 0.8～1.2 g (a.i.)。以上均对水 20～50L/亩，进行茎叶喷雾。

现混现用（桶混）：在大豆田，噻吩磺隆可与烯禾啶、吡氟禾草灵、吡氟氯禾灵及禾草克等混用，在小麦田，噻吩磺隆可与 2,4-滴、2 甲 4 氯等混用，亩用量为噻吩磺隆 0.67～0.8 g (a.i.) 加 2,4-滴或 2 甲 4 氯 18～36 g (a.i.)。防除野燕麦，噻吩磺隆可与野燕枯或 2,4-滴丙酸甲酯混用；防除狗尾草，噻吩磺隆可与 2,4-滴丙酸甲酯混用。

专利概况

专利名称　Herbicidal ureas and isoureas compositions and use there of intermediates therefor and preparation of said intermediates

专利号　EP 30142　　　　优先权日　1979-11-30

专利申请人　Du Pont

在其他国家申请的专利　AU 8064763、AT 10569、BR 8007674、CA 1189072、CS 250207、DE 4232417、DE 3906910、DK 8004716、ES 497298、GB 2065116、HU 29566、IL 61578、PL 127333、JP 56103179、RO 81268、SU 1748629、US 4481029、US 4684393、US 4723988、ZA 8007458、等。

登记情况　国内登记情况：5%水分散粒剂，15%、20%、25%、70%、75%可湿性粉剂，75%干悬乳剂等，登记场所为花生田、小麦田、玉米田、大豆田，防除对象一年生杂草、一年生阔叶杂草等。富美实和杜邦公司在中国登记情况见表 3-18。

表 3-18　富美实和杜邦公司在中国登记情况

登记证号	登记名称	剂型	含量	登记场所	防治对象	用药量/[g(制剂)/亩]	施用方法	登记证持有人
PD388-2003	噻吩磺隆	水分散粒剂	75%	大豆田	一年生阔叶杂草	①1.3～1.8（华北地区）或 1.8～2.2（东北地区）；②1～1.3+乙草胺 40～50 g (a.i.)/亩（华北地区）或 1.3～1.7+乙草胺	播前或播后苗前土壤喷雾	美国富美实公司
				大豆田	一年生杂草		播前或播后苗前土壤喷雾	
					同大豆田一年生阔叶杂草			
				玉米田	一年生阔叶杂草	①1.3～1.8（华北地区）或 1.8～2.2（东北地区）；②0.7～1.3（华北地区）或 1.3～1.8（东北地区）	① 芽前土壤喷雾处理；② 苗后茎叶喷雾	
PD387-2003	噻吩磺隆	原药	95%					美国富美实公司
PD20110091	噻吩磺隆	原药	96%					上海杜邦农化有限公司

合成方法　以丙烯腈为起始原料，经多步反应制得噻吩磺隆。反应式如下，

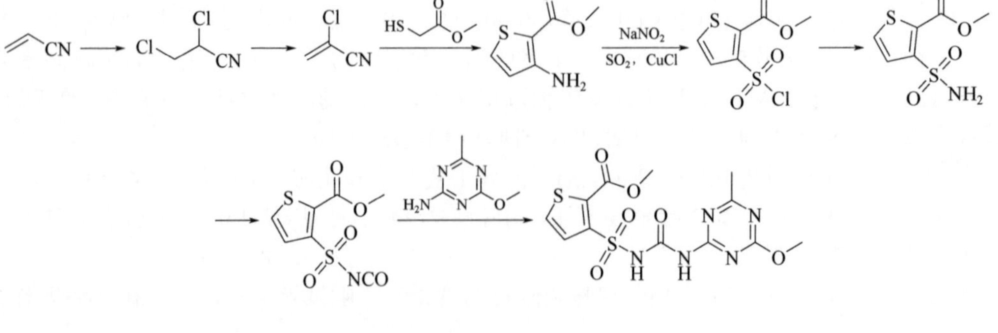

参考文献

[1] The Pesticide Manual.17 th edition: 1097-1098.

[2] 陆阳, 徐固华, 董超宇, 等. 农药科学与管理, 2006(5): 32-35.

[3] 周新建, 李梅芳. 现代农药, 2014(2): 27-29.

醚苯磺隆（triasulfuron）

$C_{14}H_{16}ClN_5O_5S$，410.8，82097-50-5

醚苯磺隆［试验代号：CGA 131036，商品名称：Logran、Lintur（混剂），其他名称：醚苯黄隆］是由诺华公司开发的磺酰脲类除草剂。

化学名称 1-[2-(2-氯乙氧基)苯基磺酰基]-3-(4-甲氧基-6-甲基-1,3,5-三嗪-2-基)脲。英文化学名称 1-[2-(2-chloroethoxy)phenylsulfonyl]-3-(4-methoxy-6-methyl-1,3,5-triazin-2-yl)urea。美国化学文摘（CA）系统名称 2-(2-chloroethoxy)-N-[[(4-methoxy-6-methyl-1,3,5-triazin-2-yl)amino]carbonyl]benzenesulfonamide。CA 主题索引名称 benzenesulfonamide—, 2-(2-chloroethoxy)-N-[[(4-methoxy-6-methyl-1,3,5-triazin-2-yl)amino]carbonyl]-。

理化性质 白色粉状固体，熔点 187.9～189.2℃，蒸气压<$2×10^{-3}$ mPa（25℃）。分配系数 lgK_{ow}=1.1（pH 5.0）、–0.59（pH 6.9）、–1.8（pH 9.0）。Henry 常数<$8×10^{-5}$ Pa•m^3/mol（pH 5.0，计算）。堆积密度（20～25℃）1.5 g/cm^3。pK_a(20～25℃)=4.64。水中溶解度（20～25℃，mg/L）：32（pH 5）、815（pH 7）、13500（pH 8.4）；有机溶剂中溶解度（20～25℃，mg/L）：丙酮 14000、二氯甲烷 36000、乙酸乙酯 4300、乙醇 420、正辛醇 130、正己烷 0.04、甲苯 300。水解 DT$_{50}$ 31.3 d（20℃，pH 5）。

毒性 大（小）鼠急性经口 LD$_{50}$>5000 mg/kg，大鼠急性经皮 LD$_{50}$>2000 mg/kg。对兔的皮肤和眼睛无刺激，对豚鼠皮肤致敏。大鼠吸入 LC$_{50}$（4 h）>5.18 mg/L。大鼠 NOEL ［mg/(kg•d)］：经口 14.5（90 d），经皮 100。ADI/RfD（EC）0.01 mg/kg bw（2000），（EPA）cRfD 0.01 mg/kg bw（1991）。

生态效应 鹌鹑与野鸭急性经口 LD$_{50}$>2150 mg/kg。虹鳟鱼、鲤鱼、鲇鱼、鲈鱼、大翻车鱼 LC$_{50}$（96 h）>100 mg/L。水蚤 LC$_{50}$（96 h）>100 mg/L。藻类 EC$_{50}$（5～14 d，mg/L）：月牙藻 0.035、栅藻 0.77、项圈藻 1.7、直舟形藻>100。圆蛤类 EC$_{50}$（48 h）56 mg/L，对蜜蜂无毒，LD$_{50}$（经口与接触）>100 μg/只。蚯蚓 LC$_{50}$（14 d）>1000 mg/kg 土。

环境行为 ①动物。主要以母药的形式通过尿液排出体外。②植物。在小麦中首先通过羟基化代谢（磺酰脲桥），其次是各种羟基代谢产物与葡萄糖共轭。牧草 DT$_{50}$ 3 d。秸秆和谷物在收获时无残留。③土壤/环境。在土壤中的代谢行为取决于土壤类型、pH，特别是温度和水分含量。粉质土壤、黏土和沙土平均 DT$_{50}$ 19 d。

制剂 水分散粒剂。

主要生产商 Fertiagro、Hesenta、Syngenta。

作用机理与特点 ALS/AHAS 抑制剂。被根、叶吸收后，迅速转移到分生组织，在敏感作物体内能抑制缬氨酸、亮氨酸和异亮氨酸的生物合成而阻止细胞分裂，使敏感植物停止生长，在受药后 1～3 周内死亡。它的选择性来源于在作物体内快速代谢。

应用

（1）适宜作物　小粒禾谷类作物如小麦、大麦等。

（2）防除对象　可防除一年生阔叶杂草和某些禾本科杂草如三色堇和猪殃殃等。

（3）使用方法　用量通常为5～10 g (a.i.)/hm² ［每亩0.33～0.67g (a.i.)］，苗后施用，特殊地区在植前拌土或芽前施用。春季施药，对阔叶杂草以及禾本科杂草和双子叶杂草防效尤佳。还可与溴苯腈或2甲4氯，绿麦隆或异丙隆混用，增加防除效果和范围。

专利概况

专利名称　*N*-(2-Substitutedphenylsulfonyl)-*N'*-triazinylureas

专利号　EP 44809　　　　优先权日　1980-07-17

专利申请人　Ciba Geigy AG

在其他国家申请的专利　AU 545208、BG 60335、BG 61518、BR 8104617、BR 8104618、BR 8104619、CA 1205482、CA 1330438、CY 1438、DD 215461、DD 220601、DE 3160818、DE 3172974、DE 3173493、DK 144190、DK 163664、DK 164901、DK 165182、DK 166082、DK 189391、DK 2392、DK 318681、EG 15401、EP 44807、EP 44808、ES 8304553、ES 8401950、GR 74308、IL 63324、KR 8500495、MX 170994、MX 170995、MX 6981、MY 13887、MY 58186、NZ 197733、PH 18233、RO 83456、TR 21355、US 4419121、US 4425154、US 4444583、US 4476321、US 4479821、US 4510325、US 4514212、US 4537619、US 4561878、US 4629810、US 4681619、WO 9310036、ZW 16681 等。

合成方法　邻(2-氯乙氧基)苯磺酰胺，与光气反应制成相应的异氰酸酯，再与2-氨基-4-甲氧基-6-甲基均三嗪反应，即制得醚苯磺隆。反应式如下：

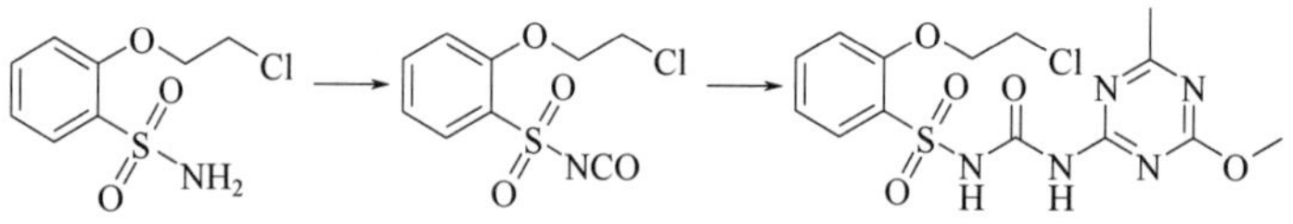

中间体邻(2-氯乙氧基)苯磺酰胺的合成方法如下：

方法1：以邻氨基苯酚为起始原料经重氮化，磺化得邻羟基苯磺酰氯，再经氨化并与2-氯乙基对甲苯磺酸酯反应而得目的物。

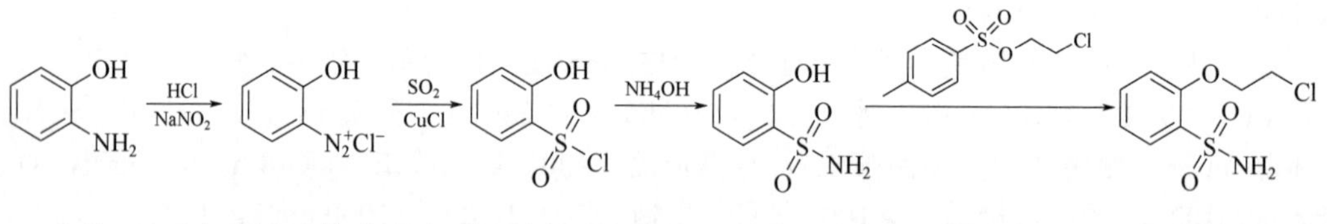

方法2：以对氯硝基苯为起始原料，经磺化、醚化、氯化、氨化、还原再重氮化脱氨基而得目的物。

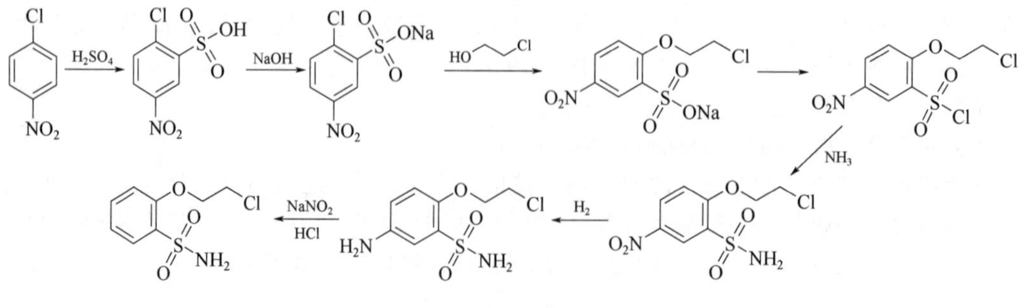

方法 3：以 2-羟基乙氧基对氯苯为起始原料，经氯化、磺化、再氯化、氨化，再经脱氯而得目的物。

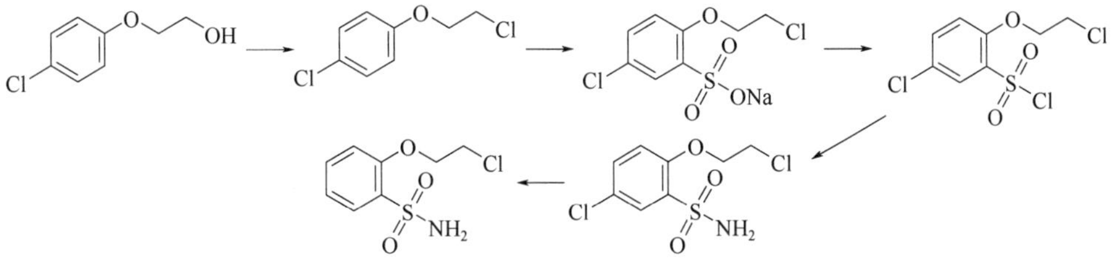

中间体 2-氨基-4-甲氧基-6-甲基均三嗪的合成：

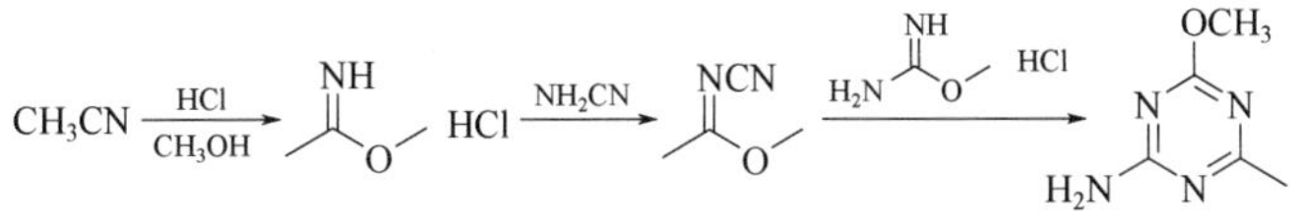

参考文献

[1]　The Pesticide Manual.17 th edition: 1131-1132.

[2]　李成浩, 邱俊云, 李文刚, 等. 世界农药, 2019(3): 61-62+64.

苯磺隆（tribenuron-methyl）

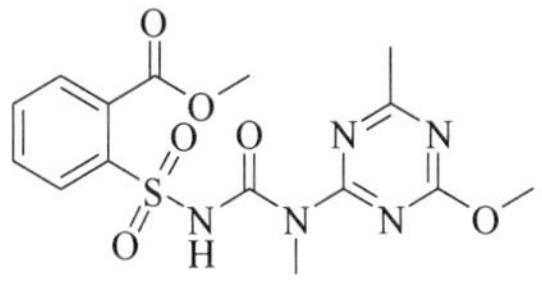

$C_{15}H_{17}N_5O_6S$，395.4，101200-48-0

苯磺隆（试验代号：DPX-L5300、L5300，商品名称：Agristar、Express、Granstar、Nuance、Oscar、Pointer、Rapid、Tribionate，其他名称：阔叶净）是由美国杜邦公司开发的磺酰脲类除草剂。

化学名称　2-[4-甲氧基-6-甲基-1,3,5-三嗪-2-基(甲基)氨基甲酰氨基磺酰基]苯甲酸甲酯。英文化学名称 methyl 2-[4-methoxy-6-methyl-1,3,5-triazin-2-yl(methyl)carbamoylsulfamoyl]benzoate。美国化学文摘（CA）系统名称 methyl 2-[[[[(4-methoxy-6-methyl-1,3,5-triazin-2-yl)methylamino]carbonyl]amino]sulfonyl]benzoate。CA 主题索引名称 benzoic acid—, 2-[[[[(4-methoxy-6-methyl-1,3,5-triazin-2-yl)methylamino]carbonyl]amino]sulfonyl]-methyl ester。

理化性质　原药纯度＞95%。白色粉末，略带辛辣气味，相对密度 1.46（20～25℃），熔点 142℃。蒸气压 $5.2×10^{-5}$ mPa（25℃），分配系数 $\lg K_{ow}$=0.78（pH 7），Henry 常数 $1.03×10^{-8}$ Pa·m^3/mol（pH 7，计算），pK_a(20～25℃)=4.7。水中溶解度（20～25℃，g/L）：0.05（pH 5）、2.04（pH 7）、18.3（pH 9）；有机溶剂中溶解度（20～25℃，mg/L）：丙酮 $3.91×10^4$、乙腈 $4.64×10^4$、正庚烷 20.8、乙酸乙酯 $1.63×10^4$、甲醇 $2.59×10^3$。稳定性：在 pH 5～9，25℃下，没有明显的光解。原药既不燃烧，也不支持燃烧。水解 DT_{50}（25℃）：＜1 d（pH 5）、15.8 d（pH 7）、稳定（pH 9）。

毒性　大鼠急性经口 LD_{50}＞5000 mg/kg，兔急性经皮 LD_{50}＞5000 mg/kg，对兔的皮肤

和眼睛没有刺激。在对豚鼠的最大剂量试验中，对豚鼠的皮肤中度致敏，但该浓度不会对人的皮肤有刺激。大鼠吸入 LC_{50}（4 h）＞5.0 mg/L 空气。NOEL 值（mg/L 饲料）：大鼠（2 年）25、小鼠（18 个月）200、狗（1 年）250；（90 d）大鼠 100、小鼠 500、狗 500。ADI/RfD（EC）0.01 mg/kg bw（2005），（EPA）cRfD 0.008 mg/kg bw（1990）。无遗传毒性。

生态效应 山齿鹑急性经口 LD_{50}＞2250 mg/kg，山齿鹑和野鸭饲喂 LC_{50}（8 d）＞5620 mg/kg，虹鳟鱼 LC_{50}（96 h）738 mg/L。水蚤 LC_{50}（48 h）894 mg/L。绿藻 EC_{50}（120 h）20.8 μg/L。浮萍 EC_{50}（14 d）4.24 μg/L。蜜蜂 LD_{50}（μg/只）：接触＞100，经口＞9.1。蚯蚓 LD_{50}＞1000 mg/kg。

环境行为 ①动物。苯磺隆在动物体内通过去甲基化、脱脂化、磺酰脲桥的水解、苯环和三嗪环的羟基化和（或）去甲基化迅速代谢。②植物。苯磺隆在植物体内迅速广泛代谢。一个主要的代谢反应是 N-去甲基化；进一步的代谢是苯环与葡萄糖的羟基化和共轭。③土壤/环境。苯磺隆在野外条件下 DT_{50} 3.5～5.1 d，无明显光解。土壤中的降解主要通过水解和微生物降解。土壤的 pH 值对水解有影响，酸性土壤比碱性土壤水解速度快。挥发损失不明显。

制剂 干悬浮剂、水分散粒剂、可湿性粉剂等。

主要生产商 Agrochem、Cheminova、Fertiagro、安徽扬子化工有限公司、江苏龙灯化学有限公司、江苏茂期化工有限公司、江苏省南通宝叶化工有限公司、江苏省激素研究所股份有限公司、江苏优嘉植物保护有限公司、浙江天丰生物科学有限公司等。

作用机理与特点 通过阻碍乙酰乳酸合成酶，使缬氨酸、异亮氨酸的生物合成受抑制，阻止细胞分裂，致使杂草死亡。选择性苗后除草剂，茎叶处理后可被杂草茎叶吸收，遇到土壤后活性降低或消失，并在体内传导，双子叶杂草如繁缕、麦家公、麦瓶草、离子草、雀舌草、猪殃殃、碎米荠、荠菜、卷茎蓼等对苯磺隆敏感，泽漆、婆婆纳等中度敏感。用药初期，杂草虽然保持青绿，但生长已受到严重抑制，不再对作物构成危害。施药后几天出现萎黄病症状，10～25 d 后杂草坏死。对田旋花、鸭跖草、萹蓄、铁苋菜、刺儿菜等防效差，随剂量升高抑制作用增强。

应用

（1）适宜作物与安全性 小麦、大麦、燕麦、黑麦、黑小麦。剂量为 7.5～30 g/hm²。苯磺隆在禾谷类作物春小麦、冬小麦、大麦、燕麦体内迅速被代谢为无活性物质。在土壤中持效期 30～45 d，轮作（下茬作物）不受影响。在土壤中半衰期 1～12 d，取决于不同类型的土壤，在 pH 5、pH 7 和 pH 8 的水中半衰期分别为 1 d、3～16 d 和 30 d。

（2）防除对象 反枝苋、凹头苋、龙葵、苘麻、柳叶刺蓼、酸模叶蓼、东方蓼、卷茎蓼、节蓼、藜、小藜、萹蓄、繁缕、狼杷草、鬼针草、鸭跖草、离子草、勿忘草、香薷、问荆、水棘针、播娘蒿、羽叶播娘蒿、大叶播娘蒿、母菊属、刺叶莴苣、向日葵、鼬瓣花、猪殃殃、地肤、雀舌草、麦家公、王不留行、亚麻荠、波叶糖芥、野田芥、白芥、水芥菜、荠菜、遏蓝菜、猪毛菜、风花菜、大巢菜、苣荬菜等。

（3）应用技术 小麦、大麦等禾谷类作物 2 叶期至拔节期均可使用，以一年生阔叶杂草 2～4 叶期、多年生阔叶杂草 6 叶期以前药效最好。施药选早晚气温低、风小时进行。风速超过 5 m/s、空气相对湿度低于 65%、气温大于 28℃时应停止施药。干旱条件下用较高喷液量。苯磺隆对后茬作物安全，不易挥发，但施药时应注意风向，避免造成敏感作物飘移药害。勿用超低容量喷雾。勿在间作敏感作物的麦田使用，或周围种植敏感作物田的麦田使用。

（4）使用方法 苯磺隆是磺酰脲类内吸传导型苗后选择性除草剂。使用剂量为 9～30 g (a.i.)/hm² ［亩用量通常为 0.6～2 g (a.i.)］。在我国每亩用 75%苯磺隆 0.9～1.4 g。苯磺隆与噻吩磺隆混用可增加对阔叶杂草的药效。苯磺隆与 2,4 滴丁酯混用，见效快，增加对多年生阔叶杂草的药效。为防除野燕麦，苯磺隆还可与精噁唑禾草灵（加解毒剂）、野燕枯混用。混用比例如下：每亩用75%苯磺隆0.6～0.7 g加75%噻吩磺隆0.6～0.7 g。每亩用75%苯磺隆0.9～1.4 g加6.9%精噁唑禾草灵（加解毒剂）50～70 mL或10%精噁唑禾草灵（加解毒剂）40～50 mL或64%野燕枯120～150 g。每亩用75%苯磺隆0.6～0.7g加75%噻吩磺隆0.6～0.7 g加64%野燕枯120～150 g。每亩用75%苯磺隆0.6～0.75 g加75%噻吩磺隆0.6～0.7 g加6.9%精噁唑禾草灵（加解毒剂）50～70 mL或10%精噁唑禾草灵（加解毒剂）40～50 mL。

专利概况

专利名称 Herbicidal O-Carbomethoxysulfonylureas

专利号 EP 202830　　　　优先权日 1985-05-10

专利申请人 Du Pont

在其他国家申请的专利 AU 5718886、AU 602654、CA 1230120、CN 1016343、DE 3667171、DK 170906、DK 217386、ES 8800672、FI 861959、FI 90188、GR 861214、HU 41220、IE 58713、IL 78749、KR 9003851、LT 430、NO 170683、NO 861855、NZ 216104、PT 82556、RU 2093512、SU 1701103、SU 1837771、TR 23039、US 4383113、ZA 8603461等。

工艺专利 CA 2027022、WO 8802599等。

登记情况 国内登记有10%、20%、75%可湿性粉剂，75%、80%水分散粒剂，75%干悬浮剂等，登记场所为小麦田，防治对象为阔叶杂草。上海杜邦农化有限公司在中国登记情况见表3-19。

表3-19 上海杜邦农化有限公司在中国登记情况

登记证号	农药名称	剂型	含量	登记作物	防治对象	用药量/[g(制剂)/亩]	施用方法
PD20050099	苯磺隆	水分散粒剂	75%	冬小麦	一年生阔叶杂草	1～1.5	喷雾
PD20040008	苯磺隆	原药	95%				

合成方法 以糖精为主要原料，首先在浓硫酸存在下与甲醇反应制得磺酰胺，然后在异氰酸正丁酯存在下与光气反应制得磺酰基异氰酸酯，最后与2-(甲氨基)-4-甲氧基-6-甲基均三嗪缩合即得苯磺隆产品。反应式如下：

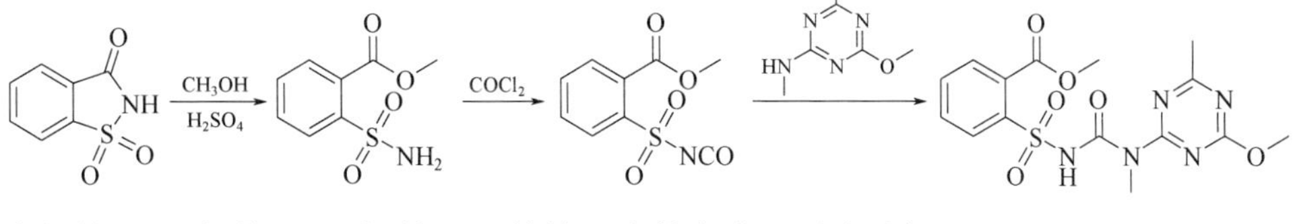

中间体2-(甲氨基)-4-甲氧基-6-甲基均三嗪的合成，反应式如下：

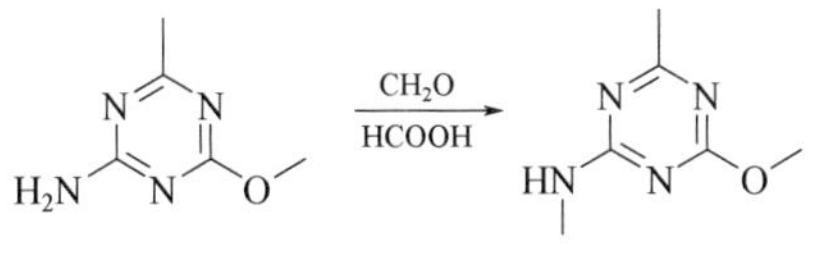

或

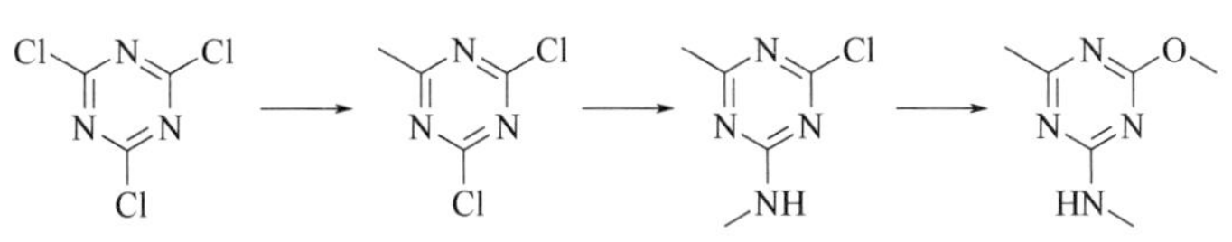

参考文献

[1] The Pesticide Manual.17 th edition: 1138-1139.

[2] 陆阳，董超宇，李春仁，等. 世界农药, 2007(2): 12-14.

[3] 何普泉，王传品. 农药, 2007(6): 369-371.

[4] 张长林，杨震宇，刘晓静，等. 广东化工, 2017, 44(10): 77-78.

三氟啶磺隆钠盐（trifloxysulfuron-sodium）

$C_{14}H_{13}F_3N_5NaO_6S$，459.3，199119-58-9，145099-21-4(三氟啶磺隆)

三氟啶磺隆钠盐（试验代号：CGA 362622，商品名称：Envoke、Krismat（混剂），其他名称：英飞特）。三氟啶磺隆试验代号：CGA 292230。先正达公司开发的新型磺酰脲类除草剂，主要以钠盐形式销售。

化学名称 三氟啶磺隆钠盐 4,6-二甲氧基-N-{[3-(2,2,2-三氟乙氧基)(吡啶-2-磺酰基)]氨甲酰基}嘧啶-2-胺钠盐。英文化学名称 sodium 4,6-dimethoxy-N-{[3-(2,2,2-trifluoroethoxy)(pyridine-2-sulfonyl)]carbamoyl}pyrimidin-2-aminide。美国化学文摘（CA）系统名称 sodium (4,6-dimethoxypyrimidin-2-yl)({[3-(2,2,2-trifluoroethoxy)pyridin-2-yl]sulfonyl}carbamoyl)azanide。CA 主题索引名称 2-pyridinesulfonamide—, N-[[(4,6-dimethoxy-2-pyrimidinyl)amino]carbonyl]-3-(2,2,2-trifluoroethoxy)-, ion(1⁻)-, sodium。三氟啶磺隆 N-[(4,6-二甲氧基嘧啶-2-基)氨甲酰基]-3-(2,2,2-三氟乙基)吡啶-2-磺酰胺或 1-(4,6-二甲氧基嘧啶-2-基)-3-[3-(2,2,2-三氟乙氧基)-2-吡啶磺酰基]脲。英文化学名称 N-[(4,6-dimethoxypyrimidin-2-yl)carbamoyl]-3-(2,2,2-trifluoroethoxy)pyridine-2-sulfonamide 或 1-(4,6-dimethoxypyrimidin-2-yl)-3-[3-(2,2,2-trifluoroethoxy)-2-pyridylsulfonyl]urea。美国化学文摘（CA）系统名称 N-[[(4,6-dimethoxy-2-pyrimidinyl)amino]carbonyl]-3-(2,2,2-trifluoroethoxy)-2-pyridine sulfonamide。CA 主题索引名称 2-pyridinesulfonamide—, N-[[(4,6-dimethoxy-2-pyrimidinyl)amino]carbonyl]-3-(2,2,2-trifluoroethoxy)-。

理化性质 白色到灰白色粉末，熔点 170.2～177.7℃，蒸气压＜1.3×10⁻³ mPa（25℃）。分配系数 lgK_{ow}：1.4（pH 5）、−0.43（pH 7）。Henry 常数 2.6×10⁻⁵ Pa·m³/mol，堆积密度 1.63 g/cm³（20～25℃），pK_a(20～25℃)=4.76。水中溶解度 25.5 g/L（pH 7.6，20～25℃）；有机溶剂中溶解度（g/L，20～25℃）：丙酮 17、乙酸乙酯 3.8、甲醇 50、二氯甲烷 0.790、己烷＜0.001、甲苯＜0.001。水解 DT₅₀（d，20～25℃）：6（pH 5）、20（pH 7）、21（pH 9）；水中光解 DT₅₀14～17 d（pH 7，25℃）。

毒性 大鼠急性经口 LD₅₀＞5000 mg/kg，大鼠经皮 LD₅₀＞2000 mg/kg。对兔的皮肤和眼睛无刺激。对豚鼠皮肤无致敏性。大鼠吸入 LC₅₀（4 h）＞5.03 mg/L。NOAEL [mg/(kg·d)]：大鼠（2 年）24、小鼠（1.5 年）112、狗（1 年）15。ADI/RfD 0.15 mg/kg。无致突变性、无遗传毒性、无致畸性、无生殖危害、无神经毒性。

生态效应 三氟啶磺隆钠盐对大多数有机体没有伤害，只对绿藻和某些水生植物是高毒的。野鸭和山齿鹑 LD₅₀＞2250 mg/kg，野鸭和山齿鹑饲喂 NOEC 为 5620 mg/L。虹鳟鱼和大

翻车鱼 LC_{50}（96 h）＞103 mg/L，水蚤 EC_{50}（48 h）＞108 mg/L。藻类 EC_{50}（120 h，mg/L）：舟形藻＞150、骨条藻 80、项圈藻 0.28、淡水藻类 0.0065。东方生蚝 EC_{50}（96 h）＞103 mg/L。蜜蜂 LD_{50}（48 h）（经口和接触）＞25 μg/只，蚯蚓急性 LC_{50}（14 d）＞1000 mg/kg 土壤。对盲走螨属、蚜茧蜂属没有伤害，对土壤中的微生物没有影响。

环境行为　在有机体和环境中能快速吸收和分解，无积累趋势。①动物。在体内能快速吸收和排出体外（70%经尿液，6%经粪便）。7 d 后，剩余的残留量小于服用量的 0.3%，代谢方式主要有氧化脱甲基化，桥的断裂，葡萄糖醛酸苷结合作用。②植物。在植物体内代谢途径主要有 Smile 重排，各种水解、氧化和缩合反应；在作物（甘蔗茎、棉籽）中有低的残余物。③土壤/环境。土壤吸收 K_{oc} 29～584 mL/cm³，取决于土壤类型和酸碱性，随时间增加吸附增强。土壤中水解 DT_{50}［20℃，40% MWC（最大含水量），在各种土壤中］49～78 d。有氧条件下水解 DT_{50} 7～25 d。

制剂　水分散粒剂、可分散油悬浮剂。

主要生产商　Syngenta。

作用机理和特点　抑制支链氨基酸（缬氨酸、亮氨酸、异亮氨酸）合成所必需的乙酰乳酸合成酶（ALS）。三氟啶磺隆对乙酰乳酸合酶的抑制会使整个植株表现为生长停止、缺绿、顶端分生组织死亡，最后导致整个植株在一到三周后死亡。杂草的茎叶和根部都可吸收三氟啶磺隆，并且经过木质部和韧皮部快速转移至嫩枝、根部和顶端分生组织。一些杂草如大爪龙、苍耳等对三氟啶磺隆特别敏感，在处理几天后即死亡。棉花对三氟啶磺隆的吸收和代谢方式与杂草不同，被棉花植株所吸收的三氟啶磺隆大部分被固定在棉花叶片中不能移动并且被迅速代谢掉，所以三氟啶磺隆对棉花无药害。

应用　主要用于防除阔叶杂草和莎草科杂草。对苣荬菜（苦苣菜）、藜（灰菜）、小藜、灰绿藜、马齿苋、反枝苋、凹头苋、绿穗苋、刺儿菜、刺苞果、豚草、鬼针草、大龙爪、水花生、野油菜、田旋花、打碗花、苍耳、鳢肠（旱莲草）、田菁、胜红蓟、羽芒菊、臂形草、大戟、酢浆草（酸咪咪）等阔叶杂草具有很好的防除效果；对香附子（三棱草）有特效；对马唐、旱稗、牛筋草、狗尾草、假高粱等禾本科杂草防效较差。

棉花 5 叶以后或株高 20 cm 以上时，一般用量为 75%三氟啶磺隆水分散粒剂 1.5～2.5 g/亩，或 10%三氟啶磺隆可湿性粉剂 15～20 g/亩，兑水 20～30 kg，均匀喷雾杂草茎叶，喷药时尽量避开棉花心叶（主茎生长点）。

甘蔗生长期，杂草 3～6 叶期，一般用量为 75%三氟啶磺隆水分散粒剂 1.5～2.5 g/亩，或 10%三氟啶磺隆可湿性粉剂 15～20 g/亩，兑水 20～30 kg，均匀喷雾杂草茎叶，甘蔗对本品具有较强的耐药性，以推荐剂量的 2 倍施用于甘蔗田，仍未出现药害。

专利概况

专利名称　*N*-Pyridinesulfonyl-*N*'-pyrimidinyl- and -triazinylureas useful as herbicides and their preparation.

专利号　WO 9216522　　　　　优先权日　1991-03-25

专利申请人　Ciba Geigy AG

在其他国家申请的专利　AT 166873、AU 653218、BR 9205367、CA 2077346、EP 540697、ES 2116334、IL 101349、JP 05507728、US 5403814、US 5625071、ZA 9202134 等。

工艺专利　HR 970212、WO 9741112、CN 101993431 等。

登记情况　国内登记情况见表 3-20。

表 3-20　三氟啶磺隆在中国的登记情况

登记证号	农药名称	剂型	含量	登记作物	防治对象	用药量 /[mL(制剂)/亩]	施用方法	登记证 持有人
PD20130366	三氟啶磺隆钠盐	原药	90%					瑞士先正达作物保护有限公司
PD20130364	三氟啶磺隆钠盐	可分散油悬浮剂	11%	暖季型草坪	部分禾本科杂草、莎草及阔叶杂草	20～30	茎叶喷雾	瑞士先正达作物保护有限公司

合成方法　经如下反应可制得目的物：

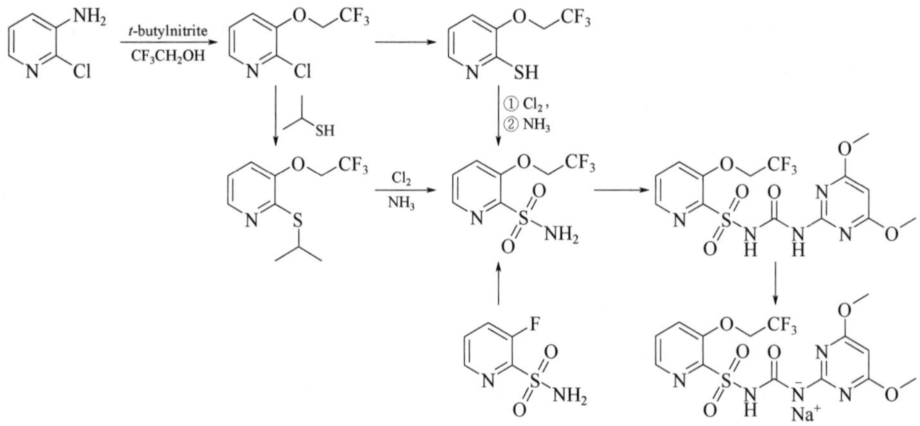

参考文献

[1] The Pesticide Manual.17 th edition: 1151-1152.

[2] 张宗俭, 崔东亮, 马宏娟, 等. 农药, 2002(5): 40-41.

[3] 丁华平, 陈素云. 世界农药, 2020(2): 33-35.

[4] 陈霖, 孙克, 张敏恒. 农药, 2014, 53(2): 149-152.

氟胺磺隆（triflusulfuron-methyl）

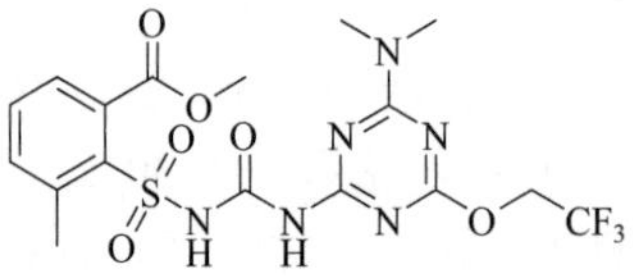

$C_{17}H_{19}F_3N_6O_6S$，492.4，126535-15-7，135990-29-3(酸)

　　氟胺磺隆（试验代号：DPX 66037、IN 66037、JT478，商品名称：Caribou、Debut、Safari、Upbeet）是由杜邦公司开发的磺酰脲类除草剂。

　　化学名称　2-[4-二甲基氨基-6-(2,2,2-三氟乙氧基)-1,3,5-三嗪-2-氨基甲酰氨基磺酰基]间甲基苯甲酸甲酯。英文化学名称　methyl 2-[4-dimethylamino-6-(2,2,2-trifluoroethoxy)-1,3,5-triazin-2-ylcarbamoylsulfamoyl]-m-toluicate。美国化学文摘（CA）系统名称　methyl 2-[[[[4-(dimethylamino)-6-(2,2,2-trifluoroethoxy)-1,3,5-triazin-2-yl]amino]carbonyl]amino]sulfonyl]-3-methylbenzoate。CA 主题索引名称　benzoic acid—, 2-[[[[[4-(dimethylamino)-6-(2,2,2-trifluoroethoxy)-1,3,5-triazin-2-yl]amino]carbonyl]amino]sulfonyl]-3-methyl-methyl ester。

理化性质 原药纯度＞96%。白色结晶体，熔点159～162℃。相对密度（20～25℃）1.45，蒸气压 $6×10^{-7}$ mPa（25℃），分配系数 $\lg K_{ow}$=0.96（pH 7）。Henry常数（Pa•m^3/mol）：$7.78×10^{-8}$（pH 5）、$1.14×10^{-9}$（pH 7）、$2.69×10^{-11}$（pH 9）。pK_a(20～25℃)=4.4。水中溶解度（mg/L，20～25℃）：1（pH 3）、3.8（pH 5）、260（pH 7）、11000（pH 9）；有机溶剂中溶解度（g/mL，20～25℃）：二氯甲烷580、丙酮120、甲醇7、甲苯2、乙腈80。稳定性：在水中快速水解。在25℃水中 DT_{50}：3.7 d（pH 5）、32 d（pH 7）、36 d（pH 9）。

毒性 大鼠急性经口 LD_{50}＞5000 mg/kg。兔急性经皮 LD_{50}＞2000 mg/kg。对兔的眼睛和皮肤无刺激性作用，对豚鼠皮肤无致敏性。大鼠吸入 LC_{50}（4 h）＞6.1 mg/L。NOEL（mg/L）：狗（1年）875，小鼠（1.5年）150，雄雌大鼠（2年）分别为100、750。ADI/RfD（EC）0.04 mg/kg bw（2008），（UK）0.05 mg/kg，（EPA）0.024 mg/kg bw（1995）。Ames试验无致突变。

生态效应 山齿鹑和野鸭急性经口 LD_{50}＞2250 mg/kg，山齿鹑和野鸭饲喂 LC_{50}（5 d）5620 mg/L，大翻车鱼和虹鳟鱼 LC_{50}（96 h）分别为760 mg/L和730 mg/L。水蚤 LC_{50}（48 h）＞960 mg/L。绿藻类 EC_{50}（120 h）0.62 mg/L，浮萍 LC_{50}（14 d）3.5 μg/L。蜜蜂（经口）LD_{50}（48 h）＞100 μg/只。蚯蚓 LD_{50}＞1000 mg/kg。对蚜茧蜂属、盲走螨属 NOEC 为120 g(50%水分散粒剂)/hm^2。

环境行为 氟胺磺隆在水、土壤、植物和动物体内能快速降解。在所有体系中主要的代谢途径是磺酰脲桥的断裂形成甲基糖精和三嗪胺，随后是三嗪胺的脱甲基化形成去甲基三嗪胺和 N,N-去二甲基三嗪胺。土壤/环境。在土壤中主要通过化学和微生物途径快速代谢。在碱性条件下主要为微生物代谢，在中性和酸性条件下主要为化学水解。不可能在生物体内产生积累。土壤中 DT_{50} 3 d。

制剂 水分散粒剂。

主要生产商 DuPont、江苏省农用激素工程技术研究中心有限公司等。

作用机理与特点 ALS 或 AHAS 抑制剂。通过抑制必需氨基酸如缬氨酸和异亮氨酸的合成起作用，进而停止细胞分裂和植物生长。其选择性是由于在甜菜中快速代谢，可参考文献 M. K. Koeppe et al., Proc. Br. Crop Prot. Conf.-Weeds, 1993, 1: 177。磺酰脲类除草剂的选择性代谢基础的综述可参见文献 M. K. Koeppe & H. M. Brown, Agro-Food-Industry, 1995, 6: 9-14。其作用方式为苗后选择性除草剂，症状首先出现在分生组织。

应用

（1）适宜作物与安全性 甜菜，在1～2叶以上的甜菜中的 DT_{50}＜6 h。按两倍的推荐用量施用，对甜菜仍极安全。

（2）防除对象 甜菜田许多阔叶杂草和禾本科杂草。

（3）使用方法 甜菜田用安全性高的苗后除草剂，使用剂量为10～25 g (a.i.)/hm^2[亩用量为0.67～1.67 g (a.i.)]，加入0.05%～0.25%（体积）的表面活性剂或0.5%～1.0%（体积）的植物油有助于改善其互溶性，并可提高活性。

专利概况

专利名称 Preparation of *N*-(phenylsulfonyl)-*N'*-triazinylureas as herbicides for use as sugar beet crops

专利号 WO 8909214 优先权日 1988-03-24

专利申请人 Du Pont

在其他国家申请的专利 AU 3430089、BG 51434、CN 1035656、CN 1050383、DE 68908232、DK 169919、DK 228890、EP 336587、EP 406322、ES 2058502、HU 56834、IE 66692、JP 2615228、JP 2753472、JP 3503417、JP 9087257、LT 682、LV 10444、PL 278413、US 5550238、US 5157119 等。

登记情况 国内登记情况见表 3-21。

表 3-21 氟胺磺隆国内登记情况

登记证号	农药名称	剂型	含量	登记场所	防治对象	用药量 /[g(制剂)/亩]	施用方法	登记证持有人
PD20161256	氟胺磺隆	水分散粒剂	50%	甜菜田	一年生杂草	2.7～3.3	茎叶喷雾	江苏省农用激素工程技术研究中心有限公司
PD20161255	氟胺磺隆	原药	95%					江苏省农用激素工程技术研究中心有限公司

合成方法 氟胺磺隆可按下述反应式制备：

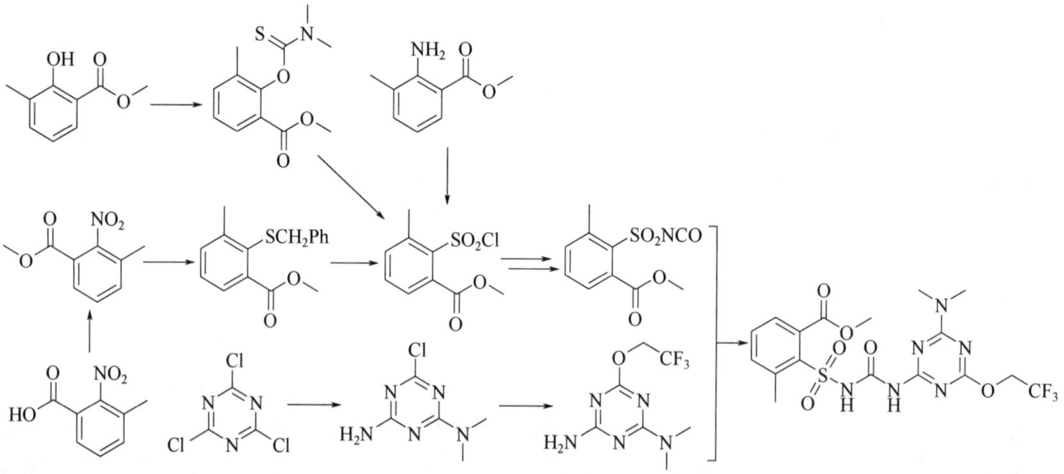

参考文献

[1] The Pesticide Manual.17 th edition: 1159-1160.

[2] 孙永辉, 张元元, 史跃平, 等. 农药, 2013, 52(10): 723-725.

三氟甲磺隆（tritosulfuron）

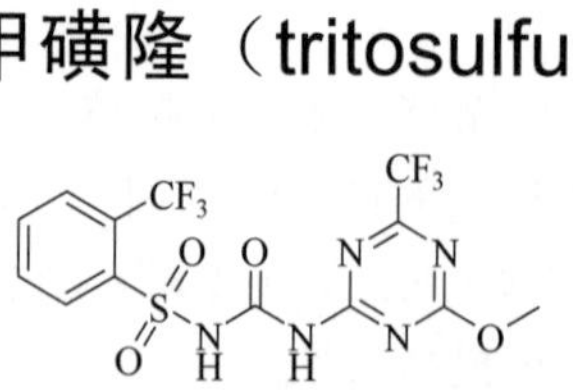

$C_{13}H_9F_6N_5O_4S$，445.3，142469-14-5

三氟甲磺隆［商品名称：Tooler、Certo Plus（混剂）］，是由巴斯夫公司开发的新型磺酰脲类除草剂。

化学名称 1-(4-甲氧基-6-三氟甲基-1,3,5-三嗪-2-基)-3-(2-三氟甲基苯基磺酰基)脲。英文化学名称 1-(4-methoxy-6-trifluoromethyl-1,3,5-triazin-2-yl)-3-(2-trifluoromethylbenzenesulfonyl) urea。美国化学文摘（CA）系统名称 N-[[[4-methoxy-6-(trifluoromethyl)-1,3,5-triazin-2-yl]amino] carbonyl]-2-(trifluoromethyl)benzenesulfonamide。CA 主题索引名称 benzenesulfonamide—, N-[[[4-methoxy-6-(trifluoromethyl)-1,3,5-triazin-2-yl]amino]carbonyl]-2-(trifluoromethyl)-。

理化性质　白色固体，熔点 167～169℃，蒸气压＜$1×10^{-2}$ mPa（20℃），分配系数 $\lg K_{ow}$= 2.93（pH 2.7）、2.85（pH 4）、0.62（pH 7）、−2.38（pH 10）。Henry 常数 $1.012×10^{-4}$ Pa・m³/mol （计算），pK_a（20～25℃)=4.69，相对密度 1.687（20～25℃）。水中溶解度（20～25℃）：38.6 mg/L （pH 4.7）、78.3 g/L（pH 10.2）；有机溶剂中溶解度（g/L，20～25℃）：甲醇 23、二氯甲烷 25、 乙腈 92、丙酮 250～300。在 340～360℃稳定；水解 DT_{50}（25℃）：48（pH 4）、＞62 d（pH 4）、 18 d（pH 9）。无光解。

毒性　大鼠急性经口 LD_{50}＞4700 mg/kg，大鼠急性经皮 LD_{50}＞2000 mg/kg，大鼠吸入 LC_{50}＞75.4 mg/L。ADI（EC）0.06 mg/kg（2008）。

生态效应　山齿鹑急性经口 LD_{50}＞2000 mg/kg，山齿鹑饲喂 LC_{50}（5 d）＞981 mg/(kg・d)。 虹鳟鱼 LC_{50}（96 h）＞100 mg/L，水蚤 EC_{50}（48 h）＞100 mg/L，羊角月牙藻 E_bC_{50}（72 h） 230 μg/L，蜜蜂 LD_{50}（48 h）＞200 μg/只，蚯蚓 LC_{50}＞1000 mg/kg。

环境行为　土壤/环境。DT_{50}（实验室，20℃）16～32 d，DT_{50}（田间）3～21 d，K_{oc} 4～ 11 mL/g（动力学控制 K_{oc} 7～64 mL/g）。三氟甲磺隆在土壤中几乎不吸收，降解很快。不会 存在于土壤表层，在土壤中共有四种代谢方式。

制剂　可湿性粉剂。

作用机理与特点　ALS 或 AHAS 抑制剂。抑制必需氨基酸缬氨酸和异亮氨酸的生物合成， 从而阻止细胞分裂和植物生长。

应用　能控制谷物和玉米田中广泛的阔叶杂草。

专利概况

专利名称　Herbicidal N-[(1,3,5-triazine-2-yl)aminocarbonyl]benzolesulphonamides and their preparation

专利号　DE 4038430　　　　　　**优先权日**　1990-12-01

专利申请人　BASF AG

在其他国家申请的专利　BR 9107141、CA 2094917、EP 559814、ES 2121843、HU 64678、 JP 3045770、JP 6503313、KR 193015、RU 2102388、WO 9209608、ZA 9109429 等。

工艺专利　CN 1061342、CN 1277814 等。

合成方法　经如下反应可制得目的物：

参考文献

[1] The Pesticide Manual.17 th edition: 1165-1166.

第二节

咪唑啉酮类除草剂
（imidazolinone herbicides）

一、创制经纬

咪唑啉酮类化合物是由美国氰胺公司发现的。其研制来源于随机筛选，发现史如下：

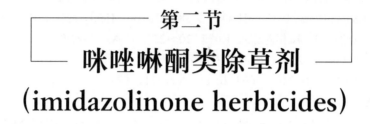

化合物 **2-1** 起初是作为抗痉挛用药合成的，氰胺公司于 1971 年对其进行了除草活性的测定，发现其具有较好的除草活性，并进行进一步的研究。在化合物 **2-1** 的基础上发现了化合物 **AC 94377** 具有很好的植物生长调节活性，再经研究发现化合物 **2-2** 同样具有促使植物生长的作用。更进一步的研究发现化合物 **2-3** 的除草活性高于化合物 **2-1**。对化合物 **2-3** 的深入研究发现了咪唑啉酮类的先导化合物 **2-4**，化合物 **2-4** 虽然具有很好的除草活性，但无选择性。研究人员将苯环变为吡啶环后即得化合物 **2-5**，除草活性得到极大的提高。该化合物也是第一个商品化的咪唑啉酮类化合物，后来对化合物 **2-4** 和 **2-5** 进行先导优化又开发出多个品种。

二、主要品种

咪唑啉酮类一共有 6 个品种，作用机理相同，均为乙酰乳酸合成酶（ALS）抑制剂。在结构上，咪草酸甲酯（imazamethabenz-methyl）属于苯基咪唑啉酮类，咪唑喹啉酸（imazaquin）属于喹啉咪唑啉酮类，其余 4 个品种甲氧咪草烟（imazamox）、甲咪唑烟酸（imazapic）、咪唑烟酸（imazapyr）、咪唑乙烟酸（imazethapyr）都属于吡啶咪唑啉酮类。

咪草酸甲酯（imazamethabenz-methyl）

m-isomer　　　　　　　　　*p*-isomer

C₁₆H₂₀N₂O₃，288.3，81405-85-8，69969-62-6(*m*-isomer)，69969-22-8(*p*-isomer)；
imazamethabenz：C₁₅H₁₈N₂O₃，274.3，100728-84-5

咪草酸甲酯［试验代号：AC 222 293、CL 222 293，AC 263 840、CL 263 840（咪草酸）。
商品名称：Assert］是由美国氰胺（现为 BASF）公司开发的咪唑啉酮类除草剂。

化学名称　咪草酸甲酯　2-[4,5-二氢-4-甲基-4-(1-甲基乙基)-5-氧代-1*H*-咪唑-2-基]-4(或
5)-甲基苯甲酸甲酯。英文化学名称 methyl 6-[(*RS*)-4-isopropyl-4-methyl-5-oxo-2-imidazolin-2-
yl]-*m*-toluate 和 methyl 2-[(*RS*)-4-isopropyl-4-methyl-5-oxo-2-imidazolin-2-yl]-*p*-toluate(3∶2)。
美国化学文摘（CA）系统名称 methyl 2-[4,5-dihydro-4-methyl-4-(1-methylethyl)-5-oxo-1*H*-
imidazol-2-yl]-4(or 5)-methylbenzoate。CA 主题索引名称 benzoic acid—, 2-[4,5-dihydro-
4-methyl-4-(1-methylethyl)-5-oxo-1*H*-imidazol-2-yl]-4(or 5)-methyl-, methyl ester。

咪草酸　2-[4,5-二氢-4-甲基-4-(1-甲基乙基)-5-氧代-1*H*-咪唑-2-基]-4(或 5)-甲基苯甲酸。
英文化学名称 6-[(*RS*)-4-isopropyl-4-methyl-5-oxo-2-imidazolin-2-yl]-*m*-toluic acid 和 2-[(*RS*)-4-
isopropyl-4-methyl-5-oxo-2-imidazolin-2-yl]-*p*-toluic acid(3∶2)。美国化学文摘（CA）系统名
称 2-[4,5-dihydro-4-methyl-4-(1-methylethyl)-5-oxo-1*H*-imidazol-2-yl]-4(or 5)-methylbenzoate。
CA 主题索引名称 benzoic acid—, 2-[4,5-dihydro-4-methyl-4-(1-methylethyl)-5-oxo-1*H*-imidazol-
2-yl]-4(or 5)-methyl-。

理化性质　原药为 *m*- 和 *p*- 异构体的混合物，比例约为 60∶40，灰白色粉末至块状物，
略带霉味。熔点 108～153℃，沸点 203℃（1.0×10⁵ Pa），闪点＞93℃（密封杯）。蒸气压 2.1×
10⁻³ mPa（25℃），分配系数 lgK_{ow}：1.9（混合异构体）、1.82（*m*-异构体）、1.54（*p*-异构体），
pK_a(20～25℃)=3.1。Henry 常数 2.7×10⁻⁵ Pa·m³/mol，相对密度（20～25℃）1.04～1.14。
水中溶解度（pH 6.5，20～25℃）：2200 mg/L（混合异构）、1370（*m*-异构体）、857（*p*-异
构体）。有机溶剂中溶解度（g/L，20～25℃）：丙酮 180、DMSO 238、异丙醇 144、甲醇
244、甲苯 39、正庚烷 0.4、正己烷 0.3。稳定性：咪草酸甲酯在 25℃下稳定储存 24 个月，
在 37℃下保存 12 个月，在 45℃下保存 3 个月。pH 为 9 时迅速水解，但在 pH 为 5 和 7 时
水解缓慢。

毒性　雌雄大鼠急性经口 LD₅₀＞5000 mg/kg，雌雄兔急性经皮 LD₅₀＞2000 mg/kg。对皮
肤无刺激（兔），对兔眼有刺激性，对豚鼠皮肤无致敏性。雌雄大鼠吸入 LC₅₀（4 h）＞1.08 mg/L。
NOEL 大鼠（2 年）每天 12.5 mg/kg bw（250 mg/kg 饲料），狗（1 年）每天 25 mg/kg bw
（1000 mg/kg 饲料）。ADI/RfD（EPA）cPAD（chronic population adjusted dose，慢性人群调节
剂量）0.25 mg/kg bw（2005），（PMRA）ADI 0.125 mg/kg bw（2009）。大鼠显性致死试验和
Ames 试验中均无突变性。

生态效应　山齿鹑和野鸭急性经口 LD₅₀＞2150 mg/kg。山齿鹑和野鸭饲喂 LC₅₀（8 d）＞

5000 mg/kg 饲料。鱼 LC_{50}（96 h）：虹鳟鱼＞100 mg/L、大翻车鱼＞8.4 mg/L。水蚤 LC_{50}（48 h）＞100 mg/L。藻类 EC_{50}（72 h）：羊角月牙藻 100 mg/L、鱼腥藻 27 mg/L。浮萍 EC_{50}（7 d）0.07 mg/L。蜜蜂 LD_{50}（接触）＞100 μg/只。蠕虫 LC_{50}（14 d）＞123 mg/L。

环境行为　①动物。大鼠、山羊、母鸡摄入后迅速排出。在大鼠的血液和组织中、泌乳山羊的奶和组织中、母鸡的蛋和组织中残留水平低。②植物。在植物中苯环上的甲基被氧化成羟甲基，糖苷偶联物为次生代谢产物。③土壤/环境。在有氧和无氧两种条件下、沙壤土和黏土壤土中的咪草酸甲酯缓慢降解为相应的游离酸，DT_{50} 25～45 d；水解作用随 pH 值的增加而增加，并受水和土壤表面光解降解的影响。土壤中 DT_{50} 的残留量为 30～105 d，没有酸代谢物的积累。渗透能力低：p-异构体吸附 Freundlich K 值 0.18（沙壤土）～8.5（粉壤土），m-异构体 0.32～10.5。

制剂　乳油、悬浮剂、可溶粒剂。

主要生产商　BASF。

作用机理与特点　乙酰乳酸合成酶（ALS）或乙酰羟酸合成酶（AHAS）抑制剂，抑制蛋白质和 DNA 合成。苗后选择性内吸除草剂，通过根和叶吸收，传导到分生组织。

应用

（1）适宜作物与安全性　用于小麦、大麦、黑麦和向日葵，苗后以 0.25～0.7 kg (a.i.)/hm² 的有效浓度防治燕麦、大穗看麦娘和一些双子叶杂草。

（2）后茬作物的安全性　苗后使用，谷物和向日葵具有很强的耐受性。甜菜、甜菜根、扁豆、油菜、芥末、番茄和花椰菜在施用后至少 15 个月内不得种植。

（3）混用　配方与苯氧基（芳氧烷基酸）除草剂的胺配方不相容。与浓酸或碱不相容，强氧化剂可能导致剧烈分解。

专利概况

专利名称　Imidazolinyl benzoic acids, esters, and salts and their use as herbicidal agents

专利号　US 4188487　　　　　专利申请日　1978-06-09

专利申请人　American Cyanamid Co.

其他相关专利　DE 2833274、EP 133310、EP 158000、DE 3441637、EP 95105 等。

合成方法　咪草酸甲酯 m-和 p-异构体混合物的合成方法如下：

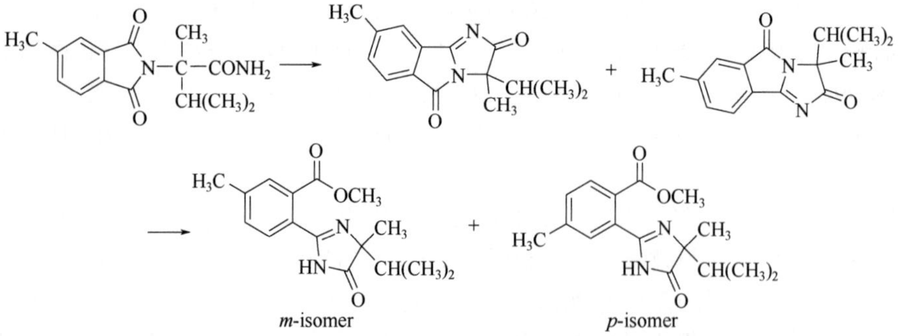

m-isomer　　　　　　*p*-isomer

参考文献

[1] The Pesticide Manual. 17 th edition: 614.

甲氧咪草烟（imazamox）

C$_{15}$H$_{19}$N$_3$O$_4$，305.3，114311-32-9，247057-22-3(imazamox-ammonium)

甲氧咪草烟（试验代号：AC 299263、CL 299263、BAS 720 H，商品名称：Sweeper、金豆，其他名称：咪草啶）是由美国氰胺（现为 BASF）公司开发的咪唑啉酮类除草剂。甲氧咪草烟铵盐（imazamox-ammonium），商品名称：Beyond、Raptor。

化学名称 (RS)-2-(4-异丙基-4-甲基-5-氧-2-咪唑啉-2-基)-5-甲氧基甲基烟酸。英文化学名称(RS)-2-(4- isopropyl-4-methyl-5-oxo-2-imidazolin-2-yl)-5-methoxy methylnicotinic acid。美国化学文摘（CA）系统名称(±)-2-[4,5-dihydro-4-methyl-4-(1-methylethyl)-5-oxo-1H-imidazol-2-yl]-5-(methoxymethyl)-3-pyridinecarboxylic acid。CA 主题索引名称 3-pyridinecarboxylic acid—, 2-[4,5- dihydro-4-methyl-4-(1-methylethyl)-5-oxo-1H-imidazol-2-yl]-5-(methoxymethyl)-。

理化性质 原药纯度97.4%。无味灰白色固体，熔点 165.5～167.2℃。蒸气压＜0.013 mPa（25℃）。分配系数 lgK_{ow}=0.73，pK_a（20～25℃）：10.8、2.3、3.3。Henry 常数＜9.76×10^{-7} Pa•m^3/mol，相对密度（20～25℃）1.39。水中溶解度（g/L，20～25℃）：116（pH 5）、＞626（pH 7）、＞628（pH 9）、去离子水中 4.160。有机溶剂中溶解度（g/L，20～25℃）：丙酮29.3、乙酸乙酯10、甲醇67、甲苯2.2、己烷0.007。在 pH 4 和 7 的水中稳定，DT$_{50}$192 d（pH 9，25℃）。水中光解 DT$_{50}$7 h。不可燃，无爆炸性或氧化性。

毒性 雌雄兔急性经口 LD$_{50}$＞5000 mg/kg。雌雄大鼠急性经皮 LD$_{50}$＞4000 mg/kg。大鼠急性吸入 LC$_{50}$（4 h）＞6.3 mg/L。对兔的皮肤有轻微刺激，对兔的眼睛中等刺激，对豚鼠皮肤无致敏性。雌狗 NOEL（1 年）1156 mg/(kg•d)。ADI/RfD（EC）9.0 mg/kg bw（2003），（EPA）11.65 mg/kg（1997）。Ames、微核以及 CHO/HGPRT 试验均为阴性。

生态效应 急性经口 LD$_{50}$（14 d，mg/kg）：山齿鹑＞1846，野鸭＞1950。山齿鹑和野鸭饲喂毒性 LC$_{50}$＞5572 mg/kg 饲料。鱼 LC$_{50}$（96 h，mg/L）：虹鳟鱼122，大翻车鱼119。水蚤 LC$_{50}$（48 h）122 mg/L。藻类 EC$_{50}$（120 h）＞0.037 mg/L（4 种）。浮萍 EC$_{50}$（14 d）0.011 mg/L。蜜蜂 LD$_{50}$（μg/只）：经口＞40（48 h），接触＞25（72 h）。蚯蚓 LC$_{50}$＞901 mg/kg 土。研究表明对非靶标节肢动物物种安全。

环境行为 ①动物。大鼠用药后，主要以原药的形式通过尿液和粪便排泄掉。②植物。在植物体内的代谢过程是经脱甲基化作用形成醇，氧化成羧酸。③土壤/环境。在土壤中有氧降解成无除草活性的代谢物；也能在水中光解；在土壤中光解很慢，实验室 DT$_{50}$12～207 d（平均值 44d）（20℃）。田间 DT$_{50}$ 5～41 d。pH 和施药时间对降解速度无影响，K_{oc} 2～374（平均值 67）。甲氧咪草烟具有移动性，但是在土壤端土壤代谢物仅有中等的流动性，在田间浸出非常有限。

制剂 水剂、水分散粒剂和水溶性粒剂。

主要生产商 BASF、安徽金泰农药化工有限公司、江苏省常州沃富斯农化有限公司、江苏省盐城南方化工有限公司、沈阳科创化学品有限公司等。

作用机理与特点 乙酰乳酸合成酶（ALS）或乙酰羟酸合成酶（AHAS）抑制剂。在大豆和花生中具高选择性，由于在其体内能快速地去甲基化和糖基化而解毒（B. Tecle et al., Proc. Br. Crop Prot. Conf. - Weeds, 1997, 2: 605）。苗前或苗后除草剂，具有接触和残留活性，通过根和叶吸收，传导到生长点。杂草药害症状为：禾本科杂草首先生长点及节间分生组织变黄，变褐坏死，心叶先变黄紫色枯死。

应用

（1）适宜作物与安全性 大豆、花生。按推荐剂量使用时，对大豆和花生安全。

（2）后茬作物的安全性 甲氧咪草烟是咪唑啉酮类除草剂中短残留品种，施药后土壤中的药剂绝大部分分解失效，因而对绝大多数后茬作物安全，在一年一熟地区的轮作中，不会伤害后茬作物，但当混作、间种及复种时，则需考虑不同作物的敏感性及间隔时期：甲氧咪草烟以 50 g (a.i.)/hm² 剂量使用时，种植大麦、冬小麦、春小麦所需间隔时间为 4 个月。玉米、水稻（不含苗床）、棉花、谷子、向日葵、烟草、马铃薯、西瓜所需间隔时间为 12 个月。油菜、甜菜所需间隔时间为 18 个月。

（3）防除对象 可防除大多数禾本科杂草和阔叶杂草。阔叶杂草如苘麻、铁苋菜、田芥、藜、狼杷草、猪殃殃、牵牛花、宝盖草、田野勿忘我、蓼、龙葵、婆婆纳等。禾本科杂草和莎草科杂草如野燕麦、雀麦、早熟禾、千金子、稷、看麦娘、细弱马唐、灯心草、铁苓荠等。

（4）应用技术 ①甲氧咪草烟的施药时期为大豆出苗后两片真叶展开至第二片三出复叶展开这一段时期，同时要注意禾本科杂草应在 2～4 叶期、阔叶杂草应在 2～7 cm 高时用药。防除苍耳应在苍耳 4 叶期前施药，对未出土的苍耳药效差。防除鸭跖草 2 叶期施药最好，3叶期以后施药药效差。②施药前要注意天气预报，施药后应保持 1 h 内无雨。施药后 2 d 内遇 10℃ 以下低温，大豆对其代谢能力降低，易造成药害，在北方低洼地及山间冷凉地区不宜使用甲氧咪草烟。土壤水分适宜，杂草生长旺盛及杂草幼小时用低剂量，干旱条件及难防除杂草多时用高剂量。③应选择早晚气温低、湿度大时施药。夜间施药效果最好，一般晴天 8～9 时以前、16～17 时以后施药效果好。当空气相对湿度低于 65% 或大风天应停止施药，施药时风速不能高于 4 m/s，在有风条件下，人工喷雾不要随意降低喷头高度，将全田施药变成苗带施药，造成局部药量加大，易使大豆受害。④采用垄沟定向喷雾的方法可提高对大豆的安全性。喷药时可将喷头对准垄沟，使相邻的两个喷幅的边缘在大豆的茎基部交叉（防苗眼杂草），这样可减少大豆叶片着药量，在不良环境条件下，提高对大豆的安全性。

（5）使用方法 甲氧咪草烟主要用于大豆田及花生田苗后除草，亩用量低于咪草烟等除草剂，为 2.3～3 g (a.i.)。每亩用 4%水剂 75～83 mL，使用低剂量时须加入喷液量 2%的硫酸铵，人工喷雾每亩 25～50 L，拖拉机喷雾 13 L，均有明显增效作用。

（6）混用 北方大豆田如黑龙江省多年使用除草剂，杂草群落发生变化，难治杂草如苍耳、龙葵、野燕麦、野黍、鼬瓣花、问荆、鸭跖草、苣荬菜、刺儿菜、大刺儿菜、芦苇等增多。从大豆的安全性及除草效果考虑，甲氧咪草烟可与咪唑乙烟酸、异噁草酮、氟磺胺草醚、灭草松、乳氟禾草灵、三氟羧草醚等混用。当问荆、苣荬菜、刺儿菜、鸭跖草危害严重时，甲氧咪草烟可与异噁草酮、灭草松混用。当鸭跖草、苣荬菜、问荆危害严重时，甲氧咪草烟可与氟磺胺草醚混用。当鸭跖草、龙葵危害严重时，甲氧咪草烟可与三氟羧草醚混用。当龙葵、鸭跖草、苣荬菜危害严重时甲氧咪草烟可与乳氟禾草灵混用。具体混配组合及亩用量如下：4%甲氧咪草烟 50 mL 加 5%咪唑乙烟酸 50 mL 或 48%异噁草酮 50 mL 或 25%氟磺胺草醚 40～50 mL 或 48%灭草松 100 mL 或 21.4%三氟羧草醚 40～50 mL 或 24%乳氟禾草灵 20 mL。

专利概况

专利名称　5(and/or 6)Substituted 2-(2-imidazolin-2-yl)nicotinic acids, esters and salts, useful as herbicidal agents and intermediates for the preparation of said nicotinic acids, esters and salts.

专利号　EP 254951　优先权日　1986-07-28

专利申请人　American Cyanamid Co.

在其他国家申请的专利　BR 8703877、CA 1337422、DE 3751524、ES 2076927、GR 3017452、HK 1000037、JP 2866028、JP 63088177、JP 7309865、JP 8002897 等。

其他相关专利　CN 109400578、CN 108576034、WO 2018091964、WO 2010066668、WO 2010055042、WO 2010054954、WO 2010054952、US 5973154、EP 434965 等。

登记情况　甲氧咪草烟在中国登记情况见表 3-22。

表 3-22　甲氧咪草烟在中国登记情况

登记证号	农药名称	剂型	含量	登记场所	防治对象	用药量/[mL(制剂)/亩]	施用方法	登记证持有人
PD20184212	甲氧咪草烟	水剂	4%	春大豆田	一年生杂草	75～83	土壤喷雾	侨昌现代农业有限公司
PD20183783	甲氧咪草烟	水剂	4%	大豆田	一年生杂草	75～80	土壤喷雾	江苏省农用激素工程技术研究中心有限公司
PD20183768	甲氧咪草烟	水剂	4%	大豆田	一年生杂草	75～80	土壤喷雾	江苏仁信作物保护技术有限公司
PD20172134	甲氧咪草烟	水剂	4%	大豆田	一年生杂草	75～80	播后苗前土壤喷雾	江苏中旗科技股份有限公司
PD20170974	甲氧咪草烟	水剂	4%	春大豆田	一年生杂草	79～83	土壤喷雾	山东奥坤作物科学股份有限公司
PD20150767	甲氧咪草烟	水剂	4%	春大豆田	一年生杂草	75～83	土壤喷雾	潍坊先达化工有限公司
PD20182257	甲氧咪草烟	原药	98%					安徽金泰农药化工有限公司
PD20181190	甲氧咪草烟	原药	97%					江苏省盐城南方化工有限公司
PD20181074	甲氧咪草烟	原药	98%					江苏省常州沃富斯农化有限公司
PD20171429	甲氧咪草烟	原药	98%					内蒙古灵圣作物科技有限公司
PD20171304	甲氧咪草烟	原药	97%					江苏仁信作物保护技术有限公司
PD20170219	甲氧咪草烟	原药	98%					山东中禾化学有限公司
PD20151742	甲氧咪草烟	原药	97%					衡水景美化学工业有限公司
PD20151227	甲氧咪草烟	原药	97%					山东亿星生物科技有限公司
PD20150999	甲氧咪草烟	原药	98%					山东潍坊润丰化工股份有限公司
PD20150991	甲氧咪草烟	原药	98%					沈阳科创化学品有限公司

登记证号	农药名称	剂型	含量	登记场所	防治对象	用药量 /[mL(制剂)/亩]	施用方法	登记证持有人
PD20150849	甲氧咪草烟	原药	97%					江苏中旗科技股份有限公司
PD20150065	甲氧咪草烟	原药	98%					辽宁先达农业科学有限公司
PD20142090	甲氧咪草烟	原药	98%					江苏省农用激素工程技术研究中心有限公司

合成方法 甲氧咪草烟的合成方法较多，在此仅举三例。

（1）以甲氧基丙醛、草酸二乙酯、甲基异丙基酮为起始原料，经一系列反应制得目的物。反应式为：

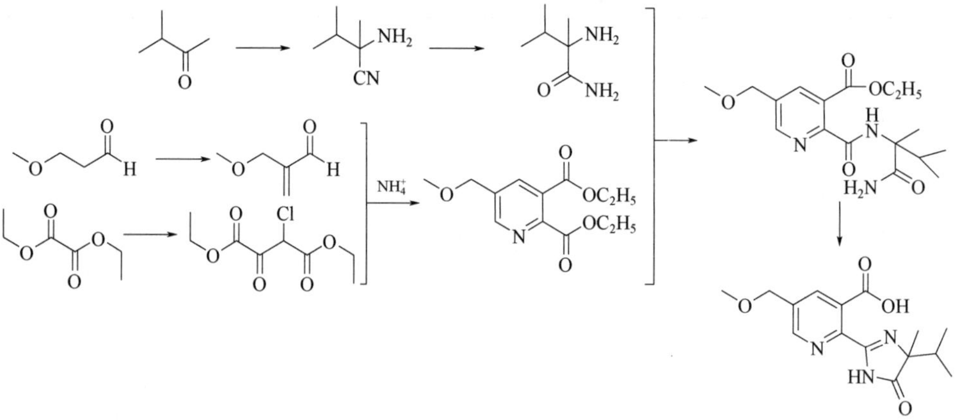

（2）以丙醛为起始原料，与甲醛缩合，闭环。经卤化、甲氧基化等一系列反应制得目的物。反应式如下：

X = Cl或Br

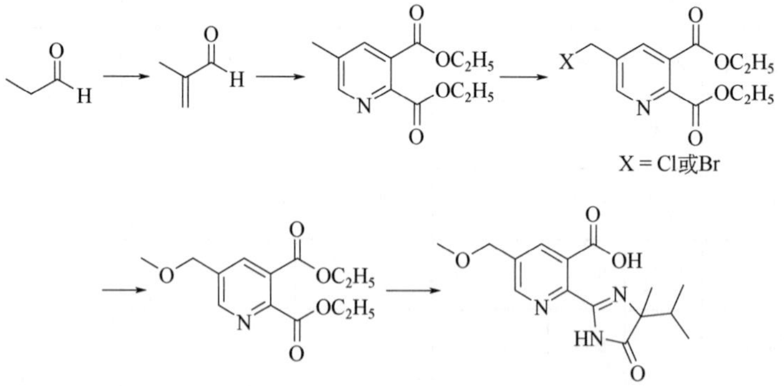

（3）以丙醛为起始原料，与甲醛缩合，闭环，水解后制得酸酐。再经氯化、甲氧基化等一系列反应制得目的物。反应式如下：

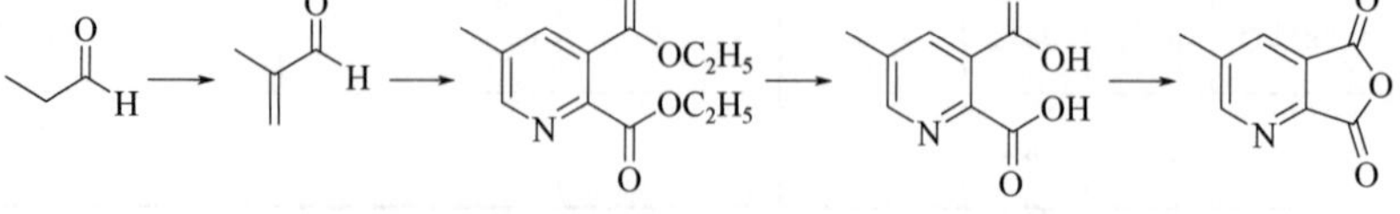

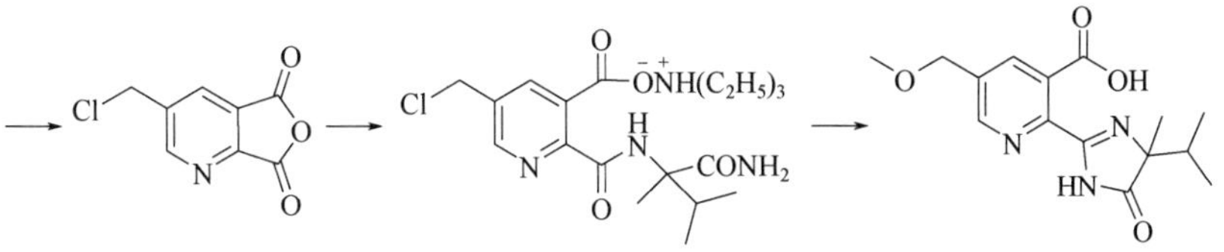

参考文献

[1] The Pesticide Manual. 17 th edition: 616.
[2] 毕强, 王巍, 程志明. 现代农药, 2007(2): 10-14.
[3] 亦冰. 世界农药, 2006(4): 52.
[4] 秦恩昊. 农药市场信息, 2020(2): 27-30.

甲咪唑烟酸（imazapic）

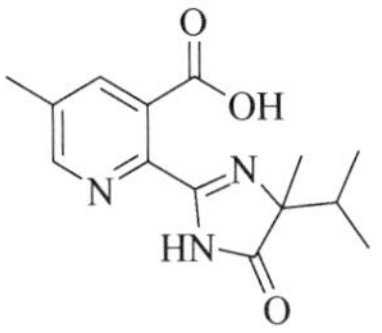

$C_{14}H_{17}N_3O_3$，275.3，104098-48-8，104098-49-9(imazapic-ammonium)

甲咪唑烟酸［试验代号：AC 263 222、CL 263222，商品名称：Tepee、Kifix（混剂）、Cadre（imazapic-ammonium）、Plateau（imazapic-ammonium）、百垄通、高原，其他名称：甲基咪草烟］是由美国氰胺（现为 BASF）公司开发的咪唑啉酮类除草剂。

化学名称　2-(*RS*)-(4-异丙基-4-甲基-5-氧-2-咪唑啉-2-基)-5-甲基烟酸。英文化学名称 (*RS*)-2-(4,5-dihydro-4-isopropyl-4-methyl-5-oxoimidazol-2-yl)-5-methylnicotinic acid。美国化学文摘（CA）系统名称(±)-2-[4,5-dihydro-4-methyl-4-(1-methylethyl)-5-oxo-1*H*-imidazol-2-yl]-5-methyl-3-pyridinecarboxylic acid。CA 主题索引名称 3-pyridinecarboxylic acid—, 2-[4,5-dihydro-4-methyl-4-(1-methylethyl)-5-oxo-1*H*-imidazol-2-yl]-5-methyl-。

理化性质　灰白色至粉色无味固体，熔点 204～206℃。蒸气压＜0.01 mPa（60℃），分配系数 lgK_{ow}=0.393（pH 4、5、6）。pK_a（20～25℃）：2.0、3.6、11.1。溶解度（g/L，20～25℃）：水中 2.15、丙酮 18.9。稳定性：在 25℃稳定存在时间≥24 月。

毒性　大鼠急性经口 LD$_{50}$＞5000 mg/kg，雌/雄兔急性经皮 LD$_{50}$＞2000 mg/kg。大鼠急性吸入 LC$_{50}$（4 h）4.83 mg/L。对兔的眼睛有中度刺激性，对兔的皮肤轻微刺激性，对豚鼠皮肤无致敏。NOEL：大鼠（90 d）20000 mg/L ［1625 mg/(kg·d)］，兔经皮（21 d）1000 mg/kg。致畸 NOEL［mg/(kg·d)］：大鼠 1000，兔子 500，大鼠（胎儿）1000，兔子（胎儿）700。ADI/RfD（EPA）0.50 mg/kg（1994）。无致突变性、无遗传毒性、无致癌性以及无致畸性。

生态效应　山齿鹑和野鸭急性经口 LD$_{50}$＞2150 mg/kg，山齿鹑和野鸭 LC$_{50}$（8 d）＞5000 mg/L。斑点叉尾鮰、大翻车鱼、虹鳟鱼 LC$_{50}$（96 h）＞100 mg/L。水蚤 LC$_{50}$（48 h）＞100 mg/L。EC$_{50}$（120 h，μg/L）：月牙藻＞51.7、项圈藻＞49.9、骨条藻＞44.1、舟形藻＞46.4。蜜蜂 LD$_{50}$（接触）＞100 μg/只。

环境行为　动物。在动物体内没有生物积累，如果摄取后，通过尿液和粪便很快排泄掉。

在土壤中主要通过微生物降解掉。DT$_{50}$ 31～410 d，主要取决于土壤和气候条件。水中 DT$_{50}$＜8 h，甲咪唑烟酸在光照下通过水中光解而降解。

制剂 水剂、水分散粒剂。

主要生产商 AGROFINA、BASF 等。

作用机理与特点 乙酰乳酸合成酶（ALS）或乙酸羟酸合成酶（AHAS）的抑制剂。在花生中的高选择性，是由于其能快速地羟基化和糖基化而解毒（B. Tecle et al., Proc. Br. Crop Prot. Conf. – Weeds, 1997, 2: 605）。对大豆没有选择性。杂草药害症状为：禾本科杂草在吸收药剂后 8h 即停止生长，1～3d 后生长点及节间分生组织变黄，变褐坏死，心叶先变黄紫色枯死。

应用 甲咪唑烟酸主要用于花生田早期苗后除草，对莎草科杂草、稷属杂草、草决明、播娘蒿等具有很好的活性。推荐使用剂量为：50～70 g (a.i.)/hm^2 [亩用量为 3.3～4.67 g (a.i.)]。在我国推荐使用剂量为：72～108 g (a.i.)/hm^2 [亩用量为 4.8～7.2 g (a.i.)]。

专利概况

专利名称 Substituted imidazolinyl nicotine acids, esters and salts and use thereof as herbicidal agents

专利号 EP 41623　　　　　优先权日 1980-06-02

专利申请人 American Cyanamid Co.

在其他国家申请的专利 AU 548174、AU 636928、AU 6670390、BR 8103449、CA 1187498、CA 1199921、DD 160172、DK 240481、FI 76082、FI 811680、GR 75256、HK 3689、JP 1238571、JP 1657965、JP 3023544、NO 162465、NZ 197247、PH 20756、SG 56288、TR 21582、YU 138181、YU 176783 等。

其他相关专利 US 4798619、US 6339158、US 5973154 等。

登记情况 240 g/L 水剂，97%、98%原药；登记在甘蔗田和花生田，用于防治莎草、阔叶杂草及一年生禾本科杂草。巴斯夫欧洲公司在中国登记情况见下表 3-23。

表 3-23　巴斯夫欧洲公司在中国登记情况

登记证号	登记名称	含量	剂型	登记场所	防治对象	用药量/[mL(制剂)/亩]	施用方法
PD20070370	甲咪唑烟酸	240 g/L	水剂	花生田	一年生杂草	20～30	喷雾
				甘蔗田	莎草	①30～40；②20～30	①芽前土壤喷雾；②苗后定向喷雾
					阔叶杂草	①30～40；②20～30	①芽前土壤喷雾；②苗后定向喷雾
					莎草及阔叶杂草	①30～40；②20～30	①芽前土壤喷雾；②苗后定向喷雾
					一年生禾本科杂草	①30～40；②20～30	①芽前土壤喷雾；②苗后定向喷雾
PD20070371	甲咪唑烟酸	96.4%	原药				

合成方法 以丙醛、草酸二乙酯、甲基异丙基酮为起始原料，经一系列反应制得目的物。反应式为：

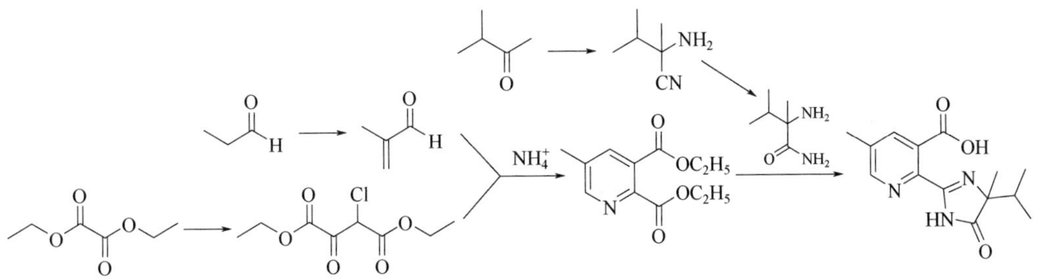

参考文献

[1] The Pesticide Manual. 17 th edition: 618.

[2] 熊飞. 科学种养, 2011(7): 49-50.

咪唑烟酸（imazapyr）

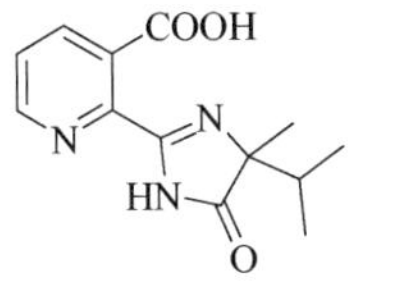

$C_{13}H_{15}N_3O_3$，261.28，81334-34-1，81510-83-0(imazapyr-isopropylammonium)

咪唑烟酸［试验代号：AC 252 925、CL 252 925，商品名称：Katrin、Kifix（混剂），其他名称：灭草烟］。1983 年 P. L.Orwick 等人报道了其除草活性，美国氰胺（现为 BASF)公司于 1985 年首次将其推入市场，属于咪唑啉酮类除草剂。

化学名称　2-(RS)-(4-异丙基-4-甲基-5-氧-2-咪唑啉-2-基)烟酸。英文化学名称 2-(RS)-(4-isopropyl-4-methyl-5-oxo-2-imidazol-2-yl)nicotinic acid。美国化学文摘（CA）系统名称 2-[4,5-dihydro-4-methyl-4-(1-methylethyl)-5-oxo-1H-imidazol-2-yl]-3-pyridinecarboxylic acid。CA 主题索引名称 3-pyridinecarboxylic acid—, 2-[4,5-dihydro-4-methyl-4-(1-methylethyl)-5-oxo-1H-imidazol-2-yl]-。

理化性质　白色至褐色粉末，略带醋酸气味，熔点 169～173℃，蒸气压＜0.013 mPa（60℃），分配系数 $\lg K_{ow}$=0.11。pK_a（20～25℃）：1.9、3.6、11.0。水中溶解度（20～25℃）11.3 g/L；有机溶剂中溶解度（20～25℃，g/L）：丙酮 33.9、二氯甲烷 87.2、DMSO 471、己烷 0.0095、甲醇 105、甲苯 1.80。25℃下稳定存在至少 2 年，37℃下 1 年，45℃下 3 个月。避光条件下在 pH 值 5～9 的水中稳定，避免储存温度＞45℃。在溶液中模拟日光照射下分解，DT_{50} 6 d（pH 5～9）。咪唑烟酸异丙胺盐：无色固体，熔点 128～130℃。

毒性　急性经口 LD_{50}（mg/kg）：雌雄大鼠＞5000，雌性小鼠＞2000，雌雄兔＞4800 mg/kg。急性经皮 LD_{50}（mg/kg）：雌雄大鼠＞2000，雌雄兔＞2000。雌雄大鼠急性吸入 LC_{50}＞5.1 mg/L。对兔的眼睛有刺激性，对兔的皮肤轻微刺激，对豚鼠皮肤无致敏性。NOEL：狗（1 年）250 mg/(kg•d)，大鼠（13 周）10000 mg/(kg•d)（测试的最高剂量）。大鼠在 1000 mg/kg bw 或兔子 400 mg/kg bw（最高剂量）时未观察到致畸或胎儿毒性效应。（EPA）cRfD 2.5 mg/kg bw（2006）。急性腹腔 LD_{50}（mg/kg）：雄大鼠 2500，雌大鼠 2500～3200。无致突变性和致癌性。咪唑烟酸异丙胺盐：急性经口 LD_{50}＞1130 mg/kg（226 g/kg 制剂），小鼠急性经皮 LD_{50}＞2000 mg/kg。

生态效应　山齿鹑和野鸭急性经口 LD_{50}＞2150 mg/kg。山齿鹑和野鸭饲喂（8 d）LC_{50}＞

5000 mg/kg。鱼 LC_{50}（96 h）：虹鳟鱼、蓝鳃太阳鱼和斑点叉尾鮰＞100 mg/L。水蚤 LC_{50}（48 h）＞100 mg/L。藻类 EC_{50}（120 h，mg/L）：月牙藻 71、鱼腥藻 11.7、骨条藻 85.5、舟形藻＞59 mg/L。蜜蜂接触 LD_{50}＞100 μg/只。

环境行为 ①动物。大鼠经口摄入后，24 h 内随尿液和粪便排出剂量的 87%；24 h 和 192 h，在肌肉、脂肪组织和血液中残留水平＜0.01 mg/kg。②植物。叶面施用后，前 24 h 内植物中的残留量迅速减少，植物中的主要残留物是母化合物。③土壤/环境。在田间消散研究中，一阶 DT_{50} 为 24～143 d。实验室研究有氧土壤降解时间较长，DT_{50} 为 117（双相）～313 d。降解主要是由于土壤微生物，实验室研究中则没有微生物降解。水中 DT_{50} 为 7 d，降解的原因是光解。环境中的无生物累积，主要残留物是母化合物。

制剂 乳油、颗粒剂、可溶液剂。

主要生产商 BASF、AGROFINA、Cynda、江苏拜克生物科技有限公司、江苏省南通嘉禾化工有限公司、山东潍坊润丰化工股份有限公司等。

作用机理与特点 乙酰乳酸合成酶（ALS）或乙酰羟酸合成酶（AHAS）的抑制剂，从而破坏蛋白质的合成，干扰 DNA 合成及细胞分裂与生长，最终造成心叶变黄及组织坏死。内吸型除草剂，具有触杀和残留活性，经茎叶和根系吸收后，通过木质部和韧皮部快速传递到分生组织并积累。

应用

（1）适宜作物与安全性 咪唑烟酸异丙胺盐用于非耕地，如工业场所、铁路、道路、排水渠等，使用剂量 0.25～1.7 kg/hm²；在林业管理方面，用量为 0.25～1.7 kg/hm²；在橡胶树和油棕榈园中，用量为 0.125～1.0 kg/hm²。对针叶树无植物毒性。橡胶树和油棕榈树表现出良好的耐受性，尽管在叶面施用没有选择性，喷雾时应注意避免与油棕叶子、橡胶树的叶子和幼皮接触。

（2）防除对象 咪唑烟酸异丙胺盐苗前、苗后施用，控制一年生和多年生禾本科杂草、莎草和阔叶杂草以及许多灌木和落叶树木。

专利概况

专利名称 Substituted imidazolinyl nicotine acids, esters and salts and use thereof as herbicidal agents

专利号 EP 41623　　　　优先权日 1980-06-02

专利申请人 American Cyanamid Co.

在其他国家申请的专利 AU 548174、AU 636928、AU 6670390、BR 8103449、CA 1187498、CA 1199921、DD 160172、DK 240481、FI 76082、FI 811680、GR 75256、HK 3689、JP 1238571、JP 1657965、JP 3023544、NO 162465、NZ 197247、PH 20756、SG 56288、TR 21582、YU 138181、YU 176783 等。

其他相关专利 WO 2017071414、CN 102532102、US 4798619、DE 3542739、DE 3441637、EP 95105 等。

登记情况 咪唑烟酸在中国登记情况见表 3-24。

表 3-24　咪唑烟酸在中国登记情况

登记证号	农药名称	剂型	含量	登记场所	防治对象	用药量/[mL(制剂)/亩]	施用方法	登记证持有人
PD20120189	咪唑烟酸	水剂	25%	非耕地	杂草	200～400	喷雾	山东先达农化股份有限公司

登记证号	农药名称	剂型	含量	登记场所	防治对象	用药量/[mL(制剂)/亩]	施用方法	登记证持有人
PD20141786	咪唑烟酸	水剂	25%	非耕地	一年生杂草	200～400	茎叶喷雾	衡水景美化学工业有限公司
PD20080433	咪唑烟酸	水剂	25%	非耕地	一年生杂草	200～400	茎叶喷雾	巴斯夫欧洲公司
PD20150674	咪唑烟酸	原药	98%					山东潍坊润丰化工股份有限公司
PD20142223	咪唑烟酸	原药	98%					江苏省农用激素工程技术研究中心有限公司
PD20180915	咪唑烟酸	原药	98%					江苏拜克生物科技有限公司
PD20141739	咪唑烟酸	原药	97%					衡水景美化学工业有限公司
PD20160816	咪唑烟酸	原药	98%					江苏省南通嘉禾化工有限公司
PD20111176	咪唑烟酸	原药	95%					江苏中旗科技股份有限公司
PD20110618	咪唑烟酸	原药	98%					江苏省盐城南方化工有限公司
PD20096211	咪唑烟酸	原药	95%					潍坊先达化工有限公司
PD20080434	咪唑烟酸	原药	95%					巴斯夫欧洲公司

合成方法　咪唑烟酸的合成方法主要有以下几种：

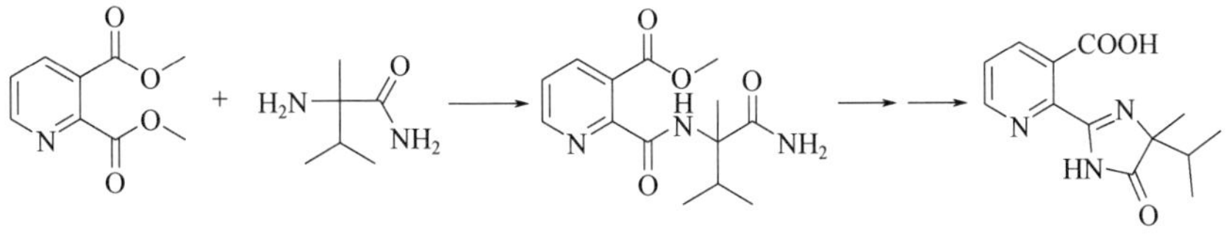

或

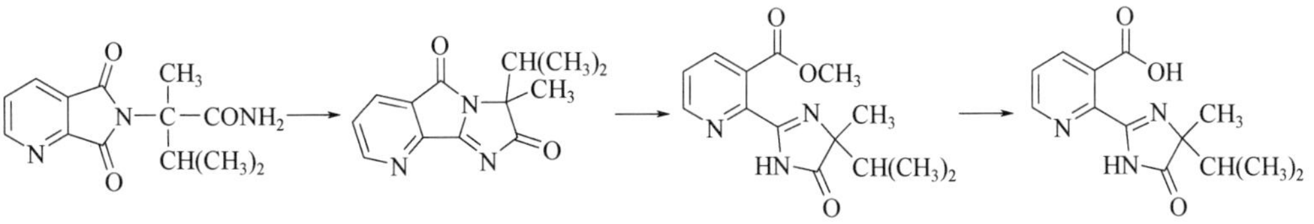

或

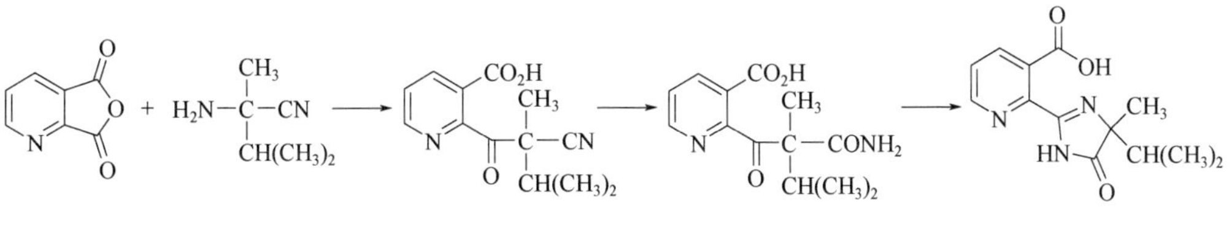

参考文献

[1] The Pesticide Manual. 17 th edition: 619.

咪唑喹啉酸（imazaquin）

C$_{17}$H$_{17}$N$_3$O$_3$，311.3，81335-37-7，81335-47-9(咪唑喹啉酸铵盐)

咪唑喹啉酸［试验代号：AC 252214、BAS 725 H、CL 252214、BAS 725 03H（imazaquin-ammonium），商品名称：Scepter、Topgan、Cycocel（imazaquin-ammonium），其他名称：灭草喹］是由美国氰胺（现为 BASF）公司开发的咪唑啉酮类除草剂。

化学名称　(RS)-2-(4-异丙基-4-甲基-5-氧-2-咪唑啉-2-基)喹啉-3-羧酸。英文化学名称 (RS)-2-(4-isopropyl-4-methyl-5-oxo-2-imidazolin-2-yl)quinoline-3-carboxylic acid。美国化学文摘（CA）系统名称 (±)-2-[4,5-dihydro-4-methyl-4-(1-methylethyl)-5-oxo-1H-imidazol-2-yl]-3-quinolinecarboxylic acid。CA 主题索引名称 3-quinolinecarboxylic acid—, 2-[4,5-dihydro-4-methyl-4-(1-methylethyl)-5-oxo-1H-imidazol-2-yl]-。

理化性质　原药纯度＞95%。粉色，具有轻微刺激性气味固体，熔点 219～224℃（分解），沸点 354℃（1.01×10^5 Pa）。相对密度（20～25℃）1.35。蒸气压＜0.013 mPa（60℃），分配系数 lgK_{ow}=0.34（pH 7），pK_a(20～25℃)=3.8。Henry 常数 3.7×10^{-12} Pa·m^3/mol。水中溶解度（20～25℃）60 mg/L；有机溶剂中溶解度（g/L，20～25℃）：二氯甲烷 14、DMF 68、DMSO 159、甲苯 0.4。在 45℃放置 3 个月稳定。室温暗处下放置 2 年稳定，紫外线下迅速降解。咪唑喹啉酸铵盐水中溶解度 160 g/L（pH 7，20～25℃），水解 DT$_{50}$＞30 d。

毒性　急性经口 LD$_{50}$（mg/kg）：大鼠＞5000，雌小鼠＞2363。兔急性经皮 LD$_{50}$＞2000 mg/kg。大鼠急性吸入 LC$_{50}$（4 h）5.7 mg/L。对兔的眼睛无刺激性，对兔的皮肤有中度刺激性，对豚鼠皮肤无致敏性。大鼠 NOEL（90d）10000 mg/L（830.6 mg/kg 饲料），大鼠（2 年）500 mg/kg。ADI/RfD（EC）0.25 mg/kg bw（2008），（EPA）cRfD 0.25 mg/kg bw（1990）。无致癌性、致突变性及致畸性。

生态效应　山齿鹑和野鸭急性经口 LD$_{50}$＞2150 mg/kg。山齿鹑和野鸭饲喂 LC$_{50}$（8 d）＞5000 mg/kg 饲料。鱼毒 LC$_{50}$（96 h，mg/L）：斑点叉尾鮰 320，大翻车鱼 410，虹鳟鱼 280。水蚤 LC$_{50}$（48 h）280 mg/L。藻类 EC$_{50}$（mg/L）：月牙藻 21.5，项圈藻 18.5。蜜蜂 LD$_{50}$（经口和接触）＞100 μg/只。蚯蚓 LC$_{50}$＞23.5 mg/kg 土。

环境行为　①动物。咪唑喹啉酸在大鼠体内代谢缓慢，经口摄入后，在 2 d 内几乎所有的化合物以原药的形式通过尿液排泄掉，不会在血液和器官中积累。②植物。在大豆体内咪唑喹啉酮环开环形成无活性的化合物，被大豆快速地代谢掉。③土壤/环境。咪唑喹啉酸在土壤中通过微生物和光解作用而被慢慢降解，由于环境条件不同，有些残留活性成分会持续几周甚至几个月。DT$_{50}$ 60 d，K_{oc} 20。

制剂　水剂、水分散粒剂、悬浮剂（咪唑喹啉酸铵盐）。

主要生产商 BASF、Cynda、Milenia、Nortox 及沈阳科创化学品有限公司等。

作用机理与特点 乙酰乳酸合成酶（ALS）或乙酰羟酸合成酶（AHAS）的抑制剂，即通过抑制植物的乙酰乳酸合成酶，阻止支链氨基酸如缬氨酸、亮氨酸、异亮氨酸的生物合成，从而破坏蛋白质的合成，干扰 DNA 合成及细胞分裂与生长，最终造成植株死亡（D. L. Shaner et al., Plant Physiol., 1984, 76: 545）。在大豆中的高选择性是由于咪唑喹啉酸的开环而快速解毒（B. Tecle et al., Proc. Br. Crop Prot. Conf. - Weeds, 1997, 2: 605）。通过植株的叶与根吸收，在木质部与韧皮部传导，积累于分生组织中。茎叶处理后，敏感杂草立即停止生长，经 2～4 d 后死亡。土壤处理后，杂草顶端分生组织坏死，生长停止，而后死亡。

应用

（1）适用作物 大豆，也可用于烟草、豌豆和苜蓿。较高剂量会引起大豆叶片皱缩、节间缩短，但很快恢复正常，对产量没有影响。随大豆生长，抗性进一步增强，故出苗后晚期处理更为安全。在土壤中吸附作用小，不易水解，持效期较长。

（2）防除对象 主要用于防除阔叶杂草如苘麻、刺苞菊、苋菜、藜、猩猩草、春蓼、马齿苋、黄花稔、苍耳等，禾本科杂草如臂形草、马唐、野黍、狗尾草、止血马唐、西米稗、蟋蟀草等，以及其他杂草如鸭跖草、铁荸荠等。

（3）使用方法 大豆种植前、苗前和苗后均可使用，剂量为 70～250 g (a.i.)/hm² ［亩用量为 4.67～16.7 g (a.i.)］。其异丙胺盐还可作为非选择性除草剂，用于铁路、公路、工厂、仓库及林业除草，剂量为 500～2000 g (a.i.)/hm² ［亩用量为 33.3～133.3 g (a.i.)］。加入非离子型表面活性剂可提高除草效果，也可与苯胺类除草剂如二甲戊乐灵混用。

专利概况

专利名称 Substituted imidazolinyl nicotine acids, esters and salts and use thereof as herbicidal agents

专利号 EP 41623　　　　优先权日 1980-06-02

专利申请人 American Cyanamid Co (US)

在其他国家申请的专利 AU 548174、AU 636928、AU 6670390、BR 8103449、CA 1187498、CA 1199921、DD 160172、DK 240481、FI 76082、FI 811680、GR 75256、HK 3689、JP 1238571、JP 1657965、JP 3023544、NO 162465、NZ 197247、PH 20756、SG 56288、TR 21582、YU 138181、YU 176783 等。

其他相关专利 US 4798619、US 4910327、US 4656283、GB 2174395、US 4459408、EP 95105 等。

登记情况 咪唑喹啉酸在中国登记情况见表 3-25。

表 3-25　咪唑喹啉酸在中国登记情况

登记证号	农药名称	剂型	含量	登记场所	防治对象	用药量 /[mL(制剂)/亩]	施用方法	登记证持有人
PD20096229	唑喹·咪乙烟	水剂	7.5%	非春大豆田耕地	一年生杂草	150～200	茎叶喷雾	沈阳科创化学品有限公司
PD20096182	咪唑喹啉酸	水剂	5%	春大豆田	一年生杂草	100～120		沈阳科创化学品有限公司
PD20095983	咪唑喹啉酸	原药	95%					沈阳科创化学品有限公司
PD20095875	咪唑喹啉酸	原药	97%					辽宁先达农业科学有限公司

合成方法 以苯胺、丁烯二酸二乙酯、甲基异丙基酮为起始原料，经一系列反应制得目的物。反应式为：

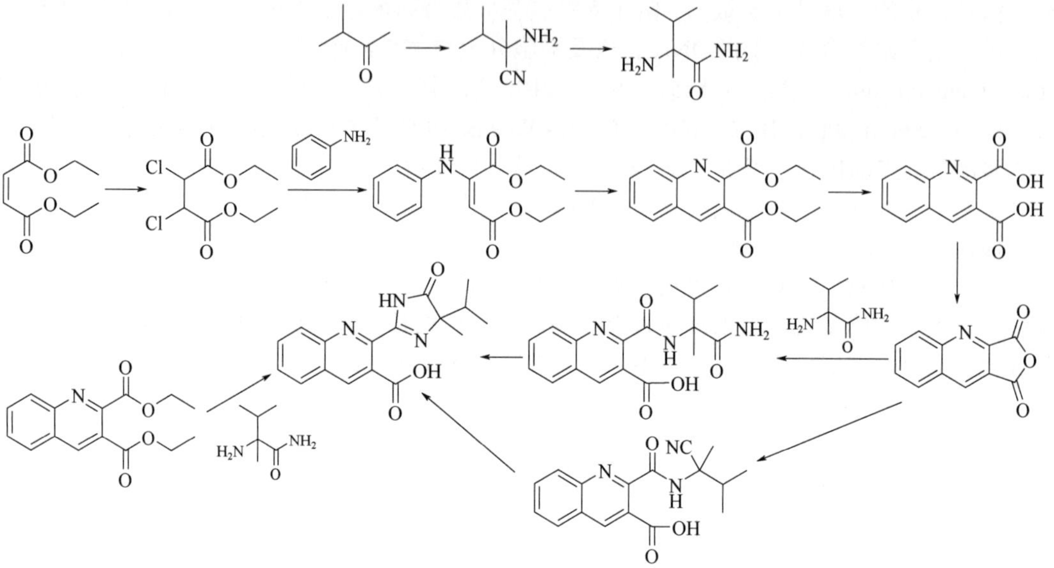

参考文献

[1] The Pesticide Manual. 17 th edition: 621.
[2] 刘立建. 农药, 1989(5): 9-11+43.

咪唑乙烟酸（imazethapyr）

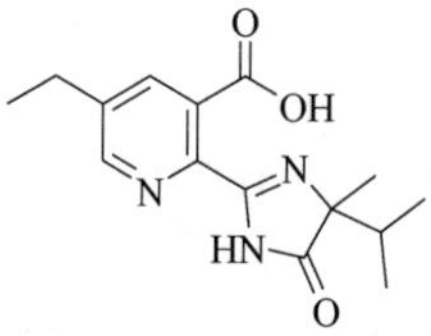

$C_{15}H_{19}N_3O_3$，289.3，81385-77-5，101917-66-2(铵盐)

咪唑乙烟酸［试验代号：AC 263 499、CL 263 499，商品名称：Inro、Sunimpyr、Vezir、普杀特、豆草特、Bingo（混剂）等，其他名称：金咪唑乙烟酸、咪草烟］是由美国氰胺（现为 BASF）公司开发的咪唑啉酮类除草剂。其铵盐形式通用名称：imazethapyr-ammonium，商品名称：Hammer、Newpath、Overtop、Pivot、Pursuit、Verosil 等。

化学名称 (RS)-5-乙基-2-(4-异丙基-4-甲基-5-氧-2-咪唑啉-2-基)烟酸。英文化学名称 (RS)-5-ethyl-2-(4-isopropyl-4-methyl-5-oxo-2-imidazolin-2-yl)nicotinic acid。美国化学文摘（CA）系统名称(±)-2-[4,5-dihydro-4-methyl-4-(1-methylethyl)-5-oxo-1H-imidazol-2-yl]-5-ethyl-3-pyridinecarboxylic acid。CA 主题索引名称 3-pyridinecarboxylic acid—, 2-[4,5-dihydro-4-methyl-4-(1-methylethyl)-5-oxo-1H-imidazol-2-yl]-5-ethyl-。

理化性质 米色至粉色固体，熔点 169～173℃，180℃分解，蒸气压＜ 0.013 mPa（60℃）。分配系数 lgK_{ow}: 1.04（pH 5）、1.49（pH 7）、1.20（pH 9）。Henry 常数 2.69×10^{-6} Pa・m³/mol， pK_a（20～25℃）：2.1、3.9，相对密度 1.10～1.12（20～25℃）。溶解度（g/L，20～25℃）：水 1.4、丙酮 48.2、甲醇 105、甲苯 5、二氯甲烷 185、异丙醇 17、庚烷 0.9。光照下快速分解，DT$_{50}$约 2.1 d（pH 7，22～24℃）。

毒性 雌/雄大鼠和小鼠急性经口 LD$_{50}$＞5000 mg/kg，兔急性经皮 LD$_{50}$＞2000 mg/kg。对兔的皮肤无刺激，对眼有刺激性。大鼠吸入 LC$_{50}$3.27 mg/L。NOEL［mg/(kg·d)］：大鼠（2 年）＞500，狗（1 年）＞25。（EPA）cRfD 0.25 mg/kg bw（1990）。Ames 试验中无致突变性。

生态效应 山齿鹑和野鸭急性经口 LD$_{50}$＞2150 mg/kg，山齿鹑和野鸭饲喂 LC$_{50}$（8 d）＞5000 mg/kg。鱼类 LC$_{50}$（96 h，mg/L）：大翻车鱼 420、虹鳟鱼 340、斑点叉尾鮰 240。水蚤 LC$_{50}$（48 h）＞1000 mg/L。月牙藻 NOEL50 mg/L。蜜蜂 LD$_{50}$（48 h，μg/只）：经口＞24.6，接触＞100。蚯蚓 LC$_{50}$（14 d）＞15.7 mg/kg 土。

环境行为 ①动物。大鼠口服后，95%的咪唑乙烟酸在 48 h 内经过尿和粪便代谢掉。48 h 后，在血液、肝脏、肾脏、肌肉和脂肪组织中残留量＜0.01 mg/L。②植物。在大豆、玉米、苜蓿体内很快代谢掉，在植物体内主要的代谢途径是吡啶 5-位乙基 α 碳原子的氧化羟基化。③土壤/环境。DT$_{50}$（有氧条件，20℃）158 d，光降解 DT$_{50}$（pH 7，22～24℃）2.1 d。

制剂 水剂、可湿性粉剂、水分散粒剂、可溶粉剂等。

主要生产商 ACA、Adama Brasil、AGROFINA、BASF、大连瑞泽农药股份有限公司、江苏省盐城南方化工有限公司、沈阳科创化学品有限公司、潍坊先达化工有限公司等。

作用机理与特点 乙酰乳酸合成酶（ALS）或乙酰羟酸合成酶（AHAS）的抑制剂。内吸性除草剂，通过根、茎叶吸收，并在木质部和韧皮部传导，积累于植物分生组织内，抑制乙酰羟酸合成酶的活性，影响缬氨酸、亮氨酸、异亮氨酸的生物合成，破坏蛋白质合成，使植物生长受抑制而死亡。在大豆和花生中具高选择性，由于在大豆和花生体内能快速地脱甲基化和羧基化而解毒（B. Tecle et al., Proc. Br. Crop Prot. Conf. - Weeds, 1997, 2: 605）。

应用 用于多数主要农作物，控制多种一年生和多年生禾本科和阔叶杂草，可苗前、苗后使用，亦可苗前封闭处理。

专利概况

专利名称 Substituted imidazolinyl nicotine acids, esters and salts and use thereof as herbicidal agents

专利号 EP 41623　　　　　　　**优先权日** 1980-06-02

专利申请人 American Cyanamid Co.

在其他国家申请的专利 AU 548174、AU 636928、AU 6670390、BR 8103449、CA 1187498、CA 1199921、DD 160172、DK 240481、FI 76082、FI 811680、GR 75256、HK 3689、JP 1238571、JP 1657965、JP 3023544、NO 162465、NZ 197247、PH 20756、SG 56288、TR 21582、YU 138181、YU 176783 等。

其他相关专利 CN 103524485、IN 2012MU 01345、CN 102453022 等。

登记情况 咪唑乙烟酸在国内登记品种较多，单剂主要有 5%、10%、15%、16%、20%、50 g/L、100 g/L 水剂，70%可湿性粉剂，70%水分散粒剂，5%微乳剂，70%可溶粉剂等，登记场所为春大豆田、大豆田，防除对象为一年生杂草。混剂主要与氟磺胺草醚、精喹禾灵、异噁草松等混配，用于大豆田防除一年生杂草。

合成方法 咪唑乙烟酸的合成方法很多，最佳方法如下：

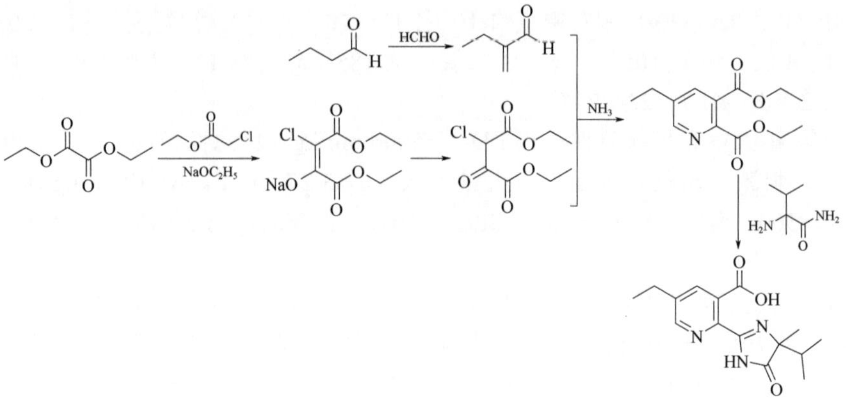

参考文献

[1] The Pesticide Manual. 17 th edition: 623.

[2] 程志明, 顾保权. 农药, 2001(9): 9-12.

[3] 唐庆红, 张一宾. 上海化工, 1998(13): 31-33.

第三节

嘧啶水杨酸类除草剂（pyrimidinyl salicylic acid herbicides）

一、创制经纬

嘧啶水杨酸类（嘧啶氧/硫苯甲酸类）除草剂是由日本组合化学公司发现的。其研制的过程是随机筛选与模拟合成的结合，发现史如下：

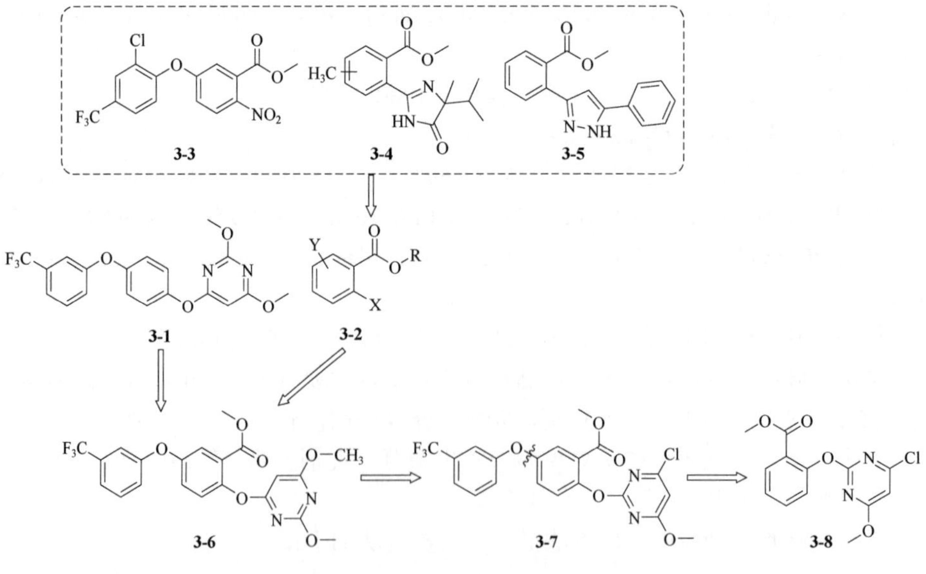

日本组合化学公司科研人员随机合成了化合物 **3-1**，但并没有活性，经过研究发现：已有除草化合物如 **3-3**、**3-4** 和 **3-5** 分子结构（结构通式 **3-2**）均含有羧酸酯基团，于是将羧酸酯基团引入化合物 **3-1** 结构中，得化合物 **3-6**，生测结果显示该化合物仍然没有除草活性。科研人员可能又参考了磺酰脲类除草剂的结构（含嘧啶的磺酰脲类除草剂，其 4,6-二取代嘧啶均通过 2-位与磺酰基相连），将化合物 **3-6** 中嘧啶内氮原子的位置进行了调整，得到化合物 **3-7**，生测结果显示该化合物与 **3-6** 相比活性有明显提高，但仍很弱。通过进一步的研究发现化合物 **3-7** 分子结构中的间三氟甲基苯氧基可能对活性的提高不利，因此合成了化合物 **3-8**，生测结果显示该化合物具有很好的除草活性，这就是嘧啶水杨酸类除草剂的先导化合物。通过先导优化，产生了该类除草剂中第一个商品化品种：嘧草硫醚（pyrithiobac-sodium）。其他该类品种如嘧草醚（pyriminobac-methyl）、双草醚（bispyribac-sodium），是通过结构修饰、衍生等发现的。环酯草醚（pyriftalid）从化学结构可以看出，是由嘧草硫醚（pyrithiobac-sodium）和嘧草醚（pyriminobac-methyl）经组合、拆分、合环而得。

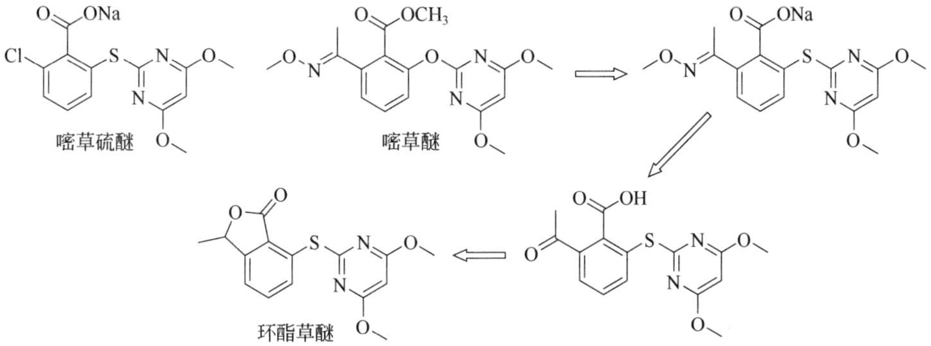

二、主要品种

此类到目前为止共发现 5 个化合物，其中嘧草硫醚、双草醚和嘧草醚由日本组合化学公司开发，嘧啶肟草醚和环酯草醚由韩国 LG 化学和汽巴-嘉基（现先正达）开发。以上化合物均为乙酰乳酸合成酶（ALS）抑制剂。

双草醚（bispyribac-sodium）

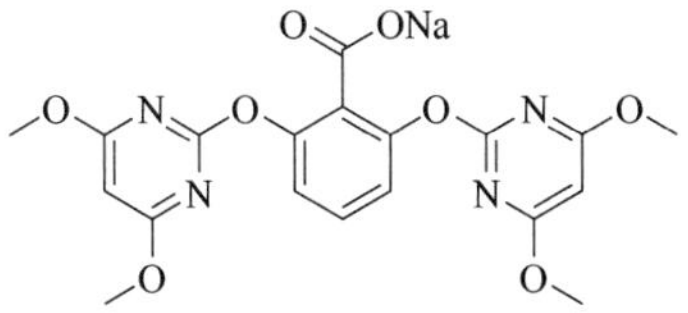

$C_{19}H_{17}N_4NaO_8$，452.4，125401-92-5，125401-75-4(酸)

双草醚（试验代号：KIH-2023、KUH-911、V-10029，商品名称：Ectran、Grass-short、Nominee、Nominee-Gold、Paladin、Short-keep、Sunbishi、农美利等，其他名称：双嘧草醚）是由组合化学公司开发的嘧啶水杨酸类除草剂。

化学名称　2,6-双(4,6-二甲氧嘧啶-2-氧基)苯甲酸钠。英文化学名称 sodium 2,6-bis(4,6-dimethoxypyrimidin-2-yloxy)benzoate。美国化学文摘（CA）系统名称 2,6-bis[(4,6-dimethoxy-2-pyrimidinyl)oxy]benzoate。CA 主题索引名称 benzoic acid—, 2,6-bis[[(4,6-dimethoxy-2-pyrimidinyl)oxy]-, sodium salt。

理化性质 原药纯度>93%。白色无味粉状固体，熔点 223～224℃，蒸气压 $5.05×10^{-6}$ mPa（25℃）。分配系数 $\lg K_{ow}$=-1.03。Henry 常数 $3×10^{-11}$ Pa·m³/mol。pK_a（20～25℃）3.35。相对密度（20～25℃）1.47。水中溶解度（g/L，20～25℃）68.7；有机溶剂中溶解度（mg/L，20～25℃）：甲醇 25000、乙酸乙酯 $6.1×10^{-2}$、正己烷 $8.34×10^{-3}$、丙酮 1.4、甲苯<$1.0×10^{-6}$、二氯甲烷 1.3。稳定性：223℃分解，在水中 DT_{50}（pH7、9，25℃）>1 年，（pH 4，25℃）88 d；水中光解 DT_{50}（25℃，1.53 W/m²，260～365 nm）：42 d（天然水）、499 d（蒸馏水）。

毒性 急性经口 LD_{50}（mg/kg）：雄大鼠 4111，雌大鼠>2635，雌雄小鼠 3524。大鼠急性经皮 LD_{50}>2000 mg/kg。对兔的皮肤无刺激性，对兔的眼睛有轻微刺激性。大鼠吸入 LC_{50}（4 h）4.48 mg/L。NOEL（2 年）：雄大鼠 20 mg/kg 饲料 [1.1 mg/(kg·d)]，雌大鼠 20 mg/kg 饲料 [1.4 mg/(kg·d)]，雄小鼠 14.1 mg/(kg·d)，雌小鼠 1.7 mg/(kg·d)。ADI/RfD：0.011 mg/kg。Ames 试验无致突变，对大鼠和家兔无致畸。

生态效应 山齿鹑急性经口 LD_{50}>2250 mg/kg。野鸭和山齿鹑饲喂 LC_{50}（5 d）>5620 mg/kg 饲料。鱼毒 LC_{50}（96 h，mg/L）：大翻车鱼和虹鳟鱼>100，鲤鱼>952。黑头呆鱼 NOEC（32 d）10 mg/L。水蚤 LC_{50}（48 h）>100 mg/L，NOEC（21 d）110 mg/L。羊角月牙藻 EC_{50}（mg/L）1.7（72 h）、3.4（120 h）、NOEC 0.625 mg/L。浮萍属藻类 E_rC_{50}（7 d）0.0204 mg/L。蜜蜂经口 LD_{50}>200 μg/只（48 h）。蚯蚓 LC_{50}（14 d）>1000 mg/kg 土。家蚕 LC_{50}>1000 mg/L。小黑花椿象 LC_{50}（48 h）>300 g/hm²。

环境行为 ①动物。大鼠经口摄入 7 d 后，大于 95%剂量通过尿和粪便代谢排出体外。②植物。在水稻 5 叶期施药，并用碳标记，收获时约 10%分布于秸秆与根部。③土壤/环境。土壤中，DT_{50}<10 d（灌水和旱地条件下）。

制剂 悬浮剂、水剂、可分散油悬浮剂、可湿性粉剂等。

主要生产商 AGROFINA、Fertiagro、Kumiai、安徽扬子化工有限公司、淮安国瑞化工有限公司、江苏瑞邦农化股份有限公司、江苏省激素研究所股份有限公司、江苏省农用激素工程技术研究中心有限公司、江苏中旗科技股份有限公司、辽宁先达农业科学有限公司、南通泰禾化工股份有限公司、内蒙古莱科作物保护有限公司、山东绿霸化工股份有限公司、山东潍坊润丰化工股份有限公司、浙江天丰生物科学有限公司等。

作用机理与特点 ALS 或 AHAS 抑制剂。选择性、内吸、苗后除草剂，通过茎叶和根吸收。

应用

（1）适宜作物与安全性 在推荐剂量下，对水稻品种具有优异的选择性。该品种在大多数土壤和气候条件下效果稳定，可与其他农药混用或连续使用。

（2）防除对象 一年生和多年生杂草，特别对稗草等杂草有优异的活性，如车前臂形草、芒稷、阿拉伯高粱、异型莎草、碎米莎草、萤蔺、紫水苋、假马齿苋、鸭跖草、粟米草、大马唐、瓜皮草等。

（3）使用方法 主要用于直播水稻苗后除草，对 1～7 叶期的稗草均有效，3～6 叶期防效尤佳，使用剂量为 15～45 g (a.i.)/hm² [亩用量为 1～3g (a.i.)]。

专利概况

专利名称 Pyrimidine derivatives, processes for their production, and herbicidal method and compositions

专利号 EP 321846　　　　优先权日 1987-12-22

专利申请人 Kumiai Chemical Industry Co.、Ihara Chemical Ind. Co.

在其他国家申请的专利 AU 2691488、BR 8806801、CN 1024664、CN 1033200、CN 1033201、CN 1035292、CN 1071550、CN 1072313、DE 3853622、EG 18666、ES 2074433、KR 9607527、LT 830、PH 25156、RU 2028294、SU 1807848、US 4906285、US 5081244 等。

登记情况 5%、10%、15%、20%、25%、40%、100 g/L 悬浮剂，10%、20%可分散油悬浮剂，20%、40%、80%可湿性粉剂，登记场所水稻田（直播），防治对象为一年生杂草、稗草、莎草及阔叶草等。日本组合化学工业株式会社在中国的登记情况见表 3-26。

表 3-26 日本组合化学工业株式会社在中国的登记情况

登记证号	登记名称	含量	剂型	登记场所	防治对象	用药量/[mL(制剂)/亩]	施用方法
PD20040014	双草醚	100 g/L	悬浮剂	水稻田（直播）	稗草	①15～20+（0.03%～0.1%展着剂）（南方）；②20～25+（0.03%～0.1%展着剂）（北方）	喷雾
					莎草		
					阔叶杂草		
PD20040015	双草醚	93%	原药				

合成方法 以 2,6-二羟基苯甲酸为起始原料，首先酯化，再与 4,6-二甲氧基-2-甲基磺酰基嘧啶进行醚化，最后碱解（或还原后与氢氧化钠等反应）即得目的物。反应式如下：

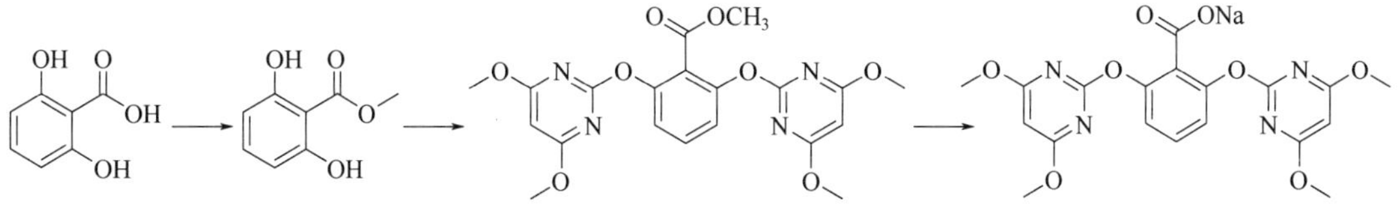

2,6-二羟基苯甲酸可经如下反应制得：

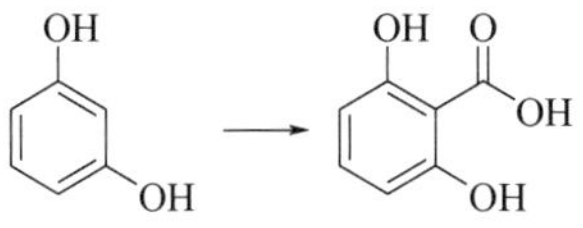

参考文献

[1] The Pesticide Manual. 17 th edition: 116.

[2] Proc. Br. Crop Prot. Conf.—Weeds, 1995, 1: 61.

[3] 李元祥. 精细化工中间体, 2008(4): 21-24.

[4] 程志明. 世界农药, 2004(2): 11-15.

嘧啶肟草醚（pyribenzoxim）

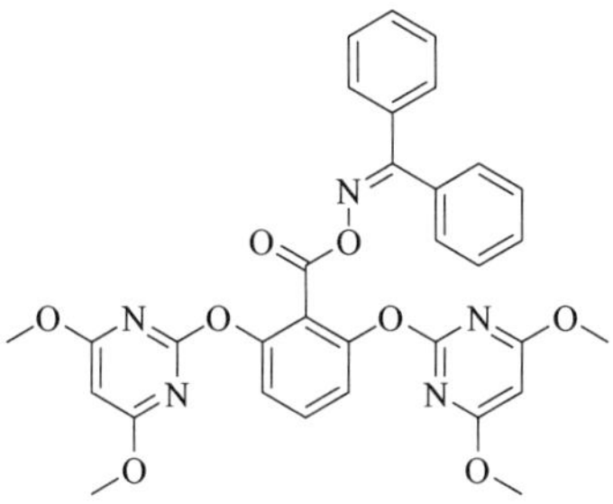

C$_{32}$H$_{27}$N$_5$O$_8$，609.6，168088-61-7

嘧啶肟草醚（试验代号：LGC-40863，商品名称：Pyanchor、韩乐天）是由韩国 LG 公司开发的嘧啶醚类除草剂。

化学名称 O-[2,6-双[(4,6-二甲氧基-2-嘧啶基)氧基]苯甲酰基]二苯酮肟。英文化学名称 benzophenone O-[2,6-bis[(4,6-dimethoxy-2-pyrimidinyl)oxy]benzoyl]oxime。美国化学文摘（CA）系统名称 diphenylmethanone O-[[2,6-bis(4,6-dimethoxy-2-pyrimidinyl)oxy]benzoyl]oxime。CA 主题索引名称 methanone—, diphenyl-O-[2,6-bis[(4,6-dimethoxy-2-pyrimidinyl)oxy]benzoyl]oxime。

理化性质 白色无味固体。熔点 128~130℃。蒸气压＜0.99 mPa。分配系数 $\lg K_{ow}$=3.04。水中溶解度（20~25℃）3.5 mg/L。

毒性 大鼠和小鼠急性经口 LD_{50}＞5000 mg/kg。大鼠急性经皮 LD_{50}＞2000 mg/kg。对兔眼无刺激，对豚鼠皮肤无致敏。无致畸、致癌、致突变作用。

生态效应 水蚤 LC_{50}（48 h）＞100 mg/L。藻类 EC_{50}（96 h）＞100 mg/L。

环境行为 土壤/环境。在土壤中无流动性并能快速降解。沙壤土或粉质黏土的浸出试验（人造土层）有大于 90% 的嘧啶肟草醚积累在 0~10 cm 土层中。沙壤中 K_{oc}（pH 4.3, o.c. 1.7%）（o.c.指有机碳）5.19×10^5，在粉质黏土中（pH 4.8, o.c. 1.6%）5.15×10^5，在黏土中（pH 5.9, o.c. 2.5%）8.57×10^4，在粉沙壤土中（pH 7.7, o.c. 0.8%）2.47×10^6；田间 DT_{50} 为 7 d。

制剂 乳油、可分散油悬浮剂、水乳剂、微乳剂等。

主要生产商 LG、安徽圣丰生化有限公司、河北兴柏农业科技有限公司、江苏润泽农化有限公司、江苏省农用激素工程技术研究中心有限公司、江苏中旗科技股份有限公司、美国默赛技术公司、内蒙古莱科作物保护有限公司、山东潍坊润丰化工股份有限公司等。

作用机理与特点 乙酰乳酸合成酶（ALS）抑制剂。嘧啶肟草醚的选择性在于代谢速率不同。嘧啶肟草醚可被植物的茎叶吸收，在体内传导，抑制敏感植物氨基酸的合成。敏感杂草吸收药剂后，幼芽和根停止生长，幼嫩组织（如心叶）发黄，随后整株枯死。杂草吸收药剂至死亡有一个过程，一般一年生杂草 5~15 d，多年生杂草要长一些。

应用

（1）适宜作物与安全性 水稻（移栽田、直播田和抛秧田）和小麦。对水稻和小麦安全。在土壤中可快速降解，故对地下水无影响。对环境亦安全。对下茬轮作也无影响。在低温条件下施药过量水稻会出现叶黄、生长受抑制，一天后可恢复正常生长，一般不影响产量。

（2）防除对象 可防除众多的禾本科杂草和阔叶杂草。禾本科杂草如看麦娘、马唐、稗草、狗尾草、早熟禾、千金子、狗牙根等。阔叶杂草如苘麻、田皂角、反枝苋、大狼杷草、草决明、藜、田旋花、猪殃殃、马齿苋、羊蹄、蓼、田菁、龙葵、繁缕、蒲公英、三色堇、欧洲苍耳。莎草科杂草牛毛毡、鸭舌草、日本蔍草、异型莎草、水莎草等。对稗草活性尤佳。

（3）使用方法 具有广谱的除草活性，苗后茎叶处理（毒土、毒沙无效），使用剂量为 30 g (a.i.)/hm² [亩用量为 2 g (a.i.)]。水稻移栽田播后，抛秧田抛后，直播田苗后稗草 3.5~4.5 叶期为施药期，每亩用 1%嘧啶肟草醚 250~350 mL（有效成分 2.5~3.5 g），一年生杂草用低剂量，多年生杂草用高剂量。施药前排水，使杂草露出水面再喷雾。喷液量每亩人工 30~40 L。选风小、晴天、气温较高时施药，施药后 1~2 d 再灌水入田，且 1 周内水层保持 5~7 cm。

专利概况

专利名称 Pyrimidine derivative，process for their preparation，and their use as herbicides

专利号 EP 658549 优先权日 1993-11-13

专利申请人 Lucky Ltd

在其他国家申请的专利 AU 673629、AU 7881294、BR 9404436、CN 1043885、CN

1111623、JP 2517215、JP 7196629、US 5521146 等。

　　工艺专利　CA 2194080 等。

　　登记情况　国内登记情况见表3-27。

表 3-27　嘧啶肟草醚在中国的登记情况

登记证号	农药名称	剂型	含量	登记场所	防治对象	亩用药量（制剂）	施用方法	登记证持有人
PD20183387	嘧啶肟草醚	水乳剂	10%	水稻田（直播）	一年生杂草	20～25 mL	茎叶喷雾	江西欧氏化工有限公司
PD20182251	嘧啶肟草醚	可分散油悬浮剂	10%	水稻田（直播）	一年生杂草	20～30 mL	茎叶喷雾	安徽众邦生物工程有限公司
PD20182250	嘧啶肟草醚	可分散油悬浮剂	10%	水稻田（直播）	一年生杂草	20～30 mL	茎叶喷雾	安徽尚禾沃达生物科技有限公司
PD20181834	嘧啶肟草醚	水乳剂	10%	水稻田（直播）	一年生杂草	20～35 mL	茎叶喷雾	美丰农化有限公司
PD20181083	嘧啶肟草醚	乳油	10%	水稻田（直播）	一年生杂草	20～30 mL	茎叶喷雾	安徽蓝田农业开发有限公司
PD20180929	嘧啶肟草醚	微乳剂	5%	水稻移栽田	一年生杂草	南方稻区40～50 mL；北方稻区50～60 mL	茎叶喷雾	山东省青岛奥迪斯生物科技有限公司
PD20180793	嘧啶肟草醚	可分散油悬浮剂	10%	水稻田（直播）	一年生杂草	20～30 mL	茎叶喷雾	安徽圣丰生化有限公司
PD20180658	嘧啶肟草醚	乳油	10%	水稻田（直播）	一年生杂草	20～30 mL	茎叶喷雾	山东奥坤作物科学股份有限公司
PD20101271	嘧啶肟草醚	乳油	5%	水稻田（直播、移栽）	稗草、阔叶杂草、一年生杂草	40～50 mL（南方地区）；50～60 mL（北方地区）	茎叶喷雾	株式会社LG化学
PD20180593	嘧啶肟草醚	乳油	10%	水稻田（直播）	一年生杂草	20～25 g	茎叶喷雾	山东惠民中联生物科技有限公司
PD20180442	嘧啶肟草醚	可分散油悬浮剂	10%	水稻田（直播）	一年生杂草	20～30 mL	茎叶喷雾	浙江天丰生物科学有限公司
PD20180206	嘧啶肟草醚	可分散油悬浮剂	10%	水稻田（直播）	一年生杂草	20～25 mL	茎叶喷雾	江苏润泽农化有限公司
PD20180122	嘧啶肟草醚	乳油	5%	水稻田（直播）	一年生杂草	40～60 mL	茎叶喷雾	辽宁省沈阳市和田化工有限公司
PD20172638	嘧啶肟草醚	乳油	5%	水稻田（直播）	稗草、莎草及阔叶杂草	40～50 mL	茎叶喷雾	江苏润泽农化有限公司
PD20173209	嘧啶肟草醚	原药	98%					江苏省农用激素工程技术研究中心有限公司
PD20172130	嘧啶肟草醚	原药	95%					内蒙古莱科作物保护有限公司
PD20170657	嘧啶肟草醚	原药	95%					江苏润泽农化有限公司
PD20170524	嘧啶肟草醚	原药	95%					河北兴柏农业科技有限公司
PD20170498	嘧啶肟草醚	原药	96%					江苏中旗科技股份有限公司

登记证号	农药名称	剂型	含量	登记场所	防治对象	亩用药量（制剂）	施用方法	登记证持有人
PD20170484	嘧啶肟草醚	原药	95%					美国默赛技术公司
PD20170462	嘧啶肟草醚	原药	95%					安徽圣丰生化有限公司
PD20173360	嘧啶肟草醚	原药	95%					山东潍坊润丰化工股份有限公司
PD20180629	嘧啶肟草醚	原药	95%					辽宁先达农业科学有限公司
PD20101262	嘧啶肟草醚	原药	95%					株式会社LG化学

合成方法　以 2,6-二羟基苯甲酸为起始原料，经酯化、酰氯化与肟反应，得中间体（Ⅰ）。中间体（Ⅰ）在碳酸钾存在下与 4,6-二甲氧基-2-甲基磺酰基嘧啶反应，即得目的物。反应式为：

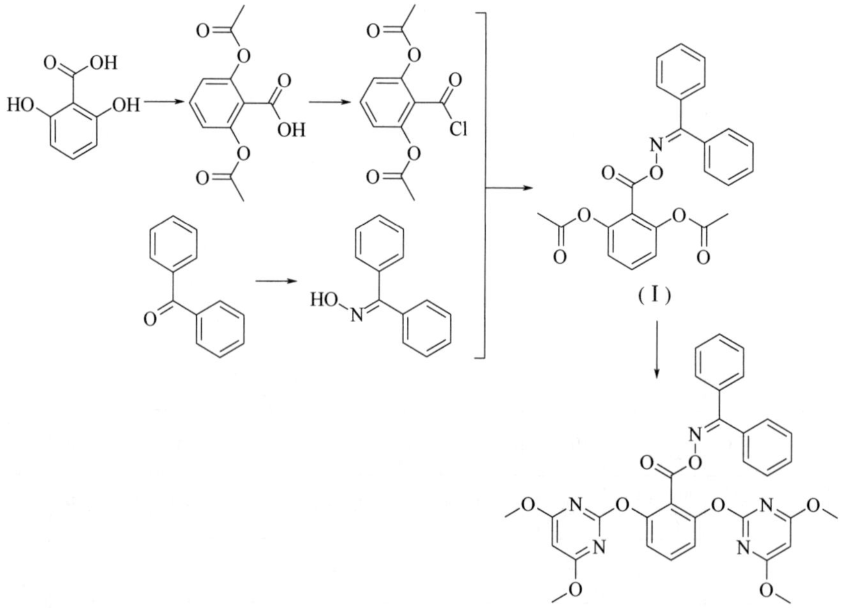

或通过如下反应制得：

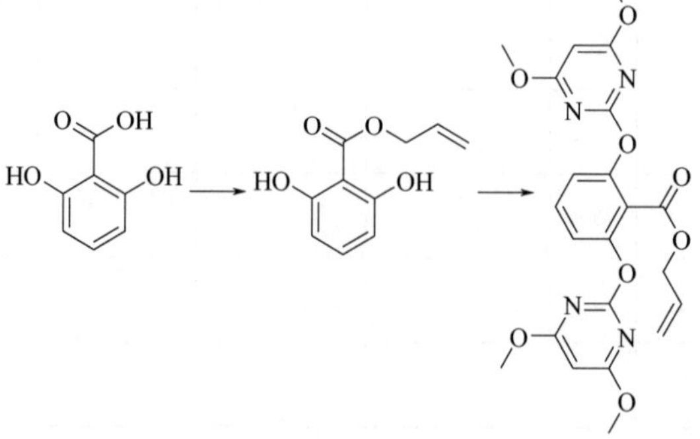

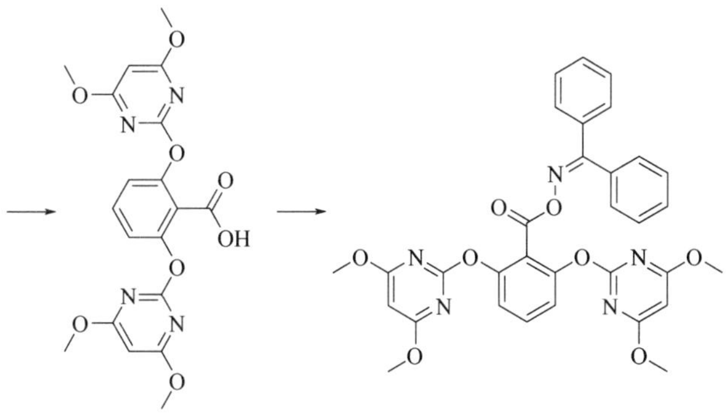

参考文献

[1] The Pesticide Manual. 17 th edition: 968.

[2] Koo Suk Jin, Ahn Sei-Chang, Lim Jae Suk, et al. Pesticide Science, 1997, 51(2): 109-114.

[3] 田志高, 刘安昌, 姚珊. 现代农药, 2011(4): 27-29.

[4] Xiang Lanxiang, Zhang Lei, Wu Qinglai, et al. Pest Management Science, 2020, 76(6): 2058-2067.

环酯草醚（pyriftalid）

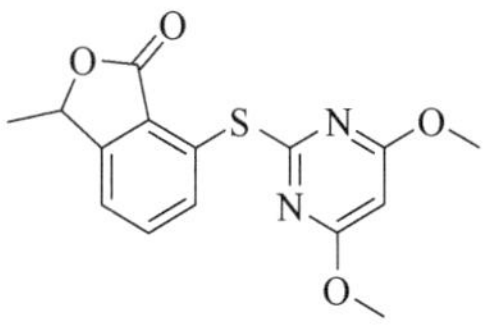

$C_{15}H_{14}N_2O_4S$，318.3，135186-78-6

环酯草醚［试验代号：CGA 279233，商品名称：Apiro Max、Apiro Star（均为混剂）］是由汽巴-嘉基公司（现先正达）开发的嘧啶水杨酸类除草剂。

化学名称　(RS)-7-(4,6-二甲氧基嘧啶-2-基硫基)-3-甲基-2-苯并呋喃-1(3H)-酮。英文化学名称(RS)-7-(4,6-dimethoxypyrimidin-2-ylthio)-3-methyl-2-benzofuran-1(3H)-one。美国化学文摘（CA）系统名称 7-[(4,6-dimethoxy-2-pyrimidinyl)thio]-3-methyl-1(3H)-isobenzofuranone。CA主题索引名称 1(3H)-isobenzofuranone—, 7-[(4,6-dimethoxy-2-pyrimidinyl)thio]-3-methyl-。

理化性质　白色无味固体，熔点163.4℃，300℃分解。蒸气压 2.2×10^{-5} mPa（25℃）。分配系数 $\lg K_{ow}$=2.6，Henry 常数 3.89×10^{-6} Pa·m³/mol，相对密度（20～25℃）1.44。水中溶解度（20～25℃）1.8 mg/L；有机溶剂中溶解度（g/L，20～25℃）：丙酮14、二氯甲烷99。光解 DT_{50}1.9～2.0 d。

毒性　大鼠急性经口 LD_{50}＞5000 mg/kg。大鼠急性经皮 LD_{50}＞2000 mg/kg。大鼠吸入 LC_{50}＞5.54 mg/L。NOEL（mg/kg）：大鼠（2 年）0.56，小鼠（18 个月）20。ADI/RfD 0.006 mg/kg。

生态效应　日本鹌鹑急性经口 LD_{50}＞2000 mg/kg。虹鳟鱼 LC_{50}100 mg/L。水蚤 LC_{50}（48 h）0.83 μg/L。淡水藻 LC_{50}64 mg/L。蜜蜂 LD_{50}（μg/只）：接触＞100，经口＞139。蚯蚓 LC_{50}＞982 mg/kg。

环境行为　①动物。在动物体内广泛代谢，代谢物质经鉴定有 26 种之多。代谢主要是通过去甲基化、氧化、羟基化以及甲基化等反应。②植物。没能检测到残留。③土壤/环境。快速降解，DT_{50} 5～20 d。

制剂 水分散粒剂、颗粒剂、悬浮剂。

主要生产商 Syngenta、顺毅南通化工有限公司等。

作用机理与特点 ALS 或 AHAS 抑制剂。除草活性来源于开环形成的水杨酸。在灌水条件下，通过根和茎吸收而起作用。$100\sim300$ g/hm^2 剂量下用于控制水稻田中禾本科杂草。

应用 环酯草醚为水稻苗后早期广谱除草剂，专为移栽及直播水稻开发。用于防治水稻田禾本科杂草和部分阔叶杂草，在水稻田，环酯草醚被水稻根尖所吸收，很少一部分会传导到叶片上，少部分药剂会被出芽的杂草叶片所吸收。室内活性生物试验和田间药效试验结果表明，对移栽水稻田的一年生禾本科杂草、莎草科及部分阔叶杂草有较好的防治效果。用药剂量为 $187.5\sim300$ g (a.i.)/hm^2（折成 250 g/L 悬浮剂商品量为 $50\sim80$ mL/亩，一般加水 30 L 稀释），使用次数为 1 次。对移栽水稻田的稗草、千金子防治效果较好，对丁香蓼、碎米莎草、牛毛毡、节节菜、鸭舌草等阔叶杂草和莎草有一定的防效。推荐用药量对水稻安全。使用后要注意抗性发展，建议与其他作用机理不同的药剂混用或轮换作用。

专利概况

专利名称 Pyrimidine and triazine derivatives with herbicidal and plant growth regulating properties

专利号 WO 9105781　　　　**优先权日** 1989-10-12

专利申请人 Maag AG R

在其他国家申请的专利 AU 6347190、AU 635069、BR 9006950、CA 2044135、ES 2063374、JP 2990377、JP 4504265、KR 172947、LT 1847、LV 10443 等。

工艺专利 DE 10021568、WO 2000046212、WO 2000046213、WO 2002094760、WO 2002008207 等。

登记情况 环酯草醚在中国登记情况见表 3-28。

表 3-28　环酯草醚在中国登记情况

登记证号	登记名称	剂型	含量	登记场所	防治对象	用药量/[mL(制剂)/亩]	施用方法	登记证持有人
PD20182333	环酯草醚	悬浮剂	24.3%	水稻移栽田	一年生杂草	50～80	茎叶喷雾	顺毅股份有限公司
PD20102201	环酯草醚	悬浮剂	24.3%	水稻移栽田	一年生禾本科、莎草科及部分阔叶杂草	50～80	茎叶喷雾	瑞士先正达作物保护有限公司
PD20160506	环酯草醚	原药	98%					顺毅南通化工有限公司
PD20102159	环酯草醚	原药	96%					瑞士先正达作物保护有限公司

合成方法 经如下反应，即可制得目的物：

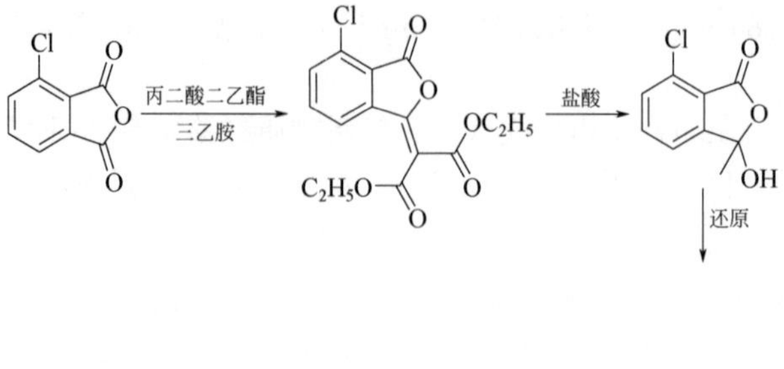

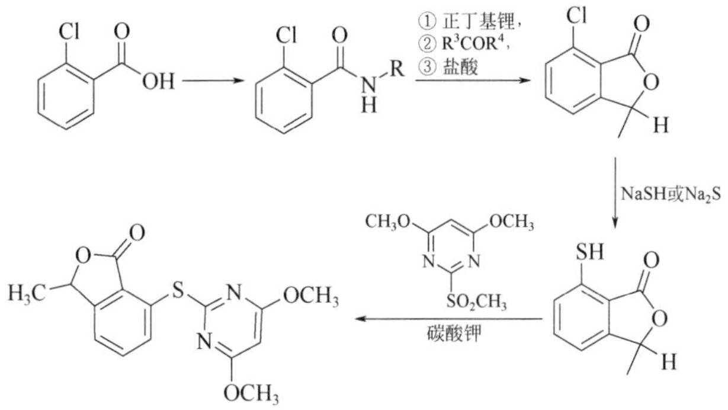

重要中间体 7-巯基-3-甲基异苯并呋喃-1(3*H*)-酮的合成主要有以下两种方法：

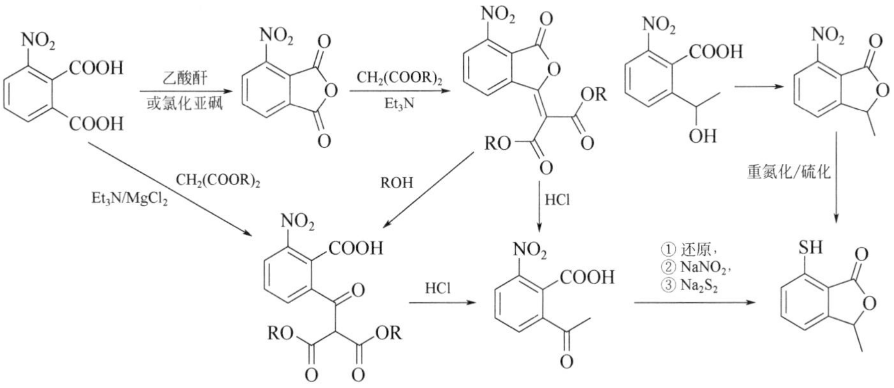

或

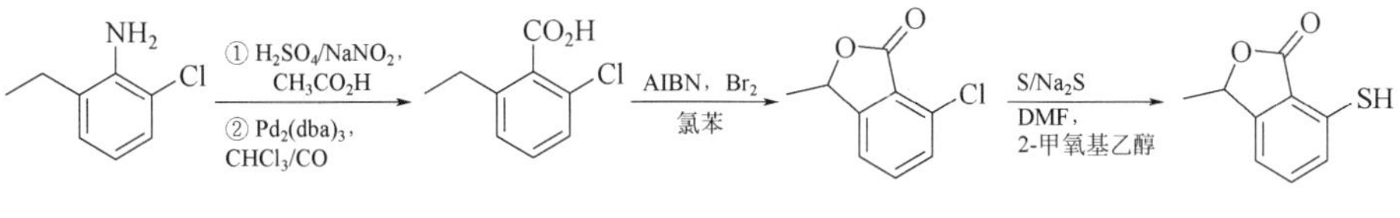

参考文献

[1] The Pesticide Manual. 17 th edition: 977.

[2] 刘长令, 李继德, 董英刚. 农药, 2001(8): 46.

[3] 刘安昌, 李高峰, 夏强. 世界农药, 2010(5): 19-21.

嘧草醚（pyriminobac-methyl）

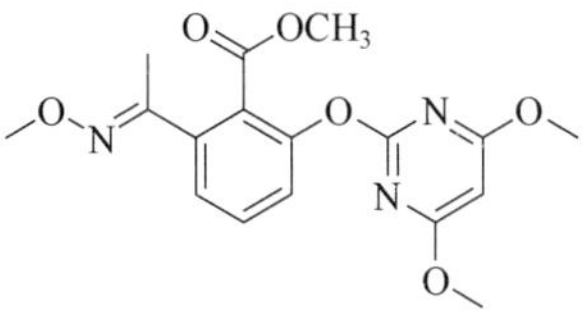

$C_{17}H_{19}N_3O_6$，361.4，136191-64-5，147411-69-6(*E*式)，147411-70-9(*Z*式)，136191-56-5(酸)

嘧草醚［试验代号：KIH-6127、KUH-920，商品名称：Hieclean、Topgun（混剂）］由日本组合化学株式会社开发的嘧啶水杨酸类除草剂。

化学名称 (*EZ*) 2-(4,6-二甲氧基-2-嘧啶氧)-6-(1-甲氧基亚胺乙基)苯甲酸甲酯。英文化学名称 methyl (*EZ*)-2-(4,6-dimethoxy-2-pyrimidinyloxy)-6-(1-methoxyiminoethyl)benzoate。美国化学文摘（CA）系统名称 methyl 2-[(4,6-dimethoxypyrimidin-2-yl)oxy]-6-[1-(methoxyimino)ethyl]benzoate。CA 主题索引名称 benzoic acid—, 2-[(4,6-dimethoxy-2-pyrimidinyl)oxy]-6-[1-(methoxyimino)ethyl]-, methyl ester。

理化性质 原药纯度>93%，浅黄色颗粒状固体，(*E*)式占 75%～78%，(*Z*)式占 11%～21%。白色粉状固体，熔点：(*E*)式 106.8℃，(*Z*)式 70℃。沸点：(*E*)式 237.4℃（1330 Pa），(*Z*)式 235.9℃（1330 Pa）。蒸气压（mPa，25℃）：(*E*)式 0.035，(*Z*)式 0.02681。分配系数 $\lg K_{ow}$：(*E*)式 2.51，(*Z*)式 2.11。相对密度（20～25℃）：(*E*)式 1.3868，(*Z*)式 1.2734。水中溶解度（mg/L，20～25℃）：(*E*)式 9.25，(*Z*)式 175。有机溶剂中溶解度（g/L，20～25℃）：(*E*)式在正己烷中 0.456、甲苯中 64.6、丙酮中 117、二氯甲烷中 510、乙酸乙酯中 45.0、甲醇中 14.6；(*Z*)式在正己烷中 4.11、甲苯中 852～1250、丙酮中 584、二氯甲烷中 2460～3110、乙酸乙酯中 1080～1370、甲醇中 140。嘧草醚在水中对光、热稳定，在 150℃不会分解，在 22℃和 55℃均可稳定存在 14 d。水中光解 DT_{50}：(*E*)式 231 d（天然水）、491（蒸馏水）；(*Z*)式 178 d（天然水）、301 d（蒸馏水）。

毒性 大鼠急性经口 LD_{50}>5000 mg/kg。大鼠急性经皮 LD_{50}>2000 mg/kg。对兔的皮肤和兔的眼睛均有轻微的刺激性。对豚鼠皮肤有致敏性。大鼠吸入 LC_{50}（4 h，14 d）5.5 mg/L。NOEL 数据［mg/(kg·d)，2 年］：雄大鼠 0.9、雌大鼠 1.2、雄小鼠 8.1、雌小鼠 9.3。ADI/RfD 0.02 mg/kg 体重。无致突变性、致畸性。

生态效应 山齿鹑急性经口 LD_{50}>2000 mg/kg。山齿鹑和野鸭饲喂 LC_{50}（5 d）>5200 mg/kg 饲料。鱼毒 LC_{50}（96 h，mg/L）：鲤鱼>59.8，虹鳟鱼 21.2。水蚤 EC_{50}（48 h）>63.8 mg/L。月牙藻 E_bC_{50}（72 h）20.6 mg/L，E_rC_{50}（24～72 h）73.9 mg/L。蜜蜂 LD_{50}（72 h，经口与接触）>200 μg/只。蚯蚓 LC_{50}（14 d）>1000 mg/kg 土。家蚕 NOEL>200 μg/只。

环境行为 ①动物。几乎所有的 ^{14}C 标记的产品通过尿和粪便排出。有很多代谢物可以检测到。②植物。有 10%浓度的 ^{14}C 嘧草醚分散在（4 叶期，水稻）植物体内，收获期残留大都在稻秆。③土壤/环境。K_{oc}（*E*）式 425～1270，(*Z*)式 215～636。

制剂 可湿性粉剂、水分散粒剂、可分散油悬浮剂等。

主要生产商 Kumiai、安徽尚禾沃达生物科技有限公司、辽宁先达农业科学有限公司等。

作用机理与特点 乙酰乳酸合成酶（ALS）抑制剂，通过阻止支链氨基酸的生物合成而起作用。选择性内吸除草剂，通过茎叶吸收，在植株体内吸传导，杂草即停止生长，而后枯死。

应用

（1）适宜作物与安全性 稻田，在推荐剂量下，对所有水稻品种具有优异的选择性，并可在水稻生长的各个时期施用。

（2）防除对象 稗草（苗前至 4 叶期的稗草）。

（3）使用方法 苗后茎叶处理，使用剂量为 30～90 g (a.i.)/hm² ［亩用量为 2～5 g (a.i.)]。持效期长达 50 d。如 30 g (a.i.)/hm² ［亩用量 2 g (a.i.)］与苄嘧磺隆 51 g (a.i.)/hm² ［亩用量 3.4 g (a.i.)］混用，对大龄稗草活性高于两者单独施用，且不影响苄嘧磺隆防除莎草和阔叶杂草。

专利概况

专利名称 Pyrimidine or triazine derivatives and herbicidal composition containing the same

专利号　EP 0435170　　　　　　优先权日　1989-12-28

专利申请人　Kumiai Chemical Industry Co.、Ihara Chemical Ind Co.

在其他国家申请的专利　AU 3110293、AU 631705、AU 646361、AU 6822190、BR 9006609、CN 1035325、CN 1052852、JP 04134073、KR 130836、KR 9616121、PH 27460、RU 2041214、US 5118339、US 5242895 等。

登记情况　国内登记情况见表 3-29。

表 3-29　嘧草醚在中国登记情况

登记证号	登记名称	剂型	含量	登记场所	防治对象	亩用药量（制剂）	施用方法	登记证持有人
PD20184141	嘧草醚	可湿性粉剂	25%	水稻田（直播）	稗草	8～12 g	药土法	山东奥坤作物科学股份有限公司
PD20183193	嘧草醚	可湿性粉剂	10%	水稻田（直播）	稗草	20～30 g	药土法	江苏瑞东农药有限公司
PD20182996	嘧草醚	可分散油悬浮剂	6%	水稻田（直播）	稗草	30～50 mL	茎叶喷雾	安徽圣丰生化有限公司
PD20180921	嘧草醚	大粒剂	2%	水稻移栽田	稗草	150～200 g	撒施	山东先达农化股份有限公司
PD20161525	嘧草醚	可湿性粉剂	10%	水稻田（直播）	稗草	20～30 g	药土法	山东省青岛现代农化有限公司
PD20160063	嘧草醚	可湿性粉剂	10%	水稻移栽田	稗草	20～30 g	药土法	山东先达农化股份有限公司
PD20086020	嘧草醚	可湿性粉剂	10%	水稻田（直播、移栽）	稗草	20～30 g	药土法	日本组合化学工业株式会社
PD20151723	嘧草醚	原药	97%					安徽尚禾沃达生物科技有限公司
PD20086021	嘧草醚	原药	97%					日本组合化学工业株式会社
PD20152144	嘧草醚	原药	97%					辽宁先达农业科学有限公司

合成方法　以 2-羟基-6-乙酰基苯甲酸甲酯起始原料，与甲氧基胺反应后，再与 2-甲基磺酰基-4,6-二甲氧基嘧啶反应即得目的物。反应式为：

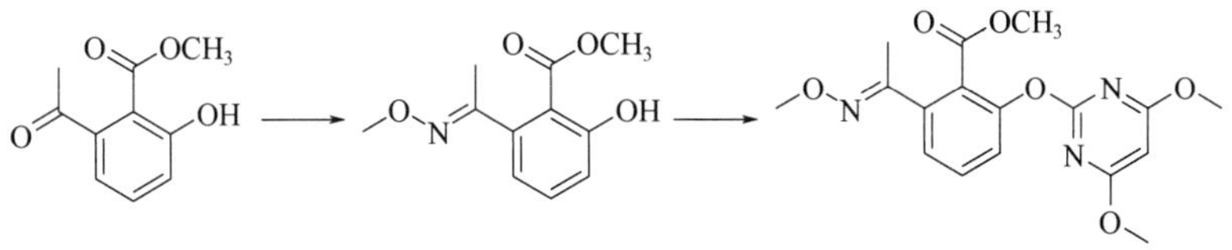

2-羟基-6-乙酰基苯甲酸甲酯的合成方法较多，最佳的合成路线如下：以苯酐为起始原料，经硝化制得硝基苯酐。再与甲醇反应后，与氯化亚砜进行酰氯化。然后与丙二酸二乙酯反应、脱羧、酯化。最后经还原、重氮化水解即得 2-羟基-6-乙酰基苯甲酸甲酯。反应式为：

143

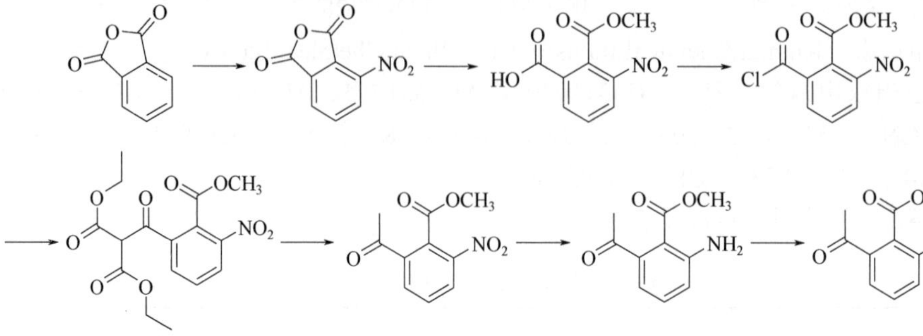

参考文献

[1] The Pesticide Manual. 17 th edition: 980-982.

[2] 程志明. 世界农药, 2003(1): 1-6.

嘧草硫醚（pyrithiobac-sodium）

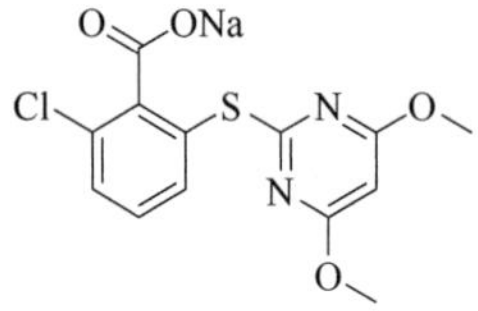

$C_{13}H_{10}ClN_2NaO_4S$，348.7，123343-16-8，123342-93-8(酸)

嘧草硫醚（试验代号：KIH-2031、DPX-PE 350，商品名称：Staple，其他名称：嘧硫草醚）是由日本组合化学株式会社和埯原化学株式会社研制，由日本组合化学株式会社、埯原化学株式会社和杜邦公司共同开发的嘧啶水杨酸类除草剂。

化学名称　2-氯-6-(4,6-二甲氧基嘧啶-2-基硫)苯甲酸钠盐。英文化学名称 sodium 2-chloro-6-(4,6-dimethoxypyrimidin-2-ylthio)benzoate。美国化学文摘（CA）系统名称 sodium 2-chloro-6-[(4,6-dimethoxy-2-pyrimidinyl)thio]benzoate。CA 主题索引名称 benzoic acid—, 2-chloro-6-[(4,6-dimethoxy-2-pyrimidinyl)thio]-, sodium salt。

理化性质　原药纯度＞93%。环境温度下为米白色固体，熔点 233.8～234.2℃（分解），蒸气压 4.80×10^{-6} mPa（25℃），分配系数 $\lg K_{ow}$：0.6（pH 5）、−0.84（pH 7），pK_a(20～25℃)=2.34。相对密度（20～25℃）1.609。水中溶解度（20～25℃，g/L）：264（pH 5）、705（pH 7）、690（pH 9）、728（蒸馏水）。有机溶剂中溶解度（20～25℃，mg/L）：丙酮812、甲醇 270×10^3、二氯甲烷 8.38、正己烷 10、甲苯 5.05、乙酸乙酯 205。稳定性：在水中（pH 5～9，27℃，32 d）和加热贮存（54℃，15 d）时稳定。水中光解 DT_{50}（25℃，氙灯）：11 d（pH 5）、13 d（pH 7）、15 d（pH 9）。

毒性　大鼠急性经口 LD_{50}(mg/kg)：雄性 3300，雌性 3200。兔急性经皮 LD_{50}＞2000 mg/kg。对兔的皮肤无刺激性，对兔的眼睛有刺激性。大鼠吸入 LC_{50}（4 h）＞6.9 mg/L。NOEL 数据 [mg/(kg・d)]：（2 年）雄大鼠 58.7，雌大鼠 278；（78 周）雄小鼠 217，雌小鼠 319。ADI/RfD（EPA）0.6 mg/kg bw。无致突变性、致畸性及致癌性。

生态效应　山齿鹑急性经口 LD_{50}＞2250 mg/kg。野鸭和山齿鹑饲喂 LC_{50}（5 d）＞5620 mg/kg

饲料。鱼类 LC_{50}（96 h，mg/L）：大翻车鱼>930、虹鳟鱼>1000、羊头鲹鱼>145。水蚤 LC_{50}（48 h）>1100 mg/L。羊角月牙藻：EC_{50}（5 d）107 μg/L，NOEC 值 22.8 μg/L。牡蛎 LC_{50}（96 h）>130 mg/L。蜜蜂接触 LD_{50}（48 h）>25 μg/只。

环境行为　①动物。大鼠口服和静脉注射 5 mg/kg 后大于 90%放射性标记的嘧草硫醚在 48 h 内以尿液和粪便的形式排出体外，主要代谢产物是 *O*-去甲基的衍生物。鸡和山羊 10 mg/L 喂食后通过大便排出体外，*O*-去甲基衍生物是主要代谢产物，两个物种在肾脏中残留均≤0.06 mg/L，在肝脏、肌肉和脂肪中残留更少。②植物。嘧草硫醚在棉花叶片中迅速降解，叶面喷施 62 d 后无残留，代谢产物为单去甲基与葡萄糖的共轭产物，棉种皮中未发现残留。③土壤/环境。嘧草硫醚在土壤中通过微生物和光化学降解，DT_{50} 60 d（沙质土），K_d：0.32（沙壤土），0.6、0.38、0.75（3 种粉质壤土）。

剂型　可溶粉剂、可溶液剂。

主要生产商　Fertiagro、Kumiai 等。

作用机理与特点　ALS 或 AHAS 抑制剂。

应用

（1）适宜作物与安全性　棉花。对棉花安全，是基于其在棉花植株中快速降解。

（2）防除对象　一年生和多年生禾本科杂草和大多数阔叶杂草。对众所周知的难除杂草如各种牵牛、苍耳、苘麻、刺黄花稔、田菁、阿拉伯高粱等有很好的防除效果。

（3）使用方法　主要用于棉花田苗前及苗后除草。土壤处理和茎叶处理均可，使用剂量为 35～105 g (a.i.) /hm² ［亩用量为 2.3～7 g (a.i.)］。苗后需同表面活性剂等一起使用。

专利概况

专利名称　Pyrimidine derivatives, processes for their production, and herbicidal method and compositions

专利号　EP 315889　　　　　　**优先权日**　1987-11-04

专利申请人　Kumiai Chemical Industry Co.、Ihara Chemical Ind Co.

在其他国家申请的专利　AU 2471788、BR 8805749、CN 1025981、CN 1033050、DE 3855427、GR 3021341、JP 01230561、KR 9612178、RU 2024227、RU 2049781、TR 28607、US 4923501、US 4932999。

工艺专利　US 5149357、EP 346789 等。

合成方法　主要有如下两种方法：

（1）以 3-氯-2-甲基-硝基苯为原料，经氧化制得羧酸，再经还原、重氮化制得相应重氮盐，最后与中间体 4,6-二甲氧基-2-巯基嘧啶缩合即得目的物。

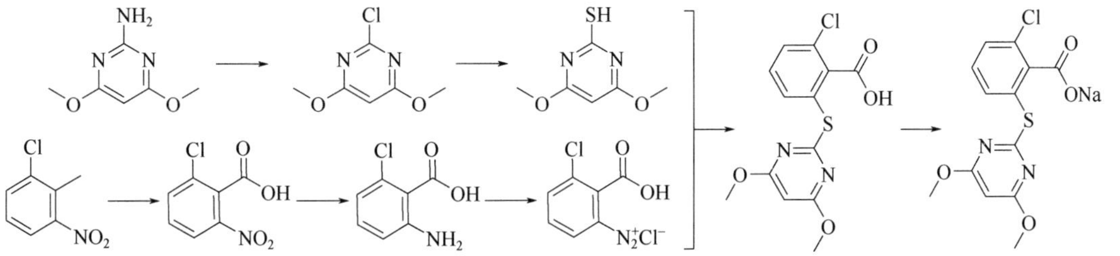

（2）以 3-氯-2-甲基-硝基苯为原料，经氧化制得羧酸，再经还原制得中间体氨基苯甲酸，最后经重氮化与中间体 2-甲基磺酰基-4,6-二甲氧基嘧啶缩合即得目的物。

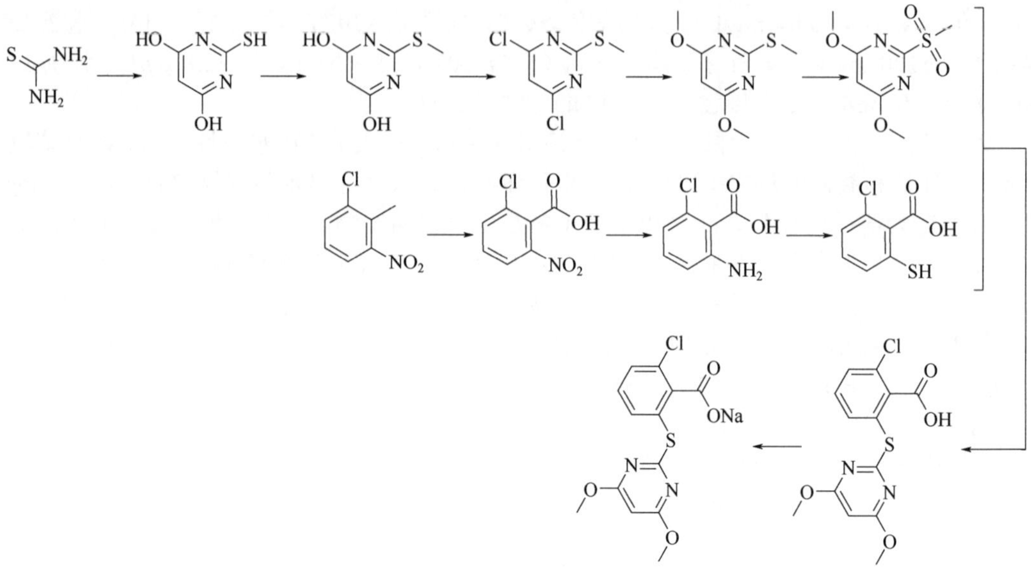

参考文献

[1] The Pesticide Manual. 17 th edition: 986-987.

[2] Proc. Br. Crop Prot. Conf.—Weeds. 1995, 1: 57.

[3] 日本农药学会志, 1996, 21(3): 293-303.

第四节

三唑并嘧啶磺酰胺类除草剂

(triazolopyrimidine sulfonamide herbicides)

一、创制经纬

三唑并嘧啶磺酰胺类除草剂是由美国道农业科学公司发现的，其研制是基于生物等排理论（bioisosteric relationship）。该公司在研究苯甲酰脲类结构时，曾成功运用生物等排理论研制了杀虫剂 **EL-131215**，并由此设想将 **EL-131215** 分子结构中的羰基换为磺酰基合成一系列结构为 **4-1** 的化合物，生测结果发现没有一个化合物具有明显的除草活性。

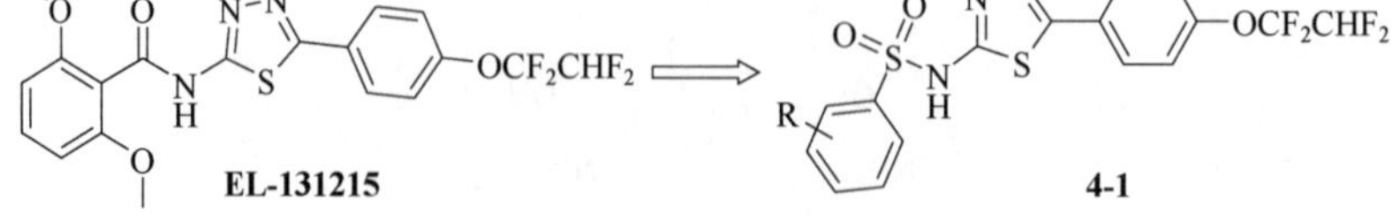

而后以磺酰脲类化合物作为先导化合物，巧妙地利用生物等排理论，成功地研制了三唑并嘧啶磺酰胺类化合物。创制经纬如下：

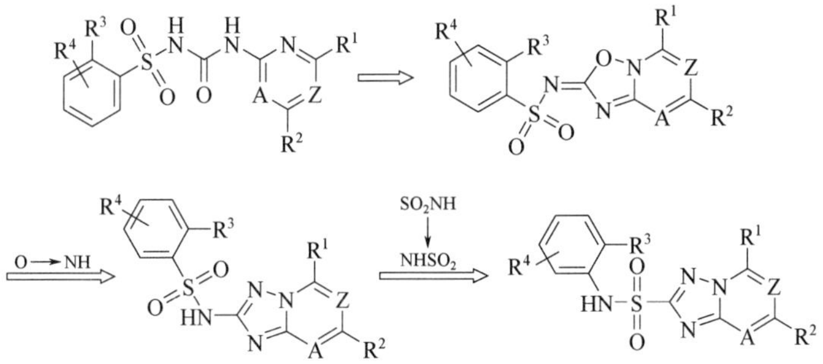

二、主要品种

三唑并嘧啶磺酰胺类除草剂现有 7 个品种，根据三唑并嘧啶的结构可分为[1,2,4]三唑并
[1,5-c]嘧啶类和[1,2,4]三唑并[1,5-a]嘧啶类两小类，其中氯酯磺草胺（cloransulam-methyl）、
双氯磺草胺（diclosulam）、双氟磺草胺（florasulam）和五氟磺草胺（penoxsulam）属于第一
小类，唑嘧磺草胺（flumetsulam）、磺草唑胺（metosulam）和啶磺草胺（pyroxsulam）属于
第二小类。根据氨基和磺酰基的位置可分为 N-三唑并嘧啶基苯（或吡啶）磺酰胺（五氟磺草
胺、啶磺草胺）和三唑并嘧啶磺酰苯胺（氯酯磺草胺、双氯磺草胺、双氟磺草胺、唑嘧磺草
胺、磺草唑胺）两类。啶磺草胺含有吡啶基团，其余品种—NHSO₂—两端连接的均是苯基和
三唑并嘧啶基团。五氟磺草胺为水稻田除草剂，其他均为旱田（大豆、玉米、小麦、大麦等）
除草剂。所有品种都是由道农业科学（Dow AgroSciences）公司开发，作用机理都是乙酰乳
酸合成酶（ALS）抑制剂。

氯酯磺草胺（cloransulam-methyl）

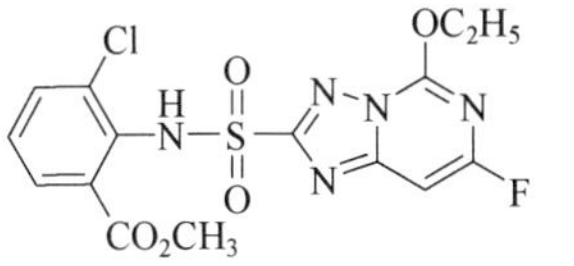

C₁₅H₁₃ClFN₅O₅S，429.8，147150-35-4，159518-97-5(酸)

氯酯磺草胺［试验代号：XDE-565，商品名称：First Rate、Pacto、Python（混剂）］是由
道农业科学（Dow AgroSciences）公司开发的三唑并嘧啶磺酰胺类除草剂。

化学名称　3-氯-2-(5-乙氧基-7-氟[1,2,4]三唑[1,5-c]嘧啶-2-基磺酰氨基)苯甲酸甲酯或 3-
氯-2-(5-乙氧基-7-氟[1,2,4]三唑[1,5-c]嘧啶-2-基磺酰基)氨基苯甲酸甲酯。英文化学名称 methyl
3-chloro-2-(5-ethoxy-7-fluoro[1,2,4]triazolo[1,5-c]pyrimidine-2-ylsulfonamido)benzoate 或 methyl
3-chloro-2-(5-ethoxy-7-fluoro[1,2,4]triazolo[1,5-c]pyrimidine-2-ylsulfonyl)anthranilate。美国化
学文摘（CA）系统名称 methyl 3-chloro-2-[(5-ethoxy-7-fluoro[1,2,4]triazolo-[1,5-c]pyrimidine-
2-yl)sulfonylamino]benzoate。CA 主题索引名称 benzoic acid—, 3-chloro-2-[[(5-ethoxy-7-fluoro
[1,2,4]triazolo[1,5-c]pyrimidin-2-yl)sulfonyl]amino]-methyl ester。

理化性质　灰白色固体，熔点 216～218℃。相对密度 1.538（20～25℃）。蒸气压 4×10⁻¹¹ mPa
（25℃）。分配系数 lgKₒw: 0.268（非缓冲溶液）、1.12（pH 5）、−0.365（pH 7）、−1.24（pH 8.5）。
pKₐ(20～25℃)=4.81。水中溶解度（mg/L，20～25℃）：3（pH 5.0）、184（pH 7.0）。有机溶

147

剂中溶解度（g/L，20～25℃）：丙酮 4.36、乙腈 5.5、二氯甲烷 6.98、乙酸乙酯 0.98、甲醇 0.47、正己烷<10、辛醇<10、甲苯 14。稳定性：水解稳定（pH 5），缓慢分解（pH 7），迅速水解（pH 9）。水中光解 DT_{50} 22 min。

毒性 大鼠急性经口 LD_{50}>5000 mg/kg。兔急性经皮 LD_{50}>2000 mg/kg，对兔皮无刺激性，对豚鼠皮肤无致敏性。大鼠急性吸入 LC_{50}（4 h）>3.77 mg/L。NOEL 数据 [mg/(kg·d)]：狗（1 年）5，雄小鼠（90 d）50。（EPA）RfD 0.1 mg/kg。微核试验及 CHO 试验均为阴性。

生态效应 山齿鹑急性经口 LD_{50}>2250 mg/kg，山齿鹑和野鸭饲喂 LC_{50}>5620 mg/L 饲料。鱼类 LC_{50}（96 h，mg/L）：虹鳟鱼>86，大翻车鱼>295。水蚤 LC_{50}（48 h）>163 mg/L，月牙藻 EC_{50} 0.00346 mg/L。其他水生生物 LC_{50}（mg/L）：（96 h）草虾>121，（48 h）东部牡蛎>111。蜜蜂 LD_{50}（接触）>25 μg/只。蚯蚓 NOEC（14 d）859 mg/kg 土。对其他有益生物无毒。

环境行为 ①动物。雌大鼠主要通过尿液排泄，雄大鼠通过尿液和粪便排泄，72 h 后在组织液中仅有<0.1%的残留。②土壤/环境。在水中迅速光解，DT_{50} 22 min（pH 7），在土壤表层光解 DT_{50} 30～70 d，在有氧土壤中降解明显 DT_{50} 9～13 d，厌氧条件下 DT_{50} 16 d。虽然氯酯磺草胺及其降解产物在土壤表面短期残留，其化学物质有可能渗入土壤及地下水，土壤 30～45 cm 中有残留。

剂型 水分散粒剂。

主要生产商 Dow AgroSciences、江苏省农用激素工程技术研究中心有限公司。

作用机理与特点 属于乙酰乳酸合成酶（ALS）抑制剂。经杂草叶片、根吸收，累积在生长点，抑制乙酰乳酸合成酶，影响蛋白质的合成，使杂草停止生长而死亡。用于大豆田茎叶喷雾，防除阔叶杂草。

应用

（1）适宜作物与安全性 大豆，在推荐剂量下使用对大豆安全。氯酯磺草胺在大豆中的半衰期小于 5 h，在阴冷潮湿的条件下施药有可能会对作物产生药害，通常条件下土壤中的微生物可对其进行降解。对后茬作物的影响：施药后间隔 3 个月可安全种植小麦和大麦；间隔 10 个月后，可安全种植玉米、高粱、花生等；间隔 22 个月以上，可安全种植甜菜、向日葵、烟草等。氯酯磺草胺对作物的安全性非常好，早期药害表现为发育不良，但对产量没有影响，后期没有明显的药害。

（2）防除对象 主要用于防除大多数重要的阔叶杂草如苘麻、豚草、三裂豚草、苍耳、裂叶牵牛、向日葵等。

（3）使用方法 苗前和苗后土壤处理用于防除阔叶杂草，为扩大杀草谱还可与其他除草剂混合施用。施药时期为大豆的一至四叶期或杂草 5～25 cm 高，使用剂量为 42～53 g (a.i.)/hm²。于鸭跖草 3～5 叶期，大豆第 1 片 3 出复叶后施药，使用药量为 25.2～31.5 g (a.i.)/hm²，施药方法为茎叶喷雾。

专利概况

专利名称 Herbicidal alkoxy-1,2,4-triazolo[1,5-c]pyrimidine-2-sulfonamides

专利号 US 5163995 优先权日 1988-05-25

专利申请人 Dow Elanco

在其他国家申请的专利 AR 247209、AU 3520889、BR 8906993、CA 1331180、CN 1039590、CN 1106010、DE 68911033、DK 20690、EP 0343752、ES 2059704、FI 92829、HU T53907、JP H03501129、KR 900701786、NZ 229200、US 5010195、WO 8911782 等。

登记情况 国内登记情况见表 3-30。

表 3-30　氯酯磺草胺在中国登记情况

登记证号	登记名称	剂型	含量	登记场所	防治对象	用药量 /[g(制剂)/亩]	施用方法	登记证持有人
PD20173087	氯酯磺草胺	水分散粒剂	40%	春大豆田	一年生阔叶杂草	4～5	茎叶喷雾	江苏省农用激素工程技术研究中心有限公司
PD20152070	氯酯磺草胺	水分散粒剂	84%	春大豆田	阔叶杂草	2～2.5	茎叶喷雾	江苏省农用激素工程技术研究中心有限公司
PD20121666	氯酯磺草胺	水分散粒剂	84%	春大豆田	阔叶杂草	2～2.5	茎叶喷雾	美国陶氏益农公司
PD20152057	氯酯磺草胺	原药	98%					江苏省农用激素工程技术研究中心有限公司
PD20121665	氯酯磺草胺	原药	97.5%					美国陶氏益农公司

合成方法　以氨基氰、丙二酸二乙酯为起始原料，经多步反应制得 2-乙氧基-4,6-二氟嘧啶。2-乙氧基-4,6-二氟嘧啶首先与水合肼反应，再与二硫化碳合环，重排、氯磺化后与取代苯胺反应，处理即得目的物。反应式如下：

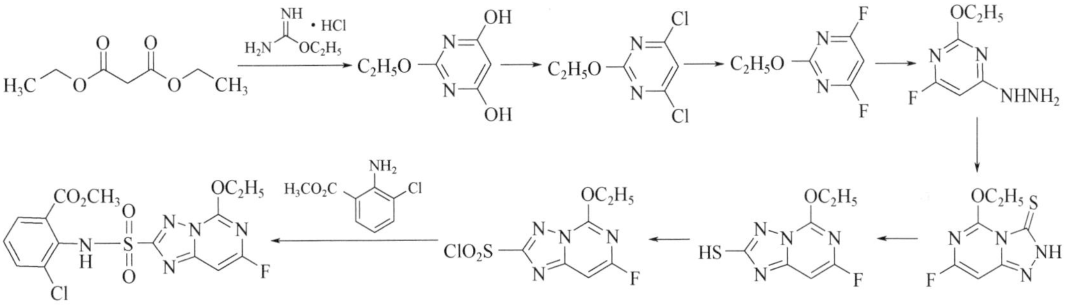

参考文献

[1] The Pesticide Manual. 17 th edition: 228-229.

[2] 张明娜, 任厚彬, 林文. 新农业, 2011(7): 52.

双氯磺草胺（diclosulam）

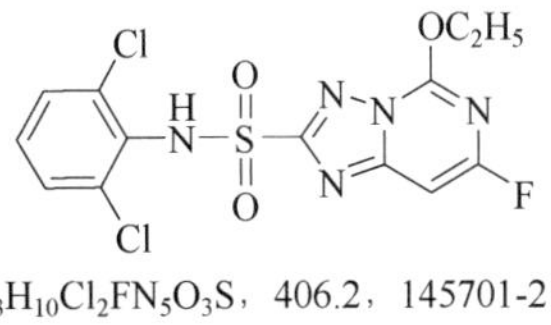

$C_{13}H_{10}Cl_2FN_5O_3S$，406.2，145701-21-9

双氯磺草胺（试验代号：DE-564、XDE-564，商品名称：Snake、Spider、Strongram）是由道农业科学（Dow AgroSciences）公司开发的三唑并嘧啶磺酰胺类除草剂。

化学名称　2',6'-二氯-5-乙氧基-7-氟[1,2,4]三唑[1,5-c]嘧啶-2-磺酰苯胺。英文化学名称

2′,6′-dichloro-5-ethoxy-7-fluoro[1,2,4]triazolo[1,5-c]pyrimidine-2-sulfonanilide。美国化学文摘（CA）系统名称 N-(2,6-dichlorophenyl)-5-ethoxy-7-fluoro[1,2,4]triazolo[1,5-c]pyrimidine-2-sulfonamide。CA 主题索引名称[1,2,4]triazolo[1,5-c]pyrimidine-2-sulfonamide—, N-(2,6-dichlorophenyl)-5-ethoxy-7-fluoro-。

理化性质 灰白色固体，熔点 218～221℃，相对密度（20～25℃）1.602。蒸气压 6.67×10^{-10} mPa（25℃）。分配系数 $\lg K_{ow}$=0.85（pH 7），pK_a(20～25℃)=4.0。水中溶解度（20～25℃）6.32 μg/L。有机溶剂中溶解度（g/L，20～25℃）：丙酮 7.97、乙腈 4.59、二氯甲烷 2.17、乙酸乙酯 1.45、甲醇 0.813、辛醇 0.0442、甲苯 0.0588。在 50℃可稳定存在 28 d。

毒性 大鼠急性经口 LD_{50}＞5000 mg/kg，大鼠急性经皮 LD_{50}＞2000 mg/kg。对豚鼠皮肤无致敏性。大鼠吸入 LC_{50}（4 h）＞5.04 mg/L。大鼠 NOEL（2 年）5 mg/(kg・d)。cRfD 0.05 mg/kg（2000）。

生态效应 山齿鹑急性经口 LD_{50}＞2250 mg/kg，山齿鹑和野鸭饲喂 LC_{50}（5 d）＞5620 mg/L。鱼类 LC_{50}（96 h，mg/L）：虹鳟鱼＞110，大翻车鱼＞137，羊头鱼＞120。水蚤 LC_{50}（48 h）72 mg/L，生命周期 NOEC 5.66 mg/L，LOEC 9.16 mg/L。藻类 EC_{50}（14 d，μg/L）：绿藻 1.6、蓝藻 83；NOEC（μg/L）：绿藻 1.6、蓝藻 561。其他水生生物 LC_{50}（96 h，mg/L）：草虾＞120。东部牡蛎＞120。浮萍 EC_{50}1.16 μg/L。蜜蜂 LD_{50}（48 h，接触）＞25 μg/只。蚯蚓 LC_{50}（14 d）＞991 mg/kg 土。对有益生物无毒或轻微毒性。

环境行为 ①动物。主要代谢方式为乙氧基的去烷基化作用和磺酰胺链的水解。②土壤/环境。主要通过微生物降解，对土壤 pH 值有微弱影响。在各种土壤中 DT_{50} 值 33～65 d，土壤吸附系数 K_{oc} 90。不会污染地下水。

制剂 水分散粒剂。

主要生产商 Dow AgroSciences、江苏省农用激素工程技术研究中心有限公司。

作用机理与特点 乙酰乳酸合成酶（ALS）抑制剂。主要活性部位在植物分生组织的叶绿体内。选择性归因于大豆和花生内的有限输导及迅速代谢成无活性物质。大豆 DT_{50} 3 h。可被杂草通过根部和茎叶快速吸收，并转移至新生长点。致死量的双氯磺草胺在分生组织内积累，组织细胞分裂，导致杂草死亡。很少量的双氯磺草胺积累在植物根部。

应用 主要用于大豆、花生田苗前、种植前土壤处理，防除阔叶杂草。对大豆、花生安全是基于其快速代谢，生成无活性化合物。其在大豆植株中半衰期为 3h。使用剂量为：大豆 26～35 g (a.i.)/hm²，花生 17.5～26 g (a.i.)/hm²。

专利概况

专利名称 Herbicidal alkoxy-1,2,4-triazolo[1,5-c]pyrimidine-2-sulfonamides

专利号 US 5163995   优先权日 1988-05-25

专利申请人 Dow Elanco

在其他国家申请的专利 AR 247209、AU 3520889、BR 8906993、CA 1331180、CN 1039590、CN 1106010、DE 68911033、DK 20690、EP 0343752、ES 2059704、FI 92829、HU T53907、JPH 03501129、KR 900701786、NZ 229200、US 5010195、WO 8911782 等。

工艺专利 CN 106905323、CN 106699764 等。

登记情况 国内登记情况如表 3-31。

表 3-31 双氯磺草胺在中国登记情况

登记证号	登记名称	剂型	含量	登记场所	防治对象	用药量/[g(制剂)/亩]	施用方法	登记证持有人
PD20181607	双氯磺草胺	原药	95%					江苏省农用激素工程技术研究中心有限公司
PD20181606	双氯磺草胺	水分散粒剂	84%	夏大豆田	一年生阔叶杂草	2～4	土壤喷雾	江苏省农用激素工程技术研究中心有限公司

合成方法 通过如下反应即得目的物：

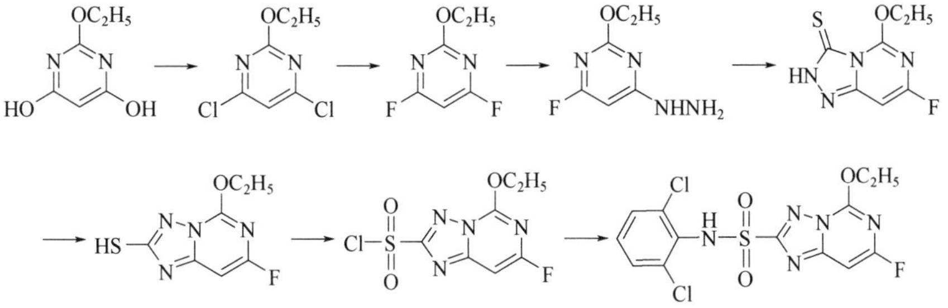

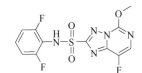

参考文献

[1] The Pesticide Manual. 17 th edition: 334-335.

双氟磺草胺（florasulam）

C₁₂H₈F₃N₅O₃S，359.3，145701-23-1

双氟磺草胺（试验代号：DE-570，商品名称：Boxer、Nikos、Primus、Frontline、PrePass、Spectrum、Axial TBC、Spitfire，其他名称：Broadsmash、EF-1343）是由道农业科学（Dow AgroSciences）公司开发的三唑并嘧啶磺酰胺类除草剂。

化学名称 2′,6′,8-三氟-5-甲氧基[1,2,4]三唑[1,5-*c*]嘧啶-2-磺酰苯胺。英文化学名称 2′,6′,8-trifluoro-5-methoxy[1,2,4]triazolo[1,5-*c*]pyrimidine-2-sulfonanilide。美国化学文摘（CA）系统名称 *N*-(2,6-difluorophenyl)-8-fluoro-5-methoxy[1,2,4]triazolo[1,5-*c*]pyrimidine-2-sulfonamide。CA 主题索引名称[1,2,4]triazolo[1,5-*c*]pyrimidine-2-sulfonamide—，*N*-(2,6-difluoro-phenyl)-8-fluoro-5-methoxy-。

理化性质 原药含量≥97%。熔点 193.5～230.5℃（分解），相对密度（20～25℃）1.53。蒸气压 0.01 mPa（25℃）。分配系数 lgK_{ow}=-1.22（pH 7.0）。Henry 常数 $4.35×10^{-7}$ Pa·m³/mol（pH 7）。pK_a(20～25℃)=4.54。水中溶解度（20～25℃，g/L）：0.084（pH 5.0）、0.121（pH 5.6～5.8）、6.36（pH 7.0）、94.2（pH 9.0）。有机溶剂中溶解度（g/L，20～25℃）：正庚烷 $1.9×10^{-5}$、二甲苯 0.227、正辛醇 0.184、二氯甲烷 3.75、甲醇 9.81、丙酮 123、乙酸乙酯 15.9、乙腈 72.1。

水解稳定性（25℃）30 d（pH 5 和 pH 7），DT_{50} 100 d（pH 9）。

毒性 大鼠急性经口 LD_{50} >6000 mg/kg，兔急性经皮 LD_{50} >2000 mg/kg。对兔的眼睛、皮肤无刺激性，对豚鼠皮肤无致敏性。急性吸入 LC_{50}（4 h）>5 mg/L。NOEL［mg/(kg·d)］：大、小鼠（90 d）100，狗（1 年）5，大鼠（2 年）10，小鼠（2 年）50。ADI/RfD（EC）0.05 mg/kg bw（2002）；（EPA）cRfD 0.05 mg/kg（2007）。遗传毒性试验和 Ames 试验均为阴性。

生态效应 鹌鹑急性经口 LD_{50} 1046 mg/kg。鹌鹑和野鸭饲喂 LC_{50}（5 d）>5000 mg/kg 饲料。鱼类 LC_{50}（96 h，mg/L）：虹鳟鱼 >96，大翻车鱼 >98。水蚤 LC_{50}（48 h）>292 mg/L，藻类 E_rC_{50}（72 h）8.94 μg/L。浮萍 EC_{50}（14 d）1.18 μg/L。蜜蜂 LD_{50}（48 h）>100 μg/只（经口和接触）。蚯蚓 LC_{50}（14 d）>1320 mg/kg。

环境行为 ①动物。口服后迅速吸收，24 h 内约 91% 通过尿液排泄，排泄物为双氟磺草胺。②土壤/环境。实验室环境下通过有氧微生物迅速降解为 5-羟基化合物，DT_{50} <5 d，DT_{90} <16 d，之后嘧啶环开环 DT_{50} 7～31 d，DT_{90} 33～102 d，其次转化为三唑-3-磺酰胺，最终转化为二氧化碳和土壤残留。在田间试验中 DT_{50} 2～18 d。水中厌氧 DT_{50} 13 d，水中需氧 DT_{50} 3 d，土壤吸附系数 K_d 0.13 mL/g（英国沙质黏土），0.33 mL/g（美国沙土），K_{oc} 2～69（平均 22）。测渗仪研究表明，无论是双氟磺草胺还是其降解产物渗透到地下水值均未超过欧盟规定值。

制剂 悬浮液、水分散粒剂、可湿性粉剂、可分散油悬浮剂等。

主要生产商 Dow AgroSciences、山东滨农科技有限公司、江苏优嘉植物保护有限公司、浙江中山化工集团股份有限公司、德州绿霸精细化工有限公司、潍坊中农联合化工有限公司、江苏省农用激素工程技术研究中心有限公司等。

作用机理与特点 乙酰乳酸合成酶（ALS）抑制剂。双氟磺草胺是三唑并嘧啶磺酰胺类超高效除草剂，双氟磺草胺是内吸传导型除草剂，可以传导至杂草全株，因而杀草彻底，不会复发。在低温下药效稳定，即使是在 2℃时仍能保证稳定药效，这一点是其他除草剂无法比拟的。用于小麦田防除阔叶杂草。双氟磺草胺杀草谱广，可防除麦田大多数阔叶杂草，包括猪殃殃（茜草科）、麦家公（紫草科）等难防杂草，并对麦田中最难防除的泽漆（大戟科）有非常好的抑制作用。

应用 双氟磺草胺主要用于苗后防除冬小麦、玉米田阔叶杂草如猪殃殃、繁缕、蓼属杂草、菊科杂草等，使用剂量为 3～10 g (a.i.)/hm^2。

冬小麦田含双氟磺草胺除草剂的施药时期及方法：

① 58 g/L 双氟·唑嘧胺悬浮剂（双氟磺草胺 25 g/L＋唑嘧磺草胺 33 g/L）。施药量（商品量/亩）：10 mL 对水 30～40 L/亩茎叶喷雾。防除杂草：播娘蒿、荠菜、繁缕等阔叶杂草。施药时期及方法：小麦出苗后杂草 3～6 叶期。

② 58 g/L 双氟·唑嘧胺悬浮剂＋50% 异丙隆（可湿性粉剂）。施药量（商品量/亩）：10 mL＋150 g 对水 30～40 L/亩，茎叶喷雾。防除杂草：猪殃殃、播娘蒿、荠菜、繁缕等阔叶杂草，看麦娘、硬草等禾本科杂草。施药时期及方法：杂草 2～4 叶期冬前施药为佳。

③ 58 g/L 双氟·唑嘧胺悬浮剂＋6.9% 精噁唑禾草灵（骠马）乳油。施药量（商品量/亩）：10 mL＋50 mL 对水 30～40 L/亩，茎叶喷雾。防除杂草：猪殃殃、播娘蒿、荠菜、繁缕等阔叶杂草；看麦娘、野燕麦等禾本科杂草。施药时期及方法：杂草 3～6 叶期。精噁唑禾草灵（骠马）在杂草 2 叶期至第 2 节出现均可施药，但以分蘖中期施药效果好，用药量随防除杂草种类而异，以看麦娘为主时，亩用 6.9% 精噁唑禾草灵乳油 40～50 mL，以野燕麦为主时，亩用

50～60 mL。土壤湿度大时用药量酌减。

专利概况

专利名称 Herbicidal alkoxy-1,2,4-triazolo[1,5-c]pyrimidine-2-sulfonamides

专利号 US 5163995 优先权日 1988-05-25

专利申请人 Dow Elanco

在其他国家申请的专利 AR 247209、AU 3520889、BR 8906993、CA 1331180、CN 1039590、CN 1106010、DE 68911033、DK 20690、EP 0343752、ES 2059704、FI 92829、HU T53907、JP H03501129、KR 900701786、NZ 229200、US 5010195、WO 8911782 等。

工艺专利 CN 111217817、CN 103509027、US 20190106428 等。

登记情况 国内登记情况：5%、50 g/L 悬乳剂，10%、25%水分散粒剂，10%可湿性粉剂，5%可分散油悬浮剂。登记场所为冬小麦田，防治对象阔叶杂草。陶氏益农公司在中国登记情况见表 3-32。

表 3-32 陶氏益农公司在中国登记情况

登记证号	农药名称	剂型	含量	登记场所	防治对象	亩用药量（制剂）	施用方法
PD20060027	双氟磺草胺	悬浮剂	50g/L	冬小麦田	阔叶杂草	5～6 mL	茎叶喷雾
PD20060026	双氟磺草胺	原药	97%				
PD20171063	双氟·滴辛酯	悬乳剂	6g/L 双氟磺草胺+453g/L 2,4-滴异辛酯	冬小麦田	阔叶杂草	40～50 mL	茎叶喷雾
PD20161266	双氟·氟氯酯	水分散粒剂	10%双氟磺草胺+10%氟氯吡啶酯	冬小麦田	一年生阔叶杂草	5～6.5 g	茎叶喷雾
PD20160931	双氟·氯氟吡	悬乳剂	0.5%双氟磺草胺+14.5%氯氟吡氧乙酸异辛酯	冬小麦田	阔叶杂草	60～80 mL	茎叶喷雾
PD20150435	2甲·双氟	悬乳剂	0.39%双氟磺草胺+42.61%2甲4氯异辛酯	小麦田	一年生阔叶杂草	60～100 mL	茎叶喷雾
PD20070112	双氟·唑嘧胺	悬浮剂	75g/L 双氟磺草胺+100g/L 唑嘧磺草胺	冬小麦田	阔叶杂草	3～4.5 mL	茎叶喷雾
PD20070111	双氟·唑嘧胺	悬浮剂	25g/L 双氟磺草胺+33g/L 唑嘧磺草胺	冬小麦田	阔叶杂草	9～14 mL	喷雾
PD20060012	双氟·滴辛酯	悬乳剂	6g/L 双氟磺草胺+453g/L 2,4-滴异辛酯	冬小麦田	阔叶杂草	30～40 mL	茎叶喷雾

合成方法 以 5-氟尿嘧啶和 2,6-二氟苯胺为起始原料，经多步反应得到：

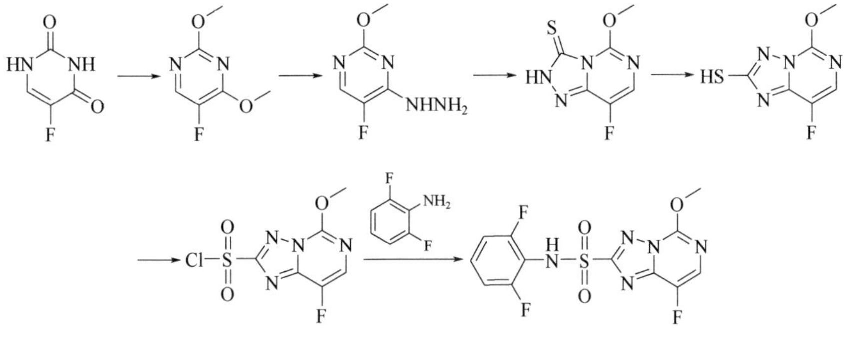

参考文献

[1] The Pesticide Manual. 17 th edition: 489-490.

[2] The BCPC Conference-Weeds, 1999, 1: 74-80.

[3] 张梅凤, 唐永军, 刘伟, 等. 今日农药, 2011(7): 28-30.

[4] 王胜得, 段湘生, 聂萍, 等. 农药科学与管理, 2010(11): 18-20.

[5] 苏少泉. 今日农药, 2001(4): 53-54.

唑嘧磺草胺（flumetsulam）

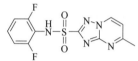

$C_{12}H_9F_2N_5O_2S$，325.3，98967-40-9

唑嘧磺草胺［试验代号：DE-498、XRD-498，商品名称：Broadstrike、阔草清、Hornet、Python（后两个为混剂），其他名称：氟草清］是由道农业科学（Dow AgroSciences）公司开发的三唑并嘧啶磺酰胺类除草剂。

化学名称 2′,6′-二氟-5-甲基[1,2,4]三唑并[1,5-*a*]嘧啶-2-磺酰苯胺。英文化学名称 2′,6′-difluoro-5-methyl[1,2,4]triazolo[1,5-*a*]pyrimidine-2-sulfonanilide。美国化学文摘（CA）系统名称 N-(2,6-difluorophenyl)-5-methyl[1,2,4]triazolo[1,5-*a*]pyrimidine-2-sulfonamide。CA 主题索引名称 1,2,4-triazolo[3,4-*b*]benzothiazole—, N-(2,6-difluorophenyl)-5-methyl-。

理化性质 灰白色无味固体，熔点 251～253℃，闪点＞93℃。相对密度 1.77（20～25℃），蒸气压 $3.7×10^{-7}$ mPa（25℃）。分配系数 lgK_{ow}=-0.68。pK_a(20～25℃)=4.6。水中溶解度：49 mg/L（pH 2.5）。有机溶剂中溶解度：微溶于丙酮、甲醇，几乎不溶于二甲苯和正己烷。水中光解 DT_{50} 6～12 个月，土壤光解 DT_{50} 3 个月。

毒性 大鼠急性经口 LD_{50}＞5000 mg/kg，兔急性经皮 LD_{50}＞2000 mg/kg。对兔眼睛有轻微刺激性，对豚鼠皮肤无致敏性。大鼠急性吸入 LC_{50}（4 h）1.2 mg/L。NOEL 数据（mg/kg bw）：小鼠＞1000，雄大鼠 500，雌大鼠 1000，狗 1000。ADI/RfD（EPA）1 mg/kg bw（1993）。对大鼠（喂饲）无致畸，Ames 试验无致突变作用。

生态效应 山齿鹑急性经口 LD_{50}＞2250 mg/L，山齿鹑和野鸭饲喂 LC_{50}（8 d）＞ 5620 mg/L。银汉鱼 LC_{50}（96 h）＞379 mg/L，对大翻车鱼、黑头鱼、水蚤等无毒。藻类 EC_{50}（5 d）：绿藻 4.9 μg/L，蓝藻 167 μg/L。虾 LC_{50}＞349 mg/L。蜜蜂 LC_{50}＞100 μg/只，NOEL 36 μg/只。蚯蚓 LC_{50}（14 d）＞950 mg/kg 土。

环境行为 ①动物。大多数哺乳动物都可以通过尿液和粪便迅速排出，且其中没有代谢产物。在母鸡的肾组织中有 5-羟基代谢产物。②植物。玉米 DT_{50} 2 h，大豆 DT_{50} 18 h，藜 DT_{50} 131 h，不同物种代谢产物不同，以 5-羟基或 5-甲氧基衍生物较为常见。③土壤/环境。唑嘧磺草胺的活性取决于土壤的 pH 值和有机质，pH 增加，有机质减少且其活性增加。土壤 DT_{50}（25℃、pH≥7、o.m.＜4%，或 pH 6～7、o.m.约 1%）≤1 个月，土壤 DT_{50}（pH 6～7、o.m. 2%～4%）1～2 个月。K_{oc} 5～182；K_d 0.05～2.4。

制剂 水分散粒剂、可分散油悬浮剂、悬浮剂。

主要生产商 Dow AgroSciences、江苏瑞邦农化股份有限公司、江苏江南农化有限公司、江苏省农用激素工程技术研究中心有限公司、山东潍坊润丰化工股份有限公司等。

作用机理与特点 乙酰乳酸合成酶（ALS）抑制剂。由于其严重的抑制作用，使植物体内支链氨基酸（亮氨酸、缬氨酸与异亮氨酸）生物合成停止，蛋白质合成受阻，生长停滞，最终死亡。唑嘧磺草胺具有很强的内吸传导性，从植物吸收药剂开始到出现受害症状，直至植物死亡是一个比较缓慢的过程。杂草吸收药剂后的症状是：叶片中脉失绿，叶脉和叶尖褪色，由心叶开始黄白化、紫化，节间变短，顶芽死亡，最终全株死亡。

应用

（1）适宜作物与安全性 大豆、玉米、小麦、大麦、豌豆、苜蓿、三叶草等。对大豆、玉米和小麦高度安全。尽管其残效期较长，但对后茬作物如大豆、玉米、小麦、大麦、豌豆、高粱、水稻、烟草、马铃薯、向日葵、苜蓿、三叶草等无不良影响，对油菜、甜菜、棉花及蔬菜等则非常敏感。其对作物的安全性主要基于降解代谢的基础。作物吸收后可快速降解代谢，使其失去活性，从而保证了作物的安全性，而敏感作物或杂草吸收后，降解代谢速度缓慢，最终导致死亡。如玉米体内唑嘧磺草胺的半衰期是 2 h，而在苘麻体内唑嘧磺草胺半衰期则大于 144 h。由于唑嘧磺草胺对大豆、玉米、小麦同时特别安全，因此特别适合用于大豆、玉米间作和玉米、小麦间作。

（2）防除对象 广谱性除草剂，能防除大多数一年生与多年生阔叶杂草，对幼龄禾本科杂草也有抑制作用，如对苘麻、藜、繁缕、刺花稔、猪殃殃、曼陀罗、反枝苋、香甘菊、野萝卜等活性优异，对蓼、地肤、龙葵、野芝麻、婆婆纳、野西瓜苗、苍耳以及风华菜、遏蓝菜等多种十字花科杂草有显著的防效，对狗尾草、铁荸荠也有良好的活性。

（3）应用技术

① 唑嘧磺草胺属超高效除草剂，单位面积用药量很低，因此用药量一定要准确。喷药时应防止雾滴飘移而伤害附近敏感作物，不宜航空喷雾。喷雾时，雾滴直径以 200～300 μm 为佳，最好用 110 扇形喷嘴，喷雾高度 40～50 cm，压力 200～350 kPa。

② 唑嘧磺草胺适用 pH 5.9～7.8、有机质 5%以下的土壤，在此条件下，唑嘧磺草胺的半衰期为 1～3 个月，一般情况下，使用后次年不伤害大豆、玉米、小麦与大麦、花生、豌豆、高粱、水稻、烟草、马铃薯、苜蓿、三叶草等多种作物，这是长残留性磺酰脲类除草剂品种豆磺隆所不能比拟的。在各种主要作物中，油菜及甜菜对唑嘧磺草胺最敏感，不要作为后茬作物种植。为提高活性，若有机质含量高于 5%，应适当增加使用剂量。土壤质地疏松、有机质含量低、低湿地水分好时用低剂量。反之用高剂量。

③ 播种前应用时，可与化肥混拌撒施，但需进行两次混土作业，第一次耙地后经 3～5 天，再进行第二次耙地混土。我国北方地区春季干旱，为避免施药时，耙地跑墒，可在秋季土壤解冻前 1 周喷药，用药量增加 20%～25%，喷药后进行耙地混土，镇压，次年春季播种大豆。

④ 茎叶处理应选择晴天、高温时喷药。播种后出苗前土表处理时，若遇干旱天气，喷药后最好浅混土，以提高药效。

⑤ 施药后一周内不宜中耕，中耕宜在两周后进行。

（4）使用方法

① 大豆 播种前、播种后出苗前以及出苗后，土壤处理或茎叶处理即喷雾均可。播种前亩用量为 3.2～4 g (a.i.)，为了扩大杀草谱（增加对一年生禾本科杂草的药效）可与氟乐灵和灭草猛混用。播种后出苗前亩用量为 2～3.2 g (a.i.)，为了扩大杀草谱可与乙草胺、异丙甲草

胺和异丙草胺等混用。出苗后亩用量为 1.3～1.67 g (a.i.)，为了扩大杀草谱可与三氟羧草醚、氟磺胺草醚和灭草松等混用，但不能与精吡氟氯禾灵、精喹禾灵混用，因混用后降低对禾本科杂草的防效。

大豆田混用每公顷药量如下：80%唑嘧磺草胺 60 g 加 90%乙草胺乳油 1.6～2.5 L 或 72%异丙甲草胺 1.5～3.5 L 或 72%异丙草胺 1.5～3.5 L。80%唑嘧磺草胺 24～30 g 加 72%异丙甲草胺 1.5～3.0 L 加 50%丙炔氟草胺 60～90 g。80%唑嘧磺草胺 24～30 g 加 90%乙草胺乳油 1.2～1.9 L 加 48%异噁草酮 600～700 mL。

② 玉米　播种后出苗前亩用量为 2～3.2 g (a.i.)，为了扩大杀草谱可与乙草胺、异丙甲草胺和异丙草胺等混用（混用用量与大豆田相同）。茎叶处理亩用量为 1.3～2 g (a.i.)。

③ 小麦与大麦　三叶期至分蘖末期茎叶喷雾，亩用量为 1.2～1.6 g (a.i.)。用以防除繁缕、牛繁缕、猪殃殃、荠菜、碎米荠、大巢菜、野薄荷等杂草。加植物油或非离子型表面活性剂可增加药效。亦可与氟草烟混用，增加对巢菜、野豌豆、卷茎蓼、田旋花等杂草的防效。如需兼防禾本科杂草，也可与精噁唑禾草灵（加解毒剂）等禾本科除草剂混用。

④ 豌豆　2～6 节期茎叶喷雾，亩用量为 1.67 g (a.i.)。

⑤ 苜蓿与三叶草（草坪）　2～3 片复叶喷雾，亩用量为 1.67 g (a.i.)。

秋施技术与方法：唑嘧磺草胺与其他除草剂混用秋施是防除农田杂草的有效措施，比春施对大豆、玉米安全，药效好，特别是对难防的杂草，如苘麻、鸭跖草、苍耳等更有效，比春施增产 5%～10%。秋施药同秋施肥、秋起垄、大豆三垄栽培、玉米大双复相配套新技术等结合在一起，效果更佳。

唑嘧磺草胺秋施药配方同上，用量比春施增加 10%。施药时间秋季 9 月中下旬气温降到 10℃以下即可施药，最好在 10 月中下旬气温降到 5℃以下至封冻前施药。

秋施方法：施药前土壤达到播种状态，地表无大土块和植物残株，不可将施药后的混土耙地代替施药前的整地。作业中要严格遵守操作规程：施药要均匀，施药前要把喷雾器调整好，使其达到流量准确，雾化良好，喷洒均匀。混土要彻底：混土采用以双列圆盘耙，耙深 10～15 cm，机车速度 6 km/h 以上，地要先顺耙一遍，再以同第一遍成垂直方向再耙一遍，耙深与第一遍相同，耙后可起垄，不要把无药土层翻上来。此方法可有效地防除鸭跖草。

专利概况

专利名称　Substituted 1,2,4-triazolo[1,5-*a*]pyrimidine-2-sulfonamides and compositions and methods of controlling undesired vegetation and suppressing the nitrification of ammonium nitrogen in soil

专利号　EP 142152　　　　　优先权日　1983-11-14

专利申请人　Dow Chemical Co.

在其他国家申请的专利　AR 244230、AT 102181、AU 2290088、BR 8405797、CA 1232276、DE 19775042、DK 541384、EP 330137、GB 2149792、IL 73486、JP S60116684、NZ 210192、US 4740233、US 4741764、US 4755212 等。

工艺专利　US 4910306、US 4988812 等。

登记情况　10%悬浮剂，80%水分散粒剂，登记作物小麦、玉米、大豆，防治对象阔叶杂草。美国陶氏益农公司在中国登记情况见表 3-33。

表 3-33　美国陶氏益农公司在中国登记情况

登记证号	农药名称	剂型	含量	登记场所	防治对象	亩用药量（制剂）	施用方法
PD20070359	唑嘧磺草胺	水分散粒剂	80%	春玉米田	阔叶杂草	3.75～5 g	土壤喷雾
				大豆田	阔叶杂草	3.75～5 g	土壤喷雾
				冬小麦田	阔叶杂草	1.67～2.5 g	茎叶喷雾
				夏玉米田	阔叶杂草	2～4 g	土壤喷雾
PD20070112	双氟·唑嘧胺	悬浮剂	75g/L 双氟磺草胺+100g/L 唑嘧磺草胺	冬小麦田	阔叶杂草	3～4.5 mL	茎叶喷雾
PD20070111	双氟·唑嘧胺	悬浮剂	25g/L 双氟磺草胺+33g/L 唑嘧磺草胺	冬小麦田	阔叶杂草	9～14 mL	喷雾
PD20070358	唑嘧磺草胺	原药	97%				

合成方法　唑嘧磺草胺的合成方法主要有三种，主要原料为硫代氨基脲、溴化氰、甲酸甲酯和2,6-二氟苯腈：

方法1：以5-氨基-巯基三唑为起始原料，经酰胺化、氯磺化，再与2,6-二氟苯胺反应，在氢氧化钠水溶液中去保护，最后与4,4-二甲氧基-2-丁酮或4-甲氧基-3-丁烯-2 酮合环即得目的物。反应式如下：

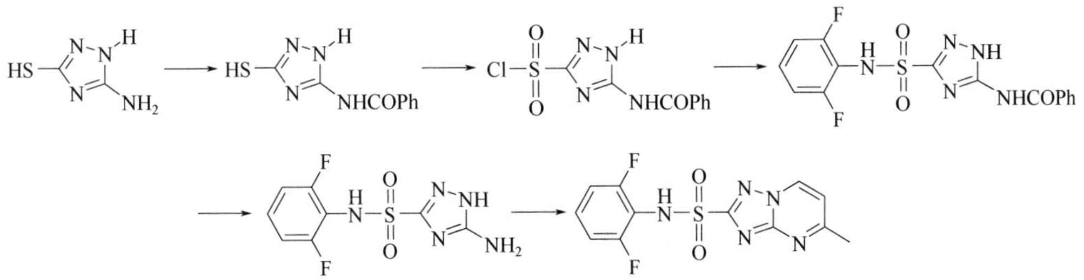

方法2：以5-氨基-巯基三唑为起始原料，首先经氧化，与4,4-二甲氧基-2-丁酮或4-甲氧基-3-丁烯-2-酮反应，再经氯磺化，最后与 2,6-二氟苯胺反应，处理得目的物。反应式如下：

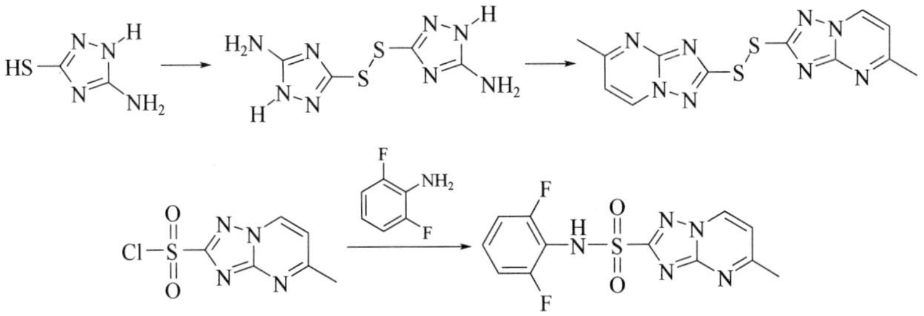

方法3：以5-氨基-巯基三唑为起始原料，首先经氧化、氯磺化，再与2,6-二氟苯胺反应，最后与4,4-二甲氧基-2-丁酮或4-甲氧基-3-丁烯-2-酮反应，处理得目的物。反应式如下：

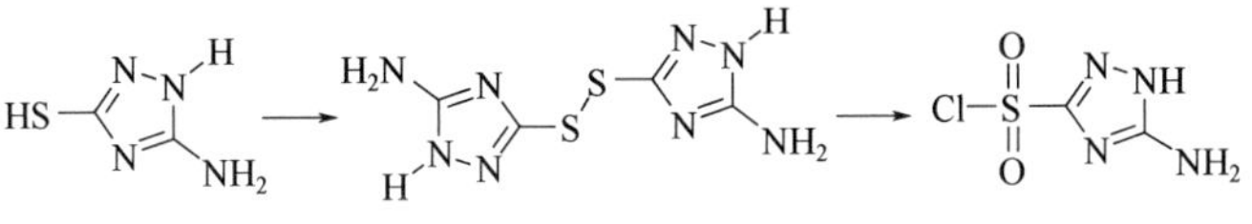

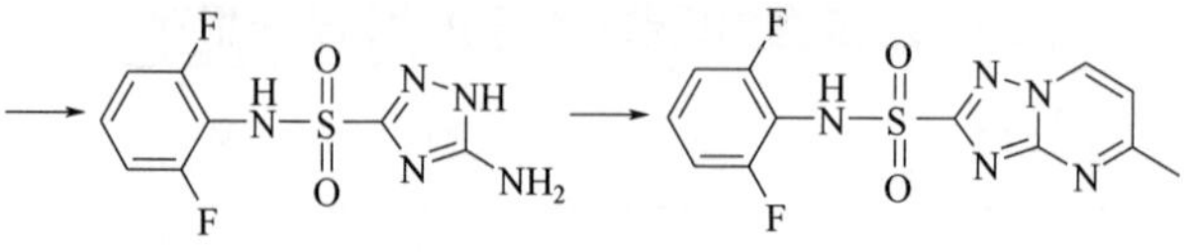

中间体 5-氨基-3-巯基-1,2,4-三唑的合成：

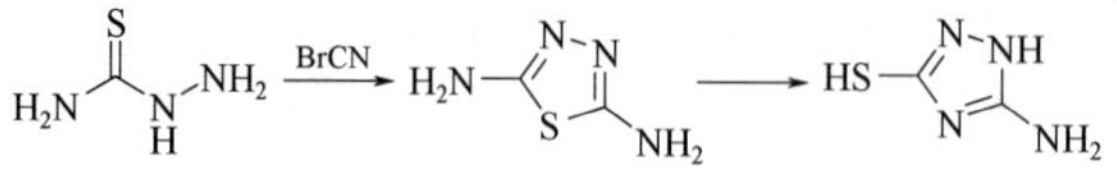

中间体 4,4-二甲氧基-2-丁酮或 4-甲氧基-3-丁烯-2-酮的合成：

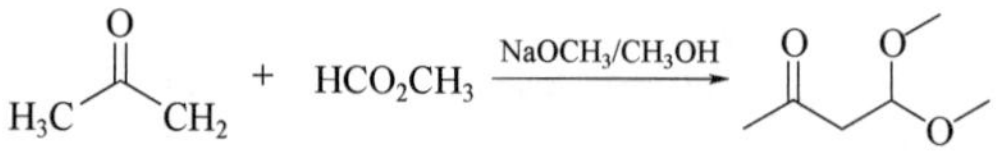

或

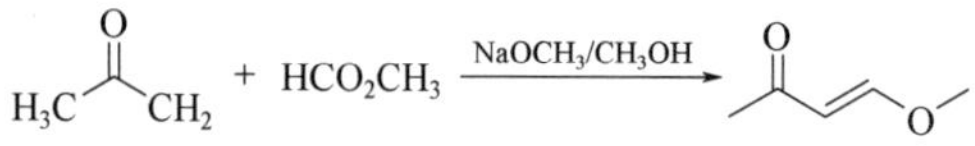

中间体 2,6-二氟苯胺的合成：

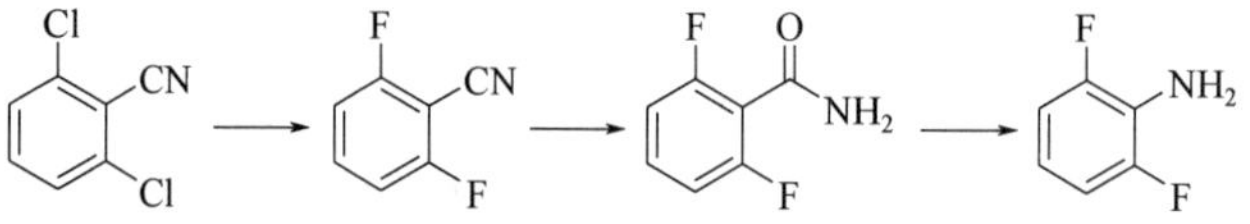

参考文献

[1] The Pesticide Manual. 17 th edition: 512-513.

[2] 苏少泉. 农药译丛, 1993(3): 60-62.

磺草唑胺（metosulam）

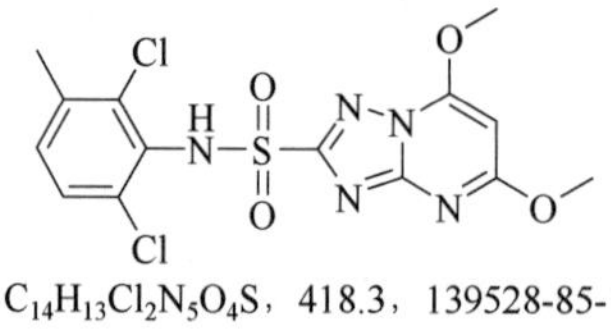

$C_{14}H_{13}Cl_2N_5O_4S$，418.3，139528-85-1

磺草唑胺（试验代号：DE 511、XDE 511、XRD 511，商品名称：Sinal，其他名称：甲氧磺草胺）是由道农业科学（Dow AgroSciences)公司开发的三唑并嘧啶磺酰胺类除草剂，于2001 年转让给了拜耳公司。

化学名称　2′,6′-二氯-5,7-二甲氧基-3′-甲基[1,2,4]三唑并[1,5-a]嘧啶-2-磺酰苯胺。英文化学名称 2′,6′-dichloro-5,7-dimethoxy-3′-methyl[1,2,4]triazolo[1,5-a]pyrimidine-2-sulfonanilide。美国化学文摘（CA）系统名称 N-(2,6-dichloro-3-methylphenyl)-5,7-dimethoxy[1,2,4]triazolo[1,5-a]pyrimidine-2-sulfonamide。CA 主题索引名称[1,2,4]triazolo[1,5-a]pyrimidine-2-sulfona-mide—, N-(2,6-dichloro-3-methylphenyl)-5,7-dimethoxy-。

理化性质　乳白至棕色固体，熔点 210～211.5℃。相对密度 1.49（20～25℃），蒸气压 $4×10^{-10}$ mPa（20℃）。分配系数 lgK_{ow}: 1.8（pH 4）、0.2（pH 7）、−1.1（pH 9）。Henry 常数 8×

10^{-13} Pa・m^3/mol。pK_a(20～25℃)=4.8。水中溶解度为（mg/L，20～25℃）：200（蒸馏水，pH 7.5）、100（pH 5.0）、700（pH 7.0）、5600（pH 9.0）。有机溶剂中溶解度（g/L，20～25℃）：丙酮、乙腈、二氯甲烷＞0.5，正辛醇、正己烷、甲苯＜0.2。正常储存条件下稳定，高于熔点分解，光解 DT_{50}140 d。在正常范围下不水解。

毒性　大、小鼠急性经口 LD_{50}＞5000 mg/kg，兔急性经皮 LD_{50}＞2000 mg/kg。对豚鼠皮肤无致敏性。大鼠急性吸入 LC_{50}（4 h）＞1.9 mg/L。NOEL［mg/(kg・d)］：大鼠（2 年）5，小鼠（1.5 年）1000。ADI/RfD（BfR）0.01 mg/kg。

生态效应　山齿鹑和野鸭急性经口 LD_{50}＞2000 mg/kg。虹鳟鱼、大翻车鱼、黑头鱼 LC_{50}（96 h）＞原药最大溶解量。溞类 LC_{50}（48 h）＞最大溶解量。绿藻 LC_{50}（72 h）75 μg/L。蜜蜂 LD_{50}（48 h，μg/只）：经口＞50，接触＞100。蚯蚓 LC_{50}（14 d）＞1000 mg/kg。

环境行为　①动物。经口摄入磺草唑胺后迅速吸收，DT_{50}＜1 h，在啮齿动物体内广泛代谢，狗体内代谢较少，尿液中代谢产物为 3-羟基（脂肪氧化）和 5-羟基（邻甲基）（DT_{50}啮齿动物 54～60 h，狗 73 h）。人类和大鼠体外经皮吸收非常低（＜1%，24 h）。②植物。小麦叶面喷施吸收较差（＜5%）所以残留积累很少。代谢通过甲基环的羟基化，得到 3-羟甲基代谢物及其配糖，这是其母体分子中的唯一主产。前 14 d 的主要组成部分是母体化合物，之后迅速下降。③土壤/环境。实验室好氧条件 DT_{50}平均值 6 d（4 种土壤），20℃，40%含水量。田间试验 0～10 cm 土壤 DT_{50}平均值 25 d。磺草唑胺通过 5-和 7-羟基类似物代谢为 N-(2,6-二氯-3-甲基苯基)-1H-1,2,4-三唑-3-磺酰胺和二氧化碳。平均土壤吸附系数（9 种土壤）K_{oc}＜500。磺草唑胺可被杂草通过根部和茎叶快速吸收，而发挥作用。使用蒸发记录器检测显示，连续两年以使用剂量 25 g (a.i.)/hm^2 处理后的渗透液中没有成分＞0.1 μg/L 的组分。

制剂　悬浮剂、悬乳剂、水分散粒剂等。

主要生产商　Bayer CropScience、Dow AgroSciences。

作用机理与特点　ALS 或 AHAS 抑制剂。对小麦安全是基于其快速代谢，生成无活性化合物。

应用

（1）适宜作物与安全性　玉米、小麦、大麦、黑麦等，在推荐剂量下使用对作物安全。

（2）防除对象　大多数重要的阔叶杂草如猪殃殃、繁缕、藜、西风古、龙葵、蓼等。

（3）使用方法　磺草唑胺苗后用于小麦、大麦、黑麦田中大多数重要的阔叶杂草如猪殃殃、繁缕等，使用剂量为 5～10 g (a.i)/hm^2［亩用量为 0.33～0.67 g (a.i.)］。苗前和苗后使用可防除玉米田中大多数重要的阔叶杂草如藜、西风古、龙葵、蓼等，使用剂量为 20～30 g (a.i)/hm^2［亩用量为 1.33～2.0 g (a.i.)］。

专利概述

专利名称　Substituted 1,2,4-triazolo[1,5-a]pyrimidine-2-sulfonamides,compositions containing them, and their utility as herbicides

专利号　US 4818273　　　　优先权日　1983-11-14

专利申请人　Dow Chemical Co.。

合成方法　以巯基三唑为起始原料，经如下反应即得目的物：

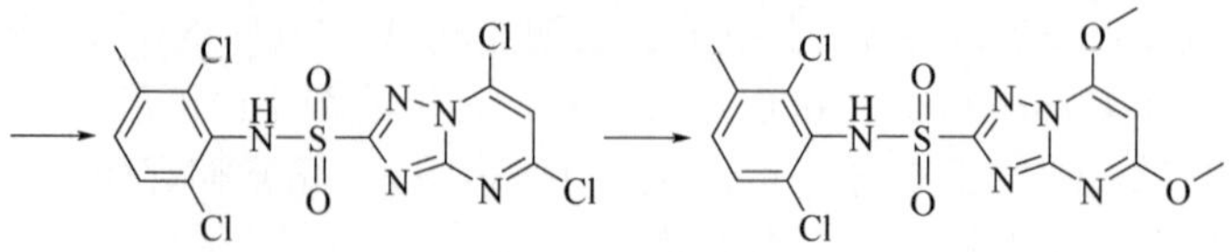

或经如下反应即得目的物：

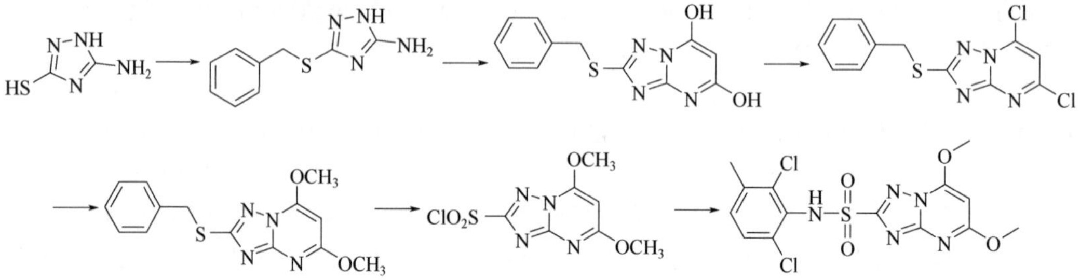

参考文献

[1] The Pesticide Manual. 17 th edition: 765-766.

[2] 张荣，钱旭红，宋恭华，等. 农药译丛，1997(4): 28.

五氟磺草胺（penoxsulam）

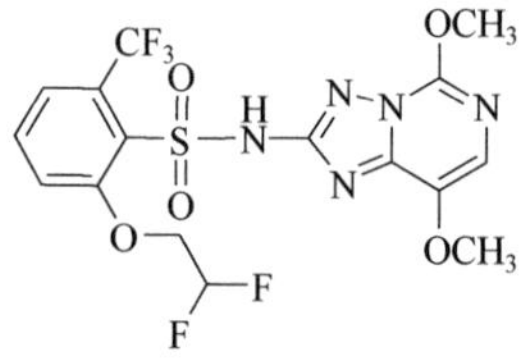

$C_{16}H_{14}F_5N_5O_5S$，483.4，219714-96-2

五氟磺草胺（试验代号：DASH-001、DASH-1100、DE-638、X638177、XDE-638、XR-638，商品名称：Granite、Viper、Topshot、稻杰）是由道农业科学（Dow AgroSciences）公司开发的三唑并嘧啶磺酰胺类除草剂。2004 年在土耳其首次登记销售。

化学名称　3-(2,2-二氟乙氧基)-N-(5,8-二甲氧基[1,2,4]三唑[1,5-c]嘧啶-2-基)-α,α,α-三氟甲苯基-2-磺酰胺。英文化学名称 3-(2,2-difluoroethoxy)-N-(5,8-dimethoxy-[1,2,4]triazolo[1,5-c]pyrimidin-2-yl)-α,α,α-trifluorotoluene-2-sulfonamide。美国化学文摘（CA）系统名称 2-(2,2-difluoroethoxy)-N-(5,8-dimethoxy[1,2,4]triazolo[1,5-c]pyrimidin-2-yl)-6-(trifluoromethyl)benzenesulfonamide。CA 主题索引名称 benzenesulfonamide—，2-(2,2-difluoroethoxy)-N-(5,8-dimethoxy[1,2,4]triazolo[1,5-c]pyrimidin-2-yl)-6-(trifluoromethyl)-。

理化性质　原药纯度98%。灰白色固体，有发霉气味。熔点212℃，相对密度1.61（20～25℃）。蒸气压 9.55×10^{-11} mPa（25℃）。分配系数 lgK_{ow}=-0.354。pK_a(20～25℃)=5.1。水中溶解度（mg/L，20～25℃）：4.9（蒸馏水）、5.66（pH 5）、408（pH 7）、1460（pH 9）。有机溶剂中溶解度（g/L，20～25℃）：丙酮20.3、甲醇1.48、辛醇0.035、DMSO 78.4、NMP 40.3、1,2-二氯乙烷1.99、乙腈15.3。水解稳定，光解 DT$_{50}$ 2 d。储存稳定性＞2 年。

毒性　对大鼠急性经口 LD$_{50}$＞5000 mg/kg，对兔急性经皮 LD$_{50}$＞5000 mg/kg，对兔眼睛中度刺激，对皮肤有轻微刺激性。对豚鼠皮肤无致敏性。大鼠急性吸入 LC$_{50}$＞3.5 mg/L，

NOEL 值［mg/(kg•d)］：大鼠 500（孕鼠），1000（胚胎胎儿）。（EPA）cRfD 0.147 mg/kg bw（2004）。在 Ames、CHO-HGPRT、微核试验及淋巴瘤细胞试验上均无致突变性。

生态效应　鸟类（LD_{50}，mg/kg bw）：野鸭>2000，山齿鹑>2025。饲喂 LC_{50}（mg/L，8 d）：野鸭>4310，山齿鹑>4411。鱼类 LC_{50}（mg/L，96 h）：鲤鱼>101，大翻车鱼>103，虹鳟鱼>102，银汉鱼>129。黑头鱼 NOEC（36 d）10.2 mg/L。水蚤 EC_{50}（24 h 和 48 h）>98.3 mg/L。藻类 EC_{50}（mg/L）：淡水硅藻>49.6，蓝藻 0.49（120 h）；淡水绿藻 0.086（96 h）。浮萍 EC_{50}（14 d）0.003 mg/L。蜜蜂 LD_{50}（48 h，μg/只）：经口>110，接触>100。蚯蚓 LC_{50}（7 d 和 14 d）>1000 mg/kg。其他有益生物 LR_{50}（温室试验，g/hm^2）：捕食螨 7.46，寄生蜂和绿草蛉>40。扩展实验室测试（40 g/hm^2）：捕食螨死亡率 0%，繁殖力的影响 8.2%；寄生蜂死亡率 0%，繁殖力的影响 26%。土壤微生物 NOEC>500 g/hm^2。

环境行为　①动物。迅速排出体外，在体内几乎无积累。②植物。温室植物苗后喷施，DT_{50}：籼稻 0.6 d，粳稻 1.4 d，稗草 4.4 d。五氟磺草胺首先代谢为 5-羟基衍生物，在收获的水稻中未发现其残留物（检测限 0.002 mg/kg）。③土壤/环境。在水中降解主要通过光解和生物降解，水中光解 DT_{50} 2 d，土壤光解 DT_{50} 19 d。全球条件下，水播稻田条件 DT_{50}（平均）14.6 d（13～16 d）。旱播稻田条件 DT_{50}（平均）14.6 d（13～16 d）。欧盟水播稻田野外条件 DT_{50}（平均）5.9 d（5.6～6.1 d）。土壤中主要通过微生物降解，实验室 DT_{50}：（有氧，20℃）32 d（22～58 d），（厌氧，20℃）6.6 d。无论是在水或在陆地环境中移动性均很强，但不能长久存在，共能产生 11 个主要降解产物，其中一些比五氟磺草胺存在更持久。

制剂　可分散油悬浮剂、颗粒剂、悬浮剂。

主要生产商　Dow AgroSciences、德州绿霸精细化工有限公司、江苏辉丰生物农业股份有限公司、江苏省常熟市农药厂有限公司、江苏省农药研究所股份有限公司、江苏省农用激素工程技术研究中心有限公司、江苏省激素研究所股份有限公司、美国默赛技术公司、山东海利尔化工有限公司、潍坊中农联合化工有限公司等。

作用机理与特点　乙酰乳酸合成酶抑制剂。药剂呈现较慢，需一定时间杂草才逐渐死亡。传导型除草剂，经茎叶、幼芽及根系吸收，通过木质部和韧皮部传导至分生组织，抑制植株生长，使生长点失绿，处理后 7～14 d 顶芽变红、坏死，2～4 周植株死亡。

应用

（1）适宜作物与安全性　五氟磺草胺适用于水稻的旱直播田、水直播田、秧田以及抛秧、插秧栽培田。五氟磺草胺对水稻十分安全，2005 年与 2006 年在美国对 10 个水稻品种于 2～3 叶期以 70 g (a.i.)/hm^2 剂量喷施，结果无论是稻株高度、抽穗期及产量均无明显差异，此表明所有品种均有较强抗耐性。当超高剂量时，早期对水稻根部的生长有一定的抑制作用，但迅速恢复，不影响产量。

（2）防除对象　可有效防除稗草（包括对敌稗、二氯喹啉酸及抗乙酰辅酶 A 羧化酶具抗性的稗草）、千金子以及一年生莎草科杂草，并对众多阔叶杂草有效，如沼生异蕊花（*Heteranthera limosa*）、鳢肠（*Eclipta prostrata*）、田菁（*Sesbania exalta*）、竹节花（*Commelina diffusa*）、鸭舌草（*Monochoria vaginalis*）等。持效期长达 30～60 d，一次用药能基本控制全季杂草危害。同时，其亦可防除稻田中抗苄嘧磺隆杂草，且对许多阔叶及莎草科杂草与稗草等具有残留活性，但对千金子杂草无效，如需防治，可与氰氟草酯混用。为目前稻田用除草剂中杀草谱最广的品种。

（3）使用方法　用量为 15～30 g (a.i.)/hm^2。旱直播田于芽前或灌水后，水直播田于苗后早期应用；插秧栽培则在插秧后 5～7 d 施药。施药方式可采用喷雾或拌土处理。

专利概况

专利名称　*N*-([1,2,4] triazoloazinyl)benzenesulfonamide and pyridinesulfonamide compounds and their use as herbicides

专利号　US 5858924　　　　　　优先权日　1996-09-24

专利申请人　Dow AgroSciences LLC

在其他国家申请的专利　AR 012020、AU 4736397、BG 102478、BR 9706774、CA 2238316、CN 1206416、CN 1397551、DE 69705821、EA 199800478、EP 0877745、HU 0002072、JP 2000501431、JP 2009057384、KR 19990071559、PL 327108、TR 199800906、US 5965490、US 6005108、US 6130335、WO 9813367 等。

工艺专利　CN 108148067、CN 107602567、WO 2018082456、CN 107021966、WO 2016141548、CN 104402890、CN 103724353、CN 102020647。

登记情况　国内登记情况：5%、10%、20%、25%、25 g/L 可分散油悬浮剂，10%、22%悬浮剂，0.3%、0.12%颗粒剂等。登记场所为水稻田、水稻秧田，防治对象为一年生杂草。美国陶氏益农公司在中国登记情况见表 3-34。

表 3-34　美国陶氏益农公司在中国登记情况

登记证号	农药名称	剂型	含量	登记场所	防治对象	用药量 /[mL(制剂)/亩]	施用方法	登记证持有人
PD20181430	五氟磺草胺	悬浮剂	22%	水稻移栽田	一年生杂草	5～9	茎叶喷雾	陶氏益农农业科技（江苏）有限公司
				水稻移栽田		8～10	药土法	
PD20170671	五氟磺草胺	可分散油悬浮剂	25 g/L	抛秧、移栽、直播水稻田		40～80	茎叶喷雾	陶氏益农农业科技（江苏）有限公司
PD20150818	五氟磺草胺	悬浮剂	22%	水稻移栽田		①5～9；②8～10	①茎叶喷雾；②药土法	美国陶氏益农公司
PD20070350	五氟磺草胺	可分散油悬浮剂	25 g/L	水稻田		①稗草 2～3 叶期 40～80；②稗草 2～3 叶期 60～100	①茎叶喷雾；②毒土法	美国陶氏益农公司
				水稻秧田		33～47	茎叶喷雾	
PD20070349	五氟磺草胺	原药	98%					美国陶氏益农公司

合成方法　通过如下反应即得目的物。

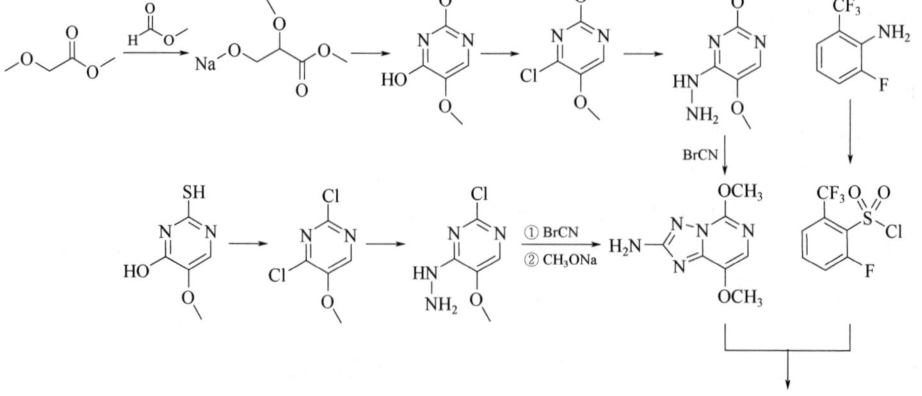

参考文献

[1] The Pesticide Manual. 17 th edition: 851-853.

[2] 曹燕蕾. 现代农药, 2006, 5(6): 32-34.

[3] 苏少泉. 世界农药, 2008(5): 48-49.

啶磺草胺（pyroxsulam）

$C_{14}H_{13}F_3N_6O_5S$，434.4，422556-08-9

啶磺草胺［试验代号：DE-742、XDE-742、XR-742、X666742，商品名称：Crusader、Simplicity、PowerFlex（混剂）、优先、咏麦等，其他名称：甲氧磺草胺等］是由 Dow AgroSciences 开发的三唑并嘧啶磺酰胺类除草剂。

化学名称　N-(5,7-二甲氧基[1,2,4]三唑并[1,5-a]嘧啶-2-基)-2-甲氧基-4-三氟甲基吡啶-3-磺酰胺。英文化学名称　N-(5,7-dimethoxy[1,2,4]triazolo[1,5-a]pyrimidin-2-yl)-2-methoxy-4-(trifluoromethyl)pyridine-3-sulfonamide。美国化学文摘（CA）系统名称　N-(5,7-dimethoxy[1,2,4]triazolo[1,5-a]pyrimidin-2-yl)-2-methoxy-4-(trifluoromethyl)-3-pyridinesulfonamide。CA 主题索引名称　3-pyridinesulfonamide—，N-(5,7-dimethoxy[1,2,4]triazolo[1,5-a]pyrimidin-2-yl)-2-methoxy-4-(trifluoromethyl)-。

理化性质　无色晶体，熔点 208℃（分解）。蒸气压＜1×10⁻⁴ mPa（20℃）。相对密度（20～25℃）1.618。分配系数 lgK_{ow}: 1.08（pH 4）、−1.01（pH 7）、−1.60（pH 9）。Henry 常数＜1.36×10⁻⁸ Pa·m³/mol（pH 7）。pK_a(20～25℃)=4.67。水中溶解度（g/L，20～25℃）：蒸馏水 0.0626、0.0164（pH 4）、3.20（pH 7）、13.7（pH 9）。有机溶剂中溶解度（g/L，20～25℃）：甲醇 1.01、丙酮 2.79、乙酸乙酯 2.17、1,2-二氯乙烷 3.94、辛醇 0.0730、二甲苯 0.0352、正庚烷＜0.0011。pH 5、7 和 9 时在 25℃水中稳定，水中光解 DT₅₀ 3.2 d。

毒性　大鼠急性经口 LD₅₀＞2000 mg/kg；大鼠急性经皮 LD₅₀＞2000 mg/kg；对兔眼睛和皮肤无刺激。对豚鼠皮肤无致敏性。大鼠吸入 LC₅₀＞5.1 mg/L。NOEL（mg/kg 体重）：雄性小鼠 NOAEL（致癌性）100，兔子致畸性 NOAEL 300（最高测量剂量）。Ames、CHO/HGPRT、rLCAT（recombinant lecithin-cholesterol acyltransferase）以及大鼠微核试验均为阴性，无致癌性、致畸性、致突变、无神经毒性和生殖毒性。

生态效应　山齿鹑和野鸭急性经口 LD₅₀＞2000 mg/kg 体重，山齿鹑和野鸭饲喂 LC₅₀＞5000 mg/L。鱼类 LC₅₀（96 h，mg/L）：虹鳟鱼＞87，黑头呆鱼＞94.4；黑头呆鱼 NOEC（40 d）≥10.1 mg/L。水蚤 EC₅₀（48 h）＞100 mg/L。藻类 EC₅₀（mg/L）：羊角月牙藻 0.135（96 h），鱼腥藻 11、骨条藻 13.1、舟形藻 6.8（120 h）。浮萍 EC₅₀（7 d）0.00257 mg/L。蜜蜂 LD₅₀（48 h，μg/只）：经口＞107，接触＞100。蚯蚓 LC₅₀（14 d）＞10000 mg/kg 土。

环境行为 ①动物。大鼠口服后在 24 h 内迅速吸收，并通过尿液和粪便排出体外。检测到啶磺草胺和 2'-去甲基代谢物。在畜类产品中残留只有啶磺草胺。②植物。在小麦和轮作作物代谢物中仅有啶磺草胺。③土壤/环境。土壤降解主要是需氧的微生物代谢，平均 DT_{50}：（实验室）3 d，（田间）13 d。在土壤中无光解。K_d 0.06～1.853 mL/g（平均 0.51 mL/g），K_{oc} 2～129 mL/g（平均 30 mL/g）；啶磺草胺在土中具有弱至中等吸附，然而田间耗散的研究显示其在土壤剖面运动有限。在水里代谢途径是光解和需氧微生物降解；光解 DT_{50} 3.2 d，有氧微生物降解 DT_{50} 18 d。

制剂 水分散粒剂、可分散油悬浮剂。

主要生产商 Dow AgroSciences。

作用机理与特点 ALS 或 AHAS 抑制剂。具内吸性，韧皮部和木质部传导除草剂，通过叶、茎和根吸收。症状包括发育迟缓和萎黄、坏死和死亡。

应用

（1）适用作物 春季和冬季小麦，冬季黑麦。

（2）防治对象 一年生禾本科和阔叶杂草。

（3）应用技术 啶磺草胺对日本看麦娘、看麦娘等小麦田多种常见禾本科杂草及荠菜、野老鹳草、繁缕等多种阔叶杂草有良好防效，无论是冬前药用还是春季化除时用药，均不需要依草龄的增大而增加药量。每公顷用药量 10.55～14.06 g，约合每亩用制剂 9.4～12.5 g。该药在低温期也能使用。需要注意的是，啶磺草胺对麦苗生长有一定的抑制作用，施药后麦苗可能出现轻度叶片发黄和蹲苗现象（正常施药条件下一般能较快恢复），生产上不要随意增加用药量，或者盲目减少用水量，喷施高浓度药液，否则可能发生较重药害，使麦苗在较长时间内不能恢复。在麦苗瘦弱或受霜冻、渍害等危害而生长不良时，也不要使用该药，否则也可能加重药害。生产上应严格按产品使用说明用药，掌握适宜的用药量和加水量，一般不要超过其最高限量施药。

专利概况

专利名称 Preparation of *N*-(5,7-dimethoxy[1,2,4]triazolo[1,5-*a*]pyrimidin-2-yl) arylsulfonamides as herbicides

专利号 WO 2002036595　　　　　优先权日 2000-11-3

专利申请人 Dow AgroSciences LLC

在其他国家申请的专利 AT 260917、AU 2002027180、BG 106900、BR 2001007403、CA 2395050、CN 1262552、CZ 300942、EA 4941、EP 1242425、ES 2213124、HU 2002004346、IL 150493、JP 2004513129、PT 1242425、RO 121339、SK 286484、US 20020111361 等。

工艺专利 US 20050215570、CN 108892671 等。

登记情况 国内登记情况见表 3-35。

表 3-35　啶磺草胺在中国登记情况

登记证号	农药名称	剂型	含量	登记场所	防治对象	亩用药量（制剂）	施用方法	登记证持有人
PD20181254	啶磺·氟氯酯	水分散粒剂	5%氟氯吡啶酯+15%啶磺草胺	小麦田	一年生杂草	5～6.7g	茎叶喷雾	美国陶氏益农公司
PD20171919	啶磺草胺	可分散油悬浮剂	4%	小麦田	一年生杂草	15～25mL	茎叶喷雾	美国陶氏益农公司

续表

登记证号	农药名称	剂型	含量	登记场所	防治对象	亩用药量（制剂）	施用方法	登记证持有人
PD20120015	啶磺草胺	水分散粒剂	7.5%	冬小麦田	一年生杂草	9.4~12.5g	茎叶喷雾	美国陶氏益农公司
PD20120016	啶磺草胺	原药	96.5%					美国陶氏益农公司

合成方法 经如下反应制得啶磺草胺：

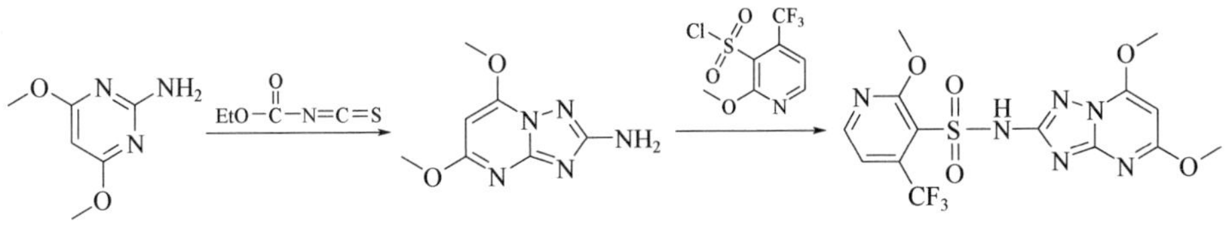

参考文献

[1] The Pesticide Manual. 17 th edition: 989-990.
[2] 钱日彬等. 现代农药, 2015, 14(3): 27-31.
[3] 肖石基. 农药市场信息, 2020(2): 35.

第五节

苯甲酰基吡唑类除草剂
（benzoylpyrazole herbicides）

苯甲酰基吡唑类除草剂共 10 个品种，其中双唑草酮、环吡氟草酮、苯唑氟草酮、三唑磺草酮为国内公司青岛清原化合物有限公司近几年开发的品种。此类除草剂均为对羟基苯基丙酮酸双氧化酶（HPPD）抑制剂。

吡草酮（benzofenap）

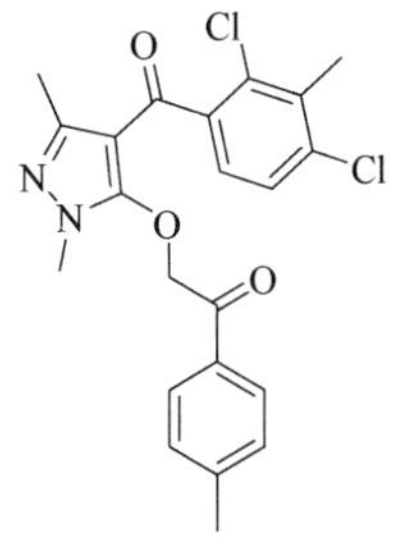

$C_{22}H_{20}Cl_2N_2O_3$，431.3，82692-44-2

吡草酮（试验代号：MY-71，商品名称：Taipan）是由日本三菱公司开发，Rhone-Poulenc

公司（现为拜耳）进行商业化的苯甲酰基吡唑类除草剂。2012 年日本大冢农科收购吡草酮相关资产及商业权。

化学名称 2-[4-(2, 4-二氯间甲苯酰基)-1,3-二甲基吡唑-5-基氧]-4'-甲基苯乙酮。英文化学名称 2-[4-(2,4-dichloro-m-toluoyl)-1,3-dimethyl pyrazol-5-yloxy]-4'-methylacetophenone。美国化学文摘（CA）系统名称 2-[4-(2,4-dichloro-3-methylbenzy)-1,3-dimethyl-1H-pyrazol-5-yl]oxy]-1-(4-methylphenyl)ethanone。CA 主题索引名称 ethanone—, 2-[[4-(2,4-dichloro-3-methylben-zoyl)-1,3-dimethyl-1H-pyrazol-5-yl]oxy]-1-(4-methylphenyl)-。

理化性质 白色固体，熔点 133.1～133.5℃，蒸气压 0.013 mPa（30℃），分配系数 $\lg K_{ow}$=4.69。溶解度（20～25℃）：水 0.13 mg/L；有机溶剂溶解度（g/L）：二甲苯 69、丙酮 73、正己烷 5.6、氯仿 920。

毒性 大鼠和小鼠急性经口 LD_{50}＞15000 mg/kg，大鼠急性经皮 LD_{50}＞5000 mg/kg。大鼠急性吸入 LC_{50}（4 h）＞1.93mg/L。大鼠 NOEL（2 年）：0.15 mg/kg bw。ADI/RfD 0.0015 mg/kg。

生态效应 虹鳟鱼、鲤鱼和泥鳅 LC_{50}（48 h）＞10 mg/L，水蚤 LC_{50}（3 h）＞10 mg/L。

环境行为 ①植物。在水稻植株内未发现残留（检出下限 0.005 mg/L）。②土壤/环境。水田中 DT_{50} 38 d。在土壤中的迁移受土壤种类影响很小，最大迁移距离到土表下 1 cm。

剂型 颗粒剂、悬浮剂。

主要生产商 Bayer CropScience、OAT Agrio。

作用机理与特点 对羟基苯基丙酮酸双氧化酶（HPPD）抑制剂。内吸性除草剂，主要被靶标杂草的根系和基部吸收，杂草呈典型的吡唑类杀灭特征，如白化和黄化，并导致死亡。

应用 用于防除水稻田的阔叶杂草，剂量 0.6～0.9 kg/hm²，对水稻无药害。

专利概况

专利名称 Pyrazole herbicides

专利号 JP 57072903   **专利申请日** 1980-10-27

专利申请人 Mitsubishi Petrochemical Co.

在其他国家申请的专利 BR 8106912、ES 8301928、IT 1194104、US 4406688。

合成方法 合成方法如下：

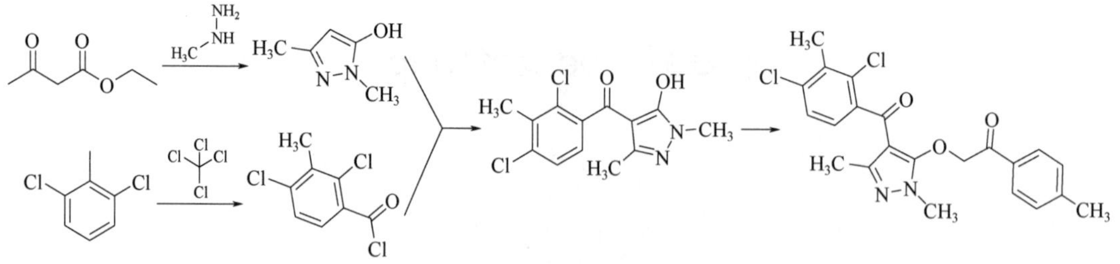

参考文献

[1] The Pesticide Manual.17 th edition: 92.

[2] Konno Kazuhiko, Gou Atsushi, Miyoshi Kazuhito, et al. JP57072903, 1982.

双唑草酮（bipyrazone）

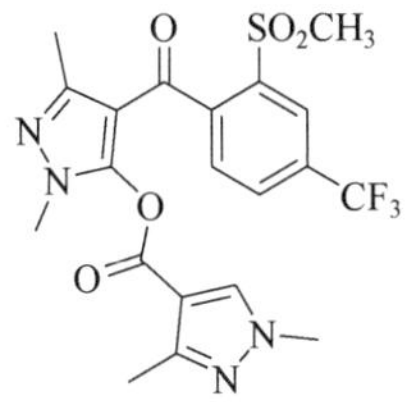

C$_{20}$H$_{19}$F$_3$N$_4$O$_5$S，484.4，1622908-18-2

双唑草酮是由青岛清原化合物有限公司自主研发、江苏清原农冠杂草防治有限公司独家登记的苯甲酰吡唑类除草剂。

化学名称　1,3-二甲基-1H-吡唑-4-甲酸-1,3-二甲基-4-(2-甲基磺酰基)-4-(三氟甲基)苯甲酰基)-1H-吡唑-5-基酯。英文化学名称 1,3-dimethyl-4-(2-(methylsulfonyl)-4-(trifluoromethyl)benzoyl)-1H-pyrazol-5-yl 1,3-dimethyl-1H-pyrazole-4-carboxylate。美国化学文摘（CA）系统名称 1,3-dimethyl-4-[2-(methylsulfonyl)-4-(trifluoromethyl)benzoyl]-1H-pyrazol-5-yl 1,3-dimethyl-1H-pyrazole-4-carboxylate。CA 主题索引名称 1H-pyrazole-4-carboxylic acid—, 1,3-dimethyl-1,3-dimethyl-4-[2-(methylsulfonyl)-4-(trifluoromethyl)benzoyl]-1H-pyrazol-5-yl ester。

作用机理与特点　通过抑制 HPPD 的活性，使对羟基苯基丙酮酸转化为尿黑酸的过程受阻，从而导致生育酚及质体醌无法正常合成，影响靶标体内类胡萝卜素合成，导致叶片发白。双唑草酮具有较高的安全性和复配灵活性，与当前麦田常用的双氟磺草胺、苯磺隆、苄嘧磺隆、噻吩磺隆等 ALS 抑制剂类除草剂，唑草酮、乙羧氟草醚等 PPO 抑制剂类除草剂，以及 2 甲 4 氯钠、2,4-滴等激素类除草剂之间不存在交互抗性，可高效防除冬小麦田中的一年生阔叶杂草，尤其对抗性和多抗性的播娘蒿、荠菜、野油菜、繁缕、牛繁缕、麦家公等阔叶杂草效果优异。

应用　10%双唑草酮可分散油悬浮剂（制剂 20～40 g/亩）在冬小麦 3 叶 1 心期至拔节前茎叶喷雾，对不同区域的冬小麦品种均表现出了优异的安全性，对荠菜、播娘蒿、牛繁缕等一年生阔叶杂草表现出了优异的防效。可有效防除当前长江中下游稻麦轮作区抗性、多抗性（ALS、PPO、激素类）的繁缕、牛繁缕、野油菜、荠菜、碎米荠等和黄河流域小麦田抗性、多抗性（ALS、PPO、激素类）的播娘蒿、荠菜、麦家公等一年生阔叶杂草。氯氟吡氧乙酸异辛酯与双唑草酮复配具有扩大杀草谱、提升防治效果、减少用量、提高作物安全性等优点。

制剂　可分散油悬浮剂。

专利概况

专利名称　一种具有除草活性的 4-苯甲酰吡唑类化合物

专利号　CN 103980202　　　　　　　专利申请日　2014-05-27

专利申请人　青岛清原化合物有限公司

其他相关专利　CN 106946784、WO 2018201524。

登记情况　双唑草酮由江苏清原农冠杂草防治有限公司在国内进行了登记，具体情况见表 3-36。

表 3-36　双唑草酮国内登记情况

登记证号	登记名称	含量	剂型	登记场所	防治对象	用药量 /[mL(制剂)/亩]	施用方法
PD20184018	双唑草酮	96%	原药				
PD20184017	氟吡·双唑酮	5.5%双唑草酮+16.5%氯氟吡氧乙酸异辛酯	可分散油悬浮剂	冬小麦田	一年生阔叶杂草	30～50	茎叶喷雾
PD20184016	双唑草酮	10%	可分散油悬浮剂	冬小麦田	一年生阔叶杂草	20～25	茎叶喷雾

合成方法　以 1,3-二甲基-5-羟基吡唑为原料，经过多步反应（一锅法）得到双唑草酮。

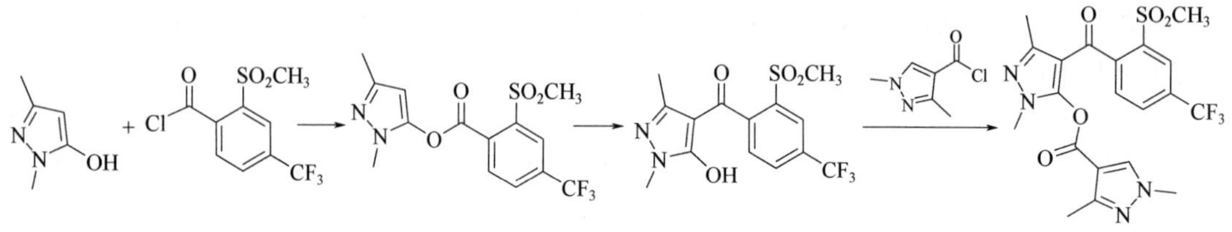

参考文献

[1] 佚名. 农药科学与管理, 2018, 39(11): 62-63.

环吡氟草酮（cypyrafluone）

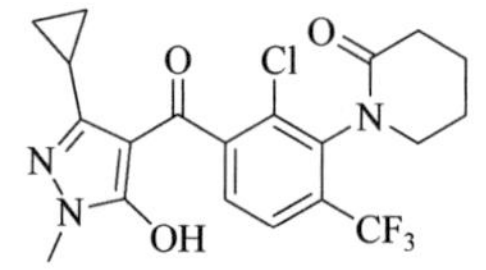

$C_{20}H_{19}ClF_3N_3O_3$，441.8，1855929-45-1

　　环吡氟草酮是由青岛清原化合物有限公司自主研发、由江苏清原农冠杂草防治有限公司独家登记的苯甲酰吡唑类除草剂。

　　化学名称　1-[2-氯-3-(3-环丙基-5-羟基-1-甲基-1H-吡唑-4-羰基)-6-三氟甲基苯基]哌啶-2-酮。英文化学名称 1-(2-chloro-3-(3-cyclopropyl-5-hydroxy-1-methyl-1H-pyrazole-4-carbonyl)-6-(trifluoromethyl)phenyl)piperidin-2-one。美国化学文摘（CA）系统名称 1-[2-chloro-3-[(3-cyclo-propyl-5-hydroxy-1-methyl-1H-pyrazol-4-yl)carbonyl]-6-(trifluoromethyl)phenyl]-2-piperidinone。CA 主题索引名称 2-piperidinone—, 1-[2-chloro-3-[(3-cyclopropyl-5-hydroxy-1-methyl-1H-pyrazol-4-yl)carbonyl]-6-(trifluoromethyl)phenyl]-。

　　作用机理与特点　通过抑制 HPPD 的活性，使对羟基苯基丙酮酸转化为尿黑酸的过程受阻，从而导致生育酚及质体醌无法正常合成，影响靶标体内类胡萝卜素合成，导致叶片发白。

　　应用　6%环吡氟草酮可分散油悬浮剂制剂（150～300 mL/亩）在冬小麦 3 叶 1 心期至拔节前茎叶喷雾，对冬小麦不同品种表现出了优异的安全性，对看麦娘、日本看麦娘、硬草等一年生禾本科杂草及牛繁缕、播娘蒿等部分阔叶杂草表现出了优异的防效，且可有效防除当前长江中下游稻麦轮作区抗性、多抗性（ALS、ACCase、PSⅡ）的看麦娘、日本看麦娘、硬草、蜡烛草、棒头草、早熟禾等一年生禾本科杂草和抗性、多抗性（ALS、PPO、激素类）

的繁缕、牛繁缕、野油菜、荠菜、碎米荠等一年生阔叶杂草。环吡氟草酮与异丙隆复配具有扩大杀草谱、提升防治效果、减少用量、提高作物安全性等优点。

制剂　可分散油悬浮剂。

专利概况

专利名称　吡唑酮类化合物或其盐、制备方法、除草剂组合物及用途

专利号　CN 105218449　　　　　专利申请日　2015-11-06

专利申请人　青岛清原化合物有限公司

其他相关专利　CN 107311980、WO 2017075910、CA 2979570、AU 2016350960、EP 3287445、BR 112018007527、RU 2697417、ZA 2017006153、IN 201717033107、US 20180055054、CN 107629035、WO 2019080224。

登记情况　环吡氟草酮由江苏清原农冠杂草防治有限公司登记，登记情况见表3-37。

表 3-37　环吡氟草酮国内登记情况

登记证号	登记名称	含量	剂型	登记场所	防治对象	用药量 /[mL(制剂)/亩]	施用方法
PD20184021	环吡氟草酮	95%	原药		一年生禾本科杂草及部分阔叶杂草		
PD20184020	环吡·异丙隆	3%环吡氟草酮+22%异丙隆	可分散油悬浮剂	冬小麦田		160～250	茎叶喷雾
PD20184019	环吡氟草酮	6%	可分散油悬浮剂	冬小麦田		150～200	茎叶喷雾

合成方法　以环丙基甲酮为起始原料，经过多步反应得到环吡氟草酮。

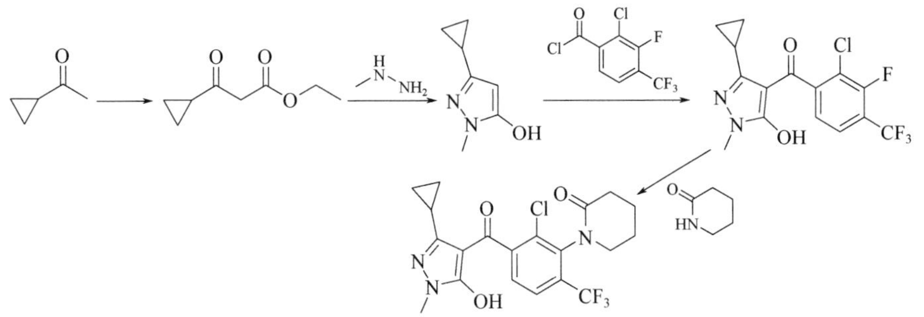

参考文献

[1] 佚名. 农药科学与管理, 2018, 39(12): 58+61.

苯唑氟草酮（fenpyrazone）

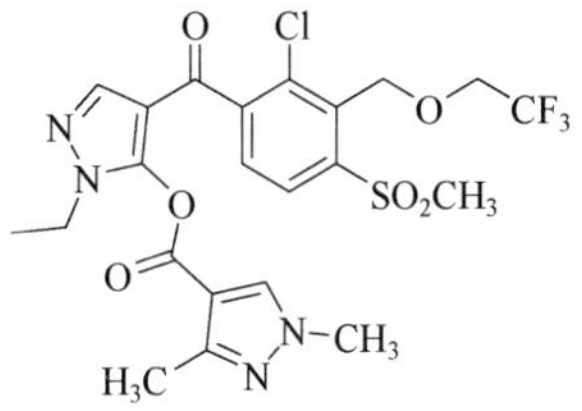

$C_{22}H_{22}ClF_3N_4O_6S$，563.95，1992017-55-6

苯唑氟草酮是由青岛清原化合物有限公司研制开发的苯甲酰吡唑类除草剂。

化学名称 4-(2-氯-4-(甲磺酰基)-3-((2,2,2-三氟乙氧基)甲基)苯甲酰基)-1-乙基-1*H*-吡唑-5-基 1,3-二甲基-1*H*-吡唑-4-甲酸酯。英文化学名称 4-(2-chloro-4-(methylsulfonyl)-3-((2,2,2-trifluoroethoxy)methyl)benzoyl)-1-ethyl-1*H*-pyrazol-5-yl 1,3-dimethyl-1*H*-pyrazole-4-carboxylate。美国化学文摘（CA）系统名称 4-[2-chloro-4-(methylsulfonyl)-3-[(2,2,2-trifluoroethoxy)methyl]benzoyl]-1-ethyl-1*H*-pyrazol-5-yl 1,3-dimethyl-1*H*-pyrazole-4-carboxylate。CA 主题索引名称 1*H*-pyrazole-4-carboxylic acid—, 1,3-dimethyl-4-[2-chloro-4-(methylsulfonyl)-3-[(2,2,2-trifluoroethoxy)methyl]benzoyl]-1-ethyl-1*H*-pyrazol-5-yl ester。

作用机理与特点 HPPD 抑制剂，主要通过抑制植物体控制光合作用关键色素酶的活性，使其底物转化为尿黑酸过程受阻，从而导致生育酚及质体醌无法正常合成，影响靶标体内类胡萝卜素合成，导致叶片发黄、发白，影响植物体内光合作用正常合成，最终彻底死亡。HPPD 抑制剂可以通过切断光合作用能量转换、切断维生素合成、破坏叶绿素保护 3 个途径导致杂草死亡，因此杂草很难对其产生抗性。

应用 玉米田苗后茎叶处理除草剂。苯唑氟草酮对马唐、稗草、牛筋草等禾本科杂草有较好的效果，同时大大提升对绿色狗尾草、野黍、野糜子、野稷、止血马唐、狗尾根的防除效果。

专利概况

专利名称 一种玉米田除草组合物及其应用

专利号 CN 105831123 专利申请日 2016-04-15

专利申请人 青岛清原抗性杂草防治有限公司。

登记情况 国内登记情况见表 3-38。

表 3-38 苯唑氟草酮在中国登记情况

登记证号	登记名称	总含量	剂型	登记场所	防治对象	用药量/[mL(制剂)/亩]	施用方法	登记证持有人
PD20190254	苯唑氟草酮	95%	原药					江苏清原农冠杂草防治有限公司
PD20190261	苯唑氟草酮·莠去津	三唑磺草酮 3%+莠去津 22%	可分散油悬浮剂	玉米田	一年生杂草	春玉米田：200～300；春夏玉米田：150～200	茎叶喷雾	江苏清原农冠杂草防治有限公司
PD20190260	苯唑氟草酮	6%	可分散油悬浮剂	夏玉米田	一年生杂草	75～100	茎叶喷雾	江苏清原农冠杂草防治有限公司

合成方法 以 1,3-二甲基-5-羟基吡唑为原料，经过多步反应得到苯唑氟草酮。

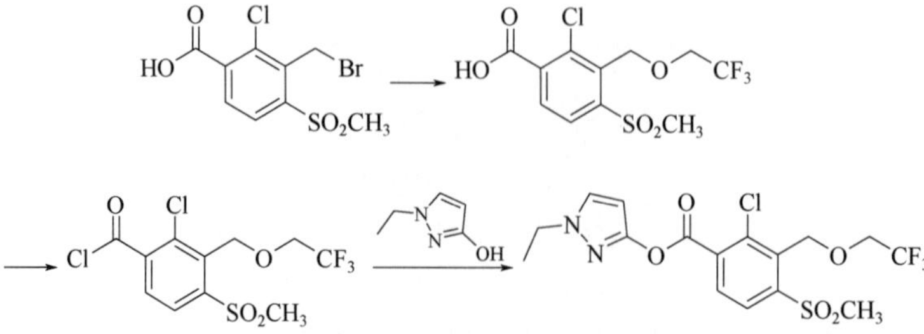

参考文献

[1] 宋俊华, 黄玉贵, 黄伟. 农药科学与管理, 2016, 37(12): 41-43.

pyrasulfotole

$C_{14}H_{13}F_3N_2O_4S$，362.3，365400-11-9

pyrasulfotole（试验代号 AE 0317309，商品名称：Huskie、Infinity、Precept）是由拜耳公司开发的除草剂，2007 年与 2008 年在北美洲与澳大利亚使用，2012 年 2 月通过美国许可应用于小麦田。

化学名称　(5-羟基-1,3-二甲基-1H-吡唑-4-基)[2-(甲磺酰基)-4-(三氟甲基)苯基]甲酮。英文化学名称 5-hydroxy-1,3-dimethyl-1H-pyrazol-4-yl 2-(methylsulfonyl)-4-(trifluoromethyl)phenyl ketone 或 5-hydroxy-1,3-dimethyl-1H-pyrazol-4-yl α,α,α-trifluoro-2-mesyl-p-tolyl ketone。美国化学文摘（CA）系统名称(5-hydroxy-1,3-dimethyl-1H-pyrazol-4-yl)[2-(methylsulfonyl)-4-(trifluoromethyl)phenyl]methanone。CA 主题索引名称 methanone—, (5-hydroxy-1,3-dimethyl-1H-pyrazol-4-yl)[2-(methylsulfonyl)-4-(trifluoromethyl)phenyl]-。

理化性质　原药纯度≥96.0%。米黄色粉末，有特殊的气味，熔点 201℃。蒸气压 $2.7×10^{-4}$ mPa（20℃），分配系数 $\lg K_{ow}$: 0.276（pH 4）、-1.362（pH 7）、-1.580（pH 9），Henry 常数 $1.42×10^{-9}$ Pa·m³/mol（pH 7），相对密度（20~25℃）1.53，pK_a(20~25℃)=4.2。水中溶解度（g/L，20~25℃）：4.2（pH 4）、69.1（pH 7）、49（pH 9）。有机溶剂中溶解度（g/L，20~25℃）：乙醇 21.6、二甲基亚砜＞600、丙酮 89.2、二氯甲烷 120~150、乙酸乙酯 37.2、甲苯 6.86、正己烷 0.038。稳定性：在 pH 为 5、7 和 9 的水中无生物水解，pH 为 7 时光解。

毒性　大鼠急性经口 LD_{50}＞2000 mg/kg，大鼠急性经皮 LD_{50}＞2000 mg/kg，对兔子的皮肤无刺激，眼睛有轻微的刺激，对豚鼠皮肤无致敏性，吸入 LC_{50}（4 h）＞5.03 mg/L。基于大鼠慢性毒性和致癌性研究表面，NOAEL 为 25 mg/L［雄大鼠 1 mg/(kg·d)］。（EPA）cRfD 0.01 mg/kg（2007）。

生态效应　山齿鹑急性经口 LD_{50}＞2000 mg/kg bw。山齿鹑亚慢性饲喂 LC_{50}（5 d）＞4911 mg/kg 饲料。虹鳟鱼和大翻车鱼 LC_{50}（96 h）＞100 mg/L。水蚤 EC_{50}＞100 mg/L。月牙藻 E_rC_{50} 29.8 mg/L，蜜蜂 LD_{50}（μg/只）：＞120（经口）、＞75（接触）。蚯蚓急性 LC_{50}（14 d）＞1000 mg/kg 土。

环境行为　①动物。在哺乳动物（鼠、山羊和母鸡）中大多数的代谢过程和植物（小麦）

中是相似的，N-脱甲基作用是 pyrasulfotole 的主要代谢途径。吡唑环的断开以及形成 2-甲磺酰基-4-三氟甲基苯甲酸的代谢物，可以在大鼠的代谢物中发现。另外在哺乳动物（鼠和山羊）中吡唑甲基的羟基化也是一个次要的代谢途径。②植物。pyrasulfotole 在谷物内代谢包括 N-脱甲基作用和随后的在植物体内葡糖基化，同时伴随着少量的谷胱甘肽生成。消除吡唑环形成 2-甲磺酰基-4-三氟甲基苯甲酸是大多数作物的主要代谢途径。③土壤/环境。pyrasulfotole 在有氧土壤中迅速降解，第一阶段 DT_{50} 11～72 d（实验室），5～31 d（田地），在水中和土壤中无挥发，在空气中迅速降解；DT_{50} 约 0.4 d。

制剂　乳油。

主要生产商　Bayer CropScience。

作用机理与特点　对羟基苯基丙酮酸双氧化酶（HPPD）抑制剂。pyrasulfotole 主要通过叶片吸收，施于叶片与叶鞘后 2 d，小麦吸收分别为 70%与 66%，卷茎蓼（*Polygonum convolvulus*）吸收分别为58%与18%；反之，根处理后 6 d，两种植物通过土壤仅吸收 1%以下，小麦叶片处理后，所吸收的 ^{14}C 中 33.7%通过韧皮部向未处理的幼芽与根传导，处理第一片叶叶鞘后，除韧皮部传导外，^{14}C 物质也在木质部进行移动；卷茎蓼中的传导也说明 pyrasulfotole 在植物体内既进行共质体传导，也进行非共质体传导。pyrasulfotole 在小麦植株中的代谢比杂草迅速，处理后 48 h，所提取出的放射物中有 41%是母体化合物，其余均为代谢产物，反之，在卷蓼茎中提取出的放射物质全部是母体化合物，这说明小麦的耐性原理在于其能迅速代谢此除草剂。

应用　pyrasulfotole 适用于各种类型的小麦、大麦及小麦属（*Triticum*）作物，用量25～50 g/hm² 苗后喷雾，可有效防治各种阔叶杂草如繁缕（*Stellaria media*）、藜（*Chenopodium album*）、苘麻（*Abutilon theophrasti*）、茄属（*Solanum* spp）及苋麻（*Amaranthus* spp）等，特别是与溴苯腈混用防治阔叶杂草以及与噁唑禾草灵（fenoxapropethyl）混用兼治禾本科杂草更好。

专利概况

专利名称　Benzoylpyrazoles and their use as herbicides

专利号　WO 2001074785　　　优先权日　2000-03-31

专利申请人　Aventis CropScience GmbH

在其他国家申请的专利　AU 2001087299、CA 2403942、EP 1280778、BR 2001009636、HU 2003000268、JP 2003529591、NZ 521642、CN 1187335、RU 2276665、AT 334968、ES 2269446、SK 285580、IL 151986、CZ 301032、PL 207287、US 20020065200、TW 239953、BG 107119、MX 2002009567、IN 2002CN 01556、ZA 2002007829、KR 752893 等。

合成方法　通过如下反应制得目的物：

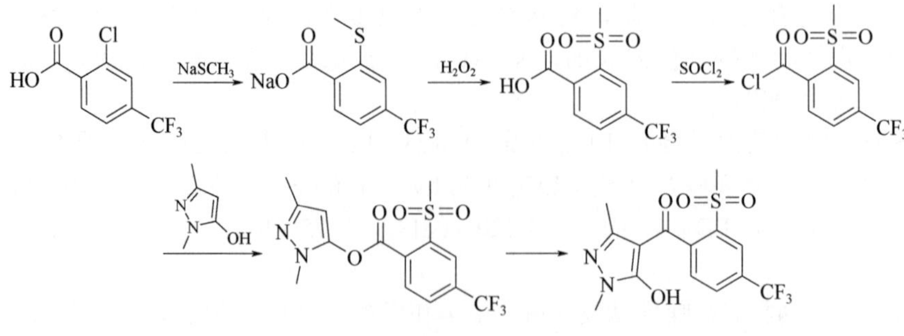

参考文献

[1] The Pesticide Manual. 17 th edition: 956-957.

[2] 苏少泉. 农药研究与应用, 2010, 14(6): 1-4.

[3] 赵全刚, 英君伍, 刘鹏飞, 等. 农药, 2017, 56(5): 324-325+338.

吡唑特（pyrazolynate）

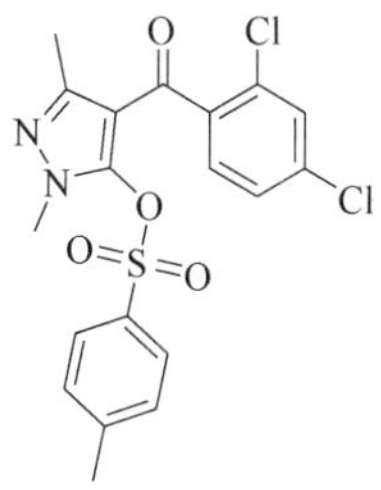

$C_{19}H_{16}Cl_2N_2O_4S$，439.3，58011-68-0

　　吡唑特（试验代号：A-544、H-468T、SW-751，商品名称：Sanbird，其他名称：pyrazolate）除草活性由 M. Ishida 等报道，1980 年由日本三共株式会社（Sankyo Co., Ltd.，现三井化学农药部）推入市场，属于苯甲酰基吡唑类除草剂。

　　化学名称　4-(2,4-二氯苯甲酰基)-1,3-二甲基吡唑-5-基甲苯-4-磺酸酯。英文化学名称 4-(2,4-dichlorobenzoyl)-1,3-dimethyl-1*H*-pyrazol-5-yl toluene-4-sulfonate。美国化学文摘（CA）系统名称 (2,4-dichlorophenyl)[1,3-dimethyl-5-[[(4-methylphenyl)sulfonyl]oxy]-1*H*-pyrazol-4-yl] methanone。CA 主题索引名称 methanone—, (2,4-dichlorophenyl)[1,3-dimethyl-5-[[(4-methyl-phenyl)sulfonyl]oxy]-1*H*-pyrazol-4-yl]-。

　　理化性质　无色杆状晶体。熔点 117.5～118.5℃。蒸气压＜0.013 mPa（20℃），分配系数 lgK_{ow} 2.58，相对密度（20～25℃）1.47。水中溶解度 0.056 mg/L（20～25℃），有机溶剂中溶解度（g/L，20～25℃）：乙醇 1.4、乙酸乙酯 11.8、1,4-二氧六环 25.6、己烷 0.06。容易水解。

　　毒性　急性经口 LD$_{50}$（mg/kg）：雄大鼠 9550，雌大鼠 10233，雄小鼠 10070，雌小鼠 11092；大鼠急性经皮 LD$_{50}$＞5000 mg/kg。对皮肤无刺激作用。大鼠吸入 LC$_{50}$（4 h）＞2.5 mg/L。NOEL [mg/(kg·d)]：长期研究中，雄大鼠 9.72、雌大鼠 2.14、雄小鼠 88.35、雌小鼠 123.07、雄/雌狗 2；三代繁殖试验中，雌大鼠 0.6。ADI/RfD（FSC）0.006 mg/kg。无诱变性。

　　生态效应　鲤鱼 LC$_{50}$（48 h）92 mg/L。

　　环境行为　土壤 DT$_{50}$ 8～10 d。

　　剂型　颗粒剂。

　　主要生产商　Mitsui Chemicals Agro、Saeryung。

　　作用机理与特点　对羟基苯基丙酮酸双氧化酶（HPPD）抑制剂。

　　应用　用于防除水稻田禾本科杂草、莎草、眼子菜、慈姑、野慈姑和窄叶泽泻等，用量 3～4 kg/hm^2。

　　专利概况

　　专利名称　Herbicidal composition containing pyrazole derivatives

专利号　DE 2513750　　　　优先权日　1974-03-28

专利申请人　Sankyo Co., Ltd.

其他相关专利　GB 1463473、JP 50126830、US 4146726 等。

合成方法　以乙酰乙酸乙酯和甲基肼为原料合成吡唑中间体，与 2,4-二氯苯甲酸和对甲苯磺酰氯反应得目的物。反应式为：

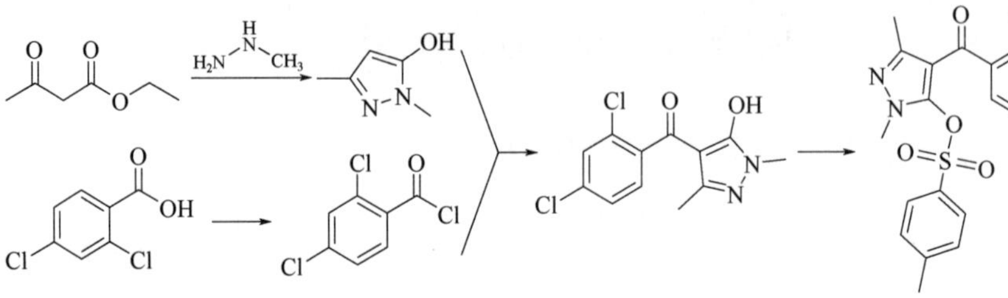

参考文献

[1] The Pesticide Manual.17 th edition: 958.

[2] 陆阳, 陆鑫, 陶京朝, 等. 山东农药信息, 2008(9): 17-18.

苄草唑（pyrazoxyfen）

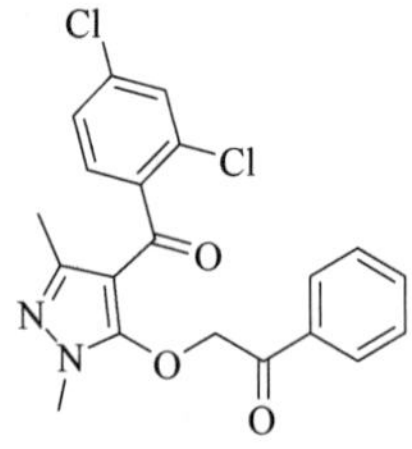

$C_{20}H_{16}Cl_2N_2O_3$，403.3，71561-11-0

苄草唑（试验代号：SL-49，商品名：Mondaris、Paicer、Prekeep）是由 F. Kimura 报道，由石原产业公司引进，并于 1985 年在日本上市的苯甲酰基吡唑类除草剂。

化学名称　2-[4-(2,4-二氯苯甲酰基)-1,3-二甲基吡唑-5-基氧]苯乙酮。英文化学名称 2-{[4-(2,4-dichlorobenzoyl)-1,3-dimethyl-1H-pyrazol-5-yl]oxy}acetophenone。美国化学文摘（CA）系统名称 2-[[4-(2,4-dichlorobenzoyl)-1,3-dimethyl-1H-pyrazol-5-yl]oxy]-1-phenylethanone。CA 主题索引名称 ethanone—, 2-[[4-(2,4-dichlorobenzoyl)-1,3-dimethyl-1H-pyrazol-5-yl]oxy]-1-phenyl-。

理化性质　无色晶体，熔点 108℃，蒸气压 0.048 mPa（25℃）。分配系数 lgK_{ow}=3.69，相对密度（20~25℃）1.37。pK_a(20~25℃)=8.43。水中溶解度 0.97 mg/L（20~25℃）；有机溶剂中溶解度（g/L，20~25℃）：丙酮 157、苯 325、乙醇 16、氯仿 1068、己烷 0.71、二甲苯 105、甲苯 200。在酸、碱、光和热条件下稳定。

毒性　急性经口 LD$_{50}$（mg/kg）：雄大鼠 1690，雌大鼠 1644，小鼠 8450。大鼠急性经皮 LD$_{50}$＞5000 mg/kg。对皮肤无刺激作用。大鼠吸入 LC$_{50}$＞0.28 mg/L。NOAEL 大鼠 0.17 mg/kg bw，ADI/RfD 0.0017 mg/kg bw。

生态效应　山齿鹑急性经口 LD$_{50}$＞1000 mg/kg。鱼类 LC$_{50}$（48 h，mg/L）：鲤鱼 2.5、虹

鳟鱼 0.79、鲥鱼 2.7。水蚤 LC_{50}（3 h）127 mg/L。藻类 0.043 mg/L。蜜蜂 LD_{50}＞100 μg/只。

环境行为　①动物。大鼠体内代谢产生(2,4-二氯苯基) (5-羟基-1, 3-二甲基-1*H*-吡唑-4-基)甲酮（MG/LO）。②植物。通过还原苯甲酰基形成(2,4-氯苯基)[5-(2-羟基-2-苯基乙氧基)-1, 3-二甲基-1*H*-吡唑-4-基]甲酮，醚键断裂形成 MG/LO 进行代谢。③土壤/环境。在土壤（有氧、有水，30℃）中，DT_{50} 4～14 d。K_d 109～439（30℃）。

主要生产商　Ishihara Sangyo。

作用机理与特点　对羟基苯基丙酮酸双氧化酶（HPPD）抑制剂。选择性内吸性除草剂，通过杂草的嫩茎和根吸收，并传导至整个植株。

应用　芽前或芽后用药，用量 3 kg/hm²，防除移栽水稻田的一年生和多年生杂草。不能在旱地作物上使用。35℃以下可用于直播水稻田。对水稻安全，但在直播水稻田使用温度高于 35℃时可能出现暂时药害。

专利概况

专利名称　Pyrazole derivative and herbicide containing the same

专利号　JP 54041872　　　　专利申请日　1977-08-12

专利申请人　Ishihara Mining & Chemical Co.。

合成方法　经如下反应制得：

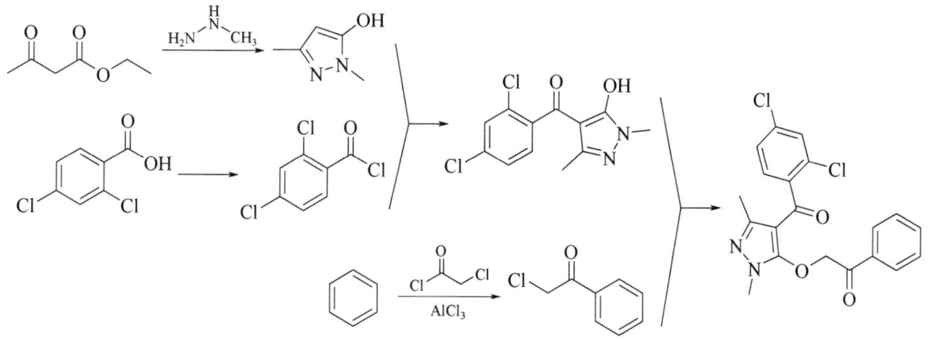

参考文献

[1] The Pesticide Manual.17 th edition: 962-963.

[2] 贾富琴. 江苏杂草科学, 1986(3): 36-37.

tolpyralate

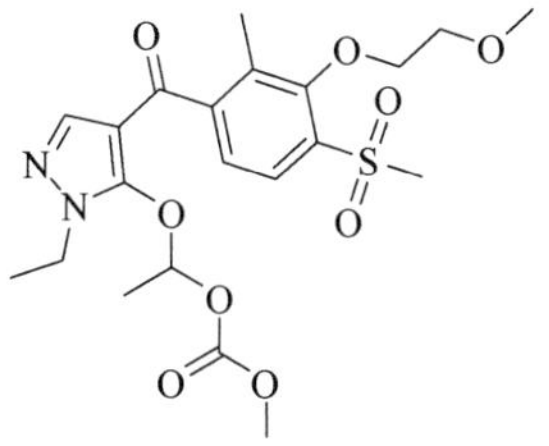

$C_{21}H_{28}N_2O_9S$，484.2，1101132-67-5

tolpyralate（试验代号 SL-573）是石原产业株式会社开发的苯甲酰基吡唑类除草剂。

化学名称　(*RS*)-1-{1-乙基-4-[4-甲砜基-3-(2-甲氧基乙氧基)-邻苯甲酰基]-吡唑-5-氧基}乙

基碳酸甲酯。英文化学名称(RS)-1-{1-ethyl-4-[4-mesyl-3-(2-methoxyethoxy)-o-toluoyl]pyrazol-5-yloxy}ethyl methyl carbonate。美国化学文摘（CA）系统名称 1-[[1-ethyl-4-[3-(2-methoxye-thoxy)-2-methyl-4-(methylsulfonyl)benzoyl]-1H-pyrazol-5-yl]oxy]ethyl methyl carbonate。CA 主题索引名称 carbonic acid, esters 1-[[1-ethyl-4-[3-(2-methoxyethoxy)-2-methyl-4-(methylsulfonyl)benzoyl]-1H-pyrazol-5-yl]oxy]ethyl methyl ester。

作用机理与特点　对羟基苯基丙酮酸双氧化酶（HPPD）抑制剂。

应用　主要用于玉米田苗后防除阔叶杂草，使用剂量 30～50 g/hm²。

专利概况

专利名称　Herbicidal composition containing polyoxyalkylene alkyl ether phosphates

专利号　WO 2009011321　　　　优先权日　2007-07-13

专利申请人　Ishihara Sangyo Kaisha, Ltd.

在其他国家申请的专利　JP 2009040771、JP 5390801、AU 2008276970、CA 2693760、KR 2010031537、KR 1463642、EP 2172104、NZ 582413、RU 2483542、BR 2008014230、PH 12009502460、IN 2010DN00164、CN 101742905、ZA 2010000182、EG 25921、MX 2010000476、US 20100197500、US 8435928 等。

合成方法　通过如下反应制得目的物：

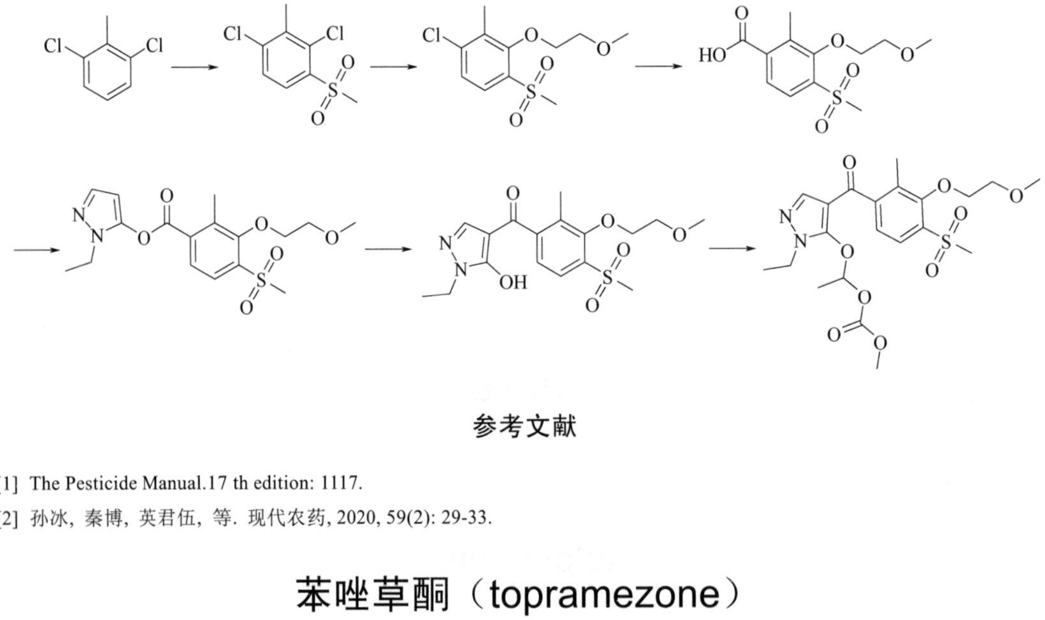

参考文献

[1] The Pesticide Manual.17 th edition: 1117.

[2] 孙冰, 秦博, 英君伍, 等. 现代农药, 2020, 59(2): 29-33.

苯唑草酮（topramezone）

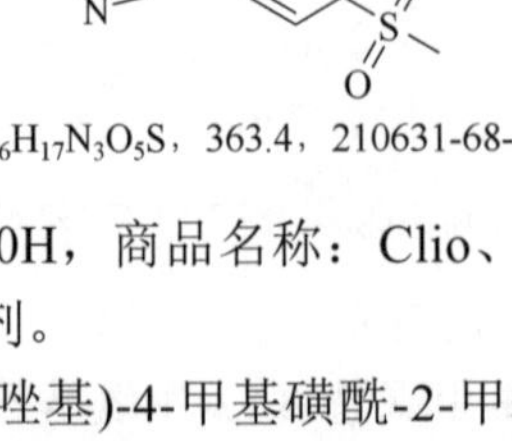

C₁₆H₁₇N₃O₅S，363.4，210631-68-8

苯唑草酮（试验代号：BAS 670H，商品名称：Clio、Impact、苞卫等）是由巴斯夫公司开发的玉米田苯甲酰基吡唑类除草剂。

化学名称　[3-(4,5-二氢-3-异噁唑基)-4-甲基磺酰-2-甲基苯](5-羟基-1-甲基-1H-吡唑-4-基)

甲酮。英文化学名称 [3-(4,5-dihydro-3-isoxazolyl)-2-methyl-4-(methylsulfonyl)phenyl](5-hydroxy-1-methyl-1*H*-pyrazol-4-yl)methanone。美国化学文摘（CA）系统名称[3-(4,5-dihydro-1,2-oxazol-3-yl)-4-mesyl-*o*-tolyl](5-hydroxy-1-methyl-1*H*-pyrazol-4-yl)methanone。CA 主题索引名称 methanone—, [3-(4,5-dihydro-3-isoxazolyl)-2-methyl-4-(methylsulfonyl)phenyl](5-hydroxy-1-methyl-1*H*-pyrazol-4-yl)-。

理化性质 原药纯度>97%。白色结晶固体，熔点 220.9~222.2℃。蒸气压<1×10^{-7}mPa（20~25℃），分配系数 lgK_{ow}: −0.81（pH 4）、−1.52（pH 7）、−2.34（pH 9）。Henry 常数<7.1×10^{-11} Pa·m^3/mol。相对密度（20~25℃）1.411。pK_a(20~25℃)=4.06。水中溶解度（mg/L，20~25℃）：510（pH 3.1）、>1×10^5（pH>9.0）；有机溶剂中溶解度（g/L，20~25℃）：异丙醇、丙酮、乙腈、正庚烷、乙酸乙酯、甲苯<10，二氯甲烷 25~29，二甲基甲酰胺 114~133。稳定性：水溶液中稳定保存 5 d（pH 4、7 和 9，50℃）和 30 d（pH 5、7 和 9，25℃），水溶液中光照条件下保存 17 d（pH 5 和 9，22℃）。

毒性 大鼠急性经口 LD$_{50}$>2000 mg/kg。大鼠急性经皮 LD$_{50}$>2000 mg/kg。对眼睛和皮肤有轻微刺激，对皮肤无致敏性。大鼠吸入（4 h）LC$_{50}$>5 mg/L。雄大鼠 NOAEL 0.4 mg/(kg·d)。ADI/RfD 0.0008 mg/(kg·d)。

生态效应 山齿鹑急性经口 LD$_{50}$>2000 mg/kg bw。LC$_{50}$[mg/(kg·d)]：山齿鹑>1085、野鸭>1680。虹鳟鱼 LC$_{50}$（96 h）>100 mg/L。水蚤 LC$_{50}$（48 h）>100 mg/L。舟形藻 E$_b$C$_{50}$（96 h）47.0 mg/L。膨胀浮萍：E$_r$C$_{50}$（7 d）0.125 mg/L，E$_b$C$_{50}$（7 d）0.009 mg/L。蜜蜂 LD$_{50}$（μg/只）：>72（经口），>100（接触）。蚯蚓 LC$_{50}$>1000 mg/kg，NOEC 296.3 mg/kg。

环境行为 ①动物。可以快速排出体外，代谢比较少，主要是以母体化合物的形式排泄。②植物。残留物主要是母体化合物。③土壤/环境。实验室 DT$_{50}$（20℃，需氧）137~207 d（5 种土壤）；DT$_{90}$（20℃，需氧）466~688 d（4 种土壤）。田间 DT$_{50}$ 9 ~81 d（6 种土壤）。水中 DT$_{50}$约 18 d，DT$_{90}$约 60 d；在沉积物中 DT$_{50}$约 40 d，DT$_{90}$约 130 d。空气中 DT$_{50}$<1.1 d。

制剂 悬浮剂、可分散油悬浮剂。

主要生产商 BASF 等。

作用机理与特点 对羟基苯基丙酮酸双氧化酶（HPPD）抑制剂，苗后玉米田除草剂。

应用 杀草谱广，防除单子叶杂草如马唐属、稗属、狗尾草属、臂形草属、牛筋草、野稷、山野狼尾草、蒺藜草、异型莎草、碎米沙草等，阔叶杂草如苋属、蓼属、藜属、苍耳属、龙葵、马齿苋、苘麻、曼陀罗、鼬瓣花、母菊属、豚草、野芥、野胡萝卜、刺苞果、硬毛刺苞菊、一年生山靛、南美山蚂蟥、一点红、牛膝菊、假酸浆、鸭跖草、母草、通泉草等。加入莠去津后有显著的增效作用，除了对上述杂草具有优异的防效外，还可以对恶性阔叶杂草如刺儿菜（小蓟）、苣荬菜、铁苋菜具有良好的防除效果。

除去玉米田的各类杂草，用量 25.2~30.24 g/hm^2，约合每亩用制剂 5.6~6.7 g，茎叶喷雾。用药时间：玉米 2~4 叶期，杂草 2~5 叶期（杂草出齐后越早用越好），苗后茎叶均匀喷雾处理。用水量：人工喷雾，每亩 15~30 kg；机械喷雾，200~450 kg/hm^2。使用剂量：长江流域以南省区 5~6 mL，长江以北省区 8~10 mL。杂交玉米 5 mL+70 g 90%莠去津；甜玉米 10 mL。

专利概况

专利名称 Preparation of heterocyclylbenzoylpyrazoles and related compounds as herbicides

专利号　WO 9831681　　　　优先权日　1997-01-17

专利申请人　BASF AG

在其他国家申请的专利　CA 2278331、AU 9860929、EP 958291、EE 9900290、BR 9806778、HU 2000001493、JP 2001508458、NZ 336992、CN 1117750、IL 130777、CZ 297554、PL 195240、SK 286069、PT 958291、AT 421514、ES 2318868、TW 505640、ZA 9800362、ZA 9800363、IN 1998、MA 00104、NO 9903521、BG 103658、BG 64232、US 20020025910、AU 2001091395、AU 2004203481、US 20080039327 等。

其他相关专利　WO 9923094、JP 11240872、WO 9958509、DE 19820722 等。

登记情况　国内登记情况见表 3-39。

表 3-39　苯唑草酮在中国登记情况

登记证号	登记名称	总含量	剂型	登记场所	防治对象	用药量/[mL(制剂)/亩]	施用方法	登记证持有人
PD20131925	苯唑草酮	97%	原药					巴斯夫欧洲公司
PD20200632	苯唑·莠去津	苯唑草酮 10 g/L+莠去津 300 g/L	悬浮剂	玉米田	一年生杂草	150～200	茎叶喷雾	巴斯夫欧洲公司
PD20131931	苯唑草酮	30%	悬浮剂	玉米田	一年生杂草	6～8	茎叶喷雾	巴斯夫欧洲公司
PD20200107	苯唑·莠去津	苯唑草酮 1.6%+莠去津 41.4%	悬浮剂	玉米田	一年生杂草	80～120	茎叶喷雾	山东先达农化股份有限公司
PD20200084	苯唑草酮	30%	悬浮剂	玉米田	一年生杂草	6～8	茎叶喷雾	上海绿泽生物科技有限责任公司
PD20200044	苯唑草酮	30%	可分散油悬浮剂	玉米田	一年生杂草	5～8	茎叶喷雾	山东滨农科技有限公司
PD20200043	苯唑草酮	30%	悬浮剂	玉米田	一年生杂草	5～6	茎叶喷雾	山东先达农化股份有限公司
PD20184182	苯唑·莠去津	苯唑草酮 1%+莠去津 25%	可分散油悬浮剂	玉米田	一年生杂草	150～200	茎叶喷雾	山东德浩化学有限公司
PD20183631	苯唑草酮	4%	可分散油悬浮剂	玉米田	一年生杂草	50～60	茎叶喷雾	湖南新长山农业发展股份有限公司
PD20183590	苯唑草酮	30%	悬浮剂	玉米田	一年生杂草	4～6	茎叶喷雾	深圳诺普信农化股份有限公司
PD20182446	苯唑草酮	30%	悬浮剂	玉米田	一年生杂草	5.5～6.5	茎叶喷雾	青岛清原农冠抗性杂草防治有限公司
PD20181764	苯唑草酮	30%	悬浮剂	玉米田	一年生杂草	5～6	茎叶喷雾	吉林金秋农药有限公司

合成方法　合成方法如下：

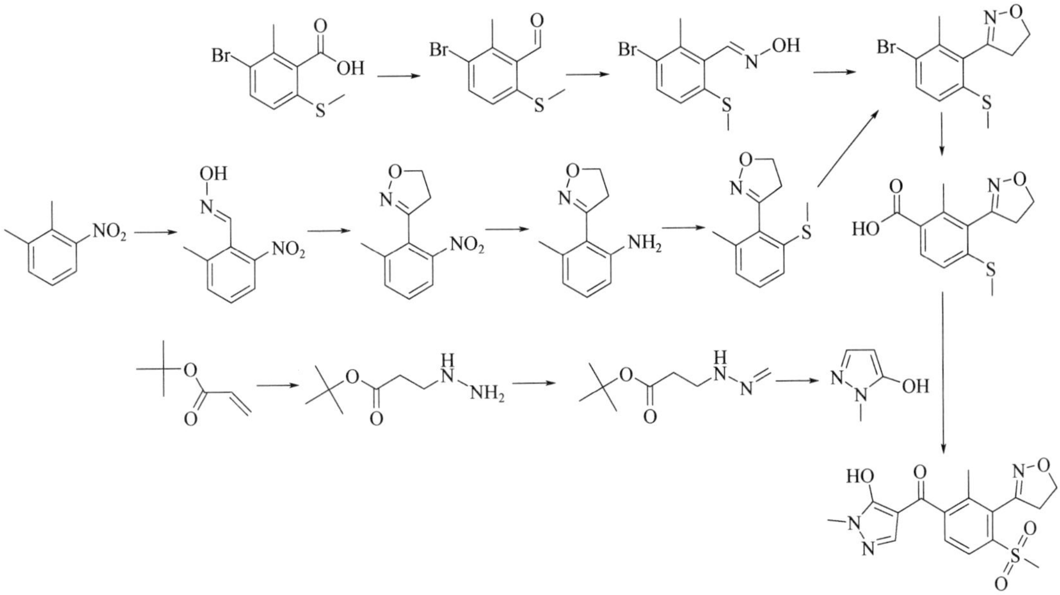

参考文献

[1]　The Pesticide Manual.17 th edition: 1119-1120.

[2]　韩宏特, 戴尚威, 董坤, 等. 世界农药, 2020, 42(6): 33-39+60.

[3]　李军国. 农药, 2020, 59(8): 547-555.

[4]　邓红霞, 钱跃言, 陈亚萍. 浙江化工, 2012(11): 1-3.

三唑磺草酮（tripyrasulfone）

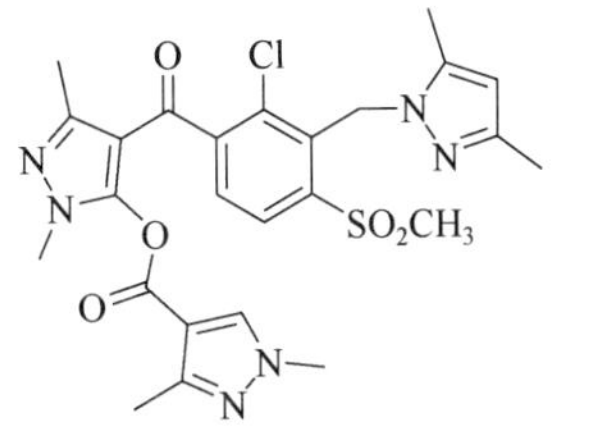

$C_{25}H_{27}ClN_6O_5S$，559.0，1911613-97-2

三唑磺草酮（试验代号：QYR301）是由青岛清原化合物有限公司研制开发的苯甲酰吡唑类除草剂。

化学名称　1,3-二甲基-1*H*-吡唑-4-甲酸 4-(2-氯-3-((3,5-二甲基-1*H*-吡唑-1-基)甲基)-4-(甲基磺酰基)苯甲酰)-1,3-二甲基-1*H*-吡唑-5-基酯。英文化学名称　4-{2-chloro-3-[(3,5-dimethyl-1*H*-pyrazol-1-yl)methyl]-4-(methanesulfonyl)benzoyl}-1,3-dimethyl-1*H*-pyrazol-5-yl 1,3-dimethyl-1*H*-pyrazole-4-carboxylate。美国化学文摘（CA）系统名称　4-[2-chloro-3-[(3,5-dimethyl-1*H*-pyrazol-1-yl)methyl]-4-(methylsulfonyl)benzoyl]-1,3-dimethyl-1*H*-pyrazol-5-yl 1,3-dimethyl-1*H*-pyrazole-4-carboxylate。CA 主题索引名称　1*H*-pyrazole-4-carboxylic acid—, 1,3-dimethyl-4-[2-chloro-3-[(3,5-dimethyl-1*H*-pyrazol-1-yl)methyl]-4-(methylsulfonyl)benzoyl]-1, 3-dimethyl-1*H*-pyrazol-5-yl ester。

作用机理与特点　初步研究表明，其是对羟苯基丙酮酸双氧化酶（HPPD）抑制剂类除草剂，通过抑制植物体 HPPD 的活性，使对羟苯基丙酮酸转化为尿黑酸的过程受阻，从而导致质体醌无法正常合成，而质体醌是八氢番茄红素脱氢酶（phytoene desaturase，PDS）的关键辅因子，质体醌减少，使 PDS 催化作用受阻，进而影响靶标体内类胡萝卜素生物合成，导致叶片白化，最终彻底死亡。

应用　三唑磺草酮杀草谱广，苗后除草活性高，尤其对稗草、千金子、鸭舌草、鳢肠有较高活性，并且与当前稻田主流除草剂氰氟草酯、五氟磺草胺和二氯喹啉酸不存在交互抗性，同时，其对水稻幼苗安全，适用于水稻移栽田和直播田，是目前解决稻田化学除草难题——防除多抗性稗草和千金子的有效药剂，具有广阔的应用前景。

在温室条件下研究结果表面，为了使三唑磺草酮发挥最大药效，应在水稻 2 叶期以后至稗草 2～4 叶期，选择天气晴朗、气温高于 20℃ 的情况下施药。如药后 8 h 以内遇降雨天气，则需进行补喷。

专利概况

专利名称　吡唑类化合物或其盐、制备方法、除草剂组合物及用途

专利号　CN 105503728　　　　　　　专利申请日　2015-12-31

专利申请人　青岛清原化合物有限公司

在其他国家申请的专利　CA 2980382、WO 2017113509、AU 2016382562、KR 2018098258、EP 3398938、BR 112018012921、JP 2019509251、RU 2688936、US 20180105513、IN 201747035236。

其他相关专利　WO 2018192046、WO 2018192043。

登记情况　国内登记情况见表 3-40。

表 3-40　三唑磺草酮在中国登记情况

登记证号	登记名称	总含量	剂型	登记场所	防治对象	用药量/[mL(制剂)/亩]	施用方法	登记证持有人
PD20190253	三唑磺草酮	95%	原药					江苏清原农冠杂草防治有限公司
PD20190262	敌稗·三唑磺草酮	三唑磺草酮 3%+敌稗 25%	可分散油悬浮剂	水稻田（直播）	稗草	200～250	茎叶喷雾	江苏清原农冠杂草防治有限公司
PD20190259	三唑磺草酮	6%	可分散油悬浮剂	水稻田（直播）	稗草	115～150	茎叶喷雾	江苏清原农冠杂草防治有限公司
				移栽水稻田	稗草	东北地区：200～250；其他地区：150～180	茎叶喷雾	

合成方法　以 1,3-二甲基-5-羟基吡唑为原料，经过多步反应得到三唑磺草酮。

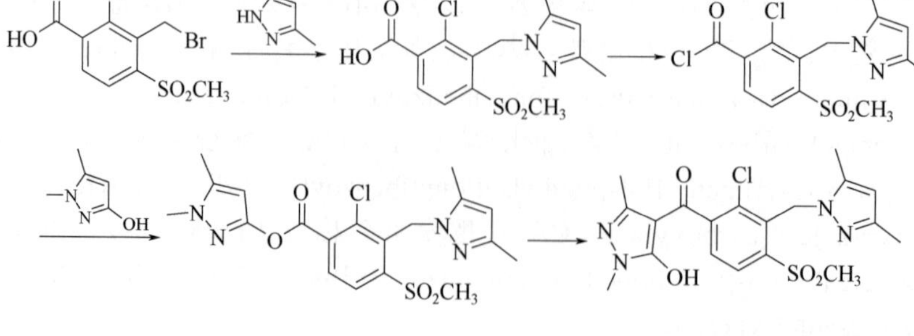

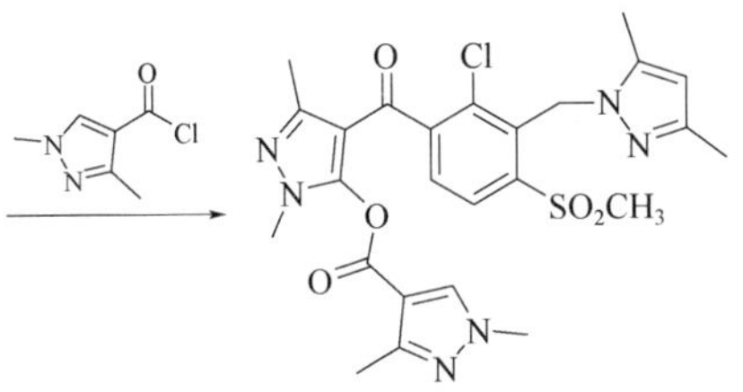

参考文献

[1] 王恒智, 王豪, 朱宝林, 等. 农药学学报, 2020, 22(1): 76-81.

第六节
三酮类除草剂（triketone herbicides）

一、创制经纬

1977 年先正达（原 Stauffer Chemical，后被 ICI 收购）在加州西部研究中心的研究人员发现在红千层树（*Callistemon citrinus*）下很少有杂草生长，经过对红千层树提取物进行分析，研究人员发现了具有除草活性的化合物，并进一步确定其结构为已知的天然产物纤精酮（leptospermone），这个化合物具有中等的除草活性，杀草谱也较窄，用量至少为 1000 g/hm^2。先正达接着对纤精酮进行了优化，合成了一些类似物，并在 1980 年将这些化合物和纤精酮的除草活性申请了专利。

纤精酮(leptospermone)　　Stauffer Chemical化合物通式

接下来一件偶然事件的发生对三酮类除草剂的发现具有更大的影响，先正达西部研究中心的化学家为了发现新的 ACC 抑制剂，对商品化环己烯酮类除草剂烯禾啶进行优化，合成了化合物 **6-1**，该化合物具有一定的除草活性，当尝试用相同的方法合成其含苯基类似物时，却并没有得到目标化合物 **6-2**，而是得到了具有三酮结构的化合物 **6-3**，化合物 **6-3** 完全没有除草活性，但幸运的是该化合物对硫代氨基甲酸酯类除草剂具有解毒作用，通过进一步的优化合成化合物 **6-4** 和 **6-5**，前者除草活性较差，后者则具有中等的除草活性，更为重要的是化合物 **6-5** 与纤精酮（leptospermone）具有同样的白化症状。接下来通过大量的优化工作，研究人员终于在 1982 年发现了可以选择性防除玉米田阔叶杂草的磺草酮（sulcotrione），不久硝磺草酮（mesotrione）也随之问世。随后，各大农药公司纷纷致力于该类除草剂的研发，先后开发出双环磺草酮（benzobicylon）、环磺酮（tembotrione）、磺苯呋草酮（tefuryltrione）及氟吡草酮（bicyclopyrone）等品种。国内近年也有新开发的品种已登记或正在登记中，如唑草酮和二氯喹啉草酮等。

181

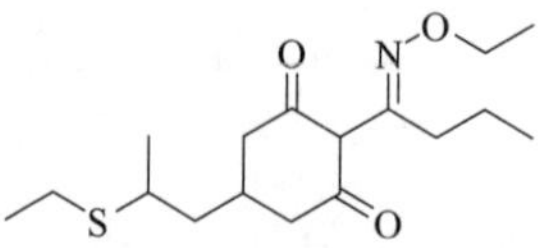

烯禾啶

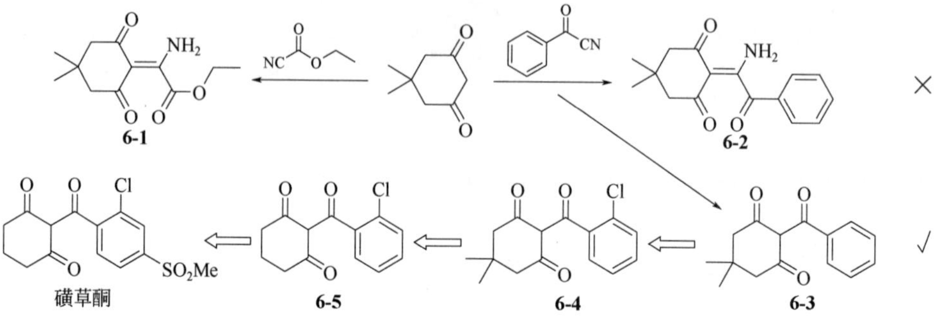

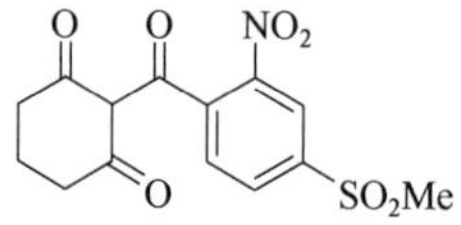

6-1

6-2 ×

磺草酮 6-5 6-4 6-3 √

硝磺草酮

二、主要品种

此处介绍的三酮类除草剂有 11 个，分别是双环磺草酮（benzobicylon）、硝磺草酮（mesotrione）、磺草酮（sulcotrione）、环磺酮（tembotrione）、磺苯呋草酮（tefuryltrione）、氟吡草酮（bicyclopyrone）、fenquinotrione、lancotrione、dioxopyritrione、喹草酮（quinotrione）和二氯喹啉草酮（quintrione），前 10 个均为对羟基苯基丙酮酸双氧化酶（HPPD）抑制剂。二氯喹啉草酮具有双重作用机制，既能抑制 HPPD 活性，又能调控激素水平。

双环磺草酮（benzobicyclon）

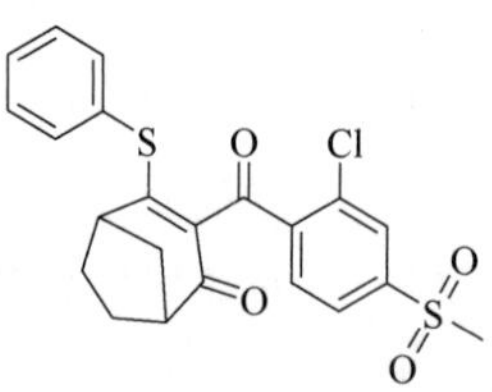

$C_{22}H_{19}ClO_4S_2$，447.0，156963-66-5

双环磺草酮（试验代号：SAN-1315 H、SB-500，商品名称：ShowAce、Prekeep、Sunshine、SiriusExa）是 SDS 生物技术公司研制的三酮类除草剂。

化学名称 3-(2-氯-4-甲基磺酰基苯甲酰基)-2-苯硫基双环[3.2.1]辛-2-烯-4-酮。英文化学名称 3-(2-chloro-4-mesylbenzoyl)-2-phenylthiobicyclo[3.2.1]oct-2-en-4-one。美国化学文摘（CA）系统名称 3-[2-chloro-4-(methylsulfonyl)-benzoyl]-4-(phenylthio)bicyclo[3.2.1]oct-3-en-2-one。CA 主题索引名称 bicyclo[3.2.1]oct-3-en-2-one—，3-[2-chloro-4-(methylsulfonyl)benzoyl]-4-(phenylthio)bicyclo-。

理化性质 浅黄色无味结晶体，熔点 187.3℃。相对密度 1.45（20~25℃），蒸气压＜

5.6×10^{-2} mPa（25℃）。分配系数 lgK_{ow}=3.1。水中溶解度 0.052 mg/L（20～25℃）。150℃以内热稳定，水解迅速。

毒性 大、小鼠急性经口 LD_{50}＞5000 mg/kg。大鼠急性经皮 LD_{50}＞2000 mg/kg，对兔的皮肤无刺激。大鼠急性吸入 LC_{50}（4 h）＞2.72 mg/L。ADI/RfD 0.034 mg/(kg·d)。

生态效应 山齿鹑和野鸭 LD_{50}＞2250 mg/kg，山齿鹑和野鸭饲喂 LC_{50}（5 d）＞5620 mg/kg。鲤鱼 LC_{50}（48 h）＞10 mg/L。水蚤 LC_{50}（3 h）＞1 mg/L。月牙藻 EC_{50}（72 h）＞1 mg/L。蜜蜂 LD_{50}（经口和接触）＞200 μg/只。

制剂 悬浮剂。

主要生产商 SDS Biotech K.K.。

作用机理与特点 对羟苯基丙酮酸双氧化酶（HPPD）抑制剂。选择性除草剂，通过根和茎基吸收，并传导至整个植株。双环磺草酮对杂草具有明显的白化症状，特别是药剂处理后在新叶上也有此现象。通常的白化型除草剂能使敏感型杂草出现明显的白化症状，具有枯死的特点。它们主要作用于光合成色素中的类胡萝卜素的生化合成，导致其含量下降。

应用 主要用于水稻（直播或移栽）田防除稗草、莎草科杂草，苗前或早期苗后使用。使用剂量为200～300 g (a.i.)/hm^2［亩用量为13.3～20 g (a.i.)]。

作为水稻田除草剂，双环磺草酮具有杀草谱广的特点。单剂标准剂量为300 g (a.i.)/hm^2，混剂标准剂量为200 g (a.i.)/hm^2，其在水稻与杂草间的选择性极高，对稗草、鸭舌草、陌上菜类等一年生阔叶杂草；萤蔺、水莎草、牛毛毡等具芒碎米莎草科杂草；水竹草、稻状稗壳草、假稻、匍茎剪股颖、眼子草等难除杂草等广泛杂草均有效。

该药剂特别对水田重要杂草，长期以来难以防除的萤蔺有卓效。其杀草速度较缓，但从发生前至5叶期的很长时间内均十分有效，且对高叶龄的花茎伸长期杂草，能完全抑制花芽的形成，从而破坏次年种子的更新。再则，其持效期为6周以上，甚至达到8周。

同时，该药剂亦为防除从水田沟畔侵入本田的多年生杂草假稻的唯一有效药剂而对于磺酰脲类除草剂的抗性杂草，双环磺草酮由于作用机理不同，也呈现了很高的活性。

专利概况

专利名称 Preparation of benzoylcycloalkenones as herbicides

专利号 JP 0625144　　　优先权日 1992-03-18

专利申请人 SDS Biotech Crop。

登记情况 国内有日本史迪士生物科学株式会社对双环磺草酮进行了登记，登记情况见表3-41。

表 3-41　双环磺草酮在中国登记情况

登记证号	登记名称	含量	剂型	登记场所	防治对象	亩用药量（制剂）	施用方法
PD20181594	双环磺草酮	98%	原药				
PD20181275	双环磺草酮	25%	悬浮剂	水稻移栽田	一年生杂草	40～60 mL	喷雾

合成方法 通过如下反应制得目的物：

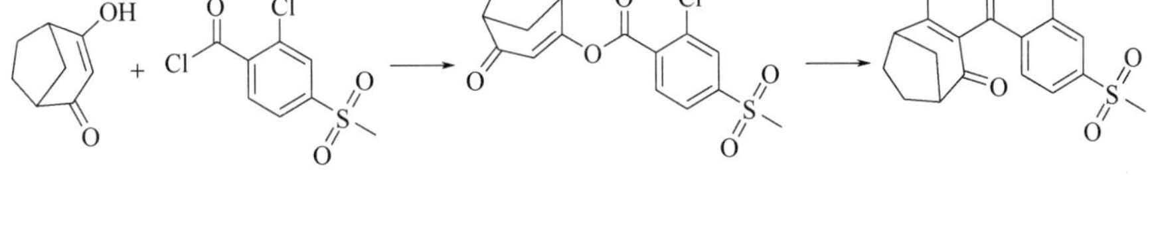

参考文献

[1] The Pesticide Manual.17 th edition: 91.

[2] 张一宾. 世界农药, 2006, 28(2): 9-14.

氟吡草酮（bicyclopyrone）

$C_{19}H_{20}F_3NO_5$，399.4，352010-68-5

氟吡草酮［试验代号：NOA449280，商品名称：acuron（混剂）］是由先正达公司开发的用于谷物和甘蔗的三酮类除草剂。

化学名称　4-羟基-3-{2-[(2-甲氧基乙氧基)甲基]-6-三氟甲基-3-吡啶甲酰基}双环[3.2.1]辛-3-烯-2-酮。英文化学名称 4-hydroxy-3-{2-[(2-methoxyethoxy)methyl]-6-(trifluoromethyl)-3-pyridylcarbonyl}bicyclo[3.2.1]oct-3-en-2-one。美国化学文摘（CA）系统名称 4-hydroxy-3-[[2-[(2-methoxyethoxy)methyl]-6-(trifluoromethyl)-3-pyridinyl]carbonyl]bicyclo[3.2.1]oct-3-en-2-one。CA 主题索引名称 bicyclo[3.2.1]oct-3-en-2-one—, 4-hydroxy-3-[[2-[(2-methoxyethoxy)methyl]-6-(trifluoromethyl)-3-pyridinyl]carbonyl]-。

理化性质　米色至棕色固体，熔点 65.3℃，沸点＞296℃，蒸气压＜0.005 mPa（20℃）。分配系数 lgK_{ow}=-1.9（pH 9）、-1.2（pH 7）、0.25（pH 5）。pK_a(20～25℃)=3.06。Henry 常数（Pa·m^3/mol，计算值）＜1.7×10^{-8}（pH 7.2 和 9.2）、＜5.3×10^{-8}（pH 4.9）、＜1.7×10^{-6}（pH 约 3）。相对密度 1.503（20～25℃）。水中溶解度（mg/L，20～25℃）：3.8×10^4（pH 4.9），1.19×10^5（pH 7.2 和 9.2）。有机溶剂中溶解度（g/L，20～25℃）：丙酮、二氯甲烷、乙酸乙酯、甲醇和甲苯中均＞500，己烷 9，辛醇 91。pH 4～9 水溶液中稳定，与金属离子接触时不稳定。

毒性　雌性大鼠急性经口 LD$_{50}$＞5000 mg/kg。大鼠急性经皮 LD$_{50}$＞5000 mg/kg。大鼠急性吸入 LC$_{50}$＞5.21 mg/L。对大鼠皮肤无微刺激，对兔的眼睛轻微刺激，对小鼠皮肤无致敏性。ADI/RfD 0.0028 mg/(kg·d)。

生态效应　鸟类急性经口 LD$_{50}$（mg/kg）：山齿鹑 1206，金丝雀 209。山齿鹑和野鸭 LC$_{50}$（8 d）均＞5620 mg/kg。鱼类 LC$_{50}$（96 h，mg/L）：虹鳟＞93.7，黑头呆鱼＞93.4。水蚤 EC$_{50}$（48 h）＞93.3mg/L。藻类 E$_\gamma$C$_{50}$（mg/L）：羊角月牙藻 2.4（72 h），鱼腥藻＞94.8（96 h）。浮萍 EC$_{50}$ 0.013 mg/L。蜜蜂 LD$_{50}$（48 h，μg/只）：接触＞200，经口＞212。蚯蚓 LC$_{50}$（14 d）＞1000mg/kg 干土。

环境行为　①动物。吸收很好（＞80%），主要通过尿液排出（＞80%）。生物转化的途径是氧化 I 相反应。②植物。在作物（玉米、甘蔗、大豆）中迅速而广泛代谢，降解沿着定性相似的途径进行，包括双环辛酮的羟基化、O-去甲基化和甲氧乙氧甲基侧链的连续氧化、双环辛酮和吡啶环系统之间的裂解及它们的代谢产物结合形成的 *O*-糖苷。仅在大豆中检测到氟吡草酮的残留。在其他作物中，即使检测到也是次要成分。③土壤/环境。在标准实验室条件下（避光、o.c. 0.5%～5.6%、pH 3.5～7.9、湿度 pF 2）好氧土壤中的降解率是变化的，总体几何平均 DT_{50} 为 125 d。光解是主要的降解过程，由此衍生的几何平均 DT_{50} 为 16.5 d。在实验室条件和田间土壤消散研究中都发现了该产品，在土壤微生物降解和光解过程中，双环系统间的裂解是主要的反应，尽管两种途径生成的主要代谢物不同。在好氧土壤中，最终降解为二氧化碳（5%～75%，4～12 个月后）和形成不可提取残余物（7%～30%，1～12 个月后）。在水中稳定（pH 4～9），但在水溶液光解研究（DT_{50} 10～50 d）中广泛降解。在持续避光条件下，实验室内水-沉积物降解缓慢（DT_{50} 0.5～>1 年），但在辐照条件下（DT_{50}≤1 周）或室外微观环境（DT_{50} 2～3 周）中显著提高。

制剂　乳油、悬浮剂和种子处理剂。

主要生产商　Syngenta。

作用机理与特点　抑制叶绿素生物合成途径中 4-羟基苯丙酮酸双加氧酶，影响类胡萝卜素生物合成。

应用　苗前和苗后早期应用于玉米田，使用剂量为 50～200 g/hm²，控制阔叶杂草如苋菜、普通豚草、巨大豚草、灰菜、野生萝卜、繁缕草、苍耳和禾本科杂草（如野黍）。苗后在谷物田（37.5～50 g/hm²）、苗前和苗后初期在甘蔗田（达到 300 g/hm²）的应用正在进行中。

专利概况

专利名称　Preparation of substituted pyridine ketone herbicides

专利号　WO 2001094339　　　　　**优先权日**　2000-06-09

专利申请人　Syngenta Participations A.G.

在其他国家申请的专利　CA 2410345、AU 2001062344、EP 1286985、CN 1436184、CN 1231476、HU 2003001243、HU 228428、JP 2003535858、JP 4965050、EP 1574510、AT 330953、CN 1824662、PT 1286985、ES 2266199、CN 1951918、BR 2001011981、RU 2326866、RO 122034、RO 122911、RO 122965、SK 287483、CZ 303727、MX 2002011977、ZA 2002009878、US 20040097729、US 6838564、HR 2002000969、HK 1054376、US 7378375、HK 1094197、US 20080274891、US 7691785、HR 2008000664 等。

工艺专利　WO 2005105718、WO 2005105745 等。

合成方法　通过如下反应制得目的物：

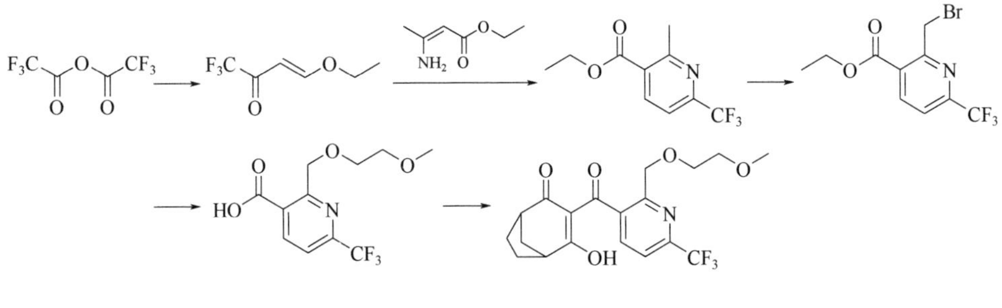

参考文献

[1] The Pesticide Manual. 17 th edition: 102.

[2] 张侠，王福祥，申雁. 安徽化工, 2019, 45(4): 8-10.

[3] 筱禾. 世界农药, 2017, 39(4): 64.

dioxopyritrione

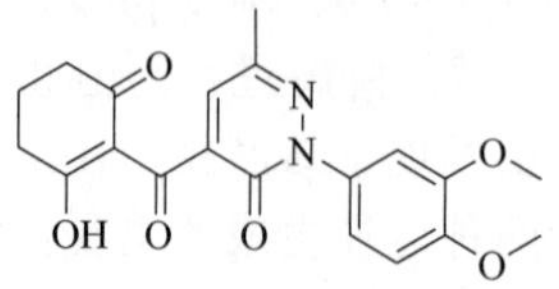

$C_{20}H_{20}N_2O_6$，384.4，2222257-79-4

dioxopyritrione 是由先正达公司开发的芳酰基环己二酮类（或哒嗪酮类)除草剂。

化学名称　2-(3,4-二甲氧基苯基)-4-[(2-羟基-6-氧代环己-1-烯-1-基)羰基]-6-甲基哒嗪-3(2H)-酮。英文化学名称　2-(3,4-dimethoxyphenyl)-4-[(2-hydroxy-6-oxocyclohex-1-en-1-yl)carbonyl]-6-methylpyridazin-3(2H)-one。美国化学文摘（CA）系统名称 2-(3,4-dimethoxyphenyl)-4-[(2-hydroxy-6-oxo-1-cyclohexen-1-yl)carbonyl]-6-methyl-3(2H)-pyridazinone。CA 主题索引名称 3(2H)-pyridazinone—, 2-(3,4-dimethoxyphenyl)-4-[(2-hydroxy-6-oxo-1-cyclohexen-1-yl)carbonyl]-6-methyl-。

应用　用于大麦田防治苘麻、反枝苋、稗草等，对大麦安全。

专利概况

专利名称　Herbicidal pyridazinone compounds

专利号　WO 2017178582　　　　　**优先权日**　2016-04-15

专利申请人　Syngenta Participations AG

在其他国家申请的专利　AU 2017251378、BR 112018071154、CA 3019009、EP 3442962、JP 2019513791、KR 20180134353、CN 108884074、MX 2018012303、US 10813354、US 2019124926 等。

工艺专利　WO 2019076930。

合成方法　通过如下反应制得目的物：

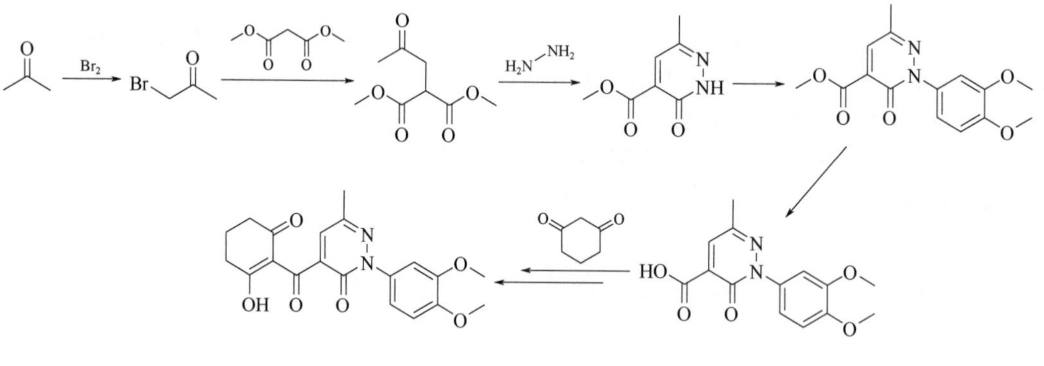

fenquinotrione

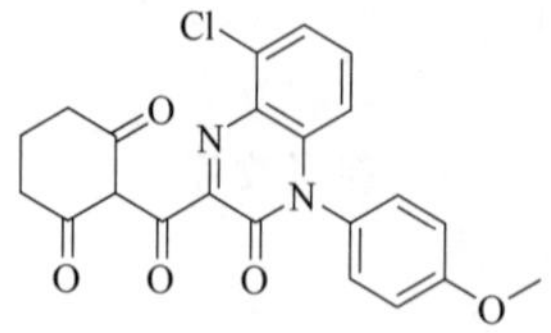

$C_{22}H_{17}ClN_2O_5$，424.8，1342891-70-6

fenquinotrione（试验代号：KIH-3653、KUH-110，商品名称：Maslao）是由日本组合化学株式会社开发的新的三酮类除草剂。

化学名称　2-[8-氯-3,4-二氢-4-(4-甲氧基苯基)-3-氧-2-喹喔啉羰基]-1,3-环己二酮。英文化学名称 2-[8-chloro-3,4-dihydro-4-(4-methoxyphenyl)-3-oxoquinoxalin-2-ylcarbonyl]cyclohexane-1,3-dione。美国化学文摘（CA）系统名称 2-[[8-chloro-3,4-dihydro-4-(4-methoxyphenyl)-3-oxo-2-quinoxalinyl]carbonyl]-1,3-cyclohexanedione。CA 主题索引名称 1,3-cyclohexanedione—,2-[[8-chloro-3,4-dihydro-4-(4-methoxyphenyl)-3-oxo-2-quinoxalinyl]carbonyl]-。

应用　用于水稻田除草。

专利概况

专利名称　Benzoylphenylureas

专利号　WO 2009016841　　　　优先权日　2007-08-01

专利申请人　Kumiai Chemical Industry Co., Ltd.、Ihara Chemical Industry Co., Ltd.

在其他国家申请的专利　AU 2008283629、CA 2694882、AR 67763、KR 2010034734、EP 2174934、NZ 582426、PT 2174934、ES 2389320、AP 2513、IL 202378、EA 17807、ZA 2009008210、IN 2009MN 02426、CR 11184、CN 101778832、MX 2010001240、US 20100197674、US 8389523 等。

合成方法　通过如下反应制得目的物：

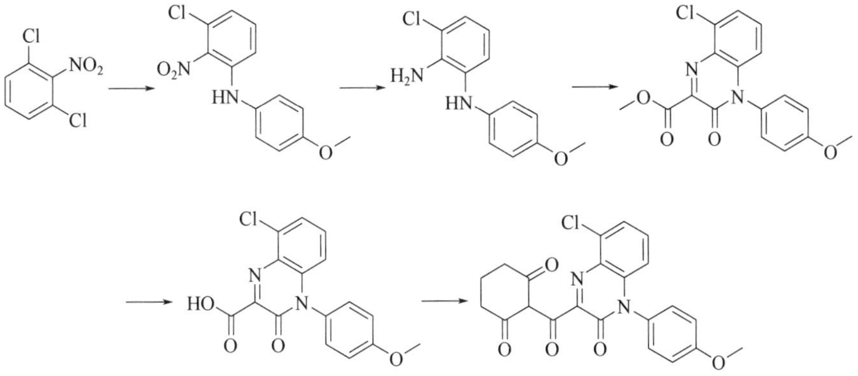

参考文献

[1]　The Pesticide Manual. 17 th edition: 469.

lancotrione

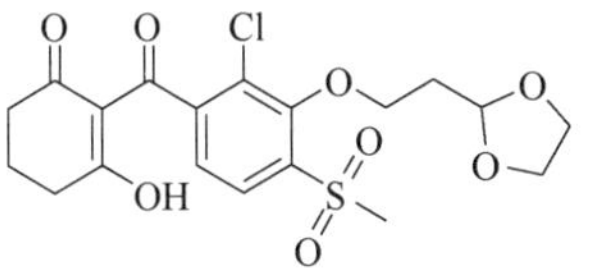

$C_{19}H_{21}ClO_8S$，444.9，1486617-21-3，1486617-22-4(钠盐)

lancotrione（试验代号：SL-261）是日本石原产业株式会社开发的三酮类除草剂。

化学名称　2-[2-氯-3-[2-(1,3-二噁烷 2-基)乙氧基]-4-甲砜基苯甲酰基]-3-羟基-2-环己烯-1-

酮。英文化学名称 2-[2-chloro-3-[2-(1,3-dioxolan-2-yl)ethoxy]-4-(methylsulfonyl)benzoyl]-3-hydroxy-2-cyclohexen-1-one。美国化学文摘（CA）系统名称 2-[2-chloro-3-[2-(1,3-dioxolan-2-yl)ethoxy]-4-(methylsulfonyl)benzoyl]-3-hydroxy-2-cyclohexen-1-one。CA 主题索引名称 2-cyclohexen-1-one—, 2-[2-chloro-3-[2-(1,3-dioxolan-2-yl)ethoxy]-4-(methylsulfonyl)benzoyl]-3-hydroxy-。

主要生产商 日本石原产业株式会社。

应用 水田除草剂。用 63 g/hm² 剂量对野稗、慈姑、蔍草的防效均高于 95%，对水稻安全。

专利概况

专利名称 Process for the preparation of substituted benzoic acid compounds

专利号 WO 2013168642 优先权日 2012-05-08

专利申请人 Ishihara Sangyo Kaisha, Ltd.

在其他国家申请的专利 CN 104271560、KR 2015006840、EP 2848612、US 20150119586、IN 2014DN09251 等。

合成方法 以间硝基苯甲酸甲酯为起始原料经多步反应得到 lancotrione：

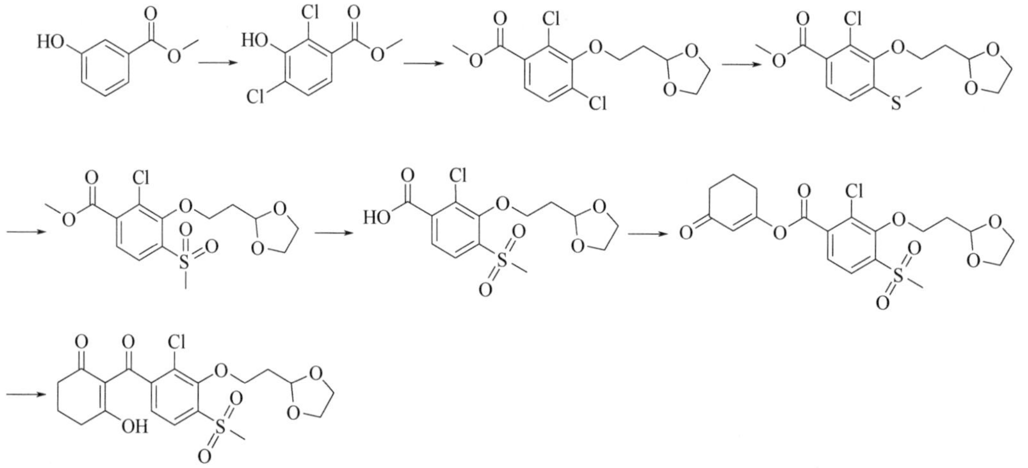

参考文献

[1] 芦志成, 李慧超, 关爱莹, 等. 农药, 2020, 59(2): 79-90.

硝磺草酮（mesotrione）

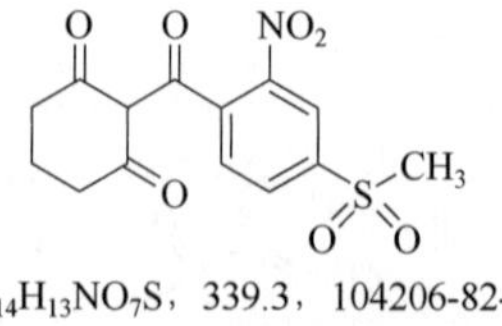

$C_{14}H_{13}NO_7S$，339.3，104206-82-8

硝磺草酮（试验代号：ZA 1296，商品名称：Callisto、Acuron、Calaris、Callisto Xtra、Camix、Halex GT，其他名称：米斯通、甲基磺草酮）是先正达公司开发的三酮类除草剂。

化学名称 2-(4-甲磺酰基-2-硝基苯甲酰基)环己烷-1,3-二酮。英文化学名称 2-(4-

mesyl-2-nitrobenzoyl)cyclohexane-1,3-dione。美国化学文摘（CA）系统名称 2-[4-(methylsul-fonyl)-2-nitrobenzoyl]-1,3-cyclohexanedione。CA 主题索引名称 1,3-cyclohexanedione—，2-[4-(methylsulfonyl)-2-nitrobenzoyl]-。

理化性质　原药纯度92%。淡黄色固体，熔点165℃，蒸气压＜5.69×10⁻³ mPa（20℃）。分配系数 $\lg K_{ow}$=0.11（非缓冲水），0.9（pH 5），＜−1.0（pH 7 和 9）。Henry 常数＜5.1× 10⁻⁷ Pa·m³/mol，相对密度（20～25℃）1.49。pK_a(20～25℃)=3.12。水中溶解度（g/L，20～25℃）：0.16（非缓冲液），2.2（pH 4.8），15（pH 6.9），22（pH 9）。有机溶剂中溶解度（g/L，20～25℃）：乙腈117，丙酮93.3，二氯乙烷66.3，乙酸乙酯18.6，甲醇4.6，甲苯3.1，二甲苯1.6，正庚烷＜0.5。水溶液中稳定（pH 4～9，25℃和50℃）。

毒性　雄、雌大鼠急性经口 LD_{50}＞5000 mg/kg。雄、雌大鼠急性经皮 LD_{50}＞2000 mg/kg。对兔的皮肤、眼有中度刺激，对豚鼠皮肤无致敏性。雄、雌大鼠吸入 LC_{50}（4 h）＞4.75 mg/L。NOEL［mg/(kg·d)］：（90 d）大鼠 0.09，小鼠 61.5；（2 年）雌大鼠 7.7；（多代繁殖）小鼠 1472，大鼠 0.3。ADI/RfD：（EC）0.01 mg/kg bw，aRfD 0.02 mg/kg bw，AOEL 0.015 mg/kg bw；（EPA）cRfD 0.007 mg/kg（2001）。

生态效应　山齿鹑急性经口 LD_{50}＞2000 mg/kg。山齿鹑和野鸭饲喂 LD_{50}＞5200 mg/kg。鱼 LC_{50}（96 h，mg/L）：大翻车鱼和虹鳟鱼＞120，鲤鱼＞97.1。水蚤 LC_{50}/EC_{50}（48 h，静止）＞900 mg/L。羊角月牙藻 EC_{50}（120 h）3.5 mg/L。浮萍 EC_{50}（14 d）0.0077 mg/L。蜜蜂 LD_{50}（制剂，μg/只）：经口＞11，接触＞100。蚯蚓 LD_{50}（14 d）＞2000 mg/kg。

环境行为　动物、植物和土壤代谢产物主要为 MNBA（4-甲磺酰基-2-硝基苯甲酸）和 AMBA（2-氨基-4-甲磺酰基苯甲酸）。①动物。广泛吸收（72 h 内约 70%），广泛分布，主要通过尿排出（72 h 高达 70%）。部分通过羟基化代谢。②土壤/环境。在有氧的土壤，主要通过微生物迅速分解消散，广泛矿化（120 d 后 38%～81%）。几何平均 DT_{50}（实验室，有氧）12.7 d（3.2～50，一级，22 种土壤）；DT_{50}（实验室，厌氧）4～14 d（一级，1 种土壤），DT_{90} 12 d；DT_{50}（实验室，厌氧）6～27 d（17 种土壤），DT_{90} 20～89 d。土壤光解 13～29 d。在田间快速消散，平均 DT_{50}（田间）4 d（2～14 d，一级，24 种土壤），pH 值越大降解速度越快。硝磺草酮的吸附与 pH 值呈负相关，与土壤有机碳呈正相关。K_{Foc} 19～170（8 种土壤，pH 5.1～8.2，o.c. 0.53%～3.31%）；K_{oc} 29～390，K_d 0.2～5.2（31 种土壤，pH 4.6～8.0，o.c. 0.58%～2.46%）；与 pH 值呈负相关，与土壤有机碳呈正相关。在水中，硝磺草酮主要是通过生成不可萃取的残留物快速消散（101 d，65%～74%），残留物在整个系统中 DT_{50} 3.9～6.5 d。

制剂　悬浮剂、可分散油悬浮剂。

主要生产商　Syngenta、江苏丰山集团股份有限公司、江苏好收成韦恩农化股份有限公司、江苏禾裕泰化学有限公司、江苏辉丰生物农业股份有限公司、江苏省农用激素工程技术研究中心有限公司、江苏优嘉植物保护有限公司、山东海利尔化工有限公司等。

作用机理与特点　HPPD 抑制剂，最终影响类胡萝卜素的生物合成。玉米的选择性源于不同的代谢（生成 4-羟基衍生物）和较慢的叶面吸收。通过叶面和根部吸收，伴随着向顶和向基传导，症状为叶子变白，然后分生组织坏死。

应用

（1）适宜作物与安全性　主要用于谷物（如玉米、高粱、水稻）、甘蔗、其他小宗作物等，对环境、后茬作物安全。

（2）防除对象　广谱除草剂，可防除如苘麻、苍耳、刺苋、藜属杂草、荸草、地肤、蓼属杂草、芥菜、稗草、龙葵、繁缕、马唐等多种杂草。对磺酰脲类除草剂产生抗性的杂草有效。

（3）使用方法　苗前和苗后均可使用。单独使用时剂量：苗前 100～225 g (a.i.)/hm² [亩用量 6.67～15 g (a.i.)]；苗后 70～150 g (a.i.)/hm² [亩用量 4.6～10 g (a.i.)]。为扩大除草谱苗前除草可与乙草胺混用，苗后除草可与烟嘧磺隆混用。

① 硝磺草酮土壤处理在 150 g/hm² 时，对大部分供试阔叶杂草防效达 90%，对禾本科杂草防效 80% 以上。硝磺草酮的生物活性约为同类药剂磺草酮的 2 倍。

② 硝磺草酮茎叶处理在 100 g/hm² 时，对阔叶杂草的防效可达 90%，对禾本科杂草的防效达 70%。硝磺草酮茎叶处理的生物活性约为同类药剂磺草酮的 3 倍。

③ 硝磺草酮混配莠去津弥补增效硝磺草酮对禾本科杂草的药效，加入莠去津后能明显提高对禾本科杂草的防效，降低硝磺草酮用量。

专利概况

专利名称　Certain 2-(2-nitrobenzoyl)-1,3-cyclohexanediones

专利号　EP 0186118　　　　优先权日　1984-12-20

专利申请人　Stauffer Chemical Co.

在其他国家申请的专利　AT 52495、AU 8551336、BR 8506425、CN 1039799、CN 85109771、DD 247210、DK 8505948、ES 550224、HU 41201、IL 77349、JP 61152642、NO 8505164、PL 148140、RO 92905、SU 1715190、ZA 8509736 等。

工艺专利　CN 101671286、CN 102174003、CN 103172549、CN 103772243、CN 103965084、CN 105254543、CN 108440352、WO 9928282、WO 2016197900、WO 2018178860 等。

登记情况

2001 年，硝磺草酮在美国首先取得登记和上市，在法国和荷兰取得登记，在美国、德国、奥地利上市；2002 年在法国上市。这些产品皆用于玉米田，商品名均为 Callisto。

在美国，硝磺草酮与精异丙甲草胺和莠去津复配，商品名为 Lumax 和 Luxar。硝磺草酮与草甘膦、精异丙甲草胺的复配产品 Halex GT 上市，用于耐草甘膦玉米。2015 年，先正达推出新的四元复配产品 Acuron（氟吡草酮+硝磺草酮+精异丙甲草胺+莠去津），上市首年实现销售额 1.00 亿美元。

2005 年，先正达在我国登记了硝磺草酮原药及其悬浮剂产品。目前，先正达及其旗下公司在我国登记的产品有 10 个，其中包括 1 个原药、2 个单剂、7 个复配产品。

2008 年，杜邦准入硝磺草酮市场，开发了多个复配产品，用于玉米和甘蔗。

2011 年，拜耳和先正达达成协议，共同开发耐 HPPD 大豆。

2012 年 8 月 2 日，硝磺草酮在中国的为期 7.5 年的行政保护（授权号：NB-US2005020229）期满。在期满前的 2012 年 7 月 19 日，安徽中山化工有限公司基于硝磺草酮的 2 个水分散粒剂在我国获得首批登记。目前，浙江中山集团旗下位于安徽、响水、浙江 3 个基地的公司共登记了 11 个硝磺草酮产品，其中包括 2 个原药、4 个单剂、5 个复配产品。

2013 年 12 月，先正达 5% 硝磺·丙草胺颗粒剂在我国取得登记，开创性地防除移栽水稻田稗草、部分一年生阔叶杂草及莎草。目前，在我国取得登记的用于水稻田的硝磺草酮产品有 18 个，其中复配产品 14 个。

2015 年，杜邦上市了硝磺草酮与烟嘧磺隆的复配产品 Revulin Q。2016 年，爱利思达在乌克兰上市了基于硝磺草酮的产品 Desperado，用于玉米。

2016 年，硝磺草酮与麦草畏的复配产品 Callisto Plus 在法国获准登记。

2017 年，Nortox 公司基于硝磺草酮的产品 Mesotrione Nortoz 在巴西获准登记，用于玉米和甘蔗。

2017 年 6 月 1 日，欧盟登记了硝磺草酮，有效期至 2032 年 5 月 31 日；目前已有 26 个欧盟成员国登记了硝磺草酮产品。

2017 年，美国 SipcamRotam 农药公司上市了 2 个基于硝磺草酮的复配产品 Evinco（硝磺草酮+异丙甲草胺）、Vilify（硝磺草酮+异丙甲草胺+莠去津）。

2017 年，杜邦在加拿大登记了玉米田除草剂 Destra IS（硝磺草酮+砜嘧磺隆）；先正达在西班牙上市了 Lumax（特丁津+硝磺草酮+精异丙甲草胺）；Nortox 在巴西登记了 Meostriona Nortox（硝磺草酮），用于玉米和甘蔗田。

2017 年，阿根廷批准销售和使用多性状耐除草剂大豆 SYHT0H2，该产品对草铵膦和硝磺草酮具有耐受性。

2018 年，Helm 在美国上市了 Argos Ultra 9（硝磺草酮+异丙甲草胺），用于玉米、甜玉米、爆裂玉米、高粱等作物田。

2019 年，意大利卫生部批准登记了 Sipcam Oxon 公司的 Tonale（硝磺草酮+特丁津+异噁草松）。Tonale 为微囊悬浮剂，采用了世科姆的 Microplus 专利技术。

2019 年 1 月，中国批准进口 5 种转基因作物，其中包括先正达和巴斯夫的耐草铵膦和硝磺草酮大豆 SYHT0H2。

2019 年 2 月，阿根廷批准登记了巴斯夫的一种转基因棉花，该产品对草甘膦和 HPPD 抑制剂类除草剂（如异噁唑草酮、硝磺草酮等）具有耐受性。

2019 年 4 月，巴西登记了先正达的除草剂 Calaris（硝磺草酮+特丁津）。该悬浮剂产品防除玉米田阔叶杂草和禾本科杂草。

2019 年 9 月，先正达在加拿大上市了 Acuron Flexi（氟吡草酮+硝磺草酮+精异丙甲草胺），防除玉米田许多一年生杂草，如藜、反枝苋等。

中国登记了 95%、97%、98%原药。单剂有 9%、10%、15%、25%、40%悬浮剂，10%、20%、25%、30%可分散油悬浮剂等；登记场所玉米田，防治对象一年生阔叶杂草及禾本科杂草。混剂主要为可分散油悬浮剂、悬浮剂、颗粒剂和可湿性粉剂等。瑞士先正达在国内登记的硝磺草酮情况见表 3-42。

表 3-42　瑞士先正达在中国的硝磺草酮登记情况

登记证号	登记名称	含量	剂型	登记作物/场所	防治对象	亩用药量（制剂）	施用方法
PD20182013	硝磺草酮	40%	悬浮剂	草坪（早熟禾）	杂草	24～40 mL	茎叶喷雾
				玉米田	一年生杂草	18～25 mL	茎叶喷雾
PD20152101	硝·精·莠去津	24.7%精异丙甲草胺+3%硝磺草酮+10.8%莠去津	悬乳剂	春玉米田	一年生杂草	350～450 mL	土壤喷雾
PD20151850	硝磺·丙草胺	4.4%丙草胺+0.6%硝磺草酮	颗粒剂	移栽水稻田	稗草、部分一年生阔叶草及莎草	900～1100 g	撒施或药土法
PD20150972	硝磺·莠去津	2.3%硝磺草酮+22.7%莠去津	悬浮剂	春玉米田	一年生杂草	250～350 mL	茎叶喷雾
				夏玉米田	一年生杂草	200～300 mL	茎叶喷雾
PD20102152	硝磺·莠去津	50 g/L 硝磺草酮+500 g/L 莠去津	悬浮剂	春玉米田	多种一年生杂草	100～150 mL	茎叶喷雾
				夏玉米田	多种一年生杂草	80～120 mL	茎叶喷雾

登记证号	登记名称	含量	剂型	登记作物/场所	防治对象	亩用药量（制剂）	施用方法
PD20096821	硝磺草酮	94%	原药				
PD20096820	硝磺草酮	9%	悬浮剂	玉米田	部分禾本科杂草	70～100 mL	茎叶喷雾
				玉米田	一年生阔叶杂草	70～100 mL	茎叶喷雾

合成方法 硝磺草酮的合成方法如下：

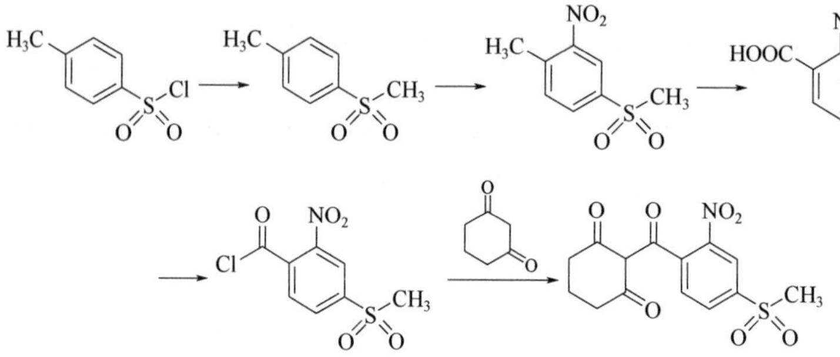

参考文献

[1] The Pesticide Manual.17 th edition: 720-721.

[2] 苏少泉. 农药, 2004, 43(5): 193-195.

[3] 高爽, 张宗俭, 安伟良, 等. 农药, 2004, 43(10): 469-471.

喹草酮（quinotrione）

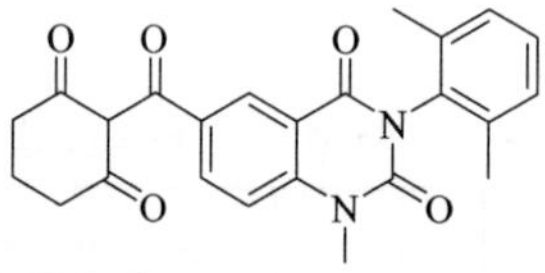

C$_{24}$H$_{22}$N$_2$O$_5$，418.45，1639426-14-4

喹草酮是由华中师范大学创制并由山东先达农化股份有限公司开发的三酮类除草剂。

化学名称 2-(1-甲基-3-(2,6-二甲基苯基)喹唑啉-2,4-二酮-6-羰酰基)环己烷-1,3-二酮。英文化学名称 3-(2,6-dimethylphenyl)-6-(2,6-dioxocyclohexane-1-carbonyl)-1-methylquinazoline-2,4(1H,3H)-dione。

理化性质 熔点 187～189℃。溶解度：易溶于常见有机溶剂。稳定性：碱金属盐及铵盐可溶于水，但在硬水中将沉淀出钙盐和镁盐。

作用机理与特点 HPPD 抑制剂。抑制植物体内对羟基苯基丙酮酸转化为尿黑酸这一过程，进而影响到杂草体内的光合作用，致使杂草出现白化症状而死亡。对环境友好，对动物和生态环境毒性低。

应用 杀草谱广，对多种阔叶杂草及禾本科杂草高效，对狗尾草防效卓越，且速效性好。喹草酮是高粱专用选择性超高效除草剂，对高粱表现出高度安全性，对玉米和小麦也非常安全，防效显著优于同类除草剂硝磺草酮。

专利概况

专利名称　三酮类化合物及其制备方法和应用

专利号　CN 104557739　　　　　专利申请日　2013-10-25

专利申请人　华中师范大学

在其他国家申请的专利　WO 2015058519、EP 3061755、ES 2687346、US 20160264532、IN 201647014440。

登记情况　辽宁先达农业科学有限公司对喹草酮进行了登记，登记情况见表3-43。

表3-43　喹草酮在中国登记情况

登记证号	登记名称	含量	剂型	登记场所	防治对象	亩用药量（制剂）	施用方法
PD20201132	喹草酮	98%	原药				
PD20201134	喹草酮	10%	悬浮剂	高粱田	一年生杂草	60～100 mL	茎叶喷雾

合成方法　以2-硝基-5-甲基苯甲酸为起始原料经多步反应得到喹草酮：

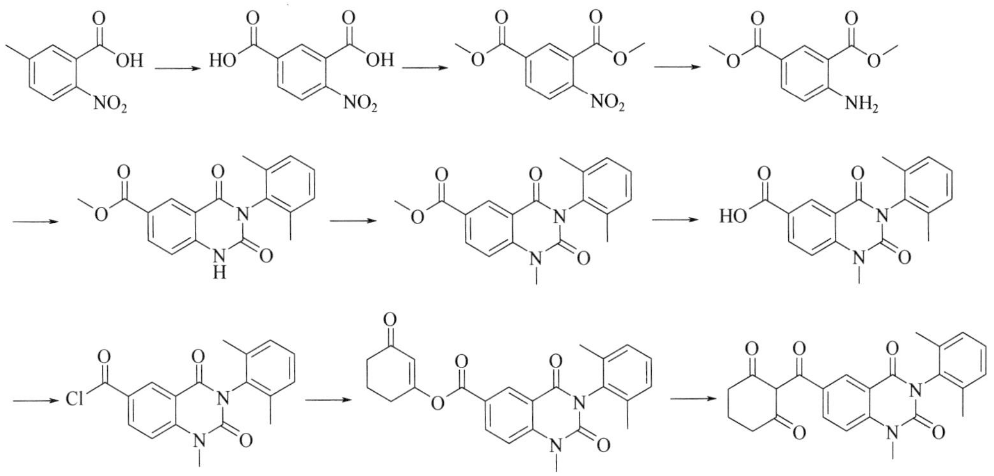

参考文献

[1]　冯义志, 张爱娟, 王赐明, 等. 农药, 2019, 58(1): 54-56.

二氯喹啉草酮（quintrione）

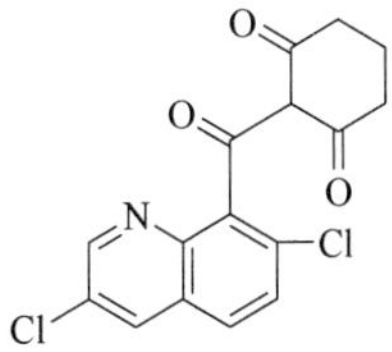

$C_{16}H_{11}Cl_2NO_3$，336.17，130901-36-8

　　二氯喹啉草酮是由北京法盖银科技有限公司发现、定远县嘉禾植物保护剂有限责任公司开发的三酮类除草剂。

化学名称 2-(3,7-二氯喹啉-8-基)-羰基-1,3-环己二酮。英文化学名称 2-(3,7-dichloroquino-line-8-carbonyl)cyclohexane-1,3-dione。美国化学文摘（CA）系统名称 2-[(3,7-dichloro-8-quino-linyl)carbonyl]-1,3-cyclohexanedione。CA 主题索引名称 1,3-cyclohexanedione—, 2-[(3,7-di-chloro-8-quinolinyl)carbonyl]-。

理化性质 纯品外观为均匀的淡黄色粉末，无刺激性异味。熔点 141.8～144.2℃，沸点 248.2℃。分配系数 $\lg K_{ow}=2.9$。

毒性 大鼠急性经口、经皮 LD_{50} 均＞5000 mg/kg，急性吸入 LC_{50}＞2000 mg/m³，对兔的皮肤、眼睛有轻度刺激性，对豚鼠皮肤有弱致敏性。原药大鼠 90 d 亚慢性饲喂毒性试验最大无作用剂量雄性为 2379 mg/kg，雌性为 2141 mg/kg。Ames 试验、小鼠骨髓细胞微核试验、人体外周血淋巴细胞染色体畸变试验、体外哺乳动物细胞基因突变试验结果均为阴性。

生态效应 斑马鱼 LC_{50}（96 h）1.05 mg (a.i.)/L，日本鹌鹑 LD_{50} 为 1490 mg (a.i.)/kg。蜜蜂经口 LD_{50}（48 h）63.9 μg/只，接触 LD_{50}（48 h）＞100 μg/只。家蚕 LC_{50}（食下毒叶法，96 h）2000 mg (a.i.)/L。对鱼中毒，对鸟、蜜蜂和蚕低毒。使用时注意远离水产养殖区、河塘等水体施药，禁止在河塘等水体中冲洗施药器具，施药后的田水不得直接排入水体。20%二氯喹啉草酮可分散油悬浮剂 3 地残留试验结果表明，用药量 300～450 mL/亩施药 1 次，收获的糙米中二氯喹啉草酮的残留量＜0.002～0.205 mg/kg。

作用机理与特点 二氯喹啉草酮具有双重作用机制：①抑制 HPPD（对羟苯基丙酮酸双氧化酶）活性；②调控激素水平（包括降低生长素含量和诱导脱落酸积累）。作用方式为茎叶和根系吸收，茎叶吸收为主要作用方式。对水稻田稗草、马唐、丁香蓼、鳢肠等效果较好，对抗五氟磺草胺的稗草防除突出，具有作用速度快、杀草谱广、安全性高等优势特点。

应用 新型水稻田除草剂，对稗草、马唐、鳢肠、丁香蓼有较高活性和较好防治效果。用药量：于水稻移栽缓苗后，稗草 2～4 叶期，或直播水稻出苗 3.5 叶期后，稗草 2～3 叶期，以 200～300 mL/亩茎叶喷雾处理。

专利概况

专利名称 2-(喹啉-8-基)羰基-环己烷-1,3-二酮类化合物

专利号 CN 102249996　　　　　专利申请日 2011-05-10

专利申请人 北京法盖银科技有限公司。

登记情况 二氯喹啉草酮国内登记情况。见表 3-44。

表 3-44　二氯喹啉草酮国内登记情况

登记证号	剂型	含量	登记场所	防治对象	亩用药量（制剂）	施用方法	登记证持有人
PD20184028	原药	98%					定远县嘉禾植物保护剂有限责任公司
PD20184027	可分散油悬浮剂	20%	稻移栽田	稗草	200～300 mL	茎叶喷雾	定远县嘉禾植物保护剂有限责任公司

合成方法 以 1,3-环己二酮和二氯喹啉酸为起始原料制备二氯喹啉草酮。

参考文献

[1] 农药科学与管理, 2019, 40(2): 62-63.

磺草酮（sulcotrione）

$C_{14}H_{13}ClO_5S$，328.8，99105-77-8

磺草酮（试验代号：ICIA0051、SC0051，商品名称：Mikado、Shado，其他名称：Zeus）是由捷利康公司（现先正达）开发的三酮类除草剂。于 2000 年将部分销售权转让给了拜耳公司。

化学名称　2-(2-氯-4-甲磺酰基苯甲酰基)环己烷-1,3-二酮。英文化学名称 2-(2-chloro-4-mesylbenzoyl)cyclohexane-1,3-dione。美国化学文摘（CA）系统名称 2-[2-chloro-4-(methylsulfonyl)benzoyl]-1,3-cyclohexanedione。CA 主题索引名称 1,3-cyclohexanedione—, 2-[2-chloro-4-(methylsulfonyl)benzoyl]-。

理化性质　原药纯度 90%，淡褐色固体。纯品为白色固体，熔点 139℃，蒸气压 5×10⁻³ mPa（25℃）。分配系数 lgK_{ow}＜0.0（pH 7 和 9）。Henry 常数 9.96×10⁻⁶ Pa·m³/mol。pK_a(20～25℃)=3.13。水中溶解度为 167 mg/L（pH 4.8，20～25℃），溶于二氯甲烷、丙酮和氯苯。在水中稳定（光照或避光），耐热高达 80℃。

毒性　大鼠急性经口 LD$_{50}$＞5000 mg/kg。兔急性经皮 LD$_{50}$＞4000 mg/kg。对兔的皮肤无刺激性，对兔眼中度刺激，对豚鼠皮肤强致敏性。大鼠急性吸入 LC$_{50}$（4 h）＞1.6 mg/L。大鼠 NOEL（2 年）100 mg/L［0.5 mg/(kg·d)］。ADI/RfD（EC）0.0004 mg/kg（2008）；（BfR）0.007 mg/kg（2006）。对大鼠和兔无致畸作用，无基因毒性。

生态效应　鸟急性经口 LD$_{50}$（mg/kg bw）：山齿鹑＞2111，野鸭＞1350。山齿鹑和野鸭饲喂 LC$_{50}$＞5620 mg/kg 饲料。鱼 EC$_{50}$（96 h, mg/L）：虹鳟鱼 227，鲤鱼 240。水蚤 EC$_{50}$（48 h）＞848 mg/L。月牙藻 EC$_{50}$（96 h）3.5 mg/L。鱼腥藻 E$_r$C$_{50}$（72 h）54 mg/L。蜜蜂 LD$_{50}$（μg/只）：经口＞50，接触＞200。蚯蚓 LC$_{50}$（14 d）＞1000 mg/kg 土。

环境行为　①动物。通过尿液迅速排出，主要代谢产物为 4-羟基磺草酮。②植物。形成 2-氯-4-甲磺酰基苯甲酸而失活。③土壤/环境。土壤中迅速降解，实验室 DT$_{50}$ 4～90 d；田间 DT$_{50}$ 1～11 d，主要代谢产物 2-氯-4-甲磺酰基苯甲酸。K_{oc} 17～58。对土壤微生物无不利影响。

制剂　悬浮剂、水剂等。

主要生产商　Bayer CropScience、江苏中旗科技股份有限公司、沈阳科创化学品有限公司等。

作用机理与特点　对羟基苯基丙酮酸双氧化酶抑制剂，即 HPPD 抑制剂。主要通过叶吸收，根亦可以吸收。

应用

（1）适宜作物与安全性　对冬麦、大麦、冬油菜、马铃薯、甜菜、豌豆和菜豆等安全。

（2）防除对象　玉米田阔叶杂草及禾本科杂草如马唐、血根草、锡兰稗、洋野黍、藜、茄、龙葵、蓼、酸模叶蓼等。

（3）应用技术　由于其作用于类胡萝卜素合成，从而排除与三嗪类除草剂的交互抗性，可单用、混用或连续施用防除玉米田杂草。

（4）使用方法　苗后施用，玉米田用量 450 g/hm²，剂量高达 900 g/hm² 时，对玉米也安全，未发现任何药害，但生长条件较差时，玉米叶会有短暂的脱色症状，对玉米生长和产量无影响。甘蔗田用量为 200～300 g/hm²。

专利概况

专利名称　Certain 2-(2-substituted benzoyl)-1,3-cyclohexanediones

专利号　EP 90262　　　优先权日　1982-03-05

专利申请人　Stauffer Chemical Co.。

登记情况　国内登记了 95% 和 98% 的原药，单剂仅有 26% 悬浮剂和 15% 水剂；混剂配伍对象为莠去津和乙草胺，剂型为悬浮剂。单剂和混剂均用于玉米田防治一年生杂草。磺草酮国内部分登记情况见表 3-45。

表 3-45　磺草酮部分登记情况

登记证号	登记名称	含量	剂型	登记场所	防治对象	亩用药量（制剂）	施用方法	登记证持有人
PD20180676	磺草酮	95%	原药					河北威远生物化工有限公司
PD20160449	磺草酮	98%	原药					淮安国瑞化工有限公司
PD20152574	磺草酮	98%	原药					上虞颖泰精细化工有限公司
PD20120793	磺草酮	98%	原药					江苏中旗科技股份有限公司
PD20096843	磺草酮	98%	原药					沈阳科创化学品有限公司
PD20120777	磺草酮	26%	悬浮剂	玉米田	一年生杂草	130～200 mL	茎叶喷雾	沈阳科创化学品有限公司
PD20096851	磺草酮	15%	水剂	玉米田	一年生杂草	400～500 mL（春玉米） 300～400 mL（夏玉米）	茎叶喷雾	沈阳科创化学品有限公司
PD20151861	磺草·莠去津	10%磺草酮+30%莠去津	悬浮剂	夏玉米田	一年生杂草	200～250 g	茎叶喷雾	山东省青岛丰邦农化有限公司
PD20097354	磺草·乙草胺	15%磺草酮+15%乙草胺	悬乳剂	春玉米田	一年生杂草	300～400 g	土壤喷雾	沈阳科创化学品有限公司

合成方法　磺草酮的合成方法如下：

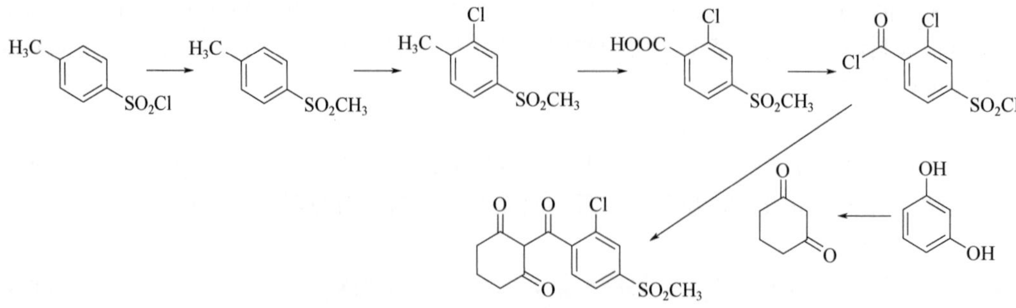

参考文献

[1] The Pesticide Manual.17 th edition: 1038-1039.

[2] 刘前，戴友鹏，邓婵娟，等. 浙江化工，2011(9): 1-4.

[3] 郭胜，杨福民，张林. 农药，2001(7): 20-21.

磺苯呋草酮（tefuryltrione）

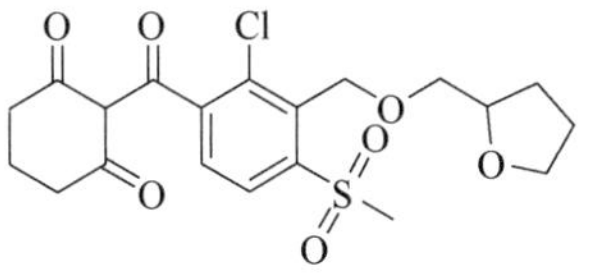

$C_{20}H_{23}ClO_7S$，442.9，473278-76-1

磺苯呋草酮（试验代号：AVH-301，商品名称：Bodyguard、Possible，其他名称：特糠酯酮）是由拜耳公司开发的三酮类除草剂。

化学名称　2-{2-氯-4-甲磺酰基-3-[(RS)-四氢呋喃-2-基甲氧基甲基]苯甲酰基}环己烷-1,3-二酮。英文化学名称 2-{2-chloro-4-mesyl-3-[(RS)-tetrahydrofuran-2-ylmethoxymethyl]benzoyl}cyclohexane-1,3-dione。美国化学文摘系统名称 2-[2-chloro-4-(methylsulfonyl)-3-[[(tetrahydro-2-furanyl)methoxy]methyl]benzoyl]-1,3-cyclohexanedione。CA 主题索引名称 3-cyclohexane-dione—, 2-[2-chloro-4-(methylsulfonyl)-3-[[(tetrahydro-2-furanyl)methoxy]methyl]benzoyl]-。

理化性质　相对密度 1.362，沸点 685.7℃（1.01×10⁵ Pa），闪点 368.5℃。

制剂　单剂主要是 3%粒剂，另外还可与苯噻草胺、四唑酰草胺、双唑草腈形成混剂（表 3-46）。

表 3-46　磺苯呋草酮形成的混剂

有效成分	含量	剂型	商品名称
磺苯呋草酮+噁嗪草酮	3%+0.8%	颗粒剂（GR）	BCH-031
	6%+1.2%	悬浮剂（SC）	BCH-061
磺苯呋草酮+四唑酰草胺	3%+3%	颗粒剂（GR）	BCH-032
	7.5%+5.8%	悬浮剂（SC）	Bodyguard Flowable
磺苯呋草酮+双唑草腈	Get Star		

作用机理与特点　对羟基苯基丙酮酸双氧化酶（HPPD）抑制剂。适用于那些对一般的磺酰脲类除草剂有耐药性的杂草。

应用　主要用于谷物（如水稻）防除一年和多年生阔叶杂草和莎草。对磺酰脲类除草剂具有耐药性的杂草都十分有效。其 3%颗粒剂可用于移栽水稻田，防除杂草为一年生杂草稻杂草（水稻除外）和牛毛毡、芦苇、矮慈姑、莎草、眼子菜等，施用时间为移栽后 15～30 d，施用剂量为 10 kg/hm²，使用方法为灌施或者撒施。

专利概况

专利名称　Benzoylcyclohexandiones, method for the production and use thereof as herbicides and plant growth regulators

专利号 WO 0021924   优先权日 1998-10-10
专利申请人 Hoechst Schering Agrevo G.m.b.H
在其他国家申请的专利 AT 284865、AU 9958616、BG 105395、BR 9914390、CA 2346796、CN 1269800、CZ 301408、DE 19846792、HU 2001003959、IL 142417、IN 2001、EP 1117639、ES 2235511、JP 2002527418、MX 2001003652、PT 1117639、PL 199158、RU 2237660、SK 286797、TR 2001001036、TW 253445、US 6376429、ZA 2001002862 等。

合成方法 经如下反应制得磺苯呋草酮：

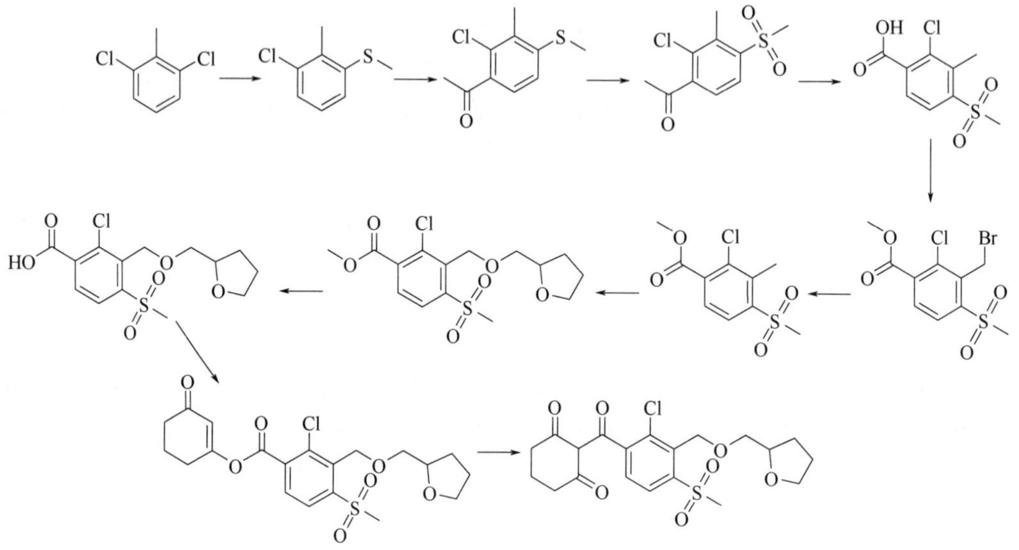

参考文献

[1] The Pesticide Manual.17 th edition: 1068.

环磺酮（tembotrione）

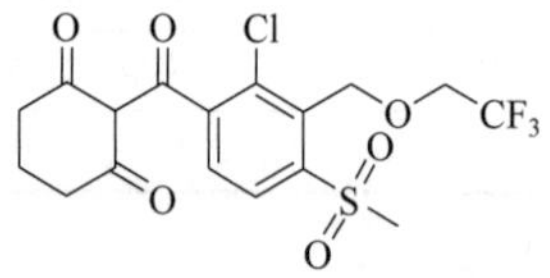

$C_{17}H_{16}ClF_3O_6S$，440.8，335104-84-2

环磺酮（试验代号：AE 0172747，商品名称：Laudis、Soberan）是由拜耳公司研制的三酮类玉米田除草剂，2007 年在澳大利亚首次上市。

化学名称 2-(2-氯-4-甲磺酰基-3-[(2,2,2-三氟乙氧基]甲基]苯甲酰基)环己烷-1,3 二酮。英文化学名称 2-{2-chloro-4-mesyl-3-[(2,2,2-trifluoroethoxy)methyl]benzoyl}cyclohexane-1,3-dione。美国化学文摘（CA）系统名称 2-[2-chloro-4-(methylsulfonyl)-3-[(2,2,2-trifluoroethoxy)methyl]benzoyl]-1,3-cyclohexanedione。CA 主题索引名称 1,3-cyclohexanedione—, 2-[2-chloro-4-(methylsulfonyl)-3-[(2,2,2-triflurorethoxy)methyl]benzoyl]-。

理化性质 原药纯度≥94%。米黄色粉末，熔点 123℃。蒸气压 1.1×10^{-5} mPa（20℃），

分配系数 $\lg K_{ow}$=-1.37（pH 9.0）、-1.09（pH 7）、2.16（pH 2），Henry 常数 1.71×10^{-10} Pa·m³/mol，相对密度（20～25℃）1.56。pK_a(20～25℃)=3.2。水中溶解度（g/L，20～25℃）：0.22（pH 4），28.3（pH 7），29.7（pH 9）。有机溶剂中溶解度（g/L，20～25℃）：二甲基亚砜和二氯甲烷>0.6，丙酮0.3～0.6，乙酸乙酯0.1802，甲苯0.0757，正己烷0.0476，乙醇0.0082。

毒性　大鼠急性经口 LD_{50}>2000 mg/kg。大鼠急性经皮 LD_{50}>2000 mg/kg。对兔子的眼睛有中度刺激（油分散剂），对兔皮肤无刺激。对豚鼠的皮肤有致敏性。大鼠急性吸入 LC_{50}>5.03 mg/L。雄鼠 NOAEL 0.04 mg/kg。ADI/RfD（mg/kg）：（EPA）aRfD 0.0008，cRfD 0.0004（2007）。

生态效应　建议急性经口 LD_{50}（mg/kg）：野鸭>292，山齿鹑>1788。虹鳟鱼建议急性经口 LC_{50}（96 h）>100 mg/L。建议月牙藻 E_bC_{50}（96 h）0.38 mg/L，E_rC_{50}（96 h）0.75 mg/L。浮萍建议 E_bC_{50}（7 d）0.006 mg/L，E_rC_{50}（7 d）0.008 mg/L。蜜蜂 LD_{50}（72 h，μg/只）：经口>93，接触>100。蚯蚓建议 LC_{50}（14 d）>1000 mg/kg 土。

环境行为　①动物。大鼠摄入后吸收很好，24 h 内大于96%环磺酮通过尿液（雌性）和粪便（雄性）排出体外，通过环己酮环的羟基化代谢。②植物。很快代谢，主要通过环己基环的逐步羟基化，接着是羟基化环的断裂，然后形成相应的取代苯甲酸。③土壤/环境。在有氧的土壤中迅速降解，DT_{50} 4～56 d（几何平均 13.7 d），在水/沉积体系中，在水相的平均消散 DT_{50}14 d。

剂型　油分散剂、悬浮剂。

主要生产商　Bayer CropScience。

作用机理与特点　环磺酮为对羟基苯基丙酮酸双氧化酶（HPPD）抑制剂，阻断植物体内异戊二烯基醌的生物合成。症状包括失绿、变色，导致杂草在两个星期内坏死和死亡。

应用　苗后用于玉米田防除各种双子叶和单子叶杂草，整个季节的最大用量为100g/hm²，可以一次施用，也可以分两次施用。

专利概况

专利名称　Benzoylcyclohexandiones, method for the production and use thereof as herbicides and plant growth regulators

专利号　WO 0021924　　　　　优先权日　1998-10-10

专利申请人　Hoechst Schering Agrevo G.m.b.H

在其他国家申请的专利　AT 284865、AU 9958616、BG 105395、BR 9914390、CA 2346796、CN 1269800、CZ 301408、DE 19846792、HU 2001003959、IL 142417、IN 2001、EP 1117639、ES 2235511、JP 2002527418、MX 2001003652、PT 1117639、PL 199158、RU 2237660、SK 286797、TR 2001001036、TW 253445、US 6376429、ZA 2001002862 等。

登记情况　2007 年以来已经相继在澳大利亚、德国、匈牙利、美国、巴西、智利以及克罗地亚等国取得登记或上市。

合成方法　通过如下反应制得目的物：

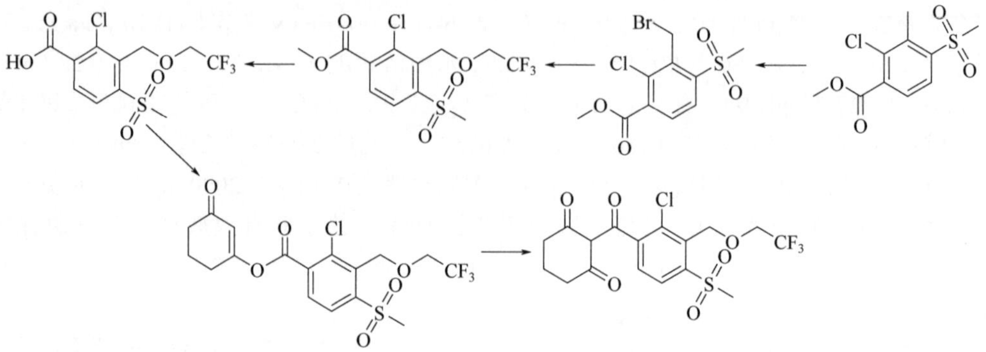

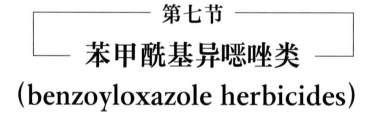

参考文献

[1] The Pesticide Manual.17 th edition: 1068-1069.

[2] Bayer CropScience Journal, 2009, 62(1): 5-16.

[3] 顾林玲, 汪徐生. 现代农药, 2017(5): 40-44.

[4] 余玉, 苏建宇, 董元海, 等. 农药, 2017(5): 326-327+379.

第七节

苯甲酰基异噁唑类

(benzoyloxazole herbicides)

一、创制经纬

此类化合物可能是在吡唑类和三酮类除草剂的基础上、组合优化发现的：

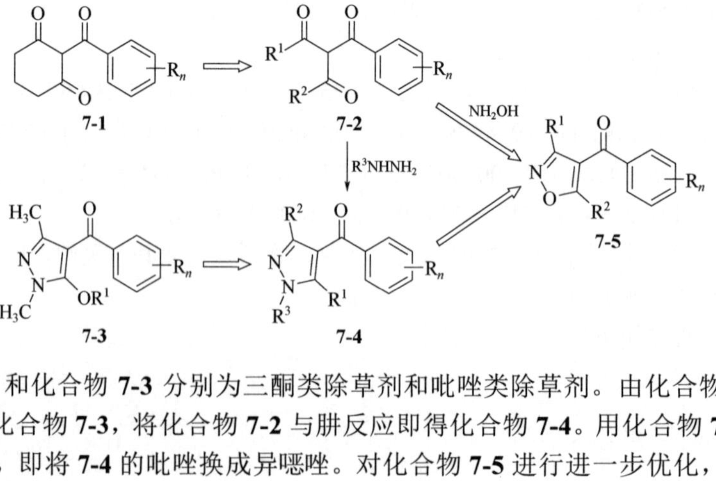

化合物 **7-1** 和化合物 **7-3** 分别为三酮类除草剂和吡唑类除草剂。由化合物 **7-1** 可设计化合物 **7-2**，结合化合物 **7-3**，将化合物 **7-2** 与肼反应即得化合物 **7-4**。用化合物 **7-2** 与羟胺反应即得化合物 **7-5**，即将 **7-4** 的吡唑换成异噁唑。对化合物 **7-5** 进行进一步优化，最终发现商品化品种异噁氯草酮和异噁唑草酮。

二、主要品种

此类只有两个品种，即异噁氯草酮（isoxachlortole）和异噁唑草酮（isoxaflutole），其均为对羟基苯基丙酮酸双氧化酶（HPPD）抑制剂。

异噁氯草酮（isoxachlortole）

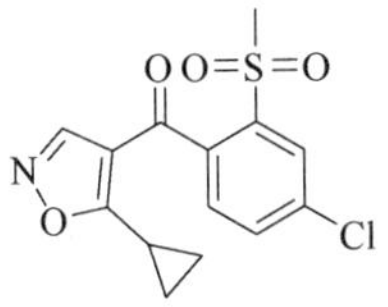

$C_{14}H_{12}ClNO_4S$，325.8，141112-06-3

异噁氯草酮（试验代号：RPA-201736）是安万特公司开发的异噁唑酮类除草剂。

化学名称 4-氯-2-甲磺酰基苯基 5-环丙基-1,3-噁唑-4-基酮。英文化学名称 4-chloro-2-mesylphenyl 5-cyclopropyl-1,2-oxazol-4-yl ketone。美国化学文摘（CA）系统名称[4-chloro-2-(methylsulfonyl)phenyl](5-cyclopropyl-4-isoxazolyl)methanone。CA 主题索引名称 methanone—,[4-chloro-2-(methylsulfonyl)phenyl](5-cyclopropyl-4-isoxazolyl)-。

作用机理与特点 HPPD 抑制剂。

应用 除草剂。

专利概况

专利名称 Isoxazole derivatives, process for their preparation and their herbicidal applications

专利号 EP 470856　　　　　优先权日 1990-08-10

专利申请人 Rhone Poulenc Agriculture

在其他国家申请的专利 AU 643310、AU 8167891、BG 60913、BR 9103433、CA 2048705、CN 1058777、CS 9102473、DE 69113721、EG 19513、EP 527036、EP 496631、EP 487357、ES 2077806、FI 913782、GR 3018526、HU 58188、IE 74866、IL 99132、JP 5345770、NZ 239305、OA 9391、PT 98627、RO 109941、RU 2055072、TR 27003、ZA 9106305 等。

合成方法 通过如下反应即得目的物：

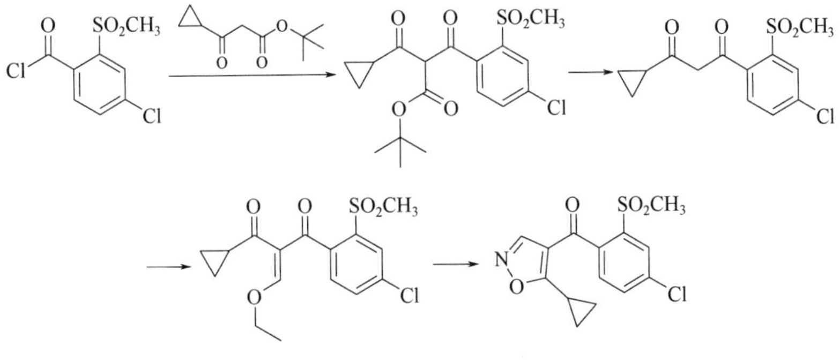

或

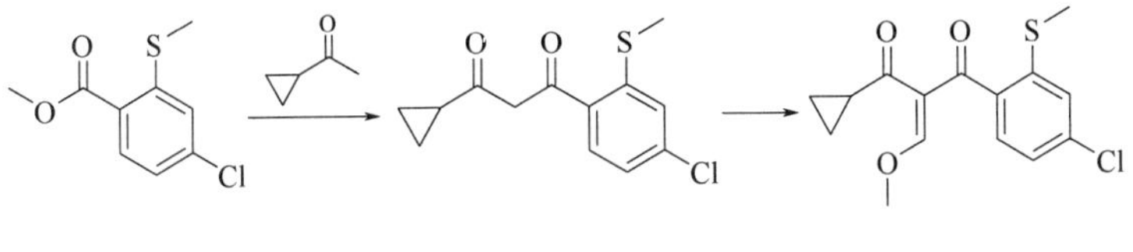

参考文献

[1] 裴和瑛，王明欣，程岩，等. 精细与专用化学品，2020(10): 41-43.

异噁唑草酮（isoxaflutole）

$C_{15}H_{12}F_3NO_4S$，359.3，141112-29-0

异噁唑草酮（试验代号：RPA 201772，商品名称：Balance、Merlin、Adengo、Balance Flexx、Corvus、百农思）是由罗纳-普朗克（Rhone-Poulenc，现拜耳）公司开发的异噁唑类除草剂。

化学名称　(5-环丙基-1,2-噁唑-4-基)(2-甲磺酰基-4-三氟甲基苯基)甲酮。英文化学名称5-cyclopropylisoxazol-4-yl 2-(methylsulfonyl)-4-(trifluoromethyl)phenyl ketone 或 5-cyclopropy-lisoxazol-4-yl α,α,α-trifluoro-2-mesyl-p-tolyl ketone。美国化学文摘（CA）系统名称(5-cyclo-propyl-4-isoxazolyl) [2-(methylsulfonyl)-4-(trifluoromethyl)phenyl]methanone。CA 主题索引名称 methanone—, (5-cyclopropyl-4-isoxazolyl)[2-(methylsulfonyl)-4-(trifluoromethyl)phenyl]-。

理化性质　原药纯度约 98%。米白色至浅黄色固体，熔点 140℃。蒸气压 1×10^{-3} mPa（25℃）。相对密度（20～25℃）1.42，分配系数 $\lg K_{ow}=2.34$，Henry 常数 1.87×10^{-5} Pa•m³/mol。水中溶解度为 6.2 mg/L(pH 5.5，20～25℃)。有机溶剂中溶解度（g/L，20～25℃）：丙酮293，二氯甲烷 346，乙酸乙酯 142，正己烷 0.10，甲苯 31.2，甲醇 13.8。对光和热稳定（54℃，14 d），水解 DT_{50} 11 d（pH 5）、20 h（pH 7）、3 h（pH 9），水中光解 DT_{50} 40 h。

毒性　大鼠急性经口 $LD_{50}>5000$ mg/kg，兔急性经皮 $LD_{50}>2000$ mg/kg，对兔的皮肤无刺激，对兔眼有微弱刺激，无皮肤致敏性。大鼠吸入 LC_{50}（4 h）>5.23 mg/L。大鼠 NOEL（2年）2 mg/(kg•d)。ADI/RfD（EC）0.02 mg/kg（2003）；（EPA）cRfD 0.002 mg/kg（1998）。无致突变和神经毒性。

生态效应　野鸭和鹌鹑急性经口 LD_{50}（14 d）>2150 mg/kg。野鸭和鹌鹑饲喂 LC_{50}（8 d）>5000 mg/L。鱼 LC_{50}（96 h，mg/L）：虹鳟鱼>1.7，大翻车鱼>4.5。溞类 LC_{50}（48 h）>1.5 mg/L。月牙藻 EC_{50} 0.016 mg/L。其他水生生物 EC_{50}（96 h）：牡蛎 3.4 mg/L，糠虾 18 μg/L。蜜蜂 LD_{50}（经口和接触）>100 μg/只。对蚯蚓在 1000 mg/kg 下无毒。

环境行为　①动物。大鼠、山羊和母鸡经口摄入后迅速吸收和代谢。代谢产物主要以二酮腈类物质存在于大鼠、山羊的尿液和粪便中及鸡的排泄物中。在这三种动物中排出的速度较快，在组织中有低到中等水平的残留，在主要代谢器官和排泄物中残留较高。②植物。植物代谢研究表明，在收获物中残留水平很低，主要是无毒的代谢物。③土壤/环境。实验室土壤研究表明，土壤代谢主要通过水解和微生物降解，最终矿化为二氧化碳。实验室异噁唑草酮平均 DT_{50}（有氧，20℃）2.3 d，其生物活性二酮腈类代谢产物46 d。大田试验，异噁唑草酮平均 DT$_{50}$ 1.3 d，二酮腈 11.5 d。平均 K_{oc} 异噁唑草酮 112 L/kg，二酮腈 109 L/kg。通过模拟强降雨表明异噁唑草酮和其主要代谢产物在土壤中具有潜在的移动性，然而大田试验研究表明，残留物仍存在于地表，4 个月后土壤中几乎无残留。

制剂　悬浮剂、水分散粒剂。

主要生产商　Bayer CropScience。

作用机理与特点　对羟基苯基丙酮酸双氧化酶抑制剂即 HPPD 抑制剂。在植物体内快速代谢，在土壤中通过打开异噁唑环形成活性成分二酮腈。具有广谱的除草活性，苗前和苗后均可使用，杂草出现白化后死亡。虽其症状与类胡萝卜素生物抑制剂的作用症状极相似，但其化学结构特点如极性和电离度与已知的类胡萝卜素生物抑制剂等有明显的不同。主要由根或叶吸收，通过抑制对羟基苯基丙酮酸双氧化酶的合成，导致酪氨酸的积累，使质体醌和生育酚的生物合成受阻，进而影响到类胡萝卜素的生物合成，因此 HPPD 抑制剂与类胡萝卜素生物抑制剂的作用症状相似。

应用

（1）适宜作物与安全性　对玉米、甘蔗、甜菜等安全，对环境、生态的相容性和安全性极高，其虽然有一些残留活性，但可在生长季节内消失，不会对下茬作物产生影响。爆裂型玉米对该药较为敏感，因此，在这些玉米田上不宜使用。

（2）防除对象　能防除多种一年生阔叶杂草，如对苘麻、苍耳、藜、地肤、繁缕、龙葵、婆婆纳、香薷、曼陀罗、猪毛菜、柳叶刺蓼、春蓼、滨州蓼、酸模叶蓼、鬼针草、反枝苋、马齿苋、铁苋菜、水棘针等活性优异，对稗草、牛筋草、马唐、秋稷、稷、千金子、狗尾草和大狗尾草等禾本科杂草也有较好的防效。

（3）应用技术　异噁唑草酮的杀草活性较高，施用时不要超过推荐用量，并力求把药喷施均匀，以免影响药效和产生药害。尽管它是苗前和苗后广谱性除草剂，但通常作为土壤处理剂。同其他土壤处理剂不一样的是：异噁唑草酮在施用时或施用后，因土壤墒情不好而滞留于表层土壤中的有效成分虽不能及时发挥出防除杂草的作用，但仍能保持较长时间不被分解，待遇到降雨或灌溉，仍能发挥防除杂草的作用，甚至对长到 4～5 叶的敏感杂草也有杀伤和抑制作用。若在雨水多、土壤墒情好的情况下，就能更好、更快地发挥该除草剂的药效。其用于碱性土或有机质含量低、淋溶性强的沙质土，有时会使玉米叶片产生黄化、白化药害症状。使用异噁唑草酮时，可按土壤质地和有机质含量、土壤干湿和天气情况、田间发生的杂草种类和相对密度，适当调整剂量或与其他除草剂混配比例，以达到更佳的防除效果。

（4）使用方法　异噁唑草酮是一种新型用于玉米、甜菜田苗前和苗后的广谱除草剂，具有使用时期灵活且不依赖天气条件等特点，使用剂量通常为 75～140 g (a.i.)/hm^2 [亩用量 5～10 g (a.i.)]。异噁唑草酮要在玉米播后 1 周内及早施用，使用时先将药剂溶于少量水中，然后按每亩对水 65～75 L 配成药液，经充分搅拌后再均匀喷于地表。为了更好地防除禾本科杂草，特别推荐以异噁唑草酮与乙草胺、异丙甲草胺、异丙草胺等酰胺类除草剂混用。除了混用，在禾本科杂草发生很少的地块也可以单用。在春玉米种植区，每亩用 75%异噁唑草酮水分散粒剂 8～10 g 加 50%乙草胺乳油 130～160 mL。在夏玉米种植区，每亩用 75%异噁唑草酮水分散粒剂 5～6 g 加 50%乙草胺乳油 100～130 mL，或加 90%乙草胺 55～70 mL，或加 72%异丙甲草胺或异丙草胺 80～100 mL。甜菜田中的使用方法请参考玉米田的。

专利概况

专利名称　Isoxazole herbicides.

专利号　EP 418175　　　　优先权日　1989-09-11

专利申请人　Rhone Poulenc Agriculture

其他相关专利　EP 470856、EP 527036 等。

异噁唑草酮国内登记情况见表 3-47。

表 3-47　异噁唑草酮国内登记情况

登记证号	登记名称	含量	剂型	登记场所	防治对象	亩用药量（制剂）	施用方法	登记证持有人
PD20160357	噻酮·异噁唑	7%噻酮磺隆+19%异噁唑草酮	悬浮剂	玉米田	一年生杂草	25～30 mL	茎叶喷雾、土壤喷雾	拜耳股份公司
PD20184219	异噁唑·莠	4%异噁唑草酮+30%莠去津	悬浮剂	玉米田	一年生杂草	150～200 mL	土壤喷雾	山东先达农化股份有限公司
PD20184180	异噁唑草酮	20%	悬浮剂	玉米田	一年生杂草	30～40 mL	土壤喷雾	潍坊先达化工有限公司
PD20183297	异噁唑草酮	75%	水分散粒剂	夏玉米田	一年生杂草	8～10 g	土壤喷雾	杭州颖泰生物科技有限公司
PD20183147	异噁唑·莠	5%异噁唑草酮+48%莠去津	悬浮剂	春玉米田	一年生杂草	160～200 mL	土壤喷雾	河北荣威生物药业有限公司
PD20182473	异噁唑草酮	20%	悬浮剂	春玉米田	一年生杂草	25～35 mL	土壤喷雾	青岛清原农冠抗性杂草防治有限公司
PD20181551	异噁唑草酮	98%	原药					上虞颖泰精细化工有限公司
PD20181124	异噁唑草酮	97%	原药					江苏省农用激素工程技术研究中心有限公司
PD20160359	异噁唑草酮	97.2%	原药					拜耳股份公司
PD20184260	异噁唑草酮	97.2%	原药					江苏中旗科技股份有限公司

合成方法　异噁唑草酮的合成方法主要有两种，主要原料为：2-溴-5-三氟甲基苯胺、环丙基甲酰氯、原甲酸三乙酯、羟胺盐酸盐等。

方法 1：通过如下反应即得目的物：

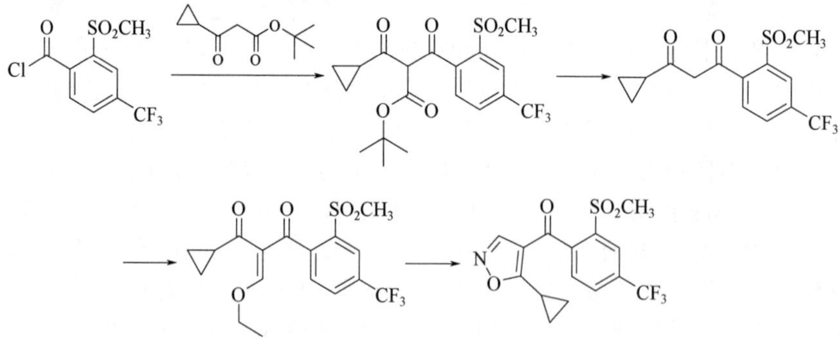

方法 2：通过如下反应即可制得目的物：

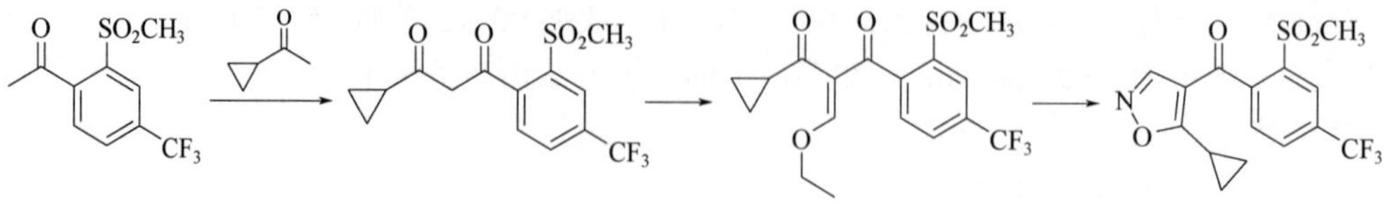

中间体的制备方法如下：

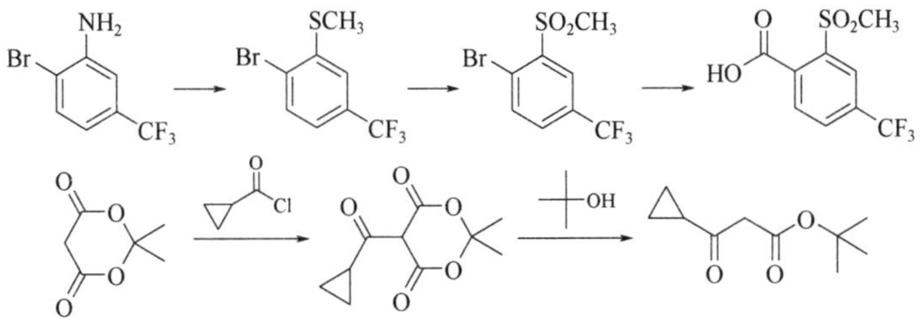

参考文献

[1] The Pesticide Manual. 17 th edition: 666-668.

[2] 朱文达. 农药译丛, 1997(6): 61-63.

[3] 苏少泉. 农药研究与应用, 2008(1): 1-6.

第八节

芳氧苯氧丙酸类除草剂
(aryloxyphenoxypropionic herbicides)

一、创制经纬

芳氧苯氧丙酸类除草剂是在 2,4-滴的基础上，通过进一步优化发现的。其发现史（日本化学工业, 1986, 1: 40）如下：

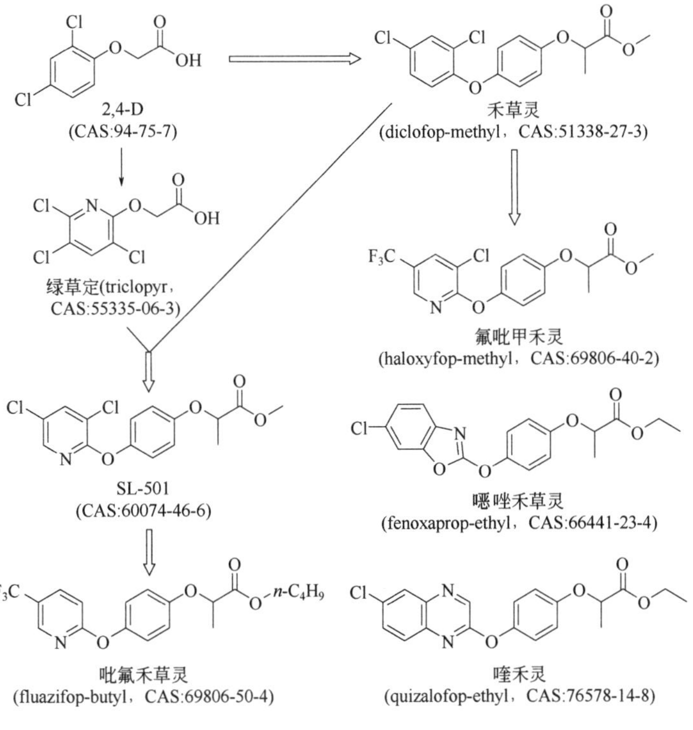

道化学公司在研究 2,4-滴类似物时，用吡啶基替换 2,4-滴结构中苯基得到了吡啶氧乙酸类化合物，优化后开发出绿草定（triclopyr）。与此同时赫斯特公司在研究 2,4-滴类似物时发现：将 2,4-滴结构中苯基以二苯醚替换后所得化合物不具激素活性，进一步研究发现了化合物禾草灵（diclofop-methyl），仅对禾本科杂草有效，而对阔叶杂草无效。禾草灵可谓芳氧苯氧丙酸类除草剂的先导化合物。自以上两个除草剂发现后，世界许多公司纷纷加入此领域：日本石原产业公司参照绿草定（triclopyr）和禾草灵的结构设计并合成了化合物 SL-501，该化合物对禾本科杂草的活性比禾草灵高 10 倍以上，后经结构优化，开发出吡氟禾草灵（fluazifop-butyl）。道化学公司、赫斯特公司、日产化学公司分别研制出吡氟氯禾草灵（haloxyfop-methyl）、噁唑禾草灵（fenoxaprop-ethyl）和喹禾灵（quizalofop-ethyl）等。

关于吡氟禾草灵的创制经纬另有文献（藤田稔夫，农药译丛，1987，4：2）报道如下：二苯醚类化合物如乙氧氟草醚早已工业化生产，但其缺点是无内吸活性。日本石原产业公司希望对此类化合物的结构进行改造，得到内吸性的除草剂：芳贺等人把具有内吸活性的 2,4-滴结构中的氧乙酸侧链，接到二苯醚结构上，并酯化得到化合物 8-1，预计化合物 8-1 具有内吸活性，却不十分理想。随后将一侧改为吡啶得化合物 8-2，再去掉一个硝基得到化合物 8-3，最后经一系列优化研制出吡氟禾草灵。

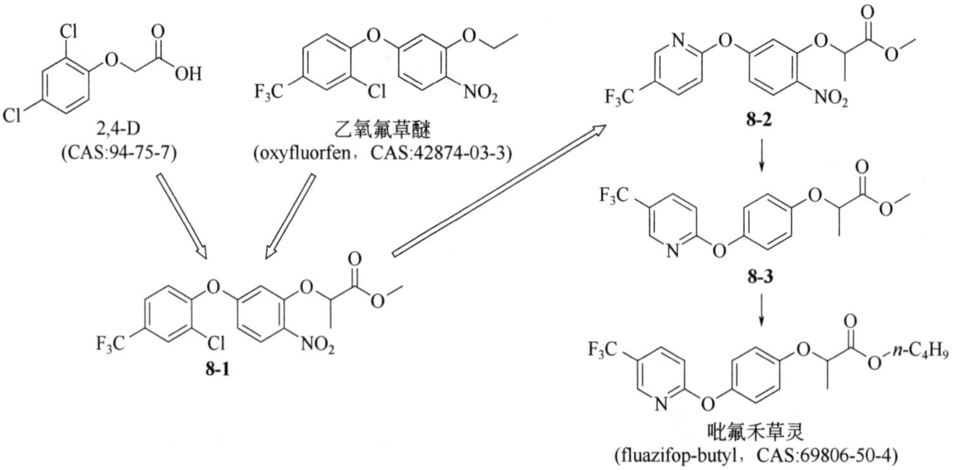

后来开发的氰氟草酯、喹禾糠酯、噁唑酰草胺等芳氧苯氧丙酸酯类除草剂，均是在以前的品种基础上，通过结构优化、替换和衍生发现的。

二、主要品种

芳氧苯氧丙酸酯类除草剂主要品种有 10 个，除喹禾糠酯外，立体异构体及同一主体酸与不同的醇形成的酯归在一个品种之中进行介绍。此类化合物均为乙酰辅酶 A 羧化酶（ACCase）抑制剂。

炔草酯（clodinafop-propargyl）

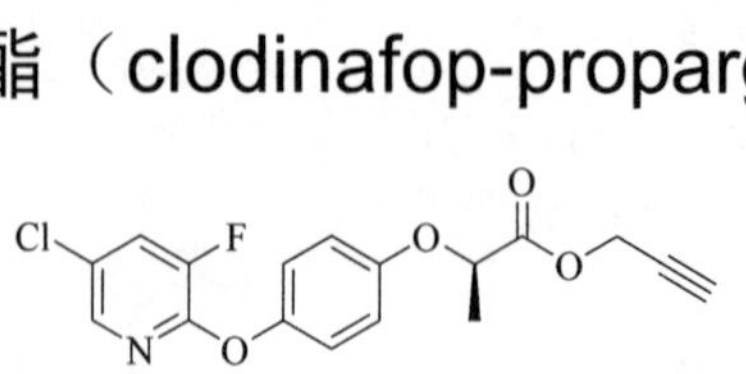

$C_{17}H_{13}ClFNO_4$，349.8，105512-06-9，105511-96-4(外消旋)，114420-56-3(酸)

炔草酯（试验代号：CGA 184927，商品名称：Akopic、Horizon NG、Moolah、Ravenas、NextStep NG 等，其他名称：clodinafop-propinyl）是汽巴-嘉基公司（现先正达公司）开发的苯氧羧酸类除草剂。

化学名称　(*R*)-2-[4-(5-氯-3-氟-2-吡啶氧基)苯氧基]丙酸丙炔酯。英文化学名称 propargyl (*R*)-2-[4-(5-chloro-3-fluoro-2-pyridyloxy)phenoxy]propionate。美国化学文摘（CA）系统名称 propargyl (*R*)-2-[4-[(5-chloro-3-fluoro-2-pyridinyl)oxy]phenoxy]propionate。CA 主题索引名称 propanoic acid—, 2-[4-[(5-chloro-3-fluoro-2-pyridinyl)oxy]phenoxy]-(*R*)-。

理化性质　无色结晶状粉末，熔点 59.5℃，沸点 100.6℃（0.0798 Pa），蒸气压 3.19×10^{-3} mPa（25℃），分配系数 $\lg K_{ow}$=3.9，相对密度（20～25℃）1.35，Henry 常数 2.79×10^{-4} Pa·m³/mol。水中溶解度 4.0 mg/L（pH 7，20～25℃）。有机溶剂中溶解度（g/L，20～25℃）：甲醇 180，甲苯>500，丙酮>500，正己烷 7.5，正辛醇 21。在蒸馏水中汞弧灯照射 $t_{0.5}$=3.2 h（25℃）。

毒性　急性经口 LD_{50}（mg/kg）：雄大鼠 1202，雌大鼠 2785，小鼠>2000。大鼠急性经皮 LD_{50}>2000 mg/kg。对兔眼和皮肤无刺激性，对豚鼠皮肤可能有致敏性。大鼠急性吸入 LC_{50}（4 h）2.325 mg/L。NOEL 数据（mg/kg bw）：雄大鼠（2 年）0.32，雄小鼠（1.5 年）1.1。狗 NOEL（1 年）3.3 mg/(kg·d)。ADI/RfD：（EC）0.003 mg/kg bw（2006）；（EPA）最低 aRfD 0.05 mg/kg bw，cRfD 0.0003 mg/kg bw（2000）。

生态效应　鸟类 LD_{50}（8 d，mg/kg）：野鸭>2000，山齿鹑 1455。鱼 LC_{50}（96 h，mg/L）：鲤鱼 0.43，虹鳟鱼 0.39，鲇鱼 0.46。水蚤 LC_{50}（48 h）>60 mg/L。藻类 EC_{50}（72～120 h，mg/L）：淡水藻>1.7，铜绿微囊藻>65.5，舟形藻 6.8。浮萍 EC_{50}>2.4 mg/L。蜜蜂 LD_{50}（48 h，经口和接触）>100 μg/只。蚯蚓 LC_{50} 210 mg/kg。

环境行为　①动物。在动物体内水解成相应的酸，经尿液和粪便排出体外。②植物。在植物体内迅速降解成主要代谢物酸的衍生物。③土壤/环境。在土壤中快速降解成游离酸（DT_{50}<2 h），然后分解为苯环或者嘧啶，吸附在土壤中，矿化。游离酸在土壤中移动，进一步降解，DT_{50} 5～20 d。

剂型　微乳剂、可湿性粉剂、水乳剂、可分散油悬浮剂、乳油等。

主要生产商　Bharat、Cheminova、Chemtura、Fertiagro、Syngenta、江苏丰华化学工业有限公司、江苏仁信作物保护技术有限公司、江苏省激素研究所股份有限公司、江苏省南京红太阳生物化学有限责任公司、江苏云帆化工有限公司、江苏中旗科技股份有限公司、利尔化学股份有限公司、山东潍坊润丰化工股份有限公司等。

作用机理与特点　脂肪酸合成抑制剂，通过抑制乙酰辅酶 A 羧化酶（ACCase）发挥作用。苗后、内吸传导型除草剂，由植物体的叶片和叶鞘吸收，韧皮部传导，积累于植物体的分生组织内，抑制乙酰辅酶 A 羧化酶（ACCase），使脂肪酸合成停止，细胞的生长分裂不能正常进行，膜系统等含脂结构破坏，最后导致植物死亡。从炔草酯被吸收到杂草死亡比较缓慢，一般需要 1～3 周。

应用　和解草喹（cloquintocet-mexyl）以 1∶4 比例混用于禾谷类作物中防除禾本科杂草如鼠尾看麦娘、燕麦、黑麦草、早熟禾、狗尾草等。混剂使用剂量为 40～80 g (a.i.)/hm²。

专利概况

专利名称　2-(4-(5-chloro-3-fluoropyridin-2-yloxy)phenoxy)-propionic acid-propynyl ester with herbicidal activity

专利号　US 4505743　　　　优先权日　1981-12-31

专利申请人　Ciba Geigy Corp

工艺专利　EP 0248968、EP 952150 等。

登记情况　炔草酯在中国登记了 95%、96%、97%、98% 的原药共 24 个。制剂有 15%、24% 微乳剂，15%、20%、25% 可湿性粉剂，8%、15% 水乳剂，8%、15% 可分散油悬浮剂，24% 乳油等共 170 个。主要用于小麦田防治一年生禾本科杂草。部分登记情况见表 3-48。

表 3-48　炔草酯在中国部分登记情况

登记证号	农药名称	剂型	含量	登记场所	防治对象	亩用药量（制剂）	施用方法	登记证持有人
PD20183710	炔草酯	微乳剂	15%	小麦田	一年生杂草	25～35 mL	茎叶喷雾	侨昌现代农业有限公司
PD20190194	氟唑·炔草酯	可分散油悬浮剂	15%	冬小麦田	一年生杂草	35～50 mL	茎叶喷雾	江苏华农生物化学有限公司
PD20182336	炔草酯	水乳剂	15%	小麦田	一年生禾本科杂草	25～35 mL	茎叶喷雾	浙江天丰生物科学有限公司
PD20096826	炔草酯	可湿性粉剂	15%	冬小麦田	部分禾本科杂草	20～30 g	茎叶喷雾	安徽华旗农化有限公司
				春小麦田		13～20 g		
PD20183758	炔草酯	原药	95%					江苏丰华化学工业有限公司
PD20096825	炔草酯	原药	95%					先正达作物保护有限公司

合成方法　经如下反应制得目的物：

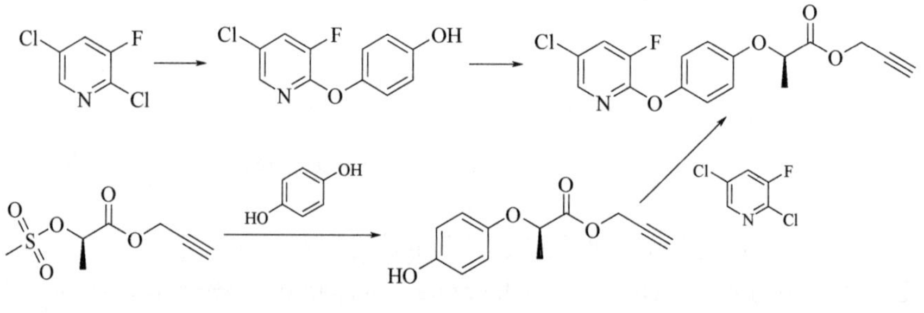

参考文献

[1] The Pesticide Manual. 17 th edition: 217-218.

[2] 王述刚，蒋剑华，陈新春，等. 现代农药，2016, 15(4): 22-24.

[3] 柏亚罗，陈燕玲. 农村新技术，2016(1): 40.

氰氟草酯（cyhalofop-butyl）

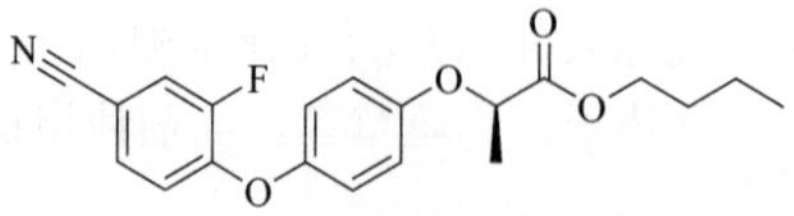

$C_{20}H_{20}FNO_4$，357.4，122008-85-9，122008-78-0(酸)

氰氟草酯（试验代号：DE-537、DEH112、EF 1218、NAF-541、XDE-537、XRD-537，商品名称：Claron、Cleaner、Clincher、千金等，其他名称：腈氟禾草灵）是陶氏益农开发的

苯氧羧酸类除草剂。

化学名称 (*R*)-2-[4-(4-氰基-2-氟苯氧基)苯氧基]丙酸丁酯。英文化学名称 buty (*R*)-2-[4-(4-cyano-2-fluorophenoxy)phenoxy]propionate。美国化学文摘（CA）系统名称 butyl (*R*)-2-[4-(4-cyano-2-fluorophenoxy)phenoxy]propionate。CA 主题索引名称 propanoic acid—, 2-[4-(4-cyano-2-fluorophenoxy)phenoxy]-(*R*)-butyl ester。

理化性质 原药纯度 96.5%，为 *R* 异构体。白色结晶状固体，熔点 49.5℃，沸点>270℃（分解），闪点 122℃（闭杯）。相对密度 1.172（20~25℃）。蒸气压 5.3×10^{-2} mPa（25℃）。分配系数 $\lg K_{ow}$=3.31。Henry 常数 9.51×10^{-4} Pa·m³/mol（计算）。pK_a（20~25℃）3.80（酸）。水中溶解度（20~25℃，mg/L）：0.44（非缓冲液），0.46（pH 5），0.44（pH 7）。有机溶剂中溶解度（g/L，20~25℃）：乙腈>250，正庚烷 6.06，正辛醇 16.0，二氯甲烷>250，甲醇>250，乙酸乙酯>250，丙酮>250。pH 4 时稳定，pH 7 时慢慢水解。在 pH 1.2 或 pH 9 下可快速分解。

毒性 雌、雄大（小）鼠急性经口 LD_{50}>5000 mg/kg。雌雄大鼠急性经皮 LD_{50}>2000 mg/kg。对兔皮肤和眼睛无刺激性，对豚鼠皮肤无致敏性。大鼠急性吸入 LC_{50}（4 h）5.63 mg/L。NOEL[mg/(kg·d)]：雄大鼠 0.8，雌大鼠 2.5。ADI/RfD（EC）0.003 mg/kg bw（2002），（EPA）cRfD 0.01 mg/kg bw（2002）。无致突变性、无致畸性、无致癌性、无繁殖毒性。

生态效应 山齿鹑和野鸭急性经口 LD_{50}>5620 mg/kg，山齿鹑和野鸭饲喂 LC_{50}>2250 mg/L。鱼 LC_{50}（96 h，mg/L）：大翻车鱼 0.76，虹鳟鱼>0.49，这些数据大于或等于氰氟草酯在水中的溶解度。藻类 EC_{50}（mg/L）：羊角月牙藻>1（72 h），舟形藻 0.64~1.33；土壤和植物中的残留物对羊角月牙藻毒性低。其他水生生物 EC_{50}（mg/L）：东部牡蛎 0.52，钩虾 0.81。蜜蜂（口服和接触）LD_{50}>100 μg/只，NOEC>100 μg/只，蚯蚓 LD_{50}（14 d）>1000 mg/kg。

环境行为 ①动物。大鼠、狗、反刍动物和家禽直接水解成酸。不同动物体内，酸还可以进一步转化为其他代谢物，然后酸和其他的降解产物快速被排出体外。氰氟草酯及其代谢物在牛奶、鸡蛋和组织中的残留较低。②植物。水稻耐药性的产生是由于无活性二元酸（DT_{50}<10 h）和随后极性、非极性代谢物的生成。敏感禾本科杂草的敏感性是由于氰氟草酯快速降解为具除草活性的一元酸的缘故。③土壤/环境。室内和田间试验研究结果表明氰氟草酯在土壤和沉淀物/水中快速代谢成相应的酸；在田间条件下，土壤中半衰期 DT_{50} 2~10 h，沉淀物/水中<2 h。相应的氰氟草酯酸在土壤中半衰期 DT_{50}<1 d，沉淀物/水中 7 d。土壤吸附作用研究表明氰氟草酯相对稳定。平均 K_{oc} 5247，平均 K_d 57.0（4 种土壤）。

剂型 乳油、颗粒剂、可分散油悬浮剂、水乳剂、微乳剂等。

主要生产商 AGROFINA、Dow AgroSciences、江苏常隆农化有限公司、江苏丰华化学工业有限公司、江苏丰山集团股份有限公司、江苏润泽农化有限公司、江苏省南京红太阳生物化学有限责任公司、江苏中旗科技股份有限公司、联化科技（德州）有限公司、内蒙古灵圣作物科技有限公司等。

作用机理与特点 脂肪酸合成抑制剂，抑制乙酰辅酶 A 羧化酶（ACCase）。在敏感禾本科杂草和双子叶植物间的选择性归因于乙酰辅酶 A 羧化酶的存在形式及其在植物细胞内的划分。敏感禾本科杂草含有敏感的真核形式的 ACCase，双子叶植物既含有敏感的真核形式又含有抗除草剂的原核形式的 ACCase，使其对氰氟草酯有耐药性。水稻的耐药性主要是由于可以迅速降解氰氟草酯的活性成分（DT_{50}<10 h），而敏感杂草将氰氟草酯代谢成具有除草活性的一元酸。苗后使用，只能通过叶面吸收，没有土壤活性。内吸性除草剂，通过植物组织迅速吸收，在韧皮部适度流动，在分生组织积累。处理后杂草立即停止生长，2~3 d 至 1 周

内出现黄化，2～3 周内整株植物坏死。

应用

（1）适宜作物与安全性　水稻（移栽和直播），对水稻等具有优良的选择性，选择性基于不同的代谢速度，在水稻体内，氰氟草酯可被迅速降解为对乙酰辅酶 A 羧化酶无活性的二酸态，因而其对水稻具有高度的安全性。因其在土壤中和典型的稻田水中降解迅速，故对后作安全。

（2）防除对象　主要用于防除重要的禾本科杂草。氰氟草酯不仅对各种稗草（包括大龄稗草）高效，还可防除千金子、马唐、双穗雀稗、狗尾草、狼尾草、牛筋草、看麦娘等。对莎草科杂草和阔叶杂草无效。

（3）应用技术　尽管氰氟草酯对水稻等具有优良的选择性，但不宜用作土壤处理（毒土或毒肥法）。其与部分阔叶除草剂混用时有可能会表现出拮抗作用，表现为氰氟草酯药效降低。与氰氟草酯混用无拮抗作用的除草剂有异噁草酮、禾草丹、丙草胺、二甲戊灵、丁草胺、二氯喹啉酸、噁草酮、氟草烟。氰氟草酯与 2,4-滴、2 甲 4 氯、磺酰脲类以及灭草松、绿草定等混用时可能会有拮抗现象发生，可通过调节氰氟草酯用量克服。如需防除阔叶杂草及莎草科杂草，最好施用氰氟草酯 7 d 后再施用其他阔叶除草剂。水层管理：施药时，土表水层＜1 cm 或排干（土壤水分为饱和状态）可达最佳药效，杂草植株 50%高于水面也可达到较理想效果。旱育秧田或旱直播田，施药时田间持水量饱和可保证杂草生长旺盛，从而保证最佳药效。施药后 24～48 h 灌水，防止新杂草萌发。干燥情况下应酌量增加用量。

（4）使用方法　苗后茎叶处理，使用剂量为 50～100 g (a.i.)/hm² ［亩用量为 50～100 g (a.i.)］。秧田：每亩用氰氟草酯 30～40 mL，对水 30 kg，于杂草 2～3 叶期喷雾。直播田或本田：每亩用氰氟草酯 40～60 mL，对水 30 kg，于杂草 2～3 叶期喷雾。

专利概况

专利名称　2-(4-(5-chloro-3-fluoropyridin-2-yloxy)phenoxy)-propionic acid-propynyl ester with herbicidal activity

专利号　EP 302203　　　　　优先权日　1987-08-05

专利申请人　Dow Chemical Co.

工艺专利　CN 102181496、CN 107698461、CN 107686454、CN 110563606、CN 109942460、CN 111377831、US 4894085、WO 2009055278 等。

登记情况　氰氟草酯在中国登记有 95%、96%、97%、97.4%、97.5%、98%的原药共 32 个，相关制剂有 10%、20%、30%乳油，15%、20%、30%、40%可分散油悬浮剂，100 g/L、15%、20%、25%、30%水乳剂，25%微乳剂等共 337 个。主要用于水稻田防治稗草、千金子等禾本科杂草。部分登记情况见表 3-49。

表 3-49　氰氟草酯在中国部分登记情况

登记证号	农药名称	剂型	含量	登记场所	防治对象	用药量 /[mL(制剂)/亩]	施用方法	登记证持有人
PD20200048	氰氟草酯	乳油	30%	水稻田（直播）	稗草、千金子等禾本科杂草	20～27	茎叶喷雾	江苏中旗科技股份有限公司
PD20060041	氰氟草酯	水乳剂	100 g/L	水稻田（直播）		50～70	喷雾	美国陶氏益农公司
				水稻秧田				
PD20184282	氰氟草酯	可分散油悬浮剂	20%	水稻田（直播）	一年生禾本科杂草	30～35	茎叶喷雾	江苏稼穑化学有限公司

登记证号	农药名称	剂型	含量	登记场所	防治对象	用药量 /[mL(制剂)/亩]	施用方法	登记证持有人
PD20184242	氰氟草酯	水乳剂	100 g/L	水稻移栽田	一年生杂草	60～70	茎叶喷雾	山东瑞农化工有限公司
PD20182293	氰氟草酯	原药	97.5%					维讯化工（南京）有限公司
PD20060040	氰氟草酯	原药	95%					美国陶氏益农公司

合成方法 以对氯苯甲酸为起始原料，经如下反应即得目的物：

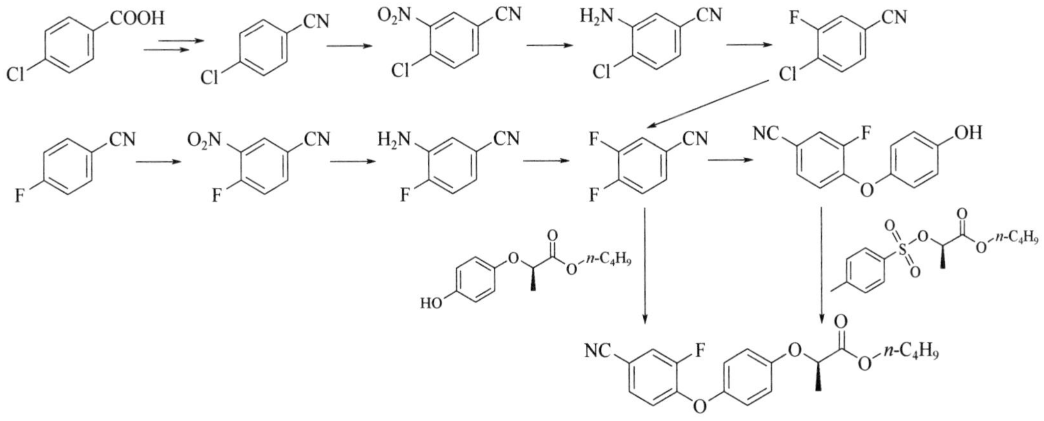

参考文献

[1] The Pesticide Manual. 17 th edition: 267-269.

[2] 顾林玲, 徐善钦. 农药市场信息, 2015(23): 38-39.

[3] 张继, 旭郑鹏, 王剑峰, 等. 农药, 2010(5): 329-331.

禾草灵（diclofop-methyl）

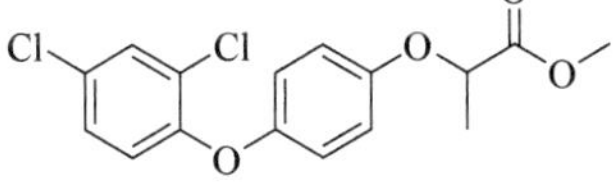

$C_{16}H_{14}Cl_2O_4$，341.2，51338-27-3，71283-65-3(R)，75021-72-6(S)，40843-25-2(酸)

禾草灵试验代号：Hoe 023408、AE F023408，商品名称：Diclosan、Hoegrass、Hoelon、Sperto、Sundiclofop 等，其他名称：伊洛克桑、麦歌、草扫除、禾草除、苯氧醚。禾草灵酸（diclofop），试验代号：Hoe 021079。1975 年 P. Langeluddeke 等报道了 diclofop-methyl 的除草性质，由 Hoechst AG（现 Bayer AG）开发。

化学名称 2-[4-(2,4-二氯苯氧基)苯氧基]丙酸甲酯。英文化学名称 methyl (RS)-2-[4-(2,4-dichlorophenoxy)phenoxy]propionate。美国化学文摘（CA）系统名称 methyl 2-[4-(2,4-dichlorophenoxy)phenoxy]propanoate。CA 主题索引名称 propanoic acid—, 2-[4-(2,4-dichloro-phenoxy)phenoxy]-methyl ester。

理化性质 ①禾草灵。原药含量≥93%。无色晶体，熔点39～41℃，蒸气压（mPa）：0.25（20℃），7.7（50℃）。分配系数 $\lg K_{ow}$=4.58，Henry 常数 0.219 Pa·m³/mol（计算值），相对密度 1.30（40℃）。溶解度（20～25℃）：水 0.8 mg/L（pH 5.7），丙酮、二氯甲烷、二甲基亚砜、乙酸乙酯、甲苯＞500 g/L，聚乙二醇 148 g/L，甲醇 120 g/L，异丙醇 51 g/L，正己烷 50 g/L。对光稳定。水中 DT_{50}（25℃）：363 d（pH 5）、31.7 d（pH 7）、0.52 d（pH 9）。②禾草灵酸。黄白色固体。熔点118～122℃。蒸气压（mPa）：3.1×10^{-6}（20℃），9.7×10^{-6}（25℃），1.7×10^{-3}（50℃）。分配系数 $\lg K_{ow}$：2.81（pH 5），1.61（pH 7）。相对密度 1.4（20～25℃），3.43（20～25℃）。水中溶解度（g/L，20～25℃）：0.453（pH 5），122.7（pH 7），127.4（pH 9）。

毒性 ①禾草灵。急性经口 LD_{50}（mg/kg）：大鼠 481～693（香油中），狗 1600。大鼠急性经皮 LD_{50}＞5000 mg/kg。大鼠吸入 LC_{50}＞1.36 mg/L。NOEL（mg/kg bw）：大鼠（2 年）0.1，狗（15 个月）0.44。ADI/RfD（mg/kg bw）：0.001（1994），（EPA）aRfD 0.1、cRfD 0.0023（2000）。Ames 试验中无致突变性。②禾草灵酸。雌大鼠急性经口 LD_{50} 586 mg/kg。大鼠急性经皮 LD_{50} 1657 mg/kg。

生态效应 ①禾草灵。日本鹌鹑急性经口 LD_{50}＞10000 mg/kg。饲喂 LC_{50}（5 d，mg/kg bw）：山齿鹑＞1600，野鸭＞1100。虹鳟鱼 LC_{50}（96 h）0.23 mg/L。水蚤 LC_{50}（48 h）0.23 mg/L。藻类 EC_{50}（mg/L）：淡水藻（72 h）1.5，羊角月牙藻（120 h）0.53。蚯蚓 LC_{50}（14 d）＞1000 mg/kg 干土。②禾草灵酸。鱼 LC_{50}（96 h，mg/L）：虹鳟鱼 21.9，金鱼 79.9。

环境行为 ①动物。用禾草灵喂食大鼠后，几乎完全吸收，然后迅速排出体外，2 d 内约90%从尿液和粪便排出，无变化，7 d 后 90%排出。在动物体内没有积累和残留。单剂量 1.8 mg/kg 饲喂，7 d 后在动物器官和组织中的残留水平非常低。代谢物与植物中的相同。②植物。禾草灵被植物迅速并完全吸收，无传导。水解相对较快（甜菜 DT_{50} 3 d），最初的异构体混合物是水解的游离酸和葡萄糖醛酸和硫酸的共轭物，然后形成 4-(2,4-二氯苯氧基)苯酚。收获期在小麦、甜菜和大豆中的残留很低，低于或等于最低检测限（0.01～0.1 mg/kg）。同样可以用于轮作物。③土壤/环境。土壤中禾草灵代谢为禾草灵酸，然后进一步代谢成 4-(2,4-二氯苯氧基)苯酚，水解成游离酸和 CO_2。田间不同的土壤实验，DT_{50} 1～57 d，DT_{90} 30～281 d。灌溉实验表明浸出水平很低。模型统计研究表明对地下水和饮用水的污染可排除，包括在沙质土壤中。土壤吸附 K_{oc} 14000～24400 mL/g。

剂型 乳油。

主要生产商 AGROFINA、Bayer CropScience、鹤岗市旭祥禾友化工有限公司、捷马化工股份有限公司、山东潍坊润丰化工股份有限公司、一帆生物科技集团有限公司等。

作用机理与特点 脂肪酸合成抑制剂，抑制乙酰辅酶 A 羧化酶（ACCase）。破坏细胞膜，阻止吸收的物质转移到根部，降低叶绿素含量，抑制光合作用和分生组织活动。选择性内吸除草剂，同时具有触杀作用，主要被叶片吸收，在潮湿土壤中根系也有一定的吸收。

应用

（1）适用作物及安全性 小麦、大麦、大豆、油菜、花生、向日葵、甜菜、马铃薯、亚麻等作物地。不能用于玉米、高粱、谷子、水稻、燕麦、甘蔗等作物地。

（2）防治对象 稗草、马唐、毒麦、野燕麦、看麦娘、早熟禾、狗尾草、画眉草、千金子、牛筋草等一年生禾本科杂草。对多年生禾本科杂草及阔叶杂草无效。

（3）使用方法 ①麦田使用最适宜的施药时期是野燕麦等禾本科杂草 2～4 叶期，防除稗草和毒麦亦可在分蘖开始时施药。施药时期可以不考虑小麦的生育期，重要的是杂草不能被作物覆盖，影响杂草受药。亩用 36%乳油 120～200 mL，对水叶面喷雾。用量超过 200 mL，对小麦有药害。禾草灵防除野燕麦受温度、土壤湿度、土壤有机质含量的影响很小，在黑龙江等北方早春低温、干旱的情况下，药效也很稳定。②甜菜、大豆等阔叶作物在作物苗期、杂草2～4叶期使用，亩用36%乳油170～200 mL，对水叶面喷雾。

（4）注意事项　禾草灵不能与苯氧乙酸类除草剂2甲4氯以及麦草畏、灭草松等混用，也不能与氮肥混用，否则会降低药效。喷施禾草灵的5天前或7～10天后，方可使用上述除草剂和氮肥。喷施禾草灵后，接触药液的小麦叶片会出现稀疏的褪绿斑，但新长出的叶片完全不会受害。对3～4片复叶期的大豆有轻微药害，叶片出现褐色斑点一周后可恢复，对大豆生长无影响。

专利概况

专利名称　Hypocholesterolemic α-(*p*-phenoxyphenoxy)alkanecarboxylic acids

专利号　DE 2136828　　　　　优先权日　1971-07-23

专利申请人　Hoechst AG。

登记情况　禾草灵在中国登记情况见表3-50。

表3-50　禾草灵在中国登记情况

登记证号	农药名称	剂型	含量	登记场所	防治对象	用药量/[mL(制剂)/亩]	施用方法	登记证持有人
PD20082176	禾草灵	乳油	36%	春小麦田	野燕麦等一年生禾本科杂草	180～200	茎叶喷雾	一帆生物科技集团有限公司
PD20082164	禾草灵	乳油	28%	春小麦田		200～233.3	茎叶喷雾	一帆生物科技集团有限公司
PD20142306	禾草灵	原药	97%					山东潍坊润丰化工股份有限公司
PD20070016	禾草灵	原药	97%					一帆生物科技集团有限公司
PD20080394	禾草灵	原药	95%					鹤岗市旭祥禾友化工有限公司
PD20070661	禾草灵	原药	97%					捷马化工股份有限公司

合成方法　经如下反应制得禾草灵：

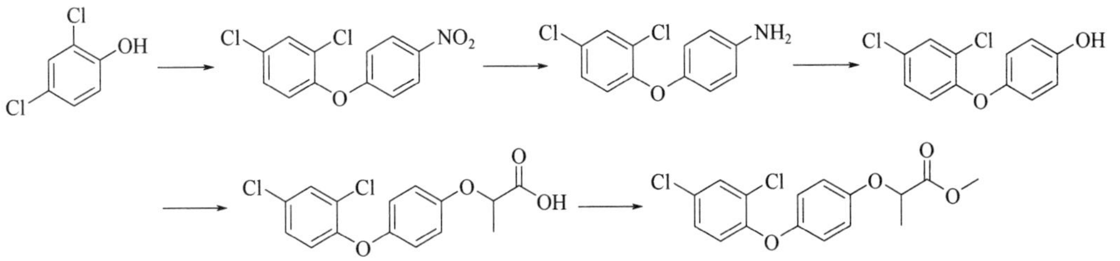

参考文献

[1] The Pesticide Manual. 17 th edition: 329-330.

[2] 李文箐, 李文滟. 当代化工, 2011(3):317-318.

精噁唑禾草灵（fenoxaprop-P-ethyl）

$C_{18}H_{16}ClNO_5$，361.8，71283-80-2，113158-40-0(酸)

精噁唑禾草灵（试验代号：AE F046360、Hoe 046360，商品名称：Foxtrot、Furore Super、Masaldo、Sunfenoxa-P-Ethyl、骠马、威霸等）是由德国 Hoechst AG（现拜耳）公司开发的芳氧羧酸类除草剂。精噁唑禾草灵酸（fenoxaprop-P）试验代号：Hoe 088406、AEF088406。

化学名称 (R)-2-[4-(6-氯-苯并噁唑-2-基氧基)苯氧基]丙酸乙酯。英文化学名称 ethyl (R)-2-[4-(6-chlorobenzoxazol-2-yloxy)phenoxy]propionate。美国化学文摘（CA）系统名称 ethyl (R)-2-[4-[(6-chloro-2-benzoxazolyl)oxy]phenoxy]propionate。CA 主题索引名称 propanoic acid—, 2-[4-[(6-chloro-2-benzoxazolyl)oxy]phenoxy]-ethyl ester, (2R)-。

理化性质 ①精噁唑禾草灵。白色无味固体，熔点 89～91℃，相对密度 1.3（20～25℃）。蒸气压 $5.3×10^{-4}$ mPa（20℃）。分配系数 $\lg K_{ow}=4.58$。Henry 常数 $2.74×10^{-4}$ Pa·m³/mol（计算）。水中溶解度 0.7 mg/L（pH 5.8，20～25℃）。有机溶剂中溶解度（g/L，20～25℃）：丙酮、甲苯、乙酸乙酯＞200，甲醇 43。50℃储藏 90 d 稳定，对光不敏感。水解 DT_{50}（25℃）：2.8 d（pH 4），19.2 d（pH 5），23.2 d（pH 7），0.6 d（pH 9）。②精噁唑禾草灵酸。浅色、弱辛辣、细粉末固体。熔点 155～161℃，蒸气压 0.035 mPa，分配系数 $\lg K_{ow}=1.83$，Henry 常数 $1.91×10^{-7}$ Pa·m³/mol（pH 7.0，计算）。相对密度（20～25℃）约 1.5。水中溶解度（g/L，20～25℃）：0.27（pH 5.1），61（pH 7.0）。有机溶剂中溶解度（g/L，20～25℃）：丙酮 80，甲苯 0.5，乙酸乙酯 36，甲醇 34。

毒性 急性经口 LD_{50}（mg/kg）：大鼠 3150～4000，小鼠＞5000。大鼠急性经皮 LD_{50}＞2000 mg/kg，大鼠急性吸入 LC_{50}（4 h）＞1.224 mg/L。NOEL［90 d，mg/(kg·d)］：大鼠 0.75（10 mg/L），小鼠 1.4（10 mg/L），狗 15.9（400 mg/L）。ADI/RfD（EC）0.01 mg/kg bw（2008）。

生态效应 山齿鹑急性经口 LD_{50}＞2000 mg/kg。鱼 LC_{50}（96 h，mg/L）：大翻车鱼 0.58，虹鳟鱼 0.46。水蚤 LC_{50}（48 h，mg/L）：0.56（pH 8.0～8.4），2.7（pH 7.7～7.8）。栅藻 LC_{50}（72 h）＞0.51 mg/L。蜜蜂 LC_{50}（μg/只）：经口＞199，接触＞200。蚯蚓 LC_{50}（14 d）＞1000 mg/kg 土。

环境行为 ①植物。精噁唑禾草灵经对应的酸水解为 6-氯-2,3-二氢苯并噁唑-2-酮。②土壤/环境。快速代谢成相应的酸；土壤中半衰期 DT_{50}1～10 d。

剂型 水乳剂、乳油、可分散油悬浮剂。

主要生产商 AGROFINA、Bayer CropScience、Cheminova、Sharda、安徽华星化工有限公司、江苏仁信作物保护技术有限公司、江苏省农用激素工程技术研究中心有限公司、江苏中旗科技股份有限公司、捷马化工股份有限公司、沈阳科创化学品有限公司等。

作用机理与特点 乙酰辅酶 A 羧化酶（ACCase）抑制剂。精噁唑禾草灵属选择性、内吸传导型苗后茎叶处理剂。有效成分被茎叶吸收后传导到叶基、节间分生组织、根的生长点，迅速转变成苯氧基的游离酸，抑制脂肪酸生物合成，损坏杂草生长点、分生组织，作用迅速，施药后 2～3 d 内停止生长，5～7 d 心叶失绿变紫色，分生组织变褐，然后分蘖基部坏死，叶片变紫逐渐枯死。在耐药性作物中分解成无活性的代谢物而解毒。

1. 精噁唑禾草灵（不加解毒剂）应用

（1）适用作物　大田作物如豆类、花生、油菜、棉花、亚麻、烟草、甜菜、马铃薯、苜蓿属植物、向日葵、巢菜、甘薯，蔬菜如茄子、黄瓜、大蒜、洋葱、胡萝卜、芹菜、甘蓝、花椰菜、香菜、南瓜、菠菜、番茄、芦笋，水果如苹果、梨、李、草莓、扁桃、樱桃、柑橘、可可、咖啡、无花果、菠萝、覆盆子、红醋栗、茶、葡萄及多种其他作物如各种药用植物、观赏植物、芳香植物、木本植物等。

（2）防除对象　每亩用 3.45～4.14 g (a.i.)可防除杂草如看麦娘、鼠尾看麦娘、草原看麦娘、凤剪股颖、野燕麦、自生燕麦、不实燕麦、被粗伏毛燕麦、具绿毛臂形草、车前状臂形草、阔叶臂形草、褐色蒺藜草、有刺蒺藜草、多指虎尾草、埃及龙爪草、升马唐、芒稗、稗、非洲蟋蟀草、蟋蟀草、大画眉草、弯叶画眉草、智利画眉草、细野黍、野黍、皱纹鸭嘴草、稻李氏禾、多名客千金子、簇生千金子、毛状黍、簇生黍、大黍、稷、秋稷、特克萨斯稷、具刚毛狼尾草、普通早熟禾、狗尾草、大狗尾草、枯死状狗尾草、轮生狗尾草、绿色狗尾草、白绿色粗壮狗尾草、紫绿色粗壮狗尾草、野高粱、种子繁殖的假高粱、轮生花高粱、普通高粱、酸草、芦节状香蒲、自生玉米等。每亩用 4.83 g (a.i.)可防除杂草如沼泽生剪股颖、细弱剪股颖、匍茎剪股颖、俯仰马唐、平展马唐、马唐、有缘毛马唐、蓝马唐、止血马唐、大麦、羊齿叶状乱草、金狗尾草、苏丹草、有疏毛雀稗、罗氏草、假高粱等。每亩用 5.52 g (a.i.)可防除杂草如狗牙根、邵氏雀稗、黑麦属、狼杷草、芒属、海滨雀稗等。

（3）应用技术　用于大豆、花生防除禾本科杂草施药时期长，但以早期生长阶段（杂草 3～5 叶期）处理最佳。在单双子叶杂草混生地与防除双子叶杂草的除草剂混用，应经可混性试验确认无拮抗作用，对作物安全，方可混。适宜的土壤湿度及温度可增进精噁唑禾草灵杀草作用，若极端干旱或遇寒潮低温对杂草和作物生长不利，应推迟到条件改善后施药，霜冻期勿用。一般施药后 3 h 便能抗雨淋。

（4）使用方法

① 大豆田　在大豆 2～3 片复叶、禾本科杂草 2 叶期至分蘖 9 期，每亩用 6.9%精噁唑禾草灵浓乳剂 50～70 mL，对水人工喷雾喷液量每亩 20～30 L，拖拉机 7～10 L，飞机 1.3～3.3 L。用扇形喷头背负式喷雾器均匀喷雾到茎叶，雾滴 0.2～0.3 mm，对一年生禾本科杂草药效显著，对大豆安全。

② 花生田　在花生 2～3 叶期，禾本科杂草 3～5 叶期，每亩用 6.9%精噁唑禾草灵浓乳剂 45～60 mL，人工喷雾喷液量每亩 20～30 L，茎叶喷雾处理，对马唐、稗草、牛筋草、狗尾草等一年生禾本科杂草有良好防效，对花生安全。

③ 油菜田　施药时期为油菜 3～6 叶期，一年生禾本科杂草 3～5 叶期。冬油菜每亩用 6.9%精噁唑禾草灵浓乳剂 40～50 mL。春油菜每亩 50～60 mL。

④ 棉花田　主要用于防除一年生禾本科杂草，使用剂量为 50～100 g (a.i.)/hm²。

⑤ 阔叶蔬菜　6.9%精噁唑禾草灵浓乳剂已在十字花科蔬菜登记，防除一年生禾本科杂草，每亩推荐用量为 40～50 mL，作茎叶喷雾处理。

混用：在大豆田精噁唑禾草灵可以和灭草松、氟磺胺草醚、乳氟禾草灵、三氟羧草醚等除草剂混用，使用时期为大豆苗后禾本科杂草 3～5 叶期、阔叶杂草 2～4 叶期。在水分、相对湿度较好时用低剂量，在干旱条件下用高剂量。

① 精噁唑禾草灵与灭草松混用时对大豆安全性好，每亩用 6.9%精噁唑禾草灵 50～70 mL 或 8.05%精噁唑禾草灵 40～60 mL 加 48%灭草松水剂 167～200 mL 可有效地防除禾本科杂草和苍耳、刺儿菜、大蓟、反枝苋、酸模叶蓼、柳叶刺蓼、藜、苘荬菜、苘麻、豚草、旋花属、

狼杷草、1～2 叶期的鸭跖草等一年生和多年生阔叶杂草。

② 精噁唑禾草灵与氟磺胺草醚混用一般安全性较好，在高温或低湿地排水不良、田间长期积水、病虫危害影响大豆生育的条件下，大豆易产生较重触杀性药害，一般 10～15 d 恢复，不影响产量，每亩用 6.9%精噁唑禾草灵浓乳剂 50～70 mL 或 8.05%精噁唑禾草灵乳油 40～60 mL 加 25%氟磺胺草醚水剂 67～100 mL 可有效地防除禾本科杂草和苘麻、狼杷草、反枝苋、藜、龙葵、苍耳、酸模叶蓼、柳叶刺蓼、香薷、水棘针、苣荬菜等一年生和多年生阔叶杂草。

③ 精噁唑禾草灵与乳氟禾草灵混用，乳氟禾草灵用常量，精噁唑禾草灵用高量，两种药剂混用可防除禾本科杂草和苍耳、苘麻、龙葵、铁苋菜、狼杷草、香薷、水棘针、反枝苋、地肤、藜、鸭跖草、酸模叶蓼、柳叶刺蓼、卷茎蓼等阔叶杂草。每亩用 6.9%精噁唑禾草灵 50～70 mL 或 8.05%精噁唑禾草灵 40～60 mL 加 24%乳氟禾草灵乳油 23～27 mL。

④ 精噁唑禾草灵与三氟羧草醚混用表现为三氟羧草醚触杀性药害症状，一般不影响产量。可有效地防除禾本科杂草和龙葵、酸模叶蓼、柳叶刺蓼、卷茎蓼、节蓼、反枝苋、铁苋菜、鸭跖草（3 叶期以前）、水棘针。藜（2 叶期以前）、苘麻、苍耳（2 叶期以前）、香薷、狼杷草等一年生阔叶杂草，对多年生阔叶杂草有抑制作用。每亩用 6.9%精噁唑禾草灵 50～70 mL 或 8.05%精噁唑禾草灵 40～60 mL 加 21.4%三氟羧草醚水剂 67～80 mL。

⑤ 精噁唑禾草灵与另外两种防阔叶杂草的除草剂三元混用，不仅可以扩大杀草谱、药效好，而且对大豆安全。6.9%精噁唑禾草灵每亩 40～50 mL 或 8.05%精噁唑禾草灵 30～40 mL 加 48%异噁草酮 50 mL 加 25%氟磺胺草醚 40～50 mL 或 48%灭草松 100 mL 或 24%乳氟禾草灵 17 mL 或 21.4%三氟羧草醚 40～50 mL。6.9%精噁唑禾草灵每亩 50～70 mL 或 8.05%精噁唑禾草灵 40～50 mL 加 24%乳氟禾草灵 17 mL 加 25%氟磺胺草醚 40～50 mL 或 48%灭草松 100 mL 或 44%克莠灵 133 mL。

2. 精噁唑禾草灵（加解毒剂）应用

（1）适用作物　小麦。

（2）防除对象　看麦娘、野燕麦、硬草、日本看麦娘、稗草、狗尾草、菵草等恶性禾本科杂草。

（3）应用技术　可与多种防阔叶杂草除草剂混用，如苯磺隆、噻吩磺隆、酰嘧磺隆、异丙隆、溴苯腈等。不能与灭草松、麦草畏、激素类盐制剂（如 2 甲 4 氯钠盐）等混用。施药应选早晚风小时进行，晴天上午 8 时至下午 5 时、空气相对湿度低于 65%、气温高于 28℃、风速 4 m/s 以上时应停止施药。在干旱条件下用高剂量，水分适宜杂草小时用低剂量。喷液量每亩人工 30～50 L、拖拉机 7～10 L、飞机 2～3 L。

（4）使用方法　冬小麦田防除看麦娘等一年生禾本科杂草于看麦娘 3 叶期至分蘖期，每亩用 6.9%精噁唑禾草灵（加解毒剂）水乳剂 45～55 mL，或 10%精噁唑禾草灵（加解毒剂）30～40 mL，加水 300～600 L，茎叶喷雾处理 1 次。春小麦防除野燕麦为主的禾本科杂草，于春小麦 3 叶期至拔节前，每亩用 6.9%精噁唑禾草灵（加解毒剂）水乳剂 40.7～58 mL 作茎叶喷雾处理。或用 10%精噁唑禾草灵（加解毒剂）乳油 30～40 mL 于春小麦 3～5 叶期作茎叶喷雾处理，其药效与 6.9%精噁唑禾草灵（加解毒剂）水乳剂相近，对小麦安全。

混用　冬小麦田防除看麦娘及阔叶杂草，每亩用 6.9%精噁唑禾草灵（加解毒剂）水乳剂 45～55 mL 或 10%精噁唑禾草灵（加解毒剂）乳油 30～40 mL 加 75%异丙隆 80～100 g（冬季）或 100～150 g（春季）。6.9%精噁唑禾草灵（加解毒剂）水乳剂每亩用 45～55 mL 或 10%精噁唑禾草灵（加解毒剂）乳油每亩用 30～40 mL 加 75%苯磺隆 1～1.7 g 或 50%酰嘧磺隆水分散粒剂 3～4 g。春小麦防除野燕麦及阔叶杂草，每亩用 6.9%精噁唑禾草灵（加解毒剂）水乳剂 50～70 mL 或 10%精噁唑禾草灵（加解毒剂）乳油 35～45 mL 加 22.5%溴苯腈乳油 133 mL。6.9%精噁唑禾草灵（加解毒剂）水乳剂每亩用 50～70 mL 或 10%精噁唑禾草灵（加解毒剂）乳油每亩 35～45 mL 加 75%噻吩磺隆（或苯磺隆）1～1.2 g 或 75%苯磺隆 0.5～0.6 g 加 75%噻吩磺隆 0.5～0.6 g 或 50%酰嘧磺隆水分散粒剂 3.5～4 g。

专利概况

专利名称　Optically-active aryloxy-propionic acid derivatives for use as herbicides

专利号　BE 873844　　　　　　优先权日　1977-12-24

专利申请人　Hoechst AG

工艺专利　CN 102351808、CN 102093305、CN 102070550、CN 101177417、WO 2004002925 等。

登记情况　精噁唑禾草灵在中国登记了 92%、95%、97%、98%的原药，制剂有 69 g/L、10%、6.5%、7.5%、6.9%水乳剂，10%、80.5 g/L、100 g/L 乳油，5%可分散油悬浮剂等。登记作物为冬小麦、春小麦、花生、大豆等，可防除看麦娘、野燕麦等禾本科杂草。部分登记情况见表 3-51。

表 3-51　精噁唑禾草灵在中国部分登记情况

登记证号	农药名称	剂型	含量	登记场所	防治对象	用药量/[mL(制剂)/亩]	施用方法	登记证持有人
PD361-2001	精噁唑禾草灵	水乳剂	69 g/L	春油菜田	一年生禾本科杂草	50～60	喷雾	拜耳股份公司
				大豆田		49～71		
				冬油菜田		40～50		
				花生田		43.5～60		
				花椰菜田		50～60		
				棉花田		50～60		
PD238-98	精噁唑禾草灵	水乳剂	69 g/L	春小麦田	野燕麦及一年生禾本科杂草	50～60	喷雾	拜耳股份公司
				冬小麦田	看麦娘及一年生禾本科杂草	40～50		
PD20183669	精噁唑禾草灵	乳油	80.5 g/L	高羊茅草坪	一年生禾本科杂草	70～80	茎叶喷雾	新乡市莱恩坪安园林有限公司
				花生田		40～50		
PD20181048	精噁唑禾草灵	可分散油悬浮剂	5%	水稻田（直播）	稗草、千金子等禾本科杂草	30～50	喷雾	山东瑞农化工有限公司
PD20182471	精噁·炔草酯	乳油	8%	小麦田		100～120	茎叶喷雾	山东滨农科技有限公司
PD20180845	精噁唑禾草灵	原药	95%					江苏仁信作物保护技术有限公司
PD20070161	精噁唑禾草灵	原药	92%					拜耳股份公司

合成方法　精噁唑禾草灵的合成方法主要有下列三种：

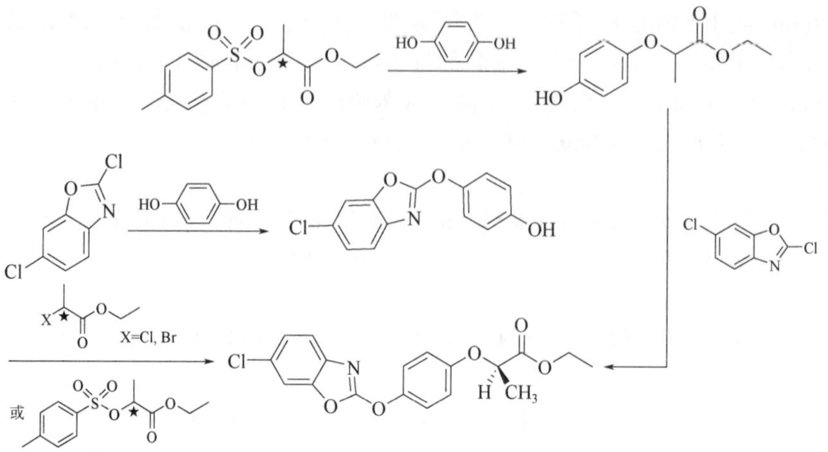

中间体 2，6-二氯苯并噁唑的合成：

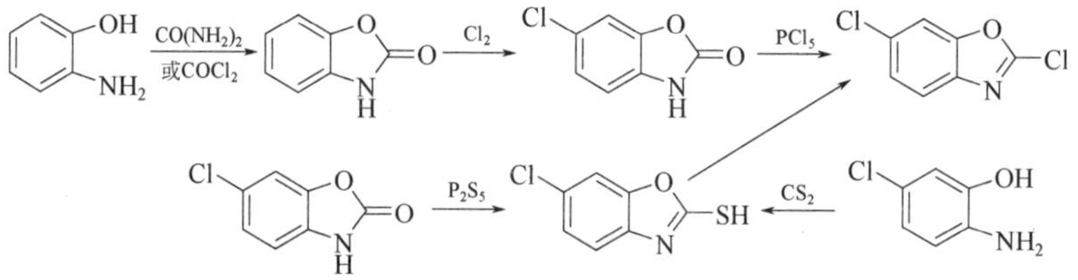

参考文献

[1] The Pesticide Manual. 17 th edition: 459-460.

[2] 李文. 农药, 2008(10): 718-719.

精吡氟禾草灵（fluazifop-P-butyl）

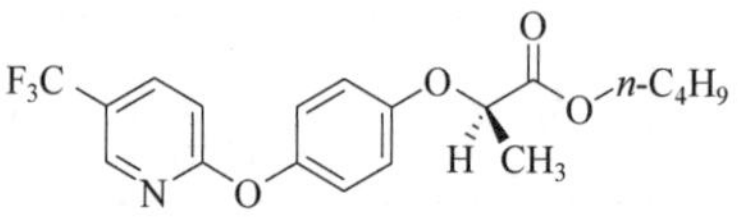

$C_{19}H_{20}F_3NO_4$，383.4，79241-46-6，83066-88-0(酸)

精吡氟禾草灵（试验代号：PP005、ICIA0005、SL-118，商品名称：Venture、Vesuvio、精稳杀得等）是日本石原产业公司（现为 ISK 生物技术公司）研制，并与 ICI（现为先正达公司）共同开发的芳氧苯氧丙酸类除草剂。

化学名称　(R)-2-[4-(5-三氟甲基-2-吡啶氧基)苯氧基丙酸丁酯。英文化学名称 butyl (R)-2-[4-(5-trifluoromethyl-2-pyridyloxy)phenoxy]propionate。美国化学文摘（CA）系统名称 butyl (2R)-2-[4-[[5-(trifluoromethyl)-2-pyridinyl]oxy]phenoxy]propanoate。CA 主题索引名称 propanoic acid—, 2-[4-[[5-(trifluoromethyl)-2-pyridinyl]oxy]phenoxy]-butyl ester, (2R)-。

理化性质　原药纯度≥90%，R 构型异构体含量 97%，S 构型异构体含量 3%。无色液体，熔点-15℃，沸点 154℃（2.66 Pa），>100℃分解。相对密度 1.22（20~25℃）。蒸气压（25℃）$4.14×10^{-1}$ mPa。分配系数 lgK_{ow}=4.5。Henry 常数 0.11 Pa·m³/mol。水中溶解度（20~25℃）1.1 mg/L，可溶于丙酮、乙酸乙酯、甲醇、己烷、甲苯、二甲苯、二氯甲烷等有机溶剂。对紫外线稳定。水解 DT_{50}：78 d（pH 7），29 h（pH 9）。水中光解 DT_{50} 6 d（pH 5）。

精吡氟禾草灵酸　浅黄色、玻璃状物。熔点 4℃（玻璃状物），蒸气压 $7.9×10^{-4}$ mPa（20℃），分配系数 lgK_{ow}：3.1（pH 2.6），-0.8（pH 7）。Henry 常数 $3×10^{-7}$ Pa·m^3/mol（计算），pK_a(20～25℃)=2.98。水中溶解度（20～25℃）780 mg/L。在 pH 5、7 和 9 时无明显水解（25℃）。

毒性　大鼠急性经口 LD_{50}（mg/kg）：雄性 3680，雌性 2451。兔急性经皮 $LD_{50}>2000$ mg/kg。大鼠急性吸入 LC_{50}（4 h）>5200 mg/L。对兔的皮肤和眼睛无刺激，对豚鼠皮肤无致敏。NOEL[mg/(kg·d)]：大鼠 NOEL（2 年）0.47；狗（91 d）25，大鼠（90 d）9.0；大鼠多代研究 0.9。ADI/RfD（BfR）0.01 mg/kg bw（2001）；（EPA）aRfD 0.5 mg/kg bw，cRfD 0.0074 mg/kg bw（2005）。无遗传毒性。

生态效应　野鸭急性经口 $LD_{50}>3500$ mg/kg。虹鳟鱼 LC_{50}（96 h）1.3 mg/L。水蚤 EC_{50}（48 h）>1.0 mg/L。舟形藻 E_bC_{50}（72 h）>0.51 mg/L。浮萍 EC_{50}（14 d）>1.4 mg/L。蜜蜂（经口和接触）$LD_{50}>200$ μg/只，蚯蚓 $LC_{50}>1000$ mg/kg。

精吡氟禾草灵酸　虹鳟鱼 LC_{50}（96 h）117 mg/L，水蚤 EC_{50}（48 h）240 mg/L。羊角月牙藻 EC_{50}（72 h）>56 mg/L。

环境行为　①动物。在哺乳动物体内，精吡氟禾草灵被代谢为相应的酸，快速排出体外。②植物。迅速水解成相应的酸，部分形成共轭。醚键断裂形成吡啶酮和丙酸代谢物，或者进一步降解或共轭。③土壤/环境。快速代谢成相应的酸；在潮湿的土壤中快速降解，$DT_{50}<24$ h。主要降解产物是相应的酸，继续水解为 5-三氟甲基吡啶-2-酮和 2-(4-羟基苯氧基)丙酸，这两种降解产物继续降解，直到生成 CO_2。

精吡氟禾草灵酸　土壤/环境。实验室土壤中（40% MHC，pH 5.3～7.7）（moisture holding capacity，保水能力），DT_{50} 2～9 d（20℃），田间 $DT_{50}<4$ 周。K_{oc} 39～84。

剂型　乳油、水乳剂。

主要生产商　AGROFINA、Ishihara Sangyo、Syngenta、池州万维化工有限公司、江苏中旗科技股份有限公司、山东绿霸化工股份有限公司、山东潍坊润丰化工股份有限公司、兴农股份有限公司等。

作用机理与特点　脂肪酸合成抑制剂，抑制乙酰辅酶 A 羧化酶（ACCase）。能够快速被叶片吸收，水解成精吡氟禾草灵酸，经木质部和韧皮部传导，一年生杂草积累在分生组织，多年生杂草积累在根、茎和分生组织。

应用

（1）适宜作物　大豆、甜菜、棉花、油菜、马铃薯、亚麻、豌豆、蚕豆、菜豆、烟草、西瓜、花生、阔叶蔬菜等多种作物及果树、林业苗圃、幼林等。由于精吡氟禾草灵在土壤中降解速度较快，故几乎无残留问题。

（2）防除对象　主要用于防除一年生和多年生禾本科杂草如稗草、野燕麦、狗尾草、金色狗尾草、牛筋草、看麦娘、千金子、画眉草、雀麦、大麦属、黑麦属、稷属、早熟禾、狗牙根、双穗雀稗、假高粱、芦苇、野黍、白茅、匍匐冰草等。

（3）应用技术　①在土壤水分、空气相对湿度、温度较高时有利于杂草对精吡氟禾草灵的吸收和传导。长期干旱无雨、低温和空气相对湿度低于 65% 时不宜施药。一般选早晚施药，上午 10 时至下午 3 时不应施药。施药前要注意天气预报，施药后应 2 h 内无雨。长期干旱如近期有雨，待雨过后田间土壤水分和湿度改善后再施药，或有灌水条件的在灌水后施药，虽然施药时间拖后，但药效比雨前或灌水前施药好。②杂草叶龄小用低剂量，叶龄大用高剂量。在水分条件好的情况下用低剂量，在干旱条件下用高剂量。③在单子叶、阔叶、莎草科杂草混生地块，由于单子叶杂草得以防除，阔叶杂草生长增多，可能会影响产量。需与阔叶杂草除草剂混用或先后使用。

（4）施药时期　阔叶作物苗后，禾本科杂草 3～6 叶期。

（5）使用方法　苗后除草，使用剂量为 75～115 g (a.i.)/hm² ［亩用量为 5～7.6 g (a.i.)］。

① 大豆田　防除 2～3 叶期一年生禾本科杂草每亩用 15%精吡氟禾草灵 33～50 mL。防除 4～5 叶期一年生禾本科杂草，每亩用 50～67 mL。防除 5～6 叶期一年生禾本科杂草，每亩用 67～80 mL。防除多年生禾本科杂草如 20～60 cm 高的芦苇，15%精吡氟禾草灵用飞机喷洒每亩用 83 mL，用拖拉机喷雾机和人工背负式喷雾器喷洒每亩用 133 mL。

混用：在阔叶草与禾本科杂草混生大豆田，可与氟磺胺草醚、三氟羧草醚、灭草松、异噁草酮混用，与乳氟禾草灵、克莠灵等分期间隔一天施药，两种防阔叶杂草的除草剂降低用药量与精吡氟禾草灵混用对大豆安全，药效稳定，特别是在不良条件下，大豆生长发育不好仍有好的安全性。混用配方每亩用药量如下：

15%精吡氟禾草灵 40 mL 加 48%异噁草酮 50 mL 加 48%灭草松 100 mL 或 24%乳氟禾草灵 17 mL 或 21.4%三氟羧草醚 40～50 mL 或 25%氟磺胺草醚 40～50 mL。

15%精吡氟禾草灵 50～67 mL 加 48%灭草松 167～200 mL 或 25%氟磺胺草醚 67～100 mL。

15%精吡氟禾草灵 50～67 mL 加 48%灭草松 100 mL 加 25%氟磺胺草醚 40～50 mL。

精吡氟禾草灵与防阔叶杂草除草剂混用最好在大豆 2 片复叶、杂草 2～4 叶期施药，防除鸭跖草一定要在 3 叶期以前施药。精吡氟禾草灵与异噁草酮、灭草松或氟磺胺草醚混用，不但对一年生禾本科、阔叶草有效，而且对多年生阔叶杂草如问荆、苣荬菜、刺儿菜、大蓟等有效。

② 油菜田　精吡氟禾草灵在各种栽培型冬油菜田中，防除看麦娘效果显著。于看麦娘出齐苗达 1～1.5 分蘖时，每亩用 15%乳油 50～67 mL，茎叶喷雾处理。

③ 甜菜田　杂草 3～5 叶期，每亩用 15%精吡氟禾草灵乳油 50～100 mL，在一年生禾本科杂草地块可获得较好防效。在单双子叶草混生地，15%精吡氟禾草灵乳油 50～67 mL 加 16%甜菜宁乳油 400 mL，可较好地防除野燕麦、旱稗、藜、苋等阔叶及禾本科杂草。

④ 西瓜田　一年生禾本科杂草 3～5 叶期，每亩用 15%精吡氟禾草灵乳油 50～67 mL，茎叶喷雾处理。

⑤ 花生田　花生苗后 2～3 叶期，每亩用 15%精吡氟禾草灵乳油 50～66.7 mL，加水 30 L，茎叶喷雾。防除禾本科杂草效果显著，结合一次中耕除草，可控制全生育期杂草。在单双子叶混生情况下，精吡氟禾草灵乳油 50～66.7 mL 与阔叶枯 45%乳油 150 mL，或 48%灭草松液剂 100 mL 混用，可以兼治马唐、牛筋草、藜、反枝苋等单双子叶杂草。

⑥ 果园、林业苗圃　一般在杂草 4～6 叶期，每亩用 15%精吡氟禾草灵乳油 66.7～100 mL。提高剂量到 130～160 mL，对多年生芦苇、茅草等有较好效果；一年生杂草、禾本科杂草幼小时施药效果佳。

⑦ 亚麻田　在单子叶杂草为主地块，每亩用 15%精吡氟禾草灵乳油 66.7～100 mL，在亚麻 4～6 叶期加水 30 L 喷洒。防除旱稗、野燕麦、毒麦、狗尾草等效果好，对残株也有抑制作用。但亚麻田杂草往往是单子叶杂草与鸭跖草、藜、蓼等阔叶杂草混生。每亩用 15%精吡氟禾草灵乳油 50～66.7 mL 与 56% 2 甲 4 氯原粉 50 g 混用。施药时期同单用，防除单双子叶效果显著。亚麻可能会受到轻微短期抑制，但恢复快，后期生长迅速，仍可提高亚麻等级及产量。

专利概况

专利名称　4-(5-Fluoromethyl-2-pyridyloxy)phenoxyalkane carboxylic acids, their derivatives, and their use as herbiciders

专利号　DE 2812571　　　　　　优先权日　1977-07-21

专利申请人　Ishihara Sangyo Kaisha, Ltd.。

登记情况　精吡氟禾草灵在中国登记的原药含量有85.7%、90%、92%，制剂主要为150g/L的乳油。登记作物大豆、花生、棉花、油菜等，用于防除一年生禾本科杂草。部分登记情况见表3-52。

表 3-52　精吡氟禾草灵在中国部分登记情况

登记证号	农药名称	剂型	含量	登记场所	防治对象	用药量 /[mL(制剂)/亩]	施用方法	登记证持有人
PD91-89	精吡氟禾草灵	乳油	150 g/L	甜菜田	多年生和一年生禾本科杂草	50～67	喷雾	日本石原产业株式会社
				大豆田		50～67		
				冬油菜田		40～67		
				花生田		50～67		
				棉花田		33.3～67		
PD20171586	精吡氟禾草灵	乳油	150 g/L	花生田	禾本科杂草	50～70	茎叶喷雾	浙江天丰生物科学有限公司
PD20131110	松·吡·氟磺胺	乳油	27%	春大豆田	一年生杂草	200～250	茎叶喷雾	山东滨农科技有限公司
PD20171405	精吡氟禾草灵	原药	92%					兴农股份有限公司
PD20060196	精吡氟禾草灵	原药	85.7%					日本石原产业株式会社

合成方法　精吡氟禾草灵的主要合成方法如下：

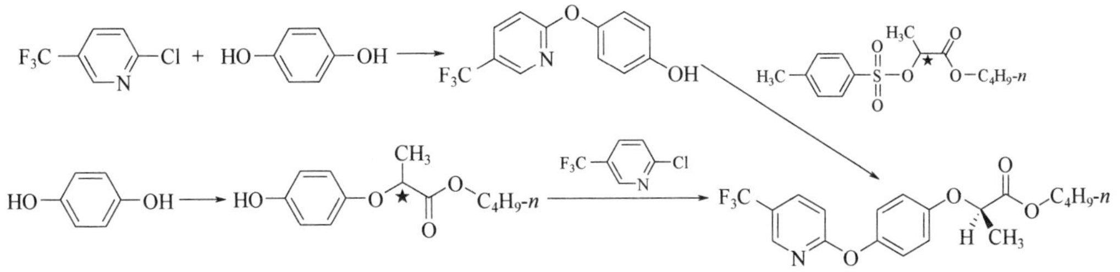

中间体 2-氯-5-三氟甲基吡啶制备方法如下：

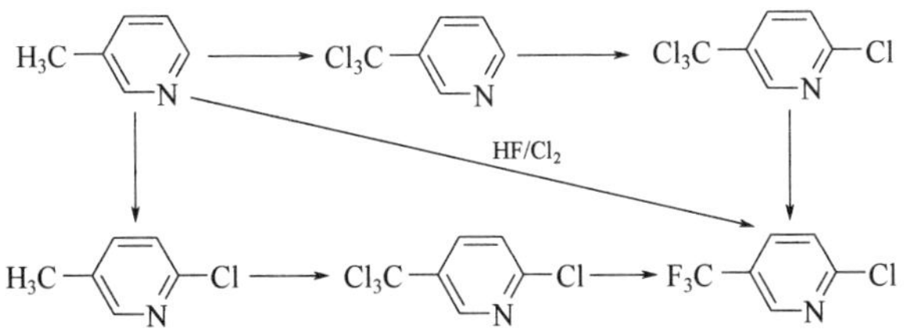

参考文献

[1] The Pesticide Manual. 17 th edition: 492-494.

[2] 李瑞军, 白延海, 史犇, 等. 农药, 2007(5): 305-306.

[3] 陆阳, 陶京朝, 张志荣. 世界农药, 2009(1): 32-34.

高效氟吡甲禾灵（haloxyfop-P-methyl）

$C_{16}H_{13}ClF_3NO_4$，375.7，72619-32-0(P-甲酯)、69806-40-2(甲酯)

高效氟吡甲禾灵（试验代号：DE-535，商品名称：Gaiko、Gallant Super，其他名称：精盖草能、精吡氟氯禾灵）是美国陶氏益农公司开发的芳氧苯氧丙酸类除草剂。氟吡甲禾灵（haloxyfop-methyl），试验代号：Dowco 453 ME。氟吡禾灵（haloxyfop），试验代号：Dowco 453。

化学名称 (*R*)-2-[4-(3-氯-5-三氟甲基-2-吡啶氧基)苯氧基丙酸甲酯。英文化学名称 methyl (*R*)-2-[4-(3-chloro-5-(trifluoromethyl)-2-pyridyloxy)phenoxy]propionate。美国化学文摘（CA）系统名称 methyl (2*R*)- 2-[4-[[3-chloro-5-(trifluoromethyl)-2-pyridinyl]oxy]phenoxy]propionate。CA 主题索引名称 propanoic acid—, 2-[4-[[3-chloro-5-(trifluoromethyl)-2-pyridinyl]oxy]phenoxy]-methyl ester, (2*R*)-。

理化性质 高效氟吡甲禾灵 黏稠液体，熔点-12.4℃，沸点>280℃（$1.01×10^5$ Pa），蒸气压 0.055 mPa（25℃），分配系数 $\lg K_{ow}$=4.0，Henry 常数 0.0011 Pa·m³/mol（计算），相对密度 1.37（20～25℃）。水中溶解度（mg/L，20～25℃）：6.9（pH 5）、7.9（pH 7）、9.1（非缓冲液）。溶于乙腈、丙酮、乙醇、甲醇、己烷、二甲苯等有机溶剂。水中 DT_{50}（20℃）：3 d（自然水）、43 d（pH 7）、0.63 d（pH 9）、稳定（pH 4）。

氟吡甲禾灵 无色晶体，熔点 55～57℃，蒸气压 0.80 mPa（25℃），分配系数 $\lg K_{ow}$=4.07。Henry 常数 0.0323 Pa·m³/mol（计算）。水中溶解度 9.3 mg/L（20～25℃），有机溶剂中溶解度（g/L，20～25℃）：乙腈 3100，丙酮 2700，二氯甲烷 4000，二甲苯 1100。

高效氟吡禾灵 灰白色粉末，熔点 70.5～74.5℃，蒸气压 0.004 mPa（25℃），相对密度 1.46（20～25℃）。分配系数 $\lg K_{ow}$=0.27（pH 7）。水中溶解度（mg/L，20～25℃）：28.2（pH 5）；375（蒸馏水），>$2.5×10^5$（pH 7 和 9）。有机溶剂中溶解度（g/L，20～25℃）：丙酮、乙腈、乙酸乙酯、甲醇>2000，二氯甲烷>1300，正己烷 3.93，正辛醇 1510，二甲苯 639。20℃下，在自然水及 pH 7 和 9 的水中稳定。

氟吡禾灵 无色晶体，熔点 107～108℃，蒸气压<$1.33×10^{-3}$ mPa（25℃），相对密度 1.64（20～25℃）。pK_a(20～25℃)=2.9。水中溶解度（mg/L，20～25℃）：43.4（pH 2.6），1.59（pH 5），6.980（pH 9）。有机溶剂中溶解度（g/L，20～25℃）：丙酮、甲醇、异丙醇>1000，二氯甲烷 459，乙酸乙酯 518，甲苯 118，二甲苯 74，己烷 0.17。水中 DT_{50}：78 d（pH 5），73 d（pH 7），51 d（pH 9）。

毒性 高效氟吡甲禾灵 大鼠急性经口 LD_{50}（mg/kg）：雄性 300，雌性 623。大鼠急性经皮 LD_{50}>2000 mg/kg，对兔子皮肤无刺激，对兔的眼睛轻微刺激。NOEL 大鼠（2 年）0.065 mg/kg bw，没有增加肝毒性。ADI/RfD 同高效氟吡禾灵。

氟吡甲禾灵 大鼠急性经口 LD_{50}（mg/kg）：雄性 393，雌性 599。兔子急性经皮 LD_{50}>5000 mg/kg,对兔子皮肤无刺激,对眼睛中度刺激。NOEL 大鼠 3 代研究 0.005 mg/kg bw。（EPA）cRfD 0.00005 mg/kg bw（1991）。

高效氟吡禾灵 大鼠急性经口 LD_{50}（mg/kg）：雄性 337，雌性 545。兔急性经皮 $LD_{50}>$ 5000 mg/kg。NOEL 大鼠和小鼠（2 年）0.065mg/(kg·d)。ADI/RfD（JMPR）0.0003 mg/kg bw（1995）；（BfR）0.0003 mg/kg bw（1999）；（EFSA）0.00065 mg/kg bw（1997、2006）。

氟吡禾灵 雄大鼠急性经口 LD_{50} 337 mg/kg，兔子急性经皮 $LD_{50}>$5000 mg/kg。NOEL 大鼠（2 年）0.065 mg/(kg·d)，没有增加肝毒性。ADI/RfD（JMPR）0.0007 mg/kg bw（2006）；（BfR）0.0003 mg/kg bw（1999）。

生态效应 高效氟吡甲禾灵 山齿鹑急性经口 LD_{50}1159 mg/kg。鱼 LC_{50}（96 h，mg/L）：虹鳟鱼 0.46，太阳鱼 0.0884。水蚤 EC_{50}（48 h）$>$12.3 mg/L。藻类 EC_{50}（5 d，mg/L）：舟形藻 17.2，羊角月牙藻$>$3.87。青萍 EC_{50}（14 d）3.1 mg/L。NOEC（28 d）摇蚊 3.2 mg/L。蜜蜂 LD_{50}（48 h，接触和经口）$>$100 μg/只。蚯蚓 LC_{50}（14 d）1343 mg/kg。

氟吡甲禾灵 野鸭和山齿鹑饲喂 LC_{50}（8 d）$>$5620 mg/kg 饲料。虹鳟鱼 LC_{50}（96 h）0.38 mg/L，水蚤 LC_{50}（48 h）4.64 mg/L，蜜蜂 LD_{50}（48 h，接触）$>$100 μg/只。

高效氟吡禾灵 山齿鹑急性经口 LD_{50} 414 mg/kg。野鸭和山齿鹑饲喂 LC_{50}（8 d）$>$5000 mg/kg 饲料。虹鳟鱼 LC_{50}（96 h）$>$50 mg/L。水蚤 EC_{50}（48 h）$>$100 mg/L。羊角月牙藻 EC_{50}（5 d）$>$47.2 mg/L。青萍 EC_{50}（14 d）5.4 mg/L。蜜蜂 LD_{50}（48 h，接触和经口）$>$100 μg/只。蚯蚓 LC_{50}（14 d）830 mg/kg 干土。

氟吡禾灵 野鸭急性经口 $LD_{50}>$2150 mg/kg。野鸭和山齿鹑饲喂 LC_{50}（8 d）$>$5620 mg/kg 饲料。鲑鱼 LC_{50}（96 h）$>$800 mg/L，水蚤 LC_{50}（48 h）96.4 mg/L，藻类 EC_{50}（96 h）106.5 mg/L。

环境行为 氟吡禾灵 ①动物。在反刍动物和鸡体内有 95%的口服剂量被排泄出。在反刍动物胃、奶、肝脏以及鸡肝和蛋中有少量的母体化合物存在。②植物。无显著的代谢，主要是与葡萄糖和其他糖类形成共轭物。③土壤/环境。在土壤中主要的代谢是微生物代谢，通过芳氧桥断裂形成两个代谢物。次级代谢物主要是侧链丙酸的水解。平均 DT_{50}（实验室，几种土壤，40% MWHC，20℃）（maximum water holding capacity，最大保水能力）约 9 d。主要的土壤代谢物氟吡禾灵吡啶酮，残留时间较长，DT_{50} 约 200 d。田间消散试验研究（欧洲 8 地）氟吡禾灵和氟吡禾灵吡啶酮 DT_{50} 分别为 13 d 和 90 d。在土壤表面几乎无光降解。在水中比较稳定，光解是主要的降解途径，形成各种光解产物。光解 DT_{50}（pH 5 缓冲液）12 d。水-沉积物（黑暗）DT_{50} 约 40 d，主要是形成氟吡禾灵吡啶酮及其他几种次生代谢物。

氟吡甲禾灵 ①动物。在哺乳动物体内氟吡甲禾灵快速水解为相应的母体酸，并转换为 R 异构体，并通过尿和粪便排出体外。②土壤/环境。在土壤中代谢为相应的母体酸，$DT_{50}<$ 24 h。

剂型 乳油、微乳剂等。

主要生产商 安道麦股份有限公司、山东绿霸化工股份有限公司、江苏凯晨化工有限公司、江苏瑞邦农化股份有限公司、江苏省农用激素工程技术研究中心有限公司、江苏优嘉植物保护有限公司、美国陶氏益农公司、山东潍坊润丰化工股份有限公司、沈阳科创化学品有限公司、吴桥农药有限公司等。

作用机理与特点 乙酰辅酶 A 羧化酶（ACCase）抑制剂。高效氟吡甲禾灵有如下突出特点：①杀草谱广。高效氟吡甲禾灵对绝大多数禾本科杂草均有很好的防效，特别是在许多禾本科杂草除草剂对大龄一年生禾本科杂草（如 5 叶期以上的大龄稗草、狗尾草、野燕麦、马唐）和多年生禾本科杂草（如狗牙根、芦苇等）防效不好时，使用高效氟吡甲禾灵仍能获得很好的防效。②施药适期长。禾本科杂草从 3 叶至生长盛期均可施药，最佳施药期是杂草 3～5 叶期。③对作物高度安全高效。对几乎所有的双子叶植物安全，超过正常用量的数倍也不会产生药害。④吸收迅速。施药后 1 h 降雨，不会影响药效。⑤传导性好。⑥对后作安全。

应用

（1）适宜作物与安全性　绝大多数阔叶作物如大豆、棉花、花生、油菜、甜菜、亚麻、烟草、向日葵、豌豆、茄子、辣椒、甘蓝、胡萝卜、萝卜、白菜、马铃薯、芹菜、胡椒、南瓜、西瓜等，黄瓜、莴苣、菠菜、番茄、韭菜、大蒜、葱、姜等蔬菜，果园、茶园、桑园等。

（2）防除对象　一年生禾本科杂草如稗草、狗尾草、马唐、野燕麦、牛筋草、野黍、千金子、早熟禾、旱雀麦、大麦属、看麦娘、黑麦草等。多年生禾本科杂草如匍匐冰草、堰麦草、假高粱、芦苇、狗牙根等。对苗后到分蘖、抽穗初期的一年生和多年生禾本科杂草有很好的防除效果，对阔叶草和莎草无效。

（3）应用技术　①下雨前 1 h 内不要喷药。②与阔叶除草剂混用时可能会发生以下现象：高效氟吡甲禾灵因拮抗作用而药效降低，而阔叶除草剂会因高效氟吡甲禾灵的助剂而增效。通常可通过增加高效氟吡甲禾灵的用量和降低阔叶除草剂的用量来克服。如欲与阔叶除草剂混用，应先进行试验，确定高效氟吡甲禾灵和阔叶除草剂的用量。

用药时期：从杂草出苗到生长盛期均可施药。在杂草 3～5 叶期施用效果最好。

使用剂量：高效氟吡甲禾灵是一种苗后选择性除草剂，防除一年生禾本科杂草，3～4 叶期，每亩 25～30 mL。4～5 叶期，每亩 30～35 mL。5 叶期以上，剂量适当增加。防除多年生禾本科杂草 3～5 叶期，每亩 40～60 mL。干旱时，可酌加药量。每亩用水量 15～30 kg。

混用：为了扩大杀草谱，可与其他防除阔叶杂草的除草剂如灭草松、乳氟禾草灵、氟磺胺草醚、三氟羧草醚等混用。每亩用 10.8%高效氟吡甲禾灵 30～35 mL 加 48%灭草松 167～200 mL（或 24%乳氟禾草灵 27～33 mL 或 21.4%三氟羧草醚 67～100 mL 或 25%氟磺胺草醚 70～100 mL）。其他不同的组合混用剂量如下：

10.8%高效氟吡甲禾灵每亩 30 mL 加 48%异噁草酮 50 mL 加 48%灭草松 100 mL（或 21.4%三氟羧草醚 40～50 mL 或 24%乳氟禾草灵 17 mL 或 25%氟磺胺草醚 40～50 mL 或 10%氟胺草酯 20 mL）。10.8%高效氟吡甲禾灵每亩 30 mL 加 48%灭草松 100 mL 加 21.4%三氟羧草醚 40～50 mL 或 25%氟磺胺草醚 40～50 mL 或 10%氟胺草酯 20 mL）。10.8%高效氟吡甲禾灵每亩 30 mL 加 24%乳氟禾草灵 17 mL 加 48%灭草松 100 mL。

专利概况

石原产业、陶氏益农和帝国化学三家公司在接近的时间里对这类化合物申请了专利。专利号分别为 JP 54022371、JP 54024879 和 GB 2002368。其中陶氏益农的专利概况如下：

专利名称　Trifluoromethylpyridyl oxy/thio phenoxyy prorionic compound

专利号　JP 54024879　　　　　优先权日　1977-07-22

专利申请人　Dow Chemical Co.

工艺专利　CN 102382048、CN 101607935、CN 1944409、EP 344746 等。

登记情况　高效氟吡甲禾灵在中国登记了 90%、92%、93%、97%、98%等原药。制剂主要有 108g/L、22%乳油，17%、28%微乳剂等。登记作物大豆、花生、棉花、油菜、马铃薯等，用于防除一年生禾本科杂草。部分登记情况见表 3-53。

表 3-53　高效氟吡甲禾灵在中国部分登记情况

登记证号	农药名称	剂型	含量	登记场所	防治对象	用药量/[mL(制剂)/亩]	施用方法	登记证持有人
PD215-97	高效氟吡甲禾灵	乳油	108 g/L	春大豆田	芦苇	60～90	茎叶喷雾	美国陶氏益农公司
				大豆田	一年生禾本科杂草	30～45	喷雾	
				棉花田	一年生禾本科杂草	25～30	喷雾	
				花生田	一年生禾本科杂草	20～30	喷雾	
				甘蓝田	一年生禾本科杂草	30～40	茎叶喷雾	
				马铃薯田	一年生禾本科杂草	35～50	茎叶喷雾	
				西瓜田	一年生禾本科杂草	35～50	茎叶喷雾	
				油菜田	一年生禾本科杂草	19～28	喷雾	
				向日葵田	禾本科杂草	60～100	茎叶喷雾	
PD20173172	高效氟吡甲禾灵	微乳剂	28%	马铃薯田	一年生禾本科杂草	10～15	茎叶喷雾	江苏瑞邦农化股份有限公司
PD20200036	氟吡·氟磺胺	乳油	16%	春大豆田	一年生杂草	150～200	茎叶喷雾	黑龙江省哈尔滨富利生化科技发展有限公司
PD20180917	高效氟吡甲禾灵	原药	98%					吴桥农药有限公司
PD20080662	高效氟吡甲禾灵	原药	94%					美国陶氏益农公司

合成方法　高效氟吡甲禾灵的合成方法如下：

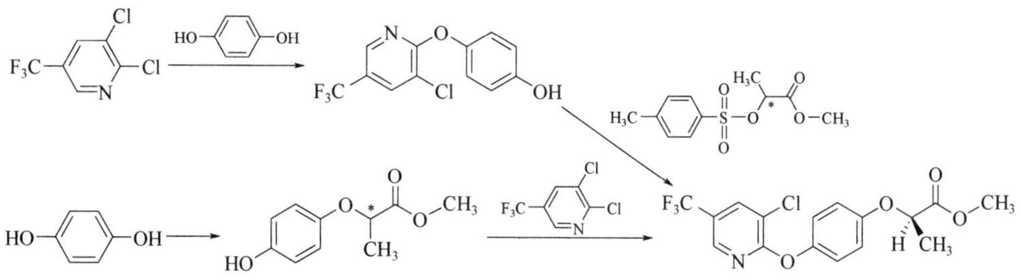

中间体 2,3-二氯-5-三氟甲基吡啶通过如下反应合成：

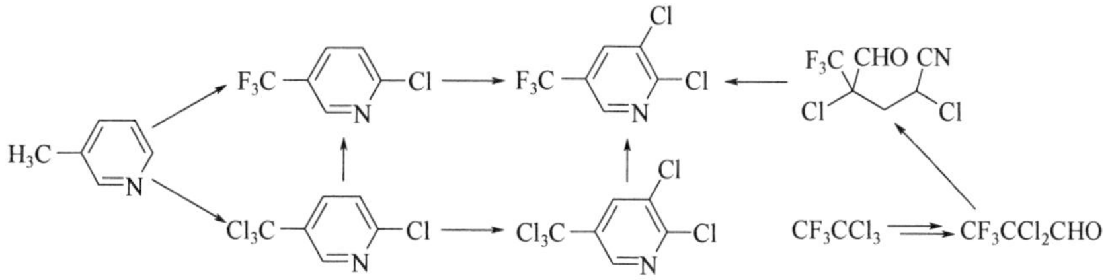

参考文献

[1] The Pesticide Manual. 17 th edition: 594-596.

[2] 徐强, 王述刚, 刘奎涛. 现代农药, 2009(6): 18-20.

[3] 吴发远, 张爽, 高金胜. 中国西部科技, 2011(9): 6-8.

噁唑酰草胺（metamifop）

$C_{23}H_{18}ClFN_2O_4$，440.9，256412-89-2

噁唑酰草胺（试验代号：DBH-129、K-12974，商品名称：韩秋好）是由韩国化工技术研究院发现并由东部福阿母韩农化学株式会社（现东部高科）开发的一种新型芳氧苯氧丙酸酯类除草剂，目前由美国富美实公司生产销售。

化学名称 (2R)-2-[4-氯-1,3-苯并噁唑-2-基氧]苯氧基]-2′-氟-N-甲基丙酰替苯胺。英文化学名称 (2R)-2-[4-[(6-chloro-2-benzoxazolyl)oxy]phenoxy]-N-(2-fluorophenyl)-N-methylpropanamide。美国化学文摘（CA）系统名称(2R)-2-[4-[(6-chloro-1,3-benzoxazol-2-yloxy)phenoxy]-2′-fluoro-N-methylpropionanilide。CA 主题索引名称 propanamide—, 2-[4-[(6-chloro-2-benzoxazolyl)oxy]phenoxy]-N-(2-fluorophenyl)-N-methyl, (2R)-。

理化性质 浅棕色颗粒状粉末，原药纯度≥96%，熔点 77.0～78.5℃，蒸气压 0.151 mPa（25℃），相对密度 1.39（20～25℃），分配系数 $\lg K_{ow}$=5.45（pH 7, 20℃）。Henry 常数 $6.35×10^{-2}$ Pa·m³/mol（20℃）。水中溶解度（20～25℃, pH 7）$6.87×10^{-4}$ g/L，有机溶剂中溶解度（g/L, 20～25℃）：丙酮、1,2-二氯乙烷、乙酸乙酯、甲醇和二甲苯>250，正庚烷 2.32，正辛醇 41.9。在 54℃稳定。

毒性 大鼠急性经口 LD_{50}>2000 mg/kg，大鼠急性经皮 LD_{50}>2000 mg/kg，对兔皮肤无刺激，对眼轻微刺激，对皮肤可能有致敏性。大鼠吸入 LC_{50}（4 h）>2.61 mg/L。

生态效应 虹鳟鱼 LC_{50}（96 h）0.307 mg/L，水蚤 EC_{50}（48 h）0.288 mg/L，水藻 EC_{50}（48 h）>2.03 mg/L，蜜蜂 LD_{50}（经口和接触）>100 μg/只，蚯蚓 LC_{50}>1000 mg/L。

环境行为 土壤/环境。在土壤中通过化学和微生物降解，DT_{50} 40～60 d（25℃），可检测到在水中光解的七个产物，DT_{50} 18～120 d。

剂型 乳油、可分散油悬浮剂、可湿性粉剂。

主要生产商 安徽众邦生物工程有限公司、德州绿霸精细化工有限公司、福阿母韩农株式会社、江苏富鼎化学有限公司、江苏联化科技有限公司。

作用机理与特点 脂肪酸合成抑制剂。它抑制脂肪酸的从头合成，其靶标为质体基质中的乙酰辅酶 A 羧化酶（ACCase）。脂肪酸在植物体内具有重要的生理作用，其组成的甘油三酯是主要的贮能、供能物质，由其转化成的磷脂是细胞膜的组成成分。脂肪酸还可转化生成调节代谢的激素类物质。乙酰辅酶 A 羧化酶（ACCase）是植物脂肪酸生物合成的关键酶，它催化乙酰辅酶 A 生成丙二酰辅酶 A。丙二酰辅酶 A 是脂肪酸和类黄酮生物合成过程中的一个关键中间产物，环己烯酮类（CHD）和芳氧苯氧丙酸（APP）类除草剂能抑制丙二酰辅酶

A 的生成，使进一步合成脂肪酸进而形成油酸、亚油酸、亚麻酸、蜡质层和角质层的过程受阻，导致单子叶植物的膜结构迅速破坏，透性增强，最终导致植物的死亡。

应用　噁唑酰草胺作为一种新型、高效的稻田除草剂，它具有以下优点：①超高效。一次用药可有效防除稗草、千金子、马唐等禾本科杂草，尤其对大龄稗草、千金子、马唐有特效。②安全。对水稻和下茬作物安全，在稻米、水、环境中无残留，符合无公害生产的要求。③可混性好。可与嘧磺隆、吡嘧磺隆、苯达松等混用，一次性高效防除稻田所有杂草。

（1）适用作物　水稻。

（2）防治对象　稗草、千金子、马唐、牛筋草。

（3）产品特点　①杀草谱广。对千金子、稗草等杂草有良好防效，对旱直播稻恶性杂草如马唐、牛筋草防除效果明显。②使用适期宽。在杂草 2～6 叶期均可使用，对稗草、千金子、马唐有特效。

（4）使用技术　①使用适期。水稻 2 叶 1 心以后，杂草 3～4 叶期使用最佳。②使用剂量。一般亩用量 80～100 mL，草龄大或马唐较多的田块需适当加量，一般亩用量 100～120 mL。③使用方法。移栽稻、水直播稻，施药时放干田水，按适当的亩用药量，兑水 30 kg 喷雾（使用手动喷雾器）。药后 24 h 后复水，以马唐为主的稻田尤其要注意及时复水控草，否则马唐易复发。旱直播稻喷药时土壤要湿润，按适当的亩用药量，兑水 30 kg 喷雾（使用手动喷雾器）。否则要加大用水量，喷雾要均匀。

专利概况

专利名称　Herbicidal phenoxypropionic acid *N*-alkyl-*N*-2-fluorophenyl amide compounds

专利号　WO 2000005956　　　　优先权日　1998-07-25

专利申请人　Korea Research Institute of Chemical Technology、Hyundai Engineering and Construction Co., Ltd.。

登记情况　噁唑。酰草胺在中国登记的原药含量为 96%。单剂有 10%、15%乳油，10%、15%可分散油悬浮剂，10%可湿性粉剂；登记场所为水稻田（直播），防治对象一年生禾本杂草。部分登记情况见表 3-54。

表 3-54　噁唑酰草胺在中国登记情况

登记证号	农药名称	剂型	含量	登记场所	防治对象	用药量/[mL(制剂)/亩]	施用方法	登记证持有人
PD20200106	噁唑酰草胺	乳油	10%	水稻田（直播）	一年生禾本科杂草	60～80	茎叶喷雾	江苏瑞邦农化股份有限公司
PD20181629	噁唑·氰氟	乳油	10%	水稻田（直播）		120～150	茎叶喷雾	美国富美实公司
PD20122113	噁唑酰草胺	乳油	10%	水稻田（直播）		70～80	茎叶喷雾	美国富美实公司
PD20101576	噁唑酰草胺	原药	96%					福阿母韩农株式会社

合成方法　主要由以下两种方法合成：

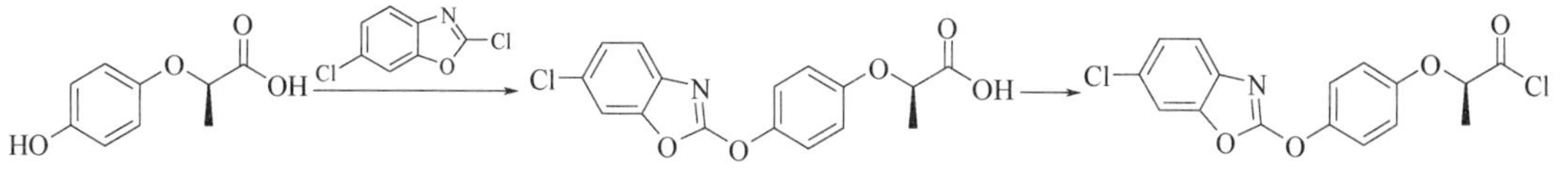

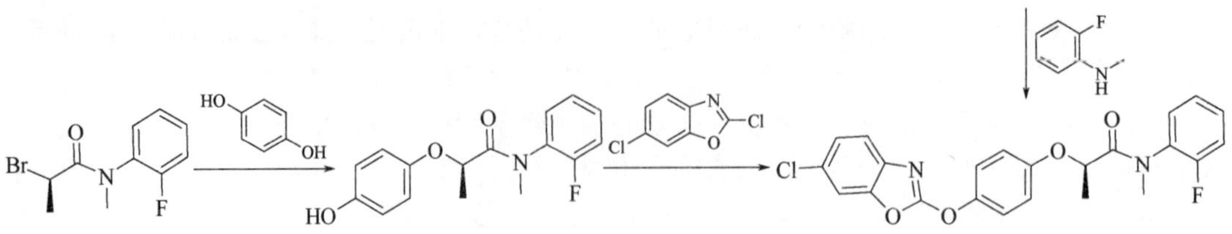

参考文献

[1] 秦恩昊. 农药市场信息, 2020(6): 6-10.

[2] 曾仲武, 姜雅君. 农药, 2004(7): 327-328.

噁草酸（propaquizafop）

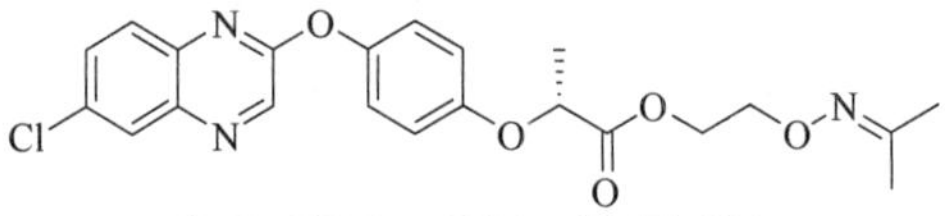

$C_{22}H_{22}ClN_3O_5$，443.9，111479-05-1

噁草酸（试验代号：CGA 233380、Ro 17-3664/000，商品名称：Agil、Flashi、Prilan，其他名称：恶草酸、喔草酯）是由诺华公司（现先正达公司）开发的苯氧羧酸类除草剂。

化学名称 (R)-2-[4-(6-氯喹喔啉-2-基氧)苯氧基]丙酸(2-异亚丙基氨基氧乙)酯。英文化学名称 2-isopropylideneamino-oxyethyl (2R)-2-[4-(6-chloroquinoxalin-2-yloxy)phenoxy]propionate。美国化学文摘（CA）系统名称(2R)-2-[[(1-methylethylidene)amino]oxy]ethyl 2-[4-[(6-chloro-2-quinoxalinyl)oxy]phenoxy]propanoate。CA 主题索引名称 propanoic acid—, 2-[4-[(6-chloro-2-quinoxalinyl)oxy]phenoxy]-2-[[(1-methylethylidene)amino]oxy]ethyl ester, (2R)-。

理化性质 灰白色粉末(原药为橘黄色至棕色粉末和颗粒的混合物)。熔点 66.3℃，260℃分解。相对密度 1.35（20～25℃），蒸气压 $4.4×10^{-7}$ mPa（25℃）。分配系数 lgK_{ow}=4.78。Henry 常数 $9.2×10^{-8}$ Pa·m^3/mol。水中溶解度（pH 6.8，20～25℃）0.63 mg/L，有机溶剂中溶解度（g/L，20～25℃）：丙酮、二氯甲烷、乙酸乙酯、甲苯＞500，甲醇 76，正辛醇 30，正己烷 11。室温下，密闭容器中稳定≥2 年，水解 DT_{50}（25℃）：10.5 d（pH 5），32.0 d（pH 7），12.9 h（pH 9）。对紫外线稳定。

毒性 急性经口 LD_{50}（mg/kg）：大鼠＞5000，小鼠 3009。大鼠急性经皮 LD_{50}＞2000 mg/kg，对兔的皮肤和眼睛无刺激性，对皮肤可能有致敏性。大鼠急性吸入 LC_{50}（4 h）2.5 mg/L。NOEL [mg/(kg·d)]：大/小鼠（2 年）1.5，狗（1 年）20。ADI/RfD（BfR）0.015 mg/kg（2004）。无致突变性、致畸性及繁殖毒性。

生态效应 鸟类 LD_{50}（mg/kg）：山齿鹑＞2000，野鸭＞2198。野鸭与山齿鹑饲喂 LC_{50}（5 d）＞6593 mg/L。鱼类 LC_{50}（96 h，mg/L）：虹鳟鱼 1.2，鲤鱼 0.19，大翻车鱼 0.34。水蚤 EC_{50}（48 h）＞2.1 mg/L。羊角月牙藻 EC_{50}（96 h）＞2.1 mg/L。浮萍 NOEC（7 d）＞1.5 mg/L。蜜蜂 LD_{50}（48 h，μg/只）：经口＞20，接触＞200。蚯蚓 LC_{50}（14 d）＞1000 mg/kg 土。正常使用剂量下对其他有益节肢动物和土壤微生物无风险。

环境行为　①动物。经口摄入，快速被吸收并经粪便和尿液排出体外。消除半衰期15.6～27.2 h，在大鼠体内全部代谢，粪便和尿液中主要代谢物是母体化合物的丙酸，然后进一步氧化和降解。噁草酸及其代谢物在体内组织中不累积。②植物。植物（大豆、甜菜和棉花）通过根和叶吸收。母体化合物主要被降解为丙酸。③土壤/环境。快速被土壤微生物降解。在各种类型土壤中半衰期 DT_{50}（实验室，20℃）<3 d，主要代谢物 DT_{50} 7～39 d。春耕后田间母体化合物及代谢物 DT_{50} 15～26 d。实验室和田间试验研究表明噁草酸及代谢物在土壤和地下水中不会积累。在水中（水/沉积物）DT_{50}<1 d，主要代谢物 DT_{50} 27～39 d。

剂型　乳油。

主要生产商　Aako、Adama、AGROFINA。

作用机理与特点　乙酰辅酶 A 羧化酶（ACCase）抑制剂。内吸性苗后除草剂，主要通过叶片和根吸收，传导至整个植株。苗后施药3～4 d 后，敏感的禾本科杂草停止生长，较嫩的植物组织出现萎黄，10～20 d 后整个植株死亡。

应用

（1）适宜作物与安全性　大豆、棉花、油菜、甜菜、马铃薯、花生和蔬菜等。高剂量下大豆叶褪绿或有灼烧斑点，但对产量不会产生影响。

（2）防除对象　主要用于防除众多的一年生和多年生禾本科杂草如阿拉伯高粱、匍匐冰草、狗牙根等。

（3）使用技术　苗后选择性除草剂。防除一年生禾本科杂草，视杂草种类，施用剂量为60～120 g (a.i.)/hm²；防除多年生杂草时，施用剂量为140～280 g (a.i.)/hm²。在相对低温下，也具有良好的防除活性，在杂草幼苗期和生长期施药防效最好，且作用迅速。添加助剂可提高防效2～3倍，施药后1 h 降雨对防效无影响。

专利概况

专利名称　Quinyloxy-phenyloxy-oxime ester compounds having herbicidal activity

专利号　US 4435207　　专利申请日　1981-11-23

专利申请人　先正达公司

相关专利　EP 276741、US 4687849 等。

登记情况　噁草酸中国登记情况见表 3-55。

表 3-55　噁草酸在中国登记情况

登记证号	农药名称	剂型	含量	登记场所/作物	防治对象	亩用药量（制剂）	施用方法	登记证持有人
PD20184012	噁草酸	乳油	10%	大豆田 / 马铃薯 / 棉花田	一年生及部分多年生禾本科杂草	35～50 mL	茎叶喷雾	安道麦阿甘有限公司
PD20190030	噁草酸	原药	92%					安道麦阿甘有限公司

合成方法　2-硝基-4-氯苯胺用氯乙酰氯酰化后，在钯催化下加氢还原，还原产物经环合、氯化，制得 2,6-二氯代喹喔啉，然后与对苯二酚反应，生成物与相应的对甲苯磺酸酯反应，即制得噁草酸。反应式如下：

参考文献

[1] The Pesticide Manual. 17 th edition: 922-923.

[2] 徐刚. 芳氧苯氧羧酸类手性除草剂喔草酯的合成工艺研究. 贵阳: 贵州大学, 2008.

精喹禾灵（quizalofop-P-ethyl）

$C_{19}H_{17}ClN_2O_4$，372.8，100646-51-3，94051-08-8(酸)

精喹禾灵［试验代号：DPX-79376、D(+)NC-302，商品名称：Assure Ⅱ、CoPilot、Leopard、Mostar、Pilot D、Pilot Super、Targa D+、Targa Super，其他名称：精禾草克］是由日本日产化学工业公司开发的芳氧基苯氧羧酸类除草剂。喹禾灵（quizalofop-ethyl），试验代号：NCI-96683、NC-302、FBC-32197、DPX-Y6202、EXP 3864，商品名称：Targa。

化学名称 精喹禾灵 (2R)-2-[4-(6-氯喹喔啉-2-基氧)苯氧基]丙酸乙酯。英文化学名称 ethyl (2R)-2-{4-[(6-chloroquinoxalin-2-yl)oxy]phenoxy}propionate。美国化学文摘（CA）系统名称 ethyl (2R)-2-[4-(6-chloro-2-quinoxalinyl)oxy]phenoxy]propanoate。CA 主题索引名称 propionic acid—, 2-[4-(6-chloro-2-quinoxalinyl)oxy]phenoxy]-ethyl ester, (2R)-。

喹禾灵 (RS)-2-[4-(6-氯喹喔啉-2-基氧)苯氧基]丙酸乙酯。英文化学名称 ethyl (2RS)-2-{4-[(6-chloroquinoxalin-2-yl)oxy]phenoxy}propionate。美国化学文摘（CA）系统名称 ethyl 2-[4-(6-chloro-2-quinoxalinyl)oxy]phenoxy]propanoate。CA 主题索引名称 propionic acid—, 2-[4-(6-chloro-2-quinoxalinyl)oxy]phenoxy]-ethyl ester。

理化性质 精喹禾灵 白色无味结晶固体，熔点 76.1～77.1℃，堆积密度（20～25℃）1.36 g/cm^3，沸点 220℃（26.6 Pa）。蒸气压 1.1×10^{-4} mPa（20℃）。分配系数 lgK_{ow}=4.61。Henry 常数 6.7×10^{-5} Pa•m^3/mol（计算）。水中溶解度（20～25℃）0.61 mg/L。有机溶剂中溶解度（g/L，20～25℃）：丙酮、乙酸乙酯、二甲苯＞250，1,2-二氯乙烷＞1000，甲醇 34.87，正庚烷 7.168。精喹禾灵在高温和有机溶剂中稳定，在中性和酸性条件下稳定。在碱性条件下不稳定，DT$_{50}$＜1 d。20℃旋光度为+35.9°。

喹禾灵 无色晶体，熔点 91.7～92.1℃，沸点 220℃（26.6 Pa），蒸气压 8.65×10^{-4} mPa（20℃），分配系数 lgK_{ow}=4.28，Henry 常数 1.07×10^{-3} Pa•m^3/mol（平均）。相对密度 1.35（20～25℃）。水中溶解度（20～25℃）0.3 mg/L。有机溶剂中溶解度（g/L，20～25℃）：苯 290，二甲苯 120，丙酮 111，乙醇 9，正己烷 2.6。在 50℃可稳定存在 90 d，在有机溶剂中（40℃）可稳定存在 90 d。光照不稳定（DT$_{50}$ 10～30 d）。在 pH 3～7 稳定。

毒性　喹禾灵　急性经口 LD_{50}（mg/kg）：雄大鼠 1670，雌大鼠 1480，雄小鼠 2360，雌小鼠 2350。大小鼠急性经皮 LD_{50}＞5000 mg/kg。对兔眼和皮肤无刺激，对豚鼠皮肤无致敏性。大鼠吸入 LC_{50}（4 h）5.8 mg/L。NOEL [mg/(kg·d)]：大鼠（104 周）0.9，小鼠（78 周）1.55，狗（52 周）13.4。ADI/RfD（BfR）0.01 mg/kg bw（2003），（EPA）cRfD 0.009 mg/kg bw（1988）。对大鼠和兔无致突变和致畸性。

精喹禾灵　急性经口 LD_{50}（mg/kg）：雄大鼠 1210，雌大鼠 1182，雄小鼠 1753，雌小鼠 1805。大鼠 NOEL（90 d）7.7 mg/(kg·d)。ADI/RfD（EC）0.009 mg/kg bw（2008）。

生态效应　精喹禾灵　野鸭和山齿鹑急性经口 LD_{50}＞2000 mg/kg，虹鳟鱼 LC_{50}（96 h）＞0.5 mg/L。水蚤 LC_{50}（48 h）0.29 mg/L，蚯蚓 LC_{50}＞1000 mg/kg。

喹禾灵　野鸭和山齿鹑急性经口 LD_{50}＞2000 mg/kg。鱼 LC_{50}（96 h，mg/L）：虹鳟鱼 10.7，大翻车鱼 2.8。水蚤 LC_{50}（96 h）2.1 mg/L，绿藻 EC_{50}（96 h）＞3.2 mg/L，蜜蜂 LD_{50}（接触）＞50 μg/只。

环境行为　喹禾灵　①动物。哺乳动物口服后，母体化合物会迅速代谢，几乎所有的施用剂量主要通过尿在 3 d 内排出体外。②植物。在阔叶植物中的吸收和流动均有限，大多数母体化合物停留在叶子上。在处理过的叶子上主要是没有变化的母体化合物。③土壤/环境。在土壤中会快速降解为喹禾灵酸，DT_{50}＜1 d。

精喹禾灵　①动物。降解过程与喹禾灵一致。②植物。降解过程与喹禾灵一致。③土壤/环境。在土壤中，快速降解为相应的酸，半衰期 DT_{50}≤1 d。

剂型　精喹禾灵有乳油、悬浮剂、水乳剂、微乳剂、水分散粒剂等。喹禾灵主要是乳油。

主要生产商　精喹禾灵生产商有 AGROFINA、Nissan、Sharda、江苏瑞邦农化股份有限公司、江苏省南通嘉禾化工有限公司、江苏省南通江山农药化工股份有限公司、江苏省农药研究所股份有限公司、江苏省农用激素工程技术研究中心有限公司、山东潍坊润丰化工股份有限公司等。喹禾灵生产商有江苏丰山集团股份有限公司、江苏省激素研究所股份有限公司等。

作用机理与特点　脂肪酸合成抑制剂（抑制乙酰辅酶 A 羧化酶）。通过抑制乙酸渗入脂肪酸，阻断用于建立细胞生长新膜所需磷脂的生成。作用方式：内吸性除草剂，药剂通过叶面吸收，输导至整个植株，同时在木质部和韧皮部传导，并在分生组织累积。叶面喷施后生长活跃的杂草组织如居间分生组织首先受到影响，不久后杂草停止生长。叶龄大的叶子组织可能会变成紫色、橙色或红色，最终坏死。精喹禾灵与喹禾灵相比，提高了被植物吸收的速度和在植株内的移动性，所以作用速度更快，药效更加稳定，不易受雨水、气温及湿度等环境条件的影响。

应用　精喹禾灵和喹禾灵　选择性苗后除草剂，用于马铃薯、大豆、甜菜、花生、油菜、向日葵、蔬菜、棉花和亚麻，防除一年生和多年生禾本科杂草。大多数非禾本科作物对本品有耐药性。本品可与苗后防除阔叶杂草的除草剂混用。

专利概况

专利名称　Optical resolution of 2-(4-hydroxyphenoxy)propionic acid

专利号　JP 61083144　　　　　优先权日　1984-09-28

专利申请人　Nissan Chemical Ind. Ltd.。

登记情况　精喹禾灵在中国登记了 92%、95%、96%、98%的原药。制剂主要有 5%、8.8%、10%、15%、20%乳油，15%、20%悬浮剂，10.8%水乳剂，5%、8%微乳剂，20%、60%水分散粒剂等。登记场所大豆田、油菜田、棉花田、花生田等，可防除一年生禾本科杂草。精喹禾灵部分登记情况见表 3-56，喹禾灵在中国登记情况见表 3-57。

表 3-56　精喹禾灵在中国部分登记情况

登记证号	农药名称	剂型	含量	登记场所	防治对象	用药量/[mL(制剂)/亩]	施用方法	登记证持有人
PD205-95	精喹禾灵	乳油	50 g/L	大白菜田	一年生禾本科杂草	40～60	喷雾	日产化学株式会社
				大豆田		50～80		
				棉花田		50～80		
				花生田		50～80		
				西瓜田		40～60		
				油菜田		50～80		
				芝麻田		50～60		
PD20183880	精喹禾灵	悬浮剂	20%	大豆田	一年生杂草	15～22	茎叶喷雾	山东富谦生物科技有限公司
PD20183672	精喹禾灵	水乳剂	10.8%	大豆田	一年生禾本科杂草	30～45	茎叶喷雾	兰博尔开封科技有限公司
PD20184218	砜嘧·精喹	可分散油悬浮剂	11%	马铃薯田	一年生杂草	50～60	定向茎叶喷雾	山东泰阳生物科技有限公司
PD20171909	精喹禾灵	原药	95%					湖北犇星农化有限责任公司
PD330-2000	精喹禾灵	原药	95%					日产化学株式会社

表 3-57　喹禾灵在中国登记情况

登记证号	农药名称	剂型	含量	登记场所	防治对象	用药量/[mL(制剂)/亩]	施用方法	登记证持有人
PD20070303	喹禾灵	乳油	10%	棉花田夏大豆田油菜田	一年生禾本科杂草	67～100	茎叶喷雾	江苏丰山集团股份有限公司
PD20091075	喹禾灵	乳油	10%	棉花田油菜田	一年生禾本科杂草	60～100	喷雾	江苏省激素研究所股份有限公司

合成方法　精喹禾灵主要的合成如下：

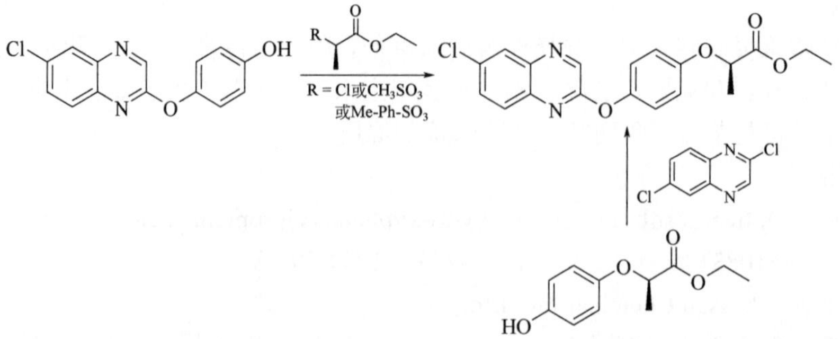

各主要中间体制备方法如下：

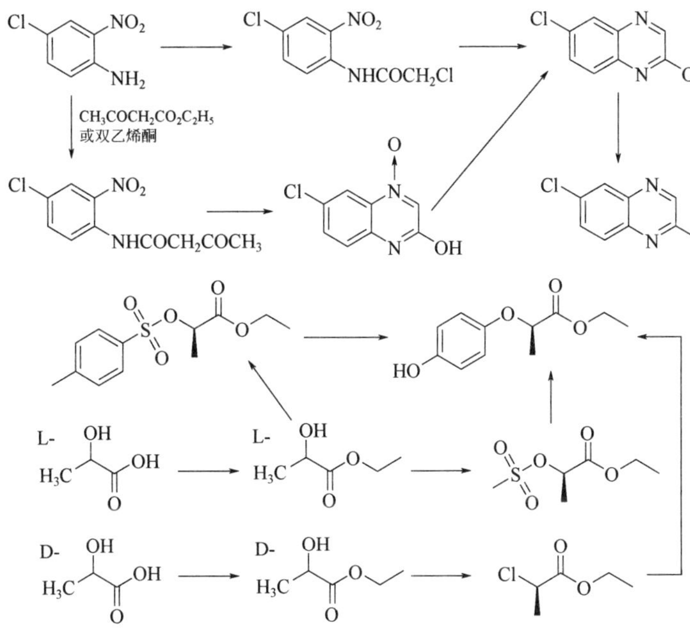

参考文献

[1] The Pesticide Manual. 17 th edition: 1000-1002.

[2] 周康伦, 赵国平, 金劲松, 等. 农药, 2011, 50(6): 402-403.

喹禾糠酯（quizalofop-P-tefuryl）

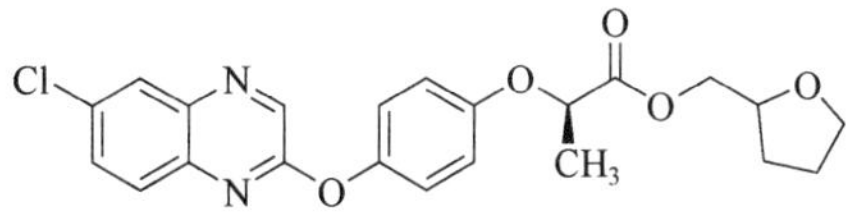

$C_{22}H_{21}ClN_2O_5$，394.2，119738-06-6

喹禾糠酯（试验代号：UBI C4874，商品名称：Panarex、Pantera、Rango、Sotus、喷特，其他名称：糠草酯）是 Uniroyal Chemical Co.（现 Chemtura Corp）开发的除草剂。

化学名称　(2R)-2-[4-(6-氯喹喔啉-2-基氧)苯氧基]丙酸四氢糠酯。英文化学名称 (RS)-tetrahydrofurfuryl (R)-2-{4-[(6-chloroquinoxalin-2-yl)oxy]phenoxy}propionate。美国化学文摘（CA）系统名称 (tetrahydro-2-furanyl)methyl (2R)-2-[4-[(6-chloro-2-quinoxalinyl)oxy]phenoxy]propanoate。CA 主题索引名称 propionic acid—, 2-[4-(6-chloro-2-quinoxalinyl)oxy]phenoxy]-(tetrahydro-2-furanyl)methyl ester, (2R)-。

理化性质　白色固体粉末，原药为橙色蜡状固体。熔点 58.3℃，在 213℃开始分解，闪点 132℃（密闭杯）。相对密度（20～25℃）1.34。蒸气压 $7.9×10^{-3}$ mPa（25℃）。分配系数 $\lg K_{ow}$=4.32，Henry 常数＜$9.0×10^{-4}$ Pa·m^3/mol（计算）。pK_a(20～25℃)=1.25（弱碱）。水中溶解度（20～25℃）3.1 mg/L（pH 4.4 和 7.0）。有机溶剂中溶解度（mg/L，20～25℃）：甲苯 652，正己烷 12，甲醇 64。在水-饱和空气中稳定性≥14 d（55℃），包装剂型稳定≥2 年（25℃）。光解 DT_{50}：25.3 h（氙弧灯），2.4 h（氙气灯）。在水中 DT_{50}（22℃）：8.2 d（pH 5.1），18.2 d（pH 7.0），7.2 h（pH 9.1）。旋光度[α]$_D$：+31.9°。

毒性 大鼠急性经口 LD_{50} 1012 mg/kg，兔急性经皮 $LD_{50}>2000$ mg/kg。对兔眼中度刺激，对皮肤无刺激，对皮肤可能致敏。大鼠吸入 LC_{50}（4 h）>3.9 mg/L（鼻吸入）。在慢性致肿瘤的饲养研究中 NOEL [mg/(kg·d)]：大鼠（2 年）1.3，小鼠（1.5 年）1.7，狗（1 年）25～30。ADI/RfD（EC）0.013 mg/kg bw。

生态效应 山齿鹑和野鸭急性经口 $LD_{50}>2150$ mg/kg，山齿鹑和野鸭 LC_{50}（8 d）>5000 mg/L。鱼 LC_{50}（96 h，mg/L）：虹鳟鱼 0.51，大翻车鱼 0.23。水蚤 LC_{50}（48 h）>1.5 mg/L。月牙藻（72 h）E_bC_{50} 和 E_rC_{50} 均 >1.9 mg/L。舟形藻 E_bC_{50}（72 h）0.6 mg/L，E_rC_{50}（72 h）1.3 mg/L。浮萍 EC_{50}（14 d，藻体）2.1 mg/L。蜜蜂 LD_{50}（48 h，μg/只）：经口 16.8，接触 >100。蚯蚓 LC_{50}（14 d）>500 mg/kg 干土。在实验室条件下，40 g/L 乳油对敏感有益节肢动物如烟蚜茧和梨盲走螨有害，对普通草蛉中度伤害，对相关肉食动物如捕食性步甲、豹蛛以及隐翅甲无害。研究表明，使用喹禾糠酯不会对有益生物产生长期影响。暴露在 0.133 mg/kg 干土中对碳或氮矿化后土壤微生物无显著影响（同欧盟建议的最大田间剂量）。

环境行为 ①动物。通过水解、羟基化及键合作用代谢。②植物。迅速水解成喹禾灵羧酸。③土壤/环境。DT_{50}（实验室，有氧）0.1～0.9 d，DT_{90}（实验室，有氧）0.2～3.1 d，DT_{50}（实验室，厌氧）0.63 d。田间消散研究，喹禾糠酯施用后（3～31 d，450 g/hm^2 或 900 g/hm^2）的残留时间减少为小于 LOQ（20 μg/kg），说明其不会在土壤中积累。在柱浸或残留滤渗试验中，地下水浸出 >0.1 μg/L，在整个水/沉积物系统的 DT_{50} 0.24～4.8 h，DT_{90} 0.72～<24 h。

剂型 乳油。

主要生产商 AGROFINA、Nissan、Sharda、爱利思达生物化学品有限公司、合肥星宇化学有限责任公司、江苏丰山集团股份有限公司、上虞颖泰精细化工有限公司等。

作用机理与特点 乙酰辅酶 A 羧化酶（ACCase）抑制剂。茎叶处理后能很快被禾本科的杂草茎叶吸收，传导至整个植株的分生组织，抑制脂肪酸的合成，阻止发芽和根茎生长而杀死杂草。喹禾糠酯在杂草体内持效期较长，喷药后杂草很快停止生长，3～5 d 心叶基部变褐，5～10 d 杂草出现明显变黄坏死，14～21 d 内整株死亡。

应用 用于油菜、甜菜、饲料甜菜、马铃薯、亚麻、向日葵、豌豆、蚕豆和其他豆类作物，防除一年生杂草如野燕麦和大穗看麦娘，以及多年生杂草如假高粱和茅草。剂量 20～100g/hm^2。有些苗后阔叶杂草除草剂与喹禾糠酯不兼容。

专利概况

专利名称 Heterocyclic-alkylene quinoxalinyloxyphenoxy propanoate herbicides

专利号 EP 323727　　　　**优先权日** 1988-01-06

专利申请人 Uniroyal Chemical Co., Inc.。

登记情况 喹禾糠酯在中国登记情况见表 3-58。

表 3-58　喹禾糠酯在中国登记情况

登记证号	农药名称	剂型	含量	登记场所	防治对象	用药量 /[mL(制剂)/亩]	施用方法	登记证持有人
PD20183650	喹禾糠酯	乳油	8%	大豆田	一年生禾本科杂草	20～40	茎叶喷雾	河南丰收乐化学有限公司
PD20183423	喹禾糠酯	乳油	7%	大豆田	一年生禾本科杂草	34～46	茎叶喷雾	合肥星宇化学有限责任公司
				油菜田		29～46		
PD20082529	喹禾糠酯	乳油	40 g/L	大豆田	一年生禾本科杂草	60～80	茎叶喷雾	爱利思达生物化学品有限公司
				油菜田		50～80		

登记证号	农药名称	剂型	含量	登记场所	防治对象	用药量 /[mL(制剂)/亩]	施用方法	登记证持有人
PD20160996	喹禾糠酯	原药	96%					江苏丰山集团股份有限公司
PD20082530	喹禾糠酯	原药	95%					爱利思达生物化学品有限公司
PD20161042	喹禾糠酯	原药	95%					合肥星宇化学有限责任公司
PD20152346	喹禾糠酯	原药	95%					上虞颖泰精细化工有限公司

合成方法　喹禾糠酯主要的合成如下：

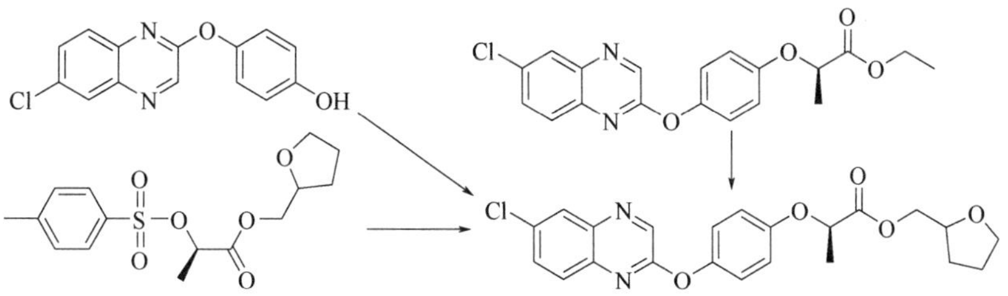

参考文献

[1] The Pesticide Manual. 17 th edition: 1000-1002.

[2] 樊梅云. 农药科学与管理, 2014, 35(8): 22-24.

第九节
环己烯酮类除草剂
（cyclohexenone herbicides）

一、创制经纬

环己烯二酮类除草剂是由日本曹达公司发现的，该公司于 20 世纪 60 年代初在研究苯甲酸类除草剂的类似物时，探索了化合物 **9-1** 与羟胺的反应，发现了杀螨剂苯螨特（**9-3**，benzoximate）。在此基础上，结合天然产物随机合成了化合物 **9-4**，生测结果表明化合物 **9-4** 在 5 kg/hm² 剂量下具有一定的除草活性。他们进行了更进一步的研究，合成了大量的化合物 **9-5** 和 **9-6**（X=NR³、O、CHR⁴，Y=CO、SO₂、S、CR⁵R⁶，Z=NR⁷、O、CHR⁹），并发现化合物 **9-7** 在 0.25 kg/hm² 剂量下对某些杂草具有很好的活性，此化合物 **9-7** 也许可以称为环己烯二酮类除草剂的先导化合物。进一步的研究发现了环己烯二酮类除草剂中第一个商品化品种禾草灭（**9-8**，alloxydim，1977 年上市），随后授权几家公司在日本以外市场使用，禾草灭已经于 2003 年退出市场。1981 年由日本曹达公司开发烯禾啶（**9-9**，sethoxydim），其活性是禾草灭的 3～8 倍，这类品种开始具有商业化重要意义。

后来开发的烯草酮、丁苯草酮、吡喃草酮、环苯草酮等品种，均是在禾草灭的基础上进行结构修饰发现的。

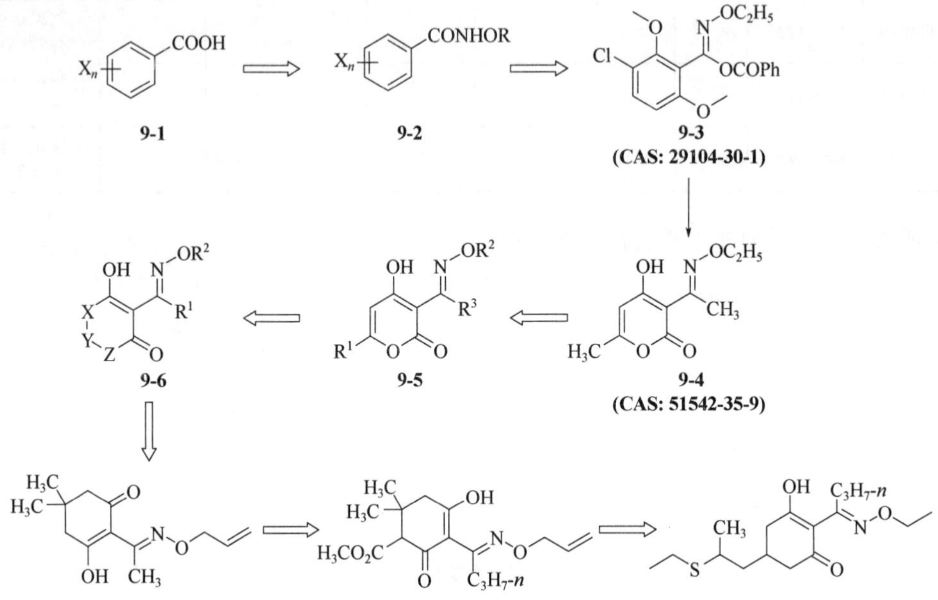

9-1　　**9-2**　　**9-3**（CAS: 29104-30-1）

9-6　　**9-5**　　**9-4**（CAS: 51542-35-9）

9-7（CAS: 55634-19-0）　　**9-8**（CAS: 55635-13-7）　　**9-9**（CAS: 74051-80-2）

二、主要品种

目前，有 ISO（International Organization for Standardization）通用名的环己烯酮类除草剂共有 9 个：丁苯草酮（butroxydim）、烯草酮（clethodim）、噻草酮（cycloxydim）、环苯草酮（profoxydim）、烯禾啶（sethoxydim）、吡喃草酮（tepraloxydim）、三甲苯草酮（tralkoxydim）、禾草灭（alloxydim）、cloproxydim。除环苯草酮为水田除草剂外，其他均为旱田除草剂。中国农业上使用较多的是烯禾啶和烯草酮。此类除草剂均为乙酰辅酶 A 羧化酶(ACCase)抑制剂，下面仅对前 7 个品种进行介绍。

丁苯草酮（butroxydim）

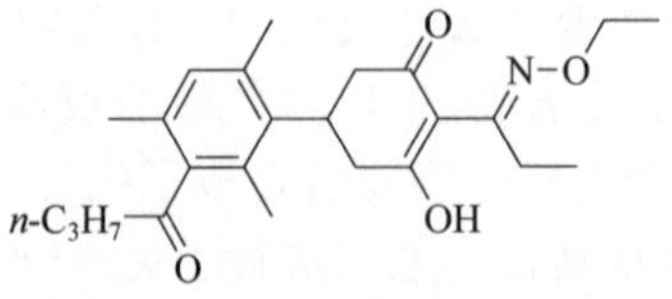

$C_{24}H_{33}NO_4$，399.5，138164-12-2

丁苯草酮（试验代号：ICIA 0500，商品名称：Falcon，其他名称：丁氧环酮）是由捷利康公司开发的环己烯酮类除草剂。

化学名称　(5RS)-5-(3-丁酰基-2,4,6-三甲苯基)-2-[(EZ)-1-(乙氧亚氨基)丙基]-3-羟基-环己-

2-烯-1-酮。英文化学名称(5RS)-5-(3-butyrylmesityl)-2-[(EZ)-1-(ethoxyimino)propyl]-3-hydroxy-cyclohex-2-en-1-one。美国化学文摘（CA）系统名称 2-[1-(ethoxyimino)propyl]-3-hydroxy-5-[2,4,6-trimethyl-3-(1-oxobutyl)phenyl]-2-cyclohexen-1-one。CA 主题索引名称 2-cyclohexen-1-one—, 2-[1-(ethoxyimino)propyl]-3-hydroxy-5-[2,4,6-trimethyl-3-(1-oxobutyl)phenyl]-。

理化性质　灰白色粉末状固体，熔点 80.8℃。蒸气压 1×10^{-3} mPa（20℃）。分配系数 $\lg K_{ow}=1.90$（pH 7，25℃）。Henry 常数 5.79×10^{-5} Pa·m^3/mol。pK_a(23℃)=4.36，弱酸性。相对密度 1.20（25℃）。水中溶解度为 6.9 mg/L（pH 5.5，20～25℃）。有机溶剂中溶解度（g/L，20～25℃）：二氯甲烷＞500，丙酮 450，甲苯 480，乙腈 380，甲醇 90，己烷 30。水解 DT_{50}（25℃）：10.5 d（pH 5），＞240 d（pH 7），稳定（pH 9）。

毒性　大鼠急性经口 LD_{50}（mg/kg）：雌性 1635、雄性 3476。大鼠急性经皮 LD_{50}＞2000 mg/kg。对兔皮肤无刺激性，对兔的眼睛有中度刺激性，对豚鼠皮肤无致敏作用。大鼠急性吸入 LC_{50}（4 h）＞2.99 mg/L。狗 NOAEL（1 年）5 mg/(kg·d)；NOEL［mg/(kg·d)］：大鼠（2 年）2.5，小鼠 10（肝肿瘤仅出现在高剂量下雄性中）；发育期 NOEL［mg/(kg·d)］：大鼠 5，兔子 15。ADI 0.025 mg/kg。

生态效应　鸟急性经口 LD_{50}（mg/kg）：野鸭＞2000，山齿鹑 1221。亚急性饲喂 LC_{50}（5 d，mg/kg）：野鸭＞5200，山齿鹑 5200。鱼类 LC_{50}（96 h，mg/L）：虹鳟鱼＞6.9，大翻车鱼 8.8。水蚤 LC_{50}（48 h）＞3.7 mg/L。羊角月牙藻 E_bC_{50} 0.71 mg/L。蜜蜂 LD_{50}（接触，24 h）＞200 μg/只。蚯蚓 LC_{50}（14 d）＞1000 mg/kg。

环境行为　①动物。老鼠经口摄入后，大于90%的剂量在 7 d 内排出，代谢的主要途径是丁酰链的各种氧化转化，无论是母体化合物还是代谢产物都不会在组织中积累。②植物。在植物中迅速代谢。③土壤/环境。土壤 K_{oc} 6～1270（吸附性强，pH 低的土壤中），在实验室土壤环境下，丁苯草酮迅速氧化分解，DT_{50} 约为 9 d（20℃，40%MHC，pH 7.0，4.09% o.m.），代谢产物包括 5-(3-丁酰基-2,4,6-三甲苯基)-3-羟基-2-(1-亚氨基丙基)-2 烯酮，6-(3-丁酰基-2,4,6-三甲苯基)-2-乙基-4,5,6,7-四氢-4-氧-1,3-苯并噁唑，2-(3-丁酰基-2,4,6-三甲苯基)戊二酸和 5-(3-丁酰基-2,4,6-三甲苯基)-3-羟基-2-丙酰基环己二酮。

制剂　可湿性粉剂。

作用机理与特点　ACCase 抑制剂。茎叶处理后经叶迅速吸收，传导到分生组织，在敏感植物中抑制支链脂肪酸和黄酮类化合物的生物合成而起作用，使其细胞分裂遭到破坏，抑制植物分生组织的活性，使植株生长延缓。在施药后 1～3 周内植株褪绿坏死，随后叶干枯而死亡。

应用　阔叶作物苗后用除草剂，主要用于防除禾本科杂草，使用剂量为 25～75 g (a.i.)/hm² ［亩用量为 1.67～5 g (a.i.)］。

专利概况

专利名称　Process for preparing 5-(3-butyryl-2,4,6-trimethyl)-2-[1-(ethoxyimino)propyl]-3-hydroxycyclohex-2-en-1-one

专利号　US 5264628　　　　　　　**优先权日**　1991-06-04

专利申请人　ICI PLC

在其他国家申请的专利　AU 1789592、BR 9206092、DE 69214450、EP 0591236、ES 2092109、HU 68193、IL 101870、JP 7500082、KR 217355、WO 9221649 等。

合成方法　经如下反应制得目的物：

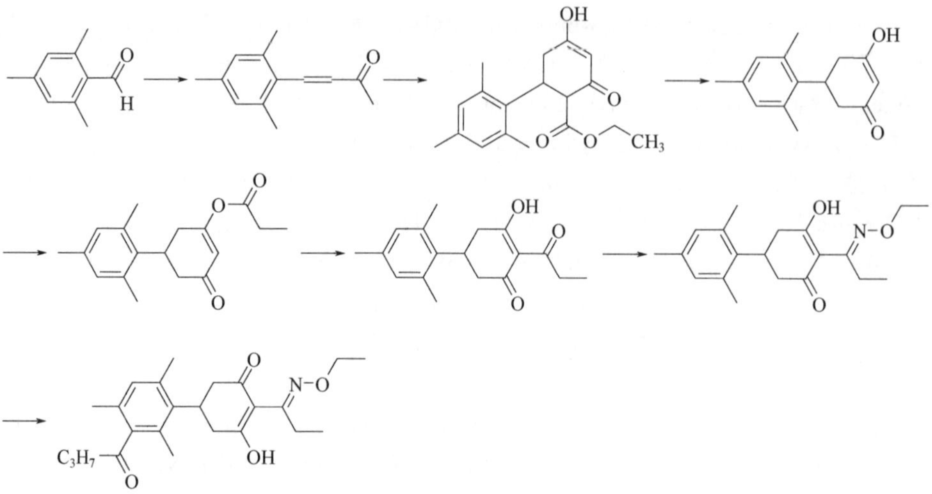

参考文献

[1] Witschel M, Newton T W, Seitz T. WO 9804510, 2010.

烯草酮（clethodim）

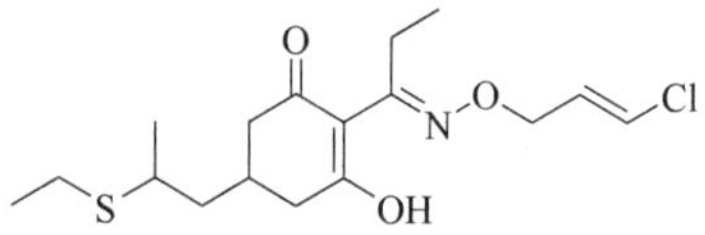

$C_{17}H_{26}ClNO_3S$，359.9，99129-21-2

烯草酮（试验代号：RE-45601，商品名称：Akodim、Platinum、Secret、Select、阔旺等）是由 Chevron 公司研制的环己烯酮类除草剂。

化学名称 (5RS)-2-{(E)-1-[(2E)-3-氯烯丙氧基亚氨基]丙基}-5-[(2RS)-2-(乙硫基)丙基]-3-羟基环己-2-烯酮。英文化学名称(5RS)-2-{(E)-1-[(2E)-3-chloroallyloxyimino]propyl}-5-[(2RS)-2-(ethylthio)propyl]-3-hydroxycyclohex-2-en-1-one。美国化学文摘（CA）系统名称 2-[(1E)-1-[[[(2E)-3-chloro-2-propen-1-yl]oxy]imino]propyl]-5-[2-(ethylthio)propyl]-3-hydroxy-2-cyclohexen-1-one。CA 主题索引名称 2-cyclohexen-1-one—, 2-[(1E)-1-[[[(2E)-3-chloro-2-popenyl]oxy]imino]propyl]-5-[2-(ethylthio)propyl]-3-hydroxy-。

理化性质 原药纯度＞91%。澄清琥珀色液体，沸点温度下分解。相对密度（20～25℃）1.14。蒸气压＜0.01 mPa（20℃），溶于大多数有机溶剂。水解 DT_{50}：28 d（pH 5），300 d（pH 7），310 d（pH 9），水中光解 DT_{50}（缓冲体系，pH 5、7 和 9）1.7～9.6 d（无光敏剂），0.5～1.2 d（有光敏剂）。

毒性 急性经口 LD_{50}（mg/kg）：雄大鼠 1630，雌大鼠 1360，雄小鼠 2570，雌小鼠 2430。兔急性经皮 LD_{50}＞5000 mg/kg。对兔皮肤有中度刺激，对豚鼠皮肤无致敏性。大鼠急性吸入 LC_{50}（4 h）＞3.9 mg/L（气溶胶）。NOEL [mg/(kg·d)]：小鼠 30，大鼠 16，狗 1。ADI/RfD（JMPR）0.01 mg/kg bw（1999），（EPA）0.01 mg/kg（1998），（加拿大）0.16 mg/kg。

生态效应 山齿鹑急性经口 LD_{50}＞2000 mg/kg。野鸭饲喂 LC_{50}＞6000 mg/kg。鱼 LC_{50}

（96 h，mg/L）：虹鳟 67，大翻车鱼＞120。水蚤 LC_{50}（48 h）＞120 mg/L，NOEL 60 mg/L。淡水藻 EC_{50}（5 d）57.8mg/L。蜜蜂 LD_{50}（接触）＞100 μg/只。蚯蚓 LC_{50} 454 mg/kg 土，NOEL 316 mg/kg 土。

环境行为 ①动物。代谢产物主要是砜和亚砜。②植物。代谢产物为砜、亚砜和硫代甲基亚砜。③土壤/环境。土壤需氧 DT_{50} 1～3 d，K_d 0.08～1.6（5 种土壤）。

剂型 乳油、可分散油悬浮剂。

主要生产商 Arysta LifeScience、Hesenta、河北兰升生物科技有限公司、江苏恒隆作物保护有限公司、江苏省激素研究所股份有限公司、宁夏格瑞精细化工有限公司、山东滨农科技有限公司、山东先达农化股份有限公司、沈阳科创化学品有限公司、一帆生物科技集团有限公司及吴桥农药有限公司等。

作用机理及特点 脂肪酸合成抑制剂，抑制乙酰辅酶 A 羧化酶（ACCase）。是内吸传导型茎叶处理除草剂，有优良的选择性。对禾本科杂草具有很强的杀伤作用，对双子叶作物安全。茎叶处理后经叶迅速吸收，传导到分生组织，在敏感植物中抑制支链脂肪酸和黄酮类化合物的生物合成而起作用，使其细胞分裂遭到破坏，抑制植物分生组织的活性，使植株生长延缓。在施药后1～3周内植株褪绿坏死，随后叶干枯而死亡。

应用

（1）适用作物与安全性 大豆、油菜、棉花、烟草、甜菜、花生、亚麻、马铃薯、向日葵、甘薯、红花、油棕、紫花苜蓿、白三叶草、圆葱、辣椒、番茄、菠菜、芹菜、韭菜、莴苣、大蒜、胡萝卜、萝卜、南瓜、黄瓜、西瓜、草莓、豆类、葡萄、柑橘、苹果、梨、桃、菠萝等。对禾本科作物如大麦、小麦、玉米、水稻、高粱等不安全。在抗性植物体内可迅速降解，而丧失活性。

（2）防除对象 主要用于防除一年生和多年生禾本科杂草及阔叶作物田中自生的禾谷类作物如稗草、芒稗、马唐、生马唐、止血马唐、早熟禾、野燕麦、狗尾草、金狗尾草、大狗尾草、多花千金子、狗牙根、龙牙茅、看麦娘、洋野蓼、蓼、特克萨斯稷、宽叶臂形草、牛筋草、蟋蟀草、罗氏草、红稻、毒麦、野高粱、假高粱、野黍、自生玉米、芦苇等。对双子叶植物、莎草活性很小或无活性。

（3）应用技术 ①施药最佳时期为大豆2～3片复叶、一年生禾本科杂草3～5叶期，多年生禾本科杂草于分蘖后。②喷药时注意喷头朝下，对杂草进行充分、全面、均匀的喷洒。长期干旱、低温（15℃以下）、空气相对湿度低于65%时不要施药。水分适宜、空气相对湿度大、杂草生长旺盛时宜施药，最好在晴天上午喷洒。③飞机施药注意不要飘移到小麦、水稻、玉米等禾本科作物田，以免造成药害。防除阿拉伯高粱、狗牙根、白茅、芦苇等多年生杂草时使用高剂量。④在单、双子叶杂草混生地，烯草酮应与其他防除双子叶杂草的药剂混用或先后使用，混用前应经试验确认两药剂的可混性，以免产生拮抗，降低对禾本科杂草的防效或增加作物药害。⑤烯草酮施药后杂草死亡需要时间较长，施药后3～5 d 杂草虽未死亡，叶子可能仍呈绿色，但抽心叶可拔出，即有除草效果，不要急于再施除草剂。

（4）使用方法 苗后茎叶处理，防除一年生杂草使用剂量为50～100 g (a.i.)/hm² ［亩用量为3.3～6.7 g (a.i.)］，防除多年生杂草使用剂量为80～150 g (a.i.)/hm² ［亩用量为5.3～10 g (a.i.)］。在大豆2～3片复叶，一年生禾本科杂草3～5叶期，每亩用12%烯草酮乳油35～40 mL。油菜播种或移植后，禾本科杂草2～4叶期，每亩用12%烯草酮乳油30～40 mL。在禾本科杂草4～7叶期，雨季来临田间湿度大时，用较低剂量也能获得好的药效。水分适宜、空气相对湿度大、杂草生长旺盛，有利于烯草酮的吸收和传导。施药后间隔1 h 降雨不会影响药效。

（5）混用　在大豆田烯草酮可与氟烯草酸、氟磺胺草醚、三氟羧草醚、乳氟禾草灵、灭草松混用，可增加对阔叶杂草的防除效果。烯草酮若与两种防除阔叶杂草的除草剂混用，可增加对难治杂草如苣荬菜、鸭跖草、刺儿菜、苍耳、龙葵、大蓟、问荆、苘麻等杂草的药效，尤其重要的是在不良环境条件下对大豆安全、药效稳定。每亩混用比例如下：

12%烯草酮30～35 mL加10%氟烯草酸20～30 mL或25%氟磺胺草醚70～100 mL或24%乳氟禾草灵27～33 mL或21.4%三氟羧草醚70 mL或灭草松100 mL加10%氟烯草酸20 mL。12%烯草酮20～30 mL加48%异噁草酮乳油50 mL加48%异噁草酮50 mL加25%氟磺胺草醚40～50 mL。12%烯草酮30～35 mL加25%氟磺胺草醚40～50 mL加48%灭草松100mL。12%烯草酮20～30 mL加48%异噁草酮50 mL加24%乳氟禾草灵17 mL。

24%烯草酮乳油使用方法与12%烯草酮乳油相似，用量是后者的一半。

在其他作物上使用方法参看大豆田和油菜田。

专利概况

专利名称　Herbicidal substituted 2-(1-oximinoalkyl)dimedones

专利号　BE 891190　　　　优先权日　1980-11-25

专利申请人　Chevron Research Co.

工艺专利　BE 903349、AU 4954185、AU 585999、AU 586200、AU 5938086、CA 1271644、CH 666890、CH 667086、CN 1011782、CN 86105662、DE 3627410、EP 0236313、FR 2586416、GB 2090246、GB 2179352、GB 2188321、NL 8601900、SE 458683、SE 8603868、WO 8701699等。

登记情况　烯草酮在中国登记了90%、93%、94%、95%等含量的原药27个，37%、70%母药14个。制剂主要有120 g/L、240 g/L、13%、26%、30%、35%的乳油，12%可分散油悬浮剂等。登记作物大豆、油菜、马铃薯等，防治对象一年生禾本科杂草。部分登记情况见表3-59。

表 3-59　烯草酮在中国部分登记情况

登记证号	农药名称	剂型	含量	登记场所	防治对象	用药量/[mL(制剂)/亩]	施用方法	登记证持有人
PD210-96	烯草酮	乳油	120 g/L	油菜田	一年生禾本科杂草	30～40	喷雾	爱利思达生命科学株式会社
				大豆田		35～40	茎叶喷雾	
PD20184111	烯草酮	乳油	240 g/L	大豆田		20～40	茎叶喷雾	杭州颖泰生物科技有限公司
PD20181070	烯草酮	乳油	30%	油菜田		10～13	茎叶喷雾	山东中新科农生物科技有限公司
PD20184266	嗪·烯·砜嘧	可分散油悬浮剂	22%	马铃薯田	一年生杂草	80～120	茎叶喷雾	江苏明德立达作物科技有限公司
PD20183123	烯草酮	原药	95%					江苏恒隆作物保护有限公司
PD20171163	烯草酮	母药	70%					辽宁先达农业科学有限公司

合成方法　其合成方法如下：

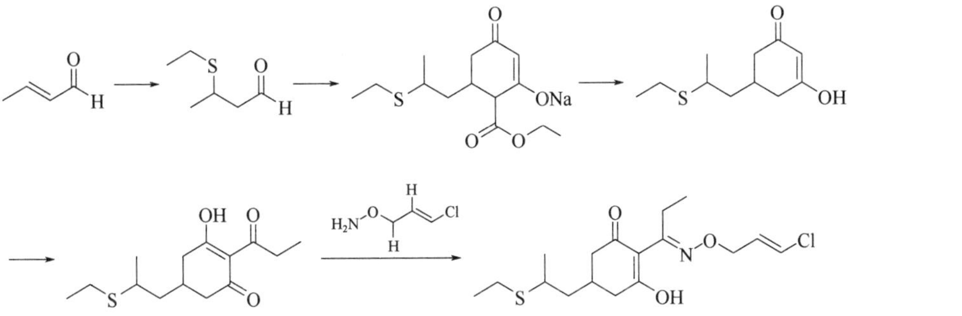

参考文献

[1] The Pesticide Manual. 17 th edition: 216-217.

[2] 钱云. 烯草酮的合成及其工艺优化. 南京: 南京理工大学, 2013.

[3] 孙光强, 程志明. 现代农药, 2011(1): 24-26.

噻草酮（cycloxydim）

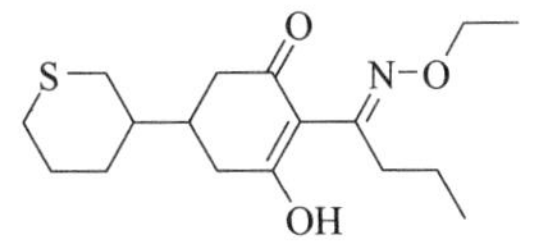

$C_{17}H_{27}NO_3S$，325.5，101205-02-1，99434-58-9(异构体)

噻草酮（试验代号：BAS 517H，商品名称：Focus、Laser、Stratos）是由 BASF 公司开发的环己烯酮类除草剂。

化学名称 (RS)-2-[1-(乙氧亚氨基)丁基]-3-羟基-5-噻烷-3-基环己-5-烯酮。英文化学名称 (RS)-2-[1-(ethoxyimino)butyl]-3-hydroxy-5-thian-3-ylcyclohex-2-enone。美国化学文摘（CA）系统名称 2-[1-(ethoxyimino)butyl]-3-hydroxy-5-(tetrahydro-2H-thiopyran-3-yl)-2-cyclohexene-1-one。CA 主题索引名称 2-cyclohexen-1-one—, 2-[1-(ethoxyimino)butyl]-3-hydroxy-5-(tetrahydro-2H-thiopyran-3-yl)-。

理化性质 无色无味结晶体（原药黄色具芳香气味膏状物，熔点以上为深褐色油），熔点 37.1～41.2℃，蒸气压 0.01 mPa（20℃），闪点 89.5℃，相对密度 1.165（20～25℃）。分配系数 $\lg K_{ow}$ 约 1.36（pH 7）；Henry 常数 $6.1×10^{-5}$ Pa·m^3/mol。pK_a(20～25℃)=4.17。水中溶解度 53 mg/L（pH 4.3，20～25℃）。有机溶剂中溶解度（g/L，20～25℃）：丙酮>200、甲醇>200、二氯甲烷>330、乙酸乙酯>220、甲苯>210，正己烷 19 g/kg。室温稳定性≥1 年，30℃以上不稳定，分解温度约为 200℃。DT_{50} 氩气下 20000 lx（模拟光照，15～20℃）>192 h，空气中 80000 lx（模拟光照，20℃）0.8 h。

毒性 大鼠急性经口 LD_{50} 约 3940 mg/kg，大鼠急性经皮 LD_{50}>2000 mg/kg。对兔的眼睛和皮肤无刺激性。大鼠急性吸入 LC_{50}（4 h）>5.28 mg/L。NOEL［mg/(kg·d)］：大鼠（1.5 年）7，小鼠（2 年）32。ADI/RfD（JMPR）0.07 mg/kg bw。无致突变、致癌、致畸性。

生态效应 鹌鹑急性经口 LD_{50}>2000 mg/kg。鱼毒 LC_{50}（96 h，mg/L）：虹鳟 215，大翻车鱼>100。水蚤 LC_{50}（48 h）>71 mg/L，羊角月牙藻 EC_{50} 44.9 mg/L，浮萍 EC_{50} 81.7 mg/L。蜜蜂 LD_{50}>100 μg/只，蚯蚓 LC_{50}>1000 mg/kg 土。

环境行为 在动物、植物、土壤和环境中，能够通过氧化、共轭、重排、羟基化、还原成醚迅速分解。DT_{50}（实验室）<1 d（20℃），K_{oc}<10～183。

主要生产商 BASF。

作用机理与特点 脂肪酸合成抑制剂，通过抑制乙酰辅酶 A 羧化酶（ACCase）起作用。也是有丝分裂抑制剂。选择性除草剂，通过叶面快速吸收，向顶并向基传导。

应用 用于防除阔叶作物棉花、亚麻、油菜、马铃薯、大豆、甜菜、向日葵和蔬菜田中一年生和多年生禾本科杂草，如野燕麦、鼠尾看麦娘、黑麦草、自生禾谷类、大剪股颖等。通常使用剂量为 100~250 g (a.i.)/hm^2 [亩用量 6.67~16.67 g (a.i.)]。

专利概况

专利名称　Cyclohexanedione derivatives, their preparation and herbicides containing them

专利号　US 4422864　　　　优先权日　1981-05-29

专利申请人　BASF AG。

合成方法 经如下反应即可制得噻草酮：

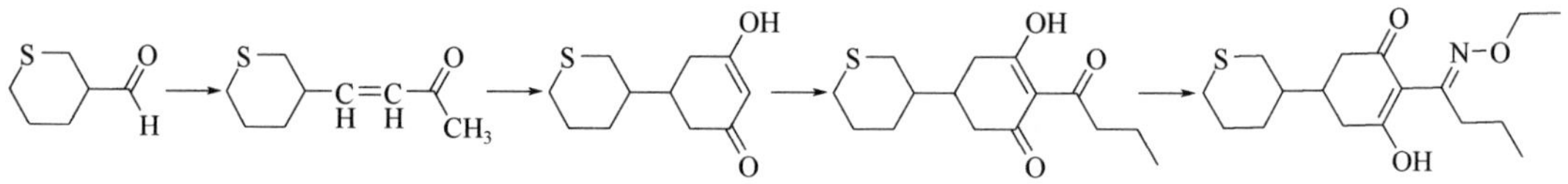

参考文献

[1] The Pesticide Manual.17 th edition: 259-260.

环苯草酮（profoxydim）

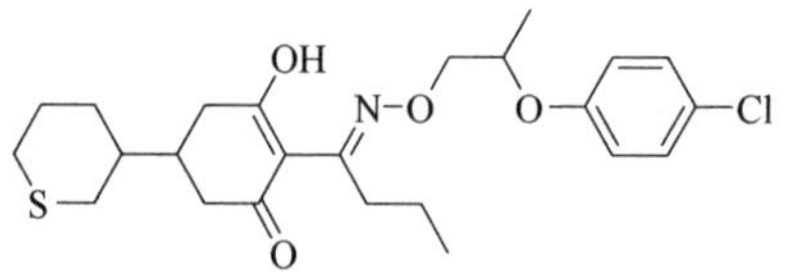

$C_{24}H_{32}ClNO_4S$，466.0，139001-49-3

环苯草酮（试验代号：BAS 625 H，商品名称：泰穗、Aura、Tetris）由 C.Finley 等报道，由 BASF 开发和引入市场的环己烯酮类除草剂。1988 年首次登记。

化学名称 （5RS)-2-((EZ)-1-{[(2RS)-2-(4-氯苯氧基）丙氧基]亚氨基}丁基)-3-羟基-5-[(3RS)-硫代环己烷-3-基]环己-2-烯-1-酮。英文化学名称 (5RS)-2-((EZ)-1-{[(2RS)-2-(4-chlorophenoxy)propoxy]imino}butyl)-3-hydroxy-5-[(3RS)-thian-3-yl]cyclohex-2-en-1-one。美国化学文摘（CA）系统名称 2-[1-[[2-(4-chlorophenoxy)propoxy]imino]butyl]-3-hydroxy-5-(tetrahydro-2H-thiopyran-3-yl)-2-cyclohexen-1-one。CA 主题索引名称 2-cyclohexen-1-one—, 2-[1-[[2-(4-chlorophenoxy)propoxy]imino]butyl]-3-hydroxy-5-(tetrahydro-2H-thiopyran-3-yl)。

理化性质 原药纯度≥91%。无色无味黏稠液体，150~200℃分解，闪点>100℃(闭杯)。蒸气压 0.17 mPa（20℃）。相对密度（20~25℃）1.198。分配系数 lgK_{ow}=3.7（pH 7）。Henry 常数 1.76×10^{-2} Pa·m^3/mol。pK_a(20~25℃)=5.91。水中溶解度 5.31 mg/L（20~25℃），有机溶剂中溶解度（g/L，20~25℃）：异丙醇 260，丙酮>500，乙酸乙酯 630。水中稳定性：在 pH 5 时立即分解，DT$_{50}$约 140 d（pH 7），>300 d（pH 9）。

毒性 雄/雌大鼠急性经口 LD$_{50}$>5000 mg/kg，雄/雌大鼠急性经皮 LD$_{50}$>4000 mg/kg，对兔的眼睛和皮肤无刺激。大鼠吸入 LC$_{50}$（4 h）>5.2 mg/L。大鼠 NOEL 5.0 mg/kg bw。ADI/RfD 0.05 mg/kg bw，无致突变性。

生态效应　山齿鹑急性经口 $LD_{50}>2000$ mg/kg，山齿鹑饲喂 LC_{50}（8 d）>5000 mg/kg。鱼类 LC_{50}（96 h，mg/L）：虹鳟鱼 13～18，大翻车鱼 22～29，水蚤 LC_{50}（48 h）18.1 mg/L，鱼腥藻 E_rC_{50}（96 h）33 mg/L。蜜蜂经口和接触 LD_{50}（48 h）>200 μg/只。蚯蚓 LC_{50}（14 d）>1000 mg/kg 土，BASF 产品 Aura+Dash HC 表面活性剂对蚜茧蜂和隐翅虫无危害或有轻微危害（实验室）。

环境行为　①动物。大鼠经口吸收缓慢且不完全，主要通过尿液迅速排出，在任何组织和器官中没有积累，检测到的代谢物主要通过以下三条途径形成：硫醚氧化成相应的砜和亚砜，芳香环羟基化，肟醚和/或苯基醚键的断裂。部分代谢物通过额外的 I 相代谢或/和结合反应进一步代谢。②植物。通过氧化、醚的消除和烷氧基侧链的断裂快速代谢，亚砜是收获的植物中的主要代谢产物，在生长过程中，主要代谢物为强极性化合物。③土壤/环境。在土壤中快速降解（实验室，20℃），DT_{50} 为 3～13 d；在阳光和栽培水稻条件下降解更快。土壤中的流动性为低至中等（K_{Foc} 81～5983 mL/g）。在需氧和厌氧的沉积物系统中，DT_{50}（水）11.0～35.6 d，DT_{50}（沉积物）14.2～47.4 d。转移到大气中的可能性很低，空气中（$t_{1/2}\leqslant5.8$ h）。

剂型　乳油。

主要生产商　BASF。

作用机理与特点　脂肪酸合成酶抑制剂，抑制乙酰辅酶 A 羧化酶（ACCase）。对水稻有选择性是由于快速降解及转移到作用部位的量减少。能在植物整个植株内传导，并转移至分生组织，杂草停止生长，随后新叶变黄或变红。

应用　主要用于稻田防除禾本科杂草如稗草、马兰草、马唐、牛筋草、千金子、狗尾草、鸭跖草、筒轴茅等，使用剂量为 75～200 g/hm²。在我国田间试验结果表明，用 7.5% 环苯草酮乳油 675 mL/hm² 茎叶处理，对匍茎剪股颖的防效可达 100%；使用环苯草酮和二氯喹啉酸混剂可同时、有效地防治匍茎剪股颖和稻稗。

专利概况

专利名称　Preparation of tetrahydropyranyl- and thiopyranylcyclohexenone oxime ethers as herbicides

专利号　DE 4014986　　　　　**优先权日**　1990-05-09

专利申请人　BASF AG (DE)

在其他国家申请的专利　BR 9101868、CA 2041835、ES 2058983T、HU 212620、JP 4225943、KR 175318、RU 2092484、US 5190573、ZA 9103484 等。

合成方法　经如下反应制得环苯草酮：

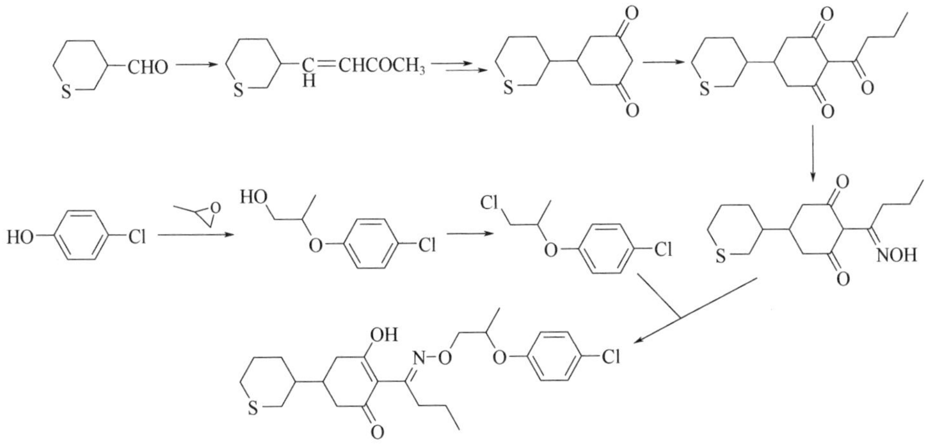

参考文献

[1] The Pesticide Manual.17 th edition: 910-911.

烯禾啶（sethoxydim）

$C_{17}H_{29}NO_3S$，327.5，74051-80-2

烯禾啶（试验代号：BAS 90 520H、NP-55、SN 81 742，商品名称：Nabu、Poast，其他名称：稀禾定、烯禾定、拿捕净、硫乙草丁、硫乙草灭、乙草丁、西杀草）是由日本曹达公司开发的环己烯酮类除草剂。

化学名称　(5RS)-2-[(EZ)-1-(乙氧基亚氨基)丁基]-5-[(2RS)-2-(乙硫基)丙基]-3-羟基环己-2-烯-1-酮。英文化学名称(5RS)-2-[(EZ)-1-(ethoxyimino)butyl]-5-[(2RS)-2-(ethylthio)propyl]-3-hydroxycyclohex-2-en-1-one。美国化学文摘系统名称 2-[1-(ethoxyimino)butyl]-5-[2-(ethylthio)propyl]-3-hydroxy-2-cyclohexen-1-one。最早公布的化合物结构为互变异构体。CA 主题索引名称 2-cyclohexen-1-one—, 2-[1-(ethoxyimino)butyl]-5-[2-(ethylthio)propyl]-3-hydroxy-。

理化性质　油状无味液体，相对密度 1.043（20～25℃），蒸气压 0.021 mPa（25℃）。分配系数 $\lg K_{ow}$=3.51（pH 5），1.65（pH 7），−0.03（pH 9）。水中溶解度 104.4 mg/L（20～25℃）。有机溶剂中溶解度（g/L，20～25℃）：丙酮＞800、苯＞900、乙酸乙酯＞900、己烷＞700、甲醇＞800。商品化产品在常规储存条件下可稳定存在至少 2 年。10 mg/L 浓度氙灯照射 12 h/d 条件下，DT_{50} 5.5 d（pH 8.7，25℃）。

毒性　急性经口 LD_{50}（mg/kg）：雄大鼠 3200，雌大鼠 2676，雄小鼠 5600，雌小鼠 6300。大、小鼠急性经皮 LD_{50}＞5000 mg/kg。对兔皮肤和眼睛无刺激性作用，对皮肤无致敏性。大鼠急性吸入 LC_{50}（4 h）＞6.28 mg/L。NOEL 数据［mg/(kg·d)］：大、小鼠（2 年）分别为18.2 和 13.7。ADI/RfD（EPA）aRfD 1.8mg/kg bw，cRfD 0.14 mg/kg bw（2005），（FSC）0.14 mg/kg。

生态效应　野鸭急性经口 LD_{50}＞2510 mg/kg。日本鹌鹑急性饲喂 LD_{50}＞5000 mg/L。鱼类 LC_{50}［48 h，mg/L］：鲤鱼 73，虹鳟鱼 30。水蚤 LC_{50}（48 h）＞100 mg/L，羊角月牙藻 E_rC_{50}＞100 mg/L，蜜蜂 LD_{50} 接触＞10 μg/只（接触）。

环境行为　①动物。大鼠经口摄入，48 h 内 78.5%随尿液排出，20.1%随粪便排出。②植物。在大豆中，母体分子发生氧化、结构重排或形成共轭化合物，转化代谢产物的速度很快。③土壤/环境。15℃下在土壤中 DT_{50}＜1 d。代谢涉及分子重排、氧化和共轭过程。

剂型　乳油。

主要生产商　BASF、Nippon Soda、河北兰润植保科技有限公司、河北万全力华化工有限责任公司、辽宁先达农业科学有限公司、沈阳科创化学品有限公司等。

作用机理与特点　脂肪酸合成酶抑制剂，抑制乙酰辅酶 A 羧化酶（ACCase）。有丝分裂抑制剂。选择性内吸除草剂，主要通过茎叶吸收，少量通过根部吸收，并迅速传导到顶端和节间分生组织。

应用

（1）适宜作物与安全性　大豆、棉花、油菜、甜菜、花生、马铃薯、亚麻、阔叶蔬菜、果园、苗圃等。烯禾啶在禾本科与双子叶植物间选择性很高，对几乎所有阔叶作物安全，但对大多数单子叶作物（除圆葱、大蒜等外）有药害。

（2）防除对象　稗草、野燕麦、马唐、牛筋草、狗尾草、臂形草、黑麦草、看麦娘、野黍、稷属、旱雀麦、自生玉米、自生小麦、假高粱、狗牙根、芦苇、冰草、白茅等一年生和多年生禾本科杂草。

（3）应用技术　①施药适期应在大豆、油菜、西瓜、甜瓜等苗后禾本科杂草 3～5 叶期。禾本科杂草 4～7 叶期雨季来临，田间湿度大，用较低剂量也能获得好的药效。水分适宜、空气相对湿度大、杂草生长旺盛，有利于烯禾啶的吸收和传导。施药应选早晚气温低时进行，中午气温高时应停止施药。大风天不要施药，施药时风速不要超过 5 m/s。飞机施药注意不要飘移到小麦、玉米、水稻等禾本科作物田，以免造成药害。施药前要注意天气预报，施药后需间隔 2～3 h 降雨才不影响药效。在空气相对湿度大的条件下也可进行超低容量喷雾。②在单双子叶杂草混生地，烯禾啶应与其他防除阔叶草的药剂混用，如氟磺胺草醚、灭草松等，以免除去单子叶草后，造成阔叶草过分生长。干旱或杂草较大时杂草的抗药性强，用药量应适当增加，防除多年生禾本科杂草也应适当增加用药剂量。③烯禾啶与防阔叶杂草除草剂混用最好于大豆 2 片复叶期、杂草 2～4 叶期施药，采用较大喷液量如人工背负式喷雾器每亩20～33 L。④烯禾啶施药后杂草死亡有个时间过程，通常需要 10～15 d，所以施药后不要急于再施其他除草剂或采取其他除草措施。

（4）使用方法　苗后茎叶处理，防除一年生杂草使用剂量为200～250 g (a.i.)/hm² [亩用量为 13.3～16.7 g (a.i.)]，防除多年生杂草使用剂量为200～500 g (a.i.)/hm² [亩用量为 13.3～33.4 g (a.i.)]。

① 大豆田　12.5%烯禾啶机油乳剂或 20%烯禾啶乳油，防除一年生禾本科杂草 2～3 叶期每亩用 67 mL，4～5 叶期用 100 mL，6～7 叶期用 133 mL。在干旱条件下，使用 12.5%烯禾啶同上。20%烯禾啶乳油在一年生禾本科杂草 2～3 叶期每亩用 100 mL，4～5 叶期 133 mL，6～7 叶期 167 mL。20%烯禾啶每亩加入 0.13～0.17 L 柴油能提高药效，可减少 20%～30%烯禾啶用药量。防除多年生禾本科杂草，3～5 叶期每亩用 12.5%烯禾啶机油乳剂或 20%烯禾啶乳油 200～330 mL。若用飞机施药，因其比人工及地面机械喷洒均匀，故可适当降低用药量。

混用：在大豆田烯禾啶可与三氟羧草醚、乳氟禾草灵、灭草松、氟磺胺草醚等防除阔叶杂草的除草剂混用。烯禾啶机油乳剂与三氟羧草醚混用对大豆药害略有增加，最好间隔一天分期施药，为抢农时在环境及气候好的条件下也可混用，每亩用 12.5%烯禾啶 83～100 mL加 21.4%三氟羧草醚水剂 67～100 mL。烯禾啶与乳氟禾草灵混用药害加重，但药效增加，也可降低乳氟禾草灵用药量，每亩用 12.5%烯禾啶 83～100 mL 加 24%乳氟禾草灵乳油 26.7 mL。烯禾啶与灭草松混用对大豆安全性好，每亩用 12.5%烯禾啶 83～100 mL 加灭草松水剂 167～200 mL。两种防阔叶杂草的除草剂降低用药量与烯禾啶混用对大豆安全，药效稳定，尤其是在不良条件下，大豆生长发育不好仍有好的安全性。每亩混用配方如下：

12.5%烯禾啶 83～100 mL 加 21.4%三氟羧草醚水剂 33～50 mL 加 25%氟磺胺草醚水剂 33～50 mL（或 10%氟烯草酸乳油 20 mL 或 48%灭草松水剂 100 mL）。

12.5%烯禾啶 83～100 mL 加 24%乳氟禾草灵乳油 17 mL 加 25%氟磺胺草醚水剂 33～50 mL（或 48%灭草松水剂 100 mL）。

12.5%烯禾啶 50～70 mL 加 48%异噁草酮乳油 40～50 mL 加 21.4%三氟羧草醚水剂 33～50 mL（或 24%乳氟禾草灵乳油 17 mL 或 48%氟磺胺草醚水剂 33～50 mL 或 48%灭草松水剂 100 mL）。

② 甜菜田　每亩用 20%烯禾啶 66.7～133.3 mL，或用 12.5%烯禾啶 66.7～100 mL，对水 20～40 L 茎叶喷雾。在单、双子叶混生的甜菜田，可与 300～400 mL 甜菜宁或氯草敏混用。

③ 棉花、亚麻田　每亩用 20%烯禾啶 85～100 mL，或用 12.5%烯禾啶 66.4～100 mL，对水喷雾。亚麻田可与 2 甲 4 氯 50 mL 混用，可防除亚麻田的单、双子叶杂草。

④ 油菜田　每亩用 20%烯禾啶 100～120 mL，或用 12.5%烯禾啶 60～100 mL，对水喷雾。烯禾啶还可以用于西瓜、芝麻、阔叶蔬菜及果园等防除禾本科杂草。

专利概况

专利名称　Cyclohexane derivatives

专利号　US 4249937　　　　优先权日　1977-05-23

专利申请人　Nippon Soda Co.

工艺专利　DE 3314816、JP 5046644、JP 5665867、JP 5668660、JP 59225147、JP 63152350、US 4355184、WO 8602065、WO 9107369 等。

其他相关专利　CA 1280768、CN 1051285、EP 381291、JP 5446749、JP 6289653、US 4440566 等。

登记情况　烯禾啶在中国登记有 94%、95%、96%的原药，50%母药，12.5%、20%、25% 乳油。登记作物为大豆、亚麻、棉花、甜菜、油菜、花生等，用于防除一年生禾本科杂草。部分登记情况见表 3-60。

表 3-60　烯禾啶在中国部分登记情况

登记证号	农药名称	剂型	含量	登记场所	防治对象	亩用药量（制剂）	施用方法	登记证持有人
PD3-86	烯禾啶	乳油	20%	油菜田	一年生禾本科杂草	66.5～120 mL	喷雾	日本曹达株式会社
				大豆田		100～200 mL		
				花生田		66.5～100 mL		
				棉花田		100～120 mL		
				甜菜田		100 mL		
				亚麻		65～120 mL		
PD20110071	烯禾啶	乳油	12.5%	春大豆田		100～150 mL	茎叶喷雾	沈阳世一科技有限公司
				夏大豆田		80～100 mL		
PD20183831	氟磺·烯禾啶	微乳剂	20.8%	春大豆	一年生杂草	130～150 mL	茎叶喷雾	山东富谦生物科技有限公司
PD20096115	烯禾啶	乳油	25%	春大豆田	一年生禾本科杂草	50～60 g	茎叶喷雾	黑龙江省哈尔滨富利生化科技发展有限公司
PD20096139	烯禾啶	母药	50%					日本曹达株式会社
PD20121748	烯禾啶	母药	50%					辽宁先达农业科学有限公司

合成方法

乙氧胺法：

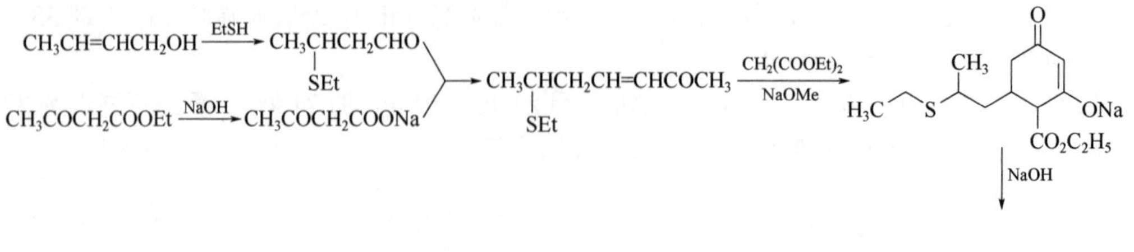

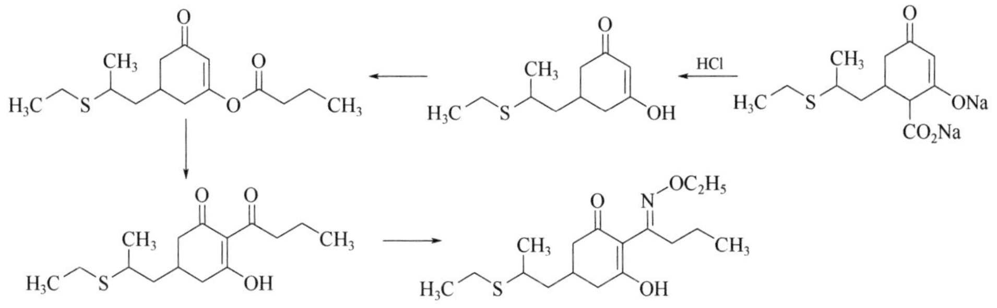

羟肟酸法：

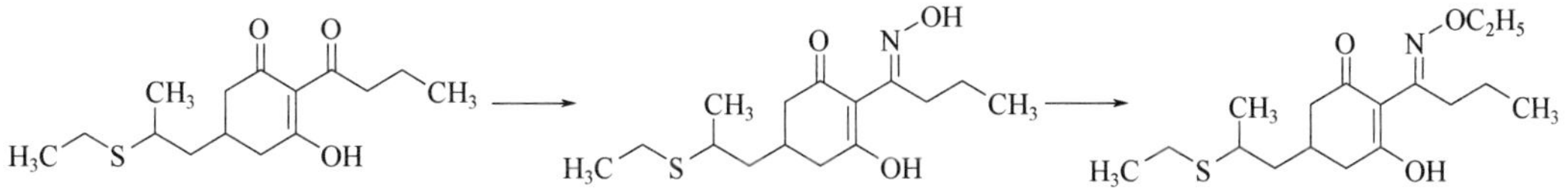

参考文献

[1] The Pesticide Manual.17 th edition: 1013-1014.

[2] 王迪轩. 茎叶处理除草剂烯禾定. 农资导报, 2018-09-07.

吡喃草酮（tepraloxydim）

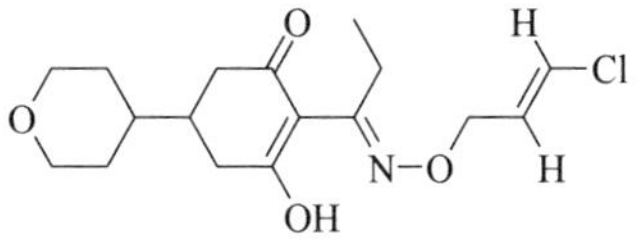

C₁₇H₂₄ClNO₄，341.8，149979-41-9

$C_{17}H_{24}ClNO_4$，341.8，149979-41-9

吡喃草酮（试验代号：BAS 620H、191819，商品名称：Aramo、Hoonest、快捕净、得杀草）是 E. Kibler 等人报道，后由 Nisso BASF Agro Ltd 公司（日本曹达、德国巴斯夫、三菱公司的合资公司）开发的除草剂，首次登记于 1999 年。

化学名称 (EZ)-(RS)-2-{1-[(2E)-3-氯烯丙氧基亚氨基]丙基}-3-羟基-5-四氢吡喃-4-基环己-2-烯-1-酮。英文化学名称(EZ)-(RS)-2-{1-[(2E)-3-chloroallyloxyimino]propyl}-3-hydroxy-5-perhydropyran-4-ylcyclohex-2-en-1-one。美国化学文摘（CA）系统名称 2-[1-[[[(2E)-3-chloro-2-propenyl]oxy]imino]propyl]-3-hydroxy-5-(tetrahydro-2H-pyran-4-yl)-2-cyclohexen-1-one。CA 主题索引名称 2-cyclohexen-1-one—，2-[1-[[[(2E)-3-chloro-2-propenyl]oxy]imino]propyl]-3-hydroxy-5-(tetrahydro-2H-pyran-4-yl)-。

理化性质 原药含量≥92%，白色无味粉末，熔点74℃，相对密度（20～25℃）1.284，蒸气压 $2.7×10^{-2}$ mPa（25℃），分配系数 $\lg K_{ow}$=1.5（非缓冲溶液），2.44（pH 4），0.20（pH 7），−1.15（pH 9）。Henry 常数 $8.74×10^{-6}$ Pa·m³/mol（计算值）。pK_a(20～25℃)=4.58。水中溶解度（g/L，20～25℃）：0.43（蒸馏水），0.426（pH 4），7.25（pH 9）。有机溶剂中溶解度（g/L，20～25℃）：丙酮460，甲醇270，异丙醇140，乙酸乙酯450，乙腈480，二氯甲烷570，甲苯500，正庚烷10，正辛醇130，橄榄油73。稳定性为水解 DT_{50}：6.6 d（pH 4），22.1 d（pH 5）；

pH 为 7 和 9（22℃）时可稳定存在 33 d。

毒性 大鼠急性经口 LD_{50} 约为 5000 mg/kg。大鼠急性经皮 $LD_{50}>2000$ mg/kg。对兔皮肤和黏膜无刺激性，对豚鼠无皮肤致敏性。大鼠急性吸入 LC_{50}（4 h）>5.1 mg/L。大鼠 NOAEL（2 年）100 mg/L [5 mg/(kg·d)]。ADI/RfD（EC）0.025 mg/kg bw（2005）。

生态效应 鹌鹑 $LD_{50}>2000$ mg/kg，饲喂 $LC_{50}>6000$ mg/kg。虹鳟鱼 LC_{50}（96 h）>100 mg/L。水蚤 EC_{50}（48 h）>100 mg/L。羊角月牙藻 E_rC_{50}（72 h）76 mg/L。其他水生生物：对浮萍 E_rC_{50} 6.5 mg/L。蜜蜂 LD_{50}（经口和接触）>200 μg/只。蚯蚓 LC_{50}（14 d）>1000 mg/kg 土。

环境行为 ①动物。48 h 内完全吸收，分布广泛，48 h 内原药及一些代谢物通过尿液排出体外。代谢主要是通过吡喃环的氧化形成内酯，以及肟醚降解生成亚胺和噁唑。②土壤/环境。土壤 DT_{50}（20℃，实验室，有氧）5.2～14 d。K_{oc} 0.3～77.2 L/kg，K_d 1～6.88 L/kg。土壤表面光解 DT_{50} 约 1 d（25℃）。

剂型 乳油。

主要生产商 Nisso BASF Agro。

作用机理与特点 脂肪酸合成酶抑制剂，抑制乙酰辅酶 A 羧化酶（ACCase）。通过叶片吸收，经过整株植物运输至根部。1 h 内可耐雨水冲刷。处理后杂草停止生长，接着叶尖坏死、叶子变红、随后枯死。

应用 正在开发用于苗后防除禾本科杂草，具有广谱的除草活性，特别是用于防除早熟禾、自生玉米、假高粱和披碱草，使用剂量为 50～100 g/hm²。

专利概况

专利名称 Cyclohexanedione derivatives, their preparation and herbicidescontaining them

专利号 DE 3121355　　　　　专利申请日 1981-5-29

专利申请人 BASF AG

专利名称 Cyclohexane-1,3-dione derivatives and their use for controlling weeds

专利号 DE 3340265　　　　　专利申请日 1983-11-8

专利申请人 BASF AG

专利 DE 3121355 公开了一类环己二酮类化合物，DE 3340265 为 DE 3121355 的选择性发明，吡喃草酮包含在 DE 3121355 的权利要求里，但公开在 DE 3340265 中。

合成方法 合成方法如下：

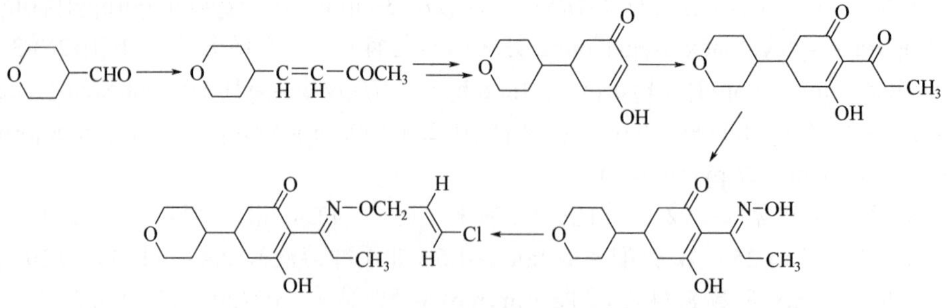

参考文献

[1] The Pesticide Manual.17 th edition: 1071-1072.

三甲苯草酮（tralkoxydim）

$C_{20}H_{27}NO_3$，329.4，87820-88-0

三甲苯草酮（试验代号：ICIA0604、PP604，商品名称：Achieve、Grasp、Splendor，其他名称：脱莠定、肟草酮）是由捷利康公司（现先正达公司）开发的环己烯酮类除草剂。

化学名称 (RS)-2-[(EZ)-1-(乙氧基亚氨基)丙基]-3-羟基-5-均三甲苯基环己-2-烯-1-酮。英文化学名称(RS)-2-[(EZ)-1-(ethoxyimino)propyl]-3-hydroxy-5-mesitylcyclohex-2-en-1-one。美国化学文摘（CA）系统名称 2-[1-(ethoxyimino)propyl]-3-hydroxy-5-(2,4,6-trimethylphenyl)-2-cyclohexen-1-one。CA 主题索引名称 2-cyclohexen-1-one—，2-[1-(ethoxyimino)propyl]-3-hydroxy-5-(2,4,6-trimethylphenyl)-。

理化性质 原药含量92%～95%，无色无味固体，熔点106℃。蒸气压 $3.7×10^{-4}$ mPa（20℃，推算），分配系数 $\lg K_{ow}$=2.1，相对密度1.16（20～25℃），Henry 常数 $2×10^{-5}$ Pa•m³/mol（纯水）。pK_a(20～25℃)=4.3。水中溶解度（mg/L，20～25℃）：6（pH 5），6.7（pH 6.5），9800（pH 9）。有机溶剂中溶解度（g/L，20～25℃）：正己烷18，甲醇25，丙酮89，乙酸乙酯110，甲苯213，二氯甲烷＞500。稳定性：稳定存在＞12周（15～25℃），4周（50℃）。DT_{50}（25℃）：6 d（pH 5），113 d（pH 7），pH 9时28 d后87%未分解。

毒性 急性经口 LD_{50}（mg/kg）：雄大鼠1258，雌大鼠934，雄小鼠1231，雌小鼠1100，雄兔＞519。大鼠急性经皮 LD_{50}＞2000 mg/kg，对兔皮肤和眼睛中等刺激，对豚鼠皮肤无致敏性。大鼠急性吸入 LC_{50}（4 h）＞3.5 mg/L 空气。NOEL 值（mg/kg 饲料）：大鼠（90 d）20.5，狗（1 年）5。NOEAL 值 [mg/(kg•d)]：大鼠（90 d）20.5（250 mg/L），狗0.5。ADI/RfD（EC）0.005 mg/kg bw（2008），（EPA）cRfD 0.005 mg/kg bw（1998）。无致突变、致畸作用。

生态效应 急性经口 LD_{50}（mg/kg）：野鸭＞3020，山齿鹑4430。饲喂 LC_{50}（mg/kg 饲料，5 d）：野鸭＞7400，鹌鹑6237。鱼类 LC_{50}（mg/L，96 h）：鲤鱼＞8.2，虹鳟鱼＞7.2，大翻车鱼＞6.1。水蚤 EC_{50}（48 h）＞175 mg/L。绿藻 EC_{50}（120 h）7.6 mg/L。浮萍 EC_{50}（14 d）1.0 mg/L。蜜蜂 LD_{50}（μg/只）：接触＞100，经口54。蚯蚓 LC_{50}（14 d）87mg/kg。

环境行为 ①动物。在大鼠体内代谢为4种产物，容易排出，检测不到未转化的三甲苯草酮。②植物。在作物中迅速代谢。在检测限为0.02 mg/kg，施药量为推荐剂量的2倍时，收获后在小麦或大麦中未检测到残留的三甲苯草酮或其代谢物。③土壤/环境。实验室的土壤研究中迅速降解，典型的 DT_{50} 2～5 d（有氧），3周（水田）。初级代谢产物全面降解，处理后30 d内，44%的放射性元素以 CO_2 形式被释放出来。主要是微生物降解，但土壤表面光解、水中光解和水解也均有发生。田间数据与这些结果一致。K_{oc} 30～300，然而，快速降解确保了三甲苯草酮或其代谢产物在土壤剖面下不会有显著的转移。

剂型 水分散粒剂。

主要生产商 江苏省常州沃富斯农化有限公司、江苏省农用激素工程技术研究中心有限公司。

作用机理与特点 脂肪酸合成酶抑制剂，抑制乙酰辅酶 A 羧化酶（ACCase）。细胞分裂抑制剂。选择性内吸除草剂，叶面施药后迅速被植株吸收，在韧皮部向顶转移到生长点，抑制新芽的生长。

应用 用于小麦和大麦田苗后防除一年生禾本科杂草，包括燕麦属、黑麦草属、狗尾草、蔾草、看麦娘、阿披拉草。使用方法：小麦和大麦田苗后茎叶处理，使用剂量为 150～350 g (a.i.)/hm²。叶面喷雾要 1 h 内无雨，喷液量 35～400 L/hm²，并添加 0.1%～0.5%表面活性剂。以 200～350 g/hm² 防除野燕麦的效果优于禾草灵在推荐剂量下的防效，而且施药适期宽，几乎可彻底防除分蘖终期以前的野燕麦，抑制期可延至拔节期。

专利概况

专利名称 Herbicidal cyclohexane-1,3-dione derivatives

专利号 EP 0080301 　　　　专利申请日 1981-11-20

专利申请人 ICI Australia Ltd。

登记情况 三甲苯草酮在中国登记有 95%、96%原药 2 个，50%母药 3 个，相关制剂 1 个。登记作物为小麦，用于防除一年生禾本科杂草。部分登记情况见表 3-61。

表 3-61　三甲苯草酮在中国部分登记情况

登记证号	农药名称	剂型	含量	登记作物	防治对象	亩用药量（制剂）	施用方法	登记证持有人
PD20131933	三甲苯草酮	水分散粒剂	40%	小麦	一年生禾本科杂草	65～80 g	茎叶喷雾	江苏省农用激素工程技术研究中心有限公司
PD20183754	三甲苯草酮	原药	95%					江苏省常州沃富斯农化有限公司
PD20131934	三甲苯草酮	原药	95%					江苏省农用激素工程技术研究中心有限公司

合成方法 将 2,4,6-三甲基甲醛与丙酮缩合，得到的不饱和酮与丙二酸二乙酯反应，反应生成物经水解、环化、脱羧，得到 3-羟基-5-(2,4,6-三甲基苯基)-环己-2-烯-1-酮，该化合物在甲醇钠的存在下，与丙酸酐反应，得到 3-羟基-5-(2,4,6-三甲基苯基)-2-丙酰基-环己-2-烯-1-酮，最后再与乙氧胺盐酸盐反应，即得三甲苯草酮。反应式如下：

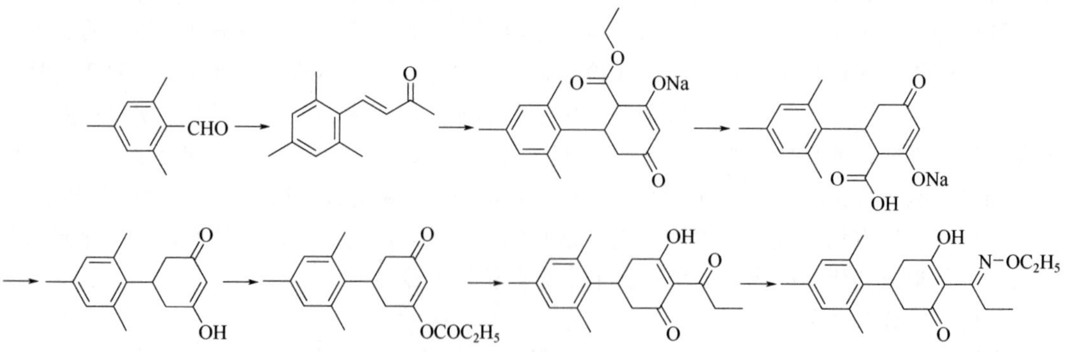

中间体 2,4,6-三甲基甲醛可通过如下反应制得：

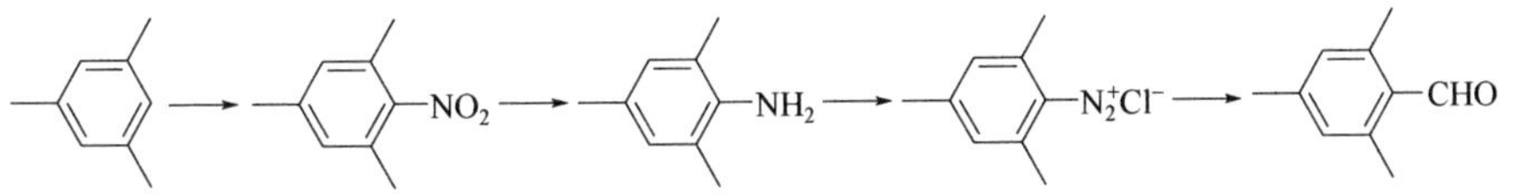

参考文献

[1] The Pesticide Manual. 17 th edition: 1121-1122.

[2] 林长福. 农药, 2009, 48(2): 153-155.

第十节
二苯醚类除草剂
（diphenyl ether herbicides）

一、创制经纬

二苯醚类化合物是通过随机合成筛选，然后进行结构优化而得到的一类除草化合物。

罗门哈斯公司科研人员在做酚类与氯代硝基苯反应时得到化合物 **10-1**，进一步研究发现化合物 **10-2**（除草醚，nitrofen），该除草剂于 1964 年商品化，后发现毒性等问题停产。化合物 **10-3**（草枯醚，chlornitrofen）是在化合物 **10-2** 的基础上发现的，化合物 **10-4** 是在化合物 **10-2** 与 **10-3** 的基础上发现的，均由日本三菱化学公司开发。

化合物 **10-7**（乙氧氟草醚，oxyfluorfen）是在化合物 **10-5** 的基础上 2,4-二氯取代苯基优化为 2-氯-4-三氟甲基发现的，罗门哈斯公司科研人员首先合成通式 **10-5** 的化合物，经优化得到 **10-7**，在此同时，Mobil（后归罗纳普朗克公司，现为安万特公司）也在进行此类化合物的研究，经研究两公司同时发现化合物 **10-8**（代号：RH-6201 和 MC-10978，三氟羧草醚，acifluorfen）。后安万特公司又发现化合物 **10-6**（甲羧除草醚，bifenox）。在 **10-8** 的基础上，后续又优化得到了化合物 **10-9**（氟磺胺草醚，fomesafen）和 **10-10**（乳氟禾草灵，lactofen）。其他该类化合物也是在上述有关化合物的基础上优化得到的。

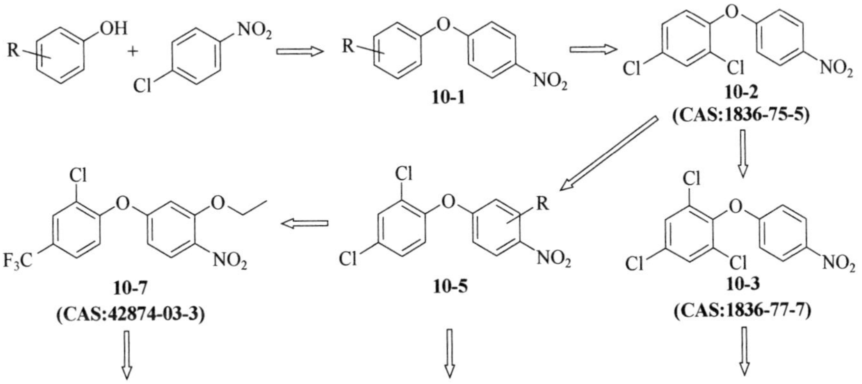

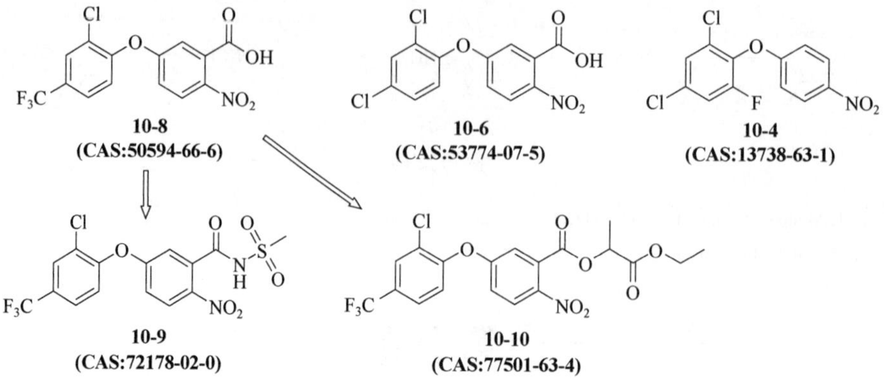

10-8
(CAS:50594-66-6)

10-6
(CAS:53774-07-5)

10-4
(CAS:13738-63-1)

10-9
(CAS:72178-02-0)

10-10
(CAS:77501-63-4)

二、主要品种

二苯醚类除草剂主要品种有 8 个，分别为苯草醚、三氟羧草醚、甲羧除草醚、氯氟草醚乙酯、乙羧氟草醚、氟磺胺草醚、乳氟禾草灵和乙氧氟草醚。除苯草醚（aclonifen）抑制 solanesyl diphosphate synthase 外，其余 7 个皆为原卟啉原氧化酶（PPO）抑制剂。

苯草醚（aclonifen）

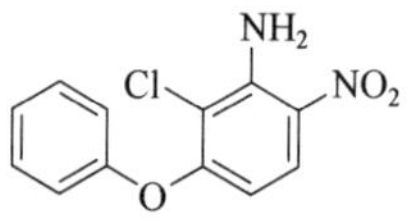

$C_{12}H_9ClN_2O_3$，264.7，74070-46-5

苯草醚（试验代号：CME 127、KUB 3359、LE84493，商品名称：Bandur、Challenge、Derby、Opalo）是由 Celamerck GmbH & Co.研制，后转给 Rhône-Poulenc Agrochimie（现拜耳公司）开发的二苯醚类除草剂。

化学名称 2-氯-6-硝基-3-苯氧基苯胺。英文化学名称 2-chloro-6-nitro-3-phoxyaniline。美国化学文摘（CA）系统名称 2-chloro-6-nitro-3-phenoxybenzenamine。CA 主题索引名称 ben-zenamine—, 2-chloro-6-nitro-3-phenoxy-。

理化性质 原药含量≥95%，黄色晶体，熔点 81～82℃，蒸气压 1.6×10^{-2} mPa（20℃）。堆积密度（20～25℃）1.46 g/cm³，分配系数 lgK_{ow}=4.37。Henry 常数 3.2×10^{-3} Pa·m³/mol。水中溶解度（20～25℃）1.4 mg/L。有机溶剂中溶解度（g/L，20～25℃）：甲醇 40、己烷 3、甲苯 338。见光缓慢分解。

毒性 大、小鼠急性经口 LD_{50}＞5000 mg/kg，大鼠急性经皮 LD_{50}＞5000 mg/kg，对兔的皮肤有轻微刺激性作用，但对兔的眼睛无刺激性作用。大鼠吸入 LC_{50}（4 h）＞5.06 mg/L 空气。NOEL 数据［mg/(kg·d)］：大鼠（90 d）28，狗（180 d）12.5。ADI/RfD（EC）0.07 mg/kg bw（2008），（BfR）0.01 mg/kg bw（2002），（法国）0.02 mg/kg。在 Ames 试验中无致突变性。对大鼠胚胎无致畸性。在 2000 mg/L 时，对超过两代大鼠的繁殖无影响。

生态效应 日本鹌鹑和金丝雀急性经口 LD_{50}＞15000 mg/kg bw。鱼类 LC_{50}（96 h，mg/L）：虹鳟鱼 0.67，鲤鱼 1.7。水蚤 EC_{50}（48 h）2.5 mg/L。藻类 EC_{50}（96 h）6.9 μg/L。对蜜蜂无

毒，LD_{50}（经口）＞100 μg/只。蚯蚓 LC_{50}（14 d）300mg/kg。

环境行为 ①动物。大鼠经口给药后，62%～65%从尿中排出，主要是以极性化合物的形式，无生物积累。②植物。在植物中，两个苯环均发生羟基化，DT_{50} 约为 14 d。③土壤/环境。在无菌水中，pH 值为 3～9 稳定存在。在存在微生物的水中 DT_{50} 约为 1 个月。在土壤中 DT_{50} 为 36～80 d（22℃）。K_{oc} 5318～12164。不易浸出，−0.13＜GUS（groundwater ubiquity score，地下水污染指数）＜0.64。

剂型 悬浮剂。

主要生产商 Bayer、Ukravit。

作用机理与特点 抑制 solanesyl diphosphate synthase。具有内吸性的选择性除草剂。

应用

（1）**适宜作物与安全性** 冬小麦、马铃薯、向日葵、豆类、胡萝卜、玉米等。对马铃薯、向日葵、豆类安全，高剂量下对禾谷类作物可能产生药害。

（2）**防除对象** 主要用于防除马铃薯、向日葵和冬小麦田中禾本科杂草和阔叶杂草如鼠尾看麦娘、知风草、猪殃殃、野芝麻、田野勿忘我、繁缕、常春藤叶婆婆纳和波斯水苦荬以及田堇菜等。

（3）**使用方法** 主要用于苗前除草。使用剂量为 2400 g (a.i.)/hm²［亩用量为 160 g (a.i.)］。苯草醚对猪殃殃这样一类重要杂草的防效与对照药剂嗪草酮相比，或是相等或是略高。在豌豆、胡萝卜和蚕豆田的试验表明，以 2400 g (a.i.)/hm²［亩用量为 160 (a.i.)］施用时，对鼠尾看麦娘的防效为 90%，对知风草的防效为 97%，与对照药剂绿麦隆相当。对猪殃殃、野芝麻、田野勿忘我、繁缕、常春藤叶婆婆纳和波斯水苦荬以及田堇菜等亦有很好的活性，对母菊、荞麦蔓的活性稍低。

专利概况

专利名称 2-Chlor-6-nitroaniline

专利号 DE 2831262 优先权日 1978-07-15

专利申请人 Celamerck GmbH & Co. KG。

合成方法 2,3,4-三氯硝基苯在压力釜中与氨气反应得到 2,3-二氯-6-硝基苯胺，随后在乙腈中与酚钠反应得到苯草醚。

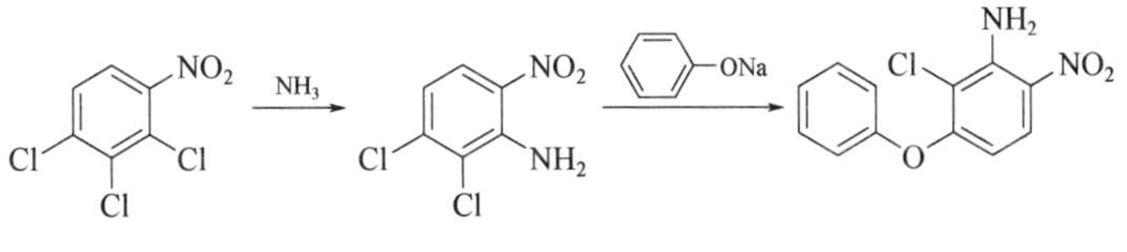

参考文献

[1] The Pesticide Manual.17 th edition: 16-17.

[2] 王芳, 徐浩, 王根林, 等. 农药, 2019, 58(10): 711-713.

三氟羧草醚（acifluorfen）

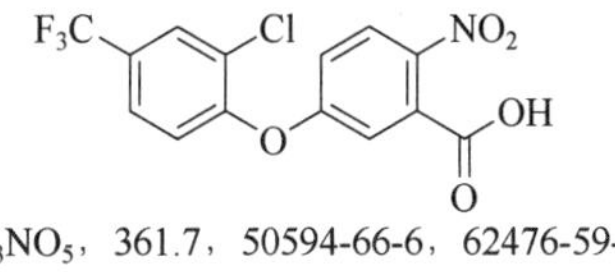

$C_{14}H_7ClF_3NO_5$，361.7，50594-66-6，62476-59-9(钠盐)

三氟羧草醚［商品名称：Doble、Galaxy、Storm，其他名称：杂草焚。三氟羧草醚钠盐（acifluorfen-sodium），试验代号：BAS 9048H、MC 10978、RH-6201，商品名称：Blazer，其他名称：Ultra Blazer］是由美孚（Mobil Chemical Co.）和罗门哈斯公司（Rohm & Haas Co.）开发的二苯醚类除草剂。

化学名称　三氟羧草醚　5-(2-氯-α,α,α-三氟对甲苯氧基)-2-硝基苯甲酸。英文化学名称5-(2-chloro-α,α,α-trifluoro-p-tolyloxy)-2-nitrobenzoic acid。美国化学文摘（CA）系统名称 5-(2-chloro-4-(trifluoromethyl)phenoxy)-2-nitrobenzoic acid。CA 主题索引名称 benzoic acid—, 5-[2-chloro-4-(trifluoromethyl)phenoxy]-2-nitro-。

三氟羧草醚钠盐　5-(2-氯-α,α,α-三氟对甲苯氧基)-2-硝基苯甲酸钠。英文化学名称 sodium 5-[(2-chloro-α,α,α-trifluoro-p-tolyl)oxy]-2-nitrobenzoate。美国化学文摘（CA）系统名称 sodium 5-[2-chloro-4-(trifluoromethyl)phenoxy]-2-nitrobenzoate。CA 主题索引名称 benzoic acid—, 5-[2-chloro-4-(trifluoromethyl)phenoxy]-2-nitro-, sodium salt。

理化性质　三氟羧草醚　浅棕色固体，熔点 142～160℃。相对密度（20～25℃）1.546。蒸气压<0.01 mPa（20℃）。水中溶解度（20～25℃）120 mg/L。常见有机溶剂中溶解度（g/L，20～25℃）：丙酮 471，二氯甲烷 66，乙醇 395，煤油和二甲苯<9。稳定性：235℃分解，在 pH 3～9（40℃）下稳定。在紫外线下分解，DT_{50} 大约 110 h。

三氟羧草醚钠盐　原药一般在固体中不能单独存在，通常为 44%［w/w(a.i.)］的水溶液。干燥纯品为淡黄色带有轻微的防腐剂气味。熔点 274～278℃（分解），蒸气压<0.01 mPa（20℃）。分配系数 $\lg K_{ow}$=1.19（pH 5），Henry 常数<6.18×10^{-9} Pa·m^3/mol（计算值）。堆积密度 0.4～0.5 g/cm^3（20～25℃）。pK_a(20～25℃)=3.86。水中溶解度（mg/L，20～25℃）：6.207×10^5（蒸馏水），6.081×10^5（pH 7），6.071×10^5（pH 9）。有机溶剂中溶解度（g/L，20～25℃）：辛醇 53.7，甲醇 641.5，己烷<5×10^{-4}。水溶液中 20～25℃稳定存在超过 2 年。

毒性　三氟羧草醚钠盐　急性经口 LD_{50}（mg/kg，原药水溶液）：大鼠 1540，雌小鼠 1370，兔 1590。兔急性经皮 LD_{50}>2000 mg/kg，对兔皮肤有中等刺激性，对兔的眼睛有强刺激性作用（原药水溶液）。大鼠急性吸入 LC_{50}（4 h）>6.91 mg/L 空气（原药水溶液）。NOEL 值：大鼠 NOAEL（2 代）1.25 mg/kg bw（EPA），小鼠 NOEL 为 7.5 mg/L（原药水溶液）。ADI/RfD（EPA）aRfD 0.2 mg/kg bw，最低 cRfD 为 0.013 mg/kg bw。其他：在 Ames 试验和小鼠淋巴瘤试验中未观察到致突变性。

生态效应　三氟羧草醚钠盐　山齿鹑急性经口 LD_{50} 325 mg/kg，山齿鹑和野鸭 LC_{50}（8 d）>5620 mg/kg 饲料。鱼类 LC_{50}（96 h，mg/L）：虹鳟鱼 17，大翻车鱼 62。水蚤 EC_{50}（48 h）77 mg/L。藻类 EC_{50}（μg/L）：羊角月牙藻>260，鱼腥藻>350。草虾 EC_{50}（96 h）189 mg/L。蚯蚓 LC_{50}（14 d）>1800 mg/kg 培养基。其他有益生物：对固氮菌最低抑制浓度>1000 mg/L，对枯草芽孢杆菌最低抑制浓度为 1000 mg/L。

环境行为　①动物。大鼠经口摄入后，快速且几乎完全被吸收和代谢。多次应用不会引起累积效应。皮肤吸收很低，三氟羧草醚钠盐被认定对水生和陆生的野生动物没有实质性的危害。②植物。在植物体内不能传导，在表面或接近表面的地方降解，DT_{50} 约为 1 周。代谢迅速和广泛，主要通过氨基化、羟基化和羧基化作用。③土壤/环境。有效成分快速降解，DT_{50} 为 108 d（沙壤土）至 200 d（黏壤土），主要形成结合残留物和高极性代谢产物。通过微生物作用进行降解，也在土壤表面发生光解。在土壤中不发生累积。吸附 K_{oc} 为 44～684，K_d 值 0.13～1.98，解析 K_{oc} 为 131～1955，K_d 为 0.39～4.6。三氟羧草醚在水中黑暗情况下是稳定的，但在光中它迅速降解，DT_{50} 约为 2 h，生成物主要为 CO_2。

剂型　水剂、微乳剂。

主要生产商　江苏长青农化南通有限公司、辽宁省大连松辽化工有限公司、内蒙古佳瑞米精细化工有限公司、山东省青岛瀚生生物科技股份有限公司、上虞颖泰精细化工有限公司。

作用机理与特点　三氟羧草醚钠盐：原卟啉原氧化酶抑制剂。选择性触杀型除草剂，通过根和叶吸收，在植物体内很少传导。光照可提高活性。

应用

（1）适宜作物与安全性　大豆、花生、水稻。杂草和大豆间的选择性主要由三氟羧草醚的用量决定，其次是大豆品种，因此施药要坚持标准作业，喷雾要均匀。用药量过高或遇不良环境条件，如低洼地、排水不良、低温高湿、田间长期积水、病虫害等易造成大豆生长发育不良；大豆易受药害，轻者叶片皱缩，出现枯斑，严重的整个叶片枯焦。一般1～2周恢复正常，严重的可造成贪青晚熟。因其在土壤中半衰期为30～60 d，故对后茬作物安全。

（2）防除对象　主要用于防除一年生阔叶杂草如龙葵、豚草、苘麻、卷茎蓼、酸模叶蓼、柳叶刺蓼、节蓼、藜、苍耳、铁苋菜、反枝苋、凹头苋、刺苋、马齿苋、曼陀罗、鸭跖草、粟米草、鬼针、狼杷草、水棘针、裂叶牵牛、圆叶牵牛、香薷草等，对多年生的苣荬菜、刺儿菜、大蓟、问荆等亦有较强的抑制作用。

（3）应用技术　①施药适期为大豆苗后3片复叶期以前，阔叶杂草2～4叶期，一般株高5～10 cm。施药过晚，大豆3片复叶期以后施药药效不好，不仅对苍耳、藜、鸭跖草效果不佳，而且大豆抗性减弱，加重药害，导致减产。②大豆生长在不良的环境中，如遇干旱、水淹、肥料过多或土壤中含过多盐碱、霜冻、最高日温低于21℃或土温低于15℃均不宜施用三氟羧草醚，以免造成药害。③土壤温度、水分适宜的条件下施药效果好，空气相对湿度低于65%，土壤干旱，最高日温低于21℃或土壤温度低于15℃不宜施药。温度超过27℃也不宜施药。施药后最好6 h不降雨，以免影响药效。施药要选早晚气温低、风小时进行，上午9时至下午3时停止施药。

（4）使用方法　三氟羧草醚是触杀型苗后用除草剂，大豆田使用剂量为380～420 g(a.i.)/hm²〔亩用量为25.3～28 g(a.i.)〕，花生田使用剂量为600 g(a.i.)/hm²〔亩用量为40 g(a.i.)〕，水稻田使用剂量为180～320 g(a.i.)/hm²〔亩用量为12～21.4 g(a.i.)〕。大豆田每亩用21.4%三氟羧草醚67～100 mL，每亩喷液量人工背负式喷雾器20～33 L，拖拉机喷雾机每亩13 L。不能用超低容量喷雾器或背负式机动喷雾器等进行超低容量喷雾或低容量喷雾。人工施药应选扇形喷头，不能左右甩动施药，以保证喷洒均匀。为扩大杀草谱，提高对大豆的安全性，大豆苗前用氟乐灵、灭草猛、异丙甲草胺、甲草胺等处理，苗后早期配合使用三氟羧草醚，或药后与防除禾本科杂草的吡氟氯禾灵、吡氟禾草灵等先后使用。

为提高对苣荬菜、刺儿菜、大蓟、问荆、藜、苍耳、鸭跖草等阔叶杂草的防除活性，可与灭草松混用。每亩用药量为21.4%三氟羧草醚50 mL加48%灭草松100 mL。

三氟羧草醚也可与某些防除禾本科杂草的除草剂混用，提高对禾本科杂草的防除效果。三氟羧草醚与精吡氟氯禾灵、精喹禾灵混用，对大豆药害不增加，药效亦好。每亩用药量为21.4%三氟羧草醚67～100 mL加10.8%精吡氟氯禾灵30～35 mL或5%精喹禾灵50～67 mL。三氟羧草醚不可与禾草克混用，两者混用对大豆药害加重。三氟羧草醚与烯禾啶机油乳剂混用对大豆药害略有增加，最好间隔一天分期施药。为抢农时，在环境及气候好的条件下也可混用，每亩用21.4%三氟羧草醚67～100 mL加12.5%烯禾啶83～100 mL。三氟羧草醚还可与精噁唑禾草灵、烯草酮、喹禾糠酯等混用。

近年试验，将三氟羧草醚和另一种防阔叶草除草剂降低用量再与防禾本科杂草除草剂混用，在不良环境条件下，对大豆安全性好，杀草谱广，推荐下列配方供试验示范。

每亩用 21.4%三氟羧草醚 33～40 mL 加 12.5%烯禾啶 50～67 mL（或 15%精吡氟禾草灵 35～40 mL 或 10.8%精吡氟氯禾灵 20～25 mL）加 48%异噁草酮 40～50 mL。

每亩用 21.4%三氟羧草醚 33～40 mL 加 10.8%精吡氟氯禾灵 30～35 mL 加 48%灭草松 100 mL。

每亩用 21.4%三氟羧草醚 33～40 mL 加 48%灭草松 100 mL 加 12.5%烯禾啶 85～100 mL（或 15%精吡氟禾草灵 50～67 mL）。

专利概况

专利名称　Herbicidal 4-trifluoromethyl-4′-nitrodiphenyl ethers

专利号　DE 2311638　　　　优先权日　1972-03-14

专利申请人　Rohm & Hass Co.

工艺专利　JP 7548129、US 4031131、US 4046798、US 4093446、CA 1079303 等。

登记情况　三氟羧草醚在中国登记有 80%、88%、95%、96%的原药，单剂有 14.8%、21.4% 水剂和 28%微乳剂等。登记场所为大豆田，用于防除一年生禾本科杂草。混剂的主要剂型有水剂、可溶液剂、乳油等。部分登记情况见表 3-62。

表 3-62　三氟羧草醚在中国部分登记情况

登记证号	农药名称	剂型	含量	登记场所	防治对象	用药量 /[mL(制剂)/亩]	施用方法	登记证持有人
PD65-88	三氟羧草醚	水剂	21.4%	大豆田	阔叶杂草	112～150	喷雾	印度联合磷化物有限公司
PD20130562	三氟羧草醚	微乳剂	28%	大豆田		85～115	茎叶喷雾	辽宁省大连松辽化工有限公司
PD20091743	三氟羧草醚	水剂	21.4%	大豆田	一年生阔叶杂草	112～150	喷雾	山东省青岛瀚生生物科技股份有限公司
PD20183472	氟醚·灭草松	水剂	灭草松 360 g/L+三氟羧草醚 80 g/L	春大豆田		120～150	茎叶喷雾	河南瀚斯作物保护有限公司
PD20096225	三氟羧草醚	原药	96%					上虞颖泰精细化工有限公司

合成方法　三氟羧草醚合成方法主要有两种，主要原料为 3,4-二氯三氟甲苯、间羟基苯甲酸及间甲酚：

方法 1：以 3,4-二氯三氟甲苯、间羟基苯甲酸为起始原料，醚化，再与硝酸反应即得目的物。反应式如下：

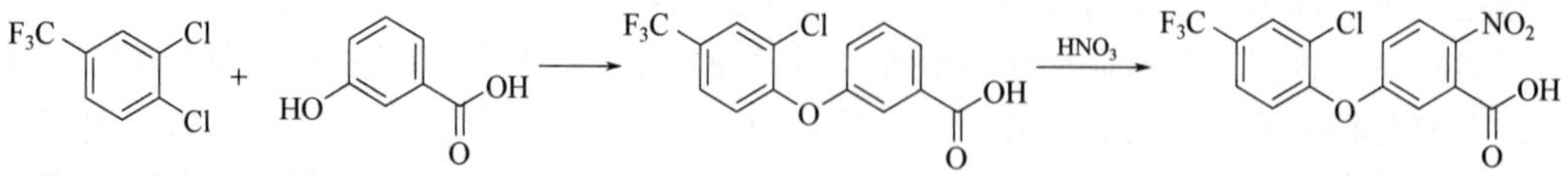

方法 2：以 3,4-二氯三氟甲苯、间甲酚为起始原料，首先经醚化，再氧化，最后硝化得目的物。反应式如下：

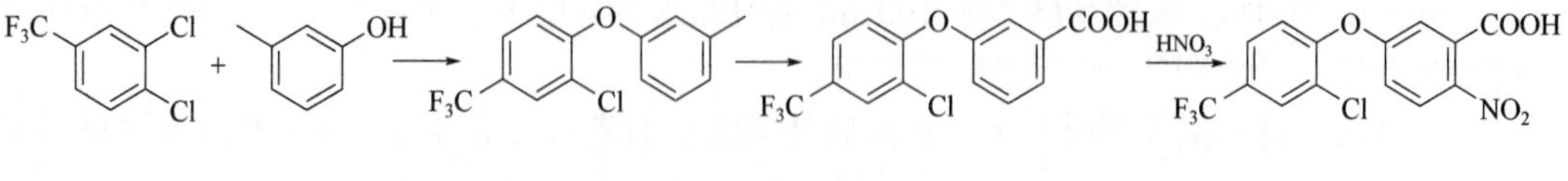

参考文献

[1] The Pesticide Manual. 17 th edition: 14-16.
[2] 王中洋, 李京海, 袁军. 化工中间体, 2012(12): 53-56.
[3] 张海滨, 沈书群, 周昌宏, 等. 浙江化工, 2005(1): 19-20.

甲羧除草醚（bifenox）

$C_{14}H_9Cl_2NO_5$，342.1，42576-02-3

甲羧除草醚（试验代号：MC-4379、MCTR-1-79、MCTR-12-79，商品名称：Modown）由 W. M. Dest 等首次报道，先后由 Mobil Chemical Co.和 Agrochemical Division（现安万特公司）、Eli Lilly & Co.（农化业务被 Dow AgroSciences 收购）开发，2000 年安万特将产品权益售予 Feinchemie Schwebda GmbH，属于二苯醚类除草剂。

化学名称　5-(2,4-二氯苯氧基)-2-硝基苯甲酸甲酯。英文化学名称 methyl 5-(2,4-dichloro-phenoxy)-2-nitrobenzoate。美国化学文摘（CA）系统名称 methyl 5-(2,4-dichlorophenoxy)-2-nitrobenzoate。CA 主题索引名称 benzoic acid—, 5-(2,4-dichlorophenoxy)-2-nitro-methyl ester。

理化性质　原药含量≥97%。黄色晶体，有轻微芳香气味。熔点 84～86℃，蒸气压 0.32 mPa（30℃）。堆积密度 0.65 g/cm³（20～25℃），分配系数 $\lg K_{ow}$=4.5。Henry 常数 $1.14×10^{-2}$ Pa·m³/mol。水中溶解度（20～25℃）0.35 mg/L。有机溶剂中溶解度（g/L，20～25℃）：丙酮 310，氯苯 440，二甲苯 260，乙醇<40，微溶于脂肪烃类。热稳定性高达 175℃，高于 290℃完全分解。在 22℃，pH 5.0～7.3 的水溶液中稳定，pH 9.0 时迅速水解。饱和水溶液中，250～400 nm 下 DT_{50} 24 min，土壤中 5 h 形成薄膜。

毒性　原药急性经口 LD_{50}：大鼠＞5000 mg/kg，小鼠 4556 mg/kg。兔急性经皮 LD_{50}＞2000 mg/kg。不刺激皮肤和眼睛。大鼠吸入 LC_{50}＞0.91 mg/L 空气。NOEL 饲喂（2 年）：大鼠 80，狗 145，小鼠 30 mg/(kg·d)。ADI/RID（EFSA）0.3 mg/kg bw（2007），（EPA）0.15 mg/kg bw（未验证），Ames 试验、小鼠淋巴瘤细胞试验未发现致突变性，无致畸性。

生态效应　鸭和雉鸡饲喂 LC_{50}(8 d)＞5000 mg/kg 饲料。虹鳟鱼 LC_{50}(96 h)＞0.67 mg/L，大翻车鱼 0.27 mg/L。水蚤 LC_{50}(48 h) 0.66 mg/L。草虾 LC_{50}(96 h) 569 mg/L，糠虾 0.065 mg/L，东方牡蛎（48 h）210mg/L。蜜蜂 LD_{50}（接触）＞1000 µg/只。蚯蚓 EC_{50} 和 NOEC＞1000 mg/kg。

环境行为　①动物。甲羧除草醚在体内相对快速地被吸收和分解；尿内主要代谢物是 5-(2,4 二氯苯基)-2-硝基苯甲酸，未检出甲羧除草醚。粪便中可检出甲羧除草醚和 5-(2,4-二氯苯基)-2-氨基苯甲酸酯。②土壤/环境。土壤 DT_{50} 5～7 d，残效期 7～8 周。主要是化学与生物降解，两种降解物是 5-(2,4-二氯苯基)-2-硝基苯甲酸和 5-(2,4-氯苯基)-2-氨基苯甲酸甲酯。在土壤中迁移：K_d 50～300；K_{oc} 500～23000。

剂型　乳油、颗粒剂、悬浮剂、可湿性粉剂。

主要生产商　Feinchemie Schwebda。

作用机理与特点　原卟啉原氧化酶抑制剂。选择性除草剂，被叶面、嫩芽和根系吸收，从根部有限地向叶面和嫩芽传导。

257

应用 用于谷物（如玉米、高粱、水稻）、大豆和其他作物田防除一年生阔叶杂草和窄叶杂草，剂量 0.75～1 kg/hm²，种植前、芽前或芽后直接使用。常与其他除草剂混用以扩大杀草谱。

专利概况

专利名称 Halophenoxy benzoic acid herbicides

专利号 US 3652645　　　　优先权日 1969-04-25

专利申请人 Mobil Chemical Co.。

登记情况 江苏辉丰生物农业股份有限公司曾在中国登记了甲羧除草醚 97%原药，于 2019 年过期，目前中国未有甲羧除草醚相关产品获得登记。

合成方法 以间氯甲苯和 2,4-二氯苯酚为起始原料合成甲羧除草醚。

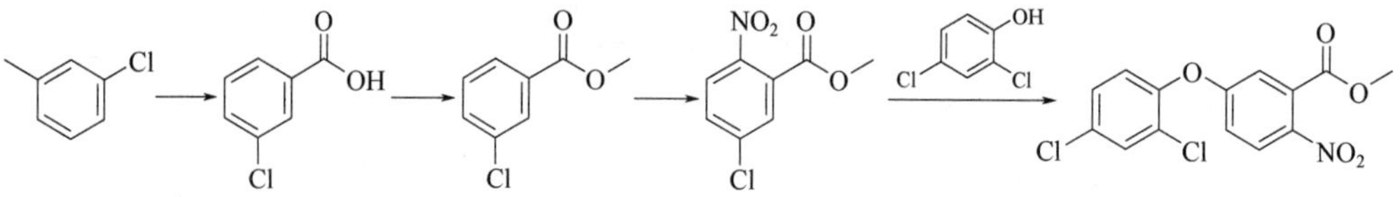

参考文献

[1] The Pesticide Manual.17 th edition: 105-106.

[2] 薛超, 宁斌科, 刘军, 等. 农药科学与管理, 2011, 32(3): 20-22.

氯氟草醚乙酯（ethoxyfen-ethyl）

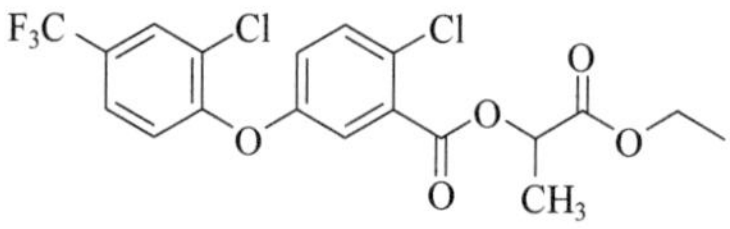

$C_{19}H_{15}Cl_2F_3O_5$, 450.1, 131086-42-5

氯氟草醚乙酯（试验代号：HC-252，商品名称：Buvirex，其他名称：氟乳醚）是由匈牙利 Budapest 化学公司开发的二苯醚类除草剂。

化学名称 O-[2-氯-5-(2-氯-α,α,α-三氟-p-甲苯基氧)苯甲酰基]-L-乳酸乙酯。英文化学名称 ethyl O-[2-chloro-5-(2-chloro-α,α,α-trifluoro-p-toyloxy)benzoyl]-L-lactate。美国化学文摘（CA）系统名称 ethyl (1S)-[2-chloro-5-[2-chloro-4-(trifluoromethyl)phenoxy]benzoyl]lactate。CA 主题索引名称 benzoic acid—, 2-chloro-5-[2-chloro-4-(trifluoromethyl)phenoxy]-(1S)-2-ethoxy-1-methyl-2-oxoethyl ester。

理化性质 纯品为棕色，黏稠状液体。易溶于丙酮、甲醇和甲苯等有机溶剂。

毒性 急性经口 LD_{50}（mg/kg）：雄大鼠 843，雌大鼠 963，雄小鼠 1269，雌小鼠 1113。急性经皮 LD_{50}（mg/kg）：大鼠＞5000，兔＞2000。对兔皮肤无刺激性，对兔的眼睛有中度刺激性。大鼠急性吸入 LC_{50}（14 d，mg/L 空气）：雄性 9679，雌性 9344。无致突变性、无致畸性。

环境行为 土壤/环境。氯氟草醚乙酯为触杀性除草剂，在土壤及作物中无残留。

剂型 乳油。

作用机理与特点 原卟啉原氧化酶抑制剂。触杀型除草剂。施药后 15 d 内杂草即可死亡，大龄草先停止生长，最终死亡。

应用　氯氟草醚乙酯主要用于苗后防除大豆、小麦、大麦、花生、豌豆等中阔叶杂草如猪殃殃、苘麻、西风古、苍耳等。防除杂草最佳期是 2～5 叶期。使用剂量为 10～30 g (a.i.)/hm² [亩用量为 0.6～2 g (a.i.)]。

专利概况

专利名称　Novel herbicide composition

专利号　DE 3943015　　　　　　　专利申请日　1990-06-28

专利申请人　Budapesti Vegyimuevek。

合成方法　主要有如下三种方法：

方法 1：以 3,4-二氯三氟甲苯为起始原料，经醚化、碱解、酰氯化，再经酯化即得目的物。反应式为：

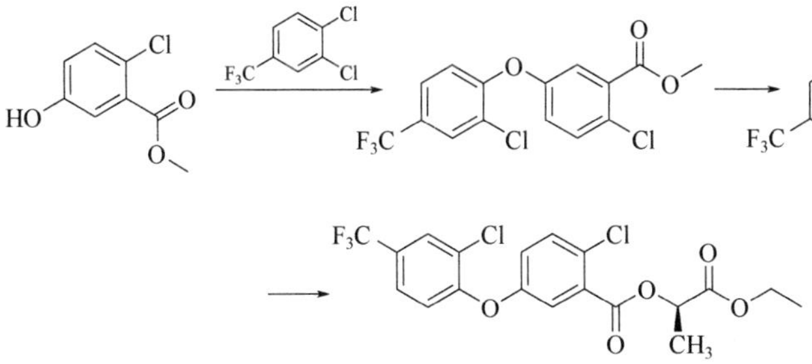

方法 2：以 3,4-二氯三氟甲苯为起始原料，经醚化、硝化、酯化、还原制得对应的苯胺，再经重氮化制得对应的氯化物，最后经水解、酰氯化、酯化即得目的物。反应式为：

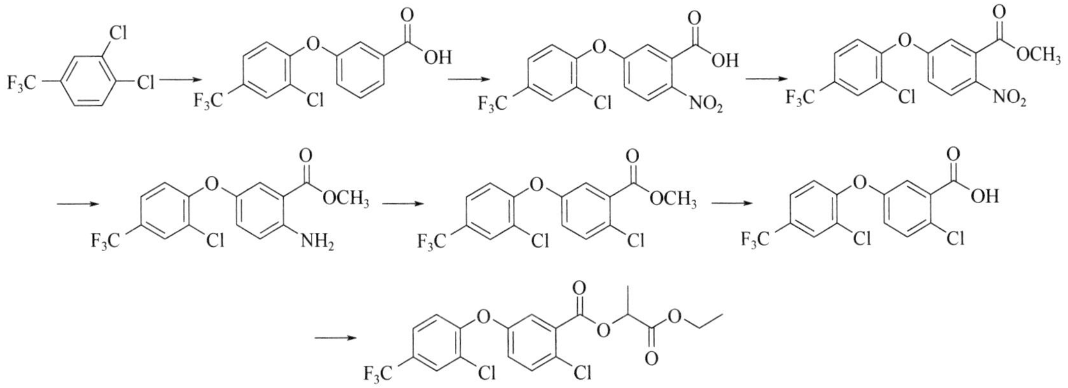

方法 3：以 3,4-二氯三氟甲苯为起始原料，经醚化、氯化、酰氯化，再经酯化即得目的物。反应式为：

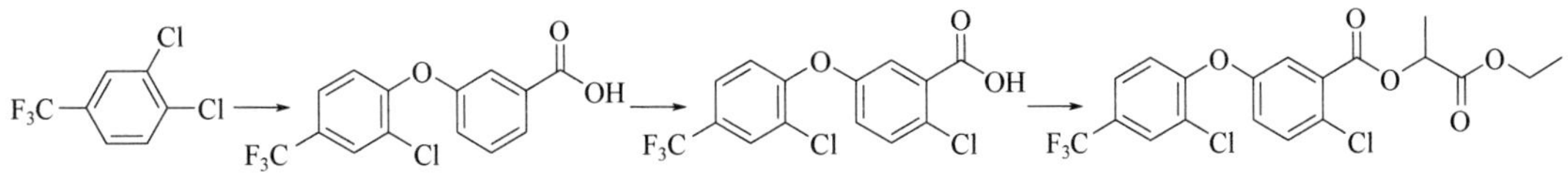

参考文献

[1] 张博. 含氟二苯醚类除草剂氯氟草醚乙酯的合成工艺研究. 北京：北京化工大学, 2008.

乙羧氟草醚（fluoroglycofen-ethyl）

$C_{18}H_{13}ClF_3NO_7$，447.8，77501-90-7，77501-60-1(酸)

乙羧氟草醚（试验代号：RH 0265，商品名称：Dougengcui，混剂：Compete Combi、Compete Super、Competitor、Estrad、Kuorum、Presto、Satis）是由罗门哈斯公司（现陶氏）开发的二苯醚类除草剂。

化学名称 O-[5-(2-氯-α,α,α-三氟-对-甲苯氧基)-2-硝基苯甲酰基]氧乙酸乙酯。英文化学名称 ethyl O-[5-(2-chloro-α,α,α-trifluoro-p-tolyloxy)-2-nitrobenzoyl]glycolate。美国化学文摘（CA）系统名称 ethoxycarboxymethyl 5-[2-chloro-4-(trifluoromethyl)phenoxy]-2-nitrobenzoate。CA 主题索引名称 benzoic acid—, 5-[2-chloro-4-(trifluoromethyl)phenoxy]-2-nitro-2-ethoxyl-2-oxoethyl ester。

理化性质 深琥珀色固体，熔点 65℃，相对密度 1.01（25℃），分配系数 lgK_{ow}=3.65。水中溶解度（20～25℃）0.6 mg/L。易溶于除环己烷外的大多数有机溶剂。0.25 mg/L 的水溶液在 22℃时 DT$_{50}$ 约 231 d（pH 5）、15 d（pH 7）、0.15 d（pH 9），其水悬浮液在紫外线下会迅速分解。

毒性 大鼠急性经口 LD$_{50}$1500 mg/kg，兔急性经皮 LD$_{50}$＞5000 mg/kg，对兔的皮肤和眼睛有轻微刺激性作用。大鼠急性吸入 LC$_{50}$（4 h）＞7.5 mg/L（乳油）。NOEL 狗（1 年）320 mg/kg 饲料，ADI/RfD（BfR）0.01 mg/kg bw（1993）。Ames 试验为阴性。

生态效应 山齿鹑急性经口 LD$_{50}$＞3160 mg/kg，山齿鹑和野鸭饲喂 LC$_{50}$（8 d）＞5000 mg (a.i.)/kg。大翻车鱼 LC$_{50}$（96 h）23 mg/L。水蚤 LC$_{50}$（48 d）30 mg/L。蜜蜂接触 LD$_{50}$＞100 μg/只。

环境行为 ①动物。酯水解和硝基还原。②植物。同动物。③土壤/环境。在土壤和水中，乙羧氟草醚迅速水解为相应的酸。土壤中，主要为微生物降解，DT$_{50}$（fluoroglycofen）约 11 h。K_{oc} 1364，DT$_{50}$ 7～21 d。

剂型 乳油、可湿性粉剂等。

主要生产商 Dow AgroSciences、黑龙江省牡丹江农垦朝阳化工有限公司、江苏长青农化股份有限公司、江苏省农药研究所股份有限公司、连云港立本作物科技有限公司、山东辉瀚生物科技有限公司等。

作用机理与特点 原卟啉原氧化酶抑制剂。选择性除草剂，茎叶和根部处理剂。不适合加工成悬浮剂。

应用

（1）适宜作物 小麦、大麦、燕麦、花生、水稻和大豆。

（2）防除对象 阔叶杂草和禾本科杂草（尤其是猪殃殃、堇菜和婆婆纳）。该药剂对多年生杂草无效。

（3）应用技术 苗后使用防除阔叶杂草，所需剂量相对较低。虽然该药剂苗前施用对敏感的双子叶杂草也有一些活性，但剂量必须高于苗后剂量的 2～10 倍。

（4）使用方法 以 60 g (a.i.)/hm² 苗前、苗后施用，可防除小麦、大麦、花生、大豆和稻田阔叶杂草和禾本科杂草，对猪殃殃、婆婆纳和堇菜有特效。另外，其还可与绿麦隆、异丙隆、2 甲 4 氯丙酸盐等除草剂混用。

专利概况

专利名称　Novel substituted nitrodiphenyl ethers, herbicidal compositions containing them, processes for the preparation thereof and the use thereof for combating weeds

专利号　EP 20052　　　优先权日　1979-05-16

专利申请人　Rohm & Hass

其他相关专利　EP 40898、US 4851034 等。

登记情况　乙羧氟草醚在中国登记了 95% 原药。单剂有 10%、15%、20% 乳油和 10% 微乳剂。主要登记作物为大豆和花生，用于防除一年生阔叶杂草。部分登记情况见表 3-63。

表 3-63　乙羧氟草醚在中国部分登记情况

登记证号	农药名称	剂型	含量	登记场所	防治对象	用药量 /[mL(制剂)/亩]	施用方法	登记证持有人
PD20180465	三氟羧草醚	乳油	10%	花生田	一年生阔叶杂草	30～50	茎叶喷雾	广东浩德作物科技有限公司
PD20172922	三氟羧草醚	乳油	10%	夏大豆田		30～50	茎叶喷雾	郑州大农药业有限公司
PD20150824	三氟羧草醚	微乳剂	10%	春大豆田		40～60	茎叶喷雾	吉林省八达农药有限公司
				夏大豆田		30～40		
PD20180355	乙羧·草铵膦	微乳剂	乙羧氟草醚 1%+草铵膦 19%	非耕地	杂草	120～150	茎叶喷雾	四川利尔作物科学有限公司
PD20110985	三氟羧草醚	原药	95%					江苏省农药研究所股份有限公司
PD20095919	三氟羧草醚	原药	95%					连云港立本作物科技有限公司

合成方法　3,4-二氯三氟甲基苯与间羟基苯甲酸反应，得到 3-(2-氯-4-(三氟甲基)苯氧基)苯甲酸，该化合物经硝化得到 5-(2-氯-4-(三氟甲基)苯氧基)-2-硝基苯甲酸，最后与 α-氯代乙酸乙酯在碳酸钾存在下于二甲基亚砜中反应，或酰氯化，然后与 2-羟基乙酸乙酯反应可制得乙羧氟草醚。反应式如下：

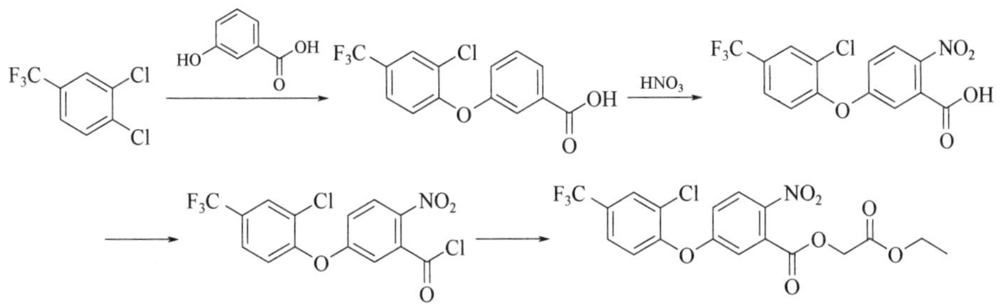

参考文献

[1]　The Pesticide Manual. 17 th edition: 522-523.

[2] 张远, 陈均坤. 今日农药, 2015(1): 21-22.

[3] 郭锐. 农药市场信息, 2019(16): 61.

氟磺胺草醚 （fomesafen）

$C_{15}H_{10}ClF_3N_2O_6S$，438.8，72178-02-0，108731-70-0(钠盐)

氟磺胺草醚 （试验代号：PP021，商品名称：flosil，其他名称：龙威、虎威）是由英国帝国化学工业公司（现先正达公司）开发的二苯醚类除草剂。氟磺胺草醚钠盐（fomesafen-sodium），商品名称：Flex、Flexstar、Reflex、Flexstar GT （混剂）。

化学名称 5-(2-氯-α,α,α-三氟对甲苯氧基)-N-甲磺酰基-2-硝基苯甲酰胺。英文化学名称 5-(2-chloro-α,α,α-trifluoro-p-tolyloxy)-N-methylsulfonyl-2-nitrobenzamide 或 5-(2-chloro-α,α,α-trifluoro-p-tolyloxy)-N-mesyl-2-nitrobenzamide。美国化学文摘（CA）系统名称 5-[2-chloro-4-(trifluoromethyl)phenoxy]-N-(methylsulfonyl)-2-nitrobenzamide。CA 主题索引名称 benzamide—, 5-[2-chloro-4-(trifluoromethyl)phenoxy]-N-(methylsulfonyl)-2-nitro-。

理化性质 白色固体，熔点 219℃，相对密度 1.61（20～25℃）。蒸气压＜$4×10^{-3}$ mPa（20℃），分配系数 lgK_{ow}=3.4(pH 4)。Henry 常数＜$2×10^{-7}$ Pa •m^3/mol(pH 7)。pK_a(20～25℃)=2.83。水中溶解度（mg/L，20～25℃）：约 50（蒸馏水），＜10（pH 1～2），10000（pH 9）。50℃下稳定存在 6 个月以上，见光分解，40℃下 pH 为 3 或 11 时稳定。水溶液光照下可稳定存在 32 d（pH 为 7、25℃）。

毒性 氟磺胺草醚 雄大鼠急性经口 LD$_{50}$＞2000 mg/kg。兔急性经皮 LD$_{50}$＞2000 mg/kg。对兔皮肤有轻度刺激性作用。对兔的眼睛严重刺激性作用。豚鼠皮肤无致敏性。雄大鼠吸入 LC$_{50}$（4 h）2.82 mg/L。NOEL 数据［mg/(kg • d)］：大鼠（2 年）5，小鼠（1.5 年）1（小鼠的肝脏肿瘤由于过氧物酶增加，与人无相关性），狗(0.5 年)1。ADI/RfD（EPA）cRfD 0.0025 mg/kg bw（2006），0.01 mg/kg。无遗传毒性和致癌性。

氟磺胺草醚钠盐 大鼠急性经口（mg/kg）：雄性 1860，雌性 1500。兔急性经皮＞780 mg/kg，无致癌性。

生态效应 野鸭急性经口 LD$_{50}$＞5000 mg/kg。野鸭和山齿鹑饲喂 LC$_{50}$（5 d）＞20000 mg/kg。鱼类 LC$_{50}$（mg/L，96 h）：虹鳟鱼 155，大翻车鱼 1375。水蚤 EC$_{50}$（48 h）330 mg/L。藻类 EC$_{50}$ 170 μg/L。蜜蜂 LD$_{50}$（μg/只）：经口＞50，接触＞100。

环境行为 ①植物。大豆中二苯醚键快速断裂生成无活性代谢物。②土壤/环境。在土壤中，有氧条件下降解缓慢，DT$_{50}$＞6 个月，但在厌氧条件下迅速降解，DT$_{50}$＜1～2 月。K_{oc} 34～164。光降解发生在土壤表面，DT$_{50}$ 为 100～104 d。在田间，平均 DT$_{50}$ 约为 15 周。氟磺胺草醚残留主要存在于 15 cm 上面的土壤表层，在更深的土壤中无累积。

剂型 微乳剂、乳油、水剂、水分散粒剂。

主要生产商 AGROFINA、Syngenta、江苏长青农化股份有限公司、江苏长青农化南通有限公司、江苏丰华化学工业有限公司、江苏联化科技有限公司、江苏中旗科技股份有限公司、连云港立本作物科技有限公司、辽宁先达农业科学有限公司、山东滨农科技有限公司、山东科源化工有限公司、山东潍坊润丰化工股份有限公司等。

作用机理与特点 原卟啉原氧化酶抑制剂。选择性除草剂，通过叶片和根吸收，强烈限制在韧皮部传导。苗后早期使用，防除大豆田阔叶杂草，使用剂量 200～400 g/hm²。

应用

（1）适宜作物与安全性 用于大豆田、果树、橡胶种植园、豆科覆盖作物。在推荐剂量下对大豆安全，对环境及后茬作物安全。

（2）防除对象 主要用于防除一年生和多年生阔叶杂草如苘麻、苍耳、刺黄花稔、猪殃殃、龙葵、狼杷草、蒿属杂草、鸭跖草、豚草、鬼针草、辣子草、铁苋菜、反枝苋、凹头苋、刺苋、马齿苋、田旋花、荠菜、刺儿菜、草决明、藜、小藜、大蓟、柳叶刺蓼、酸模叶蓼、节蓼、卷茎蓼、萹蓄、曼陀罗、裂叶牵牛、粟米草、野芥、酸浆属、水棘针、香薷、田菁、车轴草属、鳢肠、自生油菜等。在推荐剂量对禾本科杂草防效差。

（3）应用技术 ①大豆出苗后一年生阔叶杂草 2～4 叶期、大多数杂草出齐时茎叶处理，过早施药杂草出苗不齐，后出苗的杂草还需再施一遍药或采取其他灭草措施。过晚施药杂草抗性增强，需增加用药量。②氟磺胺草醚在土壤中的残效期较长，当用药量高（每亩用有效成分超过 60 g 以上），于大豆苗前或苗后施药，防除大豆田禾本科和阔叶杂草虽有很好的效果，但氟磺胺草醚在土壤中残效长，对后茬作物如白菜、谷子、高粱、甜菜、向日葵、玉米、油菜、小麦、亚麻等均有不同程度药害，故不推荐使用高剂量。③在高温或低洼地排水不良、低温高湿、田间长期积水病虫危害影响大豆生育环境条件下施用氟磺胺草醚易对大豆造成药害，但在 1 周后可恢复正常，不影响后期生长和产量。④在土壤水分、空气湿度适宜时，有利于杂草对氟磺胺草醚的吸收传导，故应选择早晚无风或微风、气温低时施药。长期干旱、低温和空气相对湿度低于 65%时不宜施药。干旱时用药量应适当增加。施药前要注意天气预报，施药后应 4 h 内无雨。长期干旱，如近期有雨，待雨后田间土壤水分和湿度改善后再施药，虽然施药时间拖后，但药效会比雨前施药好。避免大风天及高温时施药，造成药液飘移或挥发降低药效。长期干旱、气温高时施药，应适当加大喷液量，保证除草效果。⑤玉米田套种大豆时，可使用氟磺胺草醚。大豆与其他敏感作物间作时，请勿使用氟磺胺草醚。⑥果树及种植园施药时，要避免将药液直接喷射到树上，尽量用低压喷雾，用保护罩定向喷雾。

（4）使用方法

① 单用。氟磺胺草醚是一种选择性除草剂，具有杀草谱宽、除草效果好、对大豆安全、大豆苗前苗后均可使用等优点。使用剂量通常为 250～600 g (a.i.)/hm²［亩用量为 16.67～40 g (a.i.)］。每亩用 25%氟磺胺草醚 67～100 mL（有效成分 17～25 g）。全田施药或苗带施药均可。人工背负式喷雾器每亩喷液量 20～30 L，拖拉机喷雾机 10～13 L。氟磺胺草醚加入非离子型表面活性剂（为喷液量的 0.1%，每 100 L 药液加入 100 mL），可提高杂草对氟磺胺草醚的吸收，特别是在干旱条件下药效更明显。氟磺胺草醚可与肥料混用，喷洒氟磺胺草醚同时每亩加入 330 g 尿素可提高除草效果 5%～10%。施药后结合机械中耕，加强田间管理有利于对后期杂草的控制。

采用高剂量 25%氟磺胺草醚水剂每亩 267～533 mL（有效成分 67～134 g）于大豆苗前施药，虽对稗草等一年生禾本科杂草有好的防除效果，但持效期长，对后茬作物如玉米、小麦、谷子、甜菜、油菜、白菜、高粱、向日葵、亚麻等生长均有影响，故不推荐使用高剂量。25%氟磺胺草醚水剂每亩 67～100 mL（有效成分 16.7～25 g）对大豆安全。对后作小麦、玉米、亚麻、高粱、向日葵无影响，但对耙茬播种甜菜、白菜、油菜的生长有影响。在大豆收获后深翻可减轻对后茬甜菜、白菜、油菜的影响。

② 混用。在大豆田间稗草、马唐、野燕麦、狗尾草、金狗尾草、野黍等禾本科杂草与阔

叶杂草同时发生时，氟磺胺草醚应与精吡氟禾草灵、精噁唑禾草灵、烯禾啶、精喹禾灵、精吡氟氯禾灵等除草剂混用。每亩用量如下：25%氟磺胺草醚 67～100 mL 加 15%精吡氟禾草灵 50～67 mL（或 6.9%精噁唑禾草灵浓乳剂 40～60 mL 或 8.05%精噁唑禾草灵乳油 40～50 mL 或 12.5%烯禾啶 83～100 mL 或 5%精喹禾灵 50～66 mL 或 10.8%精吡氟氯禾灵 33 mL）。

为提高对苣荬菜、大蓟、刺耳菜、问荆等多年生阔叶杂草的防效，可降低氟磺胺草醚用药量并与异噁草酮、灭草松等混用：

25%氟磺胺草醚 40～50 mL 加 48%异噁草酮 40～50 mL 加 15%精吡氟禾草灵 50～67 mL（或 12.5%烯禾啶 50～67 mL 或 10.8%精吡氟氯禾灵 30 mL 或 5%精喹禾灵 50～67 mL 或 6.9%精噁唑禾草灵浓乳剂 40～47 mL 或 8.05%精噁唑禾草灵乳油 33～40 mL）。

25%氟磺胺草醚 40～50 mL 加 48%灭草松 100 mL 加 15%精吡氟禾草灵 50～67 mL（或 12.5%烯禾啶 83～100 mL 或 10.8%精吡氟氯禾灵 35 mL 或 6.9%精噁唑禾草灵乳剂 47～60 mL 或 8.05%精噁唑禾草灵乳油 40～50 mL）。

专利概况

专利名称　Diphenyl ether compounds useful as herbicides; methods of using them, processes for preparing them, and herbicidal compositions containing them

专利号　EP 3416　　　　优先权日　1978-01-19

专利申请人　Imperial Chemical Industries Ltd.。

登记情况　氟磺胺草醚在中国登记了 95%、97%、98%原药。单剂有 12.8%、20%、30%微乳剂，20%乳油，16.8%、42%、48%、250 g/L 水剂，75%水分散粒剂，90%可溶粉剂等。主要登记场所为大豆田，用于防除一年生阔叶杂草。部分登记情况见表 3-64。

表 3-64　氟磺胺草醚在中国部分登记情况

登记证号	农药名称	剂型	含量	登记场所	防治对象	亩用药量（制剂）	施用方法	登记证持有人
PD69-88	氟磺胺草醚	水剂	250 g/L	春大豆田	一年生阔叶杂草	59～100 mL	喷雾	英国先正达有限公司
				夏大豆田		50～60 mL		
PD20184224	氟磺胺草醚	乳油	20%	春大豆田		80～90 mL	茎叶喷雾	山东富谦生物科技有限公司
PD20183335	氟磺胺草醚	微乳剂	30%	大豆田		40～80 mL	茎叶喷雾	吉林金秋农药有限公司
PD20170717	氟磺胺草醚	水分散粒剂	75%	春大豆田	一年生杂草	27～33 g	茎叶喷雾	江苏瑞邦农化股份有限公司
				夏大豆田		20～27 g		
PD20181960	氟磺胺草醚	原药	98%					山东滨农科技有限公司
PD20172806	氟磺胺草醚	原药	95%					江苏丰华化学工业有限公司

合成方法　三氟羧草醚与氯化亚砜反应，生成酰氯，再与甲基磺酰胺反应得到产品。

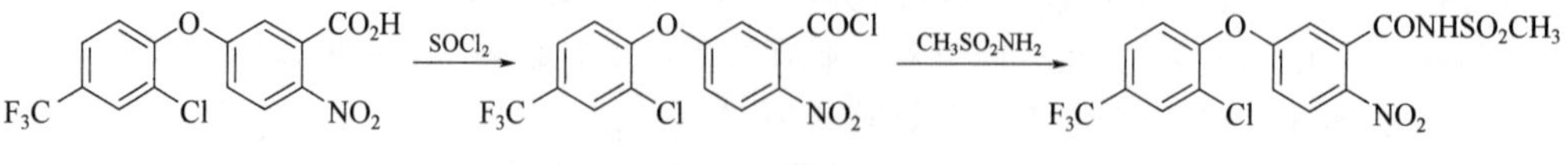

参考文献

[1] The Pesticide Manual. 17 th edition: 554-556.

[2] 陈均坤, 申宏伟. 化工管理, 2016(23): 237.

[3] 陆阳, 董超宇, 李春仁, 等. 化工技术与开发, 2006(11): 40-42+45.

乳氟禾草灵（lactofen）

$C_{19}H_{15}ClF_3NO_7$，461.8，77501-63-4

乳氟禾草灵（试验代号：PPG-844，商品名称：Cobra、Naja、克阔乐等）是由 PPG industries 公司研制开发的二苯醚类除草剂。

化学名称　O-[5-(2-氯-α,α,α-三氟-对-甲苯氧基)-2-硝基苯甲酰]-DL-乳酸乙酯。英文化学名称 ethyl O-[5-(2-chloro-α,α,α-trifluoro-p-tolyloxy)-2-nitrobenzoyl]-DL-lactate。美国化学文摘（CA）系统名称 2-ethoxy-1-methyl-2-oxoethyl 5-[2-chloro-4-(trifluoromethyl)phenoxy]-2-nitrobenzoate。CA 主题索引名称 benzoic acid—, 5-[2-chloro-4-(trifluoromethyl)phenoxy]-2-nitro-2-ethoxy-1-methyl-2-oxoethyl este。

理化性质　原药含量 74%～79%。深棕色至黄褐色，熔点 44～46℃。相对密度（20～25℃）1.391，蒸气压 9.3×10^{-3} mPa（20℃）。Henry 常数 4.56×10^{-3} Pa·m³/mol（计算）。水中溶解度＜1 mg/L（20～25℃）。在室温下 6 个月不会分解。闪点 93℃。

毒性　大鼠急性经口 LD$_{50}$＞5000 mg/kg，大鼠急性经皮 LD$_{50}$＞2000 mg/kg，制剂对兔眼有严重刺激。大鼠急性吸入 LC$_{50}$（4 h）＞5.3 mg/L。狗 NOAEL 0.79 mg/kg。ADI/RfD（EPA）aRfD 0.5 mg/kg，cRfD 0.008 mg/kg。

生态效应　鹌鹑急性经口 LD$_{50}$＞2510 mg/kg。野鸭和鹌鹑饲喂 LC$_{50}$（5 d）＞5620 mg/L。虹鳟鱼和大翻车鱼 LC$_{50}$（96 h）＞100 μg/L。水蚤 LD$_{50}$ 100 μg/kg。蜜蜂 LD$_{50}$（接触）＞160 μg/只。

环境行为　土壤/环境。微生物降解，DT$_{50}$ 3～7 d。K_{oc} 10000。

剂型　乳油。

主要生产商　Adama Brasil、Valent、黑龙江省佳木斯市恺乐农药有限公司、江苏长青农化股份有限公司、江苏中旗科技股份有限公司、山东省青岛瀚生生物科技股份有限公司、上虞颖泰精细化工有限公司等。

作用机理与特点　原卟啉原氧化酶抑制剂。苗前、苗后均有除草活性。

应用

（1）适宜作物与安全性　大豆、花生。在土壤中易被微生物降解。大豆对乳氟禾草灵有耐药性，但在不利于大豆生长发育的环境条件下，如高温、低洼地排水不良、低温、高湿、病虫危害等，易造成药害，症状为叶片皱缩，有灼伤斑点，一般 1 周后大豆恢复正常生长，对产量影响不大。

（2）防除对象　主要用于防除一年生阔叶杂草如苍耳、苘麻、龙葵、鸭跖草、豚草、狼杷草、鬼针草、辣子草、艾叶破布草、粟米草、地锦草、猩猩草、野西瓜苗、水棘针、香薷、铁苋菜、马齿苋、反枝苋、凹头苋、刺苋、地肤、荠菜、田芥菜、遏蓝菜、曼陀罗、藜、小藜、大果田菁、刺黄花稔、鳢肠、节蓼、柳叶刺蓼、卷茎蓼、酸模叶蓼等。在干旱条件下对苘麻、苍耳、藜的药效明显下降。

（3）应用技术　①苗后早期施药被杂草茎叶吸收，抑制光合作用，充足的光照有助于药效发挥。全田施药或苗带施药均可。②施药后，大豆茎叶可能出现枯斑式黄化现象，但这是暂时接触性药斑不影响新叶的生长。1～2 周便恢复正常，不影响产量。③杂草生长状况和气候都可影响乳氟禾草灵的活性。乳氟禾草灵对 4 叶期前生长旺盛的杂草活性高。当气温、土壤、水分有利于杂草生长时施药，药效得以充分发挥，反之低温、持续干旱影响药效。施药后连续阴天，没有足够的光照，也影响药效的迅速发挥。空气相对湿度低于 65%，土壤水分少、干旱及温度超过 27℃时不应施药。施药后最好半小时不降雨，以免影响药效。施药要选早晚气温低、风小时进行，上午 9 时到下午 3 时停止施药。大风天不要施药，施药时风速不要超过 5 m/s。④施药要坚持标准作业，喷雾要均匀。用药量过高或遇不良环境条件，如低洼地、排水不良、低温、高湿、田间长期积水、病虫危害等造成大豆生长发育不良，大豆易产生药害。

（4）使用方法　选择性苗后茎叶处理除草剂。

① 大豆田施药时期为大豆苗后 1～2 片复叶期、阔叶杂草 2～4 叶期、大多数杂草出齐时。过早施药由于杂草出苗不齐，后长出的杂草还需再施一遍或采取其他灭草措施。过晚杂草抗药性增强，需增加用药量，药效不佳。每亩用 24%乳氟禾草灵乳油 30～35 mL。杂草小、水分适宜用低剂量，杂草大、水分条件差用高剂量。人工背负式喷雾喷液量每亩 20～30 L，拖拉机牵引的喷雾机每亩 13 L。不能用超低容量或低容量喷雾。

混用：乳氟禾草灵可与精噁唑禾草灵、精吡氟氯禾灵、烯禾啶、异噁草酮、精吡氟禾草灵等混用。

乳氟禾草灵与精噁唑禾草灵混用，若乳氟禾草灵用常量，精噁唑禾草灵用高量，结果是混剂药效降低。若降低乳氟禾草灵用量，混剂药效好，虽表现出乳氟禾草灵触杀性药害，但一般不影响产量，每亩用 24%乳氟禾草灵 23～27 mL 加 6.9%精噁唑禾草灵 50～70 mL 或 8.05%精噁唑禾草灵 40～60 mL。

乳氟禾草灵与精吡氟氯禾灵混用，药害轻，可有效地防除禾本科杂草和一年生阔叶杂草。每亩用 24%乳氟禾草灵 27 mL 加 10.8%精吡氟氯禾灵 30～35 mL。

乳氟禾草灵与烯禾啶混用，药效增加，药害较重，但对产量无影响；最好降低乳氟禾草灵用药量。与烯禾啶混用能有效地防除禾本科和一年生阔叶杂草。每亩用 24%乳氟禾草灵 20～27 mL 加 12.5%烯禾啶机油乳剂 83～100 mL。

将乳氟禾草灵和另一种防阔叶杂草除草剂降低用药量再与防禾本科杂草除草剂混用，不仅对大豆安全性好，杀草谱宽，而且在不良环境条件下还对大豆安全。推荐下列配方：

24%乳氟禾草灵乳油 17 mL 加 48%异噁草酮乳油 50 mL 加 15%精吡氟禾草灵乳油 40 mL（或 5%精喹禾灵乳油 40 mL 或 10.8%精吡氟氯禾灵乳油 30 mL 或 6.9%精噁唑禾草灵浓乳剂 40～47 mL 或 8.05%精噁唑禾草灵乳油 30～40 mL）。

24%乳氟禾草灵乳油 17 mL 加 48%灭草松 100 mL 加 12.5%烯禾啶机油乳油 85～100 mL（或 15%精吡氟禾草灵乳油 50～67 mL 或 5%精喹禾灵乳油 50～67 mL 或 10.8%精吡氟氯禾灵乳油 35 mL 或 6.9%精噁唑禾草灵浓乳剂 50～70 mL 或 8.05%精噁唑禾草灵乳油 40～60 mL）。

24%乳氟禾草灵乳油 17 mL 加 25%氟磺胺草醚水剂 40～50 mL 加 12.5%烯禾啶机油乳油 83～100 mL（或 15%精吡氟禾草灵乳油 50～67 mL 或 5%精喹禾灵乳油 50～67 mL 或 6.9%精噁唑禾草灵浓乳剂 50～70 mL 或 8.05%精噁唑禾草灵乳油 40～60 mL）。

② 花生田施药时期为花生 1～2.5 片复叶期，阔叶杂草 2 叶期，大部分阔叶草出齐苗后施药。在华北及南方地区，夏花生每亩用 25～30 mL。根据不同杂草种类，请按当地植保部门推荐用药量。

专利概况

专利名称　Substituted nitrodiphenyl ethers and herbicidal compositions containing them

专利号　EP 20052　　　　**优先权日**　1979-05-16

专利申请人　Rohm & Haas Co.。

登记情况　乳氟禾草灵在中国登记了 80%、85%、95% 原药，单剂有 240 g/L 乳油。登记作物为大豆、花生，防治对象为一年生阔叶杂草。部分登记情况见表 3-65。

表 3-65　乳氟禾草灵在中国部分登记情况

登记证号	农药名称	剂型	含量	登记场所	防治对象	用药量 /[mL(制剂)/亩]	施用方法	登记证持有人
PD20184085	精喹·乳氟禾	乳油	11.8%	花生田	一年生杂草	30～40	茎叶喷雾	孟州传奇生物科技有限公司
PD20110817	乳氟禾草灵	乳油	240 g/L	花生田	一年生阔叶杂草	23～30	茎叶喷雾	济南仕邦农化有限公司
PD20097975	乳氟禾草灵	乳油	240 g/L	大豆田	一年生阔叶杂草	20～40	茎叶喷雾	山东滨农科技有限公司
				花生田		15～30		
PD20092073	乳氟禾草灵	原药	95%					青岛瀚生生物科技股份有限公司
PD20097196	乳氟禾草灵	原药	85%					江苏中旗科技股份有限公司

合成方法　主要有如下三种：

① 三氟羧草醚与 2-氯丙酸乙酯在碱的存在下反应制得乳氟禾草灵。

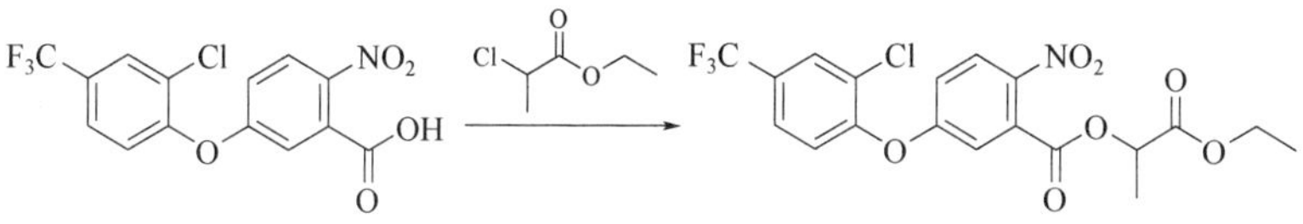

② 三氟羧草醚首先酰氯化，再与乳酸乙酯反应制得乳氟禾草灵。

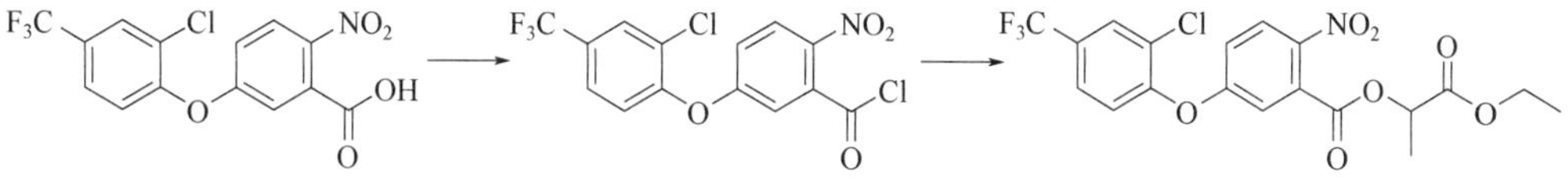

③ 后硝化方法。

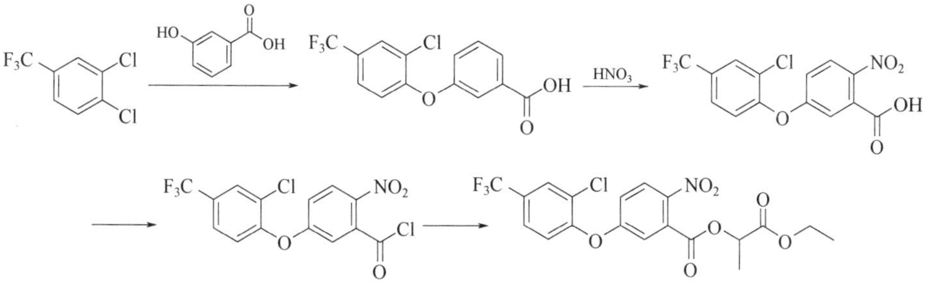

参考文献

[1] The Pesticide Manual. 17 th edition: 676-677.

[2] 赵君, 万国林. 广东化工, 2014, 41(9): 81.

乙氧氟草醚（oxyfluorfen）

$C_{15}H_{11}ClF_3NO_4$，361.7，42874-03-3

乙氧氟草醚（试验代号：RH-2915，商品名称：Akofen、Cusco、Fenfen、Galigan、Goal、Goldate、Hadaf、Toyoto、Ovni、果尔等）是由罗门哈斯（现陶氏）公司开发的二苯醚类除草剂。

化学名称　2-氯-α,α,α-三氟-对-甲苯基-3-乙氧基-4-硝基苯基醚。英文化学名称 2-chloro-α,α,α-trifluoro-p-tolyl-3-ethocy-4-nitro-phenyl ether。美国化学文摘（CA）系统名称 2-chloro-1-(3-ethoxy-4-nitrophenoxy)-4-(trifluoromethyl)benzene。CA 主题索引名称 benzene—, 2-chloro-1-(3-ethoxy-4-nitrophenoxy)-4-(trifluoromethyl)-。

理化性质　橙色结晶固体，熔点 85～90℃，沸点 358.2℃（分解），蒸气压 0.0267 mPa（25℃），相对密度 1.35（73℃）。分配系数 lgK_{ow}=4.47。Henry 常数 8.33×10^{-2} Pa·m^3/mol（25℃，计算）。水中溶解度 0.116 mg/L（20～25℃）。有机溶剂中溶解度（g/L，20～25℃）：丙酮 570、氯仿 750～800、环己酮 583、异佛尔酮 567、DMF＞500、亚异丙基丙酮 350～430。稳定性：pH 5～9（25℃），28 d 无明显水解。紫外线照射下迅速分解，DT$_{50}$ 3 d（室温），50℃下稳定。

毒性　大鼠和狗急性经口 LD$_{50}$＞5000 mg/kg，兔急性经皮 LD$_{50}$＞10000 mg/kg。对兔皮肤有轻度刺激性，对兔的眼睛有轻度至中等刺激性。大鼠急性吸入 LC$_{50}$（4 h）＞5.4 mg/L。NOEL（20 个月，mg/kg 饲料）：小鼠 2 [0.3 mg/(kg·d)]，大鼠 40，狗 100。AOEL（EU）0.013 mg/(kg·d)。ADI/RfD（EPA）cRfD 0.03 mg/kg bw（2002），（EU）0.003 mg/kg bw（2011）。

生态效应　山齿鹑急性 LD$_{50}$＞2150 mg/kg。野鸭和山齿鹑饲喂 LC$_{50}$（8 d）＞5000 mg/L。鱼 LC$_{50}$（96 h, mg/L）：大翻车鱼 0.2，虹鳟鱼 0.41，斑点叉尾鲴 0.4。水蚤 LC$_{50}$（48 h）1.5 mg (a.i.)/L。蜜蜂 LC$_{50}$ 0.025 mg (a.i.)/只。对蚯蚓无毒，经口 LC$_{50}$＞1000 mg/kg 土壤。

环境行为　①植物。在植物体内不容易代谢。②土壤/环境。被土壤强烈地吸附，不容易脱附，浸出可以忽略不计。K_{oc} 从 2891（沙土）至 32381（粉沙质黏壤土）。水中光解速度很快，在土壤中很慢。微生物降解不是主要因素。田间降解 DT$_{50}$ 5～55 d，土壤 DT$_{50}$（无光）：（有氧）292 d，（厌氧）约 580 d。

剂型　乳油、展膜油剂、悬浮剂、微乳剂等。

主要生产商　Dow AgroSciences、Makhteshim-Agan、江苏禾本生化有限公司、江苏省农用激素工程技术研究中心有限公司、江苏云帆化工有限公司、江苏中旗科技股份有限公司、内蒙古拜克生物有限公司、山东潍坊润丰化工股份有限公司、新西兰塔拉纳奇化学有限公司及一帆生物科技集团有限公司等。

作用机理与特点　原卟啉原氧化酶抑制剂。选择性触杀型除草剂。能被叶（特别是嫩芽）快速吸收，快于根的吸收速度。传导能力很差。亦可作为植物生长调节剂使用。对大豆、棉花可能产生药害。

应用

（1）适宜范围　水稻、棉花、麦类、油菜、洋葱、大蒜、茶园、果园以及幼林抚育等。

（2）防除对象　水田主要用于防除稗草、异型莎草、碎米莎草、鸭舌草、日照飘拂草、陌上菜、节节菜、牛毛毡、泽泻、三蕊沟繁缕、半边莲、水苋菜、千金子等，对水绵、水芹、萤蔺、矮慈姑、尖瓣花等亦有较好的防效。旱田主要用于防除龙葵、苍耳、苘麻、藜、马齿苋、田菁、曼陀罗、柳叶刺蓼、酸模叶蓼、反枝苋、凹头苋、刺黄花稔、繁缕、野芥、轮生粟米草、辣子草、硬草、千里光、荨麻、看麦娘、一年生甘薯属、一年生苦苣菜等。

（3）应用技术　①乙氧氟草醚为触杀型除草剂，无内吸活性，故喷药时要求均匀周到，施药剂量要准。②插秧田使用时，为防止乙氧氟草醚对水稻产生药害，药土法施用比喷雾安全，应在露水干后施药，施药田应整平。若田块高低差距很大，可以拦田埂分隔，同时要求在用药后严格控制水层，切忌水层过深淹没稻心叶。在移栽稻田使用，稻苗高应在 20 cm 以上，秧龄应为 30 d 以上的壮秧，气温达 20～30℃。③切忌在日温低于 20℃，土温低于 15℃或秧苗过小、嫩弱或遭伤害未能恢复的稻苗上施用。勿在暴雨来临之前施药，施药后遇大暴雨田间水层过深，需要排出深水层，保浅水层，以免伤害稻苗。因为干旱、暴雨或栽培措施不力造成细长秧苗、瘦弱秧苗的，这些田块不宜施用乙氧氟草醚。④初次使用时，应根据不同气候带，先经小规模试验，找出适合当地使用的最佳施药方法和最适剂量后，再大面积使用。

（4）使用方法

① 水稻田（限南方使用）　苗前和苗后早期施用效果最好，能防除阔叶杂草、莎草及稗，但对多年生杂草只有抑制作用。在水田里，施入水层中后在 24 h 内沉降在土表，水溶性极低，移动性较小，施药后很快吸附于 0～3 cm 表土层中，不易垂直向下移动，3 周内被土壤中的微生物分解成二氧化碳，在土壤中半衰期为 30 d 左右。

a. 移栽前施药　在南方稻区，水稻半旱式移栽田，稻苗移栽在起垄田上，经常处于垄台无水、垄沟有水的状态。田间湿生性杂草发生量较大，且以稗草、牛毛毡为主，在移栽前 2～3 d，每亩用 24%乙氧氟草醚 10 mL 加水 20～30 L 喷雾。

b. 大苗秧移栽田　施药时期为秧龄 30 d 以上、苗高 20 cm 以上，移栽后 3～7 d，主要防除稗草。以千金子、阔叶杂草、莎草为主的稻田移栽后 7～13 d 施药，每亩用 24%乙氧氟草醚 10～20 mL，加水 300～550 mL 配成母液，与 15 kg 细沙或土均匀混拌撒施。或将乙氧氟草醚每亩 10～20 mL 加水 1.5～2 L 装入盖上打有 2～4 个小孔的瓶内甩施，使药液均匀分布在水层中，施药后稳定水层 3～5 cm，保持 5～7 d。

c. 混用　施药时期为水稻移栽后，稗草 1.5 叶期前，每亩用 24%乙氧氟草醚 6 mL 加 10%吡嘧磺隆 6 g（或 12%噁草酮 60 mL 或 10%苄嘧磺隆 10 g）混用，用毒土法施药。防除 3 叶期前的稗草，每亩用 24%乙氧氟草醚 10 mL 加 96%禾草敌 75～100 mL。

② 麦田（南方冬麦田）　施药时期为在水稻收割后，麦类播种 9 d 以前，每亩用 24%乙氧氟草醚 12 mL 加水 15 L 喷雾。水稻收割后需及时灌水诱草早发，土表应湿润但不可积水。

混用：每亩用 24%乙氧氟草醚 5 mL 加 41%草甘膦 75 mL（或 25%绿麦隆 120g）。

③ 油菜田　施药时期为整地后油菜移栽前，每亩用 24%乙氧氟草醚 30～50 mL，对水 20～30 kg 均匀喷雾于土表，药后第 2～4 d 可移栽油菜。

④ 棉田

a. 棉花苗床　施药时期为棉花播种后覆土 1 cm 左右，每亩用 24%乙氧氟草醚 12～18 mL。沙质土用低剂量，加水 40 L 与 60%丁草胺 50 mL 混合喷雾。土表要湿润，但不可积水。薄膜离苗床高度不可太低，遇高温要及时揭膜，以免高温产生药害。

b．地膜覆盖棉田　施药时期为棉花播种覆土后盖膜前，每亩用24%乙氧氟草醚18～24 mL，加水40 L喷雾，沙质土用低剂量，要求土表湿润，但不可积水。施药应避开寒流到来之前。施药后如遇高温应及时破膜，将棉苗露出膜外，亦可苗带施药。

c．直播棉田　棉花播后苗前施药，土地要整平耙细，无大土块，每亩用24%乙氧氟草醚36～48 mL，加水40～50 L喷雾。沙质土用低剂量。若每亩用药量达72 mL，田间积水时，棉苗可能有轻微药害，但可恢复。若有5%棉苗出土，应停止施药。

d．移栽棉田　棉花移栽前施药，每亩用24%乙氧氟草醚40～90 mL，加水40～50 L喷雾。沙质土用低剂量，壤质土、黏质土用较高剂量。

⑤　大蒜　施药时期为大蒜播种后至立针期或大蒜苗后2叶1心期以后，杂草4叶期以前，避开大蒜1叶1心至2叶期，每亩用24%乙氧氟草醚48～72 mL，加水40～50 L喷雾。沙质上用低剂量，壤质土、黏质土用较高剂量。地膜大蒜每亩用24%乙氧氟草醚40 mL，用药前先播种，浅灌水，水干后施药再覆膜。盖草大蒜用法为先播种，盖草，杂草出齐后每亩用24%乙氧氟草醚67 mL喷雾，每亩用水10～20 L。防除牛繁缕、苍耳等石竹科或菊科杂草为主的大蒜地，在杂草子叶期施药。防除小旋花，在6～8叶期施药。防除看麦娘、硬草、野燕麦等禾本科杂草，在1～2叶期施药。前期露地栽培、后期拱棚盖膜保温、春节前收获青蒜的，应在播后苗前或大蒜立针期施药。以收获蒜苗和蒜头为目的，在杂草出齐后大蒜2叶1心至3叶期施药。禾本科杂草发生严重的地块，乙氧氟草醚可与氟乐灵、二甲戊灵、敌草胺混用。石竹科杂草发生严重的地块，乙氧氟草醚可与西玛津混用（棉蒜套种地不能用西玛津）。温度低于6℃时禁用乙氧氟草醚。大蒜1叶1心至2叶期施乙氧氟草醚易造成心叶折断或严重灼伤，不宜施用。2叶1心以后，大蒜叶片有褐色或白色斑点，对中后期大蒜生长无影响。白皮蒜比紫皮蒜对乙氧氟草醚耐药性强。

⑥　洋葱　直播洋葱2～3叶朗，每亩用24%乙氧氟草醚40～50 mL。移栽洋葱在移栽后6～10 d（洋葱3叶期后），每亩用24%乙氧氟草醚67～100 mL，加水40～50 L喷雾。禾本科杂草发生严重的地块，乙氧氟草醚可与二甲戊灵混用。温度低于6℃时停止施药。

⑦　花生　施药时期为花生播后苗前，每亩用24%乙氧氟草醚40～50 mL，加水40～50 L喷雾。

⑧　针叶苗圃　在针叶苗圃播种后立即进行土壤处理，每亩用24%乙氧氟草醚50 mL，加水40～50 L喷雾，对苗木安全。

⑨　茶园、果园、幼林抚育　施药时期为杂草4～5叶期，每亩用24%乙氧氟草醚30～50 mL，加水30～40 L，用低压喷雾器作定向喷雾（避开果树、茶树、林木）或与百草枯、草甘膦混用，扩大杀草范围，提高药效。

专利概况

专利名称　Herbicidal 4-trifluoromethyl-4′-nitrodiphenyl ethers

专利号　US 3798276　　　　专利申请日　1972-03-14

专利申请人　Rohm & Haas Co.。

登记情况　乙氧氟草醚在中国登记了95%、97%、98%原药。单剂有20%、24%、32%乳油，10%展膜油剂，5%、25%、35%悬浮剂，6%、30%微乳剂等。登记场所甘蔗田、水稻田、森林苗圃、大蒜田，防治一年生杂草。国内登记混剂 102 个，主要剂型有乳油、水分散粒剂、可分散油悬浮剂、可湿性粉剂和微乳剂等。部分登记情况见表 3-66。

表 3-66　乙氧氟草醚在中国部分登记情况

登记证号	农药名称	剂型	含量	登记场所	防治对象	用药量/[mL(制剂)/亩]	施用方法	登记证持有人
PD109-89	乙氧氟草醚	乳油	240 g/L	甘蔗田	一年生杂草	29～50	芽前土壤处理	美国陶氏益农公司
				水稻田		10～20	毒土	
				大蒜田		40～50	茎叶喷雾	
				森林苗圃		50～83	喷雾	
PD20184050	乙氧氟草醚	乳油	24%	林业苗圃		75～100	土壤喷雾	黑龙江华诺生物科技有限责任公司
				水稻移栽田		15～20	药土法	
PD20183245	乙氧氟草醚	乳油	240 g/L	水稻移栽田		15～20	药土法	济南仕邦农化有限公司
PD20182780	乙氧氟草醚	展膜油剂	10%	水稻移栽田		50～100	洒滴	黑龙江华诺生物科技有限责任公司
PD20171355	乙氧氟草醚	悬浮剂	35%	水稻移栽田		15～20	药土法	江苏明德立达作物科技有限公司
PD20200947	乙氧氟草醚	水乳剂	3%	荔枝树		1200～1600 倍液	喷雾	广东茂名绿银农化有限公司
PD20181012	乙氧氟草醚	原药	97%					山东潍坊润丰化工股份有限公司
PD20160368	乙氧氟草醚	原药	98%					内蒙古拜克生物有限公司

合成方法　通过如下反应制得目的物：

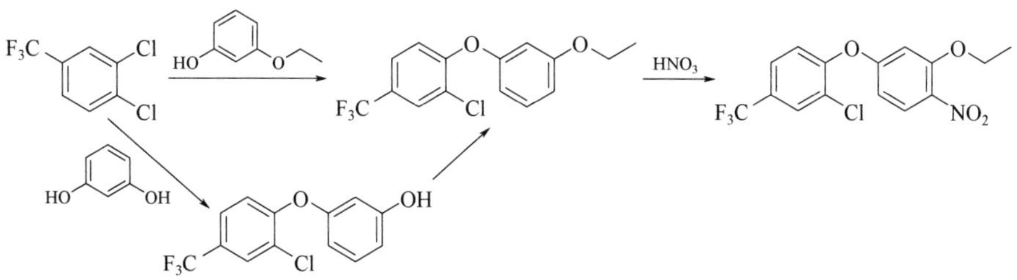

参考文献

[1]　The Pesticide Manual.17 th edition: 835-836.
[2]　潘丽琴，袁泉. 云南农业科技, 2009(S2): 103-104.

—— 第十一节 ——

N-苯基酰亚胺类除草剂

（N-phenylimide herbicides）

一、创制经纬

N-苯基酰亚胺类除草剂属于原卟啉原氧化酶（PPO）类抑制剂，此类化合物最早的先导化合物可能是日本三菱化学株式会社（Mitsubishi Chemical Industries Ltd）研发的杀菌剂氟氯菌核利（fluoromide），该公司在其基础上展开优化，于 1970 年又发现了具有除草活性的化合物氯酞亚胺（chlophthalim）和 MK-129（参考文献 JP 48011940），采用替换法，使用酞酰亚胺中间体替换噁二唑酮类除草剂丙炔噁草酮结构中的噁二唑，后继续优化得到了化合物S-23124。然后在 S-23124 的基础上经进一步优化得到该类其他除草剂如氟烯草酸（flumiclorac-pentyl）、丙炔氟草胺（flumioxazin）和吲哚酮草酯（cinidon-ethyl）等。

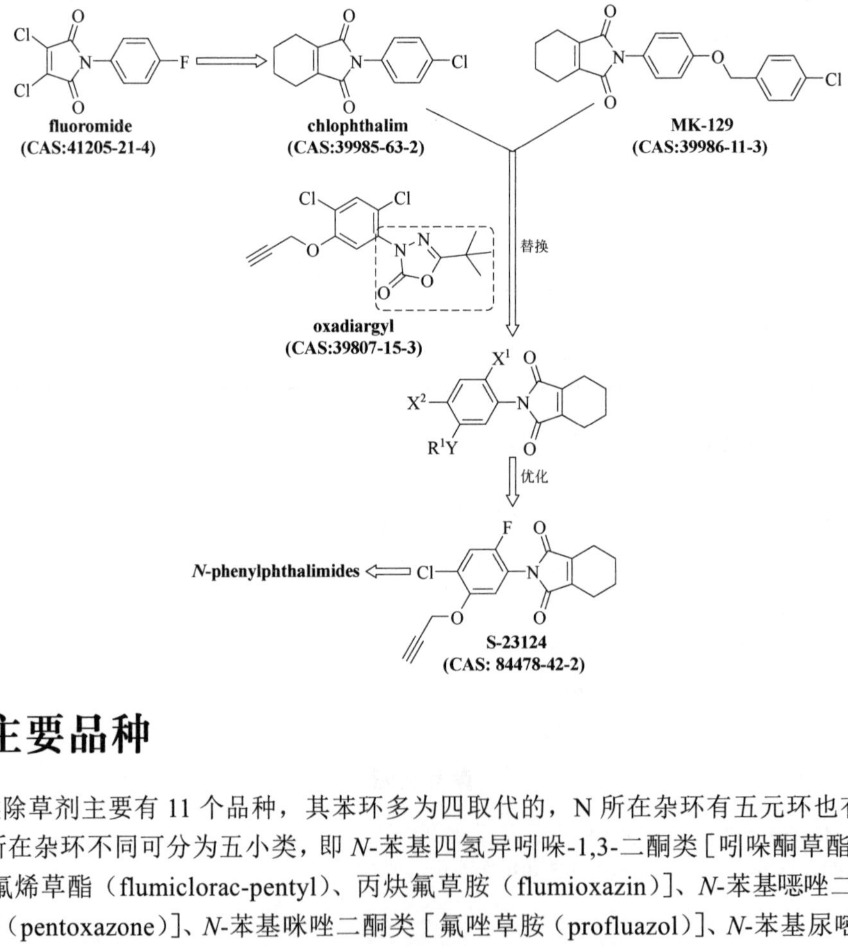

二、主要品种

此类除草剂主要有 11 个品种，其苯环多为四取代的，N 所在杂环有五元环也有六元环。根据 N 所在杂环不同可分为五小类，即 N-苯基四氢异吲哚-1,3-二酮类 [吲哚酮草酯（cinidon-ethyl）、氟烯草酯（flumiclorac-pentyl）、丙炔氟草胺（flumioxazin）]、N-苯基噁唑二酮类 [环戊噁草酮（pentoxazone）]、N-苯基咪唑二酮类 [氟唑草胺（profluazol）]、N-苯基尿嘧啶类 [双苯嘧草酮（benzfendizone）、氟丙嘧草酯（butafenacil）、epyrifenacil、苯嘧磺草胺（saflufenacil）、氟嘧硫草酯（tiafenacil）]、N-苯基硫代三嗪三酮类 [三氟草嗪（trifludimoxazin）]。以上品种皆为原卟啉原氧化酶（PPO）抑制剂。

双苯嘧草酮（benzfendizone）

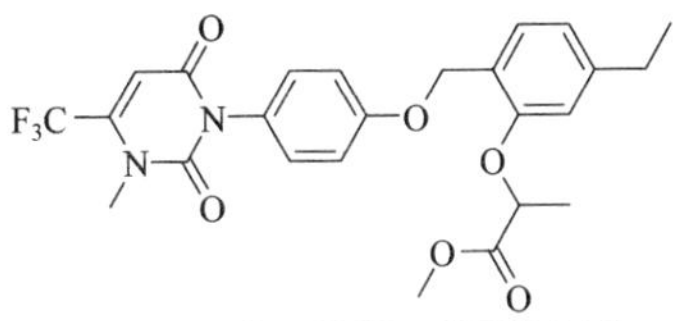

$C_{25}H_{25}F_3N_2O_6$，506.5，158755-95-4

双苯嘧草酮（试验代号：F3686、FMC 143686）是 FMC 公司开发的尿嘧啶类除草剂。

化学名称 2-{5-乙基-2-[4-(1,2,3,6-四氢-3-甲基-2,6-二氧-4-三氟甲基嘧啶-1-基)苯氧基甲基]苯氧基}丙酸甲酯。英文化学名称 methyl (2RS)-2-[2-({4-[3-methyl-2,6-dioxo-4-(trifluoromethyl)-3,6-dihydropyrimidin-1(2H)-yl]phenoxy}methyl)-5-ethylphenoxy]propanoate 或 methyl (RS)-2-[2-({4-[3,6-dihydro-3-methyl-2,6-dioxo-4-(trifluoromethyl)pyrimidin-1(2H)-yl]phenoxy}methyl)-5-ethylphenoxy]propionate。美国化学文摘（CA）系统名称 methyl 2-[2-[[4-[3,6-dihydro-3-methyl-2,6-dioxo-4-(trifluoromethyl)-1(2H)-pyrimidinyl]phenoxy]methyl]-5-ethylphenoxy]propanoate。CA 主题索引名称 propanoic acid—, 2-[2-[[4-[3,6-dihydro-3-methyl-2,6-dioxo-4-(trifluoromethyl)-1(2H)-pyrimidinyl]phenoxy]methyl]-5-ethylphenoxy]-methyl ester。

作用机理与特点 原卟啉原氧化酶抑制剂。

应用 除草剂。用于苗后防除禾本科杂草和阔叶杂草。

专利概况

专利名称 Herbicical 2-[(4-heterocyclic-phenoxymethyl)phenoxy]-alkanoates

专利号 US 5262390　　　　　　优先权日 1992-08-26

专利申请人 FMC Corp。

合成方法 以间乙基苯酚和对甲氧基苯胺为起始原料，经如下反应式制得目的物：

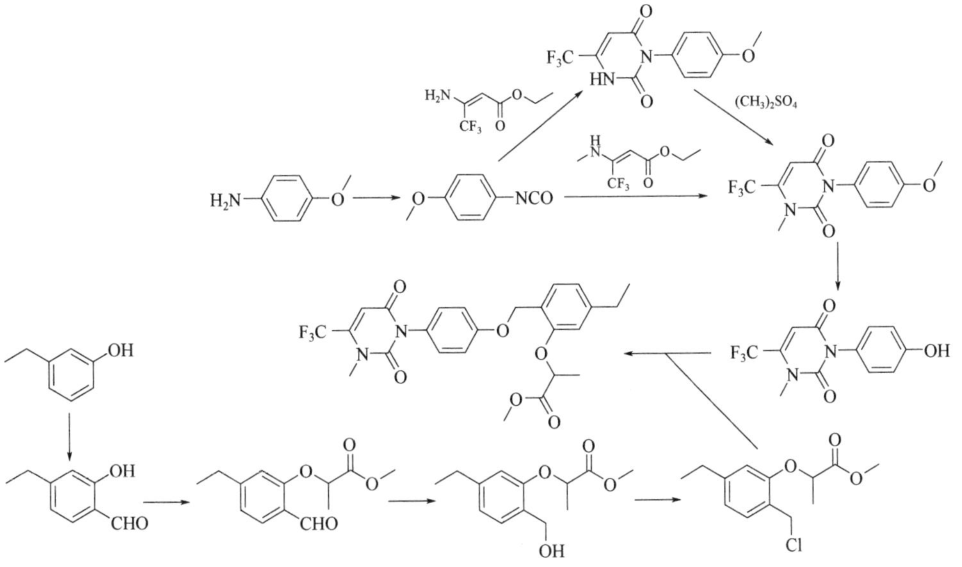

或通过如下反应式制得目的物：

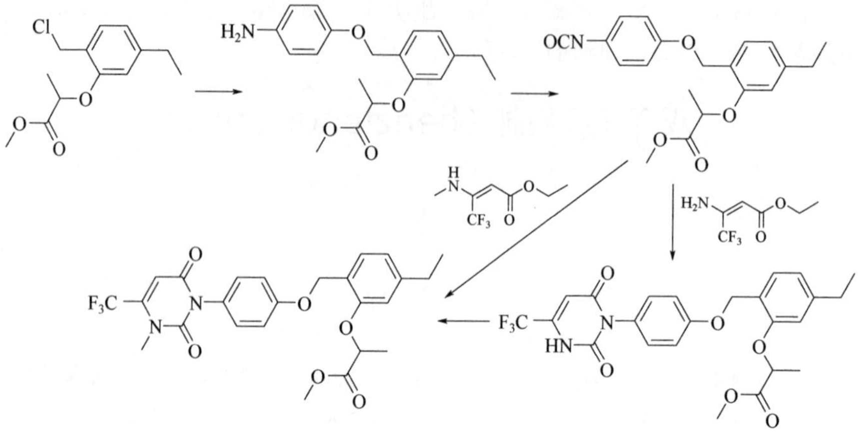

氟丙嘧草酯（butafenacil）

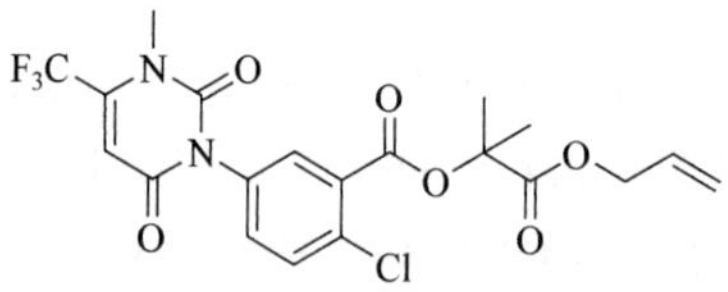

$C_{20}H_{18}ClF_3N_2O_6$，474.8，134605-64-4

氟丙嘧草酯（试验代号：CGA 276854，商品名称：Touchdown B-Power）是先正达开发的 N-苯基酰亚胺（尿嘧啶）类除草剂。

化学名称 2-氯-5-[1,2,3,6-四氢-3-甲基-2,6-二氧-4-(三氟甲基)嘧啶-1-基]苯甲酸-1-(丙烯氧基羰基)-1-甲基乙基酯。英文化学名称 1-(allyloxycarbonyl)-1-methylethyl 2-chloro-5-[1,2,3,6-tetrahydro-3-methyl-2,6-dioxo-4-(trifluoromethyl)pyrimidin-1-yl]benzoate。美国化学文摘（CA）系统名称 1-dimethyl-2-oxo-2-(2-propenyloxy)ethyl 2-chloro-5-[3,6-dihydro-3-methyl-2,6-dioxo-4-(trifluoromethyl)-1(2H)-pyrimidinyl]benzoate。CA 主题索引名称 benzoic acid—，2-chloro-5-[3,6-dihydro-3-methyl-2,6-dioxo-4-(trifluoromethyl)-1(2H)-pyrimidinyl]-1-methylethyl ester 1,1-dimethyl-2-oxo-2-(2-propenyloxy)ethyl ester。

理化性质 白色粉状固体，略带臭味，熔点 113℃，沸点 270～300℃（1.01×10^5 Pa）。蒸气压 7.4×10^{-6} mPa（25℃）。分配系数 lgK_{ow}=3.2。Henry 常数 3.5×10^{-7} Pa·m^3/mol。相对密度 1.37（20～25℃）。水中溶解度（20～25℃）10 mg/L。水解 DT_{50}14 周（pH 7，25℃），光解 DT_{50} 25～30 d（pH 5，25℃）。

毒性 大、小鼠急性经口 LD_{50}＞5000 mg/kg。大鼠急性经皮 LD_{50}＞2000 mg/kg。大鼠急性吸入 LC_{50}＞5100 mg/L。对兔的皮肤无刺激，对兔眼轻微刺激，对豚鼠皮肤无致敏性。大鼠吸入 LC_{50}＞5.1 mg/L。NOEL［mg/(kg·d)］：雄大鼠短期喂饲 6.12，雌大鼠短期喂 7.07；雄小鼠（18 个月）0.36，雌小鼠 1.20；雄大鼠（2 年）1.14，雌大鼠 1.30。ADI/RfD 0.004 mg/(kg·d)。

生态效应 山齿鹑和野鸭急性经口 LD_{50} 2250 mg/kg。野鸭和山齿鹑饲喂 LC_{50} 5620 mg/kg 饲料。虹鳟鱼 LC_{50}（96 h）3.9 mg/L。水蚤 LC_{50}（48 h）＞8.6 mg/L。月牙藻 E_rC_{50} 2.5 μg/L。

浮萍 I_rC_{50} 18 μg/L。蜜蜂 LD_{50}（μg/只）：经口 20，接触＞ 100。蚯蚓 LC_{50}＞1250 mg/kg 土。

环境行为　①动物。哺乳期的山羊服药 4 d 后，主要通过粪便（44%）和尿（12.5%）排出体外，在肉类和牛奶中残留很少（0.6%）。主要的代谢物为游离酸（Ⅰ），在肾脏和肝脏中约 85%，另外还有少量的氟丙嘧草酯、苯甲酸（Ⅱ）及其他组织中的键合物。②植物。代谢物主要为酯基水解形成的游离酸（Ⅰ）和苯甲酸代谢物（Ⅱ），及它们和糖的共轭物；游离酸及苯甲酸代谢物通过 N-脱甲基形成 N-脱甲基游离酸代谢物（Ⅲ）及 N-脱甲基苯甲酸代谢物（Ⅳ）。③土壤/环境。在土壤和水中可快速降解，DT_{50} 0.5～2.6 d（土壤），DT_{50} 3～4 d（水）。通过水解、酯基的断裂形成残留物及矿物质而快速代谢（60%）。K_{oc} 149～581 mL/g（4 种土壤）。

制剂　乳油。

主要生产商　Syngenta。

作用机理与特点　原卟啉原氧化酶抑制剂。非选择性除草剂，主要是叶面吸收，也仅在叶间传导。

应用　可以用于防除果园、葡萄园、柑橘园及非耕地的一年或多年生阔叶杂草。

专利概况

专利名称　Heterocyclic compounds

专利号　WO 9100278　　　　优先权日　1989-06-29

专利申请人　Ciba Geigy AG

工艺专利　DE 19741411、EP 831091、US 6207830、WO 9532952 等。

合成方法　以 2-氯-5-硝基苯甲酸为起始原料，经如下反应式制得目的物：

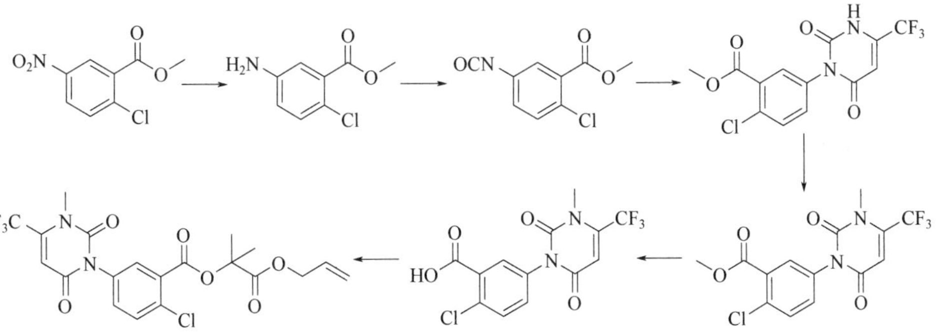

或

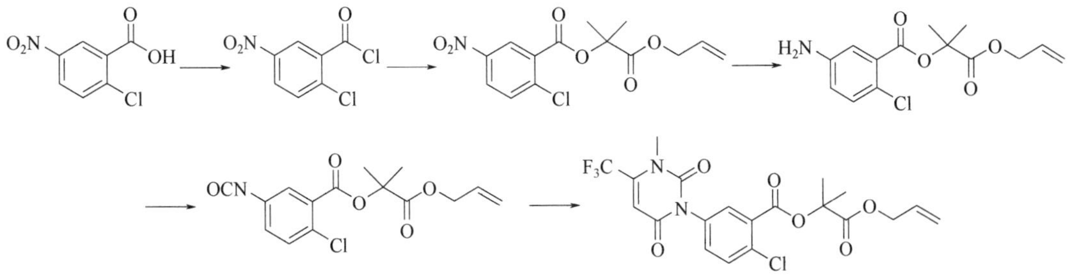

参考文献

[1] The Pesticide Manual. 17 th edition: 145-146.

[2] 刘长令, 张希科. 农药, 2002(10):45-46.

[3] 郭正峰, 陈霖, 英君伍, 等. 现代农药, 2017(5): 13-16.
[4] 李爱军, 廖道华, 高倩, 等. 今日农药, 2016(3): 19-20.
[5] 陆阳, 陶京朝, 周志莲, 等. 农药科学与管理, 2015(12): 21-25.

吲哚酮草酯（cinidon-ethyl）

C₁₉H₁₇Cl₂NO₄，394.2，142891-20-1

吲哚酮草酯（试验代号：BAS 615 H，商品名称：Lotus、Bingo，其他名称：环酰草酯）是巴斯夫公司开发的 N-苯基酰亚胺类除草剂。

化学名称　(Z)-2-氯-3-[2-氯-5-(环己-1-烯-1,2-二羧酰亚氨基)苯基]丙烯酸乙酯。英文化学名称 ethyl (Z)-2-chloro-3-[2-chloro-5-(cyclohex-1-ene-1,2-dicarboximido)phenyl]acrylate。美国化学文摘（CA）系统名称 ethyl (2Z)-chloro-3-[2-chloro-5-(1,3,4,5,6,7-hexahydro-1,3-dioxo-2H-isoindol-2-yl)phenyl]-2-propenoate。CA 主题索引名称 2-propenoic acid—, 2-chloro-3-[2-chloro-5-(1,3,4,5,6,7-hexahydro-1,3-dioxo-2H-isoindol-2-yl)phenyl]-ethyl ester, (2Z)-。

理化性质　原药纯度＞90%。白色无味结晶体，熔点 112.2～112.7℃，相对密度 1.398（20～25℃），沸点＞360℃（1.01×10⁵ Pa），蒸气压＜0.01 mPa（20℃）。分配系数 lgKₒw=4.51，Henry 常数＜6.92×10⁻² Pa·m³/mol。水中溶解度（20～25℃）0.057 mg/L，有机溶剂中溶解度（g/L，20～25℃）：丙酮213，甲醇8，甲苯384。快速水解和光解，水解 DT₅₀（20℃）：5 d（pH 5）、35 h（pH 7）、54 min（pH 9），光解 DT₅₀ 2.3 d（pH 5）。

毒性　大鼠急性经口 LD₅₀＞2200 mg/kg。大鼠急性经皮 LD₅₀＞2000 mg/kg。对兔的眼睛和兔皮肤无刺激性，对豚鼠皮肤有致敏性。大鼠急性吸入 LC₅₀（4 h）＞5.3 mg/L。狗 NOEL（1 年）1 mg/(kg·d)。ADI/RfD（EC）0.01 mg/kg bw（2002）。

生态效应　山齿鹑急性经口 LD₅₀＞2000 mg/kg，山齿鹑和野鸭饲喂 LC₅₀（8 d）＞5000 mg/kg。虹鳟鱼 LC₅₀（96 h）24.8 mg/L。水蚤 LC₅₀ 52.1 mg/L，藻类 EᵣC₅₀（mg/L）：羊角月牙藻 0.02，水华鱼腥藻 1.53。膨胀浮萍 EᵣC₅₀ 0.602 mg/L。蜜蜂 LD₅₀（经口和接触）＞200 μg/只。蚯蚓 LC₅₀＞1000 mg/kg 土。

环境行为　可在土壤和水中迅速生物降解。①动物。在动物体内尽管排出体外有限，但是可以迅速且广泛地分布到各个器官和组织中。②植物。原药代谢广泛，谷物中没有发现毒理学水平上的生物有效成分的残留。③土壤/环境。土壤 DT₅₀ 0.6～2 d（实验室，有氧条件，20℃），迅速矿化。在水中迅速降解，碱性越强，分解越迅速。在水中不稳定，发生光解。

剂型　乳油。

主要生产商　BASF。

作用机理与特点　原卟啉原氧化酶抑制剂。原卟啉积累，然后作为光敏剂促进细胞中活性氧的形成。药剂能引起脂质过氧化，导致膜破坏。最终导致细胞死亡和组织坏死。主要通过触杀起作用，无向顶和向基传导作用。

应用　苗后用于冬季和春季小粒谷类作物，防除一年生阔叶杂草，尤其是猪殃殃、野芝麻和婆婆纳，剂量 50 g/hm²。苗前使用最敏感的作物是甜菜。不能与禾草灵、精噁唑禾草灵和野燕枯硫酸甲酯混用。只可与异丙隆、矮壮素和制剂"Duplosan"混用。

专利概况

专利名称　Process for the preparation of *N*-substituted 3, 4, 5, 6-tetrahydrophthalimides

专利号　EP 384199　　　　　优先权日　1989-02-11

专利申请人　BASF AG

其他相关专利　DE 4037840 等。

合成方法　以 2-氯-5-硝基苯甲醛为起始原料，经多步反应得目的物。反应式为：

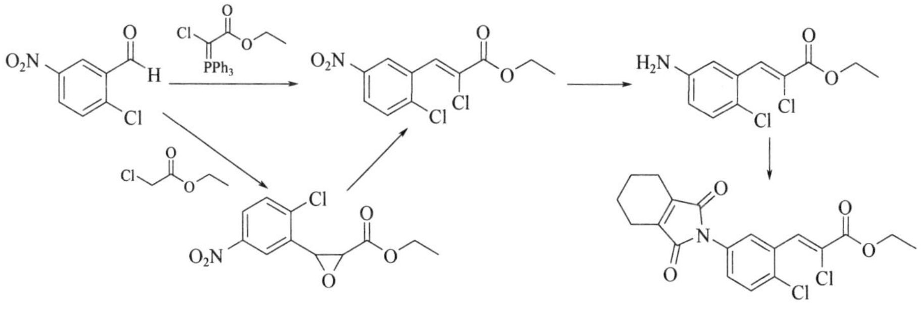

参考文献

[1] The Pesticide Manual.17 th edition: 211-212.

epyrifenacil

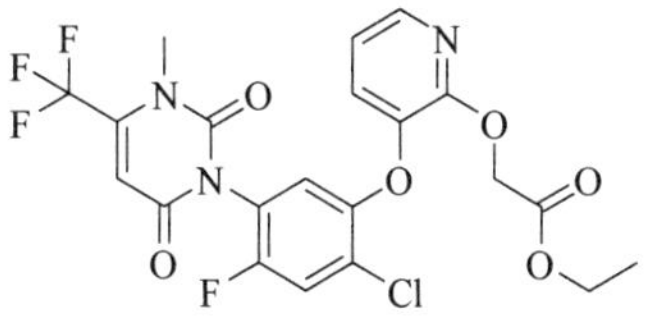

C$_{21}$H$_{16}$ClF$_4$N$_3$O$_6$，517.8，353292-31-6

epyrifenacil（试验代号 S-3100）是由住友化学株式会社发现和开发的 *N*-苯基酰亚胺（尿嘧啶）类除草剂，2020 年 3 月获得 ISO 通用名。

化学名称　[(3-{2-氯-5-[3,6-二氢-3-甲基-2,6-二氧-4-(三氟甲基)嘧啶-1(2*H*)-基]-4-氟苯氧基}-2-吡啶基)氧基]乙酸乙酯。英文化学名称　ethyl [(3-{2-chloro-5-[3,6-dihydro-3-methyl-2,6-dioxo-4-(trifluoromethyl)pyrimidin-1(2*H*)-yl]-4-fluorophenoxy}-2-pyridyl)oxy]acetate。美国化学文摘（CA）系统名称 ethyl 2-[[3-[2-chloro-5-[3,6-dihydro-3-methyl-2,6-dioxo-4-(trifluoromethyl)-1(2*H*)-pyrimidinyl]-4-fluorophenoxy]-2-pyridinyl]oxy]acetate。CA 主题索引名称 acetic acid—, 2-[[3-[2-chloro-5-[3,6-dihydro-3-methyl-2,6-dioxo-4-(trifluoromethyl)-1(2*H*)-pyrimidinyl]-4-fluorophenoxy]-2-pyridinyl]oxy]-ethyl ester。

作用机理与特点　原卟啉原氧化酶（PPO）抑制剂。

专利概况

专利名称　Uracil compounds and their use

专利号　EP 1122244　　　　　优先权日　2000-02-04

专利申请人　Sumitomo Chemical Co., Ltd.

在其他国家申请的化合物专利　AR 027938、AT 277910、AU 1676001、BR 0100318、CA 2334399、CA 2646796、CN 1316426、CN 1636981、DE 60105859、DK 1122244、ES 2226990、IL 167954、IL 167955、IL 167956、IL 167957、IL 167958、JP 2002155061、JP 2009209147、KR 20010083158、MX PA 01001317、PT 1122244、TR 200402577、US 6537948 等。

其他相关专利　WO 2002098228、JP 2002363010、WO 2002098227、JP 2002363170、WO 2003014109、WO 2007083090。

合成方法　通过如下反应制得目的物：

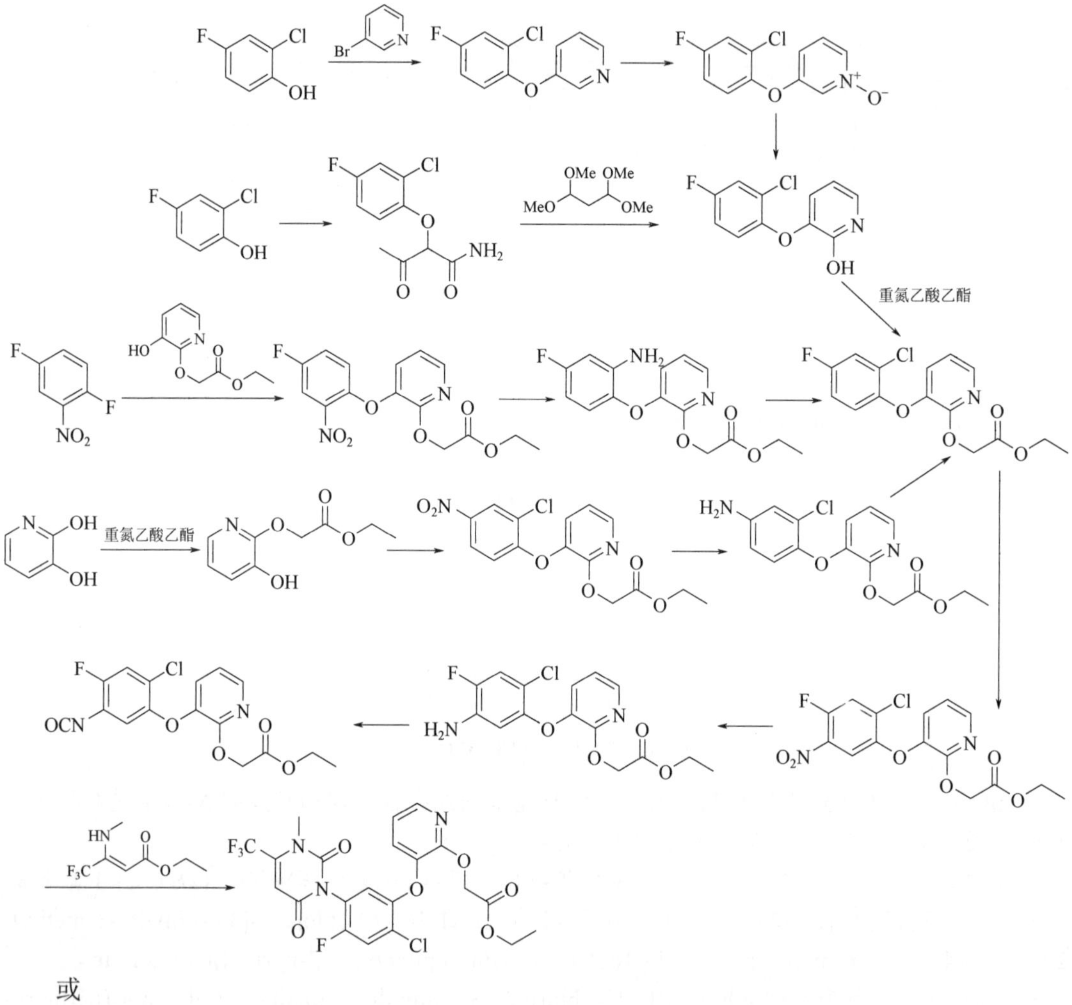

或

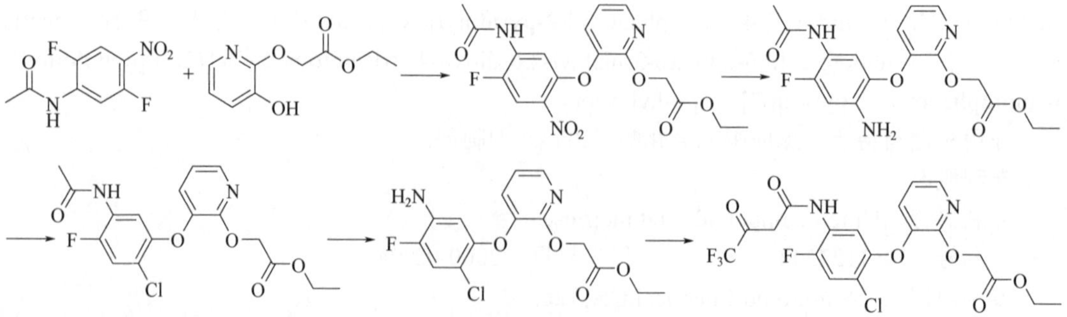

氟烯草酯（flumiclorac-pentyl）

C$_{21}$H$_{23}$ClFNO$_5$，423.9，87546-18-7，87547-04-4(酸)

氟烯草酯（试验代号：S-23031、V-23031，商品名称：Resource、Sumiverde，其他名称：氟亚胺草酯、氟胺草酸）是由日本住友化学公司开发的 N-苯基酰亚胺类除草剂。

化学名称　[2-氯-5-(环己-1-烯-1,2-二羧酰亚氨基)-4-氟苯氧基]乙酸戊酯。英文化学名称 pentyl [2-chloro-5-(cyclohex-1-ene-1,2-dicarboximido)-4-fluorophenoxy]acetate。美国化学文摘（CA）系统名称 pentyl [2-chloro-4-fluoro-5-(1,3,4,5,6,7-hexahydro-1,3-dioxo-2H-isoindol-2-yl)phenoxy]acetate。CA 主题索引名称 acetic acid—, [2-chloro-4-fluoro-5-(1,3,4,5,6,7-hexahydro-1,3-dioxo-2H-isoindol-2-yl)phenoxy]-pentyl ester。

理化性质　带有卤化物气味的米黄色固体，熔点 88.9～90.1℃，蒸气压＜0.01 mPa（22.4℃）。分配系数 lgK_{ow}=4.99，堆积密度 1.33 g/cm^3（20～25℃）。Henry 常数＜2.2×10^{-2} Pa·m^3/mol。水中溶解度 0.189 mg/L（20～25℃）。有机溶剂中溶解度（g/L，20～25℃）：甲醇 47.8，丙酮 590，正辛醇 16.0，正己烷 3.28。水解 DT$_{50}$：4.2 d（pH 5），19 h（pH 7），6 min（pH 9）。光解 DT$_{50}$ 与水中相似，闪点 68℃。

毒性　大鼠急性经口 LD$_{50}$＞5000 mg/kg。兔急性经皮 LD$_{50}$＞2000 mg/kg。原药对兔皮肤无刺激，乳油对兔皮肤有中度刺激。对兔的眼睛无刺激性，对豚鼠皮肤无致敏性。大鼠急性吸入 LC$_{50}$（4 h）5.94 mg/L。狗 NOAEL100 mg/kg bw，ADI/RfD（EPA）cRfD 1.0 mg/kg bw（2005）。

生态效应　山齿鹑急性经口 LD$_{50}$＞2250 mg/kg。山齿鹑和野鸭饲喂 LC$_{50}$＞5620 mg/L。鱼类 LC$_{50}$（mg/L）：虹鳟鱼 1.1，大翻车鱼 17.4。水蚤 LC$_{50}$（48 h）＞38.0 mg/L，蜜蜂 LD$_{50}$（接触）＞106 μg/只。

环境行为　①植物。在大豆和玉米中，主要代谢产物是 2-氯-4-氟-5-(4-羟基-1,2-环己二羧酰亚氨基)苯氧乙酸，由四氢邻苯二甲酰亚胺双键还原和羟基化产生。其他的代谢过程包括酯和酰亚胺链的断裂。②土壤/环境。在土壤中迅速降解，在沙质土中 DT$_{50}$ 0.48～4.4 d（pH 7），降解 DT$_{50}$ 2～30 d。原药在土壤中不可移动，降解物具有低到中等的移动性。在深于 7.6 cm 的土壤中，没有观察到残留的原药及其降解物。

剂型　乳油。

主要生产商　Sumitomo Chemical。

作用机理与特点　原卟啉原氧化酶抑制剂。氟烯草酯作用于植物后引起原卟啉积累，使细胞膜脂质过氧化作用增强，从而导致敏感杂草的细胞膜结构和细胞功能不可逆损害。氟烯草酯对作物的选择性基于作物新陈代谢的差异。实验表明：在大豆中的 ^{14}C-氟烯草酯的降解速率比在苘麻中快。触杀型选择性苗后速效除草剂，药剂被敏感杂草叶面吸收后，迅速作用于植株组织，显示出独特的除草症状，如使杂草干燥、萎蔫、白化、变褐、坏死等。

应用

（1）适宜作物与安全性　大豆、玉米等，对大豆和玉米安全的选择性是基于药剂在作物和杂草植株中的代谢不同。

（2）防除对象　主要用于防除阔叶杂草如苍耳、藜、柳叶刺蓼、节蓼、豚草、苋属杂草、苘麻、龙葵、曼陀罗、黄花稔等。对铁苋菜、鸭跖草有一定的药效，对多年生的刺儿菜、大蓟等有一定的抑制作用。

（3）应用技术　①大豆苗后2～3片复叶期，阔叶杂草2～4叶期，最好在大豆2片复叶期，大多数杂草出齐时施药。杂草小，在水分条件适宜，杂草生长旺盛时用低剂量。杂草大，天气干旱少雨时用高剂量。②苗后施药不要进行超低容量喷雾，因药液浓度过高对大豆叶有伤害。人工施药应选扇形喷头，顺垄逐垄施药，一次喷一条垄，不能左右甩动，以保证喷洒均匀。喷药时喷头距地面高度始终保持一致，喷幅宽度一致，喷雾压力一致，不可忽快忽慢，忽高忽低。特别注意大风天不要施药，不要随意降低喷头高度，把全田施药变成苗带施药，甚至苗眼施药，这样会造成严重药害。③在土壤水分、空气相对湿度适宜时施药，有利于杂草对氟烯草酸的吸收和传导。长期干旱、空气相对湿度低于65%时不宜施药。一般应选早晚气温低、风小时施药，在晴天上午9时到下午3时应停止施药，施药时风速不超过4 m/s，在干旱条件下适当增加用药量。在干旱条件下，有灌溉条件的应在灌水后施药。长期干旱，如近期有雨，待雨后田间土壤水分和湿度改善后再施药，虽施药时间拖后，但药效会比雨前施药好。在高湿条件下，大豆有较轻的触杀性斑点，但对生长无影响。施药前应注意天气预报，施药后4 h降雨不会影响药效。④切记不要在高温、干旱、大风的条件施药。

（4）使用方法　氟烯草酸主要用于苗后除草，使用剂量为：40～100 g (a.i.)/hm² [亩用量为2.67～6.67 g (a.i.)]。若与禾本科杂草除草剂混用，可扩大杀草谱。药剂混用如下：

10%氟烯草酸每亩3 g (a.i.)加12%烯草酮乳油4.8 g (a.i.)加表面活性剂对大豆安全，对野燕麦、稗草、狗尾草、金狗尾草、野黍、马唐等禾本科杂草及上述阔叶杂草有效。

氟烯草酸可与三氟羧草醚（或乳氟禾草灵或氟磺胺草醚或异噁草酮或灭草松）、烯禾啶（或精喹禾灵或精吡氟禾草灵或精吡氟氯禾灵）一起（三元）混用。三种药剂相混对大豆安全，药效稳定，对大豆田难治杂草如鸭跖草、苘麻、狼杷草、苍耳有较好的活性。氟烯草酸与异噁草酮、灭草松混用，对多年生杂草刺儿菜、大蓟、问荆、苣荬菜也有较好的活性。

专利概况

专利名称　2-Phenyl-4,5,6,7-tetrahydro-2*H*-isoindole derivative, its preparation and herbicide containing said derivative as active component

专利号　JP 58110566　　　　　　专利申请日　1981-12-25

专利申请人　Sumitomo Chemical Co.

其他相关专利　EP 83055、US 4770695 等。

登记情况　日本住友化学株式会社曾在中国登记了氟烯草酸99.2%原药和100 g/L乳油，用于防治大豆田的阔叶杂草，使用剂量30～45 mL/亩，均于2013年过期，目前中国没有氟烯草酸相关产品获得登记。

合成方法　经如下反应制得：

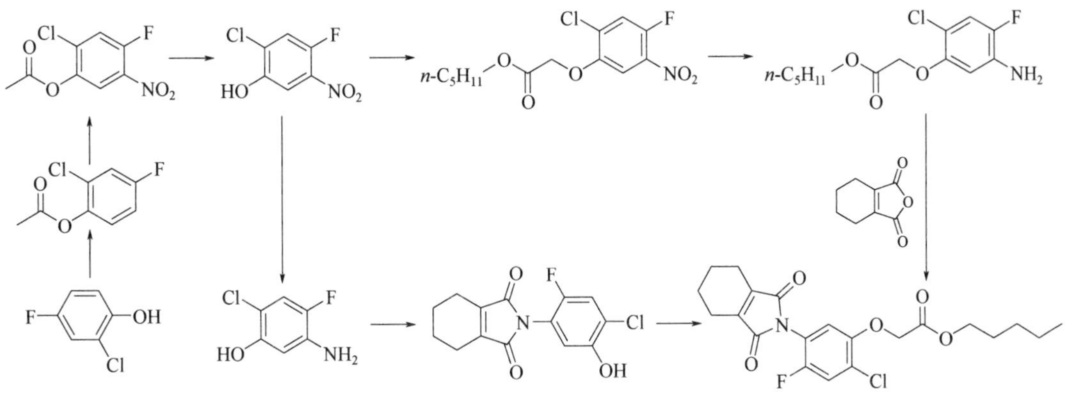

参考文献

[1] The Pesticide Manual. 17 th edition: 513-514.

[2] 陆阳, 陶京朝, 周志莲, 等. 化工技术与开发, 2009, 38(6): 14-16.

[3] 江镇海. 农药市场信息, 2010(10): 41.

丙炔氟草胺（flumioxazin）

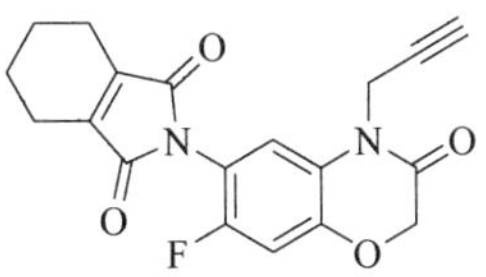

$C_{19}H_{15}FN_2O_4$，354.3，103361-09-7

丙炔氟草胺［试验代号：S-53482、V-53482，商品名称：Clipper、Sumisoya、Valtera、Fierce(+杀草砜)、速收、司米梢芽等］是由日本住友化学工业株式会社开发的 N-苯基酰亚胺类除草剂。

化学名称　N-[7-氟-3,4-二氢-3-氧-4-丙炔-2-基-2H-1,4-苯并噁嗪-6-基]环己-1-烯-1,2-二酰亚胺。英文化学名称 N-(7-fluoro-3,4-dihydro-3-oxo-4-prop-2-ynyl-2H-1,4-benzoxazin-6-yl)cyclo-hex-1-ene-1,2-dicarboxamide。美国化学文摘（CA）系统名称 2-[7-fluoro-3,4-dihydro-3-oxo-4-(2-propynyl)-2H-1,4-benzoxazin-6-yl]-4,5,6,7-tetrahydro-1H-isoindole-1,3(2H)-dione。CA 主题索引名称 1H-isoindole-1,3(2H)-dione—, 2-[7-fluoro-3,4-dihydro-3-oxo-4-(2-propynyl)-2H-1,4-ben-zoxazin-6-yl]-4,5,6,7-tetrahydro-。

理化性质　原药纯度≥96%。黄棕色粉状固体，熔点 202～204℃，蒸气压 0.32 mPa（22℃），分配系数 lgK_{ow}=2.55，Henry 常数 $6.36×10^{-2}$ Pa·m³/mol，相对密度（20～25℃）1.5136。水中溶解度 1.79 mg/L（20～25℃），有机溶剂中溶解度（g/L，20～25℃）：丙酮 17，乙腈 32.3，乙酸乙酯 17.8，二氯甲烷 191，正己烷 0.025，甲醇 1.6，正辛醇 0.16。水解 DT_{50} 3.4 d（pH 5），1 d（pH 7），0.01 d（pH 9）。在正常情况下贮存稳定。

毒性　大鼠急性经口 LD_{50}>5000 mg/kg，大鼠急性经皮 LD_{50}>2000 mg/kg。大鼠急性吸入 LC_{50}（4 h）>3.93mg/L。对兔的眼睛有中等程度刺激性，对兔皮肤无刺激性，对豚鼠皮肤无致敏性。大鼠 NOEL：（90 d）30 mg/L［2.2 mg/(kg·d)］，（2 年）50 mg/L［1.8 mg/(kg·d)］。ADI/RfD（EC）0.009 mg/kg bw（2002），（EPA）aRfD 0.03 mg/kg、cRfD 0.02 mg/kg（2001）。

Ames 试验、染色体畸变试验及体内体外 UDS 试验无致突变性。

生态效应　山齿鹑急性经口 $LD_{50}>2250$ mg/kg，饲喂 LC_{50}（mg/kg bw）：山齿鹑＞1870，野鸭＞2130。鱼 LC_{50}（96 h，mg/L）：虹鳟鱼 2.3，大翻车鱼＞21，红鲈鱼＞4.7。水蚤 EC_{50}（48 h）5.9 mg/L。藻类 EC_{50}（μg/L）：羊角月牙藻（72 h）1.2，舟形藻（120 h）1.5。其他水生生物 LC_{50}/EC_{50}（mg/L，96 h）：东方生蚝 2.8，咸水糠虾 0.23。膨胀浮萍 EC_{50}（14 d）0.35 μg/L。蜜蜂 LD_{50}（μg/只）：经口＞100，接触＞105。蚯蚓 $LC_{50}>982$ mg/kg 土。

环境行为　①动物。动物体内广泛吸收，通过环己烯羟基化和酰亚胺链的断裂迅速代谢并排出体外。②土壤/环境。土壤中光解 DT_{50} 3.2～8.4 d，有氧土壤 DT_{50} 15～27 d。丙炔氟草胺相对不稳定，在地下水中被萃取的可能性低，K_{oc} 1412（估计值），K_d（3 种土壤）约 889。

剂型　可湿性粉剂、水分散粒剂、悬浮剂。

主要生产商　Sumitomo Chemical、广安利尔化学有限公司、江苏省常熟市农药厂有限公司、利尔化学股份有限公司、辽宁先达农业科学有限公司、山东潍坊润丰化工股份有限公司、山东中石药业有限公司等。

作用机理与特点　原卟啉原氧化酶抑制剂，是触杀型选择性除草剂。用丙炔氟草胺处理土壤表皮后，药剂被土壤粒子吸收，在土壤表面形成处理层，等到杂草发芽时，幼苗接触药剂处理层就枯死。茎叶处理时，可被植物的幼芽和叶片吸收，在植物体内进行传导，在敏感杂草叶面作用迅速，引起原卟啉积累，使细胞膜脂质过氧化作用增强，从而导致敏感杂草的细胞膜结构和细胞功能不可逆损害。出现叶面枯斑症状后，杂草常常在 24～48 h 内由凋萎、白化到坏死及枯死。

应用

（1）适用作物与安全性　大豆、花生等。对大豆和花生安全。对后茬作物小麦、燕麦、大麦、高粱、玉米、向日葵等无不良影响。若在拱土期施药或播后苗前施药不混土或大豆幼苗期遇暴雨会造成触杀性药害，但仅是外伤，不向体内传导，短时间内可恢复正常生长；有时药害表现明显，但对产量影响甚小。

（2）防除对象　主要用于防除一年生阔叶杂草和部分禾本科杂草如鸭跖草、黄花稔、苍耳、苘麻、马齿苋、鼬瓣花、萹蓄、马唐、反枝苋、香薷、牛筋草、藜属杂草、蓼属杂草（如柳叶刺蓼、酸模叶蓼、节蓼）等。对稗草、狗尾草、金狗尾草、野燕麦及苣荬菜等亦有一定的抑制作用。丙炔氟草胺对杂草的防效取决于土壤湿度，若干旱施药，除草效果差。

（3）应用技术　绝对不允许苗后茎叶处理。①大豆播前或播后苗前施药。播后施药，最好在播种后随即施药，施药过晚会影响药效，在低温条件下，大豆拱土或施药对大豆幼苗有抑制作用。播后苗前施药如遇干旱，可灌水后再施药或施药后再灌水，也可用旋转锄浅混土，并及时镇压，起垄播种大豆施药后也可培土 2cm 左右，既防止风蚀，又可防止降大雨造成药剂随雨滴溅到大豆叶上造成药害，获得稳定的药效。②土壤质地疏松、有机质含量低、低洼地水分好用低剂量。土壤黏重、有机质含量高、岗地水分少时用高剂量。

（4）使用方法　丙炔氟草胺对大豆和花生具有选择性播后苗前广谱除草剂，使用剂量为：50～100 g (a.i.)/hm² [亩用量为 3.3～6.67 g (a.i.)]。在我国大豆播种后出苗前，亩使用量为 4～6 g (a.i.)，可有效地防除大多数杂草。若与其他除草剂（碱性除草剂除外）如乙草胺、异丙甲草胺、氟乐灵、灭草猛等混用，不仅可扩大杀草谱，而且具有显著的增效作用。推荐混用如下：土壤有机质 3% 以下，每亩用 50% 丙炔氟草胺 8～10 g 加 72% 异丙甲草胺或异丙草胺 95～186 mL。土壤有机质 3% 以上，每亩用 50% 丙炔氟草胺 10～12 g 加 72% 异丙甲草胺或异丙草胺 140～200 mL。土壤有机质 6% 以下，每亩用 50% 丙炔氟草胺 8～10 g 加 90% 乙草胺 70～

100 mL。土壤有机质 6%以上，每亩用 50%丙炔氟草胺 10～12 g 加 90%乙草胺 105～145 mL。每亩用 50%丙炔氟草胺 8～12 g 加 48%氟乐灵 100～133 mL 或 88%灭草猛 166～233 mL 或 5%咪唑乙烟酸 60～80 mL。每亩用 50%丙炔氟草胺 4～6 g 加 72%异丙甲草胺 100～133 mL 加 75%噻吩磺隆 1g 或 48%异噁草酮 50 mL。每亩用 50%丙炔氟草胺 4～6 g 加 90%乙草胺 105～145 mL 加 75%噻吩磺隆 1 g 或 48%异噁草酮 50 mL。

丙炔氟草胺秋施原理：丙炔氟草胺作为土壤处理剂，其持效期受挥发、光解、化学和微生物降解、淋溶以及土壤吸附等因素影响，主要降解因素是微生物活动。秋施丙炔氟草胺等于丙炔氟草胺室外贮存，其降解是微小的。

秋施丙炔氟草胺优点如下：春季杂草萌发就能接触到除草剂，因此防除鸭跖草等难治杂草药效好。春季施药时期，大风时间长，占全年总量45%左右，空气相对湿度低，药剂飘移损失大，对土壤保墒不利，秋施可避免这些问题。利用好麦收后到秋收前，和秋收到封冻前时间施药，缓冲了春季机械力量紧张局面，争取农时，增加对大豆安全性。秋施丙炔氟草胺等除草剂对大豆安全性明显提高，保苗和产量高于春施。

秋施除草剂时间：气温降至 10℃以下到封冻之前。

秋施用药量：每亩用 50%丙炔氟草胺 8～12 g 加 72%异丙甲草胺 167～200 mL 或 72%异丙草胺 167～200 mL 或 88%灭草猛 167～233 mL 或 90%乙草胺 140～165 mL。50%丙炔氟草胺每亩 8～12 g 加 48%异噁草酮 50～60 mL 加 72%异丙甲草胺 100～133 mL 或 90%乙草胺 80～110 mL 或 72%异丙草胺 100～133 mL。每亩用 50%丙炔氟草胺 8～12 g 加 75%噻吩磺隆 1～1.3g 加 72%异丙甲草胺 133～107 mL 或 72%异丙草胺 167～233 mL。每亩用 50%丙炔氟草胺 8～12 g 加 90%乙草胺 115～145 mL 加 75%噻吩磺隆 1～1.3 g。

专利概况

专利名称　Tetrahydrophtalimides, and their production and use

专利号　EP 0170191　　　优先权日　1984-07-23

专利申请人　SUMITOMO Chemical Co.

相关专利：US 4640707 等。

登记情况　丙炔氟草胺在中国登记了 99.2%的原药，相关单剂有 50%可湿性粉剂、51%水分散粒剂、48%悬浮剂等。主要用于花生田、大豆田、棉花田防治一年生杂草，与草甘膦、草铵膦复配用于非耕地除草。部分登记情况见表 3-67。

表 3-67　丙炔氟草胺在中国部分登记情况

登记证号	农药名称	剂型	含量	登记场所	防治对象	亩用药量（制剂）	施用方法	登记证持有人
PD237-98	丙炔氟草胺	可湿性粉剂	50%	柑橘园	一年生阔叶杂草及禾本科杂草	53～80 g	定向茎叶喷雾	日本住友化学株式会社
				大豆田		①8～12g；②5.3～8g 或 6 g+乙草胺 25～38 g	播后苗前土壤处理	
				花生田		5.3～8 g 或 6 g+乙草胺 25～38 g		
				夏大豆田			苗后早期喷雾	
				春大豆田		3～4 g（东北地区）		
PD20200042	丙炔氟草胺	悬浮剂	480 g/L	大豆田	一年生杂草	7～8 mL	土壤喷雾	一帆生物科技集团有限公司

续表

登记证号	农药名称	剂型	含量	登记场所	防治对象	亩用药量（制剂）	施用方法	登记证持有人
PD20190195	丙炔氟草胺·二甲戊灵	乳油	34%	棉花田	一年生杂草	100～130 mL	土壤喷雾	安徽喜丰收农业科技有限公司
PD20190074	丙炔氟草胺	水分散粒剂	51%	大豆田	一年生杂草	8～12 g	土壤喷雾	四川利尔作物科学有限公司
PD20183881	丙炔氟草胺	原药	99.2%					山东潍坊润丰化工股份有限公司
PD257-98	丙炔氟草胺	原药	99.2%					日本住友化学株式会社

合成方法 通常按照如下方法合成：

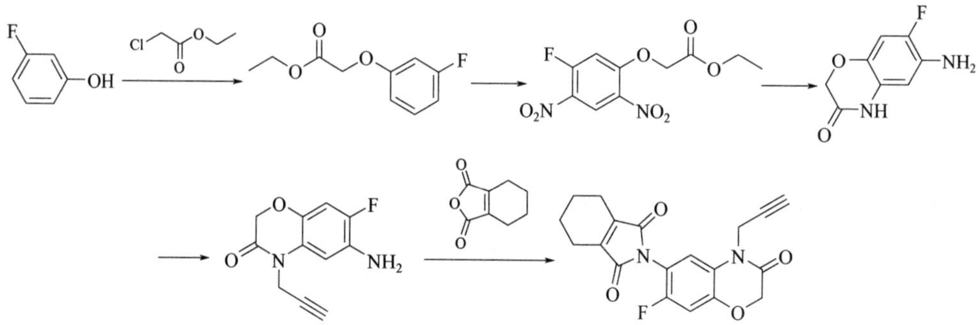

参考文献

[1] The Pesticide Manual. 17 th edition: 514-515.

[2] 黄华树. 农药, 2016, 55(10): 778-780.

[3] 尹凯. 世界农药, 2019, 41(3): 51-53.

环戊噁草酮（pentoxazone）

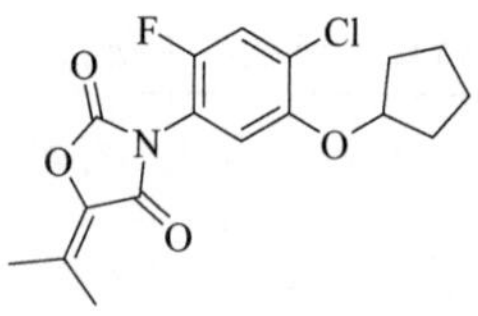

C$_{17}$H$_{17}$ClFNO$_4$，353.8，110956-75-7

环戊噁草酮［试验代号：KPP-314，商品名称：Wechser、Shokinie（混剂）、Topgun（混剂），其他名称：恶嗪酮］是由 Sagami 化学研究中心发现，日本科研制药株式会社开发的 *N*-苯基酰亚胺（噁唑啉酮）类除草剂。

化学名称 3-(4-氯-5-环戊氧基-2-氟苯基)-5-异丙基烯-1,3-噁唑啉-2,4-二酮。英文化学名称 3-(4-chloro-5-cyclopentyloxyl-2-fluorophenyl)-5-isopropylidene-1,3-oxazolidine-2,4-dione。美国化学文摘（CA）系统名称 3-[4-dichloro-5-(cyclopentyloxyl)-2-fluorophenyl]-5-(1-methyle-thylidene)-1,3-oxazolidine-2,4-dione。CA 主题索引名称 2,4-oxazolidinedione—， 3-[4-chloro-

5-(cyclopentyloxy)-2-fluorophenyl]-5-(1-methylethylidene)-。

理化性质 无色无味粉状晶体，熔点 104℃。相对密度 1.418（20～25℃）。蒸气压＜$1.11×10^{-2}$ mPa（25℃）。分配系数 $\lg K_{ow}$=4.66。Henry 常数＜$1.82×10^{-2}$ Pa·m³/mol。水中溶解度（20～25℃）0.216 mg/L，有机溶剂中溶解度（g/L，20～25℃）：甲醇 24.8，己烷 5.10。对光、热、酸稳定，对碱不稳定。

毒性 雌雄大小鼠急性经口 LD_{50}＞5000 mg/kg，雄雌大鼠急性经皮 LD_{50}＞2000 mg/kg。对兔眼、皮肤无刺激，对豚鼠皮肤无致敏性。雌雄大鼠吸入 LC_{50}（4 h）＞5.1 mg/L。NOEL 数据［mg/(kg·d)］：雄性大鼠 6.92，雌性大鼠 43.8，雄性小鼠 250.9，雌性小鼠 190.6，公狗 23.1，母狗 25.2。无致癌或致畸性，DNA 修复、微核试验及 Ames 试验均为阴性。

生态效应 雌雄山齿鹑急性经口 LD_{50}＞2250 mg/kg。鲤鱼 LC_{50}（96 h）21.4 mg/L。水蚤 LC_{50}（24 h）＞38.8 mg/L。羊角月牙藻 EC_{50}（72 h）1.31 μg/L。蜜蜂接触 LD_{50} 98.7 μg/只。蚯蚓 LC_{50}（14 d）＞851 mg/L。蚕 LC_{50}（96 h）＞458.5 mg/L。

环境行为 ①动物。雌雄大鼠饲喂后在 48 h 内通过粪便排泄的量大于服用剂量的 95%。②土壤/环境。土壤中 DT_{50}＜29 d（两地水田，28℃），水中 DT_{50} 1.4 d（pH 8.0，20℃）。土壤 K_{oc} 3160。

制剂 悬浮剂、颗粒剂。

主要生产商 Kaken、江苏中丹化工技术有限公司。

作用机理与特点 原卟啉原氧化酶抑制剂。

应用

（1）适宜作物物与安全性 水稻，对水稻极安全。可在水稻插秧前、插秧后或种植时的任意时期内使用。对环境包括地下水无影响。

（2）防除对象 主要用于防除稗草以及其他部分一年生禾本科杂草、阔叶杂草和莎草等。该药剂于杂草出芽前到稗草等出现第一片子叶期有效，在杂草发生前施药最有效，因其持效期可达 50 d。对磺酰脲类除草剂产生抗性的杂草有效。

（3）使用方法 通常苗前施药，用量为 150～450 g (a.i.)/hm²［亩用量为 10～30 g (a.i.)］。

专利概况

专利名称 Oxazolidinedione derivatives, process for their preparation, and herbicides containing the same

专利号 EP 0241559　　　**优先权日** 1985-10-11

专利申请人 Sagami Chem Res 、Chisso Corp 、Kaken Pharma Co. Ltd

工艺专利 JP 04139164、WO 9510509、WO 9626930 等。

登记情况 国内登记情况见表 3-68。

表 3-68　环戊噁草酮在中国登记情况

登记证号	农药名称	剂型	含量	登记场所	防治场所	用药量/[mL(制剂)/亩]	施用方法	登记证持有人
PD20182596	环戊噁草酮	原药	97%					江苏中丹化工技术有限公司
PD20171739	环戊噁草酮	原药	97%					日本科研制药株式会社
PD20171738	环戊噁草酮	悬浮剂	8%	水稻移栽田	一年生杂草	160～280	瓶甩法	日本科研制药株式会社

合成方法　以对氟苯酚为起始原料，经多步反应即得目的物。反应式为：

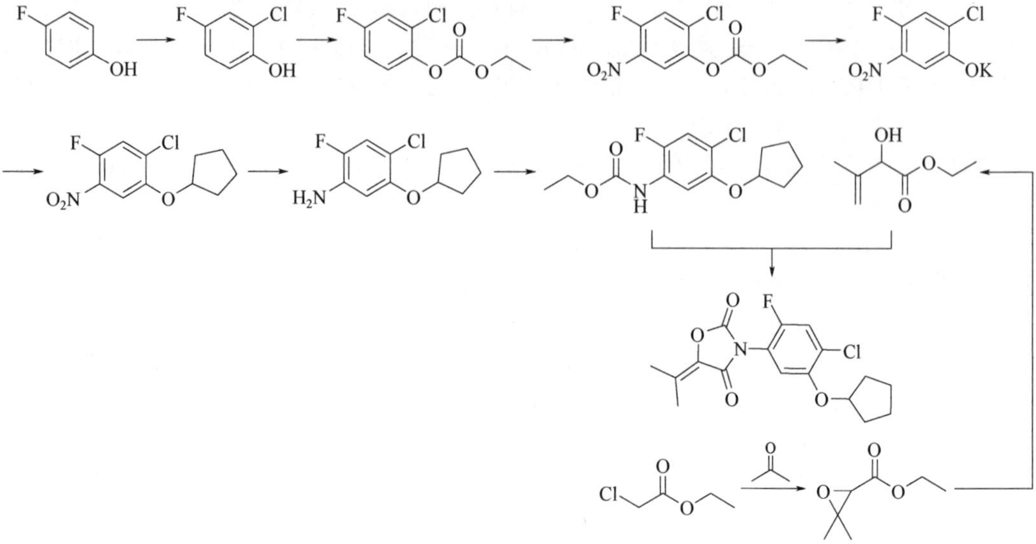

参考文献

[1] The Pesticide Manual. 17 th edition: 856.

[2] 张仲贞. 世界农药, 1999(4): 58-59.

[3] 程志明. 世界农药, 2002(2): 1-5.

氟唑草胺（profluazol）

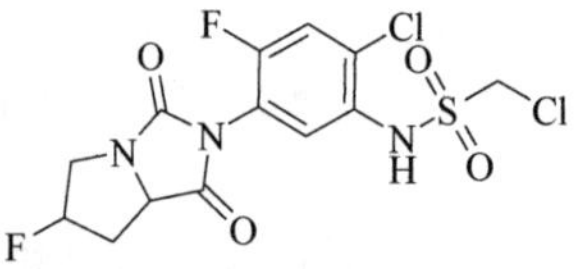

$C_{13}H_{11}Cl_2F_2N_3O_4S$，414.2，190314-43-3

　　氟唑草胺（试验代号：DPX-TY029、IN-TY029）是杜邦公司研制的酰亚胺类除草剂。

　　化学名称　1,2'-二氯-4'-氟-5'-[(6S,7aR)-6-氟-2,3,5,6,7,7a-六氢-1,3-二氧-1H-吡咯并[1,2-c]咪唑-2-基]甲基磺酰苯胺。英文化学名称　1,2'-dichloro-4'-fluoro-5'-[(6S,7aR)-6-fluoro-2,3,5,6,7,7a-hexahydro-1,3-dioxo-1H-pyrrolo[1,2-c]imidazol-2-yl]methanesulfonanilide。美国化学文摘（CA）系统名称　1-chloro-N-[2-chloro-4-fluoro-5-[(6S,7aR)-6-fluorotetrahydro-1,3-dioxo-1H-pyrrolo[1,2-c]imidazol-2(3H)-yl]phenyl]methanesulfonamide。CA 主题索引名称 methanesulfonamide—, 1-chloro-N-[2-chloro-4-fluoro-5-[(6S,7aR)-6-fluorotetrahydro-1,3-dioxo-1H-pyrrolo[1,2-c]imidazol-2(3H)-yl]phenyl]-。

　　作用机理与特点　原卟啉原氧化酶抑制剂。

　　应用　除草剂。

　　专利概况

　　专利名称　Herbicidal sulfonamides

　　专利号　WO 9715576　　　　　优先权日　1995-10-25

专利申请人　Du Pont。

合成方法　以 2-氟-4-氯苯胺为起始原料，经如下反应式制得目的物：

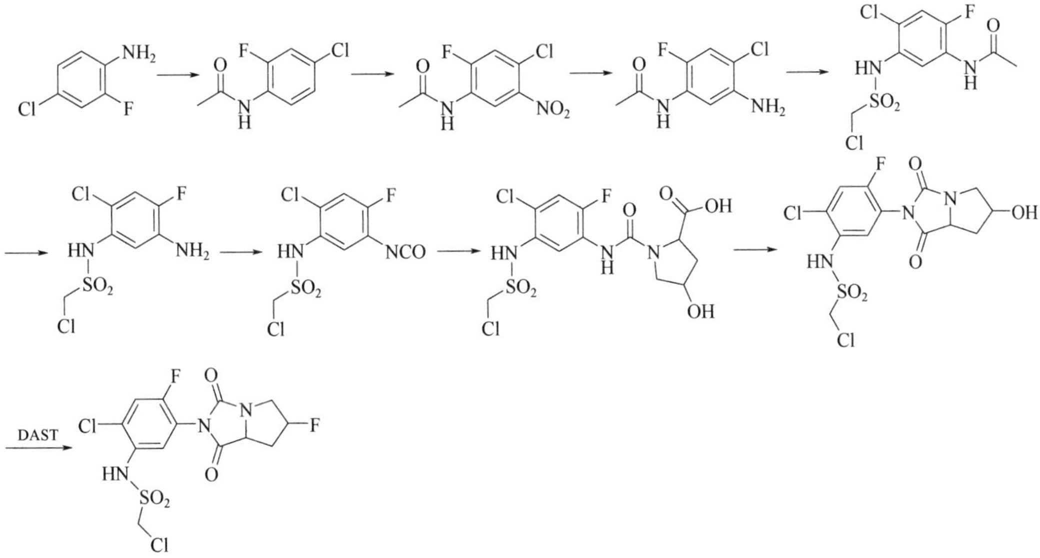

参考文献

[1] AGROW, 1999, No 338: 26.

苯嘧磺草胺（saflufenacil）

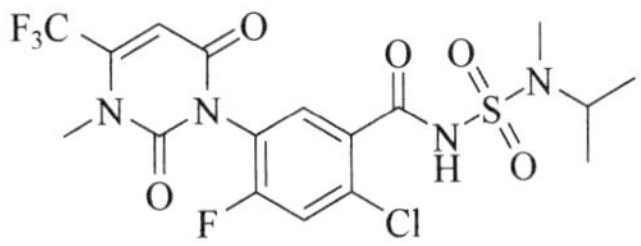

C$_{17}$H$_{17}$ClF$_4$N$_4$O$_5$S，500.9，372137-35-4

　　苯嘧磺草胺（试验代号：BAS 800H、CL433379，商品名称：Eragon、Heat、Kixor、Sharpen、Treevix、巴佰金）是由 BASF 开发的除草剂。

　　化学名称　N′-[2-氯-4-氟-5-(3-甲基-2,6-二氧-4-(三氟甲基)-1,2,3,6-四氢-1(2H)-嘧啶)-苯甲酰]-N-异丙基-N-甲基磺酰胺。英文化学名称 2-chloro-4-fluoro-N-[isopropyl(methyl)sulfamoyl]-5-[3-methyl-2,6-dioxo-4-(trifluoromethyl)-3,6-dihydropyrimidin-1(2H)-yl]benzamide 或 N′-{2-chloro-4-fluoro-5-[1,2,3,6-tetrahydro-3-methyl-2,6-dioxo-4-(trifluoromethyl)pyrimidin-1-yl]benzoyl}-N-isopropyl-N-methylsulfamide。美国化学文摘系统名称 2-chloro-5-[3,6-dihydro-3-methyl-2,6-dioxo-4-(trifluoromethyl)-1(2H)-pyrimidinyl]-4-fluoro-N-[[methyl(1-methylethyl)amino]sulfonyl]benzamide。CA 主题索引名称 benzamide—, 2-chloro-5-[3,6-dihydro-3-methyl-2,6-dioxo-4-(trifluoromethyl)-1(2H)-pyrimidinyl]-4-fluoro-N-[[methyl(1-methylethyl)amino]sulfonyl]-。

　　理化性质　原药纯度＞95%。白色粉末，熔点 189.9～193.4℃。蒸气压 4.5×10^{-12} mPa（20℃），分配系数 lgK$_{ow}$=2.6，Henry 常数 1.07×10^{-15} Pa•m³/mol，pK$_a$(20～25℃)=4.41，相对密度（20～25℃）1.595。水中溶解度（mg/L，20～25℃）：25（pH 5），2100（pH 7）。有机溶剂中的溶解度（g/L，20～25℃）：乙腈 194、丙酮 275、乙酸乙酯 655、四氢呋喃 362、甲醇

298、异丙醇 2.5、甲苯 23、正辛醇<0.1、正庚烷<0.05。在室温下能稳定存在，金属或金属离子存在的情况下在室温或升高温度也稳定。可稳定存在于酸性溶液中，在碱性条件下 DT_{50} 4～6 d。

毒性　大鼠急性经口 LD_{50}>2000 mg/kg，大鼠急性经皮 LD_{50}>2000 mg/kg，对兔的眼睛和皮肤无刺激，对豚鼠皮肤无致敏性。大鼠吸入 LC_{50}（4 h）>5.3 mg/L。小鼠 NOAEL（18 个月）4.6 mg/(kg·d)。ADI/RfD 0.046 mg/kg。

生态效应　山齿鹑急性经口 LD_{50}（14 d）>2000 mg/kg bw，山齿鹑饲喂 LC_{50}（8 d）>5000 mg/kg 饲料。鱼 LC_{50}（96 h）>98 mg/L，水蚤 LC_{50}（48 h）>100 mg/L，羊角月牙藻 EC_{50} 0.041 mg/L。摇蚊属昆虫 EC_{50}（28 d）>7.7 mg/kg 干沉积物，蜜蜂急性接触 LD_{50} 100 μg/只，蚯蚓急性 EC_{50}（14 d）>1000 mg/kg 土壤，梨盲走螨 LR_{50} 647 g/hm^2。

环境行为　①动物。大鼠经口摄入，会快速（96 h 内）且几乎完全排出体外。②植物。在非敏感植物中可快速代谢。主要的代谢途径是侧链磺酰胺的 N-脱烷基化和脲环的水解。③土壤/环境。DT_{50}（有氧，4 种土壤，25℃）15 d。pH<7 可稳定存在，DT_{50} 5 d（pH 9，25℃）。土壤中的光降解 DT_{50} 29 d。K_{oc} 9～56（6 种土壤）。

制剂　水分散粒剂。

主要生产商　BASF。

作用机理与特点　原卟啉原氧化酶（PPO）抑制剂，叶面接触、残效性阔叶杂草除草剂。通过叶面和根部吸收，在质体外传导，韧皮部传导有限。

应用　对所有重要的双子叶杂草，特别是对草甘膦、磺酰脲类和三嗪类等除草剂产生耐药性、抗药性的杂草具有优异的防效；极快速的茎叶杀灭效果，施药后杂草 1～3 d 即开始干枯死亡，并具有土壤残留活性；能与多种茎叶处理、土壤处理的禾本科除草剂等混用，以扩大杀草谱，特别是跟草甘膦有互补、加成增效性能；可在多种作物和非耕地使用，后茬作物种植灵活。

（1）适用作物　玉米、小粒谷物类、棉花、大豆、干豆、水果和坚果树等。可作为灭生性除草剂用。

（2）防治对象　可防除 70 多种阔叶杂草，包括抗莠去津、草甘膦和 ALS 抑制剂的杂草。它对小粒种子的宽叶杂草如苋和藜，以及难治的大粒种子的杂草如向日葵属、苘麻和番诸属杂草有效。具有很快的灭生作用且土壤残留降解迅速。可以与禾本科杂草除草剂混用，如草甘膦，效果很好，在多种作物田和非耕地都可施用，轮作限制小。其防治的杂草谱如下：苘麻，铁苋菜，苋属（北美苋，绿穗苋，长芒苋，反枝苋，野苋），豚草，三裂叶豚草，西方豚草，三叶鬼针草，芸薹属，小果亚麻荠，毛叶刺苞果；荠菜，藜，加拿大蓟，田旋花，野塘蒿，小白酒草，蛇木菊，臭荠，曼陀罗，野胡萝卜，羽叶播娘蒿，播娘蒿，南美山蚂蟥，石竹；旱莲草，莲子草，黏柳叶菜，大鹱牛儿苗，芹叶鹱牛儿苗，飞扬草，小飞扬草，向日葵，野西瓜苗，全缘叶牵牛，裂叶牵牛，头花小牵牛；地肤，毒莴苣，北美独行菜，长梗锦葵，小花锦葵，圆叶锦葵，光叶粟米草，假酸浆，裂叶月见草，银胶菊；小酸浆，火炬松，萹蓄，卷茎蓼，酸模叶蓼，臭蒿，滨州蓼，桃叶蓼，马齿苋，钾猪毛菜，千里光，欧洲千里光，田菁，白背黄花稔，黄花稔；野芥，水蒜芥，龙葵，东方龙葵，裂刺茄，续断草，苦苣菜，蒲公英，蒺藜，欧荨麻，王不留行，直立婆婆纳，阿拉伯婆婆纳，猪殃殃，苍耳等。

（3）使用方法　单用对禾本科杂草只能短暂抑制生长，基本无效；能选择性地杀灭小粒种子禾谷类作物、部分豆科作物，以及棉花田中，苗高达 15 cm 或莲座直径达 10 cm 的阔叶杂草；和草甘膦桶混将增加杀草谱，包括已出苗的禾本科杂草和阔叶杂草。对于大多数使用，推荐用量为 0.07～0.15 L/hm²，对于玉米 0.14～0.28 L/hm²；Integrity 以 0.7～1.2 L/hm² 可用于玉米田防除窄叶和宽叶杂草；Optill 以 0.14 L/hm² 用于大豆田，0.1 L/hm² 用于鹰嘴豆与豌豆田防除窄叶和宽叶杂草；Treevix 以 0.07 L/hm² 用于柑橘、梨果与核果树。

针对敏感性杂草：每亩 1～1.5 g+草甘膦 41%100～150 mL。针对耐抗性杂草：每亩 2～2.5 g+草甘膦 41%150～200 mL。喷药时间：田间大部分杂草在 10～15 cm 高时。和草甘膦桶混使用，具有良好的"互补、加成、增效作用"，即可以促进杂草对草甘膦的吸收传导，用药 1～3 d 杂草即开始死亡，能有效防治许多对草甘膦已有耐抗性杂草；并且通常能减少草甘膦用药量 30%～50%。在向日葵、棉花、大豆田可以作为脱叶剂使用。

70%水分散粒剂在国内主要用于防除非耕地或柑橘园的阔叶杂草，用药量 75.0～112.5 g/hm²（5.0～7.5 g/亩），使用方法分别为茎叶喷雾及茎叶定向喷雾。施药方法及时间：杂草苗后茎叶处理，阔叶杂草的株高或茎长达 10～15 cm 时为最佳喷雾处理时期。若错过最佳用药期则应加大用药剂量和喷雾用水量；在柑橘园对杂草进行苗后茎叶定向喷雾时，尽量避免药液喷到柑橘树上；加入适当增效剂可有效地提高药剂对杂草的防效，或降低使用剂量；施药应均匀周到，避免重喷，漏喷或超过推荐剂量用药；在大风时或大雨前不要施药，避免飘移。

专利概况

专利名称　Preparation of uracil substituted *N*-sulfamoyl benzamides as herbicides

专利号　WO 2001083459　　　　优先权日　2000-05-04

专利申请人　BASF AG

在其他国家申请的化合物专利　CA 2383858、EP 1226127、HU 2002004434、NZ 517562、CN 1171875、AU 780654、IL 148464、AT 435213、PT 1226127、ES 2331054、US 20020045550、US 6534492、TW 287539、BG 106473、BG 65454、ZA 2002001776、HR 2002000200、IN 211743、BR 2002000970、US 20030224941、US 6689773、US 20040220172、US 6849618 等。

登记情况　国内登记情况见表 3-69。

表 3-69　苯嘧磺草胺国内登记情况

登记证号	农药名称	剂型	含量	登记场地	防治对象	亩用药量（制剂）	施用方法	登记证持有人
PD20183960	苯嘧·草甘膦	水分散粒剂	苯嘧磺草胺5%+草甘膦70%	非耕地	杂草	60～90 g	茎叶喷雾	惠州市银农科技股份有限公司
PD20181256	苯嘧·草甘膦	可分散油悬浮剂	苯嘧磺草胺2%+草甘膦30%	非耕地	杂草	150～200 mL	茎叶喷雾	惠州市银农科技股份有限公司
PD20131930	苯嘧磺草胺	水分散粒剂	70%	非耕地	阔叶杂草	5～7.5 g	茎叶喷雾	巴斯夫欧洲公司
				柑橘园/苹果园	阔叶杂草	5～7.5 g	定向茎叶喷雾	
PD20131924	苯嘧磺草胺	原药	97.4%					巴斯夫欧洲公司

合成方法　经如下反应制得目标化合物：

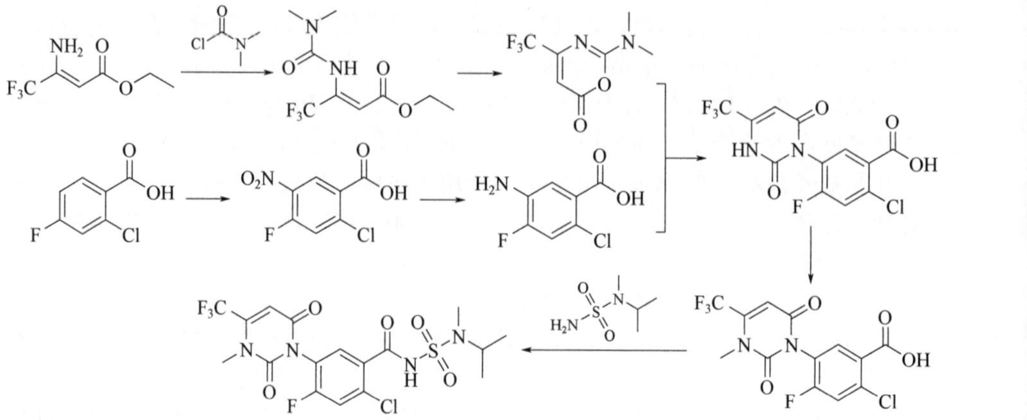

参考文献

[1] The Pesticide Manual. 17 th edition: 1010-1011.

[2] 赫彤彤, 杨吉春, 刘允萍. 农药, 2011, 50(6): 440-442.

[3] 万灵子, 卜乐号, 刘耀威, 等. 化学通报, 2019, 82(9): 826-830.

氟嘧硫草酯（tiafenacil）

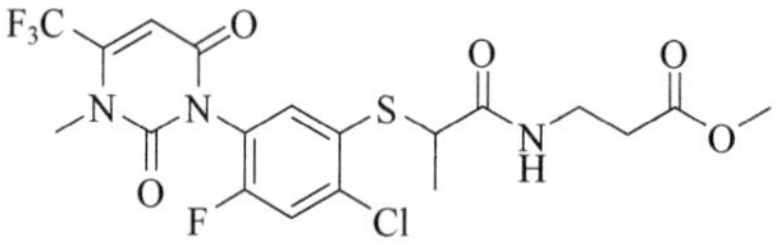

$C_{19}H_{18}ClF_4N_3O_5S$，511.9，1220411-29-9

氟嘧硫草酯［试验代号 DCC-3825，商品名为 Terrad'or、Terrad'or Plus（0.5% tiafenacil+24% 草甘膦）、Terrad'or ME］是由福阿母韩农开发的 N-苯基酰亚胺（尿嘧啶）类除草剂，2018 年在韩国首上市。

化学名称 3-{[(2RS)-2-({2-氯-5-[3-甲基-2,6-二氧-4-(三氟甲基)-3,6-二氢嘧啶-1(2H)-基]-4-氟苯基}硫基)丙酰基]氨基}丙酸甲酯。英文化学名称 methyl 3-{[(2RS)-2-({2-chloro-5-[3-methyl-2,6-dioxo-4-(trifluoromethyl)-3,6-dihydropyrimidin-1(2H)-yl]-4-fluorophenyl}thio)propanoyl]amino}propanoate 或 methyl 3-[(2RS)-2-({2-chloro-5-[3,6-dihydro-3-methyl-2,6-dioxo-4-(trifluoromethyl)pyrimidin-1(2H)-yl]-4-fluorophenyl}thio)propionamido]propionate。美国化学文摘（CA）系统名称 methyl N-[2-[[2-chloro-5-[3,6-dihydro-3-methyl-2,6-dioxo-4-(trifluoromethyl)-1(2H)-pyrimidinyl]-4-fluorophenyl]thio]-1-oxopropyl]-β-alaninate。CA 主题索引名称 β-alanine—, N-[2-[[2-chloro-5-[3,6-dihydro-3-methyl-2,6-dioxo-4-(trifluoromethyl)-1(2H)-pyrimidinyl]-4-fluorophenyl]thio]-1-oxopropyl]-methyl ester。

作用机理与特点 原卟啉原氧化酶(PPO)抑制剂。

应用 据文献报道，氟嘧硫草酯可用于大豆、油菜、水稻、玉米等许多作物，防除阔叶杂草和禾本科杂草，如苘麻（Abutilon theophrasti）、苋属、稗草（Echinochloa crus-galli）等；同时对草甘膦抗性杂草如苋属、豚草属、铁苋菜、鸭跖草等也表现出优异的防效。其有效成分用药量小于 85 g(a.i.)/hm^2。

专利概况

专利名称　Preparation of uracil-based compounds as herbicides

专利号　WO 2010038953　　　　优先权日　2008-10-02

专利申请人　Korea Research Institute of Chemical Technology、Dongbu Hitek Co., Ltd.

在其他国家申请的化合物专利　AU 2009300571、CA 2739347、KR 2010038052、KR 1103840、EP 2343284、CN 102203071、JP 2012504599、AR 75131、IN 2011DN02257、CR 20110183、US 20110224083、US 8193198 等。

合成方法　通过如下反应制得目的物：

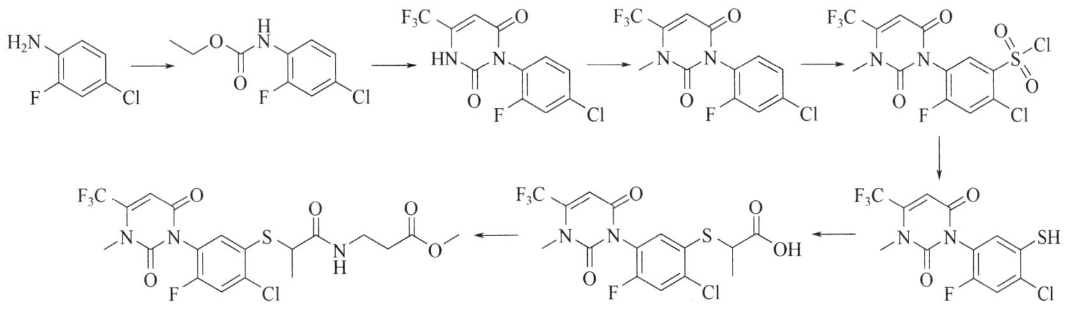

参考文献

[1] The Pesticide Manual. 17 th edition: 1113.

[2] 柏亚罗. 农药市场信息, 2020(2): 48.

[3] 陈丰喜, 陈贻松. 今日农药, 2016(7): 14-15.

三氟草嗪（trifludimoxazin）

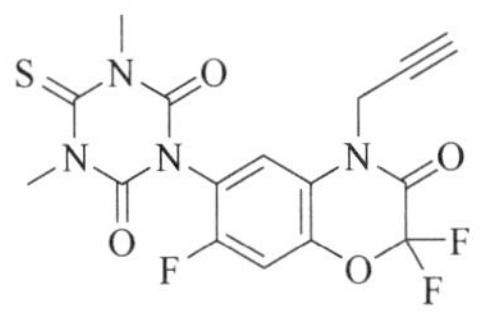

$C_{16}H_{11}F_3N_4O_4S$，412.3，1258836-72-4

三氟草嗪［商品名称：tirexor、Voraxor（125.0 g/L 三氟草嗪+250.0 g/L 苯嘧磺草胺悬浮剂）］，是巴斯夫公司开发的 N-苯基酰亚胺（三嗪酮）类除草剂，2020 年在澳大利亚 Trifludimoxazin 和 Voraxor 首次登记。

化学名称　1,5-二甲基-6-硫代-3-(2,2,7-三氟-3,4-二氢-3-氧-4-炔丙-2-基-2H-1,4-苯并噁嗪酮-6-基)-1,3,5-三嗪-2,4-二酮。英文化学名称 1,5-dimethyl-6-thioxo-3-(2,2,7-trifluoro-3,4-dihydro-3-oxo-4-prop-2-ynyl-2H-1,4-benzoxazin-6-yl)-1,3,5-triazinane-2,4-dione。美国化学文摘（CA）系统名称 dihydro-1,5-dimethyl-6-thioxo-3-[2,2,7-trifluoro-3,4-dihydro-3-oxo-4-(2-propyn-1-yl)-1,3,5-triazine-2,4(1H,3H)-dione。CA 主题索引名称 1,3,5-triazine-2,4(1H,3H)-dione—, dihydro-1,5-dimethyl-6-thioxo-3-[2,2,7-trifluoro-3,4-dihydro-3-oxo-4-(2-propyn-1-yl)-。

开发现状　三氟草嗪为原卟啉原氧化酶（PPO）抑制剂类除草剂，它能防除 PPO 抗性杂草，包括苋属（*Amaranthus* spp.）、豚草属（*Ambrosia* spp.）杂草等。其作用效果迅速，一天内便产生叶部效果，是二十年来首个通过叶面触杀防除禾本科杂草的具有新颖作用机理的除草剂，它为作物种植前防除黑麦草提供了新工具。该除草剂也将对澳大利亚谷物上的一些禾本科杂草和阔叶杂草提供触杀和持效作用。该产品在全球用于许多作物，包括小粒谷物、玉米、大豆、豆类作物、油棕榈以及许多果树和坚果作物等。

专利概况

专利名称　Preparation of oxobenzoxazinyltriazinanedione derivatives for use as herbicides

专利号　WO 2010145992　　　　　优先权日　2009-06-19

专利申请人　BASF SE

在其他国家申请的化合物专利　CA 2763938、AU 2010261874、EP 2443102、KR 2012046180、CN 102459205、JP 2012530098、IL 216672、PT 2443102、NZ 597619、ES 2417312、AR 77191、IN 2011MN02584、MX 2011013108、CR 20110667、US 20120100991、US 8754008、ZA 2012000350、US 20140243522 等。

工艺专利　WO 2014026845、WO 2014026893、WO 2014026928、WO 2013092858 等。

合成方法　通过如下反应制得目的物：

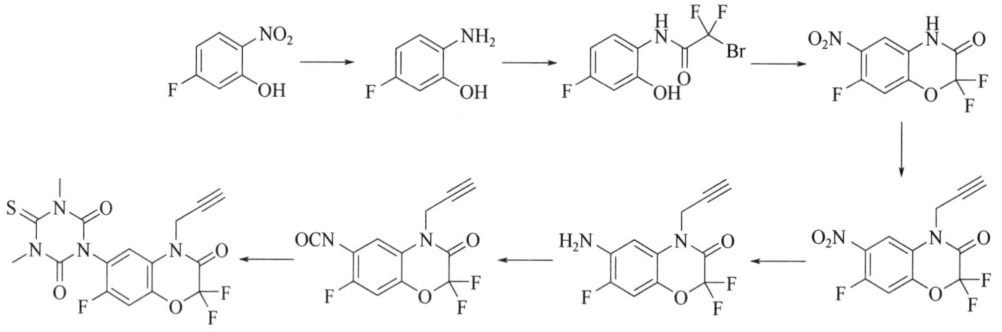

参考文献

[1] The Pesticide Manual. 17 th edition: 1153.

[2] 佚名. 世界农药, 2020, 42(12): 42.

[3] Witschel M, Newton T W, Seitz T. WO 2010145992, 2010.

第十二节

N-苯基环状酰肼类除草剂

(*N*-phenylcyclohydrazide herbicides)

此类有 7 个主要品种，包括 *N*-苯基三唑啉酮类 4 个[唑啶草酮（azafenidin）、bencarbazone、唑草酮（carfentrazone-ethyl）、甲磺草胺（sulfentrazone）]、*N*-苯基噁二唑酮类 2 个 [丙炔噁草酮（oxadiargyl）、噁草酮（oxadiazon）]、*N*-苯基哒嗪酮类 1 个 [氟哒嗪草酯（flufenpyr-ethyl）]，它们都是原卟啉原氧化酶（PPO）类抑制剂。

唑啶草酮（azafenidin）

C₁₅H₁₃Cl₂N₃O₂，338.2，68049-83-2

$C_{15}H_{13}Cl_2N_3O_2$，338.2，68049-83-2

唑啶草酮（试验代号：DPX-R6447、IN-R6447、R6447，商品名称：Milestone、Evolus）是杜邦公司开发的三唑啉酮类除草剂。

化学名称　2-(2,4-二氯-5-丙炔-2-氧基苯基)-5,6,7,8-四氢-1,2,4-四唑并[4,3-*a*]吡啶-3(2*H*)-酮。英文化学名称 2-(2,4-dichloro-5-prop-2-ynyloxyphenyl)-5,6,7,8-tetrahydro-1,2,4-triazolo[4,3-*a*]pyridin-3(2*H*)-one。美国化学文摘（CA）系统名称 2-[2,4-dichloro-5-(2-propyn-1-yloxy)phenyl]-5,6,7,8-tetrahydro-1,2,4-triazolo[4,3-*a*]pyridin-3(2*H*)-one。CA 主题索引名称 1,2,4-triazolo[4,3-*a*]pyridin-3(2*H*)-one—, 2-[2,4-dichloro-5-(2-propyn-1-yloxy)phenyl]-5,6,7,8-tetrahydro-。

理化性质　铁锈色、具强烈气味的固体，原药纯度97%。熔点168～168.5℃。相对密度1.4（20～25℃），蒸气压 1×10^{-6} mPa（20℃）。分配系数 lgK_{ow}=2.7。水中溶解度为 16 mg/L（pH 7）。在水中稳定，水中光照 DT$_{50}$ 大约为 12 h。

毒性　大鼠急性经口 LD$_{50}$>5000 mg/kg。兔急性经皮 LD$_{50}$>2000 mg/kg。对兔的眼睛和兔的皮肤无刺激性。对皮肤无致敏性。大鼠急性吸入 LC$_{50}$（4 h）5.3 mg/L。NOEL（90 d，mg/L）：雌雄大鼠 50，雄小鼠 50，雌小鼠 300，狗 10。

生态效应　野鸭和山齿鹑急性经口 LD$_{50}$>2250 mg/kg；野鸭和山齿鹑饲喂 LC$_{50}$（8 d）>5620 mg/L。鱼 LC$_{50}$（96 h，mg/L）：大翻车鱼 48，虹鳟鱼 33。水蚤 EC$_{50}$（48 h）38 mg/L，月牙藻 EC$_{50}$（120 h）0.94 μg/L。蜜蜂 LD$_{50}$（μg/只）：经口>20，接触>100。Ames 等试验呈阴性，无致突变性。

环境行为　土壤/环境。在土壤中的降解主要是微生物分解和光解。在田间平均 DT$_{50}$ 约25 d（四种土壤），DT$_{90}$ 约 169 d，平均 K_{oc} 298；通过对土壤淋洗研究，唑啶草酮在土壤中残留剂量很小，所以应该不会渗透到地下水中。它主要通过光解作用迅速消散在自然水域中。

制剂　水分散粒剂。

作用机理与特点　原卟啉原氧化酶抑制剂。

应用

（1）适宜作物　橄榄、柑橘、森林及不需要作物及杂草生长的地点等。

（2）防除对象　许多重要杂草，阔叶杂草如苋、马齿苋、藜、芥菜、千里光、龙葵等。禾本科杂草如狗尾草、马唐、早熟禾、稗草等。对三嗪类、芳氧羧酸类、环己二酮和 ALS 抑制剂如磺酰脲类除草剂等产生抗性的杂草有特效。

（3）使用方法　在杂草出土前施用。使用剂量为 240 g (a.i.)/hm^2［亩用量为 16 g (a.i.)］。因其在土壤中进行微生物降解和光解作用，无生物积累现象，故对环境和作物安全。

专利概况

专利名称　Substituted bicyclictriazoles

专利号　DE 2801429　　　　优先权日　1977-01-13

专利申请人　Du Pont

在其他国家申请的专利　AU 3233478、BR 7800182、CA 1088060、CS 207497、DK 538477、ES 465929、FR 2384769、GB 1561376、GR 65320、IE 46243、IT 1092731、JP 53105494、LU 78858、NL 7800380、PL 203976、TR 20263 等。

工艺专利　US 5856495、WO 9422828 等。

合成方法

方法一：以 2,4-二氯苯酚和 5-氰戊酰胺为起始原料，经多步反应得到目标物。

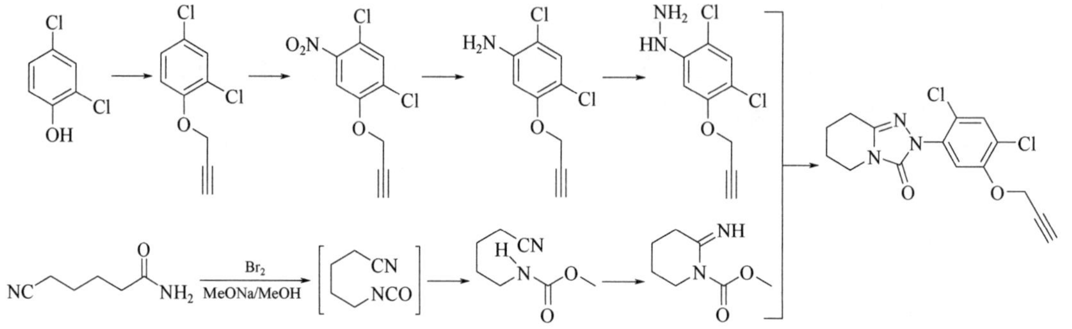

方法二：以 2,4-二氯苯酚和己内酰胺为起始原料，经多步反应得到目标物。

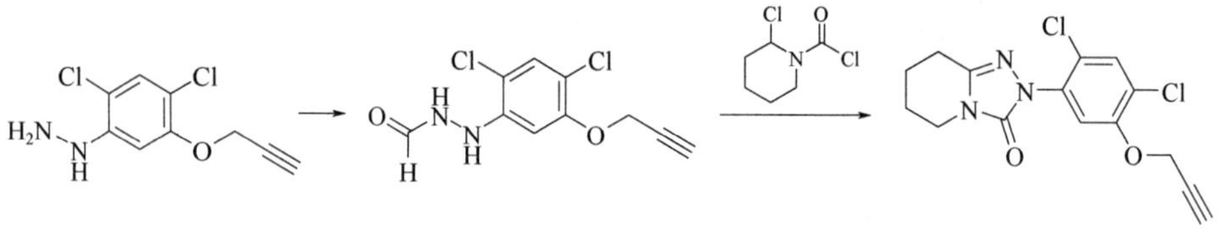

参考文献

[1] Proc. Br. Crop Prot. Conf.－Weed. 1997, 1: 19.

bencarbazone

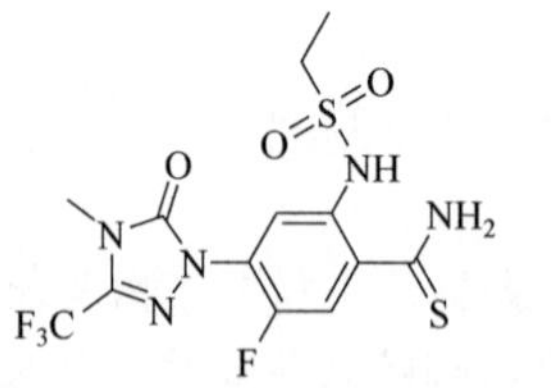

$C_{13}H_{13}F_4N_5O_3S_2$，427.4，173980-17-1

bencarbazone（试验代号：HWH 4991、TM-435）是拜耳公司研制的三唑啉酮类除草剂，在 2001 年，授权给 Tomen Agro（现爱利思达生命科学株式会社）。

化学名称　4-[4,5-二氢-4-甲基-5-氧-3-(三氟甲基)-1H-1,2,4-三唑-1-基]-2-[(乙基磺酰基)氨基]-5-氟硫代苯甲酰胺。英文化学名称　4-[4,5-dihydro-4-methyl-5-oxo-3-(trifluoromethyl)-1H-1,2,4-triazol-1-yl]-2-[(ethylsulfonyl)amino]-5-fluorobenzenecarbothioamide。美国化学文摘（CA）系统名称　4-[4,5-dihydro-4-methyl-5-oxo-3-(trifluoromethyl)-1H-1,2,4-triazol-1-yl]-2-[(ethylsulfonyl)amino]-5-fluorobenzenecarbothioamide。CA 主题索引名称 benzenecarbothioamide—，4-[4,5-dihydro-4-methyl-5-oxo-3-(trifluoromethyl)-1H-1,2,4-triazol-1-yl]-2-[(ethylsulfonyl)amino]-5-fluoro-。

理化性质 淡黄灰色粉末。熔点 202℃。分配系数 $\lg K_{ow}$=0.179（pH 7.5）。在水中溶解度（pH 7）0.105 g/L。水解 DT_{50}（50℃）：>500 h（pH 4），241 h（pH 7），174 h（pH 9）。

毒性 大鼠急性经口 LD_{50}>2500 mg/kg。对皮肤和眼睛无刺激，对豚鼠皮肤有致敏性。大鼠 LC_{50}（4 h）>5045 mg/L。狗 NOEL（13 周）6 mg/kg。

生态毒性 山齿鹑 LD_{50}（14 d）>2000 mg/(kg·d)。虹鳟鱼 LC_{50}（96 h，静态）>100 mg/L。水蚤 EC_{50}（48 h，静态）>10 mg/L。羊角月牙藻 IC_{50}（72 h，静态）2 mg/L。蚯蚓 LC_{50}（14 d）>1000 mg/kg 干土。

作用机理与特点 原卟啉原氧化酶抑制剂。被根和叶子吸收，可传导。

应用 用于防治玉米、小麦田中阔叶杂草。

专利概况

专利名称 Preparation of heterocyclylthiobenzamides as herbicides

专利号 DE 19500439　　　　优先权日 1994-05-04

专利申请人 Bayer A.G.

工艺专利 WO 9733875、WO 9733876、US 6541667 等。

合成方法 通过如下反应制得目的物：

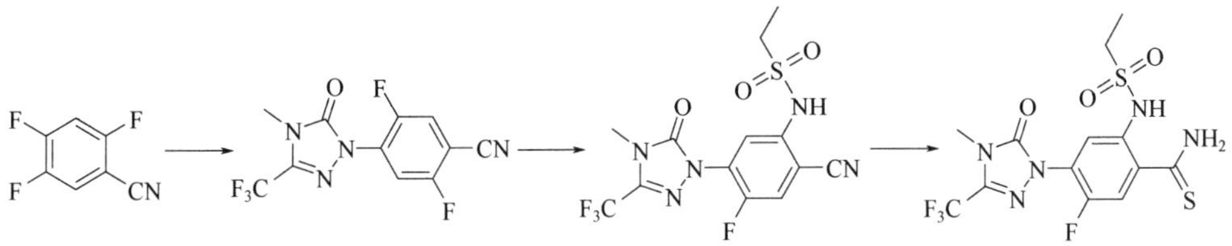

唑草酮（carfentrazone-ethyl）

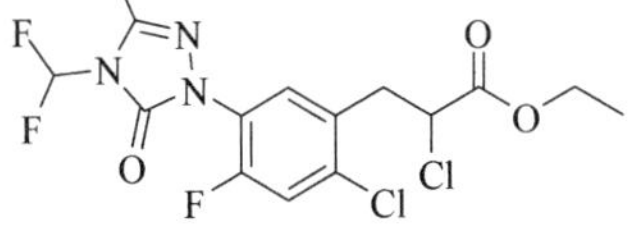

$C_{15}H_{14}Cl_2F_3N_3O_3$，412.2，128639-02-1，128621-72-7（酸）

唑草酮（试验代号：F8426、F116426，商品名称：Aurora、Spotlight、Affinity、Aim、Broadhead、Platform S、福农、快灭灵等，其他名称：三唑酮草酯、唑酮草酯、唑草酯）是由 FMC 公司开发的 N-苯基三唑啉酮类除草剂。

化学名称 (*RS*)-2-氯-3-[2-氯-5-(4-二氟甲基-4,5-二氢-3-甲基-5-氧-1H-1,2,4-三唑-1-基)-4-氟苯基]丙酸乙酯。英文化学名称 ethyl (*RS*)-2-chloro-3-[2-chloro-5-(4-difluoromethyl-4,5-dihydro-3-methyl-5-oxo-1H-1,2,4-triazol-1-yl)-4-fluorophenyl]propionate。美国化学文摘（CA）系统名称 ethyl α,2-dichloro-5-[4-(difluoromethyl)-4,5-dihydro-3-methyl-5-oxo-1H-1,2,4-triazol-1-yl]-4-fluorobenzenepropanate。CA 主题索引名称 benzenepropanoic acid—，α,2-dichloro-5-[4-(difluoromethyl)-4,5-dihydro-3-methyl-5-oxo-1H-1,2,4-triazol-1-yl]-4-fluoro-。

理化性质 原药纯度≥90%。黏稠黄色液体，熔点−22.1℃，沸点350～355℃（1.01×10^5 Pa）。闪点229℃（闭杯法）。相对密度（20～25℃）1.457，蒸气压（mPa）1.6×10^{−2}（25℃）、7.2×10^{−3}（20℃）。分配系数 $\lg K_{ow}$=3.36，Henry 常数 2.47×10^{−4} Pa·m^3/mol。水中溶解度（mg/L）：0.012（20℃）、0.022（25℃）。有机溶剂中溶解度（g/L，20～25℃）：甲苯900，己烷30，与丙酮、乙醇、乙酸乙酯、二氯甲烷等互溶。在 pH 5 时稳定，水中光解 DT_{50} 8 d。水解 DT_{50}：3.6 h（pH 9），8.6 d（pH 7）。

毒性 雌性大鼠急性经口 LD_{50} 5143 mg/kg。大鼠急性经皮 LD_{50}＞4000 mg/kg。对兔的眼睛有轻微刺激性，对兔皮肤无刺激性，对豚鼠皮肤无致敏性。大鼠吸入 LC_{50}（4 h）＞5 mg/L。大鼠 NOEL（2 年）3 mg/(kg·d)。ADI/RfD（EC）0.03 mg/kg bw（2003），（EPA）aRfD 5 mg/kg bw，cRfD 0.03 mg/kg bw（1998）。Ames 试验无致突变性。

生态效应 山齿鹑 LD_{50}＞2250 mg/kg，野鸭 LC_{50}＞5620 mg/L。鱼 LC_{50}（96 h）1.6～4.3 mg/L（由鱼的种类决定）。水蚤 EC_{50}（48 h）9.8 mg/L。水藻 EC_{50} 5.7～17 μg/L（取决于种类）。其他水生物 EC_{50}（mg/L）：东方生蚝（96 h）2.05，糠虾（96 h）1.16，膨胀浮萍（14 d）0.0057。蜜蜂 LD_{50}（μg/只）：经口＞35，接触＞200。蚯蚓 LC_{50}＞820 mg/kg 土。

环境行为 ①动物。在大鼠体内80%的饲喂剂量在 24 h 内被迅速吸收并通过尿液排出。主要的代谢产物是相应的酸，进一步的代谢涉及甲基氧化羟基化或脱去氯化氢生成相应的肉桂酸。②植物。在植物体内快速转化成游离酸，再进一步发生羟基化，及咪唑啉酮甲基被氧化形成二元酸。DT_{50}（carfentrazone-ethyl）＜7 d，DT_{50}（carfentrazone）＜28 d。③土壤/环境。在土壤中被微生物分解，土壤施用后不易光解和挥发。无菌土中能被强烈吸附（K_{oc} 750±60，25℃）。在非无菌土壤中，迅速转化为游离酸，后者与土壤结合能力较弱（K_{oc} 15～35，25℃，pH 5.5）。在实验室中，土壤 DT_{50} 仅几个小时，形成游离酸，其 DT_{50} 2.5～4.0 d。

制剂 水分散粒剂、可湿性粉剂、微乳剂、乳油。

主要生产商 FMC、江苏瑞东农药有限公司、江苏好收成韦恩农化股份有限公司、江西众和生物科技有限公司、潍坊先达化工有限公司、淮安国瑞化工有限公司、美国默赛技术公司、山东潍坊润丰化工股份有限公司、辽宁先达农业科学有限公司等。

作用机理与特点 原卟啉原氧化酶抑制剂，即通过抑制叶绿素生物合成过程中原卟啉原氧化酶而引起细胞膜破坏，使叶片迅速干枯、死亡。唑草酮在喷药后 15 min 内即被植物叶片吸收，其不受雨淋影响，3～4 h 后杂草就出现中毒症状，2～4 d 死亡。

应用

（1）适宜作物与安全性 小麦、大麦、水稻、玉米等，因其在土壤中的半衰期仅为几小时，故对下茬作物亦安全。

（2）防除对象 主要用于防除阔叶杂草和莎草如猪殃殃、野芝麻、婆婆纳、苘麻、萹蓄、藜、红心藜、空管牵牛、鼬瓣花、酸模叶蓼、柳叶刺蓼、卷茎蓼、反枝苋、铁苋菜、宝盖草、苣荬菜、野芝麻、小果亚麻、地肤、龙葵、白芥等杂草。对猪殃殃、苘麻、红心藜、空管牵牛等杂草具有优异的防效。对磺酰脲类除草剂产生抗性的杂草如 *Kochia scoperiade* 等具有很好的活性。

（3）应用技术 唑草酮的使用应选准时机，以更好发挥药效。施药应选在早晚气温低和风小之时：晴天上午 8 点以前、下午 4 点以后。施药时气温不要超过 30℃但不要低于 5℃、空气相对湿度高于 60%、风速不超过 4 m/s，否则应停止施药。小麦在 3～4 叶期，杂草萌芽出土后施药。小麦拔节期后禁止施药。由于唑草酮受作用机理（无内吸活性）所限，喷雾时力求全面、均匀，使全部杂草充分着药，其对施药后长出的杂草无效。切记不能将该药剂应用于阔叶作物。

（4）使用方法　苗后茎叶处理，使用剂量通常为 9～35 g (a.i.)/hm² ［亩用量 0.6～2.4 g (a.i.)］。

小麦：每亩用 40%唑草酮干悬浮剂 4～5 g 对水 30～40 L，均匀喷雾。如果用于防除敏感杂草，剂量则可降低一半。唑草酮还可与 2,4-滴、噻吩磺隆、苯磺隆、氟草烟、溴苯腈、麦草畏等混用，但不宜与精噁唑禾草灵（加解毒剂）混用。

水田：宜于 6 月下旬至 7 月上旬施药，单剂效果不很理想，为提高防效，最好同 2 甲 4 氯或苄嘧磺隆混用，亩用量为唑草酮 1～1.5 g (a.i.)加苄嘧磺隆 2～3 g (a.i.)或 2 甲 4 氯 30 g (a.i.)。唑草酮每亩以 1～2 g (a.i.)使用后，水稻叶片虽有锈色斑点，但不影响水稻的生长发育，增产显著。

专利概况

专利名称　Preparation of 1-[(carboxylalkyl)phenyl]triazolin-5-ones and analogs as herbicides

专利号　WO 9002120　　　优先权日　1988-08-31

专利申请人　FMC Corp

在其他国家申请的专利　AU 4210489、BR 8907626、CA 1331463、CN 1041154、EG 18737、EP 0432212、ES 2017826、HU 55959、IL 91416、JP 3503053、KR 900701764 等。

工艺专利　WO 9707107、WO 9919308 等。

登记情况　国内登记了 52.6%母药，90%、91%、92%、95%、96%原药。单剂有 10%、15%、20%可湿性粉剂，5%、20.5%微乳剂，10%、40%水分散粒剂，400 g/L 乳油；登记场所为小麦田等，防治对象主要为一年生阔叶杂草。登记混剂 90 个，主要包括悬浮剂、可分散油悬浮剂、可湿性粉剂等、水分散粒剂。美国富美实公司在中国登记情况见表 3-70。

表 3-70　美国富美实公司在中国登记情况

登记证号	农药名称	剂型	含量	登记作物	防治对象	用药量/[g(制剂)/亩]	施用方法
PD20082588	唑草酮	母药	52.6%				
PD20060021	唑草酮	水分散粒剂	40%	春小麦	阔叶杂草	5～6	喷雾
				冬小麦	阔叶杂草	4～5	茎叶喷雾
PD20060020	唑草酮	原药	90%				

合成方法　以邻氟苯胺为起始原料，经多步反应得目的物。反应式为：

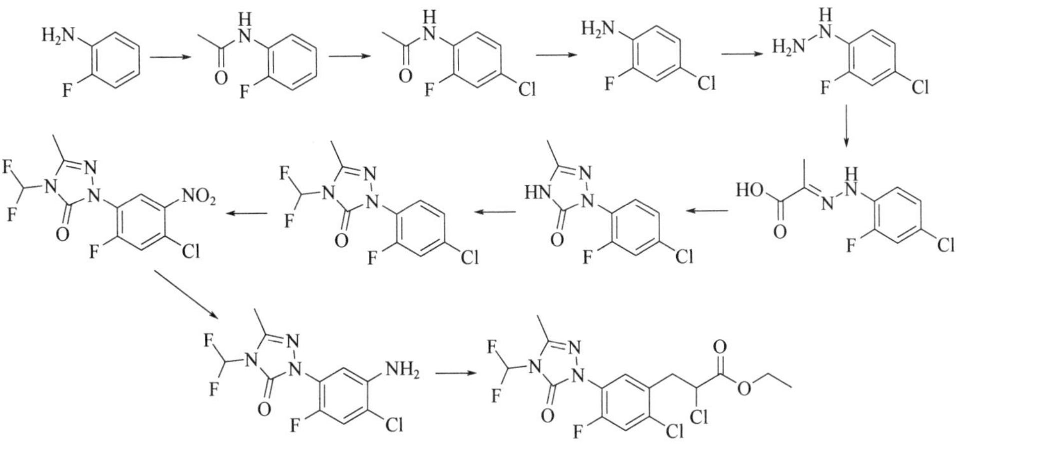

参考文献

[1] The Pesticide Manual. 17 th edition: 167-168.

[2] 李梅芳, 韩邦友. 现代农药, 2010, 9(3): 28-30.

氟哒嗪草酯（flufenpyr-ethyl）

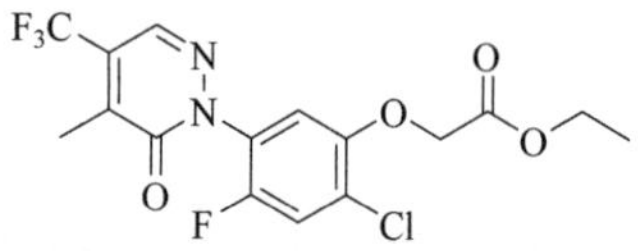

$C_{16}H_{13}ClF_4N_2O_4$，408.7，188489-07-8，188490-07-5(酸)

氟哒嗪草酯（试验代号：S-3153）是住友化学公司与 Valent 公司共同开发的哒嗪酮类除草剂。

化学名称　2-氯-5-[1,6-二氢-5-甲基-6-氧-4-(三氟甲基)哒嗪-1-基]-4-氟苯氧乙酸乙酯。英文化学名称 ethyl 2-chloro-5-[1,6-dihydro-5-methyl-6-oxo-4-(trifluoromethyl)pyridazin-1-yl]-4-fluorophenoxyacetate。美国化学文摘（CA）系统名称 ethyl [2-chloro-4-fluoro-5-[5-methyl-6-oxo-4-(trifluoromethyl)-1(6H)-pyridazinyl]phenoxy]acetate。CA 主题索引名称 acetic acid—, [2-chloro-4-fluoro-5-[5-methyl-6-oxo-4-(trifluoromethyl)-1(6H)-pyridazinyl]phenoxy]-ethyl ester。

作用机理与特点　原卟啉原氧化酶抑制剂。

应用　用于防除玉米田、大豆田和甘蔗田苘麻和番诸属杂草，使用剂量为 30 g/hm²。

专利概况

专利名称　Pyridazin-3-one derivatives, their use, and intermediates for their production

专利号　WO 9707104　　　　优先权日　1995-08-21

专利申请人　Sumitomo Chemical Co.。

合成方法　以对氟苯酚为起始原料，经如下反应制得目的物：

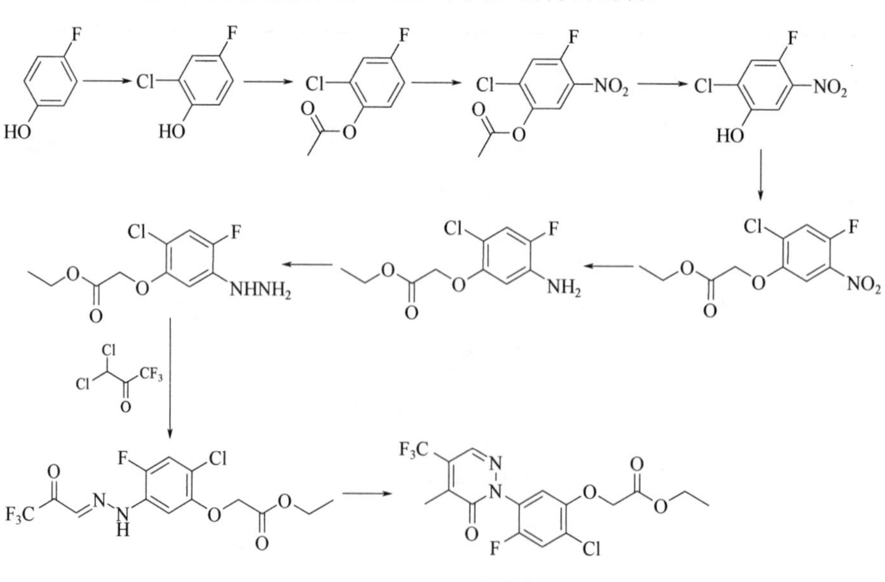

或

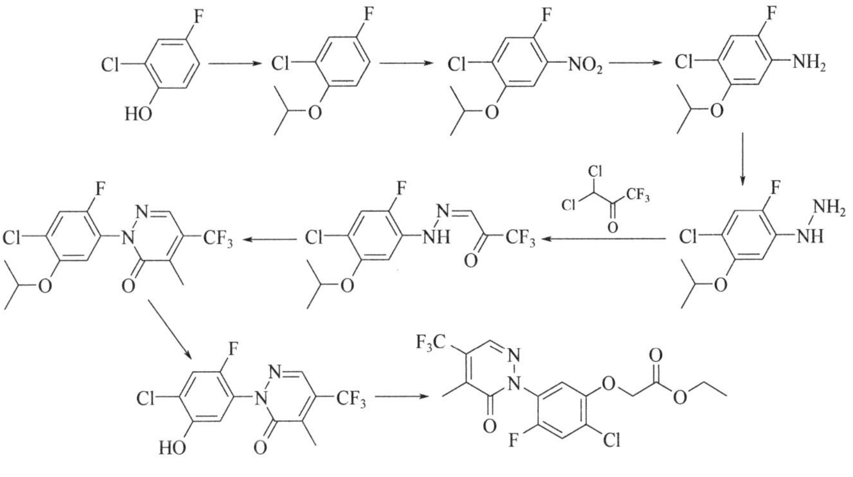

参考文献

[1] The Pesticide Manual. 17 th edition: 508-509.

[2] 杨子辉，周波，张莉，等. 有机氟工业, 2017(3): 13-15.

丙炔噁草酮（oxadiargyl）

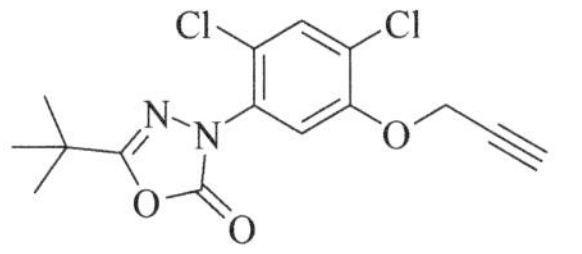

$C_{15}H_{14}Cl_2N_2O_3$，341.2，39807-15-3

丙炔噁草酮［试验代号：RP 020630，商品名称：Raft、Topstar、Opalo（+苯草醚），其他名称：稻思达、快恶草酮、丙炔恶草酮］是由罗纳普朗克公司开发的 N-苯基噁二唑酮类除草剂。

化学名称　5-叔丁基-3-[2,4-二氯-5-(丙-2-炔基氧基)苯基]-1,3,4-噁二唑-2(3H)-酮。英文化学名称 5-tert-butyl-3-[2,4-dichloro-5-(prop-2-ynyloxy)phenyl]-1,3,4-oxadiazol-2(3H)-one。美国化学文摘（CA）系统名称 3-[2,4-dichloro-5-(2-propynyloxy)phenyl]-5-(1,1-dimethylethyl)-1,3,4-oxadiazol-2(3H)-one。CA 主题索引名称 1,3,4-oxadiazol-2(3H)-one—, 3-[2,4-dichloro-5-(2-propynyloxy)phenyl]-5-(1,1-dimethylethyl)-。

理化性质　原药纯度≥98%。白色或米色粉状固体，熔点131℃，相对密度1.484（20～25℃）。蒸气压 2.5×10^{-3} mPa（25℃），分配系数 lgK_{ow}=3.95，Henry 常数 9.1×10^{-4} Pa・m^3/mol。水中溶解度（20～25℃）0.37 mg/L，有机溶剂中溶解度（20～25℃，g/L）：丙酮250，乙腈94.6，二氯甲烷＞500，乙酸乙酯121.6，甲醇14.7，正庚烷0.9，正辛醇3.5，甲苯77.6。对热（54℃，15 d）、光稳定，水中稳定。在 pH 4、5、7 时稳定，DT$_{50}$7.3 d（pH 9）。

毒性　大鼠急性经口 LD$_{50}$＞5000 mg/kg。大鼠急性经皮 LD$_{50}$＞2000 mg/kg。对兔皮肤无刺激性，对兔的眼睛有轻微刺激性，对豚鼠皮肤无致敏。大鼠急性吸入 LC$_{50}$（4 h）＞5.16 mg/L。NOEL 数据（mg/kg bw）：狗（1 年）1，大鼠（2 年）0.8。ADI/RfD（EC）0.008 mg/kg bw（2003）。

无繁殖毒性。

生态效应　鹌鹑急性经口 LD_{50}（14 d）＞2000 mg/kg。野鸭和鹌鹑饲喂 LC_{50}（8 d）＞5200 mg/L。虹鳟鱼 LC_{50}（96 h）＞201 μg/L。在水中溶解度界限内对水蚤无毒，EC_{50}（48 h）＞352 μg/L。藻类 EC_{50}（120 h，μg/L）：鱼腥藻 0.71，月牙藻 1.2。浮萍 EC_{50}（14 d）1.5 μg/L。蜜蜂 LD_{50}（经口和接触）＞200 μg/只。在 1000 mg/kg 下对蚯蚓无毒。

环境行为　①动物。动物体内适度吸收并广泛代谢，7 d 约 90%通过粪便和尿液排泄。代谢过程是通过 O-脱烷基反应、氧化和结合反应。在对山羊和母鸡代谢过程的研究中并没有发现丙炔噁草酮在奶、蛋和可食用组织当中积累。②植物。柠檬、向日葵、水稻在收获时残留水平很低，主要是其母体化合物。③土壤/环境。DT_{50}（实验室，有氧）18～72 d（20～30℃）。形成两个主要代谢产物（其中一个具有除草活性），它们逐渐降解，最终转化为二氧化碳和土壤残留。丙炔噁草酮在水中迅速消散，进入到沉积层，在厌氧条件下更容易降解。被土壤吸附强烈，K_{oc} 1915，代谢产物平均 K_{oc} 856 和 468；丙炔噁草酮及其主要代谢产物在 4 种土壤中显示低流动性，并且不容易浸出。田间试验结果与实验室基本一致：DT_{50} 9～25 d，平均 DT_{90} 90 d；丙炔噁草酮及其主要代谢产物 DT_{50} 9～31 d，DT_{90} 65～234 d；＞95%丙炔噁草酮残留物在上层 10 cm 土壤中，在 30 cm 以下土壤中未发现残留物。

制剂　水分散粒剂、可湿性粉剂、乳油、悬浮剂、可分散油悬浮剂。

主要生产商　Bayer CropScience、安徽科立华化工有限公司、河北兴柏农业科技有限公司、合肥星宇化学有限责任公司、江苏耕耘化学有限公司、连云港市金囤农化有限公司、内蒙古百灵科技有限公司。

作用机理与特点　原卟啉原氧化酶抑制剂。主要用于水稻插秧田做土壤处理的选择性触杀型苗期除草剂，在杂草出苗前后通过稗草等敏感杂草的幼芽或幼茎接触吸收而起作用。丙炔噁草酮与噁草酮相似，施于稻田水中，经过沉降，逐渐被表层土壤胶粒吸附形成一个稳定的药膜封闭层，当其后萌发的杂草幼芽经过此药膜层时，以接触吸收和有限传导，在有光的条件下，使接触部位的细胞膜破裂和叶绿素分解，并使生长旺盛部位的分生组织遭到破坏，最终导致受害的杂草幼芽枯萎死亡。而在施药之前已经萌发出土但尚未露出水面的杂草幼苗，则在药剂沉降之前即从水中接触吸收到足够的药剂，致使很快坏死腐烂。丙炔噁草酮在土壤中的移动性较小，因此不易触及杂草根部。持效期长，可持续 30 d 左右。

应用

（1）适宜作物与安全性　水稻、马铃薯、向日葵、蔬菜、甜菜、果树等。对作物的选择性是基于药剂在作物植株中的代谢机理与杂草中不同。由于丙炔噁草酮在水中很快沉降，并能在嫌气条件下降解，则不存在长期残留于水中和土壤中的问题。

（2）防除对象　阔叶杂草如苘麻、鬼针草、藜属杂草、苍耳、圆叶锦葵、鸭舌草、蓼属杂草、梅花藻、龙葵、苦苣菜、节节菜等。禾本科杂草如稗草、千金子、刺蒺藜草、马兰草、马唐、牛筋草、稷属杂草等，及莎草科杂草如异型莎草、碎米莎草、牛毛毡等。尤其是恶性杂草四叶萍等。

（3）应用技术　①丙炔噁草酮对水稻的安全幅度较窄，不宜在弱苗田、制种田、抛秧田及糯稻田使用。②丙炔噁草酮应在杂草出苗前或出苗后的早期用于插秧稻田。最好在插秧前施用，也可在插秧后施用。在插秧前施用时，应在耙地之后进行整平时趁水浑浊将配好的药液均匀泼浇到田里，配制药液时要先将药剂溶于少量水中而后按每亩掺进 15 L 水充分搅拌均匀，施药之后要间隔 3 d 以上的时间再插秧。在插秧后施用时，也要先将药剂溶于少量水中，然后按每亩拌入备好的 15～20 kg 细沙或适量化肥充分拌匀，再均匀撒施到田里，插秧后施药日期要与插秧间隔 7～10 d。对水层要求,施药时为 3～5 cm 深,施药后至少保持该水层 5～7 d,缺水补水,切勿进行大水漫灌淹没稻苗心叶。③丙炔噁草酮在稗草 1.5 叶期以前和莎草科杂草、阔叶草萌发初期施用除草效果最好。在东北地区播前施用,丙炔噁草酮按当地的用药习惯和实际需要既可以采取一次性施用,也可以采取两次施用。高寒地区最好采取两次施用。采取两次使用,第一次(即插秧前)是单用,第二次(即插秧后)是单用或混用:如东北稗草发生高峰在 5 月末 6 月初,莎草科杂草、阔叶杂草发生高峰在 6 月上中旬,插秧集中在 5 月中下旬,因此丙炔噁草酮在 5 月下旬到 6 月上旬施用,基本与稗草发生高峰和莎草科杂草、阔叶草萌发初期相吻合。如整地与插秧间隔时间较短,则于插秧后 5～7 d 采取一次性施用。如整地与插秧间隔时间较长或因缺水整地后推迟插秧,以及整地不平,施药时期低温,为保证对杂草的防除效果,最好采取两次施用,即在插秧前 3～10 d 于整地末尾施用 1 次,插秧后 15～20 d 再施用 1 次。

(4)使用方法 主要用于苗前除草。稻田使用剂量为:50～150 g (a.i.)/hm² [亩用量为:3.3～10 g (a.i.)]。马铃薯、向日葵、蔬菜、甜菜使用剂量为:300～500 g (a.i.)/hm² [亩用量为:20～33.3 g (a.i.)]。果园使用剂量为:500～1500 g (a.i.)/hm²[亩用量为:33.3～100 g (a.i.)]。丙炔噁草酮在萤蔺、三棱草、鸭舌草、雨久花、泽泻、矮慈姑、慈姑、狼杷草、眼子菜等杂草发生轻微的地区或地块,单用即可。在这几种杂草发生较重的地区或地块,则要与磺酰脲类除草剂等有效药剂混用或错期搭配施用。丙炔噁草酮与磺酰脲类、磺酰胺类等除草剂混用,可增强对雨久花、泽泻、萤蔺、眼子菜、狼杷草、慈姑、扁秆藨草、日本藨草等杂草的防除效果。

单用:一次性施药每亩用 80%丙炔噁草酮水分散粒剂 6 g。两次施药第一次每亩用 80%丙炔噁草酮水分散粒剂 6 g,第二次每亩用 80%丙炔噁草酮水分散粒剂 4 g。

混用:一次性混用每亩用 80%丙炔噁草酮水分散粒剂 6 g 加 30%苄嘧磺隆可湿性粉剂 10 g 或 10%苄嘧磺隆可湿性粉剂 20～30 g 或 10%吡嘧磺隆可湿性粉剂 10～15 g 或 15%乙氧嘧磺隆水分散粒剂 10～15 g 或 10%环丙嘧磺隆可湿性粉剂 13～17 g。两次施用,第一次每亩用 80%丙炔噁草酮水分散粒剂 6 g,第二次每亩用 80%丙炔噁草酮水分散粒剂 4 g 加 30%苄嘧磺隆可湿性粉剂 10 g 或 10%苄嘧磺隆可湿性粉剂 20～30 g 或 10%吡嘧磺隆可湿性粉剂 10～15 g 或 15%乙氧嘧磺隆水分散粒剂 10～15 g 或 10%环丙嘧磺隆可湿性粉剂 13～17 g。

专利概况

专利名称 Herbicidal 3-[2,4-dichloro-5-(propargyloxy)phenyl-1,3,4-oxadiazolin-2-ones

专利号 DE 2227012　　　优先权日 1971-06-02

专利申请人 Rhone-Poulenc S.A.。

登记情况 国内登记了 96%、98%原药。单剂有 80%水分散粒剂,80%可湿性粉剂,15%、400 g/L 悬浮剂,10%、25%、38%可分散油悬浮剂等;登记场所水稻移栽田等,用于防治稗草、陌上菜、鸭舌草、异型莎草及一年生杂草等。德国拜耳作物科学公司在中国登记情况见表 3-71。

表 3-71 德国拜耳作物科学公司在中国登记情况

登记证号	农药名称	剂型	含量	登记场所	防治对象	亩用药量(制剂)	施用方法
PD20070611	丙炔噁草酮	可湿性粉剂	80%	马铃薯田	一年生杂草	15～18 g	土壤喷雾
				水稻移栽田	稗草、陌上菜、鸭舌草、异型莎草	①6 g(南方地区);②6～8 g(北方地区)	瓶甩法
PD20070056	丙炔噁草酮	原药	96%				

合成方法 以 2,4-二氯苯酚为起始原料，经醚化、硝化、还原制得中间体取代的苯胺。再经酰化，最后与光气合环即得目的物。反应式为：

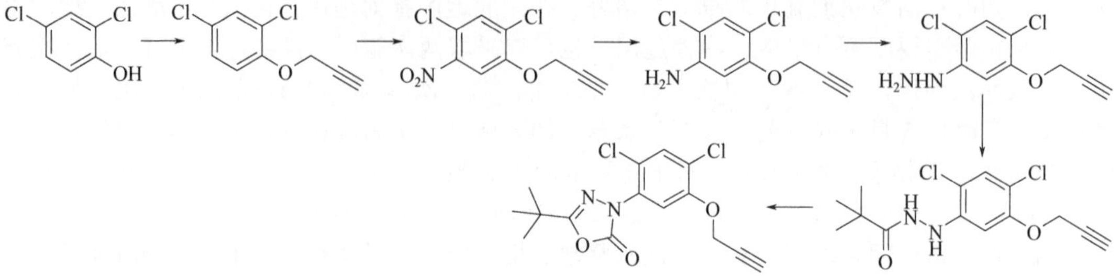

参考文献

[1] The Pesticide Manual. 17 th edition: 819-820.

[2] 王翰斌，潘忠稳，储佳乐，等. 农药, 2020, 59(4): 258-260.

[3] 李永忠，徐保明. 湖北化工, 2001(5): 39-40.

噁草酮（oxadiazon）

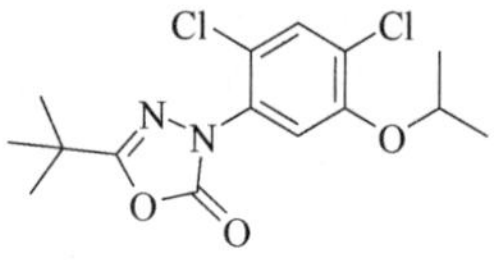

$C_{15}H_{18}Cl_2N_2O_3$，345.2，19666-30-9

噁草酮（试验代号：17 623 RP，商品名称：Herbstar、Oxasun、Romax、Ronstar、农思它，其他名称：恶草灵）是由 Rhône-Poulenc Agrochimie（现拜耳公司)开发的除草剂。

化学名称 5-叔丁基-3-(2,4-二氯-5-异丙氧苯基)-1,3,4-噁二唑-2(3H)-酮。英文化学名称 5-*tert*-butyl-3-(2,4-dichloro-5-isopropoxyphenyl)-1,3,4-oxadiazol-2(3H)-one。美国化学文摘（CA）系统名称 3-[2,4-dichloro-5-(1-methylethoxy)phenyl]-5-(1,1-dimethylethyl)-1,3,4-oxadiazol-2(3H)-one。CA 主题索引名称 1,3,4-oxadiazol-2(3H)-one—, 3-[2,4-dichloro-5-(1-methylethoxy)phenyl]-5-(1,1-dimethylethyl)-。

理化性质 原药纯度≥94%。无色无味固体，熔点 87℃，蒸气压 0.1 mPa（25℃）。分配系数 $\lg K_{ow}$=4.91，Henry 常数 $3.5×10^{-2}$ Pa·m^3/mol。在水中溶解度（20~25℃）约 1.0 mg/L。有机溶剂中溶解度为（20~25℃，g/L）：甲醇、乙醇约 100，环己烷 200，丙酮、异佛尔酮、丁酮、四氯化碳约 600，甲苯、氯仿、苯约 1000。中性或酸性条件下稳定；碱性条件下相对不稳定，DT_{50} 38 d（pH 9，25℃）。

毒性 大鼠急性经口 LD_{50}＞5000 mg/kg，大鼠和兔急性经皮 LD_{50}＞2000 mg/kg，对兔眼和皮肤轻微刺激。大鼠吸入 LC_{50}（4 h）＞2.77 mg/L。大鼠 NOEL（2 年）为 10 mg/kg 饲料［0.5 mg/(kg·d)］。ADI/RfD（EC）0.036 mg/kg bw（2008），（EPA）未在食物中使用，所以无 RfD 数据。但 EPA 公布数据可能为 aRfD 0.12 mg/kg bw，cRfD 0.0036 mg/kg bw（2004）。

生态效应 鸟急性经口 LD_{50}（24 d，mg/kg）：野鸭＞1000，鹌鹑＞2150。虹鳟鱼和大翻车鱼 LC_{50}（96 h）1.2 mg/L。水蚤 EC_{50}（48 h）＞2.4 mg/L。藻类 EC_{50} 6~3000 μg/L。蜜蜂 LD_{50}＞400 μg/只。推荐剂量下对蚯蚓无毒。

环境行为　①动物。哺乳动物经口摄入后，72 h 内 93%通过尿液排出。②植物。噁草酮通过植物嫩芽和叶片渗透并迅速代谢，代谢产物不在植物中累积。③土壤/环境。在土壤的胶体和腐殖质中强烈吸附，很少有迁移或浸出，挥发损失可以忽略不计。土壤 DT$_{50}$ 3～6 个月。

制剂　乳油、悬浮剂、可湿性粉剂、微乳剂、水乳剂、颗粒剂等。

主要生产商　Adama、Bayer CropScience、重庆农药化工（集团）有限公司、江苏丰华化学工业有限公司、江苏优嘉植物保护有限公司、联化科技（德州）有限公司、辽宁先达农业科学有限公司、山东潍坊润丰化工股份有限公司等。

作用机理与特点　原卟啉原氧化酶抑制剂。土壤处理后，药剂通过敏感杂草的幼芽或幼苗接触吸收而起作用，即被表层土壤胶粒吸附形成一个稳定的药膜封闭层，当其后萌发的杂草幼芽经过此药膜层时，以接触吸收和有限传导，在有光的条件下，使触药部位的细胞组织及叶绿素遭到破坏，并使生长旺盛部位的分生组织停止生长，最终导致受害的杂草幼芽枯萎死亡。茎叶处理，杂草通过地上部分吸收，药剂进入植物体后积累在生长旺盛部位，在光照的条件下，抑制生长，最终使杂草组织腐烂死亡。水稻田，在施药前已经出土但尚未露出水面的一部分杂草幼苗（如 1.5 叶期前的稗草），则在药剂沉降之前即从水中接触吸收到足够的药量，亦会很快坏死腐烂。药剂被表层土壤胶粒吸附后，向下移动有限，因此很少被杂草根部吸收。

应用

（1）适用作物　水稻、陆稻、大豆、棉花、花生、甘蔗、马铃薯、向日葵、芦笋、葱、韭菜、蒜、芹菜、茶树、葡萄、仁果和核果、花卉、草坪。

（2）防除对象　噁草酮的杀草谱较广，可有效地防除上述旱作物田和水稻田中的多种一年生杂草及少部分多年生杂草如稗、雀稗、马唐、千金子、异型莎草、龙葵、苍耳、田旋花、牛筋草、鸭舌草、鸭跖草、狗尾草、看麦娘、牛毛毡、萤蔺、荠、藜、蓼、泽泻、矮慈姑、鳢肠、铁苋菜、水苋菜、马齿苋、节节菜、婆婆纳、雨久花、日照飘拂草、小茨藻等。

（3）应用技术　①水稻移栽田，若遇到弱苗、施药过量或水层过深淹没稻苗心叶时，容易出现药害。②旱作物田，若遇到土壤过平时，不易发挥药效。③12%噁草酮乳油在水稻移栽田的常规用量为每亩 200 mL，最高用量为每亩 270 mL。25%噁草酮乳油，在水稻移栽田的常规用量为每亩 65～130 mL，最高用量为每亩 170 mL。在水稻旱直播田的常规用量为每亩 160～230 mL。在花生田的常规用量为每亩 100 mL，最高用量为每亩 150 mL。噁草酮在上述作物田，最多使用次数为 1 次。④噁草酮的持效期较长，在水稻田可达 45 d 左右，在旱作物田可达 60 d 以上。噁草酮的有效成分在土壤中代谢较慢，半衰期为 3～6 个月。⑤12%噁草酮乳油可甩施，25%噁草酮乳油不可甩施。采用甩施法施药时，要先把原装药瓶盖子上的 3 个圆孔穿通，然后用手握住药瓶下部，以左右甩幅宽度确定一条离田埂一侧 3～5 m 间距作为施药的基准路线下田，并沿着横向 6～10 m 间距往复顺延，一边行走一边甩药，每前进一步或向左或向右交替甩动药瓶一次，直到甩遍全田为止。采用甩施法虽然简便，但对没有实践经验的初次操作人员，却难以做到运用自如，因此事前必须先用同样空瓶装上清水到田间进行模拟练习，基本掌握了这项技术后再去正式操作。这样才可以做到行走路线笔直，步幅大小均匀，甩幅宽度一致，甩药数量准确。

（4）使用方法　噁草酮主要用于水稻田和一些旱田作物的选择性、触杀型苗期除草剂。根据作物的不同，相应采用土壤处理或茎叶处理，使用剂量为 200～4000 g (a.i.)/hm^2〔亩用量 13.3～266.7 g (a.i.)〕。

① 稻田　水稻移栽田施药时期最好是移栽前，用 12%噁草酮乳油原瓶直接甩施或用

25%噁草酮乳油每亩加水 15 L 配成药液均匀泼浇到田里，施药与插秧至少要间隔 2 d。北方地区，每亩用 12%噁草酮乳油 200～250 mL 或 25%噁草酮乳油 100～120 mL，此外还可每亩用 12%噁草酮乳油 100 mL 和 60%丁草胺乳油 80～100 mL 加水配成药液泼浇。南方地区，每亩用 12%噁草酮乳油 130～200 mL 或 25%噁草酮乳油 65～100 mL，此外还可每亩用 12%噁草酮乳油 65～100 mL 加 60%丁草胺乳油 50～80 mL 加水配成药液泼浇。水稻旱直播田施药时期最好在播后苗前或水稻长至 1 叶期、杂草 1.5 叶期左右，每亩用 25%噁草酮乳油 100～200 mL 或 25%噁草酮乳油 70～150 mL 加 60%丁草胺乳油 70～100 mL 加水 45～60 L 配成药液，均匀喷施。水稻旱秧田和陆稻田按水稻旱直播田的用量和方法使用即可。

② 棉花田　露地种植：施药时期在播后 2～4 d，北方地区每亩用 25%噁草酮乳油 130～170 mL，南方地区每亩用 100～150 mL，加水 45～60 L 配成药液均匀喷施。地膜覆盖种植：施药时期要在整地做畦后覆膜前，每亩用 25%噁草酮乳油 100～130 mL，加水 30～45 L 配成药液均匀喷施。

③ 花生田　露地种植：施药时期在播后苗前早期，北方地区每亩用 25%噁草酮乳油 100～150 mL。南方地区每亩用 25%乳油 70～100 mL，加水 45～60 L（沙质土酌减）配成药液均匀喷施。地膜覆盖种植：施药时期要在整地做畦后覆膜前，每亩用 25%噁草酮乳油 70～100 mL，加水 30～45 L 配成药液均匀喷施。

④ 甘蔗田　施药时期在种植后出苗前，每亩用 25%噁草酮乳油 150～200 mL，加水 45 L 左右配成药液均匀喷施。

⑤ 向日葵田　施药时期在播后，最好播后立即施药，每亩用 25%噁草酮乳油 250～350 mL，加水 60～75 L 配成药液喷施。

⑥ 马铃薯田　在种植后出苗前，每亩用 25%噁草酮乳油 120～150 mL，加水 60～75 L 配成药液均匀喷施。

⑦ 蒜地　在种植后出苗前，每亩用 25%噁草酮乳油 70～80 mL，加水 45～60 L 配成药液均匀喷施。也可每亩用 25%噁草酮乳油 40～50 mL 加 50%乙草胺乳油 100～120 mL，加水配成药液喷施。

⑧ 草坪　在不敏感草种的定植草坪上施用，每亩用 25%噁草酮乳油 400～600 mL，掺细沙 40～60 kg 制成药沙均匀撒施于坪面，对马唐、牛筋草等防效较好。但紫羊茅、剪股颖、结缕草对噁草酮较敏感，因此在种植这几种草的草坪上不宜使用。

⑨ 葡萄园和仁果、核果类果园　施药时期在杂草发芽出土前，每亩用 25%噁草酮乳油 200～400 mL，加水 60～75 L 配成药液均匀喷施。

专利概况

专利名称　Oxadiazoline compounds and herbicidal compositions containing them

专利号　GB 1110500　　　优先权日　1963-12-13

专利申请人　Rhone-Poulenc S.A.。

登记情况　国内登记了 94%、95%、96%、97%、98%、98.5%原药。单剂有 120 g/L、250 g/L、12%、12.5%、13%、25%、26%乳油，380g/L、13%、35%、40%悬浮剂，30%可湿性粉剂，30%微乳剂，30%水乳剂，0.06%、0.6%颗粒剂等；登记场所水稻直播和移栽田、花生田，用于防治一年生禾本科和阔叶杂草。混剂登记了 110 个，主要为乳油、水乳剂、微乳剂、悬浮剂等。

合成方法　合成方法有如以下路线：

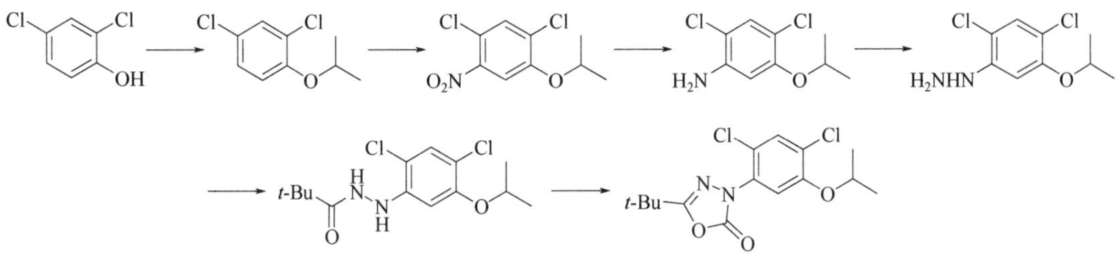

参考文献

[1] The Pesticide Manual. 17 th edition: 820-822.

[2] 静桂兰, 张末星, 钱柯伟. 精细化工中间体, 2008(3): 18-19.

[3] 潘忠稳. 安徽化工, 2002(1): 37-40.

[4] 王兰兰, 何普泉, 王传品. 农药, 2019, 58(10): 714-715+729.

甲磺草胺（sulfentrazone）

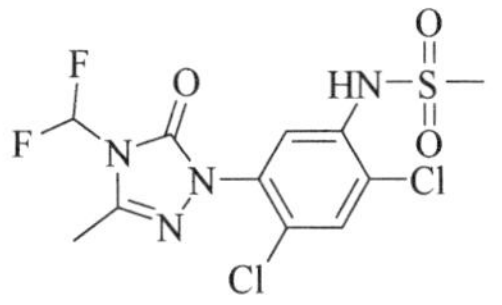

$C_{11}H_{10}Cl_2F_2N_4O_3S$，387.2，122836-35-5

甲磺草胺（试验代号：F6285、FMC 97285，商品名称：Authority、Boral、Spartan、Authority XL，其他名称：磺酰三唑酮）是由 FMC 公司开发的 N-苯基三唑啉酮类除草剂。

化学名称　2,4-二氯-5-(4-二氟甲基-4,5-二氢-3-甲基-5-氧-1H-1,2,4-三唑-1-基)甲基磺酰基苯胺。英文化学名称 2,4-dichloro-5-(4-difluoromethyl-4,5-dihydro-3-methyl-5-oxo-1H-1,2,4-triazol-1-yl)methanesulfonanilide。美国化学文摘（CA）系统名称 N-[2,4-dichloro-5-[4-(difluoro-methyl)-4,5-dihydro-3-methyl-5-oxo-1H-1,2,4-triazol-1-yl]phenyl]methanesulfonamide。CA 主题索引名称 methanesulfonamide—, N-[2,4-dichloro-5-[4-(difluoromethyl)-4,5-dihydro-3-methyl-5-oxo-1H-1,2,4-triazol-1-yl]phenyl]-。

理化性质　棕黄色固体，熔点 121～123℃。堆积密度 1.21 g/mL（20～25℃）。分配系数 lgK_{ow}=1.48。蒸气压 1.3×10^{-4} mPa（25℃）。pK_a(20～25℃)=6.56。水中溶解度（mg/L，20～25℃）：110（pH 6）、780（pH 7）、16×10^4（pH 7.5）。可溶于丙酮和大多数极性有机溶剂。不易水解，在水中会迅速光解。

毒性　大鼠急性经口 LD$_{50}$ 2689 mg/kg。兔急性经皮 LD$_{50}$＞2000 mg/kg。对兔皮肤无刺激性，对兔的眼睛有轻微刺激性，对豚鼠皮肤无致敏性。大鼠急性吸入 LC$_{50}$（4 h）＞2.19 mg/L。急性经口 NOAEL 25 mg/(kg•d)，慢性 NOAEL（繁殖）14 mg/(kg•d)，大鼠致畸研究 10 mg/(kg•d)。ADI/RfD（EPA）最低 aRfD 0.25 mg/kg bw，cRfD 0.14 mg/kg bw（2003）。在 Ames 试验、小鼠淋巴瘤和小鼠微核试验中均无致突变性。

生态效应　野鸭急性经口 LD$_{50}$＞2250 mg/kg，野鸭和鹌鹑饲喂 LC$_{50}$（8 d）＞5620 mg/kg。鱼 LC$_{50}$（96 h，mg/L）：大翻车鱼 93.8，虹鳟鱼＞130。水蚤 LC$_{50}$（48 h）60.4 mg/L。水藻 EC$_{50}$ 31.0 μg/L，蓝藻 EC$_{50}$ 32.9 μg/L。蜜蜂 LD$_{50}$＞25 μg/只。蚯蚓 NOEC 3726 mg/kg 土。

环境行为 ①动物。在大鼠体内几乎所有的甲磺草胺在 72 h 内被快速吸收，并通过尿液排出。主要的代谢产物是环羟甲基甲磺草胺。②植物。大豆中，超过 95% 的母体甲磺草胺在 12 h 内代谢成环羟甲基类似物，该环羟甲基类似物可共轭形成糖苷或转化为甲磺草胺羧酸。③土壤/环境。在土壤中稳定（DT_{50} 18 个月），在水中稳定（pH 5～9），易发生光解反应（DT_{50} < 0.5 d）。有机质亲和力低（K_{oc} 43），但只在含沙量高的土壤中移动。生物蓄积量低。

制剂 悬浮剂、水分散粒剂。

主要生产商 FMC 等。

作用机理与特点 原卟啉原氧化酶抑制剂（叶绿素合成途径）。通过根和叶吸收，主要在根原生质和韧皮部有限传导。

应用

（1）适宜作物与安全性 大豆、玉米、高粱、花生、向日葵等。其在土壤中残效期较长，半衰期为 110～280 d。对下茬禾谷类作物安全，但对棉花和甜菜有一定的药害。

（2）防除对象 一年生阔叶杂草、禾本科杂草和莎草科杂草如牵牛、反枝苋、铁苋菜、藜、曼陀罗、滨州蓼、马唐、狗尾草、苍耳、牛筋草、油莎草、香附子等，对目前较难防除的牵牛、藜、苍耳、香附子等杂草有卓效。

（3）使用方法 播后苗前土壤处理或苗后茎叶处理。使用剂量为 350～400 g (a.i.)/hm² [亩用量为 23.3～26.7 g (a.i.)]，如在大豆播种后苗前，每亩用 38.6% 的甲磺草胺悬浮剂 70～100 g 加水 50 kg 均匀喷于土壤表面，或拌细潮土 40～50 kg 施土壤表面。

甲磺草胺与氯嘧磺隆混用具有增效作用，与嗪草酮或氯酯磺草胺（cloransulam-methyl）混用可提高对某些难防杂草的活性，与氟噻草胺（flufenacet）按 6:1 比例混配应用于玉米田，可提高对某些难防杂草如稗草等的活性。

专利概况

专利名称 Preparation of herbicidal (sulfonylaminephenyl)triazolinones

专利号 WO 8703782　　　　优先权日 1985-12-20

专利申请人 FMC Co.

在其他国家申请的专利 CN 85106905、CN 86108573、CN 1038570、CN 1041513、EP 294375、US 4818275 等。

其他相关专利 EP 0370704、US 4818276、US 5041155。

登记情况 国内登记情况见表 3-72。

表 3-72 甲磺草胺国内登记情况

登记证号	农药名称	剂型	含量	登记场所	防治对象	亩用药量（制剂）	施用方法	登记证持有人
PD20200248	甲磺草胺	悬浮剂	50%	甘蔗田	一年生杂草	50～70 mL	土壤喷雾	江苏瑞邦农化股份有限公司
PD20184049	甲磺草胺	水分散粒剂	75%	甘蔗田	一年生杂草	32～48 g	土壤喷雾	泸州东方农化有限公司
PD20130368	甲磺草胺	悬浮剂	40%	甘蔗田	一年生杂草	60～90 mL	土壤喷雾	江苏省苏州富美实植物保护剂有限公司
PD20183307	甲磺草胺	悬浮剂	40%	甘蔗田	一年生杂草	60～90 mL	土壤喷雾	浙江天丰生物科学有限公司
PD20180161	甲磺草胺	悬浮剂	40%	甘蔗田	一年生杂草	60～90 mL	土壤喷雾	泸州东方农化有限公司

登记证号	农药名称	剂型	含量	登记场所	防治对象	亩用药量（制剂）	施用方法	登记证持有人
PD20182175	甲磺草胺	原药	94%					宁夏格瑞精细化工有限公司
PD20181404	甲磺草胺	原药	95%					江苏瑞邦农化股份有限公司
PD20171698	甲磺草胺	原药	95%					泸州东方农化有限公司
PD20130376	甲磺草胺	原药	91%					江苏联化科技有限公司
PD20130375	甲磺草胺	原药	91%					江苏宝众宝达药业有限公司
PD20182998	甲磺草胺	原药	97%					江苏省农用激素工程技术研究中心有限公司
PD20120232	甲磺草胺	原药	91%					美国富美实公司
PD20183804	甲磺草胺	原药	97%					江苏省常州沃富斯农化有限公司

合成方法　以 2,4-二氯苯胺为起始原料，经多步反应制得目的物。反应式为：

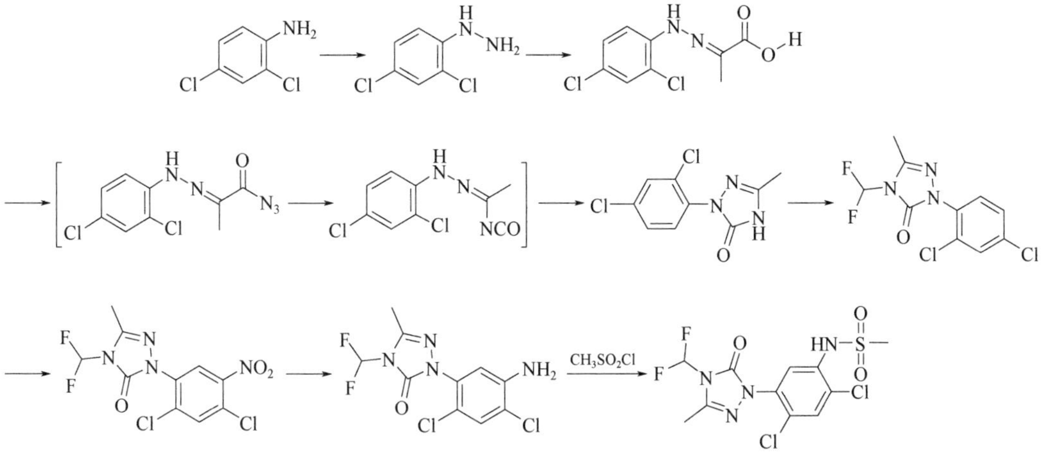

或

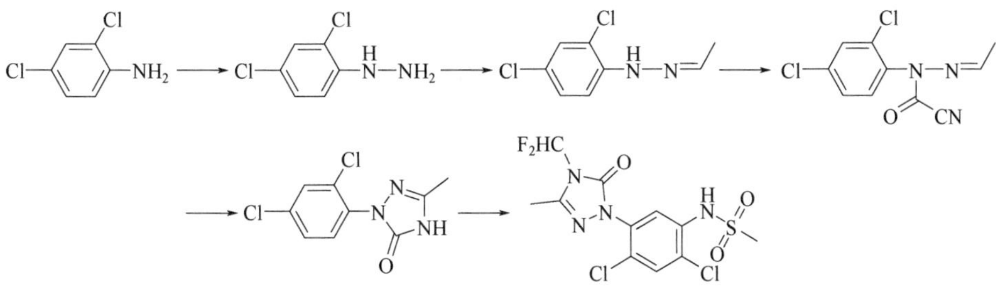

参考文献

[1]　The Pesticide Manual. 17 th edition: 1040-1041.

[2] 马刚，余敬堂. 农药译丛，1998(3): 64-65.
[3] 汪爱春，刘民华，全春生，等. 精细化工中间体，2020(2): 1-6.

第十三节
苯基吡唑类除草剂
（phenylpyrazole herbicides）

一、创制经纬

此类化合物可能是在 N-苯基酰酰亚胺类和噁二唑酮类除草剂的基础上，组合优化发现的：

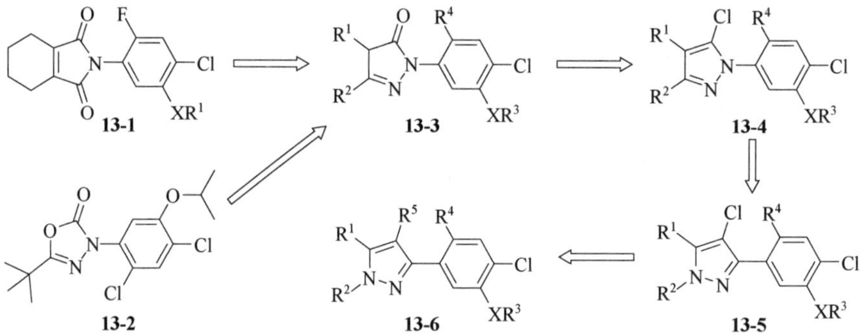

化合物 **13-1** 和化合物 **13-2** 分别为 N-苯基酰酰亚胺类和噁二唑酮类除草剂。由化合物 **13-1** 和 **13-2** 可设计化合物 **13-3**、**13-4**。调整化合物 **13-4** 中杂原子 N 的位置，得化合物 **13-5**。对化合物 **13-5** 进行进一步优化合成化合物 **13-6**，最终发现此类化合物中第一个商品化品种吡草醚（pyraflufen-ethyl）。

二、主要品种

此类只有两个品种，都是原卟啉原氧化酶（PPO）抑制剂。

异丙吡草酯（fluazolate）

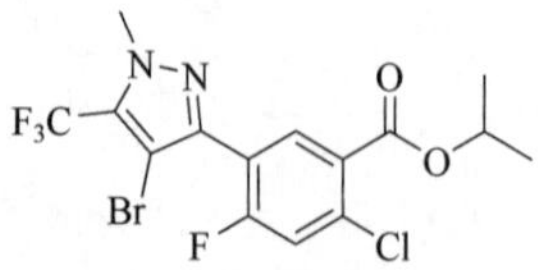

$C_{15}H_{12}BrClF_4N_2O_2$，443.2，174514-07-9

异丙吡草酯（试验代号：JV 485、MON 48500，其他名称：isopropazal）是由孟山都公司研制，并与拜耳公司共同开发的吡唑类除草剂。

化学名称　5-[4-溴-1-甲基-5-三氟甲基吡唑-3-基]-2-氯-4-氟苯甲酸异丙酯。英文化学名称 isopropyl 5-[4-bromo-1-methyl-5-(trifluoromethyl)pyrazol-3-yl]-2-chloro-4-fluorobenzoate。美国化学文摘（CA）系统名称 1-methylethyl 5-[4-bromo-1-methyl-5-(trifluoromethyl)-1H-pyrazol-3-yl]-2-chloro-4-fluorobenzoate。CA 主题索引名称 benzoate—, 1-methylethyl 5-[4-bromo-1-methyl-5-(trifluoromethyl)-1H-pyrazol-3-yl]-2-chloro-4-fluoro-。

理化性质　绒毛状的白色结晶体，熔点 79.5～80.5℃。蒸气压 9.43×10^{-3} mPa（20℃）。分配系数 lgK_{ow}=5.44。Henry 常数 7.89×10^{-2} Pa·m^3/mol。水中溶解度为 53 μg/L（20℃）。在 20℃，pH 4～5 稳定，DT$_{50}$：4201 d（pH 7），48.8 d（pH 9）。

毒性　大鼠急性经口 LD$_{50}$＞5000 mg/kg。大鼠急性经皮 LD$_{50}$＞5000 mg/kg。大鼠急性经皮 LD$_{50}$＞5000 mg/kg。对眼轻微刺激，对皮肤无刺激。对豚鼠皮肤无致敏。大鼠急性吸入 LC$_{50}$（4 h）＞1.7 mg/L。

生态效应　野鸭和山齿鹑急性经口 LD$_{50}$＞2130 mg/kg，野鸭和山齿鹑饲喂 LC$_{50}$（5 d）＞5330 mg/kg。虹鳟鱼、大翻车鱼 LC$_{50}$（96 h）＞0.045 mg/L。水蚤 EC$_{50}$（48 h）＞0.039 mg/L。蚯蚓 LC$_{50}$（14 d）＞1170 mg/kg 干土。

环境行为　土壤环境。实验室 DT$_{50}$（3 地和 1 个标准土）16～71 d。土壤吸附 K_d 和 K_{oc}：黏土（pH 5.1, o.c. 1.94%）分别为 2.5×10^2 和 1.3×10^4；土壤（pH 4.7, o.c. 4.24%）分别为 2.9×10^2 和 0.7×10^4；粉沙土（pH 6.3, o.c. 0.08%）分别为 1.4×10^2 和 1.7×10^4；沙土（pH 5.8, o.c. 1.30%）分别为 2.0×10^2 和 1.6×10^4。异丙吡草酯蒸渗沥液浓度＜0.01 μg/L。

制剂　乳油。

作用机理与特点　原卟啉原氧化酶抑制剂，是一种新型的触杀型除草剂。通过植物细胞中原卟啉原氧化酶积累而发挥药效。茎叶处理后，被迅速吸收到敏感植物或杂草组织中，使植株迅速坏死，或在阳光照射下，使茎叶脱水干枯而死。

应用

（1）适宜作物与安全性　冬小麦等。对小麦具有很好的选择性。在麦秸和麦粒上没有发现残留，其淋溶物对地表和地下水不会构成污染，因此对环境安全。残效适中、对后茬作物如亚麻、玉米、大豆、油菜、大麦、豌豆等无影响。

（2）防除对象　阔叶杂草如猪殃殃、老鹳草、野芝麻、麦家公、虞美人、繁缕、苣荬菜、田野勿忘草、婆婆纳、荠菜、野萝卜等，禾本科杂草如看麦娘、早熟禾、风剪股颖、黑麦草、不实雀麦等以及莎草科杂草。对猪殃殃和看麦娘有特效。

（3）使用方法　冬小麦田苗前除草，使用剂量为 125～175 g (a.i.)/hm^2［亩用量为 8～12 g (a.i.)］。

专利概况　异丙吡草酯包含在孟山都专利 US 5489571、US 5587485、WO 9206962 中，但在专利中并未合成具体化合物，后孟山都又申请了列出了具体化合物的专利 WO 9602515。

专利名称　Heterocyclic-and carbocyclic-substituted benzoic acids and synthesis thereof

专利号　WO 9602515　　　　　**优先权日**　1994-07-20

专利申请人　Monsanto Co.

在其他国家申请的专利　AU 3009295、BR 9508309、CA 2194771、CN 1159187、CZ 9700117、EP 0772598、HU 76721、JP 10502926T、PL 318281、US 5587485 等。

工艺专利　US 5672715、US 5698708、US 5869688、US 5880290、WO 9748668 等。

其他相关专利　US 5668083、WO 9640643 等。

合成方法　以邻氯对氟甲苯为起始原料，经一系列反应制得中间体吡唑。再经甲基化、氧化制得含吡唑环的苯甲酸。最后经溴化、酰氯化和酯化，处理即得目的物。反应式如下：

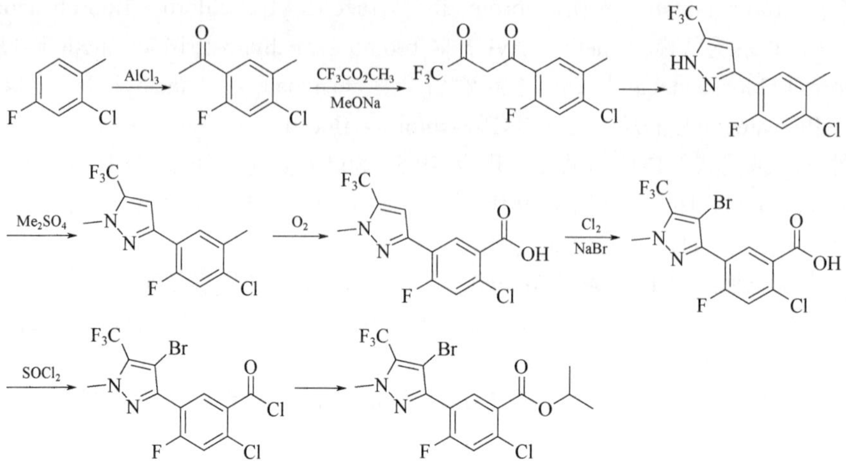

参考文献

[1] Proc. Br. Crop Prot. Conf.－Weed. 1995, 1: 45.

[2] 丁丽，李玉新. 农药译丛, 1999(2): 55+60-62.

吡草醚（pyraflufen-ethyl）

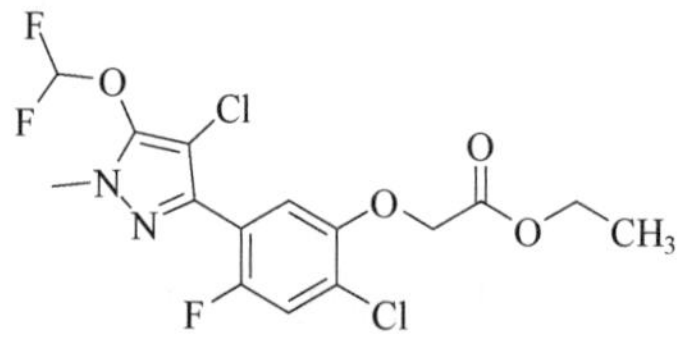

C$_{15}$H$_{13}$Cl$_2$F$_3$N$_2$O$_4$，413.2，129630-19-9，129630-17-7(酸)

吡草醚［试验代号：ET-751、NH-9301、OS-159，商品名称：Desiccan、Ecopart、Thunderbolt 007（混剂）、速草灵、霸草灵，其他名称：吡氟苯草酯］是日本农药公司开发的苯基吡唑类除草剂。

化学名称　2-氯-5-[4-氯-5-二氟甲氧基-1-甲基吡唑-3-基]-4-氟苯氧乙酸乙酯。英文化学名称 ethyl 2-chloro-5-[4-chloro-5-difluoromethoxy-1-methylpyrazol-3-yl]-4-fluorophenoxyacetate。美国化学文摘（CA）系统名称 ethyl 2-chloro-5-[4-chloro-5-(difluorometoxy)-1-methyl-1*H*-pyrazol-3-yl]-4-fluorophenoxyacetate。CA 主题索引名称 acetic acid—, [2-chloro-5-[4-chloro-5-(difluoro-methoxy)-1-methyl-1*H*-pyrazol-3-yl]-4-fluorophenoxy]-ethyl ester。

理化性质　原药纯度≥96%。奶油色粉状固体，熔点 126.4～127.2℃。相对密度 1.565（20～25℃）。蒸气压：1.6×10^{-5}mPa（25℃），4.3×10^{-6} mPa（20℃）。分配系数 lgK_{ow}=3.49。Henry 常数 8.1×10^{-5} Pa·m^3/mol。水中溶解度为 0.082 mg/L（20～25℃）。其他溶剂中溶解度（20～25℃，g/L）：丙酮 261，甲醇 9.5，乙酸乙酯 155，正己烷 40.3。pH 4 时水溶液中稳定，DT$_{50}$ 13 d（pH 7，25℃），pH 9 时快速分解。水中光解 DT$_{50}$ 30 h。

毒性　大鼠急性经口 LD$_{50}$＞5000 mg/kg。大鼠急性经皮 LD$_{50}$＞2000 mg/kg。对兔皮肤无

刺激性,对兔的眼睛有轻微刺激作用,对豚鼠皮肤无致敏。大鼠急性吸入 LC_{50}(4 h)5.03 mg/L。NOEL 数据(mg/kg):(2 年)雄大鼠 86.7,雌大鼠 111.5;(78 周)雄小鼠 21.0,雌小鼠 19.6;(528 周)公狗,母狗 1000。ADI/RfD(EC)0.2 mg/kg(2001),(FSC)0.17 mg/kg(2007)。Ames 试验无致突变性,无致畸性、无繁殖毒性、无致癌性。

生态效应　山齿鹑急性经口 LD_{50}>2000 mg/kg,山齿鹑和野鸭饲喂 LC_{50}(8 d)>5000 mg/kg。鱼 LC_{50}(96 h,mg/L):鲤鱼> 0.206,虹鳟鱼和大翻车鱼>0.1。水蚤 EC_{50}(48 h)> 0.1 mg/L。藻类 E_bC_{50}(72 h,mg/L):月牙藻 0.00023,舟形藻 0.0016。蜜蜂 LD_{50}(48 h,μg/只):经口>112,接触>100。蚯蚓 LC_{50}(14 d)>1000 mg/kg 干土。

环境行为　①动物。迅速吸收(2 d 吸收56%),24 h 内完全排出。通过酯水解和 N-去甲基化反应几乎完全代谢(99%)。②植物。通过脱酯及去甲基化代谢。③土壤/环境。DT_{50}(实验室,有氧,20℃)<0.5 d,酸代谢 16~53 d。DT_{50}(田间)1~7 d,酸代谢 11~71 d。K_{oc} 2701~5210。

制剂　悬浮剂、微乳剂。

主要生产商　Nihon Nohyaku、辽宁先达农业科学有限公司、潍坊先达化工有限公司。

作用机理与特点　原卟啉原氧化酶抑制剂,是一种新型的触杀型除草剂。通过植物细胞中原卟啉原Ⅸ积累而发挥药效。亦可作为植物生长调节剂使用。茎叶处理后,其可被迅速吸收到植物组织中,使植物迅速坏死,或在阳光照射下,使茎叶脱水干枯。

应用

(1)适宜作物与安全性　禾谷类作物如小麦、大麦等。对禾谷类作物具有很好的选择性,虽有某些短暂的伤害,但对后茬作物无残留影响。也可作非选择性除草剂。

(2)防除对象　主要用于防除阔叶杂草如猪殃殃、小野芝麻、繁缕、阿拉伯婆婆纳、淡甘菊等。对猪殃殃(2~4 叶期)活性尤佳。

(3)使用方法　吡草醚是一种对禾谷类作物具有选择性的苗前和苗后除草剂,使用剂量为 9~12g (a.i.)/hm² [亩用量为0.6~0.8 g (a.i.)]。苗前处理活性较差,早期苗后处理活性最佳。

专利概况

专利名称　3-(Substituted phenyl) pyrazole derivatives, salts thereof, herbicides therefrom, and process for producing said derivatives or salts

专利号　EP 0361114　　　　**优先权日**　1988-08-31

专利申请人　Nihon Nohyaku Co Ltd.

在其他国家申请的专利　AU 4086589、CN 1054421、DE 68928688、KR 900003130、JP H03163063、US 5032165 等。

登记情况　国内登记了 2%、30.2%悬浮剂,登记场所小麦田,防治对象为一年生阔叶杂草。日本农药株式会社在中国登记情况见表 3-73。

表 3-73　日本农药株式会社在中国登记情况

登记证号	农药名称	剂型	含量	登记作物/场所	防治对象	亩用药量(制剂)	施用方法
PD20080450	吡草醚	原药	95%				
PD20080449	吡草醚	母药	40%				
PD20080448	吡草醚	悬浮剂	2%	冬小麦田	猪殃殃为主的阔叶杂草	30~40 g	茎叶喷雾
PD20180210	吡草醚	微乳剂	2%	棉花	脱叶	15~20 mL	喷雾

合成方法 以对氟苯酚为起始原料，经多步反应得到目的物。

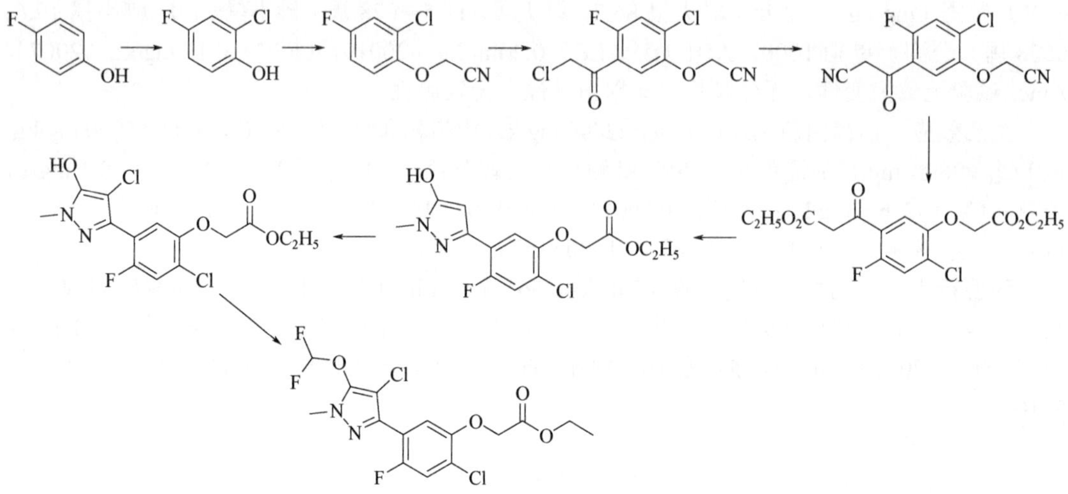

参考文献

[1] The Pesticide Manual. 17 th edition: 953-954.

[2] Proc. Br. Crop Prot. Conf.—Weed. 1993, 1: 35.

[3] Proc. Br. Crop Prot. Conf.—Weed. 1995, 1: 243.

第十四节

三嗪类除草剂（triazine herbicides）

一、创制经纬

三嗪类除草剂是随机筛选所得。当初在发现莠去津具有很好的除草活性后，生测人员就对其进行选择性试验，由于其作用速度快，杂草通常24 h就死亡，故生测人员每周一进行处理，周二至周五观察，并在周五将试材丢弃。观察的结果是：除草效果优异，但对作物有药害。就在其要结束此试验的最后一个星期五，由于有事没有上班，委托同事代为处理，但该同事由于自己的工作太忙，没有来得及帮其处理试材。周末过后，该生测人员惊奇地发现药害消失了。通过后续的研究我们知道，莠去津是光合作用抑制剂，其对玉米造成的药害，只是暂时的，一周后即可恢复，并不会影响作物的收成。正是由于这一意外发现了新的玉米田除草剂。莠去津的发现不仅是因为"运气"好，而是由于敏锐观察，以及锲而不舍和不怕失败的精神。1956年第一个三嗪类除草剂西玛津（simazine）上市，1957年莠去津（atrazine）上市，该产品是三嗪类除草剂中的第一大产品。

二、主要品种

三嗪类除草剂可分为四小类：分别为氯代三嗪类（英文词尾为-azine）、甲氧基三嗪类

（-tone）、甲硫基三嗪类（-tryn）和氨基三嗪类（-flam），共三十余个品种。尽管此类化合物在世界除草剂市场的销售额较大，但其用量大、残效长、长期使用抗性十分严重等问题突出。在此仅对 11 个重要品种进行介绍，其中茚嗪氟草胺（indaziflam）和三嗪氟草胺（triaziflam）为纤维素合成抑制剂，其余皆为光合作用抑制剂。

莠灭净（ametryn）

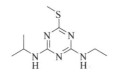

C$_9$H$_{17}$N$_5$S，227.3，834-12-8

　　莠灭净［试验代号：G 34162，商品名称：Akotryn、Ameflow、Amesip、Ametrex、Gesapax、Sunmetryn、Krismat（混剂），其他名称：莠灭津］1960 年由 H. Gysin & E. Knüsli 报道，J. R. Geigy（现 Syngenta）开发。

　　化学名称　2-甲硫基-4-乙氨基-6-异丙氨基-1,3,5-三嗪。英文化学名称 N^2-ethyl-N^4-isopropyl-6-(methylthio)-1,3,5-triazine-2,4-diamine。美国化学文摘（CA）系统名称 N^2-ethyl-N^4-(1-methylethyl)-6-(methylthio)-1,3,5-triazine-2,4-diamine。CA 主题索引名称 1,3,5-triazine-2,4-diamine—，N^2-ethyl-N^4-(1-methylethyl)-6-(methylthio)-。

　　理化性质　原药含量≥96%，白色粉末。熔点 86.3～87℃，蒸气压 0.365 mPa（25℃），分配系数 lgK_{ow}=2.63，Henry 常数 4.2×10^{-4} Pa·m^3/mol，相对密度 1.18（20～25℃），pK_a(20～25℃)=4.1，弱碱性。溶解度（20～25℃）：水中 200 mg/L（pH 7.1）；其他溶剂中（g/L）：丙酮 610，甲醇 510，甲苯 470，正辛醇 220，正己烷 12。中性、弱酸性和弱碱性条件下稳定，遇强酸（pH 1）、强碱（pH 13）水解为无除草活性的 6-羟基类似物。紫外线照射缓慢分解。

　　毒性　大鼠急性经口 LD$_{50}$1160 mg/kg，急性经皮 LD$_{50}$（mg/kg）：兔＞2020，大鼠＞2000。对兔的眼睛和皮肤无刺激性，对豚鼠皮肤无致敏性。大鼠急性吸入 LC$_{50}$（4 h）＞5.03 mg/L 空气。最大无作用剂量 NOEL（mg/kg）：大鼠（2 年）2.0，小鼠（2 年）1.5，雄狗（1 年）7.2。ADI/RfD（BfR）0.015 mg/kg（1993）；（EPA）cRfD 0.072 mg/kg（2005）。

　　生态效应　山齿鹑 LC$_{50}$（5 d）＞2250 mg/kg，野鸭＞5620 mg/kg。鱼毒 LC$_{50}$（96 h，mg/L）：虹鳟鱼 3.6，大翻车鱼 8.5。水蚤 EC$_{50}$（96 h）28 mg/L。羊角月牙藻 EC$_{50}$（7 d）0.0036 mg/L，糠虾 LC$_{50}$（96 h）2.3 mg/L。对蜜蜂 LD$_{50}$＞100 μg/只（接触）。蚯蚓 LC$_{50}$（14 d）166 mg/kg 土壤。

　　环境行为　①动物。无论任何剂量或摄入方法，大部分都在 3～4 d 内排出。产生谷胱甘肽配合物和脱烷基化是主要代谢途径。②植物。通过羟基取代甲硫基和氨基的脱烷基化反应，在耐受植物体内代谢（在敏感植物体内稍低程度地代谢）为有毒物质。③土壤/环境。土壤中的减少主要是微生物的作用。田间 DT$_{50}$ 平均值为 62 d（11～280 d）。K_{oc} 96～927；但渗滤研究显示莠灭净并无大量的渗滤。水体中的降解主要是因为微生物的作用，但光解也有辅助作用。减少水体中莠灭净含量最有效的机制是沉积层的吸附。

　　剂型　水分散粒剂、悬浮剂、可湿性粉剂、乳油、颗粒剂。

　　主要生产商　安道麦阿甘有限公司、安徽中山化工有限公司、吉林市绿盛农药化工有限公司、河北临港化工有限公司、宁夏格瑞精细化工有限公司、山东潍坊润丰化工股份有限公司以及浙江中山化工集团股份有限公司等。

作用机理与特点 光合作用电子传递抑制剂，作用于光合系统 II 受体位点。通过植物根系和茎叶吸收，向上传导并集中于植物顶端分生组织。有机质含量低的沙质土不宜使用。施药时应防止飘移到邻近作物上。

应用

（1）适用作物 玉米、甘蔗、菠萝、香蕉、棉花、柑橘等。

（2）防治对象 稗草、牛筋草、狗牙根、马唐、雀稗、狗尾草、大黍、秋稷、千金子、苘麻、一点红、菊芹、大戟属、蓼属、眼子菜、马蹄莲、田荠、胜红蓟、苦苣菜、空心莲子菜、水蜈蚣、苋菜、鬼针草、罗氏草、田旋花、臂形草、藜属、猪屎豆、铁苋荠等。

（3）使用方法 用于春蔗田，用 80%可湿性粉剂 1.95～3 kg/hm^2（有效成分 1.56～2.4 kg），对水 600～750 kg 做茎叶喷雾处理。用于秋蔗田，用 80%可湿性粉剂 1.05～1.95 kg/hm^2（有效成分 0.84～1.56 kg），对水 600～750 kg 在杂草 3 叶期喷雾。其他作物可用作播后、苗前土壤处理或苗后茎叶处理。

（4）注意事项 有机质含量低的沙质土不宜使用。施药时应防止飘移到邻近作物上。施用过莠灭净地块，一年内不能种植对莠灭净敏感作物。本品应保存在阴凉、干燥处。远离化肥、其他农药、种子、食物、饲料。

专利概况

专利名称 Procedure and means for the influence of plant growth, in particular for the fight against weeds

专利号 CH 337019   专利申请日 1955-01-14

专利申请人 J R GEIGY AG

其他相关专利 GB 814948 等。

登记情况 莠灭净在中国登记有 95%、97%、98%原药共 9 个，相关制剂有 107 个。主要用于甘蔗田和苹果园等，防治一年生杂草。部分登记情况见表 3-74。

表 3-74 莠灭净在中国部分登记情况

登记证号	农药名称	剂型	含量	登记场所	防治对象	亩用药量（制剂）	施用方法	登记证持有人
PD20184309	乙氧·莠灭净	悬浮剂	38%	苹果园		200～250 mL	定向茎叶喷雾	河南省新乡市植物化学厂
PD20184153	硝·2甲·莠灭	可湿性粉剂	60%	甘蔗田		100～120 g	茎叶喷雾	张家口长城农药有限公司
PD20173032	莠灭净	水分散粒剂	80%	甘蔗田	一年生杂草	100～140 g	定向茎叶喷雾	山东滨农科技有限公司
PD20170038	莠灭净	水分散粒剂	80%	甘蔗田		125～150 mL	定向茎叶喷雾	安道麦阿甘有限公司
PD20093443	莠灭净	悬浮剂	50%	甘蔗田		200～230 mL	喷雾	山东潍坊润丰化工股份有限公司
PD20172057	莠灭净	原药	98%					内蒙古灵圣作物科技有限公司
PD20173034	莠灭净	原药	97%					响水中山生物科技有限公司
PD20082555	莠灭净	原药	95%					安道麦阿甘有限公司

合成方法　经如下反应制得莠灭净：

参考文献

[1] The Pesticide Manual.17 th edition: 34-35.

[2] 黄平，韦志明，廖艳芳，等. 农药，2010, 49(9): 643-644.

莠去津（atrazine）

$C_8H_{14}ClN_5$，215.7，1912-24-9

　　莠去津（试验代号：G 30027，商品名称：AAtrex、Akozine、Atranex、Atraplex、Atrataf、Atratylone、Atrazila、Atrazol、Attack、Coyote、Dhanuzine、Sanazine、Surya、Triaflow、Zeazin S 40，其他名称：阿特拉津、莠去尽、阿特拉嗪、园保净）由 H. Gysin 和 E. Knüsli 于 1957 年报道，由 J. R. Geigy（现 Syngenta）推入市场。

　　化学名称　2-氯-4-乙氨基-6-异丙氨基-1,3,5-三嗪。英文化学名称 6-chloro-N^2-ethyl-N^4-isopropyl-1,3,5-triazine-2,4-diamine。美国化学文摘（CA）系统名称 6-chloro-N^2-ethyl-N^4-(1-methylethyl)-1,3,5-triazine-2,4-diamine。CA 主题索引名称 1,3,5-triazine-2,4-diamine—, 6-chloro-N^2-ethyl-N^4-(1-methylethyl)-。

　　理化性质　原药含量≥96%，纯品为无色粉末。熔点 175.8℃，沸点 205℃（$1.01×10^5$ Pa），蒸气压 $3.85×10^{-2}$ mPa（25℃），分配系数 lgK_{ow}=2.5，Henry 常数 $1.5×10^{-4}$ Pa·m^3/mol（计算值），堆积密度 1.23 g/cm^3（20~25℃），pK_a(20~25℃)=1.6。溶解度（20~25℃）：水中 33.0 mg/L（pH 7）；其他溶剂中溶解度（g/L）：乙酸乙酯 24，丙酮 31，二氯甲烷 28，乙醇 15，甲苯 4.0，正己烷 0.11，正辛醇 8.7。中性、弱酸性和弱碱性条件下相对稳定。在强酸、强碱及 70℃的中性条件下迅速水解为羟基衍生物；DT_{50}：9.5 d（pH 1），86 d（pH 5），5.0 d（pH 13）。

　　毒性　急性经口 LD_{50}（mg/kg）：大鼠 1869~3090，小鼠＞1332~3992。大鼠急性经皮 LD_{50}＞2000 mg/kg。对兔的皮肤无刺激，对眼睛有轻微刺激，对豚鼠皮肤有致敏性。大鼠急性吸入 LC_{50}（4 h）＞5.8 mg/L 空气。无作用剂量 NOEL（2 年，mg/kg）：大鼠 70［3.5 mg/(kg·d)］，狗 150［5.0 mg/(kg·d)］，小鼠 10［1.4 mg/(kg·d)］，NOAEL 38.4 mg/(kg·d)。ADI/RfD（EPA）aRfD 0.1 mg/kg，cRfD 0.018 mg/kg（2003）；羟化三嗪代谢物（EPA）cRfD 0.01 mg/kg（2003）。

　　生态效应　急性经口 LD_{50}（mg/kg）：山齿鹑 940，绿头野鸭、日本鹌＞2000，饲喂 LC_{50}（8 d，mg/kg）：日本鹌鹑＞5000，绿头野鸭＞1563。鱼毒 LC_{50}（96 h，mg/L）：虹鳟鱼 11.0，虹鳉 4.3。水蚤 EC_{50}（48 h）≥29 mg/L。藻类 EC_{50}（mg/L）：近具刺链带藻 0.043（72 h），羊角月牙藻 0.01（96 h）。水生生态系统（中型试验生态系）的长期研究显示，0.02 mg/L

以下不会造成永久性损害。蜜蜂 LD_{50}（μg/只）：>97（经口），>100（接触）。赤子爱胜蚓 LC_{50}（14 d）78 mg/kg 土壤。

环境行为 ①动物。哺乳动物摄食后莠去津在体内快速并完全代谢，主要通过氨基的氧化去烷基化，以及氯原子和原生性硫醇的反应。二氨基氯化三嗪是主要的代谢物，常自发地与谷胱甘肽结合。24 h 内超过 50%通过尿液排出，33%通过粪便排出。②植物。在耐受性强的植物体内，莠去津易代谢为羟基化莠去津。

剂型 水分散粒剂、悬浮剂、可湿性粉剂、颗粒剂、发烟丸。

主要生产商 Aako、Adama、Agrochem、AGROFINA、Atanor、Crystal、Dow AgroSciences、Drexel、DuPont、KSA、安徽中山化工有限公司、广西壮族自治区化工研究院、河北宣化农药有限责任公司、河南省博爱惠丰生化农药有限公司、吉林金秋农药有限公司、吉林市绿盛农药化工有限公司、江苏绿利来股份有限公司、江苏省南通派斯第农药化工有限公司、捷马化工股份有限公司、昆明农药有限公司、辽宁三征化学有限公司、辽宁天一农药化工有限责任公司、南京华洲药业有限公司、瑞士先正达作物保护有限公司、山东滨农科技有限公司、山东大成农化有限公司、山东德浩化学有限公司、山东侨昌化学有限公司、山东胜邦绿野化学有限公司、山东潍坊润丰化工股份有限公司、无锡禾美农化科技有限公司、浙江省长兴第一化工有限公司以及浙江中山化工集团股份有限公司等。

作用机理与特点 选择性内吸传导型苗前、苗后除草剂。莠去津进入植物体内以根吸收为主，茎叶吸收略少，通过木质部传导到分生组织及叶部，干扰光合作用，使杂草死亡。在玉米等抗药性植物体内被苯并噁嗪酮酶解为无毒的羟基三氮苯而获得选择。莠去津不影响杂草种子的发芽出土，杂草都是出土后陆续死掉的，除草干净及时。试验中玉米对高剂量的药剂也不产生药害。其作用机制和选择原理与西玛津同。因其水溶性大于西玛津，其活性也高些，在土壤中的移动性也大些，易被雨水淋洗至深层，影响地下水质。因莠去津对动物有降低谷胱甘肽转移酶的活性，进而影响免疫系统，还有它具有损伤胃、肾、肝组织、遗传物质DNA 等不良迹象，所以德国等国家已开始停用或限用。在土壤中可被微生物分解，残效期受用药量、土壤质地、雨量、温度等因素影响，施用不当，残效期可超过半年。

应用

（1）适用作物及安全性 玉米、糜子、高粱田、果园、茶园、甘蔗田、苗圃及森林防火道。对桃树不安全，对某些后茬敏感作物，如小麦、大豆、水稻等有药害。

（2）防治对象 稗草、兰花草、苍耳、苣荬菜、问荆、马唐草、车前草、荸荠草、三棱草、狗尾草和柳蒿等一年生单子叶和双子叶杂草。

（3）使用方法 ①防除玉米地杂草，用莠去津按有效成分计算每亩用 400～450 g 效果最好；在玉米苗期除草按有效成分计算，每亩用 250 g 有良好的防效，且比人工除草保苗率增加 11.5%，株高比人工除草高 8.6～11.5 cm。②防除高粱地杂草，按有效成分计算，每亩 300～350 g 效果最好。③防除大豆、谷子等作物杂草，每亩用莠去津 50%可湿性粉剂 150 g+甲草胺 250 g 混用；或用莠去津 50%可湿性粉剂 250 g+异丙甲草胺 200 g 混用，效果更佳，既能除草，又能解决下茬作物安全问题。

（4）注意事项 大豆、桃树、小麦、水稻等对莠去津敏感，不宜使用。玉米田后茬为小麦、水稻时，应降低剂量与其他安全的除草剂混用。有机质含量超过 6%的土壤，不宜作土壤处理，以茎叶处理为好。①莠去津的残效期较长，对某些后茬敏感作物，如小麦、大豆、水稻等有药害，可采用降低剂量与别的除草剂混用；或改进施技术，避免对后茬作物的影响。北京、华北地区玉米后茬作物多为冬小麦，故莠去津单用不能超过 3 kg/hm² （商品量）（有效成分 1.5 kg）。要求喷雾均匀，否则因用量过大或喷雾不均，常引起小麦点片受害，甚至死苗。连种玉米地，用量可适当提高。青饲料玉米，在上海地区只在播后苗前使用。苗期 3~4 叶期，作茎叶处理对后茬水稻有影响。②果园使用莠去津，对桃树不安全，因桃树对莠去津敏感，表现为叶黄、缺绿、落果、严重减产，一般不宜使用。③玉米套种豆类，不宜使用莠去津。④莠去津播后苗前，土表处理时，要求施药前整地要平，土块要整碎。⑤莠去津属低毒除草剂，但配药和施药人员仍需注意防止污染手、脸和皮肤，如有污染应即时清洗。莠去津可通过食道和呼吸道等引起中毒，中毒解救无特效解毒药。⑥施药后，各种工具要认真清洗，污水和剩余药液要妥善处理或者保存，不得任意倾倒，以免污染水源、土壤和造成药害。空瓶要及时回收，并妥善处理，不得再作他用。⑦搬运时应注意轻拿轻放，以免破损和污染环境。运输和贮存时应有专门的车皮和仓库，不得与食物及日用品一起运输。应贮存在干燥的通风良好的仓库中。

专利概况

专利名称　Diaminochloro-s-triazines for use as herbicides and plantgrowth inhibitors

专利号　CH 342784　　　　　　专利申请日　1954-08-16

专利申请人　J R GEIGY AG

其他相关专利　GB 814947。

登记情况　莠去津在中国登记有 85%、88%、92%、95%、96%、97%、98%原药共 26个，相关制剂有 943 个。主要用于玉米田、茶园、甘蔗田、高粱田、红松苗圃、梨树、糜子、苹果树、葡萄园、森林、铁路、橡胶园等的一年生杂草。部分登记情况见表 3-75。

表 3-75　莠去津在中国部分登记情况

登记证号	农药名称	剂型	含量	登记场所	防治对象	亩用药量（制剂）	施用方法	登记证持有人
PD86103	莠去津	可湿性粉剂	48%	茶园	一年生杂草	208~312.5 g	喷于地表	吉林市绿盛农药化工有限公司
				甘蔗田		156~260 g	喷于地表	
				高粱田		260~365 g	喷于地表	
				公路		1140~2800 g	喷雾	
				红松苗圃		333~667g	喷洒苗床	
				梨树		417~521 g	喷于地表	
				苹果树		417~521 g	喷于地表	
				葡萄园		312.5~417 g	避开根部	
				森林		1400~3470 g	喷雾	
				铁路		1400~3470 g	喷雾	
				糜子		260~365 g	喷于地表	
				橡胶园		521~625 g	喷于地表	
				玉米田		312.5~417 g	喷于地表	
PD85112-8	莠去津	悬浮剂	38%	茶园		197~329 mL	喷于地表	江苏绿利来股份有限公司
				甘蔗田		184~263 mL	喷于地表	
				高粱田		316~395 mL	喷于地表	
				公路		1400~3540 mL	喷于地表	
				红松苗圃		333~533 mL	喷于地表	
				梨树		285~329 mL	喷于地表	
				苹果树		285~329 mL	喷于地表	

登记证号	农药名称	剂型	含量	登记场所	防治对象	亩用药量（制剂）	施用方法	登记证持有人
PD85112-8	莠去津	悬浮剂	38%	防火隔离带	一年生杂草	1400~3540 mL	喷于地表	江苏绿利来股份有限公司
				森林		1400~3540 mL	喷于地表	
				铁路		1400~3540 mL	喷于地表	
				糜子		316~395 mL	喷于地表	
				橡胶园		395~658 mL	喷于地表	
				玉米田		316~395 mL	喷于地表	
PD93105-2	莠去津	原药	97%					浙江省长兴第一化工有限公司
PD20172024	莠去津	原药	98%					宁夏格瑞精细化工有限公司

合成方法　经如下反应制得莠去津：

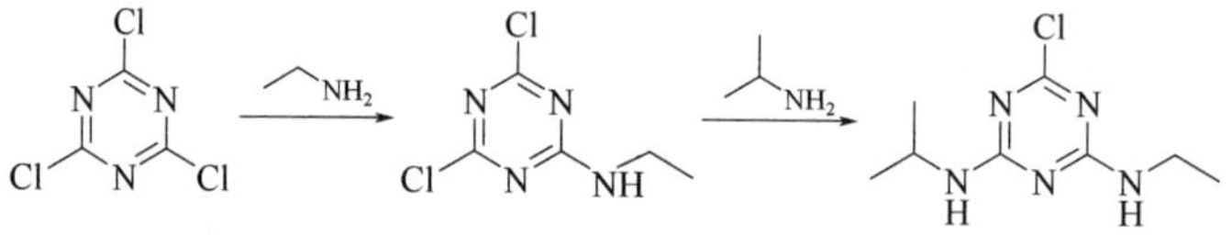

参考文献

[1]　The Pesticide Manual.17 th edition: 53-54.

[2]　杨梅，林忠胜，姚子伟，等. 农药科学与管理，2006(11): 31-37.

氰草津（cyanazine）

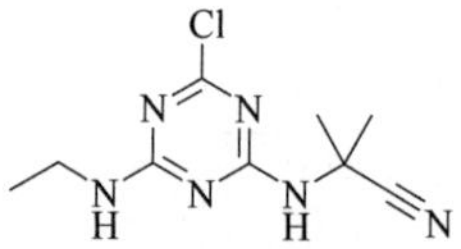

$C_9H_{13}ClN_6$，240.7，21725-46-2

　　氰草津（试验代号：WL 19805、SD 15418、DW 3418，其他名称：百得斯、草净津、草津净）1967 年由 W. J. Hughes 等报道，后由 Shell Research Ltd（现 BASF SE）开发。

　　化学名称　2-(4-氯-6-乙氨基-1,3,5-三嗪-2-基氨基)-2-甲基丙腈。英文化学名称 2-(4-chloro-6-ethylamino-1,3,5-triazin-2-ylamino)-2-methylpropionitrile。美国化学文摘（CA）系统名称 2-[[4-chloro-6-(ethylamino)-1,3,5-triazin-2-yl]amino]-2-methyl-propanenitrile。CA 主题索引名称 propanenitrile—, 2-[[4-chloro-6-(ethylamino)-1,3,5-triazin-2-yl]amino]-2-methyl-。

　　理化性质　原药含量≥95%，白色结晶固体。熔点 167.5~169℃，蒸气压 $2×10^{-4}$ mPa（20℃），分配系数 $\lg K_{ow}$=2.1，堆积密度 1.29 g/cm³（20~25℃），pK_a(20~25℃)=0.63，弱碱。溶解度（20~25℃）：水中 171 mg/L；其他溶剂中（g/L）：甲基环己酮、氯仿 210，丙酮 195，乙醇 45，苯、正己烷 15，四氯化碳<10。对热（75℃，100 h 之后分解率 1.8%）和光稳定，pH 5~9 时在溶液中稳定，强酸、强碱中分解。

　　毒性　急性经口 LD_{50}（mg/kg）：大鼠 182~334，小鼠 380，兔 141。急性经皮 LD_{50}（mg/kg）：

大鼠＞1200，兔＞2000。对兔的皮肤和眼睛无刺激性。大鼠吸入 LC_{50}＞2.46 mg/L（粉尘）。无作用剂量 NOEL（2 年，mg/kg 饲料）：大鼠 12，狗 25。ADI/RfD（EPA）RfD 撤销（1996）。

生态效应　急性经口 LD_{50}（mg/kg）：野鸭＞2000，鹌鹑 400。鱼毒 LC_{50}（mg/L）：小丑鱼（48 h）10，黑头呆鱼（96 h）16。水蚤 LC_{50}（48 h）42～106 mg/L。藻类 EC_{50}（96 h）＜0.1 mg/L。蜜蜂 LD_{50}（μg/只）：接触＞100，经口＞190。

环境行为　①动物。大鼠和狗经口摄入，氰草津 4 d 内迅速代谢而消失。②植物。在植株内氰基水解为羧基，氯原子被羟基取代。③土壤/环境。土壤中微生物在一个生长周期内将其降解。代谢途径类似于植物体内。土壤中 DT_{50} 约为 2 周。

剂型　可湿性粉剂、悬浮剂、颗粒剂、水分散粒剂。

主要生产商　Feinchemie Schwebda、Labor、Rainbow、山东大成生物化工有限公司及山东滨农科技有限公司。

作用机理与特点　选择性内吸传导型除草剂，主要被根部吸收，叶部也能吸收，通过抑制光合作用，使杂草枯萎而死亡。而玉米本身含有一种酶能分解氰草津，因此氰草津对玉米安全。持效期 2～3 个月。对后茬种植小麦无影响。除草活性与土壤有机质含量和质地有密切关系。有机质多或为黏土则除草剂用量也需适当增加。在沙性重，有机质含量少时易出现药害。杀草广谱，能防除大多数一年生禾本科杂草及阔叶杂草。

应用

（1）适用作物　玉米、豌豆、蚕豆、马铃薯、甘蔗、棉花等作物。

（2）防治对象　多种禾本科杂草和阔叶杂草。

（3）使用方法　①玉米播种后出苗前。每亩用 80%可湿性粉剂 150～200 g，或 43%胶悬剂 200～300 mL，对水 20～30 kg，对土表均匀喷雾处理。②玉米出苗后使用。玉米 3～4 叶期，杂草 2～5 叶期，每亩用 80%可湿性粉剂 100～167 g，或 43%胶悬剂 186～360 mL，兑水 20～30 kg 喷雾。

（4）注意事项　①沙性重、有机质含量少于 1%的田块不能使用。以免对作物产生药害。②玉米 4 叶期后使用，易产生药害，所以玉米长到 5 叶后就不能再使用了。③喷雾具使用后要反复清洗干净。

专利概况

专利名称　*S*-triazine plant growth regulating agents

专利号　GB 1132306　　　　　专利申请日　1967-06-12

专利申请人　Deutsche Gold Und Silber Scheideanstalt Vormals Roessler。

登记情况　氰草津在中国登记有 95%、97%原药 2 个，没有登记单剂，有 17 个混剂。主要用于甘蔗田和玉米田，防治一年生杂草。部分登记情况见表 3-76。

表 3-76　氰草津在中国部分登记情况

登记证号	农药名称	剂型	含量	登记场所/作物	防治对象	亩用药量（制剂）	施用方法	登记证持有人
PD20184058	硝·灭·氰草津	可湿性粉剂	46%	甘蔗田	一年生杂草	100～200 g	定向茎叶喷雾	吉林金秋农药有限公司
PD20181172	甲·灭·氰草津	可湿性粉剂	48%	甘蔗田		200～250 g	茎叶喷雾	山东玥鸣生物科技有限公司

登记证号	农药名称	剂型	含量	登记场所/作物	防治对象	亩用药量（制剂）	施用方法	登记证持有人
PD20180880	硝•灭•氰草津	可湿性粉剂	38%	甘蔗田	一年生杂草	160~200 g	茎叶喷雾	山东奥坤作物科学股份有限公司
PD20152531	氰津•莠	悬浮剂	30%	夏玉米田		300~400 mL	喷雾	河南省信阳富邦化工股份有限公司
PD20151344	硝磺•氰草津	悬浮剂	48%	玉米田		100~150 mL	茎叶喷雾	江苏禾本生化有限公司
PD20101082	乙•莠•氰草津	悬浮剂	70%	春玉米		200~250 mL	播后苗前土壤喷雾	山东滨农科技有限公司
				夏玉米		120~180 mL		
PD20082024	氰草津	原药	95%					山东大成生物化工有限公司
PD20182574	氰草津	原药	97%					山东滨农科技有限公司

合成方法　经如下反应制得氰草津：

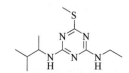

参考文献

[1] The Pesticide Manual.17 th edition: 248-249.

异戊乙净（dimethametryn）

C$_{11}$H$_{21}$N$_5$S，255.4，22936-75-0

异戊乙净［试验代号：C 18898，商品名称：Sparkstar G（混剂）］1972 年 D. H. Green 和 L. Ebner 报道其除草剂，由 Ciba-Geigy Ltd（现 Syngenta AG）上市。2004 年其日本和韩国市场业务被日产化学工业株式会社收购。

化学名称　N^2-(1, 2-二甲基丙基)-N^4-乙基-6-甲硫基-1,3,5-三嗪-2, 4-二胺。英文化学名称 (RS)-N^2-(1, 2-dimethylpropyl)-N^4-ethyl-6-(methylthio)-1, 3, 5-triazine-2,4-diamine。美国化学文摘（CA）系统名称 N^2-(1, 2-dimethylpropyl)- N^4-ethyl-6-(methylthio)-1, 3, 5-triazine-2,4-diamine。CA 主题索引名称 1,3,5-triazine-2,4-diamine—, N^2-(1,2-dimethylpropyl)-N^4-ethyl-6-(methylthio)-。

理化性质　无色晶体。熔点 65℃，沸点 151~153℃（6.65 Pa），蒸气压 0.186 mPa（20℃），分配系数 lgK_{ow}=3.8，Henry 常数 9.5×10^{-4} Pa•m^3/mol（计算值），相对密度 1.098（20~25℃），pK_a(20~25℃)=4.1，弱碱性。溶解度（20~25℃）：水中 50 mg/L；有机溶剂中（g/L）：丙酮

650、二氯甲烷 800、己烷 60、甲醇 700、正辛醇 350、甲苯 600。在 pH 5~9 和 70℃条件下 28 d 后无明显水解。

毒性　大鼠急性经口 LD_{50} 3000 mg/kg。大鼠急性经皮 LD_{50}＞2150 mg/kg。对兔的皮肤不刺激；轻微刺激兔的眼睛。大鼠吸入 LC_{50}（4 h）＞5.4 mg/L，NOEL（2 年）大鼠 25 mg/kg；（23 个月）小鼠 30 mg/kg。ADI/RfD（日本）0.0094 mg/(kg·d)。

生态效应　日本鹌鹑饲喂 LC_{50}（8 d）＞1000 mg/kg。鱼毒 LC_{50}（96 h，mg/L）：虹鳟 5、鲫鱼 8。水蚤 LC_{50} 0.92 mg/L。蜜蜂 LC_{50}（48 h，接触和经口）＞100 μg/只。

环境行为　①动物。异戊乙净的主要代谢物为 S-烷基-S-三嗪类物质，主要通过 N-脱烷基化、S-氧化和生成还原化谷胱甘肽共轭物、侧链羟基化及结合为 S-β-谷胱甘肽共轭物等。这些代谢物在尿液和粪便中也有发现。②植物。植株体内的主要反应是甲基亚砜衍生物同谷胱甘肽形成共轭物，之后观察到进一步的侧链变化。进一步降解或变化形成半胱氨酸共轭物和三氨基衍生物。③土壤/环境。实验室土壤中的 DT_{50} 约 140 d。

剂型　乳油、颗粒剂。

主要生产商　日产化学工业株式会社。

作用机理与特点　光合作用电子传递抑制剂，作用于光合系统Ⅱ受体位点。选择性除草剂，被根部和叶面吸收。

应用　用于水稻，防除一年生阔叶杂草；一般与其他除草剂混用；剂量 0.06~0.1 kg (a.i.)/hm²。

专利概况

专利名称　Amino-s-triazines herbicides

专利号　CH 485410　　　　　专利申请日　1967-05-12

专利申请人　Ciba AG

其他相关专利　ZA 6802977、BE 714992、GB 1191585。

合成方法　通过如下反应制得目的物：

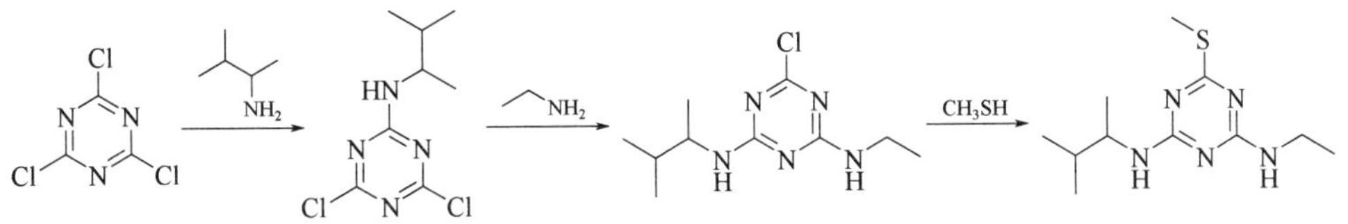

参考文献

[1] The Pesticide Manual.17 th edition: 359-360.

茚嗪氟草胺（indaziflam）

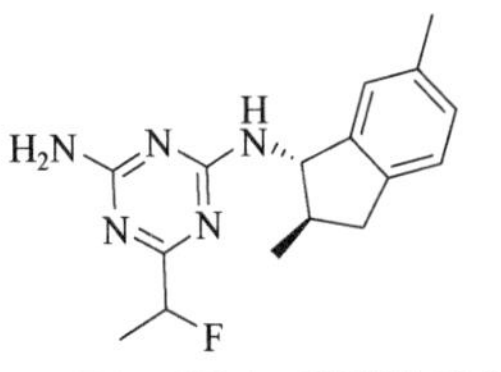

$C_{16}H_{20}FN_5$，301.4，950782-86-2

茚嗪氟草胺（试验代号：BCS-AA10717，商品名称：Alion、Specticle）是由拜耳公司开发的三嗪类除草剂，2010 年首先在美国上市。

化学名称　N-[(1R,2S)-2,3-二氢-2,6-二甲基-1H-茚-1-基]-6-(1-氟乙基)-1,3,5-三嗪-2,4-二胺。英文化学名称　N-[(1R,2S)-2,3-dihydro-2,6-dimethyl-1H-inden-1-yl]-6-[(1RS)-1-fluoroethyl]-1,3,5-triazine-2,4-diamine。美国化学文摘（CA）系统名称 N-[(1R,2S)-2,3-dihydro-2,6-dimethyl-1H-inden-1-yl]-6-(1-fluoroethyl)-1,3,5-triazine-2,4-diamine。CA 主题索引名称 1,3,5-triazine-2,4-diamine—, N-[(1R,2S)-2,3-dihydro-2,6-dimethyl-1H-inden-1-yl]-6-(1-fluoroethyl)-。

理化性质　产品为（1R,2S,1R）异构体 A 和（1R,2S,1S）异构体 B 的混合物，比例 95∶5，白色至米色粉末。熔点 177℃，沸点 293℃（1.01×10⁵ Pa），蒸气压（20℃）：2.5×10⁻⁵ mPa（异构体 A），3.7×10⁻⁶ mPa（异构体 B），分配系数 lgK_ow：异构体 A 2.0（pH 2），2.8（pH 4、7和 9）；异构体 B 2.1（pH 2），2.8（pH 4、7和 9），相对密度（20～25℃）：异构体 A 1.23，异构体 B 1.28。水中溶解性（mg/L，20～25℃）：异构体 A 4.4（pH 4），2.8（pH 9）；异构体 B 1.7（pH 4），1.2（pH 9）。

毒性　大鼠急性经口 LD₅₀＞2000 mg/kg。大鼠急性经皮 LD₅₀＞2000 mg/kg，对兔的皮肤和眼睛无刺激，对小鼠皮肤无致敏性。大鼠吸入 LC₅₀（4 h）2300 mg/L。慢性致癌和长期致癌性研究未发现对大、小鼠有潜在致癌性。NOAEL [mg/(kg·d)]：雄大鼠 34，雌大鼠 42。狗慢性毒性试验（雄性或雌性）2 mg/(kg·d)。ADI/RfD 0.02 mg/kg。

生态效应　山齿鹑和斑胸草雀急性经口 LD₅₀＞2000 mg/kg，大翻车鱼 LC₅₀（96 h）0.32 mg/L，水蚤 EC₅₀（48 h）＞9.88 mg/L。蜜蜂 LD₅₀（μg/只）：经口 120，接触 100。蚯蚓 LC₅₀（14 d）＞1000 mg/kg 干土。

环境行为　①动物。在尿液和粪便中主要成分为茚嗪氟草胺羧酸。②植物。残留物主要为茚嗪氟草胺的极性残留物和二氨基三嗪代谢物。③土壤/环境。茚嗪氟草胺及其代谢物在土壤中很容易代谢，其半衰期为 10～80 d。由于在土壤中具有较强的吸附性，故其在土壤中为中度流动性。两种异构体在环境中代谢相似。在水中通过光解会迅速降解，半衰期为 4 d，在空气中无挥发性，两种异构体的蒸气压均比较低。

剂型　悬浮剂。

主要生产商　Bayer CropScience。

作用机理与特点　纤维素生物合成抑制剂（CBI），是迄今发现的最有效的 CBI 除草剂。主要是抑制细胞壁生物合成，并作用于分生组织的细胞生长。作为土壤除草剂通过抑制杂草萌发而达到控制杂草的目的。

应用　茚嗪氟草胺可防除许多一年生禾本科杂草和阔叶杂草，其中包括一年生早熟禾、牛筋草、黑麦草和藜等在内的疑难杂草，持效期长，对使用者安全。它能和其他苗后除草剂混用，在苗前和苗后使用，是一个很好的混用药剂。该物质使用次数少，是一个环境相容性好，非常优秀的非选择性除草剂，可用于具有商业化价值的绿色工业领域，如高尔夫球草坪、球场、公共场所草坪、花园以及园艺植物，也可用于防除农业作物田杂草，如果树、葡萄树、坚果、柑橘树、橄榄和甘蔗等。

专利概况

专利名称　Amino-1, 3, 5-triazines N-substituted with chiral bicyclic radicals, process for their preparation, compositions thereof, and their use as herbicides and plant growth regulators

专利号　US 20040157739　　　　**专利申请日**　2004-02-03

专利申请人　Bayer CropScience AG

其他相关专利　US 8114991、AU 2004208875、CA 2515116、WO 2004069814、EP 1592674、BR 2004007251、CN 1747939、CN 100448850、JP 2006517547、JP 4753258、AP 1960、EA 12406、EP 2305655、KR 2012039068、KR 1224300、IL 169877、KR 1213248、TW 357411、ZA 2005005626、CR 7920、IN 2005CN 01780、IN 229722、MX 2005008295、HR 2005000702、JP 2011037870、AU 2011201831、US 20120101287 等。

登记情况　2010 年，茚嗪氟草胺首先在美国取得登记；2011 年，在美国上市，用于草坪，商品名 Specticle。茚嗪氟草胺继而以 Specticle、Alion 等商品名在美国、巴西、智利、加拿大等国上市。Specticle 主要用于草坪等；Alion 主要用于多年生作物，如柑橘、坚果树、葡萄、梨果、核果等。2014 年，拜耳在美国上市了 Specticle Total（敌草快+草甘膦+茚嗪氟草胺），用于非作物领域。2015 年，在萨尔瓦多和危地马拉上市了 Merlin Total（茚嗪氟草胺+异唑草酮），用于甘蔗。2016 年，茚嗪氟草胺在巴西和澳大利亚登记，用于咖啡、柑橘、桉树、甘蔗和草坪。茚嗪氟草胺的复配产品包括：敌草快、草甘膦、异唑草酮等。

合成方法　通过如下反应制得目的物：

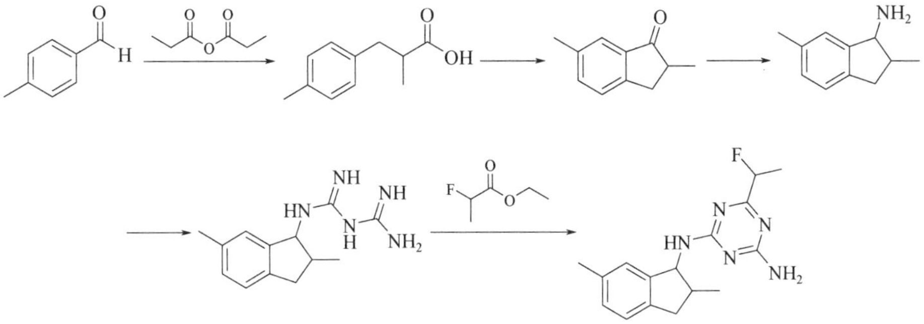

参考文献

[1] The Pesticide Manual.17 th edition: 636-637.

[2] Phillips McDougall. Crop Protection & Biotechnology Consultants, 2017.

扑草净（prometryn）

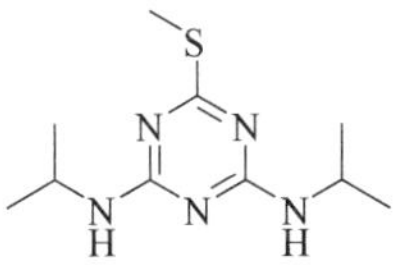

$C_{10}H_{19}N_5S$，241.4，7287-19-6

扑草净［试验代号：G 34161，商品名称：Caparol、Gesagard、Prometrex、Cottonex Pro（混剂），其他名称：扑蔓尽、割草佳］1962 年由 H. Gysin 报道，由 J. R. Geigy（现 Syngenta AG）引入市场。

化学名称　N^2,N^4-二异丙基-6- 甲硫基-1,3,5- 三嗪 -2,4- 二胺。英文化学名称 N^2,N^4-diisopropyl-6-methylthio-1,3,5-triazine-2,4-diamine。美国化学文摘（CA）系统名称 N^2,N^4-bis(1-methylethyl)-6-(methylthio)-2,4-diamine。CA 主题索引名称 1,3,5-triazine-2,4-diamine—, N^2, N^4-bis(1-methylethyl)-6-(methylthio)-。

理化性质 原药含量≥97%，白色粉末。熔点118～120℃，蒸气压0.165 mPa（25℃），分配系数 $\lg K_{ow}$=3.1，Henry常数 $1.2×10^{-3}$ Pa·m³/mol，相对密度1.15（20～25℃），pK_a（20～25℃）=4.1，弱碱性。溶解度（20～25℃）：水中33 mg/L（pH 6）；其他溶剂中溶解度（g/L）：丙酮300，乙醇140，正己烷6.3，甲苯200，正辛醇110。20℃在中性、弱酸或弱碱条件下对水解稳定，热酸、热碱条件下水解，紫外线照射分解。

毒性 大鼠急性经口 LD_{50}>4786 mg/kg，急性经皮 LD_{50}（mg/kg）：大鼠>2000。对兔的皮肤和眼睛有轻微刺激，对豚鼠皮肤无致敏性。大鼠急性吸入 LC_{50}（4 h）>2.17 mg/L。最大无作用剂量NOEL（2年）：狗3.75 mg/kg；雄大鼠29.5 mg/(kg·d)，雌大鼠37.3 mg/(kg·d)，小鼠100 mg/kg。ADI/RfD（EPA）cRfD 0.04 mg/kg。

生态效应 鸟饲喂 LC_{50}（8 d，mg/kg）：山齿鹑>5000，野鸭>4640。鱼毒 LC_{50}（96 h，mg/L）：虹鳟鱼5.5，大翻车鱼6.3。水蚤 LC_{50}（48 h）12.66 mg/L。羊角月牙藻 EC_{50}（5 d）0.035 mg/L，糠虾 EC_{50} 1.7 mg/L。蜜蜂 LD_{50}（μg/只）：>99（经口），>130（接触）。蚯蚓 LC_{50}（14 d）153 mg/kg土壤。

环境行为 ①动物。在大鼠和兔体内代谢参见 C. Boehme & F. Baer, Food Cosmet. Toxicol., 1967, 5: 23。②植物。可被耐受性植物代谢，并且在较小程度上被敏感植物代谢，通过甲硫基氧化成羟基代谢物，以及侧链的脱烷基化进行代谢。在植物中的降解一般是缓慢的。③土壤/环境。在土壤中，扑草净通过微生物降解（甲硫基氧化成羟基代谢物，以及侧链的脱烷基化进行）消解，并形成不可提取残余物（120 d后24%～49%）。土壤中 DT_{50}（田间）50 d（14～158 d）。K_{oc} 262 mL/g（113～493 mL/g），表明在土壤中迁移性低。在水生系统的降解是由微生物引起的，进一步通过微生物降解和悬浮物以及底沉积物的吸附而消解，从而导致形成不可提取的残留物（268 d后26%～35%）。扑草净从水相中的消解 DT_{50} 5.3 d和10.9 d，从整个系统中消解 DT_{50}110～236 d。

剂型 泡腾颗粒剂、悬浮剂、可湿性粉剂。

主要生产商 Adama、KSA、Oxon、Rainbow、Syngenta、安徽中山化工有限公司、河北临港化工有限公司、吉林市绿盛农药化工有限公司、响水中山生物科技有限公司、山东滨农科技有限公司、山东大成农化有限公司、山东胜邦绿野化学有限公司、山东潍坊润丰化工股份有限公司、首建科技有限公司、浙江省长兴第一化工有限公司以及浙江中山化工集团股份有限公司。

作用机理与特点 光合作用电子传递抑制剂，作用于光合系统Ⅱ受体位点。同时能抑制氧化磷酸化。水旱地两用的选择性均三嗪类除草剂。内吸选择性除草剂。可通过根和叶吸收并传导至绿色叶片内抑制光合作用，中毒杂草产生失绿症状，逐渐干枯死亡。对刚萌发的杂草防效最好，杀草谱广，可防除一年生禾本科杂草及阔叶杂草。

应用

（1）适用作物与安全性 大豆、花生、向日葵、棉花、小麦、甘蔗、果园、茶园以及胡萝卜、芹菜、韭菜、香菜、茴香等菜田及水稻田。对玉米敏感不宜使用。

（2）防治对象 眼子菜、鸭舌草、牛毛草、节节菜、四叶萍、野慈姑、异型莎草、藻、马唐、狗尾草、稗草、看麦娘、千金子、野苋菜、马齿苋、车前草、藜、蓼、繁缕等一年生禾本科及阔叶草。

（3）使用方法 ①旱田使用棉花播种前或播种后出苗前，每亩用50%可湿性粉剂100～150 g或每亩用48%氟乐灵乳油100 mL与50%扑草净可湿性粉剂100 g混用，对水30 kg均匀喷雾于地表，或混细土20 kg均匀撒施，然后混土3 cm深，可有效防除一年生单、双子叶杂草。花生、大豆、播种前或播种后出苗前，每亩用 50%可湿性粉剂 100～150 g，对水 30 kg，均匀喷雾土表。谷子播后出苗前，每亩用 50%可湿性粉剂 50 g，对水 30 kg，土表喷雾。麦田于麦苗 2～3 叶期，杂草 1～2 叶期，每亩用 50%可湿性粉剂 75～100 g，对水 30～50 kg，作茎叶喷雾处理，可防除繁缕、看麦娘等杂草。胡萝卜、芹菜、大蒜、洋葱、韭菜、茴香等在播种时或播种后出苗前，每亩用 50%可湿性粉剂 100 g，对水 50 kg 土表均匀喷雾，或每亩用 50%扑草净可湿性粉剂 50 g 与 25%除草醚乳油 200 mL 混用，效果更好。②果树、茶园、桑园使用。在一年生杂草大量萌发初期，土壤湿润条件下，每亩用 50%可湿性粉剂 250～300 g，单用或减半量与甲草胺、丁草胺等混用，对水均匀喷布土表层。③对稻田使用水稻移栽后 5～7 d，每亩用 50%可湿性粉剂 20～40 g，或 50%扑草净可湿性粉剂加 25%除草醚可湿性粉剂 400 g，拌湿润细沙土 20 kg 左右，充分拌匀，在稻叶露水干后，均匀撒施全田。施药时田间保持 3～5 cm 浅水层，施药后保水 7～10 d。水稻移栽后 20～25 d，眼子菜叶片由红变绿时，北方每亩用 50%可湿性粉剂 65～100 g，南方用 25～50 g，拌湿润细土 20～30 kg 撒施。水层保持同前。

（4）注意事项　①严格掌握施药量和施药时间，否则易产生药害。②有机质含量低的沙质和土壤，容易产生药害，不宜使用。③施药后半月不要任意松土或耘耥，以免破坏药层影响药效。④喷雾器具使用后要清洗干净。

专利概况

专利名称　Improvements in and relating to plant growth influencing compositions

专利号　GB 814948　　　　　　专利申请日　1955-08-15

专利申请人　J R GEIGY AG。

登记情况　扑草净在中国登记有 80%、90%、95%、96%原药 11 个，相关制剂 107 个。主要用于麦田、水稻、茶园、大豆田、花生田和玉米田等，主要防治阔叶杂草。部分登记情况见下表 3-77。

表 3-77　扑草净在中国部分登记情况

登记证号	农药名称	剂型	含量	登记场所/作物	防治对象	亩用药量（制剂）	施用方法	登记证持有人
PD90102-3	扑草净	可湿性粉剂	25%	麦田	杂草	100～150 g	喷雾	辽宁三征化学有限公司
				水稻	阔叶杂草	50～150 g	毒土	
PD86126-7	扑草净	可湿性粉剂	50%	茶园	阔叶杂草	250～400 g	喷于地表	山东胜邦绿野化学有限公司
				甘蔗田		100～150 g	播后苗前土壤喷雾	
				棉花田		100～150 g	播后苗前土壤喷雾	
				花生田		100～150 g	喷雾	
				水稻		20～120 g	撒毒土	
PD86126-5	扑草净	可湿性粉剂	40%	成年果园	阔叶杂草	312.5～500 g	喷于地表	安徽久易农业股份有限公司
				大豆田		125～187.5 g	喷雾	
				谷子		62.5 g	喷雾	
				麦田		75～125 g	喷雾	
				苎麻		125～187.5 g	播后苗前土壤喷雾	
PD20180125	扑草净	悬浮剂	50%	棉花田	阔叶杂草	100～150 g	土壤喷雾	浙江天丰生物科学有限公司
PD20092541	扑草净	泡腾颗粒剂	25%	水稻移栽田	阔叶杂草	60～80 g	撒毒土	昆明农药有限公司

续表

登记证号	农药名称	剂型	含量	登记场所/作物	防治对象	亩用药量（制剂）	施用方法	登记证持有人
PD86125-2	扑草净	原药	95%，90%，80%					吉林市绿盛农药化工有限公司
PD20183607	扑草净	原药	96%					河北临港化工有限公司

合成方法 经如下反应制得扑草净：

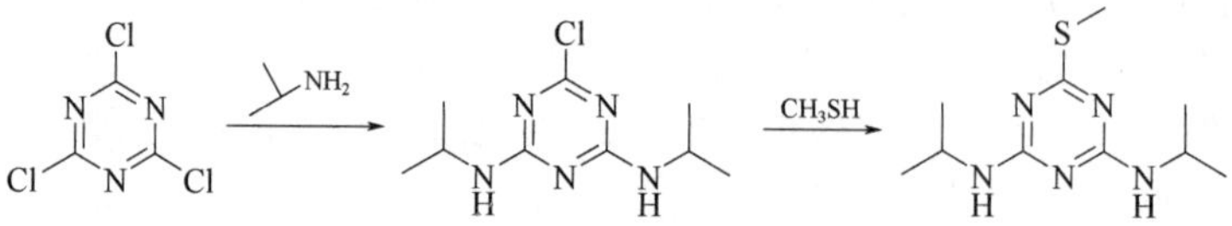

参考文献

[1] The Pesticide Manual.17 th edition: 915-917.

[2] 郝洪波，崔海英. 农药市场信息，2015(14): 52.

西玛津（simazine）

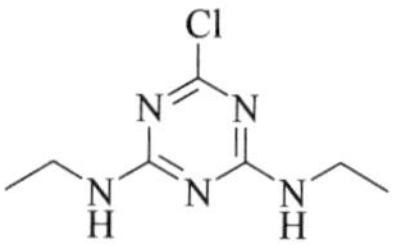

$C_7H_{12}ClN_5$，201.7，122-34-9

西玛津（试验代号：G 27692，商品名：Amizina、Batazin、Gesatop、Princep、Sanasim、Simanex、Simatrex、Simatylone LA、Visimaz，其他名称：西玛嗪、田保净、西玛三嗪）1956年由 A. Gast 等报道其除草活性，J. R. Geigy 公司（现先正达）开发。

化学名称 6-氯-N^2,N^4-二乙基-1,3,5-三嗪-2,4-二胺。英文化学名称 6-chloro-N^2,N^4-diethyl-1,3,5-triazine-2,4-diamine。美国化学文摘（CA）系统名称 6-chloro- N^2,N^4-diethyl-1,3,5-triazine-2,4-diamine。CA 主题索引名称 1,3,5-triazine-2,4-diamine—, 6-chloro- N^2,N^4-diethyl-。

理化性质 原药含量≥97%，白色粉末。225.2℃分解，蒸气压 $2.94×10^{-3}$ mPa（25℃），分配系数 lgK_{ow}=2.1，Henry 常数 $5.6×10^{-5}$ Pa·m³/mol。pK_a(20～25℃)=1.62，相对密度 1.33（20～25℃）。溶解度（mg/L，20～25℃）：水中 6.2（pH 7）；其他溶剂：乙醇 570，丙酮 1500，甲苯 130，正辛醇 390，正己烷 3.1。中性、弱酸性和弱碱性条件下相对稳定。强酸强碱条件下快速水解，DT_{50}（20℃，计算值）：8.8 d（pH 1），96 d（pH 5），3.7 d（pH 13）。紫外线照射 96 h 约 90%分解。

毒性 大、小鼠急性经口 LD_{50}>5000 mg/kg。大鼠急性经皮 LD_{50}>2000 mg/kg。对兔的皮肤和眼睛无刺激性，无致敏性。大鼠急性吸入 LC_{50}（4 h）>5.5 mg/L。无作用剂量 NOEL 雌性大鼠（2 年）0.5 mg/(kg·d)，雌狗（1 年）0.8 mg/(kg·d)，小鼠（95 周）5.7 mg/(kg·d)。

生态效应 鸟急性经口 LD_{50}（mg/kg）：绿头野鸭、日本鹑>2000。饲喂 LC_{50}（mg/kg）：日本鹌鹑>5000（5 d），绿头野鸭>10000（8 d）。鱼 LC_{50}（96 h，mg/L）：大翻车鱼 90，虹

鳟鱼>100,鲫鱼>100,孔雀鱼>49。水蚤 LC_{50}（mg/L）>100（48 h）。藻类 EC_{50}（mg/L）：近具刺链带藻 0.042（72 h），浮萍 0.32（14 d）。蜜蜂 LD_{50}（48 h，经口、接触）>99 μg/只。蚯蚓 LC_{50}（14 d）>1000 mg/kg。

环境行为 ①动物。本品经口给药进入哺乳动物体内后，65%～97%在 24 h 内消解为脱乙基代谢物。在大鼠体内，给药低剂量时主要通过尿液排泄，高剂量时转为通过粪便排出。排泄迅速（48 h，90%）。主要代谢物为脱乙基西玛津和双-二甲基西玛津（二氨基氯化三嗪）。②植物。在耐受性植物中容易降解为无除草活性的 6-羟基衍生物和氨基酸缀合物，羟基西玛津通过侧链的烷基化反应及环上所产生的氨基的水解进一步降解，最后成为二氧化碳。对于敏感植物，未降解的西玛津会引起萎黄和死亡。③土壤/环境。在所有条件下，主要代谢物为脱乙基西玛津和羟基西玛津。土壤微生物中降解率浮动较大：DT_{50} 27～102 d（平均 49 d），温度和土壤湿度是影响降解率的主要因素。K_{oc} 103～277（平均 160）；K_d 0.37～4.66（12 个土样）。在大田环境下，西玛津滤渗可能性较低。不容易发生直接光解；而在光敏剂如腐植酸的存在下，则有可能发生非光解。

剂型 水分散粒剂、悬浮剂、可湿性粉剂、颗粒剂。

主要生产商 Aako、Adama、Atanor、Dow AgroSciences、Drexel、KSA、Oxon、Rainbow、Syngenta、安徽中山化工有限公司、河北临港化工有限公司、吉林市绿盛农药化工有限公司、内蒙古灵圣作物科技有限公司、山东滨农科技有限公司、山东胜邦绿野化学有限公司、山东潍坊润丰化工股份有限公司、响水中山生物科技有限公司、浙江省长兴第一化工有限公司以及浙江中山化工集团股份有限公司等。

作用机理与特点 光合作用电子传递抑制剂，作用于光合系统 Ⅱ 受体位点。内吸选择性除草剂，能被植物根部吸收并传导。易被土壤吸附在表层，形成毒土层，浅根性杂草幼苗根系吸收到药剂即被杀死。对根系较深的多年生或深根杂草效果较差。

应用 可用于玉米、甘蔗、高粱、茶树、橡胶及果园、苗圃防除由种子繁殖的一年生或越年生阔叶杂草和多数单子叶杂草；对由根茎或根芽繁殖的多年生杂草有明显的抑制作用；适当增大剂量也用于森林防火道、铁路路基沿线、庭院、仓库存区、油罐区、贮木场等作灭生性除草剂。

专利概况

专利名称 Triazine weed killers

专利号 CH 329277　　　　专利申请日 1954-08-16

专利申请人 J R GEIGY AG。

登记情况 西玛津在中国登记有 85%、90%、95%、97%、98%原药共 10 个，相关制剂有 6 个。主要用于甘蔗田、玉米田、公路、森林防火道和铁路等，防治一年生杂草。部分登记情况见表 3-78。

表 3-78　西玛津在中国部分登记情况

登记证号	农药名称	剂型	含量	登记场所/作物	防治对象	亩用药量（制剂）	施用方法	登记证持有人
PD85111-2	西玛津	可湿性粉剂	50%	茶园	一年生杂草	150～250 g	喷于地表	浙江中山化工集团股份有限公司
				甘蔗		150～250 g		
				公路		1066～2666 g		
				红松苗圃		266.6～533.3 g		

登记证号	农药名称	剂型	含量	登记场所/作物	防治对象	亩用药量（制剂）	施用方法	登记证持有人
PD85111-2	西玛津	可湿性粉剂	50%	梨树	一年生杂草	240～400 g	喷于地表	浙江中山化工集团股份有限公司
				苹果树		240～400 g		
				森林防火道		1066～2666 g		
				铁路		1066～2666 g		
				玉米		300～400 g		
PD20132589	西玛津	水分散粒剂	90%	甘蔗田			土壤喷雾	浙江省长兴第一化工有限公司
PD20130664	西玛津	水分散粒剂	90%	春玉米		160～200 mL	播后苗前土壤喷雾	山东潍坊润丰化工股份有限公司
				夏玉米		120～160 mL		
PD20095415	西玛津	悬浮剂	50%	甘蔗田		200～240 mL	土壤喷雾	浙江中山化工集团股份有限公司
PD20172193	西玛津	原药	97%					响水中山生物科技有限公司
PD20172107	西玛津	原药	98%					内蒙古灵圣作物科技有限公司

合成方法　由三聚氯氰与乙胺在碱性条件下反应而得。如果以水为反应介质，则在 0℃左右加料，然后在 70℃保温搅拌 2 h。如果反应在三氯乙烯等溶剂中进行，则反应温度为 30～50℃。

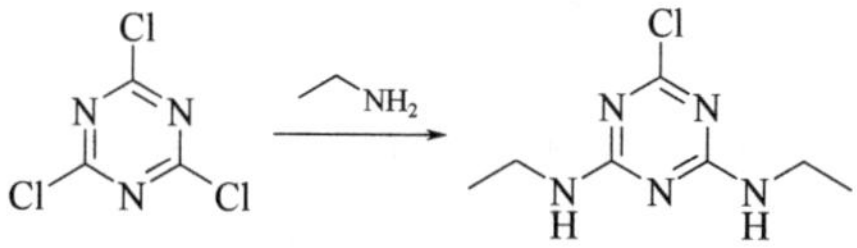

参考文献

[1] The Pesticide Manual.17 th edition: 1018-1019.

[2] 郗凌霄，姚立国. 精细与专用化学品, 2018, 26(4): 40-42.

西草净（simetryn）

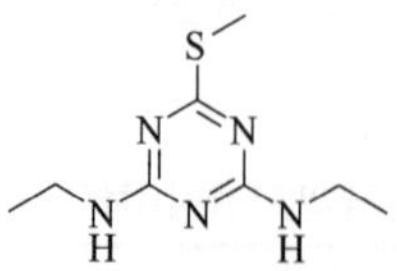

C₈H₁₅N₅S，213.3，1014-70-6

$C_8H_{15}N_5S$，213.3，1014-70-6

　　西草净［试验代号：G 32911，其他名称：simetryne，商品名称：Pownax M（与 2 甲 4 氯丁酸乙酯混剂）]其除草活性由 J.R.Geigy S. A.（现 Syngenta AG）报道，Nihon Nohyaku Co., Ltd 和 Nippon Kayaku Co., Ltd（原为 Sankyo Co., Ltd 和 Hokko Chemical Industry Co., Ltd）将其引入日本市场。

化学名称　N^2,N^4-二乙基-6-甲硫基-1,3,5-三嗪-2,4-二胺。英文化学名称　N^2,N^4-diethyl-6-(methylthio)-1,3,5-triazine-2,4-diamine。美国化学文摘（CA）系统名称　N^2,N^4-diethyl-6-(methylthio)-1,3,5-triazine-2,4-diamine。CA 主题索引名称　1,3,5-triazine-2,4-diamine—, N^2,N^4-diethyl-6-(methylthio)-。

理化性质　白色晶体。熔点 79.5～80℃，蒸气压 4.96×10^{-2} mPa（25℃），分配系数 lgK_{ow}= 2.6（计算值），Henry 常数 2.47×10^{-5} Pa•m³/mol，pK_a(20～25℃)=4.0（弱碱），相对密度（20～25℃）1.02。溶解度（20～25℃）：水中 428.0 mg/L，有机溶剂中（g/L）：甲醇 592、丙酮 875、甲苯 574、二氯甲烷 1422、正己烷 5、乙酸乙酯 657。

毒性　大鼠急性经口 LD_{50} 750～1195 mg/kg，大鼠急性经皮 LD_{50}＞3200 mg/kg。对兔的皮肤和眼睛无刺激性。NOEL 大鼠（2 年）1.2 mg/(kg•d)，小鼠 56 mg/(kg•d)，狗 10.5 mg/(kg•d)。ADI/RfD（FSC）0.025 mg/kg（暂定值）。

生态效应　日本鹌鹑急性经口 LD_{50} 935 mg/kg，急性饲喂 LC_{50}＞5000 mg/L。鲤鱼 LC_{50}（96 h）25.9 mg/L，水蚤 EC_{50}（48 h）2.55 mg/L，藻类 E_rC_{50}（72 h）0.019 mg (a.i.)/L。对蜜蜂无毒。对捕食螨、昆虫及其他有益节肢动物安全。

环境行为　①动物。在大鼠体内 DT_{50} 约 10 h。通过尿液和粪便排出；两条氧化代谢途径。②植物。西草净的选择性和代谢可参考 H. Matsumoto & K. Ishizuka, Weed Res. (Japan), 1981, 26。③土壤/环境。土壤 DT_{50} 为 80～111 d（水稻田，两地）。

剂型　颗粒剂。

主要生产商　Nippon Kayaku、Oxon、山东侨昌化学有限公司、浙江中山化工集团股份有限公司。

作用机理与特点　光系统Ⅱ受体部位的光合电子传递抑制剂。选择性除草剂，通过根部和叶片吸收后，通过木质部向顶传导，并富集在顶端分生组织。

应用　与禾草丹混用，防除水稻田阔叶杂草。

专利概况

专利名称　Procedure and means for the influence of plant growth, in particular for the fight against weeds

专利号　CH 337019　　　专利申请日　1955-01-14

专利申请人　J R Geigy AG

其他相关专利　FR 1339337、FR 1372089、DD 36802、GB 986811、DE 1224747、DE 2064309。

登记情况　西草净在中国登记情况有 80%、94%、95%原药；单剂 22 个，包括 13%、18%乳油，25%、55%可湿性粉剂，主要用于防治水稻田阔叶杂草；混剂品种 32 个，主要用于水稻田防治一年生杂草。部分登记情况见表 3-79。

表 3-79　西草净在中国部分登记情况

登记证号	农药名称	剂型	含量	登记场所	防治对象	亩用药量（制剂）	施用方法	登记证持有人
PD20200077	西草净	乳油	18%	水稻移栽田	一年生阔叶杂草	108～125 mL	药土法	安徽蓝田农业开发有限公司
PD20183635	西草净	可湿性粉剂	25%	水稻移栽田	一年生杂草	200～225 g（东北地区）；100～125 g（其他地区）	药土法	黑龙江华诺生物科技有限责任公司

登记证号	农药名称	剂型	含量	登记场所	防治对象	亩用药量（制剂）	施用方法	登记证持有人
PD20200104	苯·吡·西草净	可湿性粉剂	78.4%	水稻移栽田	一年生杂草	40～50 g	药土法	辽宁三征化学有限公司
PD20181970	吡·西·扑草净	可湿性粉剂	50%	水稻移栽田	一年生杂草	30～45 g	药土法	辽宁津田科技有限公司
PD20081426	西草净	原药	95%					浙江中山化工集团股份有限公司
PD20081094	西草净	原药	95%					浙江省长兴第一化工有限公司
PD92105	西草净	原药	94%					辽宁三征化学有限公司

合成方法　由三聚氯氰经如下反应生成。

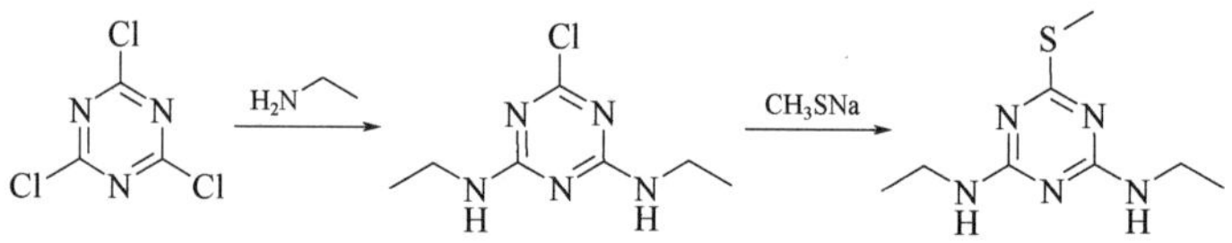

参考文献

[1] The Pesticide Manual.17 th edition: 1021.

[2] 薛连海, 辛世崇, 遇万钧, 等. 吉林化工学院学报, 2005, 14(4): 4-6.

特丁津（terbuthylazine）

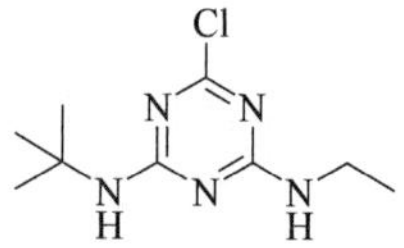

$C_9H_{16}ClN_5$，229.7，5915-41-3

特丁津（试验代号：GS 13529，商品名称：Click、Tyllanex，其他名称：草净津）1966年由 A. Gast 等报道除草活性，J. R. Geigy 公司（现先正达）开发。

化学名称　N^2-叔丁基-6-氯-N^4-乙基-1,3,5-三嗪-2,4-二胺。英文化学名称 N^2-*tert*-butyl-N^4-ethyl-6-chloro-1,3,5-triazine-2,4-diamine。美国化学文摘（CA）系统名称 6-chloro-N^2-(1,1-dimethylethyl)-N^4-ethyl-1,3,5-triazine-2,4-diamine。CA 主题索引名称 1,3,5-triazine-2,4-diamine—, 6-chloro-N^2-(1,1-dimethylethyl)-N^4-ethyl-。

理化性质　原药含量≥95%，无色粉末。熔点 175.5℃，闪点＞150℃，蒸气压 0.09 mPa（25℃），分配系数 $\lg K_{ow}$=3.4，Henry 常数 $2.3×10^{-3}$ Pa·m³/mol（计算值），相对密度 1.22（20～25℃），pK_a(20～25℃)=2.0。溶解度（20～25℃）：水 9.0 mg/L（pH 7.4）；有机溶剂（g/L）：丙酮41，乙醇14，正辛醇12，正己烷0.36。DT_{50}（25℃）：73 d（pH 5.0），205 d（pH 7.0），194 d（pH 9.0），阳光照射下 DT_{50}＞40 d。

毒性　大鼠急性经口 LD_{50} 1590 mg/kg。大鼠急性经皮 LD_{50} ＞2000 mg/kg。对皮肤和眼睛无刺激，对皮肤无致敏。大鼠吸入 LC_{50}（4 h）＞5.3 mg/L。NOEL［mg/(kg·d)］：狗（1 年）0.4、NOAEL 1.7；大鼠（终生）0.35，小鼠（2 年）15.4。ADI/RfD（BfR）0.002 mg/kg（2003）；（EPA）RfD 0.00035 mg/kg（1994）；（EU）0.004 mg/kg（2011）。

生态效应　野鸭和日本鹌鹑急性经口 LD_{50} ＞2000 mg/kg；鸭和鹌鹑饲喂 LC_{50}（8 d）＞5620 mg/L。鱼毒 LC_{50}（96 h，mg/L）：虹鳟鱼2.2，镜鲤＞5.7。水蚤 EC_{50}（48 h）≥69.3 mg/L。近具刺链带藻 EC_{50}（72 h）0.016 mg/L。蜜蜂经口和接触 LD_{50} ＞200 μg/只。蚯蚓 LC_{50}（14 d）＞1000 mg/kg 土壤。

环境行为　①动物。特丁津经口给药进入哺乳动物体内后，70%～80%在 24 h 内经尿液和粪便排出，48 h 内几乎全部排出体外。特丁津迅速分解为脱乙基代谢物，然后是叔丁基部位的一个甲基氧化而形成共轭物。代谢物都迅速被排出体外。②植物。在三嗪类耐受植物（如玉米）中，特丁津迅速水解形成羟基特丁津。所形成的脱乙基化和羟基脱乙基化代谢物的总量取决于植物种类。③土壤/环境。在好氧土壤中，消解主要途径是微生物降解与由脱乙基和羟基化形成的代谢物，最终环裂解并形成不可提取的残留物（98 d 后达 8%～27%）。DT_{50} 平均值 17.4 d（6.5～149 d，9 地）。特丁津仅有轻微迁移，特丁津在水-沉淀物体系中消解 DT_{50} 33～73 d。

剂型　悬浮剂、水分散粒剂、可分散油悬浮剂。

主要生产商　Adama、Dow AgroSciences、KSA、Oxon、Rainbow、Syngenta、安徽中山化工有限公司以及沾化国昌精细化工有限公司。

作用机理与特点　光系统Ⅱ受体部位的光合电子传递抑制剂。选择性除草剂，通过根部和叶片的吸收后，通过木质部向顶传导，并富集在顶端分生组织。

应用　用于防除大多数杂草，芽前施用，也可选择性地防除柑橘、玉米和葡萄园杂草。本品主要通过植株的根吸收。芽前施用，高粱田中用量 1.2～1.8 kg (a.i.)/hm²。与特丁通混用可防除苹果、柑橘和葡萄园中多年生杂草，与溴酚肟混用 50～80 g/亩（有效成分），可广谱防除冬或春禾谷类作物田中阔叶杂草，推荐用量 50～80 g/亩（有效成分）。

专利概况

专利名称　Improvements in and relating to plant growth influencing compositions

专利号　GB 814947　　　　　**专利申请日**　1955-08-15

专利申请人　J R Geigy AG。

登记情况　特丁津在中国登记有 97% 的原药 2 个，相关制剂 7 个。主要用于玉米田防治一年生杂草。登记情况见表 3-80。

表 3-80　特丁津在中国登记情况

登记证号	农药名称	剂型	含量	登记场所	防治对象	亩用药量（制剂）	施用方法	登记证持有人
PD20183845	特丁津	悬乳剂	50%	春玉米田	一年生杂草	100～120 mL	土壤喷雾	山东滨农科技有限公司
PD20183099	烟嘧·特丁津	可分散油悬浮剂	30%	玉米田		180～220 mL	茎叶喷雾	河北博嘉农业有限公司
PD20183089	烟嘧·特丁津	可分散油悬浮剂	33%	玉米田		80～120 mL	茎叶喷雾	河北荣威生物药业有限公司
PD20182124	特丁津	可分散油悬浮剂	25%	玉米田		180～200 mL	茎叶喷雾	河北博嘉农业有限公司

登记证号	农药名称	剂型	含量	登记场所	防治对象	亩用药量（制剂）	施用方法	登记证持有人
PD20182036	特津·硝·异丙	悬乳剂	55%	玉米田	一年生杂草	70～100 mL	茎叶喷雾	吉林金秋农药有限公司
PD20181740	草胺·特丁津	悬乳剂	50%	春玉米田		200～250 mL	土壤喷雾	浙江中山化工集团股份有限公司
PD20171730	特丁津	悬浮剂	50%	春玉米田		80～120 mL	土壤喷雾	浙江中山化工集团股份有限公司
PD20172966	特丁津	原药	97%					安徽中山化工有限公司
PD20171733	特丁津	原药	97%					沾化国昌精细化工有限公司

合成方法　由三聚氯氰分别与叔丁基胺及乙胺在缚酸剂作用下反应生成。

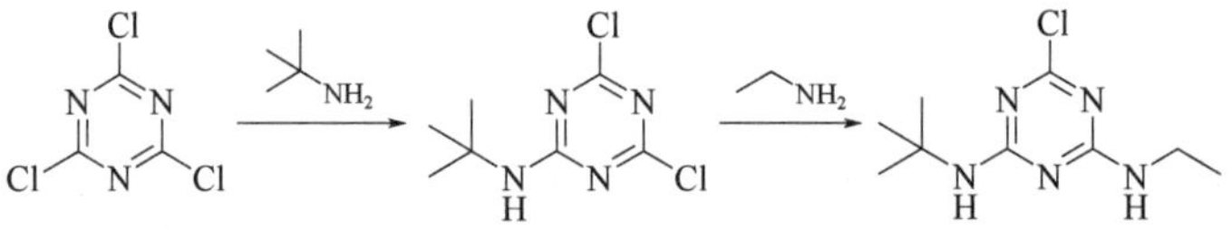

参考文献

[1] The Pesticide Manual.17 th edition: 1076-1077.

特丁净（terbutryn）

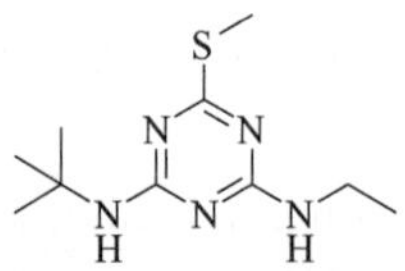

$C_{10}H_{19}N_5S$，241.4，886-50-0

特丁净［试验代号：GS 14260，商品名称：Igran、Terbutrex、Gesaprim combi（混剂）］1966 年由 A. Gast 等报道除草活性，后由 J. R. Geigy 公司（现先正达）开发。

化学名称　N^2-叔丁基-N^4-乙基-6-甲硫基-1,3,5-三嗪-2,4-二胺。英文化学名称　N^2-tert-butyl-N^4-ethyl-6-methylthio-1,3,5-triazine-2,4-diamine。美国化学文摘（CA）系统名称 N^2-(1,1-dimethylethyl)-N^4-ethyl-6-methylthio-1,3,5-triazine-2,4-diamine。CA 主题索引名称 1,3,5-triazine-2,4-diamine—, N^2-(1,1-dimethylethyl)-N^4-ethyl-6-methylthio-。

理化性质　原药含量 96%，白色粉末。熔点 104～105℃，沸点 274℃（$1.01×10^5$ Pa），蒸气压 0.225 mPa（25℃），分配系数 lgK_{ow}=3.65，Henry 常数 $1.5×10^{-3}$ Pa·m^3/mol（计算值），相对密度 1.12（20～25℃），pK_a(20～25℃)=4.3，弱碱。溶解度（20～25℃）：水中 22 mg/L（pH 6.8）；有机溶剂中溶解（g/L）：丙酮 220、己烷 9、正辛醇 130、甲醇 220、甲苯 45。易溶于二噁烷、乙醚、二甲苯、氯仿、四氯化碳和二甲基甲酰胺。微溶于石油醚。正常条件下稳定。遇强酸或强碱时，甲硫基被水解。25℃，pH 5、7 或 9 条件下，无显著水解发生。

毒性 急性经口 LD_{50}（mg/kg）：大鼠 2045，小鼠 3884。急性经皮 LD_{50}（mg/kg）：大鼠＞2000，兔＞20000。对兔的皮肤或眼睛无刺激性。对豚鼠皮肤无致敏性。大鼠吸入 LC_{50}（4 h）＞2.2 mg/L，NOEL（100 mg/kg 饲喂）：大鼠（2 年）：雄大鼠 4.03 mg/(kg·d)，雌大鼠 4.69 mg/(kg·d)；狗（1 年）：雄狗 2.73 mg/(kg·d)，雌狗 2.67 mg/(kg·d)。ADI/RfD（BfR）0.025 mg/kg（1991）；（EPA）cRfD 0.001 mg/kg（1998）。无诱变性。

生态效应 野鸭 LD_{50}＞4640 mg/kg。山齿鹑饲喂 LC_{50}（5 d）＞5000 mg/kg。LC_{50}（96 h，mg/L）：虹鳟 1.1，大车鱼 1.3，鲤鱼 1.4，黑头呆鱼 1.5。水蚤 EC_{50}（48 h）2.66 mg/L。藻类 E_bC_{50}（72 h，mg/L）羊角月牙藻 0.0017，水华鱼腥藻 0.0037。浮萍 EC_{50}（14 d）0.025 mg/L。对蜜蜂 LD_{50}（经口）＞225 μg/只；（接触）＞100 μg/只。蚯蚓 LC_{50} 170 mg/kg。

环境行为 ①动物。经口给药进入哺乳动物体内后，24 h 内 73%～85%以脱烷基化的羟基代谢物形式通过粪便排出体外。②植物。在植物体内，特丁净的降解方式与其他甲硫基-3-三嗪类相似，即甲硫基对羟基代谢物的氧化和侧链的脱烷基化。也会形成轭合物。③土壤/环境。土壤微生物对特丁净的降解有重要作用，在土壤中的残效期为 3～10 周，取决于使用剂量、土壤类型和天气条件。土壤 DT_{50}（实验室，有氧，20～25℃）15.2～84 d；DT_{50}（田间）9～47 d。K_d 3.7～109.9；K_{oc} 392～605，表明渗滤的可能性很小。水生系统中的降解是由微生物引起的；光解也有助于分解。特丁净有相当大的数量通过沉积物的吸附而从水中去除。

剂型 发烟丸、颗粒剂、微粒剂、悬浮剂、可湿性粉剂。

主要生产商 Adama、Rainbow、安徽中山化工有限公司以及山东滨农科技有限公司。

作用机理与特点 光系统Ⅱ受体部位的光合电子传递抑制剂。选择性除草剂，通过根部和叶片吸收后，通过木质部向顶传导，并富集在顶端分生组织。

应用 用于冬季谷物，芽前处理，用量 1～2 kg/hm²，防除看麦娘（黑草）和早熟禾（一年生草甸草），防除秋季发芽的阔叶杂草繁缕、母菊和婆婆纳，但猪殃殃耐药性更强。芽前用于甘蔗和向日葵，以及与特丁津混合，用于豌豆与其他豆类和马铃薯。与异丙甲草胺混用，用于棉花和花生。也可苗后用于谷物（0.2～0.4 kg/hm²）、甘蔗（1～3 kg/hm²），以及直接喷雾用于玉米。制剂 Clarosan 用于防治藻类和浸没在水道、水库和鱼塘中的维管束植物。苗后使用对谷物不安全。

专利概况

专利名称 Procedure and means for the influence of plant growth, in particular for the fight against weeds

专利号 CH 337019 　　**专利申请日** 1955-01-14

专利申请人 J R Geigy AG

其他相关专利 GB 814948。

登记情况 特丁净在中国登记有 97%的原药 2 个，相关制剂 2 个。主要用于花生田和冬小麦田防治一年生杂草。登记情况见表 3-81。

表 3-81　特丁净在中国登记情况

登记证号	农药名称	剂型	含量	登记场所	防治对象	亩用药量（制剂）	施用方法	登记证持有人
PD20183849	异甲·特丁净	乳油	50%	花生田	一年生杂草	200～300 mL	土壤喷雾	山东滨农科技有限公司
PD20171732	特丁净	悬浮剂	50%	冬小麦田		160～240 mL	土壤喷雾	浙江中山化工集团股份有限公司

333

登记证号	农药名称	剂型	含量	登记场所	防治对象	亩用药量（制剂）	施用方法	登记证持有人
PD20180043	特丁净	原药	97%					安徽中山化工有限公司
PD20171731	特丁净	原药	97%					山东滨农科技有限公司

合成方法　由三聚氯氰分别与叔丁基胺及乙胺、甲硫醇在缚酸剂作用下反应生成。

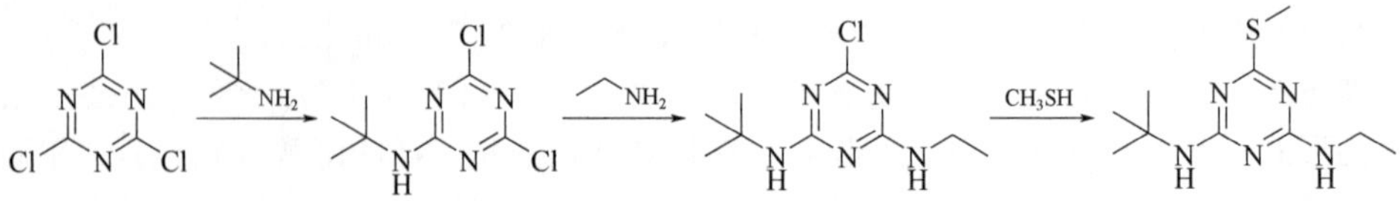

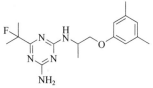

参考文献

[1] The Pesticide Manual.17 th edition: 1077-1079.

三嗪氟草胺（triaziflam）

$C_{17}H_{24}FN_5O$，333.4，131475-57-5

三嗪氟草胺（试验代号：IDH-1105，商品名：Idetop）是 Idemitsu Kosan 公司开发的三嗪类除草剂。

化学名称　(RS)-N-[2-(3,5-二甲基苯氧基)-1-甲基乙基]-6-(1-氟-1-甲基乙基)-1,3,5-三嗪-2,4-二胺。英文化学名称(RS)-N-[2-(3,5-dimethylphenoxy)-1-methylethyl]-6-(1-fluoro-1-methyle-thyl)-1,3,5-triazine-2-4-diamine。美国化学文摘（CA）系统名称 N-[2-(3,5-dimethylphenoxy)-1-methylethyl]-6-(1-fluoro-1-methylethyl)-1,3,5-triazine-2,4-diamine。CA 主题索引名称 1,3,5-triazine-2,4-diamine—, N-[2-(3,5-dimethylphenoxy)-1-methylethyl]-6-(1-fluoro-1-methylethyl)-。

毒性　ADI/RfD 0.004 mg/kg。

主要生产商　Idemitsu Kosan。

作用机理与特点　纤维素合成抑制剂。

应用　主要用于稻田苗前和苗后防除禾本科杂草和阔叶杂草。三嗪氟草胺于芽前或芽后早期使用，主要用于草坪、水稻等，防除禾本科和阔叶杂草，它的推荐使用量 250～1000 g (a.i.)/hm²。

专利概况

专利名称　Process for producing triazine compounds

专利号　EP 509544　　　　　　**专利申请日**　1992-04-17

专利申请人　Idemitsu Kosan Company Limited。

登记情况　三嗪氟草胺的主要市场在亚洲，日本是三嗪氟草胺的第一大销售国，2016 年的销售额为 441 万美元，占总市场的 55.1%。尚未在中国登记上市。

合成方法　经如下反应制得：

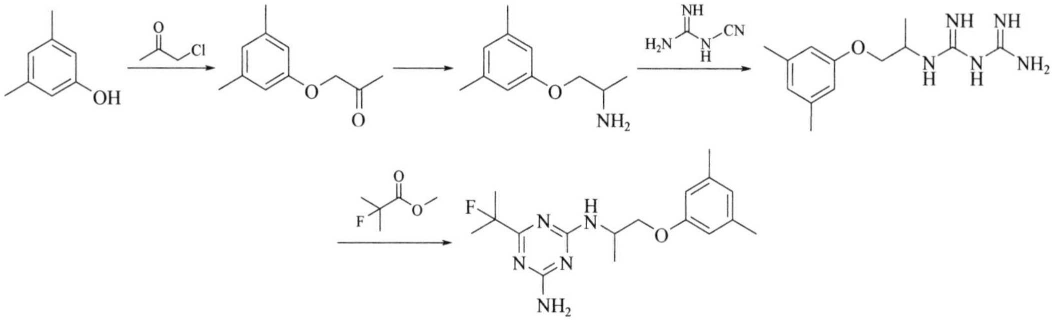

参考文献

[1] Adachi Ryoichi, Nakamura Kazufumi, Nishii Masahiro. EP 509544, 1992.

[2] 柏亚罗, 石凌波. 现代农药, 2018, 17(3):1-8, 21.

第十五节

三嗪酮类除草剂（triazinone herbicides）

该类除草剂现共有 6 个，分属两类结构，分别为 1,3,5-三嗪-2,4-二酮（包括 ametridione、hexazinone）和 1,2,4-三嗪-5-酮（包括 amibuzin、isomethiozin、metribuzin、metamitron）。trifludimoxazin 被归在 *N*-苯基酰亚胺类中，下面三个化合物由于应用范围很小或其他原因，在此不予介绍，仅给出英文通用名、CAS 登记号和结构式。此处仅对环嗪酮（hexazinone）、苯嗪草酮（metamitron）和嗪草酮（metribuzin）进行介绍，它们均为光合作用抑制剂。

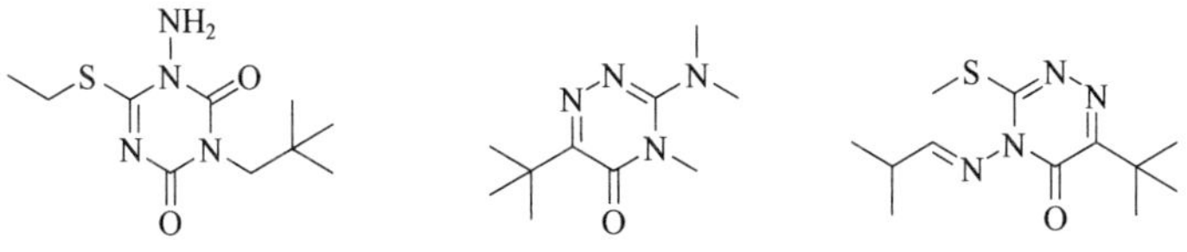

ametridione
(CAS:78168-93-1)

amibuzin
(CAS:76636-10-7)

isomethiozin
(CAS:57052-04-7)

环嗪酮（hexazinone）

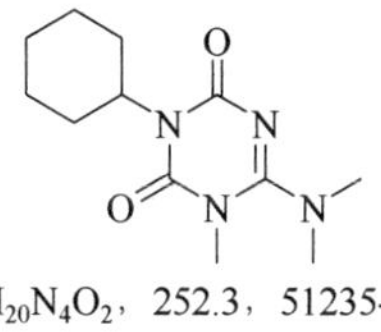

$C_{12}H_{20}N_4O_2$，252.3，51235-04-2

环嗪酮（试验代号：DPX A3674，商品名称：Velpar，其他名称：威尔柏）是 1975 年由美国杜邦公司开发的三嗪类除草剂。

化学名称　3-环己基-6-(二甲基氨基)-1-甲基-1,3,5-三嗪-2,4-(1H,3H)-二酮。英文化学名称 3-cyclohexyl-6-dimethylamino-1-methyl-1,3,5-triazine-2,4-(1H,3H)-dione。美国化学文摘（CA）系统名称 3-cyclohexyl-6-(dimethylamino)-1-methyl-1,3,5-triazine-2,4-(1H,3H)-dione。CA 主题索引名称 1,3,5-triazine-2,4-(1H,3H)-dione—, 3-cyclohexyl-6-(dimethylamino)-1-methyl-。

理化性质　无色无味晶体，原药纯度≥95%。熔点 113.5℃，蒸馏时分解，蒸气压 0.03 mPa（25℃，推算）。分配系数 lgK_{ow}=1.2（pH 7）。Henry 常数 $2.54×10^{-7}$ Pa·m³/mol（计算值），相对密度 1.25（20～25℃），pK_a(20～25℃)=2.2。溶解度（20～25℃）：水中 29.8 g/L（pH 7）；有机溶剂（g/L）：氯仿 5700，甲醇 2100，苯 820，二甲基甲酰胺 793，丙酮 621，甲苯 335，己烷 2。在 pH 5～9 的水溶液中，温度在 37℃ 以下时都稳定。强酸、强碱下分解，对光稳定。

毒性　急性经口 LD_{50}（mg/kg）：大鼠 1100，豚鼠 860。兔急性经皮 LD_{50}＞5000 mg/kg。对兔的眼睛有刺激性作用，对豚鼠皮肤无刺激性，大鼠急性吸入 LC_{50}（1 h）＞7.48 mg/L。NOEL（10 mg/kg 饲喂）：大、小鼠（2 年）200 mg/L，狗（1 年）5 mg/kg。ADI/RfD（BfR）0.1 mg/kg（1989），（EPA）cRfD 0.05 mg/kg（1994）。

生态效应　山齿鹑急性经口 LD_{50}1201 mg/kg。鸟饲喂 LC_{50}（8 d，mg/kg）：山齿鹑＞5620，野鸭＞10000。鱼毒 LC_{50}（96 h，mg/L）：虹鳟鱼＞320，大翻车鱼＞370。水蚤 LC_{50}（48 h）152 mg/L。藻类 EC_{50}（120 h，mg/L）：羊角月牙藻 0.007，水华鱼腥藻 0.210。浮萍 EC_{50}（14 d）0.043 mg/L，对蜜蜂无毒，LD_{50}＞60 μg/只。

环境行为　①动物。大鼠尿液中的主要代谢物 3-(4-羟基环己基)-6-(二甲基氨基)-1-甲基-1,3,5-三嗪-2,4-(1H,3H)-二酮、3-环己基-6-(甲氨基)-1-甲基-1,3,5-三嗪-2,4-(1H,3H)-二酮和 3-(4-羟基环己基)-6-(甲氨基)-1-甲基-1,3,5-三嗪-2,4-(1H,3H)-二酮。②土壤/环境。土壤和自然水域中发生微生物降解，三嗪环开环，放出二氧化碳。在土壤中，DT_{50} 根据气候和土壤类型，在 1～6 个月之间。

剂型　颗粒剂、水分散粒剂、可湿性粉剂、可溶液剂。

主要生产商　Adama Brasil、DuPont、Kajo、安徽中山化工有限公司、江苏禾裕泰化学有限公司、江苏蓝丰生物化工股份有限公司、江苏瑞东农药有限公司、捷马化工股份有限公司、宁夏新安科技有限公司及上虞颖泰精细化工有限公司等。

作用机理与特点　光合作用电子传递抑制剂，作用于光合系统 Ⅱ 受体位点。植物根系和叶面都能吸收环嗪酮，通过木质部传导，使代射紊乱，导致死亡。草本植物在温暖潮湿条件下，施药后 2 周内死亡；若气温低时 4～6 周才表现药效。木本植物通过根系吸收向上传导到叶片，阻碍树叶光合作用，造成树木死亡，一般情况下 3 周左右显示药效。在土壤中移动性大，进入土壤后能被土壤微生物分解，对松树根部没有伤害。其药效进程是：杂草受药 7 d 后嫩叶出现枯斑，至整片叶子出现枯干，地上部死亡（约两周），地下根系腐烂，全过程大约一个月。灌木从嫩叶形成枯斑至烂根历时约为二个月，非目的树种如乔木受伤后 20～30 d 第 1 次脱叶，以后长出新叶又脱掉，连续 3～5 次，地上部分在 60～120 d 死亡，根系到第二年秋天开始腐烂。

应用

（1）适宜作物　环嗪酮是优良的林用除草剂。用于常绿针叶林，如红松、樟妇松、云杉、马尾松等幼林抚育、造林前除草灭灌、维护森林防火线及林地改造等。

（2）防除对象　可防除芦苇、窄叶山蒿、小叶樟、蕨、野燕麦、蓼、稗、走马芹、狗尾草、蚊子草、羊胡薹草、香薷、藜、铁线莲、轮叶婆婆纳、刺儿菜等。能防除的禾本植物有柳叶绣线菊、刺五加、翅春榆、山杨、珍珠海、水曲柳、桦、核桃楸等。

（3）应用技术　①环嗪酮药效发挥与降雨有密切关系。只有土壤湿度合适，才能发挥良好药效。无草穴形成的速度与大小，受降雨量和土壤质地影响较大。使用环嗪酮应与降雨相配合，最好在雨季前用药。整地后造林使用环嗪酮，要注意树种，如常绿针叶树、落叶松等对其敏感应忌用。环嗪酮除草灭灌谱比西玛津广，可减少抗性植株出现，利于幼树地下根系竞争。②对水稀释时水温不可过低，否则易有结晶析出，影响药效。③点射药液应落在土壤上，不要射到枯枝落叶层上，以防药物被风吹走。可在药液中加入红、蓝色染料，以标记施药地点。

（4）使用方法　为茎叶触杀和根系吸收的广谱性除草剂。使用剂量为 $6\sim12$ kg (a.i.)/hm^2。

① 造林前整地（除草灭灌）　按造林规格定点，如 3300 株/hm^2 等定点，用喷枪点射各点。一年生杂草为主时，每点用 25% 水剂 1 mL；多年生杂草为主，伴生少量灌木时用 2 mL/点（商品量）；灌木密集林地用药 3 mL/点，可水稀释 1~2 倍，也可用制剂直接点射。东北地区在 6 月中旬至 7 月中旬用药，20~45 d 后形成无草穴。

② 幼林抚育　在距幼树 1 m 远用药松点射四角，或在行间角点射一点。每点用原药液 1~2 mL。也可将喷枪头改装成喷雾头，在幼树林上方 1 m 处进行喷雾处理。平均每株树用药 0.25 mL，用水稀释 4~6 倍。点射及喷雾处理均在 6 月中下旬或 7 月进行。

③ 消灭非目的树种　在树根周围点射，每株 10 cm 胸径树木，点射 8~10 mL 药剂即可奏效。

④ 维护森林防火道　一般用喷雾法，每公顷用商品量 6 L，对水 150~300 L。对个别残存灌木和杂草，可再点射补足药量。

⑤ 林地改造　为了除去非目的树种，进行幼林抚育，可用航空喷洒环嗪酮颗粒剂方法。其优点是没有飘移，用量省。点射法若距离目标树种（针叶树）很近时，可能会发生药害，但顶芽不死，1~2 月后即可恢复，且不影响生长量。

专利概况

专利名称　Herbicidal 6-amino-S-triazinediones

专利号　US 3902887　　　　专利申请日　1974-06-05

专利申请人　E. I. Du Pont de Nemours & Co.

其他相关专利　US 4178448、US 4150225。

登记情况　环嗪酮在中国登记有98%原药共14个，相关制剂有20个。登记场所为森林、甘蔗田。防治对象为一年生杂草、杂灌、灌木等。部分登记情况见表 3-82。

表 3-82　环嗪酮在中国部分登记情况

登记证号	农药名称	剂型	含量	登记场所	防治对象	亩用药量（制剂）	施用方法	登记证持有人
PD20190213	环嗪酮	水分散粒剂	75%	森林防火道	杂草	160~200 g	茎叶喷雾	山东潍坊润丰化工股份有限公司
PD20190181	环嗪·敌草隆	水分散粒剂	60%	甘蔗田	一年生杂草	100~180 g	定向茎叶喷雾	迈克斯（如东）化工有限公司
PD20161150	环嗪·敌草隆	水分散粒剂	60%	甘蔗田		140~180 g	定向茎叶喷雾	中农立华（天津）农用化学品有限公司

续表

登记证号	农药名称	剂型	含量	登记场所	防治对象	亩用药量（制剂）	施用方法	登记证持有人
PD20070384	环嗪酮	可溶液剂	25%	森林防火道	灌木	334～500 mL	茎叶喷雾	江苏蓝丰生物化工股份有限公司
					杂草			
PD302-99	环嗪酮	原药	98%					科迪华农业科技有限责任公司
PD20160373	环嗪酮	原药	98%					江苏禾裕泰化学有限公司

合成方法 氰胺与氯甲酸甲酯反应生成氰氨基甲酸甲酯，经甲基化后再与二甲胺加成得 N-甲氧基碳基-N,N',N'-三甲基胍，然后与异氰酸环己酯加成得 N-(N-环己基酰胺-N',N'-二甲基脒)-N-甲基氨基甲酸甲酯，最后用甲醇钠作环合剂环合得环嗪酮。

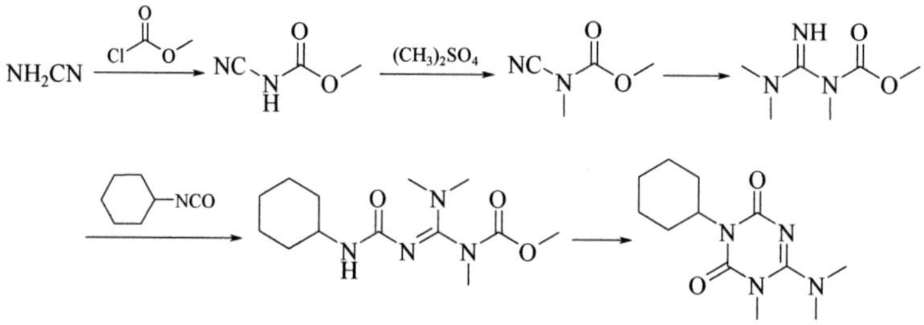

或通过如下反应制得目的物：

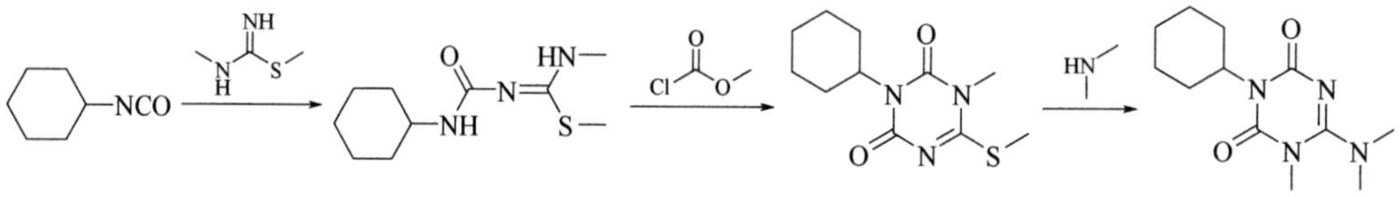

或通过如下反应制得目的物：

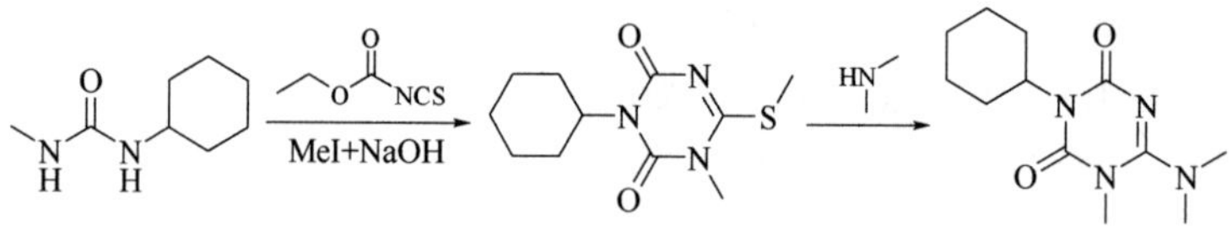

参考文献

[1] The Pesticide Manual.17 th edition: 601-602.

苯嗪草酮（metamitron）

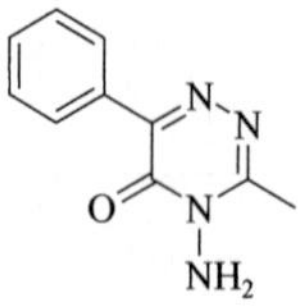

$C_{10}H_{10}N_4O$, 202.2, 41394-05-2

苯嗪草酮（试验代号：BAY 134028、BAY DRW 1139，商品名称：Allitron、Bettix、Bietomix、Goltix、Mito、MM-70、Seismic、Tornado，其他名称：苯甲嗪、苯嗪草）是由德国拜耳公司于 1975 年开发的三嗪类除草剂。

化学名称　4-氨基-4,5-二氢-3-甲基-6-苯基-1,2,4-三嗪-5-酮。英文化学名称 4-amino-4,5-dihydro-3-methyl-6-phenyl-1,2,4-triazin-5-one。美国化学文摘（CA）系统名称 4-amino-3-methyl-6-phenyl-1,2,4-triazin-5(4H)-one。CA 主题索引名称 1,2,4-triazin-5(4H)-one—, 4-amino-3-methyl-6-phenyl-。

理化性质　无色无味结晶体。熔点 166.6℃，蒸气压 8.6×10^{-4} mPa（20℃）、0.002 mPa（25℃），分配系数 lgK_{ow}=0.83，Henry 常数 1×10^{-7} Pa·m^3/mol（计算值），相对密度 1.35（20～25℃）。溶解度（20～25℃，g/L）：水 1.7，异丙醇 5.7，甲醇 23，乙醇 1.1，二氯甲烷 30～50，己烷<0.1，环己酮 10～50，甲苯 2.8，氯仿 29。在酸中稳定，在强碱中不稳定（pH>10），DT$_{50}$（22℃）：410 d（pH 4），740 h（pH 7），230 h（pH 9）。土壤表层的光解非常迅速，且在水中的光解更为迅速。

毒性　急性经口 LD$_{50}$（mg/kg）：大鼠约 2000，小鼠约 1450，狗>1000。大鼠急性经皮 LD$_{50}$>4000 mg/kg，对兔的皮肤及眼睛无刺激性作用，大鼠吸收 LC$_{50}$（4 h）>0.33 mg/L 空气。NOEL（mg/kg）：（2 年）大鼠 250，狗 100；（87 周）小鼠 56。ADI/RfD（EC）0.03 mg/kg（2008），（BfR）0.025 mg/kg（2006）。

生态效应　日本鹌鹑急性经口 LD$_{50}$1875～1930 mg/kg。鱼毒 LC$_{50}$（96 h，mg/L）：金雅罗鱼 443，虹鳟鱼 326。水蚤 LC$_{50}$（48 h）101.7～206 mg/L。羊角月牙藻 E$_r$C$_{50}$ 0.22 mg/L，对蜜蜂无毒，蚯蚓 LC$_{50}$>1000 mg/kg 干土。

环境行为　①动物。哺乳动物在口服 48 h 后通过尿液和粪便排出体外（约 98%），二者量差不多。②植物。甜菜中的主要代谢产物是 3-甲基-6-苯基-1,2,4-三嗪-5(4H)-酮。③土壤/环境。土壤中，苯嗪草酮迅速降解，4～6 周后，能够在土壤中检测到 20% 的原药。浸出行为可以归类为中等移动，不会浸出到地下水系统。在土壤表层和水中可以迅速光解是其重要的代谢途径。

剂型　水分散粒剂、悬浮剂、可湿性粉剂。

主要生产商　Aako、Adama、Feinchemie Schwebda、Gharda、Hemani、Punjab、Sharda、安徽中山化工有限公司、河北万全宏宇化工有限责任公司、江苏好收成韦恩农化股份有限公司、江苏省农用激素工程技术研究中心有限公司、响水中山生物科技有限公司及永农生物科学有限公司。

作用机理与特点　光合作用电子传递抑制剂，作用于光合系统Ⅱ受体位点。杂草叶子可以吸收苯嗪草酮，但主要是通过根部吸收，再输送到叶子内，药剂通过抑制光合作用中的希尔反应而起到杀草的作用。

应用

（1）适用作物　糖用甜菜和饲料甜菜。苯嗪草酮在土壤中半衰期，根据土壤类型不同而有所差异，范围为一周到三个月。

（2）防除对象　主要用于防除单子叶和双子叶杂草如龙葵、繁缕、早熟禾、桑麻、小野芝麻、看麦娘、猪殃殃等。

（3）应用技术　苯嗪草酮作播前及播后苗前处理时，若春季干旱、低温、多风，土壤风蚀严重，整地质量不佳而又无灌溉条件时，都会影响除草效果。苯嗪草酮除草效果不够稳定，尚需与其他除草剂搭配使用，才能保证防除效果。

（4）使用方法　播种前进行喷雾润土处理。使用剂量为 3.5～5.0 kg (a.i.)/hm^2。如果天气和土壤条件不好时，可在播种后出苗之前进行土壤处理。或者在甜菜萌发后，于杂草 1～2 叶期进行处理，若甜菜处于 4 叶期，杂草徒长时，仍可按上述推荐剂量进行处理。甜菜地除草，每亩用 70%苯嗪草酮可湿性粉剂 330 g（含有效成分 230 g/亩）对水 25～50 kg 喷雾可防除龙葵、繁缕、桑麻、小野芝麻、早熟禾等杂草。当每亩用药量提高到 470 g（含有效成分 320 g/亩）时，对水 25～50 kg 喷雾处理可防除看麦娘、猪殃殃等杂草。

专利概况

专利名称　Herbicidal 4-amino-3-methyl-6-phenyl-1,2,4-triazin-5(4*H*)-ones

专利号　DE 2224161　　　　　专利申请日　1972-05-18

专利申请人　Bayer AG。

登记情况　苯嗪草酮在中国登记有 98%原药共 7 个，相关制剂有 3 个。登记场所为甜菜田。防治对象为一年生阔叶杂草。部分登记情况见表 3-83。

表 3-83　苯嗪草酮在中国部分登记情况

登记证号	农药名称	剂型	含量	登记场所	防治对象	亩用药量（制剂）	施用方法	登记证持有人
PD20142268	苯嗪草酮	水分散粒剂	70%	甜菜田	一年生阔叶杂草	450～500 g	茎叶喷雾	江苏省农用激素工程技术研究中心有限公司
PD20171494	苯嗪草酮	水分散粒剂	75%	甜菜田		400～500 g	土壤喷雾	安徽中山化工有限公司
PD20171811	苯嗪草酮	悬浮剂	58%	甜菜田		580～670 g	土壤喷雾	安徽中山化工有限公司
PD20183771	苯嗪草酮	原药	98%					响水中山生物科技有限公司
PD20181237	苯嗪草酮	原药	98%					安道麦股份有限公司

合成方法　以乙酸乙酯、水合肼、苯甲酰氯为起始原料，经如下反应制得目的物：

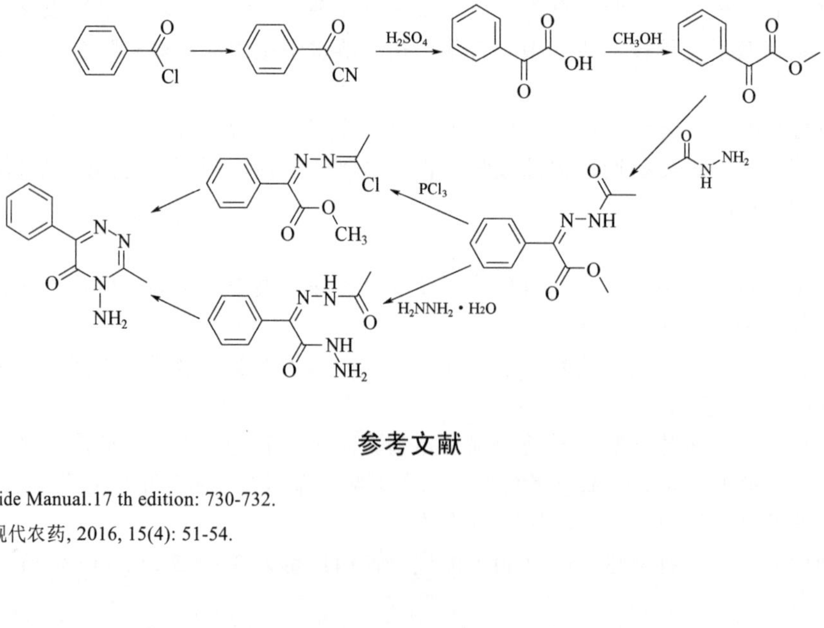

参考文献

[1]　The Pesticide Manual.17 th edition: 730-732.

[2]　顾林玲. 现代农药, 2016, 15(4): 51-54.

嗪草酮（metribuzin）

$C_8H_{14}N_4OS$，214.3，21087-64-9

嗪草酮（试验代号：Bayer 94337、Bayer 6159H、Bayer 6443H、DIC 1468、DPX-G2504，商品名称：Aliso、Hilmetri、Lexone、Major、Metiroc、Metrizin、Metrozin、Mistral、Sencor、Sentry、Subuzin、Vapcor，其他名称：赛克、立克除、赛克津、特丁嗪）1971 年由拜耳公司与杜邦公司共同开发的三氮苯类除草剂。

化学名称 4-氨基-6-叔丁基-4,5-二氢-3-甲硫基-1,2,4-三嗪-5-酮。英文化学名称 4-amimo-6-*tert*-butyl-4,5-dihydro-3-methylthio-1,2,4-triazin-5-one。美国化学文摘（CA）系统名称 4-amino-6-(1,1-dimethylethyl)-3-(methylthio)-1,2,4-triazin-5-(4*H*)-one。CA 主题索引名称 1,2,4-triazin-5(4*H*)-one—, 4-amino-6-(1,1-dimethylethyl)-3-(methylthio)-。

理化性质 白色、有轻微气味结晶体，熔点 126℃，沸点 132℃（2 Pa），蒸气压 0.058 mPa（20℃），分配系数 lgK_{ow}=1.6（pH 5.6），Henry 常数 $1×10^{-5}$ Pa·m³/mol（计算值），相对密度 1.26（20～25℃）。溶解度（g/L，20～25℃）：水中 1.05；有机溶剂中：二甲基亚砜、丙酮、乙酸乙酯、二氯甲烷、乙腈、异丙醇、聚乙二醇>250，苯 220，二甲苯 60，正辛醇 54。在紫外线下相对稳定，20℃时在稀酸、稀碱条件下稳定。DT_{50}（37℃）6.7 h（pH 1.2），DT_{50}（70℃）：569 h（pH 4），47 d（pH 7），191 h（pH 9）。在水中会迅速光解 DT_{50}<1 d，正常光照情况下在土壤表面 DT_{50}14～25 d。

毒性 急性经口 LD_{50}（mg/kg）：雄性大鼠 510，雌性大鼠 322，小鼠约 700，豚鼠约 250，猫>500。大鼠急性经皮 LD_{50}>20000 mg/kg。对兔的眼睛和皮肤无刺激性。大鼠吸入 LC_{50}（4 h）>0.65 mg/L（灰尘）。NOEL（2 年）：狗 100 mg/kg（3.4 mg/kg 饲料），雄大鼠 30 mg/L（1.3 mg/kg 饲料）。ADI/RfD（EC）0.013 mg/kg（2007），（EPA）cRfD 0.013 mg/kg（1997）。

生态效应 急性经口 LD_{50}（mg/kg）：山齿鹑 164，野鸭 460～680。鱼毒 LC_{50}（96 h，mg/L）：虹鳟鱼 74.6，金雅罗鱼 141.6，红鲈鱼 85。水蚤 LC_{50}（48 h）49.6 mg/L，羊角月牙藻 E_rC_{50} 0.021 mg/L。对蜜蜂 LD_{50} 35 μg/只。蚯蚓 LC_{50} 331.8 mg/kg 干土。

环境行为 ①动物。哺乳动物中，98%会在口服后 96 h 内消除，在粪便和尿液中含量大约相同。②植物。植物中，嗪草酮经过脱氨基作用，进一步分解，与水发生配合。③土壤/环境。在土壤中，嗪草酮迅速分解，微生物分解是主要的分解机制，由光解作用和挥发造成的损失可以忽略不计。土壤中，DT_{50} 为 1～2 个月；池塘水中，DT_{50} 约为 7 d。降解涉及脱氨基作用，然后进一步分解，降解成水溶性物质。

剂型 可湿性粉剂、水分散粒剂、悬浮剂。

主要生产商 Aako、Bayer CropScience、Bharat、DuPont、Feinchemie Schwebda、Rallis、Rotam、Tide、河北兰升生物科技有限公司、江苏恒隆作物保护有限公司、江苏七洲绿色化工股份有限公司、江苏省农用激素工程技术研究中心有限公司、江苏省盐城南方化工有限公司、江西天宇化工有限公司、内蒙古莱科作物保护有限公司及浙江禾本科技有限公司等。

作用机理与特点 光合作用电子传递抑制剂，作用于光合系统Ⅱ受体位点。嗪草酮被杂草根系吸收随蒸腾流向上部传导，也可被茎、叶吸收在体内作有限传导。通过抑制敏感植物的光合作用发挥杀草活性，施药后各敏感杂草萌发出苗不受影响，出苗后叶片褪绿，最后营养枯竭而致死。症状为叶绿变黄或火烧状，整个叶可变黄，但叶脉常常残留有淡绿色即间隔失绿。

应用

（1）适应作物及安全性　甘蔗、大豆、马铃薯、番茄、苜蓿、芦笋、羽扁豆、咖啡等作物。由于大豆苗期的耐药安全性差，嗪草酮对大豆只宜作萌芽前处理。用药量过大或低洼地排水不良、田间积水、高湿低温、病虫危害造成大豆生长发育不良条件下，可造成大豆药害，轻者叶片浓绿、皱缩，重者叶片失绿，变黄、变褐坏死，下部叶片先受影响，上部分叶一般不受影响。嗪草酮在土壤中的持效期受气候条件、土壤类型影响，一般条件下半衰期为 28 d 左右，对后茬作物不会产生药害。

（2）防除对象　主要用于防除一年生的阔叶杂草和部分禾本科杂草，对多年生杂草效果不好。防除阔叶杂草如蓼、藜、苋、荠菜、小野芝麻、萹蓄、马齿苋、野生萝卜、田芥菜、苦荬菜、苣荬菜、繁缕、牛繁缕、荞麦蔓、香薷等有极好的效果，对苘麻、苍耳、鳢肠、龙葵则次之。对部分单子叶杂草如狗尾草、马唐、稗草、野燕麦、毒麦等有一定的效果，为32%～77%。在单子叶杂草危害严重的地块，嗪草酮可与多种除草剂如氟乐灵、甲草胺、敌草胺、丁草胺、乙草胺等混合使用。另有文献报道嗪草酮苗前每亩用有效成分 23 g，可防除早熟禾、看麦娘、鬼针草、狼杷草、矢车菊、藜、小藜、野芝麻、柳穿鱼、野芥菜、荠菜、反枝苋、遏蓝菜、马齿苋、繁缕、锦葵、萹蓄、酸模叶蓼、春蓼等。苗前每亩用有效成分 35 g 可防除马唐、三色堇、水棘针、香薷、曼陀罗、铁苋菜、刺苋、绿苋、鼬瓣花、柳叶刺蓼、独行菜、苣荬菜等。苗前每亩用有效成分 47 g 可防除鸭跖草、苘麻、狗尾草、稗草、卷茎蓼、苍耳等。

（3）应用技术　①嗪草酮可作苗前或苗后处理。在播种前或播种后苗前作土壤处理。也可在播前，播后苗前或移栽前进行喷雾处理，若在作物苗期使用易产生药害而引起减产。②土壤具有适当的温度有利于根的吸收，若土壤干燥应于施药后浅混土。作为苗后处理除草效果更为显著，剂量要酌情降低，否则会对阔叶作物产生药害。③土壤有机质及结构对嗪草酮的除草效果及作物对药的吸收有影响，若有机质含量少于 2%时之沙质土不宜使用嗪草酮。若土壤含有大量黏质土及腐殖质，药量要酌情提高，反之减少。温度对嗪草酮的除草效果及作物安全性亦有一定影响，温度低的地区用量高，温度高的地区用量低。④pH 值等于或大于7.5 及前茬种玉米用过莠去津的地块不要用嗪草酮。⑤大豆出苗前 3～5 d 不要施药，施过嗪草酮的大豆不要趟"蒙头"土，否则在低洼地遇大雨会淋溶造成大豆药害。

（4）使用方法

① 大豆田　施药时期为大豆播前或播后到出苗前 3～5 d，施药方法为土壤处理。亦可在大豆播前混土，或土壤水分适宜时作播后苗前土壤处理。嗪草酮使用量与土壤质地、有机含量和温度有关。壤土每亩用 70%嗪草酮可湿性粉剂 40～53.3 g，黏土每亩用 70%嗪草酮可湿性粉剂 53.3～67 g。有机质含量 2%～4%时，沙土每亩用 70%嗪草酮可湿性粉剂 40 g，壤土每亩用 70%嗪草酮可湿性粉剂 53.3～67 g，黏土每亩用 70%嗪草酮可湿性粉剂 67～83.3 g。有机质含量在 4%以上，沙土每亩用 70%嗪草酮可湿性粉剂 67 g，壤土每亩用 70%嗪草酮粉剂 67～83.3 g，黏土每亩用 70%嗪草酮可湿性粉剂 83.3～95.3 g。我国东北春大豆一般每亩用嗪草酮70%可湿性粉剂 50～76 g，或嗪草酮75%干悬浮剂 46.7～71 g，播后苗前加水 30 kg 土表喷雾。若土壤干燥应浅混土，一次用药或将药量分半两次施用，播前至播后苗前处理，我国山东、江苏、河南、安徽及南方等地夏大豆通常土壤属轻质土，温暖湿润，有机质含量

低，一般每亩用嗪草酮70%可湿性粉剂23～50 g，或用75%嗪草酮干悬浮剂21.3～46.7 g，加水30 kg于播后苗前作土表处理。

禾本科杂草多的大豆田不宜单用嗪草酮，应当采取与防除禾本科杂草的除草剂混用，或分期搭配使用。播前可与氟乐灵、灭草猛等混用，施药后混土5～7 cm。或播种后出苗前与异丙甲草胺、甲草胺等混用。或出苗前用嗪草酮，苗后用烯禾啶、吡氟禾草灵、吡氟氯禾灵、禾草克等任一种苗后茎叶处理剂。混用如下：

a. 嗪草酮与氟乐灵混用有增效作用，既降低用药成本，又提高对大豆的安全性。两种药剂混用可有效地防除野燕麦、稗草、狗尾草、金狗尾草、早熟禾、狼杷草、鬼针草、雀麦、马唐、牛筋草、千金子、大画眉草、马齿苋、反枝苋、繁缕、藜、小藜、龙葵、鼬瓣花、猪毛菜、酸模叶蓼、柳叶刺蓼、卷茎蓼、鸭跖草、苍耳、香薷、水棘针等一年生杂草。70%嗪草酮与48%氟乐灵混用每亩用药量分别为：土壤有机质2%～3%的壤质土、黏质土20～27 g加70 mL；土壤有机质3%～5%用33 g加100 mL；土壤有机质5%～10%用33～40 g加133 mL或50 g加70 mL。在低温高湿条件下，氟乐灵对大豆根生长抑制严重，对产量有影响，在此条件下不推荐使用氟乐灵。

b. 嗪草酮与灭草猛混用，不仅降低了嗪草酮用药量，而且增加了对大豆的安全性。混用还有效地防除稗草、野燕麦、马唐、早熟禾、雀麦、锦葵、反枝苋、鼬瓣花、田菁、豚草、大画眉草、黑麦草、狗尾草、金狗尾草、鸭跖草、狼杷草、鬼针草、苘麻、香薷、藜、小藜、龙葵、水棘针、遏蓝菜、猪毛菜、酸模叶蓼、柳叶刺蓼、萹蓄、地肤等一年生杂草。70%嗪草酮与88%灭草猛混用每亩用药量分别为：有机质2%～3%壤质土、黏质土20～27 g加100 mL（有效成分88 g）；土壤有机质3%～5%用27～33 g加133 mL；土壤有机质5%～8%用33～40 g加167 mL。低洼地、水分好，特别是白浆土地嗪草酮用低剂量。岗地、水分少的地嗪草酮用高剂量。

c. 嗪草酮与异丙甲草胺或异丙草胺混用对大豆安全，可有效地防除苍耳、稗草、狗尾草、金狗尾草、牛筋草、画眉草、黑麦草、虎尾草、豚草、狼杷草、鬼针草、鼬马唐、鼠尾看麦娘、早熟禾、鸭跖草、菟丝子、苘麻、野黍、稷、反枝苋、凹头苋、马齿苋、龙葵、地肤、冬葵、藜、小藜、酸模叶蓼、柳叶刺蓼、卷茎蓼、节蓼、萹蓄、辣子草、小荨麻、小飞蓬、宝盖草、香薷、水棘针、猪毛菜、风花菜、遏蓝菜、堇菜、鳢肠、野甘菊、小野芝麻等一年生杂草。70%嗪草酮与72%异丙甲草胺或异丙草胺混用每亩用药量：土壤有机质2%～3%壤质土、黏质土20～27 g加100 mL；土壤有机质3%～5%用27～33 g加133 mL；土壤有机质5%以上用33～40 g加133～167 mL。

d. 嗪草酮与乙草胺混用可有效地防除野燕麦、稗草、狗尾草、金狗尾草、马唐、看麦娘、早熟禾、千金子、菟丝子、牛筋草、稷、猪毛菜、地肤、龙葵、苍耳、苘麻、反枝苋、马齿苋、铁苋菜、遏蓝菜、荠菜、藜、小藜、酸模叶蓼、柳叶刺蓼、卷茎蓼、节蓼、萹蓄、繁缕、野西瓜苗、香薷、水棘针、狼杷草、鬼针草、鼬瓣花等一年生杂草。70%嗪草酮加90%乙草胺混用每亩用药量：土壤有机质2%～3%壤质土用20～27 g加90%乙草胺85 mL（有效成分76.5 g），黏质土33 g加90%乙草胺95 mL；土壤有机质3%～6%沙质土用20～28 g加90%乙草胺185 mL，壤质土33 g加90%乙草胺95 mL，黏质土33 g加90%乙草胺100 mL；土壤有机质6%以上用40 g加90%乙草胺125 mL。

e. 嗪草酮与甲草胺混用对大豆安全，可有效地防除稗草、金狗尾草、马唐、牛筋草、菟丝子、早熟禾、苘麻、龙葵、稷、毛线稷、反枝苋、马齿苋、凹头苋、刺黄花稔、鸭跖草、狼杷草、鬼针草、豚草、酸模叶蓼、柳叶刺蓼、卷茎蓼、节蓼、萹蓄、香薷、水棘针、轮生粟米草、锦葵、荠菜、遏蓝菜、田菁、酢浆草、铁苋菜、野芥菜、猪毛菜、地肤、藜、小藜、苍耳、风花菜、鼬瓣花等一生禾本科和阔叶杂草。70%嗪草酮与48%甲草胺混用每亩用药量：土壤有机质2%以上，沙质土用20～27 g加300 mL，壤质土用27～33 g加365 mL，黏质土用33～40 g加467 mL；土壤有机质低于0.5%或低于2%的沙质土、沙壤土不推荐使用嗪草酮及其混合制剂。

f．嗪草酮与异噁草酮混用，降低了异噁草酮用量，解决了异噁草酮对下茬作物的影响问题，弥补了异噁草酮对苋菜、铁苋菜防效差的缺点。混用后可有效地防除稗草、狗尾草、金狗尾草、早熟禾、看麦娘、萹蓄、水棘针、遏蓝菜、反枝苋、马齿苋、繁缕、苍耳、锦葵、狼杷草、鬼针草、酸模叶蓼、柳叶刺蓼、卷茎蓼、节蓼、香薷、苘麻、龙葵、藜、小藜、鸭跖草、野芥菜、野芝麻等一年生禾本科和阔叶杂草，对多年生的刺儿菜、大蓟、问荆、苣荬菜等有较强的抑制作用。70%嗪草酮与48%异噁草酮混用每亩用药量分别为：20～40 g和53～67 mL。

g．70%嗪草酮每亩降低到20～27 g与其他两种除草剂混用，既解决了其对某些敏感大豆品种的药害，及在低温高湿、病虫危害严重等不良条件下对大豆的药害问题，又对后作安全，药效还稳定。

每亩用70%嗪草酮20～27 g加72%异丙甲草胺或异丙草胺100～200 mL加75%噻吩磺隆1 g或加48%异噁草酮40～50 mL。

每亩用70%嗪草酮20～27 g加88%灭草猛11～133 mL加48%异噁草酮40～50 mL或加90%乙草胺70～80 mL或加50%丙炔氟草胺4～6 g。

每亩用70%嗪草酮20～27 g加90%乙草胺90～125 mL加48%异噁草酮40～50 mL或75%噻吩磺隆1 g。

每亩用70%嗪草酮20～27 g加50%丙炔氟草胺4～6 g加90%乙草胺90～100 mL。

上述3种药剂混用均可有效地防除野燕麦、稗草、马唐、狗尾草、金狗尾草、牛筋草、画眉草、鸭跖草、酸模叶蓼、柳叶刺蓼、卷茎蓼、节蓼、萹蓄、香薷、龙葵、荠菜、遏蓝菜、苍耳、苘麻、反枝苋、马齿苋、野西瓜苗、繁缕、鼬瓣花、水棘针、狼杷草、鬼针草等一年生杂草。

② 玉米田　嗪草酮可用于土壤有机质大于2%、pH低于7的玉米田，可与甲草胺、乙草胺、异丙草胺、异丙甲草胺、莠去津等除草剂混用。在pH大于7和土壤有机质低于2%的条件下，播后苗前施药遇大雨易造成淋溶药害，药害症状在玉米第四片叶开始出现，首先叶尖变黄，重者可造成死苗。在玉米播后苗前，嗪草酮与上述除草剂混用每亩用药量如下：

a．70%嗪草酮与40%莠去津混用。土壤有机质2%～3%，70%嗪草酮用27～33 g加40%莠去津133～167 mL；土壤有机质3%～5%，70%嗪草酮用33～53 g加40%莠去津167～200 mL。

b．嗪草酮与甲草胺混用。壤质土，70%嗪草酮用33～40 g加48%甲草胺200～330 mL；黏质土，70%嗪草酮用40～47 g加48%甲草胺330～365 mL。

c．嗪草酮与乙草胺混用。土壤有机质2%～3%，70%嗪草酮用27～33 g加50%乙草胺167 mL，或90%乙草胺100 mL；土壤有机质3%以上，70%嗪草酮用33～50 g加50%乙草胺167～200 mL或90%乙草胺90～110 mL。

d．70%嗪草酮与异丙甲草胺或异丙草胺混用。土壤有机质2%～3%，70%嗪草酮用27～33 g加72%异丙甲草胺或异丙草胺100～133 mL；土壤有机质3%以上，70%嗪草酮用33～53 g加72%异丙甲草胺或异丙草胺133～167 mL。

在土壤有机质含量较高、干旱条件下用高剂量，采用播前混土或播后苗前混土施药法可

获得稳定的药效。玉米 3～5 叶期，阔叶杂草 2～4 叶期，每亩用 70%嗪草酮 5.3～6.6 g 加 4%
烟嘧磺隆 50～67 mL（有效成分 2～2.68 g），可防除一年生和多年生阔叶杂草。

③ 马铃薯田　嗪草酮在马铃薯苗前及杂草萌后施用，使用剂量见表 3-84。

表 3-84　嗪草酮在马铃薯田使用剂量

土壤类型	有机质含量	70%嗪草酮亩用量（有效成分）
粉质土（沙土）	小于 1%	不宜使用
轻质土（沙壤土）	1%～2%	25～35 g（17.5～24.5）
中质上（壤土）	1.5%～4%	35～50 g（24.6～35）
重质土（黏土）	3%～6%	50～75 g（35～52.2）

马铃薯出苗到苗高 10 cm 期间施药，每亩用 70%嗪草酮 40～67 g（有效成分 28～47 g）。

④ 甘蔗田　甘蔗种植后出苗前，每亩用 70%嗪草酮 70 g，或甘蔗苗后株高 1 m 以上定
向喷雾。

⑤ 番茄田　施药时期为番茄直播田 4～6 叶期，移栽番茄在移栽前或移栽缓苗后进行土
壤处理，用药量参照马铃薯田除草。嗪草酮在土壤中的持久性视气候条件及土壤类型，持效
期可达 90～100 d，一般对后茬作物不会产生药害。

⑥ 苜蓿田　多年生苜蓿在春季杂草出苗前施药，每亩用 70%嗪草酮 100～200 g。喷液
量人工每亩 30～50 L，拖拉机 15 L 以上。

专利概况

专利名称　Substituted 1, 2, 4-triazine-5-ones as herbicides

专利号　US 3905801　　　　专利申请日　1966-11-28

专利申请人　E. I. Du Pont de Nemours & Co.。

登记情况　嗪草酮在中国登记有 90%、95%、96%、97%、97.5%、98%原药共 21 个，相
关制剂有 59 个。登记场所/作物为大豆田、马铃薯和玉米等。防治对象为一年生阔叶杂草。
部分登记情况见表 3-85。

表 3-85　嗪草酮在中国部分登记情况

登记证号	农药名称	剂型	含量	登记场所	防治对象	亩用药量（制剂）	施用方法	登记证持有人
PD20183752	嗪草酮	水分散粒剂	75%	马铃薯田	一年生阔叶杂草	50～60 g	土壤喷雾	江苏剑牌农化股份有限公司
PD20183078	嗪草酮	可湿性粉剂	70%	马铃薯田		18～22 g	茎叶喷雾	沧州志诚有机生物科技有限公司
PD20181103	嗪草酮	悬浮剂	480 g/L	春大豆田		82.5～96.25 mL	土壤喷雾	江苏恒隆作物保护有限公司
PD20190211	乙·嗪·滴辛酯	乳油	60%	春大豆田	一年生杂草	200～250 mL	土壤喷雾	黑龙江省哈尔滨利民农化技术有限公司
				春玉米田				
PD20180876	嗪草酮	原药	97%					河北兰升生物科技有限公司
PD20150063	嗪草酮	原药	98%					内蒙古润辉生物科技有限公司

合成方法　嗪草酮主要合成方法如下：

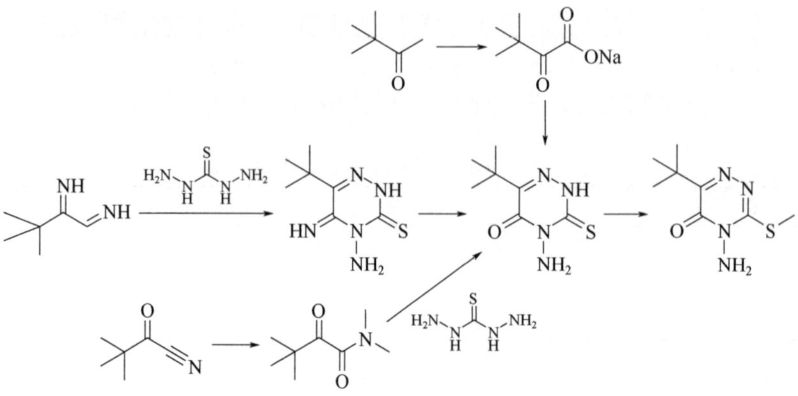

参考文献

[1] The Pesticide Manual.17 th edition: 769-770.

第十六节
脲类除草剂（urea herbicides）

至今报道过的脲类除草剂共计有 30 余个，一些化合物由于应用范围很小或其他原因退出市场，在此不予介绍。下面要介绍的 9 个品种，包括苯基脲类 5 个（绿麦隆、敌草隆、氟草隆、异丙隆、利谷隆）、苯并噻唑脲类 1 个（甲基苯噻隆）、噻二唑脲类 1 个（丁噻隆），这 7 个都是作用于光合系统 II 的光合作用抑制剂。另外两个品种是苄草隆和杀草隆，有的资料显示其为细胞分裂或生长抑制剂。

绿麦隆（chlorotoluron）

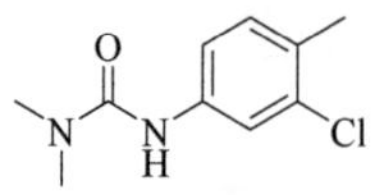

$C_{10}H_{13}ClN_2O$，212.7，15545-48-9

绿麦隆（试验代号：C2242，商品名称：Chlortophyt、Lentipur、Tolurex）由 Y. L'Hermite 等人 1969 年报道，Ciba AG（现 Syngenta AG）推出。

化学名称 3-(3-氯-4-甲基苯基)-1,1-二甲基脲。英文化学名称 3-(3-chloro-*p*-tolyl)-1,1-dimethylurea。美国化学文摘（CA）系统名称 *N'*-(3-chloro-4-methylphenyl)-*N,N*-dimethylurea。CA 主题索引名称 urea—, *N'*-(3-chloro-4-methylphenyl)-*N,N*-dimethyl-。

理化性质 白色粉末。熔点 148.1℃，蒸气压 0.005 mPa（25℃），分配系数 $\lg K_{ow}=2.5$，Henry 常数 1.44×10^{-5} Pa·m^3/mol（计算值），相对密度 1.40（20～25℃）。溶解度（20～25℃）：水 74 mg/L，有机溶剂中（g/L）：丙酮 54，二氯甲烷 51，乙醇 48，甲苯 3.0，正己烷 0.06，正辛醇 24，乙酸乙酯 21。对热和紫外线稳定，在强酸和强碱条件下缓慢水解，DT_{50}（计算值）> 200 d（pH 5、7、9，30℃）。

毒性　大鼠急性经口 $LD_{50}>5000$ mg/kg。大鼠急性经皮 $LD_{50}>2000$ mg/kg。对兔的皮肤和眼睛无刺激性，对豚鼠无皮肤致敏性。大鼠吸入 LC_{50}（4 h）>5.3 mg/L。NOEL 无作用剂量（2 年，mg/L）：大鼠 100 [4.3 mg/(kg·d)]，小鼠 100 [11.3 mg/(kg·d)]。ADI/RfD（EC）0.04 mg/kg（2005）。

生态效应　家禽饲喂 LC_{50}（8 d，mg/L）：野鸭>6800，日本鹌鹑>2150，野鸡>10000。鱼 LC_{50}（96 h，mg/L）：虹鳟鱼 35，大翻车鱼 50，鲫鱼>100，鲇鱼 60，孔雀鱼>49。水蚤 LC_{50}（48 h）67 mg/L。近具刺链带藻 EC_{50}（72 h）0.024 mg/L。蜜蜂 LD_{50}（48 h，经口、接触）>100 μg/只。蚯蚓 $LC_{50}>1000$ mg/kg。

环境行为　①动物。哺乳动物经口摄入，24 h 内通过尿液和粪便排出。主要代谢途径是 N-脱甲基化及环上的甲基氧化为羟甲基和羧甲基衍生物。②植物。冬小麦植株体内代谢物为 3-氯对甲苯胺、3-(3-氯-4-甲苯基)-1-甲基脲和 1-(3-氯-4-甲苯基)脲。③土壤/环境。土壤中 DT_{50} 30～40 d，水中 42 d。

剂型　可湿性粉剂、颗粒剂、悬浮剂、发烟丸。

主要生产商　Adama、Isochem、Kischemicals、Nufarm GmbH、Syngenta、Synthesia、UPL 及江苏快达农化股份有限公司。

作用机理与特点　作用于光合系统 Ⅱ 的光合作用抑制剂。选择性内吸传导型除草剂，主要通过杂草的根系吸收，并有叶面触杀作用，是杂草光合作用电子传递抑制剂，使杂草饥饿而死亡。施药后 3 天，杂草开始表现中毒症状，叶片褪绿，叶尖和心叶相继失绿，10 天左右整株干枯而死亡，在土壤中的持效期 70 天以上。主要作播后苗前土壤处理，也可在麦苗三叶期时做茎叶处理。

应用

（1）适用作物　麦类、棉花、玉米、谷子、花生等作物田。

（2）防治对象　看麦娘、早熟禾、野燕麦、繁缕、猪殃殃、藜、婆婆纳等多种禾本科及阔叶杂草。对田旋花、问荆、锦葵等杂草无效。

（3）使用方法　绿麦隆可与禾草丹、丁草胺、苯达松、麦草畏混用，以扩大杀草谱。土壤湿度大时有利于药效的发挥，如遇干旱应浇水后再施药。0℃以下低温不利于药效的发挥，还易发生药害。油菜、蚕豆、高粱、谷子、豌豆、蔬菜、苜蓿对绿麦隆敏感，严禁在这些作物上应用。喷药时不要重喷或漏喷，以免影响药效或造成药害。大蒜栽后苗前施药，可以选用绿麦隆、异丙隆、乙草胺、噁草酮（农思它）、敌草胺（大惠利）、二甲戊灵（施田补）等药剂。每亩用 25%绿麦隆可湿性粉剂 300 g 喷雾，可以防除牛繁缕、看麦娘等一年生禾本科杂草和阔叶杂草。绿麦隆药效期长、效果好，但大面积应用安全性较差，使用剂量高时对蒜头产量有影响，频繁使用对后作水稻等有影响，减量与乙氧氟草醚（果尔）混用可以提高安全性。①麦田使用。播种后出苗前，每亩用 25%可湿性粉剂 250～300 g 或 25%绿麦隆可湿性粉剂 150 g 加 50%禾草丹乳油 150 mL，对水 50 kg，均匀喷布土表。或拌细潮土 20 kg 均匀撒施土表。出苗后 3 叶期以前，每亩用 25%可湿性粉剂 200～250 g，对水 50 kg，均匀喷布土表。麦苗 3 叶期以后不能用药，易产生药害。②棉田使用。播种后出苗前，每亩用 25%可湿性粉剂 250 g，对水 35 kg 均匀土表。③玉米、高粱、大豆田使用。播种后出苗前，或者玉米 4～5 叶期施药，每亩用 25%可湿性粉剂 200～300 g，对水 50 kg 均匀喷布土表。

（4）注意事项　①绿麦隆水溶性差，施药时应保持土壤湿润，否则药效差。②绿麦隆在土壤中残效时间长，对后茬敏感作物，如水稻，可能有不良影响。应严格掌握用药量和用药时间。③喷雾器具使用后要清洗干净。

专利概况

专利名称　A process for combating weeds using certain ureas

专利号　GB 1255258　　　　专利申请日　1969-02-13

专利申请人　Ciba Geigy AG。

登记情况　绿麦隆在中国登记有 95%原药 1 个，相关制剂 10 个。主要用于防除大麦田、小麦田、玉米田一年生杂草。部分登记情况见表 3-86。

表 3-86　绿麦隆在中国部分登记情况

登记证号	农药名称	剂型	含量	登记作物/场所	防治对象	亩用药量（制剂）	施用方法	登记证持有人
PD85166-5	绿麦隆	可湿性粉剂	25%	大麦 小麦 玉米	一年生杂草	400~800 g（北方地方）；160~400 g（南方地方）	播后苗前或苗期喷雾	江苏苏中农药化工厂
PD85166-2	绿麦隆	可湿性粉剂	25%	大麦 小麦 玉米				山东省泗水丰田农药有限公司
PD20140126	绿·莠·乙草胺	悬浮剂	48%	春玉米田		150~250 mL	播后苗前土壤喷雾	辽宁壮苗生化科技股份有限公司
PD20080800	绿麦隆	可湿性粉剂	25%	春小麦田 冬小麦田		600~800 g 300~600 g	土壤或茎叶喷雾	江苏快达农化股份有限公司
PD85137-3	绿麦隆	原药	95%					江苏快达农化股份有限公司

合成方法　经如下反应制得绿麦隆：

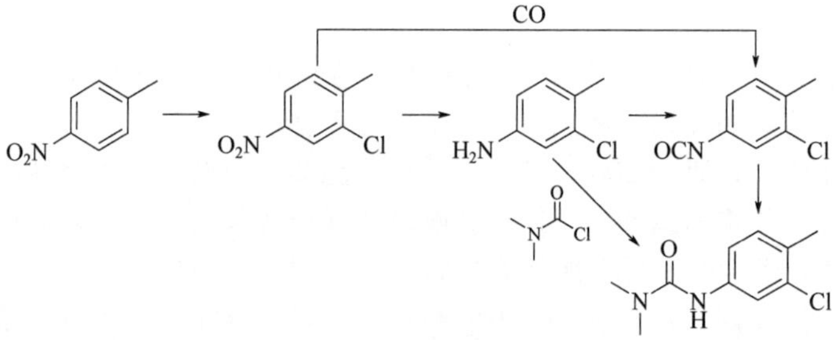

参考文献

[1] The Pesticide Manual.17 th edition: 199-200.

苄草隆（cumyluron）

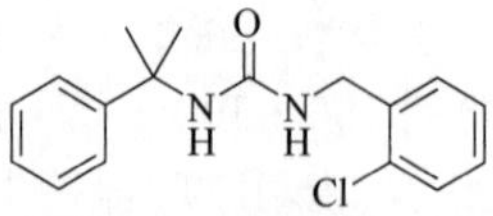

$C_{17}H_{19}ClN_2O$，302.8，99485-76-4

苄草隆（试验代号：JC-940）是由日本 Carlit 公司研制，后于 1996 年售予丸红公司。

化学名称 1-[(2-氯苯基)甲基]-3-(1-甲基-1-苯基乙基)脲。英文化学名称 1-[(2-chloro-phenyl)methyl]-3-(1-methyl-1-phenylethyl)urea。美国化学文摘（CA）系统名称 N-[(2-chloro-phenyl)methyl]-N'-(1-methyl-1-phenylethyl)urea。CA 主题索引名称 urea—, N-[(2-chlorophenyl)methyl]-N'-(1-methyl-1-phenylethyl)。

理化性质 原药纯度>99.5%，白色无味结晶体。熔点 166～167℃，沸点 282℃（1.01×10^5 Pa），相对密度 1.22（20～25℃），蒸气压 8.0×10^{-12} mPa（25℃），分配系数 lgK_{ow}=2.61。溶解度（20～25℃）：水中 0.879 mg/L（pH 6.7）；其他溶剂中（g/L）：甲醇 14.4，丙酮 11.0，苯 1.4，二甲苯 0.352，己烷 0.00357。在 150℃以下稳定，在水中 DT_{50} 1500 d（pH 5.0），2830 d（pH 9.0）。

毒性 大鼠急性经口 LD_{50}（mg/kg）：雄性 2074，雌性 961。大、小鼠急性经皮 LD_{50}>2000 mg/kg，大鼠吸入 LC_{50}（4 h）6.21 mg/L。无致突变性，无致畸性。

生态效应 家禽类鹌鹑急性经口 LC_{50}>5620 mg/L。鱼类 LC_{50}（96 h，mg/L）：鲤鱼>50，虹鳟鱼>10。水蚤 LC_{50}（24 h）>50 mg/L。羊角月牙藻 E_bC_{50}（72 h）>55 mg/L。家蚕 LC_{50}>10 g/L。

剂型 颗粒剂、悬浮剂。

作用机理与特点 细胞分裂与细胞生成抑制剂。通过植物根部吸收起效。

应用

（1）适宜作物与安全性 水稻（移栽和直播），对水稻安全。

（2）防除对象 一年生和多年生禾本科杂草。

（3）使用方法 苄草隆主要用于水稻田苗前除草，使用剂量为 700～1500 g (a.i.)/hm²。

专利概况

专利名称 Herbicide for paddy field

专利号 JP 60172910　　　　专利申请日 1984-02-20

专利申请人 Nippon Carlit KK

其他相关专利 JP 6335552、JP 61227505、JP 61145105、JP 6245505、JP 61145155。

登记情况 2005 年，日本丸红株式会社在中国获得 98.5%杀草隆原药和 495 g/L 悬浮剂的临时登记，于 2009 年已过期。

合成方法 以 α-甲基苯乙烯、邻氯甲苯为原料，经如下反应制得目的物：

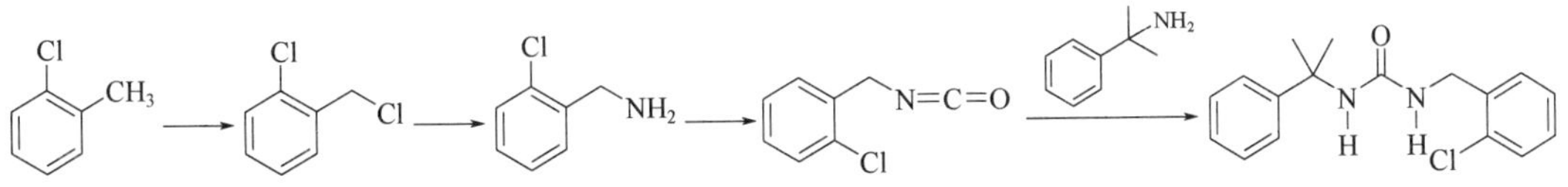

参考文献

[1] The Pesticide Manual.17 th edition: 245.

[2] 佚名. 农药科学与管理, 2006(3): 57-58.

杀草隆（daimuron）

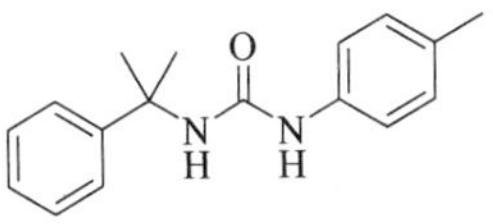

C₁₇H₂₀N₂O，268.4，42609-52-9

杀草隆（试验代号：K-223、SK-23，商品名称：Showrone，其他名称：莎扑隆）是由日本昭和电工公司（现为 SDS 生物技术公司）1975 年开发的脲类除草剂。

化学名称　1-(1-甲基-1-苯基乙基)-3-对-甲苯基脲或 1-(α,α-二甲基苄基)-3-(对甲苯基)脲。英文化学名称 1-(1-methyl-1-phenylethyl)-3-p-tolylurea 或 1-(α,α-dimethylbenzyl)-3-p-tolylurea。美国化学文摘（CA）系统名称 N-(4-methylphenyl)-N'-(1-methyl-1-phenylethyl)urea。CA 主题索引名称 urea—, N-(4-methylphenyl)-N'-(1-methyl-1-phenylethyl)-。

理化性质　白色无味针状结晶。熔点 200～201℃，蒸气压 $4.53×10^{-4}$ mPa（25℃），分配系数 $\lg K_{ow}$=2.7，相对密度 1.116（20～25℃）。溶解度（20～25℃）：水中 0.79 mg/L，其他溶剂中（g/L）：甲醇 12，丙酮 16，己烷 0.03，苯 0.5。在 pH 4～9 的范围内及在加热和紫外线照射下稳定。

毒性　大、小鼠急性经口 LD_{50}＞5000 mg/kg，大鼠急性经皮 LD_{50}＞2000 mg/kg。对皮肤无刺激。大鼠吸入 LC_{50}（4 h）3.250 mg/L。雄狗 NOEL（1 年）30.6 mg/kg 饲料，其他动物 NOEL [90 d，mg/(kg·d)]：雄大鼠 3118，雌大鼠 3430，雄小鼠 1513，雌小鼠 1336。对大鼠二代研究表明对其无繁殖影响。在剂量 1000 mg/kg 下对大鼠和兔无致畸性。ADI/RfD 0.3 mg/kg。

生态效应　山齿鹑急性经口 LD_{50}＞2000 mg/kg，山齿鹑饲喂 LC_{50}（5 d）＞5000 mg/L。鲤鱼 LC_{50}（48 h）＞40 mg/L。水蚤 LC_{50}（3 h）＞40 mg/L。

环境行为　土壤/环境。水稻田土壤中 DT_{50} 约为 50 d。

剂型　可湿性粉剂、颗粒剂、悬浮剂。

主要生产商　Kajo 及 SDS Biotech K.K.。

作用机理与特点　细胞分裂抑制剂。抑制根和地下茎的伸长，从而抑制地上部的生长。

应用

（1）适宜作物　主要用于水稻，亦可用于棉花、玉米、小麦、大豆、胡萝卜、甘薯、向日葵、桑树、果树等。

（2）防除对象　主要用于防除扁秆藨草、异型莎草、牛毛草、萤蔺、日照飘拂草、香附子等莎草科杂草，对稻田稗草也有一定的效果，对其他禾本科杂草和阔叶草无效。

（3）使用方法　主要用于水稻苗前和苗后早期除草，仅适宜与土壤混合处理。土壤表层处理或杂草茎叶处理均无效。使用剂量为 450～2000 g (a.i.)/hm² [亩用量为 30～133.4 g (a.i.)]。旱地除草用药量比水田用量应高一倍。防除水田牛毛草，每亩需用 50～100 g。在犁、耙前将每亩药量拌细土 15 kg，撒到田里，再耙田，还可以在稻田耘稻前撒施，持效期 40～60 d。水稻秧田使用防除异型莎草、牛毛草等浅根性莎草：先做好粗秧板，每公顷用 50%杀草隆可湿性粉剂 1500～3000 g，拌细潮土 300 kg 左右，制成毒土均匀撒施在粗秧板上，然后结合做平秧板，把毒土均匀混入土层，混土深度为 2～5 cm，混土后即可播种。若防除扁秆藨草等深根性杂草或在移栽水稻田使用，必须加大剂量，每公顷用 50%可湿性粉剂 5000～6000 g。制成毒土撒施于翻耕后基本耕平的土表，并增施过磷酸钙或饼肥，再混土 5～7 cm，随后平整稻田，即可做成秧板播种或移栽。

专利概况

专利名称　Triazines and urea derivatives for weed control

专利号　JP 49036833　　　　　专利申请日　1972-08-23

专利申请人　Showa Denki KK

其他相关专利　ZA 7200072、DE 2200325、AU 3751771、GB 1332102。

登记情况　安徽华星化工有限公司曾在 2000 年获得过 93%杀草隆原药和 40%可湿性粉剂的临时登记，2005 年已过期。

合成方法　以对甲苯胺为原料，经如下两种反应路线可制得目的物：

路线 1：

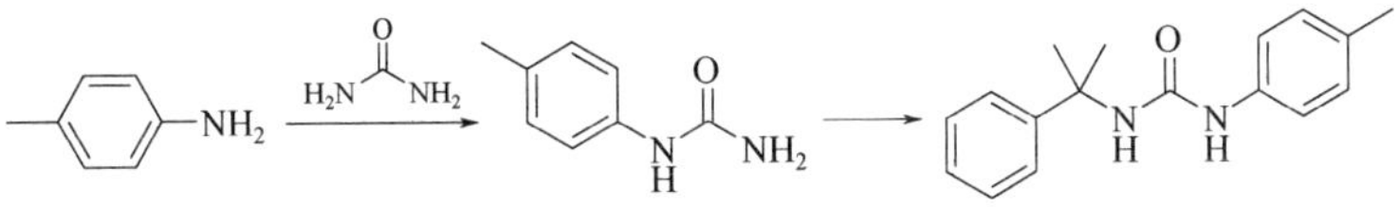

路线 2：

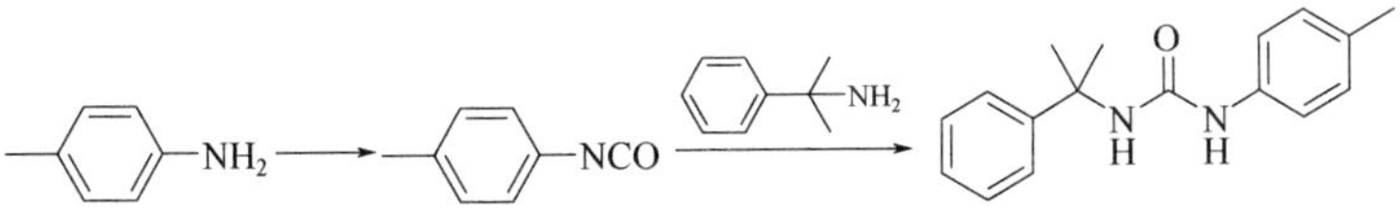

参考文献

[1] The Pesticide Manual.17 th edition: 290.

[2] 马东升，赵书清，王玉杰，等. 化学与粘合，2003(6): 293-295.

敌草隆（diuron）

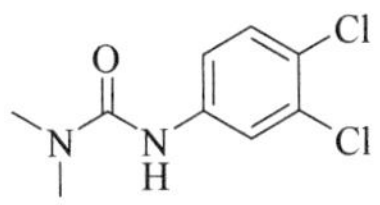

C₉H₁₀Cl₂N₂O，233.1，330-54-1

敌草隆（试验代号：DPX 14740，商品名称：Direx、Diurex、Easy、Karmex、Sanuron、Vidiu，其他名称：敌芜伦）1951 年由 H. C. Bucha 和 C. W. Todd 报道。1967 年 E. I.du Pontde Nemours & Co 开发。

化学名称　3-(3,4-二氯苯基)-1,1-二甲基脲。英文化学名称 3-(3,4-dichlorophenyl)-1,1-dimethylurea。美国化学文摘（CA）系统名称 N′-(3,4-dichlorophenyl)-N,N-dimethylurea。CA 主题索引名称 urea—，N′-(3,4-dichlorophenyl)-N,N-dimethyl-。

理化性质　无色晶体。熔点 158～159℃，蒸气压 1.1×10⁻³ mPa（25℃），分配系数 lgKₒw=2.85，相对密度 1.48（20～25℃）。溶解度（20～25℃）：水 37.4 mg/L；有机溶剂（g/L）：丙酮 42，苯 1.0，硬脂酸丁酯 1.2（27℃），微溶于烃。常温中性条件下稳定，温度升高易水解，在酸性和碱性条件下易水解，温度 180～190℃分解。

毒性　大鼠急性经口 LD₅₀＞2000 mg/kg，兔急性经皮 LD₅₀＞2000 mg/kg（80%水分散粒剂）。对兔的眼睛中度刺激（可湿性粉剂），对豚鼠皮肤无刺激（50%水基膏体），无皮肤致敏性。大鼠吸入毒性 LC₅₀（4 h）＞7 mg/L。狗 NOEL（2 年）25 mg/L［雄性 1.0，雌性 1.7 mg/(kg·d)饲喂］。ADI/RfD（EFSA）0.007 mg/kg（2005），（EPA）cRfD 0.003 mg/kg（2003）。

生态效应　山齿鹑经口 LD₅₀（14 d）1104 mg/kg。饲喂毒性 LC₅₀（8 d，mg/L）：山齿鹑 1730，日本鹌鹑＞5000，野鸭 5000，野鸡＞5000。鱼毒 LC₅₀（96 h，mg/L）：虹鳟鱼 14.7，羊头鲷 6.7，黑头呆鱼 14。水蚤 EC₅₀（48 h）1.4 mg/L。羊角月牙藻 EC₅₀（120 h）0.022 mg/L。

浮萍 EC_{50}（7 d）0.0183 mg/L，褐虾 EC_{50}（48 h）1 mg/L，美洲钩虾 EC_{50}（7 d）0.16 mg/L。对蜜蜂无毒。蚯蚓 LC_{50}（14 d）＞400 mg/kg（基于敌草隆代谢物的研究）。梨盲走螨和烟蚜茧蜂 LR_{50}＞4.0 kg/hm²。

环境行为 ①动物。在哺乳动物体内主要通过羟基化和脱烷基化代谢。②植物。在植株体内敌草隆通过氮原子上脱甲基化和苯环上 2-位羟基化代谢。③土壤/环境。土壤中通过酶和微生物对氮原子上脱甲基化和苯环上 2-位羟基化降解。土壤中活性 4～8 个月，视土壤类型和湿度而定；DT_{50} 90～180 d。K_{oc} 400。

剂型 水分散粒剂、悬浮剂、可湿性粉剂等。

主要生产商 Aako、Adama、Adama Brasil、Agro Life Science、Ancom、Bayer、Bharat、Crystal、DuPont、Hikal、Hodogaya、Isochem、Nortox、Nufarm GmbH、Nufarm Ltd、Rainbow、Tide、UPL、安徽广信农化股份有限公司、安道麦安邦（江苏）有限公司、鹤岗市旭祥禾友化工有限公司、江苏常隆农化有限公司、江苏嘉隆化工有限公司、江苏快达农化股份有限公司、捷马化工股份有限公司、开封华瑞化工新材料股份有限公司、辽宁省沈阳丰收农药有限公司、美国杜邦公司、南通罗森化工有限公司、宁夏新安科技有限公司、山东华阳农药化工集团有限公司及山东潍坊润丰化工股份有限公司等。

作用机理与特点 作用于光合系统Ⅱ的光合作用抑制剂。内吸传导型除草剂，具有一定的触杀活力，可被植物的根和叶吸收，以根系吸收为主，杂草根系吸收药剂后，传到地上叶片中，并沿着叶脉向周围传播，抑制光合作用的希尔反应，该药杀死植物需光照。使受害杂草从叶尖和边缘开始褪色，终至全叶枯萎，不能制造养分，饥饿而死。

应用

（1）适用作物 棉花、大豆、番茄、水稻、烟草、草莓、葡萄、茶园、果园、橡胶园等。

（2）防治对象 旱稗、马唐、狗尾草、野苋草、莎草、蓼、藜及眼子菜等。

（3）使用方法 在棉田播后出苗前，用25%敌草隆可湿性粉剂3～4.5 kg/hm²，对水 7.5 kg，均匀喷雾土表，防效 90%以上；用于水稻田防除眼子菜用 0.75～1.5 kg/hm²，防效 90%以上；果树、茶园在杂草萌芽高峰期，用25%可湿性粉剂 3～3.75 kg/hm²，对水 5.3 kg 喷雾土表，亦可在中耕除草后进行土壤喷雾处理。

（4）注意事项 ①敌草隆对麦苗有杀伤作用，麦田禁用。在茶、桑、果园宜采用毒土法，以免发生药害。②敌草隆对棉叶有很强的触杀作用，施药必须施于土表，棉苗出土后不宜使用敌草隆。③沙性土壤，用药量应比黏质土壤适当减少。沙性漏水稻田不宜用。④敌草隆对果树及多种作物的叶片有较强的杀伤力，应避免药液飘移到作物叶片上。桃树对敌草隆敏感，使用时应注意。⑤喷过敌草隆的器械必须用清水反复清洗。⑥单独使用时，敌草隆不易被大多数植物叶面吸收，需加入一定的表面活性剂，提高植物叶面的吸收能力。

专利概况

专利名称 3-(halophenyl)-1-methyl-1-(methyl or ethyl) ureas and herbicidal compositions and methods employing same

专利号 US 2655445　　　　　专利申请日 1952-02-14

专利申请人 E. I. Du Pont de Nemours & Co.。

登记情况 敌草隆在中国登记有 95%、97%、98%、98.5%原药 14 个，相关制剂 146 个。主要用于防除甘蔗田和棉花田一年生杂草。其与噻苯隆混剂用作植物生长调节剂，用于棉花脱叶，部分情况见表3-87。

表 3-87　敌草隆在中国部分登记情况

登记证号	农药名称	剂型	含量	登记场所	防治对象	亩用药量（制剂）	施用方法	登记证持有人
PD20182860	敌草隆	悬浮剂	63%	甘蔗田	一年生杂草	160～220 mL	土壤喷雾	宁夏新安科技有限公司
PD20180476	敌草隆	水分散粒剂	90%	甘蔗田		90～170 g	土壤喷雾	浙江中山化工集团股份有限公司
PD20152435	敌草隆	悬浮剂	40%	棉花田		125～150 mL	土壤喷雾	张掖市大弓农化有限公司
PD20190240	敌草隆·噻苯隆	悬浮剂	540 g/L	棉花田	脱叶	9～12 mL	茎叶喷雾	河南省周口市金石化工有限公司
PD20190181	环嗪·敌草隆	水分散粒剂	60%	甘蔗田	一年生杂草	100～180 g	定向茎叶喷雾	迈克斯（如东）化工有限公司
PD20160285	敌草隆	原药	98%					安道麦安邦(江苏)有限公司
PD20090445	敌草隆	原药	98.4%					美国杜邦公司

合成方法　经如下反应制得敌草隆：

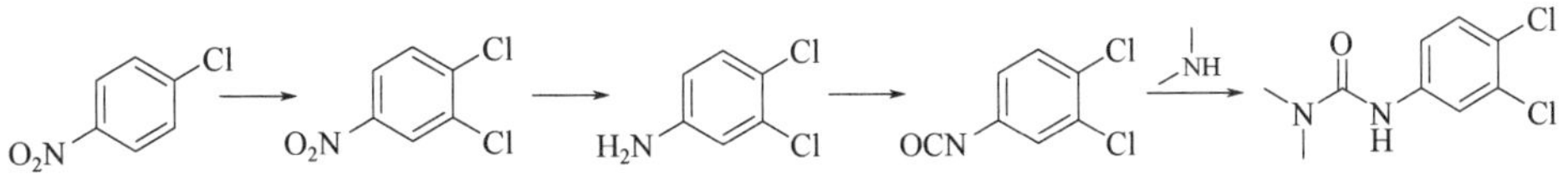

参考文献

[1] The Pesticide Manual.17 th edition: 390-392.

[2] 马勇，高永恒，袁瑞明，等. 广东化工, 2018, 45(13): 57-58.

氟草隆（fluometuron）

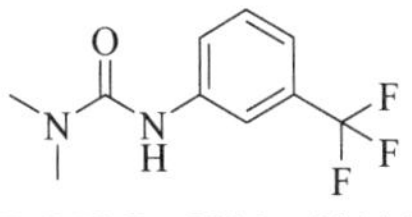

$C_{10}H_{11}F_3N_2O$，232.2，2164-17-2

　　氟草隆（试验代号：C2059，商品名称：Cotoran，其他名称：伏草隆）1964 年由 C. J. Counselman 等报道除草活性。由 Ciba-Geigy AG（现 Syngenta AG）开发，20 世纪 70 年代初首次推出市场。2001 年剥离给 Makhteshim-Agan Industries Ltd（现 Adama）。

　　化学名称　1,1-二甲基-3-(α,α,α-三氟间甲苯基)-脲。英文化学名称 1,1-dimethyl-3-(α, α, α-trifluoro-m-tolyl)urea。美国化学文摘（CA）系统名称 N, N-dimethyl-N′-[3-(trifluoromethyl) phenyl]urea。CA 主题索引名称 urea—, N, N-dimethyl-N′-[3-(trifluoromethyl)phenyl]-。

　　理化性质　白色晶体。熔点 163～164.5℃，蒸气压 0.125 mPa（25℃），0.33 mPa（30℃），分配系数 $\lg K_{ow}$=2.38，相对密度 1.39（20～25℃）。溶解度（20～25℃）：水 110 mg/L，有机溶剂（g/L）：甲醇 110，丙酮 105，二氯甲烷 23，正辛醇 22，正己烷 0.17。20℃在酸性、中性和碱性条件下稳定，紫外线照射下分解。

　　毒性　大鼠急性经口 LD_{50}＞6000 mg/kg。急性经皮 LD_{50}（mg/kg）：大鼠＞2000，兔＞10000。对兔的皮肤和眼睛中度刺激，对皮肤无敏感性。NOEL 无作用剂量［mg/(kg·d)］：

大鼠 19（2 年），小鼠 1.3（2 年），狗 10（1 年）。

生态效应　野鸭 LD$_{50}$ 2974 mg/kg，饲喂毒性 LC$_{50}$（8 d，mg/kg）：日本鹌鹑 4620，野鸭 4500，环颈雉 3150。鱼毒 LC$_{50}$（96 h，mg/L）：虹鳟鱼 30，大翻车鱼 48，鲇鱼 55，鲫鱼 170。水蚤 LC$_{50}$（48 h）10 mg/L。水藻 EC$_{50}$（3 d）0.16 mg/L。蜜蜂 LD$_{50}$（经口）>155 μg/只，（接触）>190 μg/只。蚯蚓 LC$_{50}$（14 d）>1000 mg/kg 土壤。

环境行为　①动物。大鼠体内，主要形成去甲基化的代谢物和一些葡萄糖醛酸的共轭物，主要通过尿液排出，一周内几乎可排出 96%。②植物。植物中降解主要有三个过程，首先是去甲基化形成单甲基化合物，然后是中间体去甲基化，最后是脱氨脱羧形成苯胺衍生物。③土壤/环境。土壤中微生物降解最为重要和快速，不停地释放二氧化碳，光解和挥发是次要的。除了沙土外，土壤浸出中等，K_{oc} 31～117（8 种土壤类型）；K_d 0.15～1.13。DT$_{50}$ 约 30 d，根据环境不同，范围在 10～100 d 干燥环境下消解速率降低。

剂型　可湿性粉剂、悬浮剂。

主要生产商　Adama、CCA Biochemical、Griffin、KisChemicals、Nufarm GmbH、Rainbow 以及 Schirm 等。

作用机理与特点　作用于光合系统Ⅱ的光合作用抑制剂，同时也能抑制类胡萝卜素的生物合成。选择性内吸除草剂，主要经植物根系吸收，部分经叶片吸收，可传导至植物顶端。

应用

（1）适用作物　棉花、玉米、甘蔗、马铃薯等作物。

（2）防治对象　稗草、马唐、狗尾草、千金子、蟋蟀草、看麦娘、早熟禾、繁缕、龙葵、小旋花、马齿苋、铁苋菜、藜、碎米荠等 1 年生禾本科杂草和阔叶杂草。

（3）使用方法　①棉田使用。播种后 4～5 d 出苗前，每亩用 80%可湿性粉剂 100～125 g，对水 50 kg，均匀喷布土表。棉花苗床使用，于播种覆土后，每亩用 80%可湿性粉剂 75～100 g，对水 35 kg 均匀喷布土表，喷雾后盖薄膜。②玉米田使用。玉米播种后出苗前，每亩用 50%可湿性粉剂 100 g，对水 50 kg 均匀喷布土表。亦可在玉米喇叭口期，中耕除草后，每亩用 80%可湿性粉剂 100 g，对水 35 kg 定向喷布行间土表，切勿喷到叶片上。③果园使用。每亩用 80%可湿性粉剂 100 g，加 50%莠去津 150 g，对水 50 kg，均匀喷于土表。然后进行浅层混土或灌水，使药剂渗入土壤，提高药效。

专利概况

专利名称　Herbicidal preparations

专利号　GB 914779　　　　专利申请日　1960-08-22

专利申请人　Ciba Limited。

登记情况　江苏快达农化股份有限公司曾在 2014 年获得过 97%氟草隆原药的正式登记，2019 年已过期。

合成方法　由间氨基三氟甲苯与光气反应制备间三氟甲苯异氰酸酯，再与二甲胺反应得到氟草隆。

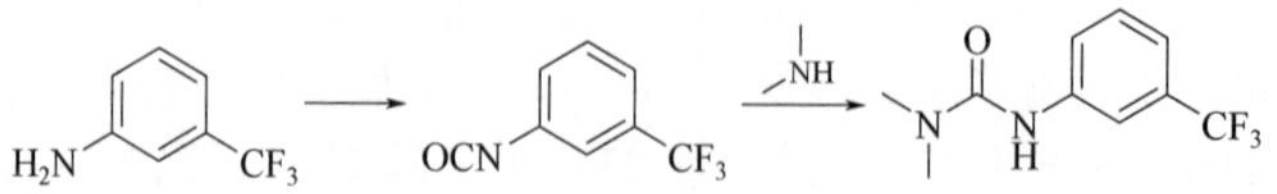

参考文献

[1] The Pesticide Manual.17 th edition: 517-518.

异丙隆（isoproturon）

C$_{12}$H$_{18}$N$_2$O，206.3，34123-59-6

异丙隆（试验代号：35689RP、AE F016410、CGA 18731、Hoe 16410、LS 6912999，商品名称：Alon、Arelon、Dhanulon、Isoguard、Isoron、Narilon、Pasport、Proton、Protugan、Strong、Tolkan、Totalon、Turonex）由汽巴-嘉基（现先正达公司）、赫斯特公司和 Rhône-Poulenc Agrochimie（现拜耳公司）共同开发的除草剂。

化学名称　3-(4-异丙基苯基)-1,1-二甲基脲。英文化学名称 3-(4-isopropylphenyl)-1,1-dimethylurea 或 3-p-cumenyl-1,1-dimethylurea。美国化学文摘（CA）系统名称 N, N-di-methyl-N'-[4-(1-methylethyl)phenyl]urea。CA 主题索引名称 urea—, N, N-dimethyl-N'-[4-(1-me-thylethyl)phenyl]-。

理化性质　原药纯度≥98.5%，无色晶体。熔点 158℃，蒸气压：3.15×10^{-3} mPa（20℃），8.1×10^{-3} mPa（25℃），分配系数 lgK_{ow}=2.5，Henry 常数 1.46×10^{-5} Pa·m^3/mol，相对密度 1.2（20～25℃）。溶解度（20～25℃）：水中 65.0 mg/L，在其他溶剂中（g/L）：甲醇 75，二氯甲烷 63，丙酮 38，二甲苯 4，苯 5，正己烷约 0.2。在酸、碱、光照中能稳定存在，在强碱加热的条件下会水解。DT$_{50}$1560 d（pH 7）。

毒性　急性经口 LD$_{50}$（mg/kg）：小鼠 3350，大鼠 1826～2417。大鼠急性经皮 LD$_{50}$>2000 mg/kg。对兔的眼、皮肤无刺激性作用。大鼠急性吸收 LC$_{50}$（4 h）>1.95 mg/L 空气。NOEL（mg/kg）：（90 d）大鼠 400，狗 50；（2 年）大鼠 80。ADI/RfD（EC）0.015 mg/kg（2002）。

生态效应　鸟类急性经口 LD$_{50}$（mg/kg）：日本鹌鹑 3042～7926，鸽子>5000。鱼毒 LC$_{50}$（mg/L，96 h）：金鱼 129，虹鳟鱼 37，古比鱼 90，鲤鱼 193，大翻车鱼>100，鲇鱼 9。水蚤 LC$_{50}$（48 h）507 mg/L。藻 LC$_{50}$（72 h）0.03 mg/L。蜜蜂急性经口 LD$_{50}$>50 μg/只（48 h）。蚯蚓 LC$_{50}$（14 d）>1000 mg/kg 土。在 1.5 kg/hm^2 对双线隐翅虫无害。

环境行为　①动物。大鼠口服后，50%会在 8 h 内主要是通过尿的途径消除。②植物。主要通过水解异丙基生成 1,1-二甲基-3-[4-(2'-羟基-2'-丙基)苯基]脲，N-脱烷基化反应也可能发生。③土壤/环境。微生物和酶在氮气的条件下进行脱甲基化反应，并将苯基脲水解成对异丙基苯胺，在土壤中 DT$_{50}$ 为 6～28 d。在沙土中，温度从 10℃升至 30℃降解速度增大 3 倍。而在有机质土壤中，在同样的温度梯度下，降解速度增大 10 倍。

剂型　可湿性粉剂、水分散粒剂、悬浮剂、可分散油悬浮剂等。

主要生产商　Adama、Agrochem、Bayer CropScience、Bharat、Gharda、Hikal、Isochem、Sharda、Siris、UPL、安徽广信农化股份有限公司、安徽华星化工有限公司、江苏常隆农化有限公司、江苏快达农化股份有限公司、江苏省农用激素工程技术研究中心有限公司、江苏省盐城南方化工有限公司、江苏中旗科技股份有限公司、连云港市金囤农化有限公司及宁夏新安科技有限公司等。

作用机理与特点　光合作用电子传递的抑制剂。选择性苗前、苗后除草剂，亦具有选择内吸活性。药剂主要经杂草根和茎叶吸收，在导管内随水分向上传导到叶，多分布叶尖和叶缘，在绿色细胞内发挥作用，干扰光合作用的进行。在光照下不能放出氧和二氧化碳，有机物生成停止，敏感杂草因饥饿而死亡。阳光充足、温度高、土壤湿度大时有利于药效发挥，干旱时药效差。症状是敏感杂草叶尖、叶缘褪绿，叶黄，最后枯死。耐药性作物和敏感杂草因对药剂的吸收、传导和代谢速度不同而具有选择性。异丙隆在土壤中因位差，对种子发芽和根无毒性，只有在种子内贮存的养分耗尽后，敏感杂草才死亡。

应用

（1）适宜作物与安全性　通常用于冬或春小、大麦田除草，也可用于玉米等作物。异丙隆在土壤中被微生物降解，在水中溶解度高，易淋溶，在土壤中持效性比绿麦隆等其他取代脲类更短，半衰期 20 d 左右。秋季持效期 2～3 个月。长江中下游冬麦田使用时，对后茬水稻的安全间隔期不少于 109 d。异丙隆也适用于小麦、玉米套作区推广应用。

（2）防除对象　主要用于防除一年生禾本科杂草和许多一年生阔叶杂草如马唐、早熟禾、看麦娘、小藜、春蓼、兰堇、田芥菜、田菊、萹蓄、大爪草、风剪股颖、黑麦草属、繁缕及滨藜属、粟草属、苋属、矢车菊属等。

（3）应用技术　①下列情况不宜施用异丙隆：施用过磷酸钙的土地、作物生长势弱或受冻害的、漏耕地段及沙性重或排水不良的土壤。②施药应选好时机：土壤湿度高有利于根吸收传导，喷药前后降雨有利于药效发挥，土壤干旱时药效差。温度高有利于药效发挥，低温（日平均气温 4～5℃）冬小麦可能出现褪绿、抑制。施药后若遇寒流时，会加重冻害，而且随用药量的升高而加重。因此施药应在冬前早期进行。寒流来前不能施药。③为扩大杀草谱，提高对小麦的安全性，异丙隆可与吡氟草胺、2 甲 4 氯等药剂混用。

（4）使用方法　异丙隆主要通过根部吸收，可作播后苗前土壤处理，也可作苗后茎叶处理。使用剂量为：1000～1500 g (a.i.)/hm² ［亩用量为 66.7～100 g (a.i.)］。以麦田为例，播后苗前处理一般在小麦或大麦播种覆土后至出苗前，每亩用 75%异丙隆可湿性粉剂 100～133.3 g 对水 50 kg 均匀喷雾土表。苗后处理一般在小麦或大麦三叶期至分蘖前期，田间杂草在二至五叶期，每亩用 75%可湿性粉剂 86.7～133.3 g，对水 40 kg 左右喷雾杂草茎叶。

专利概况

专利名称　Method of selectively combating weeds with 4-isopropylphenyl ureas

专利号　GB 1407587　　　　　专利申请日　1971-04-19

专利申请人　Ciba Geigy AG。

登记情况　异丙隆在中国登记有 95%、97%、98%原药共 9 个，相关制剂 61 个。主要用于水稻、小麦，防治对象为一年生杂草。部分登记情况见表 3-88。

表 3-88　异丙隆在中国部分登记情况

登记证号	农药名称	剂型	含量	登记场所	防治对象	亩用药量（制剂）	施用方法	登记证持有人
PD20190161	异丙隆	水分散粒剂	75%	冬小麦田	一年生杂草	80～120 g	茎叶喷雾	江苏快达农化股份有限公司
PD20190132	异丙隆	悬浮剂	50%	冬小麦田		100～150 mL	茎叶喷雾	安徽科苑植保工程有限责任公司
PD20190096	吡酰·异丙隆	可分散油悬浮剂	60%	冬小麦田		100～130 mL	茎叶喷雾	英国捷利诺华有限公司
PD20170571	异丙隆	可湿性粉剂	50%	小麦田		120～180 g	茎叶喷雾	山东先达农化股份有限公司

续表

登记证号	农药名称	剂型	含量	登记场所	防治对象	亩用药量（制剂）	施用方法	登记证持有人
PD20172794	异丙隆	原药	97%					江苏省农用激素工程技术研究中心有限公司
PD20161193	异丙隆	原药	97%					江苏中旗科技股份有限公司

合成方法　异丙隆的合成方法主要有以下两种：

（1）光气法　以异丙苯为起始原料，硝化制得对硝基异丙苯，再还原成对氨基异丙苯，然后与光气反应生成异丙苯基异氰酸酯，最后与二甲胺反应制得异丙隆。反应式如下：

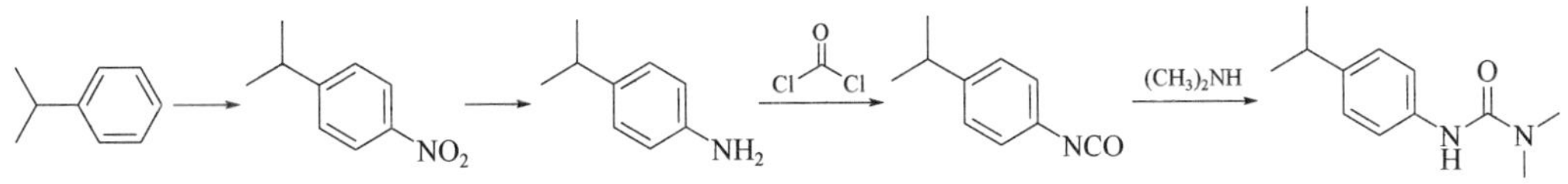

或通过如下反应制得目的物：

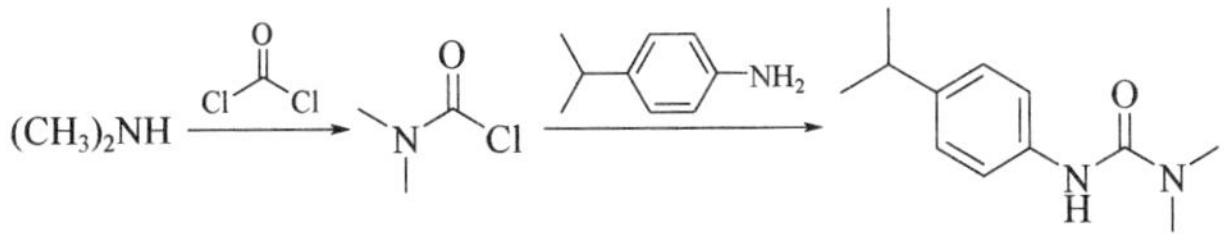

（2）非光气法　以尿素代替光气在水溶液中与对异丙基苯胺反应，生成中间体对异丙基苯脲，然后加二甲胺水溶液反应，得到异丙隆，总收率达76%。反应式如下：

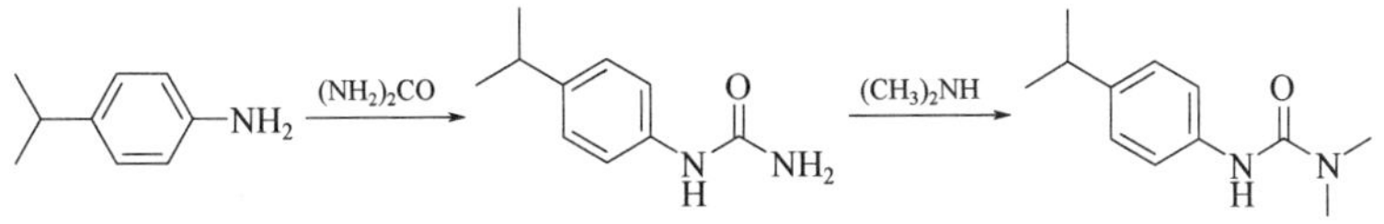

或将对异丙基苯胺与三氯乙酰氯反应制得对异丙基三氯乙酰苯胺，在无机碱的催化作用下再与二甲胺，于60~80℃反应30 min，得到高收率（95%）的异丙隆。反应式如下：

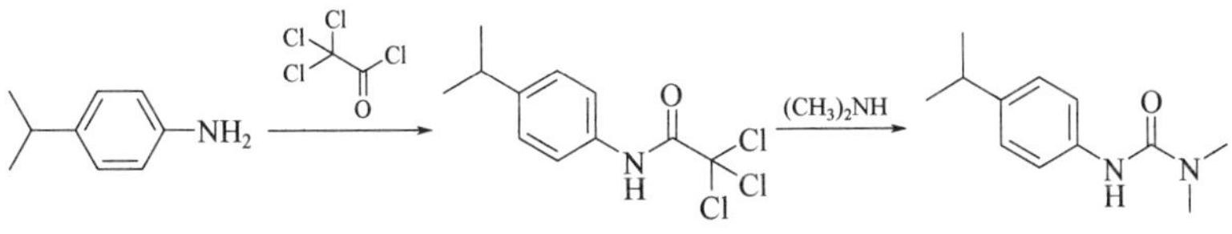

参考文献

[1]　The Pesticide Manual.17 th edition: 658-659.

[2]　于丹. 农化市场十日讯, 2012(35): 31.

利谷隆（linuron）

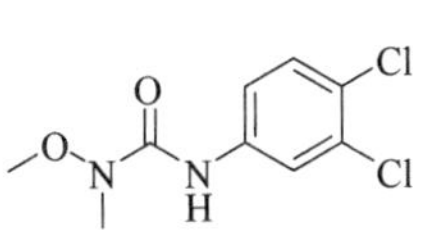

$C_9H_{10}Cl_2N_2O_2$，249.1，330-55-2

利谷隆（试验代号：DPX-Z0326、AE F002810、Hoe 02810，商品名称：Afalon、Afalox、Daka、Linex、Linurex、Lorox、Siolcid，其他名称：直西龙）1962 年由 K.Hartel 报道除草活性，由 E. I. Du Pont de Nemours & Co.和 Hoechst AG（现 Bayer AG）推出。

化学名称 3-(3,4-二氯苯基)-1-甲氧基-1-甲基脲。英文化学名称 3-(3,4-dichlorophenyl)-1-methoxy-1-methylurea。美国化学文摘（CA）系统名称 N'-(3,4-dichlorophenyl)-N-methoxy-N-methylurea。CA 主题索引名称 urea—, N'-(3,4-dichlorophenyl)-N-methoxy-N-methyl-。

理化性质 原药含量≥94%，无色结晶体。熔点 93～95℃，蒸气压（mPa）：0.051（20℃），7.1（50℃），分配系数 $\lg K_{ow}$=3.0，Henry 常数 2.0×10^{-4} Pa·m³/mol（计算值），相对密度 1.49（20～25℃）。溶解度（20～25℃）：水 63.8 mg/L（pH 7）；有机溶剂（g/L）：丙酮 400，苯、乙醇 150，二甲苯 130。在熔点下以及中性介质中稳定，在酸或碱性介质及高温条件下水解。

毒性 大鼠急性经口 LD_{50}1500～5000 mg/kg，急性经皮 LD_{50}＞2000 mg/kg。对豚鼠皮肤无致敏性。大鼠急性吸入 LC_{50}（4 h）＞4.66 mg/L 空气。NOEL 狗（1 年）25 mg/L（0.9 mg/kg 饲喂）。大鼠肿瘤促进剂。ADI/RfD（EC）0.003 mg/kg（2003），（EPA）cRfD 0.008 mg/kg（1995）。

生态效应 山齿鹑急性经口 LD_{50} 940 mg/kg，饲喂 LC_{50}（8 d）：野鸭 3438 mg/L，环颈雉 3438 mg/L，日本鹌鹑 5000 mg/L，从不同研究结果获得数据野鸭 LC_{50}（8 d）＞5000 mg/kg。鱼 LC_{50}（96 h，mg/L）：虹鳟鱼 3.15，鲇鱼＞4.9。水蚤 LC_{50}（48 h，mg/L）：0.75，0.12（独立研究）。藻类 EAC 0.015 mg/L（微环境研究）。糠虾 LC_{50}（96 h）3.4 mg/L，NOEC 2.1 mg/L。蜜蜂 LD_{50}（经口）＞128 μg/只。蚯蚓 LC_{50}＞1000 mg/kg 土壤。对陆栖的有益节肢动物无害。

环境行为 ①动物。主要代谢物为去甲基化和去甲氧基化产物。②植物。植物体内代谢亦通过去甲基化和去甲氧基化。③土壤/环境。生物降解是利谷隆在土壤中消解的主要因素。大田 DT_{50} 2～5 个月。土壤中 DT_{50} 38～67 d。土壤吸收 K_{oc} 500～600。

剂型 可湿性粉剂、乳油、悬浮剂。

主要生产商 Aako、Adama、Drexel、DuPont、Rainbow。

作用机理与特点 光合作用抑制剂。选择性芽前、芽后脲类除草剂。具有内吸和触杀作用。主要通过杂草的根部吸收，也可被叶片吸收。

应用

（1）适用作物 大豆、玉米、高粱、棉花、马铃薯、胡萝卜、芹菜、水稻、小麦、花生、甘蔗、果树、葡萄以及苗圃等地。

（2）防治对象 稗草、牛筋草、狗尾草、马唐、蓼、藜、马齿苋、鬼针草、苋菜、猪殃殃、眼子菜、豚草等。

（3）使用方法 大豆、玉米、高粱地，每公顷用 50%可湿性粉剂 2250～3000 g 进行苗前土壤处理；或用 1200 g 加 1500 g 48%甲草胺乳油喷雾土壤处理；也可与异丙甲草胺、毒草胺混用；大豆田还可与氯乐灵混用土壤处理。大豆田使用，要求播种深度为 4～5 cm，过浅易产生药害。棉田使用，每公顷用 50%可湿性粉剂 1875～2250 g 进行播后苗前土壤处理，过量，易产生药害。冬小麦田使用，播后苗前每公顷用 1500～1950 g 喷雾土壤处理。水稻田，每公顷用 1200～1500 g 防治眼子菜。苗后茎叶处理，药液中加入 0.6%表面活性剂，喷药位置不得超过作物高度的 1/3，防止药液落到作物叶面上产生药害。

（4）注意事项 土壤有机质含量低于 1%或高于 5%的田块不宜使用；沙性重、雨水多的地区不宜使用。敏感作物有甜菜、向日葵、甘蓝、莴苣、甜瓜、小萝卜、烟草、茄子、辣椒等。喷雾器具使用后要清洗干净。

专利概述

专利名称　Method for the preparation of novel urea derivatives

专利号　DE 1028986　　　　专利申请日　1956-01-17

专利申请人　Hoechst AG

其他相关专利　GB852422。

登记情况　江苏瑞邦农化股份有限公司曾在 2014 年获得过 97%利谷隆原药和 500 g/L 悬浮剂的正式登记，2019 年已过期。

合成方法　由 3,4-二氯苯胺制得 3,4-二氯苯异氰酸酯后与硫酸羟胺反应生成 3,4-二氯苯羟基脲，然后与硫酸二甲酯反应制得利谷隆。

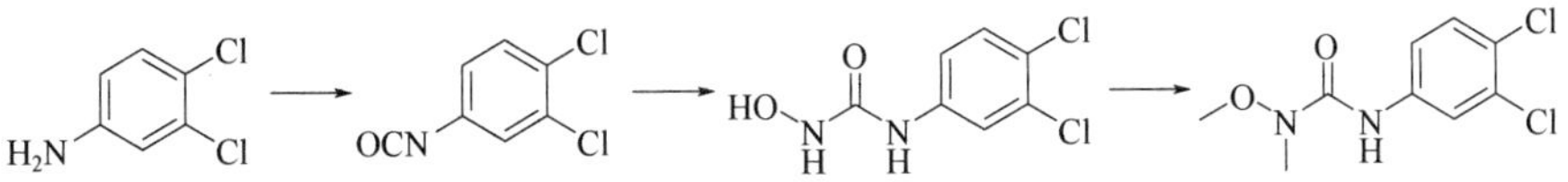

参考文献

[1] The Pesticide Manual.17 th edition: 682-683.

甲基苯噻隆（methabenzthiazuron）

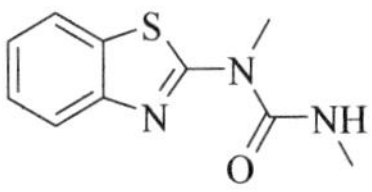

C$_{10}$H$_{11}$N$_3$OS，221.3，18691-97-9

甲基苯噻隆（试验代号：Bayer 74283、S 25128，商品名称：Tribunil，其他名称：methibenzuron、噻唑隆、冬播隆、科播宁、甲苯噻隆）1969 年由 H.Hack 报道其除草活性，1968 年由 Bayer AG 开发。

化学名称　1-(1,3-苯并噻唑-2-基)-1,3-二甲基脲。英文化学名称 1-(1,3-benzothiazol-2-yl)-1,3-dimethylurea 或 1-benzothiazol-2-yl-1,3-dimethylurea。美国化学文摘（CA）系统名称 N-2-benzothiazolyl-N,N'-dimethylurea。CA 主题索引名称 urea—，N-2-benzothiazolyl-N,N'-dime-thyl-。

理化性质　无色无味晶体。熔点 119～121℃，蒸气压（mPa）：5.9×10^{-3}（20℃），1.5×10^{-2}（25℃），分配系数 lgK_{ow}=2.64，Henry 常数 2.21×10^{-5} Pa·m^3/mol（计算值）。溶解度（20～25℃）：水 59.0 mg/L；有机溶剂（g/L）：丙酮 115.9、甲醇 65.9、N,N-二甲基甲酰胺（DMF）约 100、二氯甲烷＞200、异丙醇 20～50、甲苯 50～100、己烷 1～2。强酸强碱中不稳定；DT$_{50}$（22℃）＞1 年（pH 4～9）。直接光解速率非常慢（DT$_{50}$＞1 年）；腐殖质能提高光降解速度。

毒性　急性经口 LD$_{50}$（mg/kg）：大鼠＞5000，小鼠和豚鼠＞2500，兔、猫和狗＞1000。大鼠急性经皮 LD$_{50}$ 5000 mg/kg。对兔的皮肤和眼睛无刺激。大鼠吸入 LC$_{50}$（4 h）5.12 mg/L 空气（粉尘）。NOEL（2 年，mg/kg 饲料）：大鼠、小鼠 150，狗 200。

生态效应　LC$_{50}$（96 h，mg/L）：虹鳟鱼 15.9，圆腹雅罗鱼 29。水蚤 LC$_{50}$（48 h）30.6 mg/L。对蜜蜂无毒。

环境行为　①动物。在大鼠体内 ^{14}C 甲基苯噻隆迅速代谢，放射性标记物随尿液排出，48 h 内会代谢 97%。其代谢作用包括侧链水解，环羟基化以及与硫酸酯形成配合物。主要代谢物是 6-羟基-(2-甲基氨基)-苯并噻唑和 6-羟基-N-苯并噻唑基-N-甲基-N'-甲基脲以及它们相应的硫酸酯。②植物。在数种植物体内发现相同的代谢物。主要代谢物是 1-羟甲基-3-甲基-3-(苯并噻唑-2-基)脲及其配糖体、3-(苯并噻唑-2-基)脲。③土壤/环境。甲基苯噻隆被土壤强烈吸附，残留活性期约 3 个月。

剂型 可湿性粉剂。

主要生产商 拜耳公司。

作用机理与特点 通过抑制植物光合作物中的希尔反应，达到除草目的。芽前、芽后用于防除麦类、豆类中杂草的广谱除草剂，对许多单子叶、双子叶杂草均有良好的防除作用。主要通过根部吸收，杂草在施药后 14～20 d 内死亡。

应用 主要用于小麦等冬谷作物，豌豆等豆科作物及洋葱、蔬菜等作物，防除阔叶杂草和禾本科杂草。也与其他物质混用于葡萄园和果园。麦田除草用药量 1.5～2.25 kg/hm^2，豆田除草 1.43～2.85 kg/hm^2。由于药剂主要通过根部吸收，所以施药时土壤应湿润。对由根系繁殖的杂草无效。对后茬作物较安全。不宜施用于春大麦。

专利概况

专利名称 Method for selective weed control in barley or wheat cultivation

专利号 GB 1085430 　　　　**专利申请日** 1966-09-07

专利申请人 Bayer AG。

登记情况 江苏常隆农化有限公司曾在 2013 年获得过 96%甲基苯噻隆原药的临时登记，2015 年已过期。

合成方法 在氢氧化钠存在下，苯胺与二硫化碳反应生成苯氨基硫代甲酸钠，再与一甲胺反应制得 N-苯基-N'-甲基硫脲。随后与硫酰氯反应生成 2-甲氨基苯并噻唑。最后与异氰酸甲酯反应合成甲基苯噻隆。或将 2-甲氨基苯并噻唑与甲氨基甲酰氯反应，生成甲基苯噻隆。

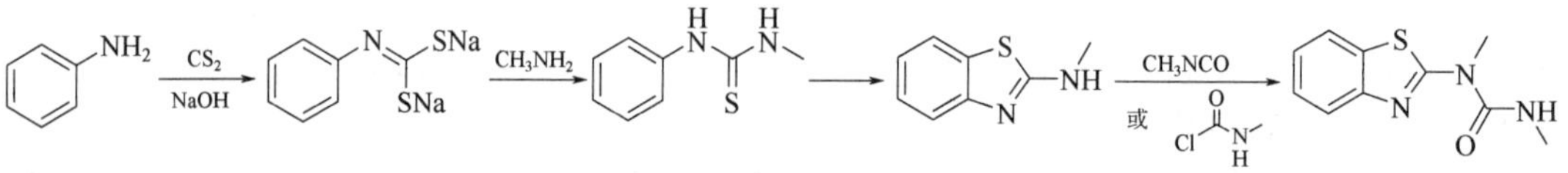

参考文献

[1] The Pesticide Manual.17 th edition: 737-738.

丁噻隆（tebuthiuron）

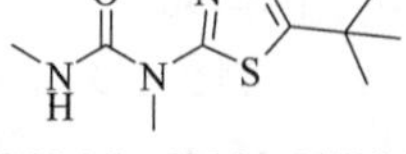

C$_9$H$_{16}$N$_4$OS，228.3，34014-18-1

丁噻隆（试验代号：EL-103，商品名称：Combine、Spike、Tebusan、Togan，其他名称：特丁噻草隆）1974 年由 J.F. Schwer 报道其除草剂，Eli Lilly & Co.（农化股权现为 Dow AgroSciences）开发。

化学名称 1-(5-叔丁基-1, 3, 4-噻二唑-2-基)-1, 3-二甲基脲。英文化学名称 1-(5-*tert*-butyl-1,3,4-thiadiazol-2-yl)-1,3-dimethylurea。美国化学文摘（CA）系统名称 *N*-[5-(1,1-dimethylethyl)-1,3,4-thiadiazol-2-yl]-*N*,*N*′-dimethylurea。CA 主题索引名称 urea—，*N*-[5-(1,1-dimethy-lethyl)-1,3,4-thiadiazol-2-yl]-*N*,*N*′-dimethyl-。

理化性质　无色无味固体。熔点 162.85℃，沸点约 275℃（分解），蒸气压 0.04 mPa（25℃），分配系数 lgK_{ow}=1.82（20℃）。溶解度（g/L，20～25℃）：水中 2.5；有机溶剂中：苯 3.7、己烷 6.1、2-甲氧基乙醇 60、乙腈 60、丙酮 70、甲醇 170、氯仿 250。稳定性：52℃时稳定（最高储存温度试验），pH 5～9 时，水介质中稳定。水解 DT_{50}（25℃）>64 d（pH 3、6、9）。

毒性　急性经口 LD_{50}（mg/kg）：雄小鼠 528，雌小鼠 620，雄大鼠 477，雌大鼠 387，兔 286，狗>500，猫>200。兔急性经皮 LD_{50}>5000 mg/kg。对皮肤和眼睛无刺激性。对皮肤无致敏性。大鼠吸入 LC_{50} 3.696 mg/L，NOEL 大鼠（2 年）40 mg/(kg·d)；LOEL 大鼠 80 mg/(kg·d)，慢性系统 NOEL 小鼠 228 mg/(kg·d)，ADI/RfD（EPA）cRfD 0.07 mg/kg（1992，1994）。对大鼠和兔试验结果表明无致畸性。

生态效应　鸡、山齿鹑和野鸭急性经口 LD_{50}>500 mg/kg。在为期一个月的饲喂试验中，鸡饲喂 1000 mg/kg 未见不良影响。LC_{50}（96 h，mg/L）：虹鳟鱼 144，金鱼和黑头呆鱼>160，蓝鳃翻车鱼 112。水蚤 LC_{50} 297 mg/L。EC_{50}（mg/L）：水华鱼腥藻 4.06，舟形藻 0.081，羊角月牙藻 0.05，中肋骨条藻 0.05，浮萍 EC_{50} 0.135 mg/L。蜜蜂 LD_{50}（经口）>100 µg/只。

环境行为　①动物。哺乳动物中的主要代谢物是由取代脲侧链的 *N*-脱甲基化形成的。②植物。在植物中的主要代谢途径包括 *N*-脱甲基化和叔丁基侧链羟基化。③土壤/环境。在土壤中发生一些微生物降解，但不是主要的降解方式。光分解和挥发作用可忽略不计。在水分含量低和有机质含量高的土壤中半衰期相对较短。吸附 K_f 值范围从 0.11（沙质土，pH 7.7，有机质含量 0.5%）到 1.82（黏土，pH 6.9，有机质含量 2.0%）。

剂型　颗粒剂、水分散粒剂、可湿性粉剂、丸剂。

主要生产商　Adama Brasil、AGROFINA、Dow AgroSciences、江苏常隆农化有限公司、江西众和生物科技有限公司以及浙江禾田化工有限公司。

作用机理与特点　光合系统 Ⅱ 受体部位的光合电子传递抑制剂。内吸性土壤除草剂，选择性低，主要通过根系吸收后在植物体内传导。

应用　广谱性除草剂，用于防除草本和木本植物（用量 0.6～4.5 kg/hm²）、一年生杂草（用量 1.3～4.5 kg/hm²），以及很多多年生杂草和阔叶杂草（用量 2.2～6.8 kg/hm²）。用途包括防除非耕地植被、草场和牧场的不可取木本植物与杂草，以及甘蔗田的禾本科杂草与阔叶杂草。不要在所需要的树木或植物附近施用。

专利概述

专利名称　Method for producing 1-(5-alkyl-1,3,4-2-yl thiadiazol-)-1,3-dialkyl urea

专利号　DE 2325332　　　　　**专利申请日**　1973-05-18

专利申请人　Eli Lilly & Co.。

登记情况　丁噻隆在中国登记有 95%、97%原药 3 个，46%悬浮剂 2 个。主要用于非耕地和森林防火道等，防治各种杂草。登记情况见表 3-89。

表 3-89　丁噻隆在中国登记情况

登记证号	农药名称	剂型	含量	登记场所	防治对象	亩用药量（制剂）	施用方法	登记证持有人
PD20184033	丁噻隆	悬浮剂	46%	非耕地	杂草	110～130 g	茎叶喷雾	杭州颖泰生物科技有限公司
PD20184029	丁噻隆	悬浮剂	46%	森林防火道	杂草	100～120 g	茎叶喷雾	浙江禾田化工有限公司

续表

登记证号	农药名称	剂型	含量	登记场所	防治对象	亩用药量（制剂）	施用方法	登记证持有人
PD20184035	丁噻隆	原药	97%					江西众和生物科技有限公司
PD20184032	丁噻隆	原药	97%					江苏常隆农化有限公司
PD20184030	丁噻隆	原药	95%					浙江禾田化工有限公司

合成方法 经如下反应制得：

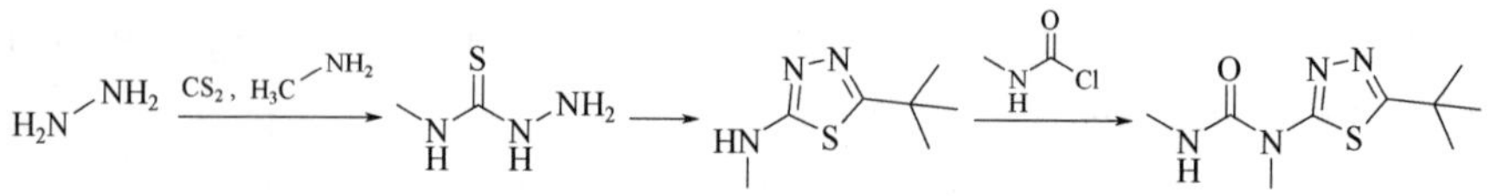

参考文献

[1] The Pesticide Manual.17 th edition: 1061-1062.

第十七节
尿嘧啶类除草剂（uracil herbicides）

尿嘧啶类除草剂有 3 个主要品种（除草定、环草定和特草定），它们都是作用于光合系统 II 的光合作用抑制剂。

除草定（bromacil）

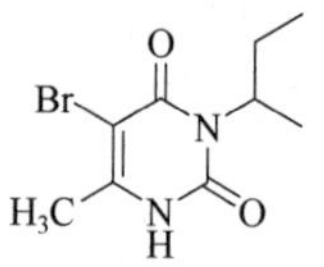

$C_9H_{13}BrN_2O_2$，261.1，314-40-9，53404-19-6(锂盐)

除草定（试验代号：DPX-N0976，商品名称：Hyvar X）1962 年 H.C.Bucha 等报道其除草性，由杜邦开发上市。2018 年美国先锋公司（AMVAC）收购拜耳在美国和加拿大的相关业务。

化学名称 5-溴-3-仲丁基-6-甲基尿嘧啶。英文化学名称 5-bromo-3-*sec*-butyl-6-methyluracil。美国化学文摘（CA）系统名称 5-bromo-6-methyl-3-(1-methylpropyl)-2,4(1*H*,3*H*)-pyrimidinedione。CA 主题索引名称 2,4(1*H*,3*H*)-pyrimidinedione—, 5-bromo-6-methyl-3-(1-methylpropyl)-。

理化性质 白色至浅褐色晶状固体。熔点 158～159℃，蒸气压 $4.1×10^{-2}$ mPa（25℃），分配系数 lgK_{ow}=1.88（pH 5），Henry 常数 $1.53×10^{-5}$ Pa·m³/mol（pH 7，计算值），pK_a(20～25℃)=9.27，非常弱的酸。相对密度 1.59（20～25℃），溶解度（20～25℃）：水 807（pH 5）、

700（pH 7）、1287（pH 9）（mg/L）；有机溶剂（g/L）：正己烷 0.23、甲苯 30、乙腈 46.5、丙酮 114、二氯甲烷 120，熔点前不分解。在强酸环境和加热条件下分解。

毒性　除草定：急性经口 LD_{50}（mg/kg）：雄大鼠 2000，雌大鼠 1300。兔急性经皮 $LC_{50}>$ 5000 mg/kg。中度刺激皮肤和眼睛。大鼠吸入 LC_{50}（4 h）>5.6 mg/L（空气），NOEL（2 年）大鼠 50 mg/L；（1 年）狗 625 mg/L，ADI/RfD（BfR）0.025 mg/kg（1989）；（EPA）RfD 0.1 mg/kg（1996）。

除草定锂盐：急性经口 LD_{50}（mg/kg）：雄大鼠 3927，雌大鼠 1414，雌雄大鼠急性经皮 $LD_{50}>5000$ mg/kg。中度刺激眼睛和皮肤。雌雄大鼠吸入 $LC_{50}>5$ mg/L。

生态效应　山齿鹑急性经口 LD_{50} 2250 mg/kg。绿头野鸭、山齿鹑饲喂 LC_{50}（8 d）>10000 mg/kg 饲料。虹鳟 LC_{50}（96 h）36 mg/L，大翻车鱼 LC_{50} 127 mg/L。NOEC（96 h）羊头原鲷 95.6 mg/L。水蚤 EC_{50}（48 h）121 mg/L。羊角月牙藻 EC_{50} 6.8 μg/L。糠虾 LC_{50}（96 h）112.9 mg/L，牡蛎幼体 EC_{50}（48 h）130 mg/L。蜜蜂 LD_{50}（接触）>193 μg/只。

环境行为　①动物/植物。主要代谢物为 5-溴-3-仲丁基-6-羟基甲基尿嘧啶（J. Agric. Food Chem, 1969, 17, 967-973）。②土壤/环境。土壤中残效期约 5 个月。

剂型　可湿性粉剂，颗粒剂。

主要生产商　Adama、Fertiagro、Rainbow、江苏绿叶农化有限公司、江苏中旗科技股份有限公司。

作用机理与特点　作用于光合作用 II 受体位置的电子传递抑制剂。主要被根部吸收，同时被茎叶少量吸收。

应用　除草定：5～15 kg/hm² 剂量下在非耕地防除杂草和灌木，也在柑橘和凤梨种植园以 1.5～8 kg/hm² 的剂量选择性防除一年生和多年生禾本科杂草和阔叶杂草。除草定锂盐：防除多种一年生和多年生杂草，剂量高达每年 7.2 kg/hm²。水溶性制剂与氨基磺酸胺、杀草强液剂不相容。含有可溶性钙盐的除草剂与除草定的水溶性制剂一起使用会产生沉淀。

专利概况

专利名称　3, 5, 6-substituted uracils

专利号　US 3352862　　　　　**专利申请日**　1965-12-27

专利申请人　E. I. Du Pont de Nemours & Co.。

登记情况　除草定在中国登记有 95%原药 2 个，80%可湿性粉剂 2 个。主要用于菠萝田和柑橘园，防治一年生和多年生杂草。登记情况见表 3-90。

表 3-90　除草定在中国登记情况

登记证号	农药名称	剂型	含量	登记场所	防治对象	亩用药量（制剂）	施用方法	登记证持有人
PD20181646	除草定	可湿性粉剂	80%	菠萝田	一年生和多年生杂草	300～400 g	定向茎叶喷雾	江苏中旗科技股份有限公司
PD20171748	除草定	可湿性粉剂	80%	柑橘园		125～290 mL	定向茎叶喷雾	江苏绿叶农化有限公司
PD20171747	除草定	原药	95%					江苏绿叶农化有限公司
PD20131726	除草定	原药	95%					江苏中旗科技股份有限公司

合成方法　经如下反应制得除草定：

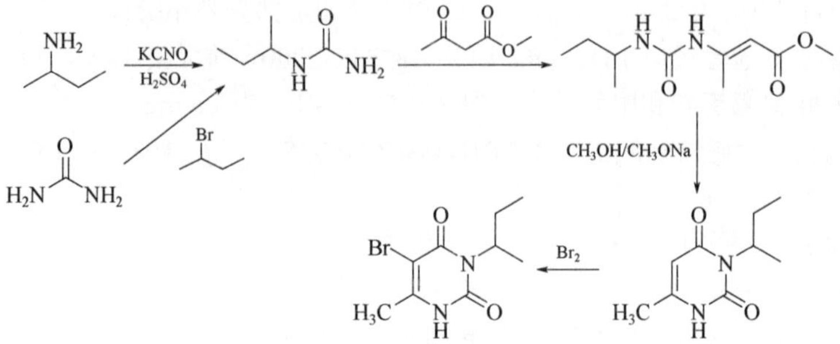

参考文献

[1] The Pesticide Manual.17 th edition: 128-130.

环草定（lenacil）

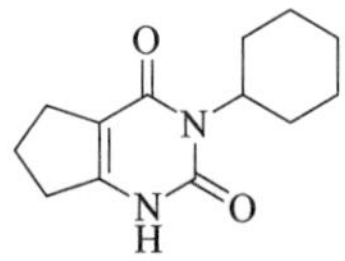

C₁₃H₁₈N₂O₂，234.3，2164-08-1

$C_{13}H_{18}N_2O_2$，234.3，2164-08-1

环草定（试验代号：DPX-B634，商品名：Lenazar、Sepang、Venzar、Volcano）1964 年由 G. W. Cussans 等报道除草活性，由杜邦公司开发。

化学名称　3-环己基-1, 5, 6, 7-四氢环戊嘧啶-2,4-(3H)二酮。英文化学名称 3-cyclohexyl-1,5,6,7-tetrahydrocyclopentapyrimidine-2,4(3H)-dione。美国化学文摘（CA）系统名称 3-cyclo-hexyl-6,7-dihydro-1H-cyclopentapyrimidine-2,4(3H,5H)-dione。CA 主题索引名称 1H-cyclopen-tapyrimidine-2,4(3H,5H)-dione—, 3-cyclohexyl-6,7-dihydro-。

理化性质　原药纯度 98.9%～99%，白色结晶固体。熔点＞270℃，蒸气压 1.7×10^{-6} mPa（25℃），分配系数 $\lg K_{ow}$=2.31，Henry 常数 1.3×10^{-7} Pa·m³/mol（计算值），pK_a(20～25℃)=10.3，属于弱酸，相对密度 1.31（20～25℃）。水中溶解度（mg/L，20～25℃）：3（pH 5～9）；有机溶剂：甲苯 80、正己烷 1.3、丙酮 500、甲醇 1500、乙酸乙酯 690、二氯甲烷 2000。270℃以下稳定，在酸性水溶液中稳定，遇热碱分解。

毒性　大鼠急性经口 LD_{50}＞5000 mg/kg。兔急性经皮 LD_{50}＞5000 mg/kg。对兔的眼睛有中度刺激（可湿性粉剂），不刺激皮肤。大鼠吸入 LC_{50}（1 h）＞5.12 mg/L，NOEL 大鼠饲喂 2 年 250 mg/L［相当于雄大鼠 12.0 mg/(kg·d)，雌性大鼠 15.9 mg/(kg·d)］，ADI/RfD（EC）0.142 mg/kg（2010）。无致癌性，无胚胎毒性，不致畸。

生态效应　野鸭和山齿鹑急性经口 LD_{50}＞2000 mg/kg。山齿鹑饲喂 LC_{50}（8 d）＞1088 mg/kg。大翻车鱼 LC_{50}（96 h）100～1000 m/L，鲦鱼和虹鳟 LC_{50}＞2.0 mg/L。鳟鱼 LC_{50}（21 d）＞2.3 mg/L。水蚤 LC_{50}（48 h）＞8.4 mg/L。羊角月牙藻 EC_{50}（96 h）6.5 μg/L。浮萍 EC_{50}（7 d）29 μg/L。蜜蜂 LD_{50}（接触）＞2.5 μg/只，蚯蚓 LC_{50}＞1000 mg/L。

环境行为　①植物。在糖用甜菜中羟基化，然后与葡萄糖共轭。②土壤环境。土壤中的降解包括环草定上环戊烯环的氧化。③土壤。DT_{50} 82～150 d；K_d 0.63～4.6；K_{oc} 136～417。

剂型 悬浮剂，可湿性粉剂。

主要生产商 DuPont、Punjab、Schirm。

作用机理与特点 光系统Ⅱ受体部位的光合作用电子传递抑制剂。选择性、内吸性除草剂，主要通过根部吸收，然后传导到芽苗嫩枝和根尖而抑制植物生长。

应用 用于糖用甜菜、饲料甜菜、甜菜根、红薯、菠菜、草莓、亚麻、黑婆罗门参、观赏植物和灌木，防除一年生禾本科杂草和阔叶杂草。种植前与土壤混合或苗前施用，剂量 $0.12 \sim 2.7$ kg/hm²。

专利概况

专利名称 Control of undesirable vegetation

专利号 US 3235360   专利申请日 1962-10-22

专利申请人 E. I. Du Pont de Nemours & Co.。

合成方法 经如下反应制得：

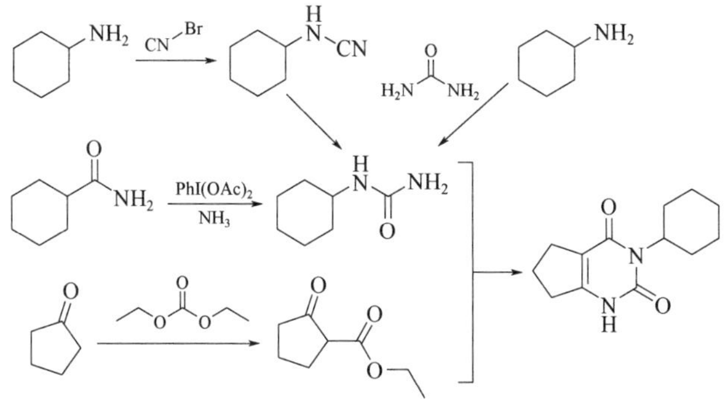

参考文献

[1] The Pesticide Manual.17 th edition: 679-680.

特草定（terbacil）

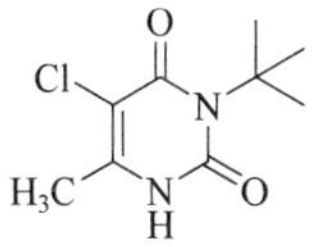

$C_9H_{13}ClN_2O_2$，216.7，5902-51-2

特草定（试验代号：DPX-D732）1962 年 H. C. Bucha 等报道其除草性，由杜邦开发，1966 年首次在美国登记。2007 年权益转给 Tessenderlo Kerley, Inc.。

化学名称 3-叔丁基-5-氯-6-甲基尿嘧啶。英文化学名称 3-*tert*-butyl-5-chloro-6-methyluracil。美国化学文摘（CA）系统名称 5-chloro-3-(1,1-dimethylethyl)-6-methyl-2,4(1*H*,3*H*)-pyrimidine-dione。CA 主题索引名称 2,4(1*H*,3*H*)-pyrimidinedione—, 5-chloro-3-(1,1-dimethylethyl)-6-methyl-。

理化性质 原药含量 97%，无色晶体。熔点 $175 \sim 177$℃，在熔点以下开始升华。蒸气压 0.0625 mPa（29.5℃），分配系数 $\lg K_{ow}$=1.91，Henry 常数 1.3×10^{-5} Pa·m³/mol（计算值），相对密度 1.34（$20 \sim 25$℃），pK_a（$20 \sim 25$℃）=9.5。溶解度（$20 \sim 25$℃）：水中 710 mg/L；有机溶剂中（g/L）：二甲基甲酰胺 320、环己酮 210、甲基异丁基酮 97、乙酸丁酯 77、二甲苯 56；微溶于

矿物油和脂肪烃，易溶于强碱水溶液。稳定性：熔点以下稳定，室温下碱性介质中稳定。在避光环境下，水溶液（pH 约 6，25℃）及含 0.05 mol/L 三氯化铁的水溶液中（pH 约 2），稳定期 31 d。暴露于人工日光下稳定期为 14 d（连续暴晒，25℃），避光保存稳定期 14 d（25℃，54℃）。

毒性　大鼠急性经口 LD_{50} 934 mg/kg。兔急性经皮 $LD_{50}>2000$ mg/kg。对眼睛中度刺激，对皮肤有轻微刺激性，对皮肤无致敏性。大鼠吸入 LC_{50}（4 h）>4.4 mg/L，NOEL 大鼠和狗（2 年）250 mg/kg（饲料），ADI/RfD（EPA）cRfD 0.013 mg/kg（1989，1998）。

生态效应　饲喂 LC_{50}（8 d）：北京鸭>56000 mg/kg（饲料），小山鸡>31450 mg/kg（饲料）。虹鳟 LC_{50}（96 h）46.2 mg/L。水蚤 LC_{50}（48 h）68 mg/L。招潮蟹 LC_{50}（48 h）>1000 mg/L。对蜜蜂无毒。

环境行为　①动物。主要生物降解途径是 6-甲基的羟基化以及羟基基团取代 5-氯基团。②植物。施药 6~8 个月后，在紫花苜蓿中仍能检测到 12%的特草定及其代谢物。③土壤/环境。在潮湿土壤中被微生物分解。以 4.5 kg/hm² 剂量施药 5~7 个月后，土壤表层仍有 50%特草定。

剂型　可湿性粉剂。

主要生产商　DuPont。

作用机理与特点　作用于光合作用Ⅱ受体位置的电子传递抑制剂。选择性除草剂，主要通过根部吸收，通过叶片和茎吸收较少。

应用　用于苹果、柑橘、苜蓿、桃和甘蔗，选择性防除多种一年生和一些多年生杂草，用量 0.5~4 kg/hm²（根据实际施用面积）；也用于防除柑橘地里的狗牙根和假高粱，用量 4~8 kg/hm²。

专利概况

专利名称　Method for the control of undesirable vegetation

专利号　US 3235357　　　　　　专利申请日　1962-08-17

专利申请人　E. I. Du Pont de Nemours & Co.。

合成方法　经如下反应制得：

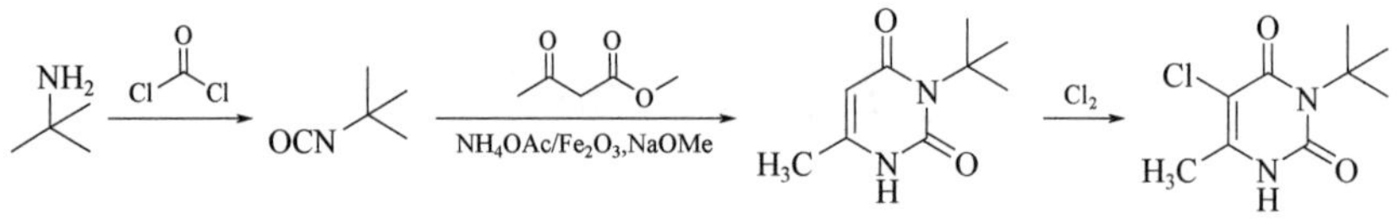

参考文献

[1] The Pesticide Manual.17 th edition: 1072-1073.

第十八节

氨基甲酸酯类除草剂

（carbamate herbicides）

氨基甲酸酯类除草剂主要品种有 3 个，其中双酰草胺（carbetamide）抑制微管组织，甜菜安（desmedipham）和甜菜宁（phenmedipham）为光合作用抑制剂。

双酰草胺（carbetamide）

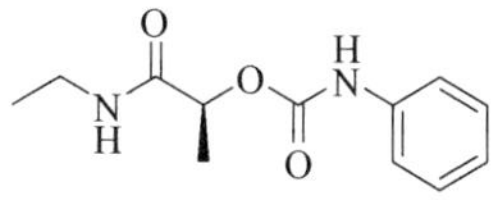

$C_{12}H_{16}N_2O_3$，236.3，16118-49-3

双酰草胺（试验代号：11561 RP，商品名称：Carburame、Kartouch、Legurame，其他名称：卡草胺、草长灭）1963 年由 J. Desmoras 等报道其除草活性，Rhone-Poulenc 农化（现 Bayer AG）开发上市，2000 年该品种业务售予 Feinchemie Schwebda GmbH。

化学名称 (*R*)-1-(乙基氨基甲酰)乙基苯氨甲酸。英文化学名称(*R*)-1-(ethylcarbamoyl)ethyl carbanilate。美国化学文摘（CA）系统名称(2*R*)-*N*-ethyl-2-[[(phenylamino)carbonyl]oxy]propanamide。CA 主题索引名称 propanamide—, *N*-ethyl-2-[[(phenylamino)carbonyl]oxy]-(2*R*)-。

理化性质 无色晶体。熔点 119℃。溶解度（g/L，20～25℃）：水中约 3.5；有机溶剂：丙酮 900、二甲基甲酰胺 1500、乙醇 850、甲醇 1400、环己烷 0.3。普通储存条件下稳定。

毒性 急性经口 LD_{50}（mg/kg）：大鼠＞2000，小鼠 1720，狗 900。兔急性经皮 LD_{50}＞500 mg/kg。对兔的皮肤和眼睛无刺激性。大鼠吸入 LC_{50}（4 h）＞0.13 mg/L（空气），NOEL（饲喂 90 d）大鼠：3200 mg/kg（饲料），狗 12800 mg/kg（饲料）。ADI/RfD（BfR）0.03 mg/kg（1991）。

生态效应 山齿鹑急性经口 LD_{50}＞2000 mg/kg。虹鳟、普通鲤鱼 LC_{50}（96 h）＞100 mg/L。水蚤 EC_{50}（48 h）36.5 mg/L。蚯蚓 LC_{50} 600 mg/kg 土。

环境行为 ①植物。迅速代谢，植株体内无残留。②土壤/环境。土壤中被微生物降解，DT_{50} 约 1 个月。低温下残效期 2～3 个月。K_d 范围从 0.10（0.01% o.m.，pH 6.6）～7.92（16.9% o.m.，pH 6.8）。

剂型 乳油、可湿性粉剂。

主要生产商 Aako、Feinchemie Schwebda。

作用机理与特点 有丝分裂抑制剂（微管组织）。选择性除草剂，被根部和叶部吸收。

应用 在三叶草、苜蓿、红豆草、芸薹、大田豆类、干豆类、小扁豆、甜菜、油菜、苦苣、向日葵、香菜、草莓、藤蔓、果园中防除一年生禾本科杂草（包括自生谷物）和一些阔叶杂草，剂量 2 kg/hm²。

专利概况

专利名称 Carbamic esters

专利号 US 3177061　　　　　专利申请日 1962-10-04

专利申请人 Rhone-Poulenc SA。

合成方法 双酰草胺主要合成方法如下：

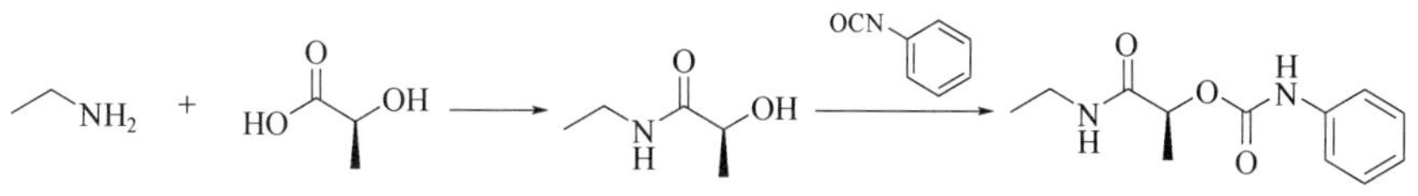

参考文献

[1] The Pesticide Manual.17 th edition: 161-162.

367

甜菜安（desmedipham）

C$_{16}$H$_{16}$N$_2$O$_4$，300.3，13684-56-5

甜菜安（试验代号：EP 475、SN 38107、ZK 14494，商品名称：Betanal AM、Kemifam，其他名称：DMP）是由 Schering AG（现拜耳公司）公司开发的氨基甲酸酯类除草剂。

化学名称 3-苯基氨基甲酰氧基苯氨基甲酸乙酯。英文化学名称 ethyl 3-phenylcarbamoyloxyphenylcarbamate 或 ethyl 3'-phenylcarbamoyloxycarbanilate 或 3-ethoxycarbonylaminophenylphenylcarbamate。美国化学文摘（CA）系统名称 ethyl [3-[[(phenylamino)carbonyl]oxy]phenyl]carbamate。CA 主题索引名称 carbamic acid—, [3-[[(phenylamino)carbonyl]oxy]phenyl]-ethyl ester。

理化性质 原药纯度 97.5%，无色结晶。熔点 120℃，蒸气压 4×10^{-5} mPa（25℃），分配系数 lgK_{ow}=3.39（pH 5.9），Henry 常数 4.3×10^{-7} Pa·m^3/mol。溶解度（20～25℃）水中 7 mg/L（pH 7），有机溶剂中（g/L）：易溶于极性溶剂，丙酮 400，异佛尔酮 400，苯 1.6，氯仿 80，二氯甲烷 17.8，乙酸乙酯 149，己烷 0.5，甲醇 180，甲苯 1.2。在酸性环境中稳定，在中性和碱性环境中易水解。在 70℃下能保持 2 年，在 pH 3.8，波长≥280 nm 的光照下，水溶液 DT$_{50}$ 224 h，水解作用 DT$_{50}$：70 d（pH 5），20 h（pH 7），10 min（pH 9）。

毒性 急性经口 LD$_{50}$（mg/kg）：大鼠>10250，小鼠>5000。兔急性经皮 LD$_{50}$>4000 mg/kg，对皮肤无致敏，大鼠吸入 LC$_{50}$（4 h）>7.4 mg/L。在两年的饲养试验中，NOEL [2 年，mg/(kg·d)]：大鼠 3.2，小鼠 22。ADI/RfD（EC）0.03 mg/kg（基于大鼠 2 年研究）（2004），（EPA）RfD 0.04 mg/kg（1996）。

生态效应 山齿鹑和野鸭 LC$_{50}$（14 d）>2000 mg/kg，野鸭和山齿鹑饲喂 LC$_{50}$（8 d）>5000 mg/kg。鱼毒 LC$_{50}$（96 h，mg/L）：虹鳟鱼 1.7，大翻车鱼 3.2。水蚤 LC$_{50}$（48 h）1.88 mg/L。藻类 IC$_{50}$（72 h）0.061 mg/L。对蜜蜂无毒，LD$_{50}$>50 μg/只。蚯蚓 LC$_{50}$（14 d）>466.5 mg/kg 干土。

环境行为 ①动物。动物口服后，80%的甜菜安和其衍生物会在 24 h 内通过尿的形式代谢掉，水解成 N-(3-羟苯基)氨基甲酸乙酯，并结合成葡萄酸酐和一些硫化物，这是新陈代谢的主要途径。②植物。在甜菜内 N-(3-羟苯基)氨基甲酸乙酯是主要的代谢物，进一步代谢成间氨基酚。③土壤/环境。DT$_{50}$ 约 34 d，DT$_{90}$<115 d，由于甜菜安会进行更进一步的代谢，因此甜菜安不会在土壤中累积，也不会被下一茬的作物吸收，由于其优良的理化性质，因此不会对地下水造成污染。K_{oc} 1500。

剂型 乳油、悬浮剂、悬乳剂。

主要生产商 Bayer CropScience、JIE、Sharda、Synthesia、UPL、广东广康生化科技股份有限公司、江苏好收成韦恩农药化工有限公司、永农生物科学有限公司、浙江东风化工有限公司及浙江富农生物科技有限公司。

作用机理与特点 作用于光合系统Ⅱ的光合作用抑制剂。

应用 苗后用于甜菜作物，特别是糖甜菜田中除草，使用剂量为 800～1000 g (a.i.)/hm^2。其他用法同甜菜宁。

专利概况

专利名称 Substituted phenylcarbamates and herbicidal preparations thereof

专利号 GB 1127050 专利申请日 1966-04-01

专利申请人 Schering AG。

登记情况 甜菜安在中国登记有96%原药5个，相关制剂6个。登记作物为甜菜，防除对象为一年生阔叶杂草。部分登记情况见表3-91。

表3-91 甜菜安在中国部分登记情况

登记证号	农药名称	剂型	含量	登记场所	防治对象	亩用药量（制剂）	施用方法	登记证持有人
PD20152361	甜菜安·宁	乳油	160 g/L	甜菜田	一年生阔叶杂草	360～408 mL	喷雾	浙江东风化工有限公司
PD20131165	安·宁·乙呋黄	乳油	21%	甜菜田		350～400 mL	茎叶喷雾	江苏好收成韦恩农化股份有限公司
PD20120575	甜菜安	乳油	16%	甜菜田		370～400 mL	茎叶喷雾	江苏好收成韦恩农化股份有限公司
PD20151689	甜菜安	原药	96%					广东广康生化科技股份有限公司
PD20142577	甜菜安	原药	96%					永农生物科学有限公司

合成方法 以间氨基苯酚为起始原料，与氯甲酸乙酯反应，再与苯基异氰酸酯缩合即得目的物。反应式如下：

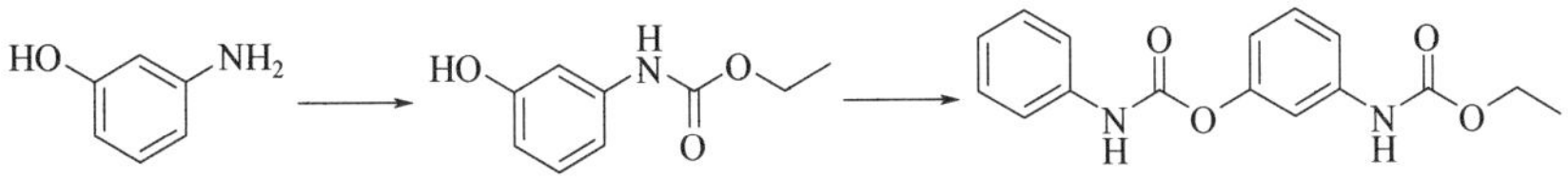

参考文献

[1] The Pesticide Manual.17 th edition: 305-306.

[2] 朱锦贤. 现代农药, 2010, 9(6): 19-20.

甜菜宁（phenmedipham）

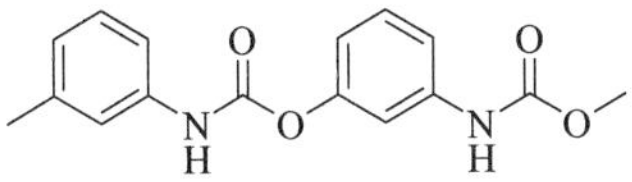

C$_{16}$H$_{16}$N$_2$O$_4$，300.3，13684-63-4

甜菜宁（试验代号：EP-452、SN 38584、ZK 15320，商品名称：Asket、Beetup、Beta、Betanal、Betapost、Betasana、Crotale、Herbasan、Kontakt、Mandolin、Spin-aid、凯米丰）是由 Schering AG(现为拜耳)公司 1968 年开发的氨基甲酸酯类除草剂。

化学名称 3-(3-甲基苯氨基甲酰氧)苯氨基甲酸甲酯。英文化学名称 3-[(methoxycarbonyl) amino]phenyl (3-methylphenyl)carbamate。美国化学文摘（CA）系统名称 3-[(methoxycarbonyl)

amino]phenyl *N*-(3-methylphenyl)carbamate。CA 主题索引名称 carbamic acid—, *N*-(3-methyl-phenyl)-3-[(methoxycarbonyl)amino]phenyl ester。

理化性质　原药纯度＞97%，无色结晶。熔点 143～144℃，蒸气压 7×10^{-7} mPa（25℃），分配系数 $\lg K_{ow}$=3.59（pH 3.9），Henry 常数 5×10^{-8} Pa·m^3/mol，相对密度 0.34～0.54（20～25℃）。溶解度（20～25℃）：水中约 4.7 mg/L（25℃），1.8 mg/L（pH 3.4，20℃）。有机溶剂中（g/L）：可溶于极性溶剂，丙酮、环己酮约 200，苯 2.5，氯仿 20，二氯甲烷 16.7，乙酸乙酯 56.3，己烷约 0.5，甲醇约 50，甲苯 0.97，2,2,4-三甲基戊烷 1.16。在 200℃ 以上或酸性条件下稳定，在中性及碱性中会水解，DT$_{50}$（22℃）：50 d（pH 5），14.5 h（pH 7），10 min（pH 9）。280 nm 照射溶液（pH 3.8）DT$_{50}$ 9.7 d。

毒性　急性经口 LD$_{50}$（mg/kg）：大鼠和小鼠＞8000，狗和豚鼠＞4000。急性经皮 LD$_{50}$（mg/kg）：大鼠 2500，兔 1000，对皮肤无致敏，大鼠急性吸入 LC$_{50}$（4 h）＞7.0 mg/L。NOEL（mg/kg 饲料）：大鼠 NOAEL（2 年）60 [3 mg/(kg·d)]，大鼠（90 d）150 [13 mg/(kg·d)]。ADI/RfD（EC）0.03 mg/kg（2004），（EPA）cRfD 0.24 mg/kg（2005）。大鼠急性腹腔注射 LD$_{50}$＞5000 mg/kg。

生态效应　家禽急性经口 LD$_{50}$（mg/kg）：鸡＞2500，野鸭＞2100。野鸭和山齿鹑饲喂 LC$_{50}$（8 d）＞6000 mg/kg 饲料。鱼类 LC$_{50}$（96 h，mg/L）：虹鳟鱼 1.4～3.0，大翻车鱼 3.98，小丑鱼 16.5（15.9%乳油）。水蚤 LC$_{50}$（72 h）3.8 mg/L。藻类 IC$_{50}$（96 h）0.13 mg/L。蜜蜂 LD$_{50}$（μg/只）：经口＞23，接触 50。蚯蚓 EC$_{50}$（14 d）＞156 mg/kg 土。

环境行为　①动物。动物口服后，99%会在 72 h 内以尿的形式排出体外。主要水解成 *N*-(3-羟基苯基)氨基甲酸甲酯，并通过结合成葡萄酸酐和硫酸盐类化合物作为主要的代谢方式。②植物。*N*-(3-羟基苯基)氨基甲酸甲酯是植物中的主要的代谢物。③土壤/环境。在土壤中 DT$_{50}$ 约 25 d，DT$_{90}$ 约 108 d。代谢物主要包括 *N*-(3-羟苯基)氨基甲酸甲酯和间氨基酚，然后和土壤部分结合。甜菜宁不会在土壤中累积，也不会被下一茬的作物吸收，由于甜菜宁有良好的理化性质，不会对地下水造成污染。K_{oc} 2400。

剂型　乳油、水分散粒剂、可溶液剂、悬浮剂。

主要生产商　Aako、Bayer CropScience、Griffin、JIE、Sharda、Synthesia、UPL Europe、广东广康生化科技股份有限公司、江苏好收成韦恩农药化工有限公司、山东潍坊润丰化工股份有限公司、永农生物科学有限公司、浙江东风化工有限公司及浙江富农生物科技有限公司。

作用机理与特点　作用于光合系统Ⅱ的光合作用抑制剂。甜菜宁为选择性苗后茎叶处理剂。对甜菜田许多阔叶杂草有良好的防除效果，对甜菜高度安全。杂草通过茎叶吸收，传导到各部分。其主要作用是阻止合成三磷酸腺苷和还原型烟酸胺腺嘌呤磷酸二苷之前的希尔反应中的电子传递作用，从而使杂草的光合同化作用遭到破坏。

应用

（1）适宜作物　甜菜作物特别是糖甜菜，草莓。甜菜可水解代谢进入体内的甜菜宁，使之转化为无害化合物，从而获得选择性。甜菜宁药效受土壤类型和湿度影响较小。

（2）防除对象　大部分阔叶杂草如藜属、豚草属、牛舌草、鼬瓣花、野芝麻、野萝卜、繁缕、荞麦蔓等，但是苋、蓼等双子叶杂草耐药性强，对禾本科杂草和未萌发的杂草无效。主要通过叶面吸收，土壤施药作用小。

（3）使用方法　苗后用于甜菜作物，特别是糖甜菜田中除草，在大部分阔叶杂草发芽后和 2～4 真叶前用药，亩用量为 66.7 g (a.i.)，一次性用药或低量分次施药。在气候条件不好、干旱、杂草出苗不齐的情况下宜于低量分次用药。也可用于草莓田除草。一次施药的剂量为每亩用 16%凯米丰或 Betanal 乳油 330～400 mL，低量分次施药，推荐每亩用商品量 200 mL，每隔 7～10 d 重复喷药一次，共 2～3 次即可，每亩对水 20 L 均匀喷雾，高温高湿有助于杂草叶片吸收。可与其他防除单子叶杂草的除草剂（如烯禾啶等）混用，以扩大杀草谱。

专利概况

专利名称　Substituted phenylcarbamates and herbicidal preparations thereof

专利号　GB 1127050　　　　专利申请日　1966-04-01

专利申请人　Schering AG。

登记情况　甜菜宁在中国登记有 96%、97%原药 6 个，相关制剂 6 个。登记作物为甜菜，防治对象为一年生阔叶杂草。部分登记情况见表 3-92。

表 3-92　甜菜宁在中国部分登记情况

登记证号	农药名称	剂型	含量	登记场所	防治对象	亩用药量（制剂）	施用方法	登记证持有人
PD20200063	甜菜安·宁	乳油	160 g/L	甜菜田	一年生阔叶杂草	300～400 mL	茎叶喷雾	广东广康生化科技股份有限公司
PD20200058	安·宁·乙呋黄	乳油	27%	甜菜田	杂草	200～300 mL		广东广康生化科技股份有限公司
PD20097068	甜菜宁	乳油	16%	甜菜田	一年生阔叶杂草	370～400 mL		江苏好收成韦恩农化股份有限公司
PD20182404	甜菜宁	原药	97%					山东潍坊润丰化工股份有限公司
PD20083731	甜菜宁	原药	97%					浙江富农生物科技有限公司

合成方法　以间氨基苯酚为起始原料，与氯甲酸甲酯反应，再与间甲基苯基异氰酸酯缩合即得目的物。反应式如下：

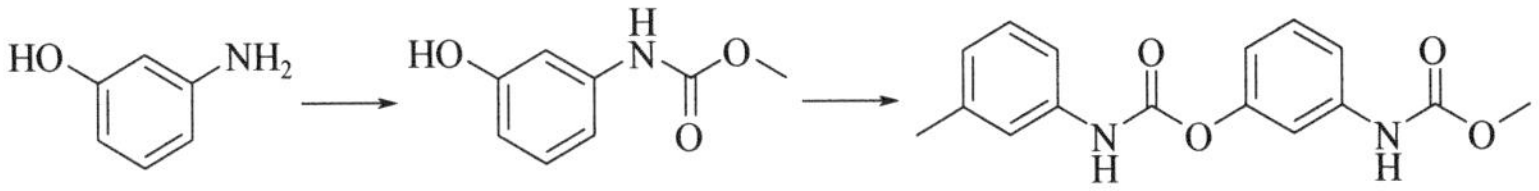

参考文献

[1] The Pesticide Manual.17 th edition: 861-862.

第十九节
硫代氨基甲酸酯类除草剂
(thiocarbamate herbicides)

硫代氨基甲酸酯类除草剂主要品种有 11 个，其中丁草敌（butylate）、哌草丹（dimepiperate）、茵草敌（EPTC）、禾草畏（esprocarb）、禾草敌（molinate）、苄草丹（prosulfocarb）、野燕畏（tri-allate）、禾草丹（thiobencarb）和灭草敌（vernolate）为超长链脂肪酸合成抑制剂，稗草畏（pyributicarb）和威百亩（metam）的作用机理未知。

丁草敌（butylate）

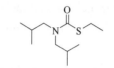

C$_{11}$H$_{23}$NOS，217.4，2008-41-5

丁草敌（试验代号：R-1910，商品名称：Anelda，其他名称：Sutan、丁草特）是 1962 年由 R. A. Gray 等报道其除草活性，Stauffer Chemical Co.（现 Syngenta AG）开发上市的硫代氨基甲酸酯类除草剂，2001 年转让给 Cedar Chemical Corp。

化学名称　二异丁基硫代氨基甲酸-*S*-乙酯。英文化学名称 *S*-ethyl bis(2-methylpropyl) carbamothioate。美国化学文摘（CA）系统名称 *S*-ethyl *N*,*N*-bis(2-methylpropyl)carbamothioate。CA 主题索引名称 carbamothioic acid—, *N*,*N*-bis(2-methylpropyl)-*S*-ethyl ester。

理化性质　纯品是具有芳香气味的无色液体，原药为琥珀色液体。沸点：137.5～138℃（2.8×10^3 Pa），71℃（133 Pa）。闪点 115℃。蒸气压 1.73×10^3 mPa（25℃）。分配系数 lgK_{ow}=4.1，Henry 常数＜10.4 Pa·m^3/mol（计算值）。相对密度 0.9402（20～25℃），溶解度：水 36 mg/L（20～25℃）；与普通有机溶剂混溶，例如丙酮、乙醇、二甲苯、甲基异丁基酮、煤油。热稳定至 200℃。强酸强碱中水解，水溶液见光分解。

毒性　大鼠急性经口 LD$_{50}$＞3500 mg/kg，兔急性经皮 LD$_{50}$＞5000 mg/kg。轻微至中度刺激兔皮肤，不刺激兔的眼睛。大鼠吸入 LC$_{50}$（4 h）5.2 mg/L（空气），NOEL（90 d）[mg/(kg·d)]：大鼠 32，狗 40。ADI/RfD（EPA）最低 aRfD 0.4 mg/kg，cRfD 0.05 mg/kg（2001），无致癌性和致畸性。

生态效应　山齿鹑饲喂 LC$_{50}$（7 d）40000 mg/kg。LC$_{50}$（mg/L，96 h）：虹鳟 4.2，大翻车鱼 6.9。

环境行为　①动物。哺乳动物经口摄入后，主要代谢物为 *N*, *N*-二烷基氨基甲酰配合物。②植物。在植物体内迅速代谢为二氧化碳、二异丁基胺、脂肪酸、胺类、脂肪酸的配合物和天然植物成分。③土壤/环境。土壤中的微生物降解涉及水解为乙硫醇、二异丁基胺和二氧化碳。DT$_{50}$1.5～10 周。土壤中残留活性约 4 个月。

剂型　乳油，颗粒剂。

主要生产商　KisChemicals。

作用机理与特点　超长链脂肪酸合成抑制剂，玉米对硫代氨基甲酸酯类的耐受性源于将其氧化为亚砜和砜类，然后与谷胱甘肽形成配合物。选择性、内吸性除草剂，被根部和胚芽鞘吸收，向顶传导，抑制分生组织的生长，抑制萌芽。

应用　防除一年生禾本科杂草和莎草，用于玉米和凤梨，种植前土壤处理剂量为 3 kg/hm^2（在防除禾本科杂草基础上进一步防除阔叶杂草的剂量为 4 kg/hm^2），与其他一些除草剂相容。

专利概况

专利名称　Certain thiolcarbamates and use as herbicides

专利号　US 2913327　　　　　专利申请日　1956-01-17

专利申请人　Stauffer Chemical Co.。

合成方法　丁草敌主要合成方法如下：

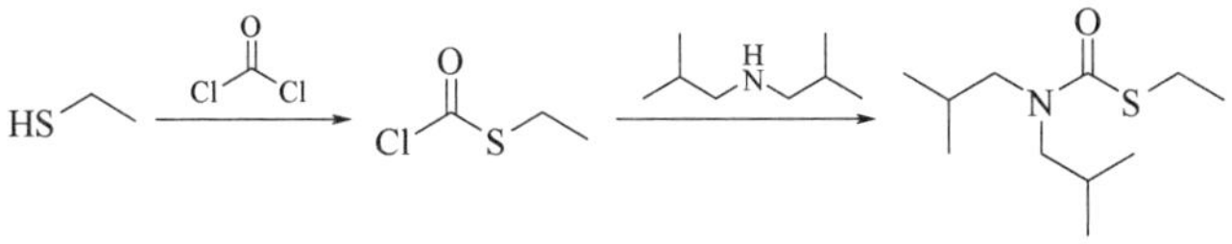

参考文献

[1] The Pesticide Manual.17 th edition: 150-151.

哌草丹（dimepiperate）

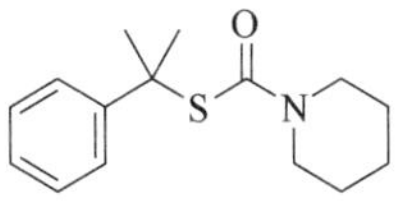

C$_{15}$H$_{21}$NOS，263.4，61432-55-1

　　哌草丹（试验代号：MY-93、MUW-1193，其他名称：优克稗、哌啶酯）由日本三菱油化公司（现为日本三菱化学集团，后售予日本农药株式会社）和 Rhône-Poulenc Yuka Agro KK（现拜耳公司）共同开发的硫代氨基甲酸酯类除草剂。

　　化学名称　S-(α,α-二甲基苄基)哌啶-1-硫代甲酸酯或 S-1-甲基-1-苯基乙基哌啶-1-硫代甲酸酯。英文化学名称 S-(α,α-dimethylbenzyl)piperidine-1-carbothioate 或 S-l-methyl-l-phenylethylpiperidine-1-carbothioate。美国化学文摘（CA）系统名称 S-(1-methyl-1-phenylethyl)-1-piperidinecarbothioate。CA 主题索引名称 1-piperidinecarbothioic acid S-(1-methyl-1-phenylethyl) ester。

　　理化性质　蜡状固体。熔点 38.8~39.3℃，沸点 164~168℃（99.8 Pa），蒸气压 0.53 mPa（30℃），分配系数 lgK_{ow}=4.02，相对密度 1.08（20~25℃）。水中溶解度（20~25℃）20 mg/L，其他溶剂中溶解度（g/L，25℃）：丙酮 6200，氯仿 5800，环己酮 4900，乙醇 4100，己烷 2000。当干燥时日光下稳定 1 年以上，其水溶液在 pH 1 和 pH 14 稳定。

　　毒性　急性经口 LD$_{50}$（mg/kg）：雄大鼠 946，雌大鼠 959，雄小鼠 4677，雌小鼠 4519。大鼠急性经皮 LD$_{50}$＞5000 mg/kg。对兔的眼睛和皮肤无刺激性作用，对豚鼠皮肤无致敏性。大鼠吸入 LC$_{50}$（4 h）＞1.66 mg/L。大鼠 NOEL（2 年）0.104 mg/kg，ADI/RfD 0.001 mg/kg。对大鼠和兔无致畸性，大鼠两代繁殖试验未见异常。

　　生态效应　家禽急性经口 LD$_{50}$（mg/kg）：雄日本鹌鹑＞2000，母鸡＞5000。鱼毒 LC$_{50}$（48 h，mg/L）：鲤鱼 5.8，虹鳟鱼 5.7。水蚤 LC$_{50}$（3 h）40 mg/L。

　　环境行为　①植物。稗草对哌草丹的吸收和转移都要比水稻明显得多。②土壤/环境。在水稻中急剧降解，DT$_{50}$＜7 d。

　　剂型　颗粒剂、乳油。

　　主要生产商　拜耳公司。

　　作用机理与特点　超长链脂肪酸合成抑制剂，属内吸传导型稻田选择性除草剂。哌草丹是植物内源生长素的拮抗剂，可打破内源生长素的平衡，进而使细胞内蛋白质合成受到阻碍，破坏细胞的分裂，致使生长发育停止。药剂由根部和茎叶吸收后传导至整个植株，茎叶由浓绿变黄、变褐、枯死，此过程需 1~2 周。

应用

（1）**适宜作物与安全性** 水稻秧田、插秧田、直播田、旱直播田。哌草丹在稗草和水稻体内的吸收与传递速度有差异，此外，能在稻株内与葡萄糖结成无毒的糖苷化合物，在稻田中迅速分解（7 d 内分解 50%），这是形成选择性的生理基础。哌草丹在稻田大部分分布在土壤表层 1 cm 之内，这对移植水稻来说，也是安全性高的因素之一。土壤温度、环境条件对药效影响作用小。由于哌草丹蒸气压低、挥发性小，因此不会对周围的蔬菜作物造成飘移危害。此外，对水层要求不甚严格，土壤饱和态的水分就可得到较好的除草效果。

（2）**防除对象** 防除稗草及牛毛草，对水田其他杂草无效。对防除二叶期以前的稗草效果突出，应注意不要错过施药适期。当稻田杂草种类较多时，应考虑与其他除草剂如 2 甲 4 氯、灭草松、苄嘧磺隆等混合使用。

（3）**使用方法** 使用剂量通常为 750～1000 g (a.i.)/hm²。

① 水稻秧田 旱育秧或湿育秧苗，施药时期可在播种前或播种覆土后，每亩用 50%乳油 150～200 mL，对水 25～30 mL 进行床面喷雾。水育秧田可在播后 1～4 d，采用毒土法施药，用药量同上。薄膜育秧的用药量应适当降低。

② 插秧田 施药时期为插秧后 3～6 d，稗草 1.5 叶期前，每亩用 50%乳油 150～260 mL，对水喷雾或拌成毒土撒施，施药后保持 3～5 cm 的水层 5～7 d。

③ 水直播田 施药时期可在水稻播种后 1～4 d 施药，施药剂量及方法同插秧田。哌草丹对只浸种不催芽或催芽种子都很安全，不会发生药害。

④ 水稻旱田 施药时期可在水稻出苗后，稗草 1.5～2.5 叶期与敌稗混用。每亩用 50%哌草丹乳油 200 mL 加 20%敌稗乳油 500～750 mL，对水 30～40 L 茎叶喷雾，对稗草、马唐等有很好的防除效果。在阔叶杂草较多的稻田，可与苄嘧磺隆或吡嘧磺隆混用：其用药为每亩 50%哌草丹乳油 150～200 mL 加 10%苄嘧磺隆或 10%吡嘧磺隆可湿性粉剂 13.3～20 g，施药应在稗草 1.0～2.0 叶期。混用后，对稗草、节节菜、鸭舌草等稻田杂草有很好的防除效果。

专利概况

专利名称　Herbicides

专利号　JP 51098331　　　　　专利申请日　1975-02-25

专利申请人　Mitsubishi Oil Co., Ltd.。

登记情况 浙江吉顺植物科技有限公司 2009 年获得过 17.2%苄嘧•哌草丹的可湿性粉剂的正式登记，用于水稻秧田和南方直播田，防治一年生单、双子叶杂草，用量 200～300 g/亩，播后 1～4 天喷雾处理。

合成方法 哌草丹主要有以下三种合成方法，反应式如下：

方法（1）：

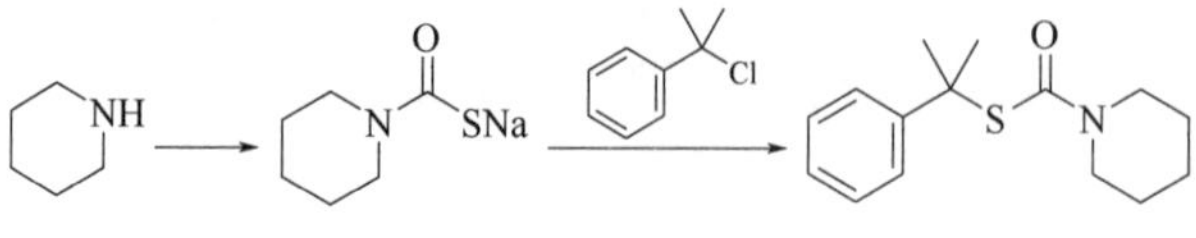

方法（2）：

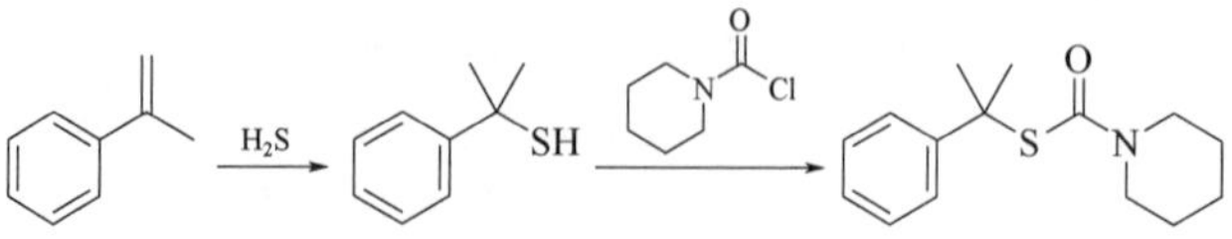

方法（3）：

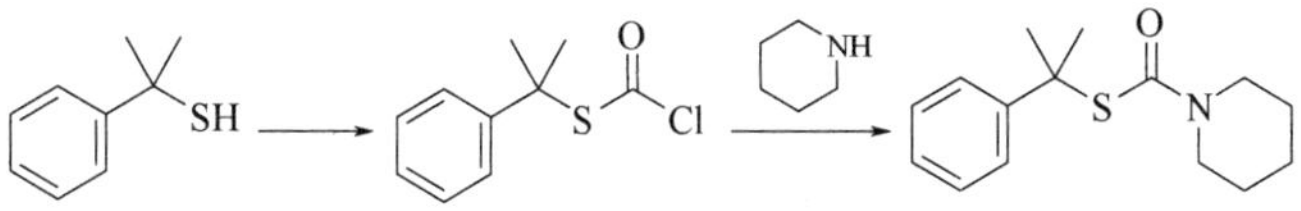

参考文献

[1] The Pesticide Manual.17 th edition: 357-358.

[2] 严海昌，丁成荣. 山东农药信息，2006(8): 26-27.

茵草敌（EPTC）

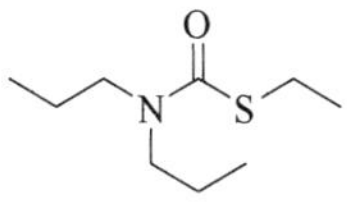

C₉H₁₉NOS，189.3，759-94-4

$C_9H_{19}NOS$，189.3，759-94-4

茵草敌［试验代号：R-1608，商品名称：Eptam、Eradicane（混剂），其他名称：扑草灭］是 1957 年由 J. Antognini 等报道其除草活性，Stauffer Chemical Co.（现 Syngenta AG）开发上市的硫代氨基甲酸酯类除草剂。

化学名称　S-乙基二丙基硫代氨基甲酸酯。英文化学名称 S-ethyl dipropyl(thiocarbamate)。美国化学文摘（CA）系统名称 S-ethyl N,N-dipropylcarbamothioate。CA 主题索引名称 carbamothioic acid—, N,N-dipropyl-S-ethyl dipropyl-。

理化性质　原药纯度95%，黄色液体。纯品为无色液体，有芳香气味。沸点127℃（2.7×10³ Pa），闪点110℃，蒸气压1×10⁴ mPa（25℃），分配系数 lgKow=3.2，Henry 常数 5.05 Pa·m³/mol（计算值），相对密度 0.9546（20～25℃）。溶解度（20～25℃）：水中 375 mg/L；与一般有机溶剂混溶，如丙酮、乙醇、异丙醇、苯、二甲苯、煤油。200℃以下稳定，遇到热的强酸水解。

毒性　大鼠急性经口LD₅₀ 2000 mg/kg。急性经皮 LD₅₀（mg/kg）大鼠＞2000，兔子约10000。对兔的眼睛有轻微至温和刺激，对豚鼠皮肤无致敏性。吸入 LC₅₀（mg/L，4 h）雄大鼠4.3，雌大鼠3.8，NOEL（2 年）小鼠 20 mg/(kg·d)，（90 d）大鼠 16 mg/(kg·d)，狗 20 mg/(kg·d)。大鼠按照 326 mg/(kg·d)饲喂 21 d 后，除了兴奋和体重减轻以外没有其他症状。无致畸性。ADI/RfD（BfR）0.05 mg/kg（1992）；（EPA）aRfD 0.67 mg/kg，cRfD 0.025 mg/kg（1990，1999）。

生态效应　山齿鹑饲喂 LC₅₀（7 d）20000 mg/kg（饲料）。虹鳟 LC₅₀（96 h）19 mg/L，大翻车鱼 LC₅₀ 14 mg/L。水蚤 LC₅₀（48 h）14 mg/L。蜜蜂 LD₅₀11 μg/只。蚯蚓 LC₅₀（14 d）267 mg/kg 土。

环境行为　①植物。植物体内茵草敌被迅速代谢为CO₂和其他代谢物。②土壤/环境。土壤中茵草敌被快速生物降解为硫醇、氨基残留物和CO₂。在温暖、潮湿土壤中4～6周分解。

剂型　乳油、颗粒剂。

主要生产商　Aolunda、CAC、KisChemicals、Oxon、Rainbow。

作用机理与特点　超长链脂肪酸合成抑制剂，玉米对硫代氨基甲酸酯类的耐受性源于将其氧化为亚砜和砜类，然后与谷胱甘肽形成配合物。选择性、内吸性除草剂，被根部和胚芽鞘吸收，向顶传导，抑制分生组织的生长，杀死萌发的杂草种子，抑制一些多年生杂草地下部分的芽的发育。

应用　防除一年生和多年生禾本科杂草（特别是茅草）、莎草属杂草和一些阔叶杂草，适用作物包括马铃薯、蚕豆、豌豆、豆科牧草和其他豆科作物、甜菜根、糖用甜菜、苜蓿、三叶草、棉花、玉米、亚麻、红薯、红花、向日葵、草莓、柑橘、杏、核桃、观赏植物、菠萝、松树苗圃和其他作物。于种植前与土壤混合，施用剂量 4.5~6.7 kg/hm²。还可与安全剂二氯丙烯胺配合使用来防除玉米田杂草。

专利概况

专利名称　Certain thiolcarbamates and use as herbicides

专利号　US 2913327　　　　　专利申请日　1956-01-17

专利申请人　Stauffer Chemical Co.。

合成方法　茵草敌主要合成方法如下：

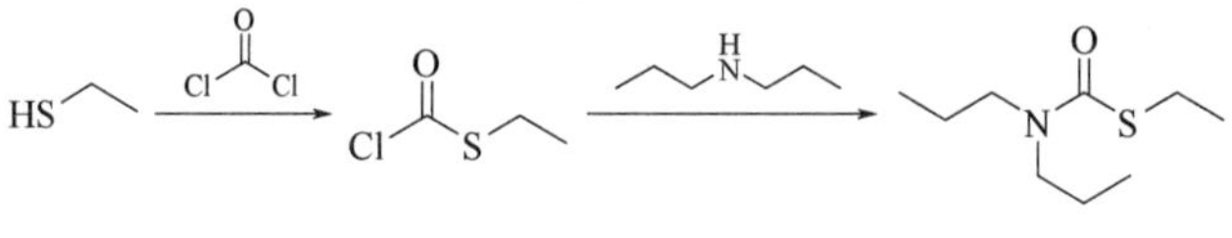

参考文献

[1] The Pesticide Manual.17 th edition: 411-412.

禾草畏（esprocarb）

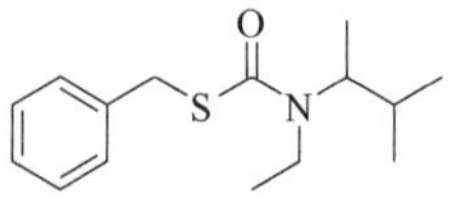

C₁₅H₂₃NOS，265.4，85785-20-2

禾草畏（试验代号：ICIA2957、SC-2957，商品名称：Bamban、Sparkstar G，其他名称：戊草丹）是由 Stauffer 公司（现先正达）开发的硫代氨基甲酸酯类除草剂，后于 2004 年售予日本日产化学株式会社。

化学名称　S-苄基 1,2-二甲基丙基(乙基)硫代氨基甲酸酯。英文化学名称 S-benzyl (RS)-(1,2-dimethylpropyl)ethyl(thiocarbamate)。美国化学文摘（CA）系统名称 S-(phenylmethyl) N-(1,2-dimethylpropyl)-N-ethylcarbamothioate。CA 主题索引名称 carbamodithioic acid—, N-(1,2-dimethylpropyl)-N-ethyl-S-(phenylmethyl) ester。

理化性质　液体。沸点 135℃（4.7×10³ Pa），蒸气压 10.1 mPa（25℃），相对密度 1.0353（20~25℃），分配系数 lgK_{ow}=4.6，Henry 常数＜0.547 Pa·m³/mol（计算值）。溶解度（20~25℃）：水中 4.9 mg/L，有机溶剂（g/L）：丙酮＞0.8、乙腈＞0.8、氯苯＞1.1、乙醇＞0.8、二甲苯＞0.9。120℃稳定，水中光解 DT₅₀ 21 d（pH 7，25℃）。

毒性　雌性大鼠急性经口 LD₅₀ 3700 mg/kg，大鼠急性经皮 LD₅₀＞2000 mg/kg，对兔的皮肤和眼睛中度刺激，对豚鼠皮肤无致敏。大鼠吸入 LC₅₀（4 h）＞4.0 mg/L 空气。NOEL [mg/(kg·d)]：（2 年）大鼠 1.1，（1 年）狗 1.0。无致畸性与致突变性。ADI/RfD（日本）0.01 mg/(kg·d)。

生态效应　日本鹌鹑急性经口 LD₅₀＞2000 mg/kg，鲤鱼 LC₅₀（96 h）1.52 mg/L。

环境行为　土壤/环境。在土中 DT₅₀ 30~70 d。

剂型　微囊悬浮剂。

主要生产商　Nissan。

作用机理与特点　超长链脂肪酸合成抑制剂。

应用　禾草畏主要用于水稻田苗前和苗后防除一年生杂草如 2～5 叶期稗草等，使用剂量为 1500～4000 g (a.i.)/hm²。少用单剂，常与其他除草剂混用。

专利概况

专利名称　*S*-benzylthiolcarbamaten and the application of it for suppression of weedses in rice plantations

专利号　BE 893944　　　　　专利申请日　1982-07-27

专利申请人　Stauffer Chemical Co.。

合成方法　禾草畏的合成主要有以下三种方法，反应式如下：

方法（1）：

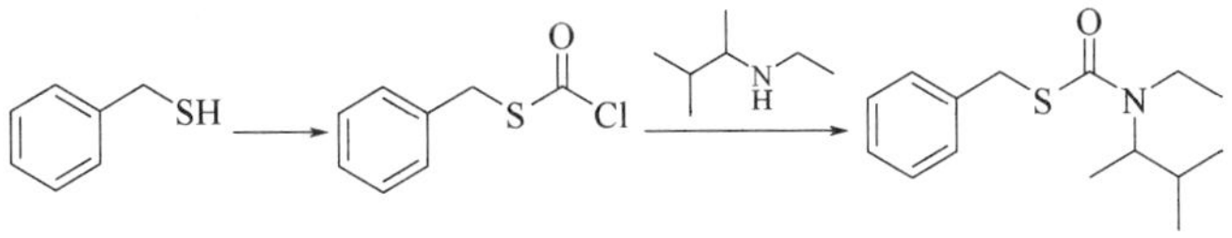

方法（2）：

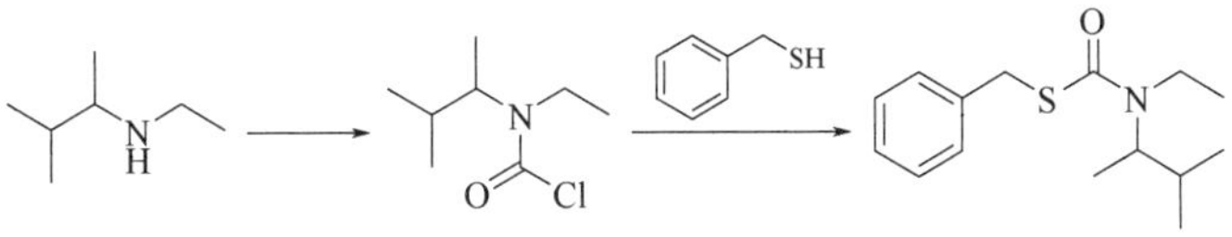

方法（3）：

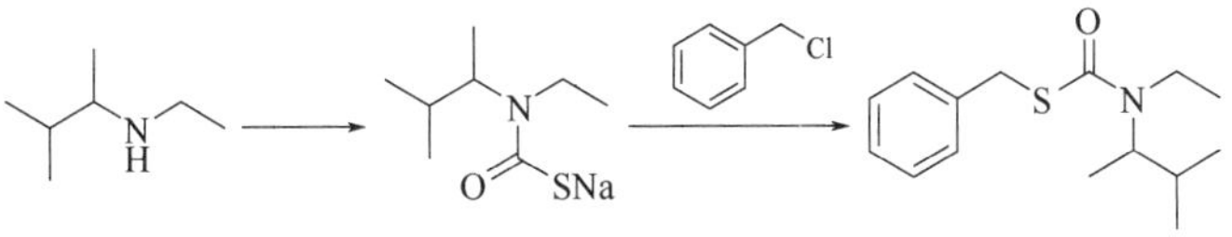

参考文献

[1] The Pesticide Manual.17 th edition: 415-416.

威百亩（metam）

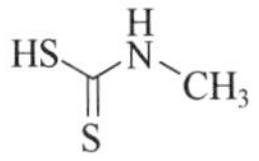

C₂H₅NS₂，107.2，144-54-7，137-42-8(钠盐)

威百亩［试验代号：N-869；威百亩钾盐（metam-potassium），商品名称：Busan 1180、K-Pam、Tamifume］、威百亩钠盐（metam-sodium）（商品名称：Arapam、BUSAN 1020、Busan 1236、Discovery、Nemasol、Unifume、Vapam，其他名称：SMDC）是由 Stauffer Chemical Co.（现属先正达公司）和杜邦公司开发的除草剂、杀线虫剂和杀真菌剂。

化学名称　甲基二硫代氨基甲酸。英文化学名称 methyldithiocarbamic acid。美国化学文摘（CA）系统名称 *N*-methylcarbamodithioic acid。CA 主题索引名称 carbamothioic acid—,

N-methyl-。

理化性质 威百亩钠盐 本品的二水合物为白色结晶，熔点以下就分解。分配系数 $\lg K_{ow} < 1.0$。相对密度 1.44（20～25℃），溶解度（g/L，20～25℃）：水中 72.2，有机溶剂中：丙酮、乙醇、石油醚、二甲苯均 < 5，难溶于大多数有机溶剂。浓溶液稳定，稀释后不稳定，遇酸和重金属分解，其溶液暴露于光线下 DT_{50} 1.6 h（pH 7，25℃）。水解 DT_{50}（25℃），23.8 h（pH 5），180 h（pH 7），45.6 h（pH 9）。

毒性 威百亩钠盐 急性经口 LD_{50}（mg/kg）：大鼠 896，小鼠 285。兔急性经皮 LD_{50} 1300 mg/kg，对兔的眼睛中等刺激性，对兔的皮肤有损伤，皮肤或器官与其接触应按烧伤处理。大鼠吸入 LC_{50}（4 h）> 2.5 mg/L 空气。NOEL（mg/kg）：狗（90 d）1，小鼠（2 年）1.6。ADI/RfD（BfR）0.001 mg/kg（2006），（EPA）0.01 mg/kg（1994）。无繁殖毒性、致癌性。

生态效应 山齿鹑急性经口 LD_{50} 500 mg/kg。野鸭和日本鹌鹑饲喂 LC_{50}（5 d）> 5000 mg/kg 饲料。鱼类 LC_{50}（96 h，mg/L）：孔雀鱼 4.2，大翻车鱼 0.39，虹鳟鱼 35.2。水蚤 EC_{50}（48 h）2.3 mg/L，水藻 EC_{50}（72 h）0.56 mg/L。

环境行为 在土壤中分解为硫代异氰酸甲酯，DT_{50} 23 min～4 d。

制剂 水剂。

主要生产商 Amvac、Buckman、Cerexagri、Lainco、Limin、Lucava、Nufarm Ltd、Taminco 及 Tessenderlo Kerley 等。

作用机理与特点 其作用效果是由于本品分解成异硫氰酸甲酯而产生，具有熏蒸作用。

应用 主要用于蔬菜田防治土壤病害、土壤线虫、杂草。

专利概况

专利名称 Method of sterilizing soil

专利号 US 2766554　　　　　专利申请日 1954-07-28

专利申请人 Stauffer Chemical Co.

其他相关专利 US 2791605、GB 789690。

登记情况 威百亩在中国登记有 5 个水剂。登记作为杀菌剂、除草剂和杀线虫剂。除草剂登记作物为烟草，防除对象是一年生杂草。登记情况见表 3-93。

表 3-93　威百亩在中国登记情况

登记证号	农药名称	剂型	含量	登记作物	防治对象	用药量	施用方法	登记证持有人
PD20101546	威百亩	水剂	35%	烟草（苗床）	一年生杂草	50～75 mL/m²	土壤处理	辽宁省沈阳丰收农药有限公司
PD20101411	威百亩	水剂	42%	烟草（苗床）	一年生杂草	40～60 mL/m²	土壤处理	辽宁省沈阳丰收农药有限公司

合成方法 可通过如下反应表示的方法制得目的物：

$$H_3C\text{—}NH_2 + CS_2 \xrightarrow[\text{HCl}]{\text{NaOH}} \underset{S}{\overset{\overset{\displaystyle H}{N}\text{—}CH_3}{HS\text{—}C}}$$

参考文献

[1] The Pesticide Manual.17 th edition: 728-730.

禾草敌（molinate）

$C_9H_{17}NOS$，187.3，2212-67-1

禾草敌（试验代号：R-4572、OMS 1373）是由 Stauffer Chemical Co.（现先正达）公司开发的氨基甲酸酯类除草剂。

化学名称　N,N-六亚甲基硫赶氨基甲酸乙酯。英文化学名称 S-ethyl azepane-1-carbothioate 或 S-ethyl perhydroazepin-1-carbothioate 或 S-ethyl perhydroazepine-1-thiocarboxylate。美国化学文摘（CA）系统名称 S-ethyl hexahydro-1H-azepine-1-carbothioate。CA 主题索引名称 1H-azepine-1-carbothioic acid—, hexahydro-S-ethyl ester。

理化性质　原药纯度 95%，具有芳香气味的透明液体。熔点 $<-25℃$，闪点 $>100℃$，沸点 277.5～278.5℃（$1.01×10^5$ Pa），蒸气压 500 mPa（25℃），相对密度 1.0643（20～25℃），分配系数 $\lg K_{ow}=2.86$（pH 7.85～7.94），Henry 常数 0.687 Pa·m^3/mol。溶解度（20～25℃）：水中（非缓冲溶液）1100 mg/L。易溶于丙酮、甲醇、乙醇、煤油、乙酸乙酯、正辛醇、二氯甲烷、正己烷、甲苯、氯苯等有机溶剂。室温下 2 年不分解，120℃下 1 个月不分解。40℃下在 pH 5～9 水中对酸碱稳定，对光不稳定。

毒性　大鼠急性经口 LD_{50} 483 mg/kg，大鼠急性经皮 LD_{50} 4350 mg/kg。对兔的皮肤和眼睛没有刺激性作用，对豚鼠皮肤有致敏性。大鼠吸入 LC_{50}（4 h）1.39 mg/kg。大鼠（90 d）和狗（1 年）1 mg/(kg·d)。ADI/RfD（EC）0.008 mg/kg（2003）；（EPA）aRfD 0.006 mg/kg，cRfD 0.001 mg/kg（2001）。

生态效应　野鸭急性经口 LD_{50} 389 mg/kg，野鸭饲喂 LC_{50}（12 d）2500 mg/kg 饲料。虹鳟鱼 LC_{50}（96 h）16.0 mg/L，对稻田里的鱼没有影响。水蚤 LC_{50}（48 h）14.9 mg/L。羊角月牙藻 E_bC_{50}（96 h）0.22 mg/L，E_rC_{50}（96 h）0.5 mg/L；浮萍 EC_{50}（14 d）3.3 mg/L，E_bC_{50}（14 d）7.7 mg/L。蜜蜂急性经口 $LD_{50}>11$ μg/只，蚯蚓 LC_{50}（14 d）289 mg/kg。

环境行为　①动物。大鼠口服后，禾草敌会在 72 h 内迅速代谢掉。其中约 50%被分解成 CO_2，25%通过尿液排出，5%～20%通过粪便排出。②植物。禾草敌会被迅速地分解成 CO_2 并形成作物能吸收的成分。③土壤/环境。在土壤中，微生物会分解成乙硫醇、二羟基胺和 CO_2，当土壤中的微生物在有氧分解时 DT_{50} 28 d（30℃）；当土壤中的微生物无氧分解时 DT_{50} 159 d（20℃）。在稻草田中 DT_{50} 3～35 d，土壤吸附 K_d 0.74～2.04 L/kg，K_{oc} 121～252 L/kg。

剂型　乳油、颗粒剂。

主要生产商　Aolunda、Dongbu Fine、Herbex、Oxon、Nufarm Ltd、KisChemicals、Syngenta 及连云港纽泰科化工有限公司、南通泰禾化工股份有限公司及天津市施普乐农药技术发展有限公司等。

作用机理与特点　超长链脂肪酸合成抑制剂。内吸传导型的稻田专用除草剂。施于田中，由于其密度大于水，而沉降在水与泥的界面，形成高浓度的药层。杂草通过药层时，能迅速被初生根、芽鞘吸收，并积累在生长点的分生组织，阻止蛋白质合成。禾草敌还能抑制 α-淀粉酶活性，阻止或减弱淀粉的水解，使蛋白质合成及细胞分裂失去能量供给。受害的细胞膨大，生长点扭曲而死亡。经过催芽的稻种播于药层之上，稻根向下穿过药层吸收药量少。芽鞘向上生长不通过药层，因而不会受害。症状：杂草受害后幼芽肿胀，停止生长，叶片变厚、色浓，植株矮化畸形，心叶抽不出来，逐渐死亡。

应用

（1）适宜范围 水稻秧田、直播田及插秧本田。被水稻根吸收后迅速代谢为二氧化碳，具高选择性。但籼稻对其较敏感，剂量过高或喷洒不匀会产生药害，忌发芽稻种浸在药液中。

（2）防除对象 它对稗草有特效，对 1～4 叶期的各种生态型稗草都有效，用药早时对牛毛毡及碎米莎草也有效，对阔叶杂草无效。由于禾草敌杀草谱窄，若同时防除其他种类杂草时，注意与其他除草剂合理混用。

（3）应用技术 ①由于禾草敌具有防除高龄稗草、施药适期宽、对水稻极好的安全性及促早熟增产等优点，适用于水稻秧田、直播田及插秧本田。同防除阔叶草除草剂混用，易于找到稻田一次性除草的最佳时机，是稻田一次性除草配方中最好的除稗剂。在新改水田、整地不平地块、水层过深弱苗情况下及早春低温冷凉地区（特别是我国北方稻区）对水稻均安全，并且施药时期同水稻栽培管理时期相吻合。施药时无须放水，省工、省水、省时。②由于禾草敌挥发性很强，因此施药时应注意环境、天气变化，避免大风天施药。施药时应选择早晚温度低时，选择干燥的土或沙混拌毒土、毒沙，随拌随施，避免药液挥发而降低除草效果。稻田气温高、稗草生长旺盛时施药。或气温低、稗草生长代谢缓慢时施药，一定要按照要求保持水层，并适当延长保水时间（10 d 左右），待杂草死亡后再进行其他栽培管理。毒土、毒肥、毒沙法施药，每亩拌过筛细土或沙 10～15 kg，均匀撒施。喷雾、浇泼法施药，每亩对水 30～50 L，也可利用灌溉水施药。

（4）使用方法 为防除稻田稗草的选择性除草剂，土壤处理、茎叶处理均可。施药适期为稗草萌发至 3 叶期前，对 4 叶期稗草仍然有效。在中国华南、华中、华东地区，防除 3 叶期前稗草，每亩单用 96%禾草敌乳油 100～150 mL。防除 4 叶期稗草，每亩用 96%禾草敌乳油 250 mL 以上。华北及东北地区，防除 3 叶期前稗草每亩单用 96%禾草敌乳油 166～220 mL。防除 4 叶期稗草，每亩用 96%禾草敌乳油 250 mL 以上。

① 秧田除草

a. 旱育秧田 东北地区覆膜旱育秧田，水稻出苗后，稗草 3 叶期前，结合揭膜通风，每亩用 96%禾草敌乳油 166～200 mL 或 96%禾草敌乳油 80～100 mL 加 20%敌稗乳油 200～300 mL，采用喷雾法施药，施药后覆膜。若防除秧田阔叶杂草，每亩用 96%禾草敌乳油 166～200 mL 加 48%灭草松 100～155 mL。

b. 水育秧田 苗期施药，水稻出苗后，稗草 2～3 叶期，每亩用 96%禾草敌乳油 166～200 mL，毒土法或喷雾法施药均可，施药后保持水层 3 cm，保水 5～7 d。

西南地区塑料薄膜平铺湿润育苗秧田，在播种当时未施除草剂或施除草剂药效不佳的秧田，可在揭膜建立水层后，稗草 2～3 叶期，牛毛毡由发生期至增殖初期，每亩用 96%禾草敌乳油 200 mL，毒土法或喷雾法施药均可。

中国中部和南方露地湿润育苗秧田，在秧田建立水层后稗草 2～3 叶期，每亩用 96%禾草敌乳油 100～150mL，毒土法施药，主要防除稗草，其次抑制牛毛毡、异型莎草。每亩用 96%禾草敌乳油 100 mL 加 20%敌稗 300 mL，撒浅水层喷雾，药后 1 d 复水。

中国中部和南方种植早稻和晚稻常采用水育苗方式，从播种到苗床期保持水层，每亩用 96%禾草敌乳油 150～200 mL，毒土法施药，施药后 1～3 d 播种催芽露白稻种，并在 5～7 d 不排水晒田。

② 直播田除草

　　a. 出苗后处理。水稻出苗后立针期，稗草 3 叶期前，每亩用 96%禾草敌乳油 100～133 mL 加 10%苄嘧磺隆 15～20 g 或 10%吡嘧磺隆 10～15 g 或 10%环丙嘧磺隆 13～17 g 或 15%乙氧嘧磺隆 10～15 g，药土（沙、肥）法或喷雾法施药，施药后保水 3～5 cm，7～10 d。若采用每亩 96%禾草敌乳油 200～267 mL 加 48%灭草松 167～200 mL 时，施药前需排水，使杂草露出水面，采用喷雾法施药，喷液量为每亩 50L。施药后 24 h 灌水，水层 3～5 cm，保持 7～10 d。

　　b. 播种前处理。田块整平耙细，保持 3～5 cm 水层，每亩用 96%禾草敌乳油 200～267 mL，采用撒药土、泼浇或与肥料混合撒施。1～2 d 后播种催芽露白种子，保水 7～10d，切勿干水。

　　c. 播前混土处理。田块整平后每亩用 96%禾草敌乳油 200～267 mL，混土法施药，施药后立即混土 7～10 cm，然后灌水 3～5 cm，1～2 d 后播下催芽露白种子。

　　③ 移栽田除草　移栽后 10～15 d，稗草 3 叶期前，每亩用 96%禾草敌 100～133 mL 加 10%苄嘧磺隆 13～17 g 或 10%吡嘧磺隆 10 g 或 10%环丙嘧磺隆 13～17 g 或 15%乙氧嘧磺隆 10～15 g 进行处理。混用时采用喷雾或毒土法。喷雾法每亩喷液量 20～50 L。采用毒土法较方便，毒土、毒沙每亩至少用 5 kg。施药后稳定水层 3～5 cm，保持 5～7 d。每亩用 96%禾草敌乳油 200～267 mL 加 48%灭草松 167～200 mL 时，施药前排水，使杂草露出水面，进行喷雾。施药后 24 h 灌水，稳定水层 3～5 cm，保持 5～7 d。

专利概况

专利名称　Alkyl hexamethylene-thiolcarbamates

专利号　US 3198786　　　　　专利申请日　1964-04-27

专利申请人　Schering AG

其他相关专利　US 3573031。

登记情况　禾草敌在中国登记有 99%原药 3 个，相关制剂 5 个。登记作物为水稻，防除对象是稗草和牛毛草。部分登记情况见表 3-94。

表 3-94　禾草敌在中国部分登记情况

登记证号	农药名称	剂型	含量	登记场所	防治对象	亩用药量（制剂）	施用方法	登记证持有人
PD27-87	禾草敌	乳油	90.9%	水稻田	稗草	149～220 g	喷雾或毒土	英国先正达有限公司
					牛毛草			
PD20140644	禾草敌	乳油	90.9%	水稻田（直播）	稗草	160～220 mL	药土法	美国世科姆公司
				水稻移栽田				
PD20097865	苄嘧·禾草敌	细粒剂	45%	水稻田（直播）	一年生杂草及部分多年生杂草	150～200 g	药土法	江苏常隆农化有限公司
				水稻秧田				
PD20094384	禾草敌	原药	99%					南通泰禾化工股份有限公司
PD20091088	禾草敌	原药	99%					连云港纽泰科化工有限公司
PD20060143	禾草敌	原药	99%					天津市施普乐农药技术发展有限公司

　　合成方法　通过如下反应制得目的物：

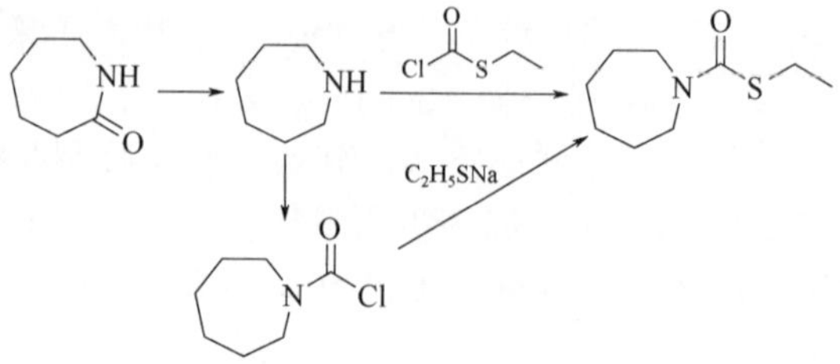

参考文献

[1] The Pesticide Manual.17 th edition: 777-778.

苄草丹（prosulfocarb）

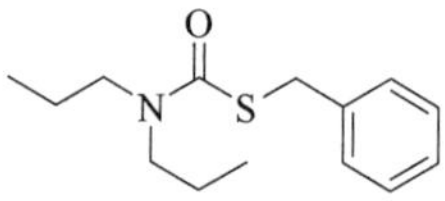

$C_{14}H_{21}NOS$，251.4，52888-80-9

苄草丹（试验代号：SC-0574，ICIA0574，商品名称：Boxer、Defi）是 1987 年由 J. L. Glasgow 等报道其除草活性，Stauffer Chemical Co.（现 Syngenta AG）开发，1988 年 ICI Agrochemicals（现 Syngenta AG）在比利时推广的硫代氨基甲酸酯类除草剂。

化学名称 *S*-苄基二丙基硫代氨基甲酸酯。英文化学名称 *S*-benzyl dipropylthiocarbamate。美国化学文摘（CA）系统名称 *S*-(phenylmethyl) *N*,*N*-dipropylcarbamothioate。CA 主题索引名称 carbamothioic acid—, *N*,*N*-dipropyl-*S*-(phenylmethyl) ester。

理化性质 原药纯度 95%，淡黄色液体，有轻微的甜味，纯品为无色液体。沸点 129℃（33.25 Pa），闪点 132℃（闭杯），蒸气压 6.9 mPa（25℃），分配系数 lgK_{ow}=4.48，Henry 系数 0.015 Pa·m³/mol（计算值），相对密度 1.042（20~25℃）。溶解度（20~25℃）：水中 13.2 mg/L；与丙酮、氯苯、乙醇、二甲苯、乙酸乙酯和煤油混溶。在 52℃下，至少稳定存在 2 个月，水解 DT$_{50}$＞159 d（pH 7，25℃）。

毒性 急性经口 LD$_{50}$（mg/kg）：雄大鼠 1820，雌大鼠 1958，兔急性经皮 LD$_{50}$＞2000 mg/kg。对兔的眼睛和皮肤无刺激作用，接触可能会引起小鼠皮肤过敏。大鼠吸入 LC$_{50}$ 4.7 mg/L，NOAEL：（2 年）大鼠 1.9 mg/(kg·d)，（18 个月）小鼠 269 mg/(kg·d)。大鼠和狗毒性 NOAEL 9~30 mg/(kg·d)，对大鼠和家兔无致畸性。ADI/RfD（EC）0.005 mg/kg（2007）；（BfR）0.02mg/kg（2004），Ames 试验显示无致突变性。

生态效应 山齿鹑急性经口 LD$_{50}$＞2250 mg/kg，野鸭 LC$_{50}$＞1962 mg/kg，NOEC 野鸭＞1000 mg/kg。LC$_{50}$（96 h，mg/L）：大翻车鱼 4.2，虹鳟鱼 1.7。水蚤 LC$_{50}$（48 h）0.5 mg/L。近具刺链带藻 EC$_{50}$（96 h）0.11 mg/L。蜜蜂 LD$_{50}$（48 h）（接触）＞79 μg/只，（经口）213 μg/只。蚯蚓 LC$_{50}$ 144 mg/kg 土。其他有益生物：对步行虫和德氏粗螯蛛无毒。

环境行为 ①植物。在植物中，发生水解和硫醇基团分裂，形成硫醇、二丙胺和 CO$_2$。②土壤/环境。土壤中，通过微生物分解，DT$_{50}$12~49 d（21.5℃，有氧）。

剂型 乳油。

主要生产商 Aolunda、Syngenta。

作用机理与特点 超长链脂肪酸合成抑制剂。选择性、内吸性除草剂，通过叶片和根部吸收，抑制分生组织的生长。导致杂草失绿、萎缩，抑制芽和根的生长，芽鞘停止生长。

应用　主要用于冬小麦、冬大麦和黑麦田，苗前或刚出苗后防除阔叶及其他杂草，使用剂量 3～4 kg/hm²。特别适用于防除猪殃殃，也能防除大穗看麦娘、黑麦草、早熟禾、野芥、繁缕、婆婆纳属杂草。苗后使用可能会对冬大麦产生一定药害。

专利概况

专利名称　Synergistic herbicidal compositions

专利号　EP 146835　　　　　专利申请日　1984-12-04

专利申请人　Stauffer Chemical Co.。

合成方法　苄草丹主要合成方法如下：

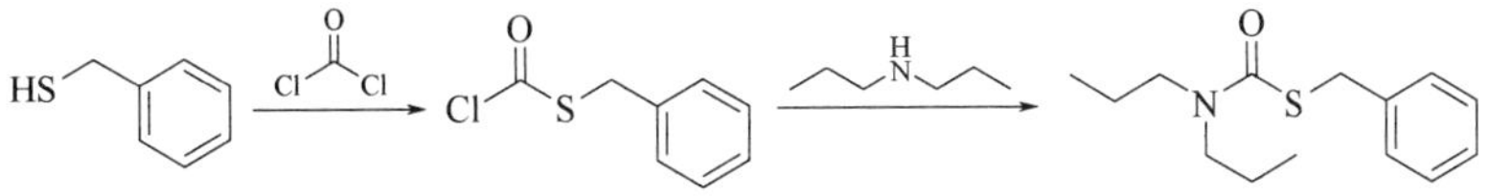

参考文献

[1] The Pesticide Manual.17 th edition: 941-942.

稗草畏（pyributicarb）

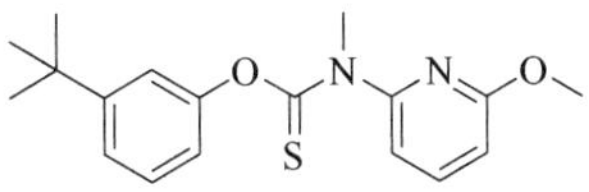

C₁₈H₂₂N₂O₂S，330.4，88678-67-5

稗草畏（试验代号：TSH-888，商品名称：Eigen，其他名称：稗草丹）是由 Toyo Soda Mfg. Co., Ltd 公司（现为 Tosoh 公司）开发的硫代氨基甲酸酯类除草剂。后于 1993 年售予 Dainippon Ink and Chemicals Inc.，在 2004 年又转售给日本曹达化学株式会社。

化学名称　O-3-叔丁基苯基-6-甲氧基-2-吡啶(甲基)硫代氨基甲酸酯。英文化学名称 O-(3-tert-butylphenyl) (6-methoxy-2-pyridyl)methyl(thiocarbamate)。美国化学文摘（CA）系统名称 O-[3-(1,1-dimethylethyl)phenyl]　N-(6-methoxy-2-pyridinyl)-N-methylcarbamothioate。CA 主题索引名称 carbamothioic acid—, N-(6-methoxy-pyridinyl)-N-methyl-O-[3-(1,1-dimethylethyl) phenyl]　ester。

理化性质　白色结晶固体。熔点 86.3～88.2℃，蒸气压 0.0119 mPa（20℃），分配系数 lgK_{ow}=4.7，相对密度 1.20（20～25℃），溶解度（20～25℃）：水中 0.15 mg/L，有机溶剂中（g/L）：丙酮 454，甲醇 21，乙醇 33，二甲苯 355，乙酸乙酯 384。273℃以下均稳定。

毒性　大、小鼠急性经口 LD_{50}＞5000 mg/kg，大鼠急性经皮 LD_{50}＞5000 mg/kg。对兔的眼睛和皮肤无刺激性作用，对豚鼠皮肤无致敏性。大鼠急性吸入 LC_{50}（4 h）＞6.52 mg/L。大鼠 NOEL（2 年）0.881 mg/kg。ADI/RfD 0.0088 mg/kg。

生态效应　野鸭急性经口 LD_{50}＞2000 mg/kg，鲤鱼 LC_{50}（96 h）0.102 mg/L。水蚤 LC_{50}（48 h）＞26 mg/L，月牙藻 E_rC_{50}（72 h）0.307 mg/L，蜜蜂 LD_{50}（接触）＞100 μg/只。

环境行为　①植物。以 40 kg/hm² 施药 113 天和 119 天后，糙米收获时残留低于最低限量（0.005 mg/kg）。②土壤/环境。水稻田中 DT_{50}13～18 d，K_{oc}1430～8530。

剂型　可湿性粉剂、悬浮剂。

主要生产商 日本曹达化学株式会社。

作用机理与特点 由杂草的根、叶和茎吸收，转移至活性部位，抑制根和地上部分伸长。

应用

（1）适宜作物 水稻、草坪。

（2）防除对象 在水田条件下，对稗属、异型莎草和鸭舌草的活性高于多年生杂草活性。在旱田条件下，对稗草、马唐和狗尾草等禾本科杂草有较高活性。

（3）使用方法 本药剂在苗前至苗后早期施药，使用适期为苗前至 2 叶期，对移栽水稻安全。对一年生禾本科杂草有很高的除草活性，对稗草的防效更为优异。含有本药剂的混剂，如 Seezet［其与溴丁酰草胺、吡草酮（5.7%+10%+12%）的混合悬浮剂］和 Orcyzaguacd［与溴丁酰草胺（3.3%+5%）的混合颗粒剂］，在水稻田早期施用，对一年生和多年生杂草有优异的除草活性，持效期为 40 d。在水稻移栽后 3～10 d 施药，用 Seezet 10 L/hm² 或 30～40 kg/hm² Orcyzaguacd，可有效防除稗草、异型莎草、鸭舌草、萤蔺、水莎草、矮慈姑、眼子菜和其他一年生阔叶杂草。杂草萌发前施用 47%可湿性粉剂可防除草坪一年生杂草。

专利概况

专利名称 Derivatives of carbamates

专利号 BE 897021 专利申请日 1983-06-10

专利申请人 Toyo Soda MFG Co Ltd。

合成方法 通过如下方法制得目的物：

方法（1）：

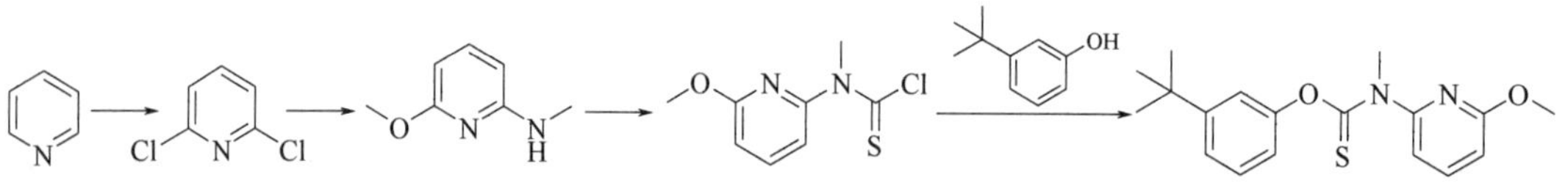

方法（2）：

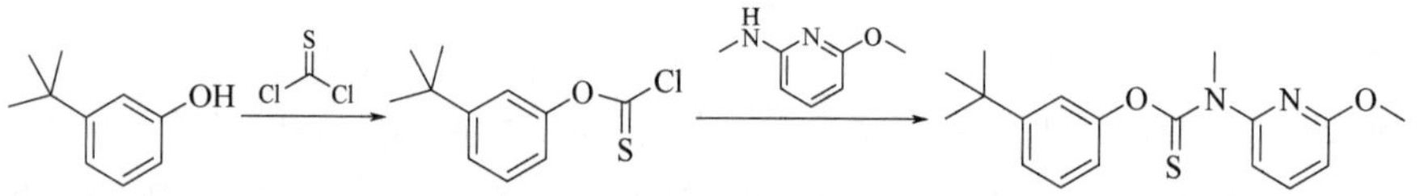

参考文献

[1] The Pesticide Manual.17 th edition: 969-970.

野燕畏（tri-allate）

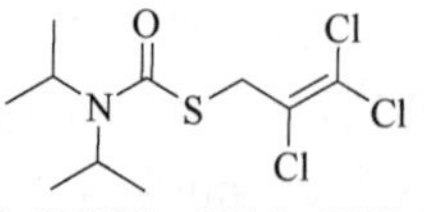

C₁₀H₁₆Cl₃NOS，304.7，2303-17-5

野燕畏（试验代号：CP23426，商品名称：Avadex BW、Far-Go，其他名称：阿畏达、三氯烯丹）是由 Monsanto 公司开发的硫代氨基甲酸酯类除草剂。

化学名称 *S*-2,3,3-三氯烯丙基二异丙基硫赶氨基甲酸酯。英文化学名称 *S*-(2,3,3-trichloroallyl) diisopropylcarbamothioate。美国化学文摘（CA）系统名称 *S*-(2,3,3-trichloro-2-propen-1-yl) *N*,*N*-bis(1-methylethyl)carbamothioate。CA 主题索引名称 carbamothioic acid—, bis(1-methyl-lethyl)-*S*-(2,3,3-trichloro-2-propenyl) ester。

理化性质 原药纯度为 96%。深黄或棕色固体（＞30℃，清澈棕色至暗棕色液体），熔点 29～30℃，闪点＞150℃（闭杯法）。相对密度 1.273（25℃），沸点 117℃（5.3×10³ Pa），蒸气压 16 mPa（25℃），分配系数 lgK_{ow}=4.6。水中溶解度为 4 mg/L（25℃），可溶于乙醚、丙酮、苯等大多数有机溶剂，不易燃、不爆炸，无腐蚀性，紫外线辐射不易分解。常温条件下稳定，DT$_{50}$（pH 9）2.2 d（50℃）、9 d（40℃）、52 d（25℃），分解温度＞200℃。

毒性 大鼠急性经口 LD$_{50}$ 1100 mg/kg，兔急性经皮 LD$_{50}$ 8200 mg/kg，大鼠急性吸入 LC$_{50}$（12 h）＞5.3 mg/L。对兔的皮肤和眼睛有轻度刺激性作用，对豚鼠皮肤无致敏性。大鼠两年喂饲试验，无作用剂量 50 mg/kg 饲料（2.5 mg/kg bw）；小鼠两年喂饲试验，无作用剂量 20 mg/kg 饲料；狗一年喂饲试验，无作用剂量为 2.5 mg/kg bw。ADI/RfD（EC）0.025 mg/kg（2008）；（EPA）aRfD 0.05 mg/kg，cRfD 0.025 mg/kg（2000）。

生态效应 山齿鹑急性经口 LD$_{50}$ 2251 mg/kg，野鸭和山齿鹑饲喂 LC$_{50}$（8 d）5620 mg/kg。对鱼类毒性较大，虹鳟鱼 LC$_{50}$（96 h）1.2 mg/L，大翻车鱼 LC$_{50}$ 1.3 mg/L。水蚤 EC$_{50}$（48 h）0.43 mg/L，羊角月牙藻 EC$_{50}$（96 h）0.12 mg/L，对蜜蜂几乎无毒，对土壤微生物无不良影响。

环境行为 ①动物。野燕畏在大鼠体内通过三种途径代谢：*S*-氧化成硫酸、*S*-氧化还成硫醇衍生物，以及 2,3,3-三氯丙烯巯基部分的 C-氧化。②植物。2,3,3-三氯丙烯磺酸是作物中可检测到的主要降解物。③土壤/环境。土壤中的消解主要是由于微生物的作用（或通过挥发，如果未渗入土壤中）。代谢过程通过水解裂解形成二烷基胺、二氧化碳和硫醇基团。或者通过巯基交换转化成相应的醇。DT$_{50}$（土壤）8～11 周，（水）3～15 d，K_{oc} 2400。

制剂 乳油、颗粒剂。

作用机理与特点 超长链脂肪酸合成抑制剂。野燕麦在萌芽通过土层时，主要由芽鞘或第一片子叶吸收药剂，并在体内传导，生长点部位最为敏感，影响细胞的有丝分裂和蛋白质的合成，抑制细胞伸长，芽鞘顶端膨大，鞘顶空心，致使野燕麦不能出土而死亡。而出苗后的野燕麦，由根部吸收药剂，野燕麦吸收药剂中毒后，停止生长，叶片深绿，心叶干枯而死亡。

应用

（1）适宜作物与安全性 小麦、大麦、青稞、油菜、豌豆、蚕豆、亚麻、甜菜、大豆等。野麦畏在土壤中主要为土壤微生物所分解，故对环境和地下水安全。播种深度与药效、药害关系很大。小麦萌发 24 h 后便有分解野麦畏的能力，而且随生长发育抗药性逐渐增强，因而小麦有较强的耐药性。如果小麦种子在药层之中直接接触药剂，则会产生药害。

（2）防除对象 野燕麦、看麦娘、黑麦草等杂草。野麦畏挥发性强，其蒸气对野燕麦也有作用，施后要及时混土。

（3）应用技术 野麦畏有挥发性，施药后马上混土，如间隔 4 h 后混土，除草效果显著降低。如相隔 24 h 后混土，除草效果只有 50%左右。土壤湿度适宜，土壤疏松，药土混合作用良好，药效高，药害轻。若田间过于干旱，地表板结，翻耕形成大土块，既影响药效，也影响小麦出苗。若田间过于潮湿，则影响药土混合的均匀程度。药剂处理以后至小麦出苗前，如遇大雨雪造成表土板结，应注意及时耙松土表，以减轻药害，利于保苗。

（4）使用方法 野麦畏主要用于防除野燕麦类的选择性土壤处理剂。

① 小麦、大麦、青稞田

a．播前施药深混土处理　适用于干旱多风的西北、东北、华北等春麦区。对小麦、大麦、青稞较安全，药害伤苗一般不超过 1%，不影响基本苗。在小麦、大麦、青稞播种之前，将地整平，每亩用 40%野麦畏乳油 150～200 mL，对水 20～40 L，混合均匀后喷洒于地表。或尿素每亩 8～10 kg，与野麦畏混匀后撒施。施药后要求在 2 h 内进行混土，混土深度为 8～10 cm（播种深度为 5～6 cm），以拖拉机圆盘耙或手扶拖拉机旋耕器混土最佳。如混土过深（14 cm）除草效果差。混土浅（5～6 cm）对小麦、青稞药害加重。混土后播种小麦、青稞。

b．播后苗前浅混土处理　一般适用于播种时雨水多、温度较高、土壤潮湿的冬麦区。在小麦、大麦等播种后，出苗前施药，每亩用 40%野麦畏乳油 200 mL 对水喷雾，或拌潮湿沙土撒施。施药后立即浅混土 2～3 cm，以不耙出小麦种、不伤害麦芽为宜。施药后如遇干旱，除草效果往往较差。

c．小麦苗期处理　适用于有灌溉条件的麦区使用。在小麦 3 叶期（野燕麦 2～3 叶期），结合田间灌水或利用降大雨的机会，每亩用 40%野麦畏乳油 200 mL，同尿素（每亩 6～8 kg）或潮细沙 20～30 kg 混均匀后撒施，随施药随灌水。这种处理对已出苗的野燕麦有强烈的抑制作用，同时对土中正在萌发的野燕麦亦能起到杀芽作用。

d．秋季土壤结冻前处理　适用于东北、西北严寒地区，在 10～11 月份土壤开始结冻 20 d 前，每亩用 40%野麦畏乳油 225 mL，对水喷雾或配成药土撒施。施药后立即混土 8～10 cm，第二年春按当地农时播种，除草效果可达 90%。

② 大豆、甜菜田　施药时期为播种前，每亩用 40%野麦畏乳油 160～200 mL，对水 20～40 L 喷雾或撒毒土，施药后立即混土 5～7 cm，然后播种。

专利概况

专利名称　Certain thiolcarbamate compounds

专利号　US 3330821　　　　　优先权日　1959-05-06

专利申请人　Monsanto Company

工艺专利　SU 1310389，WO 9526631，US 3330821，US 3330642。

制剂专利　CN 1085732、DE 2334563、DE 2439810、EP 42688、EP 487454、HU 20751、JP 63201180、US 4276079、US 4859232、WO 9616110。

合成方法　通过如下反应制得目的物：

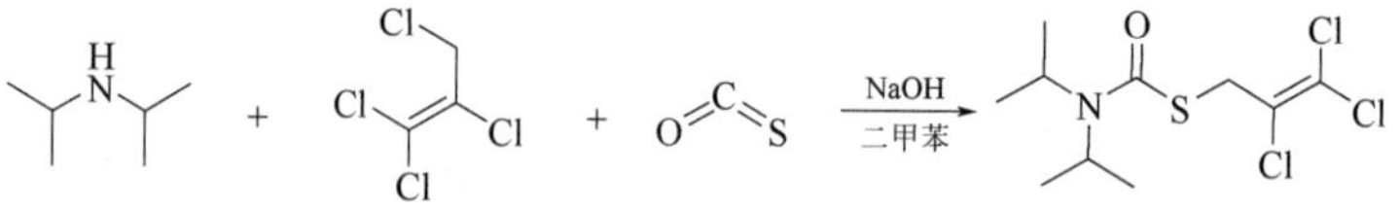

参考文献

[1] 胡笑形，译. 农药手册(原著第 16 版). 北京: 化学工业出版社，2014: 1023-1024.

[2] Harman M W, D'Amico J J. US3330821, 1967.

禾草丹（thiobencarb）

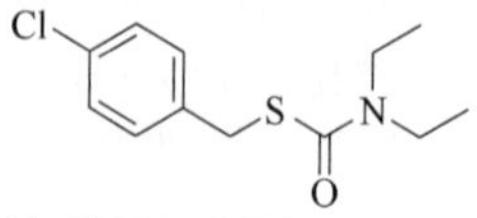

$C_{12}H_{16}ClNOS$，257.8，28249-77-6

禾草丹（试验代号：B-3015、IMC 3950，商品名称：Bolero、Saturn、Siacarb、Sunicarb，其他名称：杀草丹、灭草丹、稻草完、稻草丹、benthiocarb）是 1969 年由日本组合化学公司和 Chevron Phillips Chemical Company LLC 共同开发的硫代氨基甲酸酯类除草剂。

化学名称　N,N-二乙基硫赶氨基甲酸对氯苄酯。英文化学名称 S-(4-chlorobenzyl) diethyl(thiocarbamate)。美国化学文摘（CA）系统名称 S-[(4-chlorophenyl)methyl]N,N-diethyl-carbamothioate。CA 主题索引名称 carbamothioic acid—, N,N-diethyl-S-[(4-chlorophenyl)methyl] ester。

理化性质　原药纯度>92%。无色液体，有轻微芳香烃气味。沸点 153.3℃（133 Pa），熔点 3.3℃，闪点>100℃，蒸气压 2.39 mPa（23℃），分配系数 lgK_{ow}=4.23（pH 7.4），相对密度 1.167（20~25℃）。溶解度（20~25℃）：水中 16.7 mg/L，丙酮、甲醇、正己烷、甲苯、二氯甲烷和乙酸乙酯均>500 g/L。在 150℃下稳定，在水中稳定，水解 DT$_{50}$>1 年（25℃，pH 4、7 和 9）。水中光解 DT$_{50}$（25℃）：3.6 d（天然水），3.7 d（蒸馏水）。

毒性　急性经口 LD$_{50}$（mg/kg）：雄大鼠 1033，雌大鼠 1130，雄小鼠 1102，雌小鼠 1402。兔、大鼠急性经皮 LD$_{50}$>2000 mg/kg，对兔的皮肤和眼睛没有刺激性作用，大鼠急性吸入 LC$_{50}$（4 h）2.43 mg/L。NOEL [mg/(kg·d)]：（2 年）雄大鼠 0.9，雌大鼠 1.0；（1 年）狗 1.0。ADI/RfD（EPA）cRfD 0.01 mg/kg（1992，1997）；（FSC）0.009 mg/kg（2007）。无致癌性、无致突变性和无致畸性。

生态效应　家禽急性经口 LD$_{50}$（mg/kg）：母鸡 2629，山齿鹑 7800，野鸭>10000。山齿鹑、野鸭饲喂 LC$_{50}$（8 d）>5000 mg/kg 饲料。鱼毒 LC$_{50}$（mg/L，96 h）：鲤鱼 0.98，虹鳟鱼 1.1。黑头呆鱼 NOEC 0.026 mg/L。水蚤 LC$_{50}$（48 h）1.1 mg/L，NOEC（21 d）0.072 mg/L。月牙藻 E$_b$C$_{50}$（72 h）0.038 mg/L，E$_r$C$_{50}$（24~72 h）0.020 mg/L；其他藻类 EC$_{50}$（120 h，mg/L）：水华鱼腥藻>3.1，舟形藻 0.38，羊角月牙藻 0.017，中肋骨条藻 0.073。浮萍 EC$_{50}$（14 d）0.99 mg/L。蜜蜂急性经口 LC$_{50}$>100 μg/只。蚯蚓 LC$_{50}$（14 d）874 mg/L（在土壤中）。其他有益生物 LR$_{50}$（g/hm^2）：（48 h）七星瓢虫>4000，烟蚜茧 440；（7 d）捕食性螨梨盲走螨 3370。

环境行为　①动物。主要通过肝脏生物分解成相应的亚砜。②土壤/环境。会被土壤迅速吸收，不会直接浸出。降解主要是通过微生物分解，在土壤中通过挥发和光降解损失得很少，在有氧条件下 DT$_{50}$ 2~3 周，在厌氧条件下 DT$_{50}$ 6~8 个月，K_{oc} 3170。

剂型　乳油、颗粒剂。

主要生产商　Aolunda、Kumiai、连云港纽泰科化工有限公司及南通泰禾化工股份有限公司等。

作用机理与特点　超长链脂肪酸合成抑制剂。禾草丹是一种内吸传导型选择性除草剂。抑制 α-淀粉酶的生物合成过程，使发芽种子中的淀粉水解减弱或停止，使幼芽死亡。主要通过杂草的幼芽和根吸收，对杂草种子萌发没有作用，只有当杂草萌发后吸收药剂才起作用。

应用

（1）适宜作物　主要用于稻田除草（移栽稻田和秧田），还能用于大麦、油菜、紫云英、蔬菜地除草。

（2）防除对象　主要用于防除稗草、异型莎草、牛毛毡、野慈姑、瓜皮草、萍类等，还能防除看麦娘、马唐、狗尾草、碎米莎草等。稗草二叶期前使用效果显著，三叶期效果明显下降，持效期为 25~35 d，并随温度和土质而变化。禾草丹在土壤中能随水移动，一般淋溶深度 122 cm。

（3）应用技术　①禾草丹在秧田使用，边播种、边用药或在秧苗立针期灌水条件下用药，对秧苗都会发生药害，不宜使用。稻草还田的移栽稻田，不宜使用禾草丹。②禾草丹对三叶期稗草效果下降，应掌握在稗草二叶一心前使用。③晚播秧田播前使用，可与克百威混用，能控制秧田期虫、草危害。禾草丹与 2 甲 4 氯、苄嘧磺隆、西草净混用，在移栽田可兼除瓜皮草等阔叶杂草。④禾草丹不可与 2,4-滴混用，否则会降低禾草丹除草效果。

（4）使用方法　①秧田期使用应在播种前或秧苗一叶一心至二叶期施药。早稻秧田每亩用 50%禾草丹乳油 150～200 mL，晚稻秧田每亩用 50%禾草丹乳油 125～150 mL，对水 50 kg 喷雾。播种前使用保持浅水层，排水后播种。苗期使用浅水层保持 3～4 d。②移栽稻田使用一般在水稻移栽后 3～7 d，田间稗草处于萌动高峰至二叶期前，每亩用 50%禾草丹乳油 200～250 mL，对水 50 kg 喷雾或用 10%禾草丹颗粒剂 1～1.5 kg 混细潮土 15 kg 或与化肥充分拌和，均匀撒施全田。③麦田、油菜田使用一般在播后苗前，每亩用 50%禾草丹乳油 200～250 mL 作土壤喷雾处理。

专利概况

专利名称　*S*-(4-chlorobenzyl)-*N*,*N*-diethylthiocarbamate

专利号　JP 46026932　　　　专利申请日　1967-02-08

专利申请人　Kumiai Chemical Industry Co., Ltd。

登记情况　禾草丹在中国登记有 93%、95.5%、97%原药 3 个，相关制剂 15 个。登记作物为水稻，防除对象是一年生杂草。部分登记情况见表 3-95。

表 3-95　禾草丹在中国部分登记情况

登记证号	农药名称	剂型	含量	登记场所	防治对象	亩用药量（制剂）	施用方法	登记证持有人
PD35-87	禾草丹	乳油	50%	水稻本田	一年生杂草	266～400 g	喷雾或毒土	日本组合化学工业株式会社
PD20160790	禾草丹	乳油	90%	水稻移栽田		125～150 mL	喷雾	江苏省农垦生物化学有限公司
PD20131885	禾草丹	乳油	90%	直播水稻田		80～120 mL	土壤喷雾	连云港纽泰科化工有限公司
PD20096567	苄嘧·禾草丹	可湿性粉剂	35%	水稻秧田		200～250 g	喷雾或药土法	江苏东宝农化股份有限公司
PD20120329	禾草丹	原药	97%					南通泰禾化工股份有限公司
PD332-2000	禾草丹	原药	93%					日本组合化学工业株式会社
PD20081500	禾草丹	原药	95.5%					连云港纽泰科化工有限公司

合成方法　禾草丹的合成方法主要有以下两种，反应式为：

方法（1）：

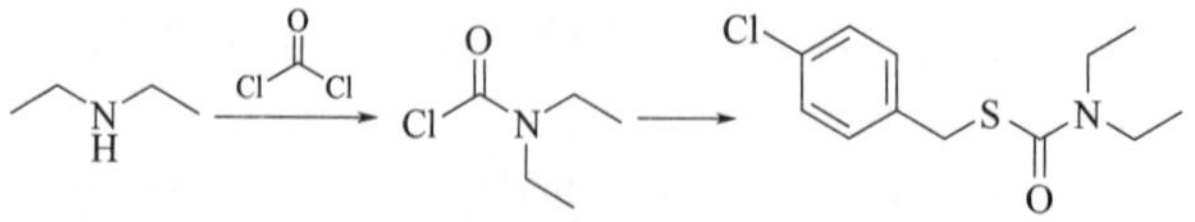

方法（2）：

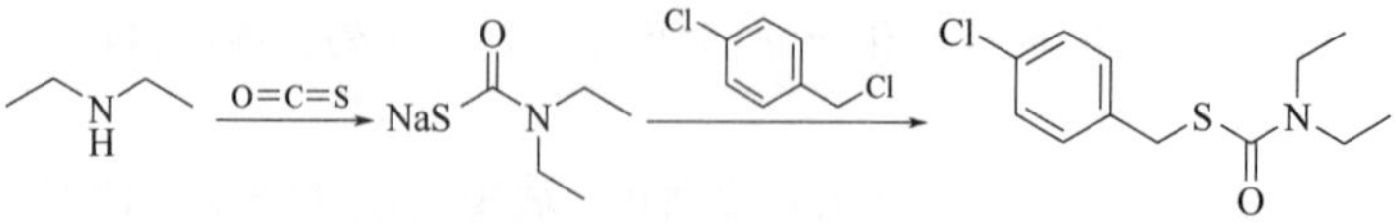

参考文献

[1] The Pesticide Manual.17 th edition: 1100-1101.

灭草敌（vernolate）

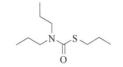

C₁₀H₂₁NOS，203.3，1929-77-7

灭草敌（试验代号：R-1607，商品名称：Vernam、卫农，其他名称：灭草猛、灭草丹）是由 ICI 公司开发的硫代氨基甲酸酯类除草剂。

化学名称 *S*-丙基-*N,N*-二丙基硫代氨基甲酸酯。英文化学名称 *S*-propyl dipropyl(thiocarbamate)。美国化学文摘（CA）系统名称 *S*-propyl *N,N*-dipropylcarbamothioate。CA 主题索引名称 carbamothioic acid—, *N,N*-dipropyl-*S*-propyl。

理化性质 原药为黄色液体，纯度为 95%。纯品为透明液体，具有芳香气味，沸点 150℃（4 kPa），闪点 121℃。蒸气压 1.39 mPa（25℃），分配系数 lgK_{ow}=3.84，相对密度 0.952（20℃），水中溶解度 90 mg/L（20℃），微溶于二甲苯、甲基异丙酮、丙酮等有机溶剂中。在中性、酸性和碱性中稳定；在 pH 7，40℃下，30 d 分解 50%，200℃以下稳定，见光分解。

毒性 急性经口 LD$_{50}$（mg/kg）：雄大鼠 1500，雌大鼠 1550。兔急性经皮 LD$_{50}$>5000 mg/kg。对兔的眼睛和皮肤无刺激性，对豚鼠皮肤无致敏性。大鼠急性吸入 LC$_{50}$（4 h）>5 mg/L 空气。NOEL（mg/kg）：大鼠 32（90 d），狗 38（90 d）。NOAEL 鼠二代 1 mg/(kg bw)（EPA RED）。ADI（EPA）cRfD 0.001 mg/(kg bw)（1992，1999，2004）。

生态效应 山齿鹑 LC$_{50}$（7 d）12000 mg/kg 饲料，鱼毒 LC$_{50}$（96 h，mg/L）：虹鳟鱼 4.6，大翻车鱼 8.4，在 11 μg/只剂量下对蜜蜂无害。

剂型 乳油、颗粒剂。

作用机理与特点 超长链脂肪酸合成抑制剂。选择性、内吸型、芽前土壤处理剂。

应用 适用于大豆、花生、烟草、甘薯、马铃薯等作物地防除一年生禾本科杂草、阔叶杂草和莎草，如稗、看麦娘、狗尾草、马唐、野燕麦、牛筋草、猪毛菜、鸭跖草、马齿苋、藜、田旋花、苘麻、莎草等。使用剂量为 1.5～3 kg (a.i.)/hm²。

专利概况

专利名称 Certain thiolcarbamates and use as herbicides

专利号 US 2913327　　　　**优先权日** 1956-01-17

专利申请人 Stauffer Chemical Co.。

合成方法 通过如下反应制得目的物：

方法（1）：

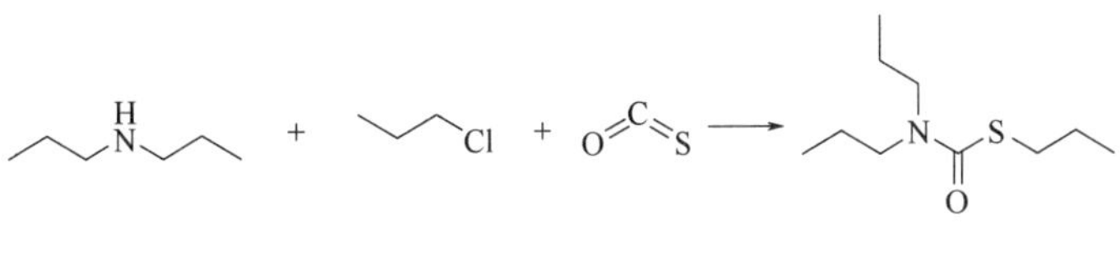

方法（2）：

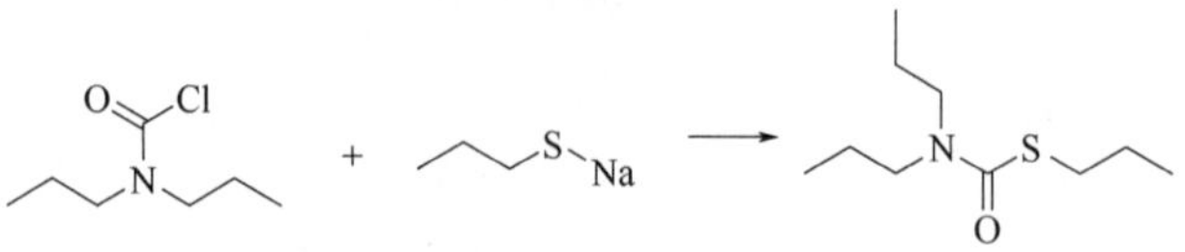

方法（3）：

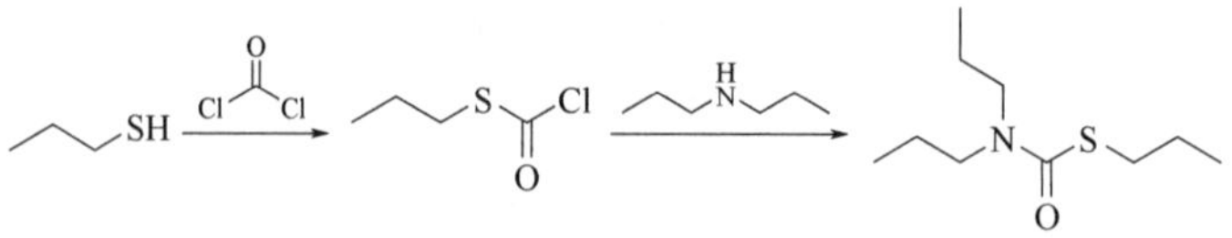

参考文献

[1] The e-Pesticide Manual 6.0.

[2] Tilles H, Antognini J. US2913327, 1959.

第二十节

酰胺类除草剂（anilide herbicides）

一、创制经纬

酰胺类除草剂（包括苯氧丙酰胺类、N-烃基酰胺类、N-苯基酰胺类、磺酰胺类、氯乙酰胺类等）是经随机筛选、苯氧羧酸类衍生或在已有化合物的基础上优化而得的。

二、主要品种

酰胺键是除草剂分子中最常见的一类结构，导致其品种众多，本节仅对其中 29 个主要品种进行介绍。根据 HRAC（Herbicide Resistance Action Committee）2020 年公布的除草剂作用机理表，乙草胺（acetochlor）、甲草胺（alachlor）、丁草胺（butachlor）、二甲草胺（dimethachlor）、二甲吩草胺（dimethenamid）、高效二甲吩草胺（dimethenamid-P）、氟噻草胺（flufenacet）、苯噻酰草胺（mefenacet）、吡唑草胺（metazachlor）、异丙甲草胺（metolachlor）、精异丙甲草胺（S-metolachlor）、烯草胺（pethoxamid）、丙草胺（pretilachlor）、毒草胺（propachlor）、异丙草胺（propisochlor）、甲氧噻草胺（thenylchlor）这 16 个氯乙酰胺类品种为超长链脂肪酸合成抑制剂；氟丁酰草胺（beflubutamid）、吡氟酰草胺（diflufenican）和氟吡酰草胺（picolinafen）为八氢番茄红素脱氢酶抑制剂；氯甲酰草胺（clomeprop）为合成生长素类除草剂，异噁酰草胺（isoxaben）为纤维素合成抑制剂，炔苯酰草胺（propyzamide）抑制微管组装，敌稗（propanil）为光合作用抑制剂。溴丁酰草胺（bromobutide）、敌草胺（napropamide）、乙氧苯草胺（etobenzanid）、高效麦草伏（flamprop-M）和 tetflupyrolimet 的作用机理未知。

乙草胺（acetochlor）

$C_{14}H_{20}ClNO_2$，269.8，34256-82-1

乙草胺（试验代号：MON 097，商品名称：Degree、Guards、Harness、Suncetochlor，其他名称：消草安、刈草胺）是由 Monsanto 公司和捷利康公司共同开发的氯代乙酰胺类除草剂。

化学名称　2-氯-N-乙氧甲基-6′-乙基乙酰-邻-甲苯胺。英文化学名称 2-chloro-N-ethoxymethyl-6′-ethylacet-o-toluidide。美国化学文摘（CA）系统名称 2-chloro-N-(ethoxymethyl)-N-(2-ethyl-6-methylphenyl)acetamide。CA 主题索引名称 acetamide—, 2-chloro-N-(ethoxymethyl)-N-(2-ethyl-6-methylphenyl)-。

理化性质　原药纯度>92%，外观为红葡萄酒色或黄色至琥珀色，纯品外观为透明黏稠液体。熔点 10.6℃，沸点 172℃（665 Pa），闪点 160℃（闭杯）。蒸气压（mPa）：$2.2×10^{-2}$（20℃），$4.6×10^{-2}$（25℃）。分配系数 $\lg K_{ow}=4.14$。相对密度 1.1221（20~25℃）。溶解度（20~25℃）：水中溶解度 282 mg/L，易溶于甲醇、1,2-二氯乙烷、对二甲苯、正己烷、丙酮和乙酸乙酯。20℃放置 2 年稳定。

毒性　大鼠急性经口 LD_{50} 2148 mg/kg。兔急性经皮 LD_{50} 4166 mg/kg。大鼠急性吸入 LC_{50}（4 h）>3 mg/L 空气。对兔的眼睛和皮肤有轻微的刺激性，对豚鼠皮肤有致敏作用。NOEL 数据［mg/(kg·d)］：大鼠（2 年）11，狗（1 年）2。ADI/RfD（EC 建议）0.011 mg/kg，（EPA）cRfD 0.02 mg/kg（1993）。

生态效应　家禽急性经口 LD_{50}（mg/kg）：山齿鹑 928，野鸭>2000。山齿鹑和野鸭饲喂 LC_{50}（5 d）>5620 mg/kg。鱼毒 LC_{50}（96 h，mg/L）：大翻车鱼 1.3，虹鳟鱼 0.36，羊头鲦鱼 2.4。水蚤 LC_{50}（48 h）8.6 mg/L。藻类 E_rC_{50}(μg/L)：（72 h）羊角月牙藻 0.52，中肋骨条藻 21；（5 d）硅藻 2.3，鱼腥藻 110。糠虾 EC_{50}（96 h）2.4 mg/L，浮萍 E_bC_{50}（7 d）3.6 g/L，E_rC_{50}（7 d）7.4 μg/L。蜜蜂 LD_{50}（48 h，μg/只）：接触>200，经口>100。蚯蚓 LC_{50}（14 d）211 mg/kg。

环境行为　①动物。在大鼠体内容易代谢并排出体外。②植物。在玉米和大豆上迅速吸收并于发芽时代谢。在植物体内，乙草胺通过几条路线代谢，包括水解/氧化取代氯，N-脱烷基化和谷胱甘肽取代氯，然后再形成各种含硫的二级分解产物。③土壤/环境。土壤吸收，很少渗出。由微生物降解，DT_{50} 8~18 d。主要代谢产物是氯乙酰氧化形成的水溶性酸，或从谷胱甘肽共轭及分解代谢为含硫氨基酸，如磺酸和亚磺基乙酸。

剂型　乳油、水乳剂、微囊悬浮剂、可湿性粉剂。

主要生产商　Dow AgroSciences、Fertiagro、KisChemicals、KSA、Labor、Monsanto、Sundat、安道麦安邦（江苏）有限公司、安徽富田农化有限公司、安徽中山化工有限公司、中农发河南农化有限公司、吉林市绿盛农药化工有限公司、江苏常隆化工有限公司、江苏莱科作物保护有限公司、江苏汇丰科技有限公司、江苏绿利来股份有限公司、江苏省南通派斯第农药化工有限公司、连云港立本作物科技有限公司、山东滨农科技有限公司、山东德浩化学有限公司、山东大成生物化工有限公司、山东华阳农药化工集团有限公司、上虞颖泰精细化工有限公司及四川省乐山市福华通达农药科技有限公司等。

作用机理与特点 在分子水平上的作用方式尚不明确。有据报道称其通过阻断蛋白质合成来抑制细胞分裂，也有据报道氯乙酰胺类除草剂可抑制超长链脂肪酸的合成（J. Schmalfuss et al., Abstr. Meeting WSSA, Toronto, 2000, 40, 117-118; P. Boger, Abstr. Ⅲ Int. Weed Control Congr., Brazil, 2000）。选择性除草剂，禾本科杂草表现心叶卷曲萎缩，其他叶皱缩，整株枯死。阔叶杂草叶皱缩变黄，整株枯死。乙草胺可被植物的幼芽吸收，如单子叶植物的胚芽鞘，双子叶植物的下胚轴，吸收后向上传导。种子和根也可吸收传导，但吸收量较少，传导速度慢。出苗后主要靠根吸收向上传导。如果田间水分适宜，幼芽未出土即被杀死。如果土壤水分少，杂草出土后随土壤湿度增大，杂草吸收药剂后而起作用。

应用

（1）适宜作物与安全性 大豆、花生、玉米、插秧水稻、移栽油菜、棉花、甘蔗、马铃薯、蔬菜（白菜、萝卜、甘蓝、花椰菜、番茄、辣椒、茄子、芹菜、胡萝卜、莴苣以及豆科蔬菜等）、柑橘、葡萄、果园等。大豆等耐药性作物吸收乙草胺后在体内迅速代谢为无活性物质，在正常自然条件下对作物安全，在低温条件下对大豆等作物生长有抑制作用，叶皱缩，根减少。持效期 1.5 个月，在土壤中通过微生物降解，对后茬作物无影响。

（2）防除对象 主要用于防除一年生禾本科杂草和某些阔叶杂草。禾本科杂草如稗草、狗尾草、金狗尾草、马唐、牛筋草、稷、看麦娘、早熟禾、千金子、硬草、野燕麦、臂形草、棒头草等，阔叶杂草如藜、小藜、反枝苋、铁苋菜、酸模叶蓼、柳叶刺蓼、节蓼、卷茎蓼、鸭跖草、狼杷草、鬼针草、菟丝子、萹蓄、香薷、繁缕、野西瓜苗、水棘针、鼬瓣花等。

（3）应用技术 乙草胺活性很高，用药量不宜随意增大。有机质含量高，新土壤或干旱情况下，建议采用较高剂量。反之，有机质含量低，沙壤上或降雨灌溉情况下，建议采用下限剂量。喷施药剂前后，土壤宜保持湿润，以确保药效。多雨地区注意雨后排水，排水不良地块，大雨后积水会妨碍作物出苗，出现药害。地膜栽培使用乙草胺除草时，应在覆膜前施药。地膜栽培施用乙草胺时，可比同类露地栽培方式减少 1/3 用药量。乙草胺对麦类、谷子、高粱、黄瓜、菠菜等作物较敏感，不宜施用。

（4）使用方法

① 大豆田 乙草胺可在大豆播前或播后苗前施药，也可秋施，秋施最好在气温降至 5℃以下到封冻前进行，如在东北进入 10 月施药，第二年春天播种大豆、玉米、油菜等作物。通常土壤耕层 0～5 cm 是杂草发芽出土的土层，苗前除草剂只有进入该土层才能有效地除草。而苗前除草剂可经如下两种途径进入杂草萌发土层，一是靠雨水或灌溉将除草剂带入土壤，二是靠机械混土，方法二不如雨水或灌溉使除草剂在土壤中分布均匀。在干旱条件下采用混土法施药，用机械耙地混土，可获得稳定的药效。在北方平播大豆若春季施药，施药时期为播前施药，施药后最好浅混土，耙深 4～6 cm。播后苗前施药在干旱条件下可用旋转锄进行浅混土，起垄播种大豆的播前采用混土，施药法同秋施，施药混土后起垄播种大豆。播后苗前施药后也可培土 2 cm 左右，随后镇压。在土壤有机质含量 6%以下，每亩用 90%乙草胺乳油 95～115 mL（有效成分 85.5～103.5 g）。

土壤有机质含量 6%以下，有机质对乙草胺影响较小。用量主要受土壤质地影响，沙质土、低洼地水分好用低剂量，岗地水分少用高剂量。土壤有机质含量 6%以上，每亩用 90%乙草胺乳油 115～150 mL，用药量随有机质含量增加而提高。

混用：乙草胺与嗪草酮、丙炔氟草胺混用可提高对苍耳、龙葵、苘麻等阔叶杂草的药效。乙草胺与异噁草酮、唑嘧磺草胺、噻吩磺隆（阔叶散）等混用可提高对龙葵、苍耳、苘麻、刺儿菜、苣荬菜、问荆、大蓟等阔叶杂草的药效。乙草胺与咪唑乙烟酸混用可增加对龙葵、苘麻、苍耳等阔叶杂草的药效。混用配方如下：

每亩用 90%乙草胺 100～150 mL 加 50%丙炔氟草胺 8～12 g（或 75%噻吩磺隆 1～1.33 g 或 48%异噁草酮 53～67 mL 或 70%嗪草酮 20～40 g 或 50%嗪草酮 28～56 g 或加 80%唑嘧磺草胺 4 g）。

每亩用 90%乙草胺 70～100 mL 加 50%丙炔氟草胺 4～6 g 加 48%异噁草酮 40～50 mL。

每亩用 90%乙草胺 70～100 mL 加 5%咪唑乙烟酸 50～67 mL。

每亩用 90%乙草胺 100～150 mL 加 48%异噁草酮 40～50 mL 加 75%噻吩磺隆 0.7～1 g。

每亩用 90%乙草胺 70～100 mL 加 88%灭草猛 100～133 mL 加 70%嗪草酮 20～27 g（或 48%异噁草酮 40～50 mL）。

每亩用 90%乙草胺 60～95 mL 加 48%异噁草酮 40～50 mL 加 5%咪唑乙烟酸 40 mL。

每亩用 90%乙草胺 100～130 mL 加 75%噻吩磺隆 0.7～1.0 g 加 70%嗪草酮 20～27 g（或 50%丙炔氟草胺 4～6 g）。

每亩用 90%乙草胺 100～140 mL 加 48%异噁草酮 40～50 mL 加 80%唑嘧磺草胺 2 g。

秋施乙草胺方法：乙草胺与其他除草剂混用秋施是防除农田杂草的有效措施之一，比春施对大豆、玉米、油菜等安全性好、药效好，特别是对难治杂草如野燕麦等更有效，且比春施增产 5%～10%。秋施药是同秋施肥、秋起垄、大豆三垄栽培、玉米大双覆相配套的新技术。

② 玉米田　乙草胺在玉米田用药量、使用时期、方法同大豆。

混用：乙草胺在玉米田可与噻吩磺隆（阔叶散）、2,4-滴丁酯、嗪草酮等混用。莠去津在苗前施药往往受土壤有机质影响，不但用量大不经济，而且其残留还危害下茬作物和污染地下水源，同时常受干旱影响效果不佳，因此不推荐莠去津做土壤处理。混用配方如下：

每亩用 90%乙草胺 100～150 mL 加 72%噻吩磺隆 1～1.3 g（或 80%唑嘧磺草胺 4 g）。

每亩用 90%乙草胺 80～130 mL 加 70%嗪草酮 27～54 g（适用于有机质高于 2%土壤）。

每亩用 90%乙草胺 50～80 mL 加 38%莠去津 100～200 mL 或 50%草净津 130～200 g（适用于土壤有机质低于 5%的地块）。

③ 花生田　施药时期同大豆、玉米。

用药量华北地区每亩用 60～80 mL。长江流域、华南地区每亩用 40～60 mL。

④ 油菜田　北方直播油菜田：可在播前或播后苗前施药，也可秋施。每亩用 90%乙草胺 80～150 mL。根据土壤有机质含量和质地确定用药量。土壤质地黏重、有机质含量高用高剂量；土壤疏松、有机质含量低用低剂量。使用方法同大豆。移栽油菜田：移栽前或移栽后每亩用乙草胺 45 mL，对水 40～50 L 均匀喷施，移栽后喷施时，应避免或减少直接喷在作物叶片上。

⑤ 棉花田　地膜棉于整地播种后，再喷药盖膜，华北地区每亩用 50～60 mL。长江流域 40～50 mL。新疆地区 80～100 mL。露地直播棉用药量宜提高 1/3。

⑥ 甘蔗田　甘蔗种植后土壤处理，喷施乙草胺每亩用 80～100 mL。

⑦ 插秧水稻田　30 d 以上大秧苗插后 3～5 d，稗草出土前至 1.5 叶前，每亩用 50%乙草胺 10～15 mL 拌细土均匀喷施，田间浅水层 3～5 cm，保水 5～7 d，只补不排。主要用于防除稗草及部分阔叶杂草。常与苄嘧磺隆混用。

专利概况

专利名称　Phytotoxic alpha-halo-acetanilides

专利号　US 3442945　　　　专利申请日　1967-05-22

专利申请人　Monsanto CO.

其他相关专利　US 3547620。

登记情况　乙草胺在中国登记 90%、92%、93%、94%、95%、97%原药共 31 个，相关制剂 634 个。主要登记场所为油菜田、花生田、玉米田、大豆田和马铃薯田，防治对象为一年生禾本科杂草和部分阔叶杂草等。部分登记情况见表 3-96。

表 3-96　乙草胺在中国部分登记情况

登记证号	农药名称	剂型	含量	登记场所	防治对象	亩用药量（制剂）	施用方法	登记证持有人
PD243-98	乙草胺	乳油	900 g/L	大豆田	部分阔叶杂草和一年生禾本科杂草	100～140 mL（东北地区）；60～100 mL（其他地区）	土壤喷雾处理	美国孟山都公司
				花生田		58～94 mL	土壤喷雾处理	
				棉花田		60～70 mL（南疆）；70～80 mL（北疆）；60～80 mL（其他地区）	①播前土壤喷雾处理；②播后苗前土壤喷雾处理，移栽前使用草甘膦土壤喷雾处理	
				油菜田		40～60 mL	移栽后土壤喷雾处理	
				玉米田		100～120 mL（东北地区）；60～100 mL（其他地区）	土壤喷雾处理	
PD20172260	乙草胺	乳油	81.5%	春玉米田		100～120 mL	土壤喷雾	南宁泰达丰生物科技有限公司
				夏玉米田		80～100 mL		
PD20140316	乙草胺	水乳剂	40%	春大豆田	一年生杂草	250～300 mL	土壤喷雾	江阴苏利化学股份有限公司
				春玉米田				
				夏大豆田		150～200 mL		
				夏玉米田				
PD20190211	乙·嗪·滴辛酯	乳油	60%	春大豆田	一年生杂草	200～250 g	土壤喷雾	黑龙江省哈尔滨利民农化技术有限公司
				春玉米田				
PD20130623	乙草胺	原药	95%					江苏汇丰科技有限公司
PD20121383	乙草胺	原药	97%					安徽富田农化有限公司

合成方法　乙草胺合成方法主要有两种：

（1）**亚甲基苯胺法**　以 2-甲基-6-乙基苯胺为原料，依次与多聚甲醛、氯乙酰氯、乙醇反应（氨存在下反应）即制得目的物。

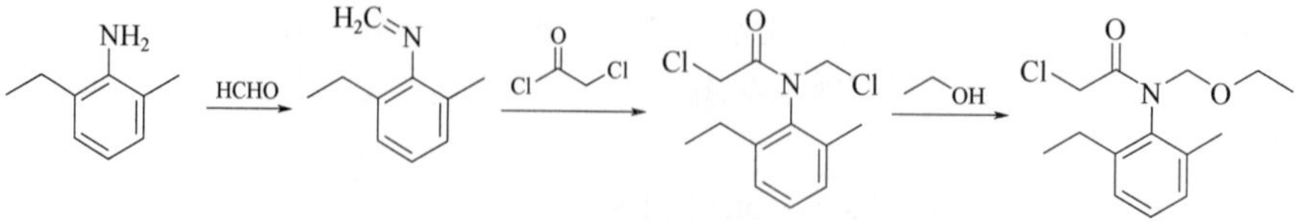

（2）**氯代醚法**　2-甲基-6-乙基苯胺与氯乙酰氯反应，生成 2-甲基-6-乙基氯代乙酰替苯胺，乙醇与聚甲醛反应（在盐酸存在下）得到氯甲基乙基醚，最后 2,6-甲乙基氯代乙酰替苯胺与

氯甲基乙基醚在碱性介质中反应，得到乙草胺。

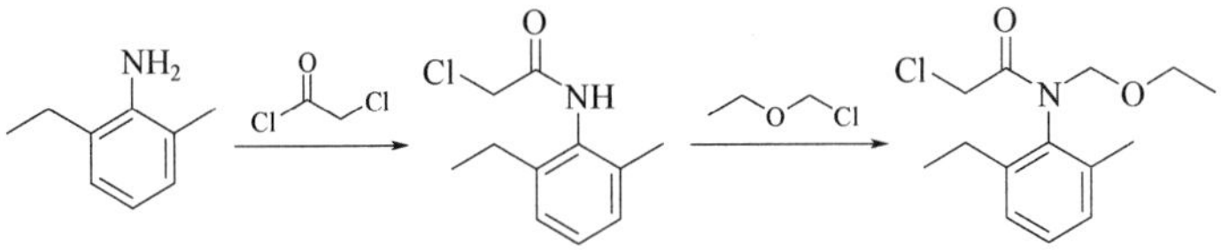

参考文献

[1] The Pesticide Manual.17 th edition: 11-12.

[2] 雷艳, 周丽平, 李彦龙. 农药研究与应用, 2010, 14(5): 13-16.

甲草胺（alachlor）

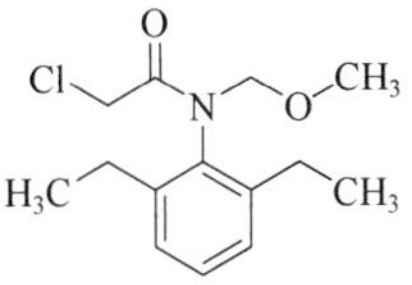

$C_{14}H_{20}ClNO_2$，269.8，15972-60-8

甲草胺（试验代号：CP 50144、MON 0144，商品名称：Alanex、Cattch、IntRRo、Krilalachlor、Lasso、Lazo、Satochlor，其他名称：拉索、澳特、草不绿）是由孟山都公司 1969 年开发的氯代乙酰胺类的除草剂。

化学名称 2-氯-2',6'-二乙基-N-甲氧甲基-乙酰苯胺。英文化学名称 2-chloro-2',6'-diethyl-N-methoxymethylacetanilide。美国化学文摘（CA）系统名称 2-chloro-N-(2,6-diethylphenyl)-N-(methoxymethyl)acetamide。CA 主题索引名称 acetamide—, 2-chloro-N-(2,6-diethylphenyl)-N-(methoxymethyl)-。

理化性质 原药纯度93%，乳白色无味非挥发性结晶体（室温），黄色至红色液体（＞40℃）。熔点 40.5～41.5℃，沸点 100℃（2.66 Pa），闪点：137℃（闭杯），160℃（开杯），蒸气压 5.5 mPa（25℃），2.7 mPa（20℃），分配系数 lgK_{ow}=3.09，Henry 常数 $4.3×10^{-3}$ Pa·m³/mol。相对密度 1.133（20～25℃）。溶解度（20～25℃）：水中 170.31 mg/L（pH 7），溶于乙醚、丙酮、苯、氯仿、乙酸乙酯、乙醇等有机溶剂，微溶于庚烷中。在 pH 5、7 和 9 时稳定，DT_{50}＞1 年，对紫外线稳定，在 105℃分解。

毒性 大鼠急性经口 LD_{50} 930～1350 mg/kg，兔急性经皮 LD_{50}13300 mg/kg，大鼠急性吸入 LC_{50}（4 h）＞1.04 mg/L 空气。对兔的眼睛和兔皮肤无刺激性，对豚鼠皮肤有致敏作用。NOEL 数据［mg/(kg·d)］：大鼠（2 年）2.5，狗（1 年）≤1。ADI/RfD（EPA）cRfD 0.01 mg/kg（1993）。对大鼠有致癌性，但对小鼠无致癌性。对机理的研究表明此与人体预期的暴露量无关。

生态效应 山齿鹑急性经口 LD_{50} 1536 mg/kg。山齿鹑和野鸭鱼饲喂 LC_{50}（5 d）＞5620 mg/kg。鱼毒 LC_{50}（96 h，mg/L）：大翻车鱼 5.8，虹鳟鱼 5.3，斑点叉尾鮰2.1，羊头鲦鱼 3.9。水蚤 EC_{50}（48 h）13 mg/L。羊角月牙藻 TL_{50}（72 h）12 μg/L。小龙虾 EC_{50}（48 h）＞320 mg/L。蜜蜂 LD_{50}（48 h，μg/只）：接触＞100，经口＞94。蚯蚓 LC_{50}（14 d）387 mg/kg 干土。

环境行为 ①动物。迅速被大鼠肝脏微粒体氧合酶氧化成 2,6-二乙基苯胺。在大鼠和小鼠的排泄物中大概有 30 种代谢物，但是在猴子的排泄物中就很少。在啮齿类动物和猴子体内的主要代谢路径为，谷胱甘肽取代氯而形成配合物。降解谷胱甘肽配合物而生成大量含硫代谢物，包括半胱氨酸配合物、甲基亚砜和砜。②植物。通过多种代谢路径（如氯的水解/氧化取代、N-脱甲基化、芳基乙基羟基化和谷胱甘肽取代）迅速代谢为多种代谢产物，然后生成各种含硫的二级分解产物。③土壤/环境。在有氧条件下的土壤中，被微生物快速降解。DT_{50} 7.8 d（肥土，pH 7.7，1.9% o.m.），10.9 d（沙质壤土，pH 7.4，2.5% o.m.），15.3 d（粉沙壤土，pH 5.8，3.4% o.m.），17.1 d（黏性壤土，pH 7.5，5.1% o.m.）；DT_{90} 在以上各自条件下26 d、36 d、51 d 和 57 d。主要的代谢物为糖羰酸和磺酸。在表面水中 28 d 分解 55%。

剂型　乳油、微囊悬浮剂、颗粒剂、水分散粒剂、微乳剂。

主要生产商　Adama、Crystal、Dongbu Chemical、KisChemicals、KSA、Monsanto、Nortox、Pilarquim、Rainbow、安徽富田农化有限公司、杭州颖泰生物科技有限公司、江苏常隆农化有限公司、江苏莱科作物保护有限公司、南通江山农药化工股份有限公司、山东滨农科技有限公司、山东华程化工科技有限公司、首建科技有限公司、上虞颖泰精细化工有限公司及新兴农化工（南通）有限公司等。

作用机理与特点　超长链脂肪酸合成抑制剂。如果土壤水分适宜，杂草幼芽期不出土即被杀死。甲草胺被植物幼芽吸收（单子叶植物为胚芽鞘、双子叶植物为下胚轴），吸收后向上传导，种子和根也吸收传导，但吸收量较少，传导速度慢；出苗后主要靠根吸收向上传导。症状为芽鞘紧包生长点，稍变粗，胚根细而弯曲，无须根、生长点逐渐变褐色至黑色烂掉。如土壤水分少，杂草出土后随着雨、土壤湿度增加，杂草吸收药剂后，禾本科杂草心叶卷曲至整株枯死，阔叶杂草叶皱缩变黄，整株逐渐枯死。

应用

（1）适宜作物　大豆、玉米、花生对甲草胺有较强的抗药性，也可在棉花、甘蔗、油菜、烟草、洋葱和萝卜等作物地中使用。

（2）防除对象　能有效地防除大多数一年生禾本科、某些阔叶和莎草科杂草。一年生禾本科杂草如狗尾草、早熟禾、看麦娘、稗草、千金子、马唐、稷、野黍、画眉草、牛筋草等。莎草科和阔叶杂草如碎米莎草、异型莎草、反枝苋、马齿苋、藜、柳叶刺蓼、酸模叶蓼、繁缕、菟丝子、荠菜、龙葵、辣子草、豚草、鸭跖草等。

（3）应用技术　①杂草萌发前施药效果好，播后苗前施药应尽量缩短播种与施药的间隔时间。秋起垄播后苗前施药，已出土的杂草应采用机械或其他措施去除。施药后 1 周内如果降雨或灌溉，有利于发挥除草效能。在干旱而无灌溉的条件下，应采取播前混土法，混土深度以不超过 5 cm 为宜，过深混土将会降低药效。施药之后不要翻动土层，以免破坏土表药层。田间阔叶草发生较多的田块，可以与其他阔叶除草剂混用，提高综合防效。②北方地区施药前一个月应检查药桶中是否有结晶析出，如发现有结晶可将药桶置于 15～22℃条件下存放，待其自然溶解。如时间紧，可将药桶放在 45℃温水中不停滚动，不断加热水使水保持恒温，一般 3～5 h 即可恢复原状。或将药桶放入 20～22℃室温下不停地滚动 24 h 以上。

（4）使用方法

① 大豆田　施药时期在大豆播前或播后苗前，最好在杂草萌发前；若播后苗前施药应在播后 3 d 内。使用方法为土壤处理。甲草胺药效受土壤质地影响比有机质影响大，土壤有机质在 3% 以上，沙质土每亩用 48% 甲草胺乳油 350 mL，壤质土 400 mL，黏质土 475 mL；土壤有机质含量在 3% 以下，沙质土每亩用 48% 甲草胺乳油 275 mL，壤质土 350 mL，黏质土 400 mL。施药前最好预测天气情况，施药后 15 d 内有 15～20 mm 以上的降雨，因降雨有利于药效发挥。若施药后干旱无雨，有灌溉条件的可灌水，无灌溉条件则应用机械浅混土 2～

3 cm，且及时镇压（效果比灌水或降雨差）。

盖膜大豆每亩用 48%甲草胺乳油 250～300 mL，对水 30～50 L。华北地区夏大豆无地膜施用量每亩用 250～300 mL，地膜大豆每亩 150～200 mL。长江流域夏大豆无地膜施用量每亩用 100～250 mL，地膜夏大豆每亩用 125～150 mL。

甲草胺对阔叶杂草如蓼防效差，若防除蓼等杂草，最好与嗪草酮或三氟羧草醚混用。

② 玉米田　施药时期在玉米播种前或播后苗前，使用方法为土壤处理。每亩用 48%甲草胺乳油 150～300 mL，对水 40～50 L 均匀喷雾。因甲草胺对玉米、大豆安全，故适宜于玉米、大豆间种或套种地块除草。若甲草胺与莠去津混用，不仅可扩大除草谱，而且可解决莠去津的残留问题。

③ 花生田　华北地区花生播种覆土后每亩喷施甲草胺 250～300 mL，盖膜花生每亩用 150～200 mL。长江流域华南地区无地膜每亩用 200～250 mL。

④ 棉花田　施药时期与施药量同花生田。

⑤ 蔬菜田　48%甲草胺乳油可适用于番茄、辣椒、洋葱、萝卜等蔬菜，在播种前或移栽前每亩用 200 mL，对水 40～50 L，均匀喷雾。若施药后盖地膜，不仅用药量可减少 30%～50%，而且对一年生禾本科杂草和部分阔叶杂草的防效显著。

专利概况

专利名称　Phytotoxic alpha-halo-acetanilides

专利号　US 3442945　　　　　　专利申请日　1967-05-22

专利申请人　Monsanto CO

其他相关专利　US 3547620。

登记情况　甲草胺在中国登记 92%、95%、97%原药共 12 个，相关制剂 31 个。登记场所有大豆田、棉花田、玉米田等，用于防除一年生禾本科杂草及部分阔叶杂草。部分登记情况见表 3-97。

表 3-97　甲草胺在中国部分登记情况

登记证号	农药名称	剂型	含量	登记场所	防治对象	亩用药量（制剂）	施用方法	登记证持有人
PD20130419	甲草胺	微囊悬浮剂	480 g/L	大豆田	一年生禾本科杂草和部分小粒种子阔叶杂草	350～400 mL（东北地区）；250～350 mL（其他地区）	喷雾	兴农药业（中国）有限公司
PD20183658	苯·苄·甲草胺	泡腾粒剂	30%	水稻移栽田	一年生杂草	60～80 g	撒施	上海沪联生物药业（夏邑）股份有限公司
PD20150178	甲·乙·莠	悬乳剂	42%	夏玉米田	一年生杂草	150～200 mL	土壤喷雾	山东乐邦化学品有限公司
				春玉米田		200～300 mL		
PD20094845	甲草胺	乳油	480 g/L	棉花田	一年生杂草	华北地区：250～300 mL，150～200 mL（盖膜）；长江流域：200～250 mL，125～150 mL（盖膜）	苗前或播后苗前土壤喷雾	山东滨农科技有限公司

续表

登记证号	农药名称	剂型	含量	登记场所	防治对象	亩用药量（制剂）	施用方法	登记证持有人
PD20122062	甲草胺	原药	97%					安徽富田农化有限公司
PD20101900	甲草胺	原药	95%					江苏莱科作物保护有限公司

合成方法 甲草胺合成方法主要有两种。

（1）亚甲基苯胺法 以 2,6-二乙基苯胺为原料，依次与多聚甲醛、氯乙酰氯、甲醇反应（在氨存在下反应）即制得目的物。

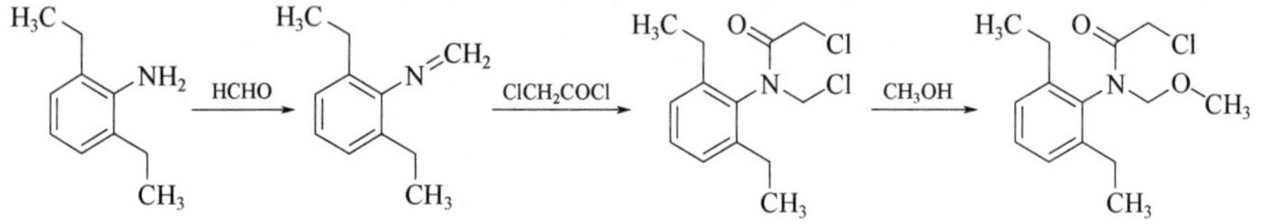

（2）氯代醚法 2,6-二乙基苯胺与氯乙酰氯反应，生成 2,6-二乙基氯代乙酰替苯胺（简称伯酰胺），甲醇和甲醛和盐酸气反应生成氯甲基醚。最后氯甲醚与伯酰胺在碱性介质中反应得到甲草胺。

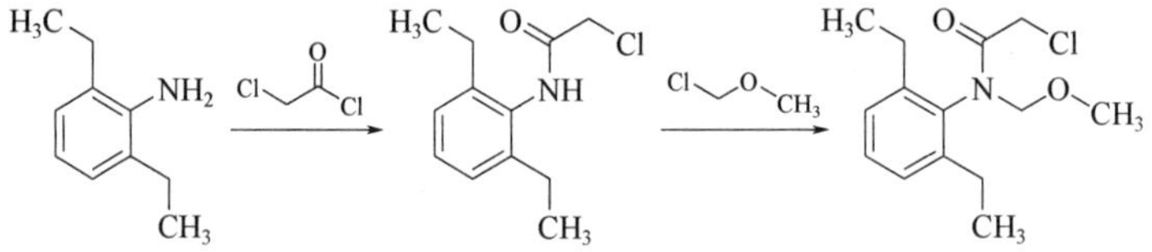

参考文献

[1] The Pesticide Manual.17 th edition: 22-24.
[2] 罗守进. 农业灾害研究, 2012, 2(2): 8-9+16.

氟丁酰草胺（beflubutamid）

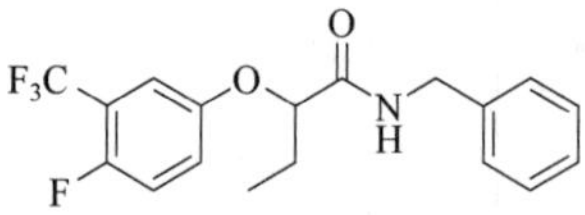

$C_{18}H_{17}F_4NO_2$，355.3，113614-08-7，113614-09-8(S型异构体，beflubutamid-M)

氟丁酰草胺［试验代号：ASU 95510H、UBH-820、UR50601，商品名称：Herbaflex（混剂）］，是由日本宇部产业公司和 Stähler 农业公司共同开发的苯氧酰胺类除草剂。beflubutamid-M 是日本宇部产业公司从氟丁酰草胺中分离得到的 S 型异构体，2018 年获得 ISO 英文通用名称。

化学名称 氟丁酰草胺 N-苄基-2-(α,α,α,4-四氟-间-甲基苯氧基)丁酰胺。英文化学名称 (2RS)-N-benzyl-2-[4-fluoro-3-(trifluoromethyl)phenoxy]butanamide。美国化学文摘（CA）系统名称 2-[4-fluoro-3-(trifluoromethyl)phenoxy]-N-(phenylmethyl)butanamide。CA 主题索引名称

butanamide—, 2-[4-fluoro-3-(trifluoromethyl)phenoxy]-N-(phenylmethyl)-。

beflubutamid-M　(2S)-N-苄基-2-(α,α,α,4-四氟-间-甲基苯氧基)丁酰胺。英文化学名称(2S)-N-benzyl-2-[4-fluoro-3-(trifluoromethyl)phenoxy]butanamide。美国化学文摘（CA）系统名称(2S)-2-[4-fluoro-3-(trifluoromethyl)phenoxy]-N-(phenylmethyl)butanamide。CA 主题索引名称butanamide—, 2-[4-fluoro-3-(trifluoromethyl)phenoxy]-N-(phenylmethyl)-(2S)-。

理化性质　原药纯度＞97%，纯品为绒毛状白色粉状固体。熔点 75℃，蒸气压 $1.1×10^{-2}$ mPa（25℃），分配系数 $\lg K_{ow}$=4.28，Henry 系数 $1.1×10^{-4}$ Pa·m³/mol，相对密度 1.33（20～25℃）。溶解度（20～25℃，g/L）：水 $3.29×10^{-3}$，丙酮＞600，1,2-二氯乙烷＞544，乙酸乙酯＞571，甲醇＞473，正庚烷 2.18，二甲苯 106。在 130℃下可稳定 5 h，在 21℃，pH 5、7、9 条件下放置 5 d 稳定。在水溶液中的光解 DT_{50} 48 d（pH 7，25℃）。

毒性　大鼠急性经口 LD_{50}＞5000 mg/kg，大鼠急性经皮 LD_{50}＞2000 mg/kg，对兔的皮肤和眼睛无刺激性作用，对豚鼠皮肤无致敏性。大鼠急性吸入 LC_{50}（4 h）＞5 mg/L。NOEL（mg/L）：大鼠经口（90 d）400［30 mg/(kg·d)］，大鼠经口（2 年）50［2.2 mg/(kg·d)］，ADI/RfD（EC）0.02 mg/kg（2007）。无致突变性，Ames 试验、基因突变试验、细胞遗传毒性试验及微核试验均为阴性。

生态效应　山齿鹑急性经口 LD_{50}＞2000 mg/kg。山齿鹑饲喂 LC_{50}（5 d）＞5200 mg/L。虹鳟鱼 LC_{50}（96 h）1.86 mg/L。水蚤 EC_{50}（48 h）1.64 mg/L。羊角月牙藻 E_bC_{50} 4.45 μg/L。浮萍 EC_{50} 0.029 mg/L。蜜蜂 LD_{50}（经口，接触）＞100 μg/只。蚯蚓 LC_{50}（14 d）＞732 mg/kg。对土壤中的微生物风险低。

环境行为　氟丁酰草胺原药在土壤中的流动性很差，但是可以在土壤中迅速降解，降解产物能够渗入地下水中。在规定剂量下使用，对环境不会造成危害。①动物。氟丁酰草胺进入动物体后能够快速完全吸收（＞80%），广泛地分布于身体的各个部位，在 120 h 内主要通过胆汁完全排出体外。在体内不会累积。主要的代谢途径为水解、酰胺键的断裂以及与葡糖醛酸缩合。主要代谢产物为苯氧酸和马尿酸。②植物。氟丁酰草胺在植物体内的代谢物与在土壤中的代谢物相同。③土壤/环境。在土壤中的降解半衰期为 DT_{50} 5.4 d，在土壤中的主要代谢产物是通过酰胺键的断裂而生成的相应的丁酸。这种代谢产物自身可在土壤中迅速降解。氟丁酰草胺的土壤吸附系数 K_{oc} 852～1793。在 pH 5～9 条件下水解稳定。

剂型　悬浮剂。

主要生产商　Cheminova。

作用机理与特点　八氢番茄红素脱氢酶抑制剂，主要防除大麦和小麦田中的阔叶杂草。其 S 型异构体活性更高，除草活性至少是 R 型异构体的 1000 倍。

应用

（1）适宜作物与安全性　小麦、大麦，对小麦、环境安全，由于其持效期适中，对后茬作物无影响。

（2）防除对象　主要用于防除重要的阔叶杂草如婆婆纳、宝盖草、田堇菜、藜、荠菜、大爪草等。

（3）使用方法　小麦、大麦田苗前或苗后早期使用。剂量为 170～255［亩用量为 11.3～17 g (a.i.)］。同异丙隆混用［比例为：氟丁酰草胺 85 g (a.i.)/hm²，异丙隆 500 g (a.i.)/hm²］苗后茎叶处理，不仅除草效果好，并且可防除麦田几乎所有杂草，而且对麦类很安全。

专利概况

专利名称　N-benzyl-2-(4-fluoro-3-trifluoromethylphenoxy)butanoic amide and herbicidal composition containing the same

专利号　EP 239414　　　　　专利申请日　1987-03-27

专利申请人　Ube Industries Ltd

其他相关专利　JP 04202168。

合成方法　通过如下反应制得目的物：

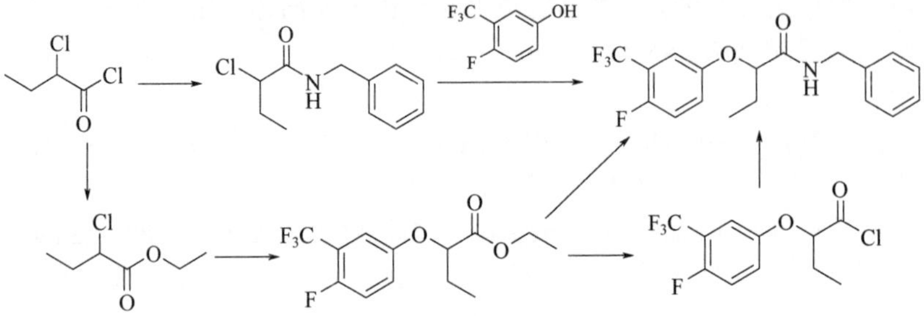

参考文献

[1] The Pesticide Manual.17 th edition: 68-69.

[2] 刘安昌, 沈乔, 周青, 等. 现代农药, 2012, 11(2): 26-27.

溴丁酰草胺（bromobutide）

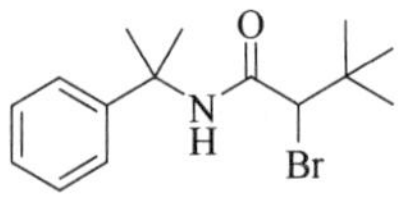

$C_{15}H_{22}BrNO$，312.2，74712-19-9

溴丁酰草胺（试验代号：S-4347，商品名称：Sumiherb、Shokinie、Topgun）是由日本住友公司 1986 年开发的酰胺类除草剂。

化学名称　2-溴-N-(α,α-二甲基苄基)-3,3-二甲基丁酰胺。英文化学名称 2-bromo-N-(α,α-dimethylbenzyl)-3,3-dimethylbutyramide。美国化学文摘（CA）系统名称 2-bromo-3,3-dimethyl-N-(1-methyl-1-phenylethyl)butanamide。CA 主题索引名称 butanamide—, 2-bromo-3,3-dimethyl-N-(1-methyl-1-phenylethyl)-。

理化性质　原药为无色至黄色晶体。熔点 179.5℃，蒸气压 $5.92×10^{-2}$ mPa（25℃），分配系数 $\lg K_{ow}$=3.46，Henry 常数 6.53 Pa·m³/mol（计算值）。溶解度（20~25℃）：水中 3.54 mg/L，其他溶剂（g/L）：二甲苯 4.7，甲醇 35，正己烷 0.5。在正常贮存条件下稳定。

毒性　大鼠急性经口 LD_{50}>5000 mg/kg，大鼠急性经皮 LD_{50}>5000 mg/kg。

生态效应　鲤鱼 LC_{50}（48 h）>5.0 mg/L，水蚤 EC_{50}（48 h）>5.0 mg/L，水藻 E_rC_{50}（72 h）>5.0 mg/L。

剂型　颗粒剂。

主要生产商　住友化学株式会社。

作用机理与特点　水稻田选择性除草剂。

应用

（1）适宜作物与安全性　水稻等，在水稻和杂草间有极好的选择性。

（2）防除对象　主要防除一年生和多年生禾本科杂草、莎草科杂草（如稗草）、鸭舌草、节节菜、细秆萤蔺、牛毛毡、铁荸荠、水莎草和瓜皮草等，对部分阔叶杂草亦有效。

（3）使用方法　以 1500～2000 g (a.i.)/hm² 剂量苗前或苗后施用，能有效防除上述杂草。即使在低于 100～200 g (a.i.)/hm² 剂量下，对细秆萤蔺仍有很高的防效。若与某些除草剂如苯噻酰草胺等混用对稗草、瓜皮草的防除效果极佳。

专利概况

专利名称　N-Benzylhaloacetamide derivatives, and their production and use

专利号　US 4288244　　　　　专利申请日　1981-09-08

专利申请人　Sumitomo Chemical Co.。

合成方法　以 α-甲基苯乙烯为起始原料，制得 α,α-二甲基溴（氯）化苄。再与氨气反应制得 α,α-二甲基苄胺，最后与 3,3-二甲基-2-溴-丁酰氯反应，处理即得溴丁酰草胺。反应式如下：

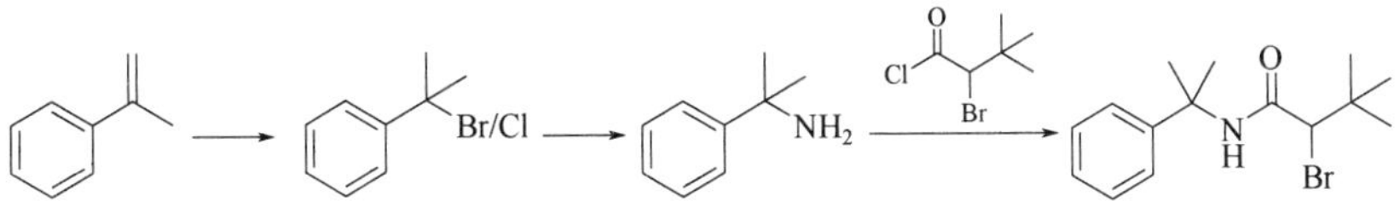

参考文献

[1] The Pesticide Manual.17 th edition: 132-133.

丁草胺（butachlor）

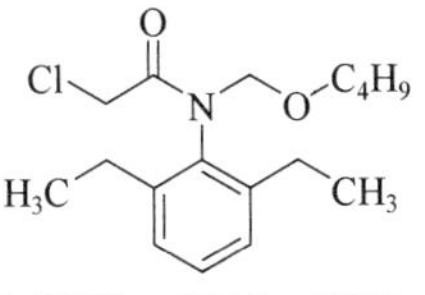

C₁₇H₂₆ClNO₂，311.9，23184-66-9

丁草胺（试验代号：CP53619，商品名称：Ban Weed、Beta、Dhanuchlor、Direk、Echo、Hiltaklor、Machete、Rasayanchlor、Suntachlor、Trapp、Vibuta、Wiper，其他名称：马歇特、灭草特、去草胺）是由孟山都公司开发的氯代乙酰胺类的除草剂。

化学名称　N-丁氧甲基-2-氯-2',6'-二乙基乙酰苯胺。英文化学名称 N-butoxymethyl-2-chloro-2',6'-diethylacetanilide。美国化学文摘（CA）系统名称 N-(butoxymethyl)-2-chloro-N-(2,6-diethylphenyl)acetamide。CA 主题索引名称 acetamide—, N-(butoxymethyl)-2-chloro-N-(2,6-diethylphenyl)-。

理化性质　原药纯度为 93.5%，浅黄色或紫色、有甜味的液体，纯品为无色无味油状透明液体。沸点 156℃（66.5 Pa），闪点＞135℃（闭杯），熔点-2.8～1.7℃，蒸气压 0.254 mPa（25℃）。Henry 常数 3.74×10⁻³ Pa·m³/mol，相对密度 1.07（20～25℃）。溶解度（20～25℃）：水中 16 mg/L；易溶于多种有机溶剂，在乙醚、丙酮、苯、乙醇、乙酸乙酯和己烷溶解度＞1000 g/L。低于 45℃长期稳定，高于 165℃分解，对紫外线稳定。

毒性　急性经口 LD₅₀（mg/kg）：大鼠 2620，小鼠 4104。兔急性经皮 LD₅₀＞13000 mg/kg，大鼠急性吸入 LC₅₀＞5.3 mg/L 空气。对兔的皮肤有中等刺激性作用，对兔的眼睛有轻度刺激性，对豚鼠皮肤有致敏作用。NOEL：大鼠 20 mg/kg，小鼠 100 mg/kg，狗 3.65 mg/(kg·d)。

ADI/RfD（FSC）0.01 mg/kg（2011）。对大鼠有致癌性，但对小鼠无致癌性。

生态效应 野鸭急性经口 LD_{50}＞4640 mg/kg，饲喂 LC_{50}（5 d，mg/kg）：野鸭＞10000，山齿鹑＞6597。鱼毒 LC_{50}（96 h，mg/L）：虹鳟鱼 0.52，大翻车鱼 0.44，鲤鱼 0.574，斑点叉尾鮰 0.10～0.42，黑头呆鱼 0.31。水蚤 LC_{50}（48 h）4.24 mg/L。羊角月牙藻 E_rC_{50}（72 h）＞0.97 μg/L，龙虾 LC_{50}（96 h）26 mg/L，蜜蜂 LD_{50}（48 h，μg/只）：接触＞100，经口＞90。

环境行为 ①动物。代谢为水溶性代谢物和排泄物。②植物。迅速代谢为水溶性代谢物，最终矿化。③土壤/环境。土壤中主要被微生物降解。可存在 6～10 周，在土壤或水中转化为水溶性衍生物，并慢慢变成 CO_2。

剂型 乳油、水乳剂、微囊悬浮剂、颗粒剂等。

主要生产商 Agrochem、Amico、Bharat、Comlets、Crystal、Dongbu Fine、Hindustan、Krishi Rasayan、Monsanto、Rallis、Saeryung、Siris、安徽富田农化有限公司、杭州颖泰生物科技有限公司、黑龙江省哈尔滨利民农化技术有限公司、江苏汇丰科技有限公司、江苏莱科作物保护有限公司、江苏绿利来股份有限公司、江苏省南通江山农药化工股份有限公司、吉林市绿盛农药化工有限公司、宁夏格瑞精细化工有限公司、山东滨农科技有限公司、山东德浩化学有限公司、山东潍坊润丰化工股份有限公司、新兴农化工（南通）有限公司、允发化工（上海）有限公司及中农发河南农化有限公司等。

作用机理与特点 超长链脂肪酸合成抑制剂。选择性内吸性除草剂，通过杂草幼芽和幼小的次生根吸收，使杂草幼株肿大、畸形，色深绿，最终导致死亡。

应用

（1）适宜作物与安全性 水稻（移栽水稻田、水稻旱育秧田）、小麦等。只有少量丁草胺能被稻苗吸收，而且在体内迅速完全分解代谢，因而稻苗对其有较强的耐药力。丁草胺在土壤中稳定性小，对光稳定，能被土壤微生物分解。持效期为 30～40 d，对下茬作物安全。而直播田和秧田用丁草胺除草安全性较差。

（2）防除对象 主要用于水田和旱地有效地防除以种子萌发的禾本科杂草、一年生莎草及一些一年生阔叶杂草如稗草、千金子、异型莎草、碎米莎草、牛毛毡等。对鸭舌草、节节草、尖瓣花和萤蔺等有较好防效，但对水三棱、扁秆藨草、野慈姑等多年生杂草几乎无效。

（3）应用技术 ①在插秧田，秧苗素质若不好，施药后如下雨或灌水过深，可能产生药害。水直播田和露地湿润秧田使用丁草胺时，安全性较差，易产生药害，应在小区试验取得经验后再扩大推广。②施药期。应在杂草种子或稗草萌芽前施药，稗草二叶期后施药效果显著下降。如果在整地后不能在 3～4 d 内插秧时，建议在整地后立即施药，经 0～4 d 插秧，以便有效控制杂草萌芽并增加对水稻安全性。③北方高寒地水田稗草始发期在 5 月上旬，高峰期在 5 月末 6 月初，阔叶杂草发生高峰在 6 月中下旬，近年来推广旱育稀植栽培技术，插秧时间在 5 月中下旬，整地插秧在稗草发生高峰期之前，施药在 5 月下旬至 6 月上旬。丁草胺只能防除 1.5 叶期以前的稗草，在水稻插秧后 5～7 d 缓苗后施药，如果整地与插秧间隔时间过长，稗草防效不佳，栽培技术要求水稻插秧后深水扶苗，在低温、弱苗、地不平、水过深条件下对水稻生育有影响。④本剂对鱼类有害，残药或洗涤用水不能倾倒湖、河或池塘中。不能在养鱼的水稻田施用。

（4）使用方法 苗前选择性除草剂。

① 移栽水稻田 北方移栽水稻（秧龄 25～30 d）于移栽后 5～7 d 缓苗后施药，每亩用 60%丁草胺乳油 100～150 mL。南方移栽后 3～5 d 喷施 60%丁草胺乳油 85～100 mL，使用背负式喷雾器喷施，每亩加水 25 L 左右均匀喷施。亦可采用毒土法，均匀撒施田面。施药时田

间保持水层 3～5 cm，保水 3～5 d，以后恢复正常田间管理。

②　水稻湿润育苗田　东北覆膜湿润育秧田，在播下浸种不催芽的种子后，覆盖 1 cm 厚的土层，每亩用 60%丁草胺乳油 85～110 mL，对水 25 L 均匀喷施，加盖塑料薄膜，保持床面湿润。特别注意覆土，不得少于 2 cm，覆土过浅在低温条件下抑制稻苗生长，易造成药害。若在秧田使用丁草胺，不要与扑草净、西草净混用，高温条件下扑草净、西草净对秧苗有药害。

水稻插秧前 5～7 d 每亩用 60%丁草胺 80～100 mL 加湿细沙或土 15～20 kg，采用毒土、毒沙法施药，均匀撒入田间。最好在整地耙平时或耙平后趁水浑浊把药施入田间。插秧后 15～20 d，每亩用 60%丁草胺 80～100 mL，如稗草与阔叶杂草兼治，在第二次施药时，丁草胺可与苄嘧磺隆、吡嘧磺隆、环丙嘧磺隆、乙氧嘧磺隆、醚磺隆、灭草松等混用。防除多年生莎草科杂草可与禾草丹混用。混用药量为 60%丁草胺每亩 80～100 mL 加 10%苄嘧磺隆 13～17 g或 10%吡嘧磺隆 10 g 或 10%环丙嘧磺隆 13～15 g 或 15%乙氧嘧磺隆 10～15 g 或 30%苄嘧磺隆 10 g 或 48%灭草松 167～200 g。

丁草胺分两次施药有如下优点：①对水稻安全性大大提高。②避免一次性施药因整地与插秧间隔时间过长、稗草叶龄大难防除的问题。③对阔叶杂草药效好于一次性施药。总之此方法在北方使用药效稳定，对水稻安全，产量高，效益好。第二次施药时应保持水层 3～5 cm，稳定水层 7～10 d 只灌不排。丁草胺与灭草松混用前 2 d 施浅水层，使杂草露出水面，采用喷雾法施药，施药后 2 d 放水回田。丁草胺与苄嘧磺隆混用也可用喷雾法施药，方法同禾草丹。

③　直播田　可在播种前 2～3 d，每亩用 60%丁草胺乳油 80～100 mL，对水 30 L 均匀喷施，田间应保持水层 2～3 d，然后排水播种。也可于秧苗一叶一心至二叶期（稗草一叶一心期）前，每亩用 60%丁草胺乳油 100～125 mL，对水 40 L 均匀喷施。

直播田和秧田用丁草胺除草安全性较差。

④　旱地作物除草　冬小（大）麦播种覆土后，结合灌水或降雨后，在土壤水分良好的状况下，每亩用乳油 100～125 mL，对水 30～50 L，均匀喷雾，可防除一年生禾本科杂草、莎草、菊科和其他阔叶杂草，玉米、蔬菜地除草也可参照这一方法。

专利概况

专利名称　Phytotoxic alpha-halo-acetanilides

专利号　US 3442945　　　　专利申请日　1967-05-22

专利申请人　Monsanto Co.

其他相关专利　US 3547620。

登记情况　丁草胺在中国登记 80%、85%、90%、92%、95%等原药共 23 个，相关制剂277 个。登记场所水稻田，可防除稗草、牛毛草、鸭舌草一年生禾本科杂草和部分阔叶杂草。部分登记情况见表 3-98。

表 3-98　丁草胺在中国部分登记情况

登记证号	农药名称	剂型	含量	登记场所	防治对象	亩用药量（制剂）	施用方法	登记证持有人
PDN9-91	丁草胺	乳油	60%	水稻田	稗草、牛毛草、鸭舌草	83～142 mL	喷雾、毒土	广农制药（广州）有限公司
PDN28-93	丁草胺	乳油	50%	水稻田	稗草、牛毛草、鸭舌草、一年生禾本科杂草和部分阔叶杂草	100～160 mL	喷雾、毒土	江苏省南通南沈植保科技开发有限公司

续表

登记证号	农药名称	剂型	含量	登记场所	防治对象	亩用药量（制剂）	施用方法	登记证持有人
PD20150222	丁草胺	水乳剂	60%	移栽水稻田	一年生杂草	54～140 mL	药土法	福阿母韩农（黑龙江）化工有限公司
PD20200049	丁草胺·噁草酮·西草净	乳油	43%	水稻移栽田	一年生杂草	150～230 mL	甩施	江苏长青生物科技有限公司
PDN27-93	丁草胺	原药	95%					江苏省南通江山农药化工股份有限公司
PDN19-92	丁草胺	原药	95%					江苏绿利来股份有限公司

合成方法　丁草胺合成方法主要有亚甲基苯胺法和氯代醚法，具体如下：

（1）亚甲基苯胺法：

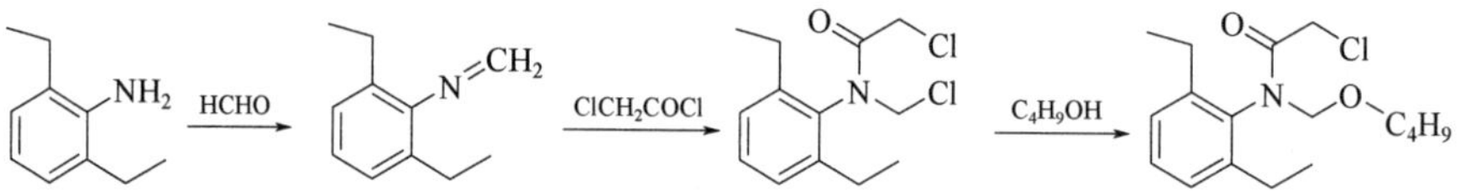

（2）氯代醚法：

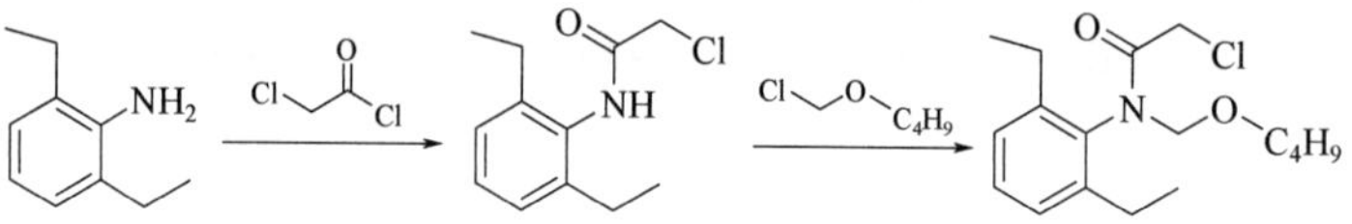

参考文献

[1] The Pesticide Manual.17 th edition: 144-145.

[2] 卢静静，沈乔，周青，等. 绿色科技，2015(2): 195-196.

氯甲酰草胺（clomeprop）

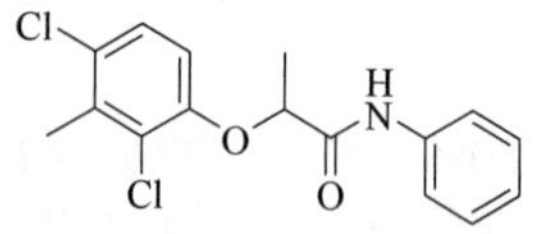

$C_{16}H_{15}Cl_2NO_2$，324.2，84496-56-0

　　氯甲酰草胺［试验代号：MY-15，商品名称：Dynaman（混剂），其他名称：稗草胺］是由日本三菱石油公司研制的酰胺类除草剂，后售于罗纳普朗克公司（现拜耳公司）。

　　化学名称　(RS)-2-(2,4-二氯-间-甲苯氧基)丙酰苯胺。英文化学名称(2RS)-2-(2,4-dichloro-3-methylphenoxy)propananilide。美国化学文摘（CA）系统名称 2-(2,4-dichloro-3-methyl-phenoxy)-N-phenylpropanamide。CA 主题索引名称 propanamide—, 2-(2,4-dichloro-3-methyl-phenoxy)-N-phenyl-。

　　理化性质　无色结晶体。熔点 146～147℃，蒸气压＜0.0133 mPa（30℃）。分配系数 $\lg K_{ow}$=4.8，溶解度（20～25℃）：水中 0.032 mg/L。其他溶剂中（g/L）：丙酮33，环己烷9，二甲基甲酰胺20，二甲苯17。

毒性　急性经口 LD$_{50}$（mg/kg）：雄大鼠＞5000，雌大鼠 3520，小鼠＞5000。大、小鼠急性经皮 LD$_{50}$＞5000 mg/kg。大鼠急性吸入 LC$_{50}$（4 h）＞1.5 mg/L 空气。大鼠 NOEL（2 年）0.62 mg/kg。ADI/RfD（FSC）0.0062 mg/kg。

生态效应　鲤鱼、泥鳅、虹鳟鱼 LC$_{50}$（48 h）＞10 mg/L。水蚤 LC$_{50}$（3 h）＞10 mg/L。

环境行为　①植物。氯甲酰草胺在植物体内可被迅速降解为无毒的葡糖共轭物。②土壤/环境。氯甲酰草胺在土壤中可被迅速降解，最终以二氧化碳的形式消解掉。在稻田土壤中的降解半衰期 DT$_{50}$ 3～7 d。

剂型　乳油、颗粒剂。

主要生产商　拜耳公司。

作用机理与特点　合成生长素（作用类似吲哚乙酸）。可促进植物体内 RNA 合成，并影响蛋白质的合成、细胞分裂和细胞生长。典型症状如杂草扭曲、弯折、畸形、变黄，最终死亡。作用过程缓慢，杂草死亡需要一周以上时间。

应用　选择性苗前和苗后稻田除草剂。主要用于防除稻田中的阔叶杂草和莎草科杂草如萤蔺、节节草、牛毛毡、水三棱、荸荠、异型莎草、陌上菜、鸭舌草、泽泻、矮慈姑等。使用剂量为 500 g (a.i.)/hm^2 ［亩用量为 33.3 g (a.i.)］。为达到理想的除草效果，需与丙草胺一起使用。

专利概况

专利名称　Tri- or tetra-substituted phenoxycarboxylic acid anilide type herbicide

专利号　JP 57171904　　　　　　**专利申请日**　1981-04-15

专利申请人　Mitsubishi Petrochemical Co。

合成方法　以 2,4-二氯-3-甲基苯酚和 2-氯丙酸乙酯为起始原料，经多步反应得目的物。反应式如下：

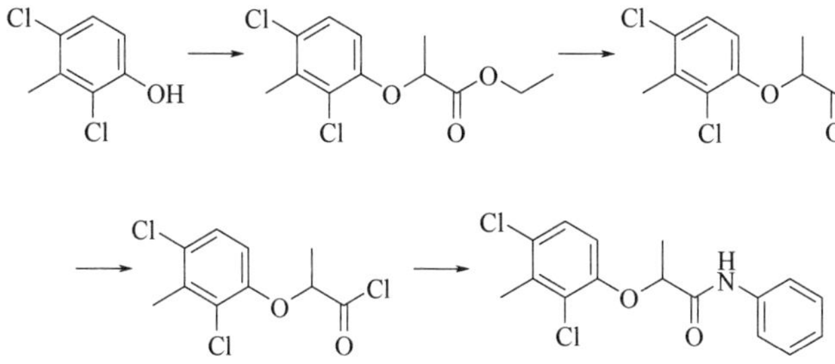

参考文献

[1] The Pesticide Manual.17 th edition: 222.

吡氟酰草胺（diflufenican）

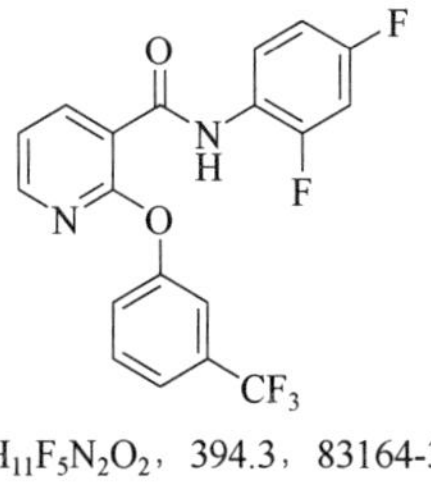

C$_{19}$H$_{11}$F$_5$N$_2$O$_2$，394.3，83164-33-4

吡氟酰草胺（试验代号：AE 088657，商品名称：Bacara、Pelican，其他名称：diflufenicanil、吡氟草胺）是由 May & Baker Ltd. （现为拜耳公司）开发的酰胺类除草剂。

化学名称   2′,4′-二氟-2-(α,α,α-三氟-间-甲基苯氧基)-3-吡啶酰苯胺。英文化学名称 2′,4′-difluoro-2-[3-(trifluoromethyl)phenoxy]pyridine-3-carboxanilide。美国化学文摘（CA）系统名称 N-(2,4-diflurophenyl)-2-[3-(trifluromethyl)phenoxy]-3-pyridinecarboxamide。CA 主题索引名称 3-pyridinecarboxamide—, N-(2,4-difluorophenyl)-2-[3-(trifluoromethyl)phenoxy]-。

理化性质   原药含量≥97%，白色晶体。熔点 159.5℃，蒸气压 4.25×10^3 mPa（25℃），分配系数 $\lg K_{ow}$=4.2，Henry 常数 1.18×10^{-2} Pa•m³/mol（计算值），相对密度 1.54（20～25℃）。溶解度（20～25℃）：水中<0.05 mg/L；能够溶解于大部分有机溶剂（g/L）：丙酮 72.2，乙酸乙酯 65.3，甲醇 4.7，乙腈 17.6，二氯甲烷 114.0，正庚烷 0.75，甲苯 35.7，正辛醇 1.9。在低于熔点的温度中稳定，pH 5、7、9（22℃）的水溶液中稳定，对光稳定。

毒性   大鼠、狗、兔急性经口 LD_{50}>5000 mg/kg，大鼠急性经皮 LD_{50}>2000 mg/kg。对兔皮肤、眼睛无刺激性。大鼠急性吸入 LC_{50}（4 h）>5.12 mg/L 空气。大鼠 14 d 亚急性试验无作用剂量 1600 mg/kg，在狗 90 d 喂饲试验 NOEL 1000 mg/(kg•d)，大鼠 500 mg/L。慢性试验研究 NOAEL：大鼠［23.3 mg/(kg•d)］、小鼠［62.2 mg/(kg•d)］均为 500 mg/kg 饲料。ADI/RfD（EC）0.2 mg/kg（2008）。无遗传毒性。

生态效应   急性经口 LD_{50}（mg/kg）：鹌鹑>2150，野鸭>4000。鱼毒 LC_{50}（96 h，μg/L）：虹鳟鱼>108.8，鲤鱼 98.5。水蚤 LC_{50}（48 h）0.24 mg/L。水藻 E_rC_{50}（72 h）0.00045 mg/L。对蜜蜂、蚯蚓无毒。

环境行为   ①动物。吡氟酰草胺在大鼠体内的代谢途径有多种，如羟基化、脱氟后的水解、酰胺键的水解、与谷胱甘肽或葡糖醛酸的共轭。②植物。吡氟草胺很难被植物体吸收，因此在植物上的残留量低于规定量。秋季前使用，使用 200～250 d 后，谷粒和秸秆上无残留。③土壤/环境。在土壤中通过初次降解产物 2-(3-三氟甲基苯氧基)烟酰胺和 2-(3-三氟甲基苯氧基)烟酸的代谢生成次级代谢产物和二氧化碳。在农田中的降解半衰期 DT_{50} 103.4～282.0 d。

剂型   悬浮剂、水分散粒剂、可湿性粉剂、乳油。

主要生产商   AGROFINA、Bayer CropScience、Cheminova、Punjab、安道麦股份有限公司、江苏常隆农化有限公司、江苏丰华化学工业有限公司、江苏禾裕泰化学有限公司、江苏辉丰农化股份有限公司、江苏嘉隆化工有限公司、江苏快达农化股份有限公司、江苏省农用激素工程技术研究中心有限公司、江苏中旗科技股份有限公司、山东潍坊润丰化工股份有限公司及沈阳科创化学品有限公司等。

作用机理与特点   通过抑制八氢番茄红素脱氢酶，阻断类胡萝卜素生物合成。被处理的植物植株中类胡萝卜素含量下降，进而导致叶绿素被破坏，细胞膜破裂，杂草表现为幼芽脱色或变白。选择性触杀和残效型除草剂，主要通过嫩芽吸收，传导性有限。在杂草发芽前施用可在土表面形成抗淋溶的药土层，在作物整个生长期保持活性。当杂草萌发时，通过幼芽或根系均能吸收药剂最后导致死亡。死亡速度与光的强度有关，光强则快，光弱则慢。

应用

（1）适宜作物   小麦、大麦、水稻、白羽扁豆、胡萝卜、向日葵。

（2）防除对象   水田苗前在保水条件下可很好地防除稗草、鸭舌草、泽泻等。旱田杂草如早熟禾、小苋、反枝苋、马齿苋、海绿、刺甘菊、金鱼草、野斗蓬草、大爪草、拟南芥、鹅不食草、蓟罂粟、田芥菜、甘蓝型油菜、芥菜、堇菜、肾果芥、野欧白芥、曼陀罗、播娘蒿、黄鼬瓣花、地肤、辣子草、宝盖草、勿忘草、小野芝麻、窄叶莴苣、母菊、续断菊、万寿菊、虞美人、酸模叶蓼、滨州蓼、春蓼、猪毛草、黄花稔、龙葵、田野水葱、繁缕、婆婆纳、常春藤叶婆婆纳、波斯婆婆纳。对以下杂草亦有活性：鼠尾看麦娘、马唐、稗草、牛筋草、多花黑麦草、狗尾草、金狗尾草、豚草、猩猩草、苘麻、矢车菊、一点红、猪殃殃、麦家公、园叶锦葵、蒿蓄、千里光、田菁、野豌豆。对如下杂草活性差：鸭跖草、峨草、三叶鬼针草、飞机草、野燕麦、雀麦、阿拉伯高粱、假毒欧芹、胜红蓟、针果芹、窃衣、苍耳。若与异丙隆（1500～2000 g/hm²）混用可以明显增强药效并可扩大杀草谱，还可延长持效期。

（3）应用技术　①小麦苗前和苗后及早施用，除草效果最理想，随杂草叶龄增加防效下降，但猪殃殃在1～2分枝时对本剂最敏感。正常情况下，秋季苗前施用，效果可维持到春季杂草萌发期。但若苗前雨水多，最好延期到苗后早期施用，以保最佳效果。②若在苗前使用，对小麦最安全，大麦与黑麦轻度敏感。冬麦比春麦安全。苗后早期施用比苗前使用安全。③冬麦田除草：在播种期至初冬施用，在土壤中的药效期较长，可兼顾后来萌发的猪殃殃、婆婆纳、堇菜等，对春季延期萌发的杂草药效稳定，基本不受气候条件影响。但苗前施药遇持续大雨，尤其是苗期降雨，可造成作物叶片暂时脱色，但可很快恢复，小麦的耐药性大于大麦和黑麦，春麦比冬麦耐药性差，在苗后早期施药安全性有所提高。此药苗前单用，需精细平整土地，播后严密盖种，然后施药，施药后不能翻动表土层。④移栽稻田施用有时会暂时失绿。在直播稻田施用，用药前应严密盖种，避免药剂与种子接触产生药害。

（4）使用方法　吡氟酰草胺是广谱、选择性、苗前和苗后早期施用、防除秋播小麦和大麦田禾本科杂草和阔叶杂草的除草剂。具有较长的持效期，对猪殃殃、婆婆纳和堇菜杂草有特效，使用剂量为125～250 g (a.i.)/hm²。若单除猪殃殃，用量为180～250 g (a.i.)/hm²。为了增加对禾本科杂草的防除效果，可与防除禾本科杂草的除草剂混用，适合与之混用的除草剂有异丙隆等，根据防除对象需要确定混配比例。目前已开发了几种混剂如在禾本科杂草发生量中等时与草不隆混用；若与绿麦隆混用，不仅效果好，而且安全性高。如将1500～2000 g (a.i.)/hm² 异丙隆与吡氟酰草胺200～250 g (a.i.)/hm² 混用，可使其对鼠尾看麦娘的防效由50%提高至95%。

专利概况

专利名称　New herbicidal nicotinamide derivatives

专利号　EP 53011　　专利申请日　1981-11-19

专利申请人　May & Baker Ltd.。

登记情况　吡氟酰草胺在中国登记97%、98%的原药共13个，相关制剂20个。登记作物冬小麦，可防除一年生阔叶杂草。部分登记情况见表3-99。

表3-99　吡氟酰草胺在中国部分登记情况

登记证号	农药名称	剂型	含量	登记场所	防治对象	亩用药量（制剂）	施用方法	登记证持有人
PD20190185	吡酰·异丙隆	悬浮剂	55%	冬小麦田	一年生杂草	100～170 mL	茎叶喷雾	安徽科苑植保工程有限责任公司
PD20183350	吡氟酰草胺	悬浮剂	30%	冬小麦田	一年生阔叶杂草	25～30 mL	茎叶喷雾	山东奥坤作物科学股份有限公司
PD20170003	氟噻·吡酰·呋	悬浮剂	33%	冬小麦田	一年生杂草	60～80 g	土壤喷雾	拜耳股份公司
PD20172190	吡氟酰草胺	水分散粒剂	50%	小麦田	一年生阔叶杂草	14～16 g	喷雾	京博农化科技有限公司
PD20150963	吡氟酰草胺	原药	97%					拜耳股份公司
PD20181251	吡氟酰草胺	原药	98%					安道麦股份有限公司

合成方法 以 2-氯烟酸、间三氟甲基苯酚和 2,4-二氟苯胺为主要原料经三步合成得到产品。

方法（1）：

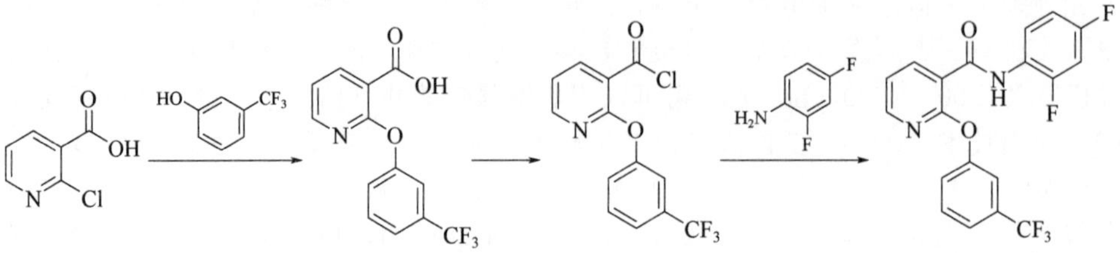

方法（2）：

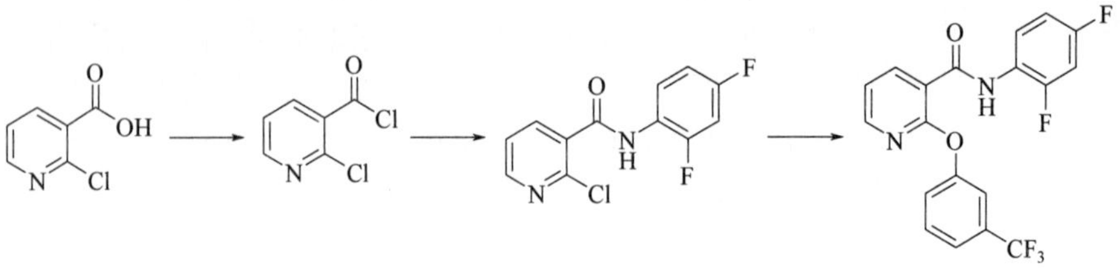

中间体通过如下反应制得：

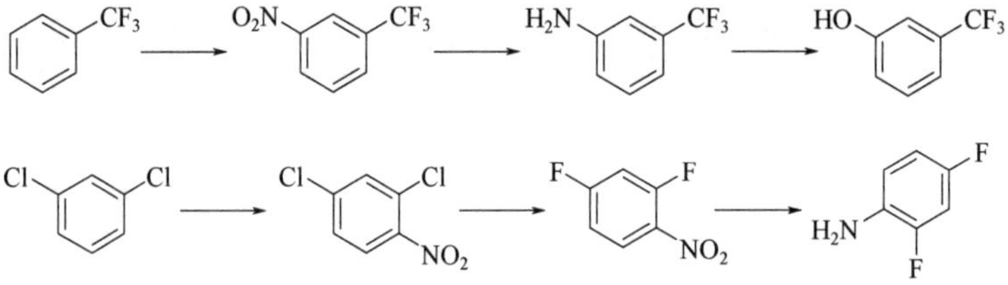

参考文献

[1] The Pesticide Manual.17 th edition: 349-350.

[2] 王涛. 化学试剂, 2018, 40(8): 794-796.

二甲草胺（dimethachlor）

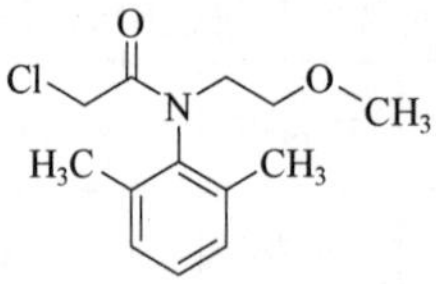

$C_{13}H_{18}ClNO_2$，255.7，50563-36-5

二甲草胺（试验代号：CGA 17020，商品名称：Teridox，其他名称：克草胺）是 1977 年由 J. Cortier 等报道其除草性，Ciba-Geigy（现 Syngenta AG）开发上市的氯乙酰胺类除草剂。

化学名称 2-氯-*N*-(2-甲氧基乙基)乙酰基-2′,6′-二甲苯胺。英文化学名称 2-chloro-*N*-(2-methoxyethyl)aceto-2′,6′-xylide。美国化学文摘（CA）系统名称 2-chloro-*N*-(2,6-dimethylphenyl)-N-(2-methoxyethyl)acetamide。CA 主题索引名称 acetamide—, 2-chloro-N-(2,6-dime-thylphenyl)-N-(2-methoxyethyl)-。

理化性质　无色晶体。熔点 45.8～46.7℃，沸点约 300℃（分解），蒸气压 1.5 mPa（25℃），分配系数 lgK_{ow}=2.17，Henry 常数 $1.7×10^{-4}$ Pa·m³/mol（计算值），相对密度 1.23（20～25℃）。溶解度（g/L，20～25℃）：水中 2.3；易溶于多数有机溶剂，如酮类、醇类、氯代烃类、芳香烃类；甲醇、苯、二氯甲烷＞800，正辛醇 360。稳定性（20℃）：水解 DT_{50}＞200 d（计算值）（pH 1～9），9.3 d（pH 13）。

毒性　大鼠急性经口 LD_{50}1600～＞2000 mg/kg，大鼠急性经皮 LD_{50}＞3170 mg/kg。轻微刺激兔皮肤和眼睛。大鼠吸入 LC_{50}（4 h）＞4.45 mg/L。NOEL（2 年）大鼠 300 mg/kg [12 mg/(kg·d)]；（18 个月）小鼠 300 mg/kg [31.8 mg/(kg·d)]；（90 d）狗 350 mg/kg [10.4 mg/(kg·d)]，ADI/RfD（EC）0.1 mg/kg（2008）。

生态效应　LC_{50}（mg/L）：绿头野鸭 200，日本鹌鹑 524，绿头野鸭饲喂毒性 LD_{50}（8 d）＞10000 mg/kg。鱼类 LC_{50}（96 h，mg/L）：大翻车鱼 15，虹鳟 3.9，鲫鱼 8。水蚤 LC_{50}（48 h）14.2～24 mg/L。水藻：近具刺链带藻 LC_{50}（72 h）0.053 mg/L。蜜蜂 LD_{50}（经口和接触）＞200 μg/只。蚯蚓 LC_{50}（14 d）130 mg/kg 土。

环境行为　①动物。大鼠体内主要代谢反应是 O-去烷基化生成 O-去甲基化衍生物、羟基或谷胱甘肽取代氯原子、氯代亚甲基还原升级成乙酰衍生物、环上甲基氧化为羟甲基衍生物。多数（88.7%～92.3%）摄入剂量在 7 d 内排出。②植物。代谢作用包括氯乙酰基团的共轭、水解、醚基形成配糖体以及杂醚酮环的形成。③土壤/环境。K_{oc} 平均值 63 mL/g。在土壤中轻度迁移。土壤 DT_{50} 4～15 d，DT_{50}＜100 d；通过形成结合残留，以及平行反应中进一步的氯乙酰侧链的氧化降解为极性代谢物和二氧化碳而消解。水系统中 DT_{50} 9～23 d。

剂型　乳油。

主要生产商　Syngenta。

作用机理与特点　报道认为氯乙酰胺类能抑制超长链脂肪酸的合成。选择性土壤除草剂，主要被嫩芽吸收，也被根部吸收。

应用　用于油菜，苗前防除多种一年生禾本科杂草（鼠尾看麦娘、阿披拉草、早熟禾）和阔叶杂草，剂量 1.25～2.00 kg/hm²。对油菜无药害。

专利概况

专利名称　Chloroacetanilides for regulating plant growth

专利号　GB 1422473　　　　**专利申请日**　1973-02-06

专利申请人　Ciba-Geigy。

合成方法　2,6-二甲基苯胺与氯乙酸和三氯化磷反应，生成 2,6-二甲基氯代乙酰替苯胺（简称伯酰胺），2-氯乙基甲基醚与伯酰胺在碱性介质中反应得到二甲草胺。

参考文献

[1] The Pesticide Manual.17 th edition: 358-359.

二甲吩草胺（dimethenamid）

C₁₂H₁₈ClNO₂S，275.8，87674-68-8

二甲吩草胺（试验代号：SAN-582 H，商品名称：Frontier，其他名称：二甲噻草胺）是由瑞士山道士（现 Syngenta 公司）研制的氯乙酰胺类除草剂，后于 1996 年售给德国巴斯夫公司。

化学名称 (*RS*)-2-氯-*N*-(2,4-二甲基-3-噻吩)-*N*-(2-甲氧基-1-甲基乙基)乙酰胺。英文化学名称(*RS*)-2-chloro-*N*-(2,4-dimethyl-3-thienyl)-*N*-(2-methoxy-1-methylethyl)acetamide。美国化学文摘（CA）系统名称 2-chloro-*N*-(2,4-dimethyl-3-thienyl)-*N*-(2-methoxy-1-methylethyl)acetamide。CA 主题索引名称 acetamide—, 2-chloro-*N*-(2,4-dimethyl-3-thienyl)-*N*-(2-methoxy-1-methylethyl)-。

理化性质 黄棕色黏稠液体。熔点<-50℃，沸点 127℃（26.6 Pa），闪点 91℃（闭杯）。相对密度 1.187（20～25℃）。蒸气压 36.7 mPa（25℃）。分配系数 lgK_{ow}=2.15。Henry 系数 8.32×10⁻³ Pa·m³/mol。溶解度（g/L，20～25℃）：水中 1.2（pH 7）；其他溶剂中：正庚烷 192，异辛醇 150；乙醚、煤油、乙醇等中溶解度>500。在 54℃下可稳定 4 周以上，在 70℃可稳定 2 周以上。在 20℃下放置 2 年分解率低于 5%。在 25℃，pH 5～9 的缓冲溶液中放置 30 d 稳定。

毒性 大鼠急性经口 LD₅₀ 397 mg/kg。大鼠和兔急性经皮 LD₅₀>2000 mg/kg。对兔皮肤和眼睛无刺激性，对皮肤有致敏性。大鼠急性吸入 LC₅₀（4 h）>4.99 mg/L 空气。NOEL 数据［mg/(kg·d)］：大鼠<5.0，狗 2.0，小鼠 3.8。ADI/RfD（JMPR）0.07 mg/kg（2005），（EFSA）0.02 mg/kg（2005），（EPA）0.05 mg/kg（1997）。Ames 试验和染色体畸变试验中无致诱变性，无致癌性和致畸性。

生态效应 山齿鹑急性经口 LD₅₀1908 mg/kg。野鸭和山齿鹑饲喂 LC₅₀>5620 mg/kg。鱼毒 LC₅₀（96 h，mg/L）：虹鳟鱼 2.6，大翻车鱼 6.4，羊头鲦鱼 7.2。水蚤 LC₅₀16 mg/L。淡水藻 LC₅₀ 0.062 mg/L。其他水生生物 LC₅₀（mg/L）：糠虾 4.8，美洲牡蛎 5.0。蜜蜂 LD₅₀（接触）>1000 μg/只。蚯蚓 LC₅₀ 294.4 mg/kg 干土。其他有益生物：对捕食性步甲和隐翅虫无害。

环境行为 ①动物。二甲吩草胺可在动物体内迅速并广泛地代谢，主要的代谢途径为通过谷胱甘肽共轭后与半胱氨酸、巯基乙酸和代谢物形成复合物。②植物。二甲吩草胺在玉米和甜菜中快速代谢产物为谷胱甘肽与半胱氨酸、硫羟乳酸和巯基乙酸的结合物。在植物中的代谢途径与在动物中类似，无积累。③土壤/环境。在土壤中可以通过微生物迅速降解，降解半衰期为 DT₅₀ 8～43 d，具体时间取决于土壤类型和天气条件。在土壤中的光解半衰期 DT₅₀ 7.8 d，在水中的光解半衰期为 23～33 d。在土壤中的降解速率常数 K_d（4 种土壤）0.7～3.5。

剂型 乳油。

主要生产商 BASF。

作用机理与特点 抑制超长链脂肪酸的合成。玉米对氯乙酰胺类除草剂的耐受性主要由于与谷胱甘肽共轭，P450 的代谢也是原因之一。主要是土壤处理，也可以苗后使用。通过根和上胚轴吸收，很少通过叶片吸收，在植株体内不能传导。

应用　防除玉米、大豆、甜菜、马铃薯、干豆类和其他作物田一年生禾本科杂草和阔叶杂草，苗前或苗后早期使用，使用剂量 0.85～1.44 kg/hm²。

专利概况

专利名称　Chloroacetamides, process for their preparation and herbicides containing them

专利号　DE 3303388　　　　**专利申请日**　1983-02-02

专利申请人　Sandoz AG。

合成方法　二甲吩草胺的合成方法较多，最佳方法是：以甲基丙烯酸、2-巯基丙酸为起始原料，经加成、合环，再与以氯丙酮为原料制得的中间体胺缩合，并与氯化亚砜反应。最后与氯乙酰氯反应即得目的物。反应式为：

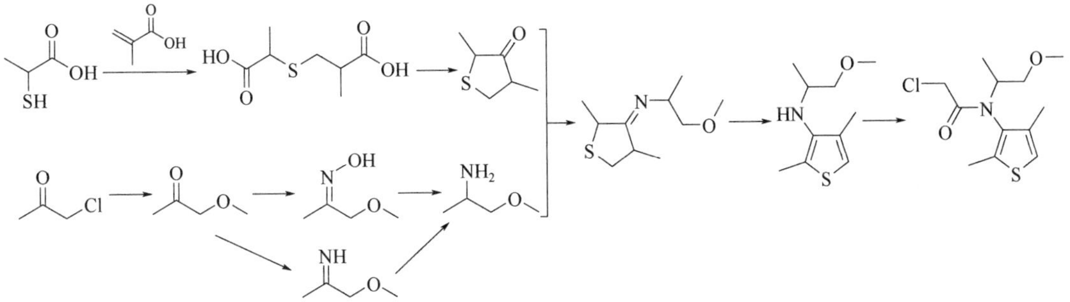

参考文献

[1]　The Pesticide Manual.17 th edition: 361-363.

高效二甲吩草胺（dimethenamid-P）

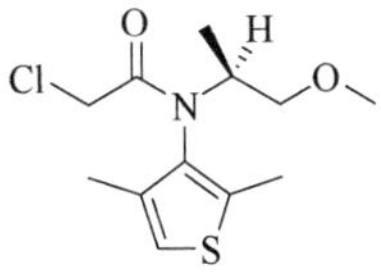

C₁₂H₁₈ClNO₂S，275.8，163515-14-8

高效二甲吩草胺（试验代号：BAS 656H、SAN 1289H，商品名称：Frontier X2、Isard、Outlook、Spectrum，其他名称：*S*-dimethenamid）是由瑞士山道士（现 Syngenta 公司）研制，德国巴斯夫公司开发的氯乙酰胺类除草剂。为单一光学异构体，2000 年商品化。

化学名称　(*S*)-2-氯-*N*-(2,4-二甲基-3-噻吩)-*N*-(2-甲氧基-1-甲基乙基)乙酰胺。英文化学名称(*S*)-2-chloro-*N*-(2,4-dimethyl-3-thienyl)-*N*-(2-methoxy-1-methylethyl)acetamide。美国化学文摘（CA）系统名称 2-chloro-*N*-(2,4-dimethyl-3-thienyl)-*N*-[(1*S*)-2-methoxy-1-methylethyl]acetamide。CA 主题索引名称 acetamide—, 2-chloro-*N*-(2,4-dimethyl-3-thienyl)-*N*-[(1*S*)-2-methoxy-1-methylethyl]-。

理化性质　棕黄色透明液体。熔点＜-50℃，沸点 122.6℃（9.31 Pa），闪点 79℃。蒸气压 2.51 mPa（25℃），分配系数 lgK_{ow}=1.89，Henry 系数 4.8×10⁻⁴ Pa·m³/mol。相对密度 1.195（20～25℃）。溶解度（20～25℃）：水中 1449 mg/L；有机溶剂中：正己烷 208 g/L，可与丙酮、乙腈、甲苯和正辛醇混溶。稳定性：在 pH 5、7 和 9 条件下稳定（25℃）。

毒性　大鼠急性经口 LD_{50} 429 mg/kg。大鼠急性经皮 LD_{50}＞2000 mg/kg。对兔的皮肤和眼睛无刺激性，对皮肤有致敏性。大鼠急性吸入 LC_{50}（4 h）＞2.2 mg/L 空气。NOEL（mg/kg）：NOAEL 大鼠（90 d）10，小鼠（94 周）3.8，狗（1 年）2.0。ADI/RfD（JMPR）0.07 mg/kg（2005），（EC）0.02 mg/kg（2003）。Ames 试验和染色体畸变试验中无致诱变性，无致癌性和致畸性。

生态效应　山齿鹑急性经口 LD_{50}1068 mg/kg。野鸭和山齿鹑饲喂 LC_{50}（5 d）＞5620 mg/kg。鱼毒 LC_{50}（96 h，mg/L）：虹鳟鱼6.3，大翻车鱼10。水蚤 LC_{50}（48 h）12 mg/L。藻类 EC_{50}（5 d，mg/L）：羊角月牙藻0.017，鱼腥藻0.38。其他水生生物：浮萍 EC_{50}（14 d）0.0089 mg/L，糠虾 LC_{50}（96 h）3.2 mg/L。蜜蜂急性经口 LD_{50}（24 h）＞134 µg/只。其他有益生物：对捕食性步甲、通草蛉和盲走螨无害。

环境行为　①动物。高效二甲吩草胺在动物体内能被广泛吸收（＞90%），且能在体内迅速代谢。主要代谢途径为谷胱甘肽共轭物与半胱氨酸、巯基乙酸、硫醇结合。代谢物几乎全部排出体外（在 168 h 内排出 90%）。②植物。二甲吩草胺在玉米和糖用甜菜中的快速代谢主要通过与谷胱甘肽的键合，随后水解为半胱氨酸衍生物，最后再氧化、脱氨和脱羧。在植物中的代谢途径与在动物中类似。无累积风险。③土壤/环境。在土壤中的主要降解途径为与谷胱甘肽/半胱氨酸共轭生成矿物质和残留片段。主要的代谢物为草酰胺和磺酸，但这些代谢物都是瞬间存在的，可以快速进一步降解。原药在土壤中的降解半衰期 DT_{50} 8～43 d，具体数据取决于土壤类型和天气条件。在土壤中的吸附系数 K_{oc} 90～474，在土壤中的降解速率常数 K_d 1.23～13.49。在水溶液上层的光解 DT_{50}＜1 d，在土壤中的光解 DT_{50}14～16 d。

剂型　乳油。

主要生产商　BASF。

作用机理与特点　抑制超长链脂肪酸的合成。玉米对氯乙酰胺类除草剂的耐受性主要由于与谷胱甘肽共轭，P450 的代谢也是原因之一。主要是土壤处理，也可以苗后使用。通过根和上胚轴吸收，很少通过叶片吸收，在植株体内不能传导。

应用　防除玉米、大豆、甜菜、马铃薯、干豆类和其他作物田一年生禾本科杂草和阔叶杂草，苗前或苗后早期使用，使用剂量 0.65～1.0 kg/hm²。

专利概况

专利名称　Optical isomer of dimethenamid

专利号　US 5457085　　　　　**专利申请日**　1994-09-21

专利申请人　Sandoz Ltd。

合成方法　高效二甲吩草胺的合成方法主要有以下两种：

（1）以 2,4-二甲基-3-氨基噻吩为起始原料，经如下反应制得目的物：

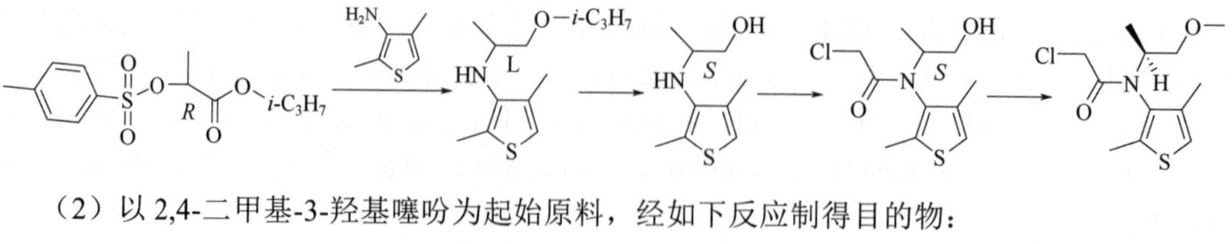

（2）以 2,4-二甲基-3-羟基噻吩为起始原料，经如下反应制得目的物：

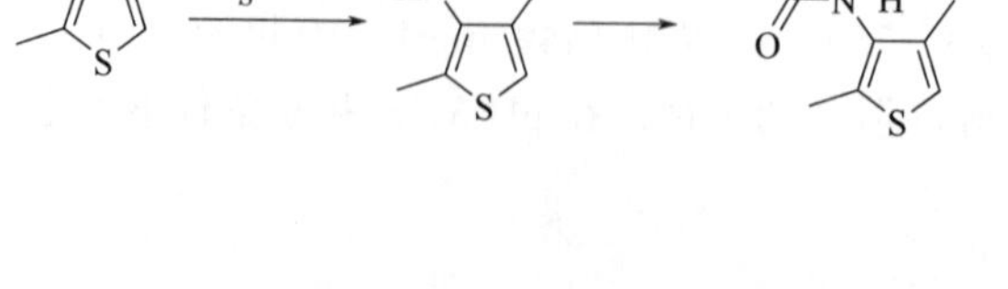

中间体 2,4-二甲基-3-羟基噻吩和 2,4-二甲基-3-氨基噻吩可通过如下反应合成：

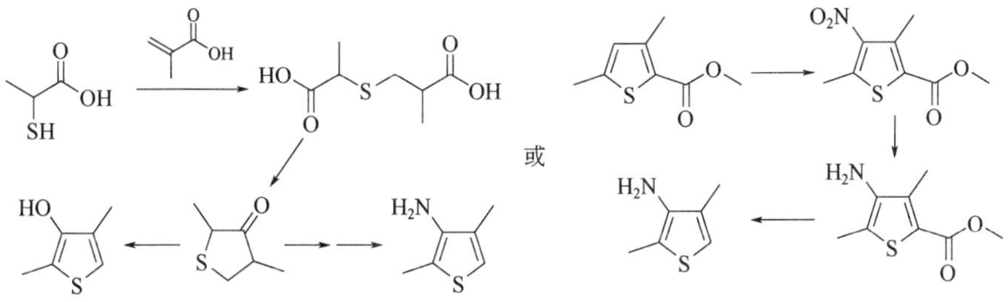

参考文献

[1] The Pesticide Manual.17 th edition: 361-363.

[2] 王立增, 孙克, 张敏恒. 农药, 2014, 53(4): 307-309.

乙氧苯草胺（etobenzanid）

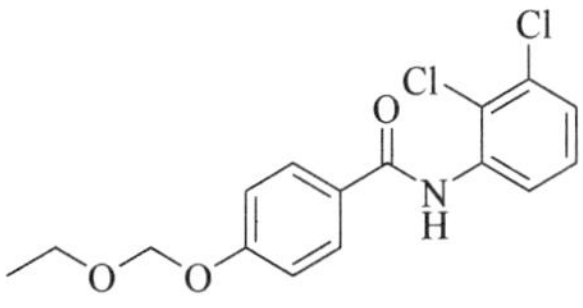

$C_{16}H_{15}Cl_2NO_3$，340.2，79540-50-4

乙氧苯草胺（试验代号：HW-52，商品名称：Hodocide）是由日本 Hodogaya 公司开发的酰胺类除草剂。

化学名称　2′,3′-二氯-4-乙氧基甲氧基苯酰苯胺。英文化学名称 2′,3′-dichloro-4-ethoxyme-thoxybenzanilide。美国化学文摘（CA）系统名称 N-(2,3-dichlorophenyl)-4-(ethoxymethoxy)benzamide。CA 主题索引名称 benzamide—, N-(2,3-dichlorophenyl)-4-(ethoxymethoxy)-。

理化性质　无色晶体。熔点 92~93℃，蒸气压 $2.1×10^{-2}$ mPa（40℃），分配系数 lgK_{ow}=4.3。溶解度（20~25℃）：水中 0.92 mg/L；其他溶剂中（g/L）：丙酮＞100，正己烷 2.42，甲醇 22.4。

毒性　小鼠急性经口 LD_{50}＞5000 mg/kg。对兔皮肤、眼睛有轻微刺激性。大鼠急性吸入 LC_{50}（4 h）1.503 mg/L。大鼠 NOEL 4.4 mg/(kg·d)。ADI/RfD 0.044 mg/kg。

生态效应　鹌鹑急性经口 LD_{50}＞2000 mg/kg。鲤鱼 LC_{50}（96 h）＞100 mg/L。水蚤 LC_{50}（48 h）＞2.2 mg/L。藻类 EC_{50}（72 h）＞100 mg/L。蚯蚓 LC_{50}＞1000 mg/L 土。

剂型　颗粒剂、可湿性粉剂。

主要生产商　Hodogaya。

应用　主要用于水稻田苗前或苗后除草，使用剂量为 150 g (a.i.)/hm² ［亩用量为 10 g (a.i.)］。

专利概况

专利名称　Benzamide derivatives and herbicidal composition containing the same

专利号　US 4385927　　　　　专利申请日　1980-10-20

专利申请人　Hodogaya Chemical Co Ltd。

合成方法　主要有如下两种方法：

（1）以 2,3-二氯苯胺为起始原料，经多步反应制得乙氧苯草胺。

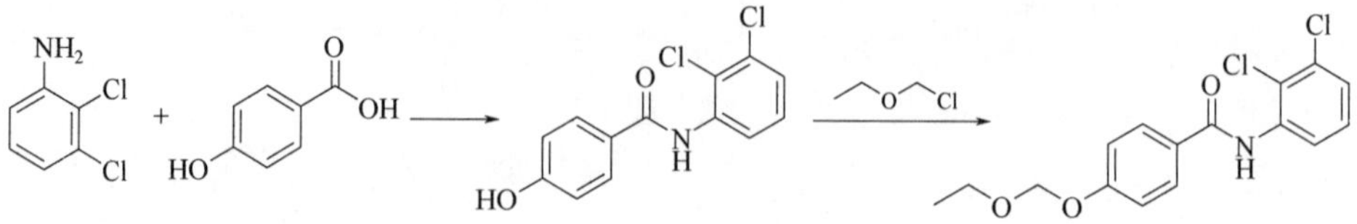

（2）以对羟基苯甲酸为起始原料，经多步反应制得乙氧苯草胺。

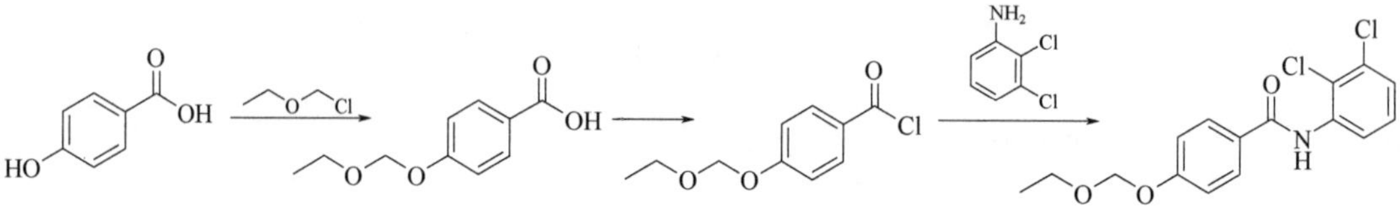

参考文献

[1] The Pesticide Manual.17 th edition: 433-434.

高效麦草氟甲酯（flamprop-M-methyl）

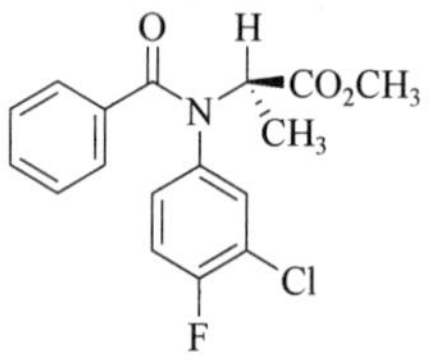

$C_{17}H_{15}ClFNO_3$，335.8，63729-98-6

高效麦草氟甲酯（试验代号：AC 901444、CL 901444、WL 43423，商品名称：Mataven L）是由 BASF 公司开发的酰胺类除草剂。

化学名称　N-苯甲酰基-N-(3-氯-4-氟苯基)-D-丙氨酸甲酯。英文化学名称 methyl N-benzoyl-N-(3-chloro-4-fluorophenyl)-D-alaninate。美国化学文摘（CA）系统名称 methyl N-benzoyl-N-(3-chloro-4-fluorophenyl)-D-alaninate。CA 主题索引名称 D-alanine—, N-benzoyl-N-(3-chloro-4- fluorophenyl)-methyl este。

理化性质　高效麦草氟甲酸　原药纯度≥93%，分配系数 lgK_{ow}=3.09，pK_a(20～25℃)=3.7。

高效麦草氟甲酯　原药纯度≥96%，白色至灰色结晶体。熔点 84～86℃。蒸气压 1.0 mPa（20℃）。分配系数 lgK_{ow}=3.0。相对密度 1.311（20～25℃）。溶解度（20～25℃）：水中 16 mg/L，其他溶剂中溶解度（g/L）：丙酮 406，正己烷 2.3。对光、热和 pH 2～7 稳定。在碱性（pH>7）中水解成酸和甲醇。

毒性　急性经口 LD_{50}（mg/kg）：大鼠 1210，小鼠 720。大鼠急性经皮 LD_{50}>1800 mg/kg。对兔的眼睛和皮肤无刺激性，对皮肤无致敏性。NOEL [90 d，mg/(kg·d)]：大鼠 2.5，狗 0.5。大鼠急性腹腔注射 LD_{50} 350～500 mg/kg。

生态效应　家禽急性经口 LD_{50}（mg/kg）：山齿鹑 4640，野鸡、野鸭、家禽、鹧鸪、鸽子均>1000。虹鳟 LC_{50}（96 h）4.0 mg/L。对水蚤有轻微到中等毒性。藻类 EC_{50}（96 h）5.1 mg/L，

对淡水和海洋甲壳纲动物有中等毒性。对蜜蜂和蚯蚓无毒。对土壤节肢动物无毒。

环境行为 ①动物。本品经哺乳动物口服后，在 4 d 内完全代谢和排泄出体外。②植物。在植物体内，本品水解为具有生物活性的酸，之后进一步转化为无生物活性的共轭化合物。③土壤/环境。产物降解为麦草伏甲酸。

剂型 乳油。

主要生产商 BASF。

作用机理与特点 选择性取决于水解为游离酸的比例，在耐受植物中，酸可以通过形成轭合物而失去毒性。麦草氟甲酯为内吸、选择性除草剂，通过叶面吸收。水解产生具有除草活性的麦草氟；在敏感品系中，被输送到分生组织。

应用 用于小麦出苗后防除野燕麦，包括下茬的三叶草或禾本科杂草。也可防除看麦娘。对所有春小麦和冬小麦品系均无药害。

专利概况

专利名称 Halophenylaminopropionate ester herbicides

专利号 GB 1437711 专利申请日 1973-02-09

专利申请人 Shell Int Research

其他相关专利 GB 1563210。

合成方法 通过如下反应制得目的物：

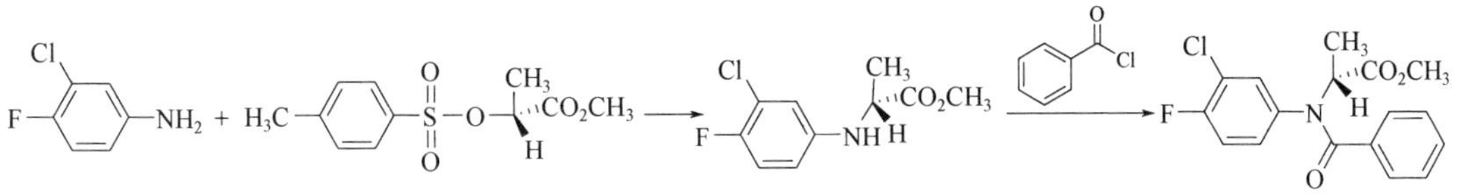

参考文献

[1] The Pesticide Manual.17 th edition: 482-484.

高效麦草氟异丙酯（flamprop-M-ispropyl）

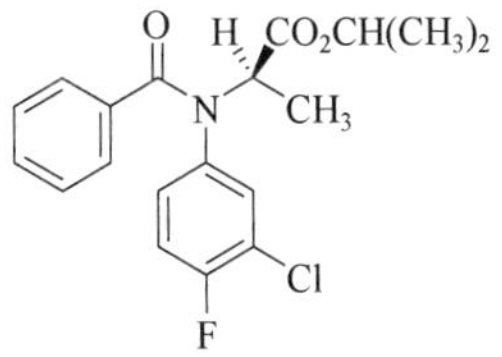

$C_{19}H_{19}ClFNO_3$，363.8，63782-90-1

高效麦草氟异丙酯（试验代号：AC 901445、CL 901445、WL 43425，商品名称：Suffix BW，其他名称：麦草伏异丙酯、异丙草氟安）是由 BASF 公司开发的酰胺类除草剂。

化学名称 N-苯甲酰基-N-(3-氯-4-氟苯基)-D-丙氨酸异丙酯。英文化学名称 isopropyl N-benzoyl-N-(3-chloro-4-fluorophenyl)-D-alaninate。美国化学文摘（CA）系统名称 1-methylethyl N-benzoyl-N-(3-chloro-4-fluorophenyl)-D-alaninate。CA 主题索引名称 D-alanine—, N-benzoyl-N-(3-chloro-4-fluorophenyl)-1-methylethyl ester。

理化性质　原药纯度＞96%，白色晶体。熔点 72.5～74.5℃，不易燃，蒸气压 0.085 mPa（25℃），分配系数 $\lg K_{ow}$=3.69，相对密度 1.315（20～25℃）。溶解度（20～25℃）：水中 12 mg/L，其他溶剂中（g/L）：丙酮 1560，环己酮 677，乙醇 147，己烷 16，二甲苯约 500。对光、热和 pH 2～8 稳定。DT_{50}（pH 7）9140 d。在碱性（pH＞8）水解为麦草伏酸和异丙醇。

毒性　大、小鼠急性经口 LD_{50}＞4000 mg/kg，大鼠急性经皮 LD_{50}＞2000 mg/kg。对兔的眼睛和皮肤无刺激性。NOEL（90 d，mg/kg 饲料）：大鼠 50，狗 30。大鼠急性腹腔注射 LD_{50}＞1200 mg/kg。

生态效应　山齿鹑急性经口 LD_{50}＞4640 mg/kg。鱼毒 LC_{50}（96 h，mg/L）：虹鳟鱼 3.19，鲤鱼约 2.5。水蚤 EC_{50}（48 h）3.0 mg/L。藻类 EC_{50}（96 h）6.8 mg/L。对淡水和海洋甲壳纲动物有中等毒性。蜜蜂 LD_{50}（接触和经口）＞100 μg/只。蚯蚓 LC_{50}＞1000 mg/kg。对土壤节肢动物无毒。

环境行为　①动物。本品经哺乳动物口服后，在 4 d 内完全代谢和排泄出体外。②植物。在植物体内，本品水解为具有生物活性的酸，之后进一步转化为无生物活性的共轭化合物。③土壤/环境。产物降解为麦草伏甲酸。

剂型　乳油。

主要生产商　BASF。

作用机理与特点　选择性取决于水解为游离酸的比例，在耐受植物中，酸可以通过形成轭合物而失去毒性。麦草伏异丙酯为内吸、选择性除草剂，通过叶面吸收。水解产生具有除草活性的麦草伏；在敏感品系中，被输送到分生组织。

应用　用于大麦和小麦出苗后防除野燕麦，包括下茬的三叶草和黑麦草。也可防除大穗看麦娘和球状燕麦草。对某些品种的小麦和大麦可能有药害。

专利概况

专利名称　Halophenylaminopropionate ester herbicides

专利号　GB 1437711　　　　　**专利申请日**　1973-02-09

专利申请人　Shell Int Research

其他相关专利　GB 1563210。

合成方法　通过如下反应制得目的物：

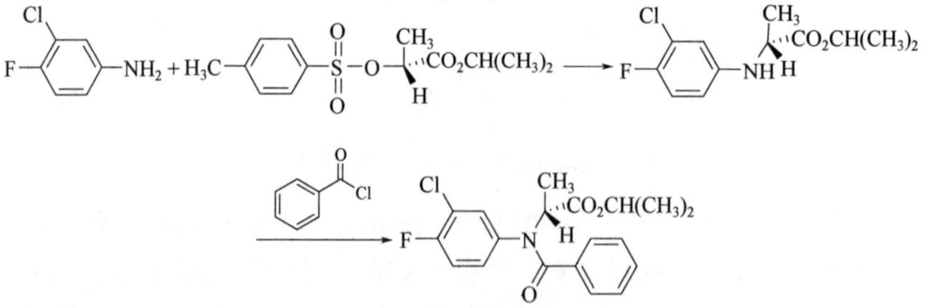

参考文献

[1] The Pesticide Manual.17 th edition: 482-484.

氟噻草胺（flufenacet）

$C_{14}H_{13}F_4N_3O_2S$，363.3，142459-58-3

氟噻草胺［试验代号：BAY FOE 5043、FOE 5043，商品名称：Cadou、Axiom（混剂）］是由德国拜耳公司 1998 年上市的芳氧酰胺类除草剂。

化学名称　4′-氟-*N*-异丙基-2-(5-三氟甲基-1,3,4-噻二唑-2-基氧)乙酰苯胺。英文化学名称 4′-fluoro-*N*-isopropyl-2-(5-trifluoromethyl-1,3,4-thiadiazol-2-yloxy)acetanilide。美国化学文摘（CA）系统名称 *N*-(4-fluorophenyl)-*N*-(1-methylethyl)-2-[5-(trifluoromethyl)-1,3,4-thiadiazol-2-yloxy]acetamide。CA 主题索引名称 acetamide—, *N*-(4-fluorophenyl)-*N*-(1-methylethyl)-2-[[5-(trifluoromethyl)-1,3,4-thiadiazol-2-yl]oxy]-。

理化性质　原药含量≥95%，白色至棕色固体。熔点 76～79℃。蒸气压 $9×10^{-2}$ mPa（20℃）。分配系数 lgK_{ow}=3.2。Henry 常数 $9×10^{-4}$ Pa·m³/mol（计算值）。相对密度 1.45（20～25℃）。溶解度（20～25℃）：水中（mg/L）：56（pH 4），56（pH 7），54（pH 9）；其他溶剂中（g/L）：丙酮、二甲基甲酰胺、二氯甲烷、甲苯、二甲基亚砜>200，异丙醇 170，正己烷 8.7，正辛醇 88，聚乙二醇 74。在正常条件下贮存稳定，pH 5 条件下对光稳定，pH 5～9 水溶液中稳定。

毒性　大鼠急性经口 LD_{50}（mg/kg）：雄性 1617，雌性 589。大鼠急性经皮 LD_{50}>2000 mg/kg。对兔的皮肤和眼睛无刺激性。大鼠急性吸入 LC_{50}（4 h）>3.74 mg/L。NOEL（mg/L）：狗（90 d 和 1 年）50 [1.67 mg/(kg·d)]，大鼠（2 年）25 [1.2 mg/(kg·d)]。ADI/RfD（EC）0.005 mg/kg（2003），（EPA）RfD 0.004 mg/kg（1998）。Ames 无致突变，对大鼠和兔无致畸性。

生态效应　山齿鹑急性经口 LD_{50}1608 mg/kg。饲喂 LC_{50}（6 d，mg/kg 饲料）：山齿鹑>5317，野鸭>4970。鱼毒 LC_{50}（96 h，mg/L）：虹鳟鱼 5.84，大翻车鱼 2.13。水蚤 EC_{50}（48 h）30.9 mg/L。海藻：羊角月牙藻 E_rC_{50}（96 h）0.0031 mg/L，水华鱼腥藻 EC_{50} 32.5 mg/L，进一步实验发现，受影响的藻群可以恢复。浮萍 EC_{50}（14 d）0.00243 mg/L，蜜蜂 LD_{50}（μg/只）：经口>170，接触>194。蚯蚓 LC_{50}（14 d）219 mg/kg 干土。在 600 g (a.i.)/hm² 下对七星瓢虫、红蜱、隐翅虫、星豹蛛、蚜茧蜂无伤害，但对梨盲走螨比较敏感。

环境行为　①动物。口服氟噻草胺后，被动物（大鼠、山羊、母鸡）快速排泄，因此在器官和组织中没有蓄积。代谢通过分子断裂发生，然后氟苯基团与半胱氨酸形成配合物，噻二唑酮形成各种配合物。②植物。在玉米、大豆和棉花中，氟噻草胺快速并且完全代谢，没有原药残留。③土壤/环境。氟噻草胺在土壤中容易分解，最终形成 CO_2，DT_{50}10～54 d。土壤中对光稳定。平均 K_{oc}（沙壤土）200（o.c.>0.23%）。渗透研究结果表明，即使在最差的条件下，母体化合物对 1.2 m 以下土壤层或者地下水的污染都不会超过 0.1 μg/L。

剂型　乳油、颗粒剂、悬浮剂、水分散粒剂、可湿性粉剂。

主要生产商　Bayer CropScience。

作用机理与特点　超长链脂肪酸合成抑制剂。由谷胱甘肽转移酶进行快速解毒。苗前苗后除草剂，具有内吸活性，通过质外体运输和传导。

应用

（1）适宜作物与安全性　玉米、小麦、大麦、大豆等，对作物和环境安全。

（2）防除对象　主要用于防除众多的一年生禾本科杂草如多花黑麦草等和某些阔叶杂草。

（3）使用方法　种植前或苗前用于玉米、大豆田除草，马铃薯种植前或向日葵苗前除草，小麦、大麦、水稻、玉米等苗后除草。使用剂量为 900 g (a.i.)/hm^2。

专利概况

专利名称　Heteroaryloxy-acetic acid *N*-isopropyl anilides

专利号　EP 348737　　　专利申请日　1989-06-14

专利申请人　Bayer AG。

合成方法　以对氟苯胺为起始原料经多步反应得目的物。反应式为：

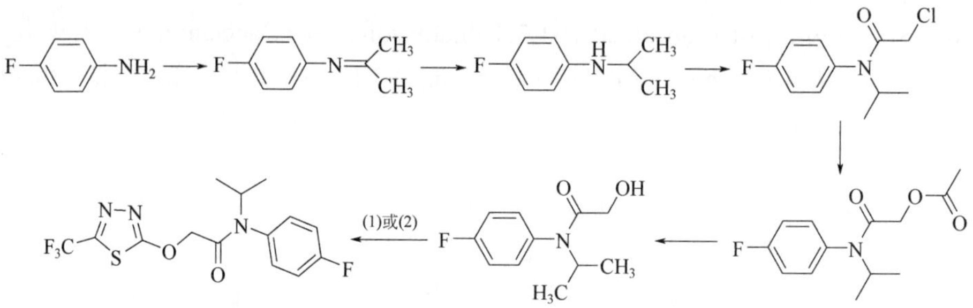

中间体（1）的合成：

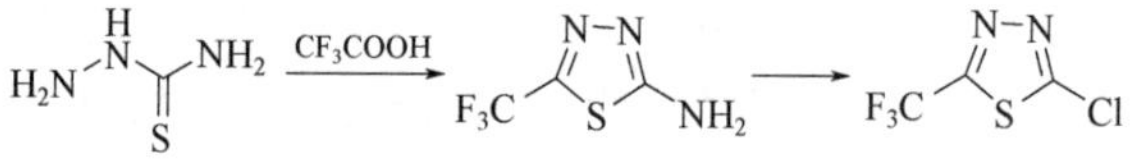

　①

中间体（2）的合成：

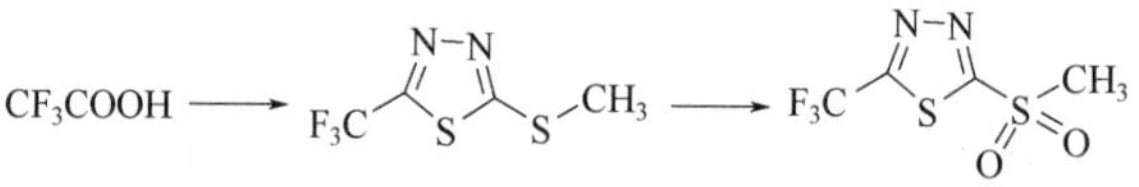

　②

参考文献

[1] The Pesticide Manual.17 th edition: 504-505.

[2] 王莉, 杨子辉, 周波, 等. 有机氟工业, 2017(2): 58-61.

异噁酰草胺（isoxaben）

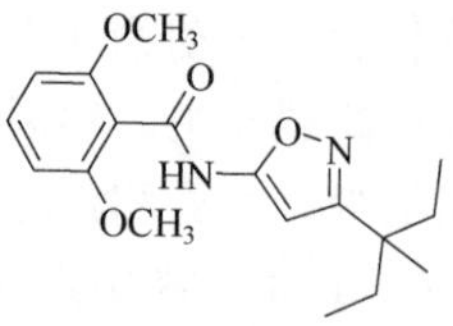

C$_{18}$H$_{24}$N$_2$O$_4$，332.4，82558-50-7

异噁酰草胺［试验代号：EL-107，商品名称：Flexidor、Gallery、Nabega（混剂），其他名称：异噁草胺，是由 Eli Lilly 公司（现美国陶氏益农公司）1984 年开发上市的酰胺类除草剂。

化学名称　*N*-[3-(1-乙基-1-甲基丙基)-1,2-噁唑-5-基]-2,6-二甲氧基苯酰胺。英文化学名称 *N*-[3-(1-ethyl-1-methylpropyl)isoxazol-5-yl]-2,6-dimethoxybenzamide。美国化学文摘（CA）系统名称 *N*-[3-(1-ethyl-1-methylpropyl)-5-isoxazolyl]-2,6-dimethoxybenzamide。CA 主题索引名称

benzamide—，*N*-[3-(1-ethyl-1-methylpropyl)-5-isoxazolyl]-2,6-dimethoxy-。

理化性质　产品中含 2%异构体 *N*-[3-(1,1-二甲基丁基)-5-异噁唑基]-2,6-二甲氧基苯甲酰胺，纯品为无色晶体，形成一水化合物。熔点 176～179℃。蒸气压 5.5×10^{-4} mPa（25℃）。分配系数 lgK_{ow}=3.94（pH 5.1），Henry 常数 1.29×10^{-4} Pa·m^3/mol。相对密度 0.58（20～25℃）。溶解度（20～25℃）：水中 1.42 mg/L（pH 7）；其他溶剂中（g/L）：甲醇、乙酸乙酯、二氯甲烷 50～100，乙腈 30～50，甲苯 4～5，己烷 0.07～0.08。稳定性：在 pH 5～9 的水中稳定，但其水溶液易发生光分解。

毒性　急性经口 LD$_{50}$(mg/kg)：大鼠和小鼠＞10000，狗＞5000。兔急性经皮 LD$_{50}$＞2000 mg/kg。对兔的眼睛和皮肤有轻微的刺激，对豚鼠无皮肤致敏性。大鼠急性吸入 LC$_{50}$（1 h）＞1.99 mg/L 空气。大鼠 NOEL（2 年）5.6 mg/(kg·d)。用含有 1.25%异噁酰草胺的饲料喂饲 3 个月的试验中显示，只会增加肾脏和肝脏的重量，还会使肝微粒体酶水平升高。对狗的喂饲剂量为 1000 mg/(kg·d)，其只会使肝微粒体酶水平升高。ADI/RfD（BfR）0.06 mg/kg（2002）；（EPA）cRfD 0.05 mg/kg（1991）。无致突变。急性腹腔注射 LD$_{50}$（mg/kg）：大鼠＞2000，小鼠＞5000。

生态效应　山齿鹑急性经口 LD$_{50}$＞2000 mg/kg，山齿鹑和野鸭饲喂 LC$_{50}$（5 d）＞5000 mg/kg 饲料。大翻车鱼和虹鳟鱼 LC$_{50}$（96 h）＞1.1 mg/L。水蚤 LC$_{50}$（48 h）＞1.3 mg/L。月牙藻 EC$_{50}$（14 d）＞1.4 mg/L。蜜蜂 LD$_{50}$＞100 μg/只，蚯蚓 NOEC（14 d）＞500 mg/kg 干土。

环境行为　①动物。经大鼠口服给药后，90%的产品在 48 h 之内以粪便的形式排出体外；10%的本品吸收后转换为 15～20 种代谢产物从尿中排出。代谢产物及母体化合物在细胞组织中均无积累。②植物。本品在植物体内广泛代谢，主要通过烷基侧链的羟基化。在油菜和小麦内的吸收、转运和代谢的详细信息，请参阅 F. Cabanne, Weed Res., 1987, 27: 135。③土壤/环境。在土壤中流动性相对较低。DT$_{50}$ 为 3～4 个月，*N*-[3-(1-羟基-1-甲基丙基)-5-异噁唑基]-2,6-二甲氧基苯甲酰胺是一种代谢物。4 种土壤吸附 K_d 6.4～13.0。测渗仪研究证实在土壤中缺乏流动性。

剂型　水分散粒剂、颗粒剂、悬浮剂等。

主要生产商　Dow AgroSciences。

作用机理与特点　细胞壁（纤维素）生物合成抑制剂。选择性除草剂，药剂由根吸收后，转移至茎和叶，抑制根、茎生长，最后导致死亡。

应用

（1）适宜作物　通常用于冬或春小麦、冬或春大麦田除草，也可用于蚕豆、豌豆、果园、苹果园、草坪、观赏植物、蔬菜（如洋葱）、大蒜等。推荐剂量下对小麦、大麦等安全。

（2）防除对象　主要用于防除阔叶杂草如繁缕、母菊、蓼属、婆婆纳、堇菜属等。

（3）使用方法　主要用于麦田苗前除草，使用剂量为：50～125 g (a.i.)/hm^2。要防除早熟禾等杂草需与其他除草剂混用。在蚕豆、豌豆、果园、苹果园、草坪、观赏植物、蔬菜（如洋葱）、大蒜等中应用时，因用途不同，最高使用剂量达 1000 g (a.i.)/hm^2。如果使用药剂后立即种植下一轮作物可能产生药害。

专利概况

专利名称　*N*-arylbenzamide derivatives

专利号　EP 49071　　　　专利申请日　1981-09-15

专利申请人　Eli Lilly Co.。

合成方法　以 2,2-二乙基乙酸甲酯，经甲基化等三步反应得到 5-氨基-3-(1-乙基-1-甲基丙基)异噁唑，最后与 2,6-二甲氧基苯酰氯反应，即制得异噁酰草胺。反应式如下：

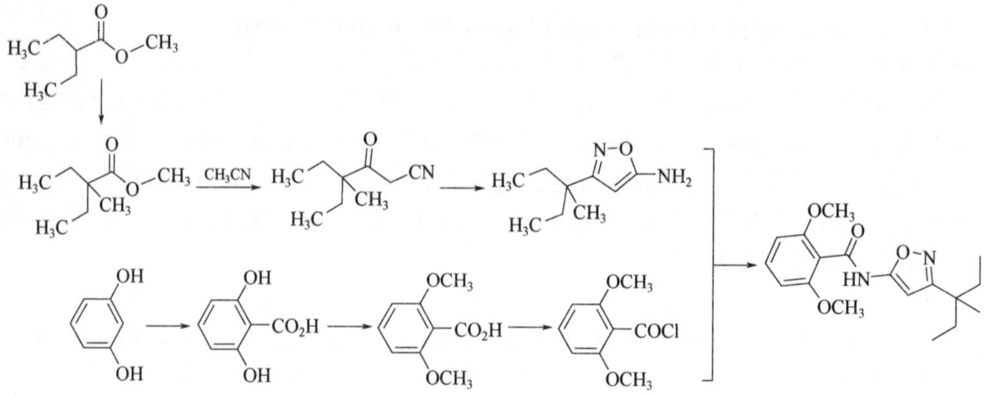

参考文献

[1] The Pesticide Manual.17 th edition: 664-665.

苯噻酰草胺（mefenacet）

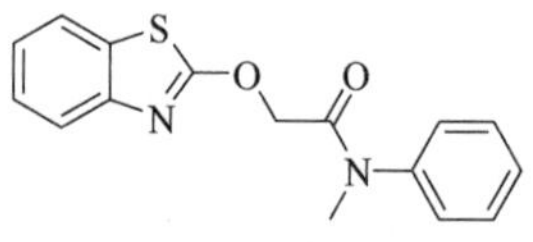

C$_{16}$H$_{14}$N$_2$O$_2$S，298.4，73250-68-7

苯噻酰草胺［试验代号：FOE 1976、NTN 801，商品名称：Hinochloa、Rancho、Act（混剂），其他名称：Baikesi、苯噻草胺］是由 Nihon Bayer Agrochem K.K 1987 年开发上市的酰胺类除草剂。

化学名称　2-(1,3-苯并噻唑-2-基氧)-N-甲基乙酰苯胺或 2-苯并噻唑-2-基氧-N-甲基乙酰苯胺。英文化学名称 2-(1,3-benzothiazol-2-yloxy)-N-methylacetanilide 或 2-benzothiazol-2-yloxy-N-methylacetanilide。美国化学文摘（CA）系统名称 2-(2-benzothiazolyloxy-N-methyl-N-phenyl-lacetamide。CA 主题索引名称 acetamide—, 2-(2-benzothiazolyloxy)-N-methyl-N-phenyl-。

理化性质　无色无味固体，熔点 134.8℃，蒸气压 6.4×10^{-4} mPa（20℃），分配系数 lgK_{ow}=3.23，Henry 常数 4.77×10^{-5} Pa·m^3/mol。溶解度（20～25℃）：水中 4 mg/L，其他溶剂中（g/L）：二氯甲烷＞200，己烷 0.1～1.0，甲苯 20～50，异丙醇 5～10。对光稳定。在 pH 4～9 不会水解。在 30℃，半年内分解率低于 5.2%。

毒性　大鼠、小鼠、狗急性经口 LD$_{50}$＞5000 mg/kg。大、小鼠急性经皮 LD$_{50}$＞5000 mg/kg。大鼠急性吸入 LC$_{50}$（4 h）0.02 mg/L，对兔的皮肤、眼睛无刺激性。NOEL（mg/kg，2 年）：大鼠 100，小鼠 300。ADI/RfD 0.0036 mg/kg。

生态效应　山齿鹑饲喂 LC$_{50}$（5 d）＞5000 mg/kg 饲料。鱼毒 LC$_{50}$（96 h，mg/L）：鲤鱼 6.0，鳟鱼 6.8，金圆腹雅罗鱼 11.5。水蚤 LC$_{50}$（48 h）1.81 mg/L。近具刺链带藻 EC$_{50}$（96 h）0.18 mg/L。蚯蚓 LC$_{50}$（28 d）＞1000 mg/kg 干土。

环境行为　①动物。在大鼠体内降解为 N-甲基苯胺，随后发生脱甲基化、乙酰化和羟基化得到 4-氨基苯酚及硫酸盐和葡糖酸苷形成配合物。②植物。经由 N-甲基苯胺的氧化而代谢为 4-氨基苯酚。其他代谢产物为苯并噻唑酮和苯并噻唑氧基乙酸，他们再通过羟基化降解。

③土壤/环境。苯噻酰草胺强烈吸附于土壤而很少移动。DT$_{50}$为几周，代谢产物为苯并噻唑酮和苯并噻唑氧基乙酸。在无菌的缓冲溶液中，苯噻酰草胺在所有 pH 下都缓慢水解。因此，在自然水中，它降解更快。

剂型　可湿性粉剂、泡腾颗粒剂、悬浮剂。

主要生产商　Bayer CropScience、Dongbu Fine、湖南海利化工股份有限公司、湖南沅江赤蜂农化有限公司、江苏常隆农化有限公司、江苏快达农化股份有限公司、江苏蓝丰生物化工股份有限公司、江苏天容集团股份有限公司、江苏永凯化学有限公司、辽宁省丹东市农药总厂、美丰农化有限公司、内蒙古佳瑞米精细化工有限公司、泰州百力化学股份有限公司。

作用机理与特点　超长链脂肪酸合成抑制剂，选择性除草剂。

应用　主要用于移栽稻田中，以 30～40 g (a.i.)/亩在苗前和苗后施用，可有效防除禾本科杂草，对稗草有特效，对水稻田一年生杂草如牛毛毡、瓜皮草、泽泻、眼子菜、萤蔺、水莎草等亦有效。对移植水稻有优异的选择性，土壤对其吸附力强，渗透少，在一般水田条件下施药大部分分布在表层 1 cm 以下，形成处理层，秧苗的生长不要与此层接触，以免产生药害。其持效期在一个月以上。在移植水稻田防除一年生杂草和牛毛毡时，在移植后 3～10 d（稗草 2 叶期）、3～14 d（稗草 3 叶期或稗草 3.5 叶期）施药，施药方法为灌水撒施。

专利概况

专利名称　Substituted carbonic acid amides, method for their production and their use as herbicides

专利号　DE 2822155　　　　**专利申请日**　1978-05-20

专利申请人　Bayer AG

其他相关专利　DE 2903966。

登记情况　苯噻酰草胺在中国登记95%、98%原药共 11 个，相关制剂 186 个。登记场所为水稻移栽田和水稻抛秧田，防治对象稗草和异型莎草等一年生杂草。部分登记情况见表 3-100。

表 3-100　苯噻酰草胺在中国部分登记情况

登记证号	农药名称	剂型	含量	登记场所	防治对象	亩用药量（制剂）	施用方法	登记证持有人
PD20184002	苄嘧·苯噻酰	颗粒剂	0.36%	水稻移栽田	一年生杂草	6～10 kg	撒施	吉林省八达农药有限公司
PD20151966	苯噻酰草胺	泡腾颗粒剂	30%	水稻田（直播）；水稻移栽田	一年生杂草	120～140 g	撒施	黑龙江省哈尔滨富利生化科技发展有限公司
PD20184253	吡嘧·苯噻酰	可湿性粉剂	42%	水稻移栽田	一年生杂草	60～80 g	药土法	侨昌现代农业有限公司
PD20182281	苯噻酰草胺	原药	98%					江苏永凯化学有限公司
PD20172926	苯噻酰草胺	原药	95%					江苏天容集团股份有限公司

合成方法　苯噻酰草胺主要以苯胺和 2-巯基苯并噻唑为起始原料，经以下路线制得：

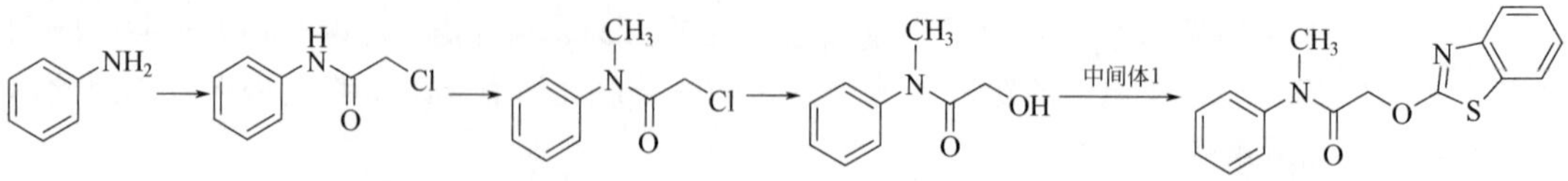

其中，中间体 2-氯苯并噻唑的合成：

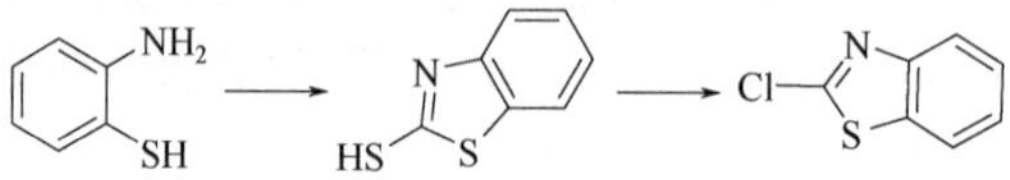

参考文献

[1] The Pesticide Manual.17 th edition: 709-710.

吡唑草胺（metazachlor）

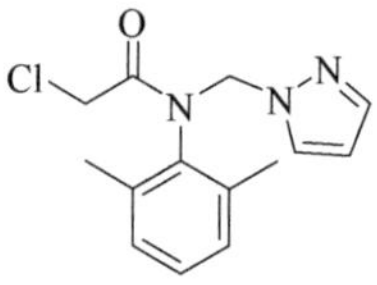

$C_{14}H_{16}ClN_3O$，277.8，67129-08-2

吡唑草胺［试验代号：BAS 47900 H，商品名称：Butisan S、Colzanet、Sultan、Butisan Star（混剂），其他名称：吡草胺］是由德国巴斯夫公司（BASF AG）1982 年开发上市的氯代乙酰胺类除草剂。

化学名称 2-氯-N-(吡唑-1-基甲基)-乙酰-2′,6′-二甲基苯胺。英文化学名称 2-chloro-N-(pyrazol-1-ylmethyl)acet-2′,6′-xylidide。美国化学文摘（CA）系统名称 2-chloro-N-(2,6-dimethylphenyl)-N-(1H-pyrazol-1-ylmethyl)acetamide。CA 主题索引名称 acetamide—, 2-chloro-N-(2,6-dimethylphenyl)-N-(1H-pyrazol-1-ylmethyl)-。

理化性质 原药纯度≥94%，黄色结晶体。熔点取决于重结晶的溶剂：85℃（环己烷），80℃（氯仿/正己烷），76℃（二异丙基醚），蒸气压 0.093 mPa（20℃）。分配系数 $\lg K_{ow}=2.13$（pH 7），Henry 常数 $5.741×10^{-5}$ Pa•m^3/mol，相对密度约 1.31（20～25℃）。溶解度（g/L，20～25℃）：水中 0.43，其他溶剂中：丙酮＞800，氯仿＞1500，乙醇 160，乙酸乙酯 530。在 40℃，放置 2 年稳定，在 pH 5、7 和 9（22℃）稳定不水解。

毒性 大鼠急性经口 LD_{50} 2150 mg/kg，大鼠急性经皮 LD_{50}＞6810 mg/kg。大鼠急性吸入 LC_{50}（4 h）＞34.5 mg/L。对兔的皮肤和眼睛无刺激性作用，对豚鼠皮肤敏感。NOEL（2 年，mg/kg）：大鼠 17.6，多代大鼠 9.2。ADI/RfD（EC）0.08 mg/kg（2008），（BfR）0.032 mg/kg（2003）。在各种体内、体外测试中均无致突变性。

生态效应 山齿鹑急性经口 LD_{50}＞2000 mg/kg，山齿鹑和野鸭饲喂 LC_{50}(5 d)＞5000 mg/kg 饲料。虹鳟鱼 LC_{50}（96 h）8.5 mg/L，水蚤 LC_{50}（48 h）33.7 mg/L，月牙藻 E_rC_{50}（72 h）0.032 mg/L。蜜蜂急性经口 LD_{50}＞85.3 μg/只。蚯蚓 LC_{50}（14 d）＞1000 mg/kg 干土。对非靶标节肢动物安全。

环境行为 ①动物。大鼠口服后，有效成分很快被吸收并很快地被肾脏代谢和消除而形成极性配合物。代谢反应主要包括氧化过程和对有效成分各部分的作用，如吡唑环的羟基化，2,6-二甲基苯环上的甲基氧化为相应的羧酸，氯乙酸部分上氯元素的取代，以及几步反应的组合。②植物。苗前应用，苯环 ^{14}C 标记于油菜籽（播种 26 d 后为 0.55 mg/kg，78 d 后为

0.43 mg/kg），在油菜苗中，因为干燥失去水分使得残留浓度增加到 1.25 mg/kg（97 d）。在油菜籽的残留非常低（0.01 mg/kg）。吡草胺代谢很完全，在收获时不再有残留。大约 60% 的残留为 2,6-二甲基苯胺，但是难于分析其他代谢产物。③土壤/环境。实验室和田间试验表明，有氧条件下微生物降解很快，DT_{50}（实验室）6～25 d；田间试验 DT_{50} 3～21 d，DT_{90} 9～71 d。代谢主要与谷胱甘肽形成配合物，进而发生降解，主要代谢产物（≥10%）为吡草胺草酸和磺酸（$COCH_2Cl$ 侧链被 $COCO_2H$ 和 $COCH_2SO_3H$ 分别取代）。渗透和户外研究表明，吡唑草胺在土壤中快速降解，没有蓄积，在较深层的土壤（>30 cm）没有代谢产物。这些发现也得到了水质监测系统的数据支持。

剂型　悬浮剂。

主要生产商　BASF、EastSun、Flagchem、山东中石药业有限公司等。

作用机理与特点　超长链脂肪酸合成抑制剂。选择性除草剂，通过胚轴和根部吸收，抑制发芽。

应用

（1）适宜作物　油菜、大豆、马铃薯、烟草、花生、果树、蔬菜（白菜、大蒜）等。

（2）防除对象　主要用于防除一年生禾本科杂草和部分阔叶杂草。禾本科杂草如看麦娘、剪股颖、野燕麦、马唐、稗草、早熟禾、狗尾草等，阔叶杂草如苋属杂草、春黄菊、母菊、刺甘菊、香甘菊、蓼属杂草、龙葵、繁缕、荨麻、婆婆纳等。

（3）使用方法　吡唑草胺主要于作物苗前或苗后早期施用，剂量 1000～1500 g (a.i.)/hm^2。

专利概况

专利名称　2-halo-N-(azole-1-yl-methyl)-substituted acetanilides

专利号　US 4593104　　　　　**专利申请日**　1977-10-06

专利申请人　BASF AG。

登记情况　吡唑草胺在中国登记情况见表 3-101。

表 3-101　吡唑草胺在中国登记情况

登记证号	农药名称	剂型	含量	登记场所	防治对象	亩用药量（制剂）	施用方法	登记证持有人
PD20151577	吡唑草胺	悬浮剂	500 g/L	冬油菜田	一年生杂草	80～100 mL	土壤喷雾	江苏蓝丰生物化工股份有限公司
PD20160327	吡唑草胺	原药	97%					山东中石药业有限公司

合成方法　吡唑草胺合成方法较多，主要有如下两种：

方法（1）：

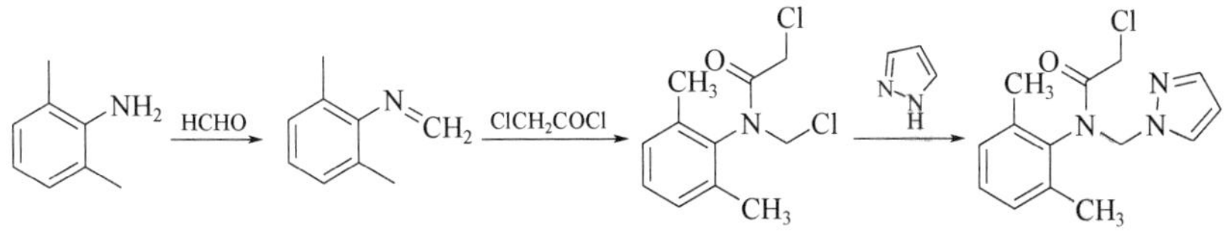

方法（2）：

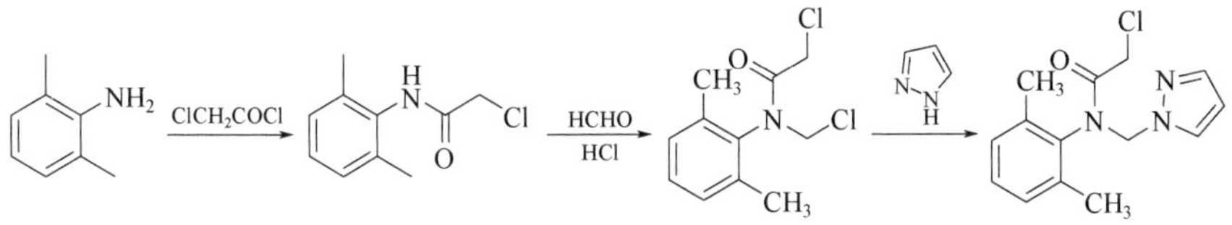

参考文献

[1] The Pesticide Manual.17 th edition: 732-733.
[2] 王进，李冬良，潘光飞，等. 精细化工中间体, 2014, 44(4): 30-31+58.

异丙甲草胺（metolachlor）

$C_{15}H_{22}ClNO_2$，283.8，51218-45-2

异丙甲草胺［试验代号：CGA 24705，商品名称：Metolasun、Me-Too-lachlor、Stalwart、Stalwart Xtra（混剂），其他名称：都尔、稻乐思、甲氧毒草胺、莫多草、屠莠胺］是由汽巴-嘉基公司（现 Syngenta 公司）1976 年开发的氯乙酰胺类除草剂。

化学名称 (aRS,1RS)-2-氯-6′-乙基-N-(2-甲氧基-1-甲基乙基)乙酰-邻-甲苯胺。英文化学名称 (aRS,1RS)-2-chloro-6′-ethyl-N-(2-methoxy-1-methylethyl)acet-o-toluidide。美国化学文摘（CA）系统名称 2-chloro-N-(2-ethyl-6-methylphenyl)-N-(2-methoxy-1-methylethyl)acetamide。CA 主题索引名称 acetamide—, 2-chloro-N-(2-ethyl-6-methylphenyl)-N-(2-methoxy-1-methylethyl)-。

理化性质 (1S)-和(1R)-异构体混合物，无色至浅棕色液体。熔点−62.1℃，沸点 100℃（0.133 Pa），闪点 190℃（1.013×10^{-5} Pa），蒸气压 4.2 mPa（25℃）。分配系数 lgK_{ow}=2.9。Henry 常数 2.4×10^{-3} Pa•m³/mol，相对密度 1.12（20～25℃）。溶解度（20～25℃）：水中 488 mg/L，与如下有机溶剂互溶：苯、甲苯、甲醇、乙醇、辛醇、丙酮、二甲苯、二氯甲烷、二甲基甲酰胺、环己酮、己烷等，不溶于乙二醇、丙二醇和石油醚。低于 275℃稳定，DT$_{50}$＞200 d（pH 2～10），在缓冲液中水解（20℃），强碱、强酸条件下水解。

毒性 急性经口 LD$_{50}$（mg/kg）：雌性大鼠 1063，雄性大鼠 1936。大鼠急性经皮 LD$_{50}$＞5050 mg/kg。对兔的眼睛和皮肤有中度刺激，对豚鼠皮肤有致敏性。大鼠急性吸入 LC$_{50}$（4 h）＞2.02 mg/L 空气。NOEL 数据（mg/kg，90 d）：大鼠 300［15 mg/(kg•d)］，小鼠 100［100 mg/(kg•d)］，狗 300［9.7 mg/(kg•d)］。ADI/RfD（EPA）cRfD 0.1 mg/kg（1995）。

生态效应 山齿鹑和野鸭急性经口 LD$_{50}$＞2150 mg/kg，山齿鹑和野鸭饲喂 LC$_{50}$（8 d）＞10000 mg/kg。鱼毒 LC$_{50}$（mg/L，96 h）：虹鳟鱼 3.9，鲤鱼 4.9，大翻车鱼 10。水蚤 LC$_{50}$（48 h）25 mg/L，近具刺链带藻 EC$_{50}$0.1 mg/L。蜜蜂 LD$_{50}$（经口和接触）＞110 μg/只，蚯蚓 LC$_{50}$（14 d）140 mg/kg 土。

环境行为 ①动物。大鼠体内迅速被肝微粒体氧合酶经脱氯化，O-脱甲基化和侧链氧化。②植物。包括氯乙酰基与天然产物结合，醚键的水解和与糖结合的产物。最终代谢产物为极性的、水溶性的和不挥发的。③土壤/环境。有氧代谢产物为苯胺羧酸和磺酸的衍生物。土壤中 DT$_{50}$ 20 d（田间），K_{oc} 121～309。

剂型 乳油、水乳剂、微乳剂、颗粒剂。

主要生产商 Drexel、KSA、Rainbow、Sharda、Sundat、安徽中山化工有限公司、黑龙江省牡丹江农垦朝阳化工有限公司、江苏常隆农化有限公司、连云港立本作物科技有限公司、南通江山农药化工股份有限公司、内蒙古佳瑞米精细化工有限公司、山东滨农科技有限公司、山东潍坊润丰化工股份有限公司、上虞颖泰精细化工有限公司、响水中山生物科技有限公司、首建科技有限公司、潍坊中农联合化工有限公司及中农发河南农化有限公司等。

作用机理与特点　超长链脂肪酸合成抑制剂。通过植物的幼芽即单子叶植物的胚芽鞘、双子叶植物的下胚轴吸收向上传导，种子和根也吸收传导，但吸收量较少，传导速度慢。出苗后主要靠根吸收向上传导，抑制幼芽与根的生长。敏感杂草在发芽后出土前或刚刚出土立即中毒死亡，表现为芽鞘紧包着生长点，稍变粗，胚根细而弯曲，无须根，生长点逐渐变褐色、黑色烂掉。如果土壤墒情好，杂草被杀死在幼芽期。如果土壤水分少，杂草出土后随着降雨土壤湿度增加，杂草吸收异丙甲草胺，禾本科草心叶扭曲、萎缩，其他叶皱缩后整株枯死。阔叶杂草叶皱缩变黄整株枯死。

应用

（1）适宜作物　大豆、玉米、花生、马铃薯、棉花、甜菜、油菜、向日葵、亚麻、红麻、芝麻、甘蔗等旱田作物，也可在姜和白菜等十字花科、茄科蔬菜和果园、苗圃中使用。

（2）防除对象　主要用于防除稗草、牛筋草、早熟禾、野黍、狗尾草、金狗尾草、画眉草、臂形草、黑麦草、稷、鸭跖草、油莎草、荠菜、香薷、菟丝子、小野芝麻、水棘针等杂草，对萹蓄、藜、小藜、鼠尾看麦娘、宝盖草、马齿苋、繁缕、柳叶刺蓼、酸模叶蓼、辣子草、反枝苋、猪毛菜等亦有较好的防除效果。

（3）应用技术　①土壤黏粒和有机质对异丙甲草胺有吸附作用，土壤质地对异丙甲草胺药效的影响大于土壤有机质，应根据土壤质地和有机质含量确定用药量：土壤质地疏松、有机质含量低、低洼地、土壤水分好时用低剂量。土壤质地黏重、有机质含量高、岗地、土壤水分少时用高剂量。②异丙甲草胺持效期 30～50 d，在此期内可以封行的作物，基本上可以控制全生育期杂草危害。有的作物在此期间内不能封行，需要施第二次药，或结合培土等人工措施控制杂草危害。③异丙甲草胺秋施在 10 月中下旬气温降到 5℃以下至封冻前进行，第二年平播大豆地块可用圆盘耙浅混土耙深 6～8 cm。采用"三垄"栽培方法种植大豆，秋施药、秋施肥、秋起垄春季种植大豆，施药后应深混土，用双列圆盘耙耙地混土，耙深 10～15 cm。耙地应交叉一遍，第二次耙地方向应与第一次耙地成垂直方向，两次耙深一致。春季播前施药方法同秋施。播后苗前施药应在播后随即施药，施后用旋转锄浅混土，可避免药被风蚀，在干旱条件下获得稳定的药效。起垄播种大豆的也可在施药后培 2 cm 左右的土，以免药被风吹走。垄播大豆播后苗前施药的也可采用苗带施药法，能减少 1/3～1/2 的用药量，应根据实际喷洒面积来计算用药量，施后用旋转锄或中耕机除掉行间杂草。④异丙甲草胺乳油遇零度以下低温，有效成分有部分会形成结晶析出，遇高温又重新溶解恢复原状，北方越冬贮存在使用前一个月应检查药桶，看桶壁是否有结晶析出，如发现有结晶析出可将药桶放在 20～22℃室温下，不停地滚动 24 h 以上。也可将桶放入 45℃水中不停滚动，不断加热水保持恒温，一般 3～5 h 即可恢复原状。或在使用前一个月放入 20～22℃室温下贮存，也可恢复原状。

（4）使用方法　施药应在杂草发芽前进行。

① 大豆　土壤有机质含量 3%以下，沙质土每亩用 72%异丙甲草胺乳油 100 mL，壤质土每亩 140 mL，黏质土每亩 185 mL。土壤有机质含量 3%以上，沙质上每亩用 72%异丙甲草胺乳油 140 mL，壤质土每亩 185 mL，黏质土每亩 230 mL。在南方一般每亩用 72%异丙甲草胺 100～150 mL。

异丙甲草胺与嗪草酮、异噁草酮、丙炔氟草胺、唑嘧磺草胺、噻吩磺隆等除草剂混用，目的是增加对阔叶杂草的防除效果。配方及每亩用量如下：

72%异丙甲草胺100～200 mL 加 50%丙炔氟草胺 8～12 g（或加 50%丙炔氟草胺 4～6 g 加 80%唑嘧磺草胺 2 g）。

72%异丙甲草胺100～133 mL 加 80%唑嘧磺草胺 3.2～4 g［或加 48%异噁草酮 40～50 mL 加 80%唑嘧磺草胺 2 g，或加 75%噻吩磺隆（阔叶散）1～1.3 g 加 48%异噁草酮 40～50 mL]。

72%异丙甲草胺100～167 mL 加 48%异噁草酮 53～67 mL。

72%异丙甲草胺67～167 mL 加 5%咪唑乙烟酸 67 mL。

72%异丙甲草胺67～133 mL 加 48%异噁草酮 40～50 mL 加 50%丙炔氟草胺 4～6 g（或 88%灭草猛 100～133 mL，或 70%嗪草酮 20～27 g）。

异丙甲草胺对难除杂草菟丝子有效。防除菟丝子异丙甲草胺用高剂量与嗪草酮、异噁草酮混用，结合旋转锄灭草效果更好。

北方低洼易涝地湿度大温度低，大豆苗期病害重，故对除草剂安全要求高，异丙甲草胺比 50%乙草胺对大豆安全，对狼杷草、酸模叶蓼药效更好。

② 玉米　异丙甲草胺单用药量、使用技术同大豆。

混用用药时期为玉米播后苗前。于有机质 2%以上的土壤中施药，每亩用 72%异丙甲草胺 100～133 mL 加 70%嗪草酮 27～54 g。或每亩用 72%异丙甲草胺 100～230 mL 加 48%麦畏 37～67 mL 或 75%噻吩磺隆 1～1.7 g。

③ 油菜　用药时为冬油菜田可在移栽前施药，每亩用 72%异丙甲草胺乳油 100～150 mL。南方如在双季晚稻收后进行移栽，晚稻收后已有部分看麦娘出苗，可采用低量的草甘膦与异丙甲草胺混用，72%异丙甲草胺乳油每亩 100 mL 加 30%草甘膦水剂 3.3～20 mL。

④ 甜菜　用药时期为直播甜菜播后苗前施药，最好播后随即施药。移栽田在移栽前施药。每亩用 72%异丙甲草胺乳油 100～230 mL。

⑤ 花生　用药时期为花生播后苗前，最好播后随即施药。裸地栽培春花生每亩用 72%异丙甲草胺乳油 150～200 mL。覆膜栽培春花生和夏花生用药量可适当减少，每亩 100～150 mL。

⑥ 棉花　用药时期为棉花播后苗前或移栽后 3 d 施药，每亩用 72%异丙甲草胺乳油 100～200 mL 加水 40～50 L 喷雾。

⑦ 芝麻　用药时期为芝麻播种后出苗前，最好播后随即施药。每亩 72%异丙甲草胺乳油 100～200 mL。

⑧ 甘蔗　用药时期为甘蔗种植后出苗前。每亩用 72%异丙甲草胺乳油 100～200 mL。与莠去津混用可扩大杀草谱，72%异丙甲草胺乳油每亩 100 mL 加 40%莠去津悬浮剂 75～100 mL，加水 40～50 L 喷雾。

⑨ 西瓜田　西瓜地使用异丙甲草胺时，如覆盖地膜，应在覆膜前施药。小拱棚西瓜地，在西瓜定植或膜内温度过高时，应及时揭开拱棚两端地膜、通风，防止药害。直播田应在播后苗前施药，最好播种后随即施药。移栽田在移栽前或移栽后施药均可。每亩用 72%异丙甲草胺乳油 100～200 mL。地膜田可减少 20%用药量。

⑩ 马铃薯应用播后苗前施药，最好播后随即施药。每亩用 72%异丙甲草胺乳油 100～230 mL。为扩大杀草范围，增加对阔叶杂草药效，每亩 72%异丙甲草胺乳油 100～167 mL 加 70%嗪草酮 20～40 g 混合施用。

⑪ 蔬菜

a．直播白菜田　华北地区一般播后随即施药，每亩用 72%异丙甲草胺乳油 75～100 mL。长江流域中下游地区用药时期为夏播小白菜播前 1～2 d，每亩用 72%异丙甲草胺乳油 50～75 mL。播前施药要注意撒播种子后盖土比较浅，一般 1～1.5 cm，盖土要均匀，防止种子外露，造成药害。

b. 花椰菜移栽田　用药时期为移栽前或移栽缓苗后，每亩用72%异丙甲草胺乳油75 mL。特别注意地膜移栽是地膜行施药，实际上是苗带施药，用药量应根据实际喷洒面积计算。

c. 甘蓝移栽田　用药时期为移栽前，每亩用72%异丙甲草胺乳油130 mL。

d. 姜田　用药时期为播后苗前，最好在播后3 d内施药。每亩用72%异丙甲草胺乳油75～100 mL。

e. 韭菜　韭菜苗圃应在种子播后随即施药，每亩用72%异丙甲草胺乳油100～125 mL。老茬韭菜田用药时期在割后2 d，每亩用72%异丙甲草胺乳油75～100 mL。

f. 芹菜苗圃　用药时期为芹菜播后苗前，最好播后随即施药。每亩用72%异丙甲草胺乳油100～125 mL。

g. 大蒜裸地种植和地膜田　用药时期在播种后3 d之内。裸地种植每亩用72%异丙甲草胺乳油100～150 mL，地膜田用75～100 mL。

h. 茄子、番茄露地移栽田　用药时期在移栽前，地膜覆盖移栽田用药时期在覆膜前，每亩用72%异丙甲草胺乳油100 mL。

i. 辣椒田　辣椒直播田用药时期在播前。每亩用72%异丙甲草胺乳油100～150 mL，施药后浅混土。其露地移栽田用药时期在移栽前，地膜覆盖移栽田用药时期在覆膜前施药，每亩用72%异丙甲草胺乳油100 mL。

专利概况

专利名称　Herbicidal and plant growth inhibiting agent

专利号　US 4324580　　　　　专利申请日　1977-09-20

专利申请人　Ciba Geigy Corp

其他相关专利　US 4317916、GB 2073173。

登记情况　异丙甲草胺在中国登记93%、96%、97%、98%原药18个，相关制剂110个。登记场所花生田、棉花田、春大豆田等，防除一年生禾本科杂草及部分小粒种子阔叶杂草。部分登记情况见表3-102。

表3-102　异丙甲草胺在中国部分登记情况

登记证号	农药名称	剂型	含量	登记场所	防治对象	亩用药量（制剂）	施用方法	登记证持有人
PD20183724	异丙甲草胺	乳油	720 g/L	花生田	一年生杂草	100～150 mL	土壤喷雾	海利尔药业集团股份有限公司
PD20180443	异丙甲草胺	水浮剂	50%	花生田	一年生禾本科杂草及部分小粒种子阔叶杂草	180～220 mL	土壤喷雾	山东滨农科技有限公司
PD20180377	异丙甲草胺	乳油	720 g/L	春大豆田	一年生禾本科杂草	160～180 mL	土壤喷雾	山东奥坤作物科学股份有限公司
PD20183906	甲戊·异丙甲	乳油	45%	棉花田	一年生杂草	140～160 mL	土壤喷雾	山东泰阳生物科技有限公司
PD20173215	异丙甲草胺	原药	96%					响水中山生物科技有限公司
PD20183875	异丙甲草胺	原药	98%					潍坊中农联合化工有限公司

合成方法 异丙甲草胺的合成方法主要有以下几种，以方法1为佳：

方法（1） 反应式如下：

方法（2） 反应式如下：

方法（3） 反应式如下：

参考文献

[1] The Pesticide Manual.17 th edition: 760-762.

[2] 景闻华. 除草剂精异丙甲草胺的合成工艺研究. 杭州: 浙江工业大学, 2017.

精异丙甲草胺（S-metolachlor）

$C_{15}H_{22}ClNO_2$，283.8，87392-12-9

精异丙甲草胺{试验代号：CGA 77101[(aRS,1R)-isomers]、CGA77102[(aRS,1S)-isomers]，商品名称：Dual Gold、Dual Magnum、Acuron（混剂）、Bicep Magnum（混剂）、Dual Ⅱ Magnum（混剂）等，其他名称：金都尔、高效异丙甲草胺}是由诺华公司（现 Syngenta 公司）开发的氯乙酰胺类除草剂。

化学名称 (aRS,1S)-2-氯-6′-乙基-N-(2-甲氧基-1-甲基乙基)乙酰-邻-甲苯胺和(aRS,1R)-2-氯-6′-乙基-N-(2-甲氧基-1-甲基乙基)乙酰-邻-甲苯胺混合物（含量80%～100%：20%～0%）。英文化学名称 mixture of 80%～100% 2-chloro-2′-ethyl-N-[(1S)-2-methoxy-1-methylethyl]-6′-methylacetanilide 和 20%～0% 2-chloro-2′-ethyl-N-[(1R)-2-methoxy-1-methylethyl]-6′-methylacetanilide。美国化学文摘（CA）系统名称 2-chloro-N-(2-ethyl-6-methylphenyl)-N-[(1S)-2-methoxy-1-methylethyl]acetamide。CA 主题索引名称 acetamide—, 2-chloro-N-(2-ethyl-6-methylphenyl)-N-[(1S)-2-methoxy-1-methylethyl]-。

理化性质 原药为棕色油状液体，有效成分组成：S 异构体含量为80%～100%，R 异构体含量为 0%～20%，纯品为淡黄色至棕色液体，伴有非特异性气味。熔点−61.1℃，沸点约334℃（$1.01×10^5$ Pa），闪点190℃（闭杯），蒸气压 3.7 mPa（25℃）。分配系数 lgK_{ow}=3.05（pH 7）。Henry 常数 $2.2×10^{-3}$ Pa·m³/mol，相对密度 1.117（20～25℃）。溶解度（20～25℃）：水中480 mg/L（pH 7.3），与正己烷、甲苯、二氯甲烷、甲醇、正辛醇、丙酮和乙酸乙酯互溶。稳定不水解（pH 4～9，25℃）。

毒性　大鼠急性经口 LD_{50} 2672 mg/kg。兔急性经皮 LD_{50}＞2000 mg/kg。对兔眼睛和皮肤无刺激性作用，对豚鼠可能有致敏性。大鼠急性吸入 LC_{50}（4 h）＞2.91 mg/L。NOEL 大鼠（2 年）15 mg/(kg·d)，小鼠（2 年）120 mg/(kg·d)，狗（1 年）9.7 mg/(kg·d)。ADI/RfD（EC）0.1 mg/kg（2005）。

生态效应　山齿鹑和野鸭急性经口 LD_{50}＞2510 mg/kg，山齿鹑和野鸭饲喂 LC_{50}（8 d）＞5620 mg/L。鱼毒 LC_{50}（mg/L，96 h）：虹鳟鱼 1.23，大翻车鱼 3.16。水蚤 LC_{50}（48 h）11.24 mg/L。藻类 E_bC_{50}（120 h，mg/L）：羊角月牙藻 0.008，舟形藻 17，糠虾 LC_{50}（96 h）1.4 mg/L，浮萍 E_dC_{50}（14 d）0.023 mg/L，蜜蜂 LD_{50}（μg/只）：经口＞85，接触＞0.2。蚯蚓 LC_{50}（14 d）570 mg/kg 土。

环境行为　①动物。在动物体内迅速、有效吸收，并能通过粪便和尿液快速排出体外。迅速被鼠肝微粒体氧合酶经脱氯化、O-脱甲基化、侧链氧化，以及与谷胱甘肽 S-转移酶结合。②植物。包括氯乙酰基与天然产物结合，醚键的水解和与糖结合的产物。最终代谢产物为极性的、水溶性的和不挥发的。③土壤/环境。在好氧土壤中，被微生物快速代谢，有氧代谢产物为苯胺羧酸和磺酸的衍生物。残留物会转化为 CO_2。DT_{50}（实验室，有氧）21.2 d（7～96 d，198 种土壤），DT_{50}（田间）30 d（6～49 d，12 种土壤），DT_{90}（田间）36～165 d（12 种土壤）。吸附量（15 种土壤，pH 3.4～8.0，o.c. 0.2%～19.8%），平均 K_{Foc} 189（61～369 L/kg），K_F 6.4（0.3～44.8 L/kg）。在水-沉积物体系中，精异丙甲草胺 DT_{50} 42～53 d。

剂型　微囊悬浮剂、乳油、颗粒剂、悬浮剂、发烟丸。

主要生产商　Syngenta、江苏好收成韦恩农化股份有限公司、江苏皇马农化有限公司、江苏省南通江山农药化工股份有限公司、江苏省农用激素工程技术研究中心有限公司、江苏优嘉植物保护有限公司、山东滨农科技有限公司、山东中石药业有限公司、潍坊中农联合化工有限公司、响水中山生物科技有限公司、印度联合磷化物有限公司、浙江禾本科技有限公司、沾化国昌精细化工有限公司及中农发河南农化有限公司等。

作用机理与特点　超长链脂肪酸合成抑制剂。通过植物的幼芽即单子叶植物的胚芽鞘、双子叶植物的下胚轴吸收向上传导，种子和根也吸收传导，但吸收量较少，传导速度慢。出苗后主要靠根吸收向上传导，抑制幼芽与根的生长。敏感杂草在发芽后出土前或刚刚出土立即中毒死亡，表现为芽鞘紧包着生长点，稍变粗，胚根细而弯曲，无须根，生长点逐渐变褐色、黑色烂掉。如果土壤墒情好，杂草被杀死在幼芽期。如果土壤水分少，杂草出土后随着降雨土壤湿度增加，杂草吸收异丙甲草胺，禾本科草心叶扭曲、萎缩，其他叶皱缩后整株枯死。阔叶杂草叶皱缩变黄整株枯死。

应用　适宜作物和防除对象同异丙甲草胺。不同的是亩用量为 60～110 mL，土壤墒情差时需增加用量，96%精异丙甲草胺比 72%异丙甲草胺除草效果增加 1.67 倍（理论上）。

专利概况

专利名称　Optically active N-(1′-methyl-2′-methoxyethyl)-N-chloroacetyl-2-ethyl-6-methylaniline as herbicide

专利号　US 5002606　　　　**专利申请日**　1984-12-07

专利申请人　Ciba Geigy Corp.。

登记情况 精异丙甲草胺在中国登记 96%、97%、98%原药 24 个，相关制剂 42 个。登记场所花生田、夏大豆田、番茄田、洋葱田、油菜（移栽田）、烟草田、春大豆田、大蒜田、马铃薯田、菜豆田、向日葵田、西瓜田、甜菜田、芝麻田、甘蓝田、棉花田、夏玉米田；防治对象为一年生禾本科杂草及阔叶杂草。部分登记情况见表 3-103。

表 3-103　精异丙甲草胺在中国部分登记情况

登记证号	农药名称	剂型	含量	登记场所	防治对象	用药量/[mL(制剂)/亩]	施用方法	登记证持有人
PD20183298	精异丙甲草胺	乳油	960 g/L	夏玉米田	一年生杂草	50～85	土壤喷雾	杭州颖泰生物科技有限公司
PD20183219	烟·精·莠去津	可分散油悬浮剂	35%	玉米田	一年生杂草	120～150	茎叶喷雾	江苏长青生物科技有限公司
PD20050187	精异丙甲草胺	乳油	960 g/L	菜豆田	一年生禾本科杂草及部分阔叶杂草	65~85（东北），50～65（其他地区）	播后苗前土壤喷雾	瑞士先正达作物保护有限公司
				大豆田		50~85（夏大豆），60~85（春大豆）		
				大蒜田		52.5～65		
				番茄田		65~85（东北），50～65（其他地区）		
				芝麻田		50～65		
				花生田		45～60		
				马铃薯田		土壤有机质含量小于3%，52.5~65；土壤有机质含量 3%~4%，100～130		
				洋葱田		52.5～65		
				甜菜田		60～90		
				向日葵田		100～130		
				夏玉米田		50～85	土壤喷雾	
				西瓜田		40～65		
				烟草田		40～75		
				棉花田		50～85		
				油菜（移栽田）		45～60	移栽前土壤喷雾	
				甘蓝田		47～56		
PD20182464	精异丙甲草胺	原药	97%					江苏省南通江山农药化工股份有限公司
PD20050188	精异丙甲草胺	原药	96%					瑞士先正达作物保护有限公司

合成方法 精异丙甲草胺的合成方法主要有三种：拆分、利用旋光试剂（乳酸酯法）和定向合成。最佳方法是定向合成。

方法 1　拆分法，反应式如下：

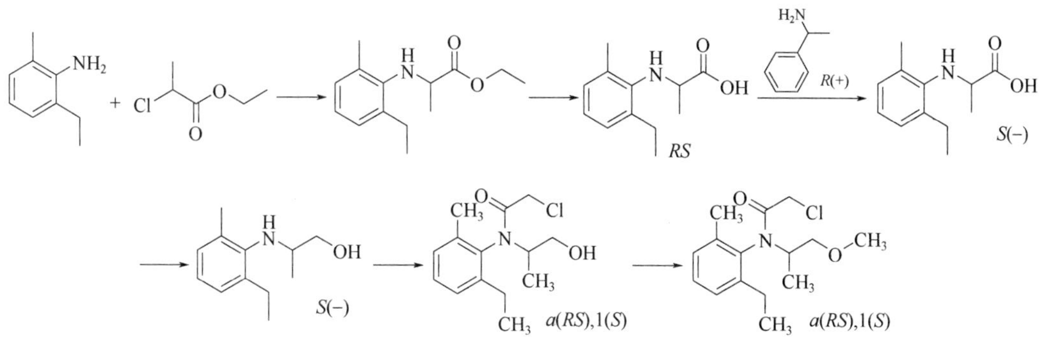

方法2　利用旋光试剂（乳酸酯法），反应式如下：

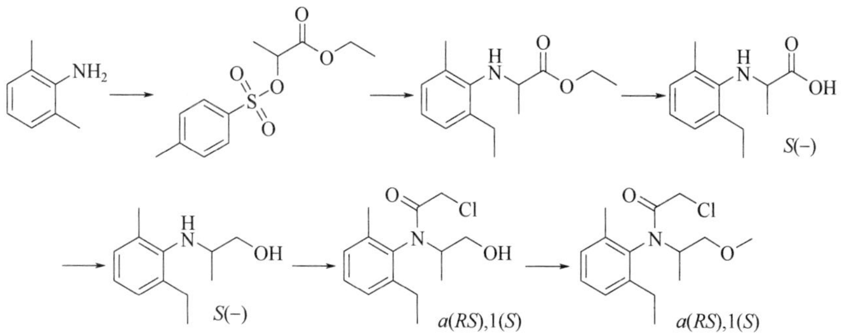

方法3　定向合成，反应式如下：

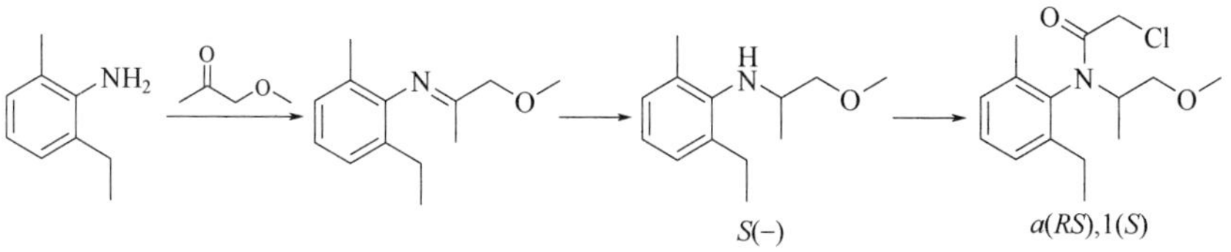

参考文献

[1] The Pesticide Manual.17 th edition: 762-763.
[2] 陈燕玲. 现代农药, 2016, 15(3): 40-43+50.

敌草胺（napropamide）

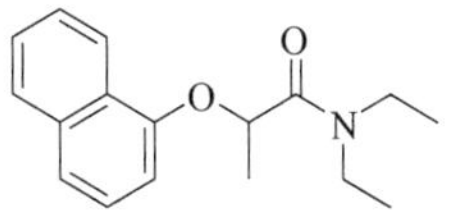

C₁₇H₂₁NO₂，271.4，15299-99-7(RS)，41643-35-0(R)

$C_{17}H_{21}NO_2$，271.4，15299-99-7(RS)，41643-35-0(R)

敌草胺（试验代号：R-7465，商品名称：AC 650、Devrinol，其他名称：Naproguard、Razza、大惠利、萘氧丙草胺、草萘胺）是由 Stauffer Chemical Co. （现先正达公司）开发的芳氧羧酸类除草剂。萘氧丙草胺-M（napropamide-M）是其 R 异构体，由印度联合磷化（UPL）报道。

化学名称　(RS)-N,N-二乙基-2-(1-萘氧基)-丙酰胺。英文化学名称(RS)-N,N-diethyl-2-(1-naphthyloxy)propionamide。美国化学文摘（CA）系统名称 N,N-diethyl-2-(1-naphthalenyloxy) propanamide。CA 主题索引名称 propanamide—, *N*,*N*-diethyl-2-(1-naphthalenyloxy)-。

理化性质　原药纯度为 92%～96%，棕色固体，纯品为无色结晶体。熔点 74.8～75.5℃，沸点 316.7℃（$1.0×10^5$ Pa），闪点＞104℃，蒸气压 0.023 mPa（25℃），分配系数 $\lg K_{ow}$=3.3，Henry 系数 $8.44×10^{-4}$ Pa·m^3/mol（计算值），相对密度 1.1826（20～25℃）。溶解度（20～25℃）：水中 7.4 mg/L，其他溶剂中（g/L）：煤油 45，丙酮、乙醇＞1000，己烷 15，二甲苯 555。稳定性：100℃储藏 16 h 稳定。在 40℃，pH 4～10 情况下不水解。光照下分解，DT_{50} 25.7 min。

毒性　大鼠急性经口 LD_{50}（mg/kg）：雄＞5000，雌 4680。急性经皮 LD_{50}（mg/kg）：兔＞4640，豚鼠＞2000。对兔的皮肤无刺激性，对兔的眼睛有中度刺激性，对豚鼠皮肤无致敏性。大鼠急性吸入 LC_{50}（4 h）＞5 mg/L 空气。NOEL［mg/(kg·d)］：大鼠（2 年）30，狗（90 d）40；大鼠和兔子的遗传试验 1000 mg/kg；大鼠的多代试验 30 mg/kg。ADI/RfD（EC）0.3 mg/kg（2008），（BfR）0.1 mg/kg（2005），（EPA）cRfD 0.12 mg/kg（2005）。

生态效应　山齿鹑急性经口 LD_{50}＞2250 mg/kg。鱼 LC_{50}（96 h，mg/L）：虹鳟鱼 9.4，大翻车鱼 13～15，金鱼＞10。水蚤 EC_{50}（48 h）24 mg/L。小球藻 EC_{50}（96 h）4.5 mg/L。浮萍 E_bC_{50}（14 d）0.237 mg/L。蜜蜂 LD_{50}＞100 μg/只。蚯蚓 LC_{50}＞799 mg/kg 土。其他有益生物：在 1.24 kg/hm^2 剂量下对捕食性步甲和狼蛛无伤害。

环境行为　①动物。经口服后，敌草胺在哺乳动物体内会迅速广泛地被代谢。大部分代谢物通过尿液和粪便排出体外。在家禽体内也有类似的代谢。②植物。在植物体内能够通过环羟基化和 *N*-脱烷基化进行代谢，然后再与糖反应生成水溶性代谢物。③土壤/环境。在土壤中的吸附系数 K_{oc} 600（在 208～1170 范围内变化）。在有氧试验条件下，萘氧丙草胺在土壤中的降解速率很慢，降解半衰期 DT_{50} 230～670 d（30℃），但是在北美/德国的试验田中的降解半衰期为 DT_{50} 46～131 d。光降解是敌草胺在土壤中降解的重要机制。在土壤中的代谢物如下：1-萘氧丙酸，2-(α-萘氧)-*N*-乙基-*N*-羟乙基丙酰胺，2-(α-萘氧)-*N*-乙基丙酰胺，2-(α-萘氧)丙酸，2-羟基-1,4-萘醌，1,4-萘醌和邻苯二甲酸。

剂型　可湿性粉剂、水分散粒剂、乳油、颗粒剂。

主要生产商　Gharda、UPL Europe、江苏快达农化股份有限公司、四川省宜宾川安高科农药有限责任公司及印度联合磷化物有限公司等。

作用机理与特点　选择性内吸除草剂，由根部吸收，向顶部传导，抑制根系发育和生长。(*R*)(−)异构体对某些杂草的活性是(*S*)(+)异构体的 8 倍。

应用

（1）适宜作物　芦笋、白菜、柑橘、葡萄、菜豆、油菜、青椒、向日葵、烟草、番茄、禾谷类作物、果园、树木、葡萄和草坪，豌豆和蚕豆对其亦有较好的耐药性。

（2）防除对象　主要用于防除一年生和多年生禾本科杂草及主要的阔叶杂草。也可防除禾谷类作物、树木、葡萄和草坪中阔叶杂草如母菊、繁缕、蓼、婆婆纳和堇菜等杂草。但要防除早熟禾则需与其他除草剂混用。

（3）使用方法　土壤处理，使用剂量为 2000～4000 g (a.i.)/hm^2。施药后如两天内无雨则应灌溉。

专利概况

专利名称　Alpha-naphthoxy acetamide compositions

专利号　US 3480671　　专利申请日　1969-01-16

专利申请人　Stauffer Chemical Co.

其他相关专利　US 3718455。

登记情况 敌草胺在中国登记 94%、96%的原药共 3 个，相关制剂 10 个。登记作物为烟草、西瓜和油菜等，防治对象为部分阔叶杂草和一年生禾本科杂草。部分登记情况见表 3-104。

表 3-104 敌草胺在中国部分登记情况

登记证号	农药名称	剂型	含量	登记场所	防治对象	亩用药量（制剂）	施用方法	登记证持有人
PD20101975	敌草胺	水分散粒剂	50%	烟草田	一年生禾本科杂草	200～250 g	土壤喷雾	浙江禾本科技有限公司
PD201-95	敌草胺	水分散粒剂	50%	西瓜田	部分阔叶杂草和一年生禾本科杂草	150～200 g	喷雾	印度联合磷化物有限公司
				烟草田		200～266 g		
PD20095571	敌草胺	可湿性粉剂	50%	烟草田		150～250 g	土壤喷雾	山都丽化工有限公司
PD20080996	敌草胺	乳油	20%	油菜田		250～300 g	喷雾	江苏快达农化股份有限公司
PD20097433	敌草胺	原药	94%					印度联合磷化物有限公司
PD20070108	敌草胺	原药	96%					四川省宜宾川安高科农药有限责任公司

合成方法 敌草胺的合成方法主要有两种：

方法 1 以 α-萘酚为起始原料，首先与 α-氯丙酸反应，再经酰氯化，最后与二乙胺反应，处理后得目的物。反应式如下：

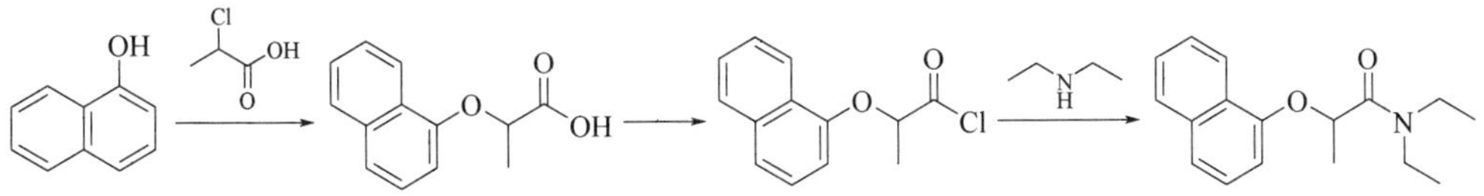

方法 2 以 α-氯丙酸为起始原料，首先经酰氯化，再与二乙胺反应，最后与 α-萘酚反应，即得到目的物。反应式如下：

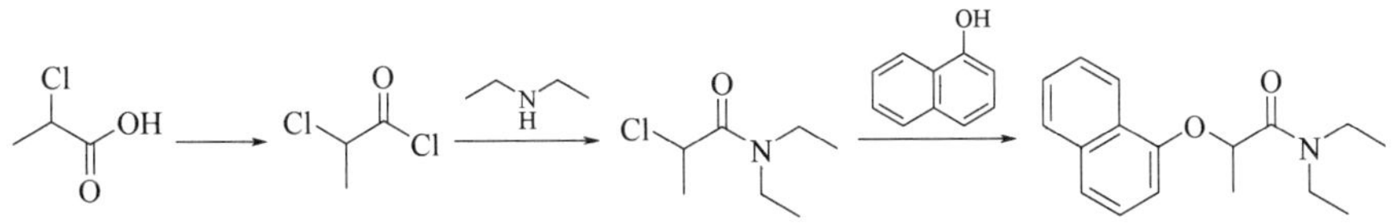

参考文献

[1] The Pesticide Manual.17 th edition: 790-791.

[2] 李冬良，王进，潘光飞. 农药, 2014, 53(9): 636-637.

烯草胺（pethoxamid）

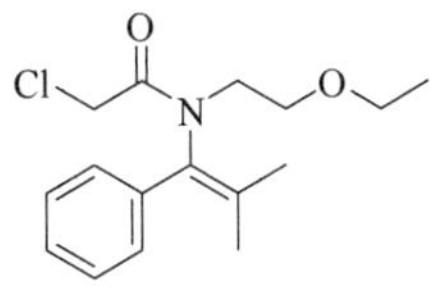

$C_{16}H_{22}ClNO_2$，295.8，106700-29-2

世界农药大全 —— 除草剂卷（第二版）

烯草胺（试验代号：TKC-94、ASU 96520H）2001 年由 S. Kato 等报道，由 Tokuyama Corp 发现，由 Tokuyama 和 Stähler International GmbH & Co. KG 开发。

化学名称 2-氯-N-(2-乙氧基乙基)-N-(2-甲基-1-苯基丙烯-1-基)乙酰胺。英文化学名称 2-chloro-N-(2-ethoxyethyl)-N-(2-methyl-1-phenylprop-1-enyl)acetamide。美国化学文摘（CA）系统名称 2-chloro-N-(2-ethoxyethyl)-N-(2-methyl-1-phenyl-1-propen-1-yl)acetamide。CA 主题索引名称 acetamide—, 2-chloro-N-(2-ethoxyethyl)-N-(2-methyl-1-phenyl-1-propen-1-yl)-。

理化性质 原药含量≥94%，原药为红棕色晶状固体，纯品为白色无臭晶状固体。沸点 141℃（20 Pa），熔点 37～38℃，闪点 182℃（自燃，$1.013×10^5$ Pa），蒸气压 0.34 mPa（25℃），分配系数 $\lg K_{ow}$=2.96，Henry 常数 $7.6×10^{-6}$ Pa·m^3/mol，相对密度 1.19（20～25℃），溶解度（20～25℃）：水中 401.0 mg/L；有机溶剂中溶解度（g/L）：丙酮＞200、1,2-二氯乙烷＞300、乙酸乙酯＞225、甲醇＞200、二甲苯＞210、正庚烷 79.5。在 pH 4、5、7、9（50℃）时稳定。

毒性 大鼠急性经口 LD_{50} 983 mg/kg。小鼠急性经皮 LD_{50}＞2000 mg/kg。对兔的皮肤和眼睛无刺激，对豚鼠皮肤有致敏性。小鼠吸入 LC_{50}（4 h）＞4.16 mg/L。大鼠 NOEL [mg/(kg·d)]：（90 d）7.5，（2 年）25。无致癌、致畸、致突变作用。

生态效应 山齿鹑急性经口 LD_{50}1800 mg/kg。山齿鹑饲喂 LC_{50}＞5000 mg/kg。鱼毒 LC_{50}（96 h，mg/L）：虹鳟鱼 2.2，大翻车鱼 6.6。水蚤 EC_{50}（48 h）23 mg/L。藻类 E_bC_{50}：羊角月牙藻（72 h）1.95 μg/L；水华鱼腥藻（96 h）10 mg/L。羊角月牙藻 E_rC_{50}（72 h）3.96 μg/L。浮萍 E_bC_{50}（14 d，静态）7.9 μg/L。蜜蜂经口和接触（48 h）LD_{50}＞200 μg/只。蚯蚓 LC_{50}（14 d）435 mg/kg。

环境行为 ①动物。吸收率大于 90%，在体内广泛分布。在 96 h 内超过 90%的烯草胺通过粪便排出。主要代谢途径有共轭、脱乙基化和氧化成亚砜和砜类。②植物。代谢通过谷胱甘肽共轭，在收获的作物中未检测到残留。③土壤/环境。在水/沉积物中 DT_{50}5.1～10 d。在土壤中 DT_{50}（有氧）：5.4～7.7 d（20℃，实验室），4.4～22.0 d（田间）。K_{oc} 94～619，K_d 7.8～17.3。降解过程和植物中的一样。

剂型 乳油。

主要生产商 Cheminova、Tokuyama。

作用机理与特点 超长链脂肪酸合成抑制剂。内吸性除草剂，通过根部和嫩芽吸收。

应用 烯草胺是一种在土壤表面使用的长效兼内吸性除草剂，对禾本科杂草如稗、马唐、狗尾草防效很高，对阔叶杂草如反枝苋、藜、马齿苋、田旋花、龙葵、桃叶蓼、卷茎蓼、地锦等也有很高的防效。烯草胺是一种新型的玉米和大豆田高效除草剂，用量为 1.0～2.4 kg (a.i.)/hm^2。烯草胺使用剂量通常为 2 L/hm^2（商品量）加水 200～400 L [1.2 kg (a.i.)/hm^2]。每种作物推荐只使用一次。大豆田推荐在苗前使用，玉米田可在作物苗前或苗后早期使用。在这两种作物田中，都应当在杂草萌芽前或出苗后早期用药。烯草胺的持效期因土壤湿度的不同在 8～10 周。由于在田间试验中未发现明显的残留，按推荐方法使用，在喷药和下茬作物种植之前不需要有时间间隔。为了增加防效推荐与其他除草剂品种如莠去津、特丁津和除草通混用。

专利概况

专利名称 Haloacetamide compounds, process for production thereof, and use thereof as herbicide

专利号 EP 206251　　　　　专利申请日 1986-06-19

专利申请人 Tokuyama Soda Kabushiki Kaisha。

合成方法 经如下反应制得烯草胺：

434

参考文献

[1] The Pesticide Manual.17 th edition: 859-860.
[2] 张宗俭, 陈亮, 李峰. 农药, 2002(8): 44-43.

氟吡酰草胺（picolinafen）

$C_{19}H_{12}F_4N_2O_2$，376.3，137641-05-5

氟吡酰草胺（试验代号：AC 900001、BAS 700 H、CL 900001、WL161616，商品名称：Pico）是由壳牌公司开发，后售于美国氰氨公司（现为 BASF 公司）的吡啶酰胺类除草剂。

化学名称　4'-氟-6-(α,α,α-三氟-间-甲基苯氧基)吡啶-2-酰苯胺。英文化学名称 4'-fluoro-6-[3-(trifluoromethyl)phenoxy]pyridine-2-carboxanilide。美国化学文摘（CA）系统名称 N-(4-fluorophenyl)-6-[3-(trifluoromethyl)phenoxy]-2-pyridinecarboxamide。CA 主题索引名称 2-pyridinecarboxamide—, N-(4-fluorophenyl)-6-[3-(trifluoromethyl)phenoxy]-。

理化性质　原药含量≥97%，白色至亚白色固体，有酚味。熔点 107.2～107.6℃，闪点＞180℃，分解温度＞230℃，蒸气压 $1.7×10^{-4}$ mPa（20℃），分配系数 lgK_{ow}=5.37，Henry 系数 $1.6×10^{-3}$ Pa·m³/mol（计算值），相对密度 1.42（20～25℃）。溶解度（20～25℃）：水中 $3.9×10^{-2}$ mg/L（蒸馏水），$4.7×10^{-2}$ mg/L（pH 7）；其他溶剂中（g/L）：丙酮 557，二氯甲烷 764，乙酸乙酯 464，甲醇 30.4。稳定性：pH 4、7、9（50℃）水溶液中稳定储存 5 d。光解 DT_{50} 25 d（pH 5），31 d（pH 7），23 d（pH 9）。

毒性　大鼠急性经口 LD_{50}＞5000 mg/kg。大鼠急性经皮 LD_{50}＞4000 mg/kg。对兔的皮肤、眼睛无刺激性，对豚鼠皮肤无致敏性。大鼠急性吸入 LC_{50}（4 h）＞5.9 mg/L 空气。NOEL[mg/(kg·d)]：狗 NOAEL（1 年）1.4，大鼠（2 年）2.4。ADI/RfD（EC）0.014 mg/kg（2002）。Ames 试验、HGPRT/CHO 试验、微核试验和体外细胞遗传学试验均为阴性。

生态效应　山齿鹑和野鸭急性经口 LD_{50}＞2250 mg/kg。山齿鹑和野鸭饲喂 LC_{50}（5 d）＞5314 mg/L。鱼 LC_{50}（96 h，mg/L）：虹鳟鱼＞0.68。水蚤 EC_{50}（48 h）＞0.45 mg/L。藻类：羊角月牙藻 EC_{50} 0.18 μg/L，叉状毛藻 E_bC_{50} 0.025 μg/L。浮萍 EC_{50} 0.057 mg/L。蜜蜂急性 LD_{50}（经口和接触）＞200 μg/只，蚯蚓 LC_{50}（14 d）＞1000 mg/kg。对盲走螨、红蝽、烟蚜和德氏粗螯蛛无害。

环境行为　①动物。氟吡酰草胺在动物体内主要代谢途径为水解裂解（产物为取代的吡啶甲酸和对氟苯胺）、氧化、乙酰化以及与谷胱甘肽、硫酸共聚，代谢物能够迅速地通过尿液和粪便排出体外。②植物。氟吡酰草胺在植物体内几乎不被吸收。代谢途径主要是酰胺键的断裂。③土壤/环境。在水溶液中稳定，但在光照条件下不稳定，光解半衰期 DT_{50} 23～31 d。田间 DT_{50} 1 个月，DT_{90}＜4 个月。氟吡酰草胺不会在土壤中累积。在土壤中的吸附系数 K_{oc}

（4 种土壤类型）15000～31800 L/kg，在土壤中的降解速率常数 K_d 248～764 L/kg。

剂型 乳油、悬浮剂、水分散粒剂。

主要生产商 BASF 和辽宁先达农业科学有限公司。

作用机理与特点 通过抑制八氢番茄红素脱氢酶，阻断类胡萝卜素生物合成。苗后处理，易感杂草通过叶面迅速吸收，根部吸收很少或不吸收，杂草表现为幼芽脱色或白色，最后导致死亡。

应用 主要用于小麦和大麦田苗后防除阔叶杂草如猪殃殃、田堇菜、婆婆纳、宝盖草等，使用剂量为 50 g (a.i.)/hm² ［亩用量为 3.3 g (a.i.)］。若与二甲戊灵混用效果更佳。

专利概况

专利名称 Herbicidal carboxamide derivatives

专利号 EP 447004　　　　　**专利申请日** 1991-03-12

专利申请人 Shell Int Research。

登记情况 氟吡酰草胺在中国登记 96%原药和 20%悬浮剂。登记作物冬小麦，可防除一年生阔叶杂草。登记情况见表 3-105。

表 3-105　氟吡酰草胺在中国登记情况

登记证号	农药名称	剂型	含量	登记场所	防治对象	亩用药量（制剂）	施用方法	登记证持有人
PD20190033	氟吡酰草胺	悬浮剂	20%	冬小麦田	一年生阔叶杂草	17～20 mL	土壤喷雾	山东先达农化股份有限公司
PD20190030	氟吡酰草胺	原药	97%					辽宁先达农化股份有限公司

合成方法 以 2-氯-6-甲基吡啶为起始原料，经氯化、水解、酰胺化、醚化即得目的物，反应式如下：

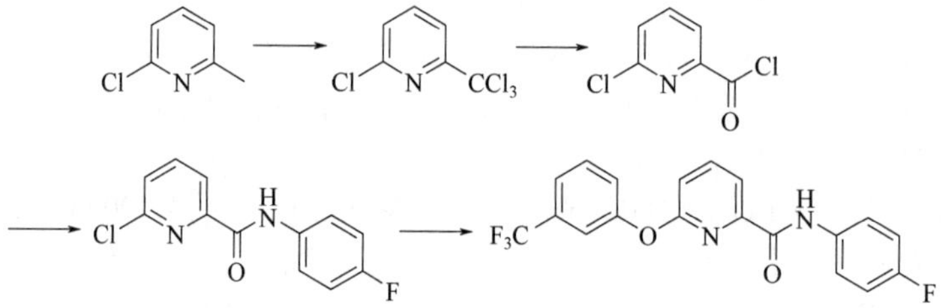

参考文献

[1] The Pesticide Manual.17 th edition: 886-887.

[2] 李源于, 乐祥, 王兴国. 云南化工, 2018, 45(1): 7-8.

丙草胺（pretilachlor）

$C_{17}H_{26}ClNO_2$，311.9，51218-49-6

丙草胺（试验代号：CGA26423，商品名称：Erijan EW、Mercier、Pilot、Rifit、Solnet，其他名称：瑞飞特、扫弗特）是由汽巴-嘉基（现 Syngenta 公司）1988 年开发的氯乙酰胺类除草剂。

化学名称 2-氯-2′,6′-二乙基-N-(2-丙氧基乙基)乙酰替苯胺。英文化学名称 2-chloro-2′,6′-diethyl-N-(2-propoxyethyl)acetanilide。美国化学文摘（CA）系统名称 2-chloro-N-(2,6-diethyl-phenyl)-N-(2-propoxyethyl)acetamide。CA 主题索引名称 acetamide—, 2-chloro-N-(2,6-diethyl-phenyl)-N-(2-propoxyethyl)-。

理化性质 淡黄色透明液体。熔点−72.6℃，沸点 55℃（0.027 Pa）（分解），闪点 129℃，蒸气压 0.65 mPa，分配系数 $\lg K_{ow}$=3.9（pH 7.0），Henry 系数 $2.7×10^{-3}$ Pa•m^3/mol（计算值），相对密度 1.079（20～25℃）。溶解度（20～25℃）：水中 74 mg/L，易溶于大多数有机溶剂如丙酮、二氯甲烷、乙酸乙酯、己烷、甲醇、辛醇和甲苯等。在水中相对稳定，30℃水溶液中：DT_{50}＞200 d（pH 1～9），14 d（pH 13）。

毒性 急性经口 LD_{50}（mg/kg）：大鼠 6099，小鼠 8537，兔子＞10000。大鼠急性经皮 LD_{50}＞3100 mg/kg，大鼠急性吸入 LC_{50}（4 h）＞2.853 mg/L 空气。对兔的皮肤和眼睛无刺激性作用。NOEL 数据（mg/L）：大鼠（2 年）30 [1.85 mg/(kg•d)]，小鼠（2 年）300 [52.0 mg/(kg•d)]，狗（0.5 年）300 [12 mg/(kg•d)]。ADI/RfD 0.018 mg/kg。

生态效应 对家禽低毒，日本鹌鹑急性经口 LD_{50}＞2000 mg/kg。鱼毒 LC_{50}（mg/L，96 h）：虹鳟鱼 1.6，鲤鱼 1.3。水蚤 LC_{50}（48 h）7.3 mg/L。羊角月牙藻 EC_{50} 0.0028 mg/L。蜜蜂 LD_{50}（接触）＞200 μg/只。蚯蚓 LD_{50}（14 d）686 mg/kg 干土。

环境行为 ①动物。谷胱甘肽取代氯原子形成配合物，醚键断裂得到乙醇衍生物。所以代谢物易于进一步分解。②植物。谷胱甘肽取代氯原子形成配合物，醚键断裂得到乙醇衍生物。水解和还原去掉氯原子。③土壤/环境。水稻田中，丙草胺被水中的土壤吸收而消失，迅速分解，DT_{50}（实验室）30 d。由于土壤吸附性强，因此不易渗漏。

剂型 微乳剂、水乳剂、乳油、可分散油悬浮剂、颗粒剂等。

主要生产商 Agro Life Science、Bharat、Krishi Rasayan、Syngenta、Sharda、Sudarshan、安徽富田农化有限公司、广西易多收生物科技有限公司、杭州颖泰生物科技有限公司、黑龙江省哈尔滨利民农化技术有限公司、江苏长青农化股份有限公司、江苏汇丰科技有限公司、江苏绿利来股份有限公司、江苏绿叶农化有限公司、江苏联合农用化学有限公司、江苏莱科作物保护有限公司、辽宁省大连松辽化工有限公司、山东滨农科技有限公司、山东潍坊润丰化工股份有限公司、瑞士先正达作物保护有限公司及中农发河南农化有限公司等。

作用机理与特点 超长链脂肪酸合成抑制剂。选择性除草剂，易被下胚轴、胚轴和胚芽鞘吸收，少量通过发芽杂草的根部吸收。

应用

（1）适宜作物与安全性 水稻田专用除草剂。①丙草胺适用于移栽稻田和抛秧田。水稻对丙草胺有较强的分解能力，使丙草胺分解为无活性物质，从而具有一定的选择性。但是，稻芽对丙草胺的耐药力并不强，为了早期施药的安全，在丙草胺中加入安全剂 CGA123407，可改善制剂对水稻芽及幼苗的安全性。这种安全剂通过水稻根部吸收而发挥作用，其机制尚在研究之中。丙草胺在田间持效期为 30～40 d。②丙草胺+解毒剂适用于直播田和育秧田。它可保护水稻不受伤害，但不保护其他禾本科植物。

（2）防除对象 稗草、马唐、千金子等一年生禾本科杂草，兼治部分一年生阔叶草和莎草如鳢肠、陌上菜、丁香蓼、鸭舌草、节节菜、萤蔺、碎米莎草、异型莎草、四叶萍、牛毛毡、尖瓣花等。

（3）应用技术　①丙草胺不能用于水直播稻田和秧田。移栽田最后一次平田十分重要，这样田间不会有大草，对保证防效十分重要。高渗漏的稻田中不宜使用丙草胺，因为渗漏会把药剂过多地集中在根区，往往产生轻度药害。是苗前和苗后早期除草剂，用药时间不宜太晚，杂草 1.5 叶后耐药能力会迅速增强，影响防效。丙草胺杀草谱较广，但各地草有很大的差异，应提倡与其他防阔叶草除草剂混用，以扩大杀草谱。②施药时，田间应有 3 cm 左右的水层，并保持水层 3～5 d，以充分发挥药效。抛秧稻田，可在抛秧前或抛秧后施药。抛秧前 1～2 d 稻田平整后，将药剂甩施或拌细沙土撒入田中，然后抛秧。如果在抛秧后施药，可在抛秧后 2～4 d 内，拌细沙土撒入水田中。保护浅水层 3～5 d，水层不能淹水稻心叶。水稻在 3 叶期以后自身有很强的分解丙草胺的能力，但在二叶一心及其以前的阶段降解能力尚未达到较高水平，易发生药害，所以抛秧田施用丙草胺，要掌握好两个标准即秧叶龄应达到三叶一心以上，或南方秧龄 18～20 d 以上，北方秧龄 30 d 以上。如果因为客观原因，错过了用药时间，也可在以后补施，即在移栽后，稗草不超过一叶一心时补施。

（4）使用方法　丙草胺为苗前选择性除草剂，施药时期于移栽稻田和抛秧稻田中杂草出苗以前施药。在北方稻区以每亩 50%丙草胺 60～80 mL 为宜，土壤有机质含量较低的水稻田每亩用 60～70 mL，有机质含量较高的水稻田每亩用 70～80 mL。长江流域及淮河流域水稻田每亩用 50～60 mL，珠江流域稻田每亩用 40～50 mL。移栽稻田中于水稻移栽后 3～5 d，每亩用细沙土 15～20 kg 与丙草胺充分拌匀后，撒于稻田中。为了扩大杀草谱，丙草胺可以与多种磺酰脲类除草剂混用，与苄嘧磺隆混用时，南方每亩 50%丙草胺 30～40 mL 加 10%苄嘧磺隆 15 g。北方可用 50%丙草胺 50～60 mL 加 10%苄嘧磺隆 15 g 或 20%醚磺隆 10 g。移栽（或抛秧）后 3～5 d 拌细沙土均匀撒施。

丙草胺加解毒剂应用技术　在南方热带及亚热带稻区，用推荐剂量的下限为宜，在播后 1～4 d 内施药。在使用薄膜育秧的田中，应在播种以后立针后揭膜喷雾，然后覆膜。如果播种时，加盖覆盖物，可把药喷于覆盖物上，再盖薄膜。北方稻区，播种时气温低，播后需浸种保温，待气温回升后排水晾芽，此时水稻长势缓慢，没有扎根以前对安全剂吸收能力差，往往等晒田以后再喷药，一般应在杂草一叶一心前施药才能保证防效。

丙草胺加解毒剂使用方法　在育秧田每亩用 30%乳油 75～100 mL。在直播稻田每亩用 100～115 mL。丙草胺中的安全剂主要通过根吸收，因此，直播稻田和育秧田必须进行催芽以后播种，在播后 1～4 d 内施药，才能保证对水稻安全。在大面积使用时，可在水稻立针期后喷雾（播后 3～5 d），以利于安全剂的充分吸收。抛秧田使用丙草胺安全有效，在抛秧后 3～5 d 内施药。丙草胺的施药方法，以喷雾为主，每亩喷水量 30 L 为宜，以保证喷雾均匀。喷雾时田间应有泥皮水或浅水层，施药后要保水 3 d，以利于药剂均匀分布，充分发挥药效。3 d 后恢复正常水管理。

专利概况

专利名称　Chloroacetanilides for regulating plant growth

专利号　GB 1438311　　　　专利申请日　1973-06-05

专利申请人　Ciba Geigy AG。

登记情况　丙草胺在中国登记 94%、95%、96%、97%、98%原药 21 个，相关制剂 228 个。登记场所水稻移栽田、水稻秧田、水稻直播田等，防治对象为一年生禾本科、莎草科及部分阔叶杂草等。部分登记情况见表 3-106。

表 3-106　丙草胺在中国部分登记情况

登记证号	农药名称	剂型	含量	登记场所	防治对象	亩用药量（制剂）	施用方法	登记证持有人
PD347-2001	丙草胺	乳油	500 g/L	水稻移栽田	一年生杂草	40～60 mL	毒土	瑞士先正达作物保护有限公司
					部分阔叶杂草	60～70 mL		
					莎草	60～70 mL		
					一年生禾本科杂草	60～70 mL		
PD20200115	苄嘧·丙草胺	可分散油悬浮剂	33%	水稻田（直播）	一年生杂草	60～90 mL	土壤喷雾	美丰农化有限公司
PD20183761	丙草胺	水乳剂	50%	水稻移栽田	一年生杂草	60～80 mL	药土法	江苏莱科化学有限公司
PD20151566	丙草胺	原药	95%					江苏汇丰科技有限公司
PD282-99	丙草胺	原药	94%					瑞士先正达作物保护有限公司

合成方法　丙草胺的合成方法主要有如下几种：

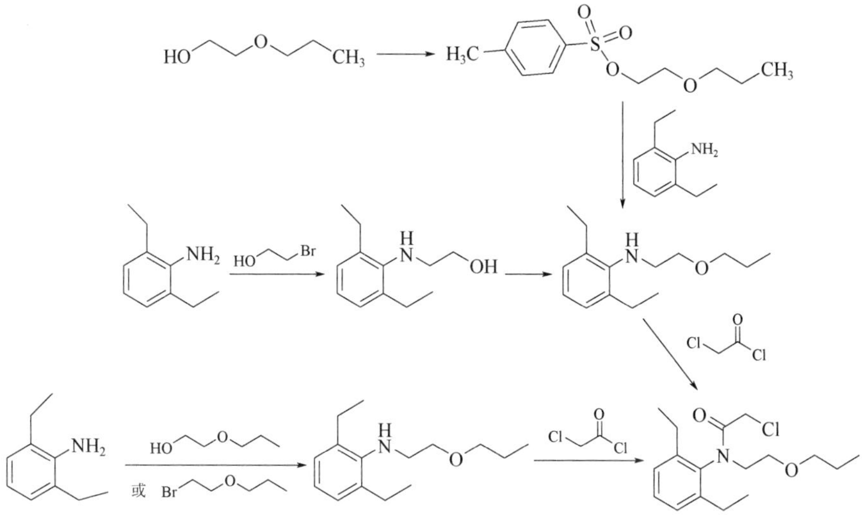

参考文献

[1] The Pesticide Manual.17 th edition: 900-901.

[2] 唐利. 农村新技术, 2018(3): 40.

毒草胺（propachlor）

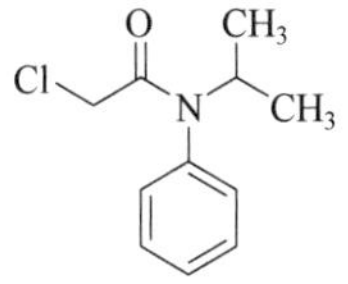

$C_{11}H_{14}ClNO$，211.7；1918-16-7

毒草胺［试验代号：CP 31393，商品名称：Prolex、Ramrod、Satecid、Decimate（混剂），其他名称：扑草胺］是 1964 年由 D. D. Baird 等报道，由孟山都开发上市的氯乙酰胺类除草剂。

化学名称　2-氯-N-异丙基乙酰苯胺。英文化学名称 2-chloro-N-isopropylacetanilide 或 α-chloro-N-isopropylacetanilide。美国化学文摘（CA）系统名称 2-chloro-N-(1-methylethyl)-N-phenylacetamide。CA 主题索引名称 acetamide—, 2-chloro-N-(1-methylethyl)-N-phenyl-。

理化性质　原药含量 96.5%，浅黄褐色固体。熔点 77℃，沸点 110℃（3.99 Pa），闪点 173.8℃（开杯），蒸气压 10 mPa（25℃），分配系数 lgK_{ow}=2.18，Henry 常数 $3.65×10^{-3}$ Pa・m^3/mol（计算值），相对密度 1.134（20～25℃）。溶解度（g/L，20～25℃）：水中 0.58；有机溶剂：丙酮 352、苯 644、甲苯 296、乙醇 322、二甲苯 206、氯仿 882、四氯化碳 276、乙醚 156，微溶于脂肪烃。稳定性：无菌水溶液中，pH 5、7 和 9（25℃）时不发生水解。在碱性和强酸性介质中分解。在 170℃下分解，对紫外线稳定。

毒性　大鼠急性经口 LD$_{50}$ 550～1800 mg/kg。兔急性经皮 LD$_{50}$ 20000 mg/kg。对兔的皮肤有轻微刺激作用，对兔眼睛有中度刺激作用，对豚鼠皮肤有致敏性。大鼠吸入 LC$_{50}$（4 h）1.2 mg/L，NOEL 大鼠（2 年）5.4 mg/(kg・d)，NOAEL：小鼠（18 个月）14.6 mg/(kg・d)，狗（1 年）8 mg/(kg・d)，ADI/RfD（EPA）RfD 0.054 mg/kg（1998）。无致突变、致癌、致畸和生殖影响。

生态效应　山齿鹑急性经口 LD$_{50}$ 91 mg/kg。山齿鹑和野鸭饲喂 LC$_{50}$（8 d）＞5620 mg/kg，LC$_{50}$（96 h，mg/L）：大翻车鱼＞1.4，虹鳟 0.17，斑点叉尾鮰 0.23，鲤鱼 0.623。水蚤 LC$_{50}$（48 h）7.8 mg/L。羊角月牙藻 E$_b$C$_{50}$（72 h）0.015 mg/L，E$_r$C$_{50}$（72 h）23 mg/L（恢复观察），蓝绿藻（水华鱼腥藻）E$_b$C$_{50}$（72 h）10 mg/L，E$_r$C$_{50}$（72 h）13 mg/L；硅藻 E$_b$C$_{50}$（72 h）1.5 mg/L，E$_r$C$_{50}$（72 h）＞3.7 mg/L；海洋藻类（中肋骨条藻）E$_b$C$_{50}$（72 h）0.048 mg/L，E$_r$C$_{50}$（72 h）0.031 mg/L。其他水生生物：羽摇蚊 EC$_{50}$（48 h）0.79 mg/L；浮萍 EC$_{50}$（7 d）31 μg/L，（14 d）6.5 μg/L。蜜蜂 LD$_{50}$（48 h，经口）＞197 μg/只，（接触）＞200 μg/只。蚯蚓 EC$_{50}$（14 d）217.9 mg/kg 土。

环境行为　EHC147 指出，毒草胺在土壤和水中被微生物迅速降解，没有生物富集或生物放大。对一些水生生物高毒，建议应当避免直接污染水。从哺乳动物体内迅速消除。①动物。哺乳动物经口给药后，72 h 内通过尿液排出体外。在肝脏代谢，也可能在肾脏代谢。谷胱甘肽共轭是主要的代谢途径（J. E. Bakke et al, Science, 1980, 210: 433）。②植物。在植物体内迅速代谢为极性化合物和 2-羟基类似物，也有谷胱甘肽的共轭。③土壤/环境。在土壤中，微生物降解包含脱氯，形成苯胺羧酸和磺酸两个主要的水溶性代谢物，以及次要的代谢物亚磺酰乙酸。DT$_{50}$ 4 d（3 种土壤）。在土壤中残留 4～6 周。通过光分解或挥发的损失可忽略不计。

主要生产商　Adama、KisChemicals、Monsanto 和江苏常隆农化有限公司。

作用机理与特点　在分子水平上的作用机制目前尚未明确。有报道其通过阻断蛋白质合成抑制细胞分裂。据报道氯乙酰胺类抑制长链脂肪酸的合成。选择性除草剂，主要通过幼苗芽吸收，其次是根，传导至整个植株，在营养体部位的浓度高于生殖部位。

应用　出芽前、种植前拌土或苗后早期使用，用于豆类、甘蓝、高粱、花生、韭菜、玉米、洋葱、玫瑰、观赏乔木和灌木、甘蔗，防除一年生禾本科杂草和某些阔叶杂草，使用剂量 3.36～6.72 kg/hm^2。

专利概况

专利名称　Herbicides

专利号 US 2863752　　　　专利申请日 1954-09-13

专利申请人 Monsanto Chemicals。

登记情况 毒草胺在中国登记情况见表 3-107。

表 3-107 毒草胺在中国登记情况

登记证号	农药名称	剂型	含量	登记场所	防治对象	亩用药量（制剂）	施用方法	登记证持有人
PD20140325	毒草胺	可湿性粉剂	50%	水稻移栽田	一年生杂草	200～300 g	药土法	江苏常隆农化有限公司
PD20140326	毒草胺	原药	96%					江苏常隆农化有限公司

合成方法 苯胺与 2-溴丙烷和氯乙酰氯反应得到毒草胺。

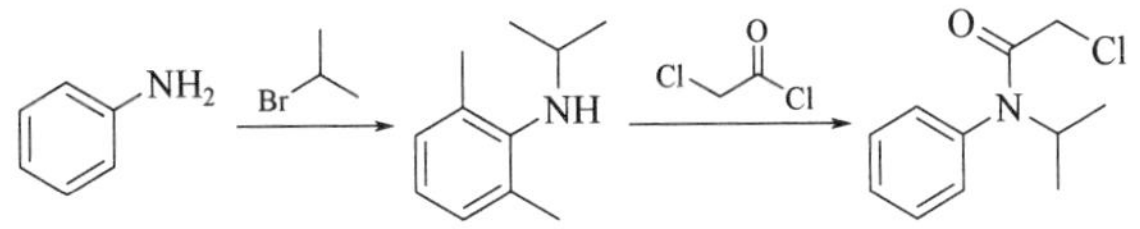

参考文献

[1] The Pesticide Manual.17 th edition: 917-918.

敌稗（propanil）

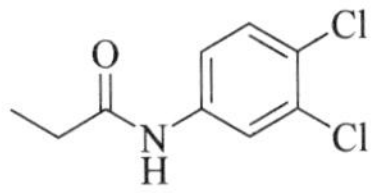

$C_9H_9Cl_2NO$，218.1，709-98-8

敌稗（试验代号：FW-734、Bayer 30130、S 10145，商品名：Brioso、Ol、Propasint、Riselect、Stam、Sunpanil、Surcopur，其他名称：3,4-DCPA、斯达姆）1961 年由 Rohm & Haas Co.（现 Dow AgroSciences）发现，随后由 Bayer AG 和 Monsanto Co.1965 年引入市场。

化学名称 3′,4′-二氯丙酰苯胺。英文化学名称 3′,4′-dichloropropionanilide。美国化学文摘（CA）系统名称 N-(3,4-dichlorophenyl)propanamide。CA 主题索引名称 propanamide—，N-(3,4-dichlorophenyl)-。

理化性质 原药深灰色晶体，纯品无色无味晶体。熔点 91.5℃，沸点 351℃（1.01×10⁵ Pa）。蒸气压：0.02 mPa（20℃），0.05 mPa（25℃）。分配系数 $\lg K_{ow}$=3.3，相对密度 1.41（20～25℃）。溶解度（20～25℃）：水 130 mg/L；有机溶剂中（g/L）：异丙醇、二氯甲烷>200，甲苯 50～100，正己烷<1，苯 70，丙酮 1700，乙醇 1100。正常 pH 值范围内稳定，在强酸和碱性条件下水解为 3,4-二氯苯胺和丙酸，DT_{50}（22℃）>1 年（pH 4、7、9）。光照条件下水溶液中迅速降解，光解 DT_{50}12～13 h。

毒性 急性经口 LD_{50}（mg/kg）：大鼠>2500，小鼠 1800。大鼠急性经皮 LD_{50}（24 h）>5000 mg/kg。对兔的皮肤和眼睛无刺激性。对豚鼠皮肤无致敏反应。大鼠吸入 LC_{50}（4 h）>1.25 mg/L（空气）。无作用剂量（2 年，mg/kg）：大鼠 400，狗 600。ADI/RfD（EPA）RfD 0.009 mg/kg（2006）。无致癌和致畸性。

生态效应 急性经口 LD_{50}（mg/kg）：野鸭 375，山齿鹑 196；饲喂毒性 LC_{50}（5 d，mg/L）：野鸭 5627，山齿鹑 2861。鲤鱼 LC_{50}（48 h）8～11 mg/L。水蚤 LC_{50}（48 h）4.8 mg/L。

环境行为 敌稗在微粒体中的主要代谢途径是被酰基酰胺酶水解成 3,4-二氯苯胺。在水稻中敌稗通过芳基酰基酰胺酶水解生成代谢中间产物 3,4-二氯苯胺和丙酸。在土壤中通过微生物迅速降解生成苯胺衍生物，在温暖潮湿的条件下持效期只有几天，降解产物是丙酸酯，随后迅速代谢为二氧化碳和 3,4-二氯苯胺，并与土壤结合（27 h 内 80% 与土壤结合）。K_{oc} 239～800。

剂型 乳油、超低量液剂、悬浮剂、水分散粒剂。

主要生产商 Adama Brasil、Agro Life Sciences、AGROFINA、Bharat、Dow AgroSciences、Griffin、Hodogaya、Tifa、Westrade、鹤岗市旭祥禾友化工有限公司、鹤岗市英力农化有限公司、江苏拜克生物科技有限公司、江苏凯晨化工有限公司、捷马化工股份有限公司、辽宁省沈阳丰收农药有限公司、宁夏格瑞精细化工有限公司、山东潍坊润丰化工股份有限公司以及响水中山生物科技有限公司等。

作用机理与特点 作用于光系统 II 受体部位的光合电子传递抑制剂。选择性触杀除草剂，具有较短的持效活性。破坏植物的光合作用，抑制呼吸作用与氧化磷酸化作用，干扰核酸与蛋白质合成等，使受害植物的生理机能受到影响，加速失水，叶片逐渐干枯，最后死亡。敌稗在水稻体内被酰胺水解酶迅速分解成无毒物质（水稻对敌稗的降解能力比稗草大 20 倍），因而对水稻安全。随着水稻叶龄的增加，对敌稗的耐药力也增大，但稻苗超过 4 叶期容易受害，可能这时稻苗正值离乳期，耐药力减弱。敌稗遇土壤分解失效，宜作茎叶处理剂，以 2 叶期稗草最为敏感。

应用

（1）适宜作物 水稻。

（2）防治对象 水稻田的稗草和鸭舌草、野慈姑、牛毛草、水蓼、水芹、水马齿苋；旱稻田的旱稗、马唐、狗尾花、千金子、看麦娘、野苋菜、红蓼等杂草。对水稻田的四叶萍、野荸荠、眼子菜等基本无效。

（3）使用方法 主要以茎叶喷雾法施药。①秧田使用一般稗草 2 叶至 2 叶 1 心期施药。南方亩用 20% 乳油 750～1000 mL，北方用 1000～1200 mL，保温育秧田用量不得超过 1000 mL，对水 35 kg 喷雾茎叶。施药前一天晚上排干田水，施药当天待露水干后施药，1～2 d 后灌水淹没稗心而不淹没秧苗，并保水层 2 d（南方）、3～4 d（北方），以后正常管水。②水直播田以稗草为主田块，在稗草 2 叶期前，亩用 20% 乳油 1000 mL，按秧田方法对水喷雾。③旱宜播田因稗草出土不齐，应施药 2 次。在稗草 2～3 叶期，亩用 20% 乳油 500～750 mL，对水 50 kg 喷雾茎叶。当再出生的稗草 2～3 叶期，亩用 500 mL，再喷 1 次，喷药前将大草拔除。④移栽田使用在插秧后，稗草 1 叶 1 心至 2 叶 1 心期，晴天排田水，亩用 20% 乳油 1000 mL，对水喷雾茎叶，2 d 后灌水淹稗草心叶 2 天，再正常管水。

（4）注意事项 敌稗可与多种除草剂混用，扩大杀草谱。敌稗不能与仲丁威、异丙威、甲萘威等氨基甲酸酯类农药和马拉硫磷、敌百虫等有机磷农药混用，以免产生药害。喷敌稗前后 10 天内也不能喷上述药剂。

专利概况

专利名称 Herbicides

专利号 DE 1039779　　　　　专利申请日 1957-04-20

专利申请人 Bayer AG

其他相关专利 GB 903766。

登记情况　敌稗在中国登记 92%、95%、96%、97%、98%原药 10 个，相关制剂 10 个。主要用于水稻移栽田防除稗草等杂草。部分登记情况见表 3-108。

表 3-108　敌稗在中国部分登记情况

登记证号	农药名称	剂型	含量	登记作物及场所	防治对象	亩用药量（制剂）	施用方法	登记证持有人
PD20181649	敌稗	乳油	16%	水稻	稗草	1250～1875 mL	喷雾	鹤岗市旭祥禾友化工有限公司
PD20200035	敌稗	水分散粒剂	80%	水稻移栽田	稗草	250～350 mL	茎叶喷雾	鹤岗市英力农化有限公司
PD20096597	敌稗	乳油	34%	水稻移栽田	稗草	589～882 mL	喷雾	辽宁省沈阳丰收农药有限公司
PD87107	敌稗	原药	92%					鹤岗市旭祥禾友化工有限公司
PD20070335	敌稗	原药	95%					捷马化工股份有限公司

合成方法　以丙酰氯为酰化剂，氯苯为溶剂，在无水条件下与 3,4-二氯苯胺反应生成敌稗。或者以丙酸和 3,4-二氯苯胺在氯苯中与三氯化磷反应得到敌稗，反应式如下：

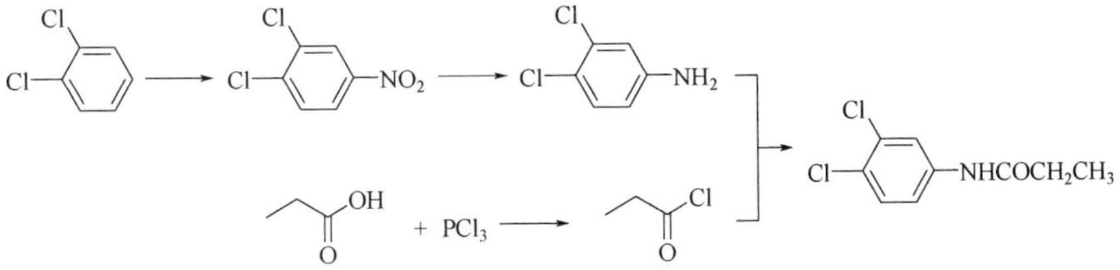

参考文献

[1] The Pesticide Manual.17 th edition: 921-922.

异丙草胺（propisochlor）

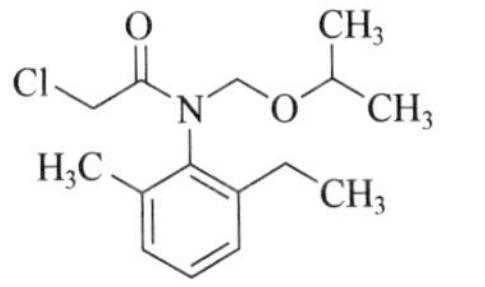

$C_{15}H_{22}ClNO_2$，283.8，86763-47-5

异丙草胺（商品名称：Hanlebao、Proponit，其他名称：propisochlore、普乐宝、扑草胺）是由匈牙利氮化股份公司开发的氯代乙酰胺类除草剂，于 2006 年出售给了 Arysta LifeScience 公司。

化学名称　2-氯-6′-乙基-N-异丙氧甲基乙酰-邻-甲苯胺。英文化学名称 2-chloro-2′-ethyl-N-(isopropoxymethyl)-6′-methylacetanilide。美国化学文摘（CA）系统名称 2-chloro-N-(2-ethyl-6-methylphenyl)-N-[(1-methylethoxy)methyl]acetamide。CA 主题索引名称 acetamide—, 2-chloro-N-(2-ethyl-6-methylphenyl)-N-[(1-methylethoxy)methyl]-。

理化性质　原药纯度≥95%，淡棕色至紫色油状液体。熔点 21.6℃，在 243℃以上分解，闪点：175℃（开杯），110℃（闭杯），相对密度 1.097（20～25℃），蒸气压 4 mPa（20℃），分配系数 $\lg K_{ow}$=3.50，Henry 常数 $6.17×10^{-3}$ Pa·m^3/mol。溶于大多数有机溶剂，水中溶度为

184 mg/L（20～25℃）。产品稳定，不易水解，在 50℃（pH 4、7、9），5 d 分解量＜10%。

毒性 大鼠急性经口 LD$_{50}$（mg/kg）：雄性 3433，雌性 2088。大鼠（雌、雄）急性经皮 LD$_{50}$＞2000 mg/kg，大鼠（雌、雄）急性吸入 LC$_{50}$＞5.0 mg/L。大鼠 NOEL（90 d）250 mg/(kg·d)（25 mg/kg）。ADI/RfD 2.5 mg/kg。

生态效应 家禽急性经口 LD$_{50}$（mg/kg）：日本鹌鹑 688，野鸭 2000。鹌鹑和野鸭饲喂 LC$_{50}$（8 d）5000 mg/kg。鱼 LC$_{50}$（mg/L，96 h）：虹鳟鱼 0.25，鲤鱼 7.94。水蚤 LC$_{50}$（96 h）6.19 mg/L。羊角月牙藻 EC$_{50}$ 2.8 μg/L。对蜜蜂安全，LD$_{50}$（经口和接触）100 μg/只。对蚯蚓、土壤微生物安全。

环境行为 ①动物。在大鼠体内快速代谢并在 24 h 内迅速排泄体外。②土壤/环境。被微生物降解，土壤 DT$_{50}$ 10～15 d。K_{oc} 333.3（酸性，沙质土壤），364.4（酸性，壤土），493.5（碱性，壤土）。

剂型 乳油、可湿性粉剂。

主要生产商 安徽富田农化有限公司、杭州颖泰生物科技有限公司、河北宣化农药有限责任公司、黑龙江省牡丹江农垦朝阳化工有限公司、江苏常隆农化有限公司、江苏绿利来股份有限公司、辽宁省大连松辽化工有限公司、山东大成生物化工有限公司、山东胜邦绿野化学有限公司及山东中石药业有限公司。

作用机理与特点 超长链脂肪酸合成抑制剂。单子叶植物通过胚芽鞘，双子叶植物则经下胚轴吸收，然后向上传导，种子和根也吸收传导，但吸收量较少，传导速度慢，出苗后要靠根吸收向上传导。如果土壤水分适宜，杂草幼芽期不出立即被杀死。症状为芽鞘紧包生长点，稍变粗，胚根细而弯曲，无须根，生长点逐渐变褐色至黑色腐烂，如土壤水分少，杂草出土后随着降雨土壤湿度增加，杂草吸收异丙草胺后禾本科杂草心叶扭曲、萎缩，其他叶子皱缩，整株枯死。阔叶杂草叶皱缩变黄，整株枯死。

应用

（1）适宜作物 大豆、玉米、甜菜、花生、马铃薯、向日葵、豌豆、洋葱、苹果、葡萄等。

（2）防除对象 一年生禾本科杂草和部分阔叶杂草如稗草、牛筋草、马唐、狗尾草、金狗尾草、早熟禾、龙葵、苘麻、鸭跖草、画眉草、香薷、水棘针、秋稷、藜、柳叶刺蓼、酸模叶蓼、卷茎蓼、反枝苋、鬼针草、猪毛菜等。

（3）施药时期与剂量 播前或播后苗前施药，播后苗前最好播后随即施药，一般应在播后 3d 之内施完药，北方也可秋施。播前施药后应用圆盘耙混土 2～3 cm，在干旱条件下有利于药效发挥。播后苗前施药后如土壤干旱有条件的用旋转锄浅锄土。有垄作栽培习惯的在播种施药后也可培土 2 cm，在北方能抗风蚀抗干旱获得稳定的药效。秋施药北方可在气温降至 10℃以下时进行，黑龙江省从 9 月中旬至 10 月末封冻之前均可施药，第二年播种大豆、玉米。秋施药之前把地整平耙碎，施后用双圆盘耙交叉耙地，耙深 10～15 cm，第二次耙地方向与第一次成垂直方向，车速每小时 6 km 以上，耙地后可起垄。玉米、大豆、向日葵、马铃薯、豌豆、蚕豆和扁豆中使用剂量为 1100～1800 g (a.i.)/hm^2［亩用量为 73.3～120 g (a.i.)］。洋葱等田中使用剂量为 1400～1800 g (a.i.)/hm^2［亩用量为 93.3～120 g (a.i.)］。

（4）应用技术与使用方法 大豆、玉米田土壤黏粒和有机质对异丙草胺有吸附作用，土壤质地对异丙草胺的影响大于土壤有机质。土壤有机质含量在 3%以下，沙质土 72%异丙草胺乳油每亩用 100 mL，壤质上每亩用 140 mL，黏质土每亩用 185 mL。若土壤有机质含量为 3%以上，沙质土 72%异丙草胺乳油每亩用 140 mL，壤质土每亩用 185 mL，黏质土每亩用 230～250 mL。

人工喷雾一次喷一条垄，最好用扇形喷嘴，定喷雾压力、喷头与地面高度，喷洒时行走速度要均匀，不要左右甩动喷药，以保证喷洒均匀，人工每亩用水量 20～40 L，拖拉机喷雾机每亩 14 L 以上。施药前要把喷雾机调整好，达到雾化良好、喷洒均匀，按标准作业操作规程要求施药。异丙草胺与防除阔叶杂草的除草剂混用，可扩大杀草谱，降低某些除草剂的用量，提高对作物的安全性。每亩用药量如下：

① 玉米田　72%异丙草胺 100～165 mL 加 70%嗪草酮 27～50 g（或 50%嗪草酮 35～70 g 或 40%莠去津 70～100 mL）。72%异丙草胺 100～233 mL 加 80%唑嘧磺草胺 4 g。在土壤有机质 2%以上的土壤使用。

② 大豆田　72%异丙草胺 70～130 mL 加 48%异噁草酮 50～70 mL。72%异丙草胺 100～200 mL 加 50%丙炔氟草胺 8～12 g。72%异丙草胺 100～133 mL 加 75%噻吩磺隆 1.0～1.7 g。72%异丙草胺 100～200 mL 加 70%嗪草酮 20～40 g 或 50%嗪草酮 28～56 g，不能用于土壤有机质低于 2%的沙质土和沙壤土。72%异丙草胺 100～130 mL 加 48%异噁草酮 40～50 mL 加 50%丙炔氟草胺 4～6 g。72%异丙草胺 100～150 mL 加 48%异噁草酮 40～50 mL 加 75%噻吩磺隆 1 g。

专利概况

专利名称　Composition and process for preemergent control of monocotyledonous and partly dicotyledonous weeds

专利号　HU 208224　　　　　专利申请日　1989-04-27

专利申请人　Nitrokemia Ipartelepek HU。

登记情况　异丙草胺在中国登记 90%、92%原药 11 个，相关制剂 135 个。登记场所为春（夏）玉米田，防治对象一年生禾本科杂草及部分阔叶杂草。部分登记情况见表 3-109。

表 3-109　异丙草胺在中国部分登记情况

登记证号	农药名称	剂型	含量	登记场所	防治对象	亩用药量（制剂）	施用方法	登记证持有人
PD20181649	硝磺·异丙·莠	可分散油悬浮剂	45%	玉米田	一年生杂草	150～200 mL	茎叶喷雾	上海悦联化工有限公司
PD20180344	异丙草·莠	悬浮剂	40%	夏玉米田	一年生杂草	200～250 mL	土壤喷雾	安徽众邦生物工程有限公司
PD20132222	异丙草胺	乳油	900 g/L	夏玉米田	一年生杂草及部分阔叶杂草	80～120 mL	土壤喷雾	侨昌现代农业有限公司
PD20171187	异丙草胺	原药	90%					杭州颖泰生物科技有限公司
PD20151808	异丙草胺	原药	92%					安徽富田农化有限公司

合成方法　异丙草胺合成方法有如下三种：

（1）以 2,6-甲乙基苯胺为原料，依次与多聚甲醛、氯乙酰氯、异丙醇（氨存在下反应）反应即制得目的物。

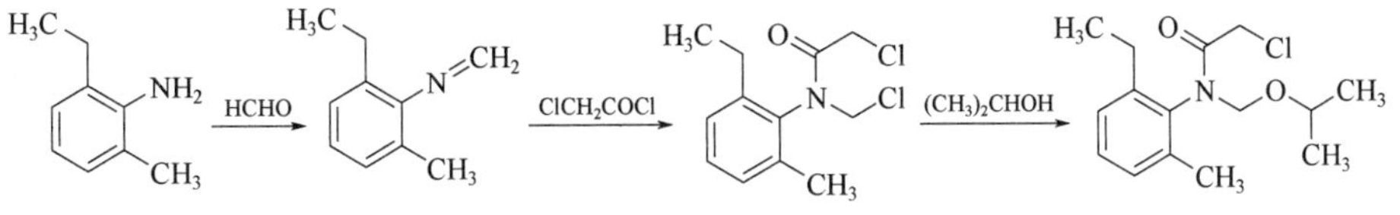

（2）2,6-甲乙基苯胺与氯乙酰氯反应，生成 2,6-甲基乙基氯代乙酰替苯胺，异丙醇与聚甲醛反应（在盐酸存在下）得到氯甲异丙基醚，最后 2,6-甲基乙基氯代乙酰替苯胺与氯甲基异丙基醚在碱性介质中反应，得到异丙草胺。

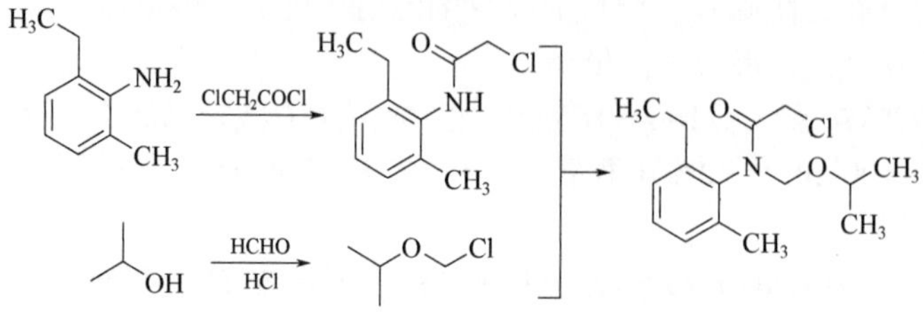

（3）2,6-甲乙基苯胺与氯乙酰氯反应生成 2,6-甲乙基-氯代乙酰替苯胺，接着与多聚甲醛和氯化剂作用生成 N-氯甲基-N-2,6-甲乙基苯基氯乙酰胺，然后同异丙醇反应即得到目的物。

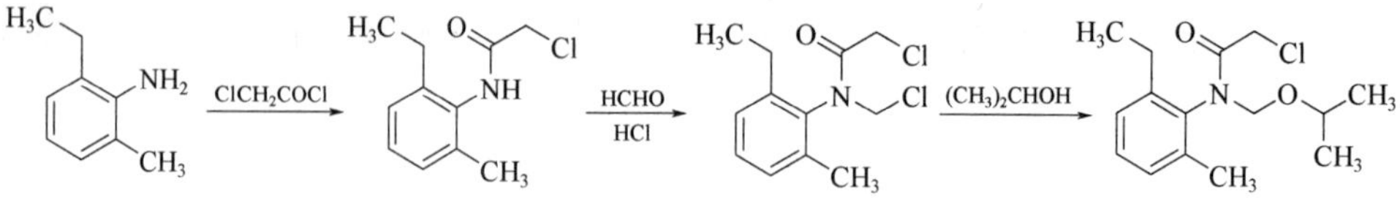

参考文献

[1] 刘长令，杨吉春. 现代农药手册. 北京：化学工业出版社，2017：1134-1136.

炔苯酰草胺（propyzamide）

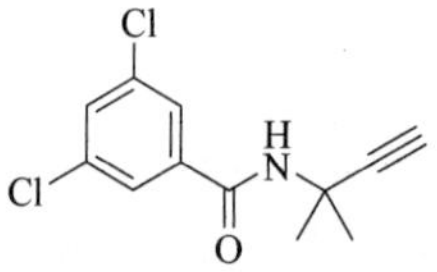

$C_{12}H_{11}Cl_2NO$，256.1，23950-58-5

炔苯酰草胺（试验代号：RH 315，商品名称：Kerb、Solitaire，其他名称：拿草特、戊炔草胺）1969 年由 Rohm & Haas Co.（现科迪华）引入市场。

化学名称 3,5-二氯-N-(1,1-二甲基丙炔基)苯甲酰胺。英文化学名称 3,5-dichloro-N-(1,1-dimethyl-propynyl)benzamide。美国化学文摘（CA）系统名称 3,5-dichloro-N-(1,1-dimethyl-2-propyn-1-yl)benzamide。CA 主题索引名称 benzamide—, 3,5-dichloro-N-(1,1-dimethyl-2-propyn-1-yl)-。

理化性质 无色无味粉末。熔点 155～156℃，蒸气压 0.058 mPa（25℃），分配系数 lgK_{ow}=3.3，Henry 常数 $9.90×10^{-4}$ Pa·m³/mol（计算值）。溶解度（20～25℃）：水 15.0 mg/L，有机溶剂（g/L）：甲醇、异丙醇 150，苯、四氯化碳、环己酮、甲基乙基酮 200，二甲基亚砜 330，微溶于石油醚。熔点以上分解，土壤覆膜易降解，光照条件下 DT_{50} 13～57 d，溶液中 28 d（pH 5～9，20℃）分解率<10%。

毒性 急性经口 LD_{50}（mg/kg）：雄大鼠 8350，雌大鼠 5620，狗>10000。兔急性经皮 LD_{50}>3160 mg/kg，对兔的皮肤和眼睛有轻微刺激。大鼠空气吸入毒性 LC_{50}>5.0 mg/L。NOEL：NOAEL 大鼠（2 年，mg/kg）8.46，NOEL（mg/kg）：狗 300，大鼠 200，小鼠 13。

ADI/RfD（EC）0.085 mg/kg（2003），（EPA）cRfD 0.08 mg/kg（2002）。

生态效应　急性经口 LD_{50}（mg/kg）：日本鹌鹑 8770，野鸭＞14。山齿鹑和野鸭饲喂毒性 LC_{50}（8 d）＞10000 mg/L。鱼 LC_{50} [96 h, mg (a.i.)/L]：虹鳟鱼＞4.7，鲤鱼＞5.1。水蚤 LC_{50}（48 h）＞5.6 mg (a.i.)/L。蜜蜂 LD_{50}＞100 μg/只。蚯蚓 LC_{50}＞346 mg/L。

环境行为　动物和植物中代谢情况请参见 R. Y. Yih et al., J. Agric. Food Chem., 1971, 19: 314-324; J. D. Fisher, ibid.,1974, 22: 606-608; J. M. Cantier et al., Pestic. Sci., 1986, 17: 235。土壤/环境。土壤中 DT_{50}（25℃）约为 30 d，在土壤中进一步代谢参见动物代谢的文献。以 1～4 kg/hm² 剂量施用后，在土壤中残效期 2～6 个月。K_{oc} 800，K_d 0.04（0.01% o.m., pH 6.6）～72.2（16.9% o.m., pH 6.8）。

剂型　可湿性粉剂、水分散粒剂、颗粒剂、悬浮剂。

主要生产商　CCA Biochemica、Dow AgroSciences、Fertiagro、邯郸市瑞田农药有限公司、湖南比德生化科技有限公司、江苏绿叶农化有限公司、江苏省南通嘉禾化工有限公司。

作用机理与特点　微管组装抑制剂。选择性内吸除草剂，由根吸收，通过质外体传导。在土壤中的持效期可达 60 d 左右。可有效控制杂草的出苗，即使出苗后，仍可通过芽鞘吸收药剂死亡。一般播后芽前比苗后早期用药效果好。

应用　主要防治单子叶杂草，对阔叶作物安全。适用于小粒种子豆科作物、花生、大豆、马铃薯、莴苣和某些果园经济作物的杂草和某些多年生杂草如野燕麦、宿根高粱、马唐、稗、早熟禾等，用量为 0.5～2 kg/hm²（折成50%可湿性粉剂商品量为 200～267 g/亩），加水 40 L 稀释，使用方法为土壤喷雾。使用时注意土壤的有机质含量，当有机质含量过低时，则当减少使用剂量。要避免因雨水或灌水而造成淋溶药害。在推荐的试验剂量下，对莴苣安全，对其他作物及有益生物未见不良影响。

专利概况

专利名称　*N*-(1,1-dimethylpropynyl)-3,5-disubstituted benzamides and compositions containing them

专利号　GB 1209068　　　　　专利申请日　1968-01-09

专利申请人　Rohm Haas

其他相关专利　US 3534098、US 3640699。

登记情况　炔苯酰草胺在中国登记97%、98%原药 4 个，相关制剂 7 个。主要用于水稻移栽田防除稗草等杂草。部分登记情况见表 3-110。

表 3-110　炔苯酰草胺在中国登记情况

登记证号	农药名称	剂型	含量	登记场所	防治对象	亩用药量（制剂）	施用方法	登记证持有人
PD20181031	炔苯酰草胺	可湿性粉剂	50%	莴苣田	一年生杂草	200～250 g	土壤喷雾	邯郸市瑞田农药有限公司
PD20181007	炔苯酰草胺	水分散粒剂	90%	姜田	一年生杂草	100～120 g	土壤喷雾	江苏省南通嘉禾化工有限公司
PD20171200	炔苯酰草胺	水分散粒剂	50%	莴苣田	一年生杂草	140～260 g	喷雾	江苏绿叶农化有限公司
PD20172792	炔苯酰草胺	原药	98%					邯郸市瑞田农药有限公司
PD20140995	炔苯酰草胺	原药	98%					江苏省南通嘉禾化工有限公司

合成方法 由 3, 5-二氯苯甲酸生成酰氯后与 1, 1-二甲基丙炔基胺反应生成炔苯酰草胺。

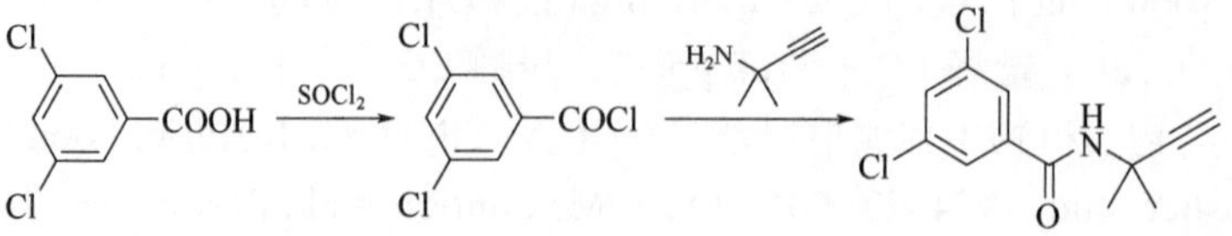

参考文献

[1] The Pesticide Manual.17 th edition: 938-939.

[2] 佚名. 农药科学与管理, 2008, 29(6): 58.

tetflupyrolimet

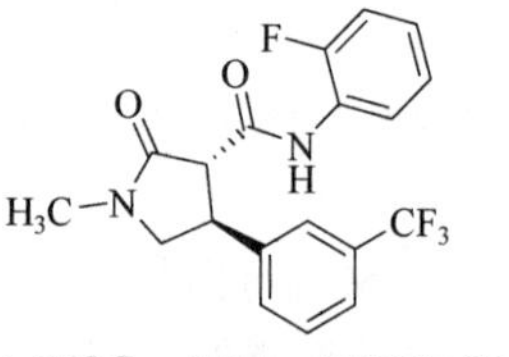

$C_{19}H_{16}F_4N_2O_2$，380.3，2053901-33-8

tetflupyrolimet 是杜邦公司（现科迪华）研制的抑制二氢膦酸脱氢酶的芳基吡咯烷酮苯胺类除草剂。2018 年杜邦将该化合物的美国与中国专利转让给富美实公司，现富美实公司正在进行开发，2019 年获得 ISO 英文通用名称，预计 2024 年上市。

化学名称 (3S, 4S)-2′-氟-1-甲基-2-氧代-4-[3-(三氟甲基)苯基]吡咯烷-3-苯酰胺。英文化学名称 (3S, 4S)-2′-fluoro-1-methyl-2-oxo-4-[3-(trifluoromethyl)phenyl]pyrrolidine-3-carboxanilide。美国化学文摘（CA）系统名称(3S, 4S)-N-(2-fluorophenyl)-1-methyl-2-oxo-4-[3-(trifluoromethyl)phenyl]-3-pyrrolidinecarboxamide。CA 主题索引名称 3-pyrrolidinecarboxamide—, N-(2-fluorophenyl)-1-methyl-2-oxo-4-[3-(trifluoromethyl)phenyl]-, (3S, 4S)-。

作用机理与特点 该化合物作用机理独特，并不是直接导致杂草黄化死亡，而是抑制杂草体内关键生长分子嘧啶的合成，从而致使杂草生长发育停滞。

应用 主要用于小麦、水稻以及经济作物如甘蔗、柑橘和坚果等，可防除稗草、大狗尾草、地肤和沼生异蕊花等重要杂草，芽前使用效果最佳。

专利概况

专利名称 Preparation of substituted cyclic amides and their use as herbicides

专利号 WO 2016196593　　　　专利申请日 2016-06-01

专利申请人 E I Du Pont de Nemours and Company

其他相关专利 AUS 20180099935、RU 2017142979、JP 2018522832、EP 3303321、CN 107709310、CA 2983759、AU 2016271374、IN 201717037585、AR 104866、BRPI 1725971 等。

合成方法 通过如下反应制得目的物：

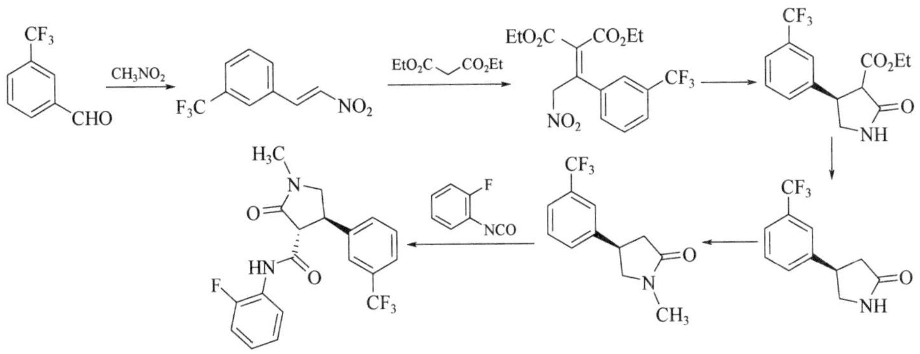

参考文献

[1] 芦志成, 李慧超, 关爱莹, 等. 农药, 2020, 59(2): 79-90.

甲氧噻草胺（thenylchlor）

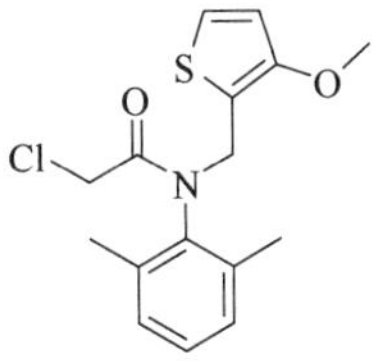

C$_{16}$H$_{18}$ClNO$_2$S，323.8，96491-05-3

甲氧噻草胺［试验代号：NSK-850，商品名称：Kusamets（混剂），其他名称：噻吩草胺］是由日本 Tokuyama 公司开发的氯乙酰胺类除草剂。

化学名称 2-氯-N-(3-甲氧基-2-噻吩基)-2′,6′-二甲基乙酰苯胺。英文化学名称 2-chloro-N-(3-methoxy-2-thienyl)-2′,6′-dimethylacetanilide。美国化学文摘（CA）系统名称 2-chloro-N-(2,6-dimethylphenyl)-N-[(3-methoxy-2-thienyl)methyl]acetamide。CA 主题索引名称 acetamide—, 2-chloro-N-(2,6-dimethylphenyl)-N-[(3-methoxy-2-thienyl)methyl]-。

理化性质 原药纯度≥95%，有硫黄味的白色固体。熔点 72～74℃，沸点 173～175℃（66.5 Pa），闪点 224℃，蒸气压 2.8×10^{-2} mPa（25℃），分配系数 lgK_{ow}=3.53，相对密度 1.19（20～25℃）。水中溶解度为 11 mg/L（20～25℃）。在正常条件下贮存稳定，加热到 260℃分解。在紫外线照射下分解（400 nm，8 h）。在 pH 3～8 的条件下稳定。

毒性 大、小鼠急性经口 LD$_{50}$＞5000 mg/kg。大鼠急性经皮 LD$_{50}$＞2000 mg/kg。大鼠急性吸入 LC$_{50}$（4 h）＞5.67 mg/L。大鼠 NOEL6.84 mg/(kg·d)。

生态效应 山齿鹑急性经口 LD$_{50}$＞2000 mg/kg。鲤鱼 TLm（48 h）0.76 mg/L。水蚤 LC$_{50}$（3 h）＞100 mg/L。蜜蜂 LD$_{50}$（96 h）＞100 μg/只。蚯蚓 LD$_{50}$（14 d）＞1000 mg/kg。

环境行为 在土壤中 K_{oc} 480～2846。

剂型 乳油、颗粒剂、可湿性粉剂。

主要生产商 SDS Biotech K.K.及 Tokuyama 等。

作用机理与特点 超长链脂肪酸合成抑制剂。

应用 主要用于稻田苗前防除一年生禾本科杂草和多数阔叶杂草，对稗草（二叶期以前，包括二叶期）有特效。使用剂量为 180～270 g (a.i.)/hm^2［亩用量为 12～18 g (a.i.)］。

专利与登记

专利名称 N-substituted chloroacetanilides processes for production thereof, and herbicidal composition comprising the same

专利号 US 4802907 **专利申请日** 1987-09-04

专利申请人 Tokuyama Soda Kabushiki Kaisha。

合成方法 以丙烯酸乙酯、巯基乙酸乙酯为起始原料，经加成、合环等一系列反应制得中间体羟基噻吩羧酸酯，再经烷基化、还原等反应制得取代的苯胺，最后与氯乙酰氯反应即得目的物。反应式为：

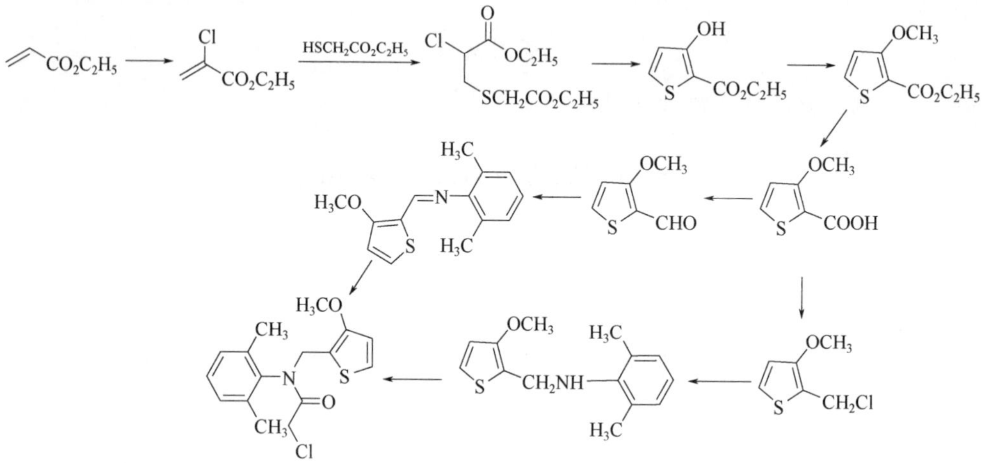

参考文献

[1] The Pesticide Manual.17 th edition: 1086-1087.

第二十一节
芳基甲酸类除草剂
(aromatic acid herbicides)

一、创制经纬

20 世纪 60 年代初，3,6-二氯吡啶-2-羧酸被首次合成报道，但并未发现其除草活性，之后苯甲酸类激素类除草剂麦草畏率先被开发为除草剂，这可能使陶氏益农公司意识到吡啶类化合物可能也具有除草活性，于是通过替换和优化得到了除草剂氨氯吡啶酸，其也是植物生长激素类似物。后续在老品种 2,4-二氯苯氧乙酸基础上，推出的三氯吡氧乙酸（绿草定），用于非耕地类杂草的防除，剩余大部分品种也都是在其基础上陆续替换衍生得到的。

二氯吡啶酸
(clopyralid，CAS:1702-17-6)

麦草畏
(dicamba，CAS:1918-00-9)

氨氯吡啶酸
(picloram，CAS:1918-02-1)

二、主要品种

芳基甲酸类除草剂根据芳基种类不同，可分为苯甲酸类、吡啶甲酸类、嘧啶甲酸类和喹啉甲酸类 4 小类。苯甲酸类品种包括麦草畏（dicamba）等；吡啶甲酸类包括氯氨吡啶酸（aminopyralid）、二氯吡啶酸（clopyralid）、氟硫草定（dithiopyr）、氯氟吡啶酸（florpyrauxifen）、氟氯吡啶酸（halauxifen）、氨氯吡啶酸（picloram）、噻草啶（thiazopyr）；嘧啶甲酸类 1 个品种为氯丙嘧啶酸（aminocyclopyrachlor）；喹啉甲酸类 2 个品种分别为二氯喹啉酸（quinclorac）和喹草酸（quinmerac）。上述 11 个品种中除了氟硫草定（dithiopyr）和噻草啶（thiazopyr）为微管组装抑制剂外，其余皆为合成生长素类除草剂。

氯丙嘧啶酸（aminocyclopyrachlor）

$C_8H_8ClN_3O_2$，213.6，858956-08-8

氯丙嘧啶酸［试验代号：DPX-MAT28（羧酸）、DPX-KJM44（甲酯）］是由杜邦公司报道的新型除草剂，2010 年在美国获得首次登记。

化学名称　6-氨基-5-氯-2-环丙基嘧啶-4-羧酸。英文化学名称　6-amino-5-chloro-2-cyclo-propylpyrimidine-4-carboxylic acid。美国化学文摘（CA）系统名称 6-amino-5-chloro-2-cyclo-propyl-4-pyrimidinecarboxylic acid。CA 主题索引名称 4-pyrimidinecarboxylic acid—, 6-amino-5-chloro-2-cyclopropyl-。

理化性质　原药纯度≥92%，白色无定形固体。熔点 140.5℃，蒸气压 $6.92×10^{-9}$ mPa（20℃），分配系数 lgK_{ow}=-1.12（非缓冲液），-1.01（pH 4），-2.48（pH 7），Henry 常数 $3.51×10^{-7}$ Pa·m³/mol（pH 7），相对密度 1.4732（20～25℃），pK_a（20～25℃）=4.65。水中溶解度（g/L，20～25℃）：2.81（非缓冲液），3.13（pH 4），4.20（pH 7），3.87（pH 9）；有机溶剂中（g/L）：甲醇 36.747，乙酸乙酯 2.008，正辛醇 1.945，丙酮 0.96，乙腈 0.651，二氯甲烷 0.235，间二甲苯 0.005。在 pH 4、7 和 9 时稳定，DT_{50}（25℃）>1 年。

毒性　大鼠急性经口 LD_{50}>5000 mg/kg，大鼠急性经皮 LD_{50}>5000 mg/kg。对兔的皮肤无刺激性，对大鼠和豚鼠皮肤无致敏反应；大鼠吸入 LC_{50}（4 h）>5 mg/L，NOEL［2 年，mg/(kg·d)］：雄大鼠 279，雌大鼠 309。ADI/RfD 2.79 mg/(kg·d)。

生态效应　山齿鹑急性经口 LD_{50}（14 d）>2075 mg/(kg·d)，急性饲喂 LD_{50}［8 d，mg/(kg·d)］：山齿鹑>1177，野鸭>2423。鱼毒 LC_{50}（96 h，mg/L）：大翻车鱼>120，虹鳟鱼>122，羊头鲦鱼>129，虹鳟幼鱼 11 mg/L。水蚤 LC_{50} 43 mg/L，生命周期 NOEC 6 mg/L。

藻类 EC$_{50}$（mg/L）：羊角月牙藻（72 h）＞122，（96 h）水华鱼腥藻 7.4，中肋骨条藻＞120，舟形藻 37。牡蛎 EC$_{50}$（96 h）＞118 mg/L，糠虾 LC$_{50}$（急性）＞122 mg/L，蜜蜂 LD$_{50}$（48 h，μg/只）：经口＞112，接触＞100，蚯蚓 LC$_{50}$（14 d）＞1000 mg/kg 干土。

环境行为　土壤/环境。氯丙嘧啶酸通过光解和土壤代谢成次级代谢物，最终代谢为二氧化碳和不可提取的残留物从而在环境中消散，不可提取残留物 DT$_{50}$（实验室，20℃）：120～433 d，72～128 d（旱田），1.2 d（浅且清的明亮的自然水体，pH 6.2），K_d 0.0～3.7 mL/g，K_{oc} 0.0～143.3 mL/g（平均 27.86 mL/g）。

剂型　可溶粒剂。

主要生产商　DuPont。

作用机理与特点　合成生长素类除草剂，作用方式为叶面喷施，具有内吸活性，通过叶、茎、根吸收传导至木质部和韧皮部，见效快，但杂草死亡需要几周或几个月时间。

应用

（1）适用作物　氯丙嘧啶酸及其甲酯主要用于非农用作物，如裸地、公路、草坪、牧场等。

（2）防治对象　阔叶杂草，包括菊科、豆科、藜科、旋花科、茄科、大戟科和一些木本植物，包括红糖槭、梣叶槭、朴木、白柳、美国多花蓝果树、牧豆树和美国榆等。

（3）使用方法　推荐使用剂量 70～350 g/hm^2，对那些对草甘膦和 ALS 抑制剂产生抗性的杂草（如杉叶藻、地肤、莴苣等）也有很好的防效。可帮助土地管理者有效控制构成火警危险或阻碍交通运输和公用事业关键通道的杂草和灌木。氯丙嘧啶酸使用剂量低，可与磺酰脲类除草剂混用，以增加杂草的防除范围。

专利概况

专利名称　Preparation of herbicidal pyrimidines

专利号　WO 2005063721　　　　专利申请日　2004-12-16

专利申请人　E I Du Pont de Nemours and Company

其他相关专利　AU 2004309325、CA 2548058、EP 1694651、CN 1894220、BR 2004017279、JP 2007534649、ZA 2006004258、NZ 547251、IN 2006DN 03045、US 20070197391、US 7863220、KR 2006114345、MX 2006007033、US 20110077156 等。

登记情况　氯丙嘧啶酸在中国仅登记有 88.7%原药 1 个，50%可溶粒剂 1 个。登记用于非耕地防除阔叶杂草。登记情况见表 3-111。

表 3-111　氯丙嘧啶酸在中国登记情况

登记证号	农药名称	剂型	含量	登记场所	防治对象	亩用药量（制剂）	施用方法	登记证持有人
PD20171720	氯丙嘧啶酸	可溶粒剂	50%	非耕地	阔叶杂草	10～20 mL	茎叶喷雾	美国杜邦公司
PD20171721	氯丙嘧啶酸	原药	88.7%					美国杜邦公司

合成方法　经如下反应制得氯丙嘧啶酸：

参考文献

[1] The Pesticide Manual.17 th edition: 39-40.

[2] Strachan Stephen D., Casini Mark S., Heldreth Kathleen M., et al. Weed Science, 2010, 58(2): 103-108.

[3] 赵平. 农药, 2011, 50(11): 834-836.

氯氨吡啶酸（aminopyralid）

$C_6H_4Cl_2N_2O_2$，207.0，150114-71-9

氯氨吡啶酸（试验代号：DE-750、GF-839、XDE-750、XR-750，商品名称：Pharaoh）是陶氏益农开发的一种新型吡啶羧酸类除草剂。

化学名称　4-氨基-3,6-二氯吡啶-2-羧酸。英文化学名称 4-amino-3,6-dichloropyridine-2-carboxylic acid。美国化学文摘（CA）系统名称 4-amino-3,6-dichloro-2-pyridinecarboxylic acid。CA 主题索引名称 2-pyridinecarboxylic acid—, 4-amino-3,6-dichloro-。

理化性质　原药纯度≥92%，灰白色粉末。熔点 163.5℃，蒸气压：$2.59×10^{-5}$ mPa（25℃），$9.52×10^{-6}$ mPa（20℃），分配系数 $\lg K_{ow}$：0.201（无缓冲水），−1.75（pH 5），−2.87（pH 7），−2.96（pH 9），Henry 常数 $9.61×10^{-12}$ Pa·m³/mol（pH 7），pK_a（20～25℃）=2.56。相对密度 1.72（20～25℃）。溶解度（g/L，20～25℃）：水中 2.48（无缓冲水，18℃），205（pH 7）；其他溶剂中：丙酮29.2，乙酸乙酯4，甲醇52.2，1,2-二氯乙烷0.189，二甲苯0.043，庚烷＜0.010。在 pH 5、7 和 9 条件下，20℃稳定 31 d。

毒性　大鼠急性经口 LD_{50}＞5000 mg/kg；大鼠急性经皮 LD_{50}＞5000 mg/kg；对兔的眼睛有刺激，皮肤无刺激。对豚鼠皮肤无致敏性，雄鼠急性吸入 LC_{50}＞5.5 mg/L。NOEL：以每天 50 mg/kg 饲料对大鼠慢性组合喂养和致癌性研究，NOAEL［90 d，mg/(kg·d)］：雌鼠 1000，雄鼠 500，母狗 232，公狗 282，小鼠 1000；兔子发育 NOAEL 26 mg/kg。ADI/RfD（JMPR）0.9 mg/kg（2007）；（EC）0.26 mg/kg（2008），（EPA）cRfD 0.5 mg/kg（2008），无致癌，Ames 试验及 CHO/HGPRT 试验中无致突变性，无致畸性。

生态效应　山齿鹑急性经口 LD_{50}＞2250 mg/kg，鹌鹑和鸭子经口 LC_{50}＞5620 mg/kg。鱼 LC_{50}（96 h，mg/L）：虹鳟鱼＞100，羊头鲦鱼＞120。水蚤 EC_{50}（48 h）＞100 mg/L，藻类 EC_{50}（72 h，mg/L）：河水绿藻30，河水蓝藻27；舟形藻 E_bC_{50}（72 h）18 mg/L，浮萍 EC_{50}＞88 mg/L，东方牡蛎 EC_{50}（48 h）＞89 mg/L，糠虾 LC_{50}（96 h）＞100 mg/L。蜜蜂 LD_{50}（48 h，μg/只）：经口＞120，接触＞100。对蚯蚓 LC_{50}（14 d）＞1000 mg/kg，710 mg(GF-839)/kg 土壤。其他有益物种：硅藻类 EC_{50}（72 h）1.52 mg(GF-839)/L。对益虫和非目标土壤低毒或者无毒。

环境行为　①动物。在 24 h 内大鼠体内74%～93%的物质以母体的形式排出体外。②植物。通过结合形成糖类物质。③土壤/环境。在土壤中首先被有氧微生物降解，DT_{50}（实验室，

20℃）：18～143 d（平均 67 d），（土地）8～35 d（平均 25 d）。最主要的代谢物为二氧化碳。土地 DT_{90} 26～116 d（平均 84 d）。K_d 0.03～0.72 mL/g，K_{oc} 0.0～38.9 mL/g（平均 10.8 mL/g）。

剂型 乳剂、水剂。

主要生产商 美国陶氏益农公司、利尔化学股份有限公司等。

作用机理与特点 合成生长素，引起植株偏上生长，然后坏死。内吸性叶面施用除草剂，主要通过叶和根吸收。对易受感染的植物种属，氨草啶主要刺激分生组织细胞拉长、早熟、衰老，从而导致生长中断和迅速坏死。尽管目前市场上有多种产品可以控制这些杂草，但是氨草啶的不同之处在于它是多年来除草剂市场开发出的主要用于草坪除草的第一个新品种，而且它能在用药后 12～18 个月内有效地控制这些杂草，还能与活性好的除草剂混配使用，且具有较高的选择性。

应用 文献报道氯氨吡啶酸是目前开发的活性最好的卤代吡啶类除草剂，数百次的试验结果表明，在 2 L/hm² 剂量下，氯氨吡啶酸对危害草坪和草皮的钝叶酸模（*Rumex obtusifolius*）、皱叶酸模（*R. crispus*）、丝路蓟（*Cirsium arvense*）、欧洲蓟（*C. vulgare*）、异株荨麻（*Urtica dioica*）、匍枝毛茛（*Ranunculus repens*）、蒲公英（*Taraxacum mongolicum*）和繁缕（*Stellaria media*）等众多杂草具有很好的防除效果。这些杂草如果不防除，就会造成极大的损失，如在英国大蓟（*Cirsium* spp.）寄生的草地就有 1.1×10^8 公顷，相当于每年损失 100 t 的干饲料。10% 的土地被酸模（*Rumex* spp.）覆盖就能导致损失 10% 的青贮饲料。即使在高于推荐剂量两倍的剂量下使用该除草剂，对新或老草坪依然安全，不仅选择性高，且长期（用药后 12～18 个月）有效。

专利概况

专利名称 Preparation of 4-aminopicolinates as herbicides

专利号 WO 0151468　　　　　　**专利申请日** 2001-01-12

专利申请人 Dow AgroSciences LLC

其他相关专利 US 6297197、CA 2396874、EP 1246802、EP 1498413、ZA 2002005557、BR 2001007649、AU 760286、NZ 520244、JP 2003519685、RU 2220959、NO 2002003370 等。

登记情况 氯氨吡啶酸在中国登记有 95% 和 91.6% 的原药 2 个，相关制剂 1 个。登记场所为草原牧场（禾本科），防治阔叶杂草。登记情况见表 3-112。

表 3-112　氯氨吡啶酸在中国登记情况

登记证号	农药名称	剂型	含量	登记场所	防治对象	亩用药量（制剂）	施用方法	登记证持有人
PD20142270	氯氨吡啶酸	乳油	62%	草原牧场（禾本科）	阔叶杂草	25～35 mL	茎叶喷雾	美国陶氏益农公司
PD20142263	氯氨吡啶酸	原药	91.6%					美国陶氏益农公司
PD20160401	氯氨吡啶酸	原药	95%					利尔化学股份有限公司

合成方法 以二氯吡啶羧酸酯为起始原料，经下列反应即可制得氯氨吡啶酸：

参考文献

[1]　The Pesticide Manual.17 th edition: 40-41.

二氯吡啶酸（clopyralid）

$C_6H_3Cl_2NO_2$，192.0，1702-17-6

二氯吡啶酸［试验代号：Dowco 290，商品名称：Clio、Diclopyr、Lontrel 35A（乙醇胺盐）、Hornet（钾盐），其他名称：3,6-DCP、毕克草］由 T. Haagsma 于 1975 年报道，1977 年由 Dow Chemical Co.（现 Dow AgroSciences）在法国推出。

化学名称　3,6-二氯吡啶-2-羧酸。英文化学名称 3,6-dichloro-2-pyridinecarboxylic acid。美国化学文摘（CA）系统名称 3,6-dichloro-2-pyridinecarboxylic acid。CA 主题索引名称 2-pyridinecarboxylic acid—, 3,6-dichloro-。

理化性质　无色晶体。熔点 151～152℃，不易燃，蒸气压 1.33 mPa（24℃），分配系数 lgK_{ow}：1.07，-1.81（pH 5），-2.63（pH 7），-2.55（pH 9），pK_a（20～25℃）=2.0，相对密度 1.57（20～25℃）。溶解度（g/L，20～25℃）：水中 118（pH 5），143（pH 7），157（pH 9），7.85（蒸馏水），乙醇胺盐＞560，钾盐＞30（25℃）；其他溶剂中：乙腈 95，正己烷 4，甲醇 82。稳定性：熔点以上分解，酸性条件下及见光稳定；无菌水中 DT_{50}＞30 d（pH 5～9，25℃）。

毒性　大鼠急性经口 LD_{50}（mg/kg）：雄 3738，雌 2675。兔急性经皮 LD_{50}＞2000 mg/kg。对兔的眼睛有强烈刺激，对兔的皮肤无刺激。大鼠急性吸入 LC_{50}（4 h）＞0.38 mg/L。无作用剂量（2 年）[mg/(kg·d)]：大鼠 15，雄小鼠 500，雌小鼠＞2000。ADI/RfD（EC）0.15 mg/kg（2006），（EPA）cRfD 0.5 mg/kg（1988），无致畸、致癌、致突变作用，对生殖没有显著影响。

生态效应　急性经口 LD_{50}（mg/kg）：野鸭 1465，山齿鹑＞2000。野鸭、山齿鹑饲喂 LC_{50}（5 d）＞4640 mg/kg。鱼毒 LC_{50}（96 h，mg/L）：虹鳟鱼 103.5，大翻车鱼 125.4。水蚤 EC_{50}（48 h）：225 mg/L，EC_{50} 固化 69，繁殖 80 mg/L，NOEC 17 mg/L。蜜蜂 LD_{50}（48 h，经口、接触）＞100 μg/只。蚯蚓 LC_{50}（14 d）＞1000 mg/kg 土壤。

环境行为　①动物。大鼠经口给药后，迅速并完全以原药的形式通过尿液排出。②植物。植物体内不能代谢。③土壤/环境。土壤中通过微生物降解，贫瘠的土壤降解较慢。主要降解物为 CO_2；另外还检测到了一个其他降解物。有氧土壤降解取决于初始浓度[DT_{50} 7（0.0025 mg/L）～435 d（2.5 mg/L），沙壤土]，土壤温度和土壤湿度；DT_{50}（BBA 准则）14～56 d；DT_{50}（USA 准则）2～94 d。平均 K_{oc} 4.64 mL/g（0.4～12.9），平均 K_d 0.0412（0.0094～0.0935）。在沙壤土中熟化时间为 30 d，K_{oc} 30 mL/g，表明二氯吡啶酸非常容易被吸附。尽管数据表明其有潜在的淋溶，但在田间消解和蒸渗仪研究表明药剂会快速降解，不能向下迁移。田间消解 8～66 d（19 地），向下迁移约 5.49 m。在 1 m 土地中通过蒸渗仪研究表明，1 年后迁移中心范围 15～45 cm，2～3 年向下迁移 50 cm。每年浸出浓度 0.001～0.055 μg/L。

剂型　水剂、可溶粒剂、水分散粒剂。

主要生产商　Agriphar、Aimco、Dow AgroSciences、Excel Crop Care、Golden Harvest、

Lier、Sharda、安徽丰乐农化有限责任公司、河北万全力华化工有限责任公司、山东潍坊润丰化工股份有限公司、利尔化学股份有限公司、美国陶氏益农公司、南京华洲药业有限公司、永农生物科学有限公司、浙江富农生物科技有限公司、浙江埃森化学有限公司及浙江天丰生物科学有限公司等。

作用机理与特点　合成生长素（作用类似吲哚乙酸）。它的化学结构和许多天然的植物生长激素类似，但在植物的组织内具有更好的持久性。主要通过植物的根和叶进行吸收然后在植物体内进行传导，所以其传导性能较强。对杂草施药后，它被植物的叶片或根部吸收，在植物体中上下移动并迅速传导到整个植株。低浓度的二氯吡啶酸能够刺激植物的 DNA、RNA 和蛋白质的合成从而导致细胞分裂的失控和无序生长，最后导致维管束被破坏，高浓度的二氯吡啶酸则能够抑制细胞的分裂和生长。

应用　内吸性芽后除草剂。用于防除刺儿菜、苣荬菜、稻槎菜、鬼针草等菊科杂草及大巢菜等豆科杂草。适用于春小麦、春油菜。在禾本科作物中有选择性，在多种阔叶作物、甜菜和其他甜菜作物、亚麻、草莓和葱属作物中也有同样的选择性。低浓度的二氯吡啶酸对人和动物损害不大。但在使用过程中可能会对一些农作物产生危害，如番茄、豆类、茄子、马铃薯和向日葵等。

专利概况

专利名称　Picolinic acid compounds

专利号　US 3317549　　　　专利申请日　1964-09-28

专利申请人　Dow Chemical Co.

其他相关专利　BE 644105、NL 6401598、DE 1228848、GB 1003937 等。

登记情况　二氯吡啶酸在中国登记有 95%、96%、97% 和 98% 的原药共 15 个，相关制剂 50 个。用于防治油菜田、玉米田、春小麦田、非耕地的阔叶杂草。部分登记情况见表 3-113。

表 3-113　二氯吡啶酸在中国部分登记情况

登记证号	农药名称	剂型	含量	登记场所	防治对象	亩用药量（制剂）	施用方法	登记证持有人
PD20184237	二氯吡啶酸	可溶粒剂	75%	冬油菜田	一年生阔叶杂草	8~10 g	茎叶喷雾	侨昌现代农业有限公司
PD20183345	二氯吡啶酸	水剂	30%	玉米田		30~40 mL	茎叶喷雾	山东绿邦作物科学股份有限公司
PD20183258	氨氯·二氯吡	水剂	30%	春油菜田		25~35 mL	茎叶喷雾	山东埃森化学有限公司
PD20081118	二氯吡啶酸	可溶粒剂	75%	春油菜田		8.9~16 g	茎叶喷雾	美国陶氏益农公司
				冬油菜田		6~10 g		
PD20081117	二氯吡啶酸	原药	95%					美国陶氏益农公司
PD20182479	二氯吡啶酸	原药	96%					连云港埃森化学有限公司

合成方法　由吡啶或者 2-甲基吡啶为原料制得：

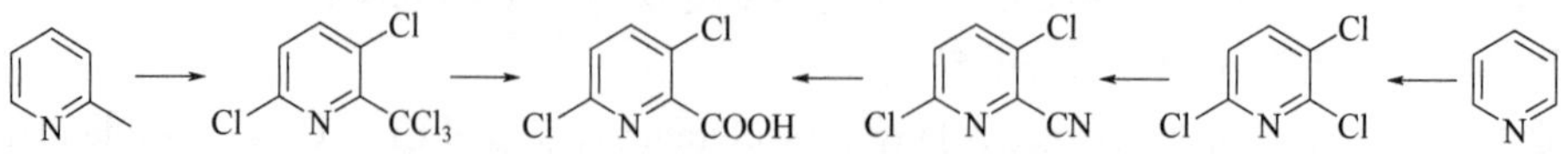

参考文献

[1] The Pesticide Manual.17 th edition: 224-226.

[2] 马淳安, 储诚普, 徐颖华, 等. 化工学报, 2011, 62(9): 2398-2404.

麦草畏（dicamba）

$C_8H_6Cl_2O_3$，221.0，1918-00-9

麦草畏（试验代号：SAN 837 H、Velsicol 58-CS-11，商品名称：Camba、Diptyl、Suncamba，其他名称：百草敌）由 Velsicol Chemical Corp.开发，后由 Sandoz AG（现先正达公司）生产和推向市场，在美国和加拿大由巴斯夫市场化。麦草畏二甲胺盐（dicamba-dimethylammonium），商品名称：Banvel、Sivel；麦草畏钾盐（dicamba-potassium），商品名称：Marksman；麦草畏钠盐（dicamba-sodium），商品名称：Banvel SGF。

化学名称　3,6-二氯-2-甲氧基苯甲酸。英文化学名称 3,6-dichloro-2-methoxybenzoic acid 或 3,6-dichloro-o-anisic acid。美国化学文摘（CA）系统名称 3,6-dichloro-2-methoxybenzoic acid。CA 主题索引名称 benzoic acid—, 3,6-dichloro-2-methoxy-。

理化性质　原药为淡黄色结晶固体，纯度 85%，其余的多为 3,5-二氯-邻甲氧基苯甲酸，纯品为白色颗粒状固体。熔点 114～116℃，沸点＞230℃（$1.01×10^5$ Pa），蒸气压 1.67 mPa（25℃，计算值），分配系数 $\lg K_{ow}$：−0.55（pH 5）、−1.88（pH 6.8）、−1.9（pH 8.9），Henry 常数 $1.0×10^{-4}$ Pa·m^3/mol，相对密度 1.488（20～25℃），pK_a(20～25℃)=1.87。溶解度（20～25℃，g/L）：在水中 6.6（pH 1.8），＞250（pH 4.1, 6.8, 8.2）；其他有机溶剂中：甲醇、乙酸乙酯和丙酮＞500，甲苯 180，二氯甲烷 340，己烷 2.8，辛醇 490。原药在正常状态下稳定，不易氧化和水解。在酸和碱中稳定。在约 200℃时分解。水光解 DT_{50}14～50 d。

毒性　麦草畏　大鼠急性经口 LD_{50} 1707 mg/kg。兔急性经皮 LD_{50}＞2000 mg/kg。对兔眼睛有强烈的刺激性，对兔的皮肤无刺激性，对豚鼠皮肤无致敏性。吸入 LC_{50}（4 h，mg/L）：雄大鼠 4.464，雌大鼠 5.19。对成长过程中的 NOEL（mg/kg）：大鼠（2 年）400；（1 年）母狗 52，兔子 150，大鼠 160。ADI/RfD（EC）0.3 mg/kg（2008）；（EPA）aRfD 1.0 mg/kg，cRfD 0.45 mg/kg（2006）。无致突变。

麦草畏二甘醇胺盐　大鼠急性经口 LD_{50} 3512 mg/kg，兔急性经皮 LD_{50}＞2000 mg/kg，对兔的眼睛有中度刺激，对兔的皮肤无刺激性，对豚鼠皮肤无致敏性。

麦草畏二甲胺盐　大鼠急性经口 LD_{50} 1267 mg/kg。

麦草畏钠盐　雌鼠急性经口 LD_{50} 4600 mg/kg。

生态效应　野鸭急性经口 LD_{50} 1373 mg/kg，山齿鹑急性经口 LD_{50} 216 mg/kg。野鸭和山齿鹑饲喂 LC_{50}（8 d）＞10000 mg/kg 饲料。虹鳟鱼和大翻车鱼 LC_{50}（96 h）135 mg/L。水蚤 LC_{50}（48 h）120.7 mg/L，羊角月牙藻 LC_{50}＞3.7 mg/L，浮萍 EC_{50}（14 d）＞3.8 mg/L。蜜蜂 LD_{50}（经口和接触）＞100 μg/只。蚯蚓 LC_{50}（14 d）＞1000 mg/kg 土。

环境行为　①动物。大鼠口服后，本品大部分快速通过尿液排出，一部分作为氨基酸共轭物。②植物。在植物体内的降解速率取决于不同的物种。在小麦中，主要代谢物为 5-羟基-2-

甲氧基-3,6-二氯苯甲酸，同时，3,6-二氯水杨酸也是代谢物之一。③土壤/环境。在土壤中，微生物降解，主要代谢物为3,6-二氯水杨酸。在正常条件下迅速代谢，$DT_{50} < 14$ d，K_{oc} 242～2930（取决于土壤）。

剂型 水剂，水分散粒剂。

主要生产商 ACA、AGROFINA、BASF、Gharda、安道麦股份有限公司、安徽丰乐农化有限责任公司、定远县嘉禾植物保护剂有限责任公司、河南红东方化工股份有限公司、湖南海利化工股份有限公司、江苏恒隆作物保护有限公司、江苏省南通江山农药化工股份有限公司、江苏省激素研究所股份有限公司、江苏优嘉植物保护有限公司、联化科技（盐城）有限公司、瑞士先正达作物保护有限公司及浙江拜克生物科技有限公司等。

作用机理与特点 合成生长素（作用类似吲哚乙酸）。选择性内吸除草剂，通过共质体和非原质体传导至整株植物。

应用

（1）适宜作物与安全性 小麦、玉米、芦苇、谷子、水稻等。麦草畏在土壤中经微生物较快分解后消失。禾本科植物吸收药剂后能很快地进行代谢分解使之失效，故表现较强的抗药性。对小麦、玉米、谷子、水稻等禾本科作物比较安全。

（2）防除对象 一年生及多年生阔叶杂草如猪殃殃、大巢菜、荞麦蔓、藜、繁缕、牛繁缕、播娘蒿、苍耳、田旋花、刺儿菜、问荆、萹蓄、香薷、鳢肠、荠菜、蓼等200多种阔叶杂草。

（3）应用技术 麦草畏在正常施药后，小麦、玉米苗初期有匍匐、倾斜或弯曲现象，一般经1周后即可恢复正常。小麦3叶期以前拔节以后及玉米抽雄花前15 d内禁止使用麦草畏。大风天不宜喷施麦草畏，以防随风飘移到邻近的阔叶作物上，伤害阔叶作物。麦草畏是内吸传导型除草剂，茎叶处理时，较低剂量即可收到较好的除草效果，若喷液量过多，或雾滴过大，药液在杂草表面造成淋漓，浪费药剂，除草效果下降。每亩喷液量，机引喷雾器15 L，人工背负喷雾器20～27 L。土壤处理时，每亩喷雾量，机引喷雾器13～27 L，人工背负喷雾器20～33 L。麦草畏飘移量虽比2,4-滴小，但在确定雾滴时也应考虑飘移问题，不宜使用飞机喷雾。作业时要注意风向、风速，大风天停止作业，一般上午10时至下午3时气温高时也停止作业。定点、定量加药、加水，往复核对，地块结清，如果发现与设计的工作参数不符，要根据情况调整。麦草畏对小麦、玉米较安全，正确使用不会有药害问题。出现药害有3个原因，一是施药过晚，二是用药量过大，三是作业不标准。小麦受害症状是：植株倾斜或弯曲，出现倒伏，一般5～10 d可恢复正常；严重的出现畸形穗或不结实。玉米受害症状是：苗前施药的使玉米根系增多，地上部生长受抑制，叶变窄；苗后施药的支撑根变扁，叶片葱叶状，茎脆弱。为了提高防除杂草效果，避免产生药害，一定要严格掌握用药量，并保证田间作业质量和适期喷洒。

（4）使用方法

① 小麦田 单用麦草畏时，每亩用48%麦草畏15～20 mL。提倡冬前用药，在小麦4叶期以后杂草基本出齐时喷雾，每亩喷水量20～30 L，以均匀周到为原则，防止重喷和漏喷。当气温下降到5℃以下时应停止喷药，因为在5℃以下，杂草和小麦进入越冬期，生长和生化活动缓慢，麦草畏在小麦体内积累下来不易降解，开春以后易形成"葱管"。如果冬前没有及时施药，可在来年开春，小麦和杂草进入旺长期时补施，但必须在小麦幼穗分化以前即拔节以前施药，拔节后应严禁喷药，以免造成药害。麦草畏与2甲4氯混用具有增效作用，可有效地防除卷茎蓼、地肤、猪毛菜、刺儿菜、大蓟、猪殃殃、麦蓝菜、春蓼、鼬瓣花、田旋花

等对 2,4-滴有抗性的杂草。混用后药量要比单用时低。

小麦 3～5 叶期，每亩用 48%麦草畏 13 mL 加 20% 2 甲 4 氯水剂 133 mL（或 56% 2 甲 4 氯可湿性粉剂 47 g），或 48%麦草畏 20 mL 加 20% 2 甲 4 氯水剂 100 mL。

② 玉米田 可以单用，也可与其他除草剂混用。

单用时每亩用 48%麦草畏水剂 30 mL。在玉米 4～10 叶期施药安全、高效。如果进行土壤封闭处理，应注意不让麦草畏药液与种子接触，以免发生伤苗现象。玉米种子的播种深度不少于 4 cm，玉米 10 叶以后进入雄花孕穗期（雄花抽出前 15 d）应停止施药，防止药害。施药后 20 d 内不宜铲趟土。为了兼治单子叶杂草，可与 72%异丙甲草胺乳油或 4%烟嘧磺隆悬浮剂混用。与异丙甲草胺混用时每亩用 48%麦草畏 30 mL 加 72%异丙甲草胺乳油 75～200 mL，在玉米播后苗前，或苗后早期杂草一叶一心前喷雾。与烟嘧磺隆混用时，每亩用 48%麦草畏 30 mL 加 4%烟嘧磺隆悬浮剂 30～50 m，在玉米 3～6 叶期杂草 3～5 叶时喷雾。

专利概况

专利名称 2-methoxy-3, 6-dichlorobenzoates

专利号 US 3013054 专利申请日 1958-08-04

专利申请人 Velsicol Chemical Corp。

登记情况 麦草畏在中国登记有 80%、90%、95%、96%、97.5%、98%原药 49 个，相关制剂 83 个。登记场所为小麦田、玉米田、芦苇田、非耕地，防治对象为一年生阔叶杂草。部分登记情况见表 3-114。

表 3-114 麦草畏在中国部分登记情况

登记证号	农药名称	剂型	含量	登记作物/场所	防治对象	亩用药量（制剂）	施用方法	登记证持有人
PD97-89	麦草畏	水剂	480 g/L	芦苇	阔叶杂草	29～75 mL	喷雾	瑞士先正达作物保护有限公司
				小麦		20～27 mL		
				玉米		26～39 mL		
PD20183986	麦畏·草甘膦	水剂	33%	非耕地	杂草	180～240 mL	茎叶喷雾	广西科联生化有限公司
PD20184202	麦草畏	水剂	480 g/L	小麦田	一年生阔叶杂草	20～27 mL	茎叶喷雾	侨昌现代农业有限公司
PD20183811	麦草畏	水剂	48%	冬小麦田		30～40 mL	茎叶喷雾	镇江建苏农药化工有限公司
PD20182930	麦草畏	水剂	480 g/L	冬小麦田		20～30 mL	茎叶喷雾	重庆依尔双丰科技有限公司
PD20181645	麦草畏	原药	98%					安徽丰乐农化有限责任公司
PD20183212	麦草畏	原药	98%					江苏恒隆作物保护有限公司
PD319-99	麦草畏	原药	80%					瑞士先正达作物保护有限公司

合成方法 通过如下反应制得目的物：

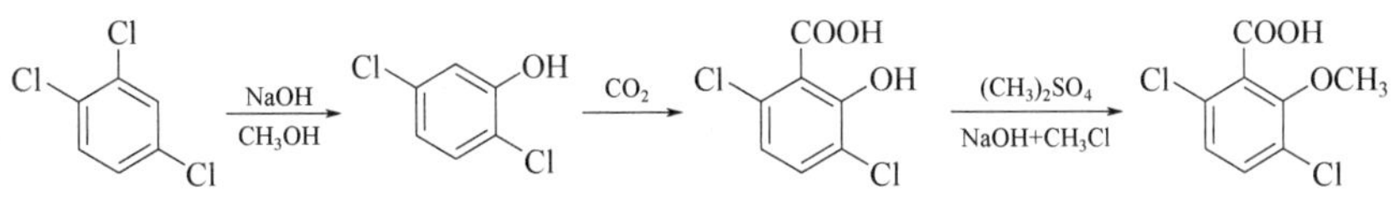

参考文献

[1] The Pesticide Manual.17 th edition: 311-314.

[2] 陈勇, 邵守言, 朱桂生, 等. 今日农药, 2018(5): 11-14.

氟硫草定（dithiopyr）

$C_{15}H_{16}F_5NO_2S_2$，401.4，97886-45-8

氟硫草定（试验代号：MON15100、MON7200、RH101664，商品名称：Dimension）是由孟山都公司研制的、罗门哈斯公司（现陶氏）开发的吡啶类除草剂。

化学名称　S,S'-二甲基-2-二氟甲基-4-异丁基-6-三氟甲基吡啶-3,5-二硫代甲酸酯。英文化学名称 S,S'-dimethyl 2-difluoromethyl-4-isobutyl-6-trifluoromethylpyridine-3,5-dicarbothioate。美国化学文摘（CA）系统名称 S,S'-dimethyl 2-(difluoromethyl)-4-(2-methylpropyl)-6-(trifluoromethyl)-3,5-pyridinedicarbothioate。CA 主题索引名称 3,5-pyridinedicarbothioic acid—, 2-(difluoromethyl)-4-(2-methylpropyl)-6-(trifluoromethyl)-S,S'-dimethyl ester。

理化性质　无色结晶体。熔点 65℃，蒸气压 0.53 mPa（25℃），分配系数 lgK_{ow}=4.75，Henry 常数 0.153 Pa·m³/mol，相对密度 1.41（20~25℃）。水中溶解度 1.4 mg/L（20~25℃）。不易水解。水中光解 DT_{50} 17.6~20.6 d。

毒性　大鼠、小鼠急性经口 LD_{50}>5000 mg/kg，大鼠、兔急性经皮 LD_{50}>5000 mg/kg，对皮肤无刺激性, 对兔眼有微弱刺激, 对豚鼠皮肤无致敏性。大鼠急性吸入 LC_{50}(4 h)>5.98 mg/L。NOEL：大鼠（2 年）≤10 mg/L（0.36 mg/kg 饲料），狗（1 年）≤0.5 mg/kg，小鼠（1.5 年）3 mg/(L·d)。ADI/RfD（EPA）0.0036 mg/kg（1993）。其他：大鼠和小鼠慢性经口摄入不会导致肿瘤的形成。在一系列试验中无致突变和遗传毒性。

生态效应　山齿鹑急性经口 LD_{50}>2250 mg/kg，山齿鹑和野鸭饲喂 LC_{50}（5 d）>5620 mg/kg。鱼 LC_{50}（96 h，mg/L）：虹鳟鱼 0.5，大翻车鱼和鲤鱼 0.7。在虹鳟鱼生命早期阶段的研究中确定，可接受的最大浓度为 0.082 mg/L。水蚤 LC_{50}（48 h）>1.1 mg/L。蜜蜂 LD_{50} 80 μg/只。蚯蚓 LC_{50}（14 d）>1000 mg/kg。

环境行为　①动物。在大鼠体内被迅速吸收，广泛代谢，并迅速排出体外。②土壤/环境。土壤中 DT_{50} 17~61 d，取决于剂型种类。主要的土壤代谢产物是二酸、正常的单酸和反向的单酸，这些代谢物本身 1 年以内几乎完全消除。土壤光解稳定。

剂型　乳油、水分散粒剂、颗粒剂、可湿性粉剂。

主要生产商　Dow AgroSciences 和迈克斯（如东）化工有限公司。

作用机理与特点　微管组装抑制剂。

应用　芽前除草剂。苗前和早期出苗后控制一年生禾本科和阔叶杂草的草坪，用量为 0.28~1.12 kg/hm²。

专利概况

专利名称　2, 6-Substituted pyridine compounds

专利号　US 4692184　　　　　　　专利申请日　1984-04-24

专利申请人　Monsanto Company。

登记情况　美国陶氏益农公司和迈克斯（如东）化工有限公司分别在国内登记了 91.5% 和 95% 的原药。

合成方法　合成方法如下：

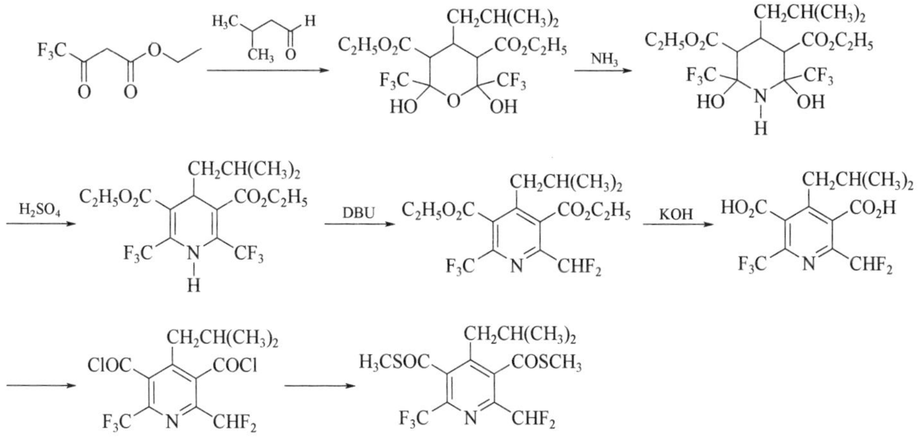

参考文献

[1] The Pesticide Manual. 17 th edition: 389-390.

[2] 周坤英, 沈剑仕, 韩萍, 等. 农药, 2012, 51(4): 251-253.

氯氟吡啶酸（florpyrauxifen）

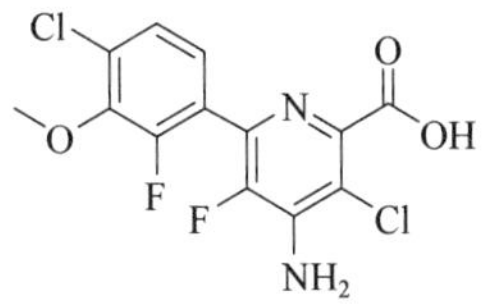

C$_{13}$H$_8$Cl$_2$F$_2$N$_2$O$_3$，349.1，943832-81-3，1390661-72-9(苄酯)

氯氟吡啶酸（试验代号：XDE-848 和 XR-848，以苄酯形式商品化，商品名称：Rinskor、灵斯科）由陶氏益农（Dow AgroSciences）开发的吡啶甲酸类除草剂。

化学名称　①氯氟吡啶酸。4-氨基-3-氯-6-(4-氯-2-氟-3-甲氧基苯基)-5-氟吡啶-2-羧酸。英文化学名称 4-amino-3-chloro-6-(4-chloro-2-fluoro-3-methoxyphenyl)-5-fluoropyridine-2-carboxylic acid。美国化学文摘（CA）系统名称 4-amino-3-chloro-6-(4-chloro-2-fluoro-3-methoxy-phenyl)-5-fluoro-2-pyridinecarboxylic acid。CA 主题索引名称 2-pyridinecarboxylic acid—, 4-amino-3-chloro-6-(4-chloro-2-fluoro-3-methoxyphenyl)-5-fluoro-。②氯氟吡啶酯。4-氨基-3-氯-6-(4-氯-2-氟-3-甲氧基苯基)-5-氟吡啶-2-羧酸苯甲酯。英文化学名称 benzyl 4-amino-3-chloro-6-(4-chloro-2-fluoro-3-methoxyphenyl)-5-fluoropyridine-2-carboxylate。美国化学文摘（CA）系统名称 phenylmethyl 4-amino-3-chloro-6-(4-chloro-2-fluoro-3-methoxyphenyl)-5-fluoro-2-pyridinecarboxylate。CA 主题索引名称 2-pyridinecarboxylate—, 4-amino-3-chloro-6-(4-chloro-

2-fluoro-3-methoxyphenyl)-5-fluoro-phenylmethyl ester。

毒性 氯氟吡啶酯 急性经口大鼠 LD_{50} 5000 mg/kg。

生态效应 山齿鹑 LD_{50}>2250 mg/kg。虹鳟急性 LC_{50}（96 h）>0.049 mg/L；水蚤慢性 NOEC（21 d）0.0378 mg/L，急性 EC_{50}（48 h）>0.0626 mg/L；羊角月牙藻急性 EC_{50}（72 h，生长）>0.0337 mg/L。对蜜蜂低毒，接触 LD_{50}>100 μg/只，经口 LD_{50}>105.4 μg/只；赤子爱胜蚓低毒慢性 NOEC（14 d）213 mg/kg。对哺乳动物和水生动物毒性低，无致突变、致畸作用，无生殖毒性。

环境行为 在土壤和水中快速降解为无除草活性的物质，对后茬作物安全。但敏感阔叶作物如大豆，需要一定的安全间隔期。挥发性低，与其他合成激素类除草剂相比，其飘移药害明显降低。

剂型 乳油。

主要生产商 Dow AgroSciences。

作用机理与特点 氯氟吡啶酯具有内吸性，通过植物的叶片和茎吸收，经木质部和韧皮部传导，并积累在杂草的分生组织，与植株体内激素受体结合，刺激植物细胞过度分裂，阻塞传导组织，导致植物营养耗尽，从而发挥除草活性。施药后几分钟，敏感植物体内的激素调控基因即被打开，细胞生长失控；施药后数小时，正常的生长功能丧失，敏感植物生长失控。以野慈姑为例，施用后 2 h，草头耷拉；3 天，茎基部褐化腐烂；5 天，茎基部断裂；7～10 天，死亡。氯氟吡啶酯可以杀死杂草全株，包括根系，防除彻底，不反弹。对于目前难以防除的稗草、千金子和阔叶杂草、莎草有良好防效，特别是水稻后期基本能够解决人工拔草的问题。

应用 氯氟吡啶酯广谱、高效、速效、持效、快速彻底。芽后茎叶处理，可用于全球水直播、旱直播、移栽水稻以及其他多种作物田，防除禾本科杂草、阔叶杂草、莎草和水生杂草，如稗草、光头稗、稻稗、千金子等禾本科杂草，苘麻、泽泻、鳢肠、水竹叶、鸭舌草、水花生、水苋菜、苋菜、陌上菜、豚草、藜、小飞蓬、母草、水丁香、田皂角、雨久花、野慈姑、苍耳等阔叶杂草，异型莎草、碎米莎草、油莎草、香附子、日照飘拂草等莎草科杂草。根据应用作物的不同，其有效成分用量为 5～50 g/hm^2。试验表明，相比其他常用的水稻田除草剂，氯氟吡啶酯的用药量要低约 99%。

专利概况

专利名称 Preparation of 4-aminopicolic acid derivative herbicides

专利号 WO 2007082098　　　　**专利申请日** 2007-06-12

专利申请人 Dow Agrosciences LLC

其他相关专利 AR 59010、AU 2007204825、AU 2011203286、BR 2007006398、CA 2626103、CN 101360713、CN 102731381、CN 102731382、EP 1973881、EP 2060566、JP 2009519982、JP 2010001300、JP 2012229220、JP 5059779、JP 5856909、KR 1350071、KR 1379625、KR 2008053413、KR 2008053529、KR 898662、MX 2008006014、MY 143535、RU 2428416、US 20070179060、US 20080045734、US 20080051596、US 7314849、US 7498468 等。

工艺专利 WO 2014093591 等。

登记情况 氯氟吡啶酯在中国登记有 91.4% 的原药，相关制剂 3 个。登记情况见表 3-115。

表 3-115　氯氟吡啶酯在中国登记情况

登记证号	农药名称	剂型	含量	登记场所	防治对象	亩用药量（制剂）	施用方法	登记证持有人
PD20183621	五氟·吡啶酯	可分散油悬浮剂	3%	水稻田（直播）	一年生杂草	120～150 mL	茎叶喷雾	美国陶氏益农公司
				水稻移栽田		100～150 mL		
PD20182019	氰氟·吡啶酯	乳油	13%	水稻田（直播）		60～80 mL	茎叶喷雾	美国陶氏益农公司
PD20171737	氯氟吡啶酯	乳油	3%	水稻田（直播）		40～80 mL	茎叶喷雾	美国陶氏益农公司
				水稻移栽田				
PD20171736	氯氟吡啶酯	原药	91.4%					美国陶氏益农公司

合成方法　通过如下反应制得目的物：

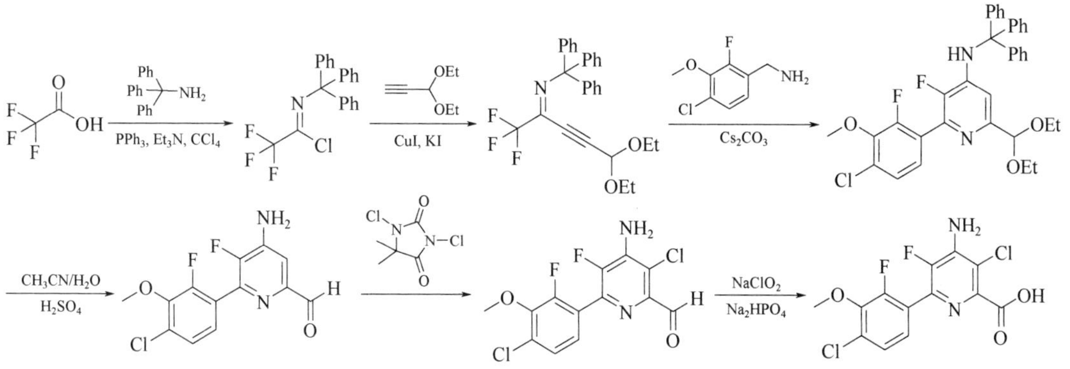

参考文献

[1] 顾林玲, 柏亚罗. 现代农药, 2017, 16(2): 44-48.

氟氯吡啶酸（halauxifen）

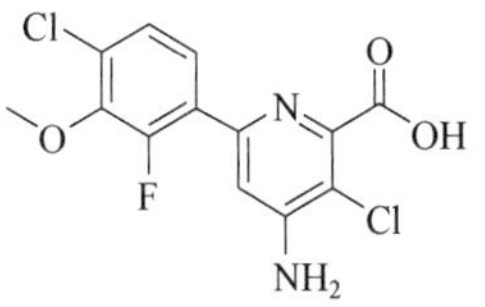

$C_{13}H_{19}Cl_2FN_2O_3$，331.1，943832-60-8，943831-98-9(甲酯)

氟氯吡啶酸［试验代号：DE-729、XDE-729、XR-729，以甲酯的形式商品化，氟氯吡啶酯（halauxifen-methyl），商品名：Arylex］是陶氏益农开发的吡啶甲酸类合成激素类除草剂。

化学名称　氟氯吡啶酸　4-氨基-3-氯-6-(4-氯-2-氟-3-甲氧基苯基)-2-吡啶羧酸。英文化学名称 4-amino-3-chloro-6-(4-chloro-2-fluoro-3-methoxyphenyl)pyridine-2-carboxylic acid。美国化学文摘（CA）系统名称 4-amino-3-chloro-6-(4-chloro-2-fluoro-3-methoxyphenyl)-2-pyridine-

463

carboxylic acid。CA 主题索引名称 2-pyridinecarboxylic acid—, 4-amino-3-chloro-6-(4-chloro-2-fluoro-3-methoxyphenyl)-。

氟氯吡啶酯 4-氨基-3-氯-6-(4-氯-2-氟-3-甲氧基苯基)吡啶-2-羧酸甲酯。英文化学名称 methyl 4-amino-3-chloro-6-(4-chloro-2-fluoro-3-methoxyphenyl)pyridine-2-carboxylate。美国化学文摘（CA）系统名称 methyl 4-amino-3-chloro-6-(4-chloro-2-fluoro-3-methoxyphenyl)-2-pyridinecarboxylate。CA 主题索引名称 2-pyridinecarboxylate—, 4-amino-3-chloro-6-(4-chloro-2-fluoro-3-methoxyphenyl)-methyl ester。

理化性质 氟氯吡啶酸 原药纯度 93%，pK_a(20～25℃)=2.84，分配系数 $\lg K_{ow}$=-0.83。

氟氯吡啶酯 灰色粉末状固体。熔点 145.5℃，分配系数 $\lg K_{ow}$=3.76，沸点前分解，分解温度 221℃。蒸气压 1.5×10^{-5} mPa（25℃），Henry 常数 1.11×10^{-6} Pa·m^3/mol。溶解度（mg/L，20～25℃）：水中 1.83，有机溶剂：丙酮>250，二氯甲烷 65.9，甲醇 38.1，乙酸乙酯 129，二甲苯 9.13，正辛醇 9.83，已烷 0.0361。

毒性 氟氯吡啶酸 大鼠急性经口 LD_{50}>5000 mg/kg；大鼠急性经皮 LD_{50}>5000 mg/kg；对眼睛无刺激，皮肤无刺激，无致敏性。NOEL 小鼠（18 个月）50 mg/kg，大鼠（2 年）102 mg/kg。

氟氯吡啶酯 大鼠急性经口 LD_{50}>5000 mg/kg；大鼠急性经皮 LD_{50}>5000 mg/kg；对眼睛无刺激，皮肤无刺激，无致敏性。

生态效应 氟氯吡啶酸 虹鳟急性 LC_{50}（96 h）107 mg/L。水蚤 EC_{50}（48 h）106 mg/L。藻类（mg/L）：羊角月牙藻 E_yC_{50} 23，E_rC_{50} 63（72 h）；中肋骨条藻 E_yC_{50} 68（72 h）、66（96 h），E_rC_{50} 78（72 h）、77（96 h）；水华鱼腥藻 E_yC_{50} 49，E_rC_{50} 55（72 h）；舟形藻 E_yC_{50} 50，E_rC_{50} 56（72 h）；浮萍 E_yC_{50} 15，E_rC_{50}>50（7 d）；穗状狐尾藻 E_yC_{50} 0.0008，E_rC_{50}>0.00158（14 d）。蚯蚓急性 LC_{50} 值（14 d）>1000 mg/kg 干土。

氟氯吡啶甲酯 山齿鹑和斑胸草雀急性经口 LD_{50}>2250 mg/kg。鱼类 LC_{50}（96 h，mg/L）：虹鳟 2.01，黑头呆鱼>3.22，羊头鲦鱼>1.33。水蚤 EC_{50}（48 h）2.21 mg/L；藻类（mg/L）：羊角月牙藻 E_yC_{50} 0.855（72 h），E_rC_{50}>0.245（96 h）；中肋骨条藻 E_yC_{50} 0.904（72 h），1.07（96 h），E_rC_{50} 1.80（72 h），1.85（96 h）；水华鱼腥藻 E_yC_{50} 1.13（72 h），>0.775（96 h），E_rC_{50} 1.13（72 h），>0.775（96 h）；舟形藻 E_yC_{50} 0.822（72 h），0.663（96 h），E_rC_{50} 1.50（72 h），1.26（96 h）；浮萍 E_yC_{50} 2.13，E_rC_{50}>2.27（7 d）；穗状狐尾藻 E_yC_{50} 1.49×10^{-4}，E_rC_{50}>3.93×10^{-4}（14 d）。蜜蜂 LD_{50} 值（μg/只，48 h）：经口>108，接触>98.1；蚯蚓 LC_{50}（14 d）>500 mg/kg。

环境行为 氟氯吡啶酯在土壤中的代谢产物主要是水解产物酸 [4-氨基-3-氯-6-(4-氯-2-氟-3-羟基苯基)吡啶-2-羧酸]。土壤降解 DT_{50} 1.3 d（典型土壤、实验室），43 d（田间）。DT_{90} 7.2 d（实验室，20℃），144 d（田间）。其在水中光解非常快速，但水解慢。在 pH 7 时，光解 DT_{50} 4～7 min，水解 DT_{50} 155 d。

剂型 水分散粒剂、乳油。

主要生产商 美国陶氏益农公司。

作用机理与特点 氟氯吡啶酯是陶氏益农公司开发的第一个芳基吡啶甲酸酯类化合物，其模拟了高剂量天然植物生长激素的作用，干扰敏感植物的多个生长过程。氟氯吡啶酯经由植物的茎、叶及根部吸收，通过与植物体内的激素受体结合，刺激植物细胞过度分裂，阻塞传导组织，最后导致植物营养耗尽死亡。

应用　氟氯吡啶酯可用于多种谷物，包括黑麦、黑小麦、小麦、大麦等，苗后防除播娘蒿、荠菜、猪殃殃等多种阔叶杂草以及恶性杂草。其全新的作用机理使得其能有效防除抗性杂草，被视为防除小麦和大麦等作物上顽固阔叶杂草的新工具，且用量极低。氟氯吡啶酯在土壤中降解较快，因此对后茬作物的影响较小。此外，其还适合在一些恶劣天气下使用，如干旱、低温等。氟氯吡啶酯用药适期长，冬前和早春均可使用。氟氯吡啶酯配伍性强，目前陶氏益农公司上市的基于氟氯吡啶酯的产品多为复配制剂，且配伍品种多为陶氏益农公司的品种。在我国上市的制剂产品是其与双氟磺草胺复配的产品。此外，其还与氯氟吡氧乙酸、氯氨吡啶酸等复配。李美等在2012～2013年考察了7.5%氟氯吡啶酯乳油和20%双氟·氟氯酯水分散粒剂（10%双氟磺草胺+10%氟氯吡啶酯）对小麦田阔叶杂草的防治效果以及对作物的安全性。7.5%氟氯吡啶酯乳油在7.5 g/hm² 有效成分用量下，对猪殃殃、播娘蒿株防效较好（81.1%～100%），对麦瓶草防效较差，对麦家公无效。复配制剂20%双氟·氟氯酯水分散粒剂在15～30 g/hm² 有效成分用量下，对猪殃殃、播娘蒿、麦瓶草防效均较好（90.5%～100%），对麦家公防效略差；在15～45 g/hm² 用量下，对小麦安全，未见任何药害症状，且对后茬作物玉米、大豆、花生、棉花、谷子等均安全。

专利概况

专利名称　Preparation of 4-aminopicolic acid derivative herbicides

专利号　WO 2007082098　　　　**专利申请日**　2007-01-12

专利申请人　Dow Agrosciences LLC

其他相关专利　AU 2007204825、CA 2626103、US 20070179060、US 7314849、AR 59010、EP 1973881、CN 101360713、EP 2060566、JP 2009519982、JP 5059779、BR 2007006398、MY 143535、RU 2428416、CN 102731381、CN 102731382、US 20080045734、US 7498468、US 20080051596、IN 2008DN 03165、KR 2008057335、KR 898662、MX 2008006014、KR 2008053413、KR 2008053529、JP 2010001300、AU 2011203286、JP 2012229220 等。

工艺专利　US 20100311981、US 20120190551、US 20120190858、US 20120190859、US 20120190857、US 20120190860、WO 2013102078 等。

登记情况　氟氯吡啶酯在中国登记有93%原药，相关制剂3个，均为混剂。登记情况见表3-116。

表3-116　氟氯吡啶酯在中国登记情况

登记证号	农药名称	剂型	含量	登记场所	防治对象	亩用药量（制剂）	施用方法	登记证持有人
PD20183592	氟氯·氯氟吡	乳油	40%	冬小麦田	一年生阔叶杂草	30～40 mL	茎叶喷雾	美国陶氏益农公司
PD20181254	啶磺·氟氯酯	水分散粒剂	20%	小麦田	一年生杂草	5～6.7 g	茎叶喷雾	美国陶氏益农公司
PD20161266	双氟·氟氯酯	水分散粒剂	20%	冬小麦田	一年生阔叶杂草	5～6.5 g	茎叶喷雾	美国陶氏益农公司
PD20161259	氟氯吡啶酯	原药	93%					科迪华农业科技有限责任公司

合成方法　通过如下反应制得目的物：

参考文献

[1] The Pesticide Manual.17 th edition: 586-587.

[2] 付庆, 李娇, 黄林, 等. 浙江化工, 2016, 47(4): 11-13.

[3] 顾林玲, 柏亚罗. 现代农药, 2017, 16(2): 44-48.

氨氯吡啶酸（picloram）

$C_6H_3Cl_3N_2O_2$，241.5，1918-02-1

氨氯吡啶酸（试验代号：X159868，商品名称：Suncloram、Tordon，其他名称：piclorame、毒莠定、毒莠定101）于1963年由J. W.Hamaker等报道。由Dow Chemical公司开发，并于1963年上市。当氨氯吡啶酸单独销售时，它通常是钾盐。当与其他活性成分组合时，氨氯吡啶酸一般是酯或铵盐。

化学名称 4-氨基-3,5,6-三氯吡啶-2-羧酸。英文化学名称 4-amino-3,5,6-trichloro-2-pyridinecarboxylic acid。美国化学文摘（CA）系统名称 4-amino-3,5,6-trichloro-2-pyridine-carboxylic acid。CA主题索引名称 2-pyridinecarboxylic acid—, 4-amino-3,5,6-trichloro-。

另外还以酯或铵盐形式存在：氨氯吡啶酸二甲铵盐（picloram-dimethylammonium） dimethylammonium 4-amino-3,5,6-trichloropyridine-2-carboxylate，4-氨基-3,5,6-三氯吡啶-2-羧酸二甲铵盐，55870-98-9，286.5，$C_8H_{10}Cl_3N_3O_2$。氨氯吡啶酸异辛酯（picloram-isoctyl） isooctyl 4-amino-3,5,6-trichloropyridine-2-carboxylate，4-氨基-3,5,6-三氯吡啶-2-羧酸异辛酯，26952-20-5，353.7，$C_{14}H_{19}Cl_3N_2O_2$。氨氯吡啶酸钾盐（picloram-potassium） potassium 4-amino-3,5,6-trichloro-2-pyridinecarboxylate，4-氨基-3,5,6-三氯吡啶-2-羧酸钾，2545-60-0，279.6，$C_6H_2Cl_3KN_2O_2$。氨氯吡啶酸三异丙醇铵盐（picloram-triisopropanolammonium） 4-氨基-3,5,6-三氯吡啶-2-羧酸(2-羟基丙基)铵盐，tris(2-hydroxypropyl)ammonium 4-amino-3,5,6-trichloro-pyridine-2-carboxylate，6753-47-5，432.7，$C_{15}H_{24}Cl_3N_3O_5$。氨氯吡啶酸三异丙铵盐（picloram-triisopropylammonium） 4-氨基-3,5,6-三氯吡啶-2-羧酸三异丙铵盐，triisopropylammonium 4-amino-3,5,6-trichloropyridine-2-carboxylate，384.7，$C_{15}H_{24}Cl_3N_3O_2$。氨氯吡啶酸三乙醇铵盐（picloram-trolamine） 4-氨基-3,5,6-三氯吡啶-2-羧酸三(2-羟乙基)铵盐，tris(2-hydroxethyl)ammonium 4-amino-3,5,6-trichloropyridine-2-carboxylate，82683-78-1，390.7，$C_{12}H_{18}Cl_3N_3O_5$。

理化性质 氨氯吡啶酸原药是具有类似氯气气味的浅棕色固体，含量77.9%。在熔融前

190℃分解，蒸气压 $8×10^{-11}$ mPa（25℃），分配系数 lgK_{ow}=1.9（0.1 mol/L HCl），pK_a(20～25℃)=2.3，相对密度 0.895（20～25℃）。溶解度（g/L，20～25℃）：水中 0.56，有机溶剂：正己烷<0.04、甲苯 0.13、丙酮 18.2、甲醇 23.2。正常情况下对酸碱非常稳定，但在热浓碱中分解。易形成水溶性的碱金属盐和铵盐。在水溶液中，通过紫外线照射分解，DT_{50} 2.6 d（25℃）。氨氯吡啶酸异辛酯水中溶解度 0.23 mg/L（20～25℃）。氨氯吡啶酸钾盐水中溶解度 740 g/mL（20～25℃）。氨氯吡啶酸三异丙醇铵盐水中溶解度>858 g/mL（20～25℃）。

毒性　氨氯吡啶酸　急性经口 LD_{50}（mg/kg）：雄大鼠>5000，小鼠 2000～4000，兔子约 2000，豚鼠约 3000，绵羊>1000，牛>750。兔急性经皮 LD_{50}>2000 mg/kg。对兔的眼睛有中等刺激，对兔的皮肤有轻微刺激。无皮肤致敏性。大鼠吸入 LC_{50}>0.035 mg/L。大鼠 NOEL（2 年）20 mg/(kg·d)。ADI/RfD（mg/kg）：（EC）0.3（2008），（BfR）0.2（2006），（EPA）cRfD 0.2（1995）。

氨氯吡啶酸异辛酯　大鼠吸入 LC_{50}>0.035 mg/L。

氨氯吡啶酸钾盐　雄大鼠急性经口 LD_{50}>5000 mg/kg，兔急性经皮 LD_{50}>2000 mg/kg。对兔的眼中度刺激，对兔的皮肤无刺激，有皮肤致敏性。大鼠吸入 LC_{50}>1.63 mg/L。

氨氯吡啶酸三异丙醇铵盐　大鼠吸入 LC_{50}>0.07 mg/L。

生态效应　氨氯吡啶酸　鸡急性经口 LD_{50} 约 6000 mg/kg。野鸭和山齿鹑饲喂 LC_{50}>5000 mg/kg。鱼 LC_{50}（96 h，mg/L）：虹鳟鱼 5.5、大翻车鱼 14.5。水蚤 LC_{50} 34.4 mg/L。月牙藻 EC_{50} 36.9 mg/L。虾 LC_{50}10.3 mg/L。蜜蜂 LD_{50}>100 μg/只。对蚯蚓无毒。对土壤微生物呼吸作用没有影响。

氨氯吡啶酸钾盐　野鸭和山齿鹑急性经口 LD_{50}>10000 mg/kg。鱼毒 LC_{50}（96 h，mg/L）：虹鳟鱼 26，大翻车鱼 24。水蚤 LC_{50} 63.8 mg/L，羊角月牙藻 EC_{25} 52.6 mg/L，蜜蜂 LD_{50}>100 μg/只。

氨氯吡啶酸三异丙醇铵盐　鱼毒 LC_{50}（96 h，mg/L）：虹鳟鱼 51，大翻车鱼 109。

氨氯吡啶酸三乙醇铵盐　虹鳟鱼 LC_{50}（96 h）41.4 mg/L。

环境行为　氨氯吡啶酸一旦在植物体内或环境中，其所有的盐和酯很容易转化为氨氯吡啶酸。①动物。在哺乳动物中经口给药后，氨氯吡啶酸以本体的形式迅速排出体外。②植物。在植物表面发生光解作用，可能是吡啶的裂解。③土壤/环境。通过土壤微生物适度降解，典型田地 DT_{50} 30～90 d。土壤中的降解率与应用剂量呈很强的正比。在清澈的水中或植物表面快速光解。水水光解 DT_{50}<3 d。

剂型　水剂。

主要生产商　Aimco、CCA Biochemical、Excel Crop Care、Dow AgroSciences、Rotam、重庆双丰化工有限公司、河北万全力华化工有限责任公司、湖南比德生化科技有限公司、江苏省南京红太阳生物化学有限责任公司、江苏维尤纳特精细化工有限公司、利尔化学股份有限公司、连云港埃森化学有限公司、山东潍坊润丰化工股份有限公司、潍坊绿霸化工有限公司、永农生物科学有限公司、浙江拜克生物股份有限公司及浙江富农生物科技有限公司等。

作用机理与特点　激素型除草剂。可被植物叶片、根和茎部吸收传导。能够快速向生长点传导，引起植物上部畸形、枯萎、脱叶、坏死，木质部导管受堵变色，最终导致死亡。

应用　可以防治大多数双子叶杂草、灌木。对根生杂草如刺儿菜、小旋花等效果突出。对十字花科杂草效果差。主要用于森林、荒地等非耕地块防除阔叶杂草（一年生及多年生）、灌木，用量为 100～200 g(a.i.)/亩。豆类、葡萄、蔬菜、棉花、果树、烟草、向日葵、甜菜、花卉等对氨氯吡啶酸敏感，在轮作倒茬时应考虑残留氨氯吡啶酸对这些作物的影响。氨氯吡啶酸药液飘移物都会对这些作物造成危害，故不宜在靠近这些作物地块的地方用氨氯吡啶酸作气雾处理，尤其在有风的情况下。也不宜在径流严重的地块施药。氨氯吡啶酸生物活性高，且在喷雾器（尤其是金属材料）壁上的残存物极难清洗干净。在对大豆、烟草、向日葵等阔叶作物地除草继续使用这种喷雾器时，常常会产生药害，故应将喷雾器专用。

专利概况

专利名称　Amino-trichloropicolinic acid compounds

专利号　US 3285925　　　　　　专利申请日　1964-04-15

专利申请人　Dow Chemical Co.

其他相关专利　ES 290054、CH 449323、GB 957831 等。

登记情况　氨氯吡啶酸在中国登记有 95%和 96%的原药共 17 个，相关制剂 23 个。单剂登记为非耕地，混剂登记为小麦田、油菜田，均用于防治阔叶杂草。部分登记情况见表 3-117。

表 3-117　氨氯吡啶酸在中国部分登记情况

登记证号	农药名称	剂型	含量	登记作物/场所	防治对象	亩用药量（制剂）	施用方法	登记证持有人
PD20183678	氨氯吡啶酸	水剂	24%	非耕地	紫茎泽兰	300～600 mL	茎叶喷雾	洛阳天仓龙邦生物科技有限公司
					薇甘菊	1000～1500 倍液		
PD20182906	氨氯吡啶酸	水剂	24%	非耕地	阔叶杂草	300～600 mL	茎叶喷雾	重庆树荣作物科学有限公司
PD20184330	滴·氨氯	水剂	304 g/L	春小麦田	一年生阔叶杂草	80～100 mL	茎叶喷雾	中农立华（天津）农用化学品有限公司
PD20183258	氨氯·二氯吡	水剂	30%	春油菜		25～35 mL	茎叶喷雾	山东埃森化学有限公司
PD20181415	氨氯吡啶酸	原药	96%					连云港埃森化学有限公司
PD20151840	氨氯吡啶酸	原药	95%					江苏省南京红太阳生物化学有限责任公司

合成方法　经如下反应制得氨氯吡啶酸：

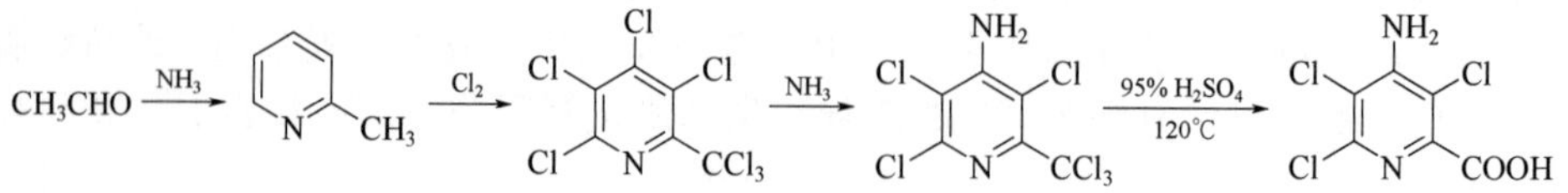

参考文献

[1]　The Pesticide Manual.17 th edition: 883-886.

二氯喹啉酸（quinclorac）

C₁₀H₅Cl₂NO₂，242.1，84087-01-4

二氯喹啉酸（试验代号：BAS-514H，商品名称：Accord、Drive、Facet、Paramount、Queen、Silis、Sunclorac，其他名称：快杀稗、稗草净、稗草亡、杀稗快、杀稗特、杀稗王、克稗灵、神除）是由德国巴斯夫公司 1989 年开发上市的喹啉羧酸类除草剂。

化学名称　3,7-二氯喹啉-8-羧酸。英文化学名称 3,7-dichloroquinoline-8-carboxylic acid。美国化学文摘（CA）系统名称 3,7-dichloro-8-quinolinecarboxylic acid。CA 主题索引名称 8-quinolinecarboxylic acid—，3,7-dichloro-。

理化性质　白色或黄色无臭晶体。熔点 274℃，蒸气压＜0.01 mPa（20℃），分配系数 lgK_{ow}=-0.74（pH 7），pK_a(20～25℃)=4.34，相对密度 1.68（20～25℃）。溶解度（20～25℃）：水中 0.065 mg/L（pH 7），丙酮＜10 g/L，几乎不溶于其他溶剂。在 50℃可稳定存在 24 个月。

毒性　急性经口 LD_{50}（mg/kg）：大鼠 2680，小鼠＞5000。大鼠急性经皮 LD_{50}＞2000 mg/kg，大鼠急性吸入 LC_{50}（4 h）＞5.2 mg/L。对兔的眼睛及皮肤无刺激性。NOEL（mg/kg）：大鼠（2 年）533，小鼠（1.5 年）30。ADI/RfD（EPA）0.38 mg/kg（1992）。无致癌性。

生态效应　山齿鹑急性经口 LD_{50}＞2000 mg/kg。野鸭、山齿鹑饲喂 LD_{50}（8 d）＞5000 mg/kg。鱼毒 LC_{50}（96 h）：虹鳟鱼、大翻车鱼、鲤鱼＞100 mg/L。水蚤 LC_{50}（48 h）113 mg/L。对藻类无毒。其他水生生物 LC_{50}（mg/L）：（96 h）糠虾 69.9，蓝蟹＞100，（48 h）圆蛤＞100。通常用量下，该药对蜜蜂、蚯蚓无影响。

环境行为　①动物。大鼠口服后，90%的二氯喹啉酸在 5 d 内经尿液排出体外。②植物。被植物的根和叶片吸收。③土壤/环境。少部分由土壤吸收。根据土壤类型和有机质含量的不同，化学品相对移动，移动性随着渗透率的增加而加大。二氯喹啉酸可被微生物降解，3-氯-8-喹啉羧酸是主要的降解产物。导致稻田土壤湿度变化的水分状况能够促进微生物降解。光照下发生光解反应，溶于腐植酸中。

剂型　可湿性粉剂、可分散油悬浮剂、悬浮剂、水分散粒剂、可溶粉剂、泡腾粒剂等。

主要生产商　AGROFINA、BASF、Sundat、江苏恒隆作物保护有限公司、江苏快达农化股份有限公司、江苏绿利来股份有限公司、江苏省激素研究所股份有限公司、江苏云帆化工有限公司、南通金陵农化有限公司、内蒙古莱科作物保护有限公司、沈阳科创化学品有限公司、浙江新安化工集团有限公司及浙江天丰生物科学有限公司等。

作用机理与特点　合成生长素（作用类似吲哚乙酸），也是细胞壁（纤维素）合成抑制剂。能被叶面迅速吸收。在小麦胚芽鞘伸长率试验、黄瓜根系伸长率试验、黄瓜曲率测试和大豆乙烯生物合成试验中，检测到的生长激素活性弱。对希尔反应无影响。植物反应类似于 IAA 或苯甲酸和吡啶类的生长激素类除草剂。

应用

（1）适用作物与安全性　对 2 叶期以后的水稻安全，水稻包括水稻秧田、直播田、移栽田和抛秧田。二氯喹啉酸在土壤中有积累作用，可能对后茬产生残留累积药害，所以下茬最好种植水稻、小粒谷物、玉米、高粱等耐药作物。用药后 8 个月内应避免种植棉花、大豆等敏感作物，特别注意施用过二氯喹啉酸的田里下一年不能种植茄科（番茄、烟草、马铃薯、茄子、辣椒等）、伞形花科（胡萝卜、荷兰芹、芹菜、欧芹、香菜等）、藜科（菠菜、甜菜等）、锦葵科（棉花、秋葵）、葫芦科（黄瓜、甜瓜、西瓜、南瓜等）、豆科（青豆、紫花苜蓿等）、菊科（高莴苣、向日葵等）、旋花科（甘薯等）等，若种则需两年后才可以种植。使用过二氯喹啉酸的田水流到以上作物田中或用田水灌溉，或喷雾时雾滴飘移到以上作物上，均会造成药害。

（2）防除对象　稗草，能杀死 1～7 叶期的稗草，对 4～7 叶期的高龄稗草药效突出。对田菁、决明、雨久花、鸭舌草、水芹、茨藻等有一定的防效，对莎草科杂草无效。

（3）应用技术　①严格掌握用药量，因二氯喹啉酸是激素型的除草剂，用药过量、重复喷洒会出现药害，抑制水稻生长而减产。②施药后 1～2 d 灌水，保水 3～5 cm 水层，保持 5 d 以上，5～7 d 以后恢复正常田间管理。水层太深会降低对稗草的防效。③与其他除草剂混合使用前，应先做试验，避免出现药害。④因二氯喹啉酸对多种蔬菜敏感，用稻田水浇菜，易出药害，所以应避免用稻田水浇菜。⑤特别注意的是避免在水稻播种早期胚根或根系暴露在外时使用，水稻 2.5 叶期前勿用。

（4）使用方法　水稻苗前和苗后均可使用，剂量为 250～750 g (a.i.)/hm² [亩用量为 16.6～50 g (a.i.)]。

①水稻插秧田。在稗草 1～7 叶期均可施用，但以稗草 2.5～3.5 叶期为最佳。每亩用 50% 二氯喹啉酸 27～52 g 或 25% 二氯喹啉酸 53～100 mL 进行喷雾。②直播田和秧田。由于水稻 2 叶期以前的秧苗对二氯喹啉酸较为敏感，所以在秧田或直播田中使用应在秧苗 2.5 叶期以后，用药量、使用方法与插秧田相似。

混用：用于水稻直播田和移栽田，防除阔叶杂草和莎草科杂草，二氯喹啉酸可与苄嘧磺隆、吡嘧磺隆、乙氧嘧磺隆、环丙嘧磺隆、灭草松、莎阔丹等除草剂混用。水稻移栽后或直播田水稻苗后、稗草 3 叶期前每亩用 50% 二氯喹啉酸 26～30 g 或 25% 二氯喹啉酸 50～60 mL 加 10% 吡嘧磺隆 10 g 或 10% 苄嘧磺隆 15～17 g 或 10% 环丙嘧磺隆 13～17 g 或 15% 乙氧嘧磺隆 10～15 g 混用，可有效地防除稗草、泽泻、慈姑、雨久花、鸭舌草、眼子菜、节节菜、萤蔺、异型莎草、碎米莎草、牛毛毡等一年生禾本科、莎草科杂草、阔叶杂草，对难治的多年生莎草科的扁秆藨草、日本藨草、藨草等有较强的抑制作用。施药前一天排水使杂草露出水面，施药后 2 d 放水回田，一周内稳定水层 3～5 cm。水稻移栽后或直播田水稻苗后、稗草 3～8 叶期，每亩用 50% 二氯喹啉酸 35～53.3 g 或 25% 二氯喹啉酸 70～100 mL 加 48% 灭草松 167～200 mL 或 46% 2 甲·灭草松（莎阔丹）167～200 mL，可有效地防除稗草、泽泻、慈姑、眼子菜、鸭舌草、雨久花、节节菜、花蔺、牛毛毡、萤蔺、碎米莎草、异型莎草、扁秆藨草、日本藨草等一年生杂草和难治的多年生莎草科杂草。防除扁秆藨草、日本藨草、藨草等难治的多年生莎草科杂草，还可在移栽田插前或插后，直播田水稻苗后，多年生莎草科杂草株高 7 cm 前单用 10% 吡嘧磺隆每亩 10 g 或 30% 苄嘧磺隆 10 g，间隔 10～20 d 再用吡嘧磺隆、苄嘧磺隆同样剂量与 50% 二氯喹啉酸 35～53.3 g 或 25% 二氯喹啉酸 70～100 mL 混用。

专利概况

专利名称　Dichloroquinoline derivatives for use as herbicides

专利号　DE 3108873　　专利申请日　1981-03-09

专利申请人　BASF AG。

登记情况　二氯喹啉酸在中国登记有 96% 的原药共 16 个，相关制剂 204 个。主要用于水稻田防治稗草。部分登记情况见表 3-118。

表 3-118 二氯喹啉酸在中国部分登记情况

登记证号	农药名称	剂型	含量	登记场所	防治对象	亩用药量（制剂）	施用方法	登记证持有人
PD20184162	二氯喹啉酸	可分散油悬浮剂	25%	水稻田（直播）	稗草	60～100 mL	茎叶喷雾	安徽远景作物保护有限公司
PD20183491	二氯喹啉酸	悬浮剂	25%	水稻田（直播）		70～100 mL	茎叶喷雾	河南瀚斯作物保护有限公司
PD20200061	二氯喹啉酸·莠去津	悬浮剂	40%	高粱田	一年生杂草	140～180 mL	茎叶喷雾	四川沃野农化有限公司
PD20180242	二氯喹啉酸	可湿性粉剂	50%	水稻移栽田	稗草	30～50 g	茎叶喷雾	安徽华旗农化有限公司
PD20183032	二氯喹啉酸	原药	96%					江苏恒隆作物保护有限公司
PD20060015	二氯喹啉酸	原药	96%					巴斯夫欧洲公司

合成方法 以间氯邻甲苯胺、甘油为起始原料，首先制得中间体 7-氯-8-甲基喹啉，再在二氯苯中通氯气生成 3,7-二氯-8-氯甲基喹啉，然后用浓硝酸在浓硫酸中氧化得目的物。或上述氯化物与盐酸羟胺、甲酸-甲酸钠和水在 100℃反应 12 h，得 3,7-二氯-8-氰基喹啉，然后在 140℃下用浓硫酸水解 20 h 亦可得目的物。反应式如下：

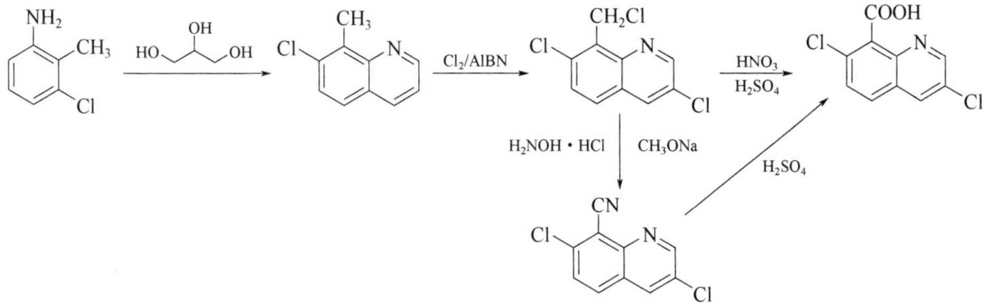

参考文献

[1] The Pesticide Manual.17 th edition: 992-993.

[2] 杜卫刚. 河北化工, 2007(10): 40-41.

喹草酸（quinmerac）

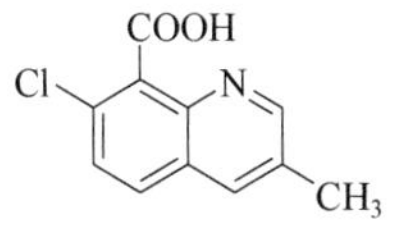

C₁₁H₈ClNO₂，221.6，90717-03-6

喹草酸（试验代号：BAS 518H，商品名称：Gavelan，其他名称：氯甲喹啉酸）是由巴斯夫公司 1993 年开发的喹啉羧酸类除草剂。

化学名称 7-氯-3-甲基喹啉-8-羧酸。英文化学名称 7-chloro-3-methylquinoline-8-

carboxylic acid。美国化学文摘（CA）系统名称 7-chloro-3-methyl-8-quinolinecarboxylic acid。CA 主题索引名称 8-quinolinecarboxylic acid—, 7-chloro-3-methyl-。

理化性质　无色无味晶体。熔点 239℃，蒸气压<0.01 mPa（20℃），相对密度（20～25℃）1.49。分配系数 $\lg K_{ow}$=-1.11（pH 7），Henry 常数<$9.9×10^{-6}$ Pa·m^3/mol，pK_a(20～25℃)=4.32。溶解度（20～25℃）：水中 223 mg/L（去离子水），240 g/L（pH 9）；其他溶剂（g/L）：丙酮2、二氯甲烷3、乙醇0.8、正己烷<0.7、甲苯<0.9、乙酸乙酯<0.9。对光、热稳定，在 pH 3～9 条件下稳定。

毒性　大鼠急性经口 LD_{50}>5000 mg/kg，大鼠急性经皮 LD_{50}>2000 mg/kg。对兔的皮肤和眼睛无刺激性作用。大鼠急性吸入 LC_{50}（4 h）>5.4 mg/L。喂饲试验 NOAEL 数据（mg/kg）：大鼠（1 年）404，狗（1 年）8，小鼠（78 周）38。ADI/RfD 0.08 mg/kg。无致突变性、无致畸性、无致癌性。

生态效应　山齿鹑急性经口 LD_{50}>2000 mg/kg。鱼 LC_{50}（96 h，mg/L）：虹鳟鱼 86.8，鲤鱼>100。水蚤 LC_{50}（48 h）148.7 mg/L。绿藻 EC_{50}（72 h）>48.5 mg/L。蜜蜂 LD_{50}（经口或接触）>200 μg/只，蚯蚓 LC_{50}>2000 mg/kg 土壤。

环境行为　①动物。大鼠仅有少量代谢物形成。②植物。在油菜、小麦和甜菜体内的代谢情况参阅 E. Keller, IUPAC 7th Int. Congr. Pestic. Chem., 1990, 2: 154。③土壤/环境。DT_{50}：（室内）28～85 d（20℃），（田间）3～33 d。K_{oc} 19～185。

剂型　可湿性粉剂。

主要生产商　BASF。

作用机理与特点　合成生长素（作用类似吲哚乙酸）。诱导形成 1-氨基环丙烷-1-羧酸，导致乙烯生成，后者诱导脱落酸的形成。苗后施用，主要通过根部吸收，部分通过叶子吸收。潮湿的环境可以促进有效成分的吸收与药效的迅速发挥。乙烯和脱落酸的产生有促进偏上生长、改变吸收和水的关系等功效。

应用

（1）**适宜作物与防除对象**　喹草酸主要用于禾谷类作物、油菜和甜菜中防除猪殃殃、婆婆纳和其他杂草。伞形科作物对其非常敏感。

（2）**使用方法**　苗前和苗后除草。禾谷类作物使用剂量为 250～1000 g (a.i.)/hm^2［亩用量为 16.7～66.7 g (a.i.)]，油菜使用剂量为 16.7～50 g (a.i.)]，甜菜使用剂量为 0.25 kg (a.i.)/hm^2［亩用量为 16.7 g (a.i.)]。与绿麦隆混用［800 g+绿麦隆 2000 g (a.i.)/hm^2］对猪殃殃、常春藤婆婆纳、鼠尾看麦娘的防效达 97%～98%。与异丙隆混用[0.6 kg (a.i.)/hm^2 或 0.75 kg (a.i.)/hm^2]也有很好效果。

专利概况

专利名称　Quinoline derivatives and their use for controlling undesirable plant growth

专利号　DE 3233089　　　　　专利申请日　1982-09-07

专利申请人　BASF AG。

合成方法　有如下三种合成方法：

（1）以 3-氯-2-甲基苯胺、甲基丙烯醛为原料，经如下反应制得目的物：

（2）以 7-氯-3,8-二甲基喹啉为原料，经如下反应制得目的物：

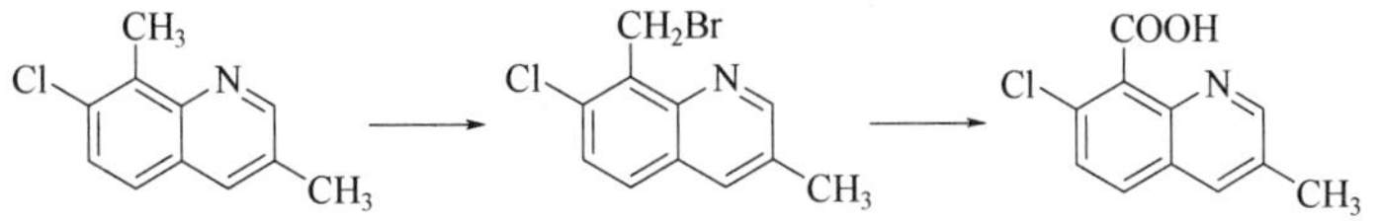

（3）以 6-氯-2-氨基苯甲酸、甲基丙烯醛为原料，经如下反应制得目的物：

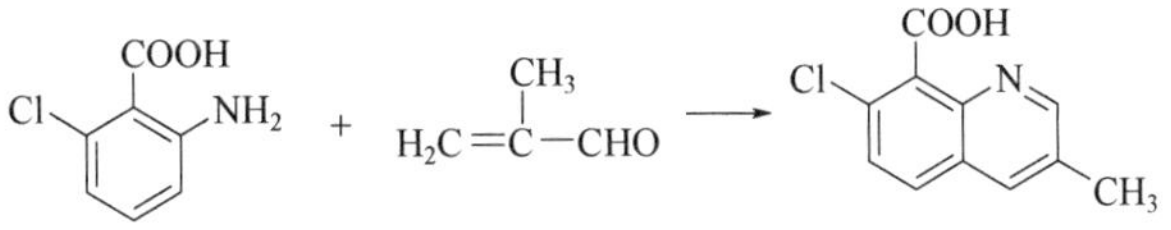

参考文献

[1] The Pesticide Manual.17 th edition: 993-994.

[2] Proc. Br. Crop. Prot. Conf.-Weeds. 1985, 63.

噻草啶（thiazopyr）

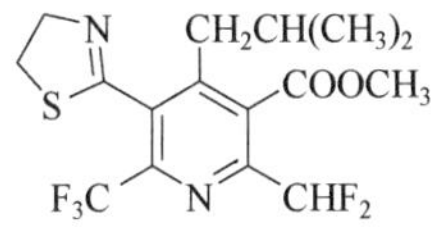

$C_{16}H_{17}F_5N_2O_2S$，396.4，117718-60-2

噻草啶（试验代号：MON 13200、RH-123652，商品名称：Mandate、Visor）是由孟山都公司研制，罗门哈斯公司（现陶氏）开发的吡啶类除草剂。

化学名称　2-二氟甲基-5-(4,5-二氢-1,3-噻唑-2-基)-4-异丁基-6-三氟甲基烟酸甲酯。英文化学名称　methyl 2-(difluoromethyl)-5-(4,5-dihydrothiazol-2-yl)-4-(2-methylpropyl)-6-(trifluoro-methyl)pyridine-3-carboxylate。美国化学文摘（CA）系统名称　methyl 2-(difluoromethyl)-5-(4,5-dihydro-2-thiazolyl)-4-(2-methylpropyl)-6-(trifluoromethyl)-3-pyridinecarboxylate。CA 主题索引名称 3-pyridinecarboxylic acid—, 2-(difluoromethyl)-5-(4,5-dihydro-2-thiazolyl)-4-(2-me-thylpropyl)-6-(trifluoromethyl)-methyl ester。

理化性质　原药含量93%，具硫黄味的浅棕色固体。熔点 77.3～79.1℃，蒸气压 0.27 mPa（25℃），分配系数 $\lg K_{ow}$=3.89，相对密度 1.373（25℃）。溶解度（20～25℃）：水中 2.5 mg/L；有机溶剂中（g/L）：甲醇 287，己烷 30.6。水中光解 DT_{50} 15 d。碱中水解 DT_{50} 64 d（pH 9），3394 d（pH 7），稳定（pH 4、5）。

毒性　大鼠急性经口 LD_{50}＞5000 mg/kg。兔急性经皮 LD_{50}＞5000 mg/kg。对兔的皮肤和眼睛有轻微刺激性。对豚鼠皮肤无致敏性。大鼠急性吸入 LC_{50}（4 h）＞1.2 mg/L 空气。NOEL ［mg/(kg·d)］：（2 年）大鼠 0.36，（1 年）狗 0.5。ADI/RfD（EPA）0.008 mg/kg（1997）。无诱变性、无遗传毒性及无致畸作用。

生态效应　山齿鹑急性经口 LD_{50} 1913 mg/kg，山齿鹑和野鸭饲喂 LC_{50}（5 d）＞5620 mg/kg。鱼 LC_{50}（96 h，mg/L）：大翻车鱼 3.4，虹鳟鱼 3.2，羊头鱼 2.9；黑头呆鱼（生命周期）NOEC 0.092 mg/L。水蚤 LC_{50}（48 h）6.1 mg/L。藻类 EC_{50}（mg/L）：月牙藻 0.04，鱼腥藻 2.6，骨条藻 0.094。其他水生生物 EC_{50}（mg/L）：东部牡蛎 0.82，糠虾 2.0。浮萍 IC_{50}（14 d）0.035 mg/L。

蜜蜂 LD$_{50}$＞100 μg/只。蚯蚓 LC$_{50}$（14 d）＞1000 mg/kg 土壤。其他有益生物：在实验室研究中，对蜘蛛无害，对捕食螨、甲虫稍微有害，对寄生蜂有中度危害。

环境行为 ①动物。迅速广泛地代谢并被排出体外。通过硫和碳的氧化和氧化脱脂作用被大鼠肝脏氧化。大翻车鱼的生物富集系数 220，排出迅速，14 d 内 98%被排出体外。②植物。对几个物种的研究表明，噻草啶的代谢首先发生在二氢噻唑环，被植物氧化酶氧化成砜、亚砜、羟基衍生物和噻唑，同时还被脱脂成羧酸。③土壤/环境。土壤中，通过微生物和水解来降解。对美国多个地区的土壤消解研究表明平均 DT$_{50}$ 64 d（8～150 d）。垂直移动性很小，只有约 5.49 m 以下的几个检测值。单酸代谢产物也限制了正常使用下的垂直移动。土壤中光解不显著，水溶液中 DT$_{50}$ 15 d，表明污染地表水的潜力有限。

剂型 乳油、颗粒剂、可湿性粉剂。

主要生产商 Dow AgroSciences。

作用机理与特点 抑制细胞分裂，破坏纺锤体微管的形成。症状包括抑制根生长和分生组织肿胀，也可能会出现胚轴或茎节肿胀，种子萌发不受影响。

应用 果树、葡萄树、柑橘、甘蔗、菠萝、紫花苜蓿和森林等苗前用除草剂，主要用于防除一年生禾本科杂草和某些阔叶杂草，使用剂量一般为 0.1～0.56 kg/hm²。

专利概况

专利名称 Substituted 2, 6-substituted pyridine compounds

专利号 EP 278944　　　　**专利申请日** 1988-02-08

专利申请人 Monsanto Company。

合成方法 以三氟乙酰乙酸乙酯和异丁醛为起始原料，首先闭环生成取代的吡喃，经氨化、脱水，并与 DBU 反应得到取代的吡啶二羧酸酯。再经碱解、酸化、酰氯化制得取代的吡啶二酰氯，并与甲醇酯化，生成单酯。然后与乙醇氨制成酰胺，并与五硫化二磷反应生成硫代酰胺，最后闭环得到目的物。反应式为：

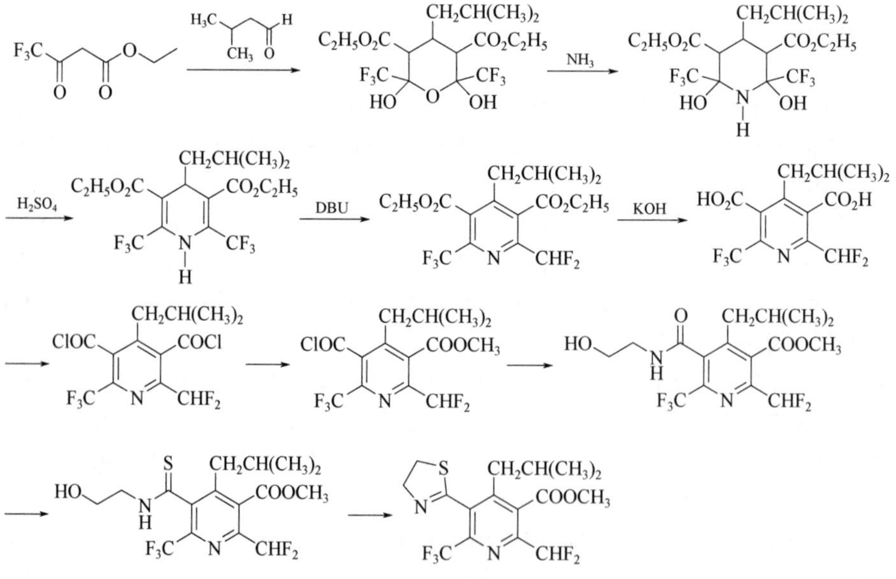

参考文献

[1] The Pesticide Manual.17 th edition: 1093-1094.

第二十二节

苯氧羧酸类除草剂

（phenoxyalkanoic acid herbicides）

一、创制经纬

苯氧羧酸类除草剂的发现属于随机筛选，第一个商品化的品种是 2,4-D，在其除草活性被发现之前，外国人 Zimmerman P. W.在 1943 年研究植物激素过程中，发现卤代苯氧乙酸类化合物可促进细胞伸长。第二年，Hamner 等人发现了化合物 **22-1** 和 **22-2** 在高浓度下，具有良好的除草效果，故后来被美国 Amchem 公司开发。后续其他品种均是在其基础上进行衍生优化得到的。

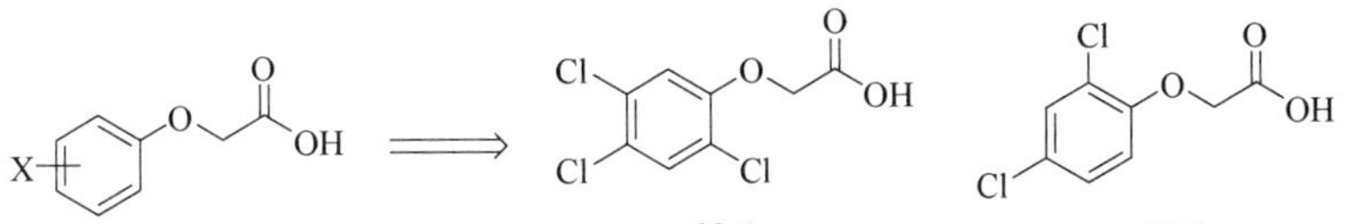

$$X = Cl/Br$$

22-1
(CAS:93-76-5)

22-2
(CAS:94-75-7)

二、主要品种

苯氧羧酸类共有报道约 20 个品种，其中苯氧乙酸类有 6 个：4-CPA、2,4-D、3,4-DA、MCPA、MCPA-thioethyl、2,4,5-T，苯氧丁酸类有 5 个：4-CPB、2,4-DB、3,4-DB、MCPB、2,4,5-TB，苯氧丙酸类有 8 个：cloprop、4-CPP、dichlorprop、dichlorprop-P、3,4-DP、fenoprop、mecoprop、mecoprop-P。下面将对 2,4-滴（2,4-D）、2,4-滴丁酸（2,4-DB）、2,4-滴丙酸（dichlorprop）、高 2,4-滴丙酸（dichlorprop-P）、2 甲 4 氯（MCPA）、2 甲 4 氯乙硫酯（MCPA-thioethyl）、2 甲 4 氯丁酸（MCPB）、2 甲 4 氯丙酸（mecoprop）、高 2-甲-4-氯丙酸（mecoprop-P）这 9 个品种进行介绍，它们都是合成生长素类除草剂。

2,4-滴（2,4-D）

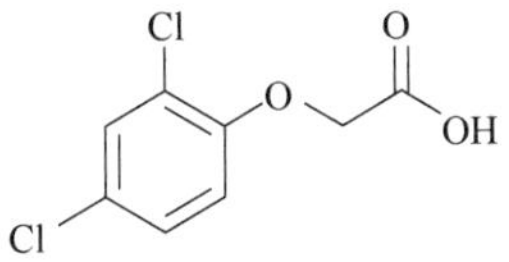

$C_8H_6Cl_2O_3$，221.0，94-75-7

2,4-滴〔试验代号：L208，商品名称：Akopur、Damine、Deferon、Herbextra、SunGold、Esteron 6E（2-乙基己基酯）、Erbitox LV-4（丁氧基乙基酯）、Baton（二甲胺盐）、Rogue（异

丁酯）等，其他名称：杀草快、大豆欢〕1942 年由美国 Amchem 公司合成，1945 年后许多国家投入生产。

化学名称 2,4-二氯苯氧乙酸。英文化学名称(2,4-dichlorophenoxy)acetic acid。美国化学文摘（CA）系统名称 2-(2,4-dichlorophenoxy)acetic acid。CA 主题索引名称 acetic acid—, 2-(2,4-dichlorophenoxy)-。

其他以酯或盐的形式存在：2,4-D-(2-丁氧基乙基酯)（2,4-D-butotyl）：321.2，$C_{14}H_{18}Cl_2O_4$，1929-73-3；2,4-D-丁酯（2,4-D-butyl）：277.1，$C_{12}H_{14}Cl_2O_3$，94-80-4；2,4-D-二甲胺盐（2,4-D-dimethylammonium）：266.1，$C_{10}H_{13}Cl_2NO_3$，2008-39-1；2,4-D-双(2-羟基乙基)胺盐（2,4-D-diolamine 或 2,4-D-diethanolammonium）：326.2，$C_{12}H_{17}Cl_2NO_5$，5742-19-8；2,4-D-2-乙基己基酯（2,4-D-2-ethylhexyl）：333.3，$C_{16}H_{22}Cl_2O_3$，试验代号：N208，其他名称 2,4-D-2-EHE，1928-43-4；2,4-D-异丁基酯（2,4-D-isobutyl）：277.1，$C_{12}H_{14}Cl_2O_3$，1713-15-1；2,4-D-异辛基酯(2,4-D-isoctyl)：333.3，$C_{16}H_{22}Cl_2O_3$，25168-26-7；2,4-二氯苯氧乙酸异辛酯，octyl (2,4-dichlorophenoxy)acetate；2,4-D-异丙基酯（2,4-D-isopropyl）：263.1，$C_{11}H_{12}Cl_2O_3$，94-11-1；2,4-二氯苯氧乙酸异丙酯，isopropyl (2,4-dichlorophenoxy)acetate；2,4-D-异丙基胺盐（2,4-D-isopropylammonium）：280.2，$C_{11}H_{15}Cl_2NO_3$，5742-17-6；2,4-D-钠盐（2,4-D-sodium）：243.0，$C_8H_5Cl_2NaO_3$，2702-72-9；2,4-二氯苯氧乙酸钠盐，sodium (2,4-dichlorophenoxy)acetate；2,4-D 三异丙醇胺盐（2,4-D-triisopropanolammonium）：412.3，$C_{17}H_{27}Cl_2NO_6$，18584-79-7；2,4-D 三乙醇胺盐（2,4-D-trolamine 或 2,4-D-triethanolammonium）：370.2，$C_{14}H_{21}Cl_2NO_6$，2569-01-9。

理化性质 2,4-滴 无色粉末，有石碳酸臭味。熔点 140.5℃，蒸气压 47.9 mPa（25℃），分配系数 $\lg K_{ow}$=2.83（pH 1）、0.33（pH 5）、−0.177（pH 7），Henry 常数 1.32×10^{-5} Pa·m³/mol（计算值），相对密度 1.508（20～25℃），pK_a(20～25℃)=2.73。溶解度（g/L，20～25℃）：水 0.311（pH 1）、20.031（pH 5）、23.180（pH 7）、34.196（pH 9）；乙醇 987、乙醚 173、庚烷 0.75、甲苯 5.8、二甲苯 5、辛醇 120；不溶于石油醚。是一种强酸，可形成水溶性碱金属盐和铵盐，遇硬水析出钙盐和镁盐，光解 DT_{50}7.5 d（模拟光照）。

2,4-滴-(2-丁氧基乙基酯) 沸点 89℃（1.01×10^5 Pa），蒸气压 3.2×10^{-1} mPa（25℃），分配系数 $\lg K_{ow}$=4.17，不溶于水。

2,4-滴-二甲胺盐 120℃分解，水中溶解度 72.9 g/L（pH 7，20～25℃）。

2,4-滴-2-乙基己基酯 2,4-滴-异辛酯异构体，二者之间经常转换混用。金黄色，非黏性液体，带甜味，微臭。熔点＜−37℃，沸点＞300℃（分解），闪点 171℃，蒸气压 47.9 mPa（25℃），分配系数 $\lg K_{ow}$=5.78，相对密度 1.148（20～25℃）。溶解度（20～25℃）：水中 0.086 mg/L，易溶于大多数有机溶剂。水解 DT_{50}＜1 h，对光稳定，DT_{50}＞100 d。54℃稳定。

2,4-滴-异辛基酯 2,4-滴-乙基己基异构体，二者之间经常转换混用。黄棕色液体，带苯酚味，沸点 317℃（1.01×10^5 Pa），闪点 171℃，相对密度 1.14～1.17（20～25℃）。水中溶解度 10 mg/L（20～25℃）。

2,4-滴-异丙基酯 无色液体，熔点 5～10℃和 20～25℃（两种形态），沸点 240℃（1.01×10^5 Pa）；130℃（133.3 Pa）。蒸气压 1400 mPa（25℃），分配系数 $\lg K_{ow}$=2.4。溶解度（20～25℃）：水中 0.23 g/L，可溶于乙醇和大多数油中。

2,4-滴-异丙基胺盐 熔点 121℃，水中溶解度 174 g/L（pH 5.3，20～25℃）。

2,4-滴-钠盐 白色粉末，熔点 200℃，水中溶解度（g/L）：18（20℃）、45（25℃）。

2,4-滴三异丙醇胺盐 水中溶解度 461 g/L（pH 7，20～25℃）。

2,4-滴三乙醇胺盐 熔点 142～144℃，水中溶解度 4400 g/L（30℃）。

毒性　2,4-滴　急性经口 LD_{50}（mg/kg）：大鼠 639～764，小鼠 138。急性经皮 LD_{50}（mg/kg）：大鼠＞1600，兔＞2400，对兔的眼睛和皮肤有刺激性，对豚鼠皮肤有致敏性。吸入 LC_{50}（24 h）：大鼠＞1.79 mg/L。最大无作用剂量（mg/kg）：大鼠和小鼠（2 年）5，狗（1 年）1。ADI/RfD（JMPR）0.01 mg/kg（2001，1997），0.01 mg/kg（1996）（2,4-滴及其酯和盐的总和，作为 2,4-滴）；（EC）0.05 mg/kg（2001）；（EPA）aRfD 0.025 mg/kg，cRfD 0.005 mg/kg（2005）。

2,4-滴-(2-丁氧基乙基酯)　大鼠急性经口 LD_{50} 866 mg/kg，大鼠急性经皮 LD_{50}＞2000 mg/kg。对眼无刺激，对皮肤轻微刺激。大鼠急性吸入 LC_{50} 4.6 mg/L。大鼠 NOAEL（发育毒性）51 mg/(kg·d)。

2,4-滴-2-乙基己基酯　大鼠急性经口 LD_{50} 896 mg/kg，兔急性经皮 LD_{50}＞2000 mg/kg，对眼轻微刺激，对皮肤无刺激，对豚鼠皮肤有致敏性。大鼠吸入 LC_{50}（4 h）＞5.4 mg/L 空气。大鼠 NOAEL（发育毒性）10 mg/(kg·d)。ADI/RfD 与 2,4-滴相当。

2,4-滴-二甲胺盐　大鼠急性经口 LD_{50} 949 mg/kg，大鼠急性经皮 LD_{50}＞2000 mg/kg，对兔的皮肤无刺激，对兔的眼睛严重刺激。大鼠急性吸入 LC_{50}（4 h）＞3.5 mg/L 空气。大鼠 NOAEL（发育毒性）12.5 mg/(kg·d)。

2,4-滴-双(2-羟基乙基)胺盐　大鼠急性经口 LD_{50} 735 mg/kg，兔急性经皮 LD_{50}＞2000 mg/kg，对眼严重刺激，对皮肤轻微刺激。大鼠急性吸入 LC_{50}＞3.5 mg/L。大鼠 NOAEL（发育毒性）10.2 mg/(kg·d)。

2,4-滴-异辛基酯　大鼠急性经口 LD_{50} 650 mg/kg，大鼠急性经皮 LD_{50}＞3000 mg/kg。NOEL（mg/kg）：大鼠 1250，狗 500。

2,4-滴-异丙基酯　大鼠急性经口 LD_{50} 700 mg/kg，大鼠急性经皮 LD_{50}＞2000 mg/kg。对眼和皮肤无刺激，大鼠吸入 LC_{50}＞4.97 mg/L。

2,4-滴-异丙基胺盐　大鼠急性经口 LD_{50} 1646 mg/kg，大鼠急性经皮 LD_{50}＞2000 mg/kg，对眼严重刺激，对皮肤轻微刺激。大鼠吸入 LC_{50} 3.1 mg/L。大鼠 NOAEL（发育毒性）51 mg/(kg·d)。

2,4-滴-钠盐　大鼠急性经口 LD_{50} 666～805 mg/kg。

2,4-滴三异丙醇胺盐　大鼠急性经口 LD_{50} 1074 mg/kg，大鼠急性经皮 LD_{50}＞2000 mg/kg，对眼严重刺激，对皮肤轻微刺激。大鼠吸入 LC_{50} 0.78 mg/L。大鼠 NOAEL（发育毒性）17 mg/(kg·d)。

生态效应　2,4-滴　急性经口 LD_{50}（mg/kg）：野鸭＞1000，山齿鹑 668，鸽子 668，野鸡 472。野鸭 LC_{50}（96 h）＞5620 mg/L。虹鳟鱼 LC_{50}（96 h）＞100 mg/L。水蚤 LC_{50}（21 d）235 mg/L。羊角月牙藻 EC_{50}（5 d）33.2 mg/L。浮萍 EC_{50} 0.5 mg/L。对蜜蜂无毒，LD_{50}（经口）104.5 μg/只。蚯蚓 LC_{50}（7 d）860 mg/kg，无作用剂量（14 d）100 g/kg。对其他有益生物如蛾赤眼蜂、土鳖虫、双线翅隐虫无害。

2,4-滴-(2-丁氧基乙基酯)　山齿鹑 LD_{50}＞2000 mg/kg，野鸭 LC_{50}（5 d）＞5620 mg/L。鱼毒 LC_{50}（96h，mg/L）：虹鳟鱼 2.09，大翻车鱼 0.62，黑头呆鱼 2.60，虹鳟鱼（56 h）0.65。水蚤 LC_{50}/EC_{50}（48 h）7.2 mg/L。藻类 EC_{50}（96 h，mg/L）：羊角月牙藻 24.9，舟形藻 1.86，中肋骨条藻 1.48，水华鱼腥藻 6.37；其 NOEC（mg/L）分别为：12.5，0.86，0.78，3.14。浮萍 EC_{50} 0.576 mg/L。

2,4-滴-二甲胺盐　山齿鹑急性经口 LD_{50} 500 mg/kg，野鸭 LC_{50}（5 d）＞5620 mg/L。虹鳟鱼 LC_{50}（96 h）100 mg/L，藻类 EC_{50}（mg/L）：羊角月牙藻 51.2，舟形藻 4.67。浮萍 EC_{50} 0.58 mg/L，NOEC 0.27 mg/L。蜜蜂 LD_{50}（μg/只）：接触＞100，经口 94。

2,4-滴-双(2-羟基乙基)胺盐　山齿鹑急性经口 LD_{50} 595 mg/kg，野鸭 LC_{50}（5 d）＞5620 mg/L。

虹鳟鱼和大翻车鱼 LC_{50}（96 h）＞120 mg/L。水蚤 LC_{50}/EC_{50}（48 h）＞100 mg/L，羊角月牙藻 EC_{50} 11 mg/L，NOEC 0.50 mg/L。浮萍 EC_{50} 0.44 mg/L，NOEC 0.07 mg/L。

2,4-滴-2-乙基己基酯　野鸭急性经口 LD_{50} 663 mg/kg，山齿鹑和野鸭饲喂 LC_{50}（5 d）＞5620 mg/L。黑头呆鱼、大翻车鱼、虹鳟鱼 LC_{50} 均高于水中溶解度。水蚤 EC_{50}（48 h）5.2 mg/L。藻类 EC_{50}（mg/L）：中肋骨条藻 0.23，舟形藻 4.1，羊角月牙藻和水华鱼腥藻＞30。浮萍 EC_{50}（14 d）0.5 mg/L。蜜蜂 LD_{50}（μg/只）：接触＞100，经口＞100。

2,4-滴-异辛基酯　鳟鱼 LC_{50}（96 h）0.5～1.2 mg/L。

2,4-滴-异丙基酯　山齿鹑急性经口 LD_{50}1879 mg/kg，野鸭 LC_{50}（5 d）＞5218 mg/L。鱼 LC_{50}（96 h，mg/L）：虹鳟鱼 0.69，大翻车鱼 0.31。水蚤 LC/EC_{50}（48 h）2.6 mg/L。羊角月牙藻 EC_{50} 0.13 mg/L，NOEC 26.4 mg/L。

2,4-滴-异丙基胺盐　野鸭急性经口 LD_{50}＞398 mg/kg，野鸭 LC_{50}（5 d）＞5620 mg/L。虹鳟鱼 LC_{50}（96 h）2840 mg/L，水蚤 LC_{50}/EC_{50}（48 h）583 mg/L，羊角月牙藻 EC_{50} 43.4 mg/L。

2,4-滴-钠盐　野鸭急性经口 LD_{50}＞2025 mg/kg，虹鳟鱼 LC_{50}（96 h）＞100 mg/L。

2,4-滴三异丙醇胺盐　山齿鹑急性经口 LD_{50}＞405 mg/kg，野鸭 LC_{50}（5 d）＞5620 mg/L。虹鳟鱼 LC_{50}（96 h）300 mg/L，水蚤 LC_{50}/EC_{50}（48 h）630 mg/L。羊角月牙藻 EC_{50}75.7 mg/L。浮萍 EC_{50} 2.37 mg/L，NOEC 2.38 mg/L。

环境行为　2,4-滴　当按照建议量使用时，2,4-滴不会对任何动物物种产生直接毒性作用。①动物。本品经口摄入在大鼠体内，结构未经变化而快速消除。服用单一剂量达 10 mg/kg 时，24 h 后几乎完全排泄。较高剂量时完全排泄花费时间较长，经过大约 12 h 之后体内浓度可达最高。②植物。在植物体内，代谢包括羟基化反应、脱羧反应、酸侧链裂解和开环。③土壤/环境。土壤中，微生物降解作用包括羟基化反应，脱羧反应，酸侧链裂解和开环。土壤 DT_{50}＜7 d。K_{oc} 约为 60。因在土壤中的快速降解，所以阻止了其在正常条件下显著的向下渗透。

剂型　乳油、可溶粒剂、水剂、可溶粉剂等。

主要生产商　Adama、Agrochem、AgroDragon、Aimco、Ancom、Atanor、CAC、Chemtura、Crystal、Krishi Rasayan、Lucava、Nufarm GmbH、Nufarm Ltd、Proficol、Sundat、Wintafone、安徽华星化工有限公司、安徽兴隆化工有限公司、安徽中山化工有限公司、重庆双丰化工有限公司、河北省万全农药厂、黑龙江省嫩江绿芳化工有限公司、湖北沙隆达股份有限公司、佳木斯黑龙农药化工股份有限公司、江苏常丰农化有限公司、江苏好收成韦恩农化股份有限公司、江苏辉丰农化股份有限公司、江苏莱科化学有限公司、江苏省常州永泰丰化工有限公司、江苏省南通泰禾化工有限公司、江苏省农用激素工程技术研究中心有限公司、江西天宇化工有限公司、捷马化工股份有限公司、辽宁省大连松辽化工有限公司、美国陶氏益农公司、山东滨农科技有限公司、山东科源化工有限公司、山东侨昌化学有限公司、山东潍坊润丰化工股份有限公司、四川国光农化股份有限公司、威海韩孚生化药业有限公司以及浙江博仕达作物科技有限公司。

作用机理与特点　合成生长素（作用类似于吲哚乙酸）。选择性内吸型除草剂和植物生长调节剂。其盐能被根迅速吸收，其酯则被叶面快速吸收。体内传导，主要积累于根与芽的分生组织。低浓度时，往往促进生长，有防止落花落果、提高坐果率、促进果实生长、提早成熟、增加产量的作用，可作为植物生长调节剂来减少落果、增大果实及延长柑橘的储存期；高浓度时，表现出生长抑制及除草剂的特性，尤其在阔叶植物上表现更明显。通常活性排序：

酯＞酸＞盐，在盐类中，铵盐＞钠盐或钾盐；盐比酯的淋溶性高。

应用　主要用于苗后茎叶处理，广泛用于防除小麦、大麦、玉米、谷子、燕麦、水稻、高粱、甘蔗、禾本科牧草等作物田中的阔叶杂草，如车前草和婆婆纳属等。主要用于禾谷类作物（小麦、玉米为主；高粱、谷子抗性稍差）；禾本科植物幼苗期对该类除草剂敏感，3～4 叶期后抗性逐渐增强，分蘖末期最强，而幼穗分化期敏感性又上升，因此分蘖期施药对作物安全性高，一般建议在冬小麦春季返青拔节前使用。高温、强光促进作物对该类除草剂的吸收和传导，在气温低于 18℃时效果明显变差，空气湿度大有利于吸收，土壤墒情好有利于传导。2,4-滴在温度 20～28℃时，药效随温度上升而提高，低于 20℃则药效低。溶液 pH 值影响除草效果，碱性溶液易导致分解，效果下降，配制时，加入适量酸性物质，如硫酸铵可显著提高效果；以井水等碱性水配药时，加入少量磷酸二氢钾可降低pH 值，稳定除草剂。该类除草剂在土壤中主要依靠微生物降解，温暖湿润条件下，土壤中残效期仅为 1～4 周；而在寒冷干燥气候条件下，残效期可长达 1～2 个月。2,4-滴在低温下（15℃以下）使用，易导致对小麦的药害。2,4-滴对十字花科和莎草效果较好，成为麦田除草剂的主要配角。2,4-滴异辛酯更耐低温，挥发性大大降低，该类品种异辛酯化趋势会加速。单、双子叶作物混种区要注意飘移药害，注意低温下的药害问题，注意土壤残留对下茬作物危险。

2,4-滴以及其酯和盐还是一种高活性植物生长调节剂，用于保花保果，可刺激花粉发芽，增强花粉对外界不良环境的抵抗能力，能较好地完成受精过程达到保花、保果的目的，同时可提早成熟。85% 2,4-滴钠盐可溶粉剂用于番茄，为防止落花如春季低温落花或夏季高温落花，于番茄花蕾顶部见黄未完全开放或呈喇叭状时施药，即花前 1～2 d 浸花或涂花。施用方法为温度 15℃左右每克对水 40～45 kg，20℃左右每克对水 50～55 kg，25℃以上每克对水85 kg，然后将稀释液用毛笔或棉球涂花或点花。

2,4-滴可用于耐除草剂转基因作物。如 DAS40278 玉米对 2,4-滴和芳氧苯氧丙酸酯类禾本科杂草除草剂（如喹禾灵）具有耐受性。DAS68416、DAS4440、DAS44406 大豆对多个激素型除草剂，包括 2,4-滴、2,4-滴丁酸等具有耐受性，为其灵活使用及应用提供了空间或市场。

2,4-滴与化肥复合的除草药肥正在得到农业的认同。黑龙江省将 2,4-滴除草剂与尿素或过磷酸钙混用，发现有明显的除草、增效和增产作用，特别是过磷酸钙在提高药效和增产作用上效果最为明显；在玉米生产中混合应用氮、磷、钾肥与 2,4-滴，也表现出了除草及产量的明显增效作用。

登记情况　目前在中国登记了 96%、97%、98% 2,4-滴原药，94.4%、96%、97% 2,4-滴异辛酯原药，92%、96% 2,4-滴丁酯原药，80.5%、95%、96% 2,4-滴钠盐原药49 个和相关制剂 200 个，可用于防除小麦田、玉米田和水稻田等一年生阔叶杂草或者作为植物生长调节剂使用。部分登记情况见表 3-119。

表 3-119　2,4-滴酯与盐类在中国部分登记情况

登记证号	农药名称	剂型	含量	登记作物/场所	防治对象	亩用药量（制剂）	施用方法	登记证持有人
PD85151	2,4-滴丁酯（专供出口）	乳油	57%	小麦	双子叶杂草	49 mL	喷雾	佳木斯黑龙农药有限公司
				玉米		①97 mL；②42～49 mL	①苗前土壤处理；②喷雾	

登记证号	农药名称	剂型	含量	登记作物/场所	防治对象	亩用药量（制剂）	施用方法	登记证持有人
PD20184060	2,4-滴二甲胺盐	水剂	720 g/L	春小麦田	一年生阔叶杂草	50～60 mL	茎叶喷雾	安道麦股份有限公司
PD20183969	2,4-滴钠盐	可溶粉剂	85%	春小麦田		85～125 g	茎叶喷雾	重庆市山丹生物农药有限公司
PD20183757	2,4-滴异辛酯	乳油	87.5%	春玉米田		45～50 mL	土壤喷雾	江苏苏州佳辉化工有限公司
PD20102168	2,4-滴钠盐	可溶粉剂	85%	番茄	调节生长	42500～85000倍液	涂花柄	四川润尔科技有限公司
PD20132601	2,4-滴丁酯（专供出口）	原药	96%					江苏辉丰生物农业股份有限公司
PD20181196	2,4-滴异辛酯	原药	97%					山东科源化工有限公司
PD20171970	2,4-滴	原药	98%					江苏凯晨化工有限公司
PD20170553	2,4-滴钠盐	原药	96%					江西天宇化工有限公司

合成方法　经如下两种反应方法制得 2,4-滴：

方法（1）：

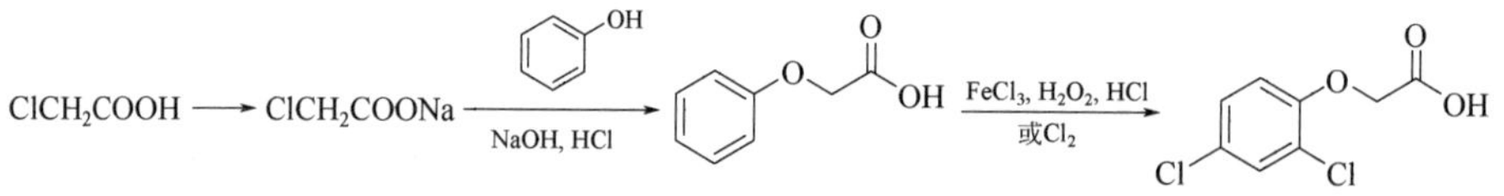

方法（2）：

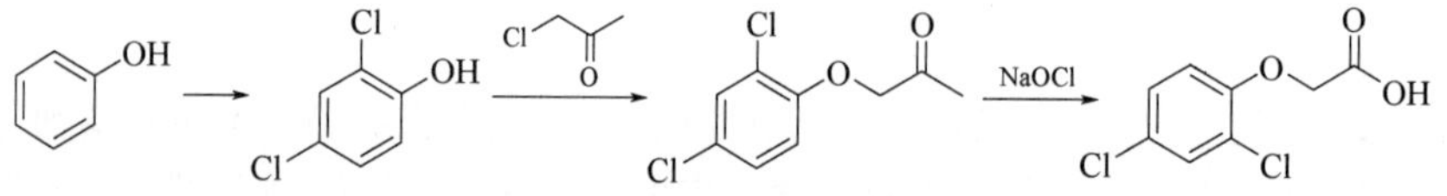

参考文献

[1] The Pesticide Manual.17 th edition: 283-289.
[2] 筱禾. 世界农药, 2017, 39(3): 31-38+48.

2,4-滴丁酸（2,4-DB）

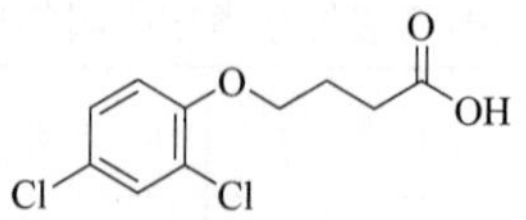

$C_{10}H_{10}Cl_2O_3$，249.1，94-82-6

2,4-滴丁酸［试验代号：M&B 2878（May&Baker），商品名称：Embutox、Butoxone DB Extra、Butoxone DB、DB Straight］1947 年由 M. E. Synerholm & P. W. Zimmerman 报道其作为植物

生长调节剂，后由 May&Baker 公司（现拜耳）开发为除草剂。

化学名称 2,4-二氯苯氧丁酸。英文化学名称 4-(2,4-dichlorophenoxy)butyric acid。美国化学文摘（CA）系统名称 4-(2,4-dichlorophenoxy)butanoic acid。CA 主题索引名称 butanoic acid—, 4-(2,4-dichlorophenoxy)-。

其他以酯或盐的形式存在 2,4-滴丁酸-2-乙基己基酯（2,4-DB-2-ethylhexyl）：361.3，$C_{18}H_{26}Cl_2O_3$，7720-36-7；2,4-滴丁酸丁酯（2,4-DB-butyl）：305.2，$C_{14}H_{18}Cl_2O_3$，6753-24-8；2,4-滴丁酸-二甲胺盐（2,4-DB-dimethylammonium）：294.2，$C_{12}H_{17}Cl_2NO_3$，2758-42-1；2,4-滴丁酸异辛酯（2,4-DB-isoctyl）：361.3，$C_{18}H_{26}Cl_2O_3$，1320-15-6；2,4-滴丁酸钾盐（2,4-DB-potassium）：287.2，$C_{10}H_9Cl_2KO_3$，19480-40-1；2,4-滴丁酸钠盐（2,4-DB-sodium）：271.1，$C_{10}H_9Cl_2NaO_3$，19480-40-1。

理化性质 无色晶体，原药含量≥94%。熔点 119～119.5℃，蒸气压 $9.44×10^{-2}$ mPa（23.6℃），分配系数 $\lg K_{ow}$=−0.25（pH 9）、1.35（pH 7）、2.94（pH 5），Henry 常数 $3.14×10^{-4}$ Pa·m³/mol（计算值），pK_a(20～25℃)=4.1，相对密度 1.461（20～25℃）。溶解度（mg/L，20～25℃）：水 62.0（pH 5）、4385.0（pH 7）、$4.548×10^5$（pH 9）；易溶于丙酮(143 g/L)、乙醇和乙醚。微溶于苯、甲苯和煤油。在 25℃水中稳定，可形成水溶性碱金属盐和铵盐，遇硬水析出钙盐和镁盐，其酸和盐都非常稳定，其酯对酸和碱敏感。

毒性 2,4-滴丁酸 急性经口 LD_{50}（mg/kg）：大鼠 1470。急性经皮 LD_{50}（mg/kg）：大鼠＞2000，对兔的眼睛和皮肤无刺激性。吸入 LC_{50}（4 h）＞2.3 mg/L 空气。狗 NOEL（90 d）8 mg/(kg·d)。ADI/RfD（EC）0.02 mg/kg（2002）；（EPA）aRfD 0.6 mg/kg，cRfD 0.03 mg/kg（2005）。

2,4-滴丁酸钠盐 急性经口 LD_{50} 大鼠 1500 mg/kg，小鼠 400 mg/kg。

生态效应 2,4-滴丁酸 水蚤 EC_{50}（48 h）25 mg/L。对蜜蜂无毒。对赤子爱胜蚓 LC_{50}＞1000 mg/kg 土壤。

2,4-滴丁酸钠盐 虹鳟鱼 LC_{50}（96 h）约 17.8 mg/L。羊角月牙藻 E_rC_{50}（72 h）＞34，近具刺链带藻 E_rC_{50}（72 h）＞23.2，其他水生植物浮萍 E_rC_{50}（7 d）约 68.8 mg/L（基于平均比生长率），29 mg/L（基于数叶法）。制剂对鸟中毒，对鱼、蜜蜂、家蚕、蚯蚓、赤眼蜂等为低毒。使用时注意，施药期间应避免对周围蜂群的影响，禁止在开花植物花期、蚕室和桑园附近使用。远离水产养殖区、河塘等水域施药，禁止在河塘等水域清洗施药器具。鱼、虾、蟹套养稻田禁用，施药后的药水禁止排入水体。赤眼蜂等天敌放飞区域禁用。

环境行为 ①动物。迅速吸收。②植物。易感植物体内迅速经历 β-氧化为 2,4-D，然后降解为 2,4-二氯苯酚，然后进行环羟基化和开环。在耐性植物中，β-氧化为 2,4-D 反应非常缓慢。③土壤/环境。在土壤中，微生物降解形成 2,4-D，随后进一步降解。需氧 DT_{50}（实验室，20℃）1～2 d（4 个英国场地）。

剂型 可溶液剂、乳油。

主要生产商 Atanor、Nufarm Ltd、Nufarm B.V.、辽宁先达农业科学有限公司。

作用机理与特点 2,4-滴丁酸属苯氧羧酸类激素型选择性除草剂，作用类似于吲哚乙酸。比 2,4-D 更具选择性，因为其活性依赖于植物体内 β-氧化。

应用 主要防治水稻田中一年生阔叶杂草及莎草科杂草。作用机理为干扰植物的激素平衡，使受害植物扭曲、肿胀、发育畸形等，最终导致死亡。2,4-滴丁酸本身对植物并无毒害，但经植物体内 β 酸氧化酶系的催化产生 β 氧化反应，生成杀草活性强的 2,4-滴。由于不同植物体内 β 氧化酶活性的差异，因而转化能力也不同，因此对不同植物活性具有选择性差异。例如，水稻作物体内 β 氧化酶活性很低，不能将药剂代谢为有毒的 2,4-滴，故不会受害；而

一些 β 氧化能力强的杂草，可将药剂大量的转变为有毒的 2,4-滴，故被杀死。经室内生测试验和田间药效试验，以及 2017 年大面积的推广应用，结果表明 30% 2,4-滴丁酸水剂对一年生阔叶杂草及萤蔺等莎草科杂草有较好的防效，能达到死根烂豆的效果，对近年危害稻田较重的江稗也有较好的效果。经过多年和多地试验跟踪，使用 2,4-滴丁酸的地块，次年野慈姑和泽泻等杂草基数大大减少。用药剂量：使用剂量为 30% 2,4-滴丁酸 150～200 mL/亩。使用方法：施药之前，将杂草大部分露出水面，茎叶喷雾，施药后，24～48 h 后回水，并保水 3～5 d。在使用范围内，对水稻安全。

专利概况

专利名称　Herbicidal compositions

专利号　CA 570065　　　　　专利公开日　1959-02-03

专利申请人　Nat Res Dev.。

登记情况　2,4-滴丁酸在中国登记情况见表 3-120。

表 3-120　2,4-滴丁酸在中国登记情况

登记证号	农药名称	剂型	含量	登记场所	防治对象	亩用药量（制剂）	施用方法	登记证持有人
PD20190061	2,4-滴丁酸钠盐	可溶液剂	30%	水稻移栽田	一年生阔叶杂草及莎草科杂草	150～200 mL	茎叶喷雾	山东先达农化股份有限公司
PD20190029	2,4-滴丁酸	原药	95%					辽宁先达农化股份有限公司

合成方法　经如下两种反应方法制得 2,4-滴丁酸：

方法（1）：

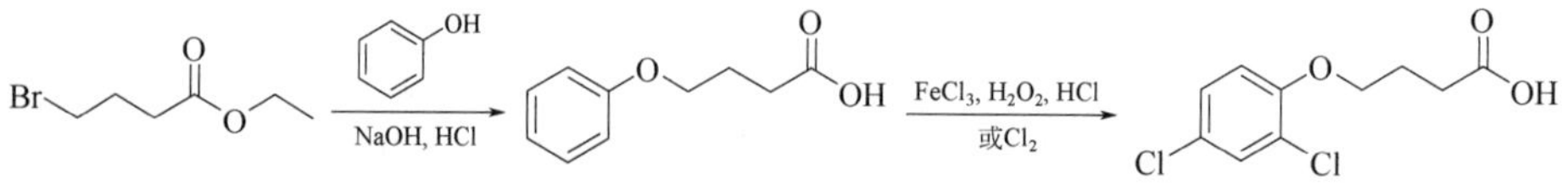

方法（2）：

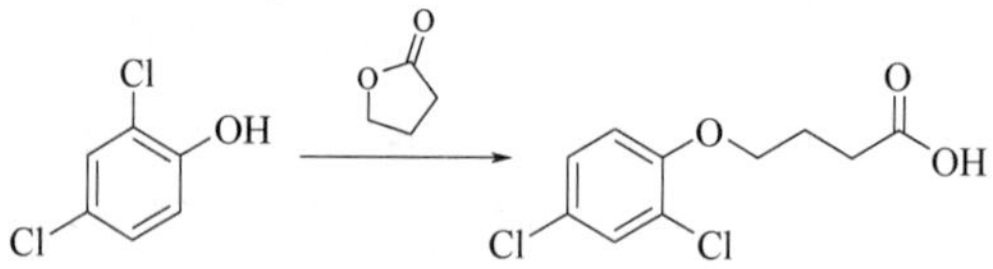

参考文献

[1] The Pesticide Manual. 17 th edition: 295-297.

[2] 范福玉. 农药科学与管理, 2018, 39(2): 57-58.

2,4-滴丙酸（dichlorprop）

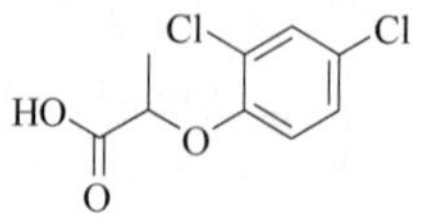

$C_9H_8Cl_2O_3$，235.1，120-36-5

2,4-滴丙酸（试验代号：RD 406，商品名称：Redipon，其他名称：2,4-DP）1944 年发现其植物生长调节活性，1961 年由 The Boots Co., Ltd（现拜耳）作为除草剂引入。

其他以酯或盐的形式存在　2,4-滴丙酸-2-丁氧乙酯（dichlorprop-butotyl）：$C_{15}H_{20}Cl_2O_4$，335.2，53404-31-2；2,4-滴丙酸二甲胺盐（dichlorprop-dimethylammonium）：$C_{11}H_{15}Cl_2NO_3$，280.2，53404-32-3；2,4-滴丙酸钾（dichlorprop-potassium）：$C_9H_7Cl_2KO_3$，273.2，5746-17-8；2,4-滴丙酸异辛酯（dichlorprop-isoctyl）：$C_{17}H_{24}Cl_2O_3$，347.3，28631-35-8。

化学名称　(RS)-2-(2,4-二氯苯氧基)丙酸。英文化学名称(RS)-2-(2,4-dichlorophenoxy)propionic acid。美国化学文摘（CA）系统名称 2-(2,4-dichlorophenoxy)propanoic acid。CA 主题索引名称 propanoic acid—, 2-(2,4-dichlorophenoxy)-。

理化性质　2,4-滴丙酸是外消旋物，只有(+)-异构体具有除草活性，原药为褐色粉末，有酚醛气味，无色晶体。熔点 116～117.5℃。蒸气压 $<1\times10^{-2}$mPa（20℃），分配系数 $\lg K_{ow}<$ 1.11（pH 5），<1（pH 7 和 9），Henry 常数 8.8×10^{-6} Pa·m³/mol，相对密度 1.42（20～25℃），pK_a(20～25℃)=3.0。溶解度（20～25℃）：水中 350 mg/L；有机溶剂（g/L）：丙酮595、异丙醇 510、苯 85、甲苯 69、二甲苯 51、煤油 2.1。非常稳定，可形成难溶、有轻微活性的重金属盐。

2, 4-滴丙酸-2-丁氧乙酯在酸碱溶液中升温水解。

2,4 滴丙酸异辛酯：透明棕褐色液体，有辛辣气味，熔点<-37℃，蒸气压 0.45 mPa（20℃），相对密度约 1.12（20～25℃）。金属存在环境下，54℃，稳定 14 d，14 d 后在阳光下部分发生降解。

2,4-滴丙酸钾盐：水中溶解度 1046 g/L（20～25℃）。

毒性　急性经口 LD_{50}（mg/kg）：大鼠 825～1470，小鼠 400，急性经皮 LD_{50}（mg/kg）：大鼠>4000，小鼠 1400，对皮肤有轻微刺激性，对眼睛有严重刺激性。无皮肤致敏性。大鼠吸入 LC_{50}（4 h）>0.65 mg/L（空气）。大鼠（3 个月）无作用剂量 5 mg/(kg·d)；大鼠（2 年）3.6～4.2 mg/(kg·d)，ADI/RfD（EPA）0.005 mg/kg（1997）；0.031 mg/kg（建议）。

生态效应　2, 4-滴丙酸　日本鹌鹑 LD_{50} 504 mg/kg。日本鹌鹑饲喂 LC_{50}(15 d)6130 mg/L。虹鳟 LC_{50}（96 h）521 mg/L。水蚤 LOEC 100 mg/L，淡水绿藻 E_rC_{50} 1100 mg/L。对蜜蜂无毒。蚯蚓 LC_{50}（14 d）约 1000 mg/kg 干土。

2,4-滴丙酸-2-丁氧乙酯　蓝鳃翻车鱼 LC_{50}（48 h）1.1 mg/L。

2,4-滴丙酸二甲胺盐　淡水绿藻 E_rC_{50}1100 mg/L（600g/L 溶液）。

2,4-滴丙酸异辛酯　蓝鳃翻车鱼 LC_{50}（48 h）16 mg/L。

环境行为　①动物。代谢研究表明 2,4-滴丙酸被吸收和排出，几乎无变化。②植物。植物中，2, 4-滴丙酸与土壤中的代谢相类似。③土壤/环境。土壤中代谢包括侧链降解成 2,4 二氯苯酚、环的羟基化和开环；DT_{50} 21～25 d，K_{oc} 12～40，由于代谢分解率很高，2,4-滴丙酸渗透很少。

剂型　乳油、可溶液剂。

主要生产商　Nufarm UK。

作用机理与特点　合成生长素（作用类似于吲哚乙酸），具有选择性、内吸性的激素型除草剂，通过叶片吸收，传导至根。作为植物生长调节剂，抑制脱落酸的形成。

应用　苗后除草剂，防除谷物、草坪、灌木丛和非耕地一年生和多年生阔叶杂草（尤其是蓼、猪殃殃、繁缕和旋花等）；防除阔叶水生杂草，维护堤坝和路边草坪。使用剂量 2.7 kg/hm²，单独或与其他除草剂混用。也可预防苹果过早落果。

合成方法 其合成方法与高 2-甲-4-氯丙酸相似：将 L-2-氯丙酸甲酯和甲醇、33%氢氧化钠水溶液在 40℃下混合，混合液在 90℃搅拌下加入 2,4-二氯苯酚、氢氧化钠和水的混合液中，反应混合物在 90℃下加热 1 h，得到高 2,4-滴丙酸钠，D-异构体含量＞87%，中和即得 2,4-滴丙酸。

参考文献

[1] The Pesticide Manual.17 th edition: 322-324.

高 2,4-滴丙酸（dichlorprop-P）

$C_9H_8Cl_2O_3$，235.1，15165-67-0，865363-39-9(2-乙基己酯)

高 2,4-滴丙酸（试验代号：BAS 044 H、AHM867，商品名称：Optica Trio、Optica DP）是由 BASF 公司开发的芳氧羧酸类除草剂，是 dichlorprop 的旋光活性异构体，于 2004 年转让给 Nufarm 公司。

化学名称 高 2,4-滴丙酸 (2R)-2-(2,4-二氯苯氧基)丙酸。英文化学名称(2R)-2-(2,4-dichlorophenoxy) propionic acid。美国化学文摘（CA）系统名称(2R)-2-(2,4-dichlorophenoxy) propanoic acid。CA 主题索引名称 propanoic acid—, 2-(2,4-dichlorophenoxy)-(2R)-。高 2,4-滴丙酸-2-乙基己酯 (2R)-2-(2,4-二氯苯氧基)丙酸-2-乙基己酯。英文化学名称(2RS)-2-ethylhexyl (2R)-2-(2,4-dichlorophenoxy)propionate。美国化学文摘（CA）系统名称 2-ethylhexyl (2R)-2-(2,4-dichlorophenoxy)propanoate。CA 主题索引名称 propanoic acid—, 2-(2,4-dichlorophenoxy)-(2R), 2-ethylhexyl ester。

理化性质 高 2,4-滴丙酸 无色晶体，带有微弱的固有气味。熔点 121～123℃，蒸气压 0.062 mPa（20℃），分配系数 $\lg K_{ow}$=-0.25（pH 7），Henry 常数 $2.47×10^{-5}$ Pa·m³/mol（计算值），相对密度约 1.47（20～25℃），pK_a(20～25℃)=3.67。溶解度（g/L，20～25℃）：水中 0.59；有机溶剂中：丙酮、乙醇＞800，乙酸乙酯 500，甲苯 40。对光和热稳定。比旋光度 $[\alpha]_D^{21}$=+26.6°。

高 2,4-滴丙酸-2-乙基己酯 沸点＞300℃（$1.01×10^5$ Pa），蒸气压 0.54 mPa（20℃）。分配系数 $\lg K_{ow}$=3.76（pH 5）、3.81（pH 7）、3.84（pH 9）。Henry 常数 1.06 Pa·m³/mol。相对密度 1.121（20～25℃）。水中溶解度＜0.17 mg/L（20～25℃）。

毒性 大鼠急性经口 LD_{50} 567 mg/kg。大鼠急性经皮 LD_{50}＞4000 mg/kg，大鼠急性吸入 LC_{50}（4 h）＞7.4 mg/L 空气。大鼠 NOEL（2 年）3.6 mg/(kg·d)。ADI/RfD（EC）0.06 mg/kg（2006），（EPA）aRfD 0.05 mg/kg，cRfD 0.036 mg/kg（2007）。无繁殖毒性。

生态效应 鹌鹑急性经口 LD_{50} 250～500 mg/kg。虹鳟鱼 LC_{50}（96 h）100～220 mg/L。水蚤 EC_{50}（48 h）＞100 mg/L。羊角月牙藻 EC_{50}（72 h）676 mg/L。蜜蜂 LD_{50}（48 h）＞25 μg/只

（二甲胺盐）。蚯蚓 LC_{50}（14 d）994 mg/kg 土壤。

剂型　粉剂、乳油、水剂。

主要生产商　Nufarm B.V. 及 Nufarm UK 等。

作用机理与特点　合成生长素（类似吲哚乙酸）。选择性、系统性、激素型除草剂，经叶片吸收并运输至根部。

应用　苗后、传导型、阔叶杂草除草剂，对春蓼、大马蓼特别有效，也可防除猪殃殃和繁缕，但对萹蓄的防除效果较差。在禾谷类作物上单用时，用量为 1.2～1.5 kg (a.i.)/hm²，或者与其他除草剂混用。也可用于防止苹果落果。其 2-乙基己酯还可作为植物生长调节剂使用，来使柑橘增大。

专利概况

专利名称　Phenonyalkanoic acids and derivatives thereof useful as herbicides

专利号　GB 1586462　　　　　专利公开日　1976-08-02

专利申请人　Shell Internationale Research Maatschappij BV。

合成方法　其合成方法与高 2-甲-4-氯丙酸相似：将 L-2-氯丙酸甲酯和甲醇、33%氢氧化钠水溶液在 40℃下混合，混合液在 90℃搅拌下加入 2,4-二氯苯酚、氢氧化钠和水的混合液中，反应混合物在 90℃下加热 1 h，得到高 2,4-滴丙酸钠，D-异构体含量>87%，中和即得 2,4-滴丙酸。

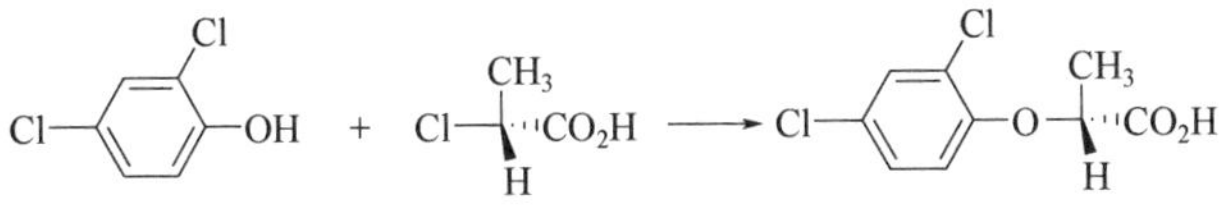

参考文献

[1]　The Pesticide Manual.17 th edition: 324-326.

2 甲 4 氯（MCPA）

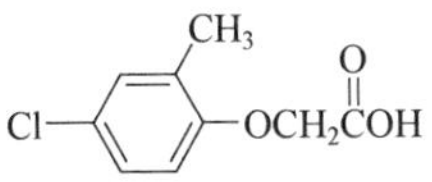

$C_9H_9ClO_3$，200.6，94-74-6，29450-45-1(异辛酯)

2 甲 4 氯 [试验代号：BAS 009H、BAS 010H、BAS 141H、L065，商品名称：SunMCPA、MCP Ester（异辛酯）、Agritone、Agroxone、Aminex pur、Dicopur M、Kailan、Selectyl、Spear（二甲胺盐）、Blagal、Erbitox E30（钾盐）、Chiptox（钠盐）、百阔净，其他名称：2,4-MCPA、2M-4Kh、metaxon、MCP、二甲四氯] 1945 年由 R. E. Slade 报道该药剂的植物生长调节活性，后由 ICI Plant Protection Division（现 Syngenta AG）作为除草剂推出。

其他以酯或盐的形式存在　2 甲 4 氯丁氧基乙基酯（MCPA-butotyl）：19480-43-4，300.8，$C_{15}H_{21}ClO_4$；2 甲 4 氯二甲基胺盐（MCPA-dimethylammonium）：2039-46-5，245.7，$C_{11}H_{16}ClNO_3$；2 甲 4 氯异丙胺盐（MCPA-isopropylammonium）：(4-氯-2-甲基苯氧基)乙酸与丙-2-胺（1：1）的化合物，(4-chloro-2-methylphenoxy)acetic acid, compound with 2-propanamine(1：1)，34596-68-4，259.7，$C_{12}H_{18}ClNO_3$；2 甲 4 氯钾盐（MCPA-potassium）：5221-16-9，238.7，$C_9H_8ClKO_3$；2 甲 4 氯钠盐（MCPA-sodium）：3653-48-3，222.6，$C_9H_8ClNaO_3$；2 甲 4 氯酮胺（MCPA-olamine）：

261.7，$C_{11}H_{16}ClNO_4$。

化学名称 2甲4氯 2-甲基-4-氯苯氧乙酸。英文化学名称(4-chloro-2-methylphenoxy)acetic acid。美国化学文摘（CA）系统名称 2-(4-chloro-2-methylphenoxy)acetic acid。CA 主题索引名称 acetic acid—, 2-(4-chloro-2-methylphenoxy)-。

2甲4氯-2-乙基己基酯 (4-氯-2-甲基苯氧基)乙酸-2-乙基己基酯。2-ethylhexyl (4-chloro-2-methylphenoxy)acetate。美国化学文摘（CA）系统名称 2-ethylhexyl 2-(4-chloro-2-methylphenoxy)acetate。CA 主题索引名称 acetic acid—, 2-(4-chloro-2-methylphenoxy)-2-ethylhexyl ester。

理化性质 2甲4氯 灰白色晶体，有芳香气味。熔点 115.4～116.8℃。蒸气压（mPa）：0.023（20℃）、0.4（32℃）、4.0（45℃）。分配系数 $\lg K_{ow}$: 2.75（pH 1）、0.59（pH 5）、−0.71（pH 7）。Henry 常数 5.5×10^{-5} Pa·m³/mol（计算值），相对密度 1.41（20～25℃），pK_a(20～25℃)=3.73。溶解度（g/L，20～25℃）：水 0.395（pH 1）、26.2（pH 5）、293.9（pH 7）、320.1（pH 9）；乙醚 770、甲苯 26.5、二甲苯 49、丙酮 487.8、正庚烷 5、甲醇 775.6、二氯甲烷 69.2、正辛醇 218.3、正己烷 0.323。对酸稳定，可形成水溶性碱金属盐和铵盐，遇硬水析出钙盐和镁盐，光解 DT_{50} 24 d（25℃）。

2甲4氯-2-乙基己基酯 原药≥94.5%，褐色非黏稠液体，有强烈的酯气味。熔点 22℃，沸点＞220℃（1.01×10^5 Pa），闪点 159℃（闭杯），蒸气压 0.27～13 mPa（18～45℃），分配系数 $\lg K_{ow}$=6.8，Henry 常数＞0.676 Pa·m³/mol，相对密度 1.0644（20～25℃），水中溶解度＜0.125 mg/L（20～25℃）。

2甲4氯钠盐（MCPA-sodium） 溶解度（g/L，20～25℃）：水 270，甲醇 340，苯 1。

毒性 2甲4氯 大鼠急性经口 LD_{50} 962～1470 mg/kg。大鼠急性经皮 LD_{50}＞4000 mg/kg，对兔的眼睛有严重的刺激性，对皮肤无刺激，无致敏性。大鼠吸入毒性 LC_{50}(4 h)＞6.36 mg/L。慢性毒性饲喂试验无作用剂量（2 年，mg/L）：大鼠 20［1.25 mg/(kg·d)］，小鼠 100［18 mg/(kg·d)］。ADI/RfD（EC）0.05 mg/kg（2008），（EPA）aRfD 0.4 mg/kg，cRfD 0.0044 mg/kg（2004）。

2甲4氯-2-乙基己基酯 大鼠急性经口 LD_{50}（mg/kg）：雄性 1300，雌性 1800。兔子急性经皮 LD_{50}＞2000 mg/kg。对皮肤和眼无刺激，无致敏性。大鼠吸入 LC_{50}＞4.5 mg/L。

生态效应 山齿鹑急性经口 LD_{50}（14 d）377 mg/kg。野鸭和山齿鹑亚急性经口 LC_{50}（5 d）＞5620 mg/L。鱼 LC_{50}（96 h，mg/L，2甲4氯盐溶液）：大翻车鱼＞150，鲤鱼 317，虹鳟鱼 50～560，银汉鱼 220。水蚤 EC_{50}（48 h）＞190 mg/L。羊角月牙藻＞392 mg/L。蜜蜂 LD_{50}（经口和接触）＞200 μg/只。蚯蚓 LC_{50}（14 d）325 mg/kg 干土。

2甲4氯-2-乙基己基酯 山齿鹑急性经口 LD_{50} 2250 mg/kg，山齿鹑和野鸭饲喂毒性 LC_{50}（5 d）＞5620 mg/L，虹鳟鱼和大翻车鱼 LC_{50}＞3.2 mg/L，水蚤 EC_{50}（48 h）0.28 mg/L，藻类 EC_{50}（120 h，mg/L）：水华鱼腥藻 2，舟形藻 1.2。

环境行为 ①动物。大鼠经口摄入 2甲4氯后快速吸收且通过尿液几乎全部排出，只有很少部分随粪便排出。只发生中等程度代谢，形成少量的共轭物。②植物。在冬小麦中，2甲4氯的甲基基团发生水解产生 2-羟基甲基-4-氯苯氧乙酸，然后进一步降解为苯甲酸，开环。③土壤/环境。土壤中降解为 4-氯-2-甲基苯酚，然后环羟基化和开环。经过最初的间隔期后，DT_{50}＜7 d。使用剂量 3 kg/hm²，土壤中的残效期为 3～4 个月。

2甲4氯-2-乙基己基酯 土壤/环境。在天然水和土壤/水中快速水解。

剂型 2甲4氯水剂，2甲4氯可溶粉剂，2甲4氯二甲胺盐水剂，2甲4氯钠盐可溶粉剂，2 甲 4 氯钠盐水剂，2 甲 4 氯钠盐可湿性粉剂。

主要生产商　Atanor、Istrochem、Limin、Nufarm Ltd、Organika-Sarzyna、Wintafone、BASF、Dow AgroSciences、澳大利亚纽发姆有限公司、河北昊阳化工有限公司、佳木斯黑龙农药化工股份有限公司、江苏常丰农化有限公司、江苏好收成韦恩农化股份有限公司、江苏辉丰农化股份有限公司、江苏健谷化工有限公司、江苏省常州永泰丰化工有限公司、美国默赛技术公司、山东侨昌化学有限公司、山东潍坊润丰化工股份有限公司以及山东亿星生物科技有限公司等。

作用机理与特点　选择性内吸传导激素型除草剂，主要用于苗后茎叶处理，药剂穿过角质层和细胞质膜，最后传导到各部分，在不同部位对核酸和蛋白质合成产生不同影响，在植物顶端抑制核酸代谢和蛋白质的合成，使生长点停止生长，幼嫩叶片不能伸展，一直到光合作用不能正常进行，传导到植株下部的药剂，使植物茎部组织的核酸和蛋白质的合成增加，促进细胞异常分裂，根尖膨大，丧失吸收养分的能力，造成茎秆扭曲、畸形，筛管堵塞，韧皮部破坏，有机物运输受阻，从而破坏植物正常的生活能力，最终导致植物死亡。

应用　多年来，2 甲 4 氯被广泛用于小麦田、玉米田、水稻田、城市草坪、麻类作物防除一年生或多年生阔叶杂草和部分莎草；与草甘膦混用防除抗性杂草，加快杀草速度作用明显；也有资料介绍，作为水稻脱根剂使用，能提高拔秧功效。用于土壤处理，对一年生杂草及种子繁殖的多年生杂草幼芽也有一定防效。市场常见品种多以单剂和混剂形式出现，其中 2 甲 4 氯钠单剂以 56% 可溶粉剂和 13% 水剂居多，也有众多与草甘膦、灭草松、唑草酮、异丙隆、氯氟吡氧乙酸、敌草隆、莠灭净、苄嘧磺隆、苯磺隆、溴苯腈、绿麦隆、莠去津做成的混剂品种，开发的剂型涉及了可湿性粉剂、水剂、乳油、干悬浮剂、可溶液剂五类。

挥发性、作用速度比 2,4-滴低且慢，2 甲 4 氯对禾本科植物的幼苗期很敏感，3～4 叶期后抗性逐渐增强，分蘖末期最强，而幼穗分化期敏感性又上升。在气温低于 18℃时效果明显变差，对未出土的杂草效果不好。通常用量每亩 30～60 g(a.i.)。严禁用于双子叶作物。小麦分蘖期至拔节前，每亩用 20% 2 甲 4 氯水剂 150～200 mL，对水 40～50 kg 喷雾，可防除大部分一年生阔叶杂草。水稻栽插半月后，每亩用 20% 水剂 200～250 mL，对水 50 kg 喷雾，可防除大部分莎草科杂草及阔叶杂草。玉米播后苗前，每亩用 20% 水剂 100 mL 进行土壤处理，也可在玉米 4～5 叶期，每亩用 20% 水剂 200 mL，对水 40 kg 喷雾，防除玉米田莎草及阔叶杂草。在玉米生长期，每亩用 20% 水剂 300～400 mL 定向喷雾，对生长较大的莎草也有很好的防除作用。河道清障，除灭河道水葫芦宜在防汛前期的 5～6 月份日最低气温在 15℃以上时进行，对株高在 30 cm 以下的水葫芦，可选晴天每亩用 20% 2 甲 4 氯水剂 750 mL 加皂粉 100～200 g，或用 20% 2 甲 4 氯水剂 500 mL 加 30%草甘膦水剂 333 加皂粉 100～200 g，兑水 75 kg 喷雾；对株高 30 cm 以上的水葫芦，采用上述除草剂兑水 100 kg 喷雾。喷施上述除草剂后气温越高水葫芦死亡越快，死亡率越高，气温越低效果越差。一般于施药后 15～20 d 即全株枯死。

专利概况

专利名称　Improvements in or relating to 2-methyl-4-chloro-phenoxyacetic acid

专利号　GB 623217　　　　**专利公开日**　1946-12-13

专利申请人　Imperial Chemical Industries Limited。

登记情况　目前在中国登记了 95%、96%、97% 2 甲 4 氯原药，88%、92%、98% 2 甲 4 氯钠盐原药，92%、95% 2 甲 4 氯异辛酯原药和相关制剂。可用于防除水稻移栽田、水稻直播田、小麦田、玉米田等阔叶杂草或莎草科杂草。部分登记情况见表 3-121。

表 3-121　2 甲 4 氯酯与盐类在中国部分登记情况

登记证号	农药名称	剂型	含量	登记作物/场所	防治对象	亩用药量（制剂）	施用方法	登记证持有人
PD85103	2 甲 4 氯钠盐	粉剂	56%	小麦	阔叶杂草	107～143 g	喷粉	抚顺绿色丰谷农业科技有限公司
				玉米				
				高粱				
				水稻	三棱草	54～107 g	毒土、喷雾	
					眼子菜			
PD85102-9	2 甲 4 氯钠盐	水剂	13%	水稻	多种杂草	231～462 mL	喷雾	抚顺绿色丰谷农业科技有限公司
				小麦		308～462 mL		
PD85102-7	2 甲 4 氯	水剂	13%	水稻	多种杂草	231～462 mL	喷雾	安徽兴隆化工有限公司
				小麦		308～462 mL		
PD20200032	2 甲 4 氯二甲胺盐	可溶液剂	37.6%	小麦田	一年生阔叶杂草	50～70 mL	茎叶喷雾	山东滨农科技有限公司
PD20183148	2 甲 4 氯异辛酯	乳油	85%	小麦田	一年生杂草	45～50 mL	茎叶喷雾	河北荣威生物药业有限公司
PD20183806	2 甲 4 氯异辛酯	原药	95%					江苏永泰丰作物科学有限公司
PD20182550	2 甲 4 氯	原药	96%					山东科源化工有限公司
PD20180911	2 甲 4 氯钠盐	原药	92%					江苏永凯化学有限公司

合成方法　经如下两种反应方法可制得 2 甲 4 氯：

方法（1）：

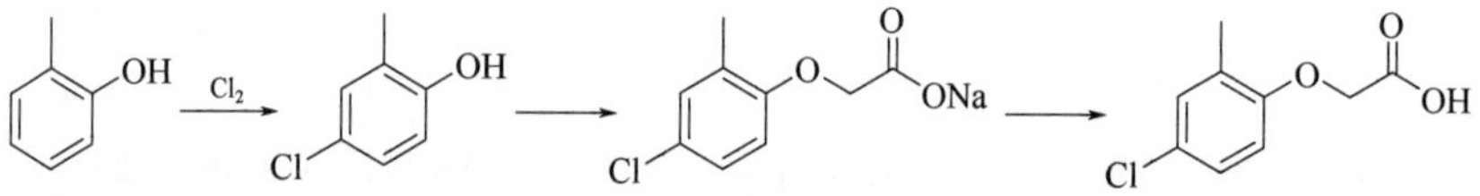

方法（2）：

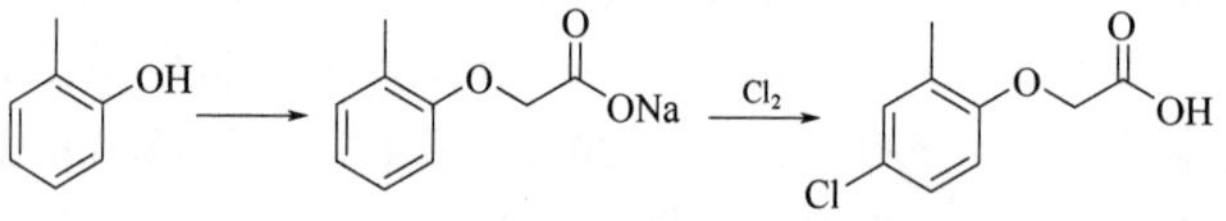

参考文献

[1]　The Pesticide Manual.17 th edition: 697-700.

2 甲 4 氯乙硫酯（MCPA-thioethyl）

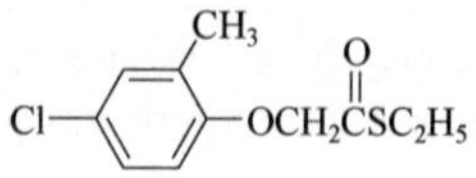

$C_{11}H_{13}ClO_2S$，244.7，25319-90-8

2 甲 4 氯乙硫酯（试验代号：HOK-7501，其他名称：芳米大、酚硫杀、禾必特、2 甲 4 氯硫代乙酯、硫代 2 甲 4 氯乙酯）是日本北兴化学工业公司 1973 年开发的苯氧羧酸类除草剂。

化学名称　(2-甲基-4-氯苯氧基)硫代乙酸乙酯。英文化学名称 *S*-ethyl (4-chloro-2-methyl-phenoxy)thioacetate。美国化学文摘（CA）系统名称 *S*-ethyl 2-(4-chloro-2-methylphenoxy) ethanethioate。CA 主题索引名称 ethanethioic acid—, 2-(4-chloro-2-methylphenoxy)-*S*-ethyl ester。

理化性质　原药纯度 92%，为棕色结晶，纯品为白色针状结晶。熔点 41～42℃，沸点 165℃（933.1 Pa），蒸气压 21 mPa（20℃），分配系数 lgK_{ow}=4.05。溶解度（20～25℃）：水中 2.3 mg/L；有机溶剂中（g/L）：丙酮和二甲苯＞1000，己烷 290。在酸性介质中稳定，在碱性介质中不稳定，水中 DT_{50}（25℃）：22 d（pH 7），2 d（pH 9）。200℃以下稳定。

毒性　急性经口 LD_{50}（mg/kg）：雄、雌性大鼠分别为 790 和 877，雄、雌小鼠分别为 811 和 749。雄性小鼠急性经皮 LD_{50}＞1500 mg/kg，对兔的皮肤和眼睛无刺激。大鼠急性吸入 LC_{50}（4 h）＞0.044 mg/L。NOEL（mg/kg 饲料）：大鼠和小鼠 300（90 d），大鼠 100（2 年），小鼠 20（2 年）。对无繁殖毒性（大鼠）、致畸、致突变作用。大鼠急性腹腔注射 LD_{50}（mg/kg）：雄性 530，雌性 570。

生态效应　日本鹌鹑急性经口 LD_{50}＞3000 mg/kg。鲤鱼 LC_{50}（48 h）2.5 mg/L。水蚤 LC_{50}（6 h）4.5 mg/L。蜜蜂接触 LD_{50}＞40 μg/只。

剂型　乳油、颗粒剂。

主要生产商　Hokko。

作用机理与特点　合成生长素（与吲哚乙酸相似）。选择性、系统性、激素型除草剂，经叶和根吸收，可传导。集中在分生组织区域，并抑制其生长。

应用

（1）适用作物　小麦、水稻。其安全性高于 2,4-滴丁酯。

（2）防除对象　苗后除草剂，防除对象为一年生及部分多年生阔叶杂草如播娘蒿、香薷、繁缕、藜、泽泻、柳叶刺蓼、荠菜、刺儿菜、野油菜、问荆等。

（3）应用技术　①2 甲 4 氯乙硫酯对双子叶作物有药害，若施药田块附近有油菜、向日葵、豆类等双子叶作物，喷药一定要留保护行。如果有风，则不应在上风口喷药。②小麦收获前 30 d 停止使用。

（4）使用方法　用于冬、春小麦田，于小麦 3～4 叶期（杂草长出较晚或生长缓慢时，可推迟施药，但不能超过小麦分蘖末期）施药，每亩用 20% 2 甲 4 氯乙硫酯乳油 130～150 mL，对水 15～30 L 茎叶喷雾。水稻田防除阔叶杂草，每亩用 20% 2 甲 4 氯乙硫酯乳油 130～200 mL，对水 20～50 L 茎叶喷雾。或者每亩用含量为 1.4%颗粒剂 2～2.66 kg。

专利概况

专利名称　Method for preventing and killing weeds in rice

专利号　US 3708278　　　　　专利申请日　1969-07-31

专利申请人　Hokko Chemical Industry Co Ltd

其他相关专利　GB 1263169。

合成方法　经如下反应即得目的物：

参考文献

[1] The Pesticide Manual.17 th edition: 700-701.

2 甲 4 氯丁酸（MCPB）

$C_{11}H_{13}ClO_3$，228.7，94-81-5，10443-70-6(乙酯)

2 甲 4 氯丁酸（试验代号：MB 3046、L338，商品名称：Bellmac Straight、Butoxone）1955 年由 R. L. Wain & F. Wightman 报道其除草活性，后由 May & Baker Ltd（现拜耳）引入。

其他以酯或盐的形式存在 2 甲 4 氯丁酸钾盐（MCPB-potassium）：74499-19-7，266.8，$C_{11}H_{12}ClKO_3$；2 甲 4 氯丁酸钠盐（MCPB-sodium）：6062-26-6，250.7，$C_{11}H_{12}ClNaO_3$；2 甲 4 氯丁酸乙酯（MCPB-ethyl）：10443-70-6，256.7，$C_{13}H_{17}ClO_3$。

化学名称 2 甲 4 氯丁酸 4-(4-氯邻甲基苯氧基)丁酸。英文化学名称 4-(4-chloro-2-methylphenoxy)butanoic acid。美国化学文摘（CA）系统名称 4-(4-chloro-2-methylphenoxy)butanoic acid。CA 主题索引名称 butanoic acid—, 4-(4-chloro-2-methylphenoxy)-。

2 甲 4 氯丁酸乙酯 4-(4-氯邻甲基苯氧基)丁酸乙酯。英文化学名称 ethyl 4-(4-chloro-*o*-tolyloxy)butyrate。美国化学文摘（CA）系统名称 ethyl 4-(4-chloro-2-methylphenoxy)butanoate。CA 主题索引名称 butanoic acid—, 4-(4-chloro-2-methylphenoxy)-ethyl ester。

理化性质 2 甲 4 氯丁酸 原药含量 92%，原药为米色至棕色片状固体，纯品为无色结晶。熔点 101℃，蒸气压 $4×10^{-3}$ mPa（25℃），pK_a(20～25℃)=4.5，分配系数 lgK_{ow}：-0.17（pH 9）、1.32（pH 7）、>2.37（pH 5），Henry 常数 $3×10^{-5}$ Pa·m^3/mol（计算值），相对密度 1.233（20～25℃）。溶解度（g/L，20～25℃）：水中 0.11（pH 5）、4.4（pH 7）、444（pH 9）；有机溶剂：丙酮 313、二氯甲烷 169、乙醇 150、正己烷 0.26、甲苯 8。普通碱金属和铵盐易溶于水（在硬水中可形成钙盐或镁盐沉淀），难溶于有机溶剂。在酸性条件下稳定，在 25℃，pH 5～9 条件下不水解。固体对阳光稳定，水溶液光解 DT$_{50}$：2.2 d（pH 5）、2.6 d（pH 7）、2.4 d（pH 9），150℃对铝、锡、铁稳定。

2 甲 4 氯丁酸乙酯：无色液体。熔点 3.3℃，蒸气压 8.06 mPa（25℃），分配系数 lgK_{ow}=4.17。相对密度 1.1313（20～25℃）。水中溶解度 3.64 mg/L（20～25℃）；易溶于有机溶剂。耐高温，>150℃稳定，光照和碱性介质中不稳定。

毒性 2 甲 4 氯丁酸 雄大鼠急性经口 LD$_{50}$ 4300 mg/kg，雌大鼠 LD$_{50}$ 5300 mg/kg。大鼠急性经皮 LD$_{50}$>2000 mg/kg。对兔的眼睛和皮肤无刺激，无皮肤致敏性。大鼠吸入 LC$_{50}$（4 h）>

1.14 mg/L（空气），NOEL：（90 d）大鼠 100 mg/kg［6.3 mg/(kg·d)］，2500 mg/kg 下器官或组织无病理学变化。对大鼠和兔无致畸性。ADI/RfD（EC）0.01 mg/kg（2005）（该数据基于 2005 年 2 甲 4 氯数据，2008 年 2 甲 4 氯的 ADI 调整为 0.05 mg/kg），(EPA)aRfD 0.2 mg/kg，cRfD 0.015 mg/kg（2006）。

2 甲 4 氯丁酸乙酯　急性经口 LD_{50}（mg/kg）：雄大鼠 1780，雌大鼠 1420，雄小鼠 1160，雌小鼠 1550，雄大鼠急性经皮 LD_{50}＞4000 mg/kg。雄大鼠吸入 LD_{50}＞5.0 mg/L，雌大鼠吸入 LD_{50} 3.0～4.5 mg/L。NOEL［2 年，mg/(kg·d)］：雄大鼠 17.5，雌大鼠 19.4，雄狗 3.3，雌狗 3.5。AID/RfD 0.033 mg/kg。

生态效应　2 甲 4 氯丁酸　LC_{50}（48 h，mg/L）虹鳟 75，黑头呆鱼 11，对蜜蜂无毒。

2 甲 4 氯丁酸钠　山齿鹑急性经口 LD_{50} 282 mg/kg。山齿鹑和野鸭 LC_{50}（8 d）＞5000 mg/kg。鱼毒 LC_{50}（96 h）：蓝鳃翻车鱼 14 mg/L，虹鳟 4.3 mg/L。水蚤 LC_{50}（48 h）55 mg/L。羊角月牙藻 E_bC_{50}（72 h）41 mg/L，舟形藻 E_bC_{50}（72 h）1.5 mg/L。水华鱼腥藻 EC_{50}（120 h）＞2 mg/L，浮萍 E_bC_{50}（17 d）37 mg/L，蜜蜂 LD_{50}（接触）＞25 μg/只。

2 甲 4 氯丁酸乙酯　山齿鹑急性经口 LC_{50}＞2000 mg/kg。鲤鱼 LC_{50}（96 h）1.05 mg/L。水蚤 LC_{50}（48 h）0.19 mg/L。藻类 EC_{50}（72 h）1.03 mg/L。蜜蜂 LD_{50}（接触）＞100 μg/只。对捕食螨、昆虫和其他有益节肢动物安全。

环境行为　2 甲 4 氯丁酸　①动物。黄牛上研究表明 2 甲 4 氯丁酸通过尿液排出，既有未变化的 2 甲 4 氯丁酸也有 2 甲 4 氯，牛奶中未检测出。②植物。在敏感植物中 2 甲 4 氯丁酸经 β-氧化降解成 2 甲 4 氯，然后再降解为 4-氯-2-甲基苯酚，然后环羟基化和开环。③土壤/环境。土壤中的代谢涉及侧链降解转化为 4-氯-2-甲基苯酚、环羟基化和开环，土壤中残效期约 6 周。DT_{50} 5～7 d（5 种土壤，pH 6.2～7.3，o.m. 0.9%～3.9%，湿度 2.6%～25.9%）。

2 甲 4 氯丁酸乙酯　①动物。2 甲 4 氯丁酸乙酯被快速吸收并通过水解、氧化、烷基或醚键的断裂而代谢。主要通过尿液排出。②植物。在苹果、柑橘和水稻上，2 甲 4 氯丁酸乙酯通过水解、氧化而降解，代谢物被共轭，并成为植物的成分。③土壤环境。2 甲 4 氯丁酸乙酯通过水解和氧化快速降解。降解产物转化为 CO_2 或在土壤中成为结合残留。

剂型　悬浮剂、可溶液剂、乳油。

主要生产商　Nippon Kayaku。

作用机理与特点　2 甲 4 氯丁酸钠：其选择性归因于敏感植物对该物质在体内的传导，并将其氧化为真正的毒剂 2 甲 4 氯的能力。选择性、内吸性、激素型除草剂，通过叶和根吸收并传导。

2 甲 4 氯丁酸乙酯：合成生长素（作用类似吲哚乙酸）。

应用　2 甲 4 氯丁酸钠：苗后除草剂，用于谷物、苜蓿、红豆、豌豆、花生和草原，防除一年生和多年生阔叶杂草，还可用于防除森林阔叶杂草和木本杂草。使用剂量 1.8～3.45 kg/hm²。对葡萄、油菜和甜菜有药害。

2 甲 4 氯丁酸乙酯：与西草净、禾草丹、苯达松等复配使用，用于防除稻田阔叶杂草，使用剂量 240～320 g/hm²。也可用于苹果疏花，使用剂量 67～400 g/hm²。

专利概况

专利名称　Process for the preparation of γ-4-chloro-2-methylphenoxybutyric acid and derivatives thereof

专利号　GB 793513　　　　　专利申请日　1954-09-09

专利申请人　May & Baker Ltd。

登记情况　先正达曾在中国登记 2 甲 4 氯丁酸乙酯的混剂，于 2011 年已过期，目前在中国没有相关登记。

合成方法　经如下反应制得 2 甲 4 氯丁酸：

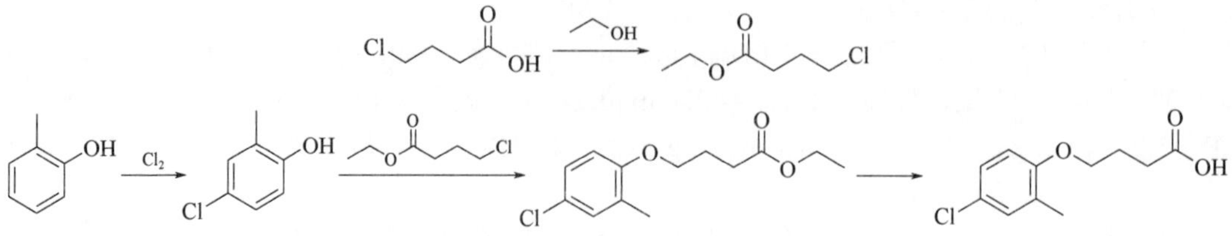

参考文献

[1]　The Pesticide Manual.17 th edition: 701-703.

2 甲 4 氯丙酸（mecoprop）

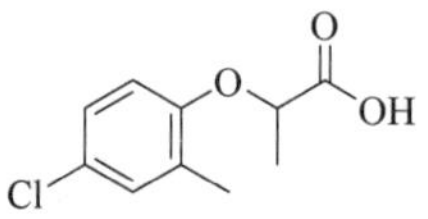

$C_{10}H_{11}ClO_3$，214.6，93-65-2

2 甲 4 氯丙酸（试验代号：RD 4593、L143，商品名称：Propionyl，其他名称：CMPP）1953 年由 C. H. Fawcett 报道其植物生长调节活性，G. B. Lush & E. L. Leafe 报道其除草活性，后由 The Boots Co., Ltd（现拜耳）引入，目前已不再销售该产品。

其他以酯或盐的形式存在　2 甲 4 氯丙酸钾盐（mecoprop-potassium）：1929-86-8，252.7，$C_{10}H_{10}ClKO_3$；2 甲 4 氯丙酸钠盐（mecoprop-sodium）：19095-88-6，236.6，$C_{10}H_{10}ClNaO_3$。2 甲 4 氯丙酸丁氧乙酯（mecoprop-butotyl）：23359-62-8，314.8，$C_{16}H_{23}ClO_4$。

化学名称　(RS)-2-(4-氯邻甲苯氧基)丙酸。英文化学名称(RS)-2-(4-chloro-o-tolyloxy) propionic acid。美国化学文摘（CA）系统名称 2-(4-chloro-2-methylphenoxy)propanoic acid。CA 主题索引名称 propanoic acid—, 2-(4-chloro-2-methylphenoxy)。

理化性质　2 甲 4 氯丙酸　无色晶体。熔点 93～95℃，蒸气压 1.6 mPa（25℃），分配系数 $\lg K_{ow}$=0.1004（pH 7），3.2（非电离，25℃），Henry 常数 2.18×10^{-4} Pa·m³/mol（计算值），pK_a(20～25℃)=3.78。溶解度（g/L，20～25℃）：水 0.88；有机溶剂：丙酮、乙醇＞800，乙醚＞700，乙酸乙酯 743，氯仿 497；对热、水解、还原和大气氧化稳定。2 甲 4 氯丙酸可形成盐，其中很多盐是水溶性的。其盐在水中溶解度：钾盐 920 g/L，钠盐 500 g/L。

毒性　大鼠急性经口 LD_{50} 930～1166 mg/kg，小鼠 LD_{50} 650 mg/kg。兔急性经皮 LD_{50} 900 mg/kg，大鼠＞4000 mg/kg。对皮肤有刺激性，对眼睛有高度刺激性，对皮肤无致敏性。大鼠吸入 LC_{50}（4 h）＞12.5 mg/L（空气）。NOEL：（21 d）大鼠 65 mg/(kg·d)；（90 d）大鼠 4.5～13.5 mg/(kg·d)；（90 d）狗 4 mg/(kg·d)；（2 年）大鼠 1.1 mg/kg。大鼠饲喂 100 mg/kg 饲料持续 210 d，只出现轻微的肾脏肿大。ADI/RfD（EC）0.01 mg/kg（2003）；（EPA）cRfD 0.001mg/kg（1990），无致癌性。

生态效应　急性经口 LD_{50}（mg/kg）：山齿鹑 500～1000，野鸭＞486。饲喂 LC_{50}（mg/kg）：山齿鹑＞5000，野鸭＞5620。LC_{50}（96 h，mg/L）：虹鳟 150～240，蓝鳃翻车鱼＞100，鲤鱼

320～560。水蚤 LC$_{50}$（48 h）420 mg/L，NOEC（繁殖）22.7 mg/L。羊角月牙藻 EC$_{50}$（72 h）270 mg/L，（96 h）532 mg/L。对蜜蜂无毒，LD$_{50}$（经口）>10 μg/只、（接触）>100 μg/只。蚯蚓 LC$_{50}$ 988 mg/kg 干土。对其他有益生物无害。

环境行为　2 甲 4 氯丙酸　①动物。哺乳动物经口摄入后，以未变化的 2 甲 4 氯丙酸轭合物形式主要通过尿液排出。②植物。在植物体内 2 甲 4 氯丙酸的甲基水解形成 2-羟甲基4 氯苯氧丙酸，植物体内的次要代谢途径是芳香环的少量水解。③土壤/环境。在土壤中代谢主要通过微生物降解为 4-氯-2-甲基苯酚，然后在 6-位发生环羟基化、开环进行。土壤 DT$_{50}$ 7～13 天，土壤中的残效期约为 2 个月。K_{oc} 12～25。

剂型　可溶液剂、乳油。

主要生产商　Nufarm B.V.、Nufarm UK。

作用机理与特点　合成生长素（作用类似于吲哚乙酸），选择性、内吸性、激素型除草剂，通过叶子吸收，然后传输到根部。只有(R)-(+)-异构体具有除草活性。

应用　苗后防除阔叶杂草（尤其是猪殃殃、繁缕、苜蓿和大蕉），适用作物：小麦、大麦、燕麦、牧草种子作物（包括套种）、草坪、果树和葡萄。也可防除草地和牧场的酸模。经常与其他除草剂混合使用，使用剂量 2～3 kg/hm^2。

专利概况

专利名称　New salts of alpha-(4-chloro-2-methylphenoxy)-propionic acid and herbicidal compositions containing them

专利号　GB 820180　　　　　专利申请日　1956-09-18

专利申请人　The Boots Co., Ltd。

合成方法　经如下反应制得 2 甲 4 氯丙酸：

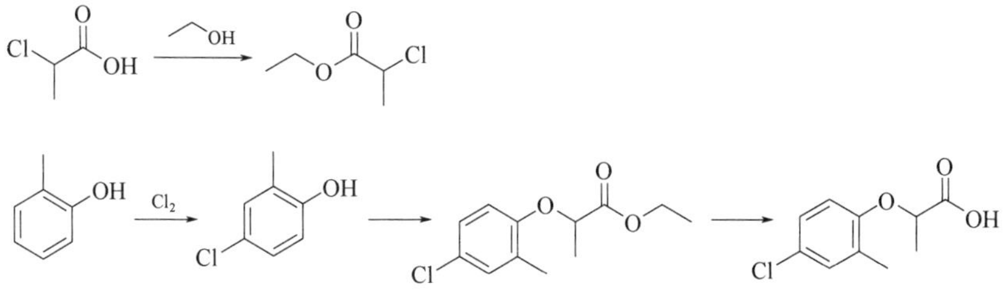

参考文献

[1]　The Pesticide Manual.17 th edition: 705-707.

高 2 甲 4 氯丙酸（mecoprop-P）

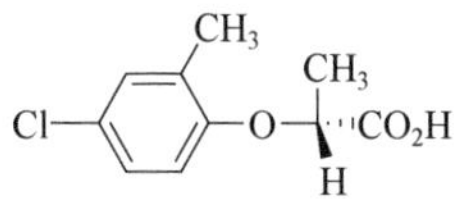

C$_{10}$H$_{11}$ClO$_3$，214.6，16484-77-8，97659-39-7(丁氧基乙酯)，861229-15-4(2-乙基己酯)

高 2 甲 4 氯丙酸（试验代号：BAS 037H、G750、RP591066、Nufarm Ltd 042969，商品名称：Hyprone-P、Platform S、Super Selective Plus，其他名称：CMPP-P、MCPP-P）是由巴

斯夫公司开发的芳氧羧酸类除草剂，是 mecoprop 的旋光活性异构体，于 2004 年转让给 Nufarm 公司。

化学名称　高 2 甲 4 氯丙酸　(R)-2-(4-氯-邻甲苯氧基)丙酸。英文化学名称(R)-2-[(4-chloro-o-tolyl)oxy]propionic acid。美国化学文摘（CA）系统名称(2R)-2-(4-chloro-2-methylphenoxy)propanoic acid。CA 主题索引名称 propanoic acid—, 2-(4-chloro-2-methylphenoxy)-(2R)-。

高 2 甲 4 氯丙酸-2-乙基己酯　(R)-2-(4-氯-邻甲苯氧基)丙酸-2-乙基己酯。英文化学名称 (RS)-2-ethylhexyl (R)-2-[(4-chloro-o-tolyl)oxy]propionate。美国化学文摘（CA）系统名称 2-ethylhexyl (2R)-2-(4-chloro-2-methylphenoxy)propanoate。CA 主题索引名称 propanoic acid—, 2-(4-chloro-2-methylphenoxy)-2-ethylhexyl ester, (2R)-。

理化性质　高 2 甲 4 氯丙酸　纯品为白色晶体，带有微弱的固有气味。熔点 94.6～96.2℃，蒸气压 0.23 mPa（20℃），分配系数 $\lg K_{ow}$=1.43（pH 5）、0.02（pH 7）、–0.18（pH 9），Henry 常数 $5.7×10^{-5}$ Pa·m³/mol（计算），相对密度约 1.31（20～25℃），pK_a(20～25℃)=3.68。溶解度（20～25℃）：水中 860 mg/L（pH 7）。有机溶剂中溶解度（g/L）：丙酮、乙醇＞800，乙醚＞700，二氯甲烷 1284，己烷 6，甲苯 286。稳定性：对光和热稳定，在 pH 3～9 时稳定。光解 DT_{50} 680 h（pH 5），1019 h（pH 7），415 h（pH 9）。比旋光度$[\alpha]_D$=+35.2°（丙酮），–17.1°（苯），+21°（氯仿），+28.1°（乙醇）。

高 2 甲 4 氯丙酸丁氧基乙酯　熔点–71℃，沸点＞399℃（$1.01×10^5$ Pa），蒸气压 1.5 mPa（20℃），分配系数 $\lg K_{ow}$=4.36，Henry 常数 0.175 Pa·m³/mol，相对密度 1.096（20～25℃）。水中溶解度 2.7 mg/L（pH 7，20～25℃）。

高 2 甲 4 氯丙酸-2-乙基己酯　熔点＜20℃，沸点＞230℃（$1.01×10^5$ Pa），蒸气压 0.24 mPa（20℃），分配系数 $\lg K_{ow}$＞3.77（pH 7），相对密度 1.0489（20～25℃）。水中溶解度＜0.17 mg/L（20～25℃）。

毒性　高 2 甲 4 氯丙酸　大鼠急性经口 LD_{50} 431～1050 mg/kg。大鼠急性经皮 LD_{50}＞4000 mg/kg，大鼠急性吸入 LC_{50}（4 h）＞5.6 mg/L。对眼睛有严重刺激，对皮肤无刺激、不致敏。大鼠 NOEL（2 年）1.1 mg/(kg·d)。ADI/RfD（EC）0.01 mg/kg（2003），（EPA）最低 aRfD 0.5 mg/kg，cRfD 0.01 mg/kg（2007）。无致癌、致肿瘤、致突变和致畸作用。

生态效应　高 2 甲 4 氯丙酸　鹌鹑急性经口 LD_{50} 497 mg/kg，山齿鹑饲喂 LC_{50}（5 d）＞4630 mg/kg。鱼 LC_{50}（96 h，mg/L）：虹鳟鱼 150～220，大翻车鱼＞100。水蚤 EC_{50}（48 h）＞100 mg/L，NOEC（21 d）50 mg/L。藻类 EC_{50}（72 h，mg/L）：绿藻 270，羊角月牙藻 500，水华鱼腥藻 23.9。浮萍 EC_{50}（14 d）1.6 mg/L。对蜜蜂无毒，LD_{50}（接触和经口）＞100 μg/只。蚯蚓 LC_{50}（14 d）494 mg/kg 土壤。对捕食性步甲和双线隐翅虫无害。

高 2 甲 4 氯丙酸二甲胺盐　山齿鹑饲喂 LC_{50}＞5600 mg/kg 饲料，蜜蜂 LD_{50}（48 h）＞25 μg/只。

环境行为　①动物。哺乳动物口服给药后，高 2 甲 4 氯丙酸代谢后主要以螯合物形式存在于尿中。②植物。在植物中高 2 甲 4 氯丙酸在甲基处羟基化为 2-羟甲基-4-氯苯氧基丙酸，进一步代谢（羟基化）为芳族酸环。③土壤/环境。在土壤中，主要通过微生物降解为 4-氯-2-甲基苯酚，然后通过环的 6-位羟基化而开环。土壤 DT_{50}（有氧）3～13 d。

剂型　乳油、水剂。

主要生产商　Nufarm B.V.及 Nufarm UK 等。

作用机理与特点　合成生长素（类似吲哚乙酸）。选择性、系统性、激素型除草剂，经叶片吸收并运输至根部。

应用　主要用在小麦、大麦、燕麦、牧草种子作物和草地中，于苗后控制阔叶杂草（尤其是猪殃殃、繁缕、苜蓿和大蕉）。通常与其他除草剂组合使用，用量 1.2～1.5 kg/hm²。对冬黑麦有轻微药害（暂时的）。

（1）适宜作物　禾谷类作物、豌豆、草坪和非耕作区。

（2）防除对象　猪殃殃、藜、繁缕、野慈姑、鸭舌草、三棱草、日本藨草等多种阔叶杂草。

（3）应用技术　该品种仅对阔叶杂草有效，欲扩大杀草谱要与其他除草剂混用。

（4）使用方法　苗后茎叶处理，使用剂量为 1.2～1.5 kg (a.i.)/hm²。

专利概况

专利名称　Process for the preparation of phenoxypropionic acids and their alkali salts

专利号　DE 2949728　　　　专利申请日　1979-12-11

专利申请人　Hoechst AG

其他相关专利　EP 30585、US 4309547。

合成方法　通过如下两种反应方法制得目的物：

方法（1）：

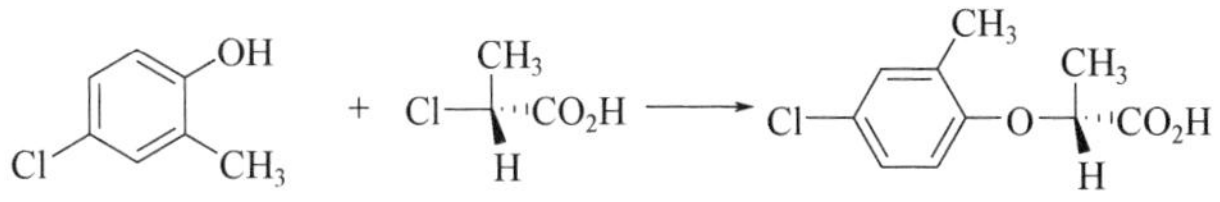

方法（2）：

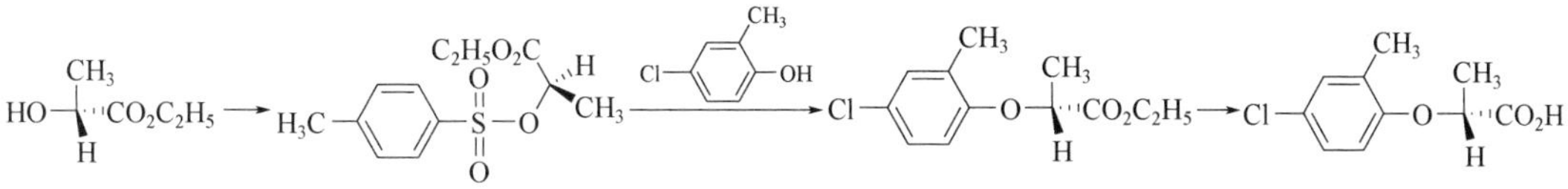

参考文献

[1]　The Pesticide Manual.17 th edition: 707-709.

第二十三节
吡啶氧乙酸类除草剂
（pyrimidinyloxyacetic herbicides）

一、创制经纬

吡啶氧羧酸类除草剂三氯吡氧乙酸和氯氟吡氧乙酸是在吡啶酸类除草剂和 2,4-二氯苯氧乙酸（2,4-滴）的基础上发现的。

二、主要品种

吡啶氧羧酸类除草剂包括两个品种，即三氯吡氧乙酸（triclopyr）和氯氟吡氧乙酸（fluroxypyr），都是合成生长素类除草剂。

氯氟吡氧乙酸（fluroxypyr）

C$_7$H$_5$Cl$_2$FN$_2$O$_3$，255.0，69377-81-7

氯氟吡氧乙酸（试验代号：Dowco 433，商品名称：Kuo Sheng，其他名称：氟草烟、使它隆、氟草定、治莠灵）、氯氟吡氧乙酸-2-丁氧基-1-甲基乙酯（fluroxypyr-2-butoxy-1-methylethyl，试验代号：DOW-43304-H、DOW-81680-H，其他名称：fluroxypyr BPE）、氯氟吡氧乙酸异辛酯［fluroxypyr-meptyl(1-methylheptyl)，试验代号：Dowco 433 MHE、DOW-43300-H、XRD-433 1MHE，商品名称：Hurler、Spotlight、Starane、Tomahawk，其他名称：fluroxypyr MHE、氯氟吡氧乙酸甲基庚酯］均是由陶氏益农开发的吡啶氧羧酸类除草剂。

化学名称 4-氨基-3,5-二氯-6-氟-2-吡啶氧乙酸。英文化学名[(4-amino-3,5-dichloro-6-fluoro-2-pyridinyl)oxy]acetic acid。美国化学文摘（CA）系统名称 2-[(4-amino-3,5-dichloro-6-fluoro-2-pyridinyl)oxy]acetic acid。CA 主题索引名称 acetic acid—, 2-[(4-amino-3,5-dichloro-6-fluoro-2-pyridinyl)oxy]-。

理化性质 氯氟吡氧乙酸 白色结晶体。熔点 232～233℃，蒸气压 3.78×10^{-6} mPa（20℃）。分配系数 lgK_{ow}=-1.24，pK_a（20～25℃）=2.94，相对密度 1.09（20～25℃）。溶解度（g/L，20～25℃）：水中 5.7（pH 5.0），7.3（pH 9.2），丙酮 51.0，甲醇 34.6，乙酸乙酯 10.6，异丙醇 9.2，二氯甲烷 0.1，甲苯 0.8，二甲苯 0.3。稳定性：酸性介质中稳定。氯氟吡氧乙酸显酸性，可以和碱反应生成盐。水中 DT$_{50}$185 d（pH 9，20℃），温度升至熔点时仍可稳定存在，对可见光稳定。

氯氟吡氧乙酸-2-丁氧基-1-甲基乙酯 黏稠深褐色液体。沸点 280℃（分解），闪点 195.5℃（闭口法）。蒸气压 6×10^{-3} mPa（20℃），分配系数 lgK_{ow}=4.17，Henry 常数 1.8×10^{-4} Pa•m^3/mol（计算值）。相对密度 1.294（20～25℃）。：水中（溶解度（20～25℃，mg/L）：12.6（蒸馏水）、10.8（pH 5）、11.7（pH 7）、11.5（pH 9）；有机溶剂中溶解度（g/L）：甲苯、甲醇、丙酮、乙酸乙酯＞4000，己烷 68。

氯氟吡氧乙酸异辛酯 灰白色固体。熔点 58.2～60℃，蒸气压 1.349×10^{-3} mPa（20℃），分配系数 lgK_{ow}=4.53（pH 5）、5.04（pH 7），Henry 常数 5.5×10^{-3} Pa•m^3/mol，相对密度 1.322（20～25℃）。溶解度（20～25℃）：水中 0.09 mg/L；其他溶剂中（g/L）：丙酮 867、甲醇 469、乙酸乙酯 792、二氯甲烷 896、甲苯 735、二甲苯 642、己烷 45。正常储存条件下稳定，熔点以上分解，见光稳定，水解 DT$_{50}$ 454 d（pH 7），3.2 d（pH 9），pH 5 稳定。水溶液对光稳定，天然水中 DT$_{50}$1～3 d。

毒性 氯氟吡氧乙酸 大鼠急性经口 LD$_{50}$ 2405 mg/kg，兔急性经皮 LD$_{50}$＞5000 mg/kg，

对兔眼睛有中度刺激性，对兔皮肤无刺激性，大鼠急性吸入 LC_{50}（4 h）＞0.296 mg/L 空气。NOEL［mg/(kg·d)］：（2 年）大鼠 80，（1.5 年）小鼠 320。没有迹象表明有致癌、致畸或致突变作用。三代繁殖试验和迟发性神经毒性试验未见异常。ADI/RfD（EC）0.8 mg/kg（2000），（EPA）RfD 0.5 mg/kg（1998）。

氯氟吡氧乙酸-2-丁氧基-1-甲基乙酯　大鼠急性经口 LD_{50}＞2000 mg/kg，兔急性经皮 LD_{50}＞2000 mg/kg，对兔眼睛和皮肤无刺激性，对豚鼠皮肤无致敏性。NOAEL 大鼠 463 mg/kg，无致突变作用。

氯氟吡氧乙酸异辛酯　大鼠急性经口 LD_{50}＞5000 mg/kg，兔急性经皮 LD_{50}＞2000 mg/kg，对兔眼睛有中度刺激性，对兔皮肤无刺激性，对豚鼠皮肤无致敏性。大鼠急性吸入 LC_{50}（4 h）＞1 mg/L 空气。NOEL［mg/(kg·d)］：（90 d）雄大鼠 80，雌大鼠 300。

生态效应　氯氟吡氧乙酸　野鸭和山齿鹑急性经口 LD_{50}＞2000 mg/kg。虹鳟鱼和金腹雅罗鱼 LC_{50}（96 h）＞100 mg/L。水蚤 LC_{50}（48 h）＞100 mg/L。绿藻 EC_{50}（96 h）＞100 mg/L。浮萍 EC_{50}（14 d）12.3 mg/L。蜜蜂 LD_{50}（接触，48 h）＞25 µg/只。

氯氟吡氧乙酸异辛酯　野鸭和山齿鹑急性经口 LD_{50}＞2000 mg/kg。虹鳟鱼、金腹雅罗鱼、水蚤和藻类 LC_{50} 均大于水中溶解度。蜜蜂 LD_{50}（经口和接触，48 h）＞100 µg/只。蚯蚓 LC_{50}（14 d）＞1000 mg/kg。

环境行为　①动物。在大鼠口服给药后，无法被代谢，但能被迅速排出体外，主要是在尿液中。②植物。在植物试验中，不能代谢，但能经生物转化变为结合物。③土壤/环境。在土壤中，氯氟吡氧乙酸在有氧条件下被微生物迅速降解为 4-氨基-3,5-二氯-6-氟吡啶-2-酚、4-氨基-3,5-二氯-6-氟-2-甲氧基吡啶和 CO_2，实验室土壤研究 DT_{50} 为 5～9 d（约 23℃）。蒸渗仪和现场研究表明，没有证据显示任何明显的浸出。

剂型　乳油、水乳剂、可湿性粉剂、水乳剂、悬浮剂、可分散油悬浮剂。

主要生产商　Aimco、Dow AgroSciences、Flagchem、Lier、Luba、德州绿霸精细化工有限公司、淮安国瑞化工有限公司、江苏富比亚化学品有限公司、江苏富鼎化学有限公司、江苏苏滨生物农化有限公司、江苏省农用激素工程技术研究中心有限公司、迈克斯（如东）化工有限公司、山东埃森化学有限公司、山东潍坊润丰化工股份有限公司、四川省乐山市福华通达农药科技有限公司、浙江禾本科技有限公司及浙江天丰生物科学有限公司等。

作用机理与特点　合成的植物生长素（类似吲哚乙酸）。氯氟吡氧乙酸的应用是以酯的形式，如氯氟吡氧乙酸甲基庚酯。主要由叶面吸收，然后水解成具有除草活性的母体酸，并且迅速移动到植物的其他部分。通过诱导特征性生长素型反应发挥作用，如叶子卷曲。

应用　氯氟吡氧乙酸通过苗后叶片给药发挥药效，控制所有的小型谷类作物上的阔叶杂草（包括猪殃殃和地肤属）、牧场中的酸模属和荨麻，及绿地中的白三叶草。定向应用是用于控制果园（仅苹果）和种植作物（橡胶和棕榈）中的禾本和木本的阔叶杂草，及控制针叶林中阔叶灌木。氯氟吡氧乙酸被广泛用于苗后 6 叶期玉米田以控制打碗花、田旋花、龙葵。其甲基庚酯和 2-丁氧基-1-甲基乙酯具有相似的活性，其优势在于剂型的选择范围更宽。用量 180～400 g (a.i.)/hm²。在推荐作物上使用无植物毒性。

（1）应用技术　施药时，田间湿度大用低喷液量。用药量根据杂草种类及大小来定，对敏感杂草，杂草小时用低剂量。对难治杂草，杂草大时用高剂量。施药时药液中加入喷液量 1%～2%非离子表面活性剂，在干旱条件下可获得稳定药效。施药应选早晚气温低、风小时进行。晴天上午 8 时至下午 5 时、空气相对湿度低于 65%、气温高于 28℃、风速超过 4 m/s 时停止施药。

（2）使用方法　玉米田防除鸭跖草、田旋花、马齿苋、小旋花等，每亩用 67～100 mL。小麦田，每亩用氯氟吡氧乙酸 50～67 mL。葡萄园、果园、牧场，每亩用 75～150 mL。用药时期：杂草 2～4 叶期，每亩用药液量 15～30 kg 喷雾。更具体的使用如下：

① 麦田　小麦从出苗到抽穗均可使用。冬小麦最佳施药期在冬后返青期或分蘖盛期至拔节前期，春小麦 3～5 叶期，阔叶杂草 2～4 叶期。每亩用 20%氯氟吡氧乙酸 50～66.7 mL。

混用：氯氟吡氧乙酸可与多种除草剂混用，扩大杀草谱，降低成本。氯氟吡氧乙酸与 2甲 4 氯混用可增加对婆婆纳、藜、问荆、葎草、苍耳、苣荬菜、田旋花、苘麻等杂草的防除效果，每亩用 20%氯氟吡氧乙酸 25～35 mL 加 20% 2 甲 4 氯 150 mL。防除婆婆纳、泽泻、荠菜、碎米荠等杂草，每亩用 20%氯氟吡氧乙酸 25～40 mL 加 20% 2 甲 4 氯 150 mL。

氯氟吡氧乙酸与精噁唑禾草灵（加解毒剂）混用，可增加对野燕麦、看麦娘、硬草、棒头草、马唐、稗草、千金子等禾本科杂草的药效。每亩用 20%氯氟吡氧乙酸 50～66.7 mL 加6.9%精噁唑禾草灵（加解毒剂）50～67 mL。

② 玉米田　施药适期在玉米苗后 6 叶期之前，杂草 2～5 叶期，每亩用 20%氯氟吡氧乙酸50～66.7 mL。防除田旋花、小旋花、马齿苋等难治杂草，每亩用 20%氯氟吡氧乙酸 66.7～100 mL。

③ 葡萄、果园、非耕地及水稻田埂　在杂草 2～5 叶期施药，每亩用 20%氯氟吡氧乙酸75～150 mL 防除水稻田埂空心莲子菜（水花生）每亩用 20%氯氟吡氧乙酸 50 mL，或 20%氯氟吡氧乙酸 20 mL 加 41%草甘膦 200 mL 混用，或 20%氯氟吡氧乙酸 30 mL 加 41%草甘膦150 mL 混用。防除难治杂草如葎草、火炭母草、鸭跖草等，每亩用 20%氯氟吡氧乙酸 80～100 mL 加 41%草甘膦 100～150 mL 混用。

专利概况

专利名称　Herbicidal use of aminohalopyridyloxy acids and derivatives thereof

专利号　US 4110104　　　　　专利申请日　1976-12-23

专利申请人　Dow Chemical Company。

登记情况　氯氟吡氧乙酸在中国以异辛酯的形式商品化，登记有 95%、96%、97%、98%原药共 31 个，相关制剂 265 个。主要用于水稻、玉米、小麦、棉花等防治一年生阔叶杂草。部分登记情况见表 3-122。

表 3-122　氯氟吡氧乙酸及其异辛酯在中国部分登记情况

登记证号	农药名称	剂型	含量	登记场所	防治对象	亩用药量（制剂）	施用方法	登记证持有人
PD20183175	氯氟吡氧乙酸异辛酯	乳油	288 g/L	水稻移栽田	一年生阔叶杂草	55～75 mL	茎叶喷雾	宁波三江益农化学有限公司
				玉米田		50～70 mL	茎叶喷雾	
PD20182572	氯氟吡氧乙酸异辛酯	可分散油悬浮剂	50%	冬小麦田	一年生阔叶杂草	28～38 mL	茎叶喷雾	青岛清原农冠抗性杂草防治有限公司
				水田畦畔	空心莲子草			
PD20181041	氯氟吡氧乙酸异辛酯	悬浮剂	20%	冬小麦田	一年生阔叶杂草	50～70 mL	土壤喷雾	郑州郑氏化工产品有限公司
				狗牙根草坪		40～55 mL		
PD20170571	氯氟吡氧乙酸异辛酯	乳油	200 g/L	玉米田	阔叶杂草	50～70 mL	土壤喷雾	山东埃森化学有限公司
PD20100746	氯氟吡氧乙酸	乳油	200 g/L	冬小麦田	一年生阔叶杂草	50～70 mL	茎叶喷雾	河南豫之星作物保护有限公司

续表

登记证号	农药名称	剂型	含量	登记场所	防治对象	亩用药量（制剂）	施用方法	登记证持有人
PD20182506	氯氟吡氧乙酸异辛酯	原药	98%					江苏苏滨生物农化有限公司
PD372-2001	氯氟吡氧乙酸异辛酯	原药	95%					美国陶氏益农公司

合成方法　氯氟吡氧乙酸的合成方法如下：

方法（1）：

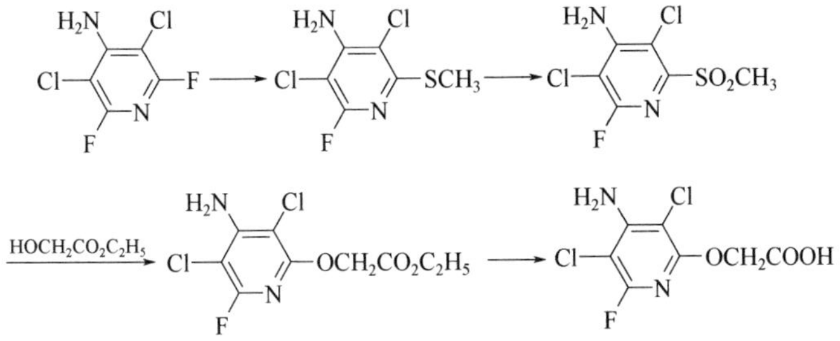

方法（2）：

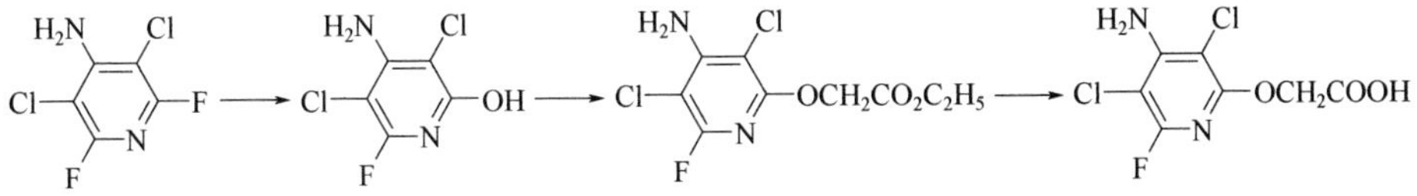

中间体 4-氨基-3,5-二氯-2,6-二氟吡啶的合成方法如下：

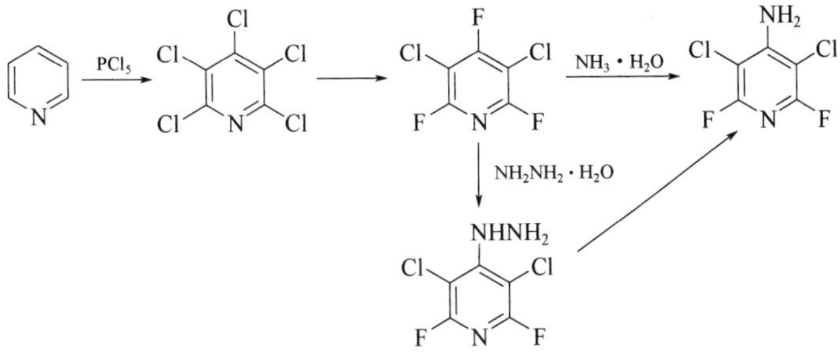

参考文献

[1] The Pesticide Manual.17 th edition: 537-540.

[2] 黄生建. 化学试剂, 2019, 41(11): 1214-1217.

三氯吡氧乙酸（triclopyr）

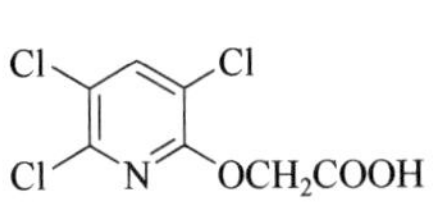

$C_7H_4Cl_3NO_3$，256.6，55335-06-3，64700-56-7(丁氧基乙酯)

三氯吡氧乙酸（试验代号：Dowco 233，商品名称：Luoxyl、Trident，其他名称：盖灌能、盖灌林、定草酯、绿草定）是由陶氏开发的吡啶氧羧酸类除草剂。三氯吡氧乙酸丁氧基乙酯（triclopyr-butotyl），试验代号 M 4021，商品名称：Garlon 4；其他名称：绿草定-2-丁氧基乙酯。

化学名称　3,5,6-三氯-2-吡啶氧乙酸。英文化学名称[(3,5,6-trichloro-2-pyridyl)oxy]acetic acid。美国化学文摘（CA）系统名称 2-[(3,5,6-trichloro-2-pyridinyl)oxy]acetic acid。CA 主题索引名称 acetic acid—, 2-[(3,5,6-trichloro-2-pyridinyl)oxy]-。

理化性质　绒毛状无色固体，熔点 150.5℃，分解温度 208℃。蒸气压 0.2 mPa（25℃）。分配系数 lgK_{ow}：0.42（pH 5），−0.45（pH 7），−0.96（pH 9）。Henry 常数 9.77×10^{-5} Pa·m³/mol（计算值），pK_a(20～25℃)=3.97，相对密度 1.85（20～25℃）。溶解度（20～25℃，g/L）：水中 0.408（纯净水），7.69（pH 5），8.10（pH 7），8.22（pH 9）；其他溶剂中溶解度：丙酮 581，甲苯 19.2，乙腈 92.1，二氯甲烷 24.9，甲醇 665，乙酸乙酯 271，己烷 0.09。正常条件下储存稳定、不水解，光解 DT$_{50}$＜12 h。

三氯吡氧乙酸丁氧基乙酯　Henry 常数 2.50×10^{-2} Pa·m³/mol。

三氯吡氧乙酸三乙胺盐　Henry 常数 1.16×10^{-9} Pa·m³/mol。

毒性　大鼠急性经口 LD$_{50}$（mg/kg）：雄性 692，雌性 577。兔急性经皮 LD$_{50}$＞2000 mg/kg，对兔的皮肤无刺激性，对兔的眼睛有轻度刺激性。大鼠吸入 LC$_{50}$（4 h）＞2.7 mg/L。NOEL［2 年，mg/(kg·d)]：大鼠 3，小鼠 35.7。ADI/RfD（EC）0.03 mg/kg（2006）；（EPA）RfD 0.05 mg/kg，代谢物 RfD 0.03 mg/kg（1997）。

生态效应　野鸭急性经口 LD$_{50}$ 1698 mg/kg，饲喂 LC$_{50}$（8 d，mg/kg）：野鸭＞5000，日本鹌鹑 3278，山齿鹑 2935。鱼 LC$_{50}$（96 h，mg/L）：虹鳟鱼 117，大翻车鱼 148。水蚤 LC$_{50}$（48 h）133 mg/L。藻类 EC$_{50}$（5 d）45 mg/L。蜜蜂接触 LD$_{50}$＞100 μg/只。

环境行为　①动物。动物口服后，主要经尿液排出体外。②植物。DT$_{50}$ 3～10 d，主要代谢物为 3,5,6-三氯-2-甲氧基吡啶。③土壤/环境。在微生物作用下，快速降解。根据土壤和气候条件的不同，半衰期不同，平均 DT$_{50}$ 46 d。主要降解产物是 3,5,6-三氯-2-吡啶醇（DT$_{50}$ 为 30～90 d），伴随有少量的 3,5,6-三氯-2-甲氧基吡啶。K_{oc} 约 59 mL/g，K_d 约 87 mL/g（新样品），约 225 mL/g（老样品）。

剂型　水剂、乳油。

主要生产商　Agriphar、Aimco、Bhagiradha、Bharat、Devidayal、Dow AgroSciences、Gharda、Punjab、Sharda、重庆依尔双丰科技有限公司、河北万全力华化工有限责任公司、湖北犇星农化有限责任公司、湖南比德生化科技股份有限公司、江苏好收成韦恩农化股份有限公司、江苏凯晨化工有限公司、江苏省南京红太阳生物化学有限责任公司、利尔化学股份有限公司、连云港埃森化学有限公司及迈克斯（如东）化工有限公司等。

作用机理与特点　合成生长素（类似吲哚乙酸）。选择性内吸除草剂，能很快被叶面和根系吸收，并传导至整个植物，积累于分生组织。敏感杂草（主要是阔叶杂草，禾本科杂草在通常使用剂量下不受影响）产生诱导生长素型反应。

应用

（1）适宜范围　通常用于造林前除草灭灌，维护防火线，培育松树及林木改造。

（2）防除对象　水花生、胡枝子、榛材、蒙古柞、黑桦、椴、山杨、山刺玫、榆、蒿、柴胡、地榆、铁线莲、婆婆纳、蕨、槭、柳、珍珠梅、草木犀、唐松草、蚊子草、走马芹、玉竹、柳叶绣菊、红丁香、金丝桃、山梅花、山丁子、稠李、山梨、香蒿等。

（3）应用技术　①本剂为阔叶草除草剂，对禾本科及莎草科杂草无效，用药 2 h 后无雨药效较佳。②使用时不可喷及阔叶作物如叶菜类、茄科作物等，以免产生药害。③喷药后 3～7 d 即可看见杂草心叶部发生卷曲现象，此时杂草即已无法生长。顽固阔叶杂草连根完全死亡约需 30 d，杂灌木死亡时间较长。④杂灌木密集处，可采用低容量喷雾。⑤本剂可用于防除废弃的香蕉、菠萝。不可用于生长季中茶园、香蕉及菠萝。

（4）使用时间　杂草和灌木叶面充分展开，生长旺盛阶段。

（5）使用方法　喷雾法对水量 150～300 L/hm²，低容量喷雾对水 10～32 L/hm²。幼林抚育用商品量 1.5 L/hm²（有效成分 1 kg/hm²），造林前及防火线用商品量 3～6 kg。用柴油稀释 50 倍喷洒于树干基部，可防除非目的树种，进行林分改造。在离地面 70～90 cm 喷洒，桦、柞、椴、杨胸径在 10～20 cm 之间，每株用药液 70～90 mL。喷药后 6 d 桦树 70%叶变黄，13 d 后喷洒桦树全部死亡。杨树用药后 13 d 全部呈现药害，其中 80%干枯，41 d 后杨树全部死亡。柞树有部分出现药害，84 d 后杨、桦树干基部树皮腐烂变黑。此外，对某些特定杂草和灌木的防除方法如表 3-123。

表 3-123　三氯吡氧乙酸对特定杂草和灌木的防除方法

用药量/[(制剂)/亩]	稀释倍数	使用范围	注意事项
267 mL	每公顷稀释水量 600 L	非耕地杂草：水花生、豆花香菇草、墨菜、节节花等阔叶杂草	①杂草生长旺盛期（开花期）均匀喷施于茎叶上。②应于下次耕作前 40～50 d 施用
200～267 mL	稀释 100 倍	造林地杂草：葛藤、火炭母草及其他藤类杂草	①杂草生长旺盛时，将药剂均匀喷洒于杂草的叶面。②施药时不要将葛藤或火炭母草割除。③以微粒喷雾器喷施。④若用动力微粒喷雾器，以原液喷施即可。⑤限用于柳杉、红松等造林地
267 mL	稀释 300 倍	沟渠杂草：布袋莲	①布袋莲生长旺盛至开花期，将药液均匀喷施于叶面。②不可喷及附近作物，以免发生药害

三氯吡氧乙酸对于松树和云杉的剂量非常严，超过 1 kg/hm² 将有不同程度药害发生，有的甚至死亡。预防方法可以用喷枪定量穴喷，以防超量。用药后影响其种子形成，推迟发育阶段。降雨对其药效影响最大，用药 2 h 后降雨将不影响药效。使用三氯吡氧乙酸的药害症状是，灌木在一星期后相继出现褐斑、叶枯黄、整枝死亡、烂根、倒地，形成很短的残骸。受害较轻的叶扭曲、变黄，大部分阔叶草扭曲，尤其是走马芹最严重，对禾本科杂草小叶樟有一定的抑制作用。

专利概况

专利名称　Method for preparing 3, 5, 6-trichloro-2-pyridyloxyacetic acid

专利号　US 3862952　　　专利申请日　1973-08-30

专利申请人　Dow Chemical Company。

登记情况　三氯吡氧乙酸在中国主要以丁氧基乙酯和三乙胺盐的形式商品化，登记有 99%三氯吡氧乙酸和三氯吡氧乙酸丁氧基乙酯原药共 17 个，相关制剂 22 个。登记场所为森林、免耕油菜田和非耕地，防治对象灌木和杂草等。部分登记情况见表 3-124。

表 3-124　三氯吡氧乙酸在中国部分登记情况

登记证号	农药名称	剂型	含量	登记场所	防治对象	亩用药量（制剂）	施用方法	登记证持有人
PD20190162	三氯吡氧乙酸丁氧基乙酯	乳油	62%	森林	阔叶杂草	350～400 mL	定向茎叶喷雾	深圳诺普信农化股份有限公司
PD20183249	三氯吡氧乙酸	乳油	480 g/L	森林	阔叶杂草	250～400 mL	喷雾	山东埃森化学有限公司
PD20183122	三氯吡氧乙酸三乙胺盐	水剂	32%	森林	阔叶杂草	400～600 mL	茎叶喷雾	迈克斯(如东)化工有限公司
PD20181324	三氯吡氧乙酸丁氧基乙酯	乳油	70%	非耕地	杂草	160～240 mL	茎叶喷雾	山东潍坊润丰化工股份有限公司
PD153-92	三氯吡氧乙酸	乳油	480 g/L	森林	灌木	278～417 mL	喷雾	美国陶氏益农公司
					阔叶杂草			
PD20183692	三氯吡氧乙酸丁氧基乙酯	原药	99%					湖北犇星农化有限责任公司
PD20182058	三氯吡氧乙酸	原药	99%					连云港埃森化学有限公司

合成方法　通过如下反应制得目的物：

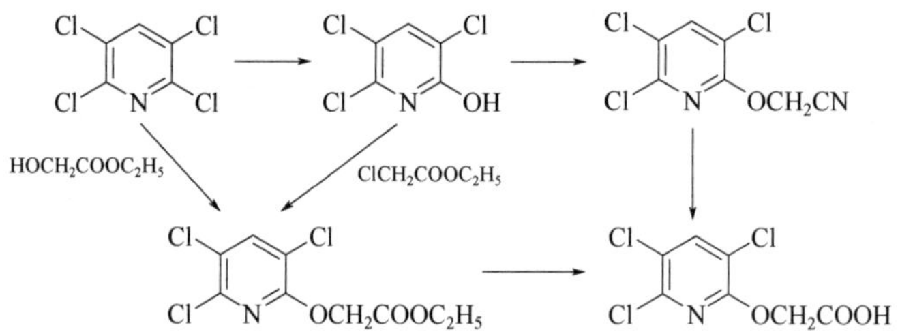

或

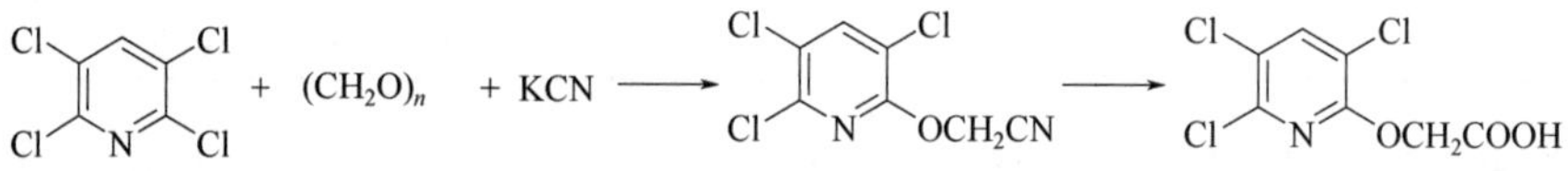

参考文献

[1] The Pesticide Manual.17 th edition: 1143-1144.

[2] 赵志雄. 山东化工, 2017, 46(17): 6-8.

第二十四节

二硝基苯胺类除草剂

（dinitroaniline herbicides）

目前二硝基苯胺类除草剂主要品种有 7 个，均为微管组装抑制剂。

乙丁氟灵（benfluralin）

C$_{13}$H$_{16}$F$_3$N$_3$O$_4$，335.3，1861-40-1

乙丁氟灵［试验代号：EL-110，商品名称：Balan、Benefex、Team（混剂+氟乐灵），其他名称：氟草胺］是由 Eli Lily & Co.（其农化业务已被 Dow AgroScience 收购）1963 年开发的二硝基苯胺类除草剂。

化学名称　N-丁基-N-乙基-α, α, α-三氟-2, 6-二硝基对甲苯胺。英文化学名称 N-butyl-N-ethyl-α, α, α-trifluoro-2, 6-dinitro-p-toluidine。美国化学文摘（CA）系统名称 N-butyl-N-ethyl-2, 6-dinitro-4-(trifluoromethyl)benzenamine。CA 主题索引名称 benzenamine—, N-butyl-N-ethyl-2, 6-dinitro-4-(trifluoromethyl)-。

理化性质　橘黄色晶体，熔点 65～66.5℃，闪点 151℃（闭杯），沸点 121～122℃（66.7 Pa）；148～149℃（933.1 Pa），蒸气压 8.76 mPa（25℃），分配系数 lgK_{ow}=5.29（pH 7），相对密度 1.28（20～25℃）。溶解度（20～25℃）：水中 0.1 mg/L，其他溶剂中溶解度（g/L）：丙酮、二氯甲烷、乙酸乙酯、氯仿＞1000，甲苯 330～500，乙腈 170～200，己烷 18～20，甲醇 17～18。紫外线下分解，在 pH 5～9 时，DT$_{50}$ 30 d（26℃）。

毒性　急性经口 LD$_{50}$（mg/kg）：大鼠＞10000，小鼠＞5000，狗、兔＞2000。兔急性经皮 LD$_{50}$＞5000 mg/kg。对兔皮肤轻微刺激，对兔眼睛中度刺激，对豚鼠皮肤有致敏性。大鼠急性吸入 LC$_{50}$（4 h）2.31 mg/L（空气）。NOEL（mg/kg）：大鼠（2 年）0.5 mg/(kg•d)，小鼠（2 年）6.5 mg/(kg•d)。ADI/RfD（EC）0.005 mg/kg（2008）；（EPA）cRfD 0.005 mg/kg（2004）。

生态效应　家禽急性经口 LD$_{50}$（mg/kg）：绿头野鸭、山齿鹑、家鸡＞2000。鱼 LC$_{50}$（96 h，mg/L）：蓝鳃翻车鱼 0.065，虹鳟鱼 0.081，羊头原鲷＞1.1。水蚤 LC$_{50}$（48 h）2.18 mg/L，对羊角月牙藻在 3.86 mg/L 浓度下（7 d），特种生长率和终端生物质分别减少 16.6%和 34.3%。其他水生生物：东方牡蛎 EC$_{50}$（壳沉积）＞1.1 mg/L；糠虾 LC$_{50}$ 0.043 mg/L。对蜜蜂理论上无毒。

环境行为　土壤/环境。土壤 DT$_{50}$ 15 d（无氧），2.8 周到 1.7 个月（有氧）；在水中 DT$_{50}$ 34.8 h；土壤中光解 DT$_{50}$ 12.5 d，土壤残留期 4～8 个月。在土壤中可能不迁移；K_{oc}＞5000；土壤吸附系数在沙土中（pH 7.7）为 27，在黏土中（pH 6.9）为 117。

制剂　乳油、颗粒剂、水分散粒剂。

主要生产商　Adama、Dintec。

作用机理与特点　微管组装抑制剂。选择性土壤除草剂，根系吸收。影响种子发芽，通过阻止根和芽生长抑制植物生长。

应用　用于花生、莴苣、黄瓜、菊苣、苦苣、蚕豆、四季豆、小扁豆、苜蓿、三叶草、车轴草、烟草和草坪上防除一年生禾本科杂草和某些一年生阔叶杂草。苗前、土壤使用，剂量 1.0～1.5 kg/hm^2。

专利概况

专利名称　Method of eliminating weed grasses and broadleaf weeds

专利号　US 3257190　　　　专利申请日　1962-12-10

专利申请人　Eli Lily & Co.。

合成方法

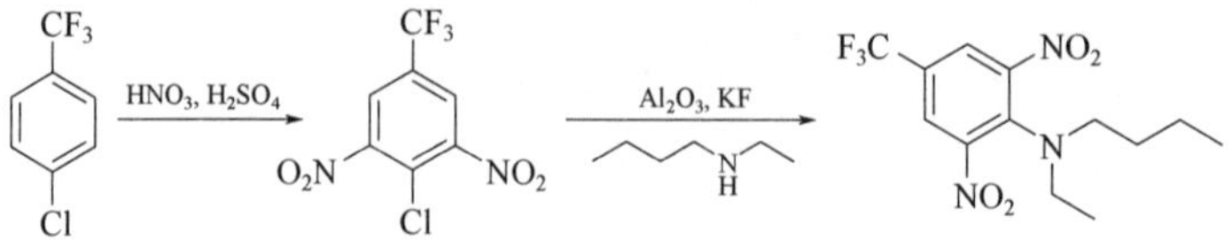

参考文献

[1] The Pesticide Manual.17 th edition: 75-76.

仲丁灵（butralin）

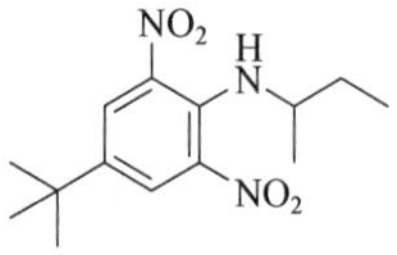

$C_{14}H_{21}N_3O_4$，295.3，33629-47-9

仲丁灵（试验代号：Amchem 70-25、Amchem A-820，商品名称：Lutar、Tabamex Plus、Tobago，其他名称：地乐胺、双丁乐灵、比达宁、硝苯胺灵、止芽素）是由 Amchem Products Inc.（现拜耳公司）开发的植物生长调节剂和除草剂，后售予 CFPI（现 Nufarm S.A.S.）。

化学名称　N-仲丁基-4-叔丁基-2,6-二硝基苯胺。英文化学名称　N-sec-butyl-4-tert-butyl-2,6-dinitro-aniline。美国化学文摘（CA）系统名称　4-(1,1-dimethylethyl)-N-(1-methylpropyl)-2,6-dinitrobenzenamine。CA 主题索引名称　benzenamine—, 4-(1,1-dimethylethyl)-N-(1-methylpropyl)-2,6-dinitro-。

理化性质　原药纯度≥98%，橘黄色、芳香味结晶体。熔点 60℃，沸点 134～136℃（66.7 Pa）；253℃（1.01×10⁵ Pa）（分解）。蒸气压 0.77 mPa（25℃），分配系数 lgK_{ow}=4.93，Henry 常数 0.758 Pa·m³/mol，相对密度 1.063（20～25℃）。溶解度（20～25℃）：水中 0.3 mg/L；其他溶剂中溶解度（g/L）：正庚烷 182.8、二甲苯 668.8、二氯甲烷 877.7、甲醇 68.3、丙酮 773.3、乙酸乙酯 718.4。水解 DT$_{50}$＞1 年。水中光解 DT$_{50}$ 13.6 d（pH 7，25℃）。光解 DT$_{50}$ 1.5 h。

毒性　大鼠急性经口 LD$_{50}$(mg/kg)：雄性 1170，雌性 1049。兔急性经皮 LD$_{50}$＞2000 mg/kg。对兔皮肤有轻度刺激性，对兔眼睛有中度刺激性，对豚鼠皮肤无致敏性。大鼠急性吸入 LC$_{50}$＞9.35 mg/L 空气。大鼠 NOLE（2 年）500 mg/L [20～30 mg/(kg·d)]。ADI/RfD（EC DAR）0.003 mg/kg（2006）。

生态效应　鸟类急性经口 LD$_{50}$（mg/kg）：山齿鹑＞2250，日本鹌鹑＞5000。山齿鹑和野鸭饲喂 LC$_{50}$（8 d）＞10000 mg/kg 饲料。鱼毒 LC$_{50}$（96 h，mg/L）：大翻车鱼 1.0，虹鳟鱼 0.37。水蚤 EC$_{50}$（48 h）0.12 mg/L。羊角月牙藻 EC$_{50}$（5 d）0.12 mg/L。摇蚊虫 NOEC 12.25 mg/L。蜜蜂 LD$_{50}$（μg/只）：经口 95，接触 100。蚯蚓急性 LC$_{50}$＞1000 mg/kg 土。LR$_{50}$（g/hm²）：烟蚜茧 341，梨盲走螨 435，捕食性步甲＞3277，通草蛉＞3277。

环境行为　①动物。经尿和粪便代谢和排泄。在大鼠中降解主要通过 *N*-脱烷基化作用，氧化作用以及硝基还原来代谢，其次是通过乙酰基与葡萄糖醛酸的共轭作用来代谢。85%的剂量在 48 h 内是通过尿排泄的。72 h 之后，在大鼠器官中无检出，最终代谢产物是二氧化碳。②植物。植物吸收之后，通过 *N*-脱烷基化作用迅速代谢，随后是甲基化作用以及进一步的转化，最终得到极性化合物与土壤结合。③土壤/环境。土壤中主要通过微生物的降解作用，形成相应的苯胺、环断裂以及二氧化碳。在陆地环境中比较稳定，迁移性相对较小，田间消散 $DT_{50}>3$ 周（10～72.6 d）；在水中 30 d 内水解小于 10%。在陆地环境中，仲丁灵的主要消散方式是依赖于微生物的降解。被土壤强烈吸附而不易渗滤，渗透研究表明仲丁灵停留在土壤 6 cm 以上深度。

剂型　乳油、悬浮剂、水乳剂。

主要生产商　AGROFINA、Nufarm SAS、江西盾牌化工有限责任公司、山东滨农科技有限公司、首建科技有限公司、潍坊中农联合有限公司以及张掖市大弓农化有限公司。

作用机理与特点　微管组装抑制剂。选择性除草剂，被幼苗吸收，缓慢向顶传导。亦可作植物生长调节剂使用，抑制嫩芽、枝条和腋芽的生长。与强氧化剂不相容。

应用

（1）适宜作物　烟草、西瓜、棉花、大豆、玉米、花生、向日葵、马铃薯、水稻、辣椒、番茄、茄子、大白菜等。

（2）防治对象　稗草、牛筋草、马唐、狗尾草、藜、苋、马齿苋等一年生禾本科杂草和小粒种子阔叶杂草。

（3）使用方法　①播种前或移栽前土壤处理　大豆、茴香、胡萝卜、育苗韭菜、菜豆、蚕豆、豌豆和牧草等在播种前每亩用 48%仲丁灵 200～300 mL 对水作地表均匀喷雾处理。番茄、青椒和茄子在移栽前每亩用 48%乳油 200～250 mL 对水均匀喷布地表，混土后移栽。②播后苗前土壤处理　大豆、茴香、胡萝卜、芹菜、菜豆、萝卜、大白菜、黄瓜和育苗韭菜、在播后出苗前，每亩用 48%乳油 200～250 mL 对水作土表均匀喷雾。花生田在播前或播后出苗前每亩用 48%仲丁灵乳油 150～200 mL 对水均匀喷布地表，如喷药后进行地膜覆盖效果更好。③苗后或移栽后进行土壤处理　水稻插秧后 3～5 天用 48%仲丁灵乳油 125～200 mL 拌土撒施。④茎叶处理　在大豆始花期（或菟丝子转株危害时），用 48%仲丁灵乳油 100～200 倍液喷雾（每平方米喷液量 75～150 mL），对菟丝子及部分杂草有良好防治效果。⑤烟草抑芽　烟草打顶后 24 h 内用 36%乳油对水 100 倍液从烟草打顶处倒下，使药液沿茎而下流到各腋芽处，每株用药液 15～20 mL。

（4）注意事项　①防除菟丝子时，喷雾要均匀周到，使缠绕的菟丝子都能接触到药剂。②作烟草抑芽时，不宜在植株太湿，气温过高，风速太大时使用。避免药液与烟草叶片直接接触。已经被抑制的腋芽不要人为摘除，避免再生新腋芽。③仲丁灵的药害症状主要表现为植株生长迟缓，新生叶片严重皱缩，叶腋处新生叶芽皱缩，不易伸长，茎部与地面接触处肿大，根量比正常植株少，根部肿大，产生"鹅头根"。大棚蔬菜如需施用该药剂，建议先小面积试用，取得经验后再大面积应用。

专利概况

专利名称　Use of *N-sec*-butyl-4-*tert*-butyl-2,6-dinitroaniline as a selective herbicide

专利号　US 3672866　　　　　专利申请日　1970-11-12

专利申请人　Amchem Products Inc.。

登记情况　仲丁灵在中国登记了 95%、96% 原药 5 个，相关制剂 35 个。用于烟草抑制腋芽生长，防除番茄田、西瓜田、花生田、辣椒田、茄子、水稻旱直播田、水稻移栽田一年生禾本科杂草及部分阔叶杂草等。部分情况见表 3-125。

表 3-125　仲丁灵在中国部分登记情况

登记证号	农药名称	剂型	含量	登记作物/场所	防治对象及作用	亩用药量（制剂）	施用方法	登记证持有人
PD221-97	仲丁灵	乳油	360 g/L	烟草	抑制腋芽生长	0.15～0.2 mL/株	杯淋	澳大利亚纽发姆有限公司
PD20181050	仲丁灵	水乳剂	30%	棉花田	一年生杂草	350～400 mL	播后苗前土壤喷雾	山东奥坤作物科学股份有限公司
PD20183697	噁草·仲丁灵	水乳剂	32%	水稻移栽田		200～300 mL	药土法	张掖市大弓农化有限公司
PD20172033	仲丁灵	悬浮剂	36%	棉花田		250～300 mL	土壤喷雾	张掖市大弓农化有限公司
PD20170422	仲丁灵	乳油	48%	水稻移栽田	一年生禾本科杂草及部分阔叶杂草	200～250 mL	药土法	澳大利亚纽发姆有限公司
PD20081607	仲丁灵	原药	95%					潍坊中农联合化工有限公司
PD20081071	仲丁灵	原药	96%					首建科技有限公司

合成方法　通过如下反应制得目的物：

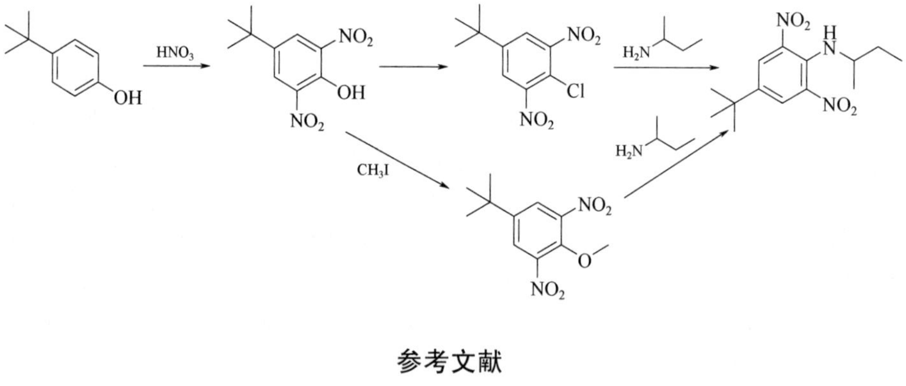

参考文献

[1]　The Pesticide Manual.17 th edition: 149-150.

乙丁烯氟灵（ethalfluralin）

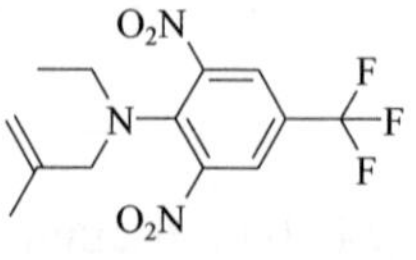

$C_{13}H_{14}F_3N_3O_4$，333.3，55283-68-6

乙丁烯氟灵［试验代号：EL-161（Lilly），商品名称：Edge、Sonalan、Sonalen，其他名

称：丁氟消草〕是 1974 年由 Eli Lily & Co.（其农化业务已被 Dow AgroScience 收购）开发的二硝基苯胺类除草剂。

化学名称　N-乙基-α, α, α-三氟-N-(2-甲基烯丙基)-2,6-二硝基对甲苯胺。英文化学名称 N-ethyl-N-(2-methylprop-2-en-1-yl)-2,6-dinitro-4-(trifluoromethyl)aniline。美国化学文摘（CA）系统名称 N-ethyl-N-(2-methyl-2-propen-1-yl)-2,6-dinitro-4-(trifluoromethyl)benzenamine。CA 主题索引名称 benzenamine—, N-ethyl-N-(2-methyl-2-propen-1-yl)-2,6-dinitro-4-(trifluoromethyl)-。

理化性质　黄色至橙色结晶，有轻微氨味。熔点 $55\sim56℃$，沸点 256℃（分解），闪点 151℃（闭杯），蒸气压 11.7 mPa（25℃），分配系数 $\lg K_{ow}=5.11$（pH 7），Henry 常数 13.0 Pa·m^3/mol。溶解度（20~25℃）：水中 0.3 mg/L（pH 7）；有机溶剂中溶解度（g/L）：丙酮、乙腈、苯、氯仿、二氯甲烷、二甲苯>500，甲醇 82~100。原药在 52℃稳定（最高储存温度试验），在 51℃，pH 3、6 和 9 的条件下放置 33 d 不水解。光解 DT_{50}（水溶液）63 h、（气相）2 h。

毒性　大鼠急性经口 LD_{50}（mg/kg）>5000，兔急性经皮 LD_{50}（mg/kg）>5000，对皮肤有中度至重度刺激，对兔的眼睛有中度刺激。大鼠吸入 LC_{50}（1 h）>2.8 mg/L。NOEL（100 mg/kg 饲喂）：大鼠（2 年）4.2 mg/(kg·d)，小鼠（2 年）10.3 mg/(kg·d)。ADI/RfD（EPA）cRfD 0.042 mg/kg（1995），无致诱变性。

生态效应　家禽急性经口 LD_{50}（mg/kg）：山齿鹑>2000。山齿鹑和野鸭饲喂 LC_{50}（5 d）>5000 mg/kg（饲料）。鱼 LC_{50}（96 h，mg/L）：蓝鳃翻车鱼 0.102，虹鳟鱼 0.136。水蚤 LC_{50}（48 h）>0.365 mg/L，NOEL（21 d）0.068 mg/L。羊角月牙藻 NOEL 0.004 mg/L，EC_{50}（特定生长率）0.009 mg/L。东方牡蛎 EC_{50}（贝壳沉积）0.172 mg/L。蜜蜂 LD_{50}（接触）51 μg/只。

环境行为　①动物。大鼠经口摄入药物后在 48 h 内排出 86%（64%通过粪便，22%通过尿液），7 d 排出 95%。在尿液中有三种通过 N-烷基侧链氧化和/或去烷基化产生的代谢物。葡萄糖醛酸轭合物为胆汁中的代谢物。②植物。与氟乐灵的代谢方式相同。③土壤/环境。乙丁烯氟灵被土壤强烈吸附，渗淋可以忽略不计。土壤 DT_{50} 25~46 d，发生光降解和微生物降解。在沙壤中发生有氧代谢 DT_{50} 45 d；在同一土壤中无氧呼吸更快（DT_{50}14 d）；土壤光解 DT_{50} 14 d。水中 DT_{50}（厌氧）38.3 h。K_{oc} 4100~8400；K_d 11.9~97（有机物 0.5%~2.0%）。

制剂　乳油、颗粒剂、水分散粒剂。

主要生产商　Dintec。

作用机理与特点　微管组装抑制剂。选择性土壤除草剂，根系吸收。影响种子发芽，通过阻止根和芽生长抑制植物生长。在用乙丁烯氟灵处理过的土壤上种植的作物中无明显的吸收和传导。

应用　防除绝大多数一年生禾本科杂草幼苗和阔叶杂草，适用作物有棉花、大豆、扁豆、花生、瓜类、红花和向日葵。于种植前土壤处理，施用剂量 1.0~1.25 kg/hm^2；对于花生和葫芦科，则在种植后施用于土壤表面。与莠去津配合使用可防除玉米和高粱田杂草。

专利概况

专利名称　Method of eliminating weed grasses and broadleaf weeds

专利号　US 3257190　　　　　　**专利申请日**　1962-12-10

专利申请人　Eli Lily & Co.。

合成方法

参考文献

[1] The Pesticide Manual.17 th edition: 417-418.

氨磺乐灵（oryzalin）

$C_{12}H_{18}N_4O_6S$，346.4，19044-88-3

氨磺乐灵（试验代号：EL-119，商品名称：Surflan）是由 Eli Lilly & Co.（现科迪华公司）1973 年开发的硝基苯胺类除草剂，后售予联合磷化公司。

化学名称　3,5-二硝基-N^4,N^4-二丙基苯磺酰胺。英文化学名称 3,5-dinitro-N^4,N^4-dipropylsulfanilamide。美国化学文摘（CA）系统名称 4-(dipropylamino)-3,5-dinitrobenzenesulfonamide。CA 主题索引名称 benzenesulfonamide—, 4-(dipropylamino)-3,5-dinitro-。

理化性质　原药纯度 98.3%，淡黄色至橘黄色晶体。熔点 141～142℃，沸点 265℃（分解），蒸气压＜0.0013 mPa（25℃），分配系数 $\lg K_{ow}$=3.73（pH7），Henry 常数＜1.73×10^{-4} Pa·m^3/mol，pK_a(20～25℃)=9.4，弱酸性。溶解度（20～25℃）：水中 2.6 mg/L，其他溶剂中溶解度（g/L）：丙酮＞500，甲基纤维素 500，乙腈＞150，甲醇 50，二氯甲烷＞30，苯 4，二甲苯 2，在己烷中不溶解。在正常的储藏条件下能稳定存在，在 pH 5、7、9 时不水解，在紫外灯照射下易分解，水中正常光解 DT$_{50}$ 1.4 h。

毒性　急性经口 LD$_{50}$（mg/kg）：大鼠和沙鼠＞10000，猫 1000，狗＞1000。兔急性经皮 LD$_{50}$＞2000 mg/kg。对兔的眼睛无刺激性作用，对皮肤有轻微刺激，对豚鼠皮肤致敏。大鼠吸入 LC$_{50}$（4 h）＞3.1 mg/L 空气（4.8 mg/L）。NOEL（2 年，mg/kg 饲料）：大鼠 300［12～14 mg/(kg·d)］，小鼠 1350 ［100 mg/(kg·d)］。ADI/RfD（EPA）cRfD 0.12 mg/kg（1994），无致诱变性。

生态效应　家禽急性经口 LD$_{50}$（mg/kg）：鸡＞1000，山齿鹑和野鸭＞500。山齿鹑和野鸭饲喂 LC$_{50}$（5 d）＞5000 mg/kg。鱼毒（LC$_{50}$，mg/L）：大翻车鱼 2.88，虹鳟鱼 3.26，金鱼（96 h）＞1.4。水蚤 LC$_{50}$（48 h）1.4mg/L，NOEC（21 d）0.61 mg/L。藻类 E$_r$C$_{50}$（μg/L）：中肋骨条藻 45，月牙藻 51，舟形藻 87；项圈藻 E$_r$C$_{50}$ 18 mg/L。膨胀浮萍 EC$_{50}$（14 d）0.015 mg/L，NOEC 0.006 mg/L。东方牡蛎 EC$_{50}$ 0.28 mg/L。蜜蜂 LD$_{50}$（μg/只）：经口 25，接触 11。蚯蚓 NOEC（14 d）＞102.6 mg/kg 土。

环境行为　①动物。在大鼠体内 72 h 内几乎全部代谢掉，60%通过粪便，40%通过尿排出体外。在兔子体内，排出体外的方式是相反的，众多的代谢物在尿液和粪便中均能检测到。通过放射物标记研究表明胆汁分泌物可以在大鼠粪便中检测到。在大鼠和兔子中代谢方式基本相同。②植物。在大豆中未检测到氨磺乐灵的残余物，通过植物成分中跟踪放射性物质，未发现产品的代谢物。③土壤/环境。在土壤中，微生物的代谢广泛的存在，有氧代谢要比厌氧代谢进行得缓慢得多，包括氨基氮上的脱烷基化反应、硝基还原。氧化、聚合以及成环反应也包含在这个复杂的过程中。水中光解 DT_{50} 2 h，K_{oc} 700～1100，K_d 2.1～12.9，土壤中有机质含量 0.5%～2.0%。

剂型　可湿性粉剂、颗粒剂、水分散粒剂和悬浮剂。

主要生产商　Dow AgroSciences、Punjab。

作用机理与特点　抑制微管组装。在出芽之前选择性除草。通过种子发芽影响生长过程。可用于种子发芽之前控制许多一年生禾本科杂草和阔叶杂草。

应用　主要用于棉花、花生、冬油菜、大豆、向日葵苗前除草，使用剂量为水稻 0.24～0.48 kg/hm²，棉花 0.72～0.96 kg/hm²，大豆 0.96～2.16 kg/hm²，葡萄 1.92～4.5 kg/hm²。

专利概况

专利名称　Sulfanilamides

专利号　US 3367949　　　　专利申请日　1966-08-22

专利申请人　Eli Lilly & Co.。

登记情况　乐斯化学有限公司曾在 2014 年获得过 96%氨磺乐灵原药的正式登记，2019年已过期。

合成方法　通过如下反应制得目的物：

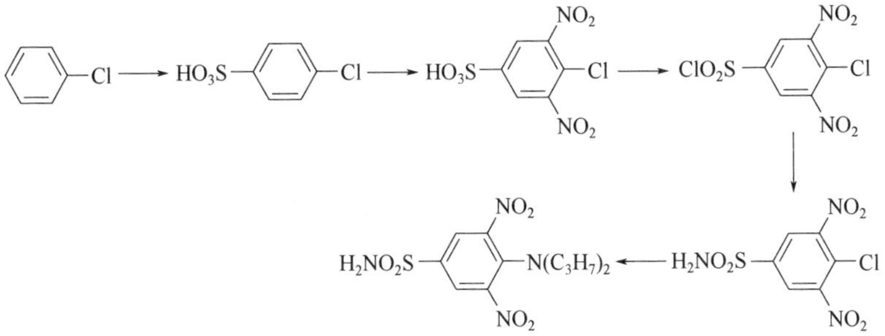

参考文献

[1] The Pesticide Manual.17 th edition: 816-818.

[2] 邱玉娥，孔春燕. 天津化工，2005(6): 22-24.

二甲戊灵（pendimethalin）

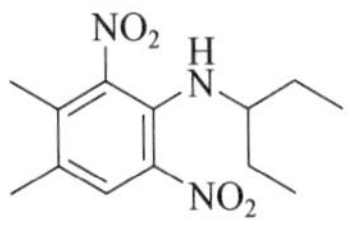

$C_{13}H_{19}N_3O_4$，281.3，40487-42-1

二甲戊灵（试验代号：AC 92553，商品名称：Akolin、Campus、Herbadox、Mopup、Pendate、Pressto、Prowl、Stomp、Sun-Pen，其他名称：除草通、除芽通、二甲戊乐灵、施田补）是由美国 Cyanamid 公司（现 BASF 公司）1975 年开发的苯胺类除草剂。

化学名称　N-(1-乙基丙基)-2,6-二硝基-3,4-二甲基苯胺。英文化学名称 N-(1-ethylpropyl)-

2,6-dinitro-3,4-xylidine。美国化学文摘（CA）系统名称 *N*-(1-ethylpropyl)-3,4-dimethyl-2,6-dinitrobenzenamine。CA 主题索引名称 benzenamine—, *N*-(1-ethylpropyl)-3,4-dimethyl-2,6-dinitro-。

理化性质 原药纯度 90%，橘黄色结晶体。熔点 54～58℃，不易燃，不易爆。蒸馏时分解，蒸气压 1.94 mPa（25℃），分配系数 lgK_{ow}=5.2，Henry 常数 2.728 Pa·m³/mol，相对密度 1.19（20～25℃），pK_a(20～25℃)=2.8。溶解度（20～25℃）：水中 0.33 mg/L（pH 7），有机溶剂中（g/L）：丙酮、二甲苯、苯、甲苯、氯仿、二氯甲烷>800，己烷 49，微溶于石油醚和汽油。存放在 5～130℃条件下稳定。对酸、碱稳定，在光照的条件下轻微分解，水中 DT$_{50}$<21 d。

毒性 急性经口 LD$_{50}$（mg/kg）：大鼠>5000，雄小鼠 3399，雌小鼠 2899，犬>5000，兔>5000。兔急性经皮 LD$_{50}$>2000 mg/kg，对兔眼睛和皮肤无刺激。大鼠急性吸入 LC$_{50}$>320 mg/L。NOEL（mg/kg）：（2 年）狗 12.5，大鼠（14 d）10。ADI/RfD（EC）0.125 mg/kg（2003），（EPA）cRfD 0.1 mg/kg（1996）。

生态效应 野鸭急性经口 LD$_{50}$1421 mg/kg，山齿鹑饲喂 LC$_{50}$（8 d）4187 mg/kg。鱼类 LC$_{50}$（96 h, mg/L）：虹鳟鱼 0.89，羊头鲦鱼 0.707。水蚤 EC$_{50}$（48 h）0.40 mg/L。羊角月牙藻 E$_b$C$_{50}$（72 h）0.018 mg/L。摇蚊虫 NOEC（30 d）0.138 mg/L（219 mg/kg 干沉积物），围隔海水研究 EAC（ecologically acceptable concentration，生态可接受浓度）（128 d）0.0049 mg/L。蜜蜂 LD$_{50}$（μg/只）：经口>101，接触>100。蚯蚓 EC$_{50}$（14 d）>1000 mg/kg 干土。

环境行为 ①动物。二甲戊灵的主要代谢途径包括 4-甲基和 *N*-1-乙基的羟基化，烷基氧化成羧酸，硝基还原、合环及结合。②植物。苯环 4 位的甲基通过醇氧化成羧酸，氨基上的氮也能被氧化。在作物成熟时，作物上的残留低于最低剂量要求（0.05 mg/L）。③土壤/环境。苯环 4 位的甲基通过醇氧化成羧酸，氨基上的氮也能被氧化。土壤中 DT$_{50}$ 3～4 个月，K_d 2.23（0.01% o.m.，pH 6.6）～1638（16.9% o.m.，pH 6.8）。

剂型 乳油，微囊悬浮剂，悬浮剂，水乳剂，可湿性粉剂。

主要生产商 Aako、BASF、Bharat、Dongbu Fine、Feinchemie Schwebda、Rallis、Sundat、安徽广信农化股份有限公司、河北万全力华化工有限责任公司、江苏优嘉植物保护有限公司、乐斯化学有限公司、迈克斯（如东）化工有限公司、宁夏永农生物科学有限公司、山东滨海瀚生生物科技有限公司、山东华阳农药化工集团有限公司、山东滨农科技有限公司、山东华阳化工集团有限公司、沈阳科创化学品有限公司、意大利芬奇米凯公司、印度联合磷化物有限公司、印度瑞利有限公司、张掖市大弓农化有限公司、浙江禾本科技股份有限公司及浙江天丰生物科学有限公司等。

作用机理与特点 微管组装抑制剂。被根和叶吸收，在杂草种子萌发过程中幼芽、幼茎、幼根吸收药剂后而起作用。双子叶植物吸收部位为下幼轴。单子叶植物吸收部位为幼芽，其受害症状为幼芽和次生根被抑制，最终导致死亡。亦可用作植物生长调节剂。不能与氧化剂、还原剂及强碱性物质相容。

应用

（1）适宜作物 大豆、玉米、棉花、烟草、花生、蔬菜（白菜、胡萝卜、芹菜、葱、大蒜等）及果园。

（2）防除对象 一年生禾本科和某些阔叶杂草如马唐、牛筋草、稗草、早熟禾、藜、马齿苋、反枝苋、凹头苋、车前草、苣荬菜、看麦娘、鼠尾看麦娘、猪殃殃、臂形草属、狗尾草、金狗尾草、光叶稷、稷、毛线稷、柳叶刺蓼、卷茎蓼、繁缕、地肤、龙爪茅、莎草、异型莎草、宝盖草等。

（3）应用技术　①二甲戊灵防除单子叶杂草效果比双子叶杂草效果好。因此在双子叶杂草发生较多的田块，可同其他除草剂混用。②为增加土壤吸附，减轻除草剂对作物的药害，在土壤处理时，应先浇水，后施药。③当土壤黏重或有机质超过2%时，应使用高剂量。

（4）使用方法　苗前、苗后均可使用，使用剂量为400～2000 g (a.i.)/hm²［亩用量为26.6～133.3 g (a.i.)］。

① 大豆田　大豆播前或播后苗前土壤处理，最适施药时期是在杂草萌发前、播后苗前（应在播后3 d内施药）。每亩用33%乳油100～150 mL。由于该药吸附性强，挥发性小，且不宜光解，因此施药后混土与否对防除杂草效果无影响。如果遇长期干旱，土壤含水量低时，适当混土3～5 cm，以提高药效。每亩施用33%乳油200～300 kg，在大豆播种前土壤喷雾处理。本药剂也可以用于大豆播种后苗前处理，但必须在大豆播种后出苗前5 d施药。在单、双子叶杂草混生田，可与嗪草酮、咪唑乙烟酸、异噁草松、异丙甲草胺、甲草胺、利谷隆等除草剂混用，也可与灭草松搭配使用。

② 玉米田　苗前苗后均可使用本药剂。如苗前施药，必须在玉米播后出苗前5 d内施药。每亩用33%乳油200 g，对水45～50 kg均匀喷雾。如果施药时土壤含水量低，可适当混土，但切忌药接触种子。如果在玉米苗后施药应在阔叶杂草长出二片真叶、禾本科杂草1.5 叶期之前进行。药量及施用方法同上。本药剂在玉米田里可与莠去津、麦草畏、氰草津（百得斯）等除草剂混用。可提高防除双子叶杂草的效果，混用量为每亩用33%乳油0.2 kg和40%的莠去津悬浮剂80 g。

③ 花生田　播前或播后苗前处理。每亩用33%乳油200～300 g，对水35～40 kg喷雾。

④ 棉田　施用时期、施药方法及施药量与花生田相同。本药剂可与伏草隆搭配使用或混用，对难以防除的杂草具有较好的效果，如在苗前混用，施药量各为单用的一半（伏草隆单用时，亩用药量为有效成分66.6～133.4 g）。

⑤ 蔬菜田　韭菜、小葱、甘蓝、菜花、小白菜等直播蔬菜田，可在播种施药后浇水，每亩用33%乳油100～150 g对水喷雾，持效期可达45 d左右。对生长期长的直播蔬菜如育苗韭菜等，可在第一次用药后40～45 d再用药1次，可基本上控制整个蔬菜生育期间的杂草危害。在甘蓝、菜花、莴苣、茄子、番茄、青椒等移栽菜田，均可在移栽前或移栽缓苗后土壤施药，每亩用33%乳油0.1～0.2 kg。

⑥ 果园　在果树生长季节，杂草出土前，每亩用33%乳油200～300 g土壤处理，对水后均匀喷雾。本药剂与莠去津混用，可扩大杀草谱。

⑦ 烟草田　可在烟草移栽后施药，每亩用33%乳油100～200 g对水均匀喷雾。二甲戊灵也可作为烟草抑芽剂，在大部分烟草现蕾时进行打顶，可将烟草扶直。将12 mL 33%二甲戊灵加水1000 mL，每株用杯淋法从顶部浇灌或施淋，使每个腋芽都接触药液，有明显的抑芽效果。

⑧ 甘蓝田　可在甘蓝栽后施药，用药量为每亩用33%乳油200～300 g对水均匀喷雾。

⑨ 其他用法　本药剂可作为抑芽剂使用，用于烟草、西瓜等提高产量和质量。

专利概况

专利名称　*N-sec*-Alkyl-2,6-dinitro-3,4-xylidine herbicides

专利号　US 3920742　　　　　　专利申请日　1973-01-12

专利申请人　American Cyanamid Company。

登记情况　二甲戊灵在中国登记有 90%、92%、95%、96%、97%、98%原药 27 个，相关制剂 206 个。登记场所为棉花田、烟草田、大蒜田、玉米田、甘蓝田、韭菜田、水稻旱育秧田等，防治对象为一年生杂草，也可用作植物生长调节剂，抑制烟草腋芽生长。部分登记情况见表 3-126。

表 3-126　二甲戊灵在中国部分登记情况

登记证号	农药名称	剂型	含量	登记作物/场所	防治对象或作用	亩用药量（制剂）	施用方法	登记证持有人
PD20190127	二甲戊灵	乳油	33%	棉花田	一年生杂草	150～200 mL	土壤喷雾	迈克斯（如东）化工有限公司
PD178-93	二甲戊灵	乳油	330 g/L	烟草	抑制腋芽生长	0.18～0.24 mL/株	杯淋	巴斯夫欧洲公司
PD134-91	二甲戊灵	乳油	330 g/L	甘蓝田	杂草	100～150 mL	喷雾或撒毒土	巴斯夫欧洲公司
				韭菜田	杂草	100～150 mL	喷雾或撒毒土	
				棉花田	一年生杂草	150～200 mL	毒土法	
				水稻旱育秧田	一年生杂草	150～200 mL	播后苗前土壤喷雾	
				玉米田	杂草	152～303 mL	喷雾	
PD20070456	二甲戊灵	微囊悬浮剂	450 g/L	大豆田	一年生禾本科杂草及阔叶杂草	150～200 mL（东北地区）；110～150 mL（其他地区）	喷雾	巴斯夫欧洲公司
				烟草田				
				花生田		110～140 mL		
				韭菜田				
				棉花田				
				甘蓝田				
				马铃薯田			土壤喷雾	
PD20142528	二甲戊灵	原药	95%					意大利芬奇米凯公司
PD20070435	二甲戊灵	原药	90%					巴斯夫欧洲公司

合成方法　二甲戊灵的制备方法如下：

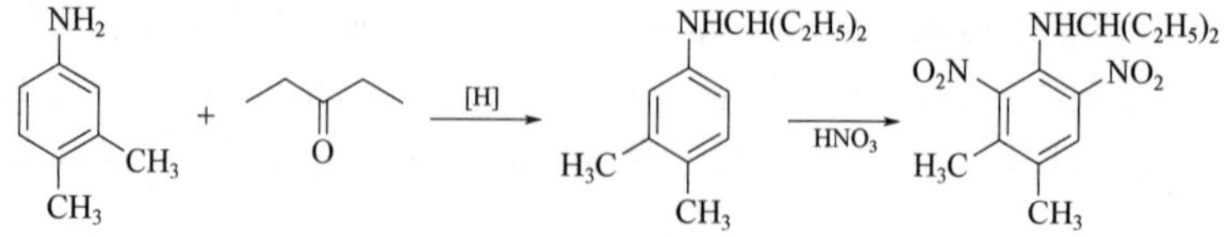

参考文献

[1] The Pesticide Manual.17 th edition: 848-849.

[2] 刘翠翠，韩相恩. 化工中间体，2011, 8(7): 14-17.

[3] 张顿. 广州化工，2012, 40(16):47-48.

氨氟乐灵（prodiamine）

$$C_{13}H_{17}F_3N_4O_4，350.3，29091-21-2$$

氨氟乐灵（试验代号：USB-3153，CN-11-2936，SAN 745H，商品名称：Barricade, Cavalcade, Kusablock）由 US Borax（现在的 Borax）发现，Velsicol Chemical Corp.进行评估，1987 年由 Sandoz AG（现在的 Syngenta AG）首次引入市场。

化学名称　2,6-二硝基-N^1,N^1-二丙基-4-三氟甲基-间苯二胺。英文化学名称 2,6-dinitro-N^1,N^1-dipropyl-4-trifluoromethyl-m-phenylenediamine。美国化学文摘（CA）系统名称 2,6-dinitro-N^1,N^1-dipropyl-4-(trifluoromethyl)-1,3-benzenediamine。CA 主题索引名称 1,3-benzenediamine—，2,6-dinitro-N^1,N^1-dipropyl-4-(trifluoromethyl)-。

理化性质　原药为无味橙黄色粉末。熔点 122.5～124℃，蒸气压 2.9×10^{-2} mPa（25℃），分配系数 lgK_{ow}=4.10，Henry 常数 5.5×10^{-2} Pa•m^3/mol（计算值），相对密度 1.41（20～25℃），pK_a(20～25℃)=13.2。溶解度（20～25℃）：水中 0.183 mg/L（pH 7.0）；有机溶剂中溶解度（g/L）：丙酮 226、二甲基甲酰胺 321、二甲苯 35.4、异丙醇 8.52、庚烷 1.00、正辛醇 9.62。对光中等稳定，在 194℃时分解。

毒性　原药大鼠（雌、雄）急性经口 LD$_{50}$>5000 mg/kg，大鼠（雌、雄）急性经皮 LD$_{50}$> 2000 mg/kg，对兔眼中度刺激，对兔的皮肤无刺激性，对豚鼠皮肤无致敏性，大鼠空气吸入毒性 LC$_{50}$（4 h）>0.256 mg/m^3。无作用剂量 NOEL［mg/(kg•d)］：狗（1 年）6，小鼠（2 年）60，大鼠（2 年）7.2。ADI/RfD 0.294 mg/kg。

生态效应　山齿鹑急性经口 LD$_{50}$>2250 mg/kg，山齿鹑和野鸭饲喂 LC$_{50}$(8 d)>10000 mg/kg。鱼 LC$_{50}$（96 h，μg/L）：虹鳟鱼>829，大翻车鱼>552。水蚤 LC$_{50}$（48 h）>658 μg/L。海藻 EC$_{50}$（24～96 h）3～10 μg/L。蜜蜂 LD$_{50}$>100 μg/只。蚯蚓 LC$_{50}$>1000 mg/kg 干土。

环境行为　①动物。大鼠经口给药后，在 4 d 内几乎完全消除。②土壤/环境。氨氟乐灵易光降解，代谢途径包括硝基的还原。典型土壤 DT$_{50}$（田间）90～150 d。强烈地吸附于土壤中，K_{oc} 和 K_d：沙质土壤 19540 和 19.54，沙壤土 12860 和 398.5，肯尼亚壤土 5440 和 120。

剂型　水分散粒剂。

主要生产商　Aolunda、Syngenta、泸州东方农化有限公司以及迈克斯（如东）化工有限公司。

作用机理与特点　微管组装抑制剂。选择性芽前土壤封闭除草剂，主要通过杂草的胚芽和胚轴吸收，对已出土杂草及以根茎繁殖的杂草无效果。通过抑制已萌芽的杂草种子的生长发育来控制敏感杂草。

应用

（1）适用作物　适用于定植后较长时间不改种或长时间固定种植某种植物的地域，如高尔夫草坪、园林绿化用草坪、苗圃、园林植物及果树等。

（2）防治对象　控制多种禾本科杂草和阔叶杂草，如百慕大草（狗芽根属）、百喜草（雀稗属）、假俭草（蜈蚣草属）、克育草（狼尾草属）、海滨雀稗（雀稗属）、圣奥古斯丁草（钝叶草属）、高羊茅（包括草坪型）、结缕草、野牛草（野牛草属）、草地早熟禾、多年生黑麦草和匍匐剪股颖（高于 1.67 cm）等。

（3）使用方法　在草的次生根接触到土壤深层前，氨氟乐灵可能造成药害。为降低风险，请在播种 60 d 后或 2 次割草后（取两者间隔较长的），再施用氨氟乐灵。施药后，如过早盖播草种，氨氟乐灵将影响交播草坪的生长发育。推荐使用剂量：585～1170 g (a.i.)/hm²。

专利概况

专利名称　Herbicidal 6-trifluoromethyl or 6-halo-2,4-dinitro-1,3-phenylenediamines

专利号　DE 2013510　　　　专利申请日　1970-03-20

专利申请人　United States Borax and Chemical Corporation。

登记情况　氨氟乐灵在中国登记有 93%、97% 原药 3 个，相关制剂 2 个。登记场所为草坪和非耕地，防治对象为一年生杂草。部分登记情况见表 3-127。

表 3-127　氨氟乐灵在中国部分登记情况

登记证号	农药名称	剂型	含量	登记场所	防治对象	亩用药量（制剂）	施用方法	登记证持有人
PD20150926	氨氟乐灵	水分散粒剂	65%	草坪（海滨雀稗）	一年生杂草	80～120 g	土壤喷雾	泸州东方农化有限公司
				非耕地		80～115 g		
PD20131926	氨氟乐灵	水分散粒剂	65%	冷季型草坪	杂草	80～120 g	土壤喷雾	瑞士先正达作物保护有限公司
				暖季型草坪		80～120 g		
PD20160418	氨氟乐灵	原药	97%					迈克斯（如东）化工有限公司
PD20150925	氨氟乐灵	原药	97%					泸州东方农化有限公司
PD20131932	氨氟乐灵	原药	93%					瑞士先正达作物保护有限公司

合成方法　以 2,4-二氯-3,5-二硝基三氟甲苯为原料，和二正丙胺、氨气经过缩合反应得到目的物。

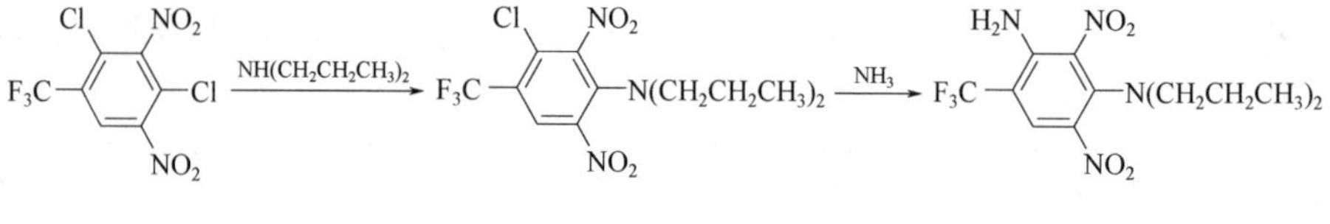

参考文献

[1] The Pesticide Manual.17 th edition: 907-908.

[2] 余露. 农药市场信息, 2011(22): 37.

氟乐灵（trifluralin）

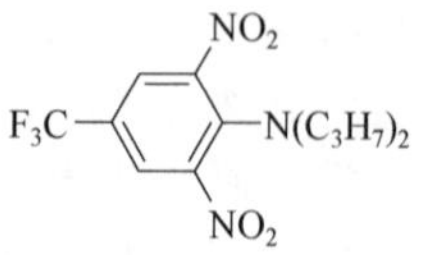

C₁₃H₁₆F₃N₃O₄，335.3，1582-09-8

氟乐灵（试验代号：L-36352、EL-152，商品名称：Aimco Trifluralin、Herbaline、Herbiflurin、Heritage、Ipersan、Olitref、Premerlin、Sinfluran、SunTri、Treflan、Tri-4、Trif、Trifludate、Triflurex、Trifsan、Triplen，其他名称：氟特力、特福力）是由 Eli Lilly & Co.（现陶氏）公司 1961 年开发的苯胺类除草剂。

化学名称　α,α,α-三氟-2,6-二硝基-N,N-二丙基对甲基苯胺。英文化学名称 α,α,α-trifluoro-2,6,-dinitro-N,N-dipropyl-p-toluidine。美国化学文摘（CA）系统名称 2,6-dinitro-N,N-dipropyl-4-(trifluoromethyl)benzenamine。CA 主题索引名称 benzenamine—, 2,6-dinitro-N,N-dipropyl-4-(trifluoromethyl)-。

理化性质　橙黄色结晶，熔点 48.5～49℃，沸点 96～97℃（24 Pa），闪点 151℃（闭杯）、153℃（开杯，原药），相对密度 1.36（20～25℃），蒸气压 6.1 mPa（25℃），分配系数 lgK_{ow}=4.83，Henry 常数 15.0 Pa·m^3/mol。溶解度（20～25℃）：水中（mg/L）：0.184（pH 5），0.221（pH 7），0.189（pH 9）；其他溶剂中（g/L）：丙酮、氯仿、乙腈、甲苯、乙酸乙酯＞1000，甲醇 33～40，己烷 50～67。在低于 52℃，pH 在 3、6、9 时能稳定存在，在紫外灯照射下易分解。

毒性　大鼠急性经口 LD$_{50}$＞5000 mg/kg，兔急性经皮 LD$_{50}$＞5000 mg/kg。大鼠急性吸入 LC$_{50}$（4 h）＞4.8 mg/L。对兔的皮肤无刺激性作用，对兔的眼睛有轻微刺激性作用。NOEL 大鼠（2 年）813 mg/kg（大鼠产生肾结石），狗（90 d）2.4 mg/(kg·d)。ADI/RfD（EFSA）0.015 mg/kg（2005）；（EPA）aRfD 1.0 mg/kg，cRfD 0.024 mg/kg（2004）。

生态效应　山齿鹑急性经口 LD$_{50}$＞2000 mg/kg。野鸭和山齿鹑饲喂 LC$_{50}$（5 d）＞5000 mg/kg。鱼毒 LC$_{50}$（96 h，mg/L）：幼年虹鳟鱼 0.088，幼年大翻车鱼 0.089。水蚤 LC$_{50}$（48 h）0.245 mg/L，NOEC（21 d）0.051 mg/L。月牙藻 EC$_{50}$（7 d）12.2 mg/L，NOEC 5.37 mg/L。糠虾 LD$_{50}$（96 h）0.64 mg/L。蜜蜂 LD$_{50}$（经口与接触）＞100 μg/只。蚯蚓 LC$_{50}$（14 d）＞1000 mg/kg 干土，NOEC＜171 mg/kg。

环境行为　①动物。动物体内降解和土壤中一样。口服后，在 72 h 内 70% 通过尿、15% 通过粪便排出体外。②植物。植物中降解与土壤中一样。③土壤/环境。可以吸附在土壤中，不易浸出。在土壤中几乎无横向移动。代谢主要涉及氨基的脱烷基、硝基还原成氨基、三氟甲基部分氧化成羧基，随后降解成小的分子碎片。DT$_{50}$ 57～126 d。土壤中残留 6～8 个月。实验室内研究表明在厌氧条件下迅速降解。壤土中 DT$_{50}$（厌氧）25～59 d，DT$_{50}$（有氧）116～201 d，土壤中光解 DT$_{50}$ 41 d，水中光解 DT$_{50}$ 0.8 h。K_{oc} 4400～40000，K_d 3.75（0.01% o.m.，pH 6.6）～639（16.9% o.m.，pH 6.8）。

剂型　乳油、颗粒剂。

主要生产商　Aako、ACA、Adama、Adama Brasil、Agrochem、Aimco、Atanor、Dintec、Drexel、Nortox、Nufarm Ltd、Westrade、江西农大锐特化工科技有限公司、江苏丰华化学工业有限公司、江苏丰山集团、江苏好收成韦恩农化股份有限公司、江苏辉丰生物农业股份有限公司、江苏省农药研究所股份有限公司、江苏腾龙集团、捷马化工股份有限公司、连云港立本作物科技有限公司、迈克斯（如东）化工有限公司、青岛瀚生生物科技股份有限公司、山东滨农科技有限公司、山东潍坊润丰化工股份有限公司、一帆生物科技集团有限公司及张掖市大弓农化有限公司等。

作用机理与特点　抑制微管组装。氟乐灵是通过杂草种子在发芽生长穿过土层过程中被吸收的，主要是被禾本科植物的芽鞘、阔叶植物的下胚轴吸收，子叶和幼根也能吸收，但吸收后很少向芽和其他器官传导。出苗后植物的茎和叶不能吸收。进入植物体内影响激素的生成或传递而导致其死亡。药害症状是抑制生长，根尖与胚轴组织显著膨大，幼芽和次生根的形成显著受抑制，受害后植物细胞停止分裂，根尖分生组织细胞变小、厚而扁，皮层薄壁组织中的细胞增大，细胞壁变厚，由于细胞中的液胞增大，使细胞丧失活性，产生畸形，单子叶杂草的幼芽如稗草呈"鹅头"状，双子叶杂草下胚轴变粗变短、脆而易折。受害的杂草有的虽能出土，但胚根及次生根变粗，根尖肿大，呈鸡爪状，没有须根，生长受抑制。

应用

（1）适宜作物与安全性　大豆、向日葵、棉花、花生、油菜、马铃薯、胡萝卜、芹菜、番茄、茄子、辣椒、甘蓝、白菜等。氟乐灵残效期较长，在北方低温干旱地区可长达10～12个月，对后茬的高粱、谷子有一定的影响，高粱尤为敏感。瓜类作物及育苗韭菜、直播小葱、菠菜、甜菜、小麦、玉米、高粱等对氟乐灵比较敏感，不宜应用，以免产生药害。氟乐灵饱和蒸气压较高，在棉花地膜苗床使用，一般用药量48%氟乐灵乳油每亩不宜超过80 mL，否则易产生药害。氟乐灵在叶菜上使用，每亩用药量超过150 mL，易产生药害。用药量过高，在低洼地湿度大、温度低时大豆幼苗下胚轴肿大，生育过程中根瘤受抑制。用量过大不仅会对大豆造成药害，在长期干旱、低温条件下，还会在土壤中残留危害下茬小麦等作物。

（2）防除对象　稗草、野燕麦、马唐、牛筋草、狗尾草、金狗尾草、千金子、大画眉草、早熟禾、雀麦、马齿苋、藜、萹蓄、繁缕、猪毛菜、蒺藜草等一年生禾本科和小粒种子的阔叶杂草。

（3）应用技术　①春季天气干旱时，应在施药后立即混土镇压保墒。②大豆田播前施用氟乐灵，应在播前5～7 d施药，以防发生药害。随施药随播种或施药与播种间隔时间过短，对大豆出苗有影响。但在特殊条件下，如为了抢播期，权衡利弊，也可随施药随播种，但需适当增加播种量，施药后深混土，浅播种。③氟乐灵易挥发光解，喷药后应及时拌土5～7 cm深。不宜过深，以免相对降低药土层中的含药量和增加药剂对作物幼苗的伤害。从施药到混土的间隔时间一般不能超过8 h，否则会影响药效。

（4）使用方法

① 大豆田　施药时期为大豆播前5～7 d或秋季施药第二年春季播种大豆。秋施药在10月上中旬气温降到5℃以下时到封冻前进行。氟乐灵用药量受土壤质地和有机质含量影响而有差异，48%氟乐灵乳油在土壤有机质含量3%以下，每亩用60～110 mL。土壤有机质含量3%～5%时，每亩用110～140 mL。土壤有机质含量5%～10%时，每亩用140～173 mL。土壤有机质含量10%以上，氟乐灵被严重吸附，除草效果下降，需加大用药量但不经济，应改用其他除草剂。土壤质地黏重用高剂量，质地疏松用低用量。防除野燕麦应采用高剂量、深混土的方法，北方亦可秋施，能提高对野燕麦等早春性杂草的除草效果，用药量一般不超过每亩200 mL（有效成分96 g）。为扩大除草谱，还可与其他除草剂混用如：

每亩用48%氟乐灵100～130 mL加50%丙炔氟草胺8～12 g或70%嗪草酮20～40 g。

每亩用48%氟乐灵100～170 mL加80%唑嘧磺草胺4 g。

每亩用48%氟乐灵70 mL加88%灭草猛100～130 mL加80%唑嘧磺草胺2 g。

每亩用48%氟乐灵70～100 mL加90%乙草胺70～80 mL加50%丙炔氟草胺8～12 g。

每亩用48%氟乐灵100 mL加72%异丙甲草胺100 mL加80%唑嘧磺草胺4 g或48%异噁草松50～60 mL或70%嗪草酮20～40 g。

② 棉田　直播棉田施药时期为播种前2～3 d，每亩用48%氟乐灵乳油100～150 mL对水30 L，对地面进行常规喷雾，药后立即耙地进行混土处理，拌土深度5～7 cm，以免见光分解。地膜棉田施药时期为耕翻整地以后，每亩用48%氟乐灵乳油70～80 mL，对水30 L左右，喷雾拌土后播种覆膜。移栽棉田施药时期在移栽前，进行土壤处理，剂量和方法同直播

棉田。移栽时应注意将开穴挖出的药土覆盖于棉苗根部周围。

③ 蔬菜田　施药时期一般在地块平整后，每亩用 48%氟乐灵乳油 70～100 mL，对水 30 L，喷雾或拌土 300 kg 均匀撒施土表，然后进行混土，混土深度为 4～5 cm，混土后隔天进行播种。直播蔬菜如胡萝卜、芹菜、茴香、香菜、豌豆等，播前或播种后均可用药。大（小）白菜、油菜等十字花科蔬菜播前 3～7 d 施药。移栽蔬菜如番茄、茄子、辣椒、甘蓝、菜花等移栽前后均可施用。黄瓜在移栽缓苗后 15 cm 时使用，移栽芹菜、洋葱、老根韭菜缓苗后可用药。以上用药量每亩为 100～145 mL。杂草多、土地黏重、有机质含量高的田块在推荐用量范围内用高量，反之用低量。施药后应尽快混土 5～7 cm 深，以防光解挥发，降低除草效果。氟乐灵特别适合地膜栽培作物使用。用于地膜栽培时氟乐灵按常量减去 1/3。

上述剂量和施药方法也可供花生、桑园、果园及其他作物使用氟乐灵时参考。氟乐灵亦可与扑草净、嗪草酮等混用以扩大杀草谱。

专利概况

专利名称　Method of eliminating weed grasses and broadleaf weeds

专利号　US 3257190　　　　　专利申请日　1962-12-10

专利申请人　Eli Lilly & Co.。

登记情况　氟乐灵在中国登记有 95%、96%、97%原药 20 个，相关制剂 54 个。登记作物为棉花、油菜，防治对象为一年生禾本科杂草和部分阔叶杂草。部分登记情况见表 3-128。

表 3-128　氟乐灵在中国部分登记情况

登记证号	农药名称	剂型	含量	登记场所	防治对象	亩用药量（制剂）	施用方法	登记证持有人
PD60-87	氟乐灵	乳油	480 g/L	棉花田	一年生禾本科杂草及部分阔叶杂草	100～150 mL	播前土壤处理	意大利芬奇米凯公司
				大豆田		125～175 mL		
PD233-98	氟乐灵	乳油	480 g/L	棉花田		100～150 mL	土壤喷雾	安道麦阿甘有限公司
				大豆田		125～175 mL		
PD20096537	氟乐灵	乳油	45.5%	春大豆田	一年生杂草	150～175 mL	土壤喷雾	河北国美化工有限公司
				大夏豆田		125～150 mL		
PD20101609	氟乐灵	乳油	480 g/L	棉花田	一年生禾本科杂草及部分阔叶杂草	100～150 mL	土壤喷雾	山东省济南赛普实业有限公司
PD20096196	氟乐·扑草净	乳油	48%	花生田	一年生杂草	150～200 g	土壤喷雾	江苏省扬州市苏灵农药化工有限公司
				棉花田		150～200 g		
				夏大豆田		120～180 g		
PD315-99	氟乐灵	原药	96%					安道麦阿甘有限公司
PD20171039	氟乐灵	原药	96%					江西农大锐特化工科技有限公司

合成方法　氟乐灵的合成方法主要有两种，反应式如下：

方法（1）：

方法（2）：

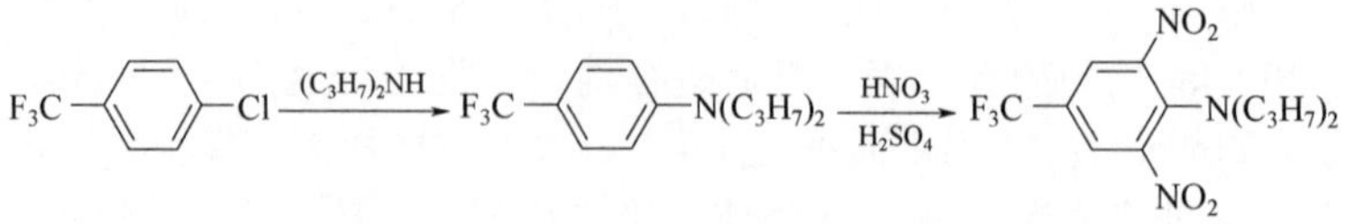

参考文献

[1] The Pesticide Manual.17 th edition: 1157-1158.

[2] 筱禾. 世界农药, 2018, 40(1): 11-17.

第二十五节

有机磷类除草剂

（organophosphorus herbicides）

有机磷类除草剂主要品种有 7 个，由于结构差异较大，作用机理也不尽相同。草甘膦（glyphosate）是 5-烯醇丙酮莽草酸-3-磷酸（EPSP）合成酶抑制剂，莎稗磷（anilofos）为超长链脂肪酸合成抑制剂，双丙氨酰膦（bilanafos）、草铵膦（glufosinate-ammonium）为谷氨酰胺合成酶抑制剂，氯酰草膦（clacyfos）为丙酮酸脱氢酶系（PDHc）抑制剂，抑草磷（butamifos）为微管组装抑制剂，地散磷（bensulide）的作用机理未知。

莎稗磷（anilofos）

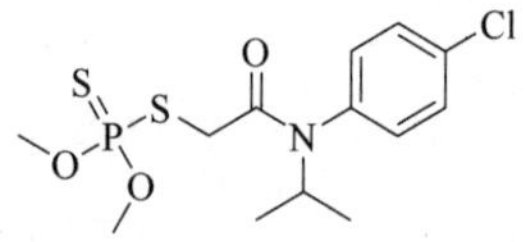

$C_{13}H_{19}ClNO_3PS_2$，367.8，64249-01-0

莎稗磷（试验代号：Hoe 30374，商品名称：Aniloguard、Control-H）是由 Hoechst AG 公司（现拜耳公司）开发的硫代磷酸酯类除草剂。

化学名称 S-4-氯-N-异丙基苯氨基甲酰基甲基 O,O-2-二甲二硫代磷酸酯。英文化学名称 S-[(4-chloro-N-isorpropylcarbaniloyl)methyl] O,O-dimethylphosphorodithioate。美国化学文摘（CA）系统名称 S-[2-[(4-chlorophenyl)(1-methylethyl)amino-2-oxoethyl]O,O-dimethylphos-phorodithioate。CA 主题索引名称 phosphorodithioic acid, esters S-[2-[(4-chlorophenyl)(1-me-thylethyl)amino]-2-oxoethyl]O,O-dimethyl ester。

理化性质 白色结晶固体。熔点 50.5～52.5℃，相对密度 1.27（20～25℃），蒸气压 2.2 mPa（60℃），分配系数 lgK_{ow}=3.81。溶解度（20～25℃）：水中 13.6 mg/L，其他溶剂中溶解度（g/L）：丙酮、氯仿、甲苯>1000，苯、乙醇、乙酸乙酯、二氯甲烷>200，己烷 12。在 150℃分解，对光不敏感，在 22℃，pH 5～9 时稳定。

毒性　大鼠急性经口 LD_{50}（mg/kg）：雄性 830，雌性 472。大鼠急性经皮 LD_{50}＞2000 mg/kg，大鼠急性吸收 LC_{50}（4 h）26 mg/L 空气。对皮肤有轻微刺激。

生态效应　家禽 LD_{50}（mg/kg）：日本雌鹌鹑 2339，日本雄鹌鹑 3360，公鸡 1480，母鸡 1640。鱼毒 LC_{50}（96 h，mg/L）：金鱼 4.6，虹鳟鱼 2.8。水蚤 LC_{50}（3 h）＞56 mg/L，蜜蜂 LD_{50}（接触）0.66 μg/只。

环境行为　土壤/环境。主要分解成磷酸类化合物，最终分解成氯苯胺和 CO_2，DT_{50} 30～45 d（23℃）。

剂型　乳油、颗粒剂、可湿性粉剂、微乳剂、水乳剂、悬浮剂。

主要生产商　Bayer CropScience、Gharda、衡水景美化学工业有限公司、黑龙江省佳木斯市恺乐农药有限公司、江苏省连云港市东金化工有限公司、辽宁省大连松辽化工有限公司、山东滨农科技有限公司及沈阳科创化学品有限公司等。

作用机理与特点　超长链脂肪酸合成抑制剂。杀稗磷为内吸传导选择型除草剂，主要通过植物的幼芽和地中茎吸收，抑制细胞分裂与伸长。杂草受药后生长停止，叶片深绿，有时脱色，叶片变短而厚，极易折断，心叶不易抽出，最后整株枯死。它在土壤中的持效期 20～40 d。

应用

（1）适宜作物　主要是水稻，也能在棉花、油菜、玉米、小麦、大豆、花生、黄瓜中安全使用。

（2）防除对象　主要防除一年生禾本科杂草和莎草科杂草如马唐、狗尾草、蟋蟀草、野燕麦、苋、稗草、千金子、鸭舌草和水莎草、异型莎草、碎米莎草、节节菜、藨草、飘拂草和牛毛毡等。对阔叶杂草防效差。对正在萌发的杂草效果最好。对已长大的杂草效果较差。

（3）应用技术　①旱育秧苗对的耐药性与丁草胺相近，轻度药害一般在 3～4 周消失，对分蘖和产量没有影响。②水育秧苗即使在较高剂量时也无药害，若在栽后 3 d 前施药，则药害很重，直播田的类似试验证明，苗后 10～14 d 施药，作物对的耐药性差。③颗粒剂分别施在 1 cm、3 cm、6 cm 水深的稻田里，施药后水层保持 4～5 d，对防效无影响。④乳油与 2,4-滴桶混喷雾在吸足水的土壤上，当施药时排去稻田水，24 h 后再灌水，其除草效果提高很多。⑤施药后，田间保水层 7 d 以上，10 d 内勿使田间药水外流和淹没稻苗心叶。

（4）使用方法　莎稗磷是内吸性传导型的选择性除草剂。可采用毒沙、毒土或喷雾法施药。杂草萌发至 1 叶 1 心或水稻移栽后 4～7 d 进行处理，用药量为乳油 300～400 g (a.i.)/hm^2 ［亩用量为 20～26.7 g (a.i.)］或颗粒剂 450 g (a.i.)/hm^2 ［亩用量为 30 g (a.i.)］。

① 水田　莎稗磷毒沙法每亩可用湿润细沙（或土）15～20 kg，拌匀撒于稻田。喷雾法用人工背负式喷雾器，每亩用水量 15～20 L。施药后水层控制在 3～5 cm，使水层不淹没稻苗，保持 7～10 d 只灌不排。

稗草 2 叶期以前施药除草效果最好。一般在水稻插秧后 5～10 d 施药。东北如黑龙江省稗草发生高峰期在 5 月末 6 月初，阔叶杂草发生高峰期在 6 月上中旬，插秧在 5 月中下旬，施药在 5 月下旬和 6 月上旬。莎稗磷和防除阔叶杂草的除草剂混用，一次施药防除田间禾本科和阔叶杂草。施药过早影响阔叶杂草防除效果，施药过晚影响稗草防除效果，最好分两次施药：第一次施药在插秧前 5～7 d 单用莎稗磷，重点防除田间已出土稗草；第二次施药在插秧后 15～20 d 混用其他除草剂，重点防除阔叶杂草兼治后出土的稗草。在低温、水深、弱苗等不良环境条件下，仍可获得良好的安全性和防效。一次性施药时，每亩用 30% 莎稗磷乳油 50～100 mL，莎稗磷与乙氧嘧磺隆、醚磺隆、环丙嘧磺隆、吡嘧磺隆、苄嘧磺隆混用，可以扩大杀草谱，增加对狼杷草、泽泻、扁秆藨草等多种阔叶杂草和莎草科杂草的防除效果。莎稗磷与以上除草剂混用一次施用或分期两次施用防除杂草种类多、效果好。在旱改水稻田或新开稻田，第一次施药（插秧前）可单用莎稗磷。第二次（插秧后15～20 d）再与其他除草剂混用。

混用一次性施药，每亩用30%莎稗磷50～60 mL加15%乙氧嘧磺隆10～15 g或10%环丙嘧磺隆13～17 g或10%吡嘧磺隆10 g或20%醚磺隆10 g或10%苄嘧磺隆13～17 g。

混用二次性施药，插秧前5～7 d，每亩用30%莎稗磷50～60 mL；插秧后15～20 d，30%莎稗磷40～50 mL加15%乙氧嘧磺隆10～15 g或10%环丙嘧磺隆13～17 g或20%醚磺隆10 g或10%吡嘧磺隆10 g或10%苄嘧磺隆13～17 g。

当阔叶杂草及莎草科杂草多时，乙氧嘧磺隆、环丙嘧磺隆、吡嘧磺隆、苄嘧磺隆、醚磺隆用高剂量。

② 旱田　在播后苗前或苗后中耕后施药，使用剂量为0.45～0.75 kg (a.i.)/hm²[亩用量为30～50 g (a.i.)]，喷雾或撒施毒土。

专利概况

专利名称　Herbicide

专利号　DE 2926636　　　　　专利申请日　1979-07-02

专利申请人　Hoechst AG。

登记情况　莎稗磷在中国登记有90%、91%、95%原药7个，相关制剂42个。登记作物为水稻，可防除一年生杂草。部分登记情况见表3-129。

表3-129　莎稗磷在中国部分登记情况

登记证号	农药名称	剂型	含量	登记场所	防治对象	亩用药量（制剂）	施用方法	登记证持有人
PD20181128	莎稗磷	乳油	30%	水稻移栽田	一年生禾本科、莎草科及某些多年生杂草	50～70 g	药土法	浙江天丰生物科学有限公司
PD20180957	莎稗磷	乳油	45%	水稻移栽田	莎草科杂草	40～47 mL	药土法	山东奥坤作物科学股份有限公司
PD20171297	莎稗磷	乳油	40%	水稻移栽田	一年生禾本科杂草、莎草	/	药土法	辽宁津田科技有限公司
PD20170285	噁草·莎稗磷	乳油	37%	水稻移栽田	一年生杂草	40～80 mL	喷雾	辽宁三征化学有限公司
PD20122072	莎稗磷	可湿性粉剂	50%	水稻移栽田	一年生杂草	30～36 g（南方地区）；36～42 g（北方地区）	毒土法	吉林省八达农药有限公司
PD20121174	莎稗磷	原药	90%					沈阳科创化学品有限公司
PD20101570	莎稗磷	原药	90%					印度格达化学有限公司

合成方法　以4-氯苯胺为原料，经如下反应制得目的物：

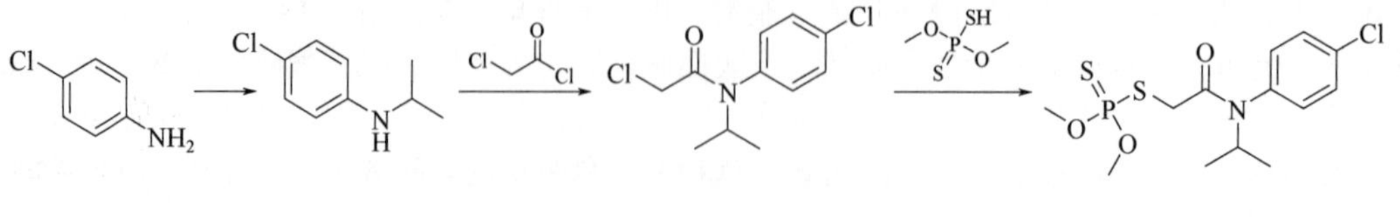

参考文献

[1] The Pesticide Manual.17 th edition: 49-50.

[2] 吴兴业, 王崇磊, 焦团. 化学与黏合, 2015, 37(1): 77-80.

地散磷（bensulide）

$C_{14}H_{24}NO_4PS_3$，397.5，741-58-2

地散磷［试验代号：R-4461（Stauffer），商品名称：Bensume、Betasan、Prefar、Pre-San］是由 Stauffer 化学公司（现 Syngenta）开发上市的二硫代磷酸酯类除草剂。

化学名称　S-2-苯磺酰氨基乙基 O, O-二异丙基二硫代磷酸酯。英文化学名称 O, O-diisopropyl S-(2-benzenesulfonamidoethyl) phosphorodithioate。美国化学文摘（CA）系统名称 O, O-bis(1-methylethyl) S-[2-[(phenylsulfonyl)amino]ethyl]phosphorodithioate。CA 主题索引名称 phosphorodithioic acid, esters O, O-bis(1-methylethyl) S-[2-[(phenylsulfonyl)amino]ethyl]ester。

理化性质　原药含量92%，琥珀色固体或超冷液体，具有樟脑特征气味，纯品为无色固体。熔点34.4℃，闪点＞104℃，蒸气压＜0.133 mPa（20℃），相对密度1.25（20～25℃），分配系数 $\lg K_{ow}$=4.2，Henry 常数＜2.11×10^{-3} Pa·m³/mol（计算值）。溶解度（20～25℃）：水 25 mg/L；煤油 300 mg/L，与丙酮、乙醇、甲基异丁基酮和二甲苯混溶。对酸碱相对稳定；DT_{50}＞200 d（pH 5～9，25℃）。见光缓慢分解。原药分解温度155℃；100℃下 18～40 h 内自催化分解。

毒性　急性经口 LD_{50}(mg/kg)：雄大鼠 360，雌大鼠 270。大鼠急性经皮 LD_{50}＞2000 mg/kg。对豚鼠皮肤无致敏性。大鼠急性吸入 LC_{50}（4 h）＞1.75 mg/L。NOEL（1～2 年，mg/kg）：大鼠、小鼠 1；狗 0.5。无致癌性或致畸性。

生态效应　家禽急性经口 LD_{50}（mg/kg）：山齿鹑 1386。LC_{50}（mg/L）：绿头野鸭（5 d）＞5620，鹌鹑（21 d）＞1000。鱼毒 LC_{50}（96 h，mg/L）：虹鳟 1.1，金鱼 1～2，蓝鳃翻车鱼 1.4。水蚤 LC_{50}（48 h）0.58 mg/L。蜜蜂 LD_{50} 1.6 μg/只。

环境行为　土壤中被微生物缓慢分解；土壤 DT_{50}（mg/kg）1～6 个月（21～27℃）。

制剂　乳油、颗粒剂。

作用机理与特点　抑制脂肪合成，但不是乙酰辅酶 A 羧化酶（ACCase）抑制剂。选择性除草剂，通过抑制发芽产生效果。通过根表面吸收，少量被根系吸收。地散磷不能被传导至叶部，但其代谢物可以。

应用　苗前除草剂，适于在芸薹、南瓜、莴苣等作物种植前使用，剂量 5.6～6.7 kg/hm²；在草坪上用量每季度 8.4～28 kg/hm²。

专利概况

专利名称　N-(beta-omicron-dialkyldithiophosphoryl)-arylsulfonamides

专利号　US 3205253　　　　　专利申请日　1963-05-28

专利申请人　Stauffer Chemical Company

合成方法

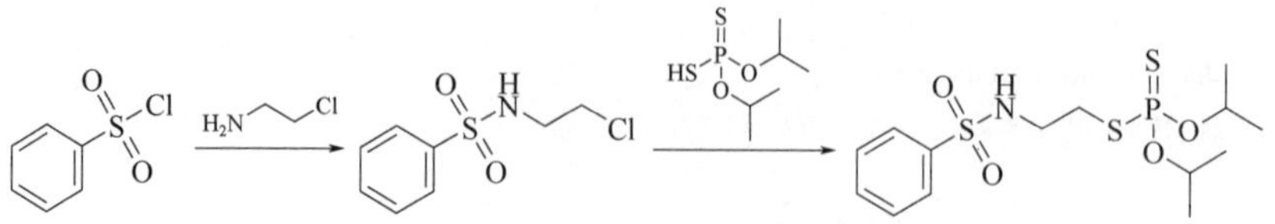

参考文献

[1] The Pesticide Manual.17 th edition: 84-85.

双丙氨酰膦（bilanafos）

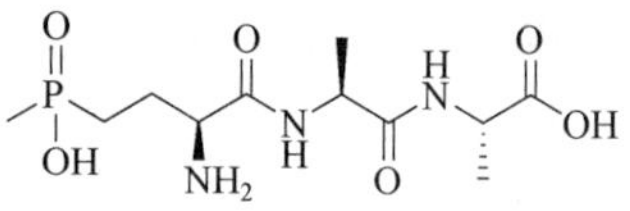

$C_{11}H_{22}N_3O_6P$，323.3，35599-43-4，71048-99-2(钠盐)

双丙氨酰膦（试验代号：MW-801、SF-1293，其他名称：bialaphos）是由 K.Tachibana 等报道该发酵产物的除草活性，并由日本明治制果公司开发的有机磷类除草剂，为生物农药。以钠盐形式商品化，试验代号：MW-851、SF-1293Na，通用名称：bilanafos-sodium，商品名称：Herbie，其他名称：好必思。

化学名称 4-[羟基(甲基)膦酰基]-L-高氨丙酰-L-丙氨酰-L-丙氨酸。英文化学名称(2S)-2-amino-4-[hydroxy(methyl)phosphinoyl]butyryl-L-alanyl-L-alanine。美国化学文摘（CA）系统名称(2S)-2-amino-4-(hydroxymethylphosphinyl)butanoyl-L-alanyl-L-alanine。CA 主题索引名称 L-alanine—, (2S)-2-amino-4-(hydroxymethylphosphinyl)butanoyl-L-alanyl-。

理化性质 双丙氨酰膦 旋光度$[\alpha]_D^{25}=-34°$（1.0 g/L 水溶液）。

双丙氨酰膦钠盐 无色粉末，熔点160℃（分解），溶解度（g/L，20～25℃）：水中687，其他溶剂中：甲醇＞620，丙酮、己烷、甲苯、二氯甲烷和乙酸乙酯＜0.01。在 pH 4、7 和 9 的水中稳定。

毒性 双丙氨酰膦钠盐 大鼠急性经口 LD_{50}（mg/kg）：雄性 268，雌性 404；大鼠急性经皮 LD_{50}＞3000 mg/kg。对兔眼睛和皮肤无刺激性作用。大鼠急性吸入 LC_{50}（mg/L）：雄性 2.57，雌性 2.97。亚慢性毒性研究无毒副作用。无致癌性、无致突变性、无致畸性。在 Ames 和 Rec 试验无致突变性。

生态效应 双丙氨酰膦钠盐 鸡急性经口 LD_{50}＞5000 mg/kg，鲤鱼 LC_{50}（48 h）＞1000 mg/L，水蚤 LC_{50}（3 h）＞5000 mg/L，对蚯蚓、微生物均无影响。

环境行为 ①动物。小鼠口服后主要代谢成草铵膦并通过粪便形式排出体外。②土壤/环境。在土壤和水中易分解。

剂型 水剂。

主要生产商 Meiji Seika。

作用机理与特点 是谷酰胺合成抑制剂。通过抑制植物体内谷酰胺合成酶，导致氨的积累，从而抑制光合作用中的光合磷酸化。因在植物体内主要代谢物为草铵膦（glufosinate）的 L-异构体，故显示类似的生物活性。

应用

（1）适宜范围　果园、菜园、免耕地及非耕地。在土壤中的 DT_{50} 为 20～30 d，而 80% 在 30～45 d 内降解。

（2）防除对象　主要用于非耕地，防除一年生、某些多年生禾本科杂草和某些阔叶杂草如荠菜、猪殃殃、雀舌草、繁缕、婆婆纳、冰草、看麦娘、野燕麦、藜、莎草、稗草、早熟禾、马齿苋、狗尾草、车前、蒿、田旋花、问荆等。

（3）应用技术　双丙氨酰磷进入土壤中即失去活性，只宜作茎叶处理。除草作用比草甘膦快，比百草枯慢。易代谢和生物降解，因此使用安全。半衰期 20～30 d。主要用于果园和蔬菜的行间除草，使用剂量为 1000～3000 g (a.i.)/hm²。如防除苹果、柑橘和葡萄园中一年生杂草，32% 可溶液剂用量为 5～7.5 L/hm²；防除多年生杂草用量为 7.5～10 L/hm²；防除蔬菜田中一年生杂草用量为 3～5 L/hm²。

专利概况

专利名称　Novel antibiotic and preparation and use of same

专利号　DE 2236599　　　　专利申请日　1972-07-26

专利申请人　Meiji Seika Kaisha Ltd Tokio

其他相关专利　JP 63251086、JP 8021754。

合成方法　吸水链霉菌（*Streptomyces hygroscopicus*）SF-1293 在含有丙三醇、麦芽、豆油及痕迹量氯化钴、氯化镍、磷酸二氢钠的培养液中，与 DL-2-氨基-4-甲基膦基丁酸一起在 28℃下振摇 96 h，培养物离心后，滤液用活性炭脱色，并经色谱柱分离，即制得双丙氨酰磷。

参考文献

[1] The Pesticide Manual.17 th edition: 108-109.

<h1 align="center">抑草磷（butamifos）</h1>

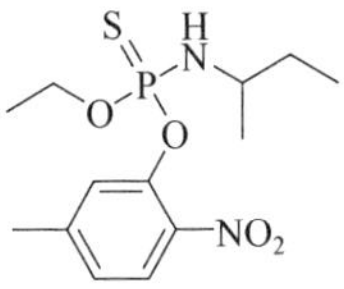

$C_{13}H_{21}N_2O_4PS$，332.4，36335-67-8

抑草磷（试验代号：S-2846，商品名称：Cremart，其他名称：butamiphos、克蔓磷、丁胺磷）是由 Sunitomo Chemical 开发并于 1980 年在日本首次上市的磷酰胺酯类除草剂。

化学名称　*O*-6-硝基邻甲苯基仲丁基-*O*-乙基硫代磷酰胺。英文化学名称　*O*-ethyl *O*-(5-methyl-2-nitrophenyl) (*RS*)-[(1*RS*)-1-methylpropyl]phosphoramidothioate。美国化学文摘（CA）系统名称 *O*-ethyl *O*-(5-methyl-2-nitrophenyl) *N*-(1-methylpropyl)phosphoramidothioate。CA 主题索引名称 phosphoramidothioic acid—, *N*-(1-methylpropyl)-*O*-ethyl *O*-(5-methyl-2-nitrophenyl) ester。

理化性质　原药为黄褐色液体。熔点 17.7℃，蒸气压 84 mPa（27℃），分配系数 lgK_{ow}=4.62，Henry 常数 4.5 Pa·m³/mol(计算值)，相对密度 1.188（20～25℃）。溶解度（20～25℃）：水 6.19 mg/L；室温下易溶于丙酮、甲醇、二甲苯。

毒性　急性经口 LD_{50}(mg/kg)：雄大鼠 1070，雌大鼠 845。大鼠急性经皮 LD_{50}>5000 mg/kg，

不刺激兔的眼睛和皮肤。大鼠吸入 LC_{50}（4 h）1.200 mg/L（空气）。

生态效应 鲤鱼 LC_{50}（48 h）2.4 mg/L。

制剂 乳油、颗粒剂、水分散粒剂。

主要生产商 Sunitomo Chemical。

作用机理与特点 抑制微管组装。非内吸性、选择性除草剂。

应用

（1）适用作物 水稻、小麦、大豆、棉花、豌豆、菜豆、马铃薯、玉米、胡萝卜和移栽莴苣、甘蓝、洋葱等。

（2）防治对象 看麦娘、稗、马唐、蟋蟀草、早熟禾、狗尾草、雀舌草、藜、酸模、猪殃殃、一年蓬、苋、繁缕、马齿苋、小苋菜、车前、莎草、菟丝子等一年生禾本科杂草和某些阔叶杂草。对豆类、草坪、水稻和蔬菜地的一年生杂草，特别是禾本科杂草有效，剂量 1000～2000 g/hm²（蔬菜），900～1000 g/hm²（水稻）。

（3）施用技术 抑草磷在土壤中的移动性很小，主要破坏植物的分生组织。因此作物和杂草的分生组织位置和结构、土壤结构、抑草磷施药方法对该药的选择性有很大影响。一般旱田作物如胡萝卜、棉花、麦类、豆类、薯类、旱稻等可用抑草磷 1～2.4 kg (a.i.)/hm² 作播后苗前土壤处理。而莴苣、甘蓝、洋葱等芽前处理有药害，可在移栽前后处理。水稻田可用抑草磷 1～1.5 kg (a.i.)/hm² 于生长初期和中期处理，而芽期处理则有药害。杂草叶前可用抑草磷 0.5～1 kg (a.i.)/hm² 处理，但该法对胡萝卜、番茄和棉花等有药害。

专利概况

专利名称 *O*-Ethyl-*O*-(3-methyl-6-nitrophenyl)-*N*-secondary butyl-phosphorothionoamidate

专利号 US 3936433　　　　　　专利申请日 1974-05-29

专利申请人 Sumitomo Chemical Company Limited

其他相关专利 GB 1359727。

合成方法

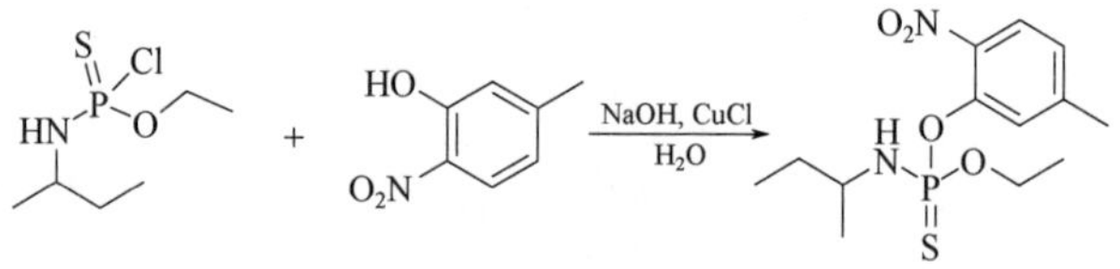

参考文献

[1] The Pesticide Manual.17 th edition: 146-147.

氯酰草膦（clacyfos）

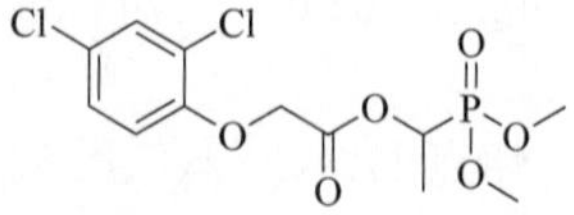

$C_{12}H_{15}Cl_2O_6P$，357.1，215655-76-8

氯酰草膦（试验代号：HW02）是华中师范大学开发的丙酮酸脱氢酶系的强抑制剂。

化学名称　1-(二甲氧基磷酰基)乙基 2-(2,4-二氯苯氧基)乙酸酯。英文化学名称(1*RS*)-1-(dimethoxyphosphinoyl)ethyl(2,4-dichlorophenoxy)acetate。美国化学文摘（CA）系统名称 1-(di-methoxyphosphinyl)ethyl 2-(2,4-dichlorophenoxy)acetate。CA 主题索引名称 acetic acid, 2-(2,4-dichlorophenoxy)—, esters 1-(dimethoxyphosphinyl)ethyl ester。

理化性质　原药纯度 93%，黄色液体，沸点 195℃，高于 250℃分解，分配系数 $\lg K_{ow}=1.55\times10^2$。溶解度（g/L，20～25℃）：水 0.97，正己烷 4.31，与丙酮、乙醇、氯仿、甲苯、二甲苯混溶。稳定性：常温下对光、热稳定，在一定的酸、碱强度下易分解。30%乳油常温贮存 2 年稳定。

毒性　大鼠急性经口 LD_{50}（mg/kg）：雄性 1711，雌性 1467。大鼠急性经皮 $LD_{50}>2000$ mg/kg，对兔皮肤、眼睛为轻度刺激性，对豚鼠皮肤为弱致敏性。大鼠 90 d 亚慢性喂养试验最大无作用剂量为 1.5 mg/(kg•d)，Ames 试验、小鼠骨髓细胞微核试验、小鼠睾丸细胞染色体畸变试验 3 项致突变试验均为阴性，未见致突变作用。氯酰草膦 30%乳油大鼠急性经口 $LD_{50}>$2000 mg/kg，大鼠急性经皮 $LD_{50}>2150$ mg/kg；对兔皮肤无刺激性，对兔的眼睛轻度刺激性，对豚鼠皮肤弱致敏。

生态效应　30%乳油　斑马鱼 LC_{50}（96 h）21.79 mg/L，鹌鹑急性经口 LD_{50}（mg/kg）：雄性 1999.9，雌性 1790.0。蜜蜂急性经口 $LD_{50}>100$ μg/只，家蚕 LC_{50}（食下毒叶法，48 h）>10000 mg/L（药液浓度）。

剂型　乳油。

作用机理与特点　丙酮酸脱氢酶系（PDHc）抑制剂。对禾本科作物安全，而对阔叶杂草防效优异，具有较高的选择性。

应用　在 37.5～75 g (a.i.)/hm² 的剂量下，即可有效防除苘麻、反枝苋、藜、芥菜、牵牛花、水苋菜、鸭舌草、甘蓝和鳢肠等多种阔叶杂草。30%乳油经室内活性测定试验和田间药效试验结果表明对草坪（高羊茅）中的阔叶杂草有较好的防治效果。使用药量为有效成分405～540 g/hm²。于草坪（高羊茅）中的杂草 2～4 叶期茎叶喷雾。对一年生阔叶杂草，如反枝苋、铁苋菜、苘麻等有较好的防效。对草坪（高羊茅）安全。

专利概况

专利名称　具有除草活性的取代苯氧乙酰氧基烃基膦酸酯及制备

专利号　CN 1197800　　　　专利申请日　1997-04-30

专利申请人　华中师范大学。

登记情况　2007 年，山东侨昌化学有限公司曾取得了该药的临时登记证，包括93%氯酰草膦原药（LS20071853）及 30%氯酰草膦乳油（LS20071694），现均已过期。

合成方法　经如下反应即得目的物：

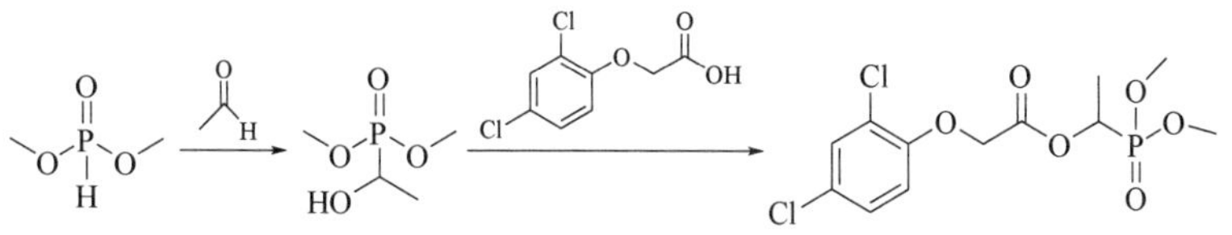

参考文献

[1] 佚名. 农药科学与管理, 2008(4): 58.

草铵膦（glufosinate-ammonium）

C$_5$H$_{15}$N$_2$O$_4$P，198.2，77182-82-2，51276-47-2(酸)，35597-44-5(glufosinate-P)

草铵膦（试验代号：AE F039866、Hoe 039866，商品名称：Basta、Liberty、Phantom、保试达、百速顿，其他名称：草丁膦）1981 年由 F.Schwerdtle 等报道铵盐的除草活性，由德国赫斯特公司开发生产（现归属拜耳公司），是一种高效、广谱、低毒的非选择性触杀型除草剂。

化学名称　草铵膦　2-氨基-4-[羟基(甲基)膦酰基]丁酸铵。英文化学名称 ammonium [(3*RS*)-3-amino-3-carboxypropyl]methylphosphinate。美国化学文摘（CA）系统名称 2-amino-4-(hydroxymethylphosphinyl)butanoic acid monoammonium salt。CA 主题索引名称 butanoic acid—, 2-amino-4-(hydroxymethylphosphinyl)-monoammonium salt。

glufosinate：4-[羟基(甲基)膦酰基]-DL-高丙氨酸。英文化学名称 (2*RS*)-2-amino-4-[hydroxy(methyl)phosphinoyl]butyric acid。美国化学文摘（CA）系统名称 2-amino-4-(hydroxymethylphosphinyl)butanoic acid。CA 主题索引名称 butanoic acid—, 2-amino-4-(hydroxymethylphosphinyl)-。

理化性质　结晶固体，稍有刺激性气味。熔点 215℃，蒸气压＜3.1×10^{-2} mPa（50℃），分配系数 lgK_{ow}＜0.1（pH 7），相对密度 1.4（20～25℃）。溶解度（g/L，20～25℃）：水＞500（pH 5～9）；丙酮 0.16，乙醇 0.65，乙酸乙酯 0.14，甲苯 0.14，正己烷 0.2。对光稳定，pH 值 5、7、9 时不易水解。

毒性　原药急性经口 LD$_{50}$（mg/kg）：雌大鼠 1620，雄大鼠 2000，雌小鼠 416，雄小鼠 431，狗为 200～400。大鼠急性经皮 LD$_{50}$＞4000 mg/kg（雄）、约 4000（雌），对兔的眼、皮肤无刺激性。空气吸入 LC$_{50}$（4 h，mg/L）：雄大鼠 1.26，雌大鼠 2.60（粉剂），大鼠＞0.62（喷雾）。NOEL（2 年）大鼠 2 mg/(kg·d)。ADI/RfD（JMPR）0.02 mg/kg（1999）（草铵膦、*N*-乙酰基草铵膦和 3-甲基膦酰基丙酸，单剂或混合物）；（EC）0.021 mg/kg（2007）；（EPA）最低 aRfD 0.063 mg/kg，cRfD 0.02 mg/kg（1993）。无致癌性、无致突变性、无致畸性、无神经毒性。

生态效应　日本鹌鹑饲喂 LD$_{50}$＞5000 mg/kg。鱼 LC$_{50}$（96 h，mg/L）：虹鳟鱼 710，鲤鱼、大翻车鱼、金鱼＞1000。水蚤 LC$_{50}$（48 h）：560～1000 mg/L。藻类 LD$_{50}$（mg/L）：淡水藻≥1000，羊角月牙藻 37。对蜜蜂无毒，LD$_{50}$＞100 μg/只。蚯蚓 LD$_{50}$＞1000 mg/kg 土壤。对节肢动物无毒。

环境行为　①动物。90%代谢物通过粪便迅速排出体外。主要代谢物为 3-(甲基)膦酰基丙酸（3-MPP），粪便通过肠道微生物形成进一步的代谢物 *N*-乙酰基草铵膦。②植物。非选择性使用：只有一种代谢物 3-(甲基)膦酰基丙酸（3-MPP），主要通过土壤途径。用于干燥：残留物大部分是母体化合物草铵膦铵盐，极少部分是 3-MPP。选择性使用：主要代谢物 *N*-乙酰基草铵膦，极少部分是母体化合物和 3-MPP。③土壤/环境。在土壤表层、水中迅速降解，因为极性原因，草铵膦及其代谢产物不会进行生物蓄积。在土壤和水中降解成 3-(甲基)膦酰基丙酸和 2-(甲基)膦酰基乙酸，最后形成二氧化碳和相关残留物。土壤中 DT$_{50}$ 为 3～10 d（实验室）和 7～20 d（田间）；DT$_{90}$ 为 10～30 d（实验室）；代谢物 DT$_{50}$ 为 7～19 d（实验室）。

水中 DT_{50} 为 2～30 d。Lysimeter 研究和模型计算表明有效成分及代谢产物都不进入地下水，这可能与草铵膦迅速降解和土壤吸附有关。吸附和黏土含量的相关性大于有机物质，K_{clay} 2～115，K_{oc} 10～1230。

剂型 水剂，可溶粒剂，可溶液剂等。

主要生产商 Bayer CorpScience、ENN、Hesenta、安道麦股份有限公司、河北石家庄市龙汇精细化工有限责任公司、河北威远生化农药有限公司、江苏常隆农化有限公司、江苏省常熟市农药厂有限公司、江苏春江润田农化有限公司、江苏好收成韦恩农化股份有限公司、江苏皇马农化有限公司、江苏快达农化股份有限公司、江苏绿叶农化有限公司、江苏七洲绿色化工股份有限公司、江苏优士化学有限公司、江苏省南京红太阳生物化学有限责任公司、江苏省南通江山农药化工股份有限公司、江苏省农药研究所股份有限公司、江苏省农用激素工程技术研究中心有限公司、江苏云帆化工有限公司、江苏中旗作物保护股份有限公司、内蒙古佳瑞米精细化工有限公司、宁夏新安科技有限公司、欧洲巴斯夫公司、山东潍坊润丰化工股份有限公司、石家庄瑞凯化工有限公司、四川省乐山市福华通达农药科技有限公司、兴农股份有限公司、印度联合磷化物有限公司以及浙江富农生物科技有限公司等。

作用机理与特点 谷氨酰胺合成抑制剂，具有部分内吸作用的非选择性触杀除草剂。施药后短时间内，植物体内铵代谢陷于紊乱，细胞毒剂铵离子在植物体内累积，与此同时，光合作用被严重抑制，达到除草目的。

应用

（1）适用范围 苗圃、森林、牧场、观赏灌木、马铃薯、果园、葡萄园、橡胶、棕榈种植园以及非耕地等。

（2）防治对象 一年生和多年生禾本科杂草，如看麦娘、野燕麦、马唐、稗草、狗尾草、早熟禾、匍匐冰草、狗牙根、芦苇、羊茅等。也可防除藜、苋、蓼、荠、龙葵、繁缕、马齿苋、猪殃殃、苦苣菜、田蓟、田旋花、蒲公英等阔叶杂草，对莎草和蕨类植物也有一定效果。

（3）使用方法 使用剂量 0.4～1.5 kg/hm²。使用量视作物、杂草而异，每公顷使用量 1～2 kg 或更多，如防除森林和高山牧场的悬钩子和蕨类作物，使用量为 1.5～20 kg/hm²。可与敌草隆、西玛津、2 甲 4 氯和其他一些除草剂混用。

专利概况

专利名称 Herbicidal composition

专利号 DE 2717440　　　　专利申请日 1977-04-20

专利申请人 Hoechst AG。

登记情况 草铵膦在中国登记有 95%、96%、97% 原药 61 个，精草铵膦在中国登记有 90%、91% 原药 2 个，相关制剂 543 个。登记用于非耕地、柑橘园、蔬菜地、茶园、果园等，可防除各类杂草。部分登记情况见表 3-130。

表 3-130 草铵膦在中国部分登记情况

登记证号	农药名称	剂型	含量	登记场所/作物	防治对象	亩用药量（制剂）	施用方法	登记证持有人
PD20096847	草铵膦	可溶液剂	18%	柑橘园	杂草	200～300 mL	定向喷雾	巴斯夫欧洲公司
				葡萄园				
				梨园			定向茎叶喷雾	
				荔枝园				
				芒果园				

登记证号	农药名称	剂型	含量	登记场所/作物	防治对象	亩用药量（制剂）	施用方法	登记证持有人
PD20096847	草铵膦	可溶液剂	18%	木瓜	杂草	200～300 mL	定向茎叶喷雾	巴斯夫欧洲公司
				苹果园				
				茶园				
				桑园				
				桃园				
				香蕉园				
				蔬菜地		150～250 mL		
PD20184303	草铵膦	水剂	10%	非耕地	杂草	700～1200 mL	茎叶喷雾	连云港市华通化学有限公司
PD20181317	草铵膦	可溶液剂	18%	非耕地	杂草	300～500 mL	茎叶喷雾	印度联合磷化物有限公司
				柑橘园		200～300 mL	定向茎叶喷雾	
PD20190192	草铵·草甘膦	可溶液剂	36%	非耕地	杂草	200～400 mL	茎叶喷雾	南通泰禾化工股份有限公司
PD20200119	精草铵膦铵盐	可溶液剂	10%	非耕地	杂草	200～400 mL	茎叶喷雾	永农生物科学有限公司
PD20183296	精草铵膦	原药	91%					永农生物科学有限公司
PD20171743	精草铵膦	原药	90%					日本明治制果药业株式会社
PD20170471	草铵膦	原药	96%					印度联合磷化物有限公司
PD20096850	草铵膦	原药	95%					巴斯夫欧洲公司

合成方法 草铵膦的合成方法主要有六种。

（1）盖布瑞尔（Gabriel）-丙二酸二乙酯合成法。以甲基亚磷酸二乙酯为起始原料，与1,2-二溴乙烷缩合，经过水解、中和得到目的物。

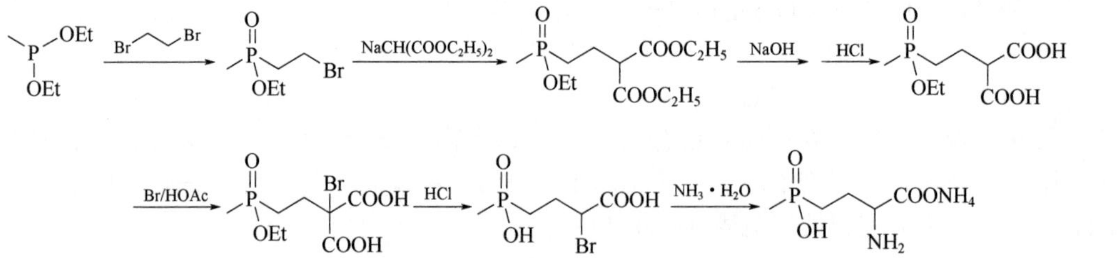

（2）阿布佐夫（Arbuzov）合成法。以甲基亚磷酸二乙酯和4-溴-2-三氟乙酰氨基-丁酸甲酯为原料经过缩合、水解得到目的物。

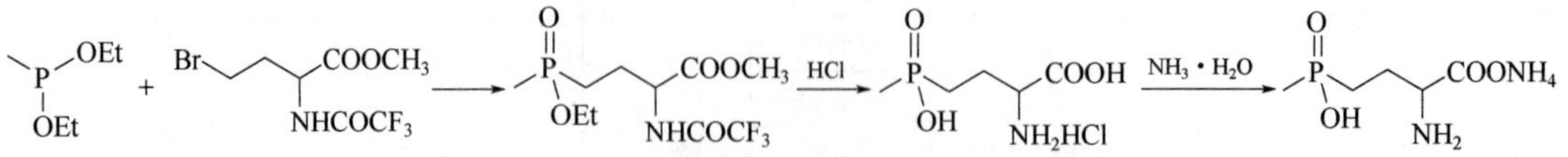

（3）高压催化合成法。以甲基乙烯基次膦酸甲酯和乙酰胺为原料，用八羰基二钴作为催化剂，在150～500 kg/cm² 压力下反应得到目的物。

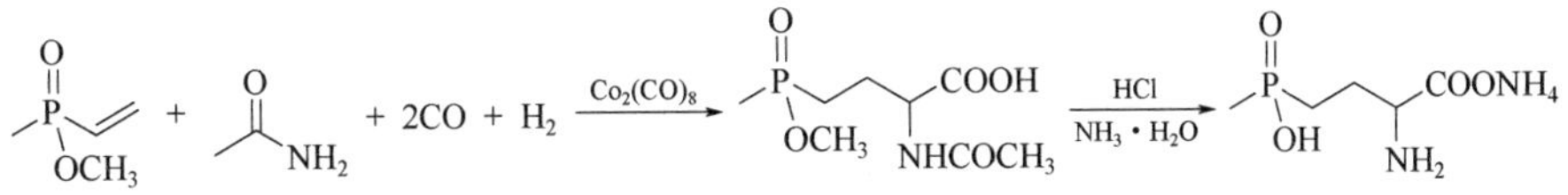

（4）布赫勒-贝格斯（Bucherer-Bergs）合成法。以甲基亚膦酸二乙酯为原料，得到 β-次膦酸酯取代的醛或者缩醛，然后与氰化钾（钠）、碳酸铵经过 Bucherer-Bergs 反应，得到 β-次膦酸酯取代乙内酰脲结构，再经过开环、酸化、铵化得到目的物。

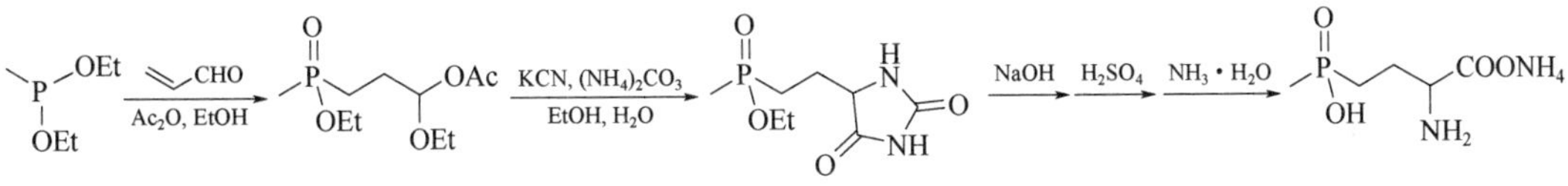

（5）内博（Neber）重排合成法。以甲基亚膦酸二乙酯为原料，与丁烯腈发生加成反应，然后利用 Neber 重排，再经水解反应制得到目的物。

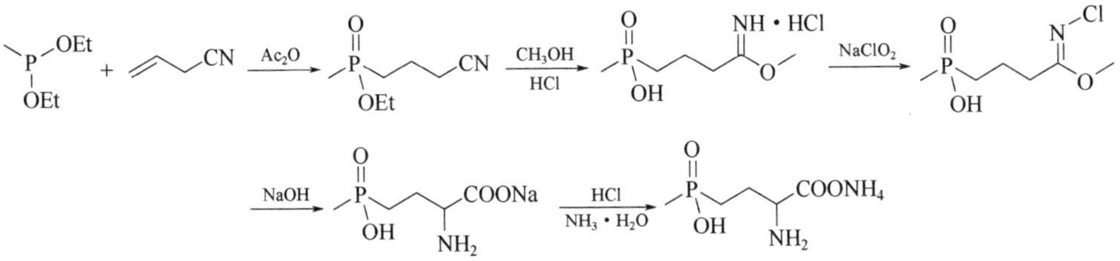

（6）斯垂克（Strecker）合成法。以甲基亚膦酸二乙酯为原料，与丙烯醛反应后得到缩醛产物，再经氰化物、氯化铵等反应得到 α-氨基腈类化合物，然后水解得到目的物。

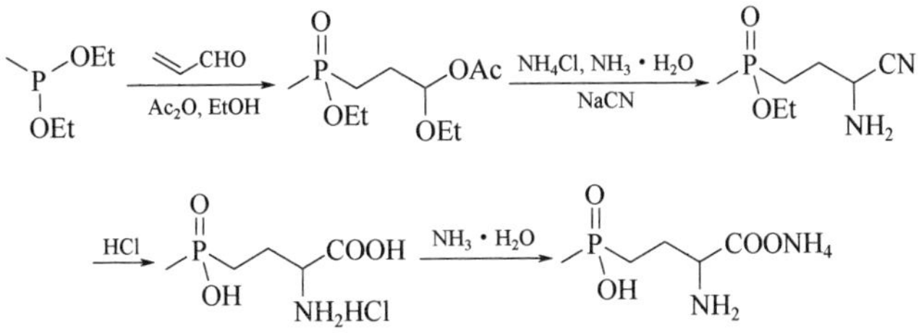

参考文献

[1] The Pesticide Manual.17 th edition: 578-579.

[2] 毛明珍，何琦文，张晓光，等. 农药, 2014, 53(6): 391-393.

草甘膦（glyphosate）

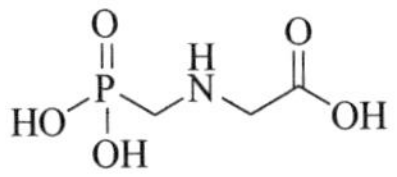

$C_3H_8NO_5P$，169.1，1071-83-6

草甘膦（试验代号：MON-0573、CP 67573，商品名称：Coneo、Gladiator、Glyfall、Karda、Maxweed、Nasa、PI Giypho、Pilarsato、Prince、Rinder、Rophosate、Seccherba、Sharp、农达，其他名称：镇草宁、草干膦、膦甘酸）是于 1971 年由美国 D.D.贝尔德等发现，由孟山

都公司开发生产的除草剂。

另外还以几种盐的形式存在：草甘膦铵盐（glyphosate-ammonium），CAS：40465-66-5，试验代号：MON 8750，商品名称：Sure Shot。草甘膦二铵盐（glyphosate-diammonium），CAS：69254-40-6，商品名 Touchdown。草甘膦二甲胺盐（glyphosate-dimethylammonium），CAS：34494-04-7，商品名 Enlist Duo。草甘膦异丙胺盐（glyphosate-isopropylammonium），试验代号：MON 0139、MON 77209，CAS：38641-94-0，商品名称：Asset、Cosmic、Fozat、Gallup、Glycel、Glyfos、Glyphogan、Glyphomax、Glyphotox、Glysate、Ground-Up、Nufosate、Oxalis、Rodeo、Roundup、Sanos、Vifosat、Yerbimat。草甘膦钾盐（glyphosate-potassium），CAS：39600-42-5。草甘膦钠盐（glyphosate-sesquisodium），CAS：70393-85-0，试验代号：MON 8000、MON 8722。

化学名称　*N*-(膦羧甲基)甘氨酸。英文化学名称 *N*-(phosphonomethyl)glycine。美国化学文摘（CA）系统名称 *N*-(phosphonomethyl)glycine。CA 主题索引名称 glycine—, *N*-(phosphonomethyl)-。

理化性质　原药含量＞95%，无味白色晶体。熔点 189.5℃，不易燃，蒸气压 $1.31×10^{-2}$ mPa（25℃），分配系数 $\lg K_{ow}$＜−3.2（pH 5～9），Henry 常数＜$2.1×10^{-7}$ Pa·m³/mol（计算值），相对密度 1.704（20～25℃），pK_a（20～25℃）：2.34、5.73、10.2。溶解度（g/L，20～25℃）：水中 10.5（pH 1.9）；有机溶剂中：丙酮 0.078，二氯甲烷 0.233，乙酸乙酯 0.012，甲醇 0.231，异丙醇 0.02，甲苯 0.036。草甘膦及其盐类为非挥发性，无光化学降解，在空气中稳定。pH 值 3、6、9（5～35℃）时的水溶液稳定。

草甘膦铵盐：原药含量 95.2%，无味、白色晶体。高于 190℃分解，不易燃，蒸气压 0.009 mPa（25℃），分配系数 $\lg K_{ow}$＜−3.7，Henry 常数 $1.16×10^{-8}$ Pa·m³/mol（计算值），pK_a（20～25℃）=5.5，相对密度 1.433（20～25℃）。溶解度（g/L，20～25℃）：水中 144（pH 3.2）；有机溶剂中：丙酮 0.0023，甲醇 0.159。在 50℃，pH 值 4、7、9 时稳定 5 d 以上。

草甘膦异丙胺盐：纯品无味、白色粉末。熔点 143～164℃，189～223℃（Ⅱ型），沸腾前分解，蒸气压 $2.1×10^{-3}$ mPa（25℃），分配系数 $\lg K_{ow}$=−5.4，Henry 常数 $4.6×10^{-10}$ Pa·m³/mol（计算值），相对密度 1.482（20～25℃），pK_a（20～25℃）：5.77、2.18。溶解度（g/L，20～25℃）：水 1050（pH 4.3），乙酸乙酯、庚烷 $4×10^{-5}$，甲醇 15.7～28.4。50℃，pH 4、5、9 稳定 5 d。

草甘膦钾盐：熔点 219.8℃，分配系数 $\lg K_{ow}$＜−4.0，Henry 常数 $3.38×10^{-7}$ Pa·m³/mol（计算值），pK_a（20～25℃）=5.7。溶解度（g/L，20～25℃）：水 918.7（pH 7），甲醇 0.217。

草甘膦钠盐：无味、白色粉末。高于 260℃分解，蒸气压 $7.56×10^{-3}$ mPa（25℃），相对密度 1.622（20～25℃），分配系数 $\lg K_{ow}$=−4.58，Henry 常数 $4.27×10^{-9}$ Pa·m³/mol（计算值）。水中溶解度 414 g/L（pH 4.2，20～25℃）。50℃，pH 4、7、9 时稳定 5 d 以上。

毒性　草甘膦　原药大鼠（雌、雄）急性经口 LD_{50}＞5000 mg/kg，山羊 3530 mg/kg，小鼠（雌、雄）急性经口 LD_{50}＞10000 mg/kg，兔急性经皮 LD_{50}＞5000 mg/kg，对兔的皮肤无刺激性，对兔眼有刺激性，对豚鼠皮肤无致敏性，大鼠急性吸入 LC_{50}（4 h）＞4.98 mg/L 空气。大鼠（2 年）饲喂 410 mg/(kg·d)，狗（1 年）饲喂 500 mg/(kg·d)无不良影响，Ames、微核、染色体试验结果均为阴性。ADI/RfD（JMPR）1 mg/kg（2004）；（EC）0.3 mg/kg（2001）；（EPA）建议 RfD 2 mg/kg（1993）。无致癌性、无致突变性、无致畸性、无神经毒性、无繁殖毒性。

草甘膦铵盐　大鼠急性经口 LD_{50} 4613 mg/kg。兔急性经皮 LD_{50}＞5000 mg/kg。对兔的眼睛有轻微刺激、皮肤无刺激。大鼠吸入 LC_{50}＞1.9 mg/L 空气。

草甘膦异丙胺盐　急性经口 LD_{50}（mg/kg）：大鼠＞5000，羊 5700。兔急性经皮 LD_{50}＞5000 mg/kg。对兔的眼睛有轻微刺激、皮肤无刺激。大鼠急性吸入 LC_{50}（4 h）＞1.3 mg/L 空气。NOEL 狗以 300 mg/kg 饲喂 6 个月，无不良影响。

草甘膦钾盐　大鼠急性经口 LD_{50}＞5000 mg/kg，急性经皮 LD_{50}＞5000 mg/kg。对兔的眼睛有中等刺激、皮肤无刺激。大鼠吸入 LC_{50}（4 h）＞5.27 mg/L 空气。

草甘膦钠盐　大鼠急性经口 LD_{50}＞5000 mg/kg。对兔的眼睛有轻微刺激、皮肤无刺激。

生态效应　草甘膦　山齿鹑急性经口 LD_{50}＞3851 mg/kg。鹌鹑、野鸭饲喂 LC_{50}（5 d）＞4640 mg/kg。鱼毒 LC_{50}（96 h，mg/L）：鳟鱼 86，大翻车鱼 120，小丑鱼 168，红鲈鱼＞1000。水蚤 LC_{50}（48 h）780 mg/L。羊角月牙藻 E_bC_{50}（mg/L）：485（72 h），13.8（7 d）；E_rC_{50}（72 h）460 mg/L。中肋骨条藻 EC_{50}（96 h）1.3 mg/L，（7 d）0.64 mg/L。舟形藻 EC_{50}（7 d）42 mg/L，水华鱼腥藻 EC_{50}（7 d）15 mg/L。其他水生生物 LC_{50}（mg/L，96 h）：糠虾＞1000，草虾 281，招潮蟹 934。海胆 EC_{50}（96 h）＞1000 mg/L，浮萍 EC_{50}（14 d）25.5 mg/L，蝌蚪 EC_{50}（48 h）111 mg/L。蜜蜂 LD_{50}（48 h）＞100 μg/只（接触、经口）。草甘膦制剂对步甲虫无影响，对草蛉、寄生虫、螨虫、蜘蛛等昆虫几乎无伤害，对锥须步甲有中度伤害。

草甘膦异丙胺盐　鱼毒 LC_{50}（96 h，mg/L）：鳟鱼、大翻车鱼＞1000，黑头呆鱼 97，斑点叉尾鮰 130。水蚤 LC_{50}（48 h）930 mg/L。近具刺链带藻 E_bC_{50}（72 h）72.9 mg/L，E_rC_{50}（72 h）166 mg/L。吸浆虫幼虫 EC_{50}（48 h）5600 mg/L，蝌蚪 EC_{50}＞343 mg/L。蚯蚓 LC_{50}（14 d）＞5000 mg/kg 土壤。繁殖毒性 NOEC（56 d）28.79 mg/kg。

草甘膦钾盐　山齿鹑急性经口 LD_{50}＞2241 mg (a.e.)(a.e.指酸当量，以母体酸表示活性成分)/kg。鳟鱼 LC_{50}（96 h）＞1227 mg (a.e.)/L。水蚤 LC_{50}（48 h）＞1227 mg (a.e.)/L。羊角月牙藻 EC_{50}（72 h）35 mg (a.e.)/L，E_rC_{50}（72 h）54 mg (a.e.)/L。蜜蜂 LD_{50}（48 h）（接触、经口）＞100 μg/只。

环境行为　草甘膦　①动物。哺乳动物经口给药后被迅速排出体外并且无生物蓄积。②植物。缓慢代谢为氨甲基磷酸 [1066-51-9]，氨甲基磷酸为主要代谢物。③土壤/环境。根据不同的土壤和气候条件，土壤（大田）DT_{50} 1～130 d。水中 DT_{50} 几天到 91 d。在天然水中发生光解，DT_{50} 33～77 d，在土壤中 31 d 未发生光降解。在实验室整个水/沉积系统 DT_{50} 27～146 d（有氧），14～22 d（厌氧）。土壤和水中的主要代谢物是氨甲基磷酸。

剂型　水剂、可溶粒剂、可溶液剂、可湿性粉剂、水分散粒剂、水溶粒剂、微乳剂、悬浮剂、悬乳剂、可分散油悬浮剂。

主要生产商　安徽常泰化工有限公司、安徽丰乐农化有限责任公司、安徽广信农化股份有限公司、安徽国星生物化学有限公司、安徽华星化工有限公司、安徽省丰臣农化有限公司、安徽省益农化工有限公司、安徽喜丰收农业科技有限公司、安徽中山化工有限公司、澳大利亚纽发姆有限公司、重庆丰化科技有限公司、重庆双丰化工有限公司、甘肃省张掖市大弓农化有限公司、广安诚信化工有限责任公司、广东立威化工有限公司、杭州颖泰生物科技有限公司、河北德农生物化工有限公司、湖北沙隆达股份有限公司、湖北泰盛化工有限公司、湖北仙隆化工股份有限公司、湖南省永州广丰农化有限公司、湖南省株洲邦化化工有限公司、江苏安邦电化有限公司、江苏百灵农化有限公司、江苏常隆农化有限公司、江苏东宝农化股份有限公司、江苏丰山集团股份有限公司、江苏好收成韦恩农化股份有限公司、江苏恒隆作物保护有限公司、江苏辉丰农化股份有限公司、江苏克胜作物科技有限公司、江苏快达农化股份有限公司、江苏蓝丰生物化工股份有限公司、江苏连云港立本农药化工有限公司、江苏绿利来股份有限公司、江苏七洲绿色化工股份有限公司、江苏仁信作物保护技术有限公司、江苏瑞邦农药厂有限公司、江苏省常州永泰丰化工有限公司、江苏省南京红太阳生物化学有限责任公司、江苏省南通江山农药化工股份有限公司、江苏省南通泰禾化工有限公司、江苏省无锡龙邦化工有限公司、江苏苏州佳辉化工有限公司、江苏泰仓农化有限公司、江苏腾龙生物药业有限公司、江苏优士化学有限公司、江苏裕廊化工有限公司、江苏长青农化股份有限公司、江苏中旗作物保护股份有限公司、江西金龙化工有限公司、江西威力特生物科技有限公司、捷马化工股份有限公司、京博农化科技股份有限公司、利尔化学股份有限公司、联化科技（德州）有限公司、美国孟山都公司、南京华洲药业有限公司、南通维立科化工有限公司、山东滨农科技有限公司、山东大成农化有限公司、山东侨昌化学有限公司、山东省青岛奥迪斯生物科技有限公司、山东胜邦绿野化学有限公司、山东潍坊润丰化工股份有限公司、山东亿尔化学有限公司、山东中禾化学有限公司、上海沪江生化有限公司、上海升联化工有限公司、上海悦联化工有限公司、四川和邦生物科技股份有限公司、威海韩孚生化药业有限公司、新加坡利农私人有限公司、印度伊克胜作物护理有限公司、英国先正达有限公司、云南天丰农药有限公司、浙江拜克开普化工有限公司、浙江嘉化集团股份有限公司、浙江金帆达生化股份有限公司、浙江世佳科技有限公司、浙江新安化工集团股份有限公司及镇江江南化工有限公司等。

作用机理与特点　草甘膦是一种广谱灭生性茎叶处理除草剂，内吸传导性较强，能够通过植物叶片和非木质化的植物茎秆吸收，传导到植物全株的各部位，特别是根部。基于草甘膦的除草剂可以抑制植物生长所需要的一种特定的酶——EPSP（5-烯醇丙酮莽草酸-3-磷酸）合成酶，从而抑制莽草素向苯丙氨酸、酪氨酸及色氨酸的转化，使蛋白质的合成受到干扰，随后植物就会变黄，并在数天或数周的时间里死亡。

应用

（1）适用范围　果园、桑园、茶园、橡胶园、甘蔗园、菜园、棉田、田埂、公路、铁路、排灌沟渠、机场、油库、免耕直播水稻及空地。

（2）防治对象　一年生、多年生禾本科杂草、莎草科和阔叶杂草，如稗、狗尾草、看麦娘、牛筋草、卷耳、马唐、藜、繁缕、猪殃殃、车前草、小飞蓬、鸭跖草、双穗雀稗、白茅、硬骨草、芦苇、香附子、水蓼、狗牙根、蛇莓、刺儿菜、野葱、紫菀等。

（3）使用方法　在杂草生长最旺盛时期、在开花前用药最佳。一般一年生杂草 15～20 cm、多年生杂草 30 cm 左右高度时用药，除草效果最好。另外，在确定用药浓度时一定要考虑杂草的类型，一般禾本科杂草对草甘膦较敏感，能被低剂量的药液杀死，而防除阔叶杂草时则要提高浓度，对一些根茎繁殖的恶性杂草，则需要较高浓度。杂草叶龄大，耐药性提高，相应的用药量也要提高。①果园及胶园对一年生杂草，如稗、狗尾草、看麦娘、牛筋草、卷耳、马唐、藜、繁缕、猪殃殃等，亩用有效成分 40～70 g；对车前草、小飞蓬、鸭跖草、双穗雀稗等，亩用有效成分 75～100 g；对白茅、硬骨草、芦苇、香附子、水蓼、狗牙根、蛇莓、刺儿菜、野葱、紫菀等，亩用有效成分 120～200 g。一般在杂草生长旺期，每亩对水 20～30 kg，对杂草茎叶进行均匀定向喷雾，避免使果树等叶子受药。②农田对稻麦/水稻和油菜轮作的地块，在收割后倒茬期间，可参照上述草情和剂量用草甘膦进行处理，一般在喷雾后第 2 天，即可不经翻耕土壤而直接进行播种或移栽。作物和蔬菜免耕田播种前除草（800～1200 g/亩），玉米、高粱、甘蔗等高秆作物（苗高 40～60 cm）行间定向喷雾（600～800 g/亩）。③林业草甘膦适用休闲地、荒山荒地造林前除草灭灌、维护森林防火线、种子园除草及飞机播种前灭草。适用的树种为：水曲柳、黄菠萝、椴树、云杉、冷杉、红松、樟子松，还可用于杨树幼林抚育。防治大叶章、薹草、白芒、车前、毛茛、艾蒿、茅草、芦苇、香薷等杂草时，用量为 0.2 kg (a.i.)/亩。防治丛桦、接骨木、榛材、野薇为 0.17 kg (a.i.)/亩。防治山楂、山梨、山梅花、柳叶锈线菊为 3.8 kg (a.i.)/亩。而忍冬、胡枝子、白丁香、山槐的防治剂量为 0.33 kg (a.i.)/亩。一般采用叶面喷雾处理，每亩对水 15～30 kg。也可根据需要，用喷枪进行穴施或用涂抹棒对高大杂草和灌木进行涂抹，用树木注射器向非目的树种体内注射草甘膦，都可取得理想效果。

（4）注意事项　①草甘膦为灭生性除草剂，施药时切忌污染作物，以免造成药害。②对多年生恶性杂草，如白茅、香附子等，在第一次用药后 1 个月再施 1 次药，才能达到理想防治效果。③在药液中加适量柴油或洗衣粉，可提高药效。④在晴天，高温时用药效果好，喷药后 4～6 h 内遇雨应补喷。⑤草甘膦具有酸性，贮存与使用时应尽量用塑料容器。⑥喷药器具要反复清洗干净。⑦包装破损时，高湿度下可能会返潮结块，低温贮存时也会有结晶析出，用时应充分摇动容器，使结晶溶解，以保证药效。⑧为内吸传导型灭生性除草剂，施药时注意防止药雾飘移到非目标植物上造成药害。⑨易与钙、镁、铝等离子络合失去活性，稀释农药时应使用清洁的软水，兑入泥水或脏水时会降低药效。⑩施药后 3 天内请勿割草、放牧和翻地。

专利概况

专利名称　*N*-phosphonomethyl-glycine phytotoxicant compositions

专利号　US 3799758　　　　专利申请日　1971-08-09

专利申请人　Monsanto Co.

其他相关专利　EP 53871、US 4315765。

登记情况　草甘膦及其盐形式在中国登记非常之多，90%、93%、95%、97%、98%等原药 151 个，相关制剂（涉及水剂、可溶粉剂、可溶粒剂、可溶粉剂、可溶粒剂、可溶液剂、可湿性粉剂、水分散粒剂、水溶粒剂、微乳剂、悬浮剂、悬乳剂、可分散油悬浮剂等）1227 个。登记用于非耕地、柑橘园、橡胶园、茶园、果园、棉花、水稻等，可防除各类杂草。部分登记情况见表 3-131。

表 3-131　草甘膦在中国部分登记情况

登记证号	农药名称	剂型	含量	登记作物/场所	防治对象	亩用药量（制剂）	施用方法	登记证持有人
PD73-88	草甘膦异丙胺盐	水剂	30%	柑橘园	杂草	171～610 mL	喷雾	美国孟山都公司
				茶园		150～400 mL		
				棉花免耕田		150～250 mL		
				棉田行间		150～200 mL		
				桑园		150～400 mL		
				水稻田埂		200～400 mL		
				橡胶园		300～500 mL		
				玉米田		150～250 mL		
PD85159-22	草甘膦	水剂	30%	茶树	一年生杂草和多年生恶性杂草	250～500 mL	喷雾	安道麦股份有限公司
				甘蔗				
				果园				
				剑麻				
				林木				
				桑树				
				橡胶树				

登记证号	农药名称	剂型	含量	登记作物/场所	防治对象	亩用药量（制剂）	施用方法	登记证持有人
PD20184225	草甘膦铵盐	水剂	30%	非耕地	杂草	350～450 mL	茎叶喷雾	海利尔药业集团股份有限公司
PD20183986	麦畏·草甘膦	水剂	33%	非耕地	杂草	180～240 mL	茎叶喷雾	广西科联生化有限公司
PD20152105	草甘膦铵盐	水剂	30%	非耕地	杂草	375～500 mL	茎叶喷雾	江苏优嘉植物保护有限公司
				百合田		150～200 mL	定向茎叶喷雾	
PD92103-2	草甘膦	原药	95%					安道麦股份有限公司
PD343-2000	草甘膦	原药	95%					美国孟山都公司
PD20082361	草甘膦	原药	95%					英国先正达有限公司
PD20080757	草甘膦	原药	95%					江苏优士化学有限公司

合成方法 草甘膦的合成方法主要有两种。

（1）甘氨酸法。以甘氨酸、亚磷酸二甲酯、多聚甲醛为原料经加成、缩合、水解制得目的物。

$$NH_2CH_2COOH \xrightarrow{(HCHO)_2} (HOCH_2)_2NCH_2COOH \xrightarrow{(CH_3O)_2POH} (CH_3O)_2P(O)CH_2N(CH_2OH)CH_2COOH$$
$$\longrightarrow (HO)_2P(O)CH_2NHCH_2COOH$$

（2）亚氨基二乙酸（IDA）法。由于起始原料的不同，IDA 法又分为亚氨基二乙腈法和二乙醇胺法，其中亚氨基二乙腈法的原料可以是丙烯腈副产物或先由天然气合成氢氰酸后再合成亚氨基二乙腈。亚氨基二乙腈经碱解、缩合和氧化三步最终得到目的物；二乙醇胺法，是以石油乙烯为原料，经环氧化、氨化得二乙醇胺，再经脱氢氧化、缩合和氧化得到目的物。

① 亚氨基二乙腈法

$$(CH_2)_6N_4 + HCHO + HCN \longrightarrow NH(CH_2CN)_2 \xrightarrow{NaOH} NH(CH_2COONa)_2 \xrightarrow{HCl} NH(CH_2COOH)_2$$
$$\xrightarrow[H_3PO_3]{HCHO} (HO)_2P(O)CH_2N(CH_2COOH)_2 \xrightarrow[O_2]{H_2O} (HO)_2P(O)CH_2NHCH_2COOH$$

② 二乙醇胺法

$$NH(CH_2CH_2OH)_2 \xrightarrow[cat.]{NaOH} NH(CH_2COONa)_2 \xrightarrow{HCl} NH(CH_2COOH)_2$$
$$\xrightarrow[H_3PO_3]{HCHO} (HO)_2P(O)CH_2N(CH_2COOH)_2 \xrightarrow[O_2]{H_2O} (HO)_2P(O)CH_2NHCH_2COOH$$

参考文献

[1] The Pesticide Manual.17 th edition: 580-584.

[2] 陈丹, 李健, 李国儒, 等. 化工进展, 2013, 32(7): 184-189.

第二十六节

其他类除草剂（unclassified herbicides）

无法归入前面分类的品种被放在其他类中，共有 42 个。其中氨唑草酮（amicarbazone）、灭草松（bentazone）、溴苯腈（bromoxynil）、氯草敏（chloridazon）、碘苯腈（ioxynil）、哒草特（pyridate）为作用于光系统 II 受体部位的光合作用抑制剂；呋草黄（benfuresate）、唑草胺（cafenstrole）、乙氧呋草黄（ethofumesate）、fenoxasulfone、四唑酰草胺（fentrazamide）、茚草酮（indanofan）、砜吡草唑（pyroxasulfone）、灭草环（tridiphane）为超长链脂肪酸合成抑制剂；敌草快（diquat）、百草枯（paraquat）为光系统 I 电子转移抑制剂；氟啶草酮（fluridone）、氟咯草酮（flurochloridone）、呋草酮（flurtamone）、氟草敏（norflurazon）为八氢番茄红素脱氢酶抑制剂；草除灵乙酯（benazolin-ethyl）为合成生长素；磺草灵（asulam）为二氢叶酸合成酶（DHP）抑制剂；cyclopyrimorate 抑制尿黑酸茄尼酯转移酶（homogentisate solanesyltransferase）；氟吡草腙（diflufenzopyr）为生长素运输抑制剂；敌草腈（dichlobenil）、氟胺草唑（flupoxam）为细胞壁（纤维素）合成抑制剂；唑啉草酯（pinoxaden）、异丙酯草醚（pyribambenz-isopropyl）、丙酯草醚（pyribambenz-propyl）、pyrimisulfan、氟酮磺草胺（triafamone）为乙酰乳酸合成酶（ALS）抑制剂；二氯异噁草酮（bixlozone）、异噁草松（clomazone）为脱氧-D-氧果糖磷酸（DOXP）合成抑制剂；茵多酸（endothal）抑制丝氨酸/苏氨酸蛋白磷酸酶（serine threonine protein phosphatase）；环庚草醚（cinmethylin）、甲硫唑草啉（methiozolin）抑制脂肪酸硫酯酶（fatty acid thioesterase）；嗪草酸甲酯（fluthiacet-methyl）、双唑草腈（pyraclonil）为原卟啉原氧化酶（PPO）抑制剂；野燕枯（difenzoquat）、dimesulfazet、噁嗪草酮（oxaziclomefone）、灭藻醌（quinoclamine）作用机理未知。

氨唑草酮（amicarbazone）

C$_{10}$H$_{19}$N$_5$O$_2$，241.3；129909-90-6

氨唑草酮（试验代号：BAY 314666、BAY MKH 3586、MKH 3586，商品名称：Dinamic、Xonerate，其他名称：胺唑草酮）是由德国拜耳公司开发的氨基三唑啉酮类除草剂。后转给了爱利思达生命科学株式会社。

化学名称　4-氨基-N-叔丁基-4,5-二氢-3-异丙基-5-氧-1H-1,2,4-三唑酮-1-酰亚胺。英文化学名称 4-amino-N-tert-butyl-4,5-dihydro-3-isopropyt-5-oxo-1H-1,2,4-triazole-1-carboxamide。美国化学文摘（CA）系统名称 4-amio-N-(1,1-dimethylethyl)-4,5-dihydro-3-(1-methylethyl)-5-oxo-1H-1,2,4-triazole-1-carboxamide。CA 主题索引名称 1H-1,2,4-triazole-1-carboxamide—, 4-amino-N-(1,1-dimethylethyl)-4,5-dihydro-3-(1-methylethyl)-5-oxo-。

理化性质　无色结晶。熔点 137.5℃。蒸气压 1.3×10^{-3} mPa（20℃），3.0×10^{-3} mPa（25℃）。

分配系数 $\lg K_{ow}$：1.18（pH 4）、1.23（pH 7）、1.23（pH 9），Henry 常数 6.8×10^{-8} Pa·m³/mol（计算值），相对密度 1.12（20~25℃）。溶解度（g/L，20~25℃）：水 4.6（pH 4~9），正庚烷 0.07，二甲苯 9.2，正辛醇 43，聚乙二醇 79，异丙醇 110，乙酸乙酯 140，二甲基亚砜 250，丙酮、乙腈、二氯甲烷＞250。

毒性 大鼠急性经口 LD_{50}（mg/kg）：雌大鼠 1015，雄大鼠 2050。大鼠急性经皮 LD_{50}＞2000 mg/kg，对兔皮肤无刺激性，对眼睛有轻度刺激，对豚鼠皮肤无致敏性。大鼠吸入毒性 LC_{50}（4 h）2.242 mg/L 空气。NOAEL［mg/(kg·d)］：大鼠和狗慢性毒性 2.3，大鼠急性神经毒性 10.0。ADI（EPA）aRfD 0.10 mg/kg，cRfD 0.023 mg/kg（2005）。无致突变性、遗传毒性、致畸性和致癌性。

生态效应 山齿鹑急性经口 LD_{50}＞2000 mg/kg，山齿鹑饲喂 LC_{50}＞5000 mg/L。鱼毒 LC_{50}（mg/L，96 h）：大翻车鱼＞129，虹鳟鱼＞120。水蚤 LC_{50}（48 h）＞119 mg/L。浮萍 EC_{50} 226 μg/L。蜜蜂 LD_{50}（μg/只）：经口 24.8，接触＞200。

环境行为 ①动物。在大鼠体内吸收、代谢和消除速度快，72 h 内 64% 的通过尿液排出，27% 通过粪便排出，只有 3% 存在于母体中。代谢物主要是通过 N-脱氨基，然后在异丙基的第二个碳上羟基化，再与葡萄糖酸相结合。②植物。在玉米中，主要涉及 N-脱氨基，然后在异丙基的第二个碳上羟基化。③土壤/环境。水解 DT_{50} 64 d（pH 9，25℃），在 pH 5、7 下可稳定存在；土壤中，有氧条件下 DT_{50} 为 50 d。初步结果表明：土壤光解 DT_{50} 为 54 d，K_{oc} 23~37 L/kg；田地消散 DT_{50} 18~24 d；主要的代谢产物是由 N-脱氨基，随后进行 N-甲基化，并且脱除甲酰胺链形成。

剂型 水分散粒剂、可分散油悬浮剂。

主要生产商 爱利思达生命科学株式会社、爱利思达生物化学品北美有限公司、江苏好收成韦恩农化股份有限公司、江苏省农用激素工程技术研究中心有限公司以及江西众和生物科技有限公司。

作用机理与特点 作用于光系统Ⅱ受体部位的光合作用抑制剂，敏感植物的典型症状为褪绿、停止生长、组织枯黄直至最终死亡，与其他光合作用抑制剂（如三嗪类除草剂）有交互抗性，主要通过根系和叶面吸收。

应用 氨唑草酮可以有效防治玉米和甘蔗上的主要一年生阔叶杂草和甘蔗上许多一年生禾本科杂草。在玉米上，对苘麻、藜、野苋、宾州苍耳和甘薯属等具有优秀防效，施药量 500 g (a.i.)/hm²；还能有效防治甘蔗上的泽漆、甘薯属、车前臂形草和刺蒴藜草等，施药量 50~1200 g (a.i.)/hm²。其触杀性和持效性决定了它具有较宽的施药适期，可以方便地选择种植前或芽前土壤使用，用于甘蔗时，也可以芽后施用。用于少免耕地，其用药量为莠去津的 1/3~1/2。氨唑草酮有望部分或全部取代高剂量防治双子叶阔叶杂草的除草剂以及为了保护耕地而限制使用的除草剂。氨唑草酮可以与许多商品化除草剂混配使用，以进一步扩大防治谱，提高药效。目前，拜耳公司正在南美洲进行推广，以 500 g (a.i.)/hm² 进行移栽前或芽前土壤处理，防治玉米、甘蔗、大豆、番茄和胡椒等作物上的杂草。

专利概况

专利名称 Substituierte triazolinone

专利号 DE 3839206　　　　专利申请日 1988-11-19

专利申请人 Bayer AG

其他相关专利 US 5625073、DD 298393、EP 757041。

登记情况 氨唑草酮在中国登记有 97% 原药 4 个，相关制剂 7 个。登记场所玉米田，防除对象为一年生杂草。部分登记情况见表 3-132。

表 3-132　氨唑草酮在中国部分登记情况

登记证号	农药名称	剂型	含量	登记场所	防治对象	亩用药量（制剂）	施用方法	登记证持有人
PD20184295	氨唑草酮	水分散粒剂	70%	玉米田	一年生杂草	20～30 g	茎叶喷雾	江苏好收成韦恩农化股份有限公司
PD20184200	氨唑草酮	可分散油悬浮剂	30%	玉米田	一年生杂草	60～70 mL	茎叶喷雾	山东奥坤作物科学股份有限公司
PD20184120	氨唑草酮	可分散油悬浮剂	20%	玉米田	一年生杂草	70～100 mL	茎叶喷雾	浙江中山化工集团股份有限公司
PD20184118	烟嘧·氨唑酮	可分散油悬浮剂	24%	玉米田	一年生杂草	80～100 mL	茎叶喷雾	浙江中山化工集团股份有限公司
PD20161250	氨唑草酮	水分散粒剂	70%	玉米田	一年生杂草	20～30 g	茎叶喷雾	爱利思达生物化学品北美有限公司
PD20184036	氨唑草酮	原药	97%					江西众和生物科技有限公司
PD20183765	氨唑草酮	原药	97%					江苏省农用激素工程技术研究中心有限公司
PD20161249	氨唑草酮	原药	97%					爱利思达生物化学品北美有限公司

合成方法　以水合肼、碳酸二甲酯、叔丁胺或异丁酸为起始原料，经如下反应制得：

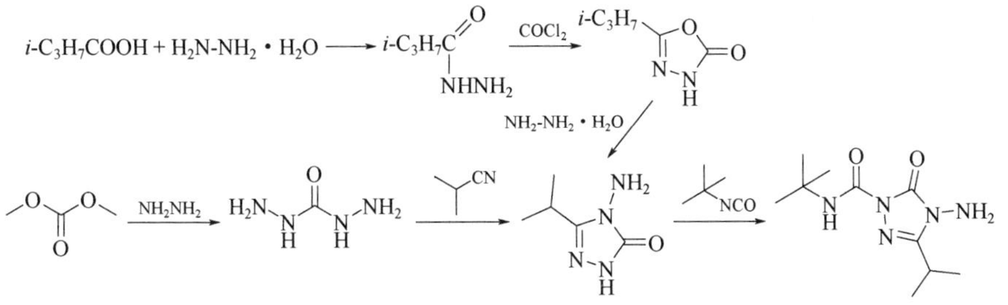

参考文献

[1]　The Pesticide Manual. 17 th edition: 36-37.

[2]　严传鸣，朱长武. 现代农药, 2006(2): 11-13.

磺草灵（asulam）

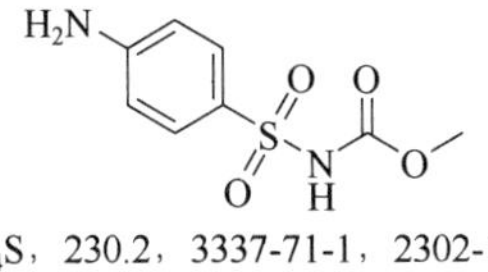

$C_8H_{10}N_2O_4S$，230.2，3337-71-1，2302-17-2(钠盐)

磺草灵［试验代号：M&B 9057，商品名称：Sanulam、Asulox（钠盐）］。是由 May&Baker（现 Bayer AG）开发的氨基甲酸酯类除草剂。

化学名称　对氨基苯磺酰基氨基甲酸甲酯。英文化学名称 methyl sulfanilylcarbamate。美国化学文摘（CA）系统名称 methyl N-[(4-aminophenyl)sulfonyl]carbamate。CA 主题索引名称 carbamic acid—, N-[(4-aminophenyl)sulfonyl]-methyl ester。

理化性质　磺草灵　无色晶体，熔点 142～144℃（分解），蒸气压＜1.0 mPa（20℃），Henry 常数＜5.8×10^{-5} Pa·m^3/mol（计算值），pK_a(20～25℃)=4.82。溶解度（g/L，20～25℃）：水 4、二甲基甲酰胺＞800、丙酮 340、甲醇 280、甲基乙基酮 280、乙醇 120、烃类和氯代烃类＜20。其他盐在水中溶解度（g/L，20～25℃）：钾盐＞400、铵盐＞400、钙盐＞200、镁盐＞400。沸水中稳定时间≥6 h，室温稳定存在＞4 年（pH 8.5）。

磺草灵钠盐　熔点 230℃，蒸气压 5×10^{-4} mPa（45℃），Henry 常数＜1.31×10^{-10} Pa·m^3/mol（计算值），相对密度 1.525（20～25℃）。溶解度（20～25℃）：水＞600 g/L。水解 DT_{50} 63 d（pH 5，25℃）。

毒性　磺草灵　急性经口 LD_{50}（mg/kg）：大鼠、小鼠、兔、狗＞4000。大鼠急性经皮 LD_{50}＞1200 mg/kg。大鼠吸入 LC_{50}（6 h）1.8 mg/L 空气。NOEL：大鼠 400 mg/kg 饲料饲喂 90 d，未发现重大负面反应，奶牛 800 mg/L 饲喂超过 8 周，绵羊 50 mg/kg 饲喂 10 d，均未观察到负面现象。无致畸性。ADI/RfD（EPA）cRfD 0.36 mg/kg（2002）。

磺草灵钠盐　大鼠急性经口 LD_{50}（mg/kg）＞5000 mg/kg；大鼠急性经皮 LD_{50}＞2000 mg/kg；大鼠吸入 LC_{50}（1 h）＞5.46 mg/L 空气；大鼠饲喂 NOEL（90 d）129 mg/(kg·d)。

生态效应　磺草灵　绿头野鸡、雏鸡、家鸽急性经口 LD_{50}＞4000 mg/kg。虹鳟、斑点叉尾鮰、金鱼 LD_{50}（96 h）＞5000 mg/kg。蓝鳃翻车鱼＞3000 mg/L，小丑鱼＞1700 mg/L。

磺草灵钠盐　家鸡、鸽子、鹌鹑急性经口 LD_{50}＞2000 mg/kg。蓝鳃翻车鱼 LC_{50}（96 h，半静态）＞91.3 mg/L，水蚤 LC_{50}（48 h，动态）57.87 mg/L。藻类 EC_{50}（120 h，静态）＞0.66 mg/L。

环境行为　①动物。大鼠摄食后 3 d 内 85%～96%经尿液排出。②土壤/环境。在土壤中短期残留 DT_{50} 6～14 d。在土壤中的代谢主要是脱氨基、氨基甲酸酯断裂或氨基乙酰化同时进行。

制剂　可溶液剂。

主要生产商　Bayer CropScience、CAC、Dow AgroScience、High Kite、Synthesia、UPL。

作用机理与特点　抑制二氢蝶酸合成酶，选择性内吸除草剂，被叶面、芽、根系吸收，通过共质体和质外体系统传导至植株其他部位，导致易感植株缓慢萎黄。

应用　用于菠菜、油菜、罂粟、苜蓿、某些观赏植物、甘蔗、香蕉、咖啡、茶树、可可、椰子、橡胶园，防除一年生、多年生禾本科杂草和阔叶杂草；防除亚麻地的野燕麦和草场、果园/灌木丛、非农地区的酸模属杂草，以及草场、非农地区和林地中的凤尾草。按作物不同，使用剂量为 1～10 kg/hm^2。

专利概况

专利名称　Herbicidal compositions

专利号　GB 1040541　　　　　　专利申请日　1966-09-01

专利申请人　May Baker Limited。

合成方法

参考文献

[1]　The Pesticide Manual.17 th edition: 51-52.

草除灵乙酯（benazolin-ethyl）

$C_{11}H_{10}ClNO_3S$，271.7，25059-80-7，3813-05-6(酸)

草除灵乙酯［试验代号：RD 7693（酸），商品名称：Dasen，其他名称：高特克］是由 Boots Co. Ltd(现拜耳公司)开发的苯并噻唑啉羧酸类除草剂。

化学名称　4-氯-2-氧代苯并噻唑啉-3-基乙酸乙酯。英文化学名称 ethyl (4-chloro-2,3-dihydro-2-oxo-1,3-benzothiazol-3-yl)acetate。美国化学文摘（CA）系统名称 ethyl 4-chloro-2-oxo-3(2H)-benzothiazoleacetate。CA 主题索引名称 3(2H)-benzothiazoleacetic acid—, 4-chloro-2-oxo-ethyl ester。

理化性质　草除灵乙酯　纯品为白色结晶固体，原药为浅黄色晶体，有特殊气味，熔点 79.2℃，蒸气压 0.37 mPa（25℃，计算值），分配系数 $\lg K_{ow}$=2.5，相对密度 1.45（20~25℃）。溶解度（20~25℃）：水中 47.0 mg/L，其他溶剂中（g/L）：丙酮 229，二氯甲烷 603，乙酸乙酯 148，甲醇 28.5，甲苯 198。300℃以下稳定，在酸性及中性条件下稳定，在 25℃，pH 9 下 DT_{50} 7.6 d。阳光照射下在水中不会分解。

草除灵　原药纯度90%，无色无味晶体。熔点 193℃，蒸气压 1×10^{-4} mPa（20℃），分配系数 $\lg K_{ow}$=1.34，Henry 常数 4.87×10^{-8} Pa·m³/mol，pK_a(20~25℃)=3.04。溶解度（20~25℃）：水中 500 mg/L（pH 2.94），其他溶剂中（g/L）：丙酮 100~120，乙醇 30~38，乙酸乙酯 21~25，异丙醇 25~30，二氯甲烷 3.7，甲苯 0.58，对二甲苯 0.49，己烷＜0.002。在中性、酸性和弱碱性溶液中稳定，浓碱液中易分解。

毒性　草除灵乙酯　急性经口 LD_{50}（mg/kg）：大鼠＞6000，小鼠＞4000，狗＞5000。大鼠急性经皮 LD_{50}＞2100 mg/kg，对兔眼、皮肤无刺激，对皮肤无致敏性。大鼠急性吸入 LC_{50}（4 h）＞5.5 mg/L。NOEL（mg/kg）：大鼠（2 年）12.5［0.61 mg/(kg·d)］，狗（1 年）500［18.6 mg/(kg·d)］。ADI/RfD 狗 0.006 mg/kg，人 0.36 mg/60 kg。

草除灵　急性经口 LD_{50}（mg/kg）：大鼠＞5000，小鼠＞4000。大鼠急性经皮 LD_{50}＞5000 mg/kg，对兔眼、皮肤中度刺激，对皮肤无致敏性。大鼠急性吸入 LC_{50}（4 h）1.43 mg/L 空气，NOEL［90 d，mg/(kg·d)］：大鼠 300~1000，狗约 300。

生态效应　草除灵乙酯　家禽急性经口 LD_{50}（mg/kg）：山齿鹑＞6000，日本鹌鹑＞9709，野鸭＞3000。山齿鹑和野鸭饲喂 LC_{50}（5 d）＞20000 mg/kg 饲料。鱼 LC_{50}（96 h，mg/L）：大翻车鱼 2.8，虹鳟鱼 5.4。水蚤 LC_{50}（48 h）6.2 mg/L。NOEL（21 d，mg/L）：（静止）0.05，（繁殖）0.158。羊角月牙藻 EC_{50}16.0 mg/L，NOEL1.0 mg/L。对蚯蚓低毒，LC_{50}＞1000 mg/kg 干土。

草除灵　日本鹌鹑急性经口 LD_{50}（mg/kg）＞10200，2856（钾盐）。鱼 LC_{50}（96 h，mg/L）：虹鳟鱼 31.3，大翻车鱼 27。对水蚤低毒，LC_{50}（48 h，mg/L）：233.4（测量值）、353.6（标称值），蜜蜂 LD_{50} 480 μg/只。

环境行为　草除灵乙酯　①动物。草除灵乙酯代谢主要是脱酯基形成草除灵，另一个次要的代谢途径是噻唑啉环的开环。②植物。主要的代谢物是草除灵酸。③土壤/环境。在土壤表层光照下 DT_{50} 3.5 d，在土壤中 DT_{50} 1～2 d。草除灵乙酯在土壤中的降解主要是酯基的水解及侧链乙酸的脱去，以及开环和磺化。主要的代谢物是草除灵酸和 4-氯-2-氧苯并噻唑啉。K_d 15（沙土），8（沃土）。

草除灵　①动物。在尿中主要的代谢物是 N-[2-氯-6-(甲基亚砜基)苯基]甘氨酸和 N-[N-[2-氯-6-甲硫基苯基]甘氨酸]苯胺。还有少量的草除灵酸形成稳定的极性键合物和 N-[2-氯-6-(甲硫基)苯基甘氨酸]。粪便中的代谢物和尿中基本相似。②植物。草除灵酸主要是形成稳定键合物，次要的代谢包括芳香环的水解和侧链乙酸的脱除，以及键合。草除灵酸在敏感物种（如芥末）上的降解比在耐药物种（大麦和油菜）更快，降解程度更大。在大麦内吸收和移动都较少，在施药地点可以检测到草除灵。③土壤/环境。主要降解为"结合残留物"。DT_{50} 14～28 d，K_d 1.0（沙土），0.4（沃土）。

剂型　悬浮剂、乳油。

主要生产商　AGROFINA、Bayer CropScience、安徽华星化工股份有限公司、吉林市绿盛农药化工有限公司、江苏常隆农化有限公司、江苏长青农化股份有限公司、江苏蓝丰生物化工股份有限公司、江苏省农药研究所股份有限公司、山西绿海农药科技有限公司、沈阳科创化学品有限公司、四川省化学工业研究设计院、天津市施普乐农药技术发展有限公司及浙江新安化工集团有限公司等。

作用机理与特点　合成的植物生长素（类似吲哚乙酸）。选择性内吸生长调节型除草剂。施药后植物通过叶片吸收传输到整个植物体，药效发挥缓慢。敏感植物受药后生长停滞、叶片僵绿、增厚反卷、新生叶扭曲、节间缩短，最后死亡，与激素类除草剂症状相似。在耐药性植物体内降解成无活性物质，对油菜、麦类、苜蓿等作物安全。气温高，作用快；气温低，作用慢。草除灵乙酯在土壤中转化成游离酸并很快降解成无活性物，对后茬作物无影响。草除灵乙酯防除阔叶杂草药效随剂量增加而提高。施药后油菜有时有不同程度的药害症状，叶片皱卷。随剂量增加和施药时间越晚，油菜呈现药害症状越明显，一般情况下 20 d 后可恢复。

应用

（1）**适宜作物与安全性**　油菜、麦类、苜蓿、大豆、玉米、三叶草等。甘蓝型油菜对其的耐药性较强。对芥菜型油菜高度敏感，不能应用。对白菜型油菜有轻微药害，应适当推迟施药期。一般情况下抑制现象可很快恢复，不影响产量。对后茬作物很安全。

（2）**防除对象**　一年生阔叶杂草如繁缕、牛繁缕、雀舌草、豚草、田芥菜、苘麻、反枝苋、苍耳、藜、曼陀罗、猪殃殃等。

（3）**应用技术**　①草除灵乙酯为苗后除阔叶杂草的除草剂，油菜的耐药性受叶龄、气温、雨水等因素影响，在阔叶杂草基本出齐后使用效果最好，可与常见的禾本科杂草苗后除草剂混用作一次性防除。对未出苗杂草无效。②在阔叶杂草出齐后，油菜达 6 叶龄，避开低温天气施药对油菜最安全。不宜在直播油菜 2～3 叶期过早使用。据国外应用经验，加入适量植物油，可提高草除灵乙酯渗透力，增加防效。③根据田间杂草出苗高峰期和油菜品种的耐药性确定最佳施药适期。耐药性弱的白菜型冬油菜应在油菜越冬后期或返青期（叶龄 6～8 叶）使用，可避免油菜发生药害。耐药性较强的甘蓝型冬油菜，要根据当地杂草出草规律，如冬前基本出齐的地区，在冬前施药。在冬前、冬后各有一个出草高峰的地区，应在冬后出草高峰后再施药，保证有较好的药效。

（4）**使用方法**　①冬油菜田直播油菜 6～8 叶期或移栽油菜返苗后，阔叶杂草出齐，2～3 叶期至 2～3 个分枝，冬前气温较高或冬后气温回升，油菜返青期作茎叶喷雾处理。据田间杂草种群确定用药量。以雀舌草、牛繁缕、繁缕为主，每亩用50%草除灵乙酯悬浮剂26.6~30 mL。以猪殃殃为主的阔叶杂草，应适当提高用药剂量，每亩用50%草除灵乙酯悬浮剂30~40 mL，加水30~40 L，均匀喷雾。冬前用药，药效比返青期施药的药效高。返青期虽然气温升高，有利于药效发挥，但由于猪殃殃等阔叶杂草叶龄较大，所以药效下降。同剂量下对敏感的繁缕仍有较好的防效。②春油菜田油菜6叶期，每亩用50%草除灵乙酯悬浮剂17~20 mL加5%胺苯磺隆2 g，用手动或机械常规喷雾。在野燕麦等禾本科杂草较多的田块，可再加入6.9%精噁唑禾草灵水乳剂每亩60 mL。在阔叶杂草与看麦娘等禾本科杂草混生田，每亩用50%草除灵乙酯悬浮剂30~40 mL加6.9%精噁唑禾草灵水乳剂40~60 mL，加水30 L，作茎叶喷雾处理，防除一年生单、双子叶杂草效果极佳，对油菜安全。油菜籽增产幅度比单用高。③谷物田茎叶喷雾，亩用量为9.3~28 g (a.i.)。与麦草畏混用有增效作用，特别是用于防除母菊属杂草。

专利概况

专利名称 2-Oxo-benzthiazoline derivatives and herbicidal compositions containing them

专利号 GB 862226　　专利申请日 1958-10-29

专利申请人 Boots Pure Drug Company Limited

其他相关专利 GB 1243006。

登记情况 草除灵在中国登记有95%、96%原药11个，相关制剂69个。登记场所油菜田，防除对象为一年或多年生阔叶杂草。部分登记情况见表3-133。

表3-133 草除灵在中国部分登记情况

登记证号	农药名称	剂型	含量	登记场所	防治对象	亩用药量（制剂）	施用方法	登记证持有人
PD20183208	草除灵	悬浮剂	30%	冬油菜田	一年生阔叶杂草	50~70 mL	茎叶喷雾	山东玥鸣生物科技有限公司
PD20181361	精喹·草除灵	悬浮剂	38%	冬油菜田	一年生杂草	40~60 mL	茎叶喷雾	郑州大农药业有限公司
PD20172828	草除灵	悬浮剂	50%	油菜田	一年生阔叶杂草	30~40 mL	茎叶喷雾	山西绿海农药科技有限公司
PD20141944	草除灵	悬浮剂	50%	油菜田	一年生阔叶杂草	30~50 mL	茎叶喷雾	合肥星宇化学有限责任公司
PD20097479	草除灵	悬浮剂	50%	非耕地	一年生阔叶杂草	30~50 mL	喷雾	四川省化学工业研究设计院
PD20083619	草除灵	原药	95%					四川省化学工业研究设计院
PD20100005	草除灵	原药	95%					山西绿海农药科技有限公司
PD20080600	草除灵	原药	96%					沈阳科创化学品有限公司

合成方法 由邻氯苯胺，先制成2-氨基-4-氯苯并噻唑，然后转化成苯并噻唑啉酮，再与氯乙酸乙酯缩合而得。

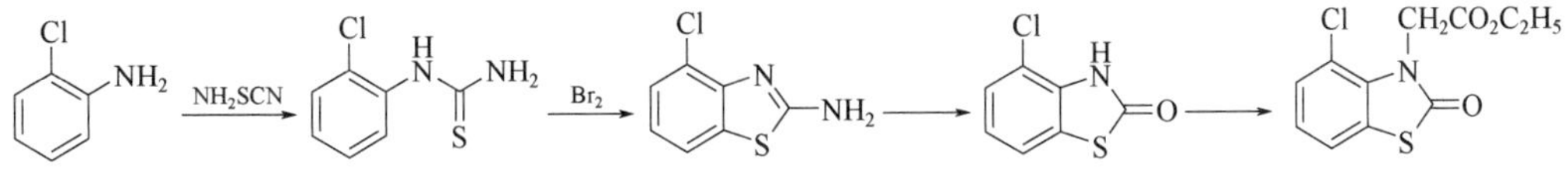

参考文献

[1] The Pesticide Manual.17 th edition: 72-73.

[2] 刘卫东, 叶景霞, 唐德秀, 等. 湖南化工, 2000(1): 11-13+26.

呋草黄（benfuresate）

$C_{12}H_{16}O_4S$，256.3，68505-69-1

呋草黄（试验代号：NC 20484）是由 FBC 公司（现拜耳公司）开发的苯并呋喃烷基磺酸酯类除草剂。

化学名称 2,3-二氢-3,3-二甲苯并呋喃-5-基乙烷磺酸酯。英文化学名称 2,3-dihydro-3,3-dimethylbenzofuran-5-yl ethanesulfonate。美国化学文摘（CA）系统名称 2,3-dihydro-3,3-di-methyl-5-benzofuranyl ethanesulfonate。CA 主题索引名称 ethanesulfonic acid—, 2,3-dihydro-3,3-dimethyl-5-benzofuranyl ester。

理化性质 原药纯度≥95%，为暗棕色高黏性溶液，纯品为灰白色晶体，有轻微的气味。闪点 37.5℃（闭杯），熔点 30.1℃。蒸气压：1.43 mPa（20℃）、2.78 mPa（25℃），相对密度 0.957（20~25℃），分配系数 $\lg K_{ow}$=2.41。溶解度（20~25℃）：水中 261.0 mg/L，有机溶剂中（g/L）：丙酮＞1050，二氯甲烷＞1220，甲苯＞1040，甲醇＞980，乙酸乙酯＞920，环己烷 51，正己烷 15.3。在 37℃，pH 为 5.0、7.0、9.2 的水溶液中放置 31 d 稳定。0.1 mol/L 氢氧化钠水溶液中 DT_{50} 为 12.5 d。

毒性 急性经口 LD_{50}（mg/kg）：雄大鼠 3536，雌大鼠 2031，雄小鼠 1986，雌小鼠 2809，狗＞1600。大鼠急性经皮 LD_{50}＞5000 mg/kg，对兔眼睛、皮肤无刺激，对豚鼠皮肤无致敏性。大鼠急性吸入 LC_{50}＞5.34 mg/L 空气。小鼠 NOEL（90 d）3000 mg/kg 饲料，在大鼠慢性和致癌研究中发现其 NOEL 为 60 mg/L［3.07 mg/(kg·d)］。ADI/RfD 0.0307 mg/kg。在 Ames 试验和细胞转化试验中无致畸性和致突变性。

生态效应 急性经口 LD_{50}（mg/kg）：山齿鹑 32272，野鸭＞10000。鱼毒 LC_{50}（96 h，mg/L）：鲤鱼 35，虹鳟鱼 12.28，大翻车鱼 22.3。水蚤 EC_{50}（48 h）35.36 mg/L，NOEC 12.6 mg/L。隆腺溞 EC_{50}（48 h）42 mg/L。藻类 E_bC_{50}（96 h）3.8 mg/L，E_rC_{50}（96 h）15.1 mg/L，NOEC 0.6 mg/L。蚯蚓 LC_{50}（14 d）＞734.1 mg/kg。

环境行为 ①动物。在动物体内可以快速而完全地代谢，主要以尿的形式排出体外。呋草黄主要代谢为内酯（2,3-二氢-3,3-二甲基-2-氧苯并呋喃-5-基乙磺酸酯）的开环产物，代谢物主要通过尿液和粪便的方式排出，伴随着少量的内酯，也有游离的和结合的 2,3-二氢-2-羟基-3,3-二甲基苯并呋喃-5-基乙磺酸酯。②植物。主要的代谢途径是结合反应，生成 2,3-二氢-3,3-二甲基-2-氧苯并呋喃-5-基乙磺酸酯的结合物或纤维结合产物。在碱性条件下回流，后者会生成相应的酚。叶面少量代谢为结合的 2,3-二氢-2-羟基-3,3-二甲基-5-苯并呋喃基乙磺酸酯。③土壤/环境。根据土壤残留研究表明，呋草黄在 7 cm 的土壤范围内既不会被过滤掉也不会累积。K_{oc} 140~259（平均 214），K_{des} 0.03~11.2。实验室 DT_{50} 18~20 d（需氧型），300 d（厌氧型）；农场 DT_{50}7~29 d，主要以微生物降解的方式代谢。

剂型 水剂、悬浮剂、水分散粒剂、颗粒剂。

主要生产商 Bayer CropScience 及 OAT。

作用机理与特点　超长链脂肪酸合成抑制剂。单子叶植物主要是从土壤中出芽时吸收，阔叶植物则主要从根系吸收。

应用　用于水稻、果树、豆类、玉米、甘蔗和多年生作物，苗后施用防除禾本科杂草和阔叶杂草，剂量 450～600 g/hm²。棉花和烟草，在种植前施用，剂量 2～3 kg/hm²。下列作物在所需剂量下没有足够的耐受性：萝卜、番茄、瑞典甘蓝、郁金香、甘蓝、抱子甘蓝、西兰花、胡萝卜、南瓜、扁豆、羽衣甘蓝、油菜、花生、粟、莴苣、菠菜、大豆、高粱和谷类。

专利概况

专利名称　Sulfonates, method thereof and herbicides compositions

专利号　DE 2803991　　　　专利申请日　1978-01-31

专利申请人　Fisons Ltd.。

合成方法　可通过如下两种方法制得目的物。

方法（1）：

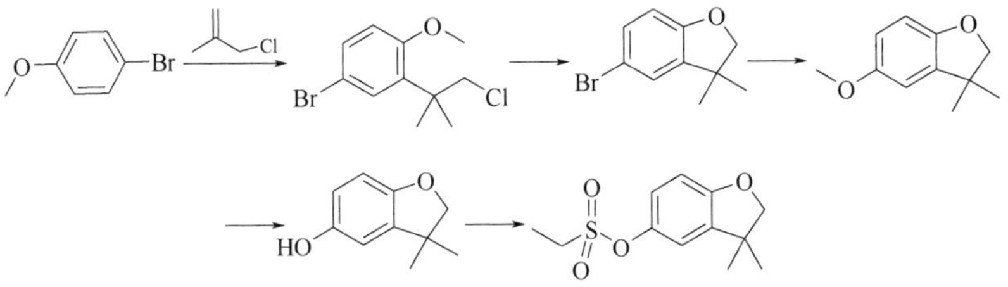

方法（2）：

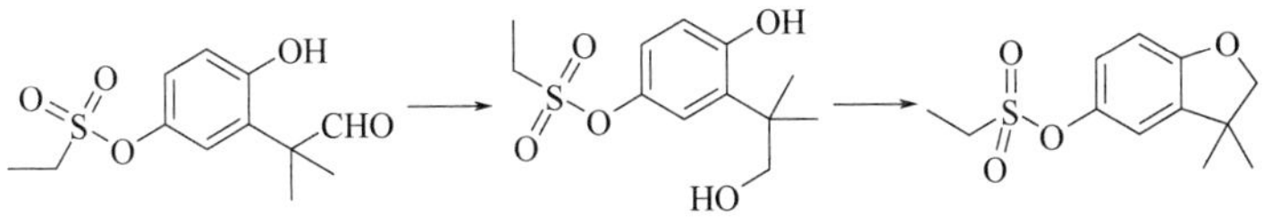

参考文献

[1] The Pesticide Manual.17 th edition: 78-79.

灭草松（bentazone）

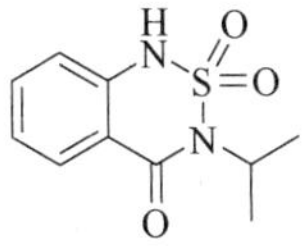

C₁₀H₁₂N₂O₃S，240.3，25057-89-0，50723-80-3(钠盐)

灭草松（试验代号：BAS 351H，商品名称：Suntazone，其他名称：排草丹、苯达松、噻草平、bendoxide、benta-zone）是由巴斯夫公司 1972 年开发的苯并噻二嗪酮类除草剂。灭草松钠盐（bentazone-sodium），试验代号：BAS 35107-H，商品名称：Basagran。

化学名称　3-异丙基-1H-2,1,3-苯并噻唑-4(3H)-酮 2,2-二氧化物。英文化学名称 3-iso-propyl-1H-2,1,3-benzothiadiazin-4(3H)-one 2,2-dioxide。美国化学文摘（CA）系统名称 3-(1-methylethyl)-1H-2,1,3-benzothiadiazin-4(3H)-one 2,2-dioxide。CA 主题索引名称 1H-2,1,3-ben-zothiadiazin-4(3H)-one—, 3-(1-methylethyl)-2,2-dioxide。

理化性质 原药含量≥96%，黄褐色固体，纯品为白色无味结晶。熔点 138℃，蒸气压 5.4×10^{-3} mPa（20℃），分配系数 $\lg K_{ow}$：0.77（pH 5）、−0.4（pH 7）、−0.55（pH 9），相对密度为 1.41（20~25℃），pK_a(20~25℃)=3.3。溶解度（20~25℃）：水中 570 mg/L（pH 7），在有机溶剂中（g/L）：丙酮 1387，甲醇 1061，乙酸乙酯 582，二氯甲烷 206，正庚烷 0.5×10^{-3}。在酸、碱介质中不易水解，日光下分解。钠盐水中溶解度 2.3×10^6 mg/L。

毒性 急性经口 LD_{50}（mg/kg）：大鼠＞1000，狗＞500，兔 750，猫 500。大鼠急性经皮 LD_{50}＞2500 mg/kg。对兔皮肤和眼睛有中度刺激性，对皮肤有致敏性。大鼠急性吸入 LC_{50}（4 h）＞5.1 mg/L 空气。NOEL（mg/kg）：狗（1 年）13.1，大鼠（2 年）10，（90 d）大鼠 25，（90 d）狗 10，（78 周）小鼠 12。ADI/RfD（EC）0.1 mg/kg（2000），（JMPR）0.1 mg/kg（1998，1999，2004），（EPA）cRfD 0.03 mg/kg（1994，1998）。钠盐急性经口 LD_{50}（mg/kg）：雄大鼠 1480，雌小鼠 1336。

生态效应 山齿鹑急性经口 LD_{50}1140 mg/kg。山齿鹑和野鸭饲喂 LC_{50}（5 d）＞5000 mg/L。虹鳟鱼和大翻车鱼 LC_{50}（96 h）＞100 mg/L。水蚤 LC_{50}（48 h）125 mg/L，绿藻 EC_{50}（72 h）47.3 mg/L，对蜜蜂无毒，蜜蜂 LD_{50}（经口）＞100 µg/只。蚯蚓 LC_{50}（14 d）＞1000 mg/kg 土。对地面甲虫类如隐翅甲、锥须步甲、椿象以及草蛉等无害。

环境行为 ①动物。通过对三种不同物种的研究表明，灭草松在动物体内代谢很不完全。母体化合物是主要的代谢物，只产生少量的羟基化的灭草松，并未检测到有共轭形式的存在。②植物。主要的代谢产物是邻氨基苯甲酸的衍生物，主要的代谢物是 6-和 8-的羟基衍生物。这类的衍生物会共轭形成糖类，以配糖体的形式存在。③土壤/环境。在土壤中，会有羟基化合物的短暂存在，随后就会被进一步降解。在光照的条件下，灭草松会被广泛分解，最终分解成 CO_2。灭草松在土壤中易分解，在刚采集的田野的土壤中，DT_{50}（20℃）14 d。在实验室的分解研究表明，在有生物活性的土壤中 DT_{50}17.8 d，DT_{50}（田野中）约为 12 d，DT_{90} 44 d，K_{oc} 13.3~176 mL/g（42 mL/g），这些指示数据都具有移动性，当我们按照农药安全使用法应用时，灭草松的降解速度会更快，根据溶度计研究表明，平均每年沥出液中药品的含量＜0.1 µg/L。

剂型 悬浮剂、水剂、可溶粉剂。

主要生产商 ACA、BASF、High Kite、安徽久易农业股份有限公司、江苏绿利来股份有限公司、江苏瑞邦农化股份有限公司、江苏省激素研究所股份有限公司、辽宁先达农业科学有限公司、山东滨农科技有限公司、山东潍坊润丰化工股份有限公司、单县润锦生物科技有限公司、沈阳科创化学品有限公司、四川省乐山市福华通达农药科技有限公司、潍坊先达化工有限公司、响水中山生物科技有限公司及盐城联合伟业化工有限公司等。

作用机理与特点 光合作用抑制剂。灭草松是触杀型具选择性的苗后除草剂，用于苗期茎叶处理，通过叶片接触而起作用。旱田使用，先通过叶面渗透传导到叶绿体内抑制光合作用。大豆在施药后 2 h 二氧化碳同化过程开始受抑制，4 h 达最低点，叶下垂，但大豆可代谢灭草松，使之降解为无活性物质，8 h 后可恢复正常。如遇阴雨低温，恢复时间延长，对敏感植物施药后 2 h 二氧化碳同化过程受抑制，到 11 h 全部停止，叶萎蔫变黄，最后导致死亡。水田使用，既能通过叶面渗透又能通过根部吸收，传导到茎叶，又可强烈抑制杂草光合作用和水分代谢，造成营养饥饿，使生理机能失调而致死。

应用

（1）适宜作物 大豆、玉米、水稻、花生、小麦、菜豆、豌豆、洋葱、甘蔗等。灭草松在这些作物体内被代谢为活性弱的糖轭合物而解毒，对作物安全。施药后 8~16 周灭草松在土壤中可被微生物分解。

（2）防除对象　主要用于防除莎草科和阔叶杂草，对禾本科杂草无效。①旱田杂草如苍耳、反枝苋、凹头苋、刺苋、马齿苋、野西瓜苗、猪殃殃、向日葵、刺儿菜、苣荬菜、大蓟、狼杷草、鬼针草、酸模叶蓼、柳叶刺蓼、节蓼、辣子草、野萝卜、猪毛菜、刺黄花稔、苘麻、繁缕、曼陀罗、藜、小藜、龙葵、鸭跖草（1～2叶期效果好，3叶期以后药效明显下降）、豚草、荠菜、遏蓝菜、芥菜、野芥、旋花属、蒿属、芸薹属等多种阔叶杂草。②水田中可防除多年生深根性杂草如慈姑、矮慈姑、三棱草、萤蔺、雨久花、泽泻、白水八角、牛毛毡、异型莎草、水莎草、荆三棱、扁秆藨草、日本藨草、鸭舌草、鸭跖草、狼杷草等。

（3）应用技术　①旱田使用灭草松应在阔叶杂草及莎草出齐幼苗时施药，喷洒均匀，使杂草茎叶充分接触药剂。稻田防除三棱草、阔叶杂草，一定要在杂草出齐、排水后喷雾，均匀喷在杂草茎叶上，两天后灌水，效果显著，否则影响药效。②灭草松在高温晴天活性高、除草效果好，反之阴天和气温低时效果差。在高温或低湿地排水不良、低温高湿、长期积水、病虫危害等对大豆生育不良的环境条件下，易对大豆造成药害。施药后8 h内应无雨。在极度干旱和水涝的田间不宜使用灭草松，以防发生药害。③施药应选早晚气温低、风小时进行，晴天上午9时至下午3时应停止施药，大风天不要施药，施药时风速不宜超过5 m/s。

（4）使用方法　水稻田防除阔叶杂草及莎草等每亩以50～100 g (a.i.)喷雾，小麦田防除阔叶杂草每亩以50 g (a.i.)喷雾，大豆田防除阔叶杂草每亩以50～100 g (a.i.)喷雾，甘薯、茶园防除阔叶杂草每亩以50～100 g (a.i.)喷雾，草原牧场防除阔叶杂草每亩以100～125 g (a.i.)喷雾。具体使用方法如下：

①大豆田　茎叶处理，使用适期为大豆苗后1～3片复叶期，阔叶杂草3～5叶期，一般株高5～10 cm。每亩用48%灭草松100～200 mL或25%灭草松水剂200～400 mL，对水30～40 kg。土壤水分适宜、杂草出齐、生长旺盛和杂草幼小时用低剂量，干旱条件下或杂草大及多年生阔叶杂草多时用高剂量。灭草松对苍耳特效，48%灭草松防除苍耳每亩用67～133 mL。灭草松分期施药效果好，如48%灭草松每亩用200 mL分两次施，每次每亩用100 mL，间隔10～15 d。施药后应保证8 h无雨。全田施药每亩用200 mL。苗带施药每亩用药量为110 mL。

混用：为了防除稗草、野燕麦、狗尾草、金狗尾草、野黍、马唐、牛筋草等禾本科杂草，灭草松可与精吡氟氯禾灵、烯禾啶、精噁唑禾草灵等除草剂混用，每亩用药量如下：48%灭草松167～200 mL加10.8%精吡氟氯禾灵30～35 mL或12.5%烯禾啶85～100 mL或15%精吡氟禾草灵50～67 mL或5%精喹禾灵50～67 mL或6.9%精噁唑禾草灵50～60 mL或8.05%精噁唑禾草灵40～50 mL。

为扩大杀草谱，灭草松可与防除阔叶杂草除草剂混用，各自用量减半再与防除禾本科杂草除草剂混用。每亩用量如下：48%灭草松100 mL加48%异噁草松40～50 mL加15%精吡氟禾草灵40 mL混用（或12.5%烯禾啶50～70 mL或5%精喹禾灵40 mL或10.8%精吡氟氯禾灵30 mL），对大豆安全，对一年生禾本科和阔叶杂草有效，对多年生的芦苇、苣荬菜、刺儿菜、大蓟、问荆有效。对鸭跖草也有较好的药效，对大豆安全。48%灭草松100 mL加21.4%三氟羧草醚40～50 mL可提高对龙葵、藜、苘麻、鸭跖草等防除效果，降低三氟羧草醚用量，增加对大豆安全性。

②水稻田　水直播田、插秧田均可使用。视杂草类群、水稻生长期、气候条件而定。施药适期为秧田水稻2～3叶期，直播田播后30～40 d，插秧田插后20～30 d，最好在杂草多数出齐、3～5叶期施药。每亩用48%灭草松133～200 mL或25%灭草松水剂300～400 mL，加水30 L。防除一年生阔叶杂草用低量，防除莎草科杂草用高量，喷液量每亩20 L。施药前

排水，使杂草全部露出水面，选高温、无风、晴天喷药。施药后 4～6 h 药剂可渗入杂草体内。施药后 1～2 d 再灌水入田，恢复正常管理。防除莎草科杂草和阔叶杂草效果显著，对稗草无效。若田间稗草和三棱草都严重，可与其他除草剂先后使用或混用，苗前用除稗草剂处理，余下莎草和阔叶杂草用灭草松防除，可采用灭草松与禾草敌、敌稗、二氯喹啉酸等混用：

水稻旱育秧田或湿润育秧田主要防除稗草和旱生型阔叶杂草。稗草 2～3 叶期，每亩用 48%灭草松 100～150 mL 加 20%敌稗 600～1000 mL。

水稻移栽田老稻田阔叶杂草、莎草科杂草危害严重，与稗草同时发生，水稻移栽后 10～15 d，稗草 3 叶期前，每亩用 48%灭草松 167～200 mL 加 96%禾草敌 200 mL。水稻移栽 15 d 后，稗草 3～8 叶期可与二氯喹啉酸混用，每亩用 48%灭草松 200 mL 加 50%二氯喹啉酸 33～53 g。稗草叶龄小，二氯喹啉酸用低量；稗草叶龄大，二氯喹啉酸用高量。施药前 2 d 排水，田面湿润或浅水层均可，采用喷雾法施药，施药后 2～3 d 放水回田，1 周内稳定水层 2～3 cm。

水稻直播田老稻田莎草科杂草、阔叶杂草和稗草危害严重，稗草 3 叶期以前，灭草松与禾草敌混用，稗草 3 叶期以后灭草松与二氯喹啉酸混用，施药方法及用量同移栽田。

③ 麦田　南方在小麦二叶一心至三叶期，杂草如猪殃殃、麦家公等阔叶杂草一叶至两轮叶期，每亩用 48%灭草松 100～22 mL，喷液量每亩 30～40 kg。北方在小麦苗后，阔叶杂草 2～4 叶期施药。也可与 2 甲 4 氯混用。

④ 花生田　防除花生田苍耳、反枝苋、凹头苋、蓼、马齿苋、油莎草等阔叶杂草和莎草，于杂草 2～5 叶期，每亩用 48%灭草松水剂 100～200 mL，喷液量每亩 30～40 L，茎叶处理。

专利概况

专利名称　Herbicidal method

专利号　US 3708277　　　　　　　专利申请日　1970-01-27

专利申请人　BASF AG。

登记情况　灭草松在中国登记有 95%、96%、97%、98%原药 23 个，相关制剂 167 个。登记作物为大豆、花生、水稻、马铃薯等，防除对象是一年生阔叶类杂草和莎草科杂草。部分登记情况见表 3-134。

表 3-134　灭草松在中国部分登记情况

登记证号	农药名称	剂型	含量	登记场所	防治对象	亩用药量（制剂）	施用方法	登记证持有人
PD37-87	灭草松	水剂	480 g/L	大豆田	阔叶杂草	104～208 mL	喷雾	巴斯夫欧洲公司
				花生田	一年生阔叶杂草	150～200 mL	茎叶喷雾	
				马铃薯田	一年生阔叶杂草	150～200 mL	茎叶喷雾	
				水稻田	阔叶杂草	133～200 mL	喷雾	
				水稻田	莎草	133～200 mL	喷雾	
PD86130-3	灭草松	水剂	25%	草原牧场	阔叶杂草	400～500 mL	喷雾	江苏绿利来股份有限公司
				茶园		200～400 mL		
				大豆田		200～400 mL		
				甘薯田		200～400 mL		
				小麦田		200 mL		
				水稻田		200～400 mL		
				水稻田	莎草	200～400 mL		

登记证号	农药名称	剂型	含量	登记场所	防治对象	亩用药量（制剂）	施用方法	登记证持有人
PD20200100	2甲·灭草松	可溶液剂	50%	水稻移栽田	一年生阔叶杂草及莎草科杂草	100～140 mL	茎叶喷雾	安徽沙隆达生物科技有限公司
PD20184053	灭草松	水剂	480 g/L	移栽水稻田		150～200 mL	茎叶喷雾	重庆树荣作物科学有限公司
PD20171861	灭草松	原药	97%					响水中山生物科技有限公司
PD20171196	灭草松	原药	97%					江苏省激素研究所股份有限公司
PD20081197	灭草松	原药	96%					巴斯夫欧洲公司

合成方法　灭草松的制备方法如下：

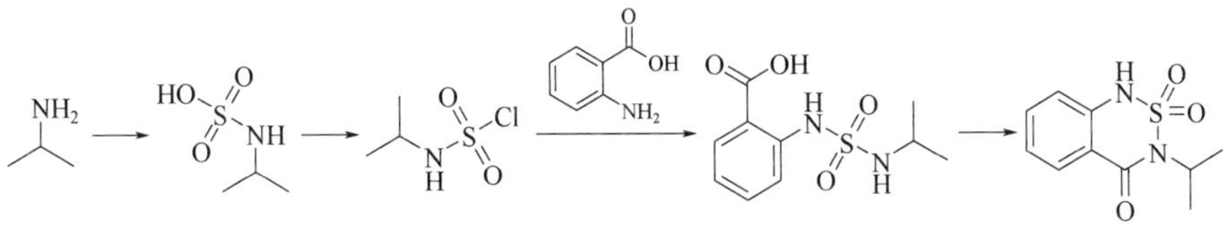

参考文献

[1] The Pesticide Manual.17 th edition: 87-89.

[2] 顾林玲, 陈燕玲. 世界农药, 2016, 38(3): 35-39.

二氯异噁草酮（bixlozone）

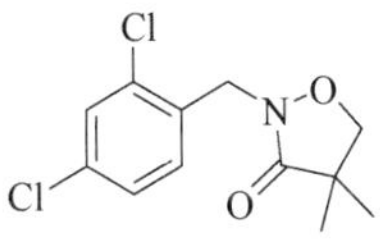

$C_{12}H_{13}Cl_2NO_2$，274.1，81777-95-9

二氯异噁草酮（试验代号：F9600，商品名称：Isoflex、Overwatch）是由 FMC 公司开发的异噁唑啉酮类除草剂。

化学名称　2-(2,4-二氯苄基)-4,4-二甲基异噁唑-3-酮或 2-(2,4-二氯苄基)-4,4-二甲基-1,2-噁唑-3-酮。英文化学名称 2-(2,4-dichlorobenzyl)-4,4-dimethylisoxazolidin-3-one 或 2-[(2,4-dich-lorophenyl)methyl]-4,4-dimethyl-1,2-oxazolidin-3-one。美国化学文摘(CA)系统名称　2-[(2,4-di-chlorophenyl)methyl]-4,4-dimethyl-3-isoxazolidinone。CA 主题索引名称 3-isoxazolidinone—, 2-[(2,4-dichlorophenyl)methyl]-4,4-dimethyl-。

理化性质　在水中溶解度为 39.6 mg/L（20℃），熔点为 81.5℃，沸前分解，正辛醇-水分配系数 $\lg K_{ow}$=3.3（pH 7，20 ℃），蒸气压为 2.3×10^{-6} mPa（20℃）。

剂型　悬浮剂。

主要生产商　美国富美实公司。

作用机理与特点 抑制 1-脱氧-D-木酮糖-5-磷酸合酶的作用，从而破坏质体类异戊二烯的生物合成，即类胡萝卜素的合成。类胡萝卜素保护植物细胞中的叶绿素，并有助于植物的光合作用过程。当类胡萝卜素丧失保护功能，植物的叶子则会变白。二氯异噁草酮被植物的根、幼芽吸收后，随蒸腾作用向上传导至植物的各个部位。易感的杂草无法代谢二氯异噁草酮并最终无法进行光合作用而死亡，而耐性农作物会对二氯异噁草酮进行代谢从而继续生长。

应用 二氯异噁草酮为选择性苗前处理剂，可广泛用于果树、蔬菜、棉花、水稻、高粱、大麦、小麦、黑麦、玉米和油菜等作物，防除禾本科杂草和阔叶杂草。其杀草谱广，具有触杀作用，对重要的抗性杂草有效。

二氯异噁草酮对油菜田杂草具有较好的防治效果，用量 307.5 g/hm^2 和 492 g/hm^2 处理在药后 20 d、40 d、60 d 对禾本科杂草看麦娘，阔叶杂草牛繁缕、稻槎菜、碎米荠的株防效和鲜重防效均在 90%以上，其对阔叶草的除草效果要优于禾本科杂草。试验中各除草剂处理对移栽油菜安全，与对照相比均表现出增产作用。二氯异噁草酮对玉米、大豆和花生这 3 种主要后茬作物的出苗率、株高、鲜重和产量未产生不良影响，表明其对 3 种主要后茬作物安全。

42%二氯异噁草酮·异丙隆水分散粒剂能有效防除冬小麦田阔叶杂草播娘蒿、荠菜和禾本科杂草大穗看麦娘，对雀麦的防效较差；该混剂剂量在 1260～1386 g (a.i.)/hm^2 时对杂草鲜重总防效为 89.1%～90.9%，防效均高于 3.6%二磺·甲碘隆水分散粒剂、二氯异噁草酮、异丙隆 3 个对照药剂。42%二氯异噁草酮·异丙隆水分散粒剂在冬小麦返青期用药对冬小麦安全，产量比空白对照增加 13.2%～22.1%。

专利概况

专利名称　Herbicidal 3-isoxazolidinones and hydroxamic acids

专利号　US 4405357　　　　　　专利申请日　1981-05-11

专利申请人　FMC CORP.。

登记情况 美国富美实公司于 2021 年在中国对二氯异噁草酮原药和 36%悬浮剂进行了登记，具体情况见表 3-135。

表 3-135　二氯异噁草酮在中国登记情况

登记证号	农药名称	剂型	含量	登记场所	防治对象	亩用药量（制剂）	施用方法	登记证持有人
PD20211357	二氯异噁草酮	悬浮剂	36%	冬小麦田	一年生阔叶杂草	20～40 mL	土壤喷雾	美国富美实公司
PD20211345	二氯异噁草酮	原药	96%					美国富美实公司

合成方法 2,4-二氯苯甲醛与羟胺反应，经还原，再与氯代特戊酰氯反应，然后在碱的存在下闭环得到产品；或氯代特戊酰氯与羟胺反应，在碱性条件下闭环，再与 2,4-二氯氯苄反应得到产品。

方法（1）：

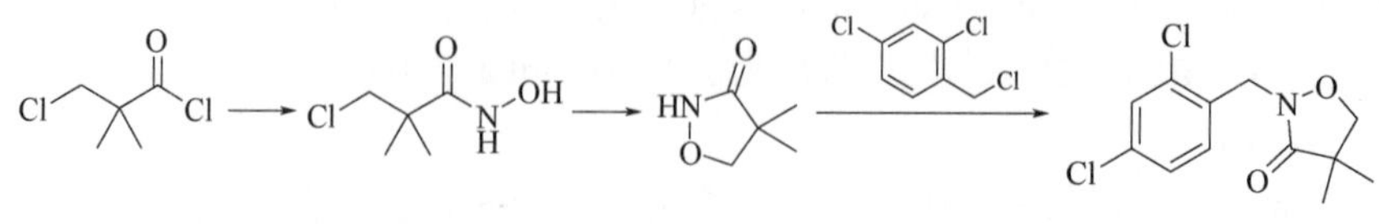

方法（2）：

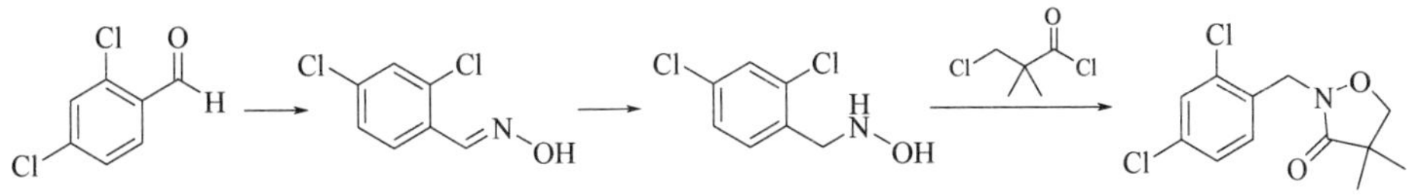

参考文献

[1] 周伟男，李友顺，黄岚，等. 农药科学与管理，2021, 42(9): 54-59.

[2] 陈定军，尹惠平，孙华明，等. 湖南农业科学，2017(10): 48-50.

溴苯腈（bromoxynil）

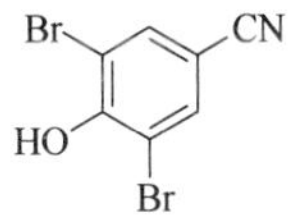

C$_7$H$_3$Br$_2$NO，276.9，1689-84-5，56634-95-8(庚酯溴苯腈)，1689-99-2(辛酰溴苯腈)

溴苯腈[试验代号：M&B 10064、ENT 20852，商品名称：Akocynil、Bromotri、Bromoxone、Mutiny，其他名称：伴地农；庚酯溴苯腈（bromoxynil heptanoate），试验代号：AE 0503060，商品名称：Huskie、Infinity、Pardner；辛酰溴苯腈（bromoxynil octanoate），试验代号：M&B 10731、16272 RP、AE F065321，商品名称：Brominal、Bromox、Bromoxan、Buctril、Emblem，其他名称：溴苯腈辛酸酯]是由 May & Baker Ltd.和 Amchem Products Inc.（现均为拜耳公司）开发的苯腈类除草剂。

化学名称 3,5-二溴-4-羟基苯腈。英文化学名称 3,5-dibromo-4-hydroxybenzonitrile 或 3,5-dibromo-4-hydroxyphenyl cyanide。美国化学文摘（CA）系统名称 3,5-dibromo-4-hydroxy-benzonitrile。CA 主题索引名称 benzonitrile—, 3,5-dibromo-4-hydroxy。

理化性质 溴苯腈 原药纯度97%，褐色固体，纯品为白色固体。熔点194～195℃，270℃分解，蒸气压 0.17 mPa（25℃），分配系数 lgK_{ow}=1.04（pH 7），Henry 常数 5.3×10^{-4} Pa·m^3/mol（计算值），pK_a(20～25℃)=3.86，相对密度 2.31（20～25℃）。溶解度（20～25℃）：水中 90.0 mg/L（pH 7），其他溶剂中（g/L）：二甲基甲酰胺 610，四氢呋喃 410，丙酮、环己酮 170，甲醇 90，乙醇 70，苯 10，矿物油＜20。在稀酸稀碱中稳定，在紫外线下不稳定。在熔点下热稳定。

庚酰溴苯腈 原药为淡黄色蜡状化合物，纯品为白色粉末。熔点 44.1℃，沸点 185℃（分解），蒸气压＜1×10^{-4} mPa（40℃），分配系数 lgK_{ow}=5.4，Henry 常数 2×10^{-3} Pa·m^3/mol，相对密度 1.632（20～25℃）。溶解度（20～25℃）：水中 0.08 mg/L（pH 7），其他溶剂中（g/L）：丙酮 1113，二氯甲烷 851，甲醇 553，甲苯 838，庚烷 562。在水光解的条件下分解为苯酚，DT$_{50}$18 h，中等程度水解，DT$_{50}$: 5.3 d（pH 7），4.1 d（pH 9）。

辛酰溴苯腈 原药为浅黄色粉末，纯品为白色粉末。熔点 45.3℃，180℃时分解，蒸气压＜1×10^{-4} mPa（40℃），分配系数 lgK_{ow}=5.9（pH 7），Henry 常数 1.8×10^{-3} Pa·m^3/mol（计算值），相对密度 1.638（20～25℃）。溶解度（20～25℃）：水中 0.03 mg/L（pH 7），其他溶剂中（g/L）：氯仿 800，N,N-二甲基甲酰胺 700，乙酸乙酯 847，环己酮 550，四氯化碳 500，正丙醇 120，丙酮 1215，乙醇 100。在水光解的条件下迅速分解为苯酚，DT$_{50}$ 4～5 h。中等程度水解，DT$_{50}$:

11 d（pH 7），1.7 d（pH 9）。

溴苯腈钾盐　熔点 360℃。溶解度（g/L，20～25℃）：水中 69，丙酮 70，20%丙酮溶液 240，四氢糠醇 260。

毒性　溴苯腈　急性经口 LD_{50}（mg/kg）：大鼠 81～177，小鼠 110，兔子 260，狗约 100。急性经皮 LD_{50}（mg/kg）：大鼠 >2000，兔子 3660。对兔的皮肤和眼睛无刺激性作用，对豚鼠皮肤有致敏性。大鼠急性吸入 LC_{50}（4 h）0.15～0.38 mg/L。NOEL：（2 年）大鼠 200 mg/L；（1 年）狗 1.5 mg/kg，小鼠 1.3 mg/kg。ADI/RfD（EC）0.01 mg/kg，（EPA）cRfD 0.015 mg/kg（1998）。

丁酰溴苯腈　大鼠急性经口 LD_{50}116 mg/kg。大鼠急性经皮 LD_{50}>2000 mg/kg，对兔皮肤或眼睛无刺激性作用，对豚鼠皮肤有致敏性。大鼠急性吸入 LC_{50}1.216 mg/L。

庚酰溴苯腈　急性经口 LD_{50}（mg/kg）：雄大鼠 362，雌大鼠 291。大鼠急性经皮 LD_{50}>2000 mg/kg，对兔的皮肤和眼睛无刺激性作用，对豚鼠皮肤有致敏性。吸入 LC_{50}（mg/L）：雄大鼠 0.81，雌大鼠 0.72。小鼠 NOEL（1.5 年）10 mg/L。ADI/RfD（EC）0.01 mg/kg（苯酚）（2004）。

辛酰溴苯腈　急性经口 LD_{50}（mg/kg）：雄大鼠 247～400，雌大鼠 238～396，小鼠 306，兔 325。急性经皮 LD_{50}（mg/kg）：大鼠 >2000，兔 1675。对兔皮肤和眼睛无刺激性作用，对豚鼠皮肤有致敏性。吸入 LC_{50}（mg/L）：雄大鼠 0.81，雌大鼠 0.72。NOEL［mg/(kg·d)]：狗（90 d）1.3，（1 年）1.43。ADI/RfD（EC）0.01 mg/kg（2004），（EPA）cRfD 0.02 mg/kg（1988）（苯酚）。

溴苯腈钾盐　急性经口 LD_{50}（mg/kg）：大鼠 130，小鼠 100。大鼠 NOEL（90 d）16.6 mg/(kg·d)。ADI/RfD（EC）0.01 mg/kg（2004），（EPA）cRfD 0.015 mg/kg（1998）（苯酚）。

生态效应　溴苯腈　山齿鹑急性经口 LD_{50} 217 mg/kg。亚急性饲喂 LC_{50}（5 d，mg/L）：山齿鹑 2080，野鸭 1380。大翻车鱼 LC_{50}（96 h）29.2 mg/L。水蚤 LC_{50}（48 h）12.5 mg/L。藻类 EC_{50}（mg/L）：（96 h）淡水藻 44，月牙藻 0.65；（72 h）舟形藻 0.12。浮萍 LC_{50}（14 d）0.033 mg/L。蜜蜂 LD_{50}（48 h，μg/只）：接触 150，经口 5。蚯蚓 LD_{50}（14 d）45 mg/kg。

丁酰溴苯腈　虹鳟鱼 LC_{50}（96 h）0.0322 mg/L。水蚤 EC_{50}（48 h）0.208 mg/L。藻类：E_bC_{50}（96 h）0.56 mg/L，E_rC_{50}（72 h）0.75 mg/L。

庚酰溴苯腈　山齿鹑急性经口 LD_{50} 379 mg/kg，饲喂 LC_{50} 4525 mg/kg 饲料。大翻车鱼 LC_{50}（96 h）0.029 mg/L。水蚤 LC_{50}（48 h）0.031 mg/L。淡水藻 EC_{50}（120 h）0.083 mg/L。浮萍 EC_{50}（14 d）0.21 mg/L，蚯蚓 LD_{50} 为 29 mg/kg 土。

辛酰溴苯腈　急性经口 LD_{50}（mg/kg）：山齿鹑 170，野鸭 2350。亚急性饲喂 LC_{50}（5 d，mg/L）：山齿鹑为 1315，野鸭为 2150。鱼毒 LC_{50}（96 h，mg/L）：大翻车鱼 0.06，虹鳟鱼 0.041。水蚤 LC_{50}（48 h）0.046 mg/L。藻类 EC_{50}（mg/L）：（96 h）淡水藻 1；（120 h）月牙藻 0.22，舟形藻 0.043。浮萍 LC_{50}（14 d）>0.073 mg/L。蜜蜂 LD_{50}（μg/只）：（48 h，接触）>100，（96 h，经口）>120。蚯蚓 LD_{50} 96.7 mg/kg 土。

环境行为　①动物。见植物。②植物。在植物和动物体内的代谢为酯和氰基基团的水解，伴随着脱溴的产生。③土壤/环境。在土壤中，DT_{50}<1 d。通过水解和脱溴降解毒性较小的物质如羟基苯甲酸。

剂型　辛酰溴苯腈乳油、辛酰溴苯腈可分散油悬浮剂、溴苯腈可溶粉剂。

主要生产商　Aako、Adama、Bayer CropScience、Nufarm、江苏长青农化股份有限公司、江苏禾本生化有限公司、江苏辉丰生物农业股份有限公司、江苏联合农用化学有限公司、江苏绿叶农化有限公司、山东潍坊润丰化工股份有限公司、泰州百力化学股份有限公司及浙江东风化工有限公司等。

作用机理与特点 光合作用抑制剂，作用于光合系统Ⅱ受体。溴苯腈是用于小麦、玉米等作物田里做茎叶处理的一种苯腈类选择性触杀型苗期除草剂，主要在杂草苗期经由阔叶类敏感杂草的叶片接触吸收而起作用。敏感杂草叶片接触吸收了此药之后，在体内进行有限传导。

应用

（1）适宜作物与安全性 小麦、大麦、黑麦、玉米、高粱、甘蔗、水稻、陆稻、亚麻、葱、蒜、韭菜、草坪及禾本科牧草等。溴苯腈的有效成分在土壤中的半衰期为10~15 d，对后茬作物安全。

（2）防除对象 专用于防除阔叶杂草的除草剂，可有效地防除旱作物田里的藜、猪毛菜、地肤、播娘蒿、蓼、萹蓄、卷茎蓼、龙葵、母菊、矢车菊、豚草、千里光、婆婆纳、苍耳、鸭跖草、野罂粟、麦家公、麦瓶草和水稻田里的疣草、水竹叶等。

（3）应用技术 施药时遇到8℃以下低温天气，除草效果可能降低。遇到35℃以上高温或高湿天气，对作物安全性可能有影响。施药后至少6 h无雨才能保证药效的发挥。溴苯腈已被广泛地单独使用或与2甲4氯、麦草畏、禾草灵、野燕枯及莠去津、烟嘧磺隆等一些除草剂混合使用。

（4）使用方法

① 小麦田 在小麦3~5叶期、大部分阔叶杂草开始进入生长旺盛的4叶期，每亩用22.5%溴苯腈乳油100~150 mL，加水配成药液均匀喷雾。此外，每亩还可用22.5%溴苯腈80~100 mL加56%2甲4氯原粉50 g，加水喷施。应当注意的是这种混合剂只能在小麦3~5叶期（分蘖盛期）施用，错过此期容易造成药害。为了兼治野燕麦，可在野燕麦3~4叶期每亩用22.5%溴苯腈乳油100~150 mL加36%禾草灵乳油170~200 mL，或加64%野燕枯可湿性粉剂120~150 g混配。

② 玉米田 在玉米4~8叶期，春玉米田每亩用22.5%溴苯腈乳油100~120 mL，夏玉米田每亩用22.5%溴苯腈乳油80~100 mL，加水配成药液均匀喷施于杂草茎叶。为了兼治稗、马唐等禾本科杂草，可采用溴苯腈与乙草胺、异丙草胺、异丙甲草胺等酰胺类除草剂分期搭配使用，或与莠去津、烟嘧磺隆等同期混施。以溴苯腈与乙草胺等分期搭配使用，春玉米田是在播后苗前，每亩先用50%乙草胺乳油200~270 mL，或72%异丙甲草胺或异丙草胺100~230 mL，或90%乙草胺100~170 mL，加水配成药液均匀喷施于地表，然后等玉米长到4~8叶、多数阔叶杂草长到4叶时，每亩再用22.5%溴苯腈乳油100~130 mL，加水配成药液均匀喷施。夏玉米田与春玉米田的差别是把乙草胺和溴苯腈的用量分别减到100~130 mL和80 mL。以溴苯腈与莠去津混用，春玉米田是在玉米4~6叶期、杂草2~4叶期时，每亩用22.5%溴苯腈乳油100 mL和38%莠去津悬浮剂250 mL，加水配成药液均匀喷施。夏玉米田，将溴苯腈和莠去津的用量分别减到80 mL和130 mL即可。

在小麦与玉米间、套作的地块上，也可用溴苯腈做防除阔叶杂草的处理。玉米叶片着上溴苯腈药液之后，或多或少要产生一些触杀型灼斑，但不会影响玉米的正常生长和产量。

喷液量，苗前每亩13~15 L，拖拉机15 L以上，飞机2~3.3 L。苗后，每亩13~45 L，拖拉机7~10 L。

③ 水稻田 近年通过试验表明，以溴苯腈与扑草净混用，可有效地防除比较难防的疣草。基本用法是在水稻移栽后20~30 d、疣草长到4~6叶时，每亩用22.5%溴苯腈乳油70~80 mL加25%扑草净可湿性粉剂30~40 g，加水30~45 L配成药液均匀喷施到疣草茎叶上。在施药的前一天要把稻田里的水彻底排净，施药后需间隔12 h无雨，并在24 h后灌水恢复正常水层管理。

④ 亚麻田　在亚麻长到 5～10 cm 高时，每亩用 22.5%溴苯腈乳油 80 mL，加水 30～45 L 配成药液均匀喷施。用量超过推荐标准或延至亚麻孕蕾后施用，均不安全。

实际应用的多为辛酰溴苯腈，使用方法同上。

专利概况

专利名称　4-Hydroxybenzonitrile derivatives

专利号　GB 1067033　　　　　专利申请日　1962-09-24

专利申请人　May & Baker Ltd.

其他相关专利　US 3397054、US 4332613。

登记情况　溴苯腈在中国登记有 97%溴苯腈 2 个，92%、97%辛酰溴苯腈原药 7 个，相关制剂 42 个。登记场所小麦田和玉米田，可防治多种一年生阔叶杂草。部分登记情况见表 3-136。

表 3-136　溴苯腈在中国部分登记情况

登记证号	农药名称	剂型	含量	登记场所	防治对象	亩用药量（制剂）	施用方法	登记证持有人
PD20180131	辛酰溴苯腈	乳油	25%	玉米田	一年生阔叶杂草	100～150 mL	茎叶喷雾	浙江天丰生物科学有限公司
PD20183715	辛·烟·莠去津	可分散油悬浮剂	40%	玉米田	一年生杂草	70～90 mL	茎叶喷雾	侨昌现代农业有限公司
PD20142480	2甲·溴苯腈	可溶粉剂	38%	冬小麦田	一年生阔叶杂草	85～100 g	茎叶喷雾	江苏辉丰生物农业股份有限公司
				水稻旱直播田	一年生阔叶杂草及部分莎草科杂草	85～95 g		
PD20120167	溴苯腈	可溶粉剂	80%	小麦田	多年生阔叶杂草	30～40 g	茎叶喷雾	江苏辉丰生物农业股份有限公司
				玉米田		40～50 g		
PD20097918	辛酰溴苯腈	原药	97%					山东潍坊润丰化工股份有限公司
PD20093756	溴苯腈	原药	97%					江苏辉丰生物农业股份有限公司

合成方法　通过如下反应制得溴苯腈：

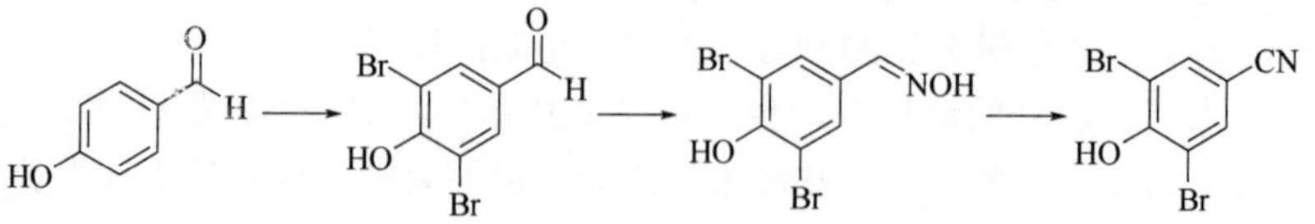

或

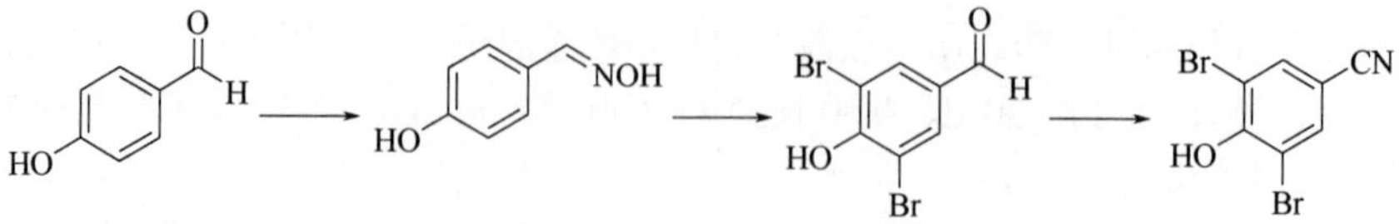

或

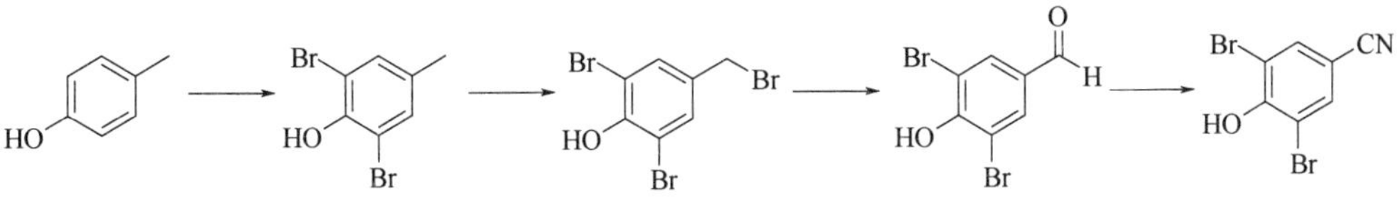

或

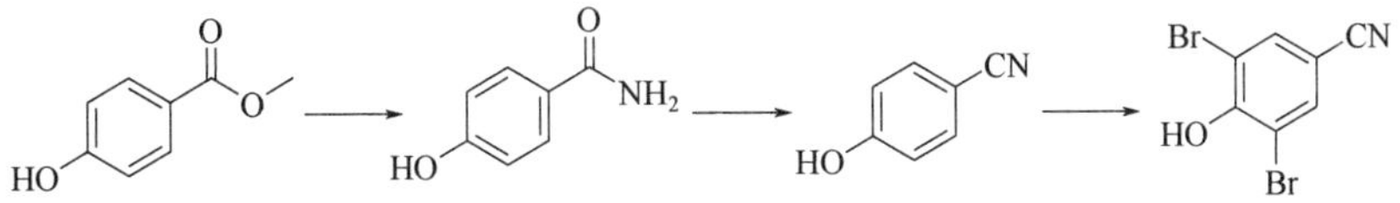

辛酰溴苯腈的合成方法为：

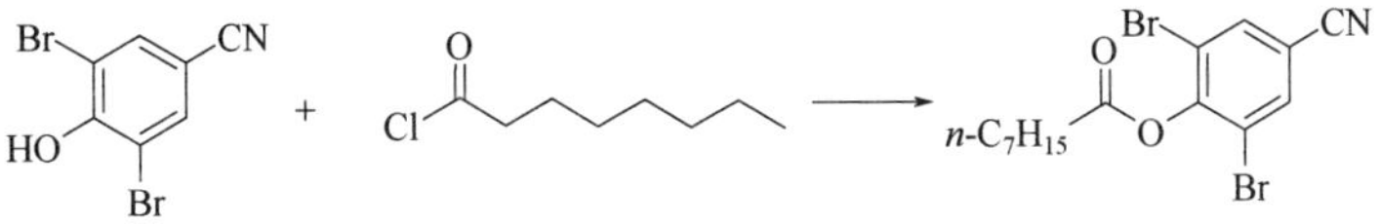

参考文献

[1] The Pesticide Manual.17 th edition: 134-138.

[2] 刘洋. 农药市场信息, 2018(26): 28-31.

唑草胺（cafenstrole）

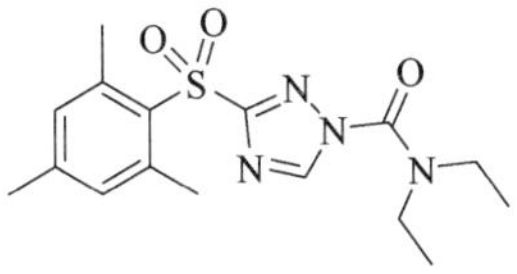

C$_{16}$H$_{22}$N$_4$O$_3$S，350.4，125306-83-4

唑草胺（试验代号：CH-900，商品名称：Grachitor、Lapost、Gekkou，其他名称：苯砜唑）是由 Eiko Kasei Co., Ltd 研制的三唑酰胺类除草剂，于 2001 年转让给了 SDS Biotech K.K.。

化学名称 N,N-二乙基-3-均三甲基苯磺酰基-1H-1,2,4-三唑-1-甲酰胺。英文化学名称 N,N-diethyl-3-(mesitylsulfonyl)-1H-1,2,4-triazole-1-carboxamide。美国化学文摘（CA）系统名称为 N,N-diethyl-3-[(2,4,6-trimethylphenyl)sulfonyl]-1H-1,2,4-triazole-1-carboxamide。CA 主题索引名称 1H-1,2,4-triazole-1-carboxamide—, N,N-diethyl-3-[(2,4,6-trimethylphenyl)sulfonyl]-。

理化性质 白色至浅灰色无味晶体。熔点 117～119℃，蒸气压 5.3×10^{-5} mPa（20℃），分配系数 lgK$_{ow}$=3.21，Henry 常数 7.43×10^{-6} Pa·m^3/mol（计算值），相对密度 1.30（30℃）。水中溶解度为 2.5 mg/L（20～25℃）。中性和弱酸性条件下稳定。对热相对稳定。

毒性 大、小鼠急性经口 LD$_{50}$＞5000 mg/kg。大鼠急性经皮 LD$_{50}$＞2000 mg/kg。大鼠急性吸入 LC$_{50}$（4 h）＞1.97 mg/L，ADI/RfD 0.003 mg/kg。Ames 试验无致突变性。

生态效应 野鸭和鹌鹑急性经口 LD$_{50}$＞2000 mg/kg。鲤鱼 LC$_{50}$（48h）＞1.2 mg/L。水蚤 LC$_{50}$（3 h）＞500 mg/kg。

环境行为 ①动物。在狗和大鼠中主要的代谢物为 3-(2,4,6-三甲基苯磺酰基)-1,2,4-三唑。

②植物。与大鼠中代谢物一样。③土壤/环境。DT$_{50}$（日本稻田）约 7 d，（日本山地）约 8 d。

剂型　颗粒剂、可湿性粉剂、悬浮剂。

主要生产商　SDS Biotech K.K.。

作用机理与特点　抑制细胞分裂，超长链脂肪酸链延长酶抑制剂。

应用

（1）适宜作物与安全性　对移栽水稻安全。

（2）防除对象　可防除稻田大多数一年生与多年生阔叶杂草如稗草、鸭舌草、异型莎草、萤蔺、瓜皮草等，对稗草有特效。持效期超过 40 d。

（3）使用方法　苗前和苗后均可使用的除草剂，使用剂量为 210～300 g (a.i.)/hm^2［亩用量为 14～20 g (a.i.)］。草坪用剂量为 1000～2000 g (a.i.)/hm^2［亩用量为 66.7～133.3 g (a.i.)］。

专利概况

专利名称　Novel triazole compounds, process for producing the same, and herbicidal compositions containing the same

专利号　EP 332133　　　　　**专利申请日**　1989-03-07

专利申请人　Chugai Pharmaceutical Co Ltd。

合成方法　以 2,4,6-三甲基苯胺起始原料，经多步反应制得目的物。反应式为：

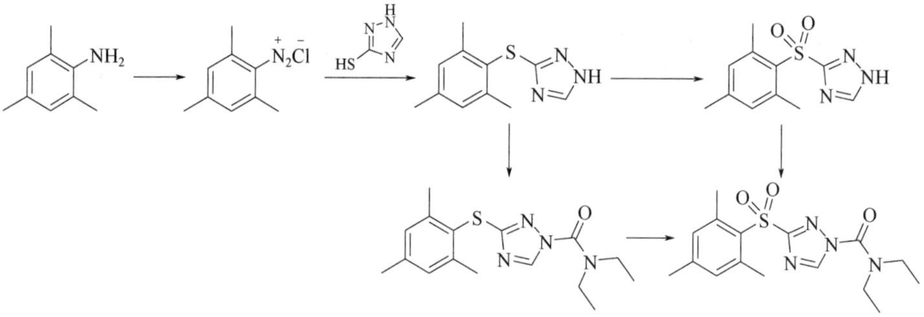

参考文献

[1] The Pesticide Manual.17 th edition: 152-153.

[2] Proc. Br. Crop Prot. Conf.－Weeds. 1991, 3: 923-928.

氯草敏（chloridazon）

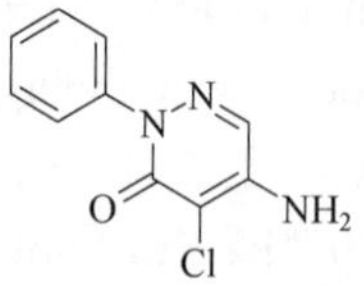

C$_{10}$H$_8$ClN$_3$O，221.6，1698-60-8

氯草敏（试验代号：BAS-119H，商品名称：Betozon、Bietazol、Burex、Erbitox Bietole、Parador、Pyramin、Trojan，其他名称：PCA、杀草敏）由 BASF 于 1964 年引入市场。

化学名称　5-氨基-4-氯-2-苯基哒嗪-3(2H)-酮。英文化学名称 5-amino-4-chloro-2-phenyl-pyridazin-3(2H)-one。美国化学文摘（CA）系统名称 5-amino-4-chloro-2-phenyl-3(2H)-pyridazinone。CA 主题索引名称 3(2H)-pyridazinone—, 5-amino-4-chloro-2-phenyl-。

理化性质　原药为棕色，几乎无味的固体，纯品为无色、无味固体。熔点 206℃，沸点约 330℃（1.01×10^5 Pa），蒸气压<0.01 mPa（20℃），分配系数 $\lg K_{ow}$=1.19（pH 7），Henry 常数<6.52×10^{-10} Pa·m^3/mol（计算值），相对密度 1.54（20~25℃）。溶解度（g/L，20~25℃）：蒸馏水 0.34、甲醇 15.1、乙酸乙酯 3.7、二氯甲烷 1.9、甲苯 0.1；基本不溶于正庚烷。50℃下稳定性≥2 年，pH 3~9 时水溶液中稳定存在。模拟日光〔氙灯，2100 μEinstein/(m^2·s)〕下 DT_{50}150 h（pH 7，水中）。

毒性　急性经口 LD_{50}（mg/kg）：雄大鼠 3830，雌大鼠 2140，雄小鼠 2860，雌小鼠 3100。大鼠急性经皮 LD_{50} 2000 mg/kg，对兔的皮肤和眼睛无刺激性。大鼠吸入 LC_{50}（4 h）>5.4 mg/L（空气），NOEL：大鼠（2 年）16 mg/(kg·d)，小鼠（2 年）152 mg/(kg·d)。ADI/RfD（EC）0.1 mg/kg（2007），（EPA）cRfD 0.18 mg/kg（2005）。无致畸或致突变性，无致癌性。

生态效应　山齿鹑急性经口 LD_{50}>2000 mg/kg。饲喂 LC_{50}（mg/kg 饲料）：山齿鹑>5000，绿头野鸭 4260。LC_{50}（96 h，mg/L）：鲫鱼 32~46，蓝鳃翻车鱼 93。水蚤 LC_{50}（48 h）132 mg/L，羊角月牙藻 EC_{50}（72 h）2.39 mg/L，蜜蜂 LD_{50}（48 h）经口与接触>200 μg/只。赤子爱胜蚓 LC_{50}（14 d）1000mg/kg 土。

环境行为　①动物。大鼠经口单次摄入，1 h 内 85%从尿液排出，13%通过粪便排出。重复经口摄入，排出途径类似，75%通过尿液、15%通过粪便排出。②植物。在甜菜中生成 *N*-葡糖苷配合物。③土壤/环境。土壤中微生物降解包括脱苯基变为 5-氨基-4-氯-2-哒嗪-3(2*H*)-酮，后者无除草活性。田间条件下 DT_{50} 13~97 d，K_{oc} 89~340。

剂型　悬浮剂、水分散粒剂、可湿性粉剂。

主要生产商　BASF、Istrochem、Oxon。

作用机理与特点　光合作用电子传递抑制剂，作用于光合系统Ⅱ受体位点。选择性、内吸性除草剂，被根部快速吸收，向顶传导至植株全身。

应用　种植前、苗前或苗后，用于甜菜、饲料甜菜和甜菜根，防除阔叶杂草，剂量 1.3~3.25 kg/hm^2。常与其他除草剂混用。对甘蓝、胡萝卜、黄瓜、菜豆和番茄有药害。

专利概况

专利名称　Substituted pyridazones

专利号　US 3210353　　　　专利申请日　1964-03-27

专利申请人　BASF AG

其他相关专利　US 3222159、DE 1105232。

合成方法

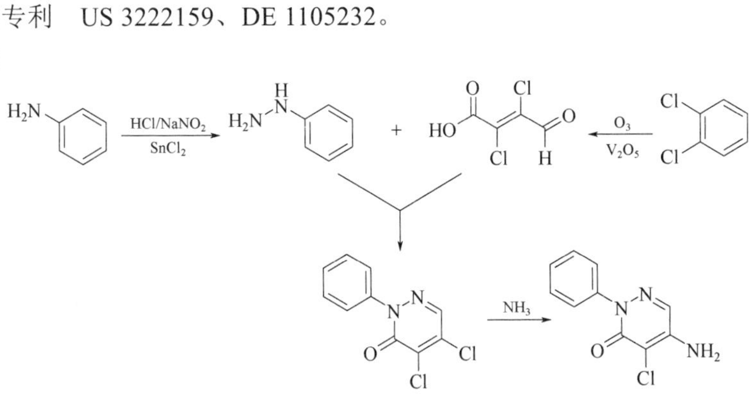

参考文献

[1]　The Pesticide Manual.17 th edition: 185-186.

环庚草醚（cinmethylin）

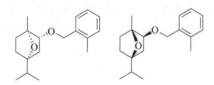

C₁₈H₂₈O₂，274.4，87818-31-3(exo-(±)-)，87818-61-9(exo-(+)-)，87819-60-9(exo-(−)-)

环庚草醚（试验代号：SD 95481、WL 95481，商品名称：Argold）是由壳牌（现 BASF 公司）公司和美国杜邦公司共同开发的水稻田用除草剂。

化学名称 1-甲基-4-(1-甲基乙基)-2-(2-甲基苯基甲氧基)-7-噁二环[2,2,1]庚烷或(1RS,2SR,4SR)-1,4-桥氧-对薄荷-2-基 2-甲基苄基醚。英文化学名称(1RS,2SR,4SR)-1,4-epoxy-p-menth-2-yl 2-methylbenzyl ether。美国化学文摘（CA）系统名称(1R,2S,4S)-rel-1-methyl-4-(1-methylethyl)-2-[(2-methylphenyl)methoxy]-7-oxabicyclo[2.2.1]heptane。CA 主题索引名称 7-oxabicyclo[2.2.1]heptane—，1-methyl-4-(1-methylethyl)-2-[(2-methylphenyl)methoxy]-(1R,2S,4S)-rel-。

理化性质 纯品外观为深琥珀色液体。沸点 313℃（1.01×10⁵ Pa），闪点 147℃（闭杯），蒸气压 10.1 mPa（20℃），分配系数 lgKₒw=3.84，相对密度 1.014（20～25℃）。溶解度（20～25℃）：水 63 mg/L，与大多数有机溶剂互溶。在 145℃以下稳定。25℃，pH 3～11 水溶液中稳定。在空气中发生光催化分解。

毒性 大鼠急性经口 LD₅₀ 4553 mg/kg，大鼠和兔急性经皮 LD₅₀＞2000 mg/kg。对兔皮肤和眼睛有中度刺激。大鼠急性吸入 LC₅₀（4 h）3.5 mg/L。大鼠 NOEL 30 mg/(kg·d)，ADI/RfD 0.3 mg/kg。

生态效应 山齿鹑急性经口 LD₅₀＞1600 mg/kg。野鸭和山齿鹑饲喂 LC₅₀（5 d）＞5620 mg/kg 饲料。鱼毒 LC₅₀（96 h，mg/L）：虹鳟鱼 6.6，大翻车鱼 6.4，羊头鲦鱼 1.6。水蚤 LC₅₀（48 h）7.2 mg/L。招潮蟹 LC₅₀＞1000 mg/L。

环境行为 ①动物。环庚草醚在羊体内的代谢见 J. Agric. Food Chem., 1989, 37: 787。②土壤/环境。在土壤中极易吸收，但在环境中存在相对短暂，在有氧条件条件下在土壤中被分解，DT₅₀ 23～75 d，取决于土壤结构。在无氧条件下代谢速率变慢，主要是由于微生物分解慢。

剂型 乳油、颗粒剂。

主要生产商 BASF。

作用机理与特点 抑制脂肪酸硫酯酶（fatty acid thioesterase）。选择性内吸传导型除草剂，可被敏感植物幼芽和根吸收，经木质部传导到根和芽的生长点，抑制分生组织的生长使植物死亡。

应用

（1）适宜作物与安全性 水稻，水稻对环庚草醚的耐药力较强，进入水稻体内被代谢成羟基衍生物，并与水稻体内的糖苷结合成共轭化合物而失去毒性。另外水稻根插入泥土，生长点在土中还具有位差选择性。当水稻根露在土表或沙质土，漏水田可能受药害。

（2）防除对象 主要用于防除稗草、鸭舌草、慈姑、萤蔺、碎米莎草、异型莎草等。

（3）应用技术 环庚草醚在无水层条件下易被光解和蒸发，因此在漏水田和施药后短期内缺水的条件下除草效果差。在有水层条件下分解缓慢，除草效果好。环庚草醚在水稻田有效期为 35 d 左右，温度高持效期短。温度低持效期长。环庚草醚的持效期偏短，故用药期要准。除草的最佳时期是杂草处于幼芽或幼嫩期，草龄越大，效果越差。东北如黑龙江省稗草发生高峰期在 5 月末 6 月初，阔叶杂草发生高峰期在 6 月上旬，插秧在 5 月中下旬，施药应在 5 月下旬至 6 月上旬。在南方稻田，环庚草醚使用剂量每亩超过 2.67 g (a.i.)时，水稻可能会出现滞生矮化现象。

（4）使用方法　①稗草 2 叶期以前施药除草效果最好，即水稻插秧后 5～7 d（缓苗后）。环庚草醚在移栽田主要防除稗草。②环庚草醚与防除阔叶杂草除草剂混用，一次施药可有效地防除稗草和阔叶杂草。施药过早影响阔叶杂草的防除效果。施药过晚或因整地与插秧间隔时间过长，稗草叶龄过大，影响稗草防除效果。为了达到更好的防除效果，最好分两次施药，第一次施药在插秧前 5～7 d 单用环庚草醚，结合水整地趁水浑浊，把药施过去，主要用于防除已出土的稗草。第二次施药在插秧后 15～20 d，与其他防阔叶杂草的除草剂混用，目的是防除阔叶杂草，兼治后出土的稗草。即使在低温、水深、弱苗等不良环境条件下，仍可获得好的安全性和除草效果。③环庚草醚对水层要求严格，施药时应有 3～5 cm 水层，水深不要没过水稻心叶，保持水层 5～7 d，只灌不排。注意插秧要标准，要不使水稻根外露。沙质土、漏水田或施药后短期缺水，水源无保证的稻田不要用环庚草醚。

10%环庚草醚乳油一次性施药，每亩用 25～30 mL。若与环丙嘧磺隆、乙氧嘧磺隆、吡嘧磺隆、苄嘧磺隆、醚磺隆等混用，可有效地防除稗草、雨久花、萤蔺、花蔺、异型莎草、牛毛毡、泽泻、慈姑、水马齿、沟繁缕、白水八角、眼子菜、节节菜、碎米莎草、丁香蓼、狼杷草等，对多年生莎草科的扁秆藨草、日本藨草（三江藨草）等有较强的抑制作用。

环庚草醚与防除阔叶杂草除草剂混用一次性施药：每亩用 10%环庚草醚乳油 20～25 mL。两次性施药：第一次每亩用 15 mL，第二次每亩用 10～15 mL。

混用一次性施药，每亩用量：10%环庚草醚 20～25 mL 加 10%环丙嘧磺隆 13～17 g（或 10%吡嘧磺隆 10 g 或 10%苄嘧磺隆 13～17 g 或 15%乙氧嘧磺隆 10～15 g 或 30%苄嘧磺隆 10 g）。

混用两次施药，每亩用量：插秧前 5～7 d，10%环庚草醚 15 mL。插秧后 15～20 d，10%环庚草醚 10～15 mL 加 10%环丙嘧磺隆 13～17 g 或 10%吡嘧磺隆 10 g 或 10%苄嘧磺隆 13～17 g 或 15%乙氧嘧磺隆 10～15 g 或 30%苄嘧磺隆 10 g。

环庚草醚采用毒土、毒沙法施药。毒沙法每亩用湿润的沙（或土）15～20 kg 拌匀撒于稻田。喷雾法施药也可，但不如毒土法方便。

专利概况

专利名称　Oxabicycloalkane herbicides

专利号　US 4670041　　　　　专利申请日　1982-09-13

专利申请人　Du Pont

其他相关专利　AU 9138082、EP 81893。

登记情况　环庚草醚曾在中国登记有 92%原药，相关制剂 8 个，但均已过期。

合成方法　通过如下反应制得目的物：

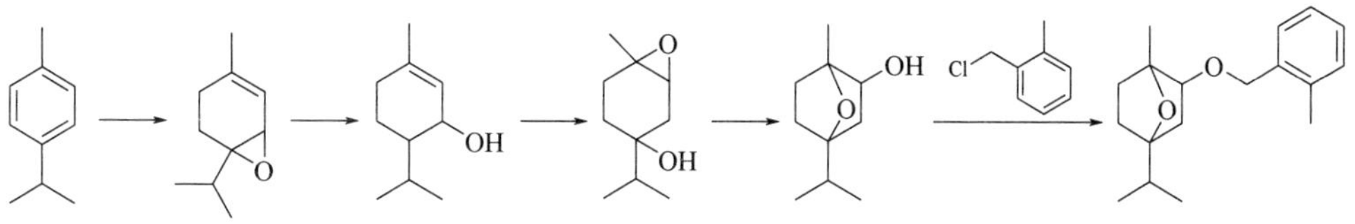

参考文献

[1] The Pesticide Manual.17 th edition: 212-213.

异噁草松（clomazone）

C₁₂H₁₄ClNO₂，239.7，81777-89-1

异噁草松（试验代号：FMC 57 020，商品名称：Centium、Command、Gamit、Kalif、Reactor、广灭灵，其他名称：异恶草酮）是由 FMC 公司开发的异噁唑啉酮类除草剂。

化学名称　2-(2-氯苄基)-4,4-二甲基异噁唑-3-酮或 2-(2-氯苄基)-4,4-二甲基-1,2-噁唑-3-酮。英文化学名称 2-(2-chlorophenzl)-4,4-dimethylisoxazolidin-3-one 或 2-(2-chlorophenzl)-4,4-dimethyl-1,2-oxazolidin-3-one。美国化学文摘（CA）系统名称 2-[(2-chlorophenyl)methyl]-4,4-dimethyl-3-isoxazolidinone。CA 主题索引名称 3-isoxazolidinone—, 2-[(2-chlorophenyl)methyl]-4,4-dimethyl-。

理化性质　原药纯度＞88%，淡棕色黏稠液体。沸点 275.4～281.7℃（1.01×10⁵ Pa），熔点 25～34.7℃，闪点＞157℃（闭杯法），蒸气压 19.2 mPa（25℃），分配系数 lgK_{ow}=2.5，Henry 常数 4.19×10⁻³ Pa•m³/mol。相对密度 1.192（20～25℃）。溶解度（g/L，20～25℃）：水 1.102；丙酮、乙腈、甲苯＞1000，甲醇 969，二氯乙烷 955，乙酸乙酯 940，正庚烷 192。室温下 2 年或 50℃下 3 个月原药无损失，其水溶液在日光下 DT₅₀＞30 d。

毒性　大鼠急性经口 LD₅₀（mg/kg）：雄性 2077，雌性 1369。兔急性经皮 LD₅₀＞2000 mg/kg，对兔眼睛和皮肤轻微刺激性，对豚鼠皮肤无致敏性。大鼠急性吸入 LC₅₀（4 h）4.8 mg/L。NOEL［mg/(kg•d)］：大鼠 4.3（2 年），狗 13.3～14（1 年）。ADI/RfD（EC）0.133 mg/kg（2007），（BfR）0.043 mg/kg（2003），（EPA）0.043 mg/kg（1987）。

生态效应　山齿鹑和野鸭急性经口 LD₅₀＞2510 mg/kg。山齿鹑和野鸭饲喂 LC₅₀（8 d）＞5620 mg/L。鱼毒 LC₅₀（96 h，mg/L）：虹鳟鱼 19，大翻车鱼 34，大西洋银河鱼 6.26。水蚤 LC₅₀（48 h）5.2 mg/L。舟形藻 E$_b$C₅₀ 0.159 mg/L，E$_r$C₅₀＞0.185 mg/L。月牙藻 E$_b$C₅₀ 2.22 mg/L，E$_r$C₅₀ 8.03 mg/L。其他水生生物 LC₅₀（96 h，mg/L）：糠虾 0.57，东方生蚝 5.3。蜜蜂急性 LD₅₀（μg/只）：经口＞85，接触＞100。蚯蚓 LC₅₀（14 d）530 mg/kg 土。

环境行为　①动物。动物口服后，在 48 h 内 87%～100%能被迅速和广泛地吸收，在 7 d 之后能迅速完全地被排出。在动物体内的残留物微不足道。本品几乎全部是通过羟基化和氧化或 3-异噁唑烷酮环开环代谢的。②植物。代谢涉及亚甲基碳桥、异噁唑烷酮环和苯环的羟基化。亚甲基羟基化后再分解形成异噁唑烷酮和 2-氯苯甲醛；这些代谢物随后被氧化或被还原。羟基化化合物发生共轭作用，形成糖苷和氨基酸共轭物。③土壤/环境。在土壤中，DT₅₀ 30～135 d。K_{oc} 150～562，意味着本品在土壤中易移动；然而，在土壤试验中，在 10 cm 以上的土壤中是过滤不出来的。在水或沉积物中，降解慢；异噁唑烷酮环开环形成的两种主要的代谢物 N-[(2-氯苯基)]-3-羟基-2,2-二甲基丙酰胺和 N-[(2-氯苯基)]-2-甲基丙酰胺在水相中可以找到。

剂型　乳油、微胶囊悬浮剂、可湿性粉剂、微乳剂。

主要生产商　FMC、Cheminova、Cynda、安徽丰乐农化有限责任公司、河北宣化农药有限责任公司、湖南海利化工股份有限公司、江苏长青农化股份有限公司、江苏联化科技有限公司、辽宁省大连松辽化工有限公司、辽宁先达农业科学有限公司、泸州东方农化有限公司、内蒙古润辉生物科技有限公司、山东绿霸化工股份有限公司、山东中禾化学有限公司、山东潍坊润丰化工股份有限公司、沈阳科创化学品有限公司、顺毅南通化工有限公司、响水中山生物科技有限公司、浙江禾本科技有限公司、浙江海正化工股份有限公司及浙江天丰生物科学有限公司等。

作用机理与特点　脱氧-D-果糖磷酸（DOXP）合成抑制剂。选择性除草剂，通过植物的根、幼芽吸收，向上输导，经木质部扩散至叶部。这些敏感植物虽能萌芽出土，但由于没有色素而成白苗，并在短期内死亡。

应用

（1）适宜作物与安全性　大豆、甘蔗、马铃薯、花生、烟草、水稻、油菜等。大豆、甘蔗等作物吸收药剂后，经过特殊的代谢作用，将异噁草松的有效成分转变成无毒的降解物，因此安全。异噁草松在土壤中的生物活性可持续 6 个月以上，施用异噁草松当年的秋天（施用后 4～5 个月）或次年春天（施用后 6～10 个月）都不宜种植小麦、大麦、燕麦、黑麦、谷子、苜蓿。施用异噁草松后的次年春季，可以种植水稻、玉米、棉花、花生、向日葵等作物，可根据每一耕作区的具体条件安排后茬作物。异噁草松在水中的溶解度较大，但与土壤有中等程度的黏合性，影响其在土壤中的流动性，因此不会流到土壤表层 30 cm 以下。在土壤中主要由微生物降解。

（2）防除对象　主要用于防除一年生禾本科和阔叶杂草如稗草、牛筋草、苘麻、龙葵、苍耳、马唐、狗尾草、金狗尾草、豚草、香薷、水棘针、野西瓜苗、藜、小藜、遏蓝菜、柳叶刺蓼、酸模叶蓼、马齿苋、狼杷草、鬼针草、鸭跖草等。对多年生的刺儿菜、大蓟、苣荬菜、问荆等亦有较强的抑制作用。

（3）应用技术　①大豆播前施药，为防止干旱和风蚀，施后可浅混土，耙深 5～7 cm。大豆播后苗前施药，起垄播种大豆如土壤水分少可培 2 cm 左右的土。②为了扩大除草谱，异噁草松可与乙草胺、异丙甲草胺、嗪草酮、氟乐灵、丙炔氟草胺、异丙草胺等药剂混用，用药量各为单方的 1/3～1/2。当土壤沙性过强，有机质含量过低或土壤偏碱性时，异噁草松不宜与嗪草酮混用，否则会使大豆产生药害。③由于异噁草松雾滴或蒸气飘移可能导致某些植物叶片变白或变黄，对林带中杨树、松树安全，柳树敏感，但 20～30 d 后可恢复正常生长。飘移可使小麦叶受害，茎叶处理仅有触杀作用，不向下传导，拔节前小麦心叶不受害，10 d 后恢复正常生长，对产量影响甚微。如因作业不标准造成重喷地段，第二年种小麦叶片发黄或变白色，一般 10～15 d 恢复正常生长，如及时追施叶面肥，补充速效营养，5～7 d 可使黄叶转绿，恢复正常生长，追叶面肥可与除草剂混用。据试验，大豆苗后早期施药对大豆安全，对杂草有好的触杀作用。

（4）使用方法

① 大豆田　大豆播前、播后苗前土壤处理，或苗后早期茎叶处理。土壤有机质含量 3% 以下，每亩用 48% 异噁草松乳油 50～70 mL。土壤有机质 3% 以上，异噁草松需与嗪草酮、乙草胺等除草剂混用，提高对反枝苋、铁苋菜、野燕麦、鼬瓣花等的防除效果。异噁草松持效

期长，高用量每亩有效量大于 53 g 不但除草效果好，而且对大豆有明显的促进生长和增产作用，但第二年需继续种大豆，对其他作物有影响。推荐用量每亩有效成分 33 g 以下，在北方第二年可种小麦、玉米、马铃薯、甜菜、油菜等作物。每亩用药量超过有效成分 53 g，第二年不能种小麦、甜菜。大豆苗后早期，每亩用 48%异噁草松乳油 33～66 mL，与其他除草剂如烯禾啶、吡氟禾草灵、吡氟氯禾灵、禾草克、三氟羧草醚、灭草松等混用:

大豆播种前处理配方: 每亩用 48%异噁草松 40～50 mL 加 10%丙炔氟草胺 4～6 g 加 90%乙草胺 70～100 mL (或加 90%乙草胺 70～100 mL 加 88%灭草猛 100～140 mL，或加 88%灭草猛 140～170 mL 加 70%嗪草酮 20～27 g)。

大豆播种前或播后苗前处理配方 (每亩用量): 48%异噁草松 50～70 mL 加 90%乙草胺 100～140 mL (或 72%异丙甲草胺 100～167 mL 或 72%异丙草胺 100～167 mL 或 70%嗪草酮 20～33 g 或 50%嗪草酮 28～47 g 或 88%灭草猛 170 L)。48%异噁草松 40～50 mL 加 90%乙草胺 70～100 mL 加 70%嗪草酮 20～27 g (或 50%嗪草酮 28～37 g 或 50%丙炔氟草胺 4～6 g 或 75%噻吩磺隆 0.8～1 g)。48%异噁草松 40～50 mL 加 5%咪唑乙烟酸 35～40 mL 加 90%乙草胺 100～120 mL。48%异噁草松 40～50 mL 加 72%异丙甲草胺 100～135 mL 加 75%噻吩磺隆 0.8～1 g 或加 50%丙炔氟草胺 4～6 g。

大豆苗后叶面喷施配方 (每亩用量): 48%异噁草松 40～50 mL 加 24%乳氟禾草灵 17 mL 加 5%精喹禾灵 40 mL(或 12.5%烯禾啶 70 mL 或 15%精吡氟禾草灵 40 mL 或 12.5%吡氟氯禾灵 40 mL 或 10.8%精吡氟氯禾灵 30 mL)。48%异噁草松 40～50 mL 加 48%灭草松 100 mL 加 15%精吡氟禾草灵 40 mL (或 12.5%烯禾啶 70 mL 或 5%精喹禾灵 40 mL 或 10.8%精吡氟氯禾灵 30 mL 或 6.9%精噁唑禾草灵浓乳剂 40～50 mL 或 8.05%精噁唑禾草灵乳油 40 mL)。48%异噁草松 40～50 mL 加 25%氟磺胺草醚 50 mL 加 12.5%烯禾啶 70 mL(或 5%精喹禾灵 40 mL 或 10.8%精吡氟氯禾灵 30 mL 或 15%精吡氟禾草灵 40 mL 或 5.9%精噁唑禾草灵浓乳剂 50 mL 或 8.05%精噁唑禾草灵 40 mL)。

上述配方在土壤有机质含量低、质地疏松、低洼地水分好的条件下用低剂量，反之则用高剂量。

② 甘蔗田 每亩用 48%乳油 70～80 mL 或 36%微囊悬浮剂 90～100 mL 或每亩用 48%乳油 30～40 mL 加 38%莠去津 200 g。在甘蔗下种覆土后蔗芽萌发出土前对水喷施于土壤。切勿让药液接触蔗株的绿色部分，以免产生药害。

③ 水稻田 每亩用 36%微囊悬浮剂 28～40 mL，水稻移栽后 2～5 d 毒土法处理。在水直播田上，北方可于播种前 3～5 d 喷雾处理，长江以南在播种后稗草高峰期用药，可有效防除稗草。

专利概况

专利名称 Herbicidal 3-isoxazolidinones and hydroxamic acids

专利号 US 4405357   专利申请日 1981-05-11

专利申请人 FMC CORP。

登记情况 异噁草松在中国登记有 90%、92%、93%、95%、96%、98%原药 25 个，相关制剂 161 个。主要用于防除大豆田、甘蔗田的一年生杂草及水稻田稗草、千金子等禾本科杂草。该药剂仅限于非豆麦轮作的地区使用。部分登记情况见表 3-137。

表 3-137　异噁草松在中国部分登记情况

登记证号	农药名称	剂型	含量	登记作物/场所	防治对象	亩用药量（制剂）	施用方法	登记证持有人
PD20183708	异噁草松	乳油	480 g/L	春大豆田	一年生杂草	140～170 mL	土壤喷雾	中农立华（天津）农用化学品有限公司
PD20170157	异噁草松	微囊悬浮剂	360 g/L	水稻移栽田	禾本科杂草	27.8～35 mL	药土法	山东省青岛现代农化有限公司
PD20070528	异噁草松	微囊悬浮剂	360 g/L	夏大豆田	部分阔叶杂草及一年生禾本科杂草	70～100 mL	喷雾	江苏辉丰生物农业股份有限公司
				移栽水稻田	稗草、千金子	27.8～35 mL	药土法	
				油菜（移栽田）	一年生杂草	26～33 mL	土壤喷雾	
				直播水稻田	稗草、千金子	①27.8～35 mL（南方地区）；②35～40 mL（北方地区）	①药土法；②喷雾	
PD184-93	异噁草松	乳油	480 g/L	大豆	一年生杂草	139～167 mL	芽前喷雾	美国富美实公司
				甘蔗		110～140 mL		
PD292-99	异噁草松	原药	92%					美国富美实公司
PD20180798	异噁草松	原药	97%					泸州东方农化有限公司
PD20182466	异噁草松	原药	97%					响水中山生物科技有限公司

合成方法　2-氯苯甲醛与羟胺反应，经还原，再与氯代特戊酰氯反应，然后在碱的存在下闭环得到产品；或氯代特戊酰氯与羟胺反应，在碱性条件下闭环，再与邻氯氯苄反应得到产品。

方法（1）：

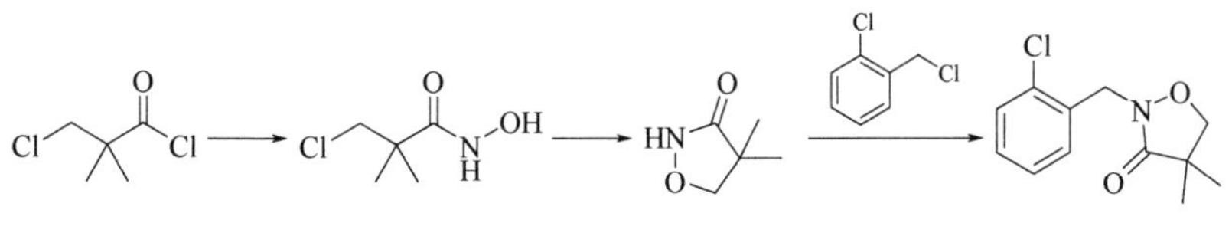

方法（2）：

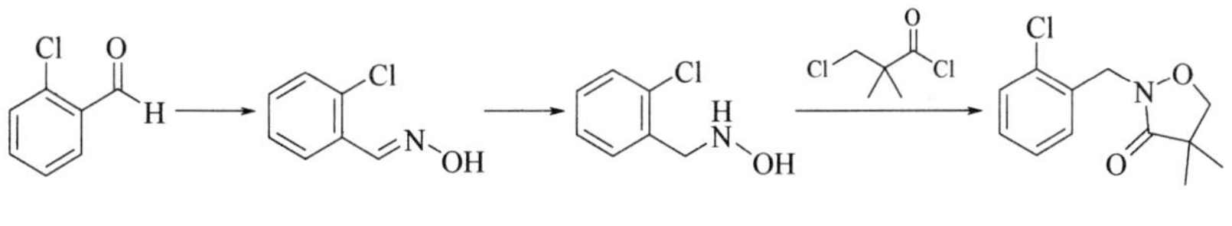

参考文献

[1] The Pesticide Manual.17 th edition: 220-222.

[2] 吉立广. 广州化学, 2013, 38(1): 63-65.

cyclopyrimorate

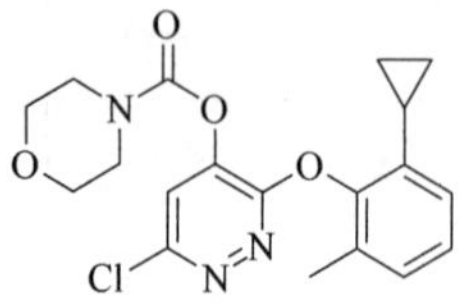

$C_{19}H_{20}ClN_3O_4$，389.8，499231-24-2

cyclopyrimorate（试验代号：H-965、SW-065）是日本三井化学株式会社开发的哒嗪类除草剂，2019 年在日本上市。

化学名称 6-氯-3-(2-环丙基-6-甲基苯氧基)哒嗪-4-基-吗啉-4-羧酸酯。英文化学名称 6-chloro-3-(2-cyclopropyl-6-methylphenoxy)pyridazin-4-yl morpholine-4-carboxylate。美国化学文摘（CA）系统名称 6-chloro-3-(2-cyclopropyl-6-methylphenoxy)-4-pyridazinyl 4-morpholine-carboxylate。CA 主题索引名称 4-morpholinecarboxylic acid—, 6-chloro-3-(2-cyclopropyl-6-me-thylphenoxy)-4-pyridazinyl ester。

作用机理与特点 抑制尿黑酸茄尼酯转移酶（homogentisate solanesyltransferase）。

应用 用于控制各种水稻田杂草。它具有新的作用机制，能防治日本已经出现的对 ALS 抑制型除草剂产生抗性的杂草。可用于稻种直播和水稻移植，因为产品对水稻具有高度安全性且作用时间长。50～250 g/hm² 的用量即可有效防除稗草及多种阔叶杂草。

专利概况

专利名称 Preparation of 3-phenoxy-4-pyridazinol derivatives as herbicides

专利号 WO 2003016286 专利申请日 2002-8-14

专利申请人 Sankyo Company

其他相关专利 CA 2457575、AU 2002327096、JP 2004002263、JP 4128048、EP 1426365、CN 1543455、ES 2330089、KR 910691、PH 12004500231、ZA 2004001572、US 20050037925、US 7608563、IN 2004KN 00324、IN 259050、KR 2008097494、KR 879693、US 20100041555、US 7964531 等。

工艺专利 WO 2011040445、JP 2008239532 等。

合成方法 通过如下反应制得目的物：

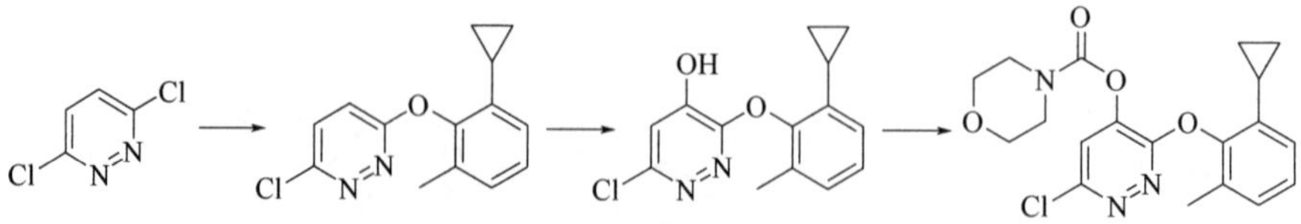

参考文献

[1] The Pesticide Manual.17 th edition: 257.

[2] Shino M, Hamada T, Shigematsu Y, et al. Journal of pesticide science, 2018, 43(4): 233-239.

敌草腈（dichlobenil）

$C_7H_3Cl_2N$，172.0，1194-65-6

敌草腈（试验代号：H 133，商品名称：Barrier、Casoron）由 Philips-Duphar B.V.（现为 Chemtura 公司）引入。

化学名称 2,6-二氯苯腈。英文化学名称 2,6-dichlorobenzonitrile。美国化学文摘（CA）系统名称 2,6-dichlorobenzonitrile。CA 主题索引名称 benzonitrile—, 2,6-dichloro-。

理化性质 原药含量≥98%，具有霉味的白色结晶固体。熔点 143.8～144.3℃（原药），沸点 120℃（升华），蒸气压 144.0 mPa（25℃），分配系数 lgK_{ow}=2.70，Henry 常数 1.14 Pa·m^3/mol（计算值），相对密度 1.55（20～25℃）。溶解度（20～25℃）：水中 21 mg/L；有机溶剂中（g/L）：丙酮 86.0、甲醇 17.2、乙酸乙酯 59.3、二氯甲烷 151、二甲苯 53、乙醇 15、环己烷 3.7。稳定性：低于 270℃时稳定，对酸稳定，但遇强碱可迅速水解为 2,6-二氯苯甲酰胺。在黑暗中（22℃），pH 值为 5、7 和 9 的无菌水溶液中，经 150 d 后只有 5%～10%分解。水中光解 DT_{50} 10.2 d（北纬 40°自然光）。

毒性 大鼠急性经口 LD_{50} 2000 mg/kg，兔急性经皮 LD_{50} 2000 mg/kg，对兔眼睛或皮肤无刺激作用，大鼠吸入 LC_{50}（4 h）＞0.25 mg/L。复方经口毒性研究中，大鼠 NOEL（2 年）2.5 mg/(kg·d)。在繁殖研究中，大鼠 NOEL 60 mg/kg（饲料），ADI/RfD（BfR）0.01 mg/kg（1989）；2,6-二氯苯甲酰胺（代谢产物）（EC）0.05 mg/kg（2009）；（EPA）cRfD 0.013 mg/kg，2,6-二氯苯甲酰胺 cRfD 0.015 mg/kg（1989），Ames 试验、细胞突变、染色体畸变、细胞转化、DNA 修复和微核试验中无致突变性。

生态效应 山齿鹑急性经口 LD_{50} 683 mg/kg，山齿鹑饲喂 LC_{50}（8 d）大约 5200 mg/kg，野鸭饲喂＞5200 mg/kg（饲料），不同种类的鱼 LC_{50}（96 h）5～13 mg/L。水蚤 LC_{50}（48 h）6.2 mg/L，羊角月牙藻 EC_{50}（5 d）2.0 mg/L，水华鱼腥藻 2.7 mg/L。蜜蜂 LD_{50}（接触）＞11 μg/只。蚯蚓 LD_{50} 270 mg/kg 基质。其他有益动物：对土鳖虫和豹蛛属无害。对双线隐翅虫的半实地测试显示，最初的不良反应已经完全恢复。对土壤微生物区系无影响。

环境行为 ①动物。主要作为羟基化共轭物代谢和排泄。②植物。土壤代谢物 2,6-氯苯甲酰胺能够通过根被植物吸收，植物代谢包括二氯苯腈和 2,6-二氯苯甲酰胺的环羟基化（主要在 3-位，较小程度上是在 4-位），并随后与糖的共轭。③土壤。渗滤的可能性很小。土壤中，二氯苯腈逐渐被微生物降解为 2,6-二氯苯甲酰胺，再慢慢分解为 2,6-氯苯酸。DT_{50} 24.15 d（实验室，3 种土壤，归一化的几何均值）。

剂型 微囊悬浮剂、颗粒剂、可湿性粉剂。

主要生产商 Chemtura、Hodogaya。

作用机理与特点 抑制细胞壁（纤维素）的生物合成。对细胞呼吸或光合作用没有影响。内吸性除草剂，可有效抑制分生组织分裂和种子发芽，破坏植物的根茎。因为此除草剂扩散在土壤顶端 5～10 cm 处，其具有一定的选择性。

应用 用于木本观赏植物、果园、葡萄园、灌木果树、人工林和公共绿地，选择性防除一年生杂草和许多多年生杂草，使用剂量 2.7～5.4 kg/hm²，也用于非作物区的全部杂草防除，剂量最高达 8.1 kg/hm²，在非流动水域用来控制漂浮植物、浮水或沉水植物的生长，根据不同的水深，剂量为 2.7～8.1 kg/hm²。某些针叶树由于其树皮结构，对敌草腈蒸气敏感。

专利概况

专利名称　Preparation for influencing the growth of plants

专利号　US 3027248　　　　　　专利申请日　1962-09-24

专利申请人　Philips Corp

其他相关专利　NL 572662。

合成方法

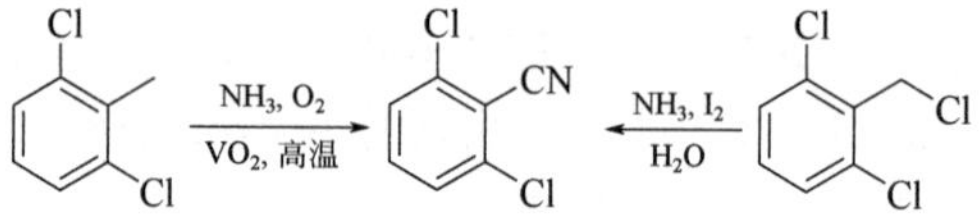

参考文献

[1] The Pesticide Manual.17 th edition: 314-316.

野燕枯（difenzoquat）

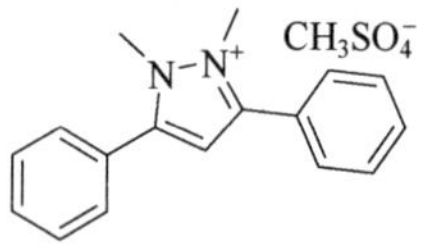

$C_{18}H_{20}N_2O_4S$，360.4，43222-48-6

野燕枯（试验代号：AC 84 777、CL 84 777、BAS 450H，商品名称：Avenge，其他名称：difenzoquat methyl sulfate、草吡唑、燕麦枯、野麦枯、双苯唑快）1973 年由 T. R. Ohare 等报道除草活性，由 American Cyanamid 公司（现巴斯夫公司）开发。

化学名称　1,2-二甲基-3,5-二苯基-1H-吡唑硫酸甲酯。英文化学名称　1,2-dimethyl-3,5-diphenyl-1H-pyrazolium methyl sulfate。美国化学文摘（CA）系统名称 1,2-dimethyl-3,5-diphenyl-1H-pyrazolium methyl sulfate。CA 主题索引名称 1H-pyrazolium—，1,2-dimethyl-3,5-diphenyl-methyl sulfate。

理化性质　无色、吸湿性结晶。熔点 156.5～158℃，闪点＞82℃（开杯），蒸气压＜0.01 mPa（25℃），分配系数 lgK_{ow}: 0.648（pH 5）、−0.62（pH 7）、−0.32（pH 9），相对密度 0.8（20～25℃），pK_a(20～25℃)=7。溶解度（g/L，20～25℃）：水 817，二氯甲烷 360，氯仿 500，甲醇 558，1,2-二氯乙烷 71，异丙醇 23，丙酮 9.8，二甲苯、庚烷＜0.01。微溶于石油醚、苯和二噁烷。水溶液对光稳定，DT$_{50}$ 28 d。对热稳定，弱酸条件下稳定，在强酸和氧化条件下分解。

毒性　急性经口 LD$_{50}$（mg/kg）：雄大鼠 617，雌大鼠 373，雄小鼠 31，雌小鼠 44。雄兔急性经皮 LD$_{50}$ 3540 mg/kg。对兔皮肤中度刺激，对眼睛重度刺激。大鼠急性吸入 LC$_{50}$（4 h，mg/L）：雌 0.36，雄 0.62。狗 NOEL（1 年）20 mg/kg。ADI/RfD（BfR）0.015 mg/kg（1989）；（EPA）cRfD 0.20 mg/kg（1994）。

生态效应　山齿鹑 LC_{50}（8 d）＞4640 mg/kg 饲料，野鸭 LC_{50}（8 d）＞10388 mg/kg 饲料。鱼毒 LC_{50}（96 h，mg/L）：大翻车鱼 696，虹鳟鱼 694。水蚤 LC_{50}（48 h）2.63 mg/L。对藻类毒性大。蜜蜂 LD_{50} 36 μg/只（接触）。

环境行为　①动物。大鼠经口摄入野燕枯甲硫酸盐以未变化的形式从尿液和粪便排出。②植物。野燕枯甲硫酸盐在植物体内无明显代谢作用，只是通过光解去甲基作用分解为单甲基吡唑。③土壤/环境。被土壤强烈吸附 K_d 约 400，K_{oc} 约 30000，无明显微生物降解。土壤中 DT_{50} 约 3 个月。

剂型　可溶粉剂、可湿性粉剂、水剂。

主要生产商　BASF 公司及陕西秦丰农化有限公司。

作用机理与特点　一种选择性苗后除草剂，主要防除野燕麦，药剂施于野燕麦叶片上后，吸收转移到叶心，作用于生长点，破坏野燕麦的细胞分裂和野燕麦顶端、节间分生组织中细胞的分裂和伸长，从而使其停止生长，最后全株枯死。

应用　用于防除大麦、小麦和黑麦田的野燕麦时一般在芽后 3～5 叶期使用 64%可溶粉剂 1.13～2.25 kg/hm²，兑水 7.5 kg 喷雾。

专利概况

专利名称　1, 2-Dialkyl-3, 5-diphenyl pyrazolium salts

专利号　US 3882142　　　　　　**专利申请日**　1972-11-17

专利申请人　American Cyanamid Company

其他相关专利　BE 792801。

登记情况　野燕枯在中国仅登记有 96%原药 1 个，40%水剂 1 个。登记为小麦田防除野燕麦。登记情况见表 3-138。

表 3-138　野燕枯在中国登记情况

登记证号	农药名称	剂型	含量	登记场所	防治对象	亩用药量（制剂）	施用方法	登记证持有人
PD20095227	野燕枯	水剂	40%	小麦田	野燕麦	200～250 mL	茎叶喷雾	陕西秦丰农化有限公司
PD20095228	野燕枯	原药	96%					陕西秦丰农化有限公司

合成方法　经如下反应制得野燕枯：

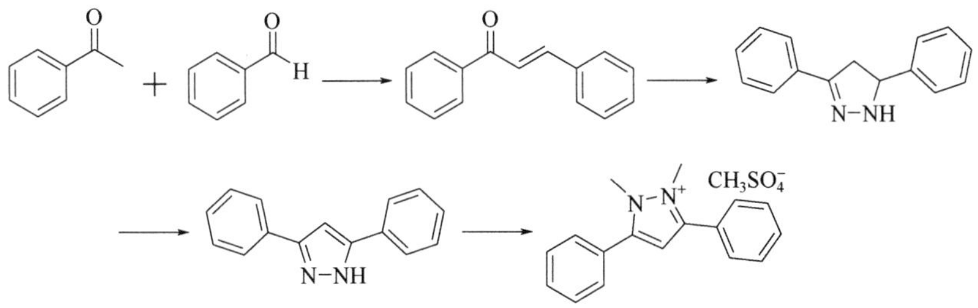

参考文献

[1]　The Pesticide Manual.17 th edition: 343-344.

氟吡草腙（diflufenzopyr）

$C_{15}H_{12}F_2N_4O_3$，334.3，1957168-02-3，109293-98-3(钠盐)

氟吡草腙［试验代号：BAS 65400 H、BAS 662 H（与麦草畏混配）、SAN 835H*（酸）、SAN 836H*（钠盐），商品名称：Distinct、Overdrive，其他名称：氟吡酰草腙］是由山道士（诺华）公司研制，巴斯夫公司开发的氨基脲类除草剂。

化学名称　2-{1-[4-(3,5-二氟苯基)氨基羰基腙]乙基}烟酸。英文化学名称 2-{1-[4-(3,5-difluorophenyl)semicarbazono]ethyl}nicotinic acid。美国化学文摘（CA）系统名称 2-[1-[[[(3,5-difluorophenyl)amino]carbonyl]hydrazono]ethyl]-3-pyridinecarboxylic acid。CA 主题索引名称 3-pyridinecarboxylic acid—, 2-[1-[[[(3,5-difluorophenyl)amino]carbonyl]hydrazono]ethyl]-。

理化性质　灰白色无味固体。熔点 135.5℃，蒸气压 $1×10^{-7}$ mPa（25℃），分配系数 $\lg K_{ow}$=0.037（pH 7），Henry 常数＜$7×10^{-5}$ Pa·m³/mol，pK_a(20～25℃)=3.18，相对密度 0.24（20～25℃）。水中溶解度（25～25℃，mg/L）：63（pH 5），5850（pH 7），10546（pH 9）。水解 DT_{50}13 d（pH 5），24 d（pH 7），26 d（pH 9）。水溶液光解 DT_{50}7 d（pH 5），17 d（pH 7），13 d（pH 9）。

毒性　雄、雌性大鼠急性经口 LD_{50}＞5000 mg/kg。雄、雌性大鼠急性经皮 LD_{50}＞5000 mg/kg。对兔眼睛中度刺激，对兔皮肤无刺激，对豚鼠皮肤无致敏性。大鼠急性吸入 LC_{50}＞2.93 mg/L。狗 NOAEL（1 年）750 mg/L［雄性 26 mg/(kg·d)，雌性 28 mg/(kg·d)］。ADI/ RfD（EPA）aRfD 1.0 mg/kg，cRfD 0.26 mg/kg（1999）。无致畸、致癌性。

生态效应　山齿鹑 LD_{50}＞2250 mg/kg。野鸭和山齿鹑 LC_{50}＞5620 mg/L。鱼 LC_{50}（96 h，mg/L）：大翻车鱼＞135，虹鳟鱼 106。水蚤 EC_{50}（48 h）15 mg/L。月牙藻 EC_{50}（5 d）0.11 mg/L。蜜蜂接触 LD_{50}＞90 μg/只。

环境行为　①动物。口服给药后，氟吡草腙被部分吸收并迅速排出体外，20%～44%的剂量在尿液中，49%～79%的在粪便中。与此相反，大鼠静脉给药 61%～89%由尿液排出。尿液和粪便代谢 DT_{50} 为 6 h。组织中总的放射性残留小于摄入量的 3%。氟吡草腙主要以未变的母体化合物被排出体外，在母鸡和山羊体内也基本以母体化合物被迅速排出。②土壤/环境。土壤光解 DT_{50} 14 d，土壤有氧代谢 DT_{50}（实验室）8～10 d，水有氧代谢 DT_{50} 20～26 d。田间土壤平均 DT_{50} 4.5 d。非常容易移动（K_{oc} 18～156 mL/g），代谢物也非常容易移动。然而，按照推荐使用，美国 EPA 不允许氟吡草腙进入饮用水。

剂型　水分散粒剂。

主要生产商　BASF。

作用机理与特点　一种内吸性苗后除草剂。通过在蛋白质膜处与载体蛋白结合，抑制生长素的极性运输。在与麦草畏的混合物中，引导麦草畏向生长点运输，增加对阔叶杂草的防效。玉米的耐药性是由于其代谢迅速。敏感的阔叶植物在几个小时内表现出偏上性生长，敏感的杂草表现为生长迟缓。

应用　用于玉米、草场/牧场和非作物地区，苗后控制一年生阔叶杂草和多年生杂草。最初商品化是与麦草畏混配，两种原料均为钠盐。

（1）适宜范围　禾谷类作物、玉米、草坪、非耕地。

（2）防除对象　可用于防除众多的阔叶杂草和禾本科杂草，文献报道其除草谱优于目前所有玉米田用除草剂。

（3）使用方法　玉米田苗后用除草剂，使用剂量为 0.2～0.4 kg (a.i.)/hm²。氟吡草腙与麦草畏以 1:2.5 混用除草效果更佳，使用剂量为 100～300 g (a.i.)/hm²，其中含氟吡草腙 30～90 g，含麦草畏 70～210 g。

专利概况

专利名称　Semicarbazones and thiosemicarbozanes

专利号　EP 219451　　　　专利申请日　1986-08-12

专利申请人　Sandoz AG

其他相关专利　JP 6245570。

合成方法　通过如下反应即可制得氟吡草腙：

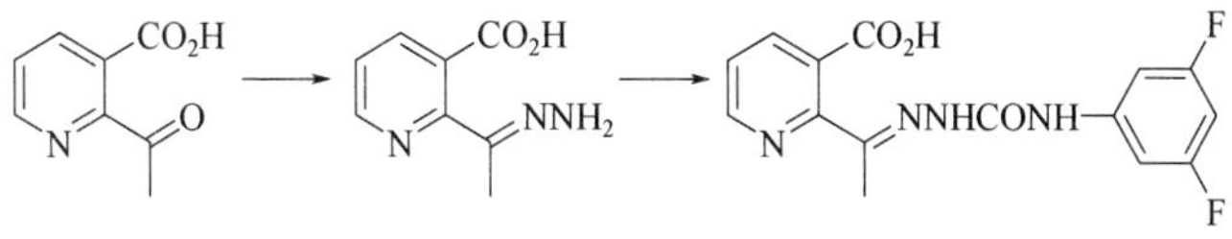

参考文献

[1] The Pesticide Manual. 17 th edition: 350-352.

dimesulfazet

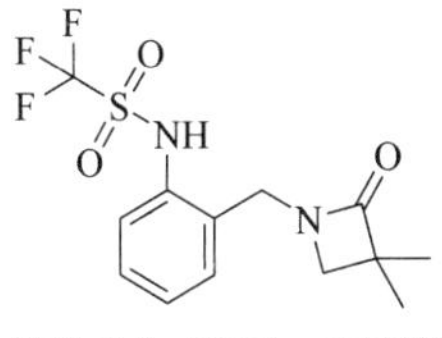

C₁₃H₁₅F₃N₂O₃S，336.3，1215111-77-5

dimesulfazet（试验代号：NC-653）是由日产化学株式会社开发的磺酰胺类除草剂。

化学名称　N-(2-(3,3-二甲基-2-羰基-氮杂环丁烷-1-基)甲苯基)-1,1,1-三氟甲磺酰胺。英文化学名称 2′-[(3,3-dimethyl-2-oxoazetidin-1-yl)methyl]-1,1,1-trifluoromethanesulfonanilide。美国化学文摘（CA）系统名称 N-[2-[(3,3-dimethyl-2-oxo-1-azetidinyl)methyl]phenyl]-1,1,1-trifluoromethanesulfonamide。CA 主题索引名称 methanesulfonamide—, N-[2-[[(3,3-dimethyl-2-oxo-1-azetidinyl)methyl]phenyl]-1,1,1-trifluoro-。

理化性质　白色固体，熔点 114～116℃。

应用　dimesulfazet 属于广谱性苗前苗后除草剂，对多种禾本科、莎草科及阔叶杂草均有效，可用于玉米和大豆等作物的苗前封闭处理，以及小麦苗后茎叶处理。

专利概况

专利名称　Ortho-substituted haloalkylsulfonanilide derivative and herbicide

专利号　WO 2010026989　　　　专利申请日　2009-09-02

专利申请人　Nissan Chemical Industries Ltd

其他相关专利　KR 101667063、JP 5549592、EP 2336104、CN 102137841。

工艺专利　WO 2014046244。

合成方法　通过如下反应制得目的物：

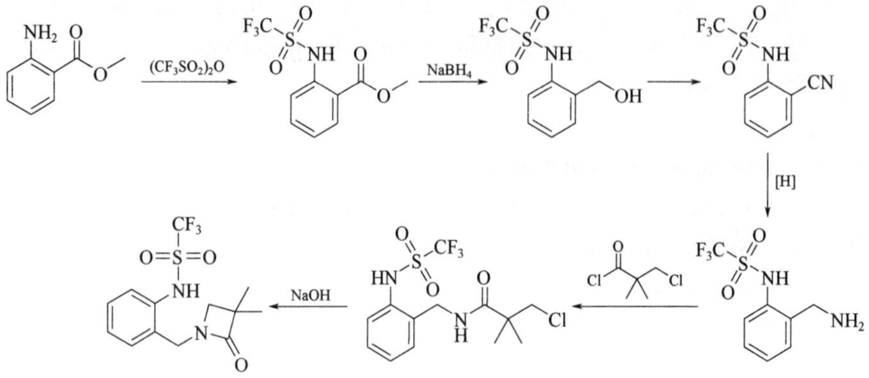

参考文献

[1] Kudou T, Tanima D, Masuzawa Y, et al. WO 2010026989, 2010.

敌草快（diquat）

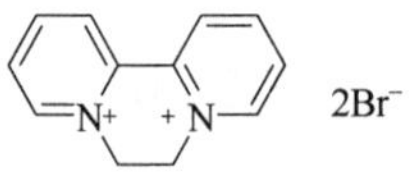

$C_{12}H_{12}Br_2N_2$，344.1，85-00-7

敌草快（商品名称：Reglone、Preglone）1958 年由 R. C. Brian 等报道其除草活性，由 ICI（现 Syngenta AG）引入，并在 1962 年首次上市。

化学名称　1,1′-亚乙基-2,2′-联吡啶二溴盐。英文化学名称　1,1′-ethylene-2,2′-bipyridyl-diylium dibromide。美国化学文摘（CA）系统名称 6, 7-dihydrodipyrido[1,2-*a*:2′,1′-*c*]pyrazine-diium dibromide。CA 主题索引名称 dipyrido[1,2-*a*:2′,1′-*c*]pyrazinediiium—, 6,7-dihydro-dibromide。

理化性质　无色至黄色晶体（单水合物）。单水合物高于 325℃时分解，蒸气压＜0.01 mPa（25℃，单水合物），分配系数 lgK_{ow}=-4.6, Henry 常数＜5×10^{-9} Pa・m^3/mol（单水合物，计算值），相对密度 1.61（单水合物，20～25℃）。溶解度（g/L，20～25℃）：水中＞700，醇类 25；不溶于非极性有机溶剂（＜0.1 g/L）。在中性和酸性溶液中稳定，但在碱性溶液中轻度水解。pH 7、模拟日光下 DT_{50} 约 74 d。紫外线下光化学分解，DT_{50}＜1 周。

毒性　大鼠急性经口 LD_{50} 214～222 mg/kg，大鼠急性经皮 LD_{50}＞424 mg/kg。对兔皮肤和眼睛有刺激性。人类皮肤有轻微程度的吸收，伤口在暴露后引起刺激和延迟恢复，可导致指甲的临时性损伤。极限程度吸入气雾液滴可能导致鼻出血。NOEL（2 年）大鼠 0.58 mg/(kg・d)；ADI/RfD（JMPR）0.002 mg/kg（1993）；（EC）0.002 mg/kg（2001）；（EPA）aRfD 0.75 mg/kg，cRfD 0.005 mg/kg（2002）。

生态效应　绿头野鸭急性经口 LD_{50}(12 d)83 mg/kg，山齿鹑急性经口 LD_{50}(14 d)158 mg/kg。

饲喂 LC_{50}（mg/kg 饲料）：日本鹌鹑 721，山齿鹑 1570，环颈雉鸡 2004，绿头野鸭＞2677。虹鳟 LC_{50}（96 h）6.1 mg/L。水蚤 LC_{50}（48 h）5.9 mg/L。羊角月牙藻 EC_{50}（96 h）11 μg/L。蚯蚓 LC_{50}（14 d）94 mg/kg 干重。

环境行为　①动物。大鼠经口摄入后只有一小部分被吸收。未吸收的部分快速经粪便排出，被吸收的部分快速、大量经尿液排出。②植物。敌草快在植物体内的代谢分解有限。在植株表面发生光化学降解。③土壤/环境。敌草快被土壤和沉积层强烈快速吸收，导致完全失去活性。当被土壤吸附时，敌草快缓慢降解，DT_{50} 1.2～41 年。解吸时，它被微生物快速降解（未吸附敌草快，DT_{50} 0.4～21 d）。滤渗进地下水的可能性可忽略。

剂型　胶体、可溶液剂。

主要生产商　Syngenta、Sinon、安徽广信农化股份有限公司、德州绿霸精细化工有限公司、江苏维尤纳特精细化工有限公司、广安利尔化学有限公司、江苏诺恩作物科学股份有限公司、江苏省南京红太阳生物化学有限责任公司、利尔化学股份有限公司、宁夏永农生物科学有限公司、山东潍坊润丰化工股份有限公司以及永农生物科学有限公司等。

作用机理与特点　光系统 I 电子转移抑制剂。在光合作用时产生过氧化物，破坏细胞膜和细胞质。非选择性、触杀型除草剂和催枯剂，被叶部吸收，通过木质部传导。

应用　用于棉花、亚麻、苜蓿、三叶草、羽扇豆、油料油菜、罂粟、大豆、豌豆、菜豆类、向日葵、谷物、玉米、甜菜和其他种子作物的收获前干燥脱水；破坏马铃薯茎；啤酒花脱皮。用于葡萄、梨果、核果、灌木浆果、草莓（也用于控制走茎）、柑橘、橄榄树、啤酒花、蔬菜、观赏植物、灌木其他作物，防除一年生阔叶杂草。可防除水面和水下的水生杂草及非耕地杂草。在甘蔗上可防除杂草和控制抽穗，剂量 400～1000 g/hm²。与碱性物质、阴离子型表面活性剂（如烷基磺酸盐或烷基芳基磺酸盐）和激素类除草剂的碱金属盐类不相容。

专利概况

专利名称　Di-pyridyl derivatives

专利号　GB 785732　　　　　**专利申请日**　1955-07-20

专利申请人　Imperial Chemical Industries Limited。

登记情况　敌草快在中国登记有 40%、41%的母药 14 个，和 129 个相关制剂。主要用于非耕地防治各种杂草。部分登记情况见表 3-139。

表 3-139　敌草快在中国部分登记情况

登记证号	农药名称	剂型	含量	登记场所	防治对象	亩用药量（制剂）	施用方法	登记证持有人
PD20200407	敌草快	可溶液剂	200 g/L	非耕地	杂草	250～350 mL	茎叶喷雾	江西红土地化工有限公司
PD20183967	敌草快	水剂	20%	非耕地	杂草	300～400 mL	茎叶喷雾	山西奇星农药有限公司
PD20183364	敌草快	水剂	25%	非耕地	杂草	300～350 mL	茎叶喷雾	山东省德州祥龙生化有限公司
PD20182539	敌草快	母药	40%					江苏维尤纳特精细化工有限公司
PD20181286	敌草快	母药	40%					广安利尔化学有限公司

合成方法

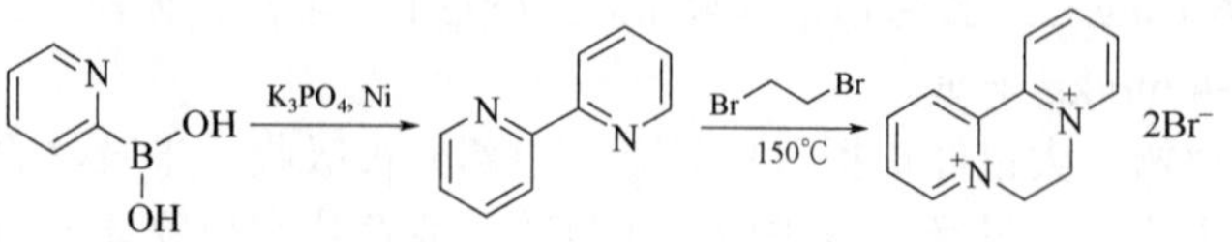

参考文献

[1] The Pesticide Manual.17 th edition: 384-386.

茵多酸（endothal）

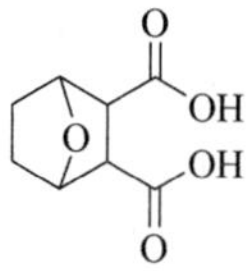

C$_8$H$_{10}$O$_5$，186.2，145-73-3

茵多酸〔商品名称：Accelerate［茵多酸-单盐(N,N-二甲基烷基铵)］，其他名称：茵多杀、草多索〕是由 Sharples Chemical Corp(United Phosphorus Ltd)开发的双环羧酸类除草剂、除藻剂、植物生长调节剂。

化学名称　7-氧杂双环[2.2.1]庚烷-2,3-二羧酸和 3,6-环氧环己烷-1,2-二羧酸。英文化学名称 7-oxabicyclo[2.2.1]heptane-2,3-dicarboxylic acid。美国化学文摘（CA）系统名称 7-oxabicyclo[2.2.1]heptane-2,3-dicarboxylic acid。CA 主题索引名称 7-oxabicyclo[2.2.1]heptane-2,3-dicar-boxylic acid。

理化性质　茵多酸有 4 个异构体，其中 rel-(1R,2S,3R,4S)-异构体除草活性最优。单水合物为无色晶体。熔点 144℃（单水合物），不易燃，蒸气压 2.09×10^{-5} mPa（24.3℃），相对密度 1.431（20~25℃），二元酸，pK_{a_1}=3.4，pK_{a_2}=6.7（20~25℃）。溶解度（g/L，20~25℃）：水 100，甲醇 220，二氧六环 78，丙酮 55，异丙醇 13，乙醚 0.7，苯 0.09。对光稳定；在 90℃下稳定，90℃以上经历转换为酐的缓慢过程。本品是二元酸，形成水溶性的胺和碱金属盐。茵多酸二钾盐在水中的溶解度＞650 g/L；茵多酸-单盐（N,N-二甲基烷基铵）：烷基是 C$_8$~C$_{18}$，在水中的溶解度为 0.25 mg/L。

毒性　茵多酸　大鼠急性经口 LD$_{50}$（mg/kg）：38~45，兔急性经皮 LD$_{50}$＞2000 mg/L。吸入 LC$_{50}$（14 d）0.68 mg/L。大鼠 NOEL（2 年）1000 mg/kg 饲料。ADI/RfD（EPA）cRfD 0.007 mg/kg（2005）。

茵多酸二钾盐　大鼠急性经口 LD$_{50}$ 98 mg/kg。兔急性经皮 LD$_{50}$＞2000 mg/L。对兔眼睛有严重的刺激性，对皮肤有轻微的刺激性。对豚鼠皮肤无致敏性。

茵多酸二钠盐　急性经口 LD$_{50}$ 182~197 mg/kg（19.2%的水溶液）。对皮肤和眼睛有刺激性。

茵多酸-单盐（N,N-二甲基烷基铵）　大鼠急性经口 LD$_{50}$ 233.4 mg/kg。大鼠急性经皮 LD$_{50}$ 481 mg/kg。对兔皮肤和眼睛有严重的刺激性，对豚鼠皮肤无致敏性，大鼠急性吸入 LC$_{50}$（4 h）0.7 mg/L。

生态效应　茵多酸　野鸭急性经口 LD$_{50}$ 111 mg/kg。山齿鹑和野鸭饲喂 LC$_{50}$（8 d）＞5000 mg/L。鱼毒 LC_{50}（96 h, mg/L）：虹鳟鱼 49，大翻车鱼 77。水蚤 LC_{50}（48 h）92 mg/L。对水藻有毒，其他水生生物 LC_{50}（96 h, mg/L）：东方生蚝 54，糠虾 39，招潮蟹 85.1。对蜜蜂无毒。

茵多酸二钾盐　野鸭 LD_{50} 344 mg/kg。山齿鹑和野鸭饲喂 LC_{50}（8 d）>5000 mg/L。鱼毒 LC_{50}（96 h, mg/L）：虹鳟鱼 107～528.7，大翻车鱼 316～501.2，大嘴鲈 130，小嘴鲈 47。水蚤 LC_{50}72～319.5 mg/L。淡水中蓝绿色和绿色海藻 LC_{50}>4.8 mg/L。LC_{50}（mg/L）：糠虾 79，招潮蟹 752.4。浮萍 EC_{50}（14 d）0.84 mg/L。

茵多酸-单盐（N,N-二甲基烷基铵）　鱼毒 LC_{50}（mg/L）：胖头鱼 0.94（96 h），虹鳟鱼 1.7（96 h），美鳊 0.32（120 h）；飞鱼 TL_{50}（96 h）1.7 mg/L。水蚤 LC_{50}（48 h）0.36 mg/L，贻贝 LC_{50}（48 h）4.85 mg/L。

环境行为　①动物。在动物体内可快速吸收。消除 DT_{50}1.8～2.5 h。②植物。在植物体内的残留物主要是本品。③土壤/环境。在有氧土壤中，DT_{50} 8.5 d。K_d 1.3～37.1。

剂型　颗粒剂、可溶液剂。

主要生产商　Cerexagri。

作用机理与特点　抑制丝氨酸/苏氨酸蛋白磷酸酶（serine threonine protein phosphatase）。

应用　主要用于蔬菜田如菠菜、甜菜，草坪苗前或苗后除草，使用剂量为 2.0～6.0 kg (a.i.)/hm²。也可用作苜蓿干燥剂、马铃薯干燥剂、棉花脱叶剂，还可防除藻类和水生杂草。

专利概况

专利名称　Salts of 3, 6 endoxohexahydrophthalic acid

专利号　EP 657099　　　　专利申请日　1950-04-01

专利申请人　Sharples Chemicals Inc。

合成方法　通过如下反应制得目的物：

参考文献

[1] The Pesticide Manual.17 th edition: 404-406.

乙氧呋草黄（ethofumesate）

$C_{13}H_{18}O_5S$，286.3，26225-79-6

乙氧呋草黄（试验代号：AE B049913、NC 8438、SN 49913、ZK 49913，商品名称：Burakosat、Ethosat、Ethosin、Keeper、Kubist、Nortron、Progress、Tramat，其他名称：乙呋草磺）是由 Fisons Ltd 和 Agrochemical Division（拜耳公司）1974 年开发的除草剂。

化学名称　(RS)-2-乙氧基-2,3-二氢-3,3-二甲基苯并呋喃-5-甲磺酸酯。英文化学名称 (RS)-2-ethoxy-2,3-dihydro-3,3-dimethylbenzofuran-5-yl methanesulfonate。美国化学文摘（CA）系统名称 2-ethoxy-2,3-dihydro-3,3-dimethyl-5-benzofuranyl methanesulfonate。CA 主题索引名

称 5-benzofuranol—, 2-ethoxy-2,3-dihydro-3,3-dimethyl-methanesulfonate。

理化性质 原药为浅棕色结晶固体，有轻微的芳香气味，纯品为无色结晶固体。熔点 70～72℃，蒸气压约 0.65 mPa (25℃)，相对密度 1.29 (20～25℃)，分配系数 lgK_{ow}=2.7 (pH 6.5～7.6)，Henry 常数 $6.8×10^{-3}$ Pa·m³/mol。溶解度 (20～25℃, g/L)：水 0.05，丙酮、二氯甲烷、二甲亚砜、乙酸乙酯＞600，甲苯、对二甲苯 300～600，甲醇 120～150，乙醇 60～75，异丙醇 25～30，己烷 4.67。在 pH 7 和 9 的水溶液中稳定，在 pH 5.0，DT_{50} 为 940 d。水溶液光解 DT_{50} 为 31 h。空气中降解，DT_{50} 为 4.1 h。

毒性 大小鼠性经口 LD_{50}＞5000 mg/kg。大鼠急性经皮 LD_{50}＞2000 mg/kg。对兔眼睛、皮肤无刺激性，对皮肤无致敏性。大鼠急性吸入 LC_{50} (4 h)＞3.97 mg/L 空气。NOEL (mg/kg)：大鼠 NOAEL (2 年) 7，兔子 NOAEL 30，大鼠慢性 NOAEL 127。ADI/RfD (EC) 0.07 mg/kg (2002)；(EPA) aRfD 0.3 mg/kg，cRfD 1.3 mg/kg (2005)。

生态效应 家禽急性经口 LD_{50} (mg/kg)：山齿鹑＞8743，野鸭＞3552。饲喂 LC_{50} [8 d, mg/(kg·d)]：野鸭＞1082，山齿鹑＞839。鱼毒 LC_{50} (96 h, mg/L)：大翻车鱼 12.37～21.2，虹鳟鱼＞11.92～20.2，镜鲤 10.92。水蚤 EC_{50} (48 h) 13.52～22.0 mg/L。藻类 EC_{50} 3.9 mg/L，东方生蚝 EC_{50} (96 h) 1.7 mg/L，糠虾 LC_{50} (96 h) 5.4 mg/L。蜜蜂 LC_{50} (接触和经口)＞50 μg/只，蚯蚓 LC_{50} 134 mg/kg 土。其他有益生物 LD_{50} (mg/kg)：双线隐翅虫＞1250，捕食性步甲和草蛉＞2000 g/hm²。

环境行为 ①动物。主要的代谢物是内酯和游离酸的含氧化合物。②植物。乙氧呋草黄主要分解成 2-羟基和 2-含氧衍生物、甲磺酸和 CO_2。③土壤/环境。乙氧呋草黄在土壤中被微生物分解成短暂存在的化合物，然后这类的化合物会完全转化成土壤结构物质，矿物质和 CO_2 光降解也会发生，DT_{50} 10～122 d (实验室) 和 84～407 d (田地)。通过土壤条件的演示表明：乙呋草磺在土壤中既不会累积也不会被随后的作物吸收，它会被土壤适度吸收 (平均 K_{oc} 203)，不过土壤溶度计表明大部分的土壤残留物会集中在少于 30 cm 深的土层中，因此不会污染到地下水。

剂型 乳油、悬浮剂、悬乳剂。

主要生产商 Aako、Bayer CropScience、Feinchemie Schwebda、Griffin、Punjab、Sharda、UPL、拜耳、广东广康生化科技股份有限公司、江苏好收成韦恩农药化工有限公司、山东潍坊润丰化工股份有限公司及永农生物科学有限公司等。

作用机理与特点 超长链脂肪酸合成抑制剂。

应用 乙氧呋草黄为苗前和苗后均可使用的除草剂，可有效地防除许多重要的禾本科和阔叶杂草，土壤中持效期较长。以 1000～2000 g (a.i.)/hm² 剂量，防除甜菜、草皮、黑麦草和其他牧场中杂草。甜菜地中用量 1000～3000 g (a.i.)/hm²，但呋草黄与其他甜菜地用触杀型除草剂桶混的推荐剂量为 500～2000 g (a.i.)/hm²。草莓、向日葵和烟草基于不同的施药时期对该药有较好的耐受性，洋葱的耐药性中等。

专利概况

专利名称 2, 3-Dihydrobenzofurans and physiologically active compositions containing them

专利号 GB 1271659　　　　专利申请日 1968-05-24

专利申请人 Fisons Ltd.。

登记情况 乙氧呋草黄在中国登记有 96%、97% 原药 4 个，相关制剂 3 个。登记场所甜菜田，防除对象为部分阔叶杂草。部分登记情况见表 3-140。

表 3-140　乙氧呋草黄在中国部分登记情况

登记证号	农药名称	剂型	含量	登记场所	防治对象	亩用药量（制剂）	施用方法	登记证持有人
PD20200058	安·宁·乙呋黄	乳油	27%	甜菜田	一年生阔叶杂草	200～300 mL	茎叶喷雾	广东广康生化科技股份有限公司
PD20131165	安·宁·乙呋黄	乳油	21%	甜菜田	一年生阔叶杂草	350～400 mL	茎叶喷雾	江苏好收成韦恩农化股份有限公司
PD20120677	乙氧呋草黄	乳油	20%	甜菜田	部分阔叶杂草	400～533 mL	茎叶喷雾	江苏好收成韦恩农化股份有限公司
PD20182993	乙氧呋草黄	原药	96%					广东广康生化科技股份有限公司
PD20182587	乙氧呋草黄	原药	96%					山东潍坊润丰化工股份有限公司
PD20171984	乙氧呋草黄	原药	97%					永农生物科学有限公司
PD20120718	乙氧呋草黄	原药	96%					江苏好收成韦恩农化股份有限公司

合成方法　以苯醌和异丁醛为原料，经如下反应制得目的物：

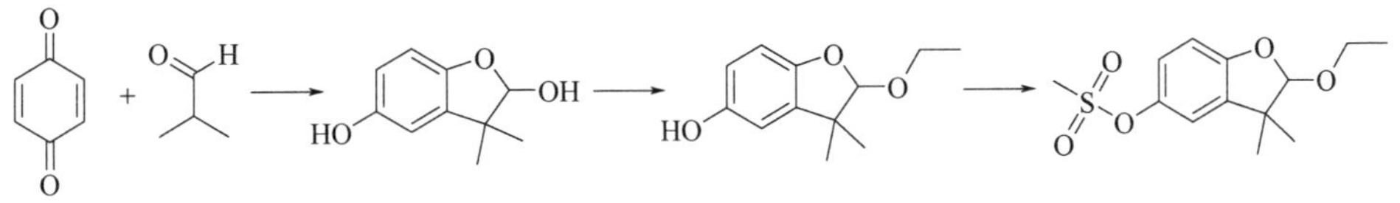

参考文献

[1] The Pesticide Manual.17 th edition: 425-427.

[2] 余露. 农药市场信息，2009(8): 35.

fenoxasulfone

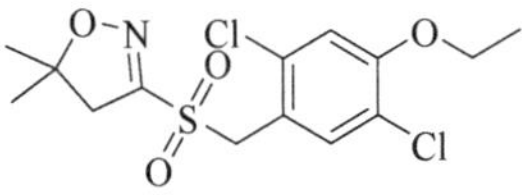

$C_{14}H_{17}Cl_2NO_4S$，366.3，639826-16-7

　　fenoxasulfone（试验代号：KIH-1419、KUH-071）是日本组合化学株式会社开发的异噁唑啉类除草剂。

　　化学名称　3-[(2,5-二氯-4-乙氧基苯基)甲基砜基]-4,5-二氢-5,5-二甲基异噁唑。英文化学名称 3-[(2,5-dichloro-4-ethoxyphenyl)methylsulfonyl]-4,5-dihydro-5,5-dimethylisoxazole。美国化学文摘（CA）系统名称 3-[[(2,5-dichloro-4-ethoxyphenyl)methyl]sulfonyl]-4,5-dihydro-5,5-dimethylisoxazole。CA 主题索引名称 isoxazole—，3-[[(2,5-dichloro-4-ethoxyphenyl)methyl]sulfonyl]-4,5-dihydro-5,5-dimethyl。

　　理化性质　白色无臭晶体，熔点 157.6℃，分配系数 lgK_{ow}=3.30，水中溶解度 0.17 mg/L（20～25℃）。

主要生产商 Ihara。

作用机理与特点 fenoxasulfone 可有效抑制黄化稗草幼苗微粒体中的超长链脂肪酸延伸酶（VLCFAE）活性，稻稗经处理后，首先新生叶片皱缩，茎叶颜色转为暗绿，进而生长受到抑制，最终在 2～3 周内死亡。

应用 在田间应用剂量为有效成分 20 g/hm^2 时对禾本科和阔叶杂草有很好的防除效果，特别是对稗草、雨久花属和母草属等一年生阔叶杂草。稗草是水稻栽培中较难防除杂草之一，fenoxasulfone 对水稻和稗草有很高的选择性，它对发芽至 3 叶期的稗草均有很好的防效。

当其与苄嘧磺隆混用，可有效防除水稻田里的稗草、鸭舌草、水莎草等；当其与异噁草酮混用，可有效防除水稻田里的稗草、千金子、鸭舌草等。

专利概况

专利名称 Herbicide composition

专利号 JP 2004002324　　　　　**专利申请日** 2003-03-19

专利申请人 Kumiai Chemical Industry Co; Ihara Chemical Ind Co。

合成方法 经如下反应制得 fenoxasulfone：

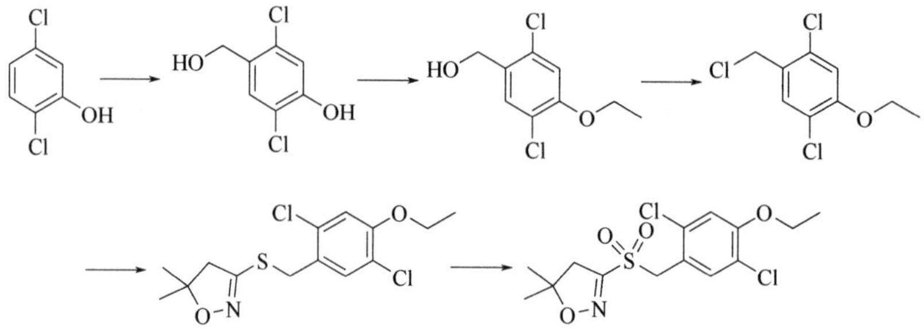

参考文献

[1] The Pesticide Manual.17 th edition: 461.

[2] Fujinami M, Takahashi Y, Tanetani Y, et al. Journal of pesticide science, 2019, 44(4): 282-289.

四唑酰草胺（fentrazamide）

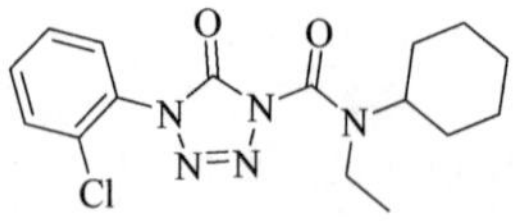

C$_{16}$H$_{20}$ClN$_5$O$_2$，349.8，158237-07-1

四唑酰草胺（试验代号：BAY YRC 2388、NBA 061、YRC 2388，商品名称：Innova、Lecspro、拜田净，其他名称：四唑草胺）是由日本拜耳株式会社发现，由拜耳公司开发的四唑啉酮类除草剂。

化学名称 4-[2-氯苯基]-5-氧-4,5-二氢-四唑-1-(N-环己基-N-乙基)-甲酰胺。英文化学名称 4-(2-chlorophenyl)-N-cyclohexyl-N-ethyl-4,5-dihydro-5-oxo-1H-tetrazole-1-carboxamide。美国化学文摘（CA）系统名称 4-(2-chlorophenyl)-N-cyclohexyl-N-ethyl-4,5-dihydro-5-oxo-1H-tetrzole-1-carboxamide。CA 主题索引名称 1H-tetrazole-1-carboxamide—, 4-(2-chlorophenyl)-N-cyclohexyl-N-ethyl-4,5-dihydro-5-oxo-。

理化性质　无色结晶体。熔点 79℃，蒸气压 $5×10^{-5}$ mPa（20℃），分配系数 lgK_{ow}=3.6，Henry 常数 $7×10^{-6}$ Pa·m³/mol，相对密度 1.3（20～25℃）。溶解度（20～25℃）：水中 2.3 mg/L，其他溶剂中（g/L）：异丙醇 32，正庚烷 2.1，二氯甲烷和二甲苯>250。DT_{50}（25℃）>300 d（pH 5），>500 d（pH 7），约 70 d（pH 9）。光解稳定性 DT_{50}（25℃）：20 d（纯水），10 d（天然水）。

毒性　大鼠急性经口 LD_{50}>5000 mg/kg。大鼠急性经皮 LD_{50}>5000 mg/kg。对兔眼睛和兔皮肤无刺激性，对豚鼠无致敏性。大鼠急性吸入 LC_{50}>5 mg/L。NOEL 数据（mg/kg）：大鼠 10.3，小鼠 28.0，狗 0.52。ADI/RfD（FSC）0.005 mg/kg。无致突变性和致畸性。

生态效应　日本鹌鹑和山齿鹑急性经口 LD_{50}（14 d）>2000 mg/kg。鱼类 LC_{50}（96 h，mg/L）：鲤鱼 3.2，虹鳟鱼 3.4。水蚤 LC_{50}（24 h）>10 mg/L。绿藻 EC_{50}（24 h）6.04 μg/L，对藻类无长期影响，恢复快。其他水生生物 LC_{50}（96 h，mg/L）：青虾 6.5，蚬蚌>100。蜜蜂 LD_{50}（接触）>150 μg/只。蚯蚓 LC_{50}（14 d）>1000 mg/kg 干土。家蚕 NOEC 100 mg/L。

环境行为　①动物。动物体内代谢主要通过母体化合物水解进行生物转化。②植物。在水田中研究水稻代谢，在任何植株中没有检测到母体化合物。③土壤/环境。在稻田中，四唑酰草胺能在水中迅速水解，然后在浸水土壤中彻底降解和矿化。在现场和实验室条件下的稻田中，四唑酰草胺半衰期的计算范围在几天到几周。基于 K_{oc} 值，四唑酰草胺在土壤中是非流动的。

制剂　可湿性粉剂、水分散粒剂、颗粒剂、悬浮剂。

主要生产商　Bayer CropScience。

作用机理与作用特点　超长链脂肪酸合成抑制剂。四唑酰草胺的选择性与位置有关，它被吸附到土壤表层，并不接触移栽水稻幼苗的生长点。可被植物的根、茎、叶吸收并传导到根和芽顶端的分生组织，抑制其细胞分裂，使生长停止，组织变形，生长点、节间分生组织坏死。

应用

（1）适宜作物与安全性　水稻（移栽田、抛秧田、直播田)，不仅对水稻安全，而且具良好的毒理、环境和生态特性。

（2）防除对象　禾本科杂草（稗草、千金子）、莎草科杂草（异型莎草、牛毛毡）和阔叶杂草（鸭舌草）等，对主要杂草稗草、莎草有卓效。

（3）应用技术　毒土法使用时，需保证土壤湿润即田间有薄水层，以保证药剂能均匀扩散。施药后，田间水层不可淹没水稻心叶。为了扩大除草谱（防除多年生莎草科杂草和某些难防除的阔叶杂草），可与苄嘧磺隆、杀草隆、唑吡嘧磺隆等中的一种或两种混用。

（4）使用方法　水稻直播田苗后、移栽田插秧后 0～10 d、抛秧田抛秧后 0～7 d，在稗草苗前至 3 叶期施药，毒土法或喷雾均可。通常使用剂量为 200～300 g (a.i.)/hm² [亩用量为 13.3～20 g (a.i.)]。

专利概况

专利名称　1-(Substituted phenyl) tetrazolinone derivatives, their preparation and their use as herbicides.

专利号　EP 612735　　　　　　　**专利申请日**　1994-02-14

专利申请人　Bayer AG

　　其他相关专利　EP 726259。

登记情况　拜耳股份公司于 2000 年获得四唑酰草胺原药（LS200054）和 50%四唑酰草胺可湿性粉剂（LS200053）的临时登记，2004 年过期，现未有相关产品获得登记。

合成方法　首先制成邻氯异氰酸酯，再与叠氮化物反应制得中间体 1-(2-氯苯基)四唑啉酮，最后与 N-乙基-N-环己基氨基甲酰氯缩合，处理即得目的物。

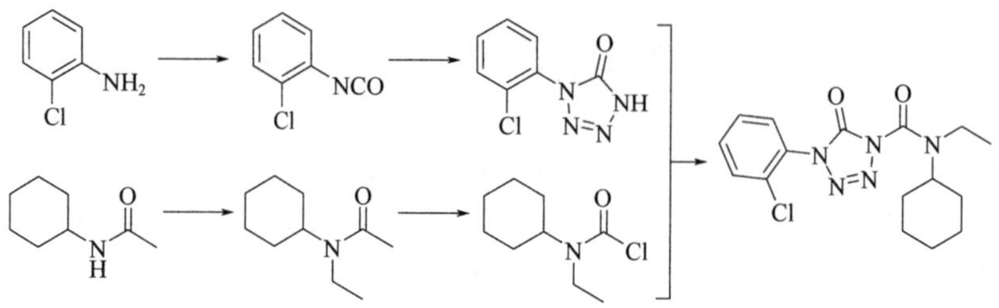

参考文献

[1] The Pesticide Manual.17 th edition: 474-475.

[2] 程志明. 世界农药, 2005(2): 5-8.

氟胺草唑（flupoxam）

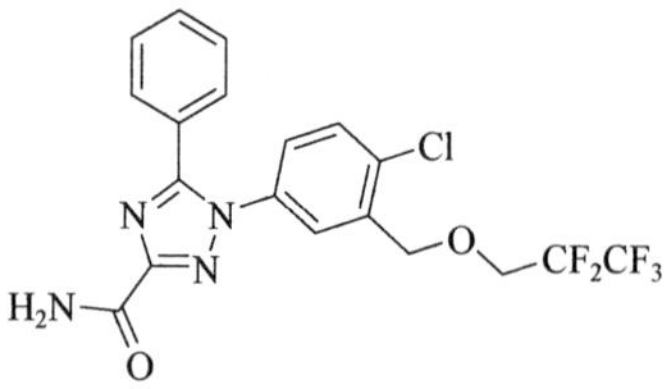

$C_{19}H_{14}ClF_5N_4O_2$，460.8，119126-15-7

氟胺草唑（试验代号：KNW-739、MON-18500，商品名称：Conclude，其他名称：胺草唑）是由日本吴羽化学公司开发的三唑酰胺类除草剂。

化学名称　1-[4-氯-3-(2,2,3,3,3-五氟丙氧基甲基)苯基]-5-苯基-1H-1,2,4-三唑-3-甲酰胺。英 文 化 学 名 称　1-[4-chloro-3-(2,2,3,3,3-pentafluoro propoxymethyl)phenyl]-5-phenyl-1H-1,2,4-triazole-3-carboxamide。美国化学文摘（CA）系统名称　1-[4-chloro-3-[(2,2,3,3,3-pentafluoro-propoxy)methyl]phenyl]-5-phenyl-1H-1,2,4-triazole-3-carboxamide。CA 主题索引名称 1H-1,2,4-triazole-3-carboxamide—, 1-[4-chloro-3-[(2,2,3,3,3-pentafluoropropoxy)methyl]phenyl]-5-phenyl-。

理化性质　白色无味晶体。熔点 $137.7 \sim 138.3 ℃$，蒸气压 7.85×10^{-2} mPa（25℃），相对密度 1.385（20～25℃），分配系数 $\lg K_{ow}=3.2$。溶解度（20～25℃）：水中 2.42 mg/L，其他溶剂中（g/L）：正己烷<0.01，甲苯 4.94，甲醇 162，丙酮 282，乙酸乙酯 102。

毒性　大鼠急性经口 $LD_{50}>5000$ mg/kg，兔急性经皮 $LD_{50}>2000$ mg/kg。对兔眼睛中度刺激，对皮肤无刺激性。大鼠吸入 $LC_{50}>8.2$ mg/L。大鼠 NOEL（2 年）2.4 mg/kg，ADI/RfD（日本）0.008 mg/kg。在 Ames 试验和微核试验中无致突变性和致畸性。

生态效应　山齿鹑急性经口 $LD_{50}>2250$ mg/kg，山齿鹑饲喂 $LC_{50}>5620$ mg/L。鲤鱼 LC_{50}（96 h）2.3 mg/L。水蚤 LC_{50}（48 h）3.9 mg/L，月牙藻 E_rC_{50}（72h）>54.2 mg/L，蜜蜂接触 $LD_{50}>100$ μg/只。

环境行为　土壤 DT_{50} 约 <59 d。

制剂　乳油、悬浮剂、水分散粒剂。

主要生产商　Synexus 及 Nippon Soda。

作用机理与特点　细胞壁（纤维素）合成抑制剂。通过作用于生长活跃区域（根和叶面）抑制细胞伸长。主要通过与分生组织接触起作用，在植物体内极少传导。

应用

（1）适宜作物与安全性　玉米、大豆、小麦、大麦。以 300 g (a.i.)/hm² ［每亩以 20 g (a.i.)］施用后两个月内，对小麦、大麦均无药害。

（2）防除对象　主要用于防除越冬禾谷类作物田中一年生阔叶杂草如野斗蓬草、芥菜、藜、黄鼬瓣花、大马蓼、宝盖草、白芥、繁缕、猪殃殃、野生萝卜、小野芝麻、香甘菊、虞美人、常春藤叶婆婆纳、大婆婆纳、野油菜等。

（3）使用方法　小麦、大麦苗前苗后均可使用，使用剂量为 150 g (a.i.)/hm² ［亩用量为 10 g (a.i.)］，在杂草 2～4 叶期施用，防除效果达 90% 以上。以 150 g (a.i.)/hm² ［亩用量为 10 g (a.i.)］与异丙隆混用效果更佳：苗前施用小麦增产 12%，苗后施用增产 10%。玉米播后苗前或苗后茎叶处理，用量分别为 30～40 g (a.i.)/hm² 和 20～30 g (a.i.)/hm²。大豆播前土壤处理，用量 48～60 g (a.i.)/hm²，苗后茎叶处理用量 20～25 g (a.i.)/hm²。

（4）注意事项　后茬不宜种植油菜、甜菜及其他蔬菜。

专利概况

专利名称　1,5-Diphenyl-1H-1,2,4-triazole-3-carboxamide derivatives and herbicidal composition containing the same

专利号　EP 282303　　　　　专利申请日　1988-03-10

专利申请人　Kureha Kagaku Kogyo Kabushiki Kaisha。

合成方法　以邻甲基对硝基氯苯为起始原料，经如下反应即得目的物：

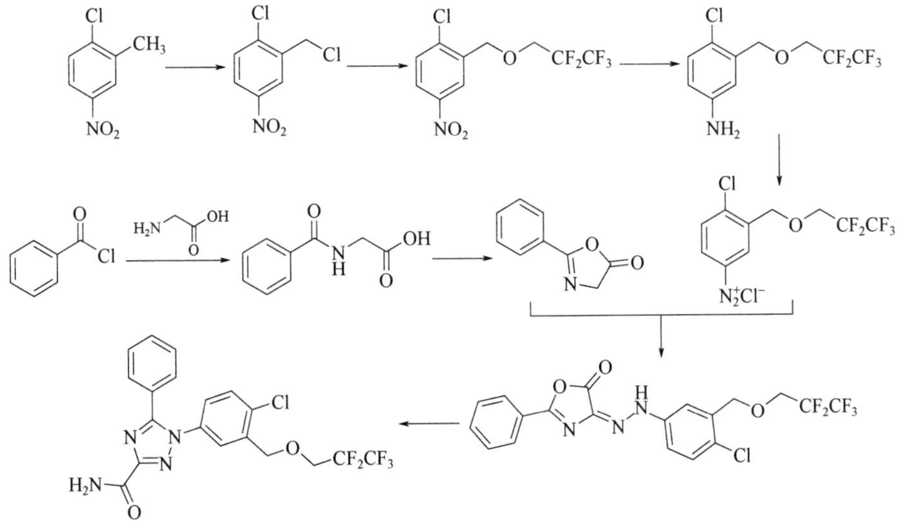

参考文献

[1] The Pesticide Manual.17 th edition: 526-527.

氟啶草酮（fluridone）

$C_{19}H_{14}F_3NO$，329.3，59756-60-4

氟啶草酮［试验代号：EL-171、Compound 112371，商品名称：Sonar（SePRO）］是 1977 年由 Eli Lilly&Co.（农用化学品现属 Dow AgroSciences 公司）在叙利亚开发的除草剂。

化学名称　1-甲基-3-苯基-5-(α, α, α-三氟间甲苯基)-4-吡啶酮。英文化学名称 1-methyl-3-phenyl-5-(α, α, α-trifluoro-m-tolyl)-4-pyridone。美国化学文摘（CA）系统名称 1-methyl-3-phenyl-5-[3-(trifluoromethyl)phenyl]-4(1H)-pyridinone。CA 主题索引名称 4(1H)-pyridinone—，1-methyl-3-phenyl-5-[3-(trifluoromethyl)phenyl]-。

理化性质　原药为白色至棕褐色结晶固体，纯品为白色结晶固体。熔点 154～155℃，蒸气压 0.013 mPa（25℃），分配系数 lgK_{ow}=1.87（pH 7），Henry 常数 3.57×10^{-4} Pa·m³/mol（计算值）。堆积密度（20～25℃）：0.358 g/cm³（松散），0.515 g/cm³（紧密）。pK_a(20～25℃)=1.7。溶解度（20～25℃）：水中约 12 mg/L（pH 7），有机溶剂（g/L）：甲醇、三氯甲烷、乙醚＞10，乙酸乙酯＞5，己烷＜0.5。200～219℃分解，在 pH 3～9 水中水解，紫外线下分解，水中 DT$_{50}$ 23 h。

毒性　急性经口 LD$_{50}$（mg/kg）：大鼠和小鼠＞10000，狗＞500，猫＞250。兔急性经皮 LD$_{50}$＞5000 mg/kg，对兔皮肤无刺激性，对眼睛有中度刺激性。大鼠急性吸入 LC$_{50}$（4 h）＞4.12 mg/L。NOEL［mg/(kg·d)］2 年：小鼠 11.6，大鼠 8.5；1 年：小鼠 11.4，大鼠 9.4，狗 150；90 d：小鼠 9.3，大鼠 53，狗 200。大鼠三代繁殖试验，无作用剂量 121 mg/(kg·d)，无致癌作用。ADI/RfD（EPA）aRfD 1.25 mg/kg，cRfD 0.15 mg/kg（2004）。无致突变作用。

生态效应　山齿鹑急性经口 LD$_{50}$(mg/kg)＞2000。山齿鹑和野鸭饲喂 LC$_{50}$（8 d）＞5000 mg/kg 饲料。虹鳟 LC$_{50}$（96 h）11.7，蓝鳃翻车鱼 14.3 mg/L。水蚤 LC$_{50}$（48 h）6.3 mg/L，粉对虾 EC$_{50}$（96 h）4.6，蓝蟹 34.0 mg/L；牡蛎胚胎（48 h）16.8 mg/L。蜜蜂 LD$_{50}$（经口）＞363 μg/只。蚯蚓 LC$_{50}$（14 d）＞102.6 mg/L。

环境行为　①植物。氟啶草酮在陆生植物体中难以代谢。②土壤/环境。土壤微生物降解是主要途径。沙壤土中 DT$_{50}$＞343 d（pH 7.3，2.6% o.m.）。K_d 3～16，K_{oc} 350～1100（五种土壤）；水生环境中，降解主要是通过光解，但微生物和水生植被也是影响因素。水中 DT$_{50}$ 9 个月（厌氧），约 20 d（有氧）。水土壤中 DT$_{50}$ 约 90 d，吸收的氟啶草酮逐渐从水土壤中进入到水环境中发生光解。

制剂　悬浮剂、丸剂。

主要生产商　SePRO、迈克斯（如东）化工有限公司。

作用机理与特点　通过抑制八氢番茄红素脱氢酶，减少类胡萝卜素生物合成，使叶绿素损耗，抑制光合作用。选择性内吸性除草剂，水生植物中，被根和叶吸收；在陆生植物中，主要由根部吸收，传导至叶片（敏感作物）；在抗性植物如棉花中，很少被根吸收和传导。

应用

（1）适宜作物与安全性　作为水生植物除草剂，防除池塘、湖泊、水库、沟渠等处杂草。

（2）防除对象　被水淹没或未淹没的大多水生杂草，包括狸藻类植物、金鱼藻、加拿大黑藻、狐尾藻、茨藻、眼子菜、黑藻和紫黍草等。

（3）应用技术　根据杂草情况选择使用频率，池塘使用浓度 45～90 μg/L，湖泊和水库 10～90 μg/L，单一水域每个生长周期最大使用剂量 150 μg/L。棉花是唯一对其有抗药性的植物。

专利概况

专利名称　3-Phenyl-5-substituted-4 (1*H*)-pyridones-(thiones)

专利号　GB 1521092　　　专利申请日　1975-08-22

专利申请人　Eli Lilly&Co.。

登记情况　氟啶草酮在中国登记有 99%原药和 42%悬浮剂。登记场所为棉花田，可防除一年生杂草。登记情况见表 3-141。

表 3-141　氟啶草酮在中国登记情况

登记证号	农药名称	剂型	含量	登记场所	防治对象	亩用药量（制剂）	施用方法	登记证持有人
PD20190258	氟啶草酮	悬浮剂	42%	棉花田	一年生杂草	30～40 mL	土壤喷雾	迈克斯（如东）化工有限公司
PD20190252	氟啶草酮	原药	99%					迈克斯（如东）化工有限公司

合成方法　以间三氟甲基苯乙腈为原料，在固体甲醇钠存在下与苯乙酸甲酯进行缩合反应，制备 1-苯基-3-氰基-3-(3-三氟甲基苯基)-2-丙酮；尔后在浓硫酸作用下，进行水解脱羧反应，制备 1-苯基-3-(3-三氟甲基苯基)-2-丙酮；最后进行闭环反应，制备氟啶草酮。总收率达 70%以上，含量达 99.0%以上。该路线工艺安全、易于工业化。

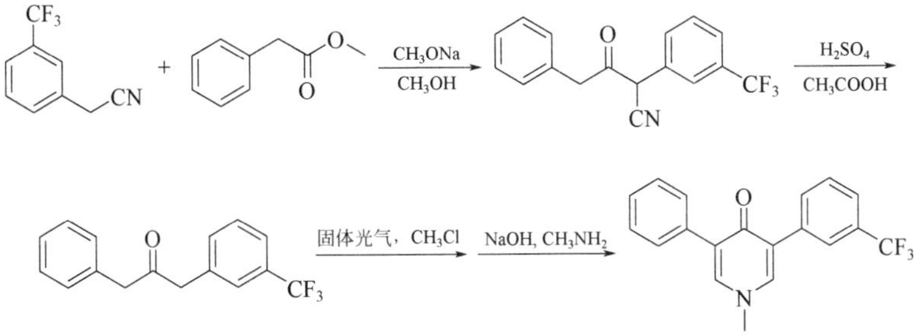

参考文献

[1] The Pesticide Manual.17 th edition: 534-535.

氟咯草酮（flurochloridone）

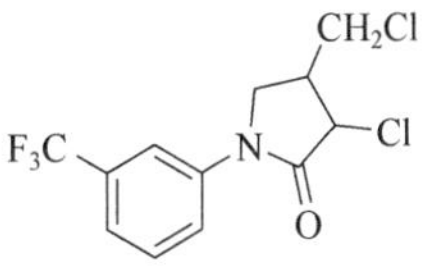

C$_{12}$H$_{10}$Cl$_2$F$_3$NO，312.1，61213-25-0

氟咯草酮（试验代号：R-40244，商品名称：Racer、Talis，其他名称：fluorochloridone）是由美国斯托弗化学公司（现先正达）开发的吡咯烷酮类除草剂。

化学名称 (3*RS*,4*RS*,3*RS*,4*SR*)-3-氯-4-氯甲基-1-(*α*,*α*,*α*-三氟-间-甲苯基)-2-吡咯烷酮。英文化学名称(3*RS*,4*RS*,3*RS*,4*SR*)-3-chloro-4-chloromethyl-1-(*α*,*α*,*α*-trifluro-*m*-toly)-2-pyrrolidone(*cis*-:*trans*-=1：3)。美国化学文摘（CA）系统名称 3-chloro-4-(chloromethyl)-1-[3-(trifluoromethyl)phenyl]-2-pyrrolidinone。CA 主题索引名称 2-pyrrolidinone—，3-chloro-4-(chloromethyl)-1-[3-(trifluoromethyl)phenyl]-。

理化性质 *cis*-和 *trans*-混合物比例为 1：3，为棕色蜡状固体。熔点 40.9℃，沸点 212.5℃（1333 Pa），蒸气压 0.44 mPa（25℃），分配系数 lgK_{ow}=3.36，Henry 常数 $3.9×10^{-3}$ Pa · m³/mol（计算值），相对密度 1.19（20～25℃）。溶解度（20～25℃）：水中 35.1 mg/L（蒸馏水），20.4 mg/L（pH 9）；有机溶剂中（g/L）：乙醇 100，煤油<5，易溶于丙酮、氯苯、二甲苯。在 pH 5、7 和 9 水中稳定（25℃）。在酸性介质和高温中发生分解。DT_{50}：138 d（100℃）、15 d（120℃）、7 d（60℃，pH 4）、18 d（60℃，pH 7）。水中光解 DT_{50}（pH 7，25℃）：4.3 d（*cis*-/*trans*-），2.4 d（*cis*-），4.4 d（*trans*-）。

毒性 大鼠急性经口 LD_{50}（mg/kg）：雄性 4000，雌性 3650。兔急性经皮 LD_{50}>5000 mg/kg，对兔皮肤和眼睛无刺激性作用，对豚鼠皮肤无致敏性。大鼠急性吸入 LC_{50}（4 h）0.121 mg/L 空气。NOEL（mg/kg 饲料，2 年）：雄大鼠 100 [3.9 mg/(kg · d)]，雌大鼠 400 [19.3 mg/(kg · d)]。ADI/RfD（BfR）0.03 mg/kg（2006）。Ames 试验和小鼠淋巴细胞试验均无致突变性。

生态效应 山齿鹑急性经口 LD_{50}>2000 mg/kg。山齿鹑和野鸭饲喂 LC_{50}（5 d）>5000 mg/kg 饲料。鱼毒 LC_{50}（96 h，mg/L）：虹鳟鱼 3.0，大翻车鱼 6.7。水蚤 LC_{50}（48 h）5.1 mg/L。小球藻 E_bC_{50}（96 h）0.0064 mg/L。蜜蜂 LD_{50}（接触或经口）>100 μg/只。蚯蚓 LC_{50} 691 mg/kg。对步甲种群、狼蛛、蚜虫蜂属和盲走螨属无害。

环境行为 ①动物。在大鼠体内被代谢和快速排出；在 90 h 内被排出的剂量在 95%以上。通过氧化、水解以及结合作用在尿和粪便内产生多种代谢物。②植物。在植物体内迅速代谢，通过氧化和偶合作用形成许多小的代谢物。在庄稼中的残留一般<0.05 mg/kg。③土壤/环境。在实验室测试表明，其在土壤中易于降解，大部分形成二氧化碳和结合残留物，DT_{50}（3 种土壤，有氧，28℃）4 d、5 d 和 27 d，形成两种代谢物，易于进一步降解。在有氧的沉积物中，DT_{50} 3～18 d。在田间中 DT_{50} 9～70 d。K_{oc} 680～1300，K_d 8～19，意味着有潜在的慢的移动性。本品不会渗滤，因为在土壤中被吸收而且易于降解。在水中稳定。

剂型 乳油、微囊悬浮剂。

主要生产商 ACA、Agan、AGROFINA、CAC。

作用机理与特点 八氢番茄红素脱氢酶抑制剂。

应用

（1）适宜作物 冬小麦、冬黑麦、棉花、马铃薯、胡萝卜、向日葵。

（2）防除对象 可防除冬麦田、棉田的繁缕、田堇菜、常春藤叶婆婆纳、反枝苋、马齿苋、龙葵、猪殃殃、波斯水苦荬等，并可防除马铃薯和胡萝卜田的各种阔叶杂草，包括难防除的黄木樨草和蓝蓟。

（3）使用方法 以 500～750 g (a.i.)/hm² 苗前施用，可有效防除冬小麦和冬黑麦田繁缕、常春藤叶、婆婆纳和田堇菜，棉花田反枝苋、马齿苋和龙葵，马铃薯田的猪殃殃、龙葵和波斯水苦荬，以及向日葵田的许多杂草。如以 750 g (a.i.)/hm² 施于马铃薯和胡萝卜田，可防除包括难防除杂草在内的各种阔叶杂草（黄木樨草和蓝蓟），对作物安全。在轻质土中生长的胡萝卜，以 500 g (a.i.)/hm² 施用可获得相同的防效，并增加产量。

专利概况

专利名称　Aromatic *N*-substituted halo-substituted-2-pyrrolidinones and their utility as herbicides

专利号　US 4110105　　　　　专利申请日　1976-01-09

专利申请人　Stauffer Chemical Company

其他相关专利　DE 2612731。

登记情况　江苏苏州佳辉化工有限公司和江西安利达化工有限公司两家公司在中国获得临时登记的 95% 原药，专供出口，不得在国内销售。分别于 2014 年和 2015 年过期。

合成方法　通过如下反应制得目的物：

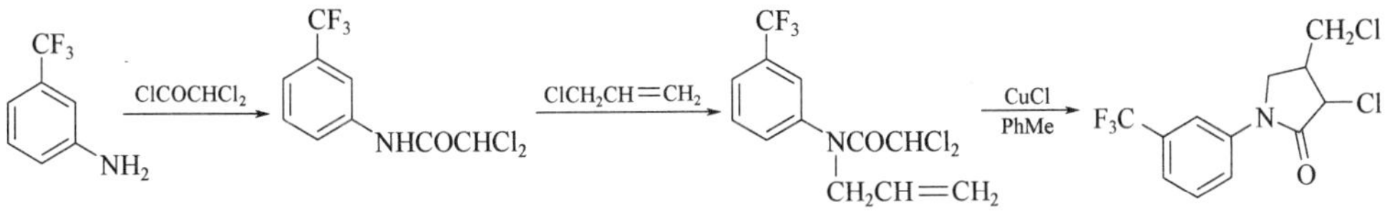

参考文献

[1] The Pesticide Manual.17 th edition: 536-537.

[2] 唐广新，范金勇，胡尊纪，等. 山东化工, 2019, 48(8): 74-75.

呋草酮（flurtamone）

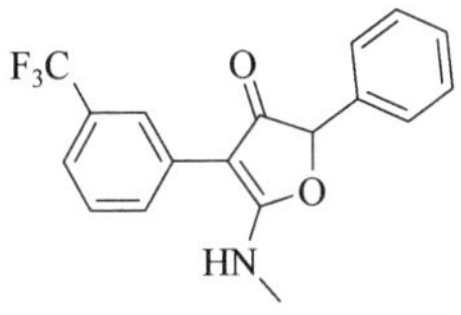

C₁₈H₁₄F₃NO₂，333.3，96525-23-4

呋草酮（试验代号：RE-40885、SX1802、RPA590515，商品名称：Bacara）是由 Chevron Phillips Chemical Company LLC 研制的除草剂，后售于 Rhône-Poulenc Agrochimie（现拜耳公司）。

化学名称　(2*RS*)-5-甲氨基-2-苯基-4-(α,α,α-三氟-间-甲苯基)呋喃-3(2*H*)-酮。英文化学名称 (2*RS*)-5-methylamino-2-phenyl-4-(α,α,α-trifluoro-*m*-tolyl)furan-3(2*H*)-one。美国化学文摘（CA）系统名称 5-(methylamino)-2-pheny-4-[3-(trifluoromethyl)phenyl]-3(2*H*)-furanone。CA 主题索引名称 3(2*H*)-furanone—, 5-(methylamino)-2-phenyl-4-[3-(trifluoromethyl)phenyl]-。

理化性质　原药纯度≥96%，淡黄色粉末。熔点 149℃，蒸气压 $1.0×10^{-3}$ mPa（25℃），分配系数 $\lg K_{ow}$=3.24，Henry 常数 $1.3×10^{-5}$ Pa·m³/mol（计算值），相对密度 1.375（20～25℃）。溶解度（20～25℃）：水中 11.5 mg/L；有机溶剂中（g/L）：丙酮 350，二氯甲烷 358，甲醇 199，异丙醇 44，甲苯 5，己烷 0.018。酸碱条件下稳定。太阳光下快速降解，DT₅₀13.1～16.8 h（佛罗里达夏季阳光照射下）。

毒性　大鼠急性经口 LD_{50} 5000 mg/kg，兔和鼠急性经皮 LD_{50}>5000 mg/kg。对兔皮肤无刺激性，对兔的眼睛有刺激性。对豚鼠皮肤无致敏性。吸入 LC_{50}（4 h）>2.2 mg/L。慢性无作用剂量 NOEL [mg/(kg·d)]：大鼠、小鼠和狗 5.6～200；狗（1 年）5；大鼠（2 年）3.3。

ADI/RfD（EC）0.03 mg/kg。Ames 试验表明无诱变性。

生态效应 山齿鹑急性经口 $LD_{50}>2530$ mg/kg。饲喂 LC_{50}（mg/kg 饲料）：山齿鹑>6000，野鸭 2000。鱼毒 LC_{50}（96 h，mg/L）：虹鳟鱼 7，大翻车鱼 11。水蚤 EC_{50}（48 h）13.0 mg/L。月牙藻 E_bC_{50}（72 h）0.020 mg/L，浮萍 EC_{50}（14 d）为 0.0099 mg/L。蜜蜂 LD_{50}（48 h，μg/只）：经口>304，接触>100。蚯蚓 $LC_{50}>1800$ mg/kg 干土。

环境行为 ①动物。口服后，50%的本品在 7 d 内被吸收，55%的经粪便排出，40%经尿排出（大部分在 1 d 内）。在动物体内代谢，先是 *N*-脱甲基作用，芳基环羟基化，然后是 *O*-烷基化，呋喃的水解及共轭作用。②植物。在收获的花生和谷类植物中无残留。③土壤/环境。DT_{50} 46～65 d；主要代谢物是三氟甲基苯甲酸。平均 K_{oc} 为 329。在土壤胶体中中等程度被吸收；本品的残留物在土壤上面 20 cm 处，代谢物在 10 cm 处。10 个月后在土壤中没发现有残留。

剂型 悬浮剂、水分散粒剂、可湿性粉剂。

主要生产商 Bayer CropScience 和上海赫腾精细化工有限公司。

作用机理与特点 八氢番茄红素脱氢酶抑制剂。通过植物根和芽吸收而起作用，敏感品种发芽后立即呈现普遍褪绿白化作用。

应用

（1）适宜作物 棉花、花生、高粱和向日葵及豌豆田。

（2）防除对象 可防除多种禾本科杂草和阔叶杂草如苘麻、美国豚草、马松子、马齿苋、大果田菁、刺黄花稔、龙葵以及苋、芸薹、山扁豆、蓼等杂草。

（3）使用方法 植前拌土、苗前或苗后处理。推荐使用剂量随土壤结构和有机质含量不同而改变，在较粗结构、低有机质土壤上作植前混土处理时，施药量为 560～840 g (a.i.)/hm²，而在较细结构、高有机质含量的土壤上，施药量为 840～1120 g (a.i.)/hm² 或高于此量。为扩大杀草谱，最好与防除禾本科杂草的除草剂混用。苗后施用，因高粱和花生对其有耐药性，故呋草酮可作为一种通用的除草剂来防除这些作物中难防除的杂草。喷雾液中加入非离子表面活性剂可显著地提高药剂的苗后除草活性。推荐苗后施用的剂量为 280～840 g (a.i.)/hm²，非离子表面活性剂为 0.5%～1.0%（体积/体积）。在上述作物中，棉花无苗后耐药性，但当棉株下部的叶片离地面高度达 20 cm 后可直接对叶片下的茎秆喷药。

专利概况

专利名称 Herbicidal 5-amino-3-oxo-4-(substituted-phenyl)-2,3-dihydrofuran and derivatives thereof

专利号 US 4568376　　　　　　专利申请日 1985-04-16

专利申请人 Chevron Research Company。

登记情况 呋草酮在中国登记有98%原药2个，相关混剂1个。登记场所为冬小麦田，防治对象为一年生杂草。登记情况见表 3-142。

表 3-142　呋草酮在中国登记情况

登记证号	农药名称	剂型	含量	登记场所	防治对象	亩用药量（制剂）	施用方法	登记证持有人
PD20170003	氟噻·吡酰·呋	悬浮剂	33%	冬小麦田	一年生杂草	60～80 mL	土壤喷雾	拜耳股份公司
PD20172271	呋草酮	原药	98%					上海赫腾精细化工有限公司
PD20170005	呋草酮	原药	98%					拜耳股份公司

合成方法　通过如下反应制得目的物：

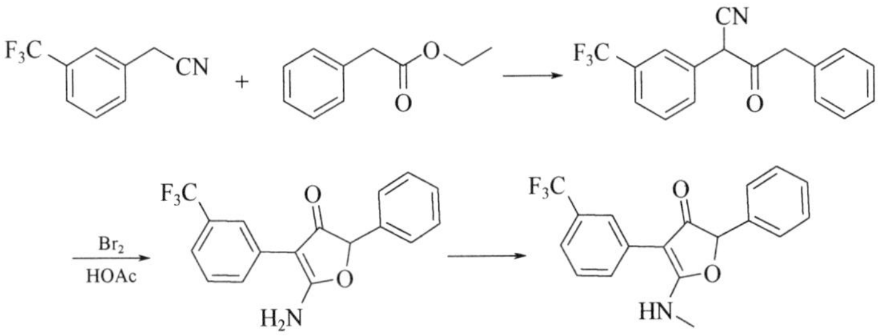

参考文献

[1] The Pesticide Manual.17 th edition: 541-542.

嗪草酸甲酯（fluthiacet-methyl）

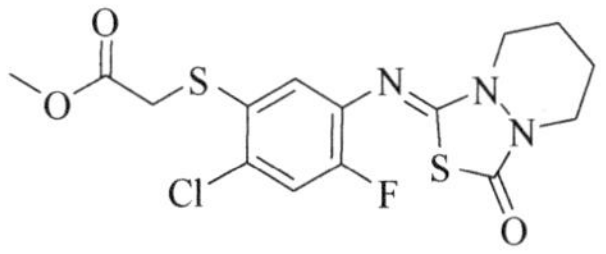

C$_{15}$H$_{15}$ClFN$_3$O$_3$S$_2$，403.9，117337-19-6，149253-65-6(酸)

嗪草酸甲酯（试验代号：CGA-248757、KIH-9201，商品名称：Action、Appeal、Cadet、Velvecut，其他名称：哒草氟、氟噻乙草酯、氟噻甲草酯）是由日本组合化学公司研制，并与汽巴-嘉基公司（现先正达）共同开发的 N-苯基亚胺类除草剂。

化学名称　[2-氯-4-氟-5-(5,6,7,8-四氢-3-氧-1H,3H-[1,3,4]噻二唑[3,4-a]并哒嗪-1-基亚胺)苯硫基]乙酸甲酯。英文化学名称 methyl [2-chloro-4-fluoro-5-(5,6,7,8-tetrahydro-3-oxo-1H,3H-[1,3,4]thiadiazolo[3,4-a]pyridazin-1-ylideneamino)phenylthio]acetate。美国化学文摘（CA）系统名称 methyl [[2-chloro-4-fluoro-5-[(tetrahydro-3-oxo-1H,3H-[1,3,4]thiadiazolo[3,4-a]pyridazin-1-ylidene)amino]phenyl]thio]acetate。CA 主题索引名称 acetic acid—, [[2-chloro-4-fluoro-5-[(tetrahydro-3-oxo-1H,3H-[1,3,4]thiadiazolo[3,4-a]pyridazin-1-ylidene)amino]phenyl]thio]-, methyl ester。

理化性质　原药纯度≥98%。白色粉状固体，熔点 105.0~106.5℃，沸点 249℃分解。蒸气压 4.41×10^{-4} mPa（25℃）。分配系数 lgK_{ow}=3.77，Henry 常数 2.1×10^{-4} Pa·m^3/mol。水中溶解度（mg/L，20~25℃）：0.85（蒸馏水），0.78（pH 5 和 7），0.22（pH 9）。有机溶剂中溶解度（g/L，20~25℃）：甲醇 4.41，丙酮 101，甲苯 84，乙腈 68.7，乙酸乙酯 73.5，二氯甲烷 531，正辛醇 1.86，正己烷 0.232。150℃可稳定存在（DSC）。水中 DT$_{50}$（25℃）：484.8 d（pH 5）、17.7 d（pH 7）、0.2 d（pH 9），水中光解 DT$_{50}$（25℃，44.7 W/m^2，300~400 nm）：5.88 h（天然水），4.95 d（蒸馏水）。

毒性　大鼠急性经口 LD$_{50}$＞5000 mg/kg，兔急性经皮 LD$_{50}$＞2000 mg/kg。对兔皮肤无刺激性，对兔的眼睛有刺激。大鼠急性吸入 LC$_{50}$（4 h）5.048 mg/L。NOEL [mg/(kg·d)]：大鼠（2 年）2.1，小鼠（18 个月）0.1，公狗（1 年）58（2000 mg/L），母狗 30.3（1000 mg/L）。

ADI/RfD（EPA）cRfD 0.001 mg/kg bw（1999）。对大鼠和兔子无致突变和致畸性。

生态效应 野鸭和山齿鹑急性经口 LD_{50}＞2250 mg/kg。蓝鹑 LC_{50}＞5620 mg/L。野鸭和山齿鹑饲喂 LC_{50}（5 d）＞5620 mg/kg 饲料。鱼类 LC_{50}（96 h, mg/L）：虹鳟鱼 0.043，鲤鱼 0.60，大翻车鱼 0.14，黑头呆鱼 0.16。水蚤 LC_{50}（48 h）＞2.3 mg/L。羊角月牙藻 EC_{50}（72 h）3.12 μg/L，水华鱼腥藻 NOEL（5 d）18.4 μg/L。其他水生物 EC_{50}（96 h, μg/L）：东部牡蛎 700，糠虾 280，浮萍 2.2。蜜蜂 LD_{50}（接触，48 h）＞100 μg/只。蚯蚓 LC_{50}＞948 mg/kg 干土。家蚕 LC_{50}（48 h）＞100 μg/只；小黑花椿象、智利小植绥螨、普通草蛉 LC_{50}（48 h）5 g/hm²。

环境行为 ①动物。大鼠在 48 h 内，80%药剂通过粪便排泄，14%通过尿液排出。代谢主要是甲酯的水解、噻唑环的异构化及四氢哒嗪环的水解。②植物。豆类田间残留＜0.01 mg/L。温室中发现这些微量残留可能是大田里面的 10 倍。有机可溶的代谢物与大鼠体内一样。③土壤/环境。DT_{50}（水解，pH 7）18 d，（土壤中光解）21 d，（紫外线）2 h。壤土中 DT_{50}1.2 d（25℃，最多含水分 75%）。K_{oc}（吸附）448～1883，K_{oc}（解吸附）1445～2782。

制剂 可湿性粉剂、乳油。

主要生产商 Arysta LifeScience、FMC、江苏联化科技有限公司、内蒙古佳瑞米精细化工有限公司、沈阳科创化学品有限公司。

作用机理与特点 原卟啉原氧化酶抑制剂，在敏感杂草叶面作用迅速，引起原卟啉积累，使细胞膜脂质过氧化作用增强，从而导致敏感杂草的细胞膜结构和细胞功能不可逆损害。阳光和氧是除草活性必不可少的。常常在 24～48 h 出现叶面枯斑症状。

应用

（1）适宜作物与安全性 适用于大豆和玉米。对大豆和玉米极安全。由于嗪草酸甲酯苗前处理，甚至超剂量下［120 g (a.i.)/hm²］，活性也很低，故对后茬作物无不良影响。加之其用量低，且土壤处理活性低，故对环境安全。

（2）防除对象 主要用于防除大豆、玉米田阔叶杂草，特别对一些难防除的阔叶杂草有卓效如在 2.5～10 g (a.i.)/hm² 下对苍耳、苘麻、西风古、藜、裂叶牵牛、圆叶牵牛、大马蓼、马齿苋、大果田菁等有极好的活性。在 10 g (a.i.)/hm² 对繁缕、曼陀罗、刺黄花稔、龙葵、鸭跖草等亦有很好的活性。

（3）使用方法 大豆、玉米田苗后除草。在 5～10 g (a.i.)/hm² 剂量下茎叶处理，对不同生长期（2～51 cm 高）的苘麻、西风谷和藜等难除阔叶杂草有优异的活性，其活性优于三氟羧草醚［560 g (a.i.)/hm²］、氯嘧磺隆［13 g (a.i.)/hm²］、咪草烟［70 g (a.i.)/hm²］、灭草松［1120 g (a.i.)/hm²］、噻吩磺隆［4.4 g (a.i.)/hm²］。若与以上除草剂混用，不仅可扩大杀草谱，还可进一步提高对阔叶杂草如藜、苍耳等的防除效果。

专利概况

专利名称 Thiadiazabicyclononane derivatives and herbicidal compositions

专利号 EP 0273417　　　　　　优先权日 1986-12-24

专利申请人 Kumiai Chemical Industry Co.；Ihara Chemical Ind Co.

工艺专利 EP 0698604、US 5705651 等。

其他相关专利 JP 02191261、JP 02289573 等。

登记情况 国内登记情况见表 3-143。

表 3-143　嗪草酸甲酯国内登记情况

登记证号	农药名称	剂型	含量	登记场所	防治对象	亩用药量（制剂）/mL	施用方法	登记证持有人
PD20160162	嗪·烟·莠去津	可分散油悬浮剂	4%烟嘧磺隆+15%莠去津+1%嗪草酸甲酯	玉米田	一年生杂草	80～90	茎叶喷雾	辽宁省大连松辽化工有限公司
PD20132700	嗪·烟·莠去津	可分散油悬浮剂	1%烟嘧磺隆+18.75%莠去津+0.25%嗪草酸甲酯	玉米田	一年生杂草	120～133	茎叶喷雾	大连九信作物科学有限公司
PD20095914	嗪草酸甲酯	乳油	5%	春大豆田、春玉米田	一年生阔叶杂草	10～15（东北地区）	茎叶喷雾	大连九信作物科学有限公司
				夏大豆田、夏玉米田	一年生阔叶杂草	8～12	茎叶喷雾	
PD20121998	嗪草酸甲酯	原药	95%					沈阳科创化学品有限公司
PD20111036	嗪草酸甲酯	原药	95%					江苏联化科技有限公司
PD20110288	嗪草酸甲酯	原药	95%					美国富美实公司
PD20095913	嗪草酸甲酯	原药	90%					内蒙古佳瑞米精细化工有限公司

合成方法　以邻氟苯胺为起始原料，经多步反应制得目的物。反应式为：

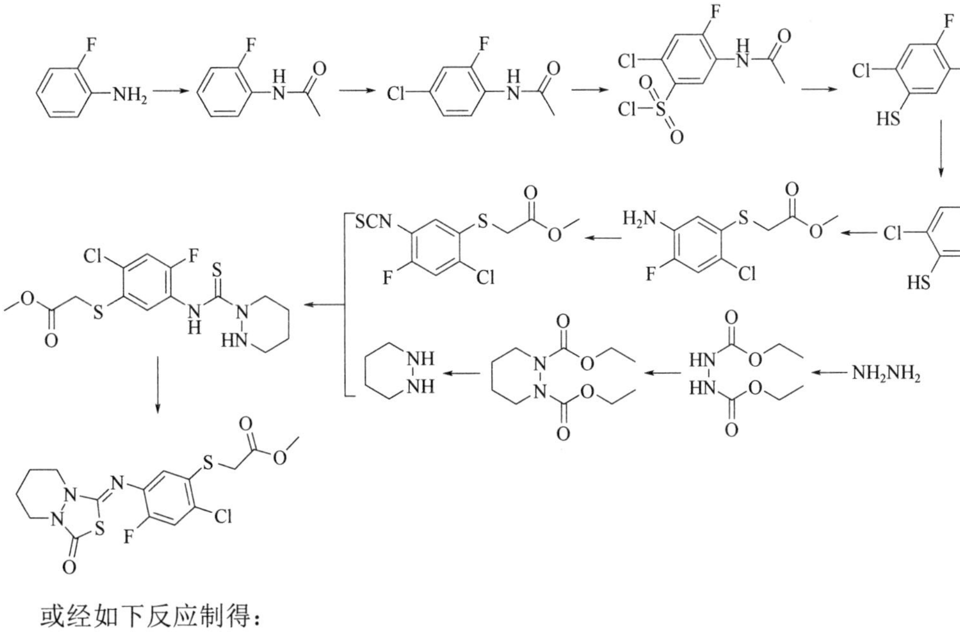

或经如下反应制得：

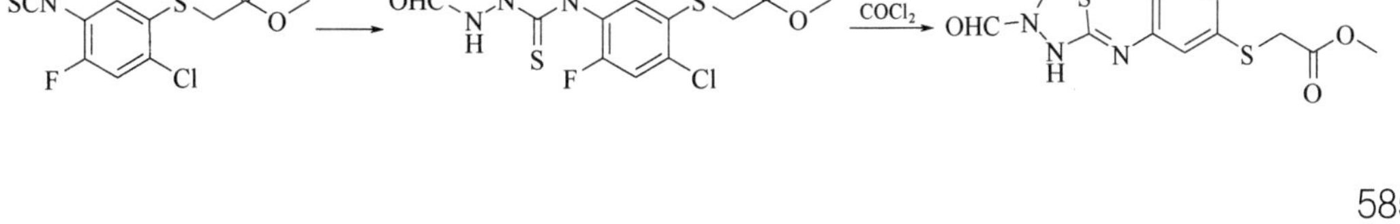

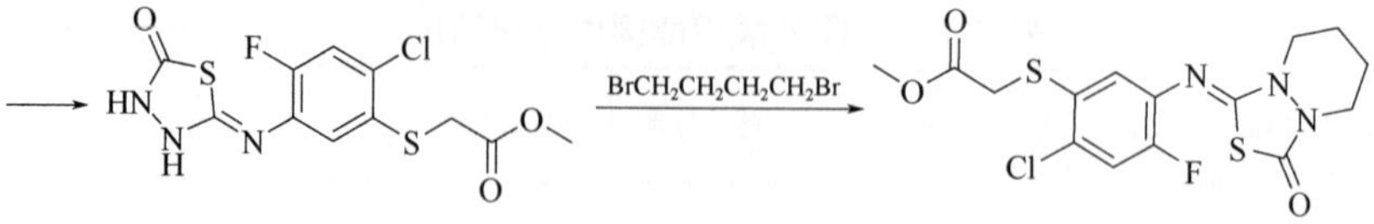

参考文献

[1] The Pesticide Manual. 17 th edition: 545-546.

[2] 杜晓华, 许响生, 刘海辉, 等. 化工学报, 2004(12): 2072-2075.

茚草酮（indanofan）

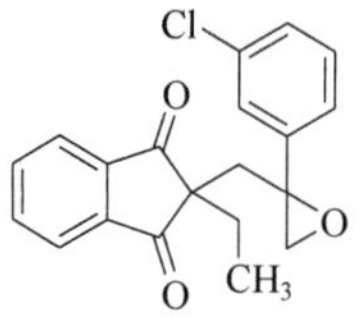

C$_{20}$H$_{17}$ClO$_3$, 340.8, 133220-30-1

茚草酮（试验代号：MK-243、MX 70906、NH-502，商品名称：Dynaman、Kusastop）是由 Mitsubishi Kasei Corp（现 Mitsubishi Chemical Corp，后售予日本农药株式会社）开发的茚满类除草剂。

化学名称　(RS)-2-[2-(3-氯苯基)-2,3-环氧丙基]-2-乙基茚满-1,3-二酮。英文化学名称 (RS)-2-[2-(3-chlorophenyl)-2,3-epoxypropyl]-2-ethylindan-1,3-dione。美国化学文摘（CA）系统名称 2-[[2-(3-chlorophenyl)oxiranyl]methyl]-2-ethyl-1H-indene-1,3(2H)-dione。CA 主题索引名称 1H-indene-1,3(2H)-dione—, 2-[[2-(3-chlorophenyl)oxiranyl]methyl]-2-ethyl-。

理化性质　原药含量≥96.0%，无色晶体。熔点 60.0～61.1℃，蒸气压 2.8×10^{-3} mPa（25℃），分配系数 lgK_{ow}=3.59，Henry 常数 5.6×10^{-5} Pa·m^3/mol（计算值），相对密度 1.24（20～25℃）。溶解度（20～25℃）：水中 17.1 mg/L；其他有机溶剂中（g/L）：己烷 10.8，甲醇 120，甲苯、二氯甲烷、丙酮、乙酸乙酯＞500。在酸性条件下水解；DT$_{50}$13.1 d（pH 4，25℃）。

毒性　急性经口 LD$_{50}$（mg/kg）：雄大鼠 631，雌大鼠 460，雄小鼠 509，雌小鼠 508。大鼠急性经皮 LD$_{50}$＞2000 mg/kg。对眼睛和皮肤有轻微刺激性。大鼠急性吸入 LC$_{50}$（4 h）＞1.57 mg/L。NOEL［2 年，mg/(kg·d)］：雄大鼠 0.356，雌大鼠 0.432。ADI/RfD 0.0035 mg/kg。Ames 试验为阴性。

生态效应　山齿鹑急性经口 LD$_{50}$＞2000 mg/kg。鲤鱼 LC$_{50}$（96 h）4.59 mg/L。水蚤 EC$_{50}$（48 h）7.90 mg/L。月牙藻 E$_b$C$_{50}$（72 h）0.00152 mg/L。蜜蜂 LD$_{50}$（经口和接触）＞100 μg/只。

环境行为　土壤/环境。DT$_{50}$：稻田地里 1～3 d，山地 1～17 d。

剂型　可湿性粉剂、水分散性粒剂、悬浮剂、乳油等。

主要生产商　Nihon Nohyaku。

作用机理与特点　超长链脂肪酸合成抑制剂。

应用　适用于水稻、小麦、大麦。水稻田苗前、苗后除草，小麦和大麦苗前除草。其特点如下：①杀草谱广，对作物安全。茚草酮具有广谱的除草活性：在苗后早期每公顷用 150 g 茚草酮有效成分能很好地防除水稻田一年生杂草和阔叶杂草如稗草、扁秆藨草、鸭舌草、异型莎草、牛毛毡等。苗后每公顷用 250～500 g 茚草酮有效成分能防除旱地一年生杂草如马唐、稗草、早熟禾、叶蓼、繁缕、藜、野燕麦等。对水稻、大麦、小麦以及草坪安全。②用药时机宽，茚草酮有一个宽余的用药时机，能防除水稻田苗后至 3 叶期稗草。③低温性能好，即使在低温下，茚草酮也能有效地除草。④适用的创新剂型。像茚草酮的低容量分散粒剂和大丸剂，这样的创新剂型很适用。茚草酮是第一个以低容量分散粒剂剂型登记的除草剂。农民可以从水稻田堤上施用，不必遍布水稻田，这样大大节省了劳动力。

专利概况

专利名称　Indan-1, 3-dione derivative and herbicidal composition containing the same as active ingredient

专利号　EP 398258　　　　　　专利申请日　1990-05-15

专利申请人　Mitsubishi Kasei Corporation

其他相关专利　US 5076830。

合成方法　以苯酐和间氯乙基苯为起始原料，经如下反应即得目的物。反应式如下：

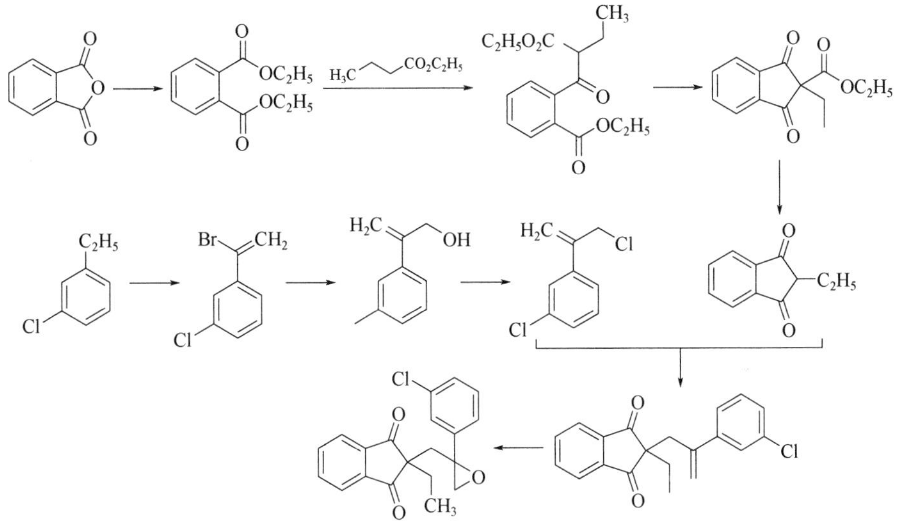

参考文献

[1] The Pesticide Manual.17 th edition: 635.

[2] 杜蔚, 任春阳, 宋巍, 等. 农药, 2019, 58(3): 177-179.

碘苯腈（ioxynil）

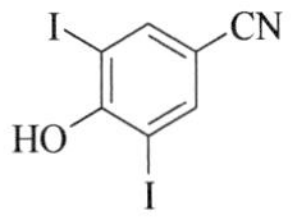

$C_7H_3I_2NO$，370.9，1689-83-4，3861-47-0(辛酰碘苯腈)

碘苯腈［试验代号：ACP 63-303、M&B 8873，商品名称：Iotril；辛酰碘苯腈（ioxynil octanoate），试验代号：15830 RP、M&B 11641，商品名称：Hawk、Totril］由 May & Baker Ltd 和 Amchem Products Inc.（现均属于 Bayer AG）引入。

化学名称　碘苯腈　4-羟基-3,5-二碘苯腈。英文化学名称　4-hydroxy-3, 5-diiodobenzonitrile。美国化学文摘（CA）系统名称 4-hydroxy-3, 5-diiodobenzonitrile。CA 主题索引名称 benzonitrile—, 4-hydroxy-3,5-diiodo-。

辛酰碘苯腈　4-氰基-2,6-二碘苯基辛酸酯。英文化学名称 4-cyano-2,6-diiodophenyl octanoate。美国化学文摘（CA）系统名称 4-cyano-2, 6-diiodophenyl octanoate。CA 主题索引名称 octanoic acid, esters 4-cyano-2, 6-diiodophenyl ester。

理化性质　碘苯腈　原药纯度约 96%，奶油色，伴有淡淡的酚醛气味，纯品为白色结晶型粉末。熔点 207.8℃（原药），蒸气压 $2.04×10^{-3}$ mPa（25℃），分配系数 lgK_{ow}: 2.5（pH 5）、0.23（pH 8.7），Henry 常数 $1.5×10^{-5}$ Pa·m^3/mol，相对密度 2.72（20～25℃），pK_a(20～25℃)=4.1。溶解度（20～25℃）：水中（mg/L）：38.9（pH 5）、64.3（pH 7）；有机溶剂中（g/L）：丙酮 73.5、乙醇 22、甲醇 22、环己酮 140、四氢呋喃 340、二甲基甲酰胺 740、氯仿 10、四氯化碳＜1。储存稳定，但遇碱迅速水解。遇紫外线分解。与酸生成盐。

辛酰碘苯腈　熔点 56.6℃，沸点 218℃（分解）。蒸气压＜$0.9×10^{-4}$ mPa，分配系数 lgK_{ow}=6.0，相对密度 1.81（20～25℃）。溶解度（20～25℃）：水中＜0.03 mg/L（pH 5～8.7）；有机溶剂中（g/L）：丙酮 1000、苯与氯仿 650、环己酮与二甲苯＞1000、二氯甲烷 700、乙醇 150。储存稳定，遇碱快速水解。

碘苯腈钾盐　溶解度（g/L，20～25℃）：水 107；丙酮 60、20%丙酮水溶液 560、四氢糠醇 750、甲基溶纤剂 770。

碘苯腈钠盐：熔点约 360℃，溶解度（g/L，20～25℃）：水 140；丙酮 120、2-甲氧基乙醇 640、四氢糠醇 650。

毒性　碘苯腈　急性经口 LD_{50}（mg/kg）：大鼠 114～178，小鼠 230。大鼠急性经皮 LD_{50} 1050 mg/kg。对皮肤和眼睛无刺激，无皮肤致敏性。大鼠吸入 LC_{50}（6 h）0.38 mg/L 空气。ADI/RfD（EC）0.005 mg/kg（2004）。在细菌体系内无致突变性，无潜在遗传毒性。碘苯腈酚在活体外为阳性结果，在活体内为阴性结果。

辛酰碘苯腈　急性经口 LD_{50}（mg/kg）：大鼠 165～332，小鼠 240。急性经皮 LD_{50}（mg/kg）：大鼠＞2000，小鼠 1240。对皮肤和眼睛无刺激，对皮肤有致敏性。吸入 LC_{50}＞4.36 mg/L，ADI/RfD 0.005mg/kg（酚）。其他毒性同碘苯腈。

碘苯腈钠盐　急性经口 LD_{50}（mg/kg）：大鼠 120，小鼠 190。大鼠急性经皮 LD_{50} 210 mg/kg，大鼠 NOEL（90 d）5.5 mg/(kg·d)。

生态效应　碘苯腈　日本鹌鹑急性经口 LD_{50} 62 mg/kg。虹鳟 LC_{50}（96 h）8.5 mg/L，蓝鳃翻车鱼 LC_{50}（96 h）3.5 mg/L。水蚤 EC_{50}（48 h）3.14 mg/L。舟形藻 EC_{50}（72 h）0.15 mg/L，栅列藻（96 h）24 mg/L。蜜蜂经口 LD_{50}10.1 μg/只，接触＞100 μg/只。蚯蚓 LD_{50}（7 d 和 14 d）＞60 mg/kg（干土），繁殖 NOEC 20 mg/kg（土），无急性和慢性风险报道。

辛酰碘苯腈　急性经口 LD_{50}（mg/kg）：日本鹌鹑 677、野鸡 1000、野鸭 1200。LC_{50}（96 h）蓝鳃翻车鱼 0.024 mg/L，虹鳟 0.043 mg/L。水蚤 EC_{50}（48 h）0.068 mg/L。舟形藻 EC_{50}（73 h）0.24 mg/L，栅列藻＞4.6 mg/L，蜜蜂经口 LD_{50}＞3.27 μg/只，接触＞200 μg/只，蚯蚓 LC_{50} 60 mg/kg（土）。

碘苯腈钠盐　野鸡急性经口 LD_{50} 35 mg/kg。小丑鱼 LC_{50}（48 h）3.3 mg/L，对蜜蜂无毒。

环境行为　①植物。在植物体内酯基和腈基水解，脱去碘。②土壤/环境。土壤 DT_{50} 约 10 d，通过水解和脱碘降解为无毒物质如对羟基苯甲酸。迁移性低，在所有土壤种类的研究中，碘苯腈及其代谢物残留大多数都在土层上面 8 cm。

剂型　乳油、可湿性液剂。

主要生产商　Adama、Bayer CropScience、Heben、Modern Insecticides、Nufarm、SAS以及江苏辉丰生物农业股份有限公司。

作用机理与特点　光系统Ⅱ受体部位的光合电子传递抑制剂，也可以阻止氧化磷酸化偶合。具有一些内吸性的选择性触杀型除草剂。通过叶面吸收后传导有限。

应用　碘苯腈及其盐、酯为苗后处理剂，用于谷类、洋葱、韭菜、大蒜、青葱、亚麻、甘蔗、牧草、草坪和新种植草皮，防除多种一年生阔叶杂草，如蓼科、菊科杂草和紫草幼苗。通常与其他除草剂配合使用以扩大杀草谱。使用剂量：洋葱 0.562 kg（酚）/hm²，谷物 0.350～0.490 kg（酚）/hm²，与液体肥料和 2,4-滴的水溶性制剂不相容。

专利概况

专利名称　4-hydroxybenzonitrile derivatives

专利号　GB 1067003　　　　　**专利申请日**　1962-09-24

专利申请人　May & Baker Ltd

其他相关专利　US 3397054。

登记情况　辛酰碘苯腈在中国登记有 95%原药和 30%水乳剂。主要用于玉米田防治一年生阔叶杂草。登记情况见表 3-144。

表 3-144　辛酰碘苯腈在中国登记情况

登记证号	农药名称	剂型	含量	登记场所	防治对象	亩用药量（制剂）	施用方法	登记证持有人
PD20190048	辛酰碘苯腈	水乳剂	30%	玉米田	一年生阔叶杂草	120～170 mL	茎叶定向喷雾	江苏辉丰生物农业股份有限公司
PD20190049	辛酰碘苯腈	原药	95%					江苏辉丰生物农业股份有限公司

合成方法

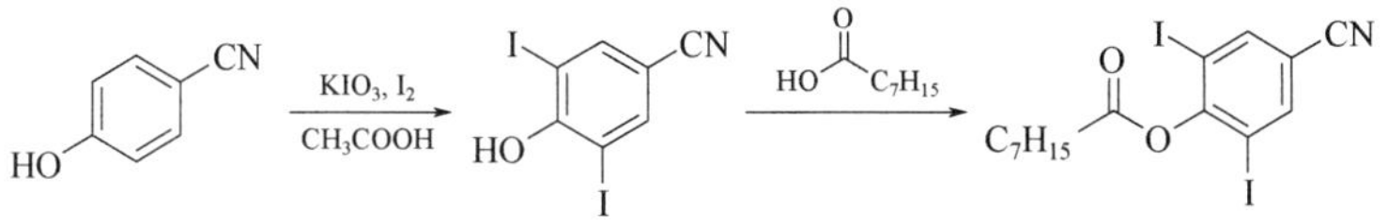

参考文献

[1]　The Pesticide Manual.17 th edition: 644-646.

甲硫唑草啉（methiozolin）

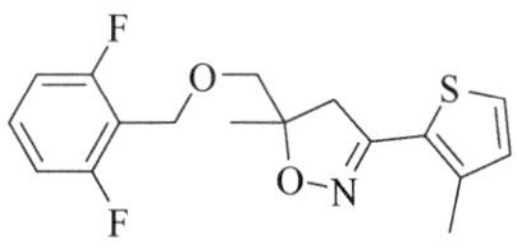

C₁₇H₁₇F₂NO₂S，337.4，403640-27-7

甲硫唑草啉（试验代号：MRC-01）是韩国化学技术研究所开发的异噁唑啉除草剂。

化学名称　5-[[(2,6-二氟苯基)甲氧基]甲基]-4,5-二氢-5-甲基-3-(3-甲基-2-噻吩基)异噁唑。英文化学名称(5RS)-5-{[(2,6-difluorobenzyl)oxy]methyl]}-4,5-dihydro-5-methyl-3-(3-methyl-2-

thienyl)isoxazole。美国化学文摘（CA）系统名称 5-[[(2,6-difluorophenyl)methoxy]methyl]-4,5-dihydro-5-methyl-3-(3-methyl-2-thienyl)isoxazole。CA 主题索引名称 isoxazole—, 5-[[(2,6-difluorophenyl)methoxy]methyl]-4,5-dihydro-5-methyl-3-(3-methyl-2-thienyl)-。

理化性质 原药含量＞99.0%，白色粉末，有轻微气味。熔点 40℃，蒸气压 4×10^{-5} mPa。分配系数 $\lg K_{ow}$=3.9。

毒性 大鼠急性经口 LD_{50}＞2500 mg/kg，大鼠急性经皮 LD_{50}＞2500 mg/kg，对皮肤无刺激，无皮肤致敏性，对眼有微弱刺激。吸入 LC_{50}（4 h）＞1.88 mg/L。

生态效应 山齿鹑和野鸭急性经口 LD_{50}＞2000 mg/kg。鱼毒 LC_{50}（96 h，mg/L）：虹鳟鱼＞1.53，大翻车鱼＞1.5。水蚤 LC_{50}（48 h）＞2.04 mg/L。藻类 EC_{50}（72 h）2.88 mg/L。蜜蜂 LD_{50}（接触）＞100 μg/只。对蚯蚓 LD_{50}＞1000 mg/kg 干土。

作用机理与特点 抑制脂肪酸硫酯酶（fatty acid thioesterase）。

应用 对芽前至 4 叶期稗草的活性特别好，杀草谱广，对移栽水稻具有良好的选择性。芽前至插秧后 5 d，用量 62.5 g/hm² 对稻稗、鸭舌草、节节菜、异型莎草和丁香蓼防效甚好。稗草 2～3 叶期用量 32.5 g/hm² 防效极好，4 叶期需 250 g/hm²；本剂可与苄嘧磺隆、环丙嘧磺隆、四唑嘧磺隆和氯吡嘧磺隆等磺酰脲类除草剂混用。

专利概况

专利名称 Preparation of herbicidal 5-benzyloxymethyl-1,2-isoxazoline derivatives for weed control in rice

专利号 WO 2002019825　　　　　专利申请日 2001-09-05

专利申请人 Korea Research Institute of Chemical Technology

其他相关专利 KR 2002019750、AU 2001086294、JP 2004508309、JP 3968012、AU 2001286294、CN 1303081、US 20040023808、US 6838416 等。

合成方法 经如下反应制得目的物：

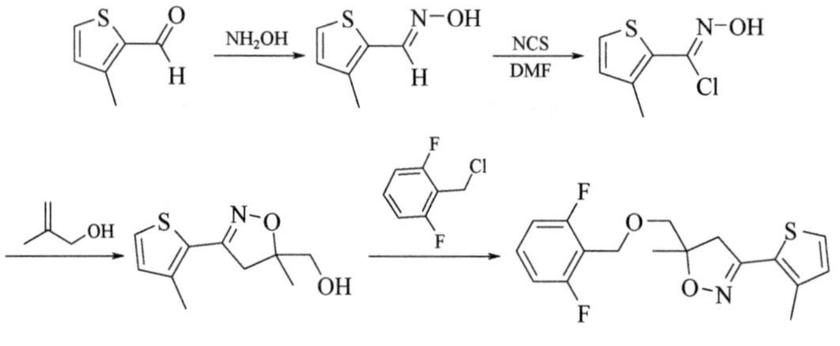

参考文献

[1] The Pesticide Manual.17 th edition: 743.

氟草敏（norflurazon）

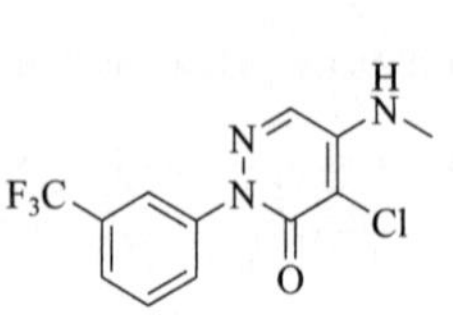

$C_{12}H_9ClF_3N_3O$，303.7，27314-13-2

氟草敏（试验代号：H 52143、H 9789，商品名称：Evital、Solicam、Zorial）1968 年由 Sandoz（现先正达）引入市场。

化学名称　4-氯-5-甲氨基-2-(α,α,α-三氟-间-甲苯基)哒嗪-3(2H)-酮。英文化学名称 4-chloro-5-methylamino-2-(α,α,α-trifluoro-m-tolyl)pyridazin-3(2H)-one。美国化学文摘（CA）系统名称 4-chloro-5-(methylamino)-2-[3-(trifluoromethyl)phenyl]-3(2H)-pyridazinone。CA 主题索引名称 3(2H)-pyridazinone—, 4-chloro-5-(methylamino)-2-[3-(trifluoromethyl)phenyl]-。

理化性质　白色至灰褐色结晶粉末。熔点 174~180℃，蒸气压 3.86×10^{-3} mPa（25℃），分配系数 lgK_{ow}=2.45（pH 6.5），Henry 常数 3.5×10^{-5} Pa·m³/mol（计算值），相对密度 0.63（20~25℃）。溶解度（20~25℃）：水中 34 mg/L；有机溶剂（g/L）：乙醇 142、丙酮 50、二甲苯 2.5，微溶于烃类。在水溶液中稳定，50℃储存 7 d，分解＜8%，在酸性和碱性介质中稳定。20℃保质期≥4 年。见光快速降解。

毒性　大鼠急性经口 LD$_{50}$＞5000 mg/kg，大鼠急性经皮 LD$_{50}$＞5000 mg/kg，兔＞20000 mg/kg。对眼睛或皮肤无刺激作用，对皮肤无致敏性。吸入 LC$_{50}$（6 h）＞2.4 mg/L，NOEL：雄狗（6 个月）1.5 mg/(kg·d)，大鼠（2 年）19 mg/(kg·d)。ADI/RfD（EPA）aRfD 0.1 mg/kg，cRfD 0.015 mg/kg（2002）。无致畸或致突变性，对繁殖无不良影响。

生态效应　野鸭急性经口LD$_{50}$＞2510 mg/kg。野鸭和北美鹌鹑饲喂LC$_{50}$（8 d）＞10000 mg/kg。虹鳟 LC$_{50}$（96 h）8.1 mg/L，蓝鳃翻车鱼 16.3 mg/L。水蚤 EC$_{50}$（96 h）＞15 mg/L。羊角月牙藻 EC$_{50}$（5 d）0.0176 mg/L。浮萍 EC$_{50}$（14 d）0.0875 mg/L。蜜蜂 LD$_{50}$＞235 μg/只，蚯蚓 LC$_{50}$（14 d）＞1000 mg/kg（土）。

环境行为　①动物。在大鼠中，氟草敏主要经过去甲基化转化为亚砜进行代谢。②植物。在植物中，氟草敏经过 N-去甲基化转化为去甲氟草敏，然后进一步水解脱氢代谢。③土壤/环境。在土壤中通过光降解和挥发而消散，土壤中 DT$_{50}$（实验室，22℃）130 d，DT$_{50}$（美国）6~9 个月。K_d 0.9~12.9 mL/g，K_{oc} 218~635 mL/g（四种类型土壤，pH 6.7~8.0，o.c. 0.4%~3.7%）。

剂型　水分散粒剂，颗粒剂。

主要生产商　Syngenta、Istrochem。

作用机理与特点　通过抑制八氢番茄红素脱氢酶，阻扰类胡萝卜素的生物合成。类胡萝卜素会还原在光合作用过程中产生的单线态氧的氧化能；在氟草敏处理过的植物中缺少类胡萝卜素，单线态氧会导致过氧化，破坏叶绿素和膜脂质。该除草剂是选择性除草剂，通过根部吸收，在木质部向顶部传导。在敏感的苗上引起叶脉间和茎组织白化，从而导致杂草坏死或死亡。

应用　苗前处理防除禾本科杂草和莎草，包括马唐、狗尾草和牛毛毡等；也可防除阔叶杂草，如马齿苋、猪毛菜和荠菜等。在棉花、大豆和花生田的使用剂量为 0.5~2 kg/hm²，在坚果、柑橘、葡萄、仁果、核果、观赏植物、啤酒花和工业植被管理上的使用剂量为 1.5~4 kg/hm²。

专利概况

专利名称　Pyridazone derivatives

专利号　US 3644355　　　　专利申请日　1969-12-04

专利申请人　Sandoz AG。

合成方法

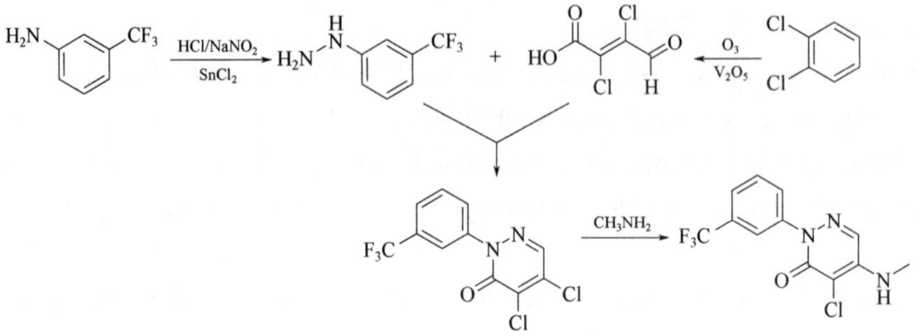

参考文献

[1] The Pesticide Manual.17 th edition: 804-805.

噁嗪草酮（oxaziclomefone）

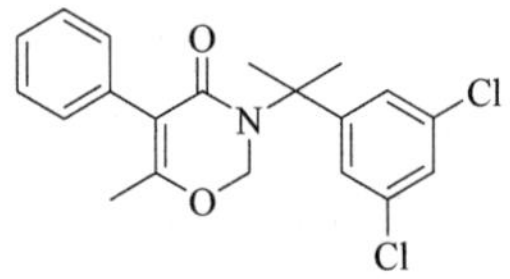

$C_{20}H_{19}Cl_2NO_2$，376.3，153197-14-9

噁嗪草酮（试验代号：MY-100，商品名称：SiriusExa，其他名称：草恶嗪酮）是由 Rhône-Poulenc Agrochimie（现拜耳公司）开发的噁嗪酮类新型除草剂。

化学名称 3-[1-(3,5-二氯苯基)-1-甲基乙基]-2,3-二氢-6-甲基-5-苯基-4H-1,3-噁嗪-4-酮。英文化学名称 3-[1-(3,5-dichlorophenyl)-1-methylethyl]-2,3-dihydro-6-methyl-5-phenyl-4H-1,3-oxazin-4-one。美国化学文摘（CA）系统名称 3-[1-(3,5-dichlorophenyl)-1-methylethyl]-2,3-dihydro-6-methyl-5-phenyl-4H-1,3-oxazin-4-one。CA 主题索引名称 4H-1,3-oxazin-4-one—, 3-[1-(3,5-dichlorophenyl)-1-methylethyl]-2,3-dihydro-6-methyl-5-phenyl-。

理化性质 白色结晶体。熔点 149.5～150.5℃，蒸气压≤$1.33×10^{-2}$ mPa（50℃），分配系数 lgK_{ow}=4.01，水中溶解度 0.18 mg/L（20～25℃）。DT$_{50}$ 30～60 d（50℃）。

毒性 大、小鼠急性经口 LD$_{50}$＞5000 mg/kg。大、小鼠急性经皮 LD$_{50}$＞2000 mg/kg。对兔的皮肤无刺激，对兔眼睛有轻微刺激，对豚鼠皮肤无致敏。Ames 试验为阴性，无致畸性。

生态效应 鲤鱼 LC$_{50}$（48 h）＞5 mg/L。

剂型 水分散粒剂、可湿性粉剂、悬浮剂、大颗粒剂。

主要生产商 常熟力菱精细化工有限公司、江苏江南农化有限公司、江苏省农用激素工程技术研究中心有限公司、辽宁先达农业科学有限公司、日本拜耳作物科学公司及英国捷利诺华有限公司。

作用机理与特点 作用机理尚不清楚，但生化研究结果表明它是以不同于其他除草剂的方式抑制分生细胞生长的。其是内吸传导型水稻田除草剂，主要由杂草的根部和茎叶基部吸收。杂草接触药剂后茎叶部失绿、停止生长，直至枯死。

应用

（1）适宜作物与安全性 水稻，对水稻安全。对后茬作物小麦、大麦、胡萝卜、白菜、洋葱等无不良影响。噁嗪草酮对移栽水稻安全性高，亦可用于草坪。

（2）防除对象　主要用于防除重要的阔叶杂草、莎草科杂草及稗属杂草等。

（3）使用方法　水稻田播后苗前用除草剂，直播田使用剂量为 25～50 g (a.i.)/hm² ［亩用量为 1.66～3.33 g (a.i.)］。移栽田使用剂量为 30～80 g (a.i.)/hm² ［亩用量为 2～5.3 g (a.i.)］。在整个生长季节，防除稗草仅用一次药即可。如同其他除草剂如吡嘧磺隆、苄嘧磺隆等混用，不仅可扩大杀草谱，还具有显著的增效作用。

专利概况

专利名称　Synergistic herbicidal composition selective to rice

专利号　EP 657099　　　　　　专利申请日　1994-12-07

专利申请人　Rhône-Poulenc Agrochimie。

登记情况　噁嗪草酮在中国登记有 96.5%、97%、98% 原药 6 个，相关制剂 10 个。登记用于水稻移栽田、直播田防除稗草、千金子、异型莎草、沟繁缕等。部分登记情况见表 3-145。

表 3-145　噁嗪草酮在中国登记情况

登记证号	农药名称	剂型	含量	登记场所	防治对象	亩用药量（制剂）	施用方法	登记证持有人
PD20184305	噁嗪草酮	悬浮剂	1%	水稻田（直播）	稗草、千金子等禾本科杂草	270～340 mL	茎叶喷雾	江苏江南农化有限公司
PD20181121	噁嗪草酮	大粒剂	2%	水稻移栽田	一年生杂草	150～200 g	撒施	山东先达农化股份有限公司
PD20150535	噁嗪草酮	悬浮剂	30%	水稻田（直播）	稗草、千金子和异型莎草及部分阔叶杂草	5～10 mL	茎叶喷雾	日本拜耳作物科学公司
PD20183773	噁嗪草酮	原药	97%					江苏江南农化有限公司
PD20050204	噁嗪草酮	原药	96.5%					日本拜耳作物科学公司

合成方法　以 2-(3,5-二氯苯基)丙烷-2-胺和苯乙酸乙酯为起始原料，经如下反应即得目的物。

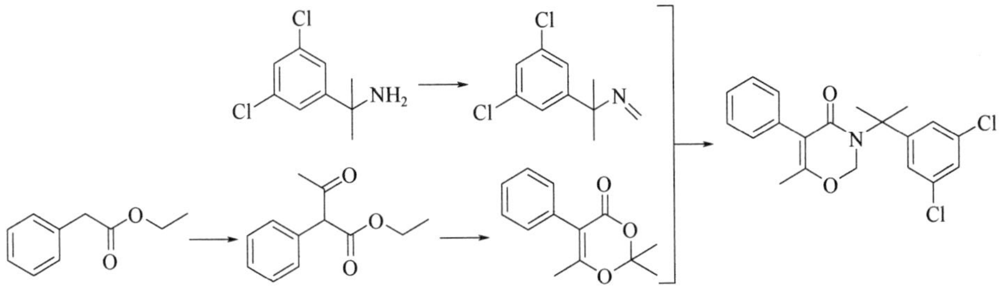

参考文献

[1]　The Pesticide Manual.17 th edition: 828.

[2]　尹家智. 新农业, 2014(13): 50-51.

<h1 align="center">百草枯（paraquat dichloride）</h1>

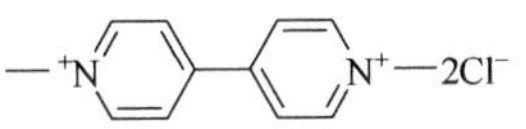

$C_{12}H_{14}Cl_2N_2$，257.2，1910-42-5

百草枯（试验代号：PP148，商品名称：Gramoquat Super、Gramoxone、Herbaxon、Herbikill、

Paraqate、Pilarxone、Sunox、Total、Weedless、克无踪、克芜踪，其他名称：对草快）的除草特性在 1955 年被发现，1962 年其首次上市。

化学名称 1,1′-二甲基-4,4′-联吡啶二氯化物。英文化学名称 1,1′-dimethyl-4,4′-bipyridinium dichloride。美国化学文摘（CA）系统名称 1,1′-dimethyl-4,4′-bipyridinium dichloride。CA 主题索引名称 4,4′-bipyridinium—, 1,1′-dimethyl-chloride (1:2)。

理化性质 原药为水溶液（含量＞50%），纯品为无色晶体，容易受潮。熔点 340℃（分解），蒸气压＜$1×10^{-2}$ mPa（25℃），分配系数 $\lg K_{ow}$=-4.5，Henry 常数＜$4×10^{-9}$ Pa·m³/mol（计算值），相对密度约 1.5（20～25℃）。溶解度（g/L，20～25℃）：水中约 620（pH 5～9），甲醇 143，几乎不溶于其他多数有机溶剂。约在 340℃分解，在碱性、中性、酸性介质中稳定，在 pH 7 的水溶液中具有光稳定性。

毒性 原药大鼠（雌、雄）急性经口 LD_{50} 58～113 mg/kg，豚鼠急性经口 LD_{50} 22～80 mg/kg，大鼠（雌、雄）急性经皮 LD_{50}＞660 mg/kg，对兔眼睛和皮肤有刺激性，暴露可以引起刺激和伤口延迟愈合，对指甲造成暂时的伤害。由于蒸气压很低，吸入不会有毒性。极度暴露在喷雾液中可以导致鼻子流血。NOEL [mg/(kg·d)]：（1 年）狗 0.45，（2 年）小鼠 1.0。ADI/RfD（JMPR）0.005 mg/kg [2003, 2004]；（EC）0.004 mg/kg [2003]，（EPA）cRfD 0.0045 mg/kg [1991, 1997]。

生态效应 急性经口 LD_{50}（mg/kg）：山齿鹑 127，野鸭 54。饲喂 LC_{50}（5+3 d, mg/kg）：山齿鹑 711，日本鹌鹑 698，野鸭 2932，环颈雉鸡 1063。鱼 LC_{50}（96 h, mg/L）：虹鳟 18.6，镜鲤 98.3。水蚤 EC_{50}（48 h）＞4.4 mg/L。绿藻 E_bC_{50}（96 h）0.075 mg/L。蜜蜂 LD_{50}（120 h, μg/只）：11.2（经口），50.9（接触）。蚯蚓 LC_{50}（14 d）＞1000 mg/kg 土。

环境行为 ①动物。大鼠经口摄入后，剂量的 76%～90%随粪便排出，11%～20%随尿液排出。不会生物积累，超过 90%剂量都会在 72 h 后消除。②植物。存在光化学降解，降解产物已被分离，包括 1-甲基-4-羧基吡啶氯化物和甲胺盐酸盐。③土壤/环境。能被土壤和沉积物迅速并强力吸附（K_{oc} 值 8～40000 L/g）导致完全失去活性。被土壤吸附时，会缓慢降解，DT_{50} 7～20 年。被解吸后，能被土壤微生物迅速降解（未被吸附的百草枯 DT_{50}＜1 周）。它向地下水渗滤的量可忽略。

制剂 水剂、可溶粒剂、可溶胶剂、悬浮剂。

主要生产商 安徽华星化工有限公司、安徽中山化工有限公司、河北保润生物科技有限公司、河北赛丰生物科技有限公司、河北山立化工有限公司、河北省石家庄宝丰化工有限公司、湖北沙隆达股份有限公司、江苏诺恩作物科学股份有限公司、江苏省南京红太阳生物化学有限责任公司、江苏苏州佳辉化工有限公司、江西威敌生物科技有限公司、山东大成农化有限公司、山东科信生物化学有限公司、山东绿霸化工股份有限公司、山东侨昌化学有限公司、山东潍坊润丰化工股份有限公司、先正达南通作物保护有限公司、新加坡利农私人有限公司、兴农股份有限公司、浙江富农生物科技有限公司、浙江惠光生化有限公司及浙江升华拜克生物股份有限公司等。

作用机理与特点 光系统 I-电子转移抑制剂。速效触杀型灭生性季铵盐类除草剂。有效成分对叶绿体层膜破坏力极强，使光合作用和叶绿素合成很快中止，叶片着药后 2～3 h 即开始受害变色，百草枯对单子叶和双子叶植物绿色组织均有很强的破坏作用，但无传导作用，只能使着药部位受害，不能穿透栓质化的树皮，接触土壤后很容易被钝化。不能破坏植株的根部和土壤内潜藏的种子，因而施药后杂草有再生现象，是一种快速灭生性除草剂，具有触杀作用和一定内吸作用，能迅速被植物绿色组织吸收，使其枯死。

应用

（1）适用作物　果园、桑园、茶园、橡胶园、林业及公共卫生除草；玉米、向日葵、甜菜、瓜类（西瓜、甜瓜、南瓜等）、甘蔗、烟草等作物及蔬菜田行间、株间除草；小麦、水稻、油菜、蔬菜田免耕除草及换茬除草；水田池坝、田埂除草；公路、铁路两侧路基除草；开荒地、仓库、粮库及其他工业用地除草；棉花、向日葵等作物催枯脱叶。

（2）防治对象　鼠尾看麦娘、稗草、马唐、千金子、狗尾草、狗牙根、牛筋草、双穗雀稗、牛繁缕、凹头苋、反枝苋、马齿苋、空心莲子菜、野燕麦、田旋花、藜、灰绿藜、刺儿菜、大刺儿菜、大蓟、小蓟、鸭跖草、苣荬菜、鳢肠、铁苋菜、香附子、扁秆草、芦苇等大多数禾本科及阔叶杂草。

（3）使用方法　百草枯喷雾应采用高喷液量、低压力、大雾滴，选择早晚无风时施药。避免大风天施药，液飘移到邻近作物上受害。喷雾时应喷均喷透，并用洁净水稀释药液，否则会降低药效。对褐色、黑色、灰色的树皮没有防效，在幼树和作物行间作定向喷雾时，切勿将药液溅到叶子和绿色部分，否则会产生药害。光照可加速百草枯药效发挥；蔽荫或阴天虽然延缓药剂显效速度，但最终不降低除草效果。施药后 30 min 遇雨时能基本保证药效。每年用于防除一年生杂草的药量为 0.4～1.0 kg/hm^2。与碱性物质、阴离子表面活性剂及含惰性物质的土壤不相容。①果园、桑园、茶园、胶园、林带使用，在杂草出齐处于生长旺盛期时，每亩用 20%水剂 100～200 mL，兑水 25 kg，均匀喷雾杂草茎叶，当杂草长到 30 cm 以上时，用药量要加倍。②玉米、甘蔗、大豆等宽行作物田使用可播前处理或播后苗前处理，也可在作物生长中后期，采用保护性定向喷雾防除行间杂草。播前或播后苗前处理，每亩用 20%水剂 75～200 mL，兑水 25 kg 喷雾防除已出土杂草。作物生长期，每亩用 20%水剂 100～200 mL，兑水 25 kg，行间保护性定向喷雾。

专利概况

专利名称　New herbicidal compositions

专利号　GB 813531　　　　　专利申请日　1956-04-04

专利申请人　Imperial Chemical Industries Limited

登记情况　由于百草枯对人毒性极大，且无特效解毒药，口服中毒死亡率可达 90%以上，目前已被 30 多个国家禁止或者严格限制使用。我国自 2014 年 7 月 1 日起，已经撤销百草枯水剂登记和生产许可、停止生产；除保留母药生产企业水剂出口境外登记、允许专供出口生产外，从 2016 年 7 月 1 日，停止水剂在国内销售和使用。2015 年 7 月 10 日，第 8 届全国农药登记评审委员会十七次全体会议上，将百草枯毒性级别修订为剧毒，绝大多数委员建议不再受理、批准百草枯的登记申请。此前，南京红太阳公司于 2013 年取得了 20%可溶胶剂的正式登记，根据规定，2020 年 9 月红太阳的百草枯可溶胶剂退市。目前，国内市场上不再有百草枯的身影。保留的登记仅限出口使用。

合成方法　百草枯的合成方法主要有三种。

（1）乙酐-锌法（又称狄莫罗斯法）：吡啶、锌和乙酐反应生成中间体二乙酰基四氢联吡啶，再经结晶提纯，氧化，季碱化得到目的物。

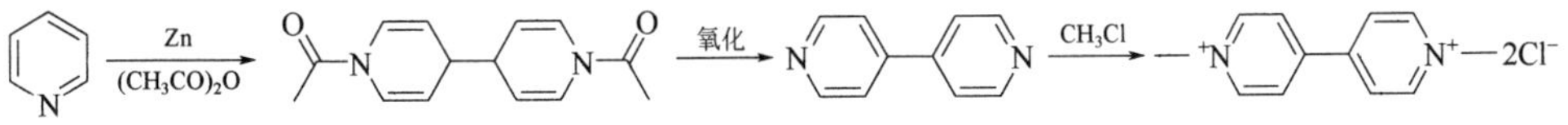

（2）热钠法：将吡啶和悬浮于 85℃溶剂中的金属钠反应，得到四氢 4,4'-联吡啶二钠，再经过氧化，季碱化得到目的物。

（3）金属镁法　将吡啶和镁粉在 90～100℃下反应，经过氧化，季碱化得到目的物，工艺过程和热钠法相同。

参考文献

[1] The Pesticide Manual.17 th edition: 839-840.

唑啉草酯（pinoxaden）

$C_{23}H_{32}N_2O_4$，400.5，243973-20-8

唑啉草酯（试验代号：NOA 407855，商品名称：Axial、Axial TBC，其他名称：爱秀）是由瑞士先正达作物保护有限公司 2006 年开发上市的新苯基吡唑啉类化合物。

化学名称　8-(2,6-二乙基对甲苯基)-1,2,4,5-四氢-7-氧-7H-吡唑[1,2-d][1,4,5]噁二氮杂卓-9-基-2,2-二甲基丙酸酯。英文化学名称 8-(2,6-diethyl-4-methylphenyl)-1,2,4,5-tetrahydro-7-oxo-7H-pyrazolo[1,2-d][1,4,5]oxadiazepin-9-yl 2,2-dimethylpropanoate。美国化学文摘（CA）系统名称 8-(2,6-diethyl-p-tolyl)-1,2,4,5-tetrahydro-7-oxo-7H-pyrazolo[1,2-d][1,4,5]oxadiazepin-9-yl 2,2-dimethylpropionate。CA 主题索引名称 propanoic acid—, 2,2-dimethyl-8-(2,6-diethyl-4-methylphenyl)-1,2,4,5-tetrahydro-7-oxo-7H-pyrazolo[1,2-d][1,4,5]oxadiazepin-9-yl ester。

理化性质　亮白色无味粉末。熔点 120.5～121.6℃，相对密度 1.16（20～25℃），蒸气压 $2.0×10^{-4}$ mPa（20℃）、$4.6×10^{-4}$ mPa（25℃），分配系数 lgK_{ow}=3.2，Henry 常数 $9.2×10^{-7}$ Pa·m³/mol。溶解度（20～25℃）：水中 200 mg/L，其他溶剂中（g/L）：丙酮 250，二氯甲烷＞500，乙酸乙酯 130，正己烷 1.0，甲醇 260，辛醇 140，甲苯 130。水解 DT_{50}（20℃）：24.1 d（pH 4），25.3 d（pH 5），14.9 d（pH 7），0.3 d（pH 9）。

毒性　大鼠急性经口 LD_{50}＞5000 mg/kg。大鼠急性经皮 LD_{50}＞2000 mg/kg。对兔皮肤无刺激作用，对兔眼睛有刺激性，对豚鼠皮肤无致敏性。雌雄大鼠吸入 LC_{50}（4 h）5.22 mg/L。NOAEL［mg/(kg·d)］：300（28 d，大鼠经口），1000（28 d，大鼠经皮），300（90 d，大鼠经口），125（1 年，狗），10（2 年，大鼠），10（2 代大鼠）。ADI/RfD（BfR，EC 建议）0.1 mg/kg（2006）；（EPA）aRfD 0.30 mg/kg，cRfD 0.30 mg/kg（2005），无致癌性。

生态效应　山齿鹑急性经口 LD_{50}＞2250 mg/kg；山齿鹑和野鸭饲喂毒性 LC_{50}（5 d）＞5620 mg/kg 饲料。鱼急性经口 LC_{50}（96 h，mg/L）：虹鳟鱼 10.3，黑头呆鱼 20。水蚤急性 LC_{50}（48 h）52 mg/L。藻类 LC_{50}（mg/L）：月牙藻 16（72 h），鱼腥藻 5.0（96 h）。膨胀浮萍 E_bC_{50}（7 d）5.0 mg/L，东方牡蛎 LC_{50}（48 h）＞0.88 mg/L。蜜蜂 LD_{50}（μg/只）：经口＞200，接触＞100。蚯蚓 LC_{50}（14 d）＞1000 mg/kg 土。对节肢动物安全。

环境行为　①动物。唑啉草酯在动物体内代谢非常快，DT_{50}＜1 d，而且可以很快排泄。②植物。在植物内降解非常快，DT_{50}＜1 d。③土壤/环境。在土壤中降解很快，唑啉草酯和它的代谢物不在土壤中聚集和残留，K_{oc} 121～852 mL/g（平均 323 mL/g，9 地），代谢物不会渗透到地下水中。

剂型　乳油、可分散油悬浮剂、悬浮剂。

主要生产商　Syngenta、广安利尔化学有限公司、江苏仁信作物保护技术有限公司、美国默赛技术公司和四川省乐山市福华通达农药科技有限公司。

作用机理与特点　乙酰辅酶 A 羧化酶（ACC）抑制剂，造成脂肪酸合成受阻，使细胞生长分裂停止，细胞膜含脂结构被破坏，导致杂草死亡。具有内吸传导性。主要用于大麦田防除一年生禾本科杂草。经室内活性试验和田间药效试验，结果表明对大麦田一年生禾本科杂草，如野燕麦、狗尾草、稗草等有很好的防效。唑啉草酯活性高，起效快，对作物安全，耐雨水冲刷。具有一定的内吸性，被植物叶片吸收后，迅速转移到叶片和茎的生长点，然后传递到整株，48 h 敏感杂草停止生长，1～2 周内杂草叶片开始发黄，3～4 周内杂草彻底死亡。

应用　用药剂量为有效成分 45～75 g/hm²（折成 5%乳油制剂为 900～1500 mL/hm² 或60～100 mL/亩，一般每亩加水 15～30 L 稀释），使用时期为大麦返青后 3～5 叶期、杂草生长旺盛期。使用方法为茎叶喷雾。为了提高唑啉草酯在作物与杂草之间的选择性，制剂中加入了安全剂解草酯（cloquintocetmexyl），用于诱导作物体内代谢活性，保护作物不受损害。个别试验田，高剂量处理大麦产生轻微药害，一周后可恢复正常，对作物的正常生长及产量没有影响。喷药时要求均匀细致，严格按推荐剂量施药；避免药液飘移到邻近作物田，避免在极端气候如异常干旱、低温、高温条件下施药，建议本品每季使用 1 次。

专利概况

专利名称　Preparation of fused 3-hydroxy-4-aryl-5-oxopyrazolines as herbicides

专利号　WO 9947525　　　　　**专利申请日**　1999-03-11

专利申请人　Novartis AG。

登记情况　唑啉草酯在中国仅登记有 95%、96.2%、97%原药 6 个，相关制剂 17 个。登记作物为春、冬小麦，防治对象禾本科杂草。部分登记情况见表 3-146。

表 3-146　唑啉草酯在中国部分登记情况

登记证号	农药名称	剂型	含量	登记场所	防治对象	亩用药量（制剂）	施用方法	登记证持有人
PD20200627	唑啉草酯	乳油	10%	冬小麦田	一年生禾本科杂草	20～40 mL	茎叶喷雾	安徽华旗农化有限公司
PD20200424	唑啉·炔草酯	乳油	20%	冬小麦田	一年生禾本科杂草	15～25 mL	茎叶喷雾	英国捷利诺华有限公司
PD20190221	唑啉草酯	可分散油悬浮剂	10%	小麦田	一年生禾本科杂草	30～40 mL	茎叶喷雾	陕西上格之路生物科学有限公司
PD20200260	唑啉草酯	悬浮剂	10%	小麦田	一年生禾本科杂草	30～40 mL	茎叶喷雾	安徽美兰农业发展股份有限公司
PD20131017	唑啉草酯	乳油	5%	大麦田	一年生禾本科杂草	60～100 mL	茎叶喷雾	瑞士先正达作物保护有限公司
				小麦田		60～80 mL		
PD20182643	唑啉草酯	原药	97%					江苏仁信作物保护技术有限公司
PD20182644	唑啉草酯	原药	96.2%					美国默赛技术公司
PD20102142	唑啉草酯	原药	95%					瑞士先正达作物保护有限公司

合成方法 经如下反应制得：

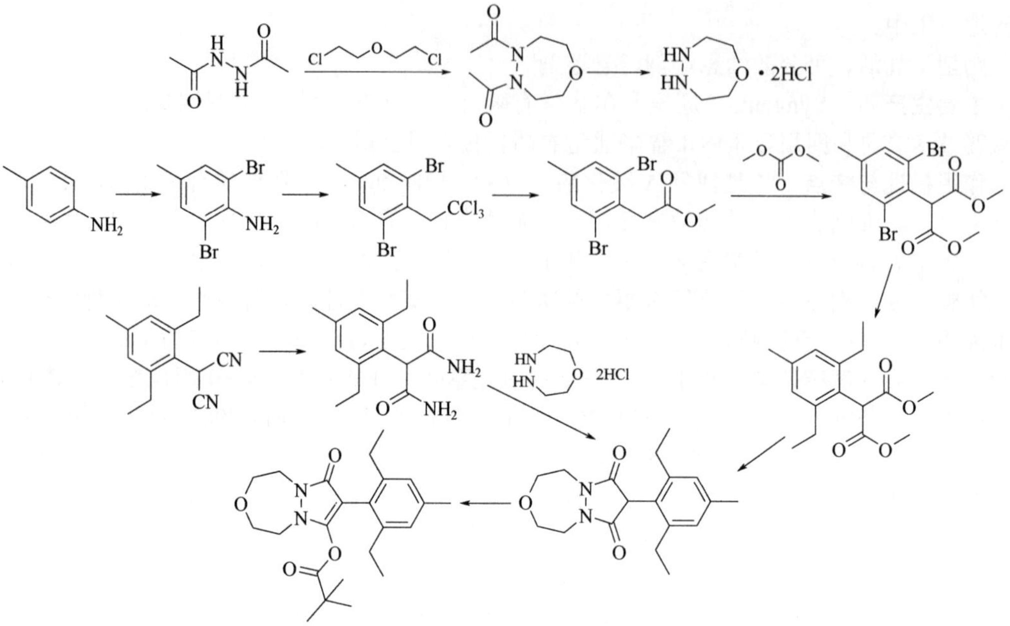

参考文献

[1] The Pesticide Manual.17 th edition: 889-890.

[2] Pest Manag Sci, 2011, 67(12): 1499-1521.

[3] 叶萱. 世界农药, 2014, 36(1): 60-61.

双唑草腈（pyraclonil）

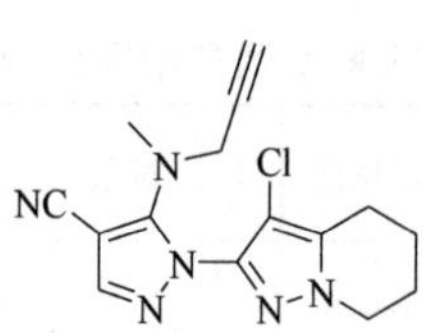

C$_{15}$H$_{15}$ClN$_6$，314.8，158353-15-2

双唑草腈（试验代号：AEB 172391，商品名称：Comet、Get-Star、Ginga、SiriusExa、Sunshine，其他名称：Ippon D）是 Hoechst 公司（现拜耳）研制的双吡唑类除草剂，后转让给日本八洲化学工业公司。

化学名称 1-(3-氯-4,5,6,7-四氢吡唑并[1,5-a]吡啶-2-基)-5-[甲基(丙-2-炔基)氨基]吡唑-4-腈。英文化学名称 1-(3-chloro-4,5,6,7-tetrahydropyrazolo[1,5-a]pyridin-2-yl)-5-[methyl(prop-2-ynyl)amino]pyrazole-4-carbonitrile。美国化学文摘（CA）系统名称 1-(3-chloro-4,5,6,7-tetrahy-dropyrazolo[1,5-a]pyridin-2-yl)-5-(methyl-2-propynylamino)-1H-pyrazole-4-carbonitrile。CA 主题索引名称 1H-pyrazole-4-carbonitrile—, 1-(3-chloro-4,5,6,7-tetrahydropyrazolo[1,5-a]pyridin-2-yl)-5-(methyl-2-propynylamino)。

理化性质 白色固体，熔点 93.1～94.6℃，蒸气压 1.9×10^{-7} Pa（25℃）。水中溶解度 50.1 mg/L（20℃）。

毒性　原药大鼠急性经口 LD$_{50}$1127 mg/kg（雌）、4979 mg/kg（雄），大鼠（雌、雄）急性经皮 LD$_{50}$>2000 mg/kg。

生态效应　鲤鱼 LC$_{50}$（96 h）>28 mg/L，水蚤 EC$_{50}$（48 h）16.3 mg/L，对水生生物安全。

剂型　颗粒剂。

主要生产商　Kyoyo、湖北相和精密化学有限公司。

作用机理与特点　原卟啉原氧化酶（PPO）抑制剂。测试表明，双唑草腈具有非常迅速的效果，处理后 3～7 d，即呈现枯萎症状；之后因干枯在死亡。杂草根部和叶基部为该剂的主要吸收部位。

应用　一般在水田稗草发生初期用双唑草腈进行处理可有效进行防除，同时对多种一年生杂草和多年生杂草也有效。如稗草、凹头苋、鸭舌草、陌上菜、节节菜、沟繁缕、萤蔺、紫水苋菜、鳢肠、狼杷草、田皂角、水莎草、矮慈姑、眼子菜、野慈姑、荸荠、日本藨草、扁秆藨草、稻状秕壳草等杂草。此外，该除草剂对一些对磺酰脲类除草剂具抗性的杂草也有很好的防治效果，如窄叶泽泻、雨久花、鸭舌草、陌上菜、狭叶母草、萤蔺、白花水八角等。

专利概况

专利名称　New substituted pyrazole derivatives, processes for their preparation and their use as herbicides

专利号　WO 9408999　　　　　**专利申请日**　1993-10-11

专利申请人　Bayer AG

其他相关专利　DE 19613752。

登记情况　双唑草腈在中国仅登记有 97%原药 1 个，相关制剂 1 个。登记用于油菜田防除一年生杂草。登记情况见表 3-147。

表 3-147　双唑草腈在中国登记情况

登记证号	农药名称	剂型	含量	登记场所	防治对象	亩用药量（制剂）	施用方法	登记证持有人
PD20181604	双唑草腈	颗粒剂	2%	水稻移栽田	一年生杂草	550～700 g	撒施	湖北相和精密化学有限公司
PD20181605	双唑草腈	原药	97%					湖北相和精密化学有限公司

合成方法　主要有如下两种方法：

方法一：以 5-氯戊酰氯、1,2-二氯乙烯、水合肼和丙二腈为起始原料。经如下反应式制得目的物：

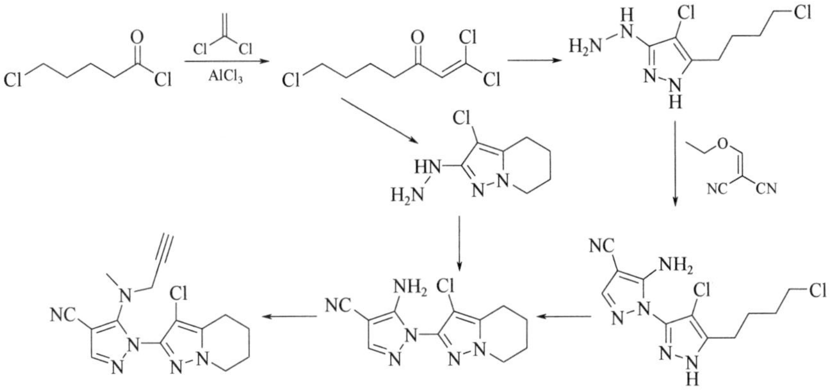

方法二：以 2-氰基亚甲基吡喃、水合肼、丙二腈为起始原料。经如下反应式制得目的物：

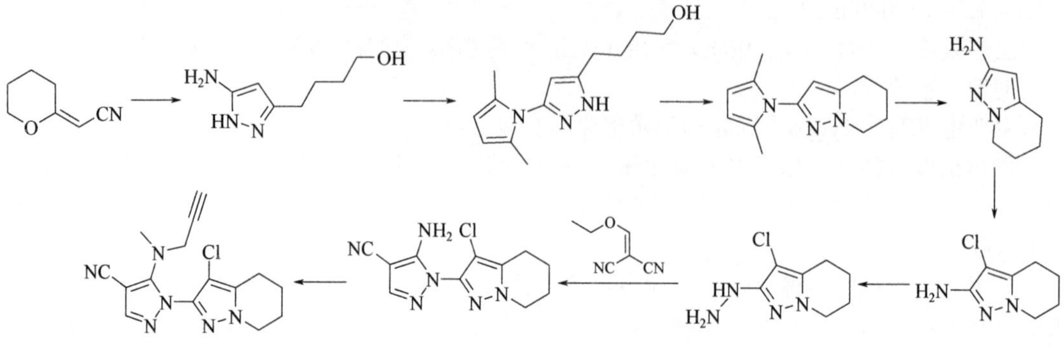

参考文献

[1] The Pesticide Manual.17 th edition: 951.

[2] 张一宾. 世界农药, 2014, 36(6):1-3.

[3] 葛发祥. 安徽化工, 2012, 38(6): 17-18.

异丙酯草醚（pyribambenz-isopropyl）

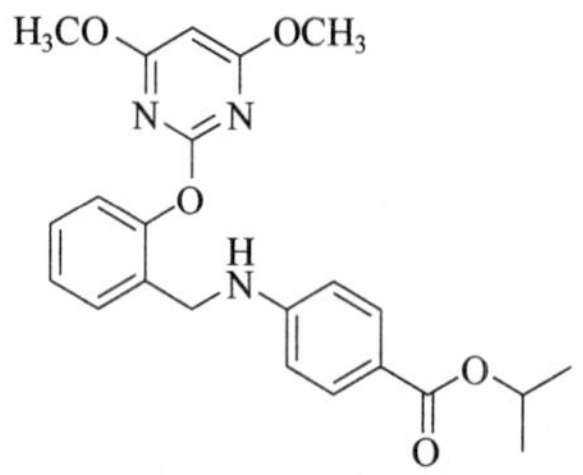

$C_{23}H_{25}N_3O_5$，423.5，420138-41-6

异丙酯草醚是中国科学院上海有机化学研究所和浙江化工科技集团有限公司联合开发的一类具有全新结构和具有高除草活性的除草剂品种，于 2000 年发现，2014 年获农业部农药正式登记。

化学名称　4-[2-(4,6-二甲氧基嘧啶-2-氧基)苄氨基]苯甲酸异丙酯。英文化学名称 isopropyl 4-[2-[(4,6-dimethoxy-2-pyrimidinyl)oxy]benzylamino]benzoate。美国化学文摘（CA）系统名称 1-methylethyl 4-[[[2-[(4,6-dimethoxy-2-pyrimidinyl)oxy]phenyl]methyl]amino]benzoate。

理化性质　白色固体，熔点（83.4±0.5）℃，沸点 280.9℃（分解温度）、316.7℃（最快分解温度）。易溶于丙酮、乙醇、二甲苯等有机溶剂，难溶于水，对光和热稳定，在中性和弱酸、弱碱性介质中稳定，在一定的酸碱条件下会逐渐分解。

毒性　原药大鼠（雌、雄）急性经口 LD_{50}>5000 mg/kg，大鼠（雌、雄）急性经皮 LD_{50}>2000 mg/kg，对兔眼睛轻度刺激性，对兔皮肤无刺激性。对豚鼠致敏性试验为弱致敏性。大鼠慢（急）性毒性最大无作用剂量 [mg/(kg·d)]：16.45（雌）和 14.78（雄）。Ames、微核、染色体试验结果均为阴性。10%异丙酯草醚乳油大鼠急性经口 LD_{50}（mg/kg）：雌性>4640，雄性>4300。大鼠（雌、雄）急性经皮 LD_{50}>2000 mg/kg，对兔眼睛中度刺激性，对兔皮肤无刺激性。

生态效应　10%异丙酯草醚乳油斑马鱼 LC_{50}（96 h）8.90 mg/L，蜜蜂 LD_{50}>200 μg/只，鹌鹑 LD_{50}急性经口为 5584.33 mg/kg（雌）和 5663.75 mg/kg（雄），家蚕 LC_{50}>10000 mg/L，

对鸟、蜜蜂为低毒，对家蚕低风险。

剂型　悬浮剂，乳油。

主要生产商　首建科技有限公司。

作用机理与特点　作用机理为乙酰乳酸合成酶（ALS）抑制剂，通过阻止氨基酸的生物合成而起作用。异丙酯草醚为高活性油菜除草剂，可通过植物的根、芽、茎、叶吸收，并在体内双向传导，但以根吸收为主，其次为茎、叶，向上传导性能好，向下传导性能差。

应用

（1）适用作物　油菜。

（2）防治对象　一年生禾本科杂草及部分阔叶杂草。

（3）使用方法　10%异丙酯草醚乳油对冬油菜（移栽田）的一年生禾本科杂草和部分阔叶杂草有较好的除草效果，在油菜移栽缓苗后，一年生禾本科杂草2～3叶期，茎叶均匀喷雾，对看麦娘、日本看麦娘、牛繁缕、雀舌草等杂草防效较好，但对大巢菜、野老鹳草、碎米荠效果差，对泥胡菜、稻槎菜、鼠麴草基本无效。冬油菜的用药量为有效成分 52.5～75 g/hm² （折成 10%乳油商品量为 35～45 mL/亩）。异丙酯草醚活性发挥比较慢，施药后 15 d 才能表现出明显的受害症状，30 d 以后除草活性完全发挥。对甘蓝型移栽油菜较安全。在用药量为有效成分≤90 g/hm²（折 10%乳油商品量≤60 mL/亩）剂量下，对 4 叶期以上的油菜安全。室内试验表明在有效成分 37.5～450 g/hm² 剂量范围内对 6 种作物的幼苗安全性由大至小顺序为：棉花、油菜、小麦、大豆、玉米、水稻。

专利概况

专利名称　2-嘧啶氧基苄基取代苯基胺类衍生物

专利号　CN 1348690　　　　　专利申请日　2000-10-16

专利申请人　浙江省化工研究院，中国科学院上海有机化学研究所。

登记情况　异丙酯草醚在中国仅登记有98%原药1个，相关制剂2个。登记用于油菜田防除一年生杂草。登记情况见表3-148。

表 3-148　异丙酯草醚在中国登记情况

登记证号	农药名称	剂型	含量	登记场所	防治对象	亩用药量（制剂）	施用方法	登记证持有人
PD20151334	异丙酯草醚	悬浮剂	10%	油菜田	一年生禾本科杂草及部分阔叶杂草	30～45 mL	茎叶喷雾	侨昌现代农业有限公司
PD20141889	异丙酯草醚	乳油	10%	冬油菜（移栽田）	一年生杂草	40～50 g	茎叶喷雾	侨昌现代农业有限公司
PD20141888	异丙酯草醚	原药	98%					首建科技有限公司

合成方法　经如下反应制得异丙酯草醚：

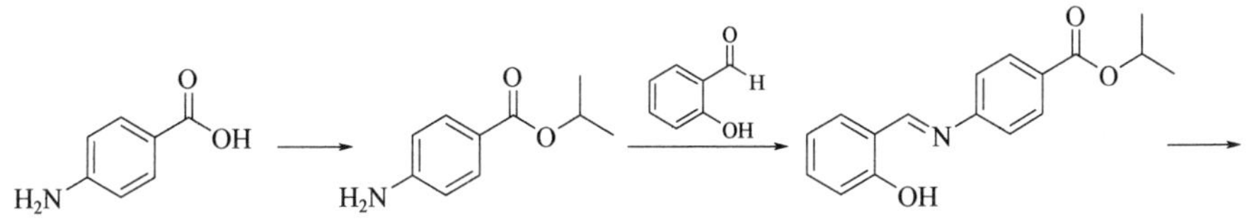

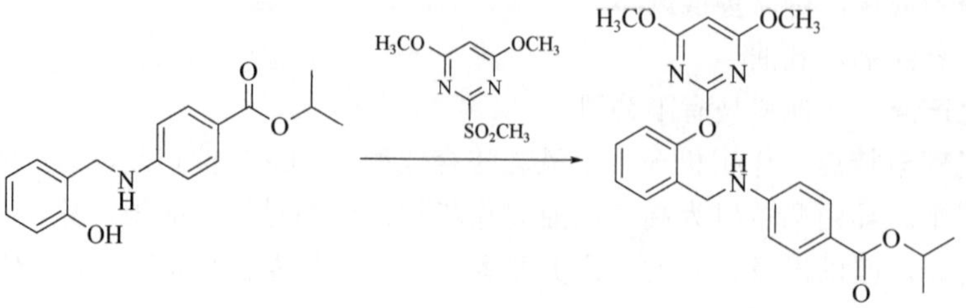

参考文献

[1] 佚名. 农药科学与管理, 2004, 25(6):46.

丙酯草醚（pyribambenz-propyl）

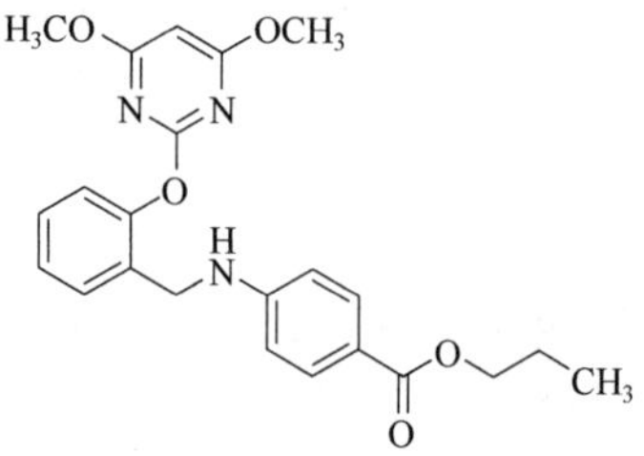

$C_{23}H_{25}N_3O_5$，423.5，420138-40-5

丙酯草醚是中国科学院上海有机化学研究所和浙江化工科技集团有限公司合作开发的一类具有全新结构和具有高除草活性的除草剂品种，于 2000 年发现，2014 年获农业部农药正式登记。

化学名称　4-[2-(4,6-二甲氧基嘧啶-2-氧基)苄氨基]苯甲酸正丙酯。英文化学名称 propyl 4-[2-[[(4,6-dimethoxy-2-pyrimidinyl)oxy]benzylamino]benzoate。美国化学文摘（CA）系统名称 propyl 4-[[[2-[(4,6-dimethoxy-2-pyrimidinyl)oxy]phenyl]methyl]amino]benzoate。

理化性质　白色至米黄色粉末固体，熔点(96.9±0.5)℃，沸点 279.3℃（分解温度）、310.4℃（最快分解温度）。易溶于丙酮、乙醇、二甲苯等有机溶剂，难溶于水，对光和热稳定，在一定的酸碱条件下会逐渐分解。

毒性　原药大鼠急性经口 LD_{50} 4640 mg/kg，急性经皮 LD_{50} 2150 mg/kg。对兔眼、皮肤均无刺激，皮肤为弱致敏性，无"三致"。大鼠 13 周亚慢性饲喂试验最大无作用剂量 [mg/(kg·d)]：雄性 417.82，雌性 76.55。10%丙酯草醚乳油大鼠急性经口 LD_{50}＞5000 mg/kg，急性经皮 LD_{50}＞2000 mg/kg。对兔眼睛中度刺激，对兔皮肤无刺激性，对皮肤为弱致敏性。

生态效应　10%丙酯草醚乳油桑蚕 LC_{50}＞10000 mg/L，鹌鹑 LD_{50}＞5000 mg/kg，斑马鱼 LC_{50}（96 h）22.23 mg/L，蜜蜂毒性 LD_{50}＞200 μg/只。10%丙酯草醚悬浮剂桑蚕毒性 LC_{50}＞10000 mg/L，鹌鹑 LD_{50}＞5000 mg/kg，斑马鱼 LC_{50}（96 h）84.26 mg/L，蜜蜂毒性 LD_{50}＞200 μg/只。

剂型　悬浮剂，乳油。

主要生产商　首建科技有限公司。

作用机理与特点　乙酰乳酸合成酶（ALS）抑制剂。由根、芽、茎、叶吸收并在植物体内传导，以根、茎吸收和向上传导为主。

应用　主要用于油菜田，可防除一年生禾本科杂草和部分阔叶杂草，如看麦娘、碎米草、繁缕等。在冬油菜移栽缓苗后，看麦娘 2 叶 1 心期对水 600～750 mL/hm² 茎叶喷雾，对看麦娘、日本看麦娘、棒头草、繁缕、雀舌草等有较好的防效，但对大巢菜、野老鹳草、稻槎菜、泥糊菜、猪殃殃、婆婆纳等防效差。丙酯草醚活性发挥相对较慢，药后 10 天杂草开始表现受害症状，药后 20 天杂草出现明显药害症状。该药对甘蓝型油菜较安全，在商品用量 900 mL/hm² 以上时，对油菜生长前期有一定的抑制作用，但很快能恢复正常，对产量无明显不良影响。温室试验表明：在商品量 375～4500 mL/hm² 剂量范围内，对作物幼苗的安全性为：棉花＞油菜＞小麦＞大豆＞玉米＞水稻。10%丙酯草醚乳油对 4 叶以上的油菜安全。在阔叶杂草较多的田块，该药需与防阔叶杂草的除草剂混用或搭配使用，才能取得好的防效。

专利概况

专利名称　2-嘧啶氧基苄基取代苯基胺类衍生物

专利号　CN 1348690　　　　　　　专利申请日　2000-10-16

专利申请人　浙江省化工研究院，中国科学院上海有机化学研究所。

登记情况　丙酯草醚在中国仅登记有 98%原药 1 个，相关制剂 2 个。登记用于油菜田防除一年生杂草。登记情况见表 3-149。

表 3-149　丙酯草醚在中国登记情况

登记证号	农药名称	剂型	含量	登记场所	防治对象	亩用药量（制剂）	施用方法	登记证持有人
PD20151586	丙酯草醚	悬浮剂	10%	油菜田	一年生禾本科杂草及部分阔叶杂草	30～45 mL	茎叶喷雾	侨昌现代农业有限公司
PD20141890	丙酯草醚	乳油	10%	冬油菜（移栽田）	一年生杂草	40～50 g	茎叶喷雾	侨昌现代农业有限公司
PD20141891	丙酯草醚	原药	98%					首建科技有限公司

合成方法　经如下反应制得丙酯草醚：

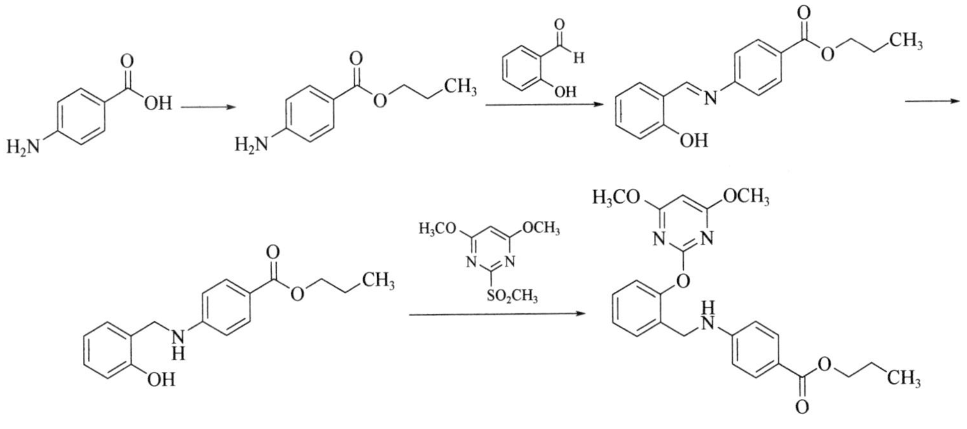

参考文献

[1] 唐庆红, 陈杰, 吕龙. 农药, 2005, 44(11): 496-502.

哒草特（pyridate）

$C_{19}H_{23}ClN_2O_2S$，378.9，55512-33-9

哒草特（试验代号：CL11344，其他名称：达草特）是由 Chemie Linz AG（现 Nufarm GmbH & Co. KG）开发的硫代碳酸酯类除草剂，后于 1994 年售予 Sandoz AG（现拜耳公司）。

化学名称 6-氯-3-苯基哒嗪-4-基-S-辛基硫代碳酸酯。英文化学名称 6-chloro-3-phenyl-pyridazin-4-yl S-octyl thiocarbonate。美国化学文摘（CA）系统名称 O-(6-chloro-3-phenyl-4-pyridazinyl) S-octyl carbonothioate。CA 主题索引名称 carbonothioic acid O-(6-chloro-3-phenyl-4-pyridazinyl) S-octyl ester。

理化性质 原药为棕色油状物，纯品为无色结晶固体。熔点 26.5～27.8℃，闪点 131℃，蒸气压 $4.8×10^{-4}$ mPa（20℃），相对密度 1.28（20～25℃），分配系数 $\lg K_{ow}=4.01$，Henry 常数 $1.21×10^{-4}$ Pa•m^3/mol。水中溶解度（mg/L，20～25℃）：0.33（pH 3），1.67（pH 5），0.32（pH 7）。溶于大多数有机溶剂中（＞9000 g/L）如丙酮、环己酮、乙酸乙酯、N-甲基吡咯酮、煤油及二甲苯。水解半衰期 DT_{50}（25℃）：117 h（pH 4），89 h（pH 5），58.5 h（pH 7），6.2 h（pH 9）。在 250℃分解。

毒性 雄、雌性大鼠急性经口 LD_{50}＞2000 mg/kg，大鼠急性经皮 LD_{50}＞2000 mg/kg，对兔的皮肤有中等刺激性，对兔眼睛无刺激性，对豚鼠皮肤有致敏性。大鼠急性吸入 LC_{50}（4 h）＞4.37 mg/L 空气。NOEL [mg/(kg•d)]：（28 个月）大鼠 18，（12 个月）狗 30。ADI/RfD（EC）0.036 mg/kg（2001）；（公司建议）0.18 mg/kg；（WHO）0.35 mg/kg（1992）；（EPA）0.11 mg/kg（1990）。无致癌性、无致突变性和无致畸性。

生态效应 山齿鹑急性经口 LD_{50} 1269 mg/kg。日本鹌鹑、山齿鹑及野鸭饲喂 LC_{50}（8 d）＞5000 mg/kg。鱼毒 LC_{50}（96 h，mg/L）：鲶鱼 48，虹鳟鱼 1.2～81，大翻车鱼 2.12～100，鲤鱼＞100。水蚤 LC_{50} 0.83 mg/L，在模拟的环境中 LC_{50} 3.3～7.1 mg/L。藻类 LC_{50}（mg/L）：鱼腥藻＞2.0，栅列藻 82.1。浮萍 EC_{50}（7 d）＞2.0 mg/L，蜜蜂 LD_{50}（经口和接触）＞100 μg/只。蚯蚓 LC_{50}（14 d）＞799 mg/kg 土。对有益节肢动物如蟏属和双线隐翅虫无害，对土壤呼吸作用、氨化作用和硝化作用无影响。

环境行为 ①动物。动物经口后，哒草特会部分的或者全部的水解，其主要的代谢物是 3-苯基-4-羟基-6-氯代哒嗪，随后进行苯基对位的羟基化。代谢物进一步降解形成 O-葡糖苷酸和 N-葡糖苷酸。主要的代谢物和键合物迅速完全地排出体外。重复给药时在体内不会累积。②植物。水解的主要代谢物 3-苯基-4-羟基-6-氯代哒嗪，半衰期在几分钟到几天不等。代谢物进一步降解形成无除草活性的 O-葡糖苷酸和 N-葡糖苷酸。③土壤/环境。在土壤中迅速分解，DT_{50} 0.03～1 d（实验室，20℃，需氧型）；DT_{50}＜1（瑞士）和 1.5～7.7 d（美国），主要的代谢物 3-苯基-4-羟基-6-氯代哒嗪，其 DT_{50}15～55 d（实验室，18～23℃，需氧型），＜14 d（瑞士）和 30～60 d（美国）。在有生物活性的水中，哒草特会分解成和在土壤中同样的代谢物，这类分解反应会在光降解作用下加速，DT_{50} 16 d。哒草特在土壤中不会浸出，会迅速水解。

通过吸附监测，其代谢物在土壤中有移动性（K_d 0.5～3.5；K_{oc} 20～188）。浓度计结果、水监测和田间消散的研究表明在土壤中不易浸出。

剂型　可湿性粉剂，乳油。

作用机理与特点　光合系统Ⅱ受体部位的光合电子传递抑制剂。哒草特是具选择性的苗后除草剂，具有叶面触杀活性，茎叶处理后迅速被叶片吸收，阻碍光合作用的希尔反应，使杂草叶片变黄并停止生长，最终枯萎致死。

应用

（1）适宜作物　谷物（如玉米、水稻）及其他作物。

（2）防除对象　主要用于防除一年生阔叶杂草特别是猪殃殃和反枝苋及某些禾本科杂草。

（3）应用技术　施药不宜过早或过晚，施药时期应掌握在杂草发生早期，阔叶杂草出齐时施药为最理想。

（4）使用方法　主要用于防除小麦、玉米、水稻等禾谷类作物和花生地阔叶杂草，其活性与杂草种类及生长期有关。使用剂量通常为 1000～1500 g (a.i.)/hm²。

① 麦田　春小麦分蘖盛期每亩施用 45%哒草特可湿性粉剂 133～200 g，加水 30～50 kg 进行茎叶处理。冬小麦在小麦分蘖初期（11 月下旬），杂草 2～4 叶期进行茎叶处理，也可在小麦拔节前（3 月中旬前）施药。对中度敏感性杂草可适当提高用药量，每亩施用 45%哒草特可湿性粉剂 167～233.3 g。

② 玉米田　玉米在 3～5 叶期，杂草 2～4 叶期，每亩施用 45%哒草特可湿性粉剂 167～233.3 g，加水 30～50 kg 进行茎叶处理。杂草种群比较复杂的玉米田，每亩施用 45%哒草特可湿性粉剂 133～200 g 和 50%莠去津可湿性粉剂 100～150 g，加水 30～50 kg，在玉米 4～5 叶期处理，扩大杀草谱提高防除效果。

③ 花生田　阔叶杂草 2～4 叶期，每亩施用 45%哒草特乳油 133～200 mL，加水 40～50 kg 进行茎叶处理。在单、双子叶杂草混生的花生田，则需哒草特与防除禾本科杂草的除草剂混用，每亩施用 45%哒草特乳油 133～167 g，分别与 35%吡氟禾草灵乳油 50 mL、12.5%吡氟氯禾灵乳油 50 mL、10%禾草克乳油 50 mL 混用。

专利概况

专利名称　Phenylpyridazine herbicides

专利号　DE 2331398　　　　　专利申请日　1973-06-20

专利申请人　LENTIA GMBH。

合成方法　以顺丁烯酸酐为起始原料，经如下反应制得目的物：

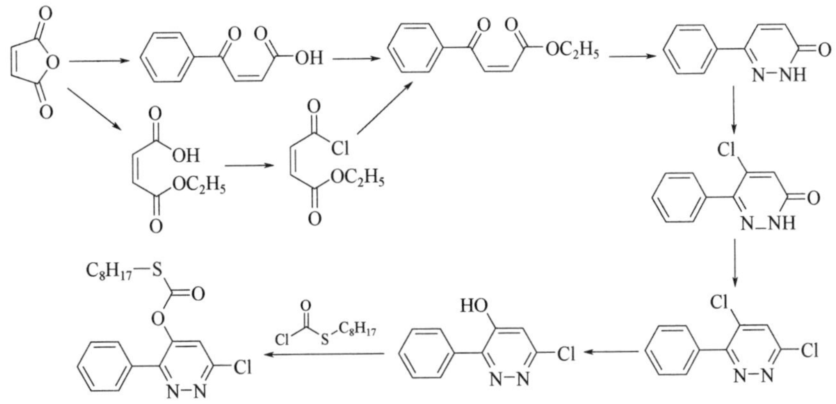

参考文献

[1] The Pesticide Manual.17 th edition: 974-975.

pyrimisulfan

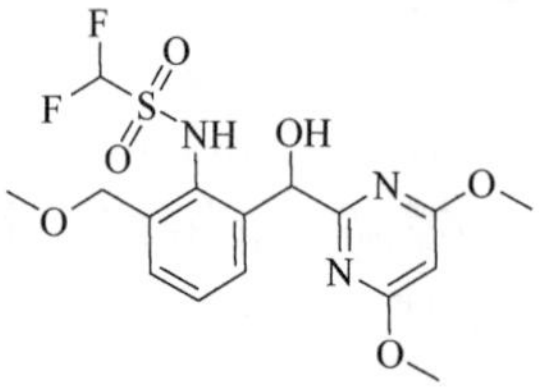

$C_{16}H_{19}F_2N_3O_6S$，419.4，221205-90-9

pyrimisulfan（试验代号：KIH-5996、KUH-021，商品名称：BestPartne）是由 Ihara Chemical Industry Co., Ltd.和 Kumiai Chemical Industry Co., Ltd 开发的磺酰胺类除草剂。

化学名称 （*RS*-2'-[(4,6-二甲氧基嘧啶-2-基)(羟基)甲基]-1,1-二氟-6'-甲氧基甲基)甲烷磺酰苯胺。英文化学名称(*RS*)-2'-[(4,6-dimethoxypyrimidin-2-yl)(hydroxy)methyl]-1,1-difluoro-6'-(methoxymethyl)methanesulfonanilide。美国化学文摘（CA）系统名称 *N*-[2-[(4,6-dimethoxy-2-pyrimidinyl)hydroxymethyl]-6-(methoxymethyl)phenyl]-1,1-difluoromethanesulfonamide。CA 主题索引名称 methanesulfonamide—, *N*-[2-[(4,6-dimethoxy-2-pyrimidinyl)hydroxymethyl]-6-(me-thoxymethyl)phenyl]-1,1-difluoro-。

理化性质 无臭白色粒状结晶。熔点 98.8℃，约 220℃分解，蒸气压 $2.1×10^{-8}$ Pa（25℃），分配系数 lgK_{ow}=2.15（pH 3），相对密度 1.48（20～25℃）。水中溶解度 $8.39×10^4$ mg/L（20℃，纯水）。水解 DT_{50}＞1 年（25℃，pH 4、7 和 9）。光解 DT_{50} 38 d（蒸馏水，25℃，47.5 W/m²，300～400 nm）。

毒性 大鼠急性经口 LD_{50}1000～2000 mg/kg，急性经皮 LD_{50}＞2000 mg/kg，大鼠急性吸入 LC_{50}＞6.9 mg/L。对兔的眼睛无刺激性，但对皮肤有轻度刺激作用。对大鼠、兔 Ames 试验、染色体异常试验均为阴性。

生态效应 鲤鱼急性毒性 LD_{50}（96 h）＞127 mg/L，水蚤 LD_{50}（48 h）＞122 mg/L。

环境行为 在土壤中半衰期 DT_{50}：容器内 12 d，田间（水田）1～3 d。土壤吸附系数 K_{oc} 34～64。

剂型 可湿性粉剂和颗粒剂。

主要生产商 Kumiai。

作用机理与特点 乙酰乳酸合成酶（ALS）抑制剂。

应用 pyrimisulfan 可有效地防除移栽水稻田中的各种一年生杂草和牛毛毡、萤蔺、矮慈姑、水莎草、窄叶泽泻、眼子菜、水芹、野慈姑、荸荠、日本藨草、扁秆藨草、稻状稗壳草、水绵等杂草。该剂亦可防除直播水稻田中的一年生杂草和牛毛毡、萤蔺、矮慈姑、水莎草和水芹等杂草。

在移栽水稻田，通常在移栽后 3 d 或稗草 3 叶期至收获前 30 d 为止使用本除草剂；在直播水稻田中可在稻苗出芽前或稗草 3 叶期至收获前 60 d 为止使用。

单剂使用时有效成分剂量为 50～70 g/hm²。经应用表明，pyrimisulfan 对于对磺酰脲类除草剂具抗性的水田杂草亦十分有效。

专利概况

专利名称 Di- or tri-fluoromethanesulfonyl anilide derivatives, process for the preparation of them and herbicides containing them as the active ingredient

专利号 WO 2000006553　　　　专利申请日 2000-02-10

专利申请人 Ihara Chemical Industry Co., Ltd., and Kumiai Chemical Industry Co., Ltd

其他相关专利 JP 2000044546、JP 3632947、JP 2000063360、AU 9949289、AU 750129、EP 1101760、BR 9912494、EP 1361218、AT 252088、CN 1138763、RU 2225861、ES 2209466、TW 221471、US 6458748 等。

合成方法 经如下反应制得目的物：

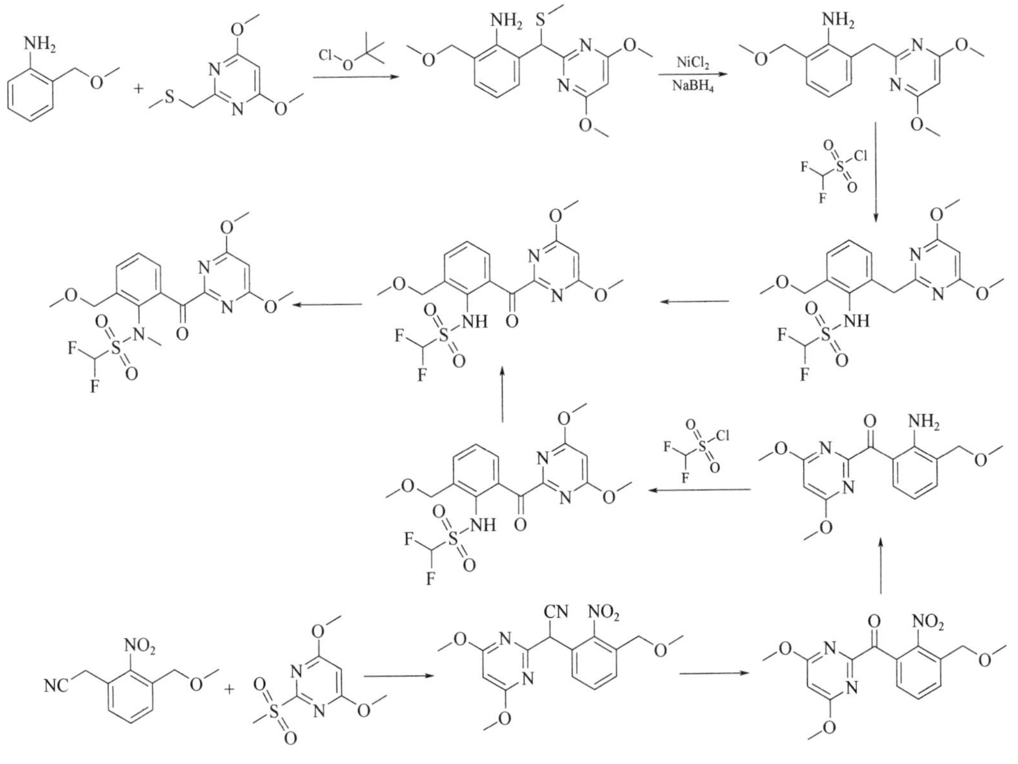

参考文献

[1] The Pesticide Manual.17 th edition: 983.
[2] 张一宾. 世界农药, 2014, 36(1): 19-21.
[3] 张亦冰. 世界农药, 2012, 34(5): 57.

砜吡草唑（pyroxasulfone）

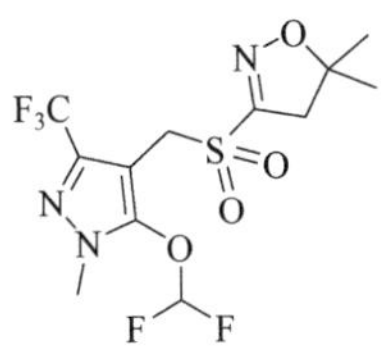

$C_{12}H_{14}F_5N_3O_4S$，391.3，447399-55-5

砜吡草唑（试验代号：KIH-485、KUH-043，商品名称：Sakura、Sekura、Zidua，其他名称：Anthem ATZ、杀草砜）是由日本组合化学工业株式会社（Kumiai Chemical Industry Co., Ltd.）与庵原化学工业株式会社（Ihara Chemical Industry Co., Ltd）研制，目前与拜耳、巴斯夫共同开发的可有效防除玉米田、大豆田及小麦田的禾本科和阔叶杂草的新型苗前土壤处理除草剂。

化学名称 3-(5-二氟甲氧基-1-甲基-3-三氟甲基吡唑-4-甲砜基)-4,5-2H-5,5-二甲基-1,2-噁唑。英文化学名称 3-[5-(difluoromethoxy)-1-methyl-3-(trifluoromethyl)pyrazol-4-ylmethylsulfonyl]-4,5-dihydro-5,5-dimethyl-1,2-oxazole。美国化学文摘（CA）系统名称 3-[[[5-(difluoromethoxy)-1-methyl-3-(trifluoromethyl)-1H-pyrazol-4-yl]methyl]sulfonyl]-4,5-dihydro-5,5-dimethylisoxazole。CA 主题索引名称 isoxazole—, 3-[[[5-(difluoromethoxy)-1-methyl-3-(trifluoromethyl)-1H-pyrazol-4-yl]methyl]sulfonyl]-4,5-dihydro-5,5-dimethyl-。

理化性质 轻微特殊气味的白色晶体。熔点 130.7℃，沸点 362.4℃，蒸气压 2.4×10^{-6} Pa（25℃），分配系数 lgK_{ow}=2.39（pH 8.7），相对密度 1.6（20~25℃）。溶解度（20~25℃）：水中 3.49 mg/L，其他溶剂中（g/L）：丙酮＞250，二氯甲烷 151，乙酸乙酯 97，甲醇 11.4，甲苯 11.3，正己烷 0.072。54℃可以稳定存在 14 d；25℃，pH 5、7、9 缓冲液中 DT$_{50}$＞1 年。

毒性 大鼠急性经口 LD$_{50}$＞2000 mg/kg，大鼠急性经皮 LD$_{50}$＞2000 mg/kg。大鼠急性吸入 LC$_{50}$＞5.8 mg/L。对兔的眼睛轻度刺激性，对兔的皮肤无刺激性，无致敏性；大鼠（2 年）NOEL：2.05 mg/(kg·d)（雄）、2.69 mg/(kg·d)（雌）。小鼠（18 个月）NOEL：18.3 mg/(kg·d)（雄）、22.4 mg/(kg·d)（雌）；ADI/RfD 0.02 mg/kg；无致突变性（Ames、染色体畸变、微核试验），无致畸性，无生殖毒性；无致癌性。

生态效应 鹌鹑和野鸭急性经口 LD$_{50}$＞2250 mg/kg，鹌鹑和野鸭短期饲喂 LC$_{50}$（5 d）＞5620 mg/L；鱼 LC$_{50}$（96 h）：鲤鱼＞3.75 mg/L，翻车鱼＞2.8 mg/L，虹鳟鱼＞2.1 mg/L；大型溞 EC$_{50}$（48 h）＞4.4 mg/L；羊角月牙藻 E$_r$C$_{50}$（72 h）0.74 μg/L；意大利蜜蜂 LD$_{50}$（接触）＞100 μg/只；蚯蚓 LC$_{50}$＞997 mg/kg 土壤；在 12.5 mg/50 g 饲料剂量下，对家蚕无影响；蚜茧蜂成虫 LR$_{50}$（48 h）＞1000 g (a.i.)/hm^2，捕食性螨幼虫 LR$_{50}$（7 d）＞1000 g (a.i.)/hm^2，黑豹蛛幼虫、松毛虫赤眼蜂幼虫、小花蝽幼虫 LR$_{50}$（72 h）＞850 g (a.i.)/hm^2。

环境行为 水解：砜吡草唑在酸性和中性条件下稳定，在碱性条件下（pH 9）可降解，在碱性条件下仅检测到一种次要降解产物（未明确鉴定）。在标准的土壤光解和水中光解研究中，仅显示出轻微的降解，由于与光化学产生的羟自由基反应（估计半衰期为 2.9 h），砜吡草唑不太可能在大气中保持稳定。砜吡草唑在好氧土壤中的降解半衰期为 142~506 d，主要代谢产物为 M-1 和 M-3，在厌氧土壤中的降解半衰期为 99 d 和 145~156 d，主要代谢产物为 M-1；砜吡草唑在土壤中易移动。总体上看砜吡草唑对环境中的有机物基本无害。且由于此品种水溶度相对较低，所以其通过淋溶与降解污染地表水与地下水的可能性很小。

剂型 可湿性粉剂、颗粒剂、水分散粒剂等。

主要生产商 Kumiai。

作用机理与特点 砜吡草唑被杂草根与幼芽吸收，抑制幼苗早期生长，破坏顶端分生组织与胚芽鞘生长。它是植物体内极长侧链脂肪酸（VLCFAs）生物合成的严重潜在抑制剂：在植物体内，极长侧链脂肪酸（VLCFAs）含有 18 个以上碳原子，通过内质网的微粒体伸长系统由硬脂酸（C 16：0 脂肪酸）逐步形成。研究证明，高等植物含有与磷脂酰丝氨酸结合的 C$_{20}$ 至 C$_{26}$ 脂肪酸，黑麦（*Secale cereale* L.）、拟南芥（*Arabidopsis thaliana* L.）与野燕麦（*Avena fatua* L.）原生质膜含有与脑苷脂类联结的极长侧链脂肪酸；此类脂肪酸是植物细胞的重要成分，在角质层蜡质以及质膜上大量存在。大量伸长酶催化 VLCFAs 生物合成中的多种伸长阶段，在伸长系统中，存在着 4 种酶阶段：①一种 3-酮脂羧基-CoA 合成酶；②一种还原酶产生 3-羟酰 CoA 与 NAD(P)H；③一种脱水酶产生 2-烯酰-CoA；④一种还原酶再利用还原吡啶核苷酸产生 VLCFA-CoA。在①阶段，酰基 CoA 与丙二酸-CoA 的缩合反应是有限的，这里至少包括两种酶，一种是延伸 C_{18} 或 C_{16} 至 C_{20} 与 C_{22}，另一种是使 C_{24}-酰基引物伸长。众多类型除草剂抑制 20 以上 C 侧链的极长侧链脂肪酸的生物合成，砜吡草唑主要是抑制植物体内 VLCFAs 生物合成中 C 18：0 至 C 20：0，C 20：0 至 C 22：0，C 22：0 至 C 24：0，C 24：0 至 C 26：0 以及 C 26：0 至 C 28：0 的延伸阶段，也即它专门抑制植物体内 VLCFAs 延伸酶催化的上述脂肪酸延伸阶段。砜吡草唑为苗前土壤处理除草剂。

应用

（1）适用作物　玉米、大豆、小麦、花生、棉花、向日葵与马铃薯等作物。

（2）防治对象　砜吡草唑为广谱性除草剂，可有效防治一系列一年生禾本科杂草，包括狗尾草属（Setaria）、马唐属（Digitaria）、稗属（Echinochloa）、黍属（Panicum）、高粱属（Sorghum）等杂草以及苋属（Amaranthus）、曼陀罗属（Datura）、茄属（Solanum）、苘麻属（Abutilon）、藜属（Chenopodium）等阔叶杂草。其杀草谱大于乙草胺与异丙甲草胺，对苘麻、豚草、宽叶臂形草、稷、野黍、费氏狗尾草、藜、反枝苋及二色高粱等几乎所有杂草的防治效果均优于异丙甲草胺，而且喷药后稳定的防治效果可长达 85 d 之久。用量为 125 g/hm² （沙壤土）至 250 g/hm²（粉沙黏壤土），能够防除大量的禾本科杂草和阔叶杂草，用量是异丙甲草胺的 10%～12.5%。相当于目前我国广泛使用的乙草胺的 8%～10%。而除草效果特别是早期防治绿狗尾草、蒺藜和苋菜的效果优于 S-异丙草胺；用量 250 g/hm² 则优于注册应用的所有除草剂品种对玉米田的苘麻、地肤与卷茎蓼的效果，由此可知，单位面积用药量低，除草效果好及除草持效期长是其突出特点,今后有可能部分取代乙草胺与异丙草胺等常用品种。砜吡草唑在玉米苗前除草时即使不添加安全剂对作物仍然有很好的安全性，而在苗后使用同样不会伤害到玉米植株，在我国玉米和大豆等作物具有很好的应用前景。

专利概况

专利名称　Preparation of isoxazoline derivatives and herbicides comprising the same as active ingredients

专利号　WO 2002062770　　　　　专利申请日　2002-02-07

专利申请人　Kumiai Chemical Industry Co., Ltd.及 Ihara Chemical Industry Co., Ltd.

其他相关专利　AU 2002234870、BR 2002007025、CA 2438547、CN 1491217、CN 1257895、CN 1673221、CN 100361982、EP 1364946、EP 2186410、HU 2004000723、IL 157070、JP 2002308857、JP 4465133、KR 889894、KR 2008019731、MX 2003006615、NZ 527032、RU 2286989、RO 122995、US 20040110749、US 7238689 等。

工艺专利　WO 2004014138、WO 2004013106 等。

登记情况　目前，砜吡草唑已在中国、日本、美国、加拿大、澳大利亚、新西兰、南非和沙特阿拉伯国家或地区取得登记，登记企业包括日本组合化学、巴斯夫、富美实几家跨国企业，登记形式上除了单剂品种外，还有与小麦田、玉米田、大豆田的经典除草剂品种的混配产品，登记形式的多样化为进一步拓展产品市场奠定了坚实基础。相信随着市场认可度的逐步提高和研发者的不断探索，必将涌现出更多有价值的混配产品，进一步提升其市场地位。目前国际已登记的制剂产品汇总如下：

（1）日本登记产品　15%砜吡草唑水分散粒剂、50%砜吡草唑水分散粒剂、36.3%砜吡草唑悬浮剂、14.8%砜吡草唑•吡氟酰草胺悬浮剂（7.4%+7.4%）。

（2）美国登记产品　85%砜吡草唑水分散粒剂、41.46%砜吡草唑悬浮剂、47.8%砜吡草唑•莠去津•嗪草酸甲酯悬乳剂（5.15%+42.5%+0.15%）、23.3%砜吡草唑•嗪草酸甲酯悬乳剂（22.61%+0.69%）、39.75%砜吡草唑•唑草酮悬乳剂（37.1%+2.65%）、46.6%砜吡草唑•嗪草酸甲酯悬浮剂（45.22%+1.38%）、41.32%砜吡草唑•甲磺草胺悬浮剂（20.66%+20.66%）、41.32%砜吡草唑•咪唑乙烟酸•苯嘧磺草胺悬浮剂（23.06%+13.45%+4.81%）、61.5%砜吡草唑•丙炔氟草胺水分散粒剂（28%+33.5%）、76%砜吡草唑•丙炔氟草胺水分散粒剂（42.5%+33.5%）、62.41%砜吡草唑•丙炔氟草胺•氯嘧磺隆水分散粒剂（31.17%+24.57%+6.67%）、27.91%砜吡草唑•嗪草酮•丙炔氟草胺悬浮剂（6.76%+15.86%+5.29%）、31.85%砜吡草唑•丙炔氟草胺悬浮剂（17.81%+14.04%）、41.21 砜吡草唑•甲磺草胺悬浮剂（14.77%+26.44%）、41.44%砜吡草唑•苯嘧磺草胺•精二甲吩草胺悬乳剂（4.50%+5.41%+31.53%）、24.72%砜吡草唑•氟亚胺草酯悬浮剂（18.38%+6.34%）。

（3）加拿大登记产品　85%砜吡草唑水分散粒剂、500 g/L 砜吡草唑悬浮剂、76%砜吡草唑•丙炔氟草胺水分散粒剂（42.5%+33.5%）、500 g/L 砜吡草唑•唑草酮悬乳剂（44.7%+0.53%）、500 g/L 砜吡草唑•甲磺草胺悬浮剂（25%+25%）、490 g/L 砜吡草唑•苯嘧磺草胺•咪唑乙烟酸悬浮剂（27.35%+0.57%+15.95%）。

（4）澳大利亚登记产品　850 g/kg 砜吡草唑水分散粒剂、480 g/L 砜吡草唑悬浮剂。

（5）新西兰登记产品　850 g/kg 砜吡草唑水分散粒剂。

（6）南非、沙特阿拉伯登记产品　850 g/kg 砜吡草唑水分散粒剂。

Fierce 是由 Valent 公司、Kumiai 公司和 Ihara 公司联合推出的 76%水分散粒剂（33.5%丙炔氟草胺和 42.5%砜吡草唑），主要应用于玉米和大豆。春季时，Fierce 在玉米种植前 7 d 和大豆种植的前 3 d 使用，也可用于秋季玉米和大豆。Fierce 作用时间持久，在玉米、大豆和小麦轮换种植的时候，能有效清除残留杂草。实地试验表明，对那些顽固性草类和耐草甘膦草类，比如长芒苋、杉叶藻、普通豚草以及一年生杂草等，能提供长达 8 周的控制作用，而且控草作用持续性强，适合在更换作物的时候使用。

Sakura 是由拜耳公司和 Kumiai 公司联合开发的用于小麦、黑麦和大麦的苗前除草剂。它对具有抗药性的一年生黑麦草（*Lolium multiflorum*）和其他麦草的控制是无与伦比的。

Zidua 是美国市场的唯一的单剂品种，可用于防控顽固的小种阔叶杂草和禾本科杂草。

目前已在澳大利亚和美国分别以 Sakura、Zidua 登记上市，用于防除水稻、小麦、黑小麦、玉米及大豆田等。

砜吡草唑在中国登记有 98%原药 1 个，相关制剂 1 个。登记用于冬小麦田防除一年生杂草。登记情况见表 3-150。

表 3-150　砜吡草唑在中国登记情况

登记证号	农药名称	剂型	含量	登记场所	防治对象	亩用药量（制剂）	施用方法	登记证持有人
PD20190059	砜吡草唑	悬浮剂	40%	冬小麦田	一年生杂草	25～30 mL	土壤喷雾	上海群力化工有限公司
PD20190017	砜吡草唑	原药	98%					上海群力化工有限公司

合成方法　砜吡草唑的合成主要有如下 4 种方法：其中方法 4 中需要使用还原剂，主要为 $NaBH_4$、*t*-BuLi、$NaSO_2CH_2OH$，最后将硫醚氧化成砜使用的氧化剂主要为 *m*-CPBA、H_2O_2 等。

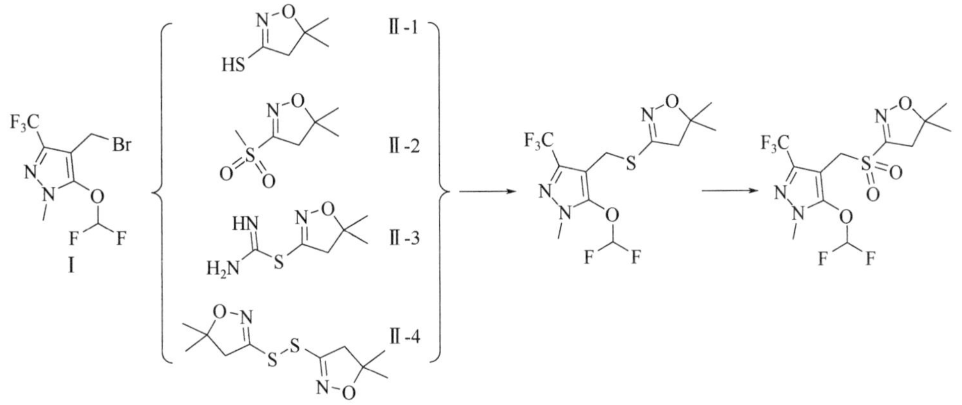

中间体 I 的合成可按如下方法：

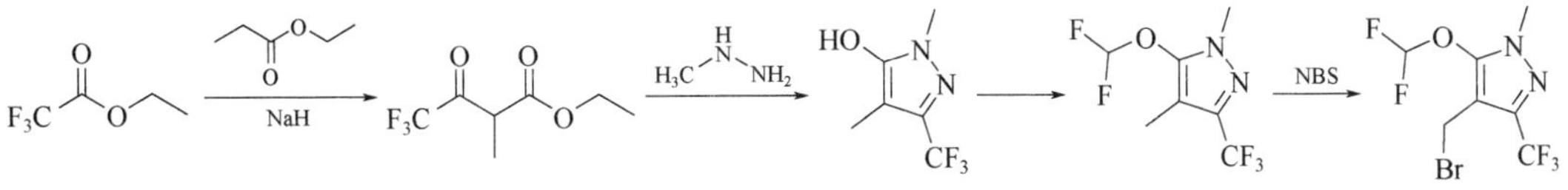

中间体 II 的合成主要有如下 2 种方法：一是以乙醛酸为原料，二是以羟基脲为原料。

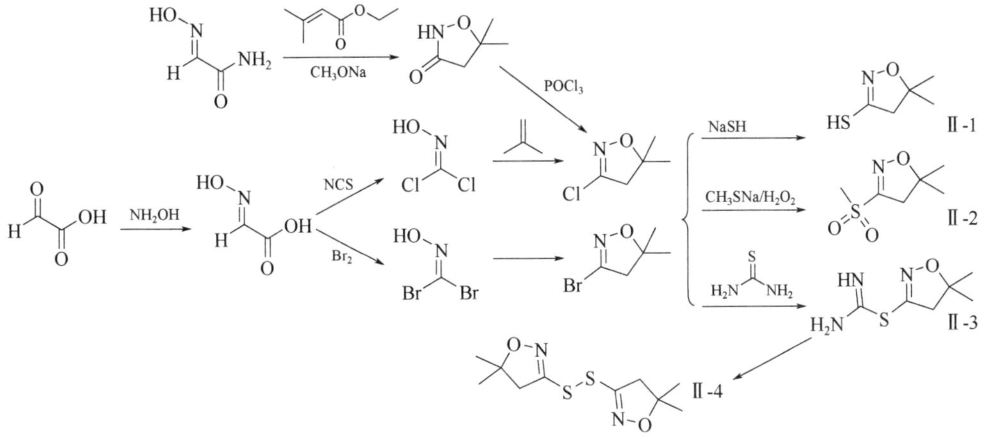

参考文献

[1]　The Pesticide Manual.17 th edition: 988.

[2]　杨吉春, 范玉杰, 吴峤, 等. 农药, 2010, 49(12): 911-914.

灭藻醌（quinoclamine）

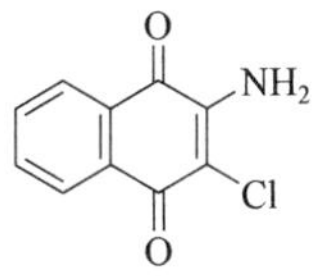

$C_{10}H_6ClNO_2$，207.6，2797-51-5

灭藻醌（试验代号：06K，商品名称：Mogeton，其他名称：ACN、氨氯萘醌）最早由 Uniroyal Inc.（现 Chemtura Corp.，该公司已不再生产或销售该产品）开发作为灭藻剂、杀菌剂及除草剂，1972 年由 Agro-Kanesho Co., Ltd.引入日本。

化学名称　2-氨基-3-氯-1,4-萘醌。英文化学名称 2-amino-3-chloro-1, 4-naphthoquinone。美国化学文摘（CA）系统名称 2-amino-3-chloro-1,4-naphthalenedione。CA 主题索引名称 1,4-naphthalenedione—, 2-amino-3-chloro-。

理化性质　黄色结晶，熔点 202℃，蒸气压 0.03 mPa（20℃），分配系数 lgK_{ow}=1.58。Henry 常数 $3.11×10^{-4}$ Pa・m^3/mol（计算值）。相对密度 1.56（20～25℃）。溶解度（g/L，20～25℃）：水中 0.02、己烷 0.03、甲苯 3.14、二氯甲烷 15.01、丙酮 26.29、甲醇 6.57、乙酸乙酯 15.49、乙腈 12.97、甲基乙基酮 21.32。250℃下稳定。水溶液水解 DT_{50}>1 年（pH 4，25℃），767 d（pH 7，25℃），148 d（pH 9，25℃）。光解 DT_{50} 60 d（蒸馏水），31 d（天然水）。

毒性　急性经口 LD_{50}（mg/kg）：雄大鼠 1360，雌大鼠 1600，雄小鼠 1350，雌小鼠 1260。大鼠急性经皮 LD_{50}>5000 mg/kg。对兔的眼睛有中等刺激性，对兔的皮肤无刺激性。对豚鼠皮肤无致敏性。大鼠吸入 LC_{50}（4 h）>0.79 mg/L 空气。NOEL 雄大鼠（2 年）5.7 mg/(kg・d)。ADI/RfD（EC）0.002 mg/kg（2008）。

生态效应　鲤鱼 LC_{50}（48 h）0.7 mg/L，斑马鱼 LC_{50}（96 h）0.65 mg/L。水蚤 LC_{50}（3 h）>10 mg/L。海藻 E_rC_{50} 22.25 mg/L。蜜蜂 LD_{50}（接触）>40 μg/只。蚯蚓 LC_{50} 125～250 mg/kg 土。对溢管蚜茧蜂和畸螯螨无害。

环境行为　①动物。本品能被动物迅速吸收并几乎完全通过尿液和粪便排出，母体化合物是主要残留物。脱氯和乙酰化是主要的代谢途径。②植物。水稻通过根吸收并传导到叶子。主要残留物是母体化合物，代谢方式是脱氯。③土壤/环境。土壤 DT_{50} 19～28 d。灭藻醌通过脱氯代谢，最后氧化成二氧化碳。

剂型　可湿性粉剂、颗粒剂。

主要生产商　Agro-Kanesho。

作用机理与特点　作用机理未知。触杀型杀藻剂和除草剂，药剂须施于水中才能发挥除草作用，土壤处理无效。

应用　一般用于水稻田防除藻类和杂草。也用于花盆内的观赏植物及草坪，防除苔藓。

（1）适用作物　水稻、莲、工业输水管、贮水池等。

（2）防治对象　萍、藻及水生杂草。

（3）使用方法　在苗后的田地中灌水后施药，用量为 2～4 kg/hm^2。对萍、藻类有卓效，对一些一年生和多年生杂草亦有效。也作杀菌剂用于防腐漆中。

（4）注意事项　沙质土壤不可使用。在土壤中的移动性较小。灌水施药后两周不可排水或灌水。

专利概况

专利名称　Method of killing algae

专利号　US 2999810　　　　　专利申请日　1959-06-24

专利申请人　US Rubber Co.。

合成方法　灭藻醌一般是由 2,3-二氯萘醌与氨水或者氨气在醇中反应得到。

参考文献

[1] The Pesticide Manual.17 th edition: 994-995.

氟酮磺草胺（triafamone）

$C_{14}H_{13}F_3N_4O_5S$，406.3，874195-61-6

氟酮磺草胺（试验代号：AE 1887196、BCS-BX60309，商品名称：垦收）是由拜耳公司研制的磺酰胺类水稻田除草剂。

化学名称　N-[2-[(4,6-二甲氧基-1,3,5-三嗪-2-基)羰基]-6-氟苯基]-1,1-二氟-N-甲基甲磺酰胺。英文化学名称 2′-[(4,6-dimethoxy-1,3,5-triazin-2-yl)carbonyl]-1,1,6′-trifluoro-N-methylmethanesulfonanilide。美国化学文摘（CA）系统名称 N-[2-[(4,6-dimethoxy-1,3,5-triazin-2-yl)carbonyl]-6-fluorophenyl]-1,1-difluoro-N-methylmethanesulfonamide。CA 主题索引名称 methanesulfonamide—，N-[2-[(4,6-dimethoxy-1,3,5-triazin-2-yl)carbonyl]-6-fluorophenyl]-1,1-difluoro-N-methyl-。

理化性质　白色粉末。熔点 105.6℃，蒸气压 $6.4×10^{-6}$ Pa（20℃），分配系数 $\lg K_{ow}=1.5$（pH 4、7）、1.6（pH 9），Henry 常数 $6.3×10^{-5}$ Pa·m^3/mol。水中溶解度（g/L，20～25℃）：0.036（pH 4），0.033（pH 7），0.034（pH 9）。

毒性　大、小鼠急性经口 $LD_{50}>2000$ mg/kg，大鼠急性经皮 $LD_{50}>2000$ mg/kg，对兔的眼和皮肤无刺激，对豚鼠皮肤无致敏性。大鼠急性吸入毒性 $LC_{50}>5$ mg/L。

生态效应　山齿鹑急性经口 $LD_{50}>2000$ mg/kg，鲤鱼 $LC_{50}>100$ mg/L，水蚤 $LC_{50}>50$ mg/L，水藻 EC_{50} 6.23 mg/L。对蜜蜂无毒，蜜蜂 LD_{50}（48 h，μg/只）：经口 55.8，接触>100。50 mg/L 浸泡桑叶，对家蚕无毒害作用，在生物体内无潜在累积现象。

环境行为　在好氧条件下的土壤中 $DT_{50}<10$ d。在碱性条件下水解，在 pH 9 时，$DT_{50}<10$ d（25℃），$DT_{50}<5$ d（25℃）。

剂型　悬浮剂。

主要生产商　拜耳公司。

作用机理与特点　可以通过叶片和根系吸收，对苗前和苗后的杂草均有防治效果。氟酮磺草胺本身并不抑制乙酰乳酸合成酶（ALS），在植物体内可代谢为抑制乙酰乳酸合成酶（ALS）的活性物质。代谢物通过韧皮部和木质部在植物内部运输。在施用后杂草会停止生长，并根据环境情况在一两个星期内表现出典型的 ALS 受抑制症状（如发育迟缓、坏死和变色）。

应用　可防除水稻田不同时期的多种杂草，如各类稗草、光头稗、双穗雀稗、千金子、毛草龙、尖瓣花、矮慈姑、慈姑、节节草、异型莎草、碎米莎草、莎草、合萌、水虱草、日本蔍草等，使用剂量 20～50 g/hm^2。

专利概况

专利名称　Preparation of sulfonanilide herbicides

专利号　WO 2007031208　　　　　**专利申请日**　2006-09-02

专利申请人　Bayer AG

其他相关专利　JP 2007106745、AU 2006291703、CA 2622578、EP 1928242、JP 2009507866、JP 5097116、CN 101394743、BR 2006016039、CN 102633729、AR 55635、TW I382816、ZA 2008001695、MX 2008003758、KR 2008044878、IN 2008CN 01307、US 20090305894、US 20100323896、JP 2012162553、JP 2012162554、JP 2012180352。

登记情况　氟酮磺草胺在中国登记有 98%原药 1 个，相关制剂 2 个。登记用于水稻移栽田防除一年生杂草。登记情况见表 3-151。

表 3-151　氟酮磺草胺在中国登记情况

登记证号	农药名称	剂型	含量	登记场所	防治对象	亩用药量（制剂）	施用方法	登记证持有人
PD20170001	氟酮·呋喃酮	悬浮剂	27%	水稻移栽田	一年生杂草	16～24 mL	甩施法或药土法	拜耳股份公司
PD20170006	氟酮磺草胺	悬浮剂	19%	水稻移栽田		8～12 mL	甩施法或药土法	拜耳股份公司
PD20170007	氟酮磺草胺	原药	93.6%					拜耳股份公司

合成方法　通过如下反应制得目的物：

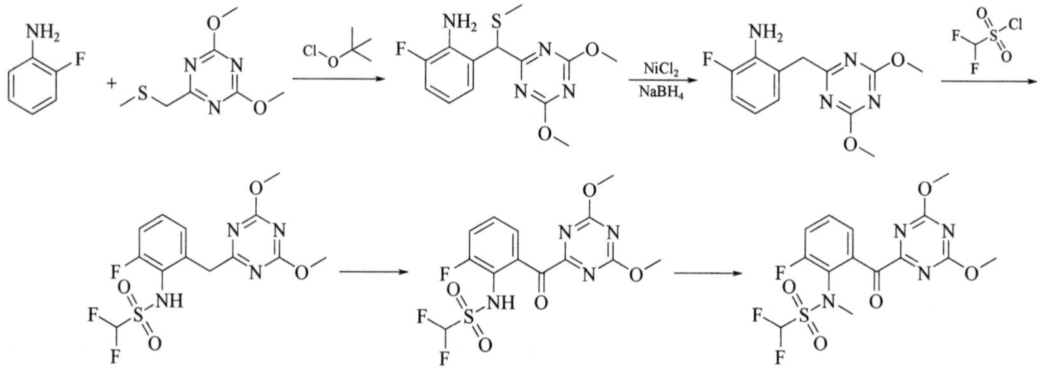

参考文献

[1] The Pesticide Manual.17 th edition: 1131.

[2] Sato Y, et al. Julius Kühn-Archiv, 2012, 434: 544-548.

[3] 伍强, 薛谊, 苏玉坡. 世界农药, 2011, 33(3): 22-24.

灭草环（tridiphane）

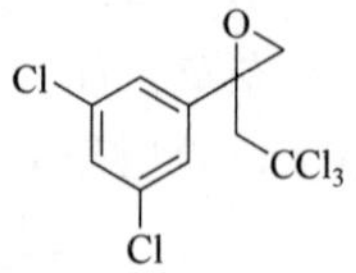

C₁₀H₇Cl₅O，320.4，58138-08-2

灭草环（试验代号：Dowco356，商品名称：Nelpon、Tandem）是由道农业科学公司（现陶氏益农）开发的除草剂。

化学名称　(*RS*)-2-(3,5-二氯苯基)-2-(2,2,2-三氯乙基)环氧乙烷。英文化学名称(*RS*)-2-

(3,5-dichlorophenyl)-2-(2,2,2-trichloroethyl)oxirane。美国化学文摘（CA）系统名称 2-(3,5-dichlorophenyl)-2-(2,2,2-trichloroethyl)oxirane。CA 主题索引名称 oxirane—, 2-(3,5-dichlorophenyl)-2-(2,2,2-trichloroethyl)-。

理化性质　无色晶体，熔点 42.8℃，闪点 46.7℃。蒸气压 29 mPa（25℃）。分配系数 $\lg K_{ow}$=4.34，Henry 常数 5.16 Pa·m³/mol。水中溶解度（25℃）1.8 mg/L，其他溶剂中溶解度（20～25℃，g/kg）：丙酮 9100，二氯甲烷 710，甲醇 980，二甲苯 4600，氯苯 5600。水解 DT_{50} 为 80 d（pH5～9，35℃）。

毒性　大鼠和小鼠急性经口 LD_{50} 1743～1918 mg/kg。兔急性经皮 LD_{50} 为 3536 mg/kg。对兔的皮肤和眼睛中度刺激，对豚鼠皮肤有潜在致敏性。大鼠 2 年饲喂试验的无作用剂量为 3 mg/(kg·d)。ADI（EPA）cRfD 0.003 mg/kg bw（1992）。

生态效应　野鸭急性经口 LD_{50} 为 2510 mg/kg，野鸭和山齿鹑饲喂 LC_{50}（8 d）5620 mg/kg。鱼 LC_{50}（96 h）：虹鳟 0.53 mg/L，大翻车鱼 0.37 mg/L。

制剂　乳油。

作用机理与特点　超长链脂肪酸合成抑制剂。

应用　灭草环为内吸性除草剂。主要用于防除玉米、水稻、草坪禾本科杂草及部分阔叶杂草。施药适期为作物苗期。使用剂量为 500～800 g (a.i.)/hm²。通常与三嗪类除草剂混用。

专利概况

专利名称　Substituted oxirane compounds

专利号　US 4211549　　　　优先权日　1975-12-08

专利申请人　Dow Chemical Co。

合成方法　通过如下反应制得目的物：

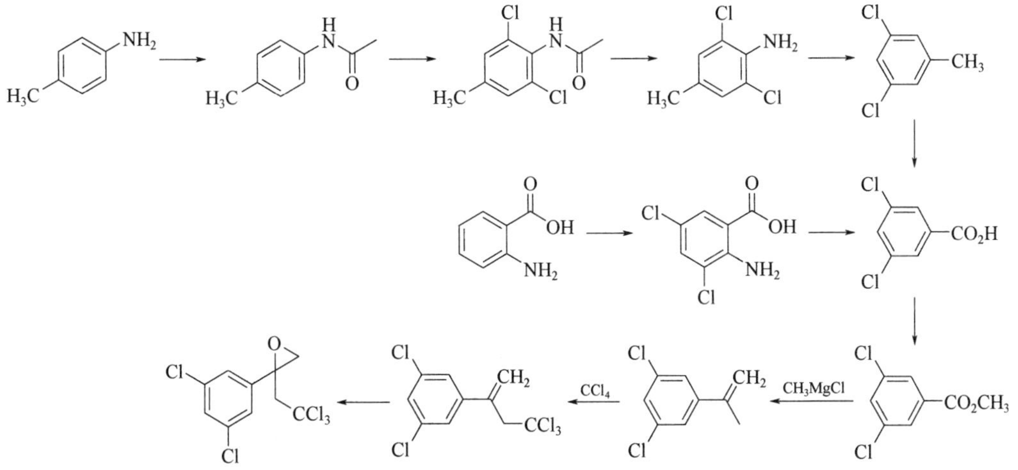

参考文献

[1]　The e-Pesticide Manual 6.0.

[2]　Markley Lowell D., Norton Elizabeth J. US4211549, 1980.

第四章

除草剂安全剂

除草剂安全剂（herbicide safeners）又称为解毒剂（antidote）或保护剂（protectant），指用来保护农作物免受除草剂药害，增加作物安全性和改进杂草防除效果的化合物。在除草剂中加入安全剂，是人为赋予除草剂以选择性的一种手段，不仅可以提高作物的耐药性、保护作物免受农药残留物的损害，也可以用来解决难除杂草的防除问题。

1947 年 Hoffmann 发现将 2,4-D 施加到之前用 2,4,6-涕处理过的番茄，番茄不会产生药害；将燕麦灵施加到之前用 2,4-D 处理过的小麦上，小麦不会产生药害。通过对这种相互关系的长期研究，其于 1962 年首次提出了安全剂这一概念。又经过几年研究，Hoffmann 研发出了世界上第一个安全剂 1,8-萘二甲酸酐（NA），在向用 NA 处理过的玉米施用硫代氨基甲酸酯除草剂时不会产生药害。1972 年 Gulfoil 公司对 NA 进行商品化，随之除草剂安全剂不断被开发利用，如 Cuff 公司在 1973 年开发的氯草烯安等，Geigy 公司运用静电的筛选方法检测先导化合物的研究途径，助推该公司相继开发出解草胺腈、解草腈、肟草胺和解草胺等。近三十年对磺酰脲类、咪唑啉酮、环己二酮和异噁唑二酮类、酰胺类、硫代氨基甲酸酯类的除草剂安全剂的报道不断增加。目前全球已商品化的安全剂近 30 种，国内文献资料和报道应用的除草剂安全剂超过 10 种。

除草剂安全剂按结构不同，可分为萘酸酐类、二氯乙酰胺类、肟醚类、杂环类、磺酰脲（胺）类、植物生长调节剂类、杀菌剂类等。根据安全剂的作用方式与作用原理，又可分为以下几个类型：①结合型。安全剂与除草剂或其有毒物质相结合，从而减轻或消除对作物的危害，如用活性炭包被小麦种子，可防止敌草腈对小麦的毒害。②分解型。使除草剂或其有毒物质分解而丧失活性物质属于分解型安全剂。③拮抗型。不同除草剂之间存在着拮抗作用的事实乃是开发拮抗型安全剂的依据，如燕麦灵与 2,4-滴，丙草丹与烯草胺，草甘膦与西玛津、莠去津、2,4-滴、甲草胺之间均存在拮抗作用。④补偿型。使用除草剂后造成作物体内缺乏某种成分而产生药害时，人为地补给以减轻和消除药害。例如，使用脲类及均三氮苯类等抑制光合作用的除草剂时，给植物叶尖补给糖分可减轻药害。

除草剂安全剂的发现已有六十余载，自 20 世纪 70 年代来一直发展较快，现已普及全球应用，美国、德国、日本与欧洲一些农业与科技发达的国家处世界领先地位，非洲地区应用较少，这与除草剂的应用水平也有很大关系。全球应用作物集中在麦类、玉米、高粱、水稻等禾谷类。国内近三十年来也开始应用，主要集中在小麦、玉米两大作物，也报道用于高粱和谷子。除草剂安全剂从一个新的角度去利用、完善和开发现有除草剂的功能，为除草剂的研究提供了新途径，对除草剂的应用具有重要意义。安全剂作为除草剂研究中的分支领域具有广阔的发展前景，应当引起我们的高度重视。

解草酮（benoxacor）

$C_{11}H_{11}Cl_2NO_2$，260.1，98730-04-2

解草酮（试验代号：CGA 154281，商品名称：Bicep Ⅱ Magnum、Camix、Dual Ⅱ Magnum）是由 Ciba Geigy 公司（现先正达公司）1987 年开发上市的除草剂安全剂。

化学名称　(RS)-2,2-二氯-1-(3-甲基-2,3-二氢-4H-1,4-苯并噁嗪-4-基)乙酰或(RS)-4-二氯乙酰基-3,4-二氢-3-甲基-2H-1,4-苯并噁嗪。英文化学名称(RS)-4-(dichloroacetyl)-3,4-dihydro-3-methyl-2H-1,4-benzoxazine。美国化学文摘（CA）系统名称 4-(2,2-dichloroacetyl)-3,4-dihydro-3-methyl-2H-1,4-benzoxazine。CA 主题索引名称 2H-1,4-benzoxazine—，4-(2,2-dichloroacetyl)-3,4-dihydro-3-methyl-。

理化性质　白色无气味的结晶粉末。熔点 104.5℃，蒸气压 1.8 mPa（25℃），分配系数 $\lg K_{ow}$=2.6，Henry 常数 1.2×10^{-2} Pa·m³/mol（计算值），相对密度 1.49（20～25℃）。溶解度（20～25℃）：水中 38 mg/L；其他溶剂中溶解度（g/L）：丙酮 270，二氯甲烷 460，乙酸乙酯 200，己烷 6.3，甲醇 45，正辛醇 18，甲苯 120。260℃时开始分解。在酸性介质中稳定，在碱性介质中水解；土壤中 DT_{50} 约 50 d（pH 7）、13～19 d（pH 9 和 11）。水溶液中发生光降解（DT_{50}<1 h，pH 7，自然光）。

毒性　大鼠急性经口 LD_{50}>5000 mg/kg，兔急性经皮 LD_{50}>2010 mg/kg，对兔皮肤和兔的眼睛无刺激性，对豚鼠皮肤可能致敏。大鼠急性吸入 LC_{50}（4 h）>2.0 mg/L 空气。NOEL[mg/(kg·d)]：大鼠（2 年）0.5，小鼠（1.5 年）4.2。ADI/RfD（EPA）cRfD 0.004 mg/kg（1998），（公司建议值）0.005 mg/kg。

生态效应　家禽急性经口 LD_{50}（mg/kg）：山齿鹑>2000，野鸭>2150。鱼 LC_{50}（96 h，mg/L）：虹鳟鱼 2.4，鲤鱼 10，大翻车鱼 6.5，鲶鱼 1.4。水蚤 EC_{50}（48 h）11.5 mg/L。藻类 EC_{50}（mg/L）：绿藻（72 h）0.63，（96 h）蓝藻 39，舟形藻 15.7。蜜蜂 LD_{50}（48 h）（经口和接触）>100 μg/只，蚯蚓 LC_{50}（14 d）>1000 mg/kg。

环境行为　①动物。在动物体内代谢为水溶性的共轭物，随后发生芳香物羟基化、脱乙酰化和还原脱氯作用。②植物。在植物体内，可以发现一种主要代谢物和几种小分子，主要代谢物在动物代谢研究中也可以观察到。③土壤/环境。DT_{50}（20℃）1～5 d。K_{oc} 42～176 mL/g。在土壤中解草酮通过形成不能代谢的残留物（67%～79%，103 d；54%～57%，365 d）迅速分散，随后通过微生物降解矿化（48%～49%，365 d）。土壤 DT_{50}（20℃）1～5 d，平均 K_{oc} 218 mL/g（42～340 mL/g），有一定的流动性，水生系统中，主要是通过形成不能代谢的残留物消散掉，残留物 DT_{50} 2.4 d。

剂型 乳油、悬浮剂、发烟丸。

主要生产商 Syngenta。

应用 氯代酰胺类除草剂安全剂。在正常和不利环境条件下，能增加玉米对异丙甲草胺的耐药性。以 1 份对 30 份异丙甲草胺在种植前或苗后使用，不影响异丙甲草胺对敏感品系的活性。

专利概况

专利名称 Means for protecting cultured plants against the phytotoxic effect of herbicides

专利号 EP 149974　　　　　专利申请日 1984-12-06

专利申请人 Ciba Geigy AG

其他相关专利 US 4601745。

合成方法 合成反应式如下：

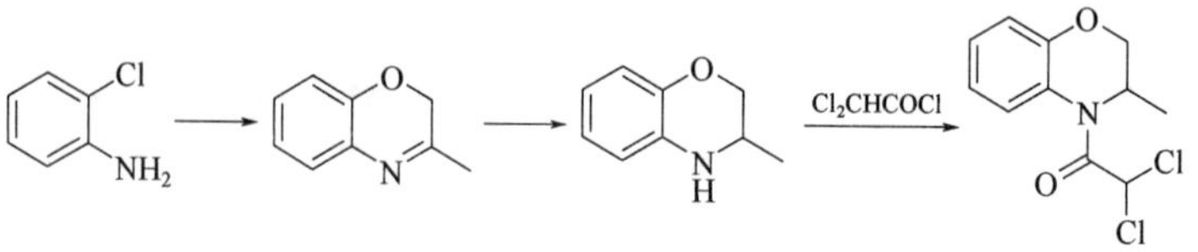

参考文献

[1] The Pesticide Manual.17 th edition: 81-82.

解草喹（cloquintocet-mexyl）

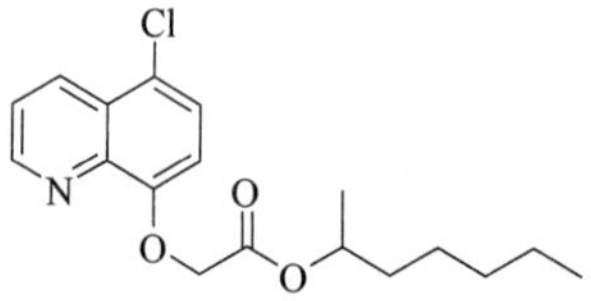

$C_{18}H_{22}ClNO_3$，335.8，99607-70-2，88349-88-6(解草酸)

解草喹（试验代号：CGA 185072，商品名称：Axial、Celio、Horizon、PowerFlex、Topik）是由 Ciba-Geigy 公司（现先正达公司）1990 年开发上市的除草剂安全剂。

化学名称 (5-氯喹啉-8-基氧)乙酸(1-甲基己)酯。英文化学名称 (RS)-1-methylhexyl [(5-chloro-8-quinolyl)oxy]acetate。美国化学文摘（CA）系统名称 1-methylhexyl 2-[(5-chloro-8-quinolinyl)oxy]acetate。CA 主题索引名称 acetic acid—, 2-[(5-chloro-8-quinolinyl)oxy]-1-methylhexyl ester。

理化性质 无色固体。熔点 69.4℃，沸点 100.6℃（$1.01×10^5$ Pa），蒸气压 18.0 mPa（80.5℃）。分配系数 lgK_{ow}=5.20。Henry 常数 $3.02×10^{-3}$ Pa·m³/mol（计算值）。密度 1.05 g/cm³（20～25℃），pK_a(20～25℃)=3.5。溶解度（25℃，mg/L）：水中 0.54（pH 5.0），0.60（pH 7.0），0.47（pH 9.0）；乙醇 190，丙酮 340，甲苯 360，正己烷 11，正辛醇 140。在酸和中性介质中稳定，碱中水解；DT_{50}（25℃）133.7 d（pH 7）。解草酸分配系数 lgK_{ow}=-0.7。

毒性 急性经口 LD_{50}（mg/kg）：大鼠＞5000，小鼠＞2000。大鼠急性经皮 LD_{50}＞2000 mg/kg，对兔皮肤和兔的眼睛无刺激性，对豚鼠皮肤可能致敏。大鼠急性吸入 LC_{50}（4 h）＞0.935 mg/L 空气。NOEL [mg/(kg·d)]：大鼠（2 年）4，小鼠（18 个月）106.5，狗（1 年）44。ADI/RfD

（BfR）0.04 mg/kg（1995）。

生态行为　对家禽类无毒，山齿鹑和野鸭急性经口 LD$_{50}$＞2000 mg/kg。对鱼类无毒，LC$_{50}$（96 h，mg/L）：虹鳟和鲤鱼＞76、大翻车鱼＞51、鲶鱼 14。藻类 EC$_{50}$（96～120 h，mg/L）：淡水藻 0.63，微囊藻 2.5，舟形藻 1.7。水蚤 LC$_{50}$（48 h）＞0.82 mg/L。微囊藻 E$_b$C$_{50}$（96 h）NOEC 0.6，淡水藻 EC$_{50}$（72 h）NOEC＞2.20。对蜜蜂无毒，LC$_{50}$（48 h，经口和接触）＞100 µg/只。蚯蚓 LC$_{50}$＞1000 mg/kg。

环境行为　在动物和植物体内水解为游离酸作为主要的代谢物。在土壤中，迅速降解为游离酸，DT$_{50}$ 0.5～2.4 d。经过几个星期至几个月，酸进一步降解和矿化。本品和它的主要代谢物具有很慢的土壤流动性，可被土壤强烈吸附，具有很小的淋洗风险。在自然水系统中，DT$_{50}$（母体化合物）＜1 d。

剂型　乳油、可湿性粉剂。

主要生产商　Syngenta。

应用　炔草酯（clodinafop-propargyl）的安全剂。解草喹与炔草酯（1：4）混用于禾谷类作物中除草，通过改善植物对除草剂炔草酯的接纳度，加速炔草酯在谷物中的解毒作用。

专利概况

专利名称　Use of quinoline derivatives for the protection of cultivated plants

专利号　EP 94349　　　　**专利申请日**　1983-11-16

专利申请人　Ciba Geigy AG

其他相关专利　US 4902340、US 5102445。

合成方法　经如下反应制得目的物：

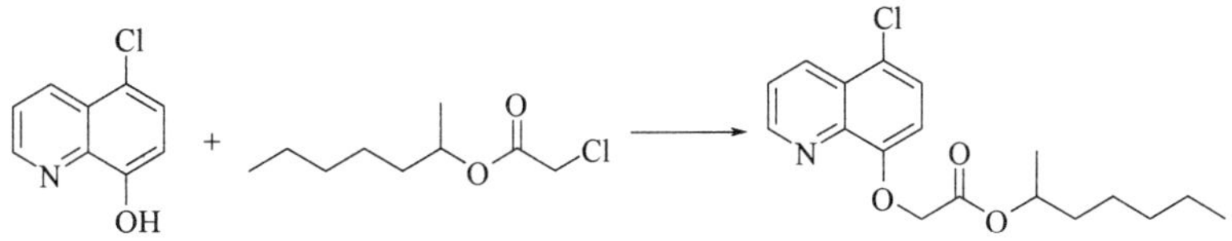

参考文献

[1]　The Pesticide Manual.17 th edition: 226-227.

[2]　申宏伟，陈均坤. 化工管理，2016(21): 84.

环丙磺酰胺（cyprosulfamide）

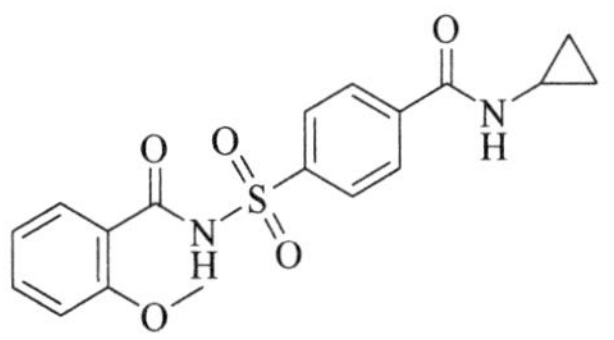

C$_{18}$H$_{18}$N$_2$O$_5$S，374.4，221667-31-8

环丙磺酰胺（试验代号：AE 0001789，商品名称：Corvus、Adengo、Balance Flexx）是由拜耳公司开发的新型除草剂安全剂。

化学名称　*N*-[4-[(环丙基氨基甲酰基)苯磺酰基]-邻甲氧基苯甲酰胺。英文化学名称 *N*-[(4-cyclopropylcarbamoyl)phenylsulfonyl]-*o*-anisamide。美国化学文摘（CA）系统名称 *N*-[[4-

[(cyclopropylamino)carbonyl]phenyl]sulfonyl]-2-methoxybenzamide。CA 主题索引名称 benza-mide—, N-[[4-[(cyclopropylamino)carbonyl]phenyl]sulfonyl]-2-methoxy-。

理化性质 无色固体，熔点 218℃。相对密度 1.51（20~25℃）。

毒性 大鼠急性经口 $LD_{50}>2000$ mg/kg，大鼠急性吸入 $LC_{50}>3.5$ mg/L，大鼠急性经皮 $LD_{50}>2000$ mg/kg。对兔子的皮肤和眼睛无刺激。

生态效应 红鲈 $LC_{50}>102$ mg/L，水蚤 LC_{50}（48 h）>102 mg/L，水藻 EC_{50}（96 h）99.7 mg/L，浮萍 EC_{50}（7 d）104 mg/L。

应用 适用于玉米、水稻等谷类。允许在任何土壤中使用，能促进根系的生长和保护植物健康。可以减轻噻酮磺隆和异噁唑草酮苗后茎叶处理对玉米的伤害，具有两种处理方式：苗前土壤处理和苗后茎叶处理。

专利概况

专利名称 Acylsulfamoyl benzoic acid amides, plant protection agents containing said acylsulfamoyl benzoic acid amides, and method for producing the same

专利号 WO 9916744 **专利申请日** 1997-09-29

专利申请人 Hoechst Schering Agrevo Gmbh

合成方法 经如下反应制得目的物：

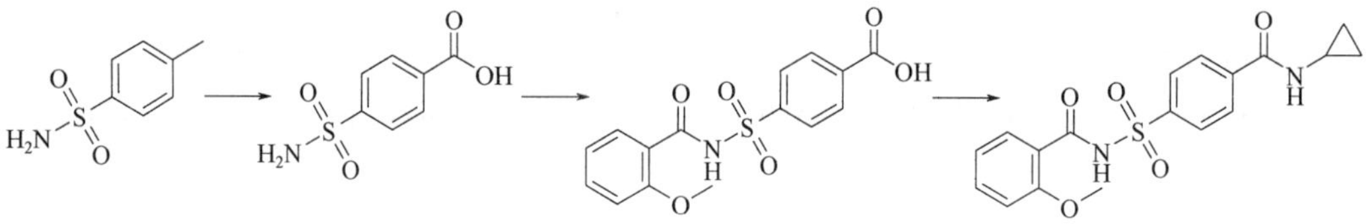

参考文献

[1] 刘小民, 张宏军, 李秉华, 等. 杂草科学, 2014, 32(1): 87-90.

二氯丙烯胺（dichlormid）

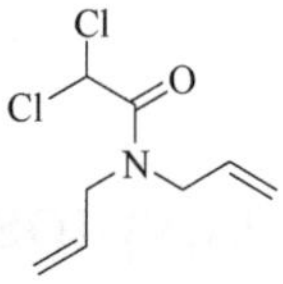

$C_8H_{11}Cl_2NO$，208.1，37764-25-3

二氯丙烯胺（试验代号：R-25788，商品名称：Keystone、Surpass、Trophy，其他名称：烯丙酰草胺）是由 Stauffer Chemical Co.（现先正达公司）开发的除草剂安全剂。

化学名称 N, N-二烯丙基二氯乙酰胺。英文化学名称 N, N-diallyl-2,2-dichloroacetamide。美国化学文摘（CA）系统名称 2,2-dichloro-N,N-di-2-propen-1-ylacetamide。CA 主题索引名称 acetamide—, 2,2-dichloro-N, N-di-2-propen-1-yl-。

理化性质 纯品为透明黏性液体，原药为琥珀色至棕色。熔点 5~6.5℃，沸点 130℃（1333 Pa），蒸气压 800.0 mPa（25℃），分配系数 $\lg K_{ow}=1.84$，密度 1.202 g/cm³（20~25℃）。溶解度（20~25℃，g/L）：水中约 5；有机溶剂：能溶于乙醇、丙酮、二甲苯、煤油约 15。100℃以上分解，对光照稳定，和铁一起加热会剧烈分解。

毒性　急性经口 LD$_{50}$（mg/kg）：雄性大鼠 2816，雌性大鼠 2146。急性经皮 LD$_{50}$（mg/kg）：兔＞5000，大鼠＞2000，对兔的皮肤中度刺激，对眼睛轻微刺激性，对豚鼠皮肤中度致敏。大鼠急性吸入 LC$_{50}$（4 h）＞5.5 mg/L。NOEL［mg/(kg·d)］：大鼠（2 年）7。ADI/RfD（EPA）0.005 mg/kg（1993）。

生态行为　绿头鸭 LC$_{50}$（5 d）14500 mg/(kg·d)，波氏鹌鹑＞10000 mg/(kg·d)。虹鳟鱼 LC$_{50}$（96 h）141 mg/L，水蚤 LC$_{50}$（48 h）161 mg/L。

环境行为　①动物。在大鼠体内，二氯丙烯胺容易被吸收，且排泄和代谢相当迅速；主要途径一种是分解为 N,N-二烯丙基乙醇酰胺及形成葡萄糖醛酸结合物，随后被氧化为 N,N-二烯丙基氨基甲酸。另一种是二氯甲基裂解形成二氯乙酸，这是一种重要的尿代谢物。这种代谢物和 N,N-二烯丙基氨基甲酸进一步生物转化为二氧化碳。②植物。在玉米中迅速代谢成多种代谢物和二氧化碳。③土壤/环境。降解主要依靠微生物；DT$_{50}$ 8 d（27～29℃）。

剂型　微囊悬浮剂，液剂，乳油，微囊粒剂，颗粒剂。

主要生产商　KisChemicals、Rainbow。

作用机理与特点　二氯丙烯胺是一种拮抗型除草剂解毒剂。增进谷胱甘肽含量及提高谷胱甘肽 S-转移酶（GST）的活性，加快谷胱甘肽氨基甲酰化速度，从而达到解毒作用。

应用　主要用于玉米、水稻、小麦、高粱、燕麦等作物，提高作物对硫代氨基甲酸酯除草剂的耐受性。既可作拌种处理，又可以与其他除草剂混用作土壤处理。能解除丁草胺、乙草胺、莠去津、异丙甲草胺、甲草胺、丙草丹、燕麦畏等除草剂对作物的药害。

专利概况

专利名称　Herbicide compositions

专利号　US 4137070　　　　专利申请日　1971-12-09

专利申请人　Stauffer Chemical Co.。

合成方法　经如下反应制得目的物：

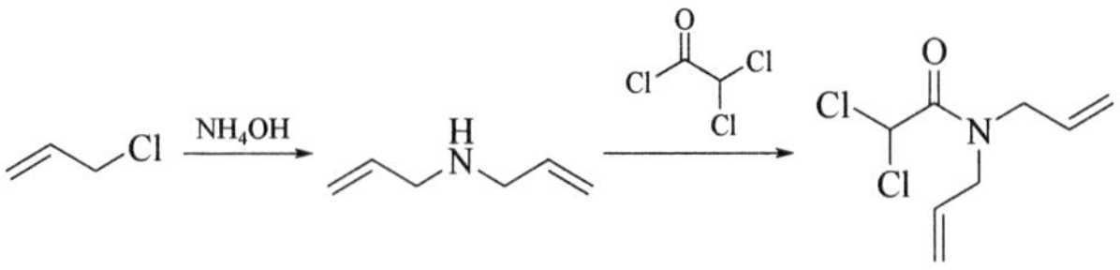

参考文献

[1] The Pesticide Manual.17 th edition: 318-319.

[2] 杨丽萍. 二氯丙烯胺的合成与热力学性质研究. 郑州: 郑州大学, 2010.

解草唑（fenchlorazole-ethyl）

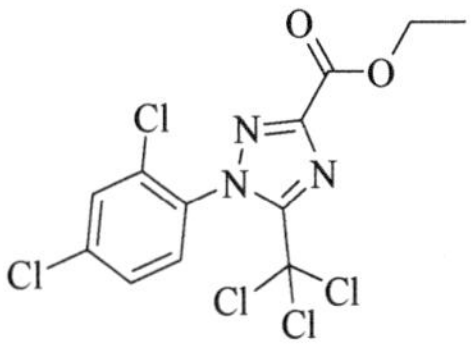

C$_{12}$H$_8$Cl$_5$N$_3$O$_2$，403.5，103112-35-2，103112-36-3(酸)

解草唑［试验代号：Hoe 070542、Hoe 072829（酸）］，是 Hoechst AG（现为安万特公司）开发的除草剂安全剂，1989 年商品化。

化学名称　1-(2,4-二氯苯基)-5-三氯甲基-1H-1,2,4-三唑-3-羧酸乙酯。英文化学名称 ethyl 1-(2,4-dichlorophenyl)-5-(trichloromethyl)-1H-1,2,4-triazole-3-carboxylate。美国化学文摘（CA）系统名称 ethyl 1-(2,4-dichlorophenyl)-5-(trichloromethyl)-1H-1,2,4-triazole-3-carboxylate。CA 主题索引名称 1H-1,2,4-triazole-3-carboxylic acid—, 1-(2,4-dichlorophenyl)-5-(trichloromethyl)-ethyl ester。

理化性质　白色无臭固体，熔点 108～112℃，蒸气压 8.9×10^{-4} mPa（20℃）。相对密度 1.7（20～25℃），Henry 常数 3.17×10^{-4} Pa·m^3/mol。水中溶解度（20℃）0.9 mg/L（pH 4.5）。有机溶剂中溶解度（g/L，20℃）：丙酮 360、二氯甲烷≥500、正己烷 2.5、甲醇 27、甲苯 270。水溶液中 DT$_{50}$：115 d（pH 5）、5.5 d（pH 7）、0.079 d（pH 5）。

毒性　大鼠急性经口 LD$_{50}$＞5000 mg/kg，小鼠急性经口 LD$_{50}$＞2000 mg/kg。大鼠和兔急性经皮 LD$_{50}$＞2000 mg/kg。对兔的皮肤和眼睛无刺激性，对豚鼠皮肤无致敏性。大鼠急性吸入 LC$_{50}$（4 h）＞1.52 mg/L 空气。90 d 饲喂试验的无作用剂量（mg/kg 饲料）：大鼠 1280、雄小鼠 80、雌小鼠 320、狗 80。狗 1 年饲喂试验的无作用剂量为 80 mg/kg 饲料。ADI（BfR）0.0025 mg/kg bw（1991）。

生态效应　野鸭急性经口 LD$_{50}$＞2400 mg/kg。虹鳟鱼 LC$_{50}$（96 h）0.08 mg/L。水蚤 LC$_{50}$（48 h）1.8 mg/L。对蜜蜂无害，LD$_{50}$（48 h）＞300 μg/只。

作用机理与特点　与除草剂噁唑禾草灵或精噁唑禾草灵合用，用作除草剂的安全剂，可防止作物生长迟缓、叶片变色和黄化。

应用　解草唑的作用是加速噁唑禾草灵在植株中的解毒作用，可改善小麦、黑麦等对噁唑禾草灵的耐药性，对禾本科杂草的敏感性无明显影响。解草唑本身无论苗前或苗后施用，均无除草活性，剂量高达 10 kg/hm^2 也无除草活性。

专利概况

专利名称　Plant protection agents based on 1,2,4-triazole derivatives and also new derivatives of 1,2,4-triazole

专利号　US 4639266　　　　　**优先权日**　1984-09-11

专利申请人　Hoechst AG

在其他国家申请的专利　AR 242196、AT 59845、AU 4732285、BR 8504348、CA 1285942、CS 643485、DE 3525205、DK 411985、EP 0174562、ES 8609281、ES 8704156、ES 8704157、GR 852177、HU T39955、IL 76350、JP S6168474、KR 860002481、LV 10557、NZ 213409、PH 21050、PL 255311、PT 81102、SU 1632362。

合成方法　解草唑的合成方法主要有两种：

方法 1：以 2,4-二氯苯胺为起始原料，重氮化后与 α-氯代乙酰乙酸乙酯缩合，生成 α-氯-α-(2,4-二氯苯亚联氨基)乙酸乙酯，再与氨水反应，最后与三氯乙酰氯闭环即得目的物。反应式如下：

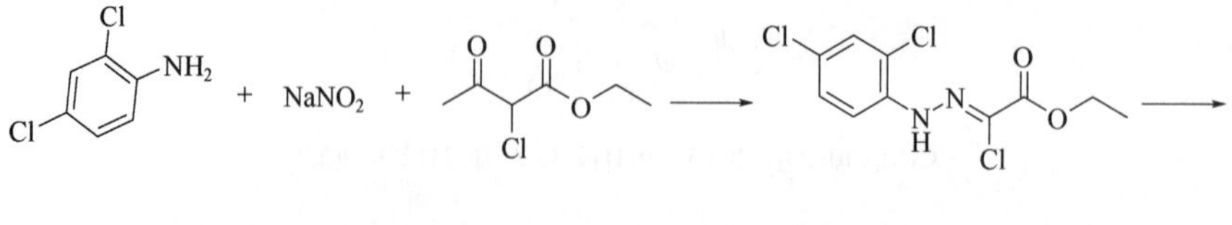

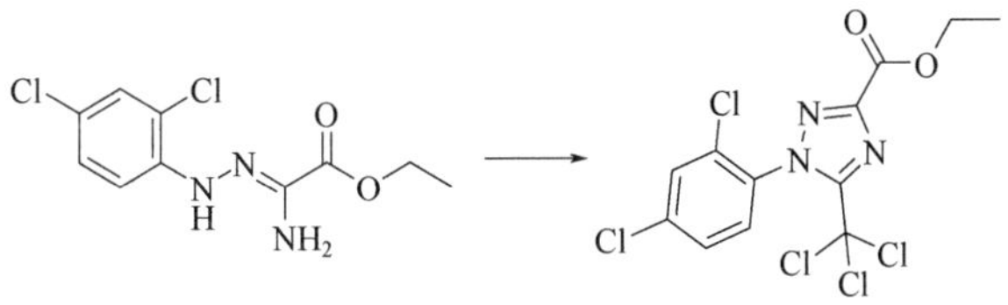

方法 2：以苯胺为起始原料，重氮化后与乙酰乙酸乙酯缩合，得到的产物用氯化亚砜氯化，生成 α-氯-α-(2,4-二氯苯亚联氨基)乙酸乙酯，再与氨水反应，最后与三氯乙酰氯闭环即得目的物。反应式如下：

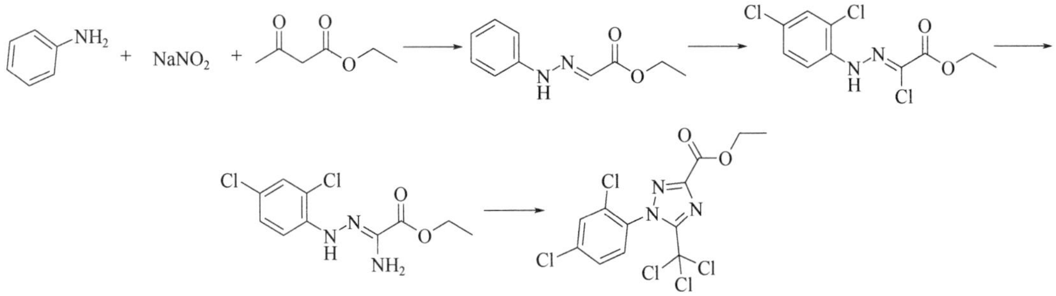

参考文献

[1] The e-Pesticide Manual 6.0.

[2] Heubach Guenther, Bauer Klaus, Bieringer Hermann. US4639266, 1986.

[3] 金银东，那宏壮，董林清. 化学工程师, 2003(3): 63-64.

解草啶（fenclorim）

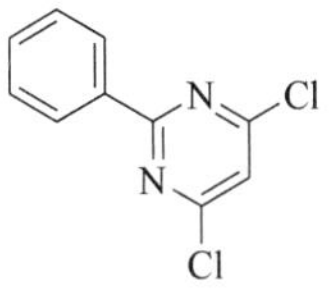

$C_{10}H_6Cl_2N_2$，225.1，3740-92-9

解草啶（试验代号：CGA123407，商品名称：Sofit、Sofit N）是由 Ciba Geigy 公司（现先正达公司）开发的除草剂安全剂。

化学名称 4,6-二氯-2-苯基嘧啶。英文化学名称 4,6-dichloro-2-phenylpyrimidine。美国化学文摘（CA）系统名称 4,6-dichloro-2-phenylpyrimidine。CA 主题索引名称 pyrimidine—, 4,6-dichloro-2-phenyl-。

理化性质 无色晶体。熔点 96.9℃，蒸气压 12.0 mPa（20℃），分配系数 $\lg K_{ow}$=4.17，Henry 常数 1.1 Pa·m³/mol（计算值），相对密度 1.5（20～25℃），pK_a(20～25℃)=4.23。溶解度（20～25℃）：水 2.5 mg/L，有机溶剂（g/L）：丙酮 140，环己酮 280，二氯甲烷 400，甲苯 350，二甲苯 300，己烷 40，甲醇 19，正辛醇 42，异丙醇 18。400℃以下稳定，在中性、酸性和弱碱介质中稳定。

毒性 急性经口 LD_{50}（mg/kg）：大鼠＞5000，小鼠＞2500。大鼠急性经皮 LD_{50}＞2000 mg/kg。对兔的皮肤和眼睛无刺激性作用，对豚鼠皮肤有致敏性。大鼠急性吸入 LC_{50}（4 h）2.9 mg/L 空气。NOEL [mg/(kg·d)]：（2 年）大鼠 10.4，小鼠 113；（1 年）狗 10.0；（90 d）

大鼠 100。对大、小鼠无潜在致癌性。ADI/RfD 0.104 mg/(kg·d)。

生态效应　日本鹌鹑急性经口 LD_{50}＞500 mg/kg，日本鹌鹑 LC_{50}＞10000 mg/L。鱼毒 LC_{50}（96 h，mg/L）：虹鳟 0.6，鲶鱼 1.5。水蚤 LC_{50}（48h）2.2 mg/L。水藻 IC_{50} 20.9 mg/L。对蜜蜂 LD_{50}＞20 μg/只（经口）。蚯蚓 LC_{50}（14 d）＞62.5 mg/kg。

环境行为　①动物。在动物体内可快速代谢为极性化合物，然后排出体外。在组织中无积累残留物。②植物。在植物中易代谢为极性化合物。在收获植物时，无残留。③土壤/环境。在土壤中，DT_{50} 17～35 d。本品及其代谢物被土壤强烈吸附 [K_{oc} 720～1506 μg (a.i.)/g 有机碳]。土壤光解 DT_{50} 136 d，在土壤中不会溢出。

剂型　乳油。

主要生产商　Syngenta。

应用　嘧啶类除草剂安全剂，用来保护湿播水稻不受丙草胺的侵害，一般以 100～200 g (a.i.)/hm² 与丙草胺混合使用（热带和亚热带条件下，比例为 1∶3，而在温带的比例为 1∶2）。对水稻的生长无影响，当将丙草胺施到根茎上，施至枝叶上时，除草作用有些延迟。当施除草剂之前将其施于水稻上也有效。田间试验表明，在安全剂吸收后两天，施除草剂效果最好，而丙草胺施用 1～4 d 再施，则在很大程度上影响作物的恢复。

专利概况

专利名称　Use of phenyl pyrimidines as protecting agents for culture plants against phytotoxic damage caused by herbicides

专利号　EP 55693　　**专利申请日**　1981-12-17

专利申请人　Ciba Geigy AG

其他相关专利　US 4493726。

合成方法　解草啶按以下方法合成：

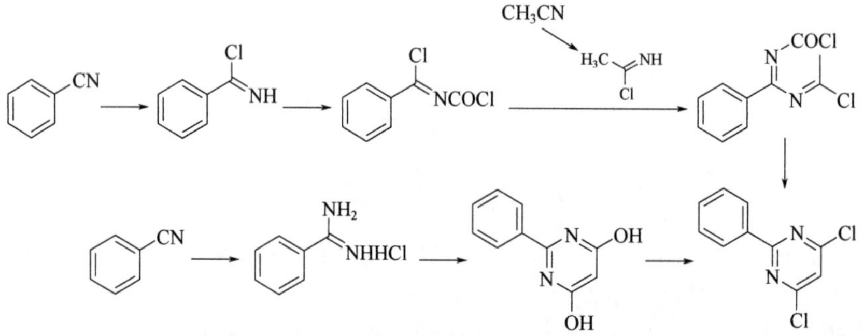

参考文献

[1] The Pesticide Manual.17 th edition: 450.

[2] 金勇斌. 除草剂安全剂解草啶的合成研究. 杭州: 浙江工业大学, 2005.

解草胺（flurazole）

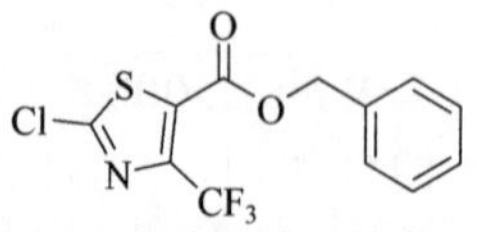

$C_{12}H_7ClF_3NO_2S$，321.7，72850-64-7

解草胺（试验代号：Mon 4606，商品名称：Screen）是由孟山都公司于 1994 年开发的除草剂安全剂。

化学名称　2-氯-4-三氟甲基-1,3-噻唑-5-羧酸苄酯或 2-氯-4-三氟甲基噻唑-5-羧酸苄酯。英文化学名称 benzyl 2-chloro-4-trifluoromethyl-1,3-thiazole-5-carboxylate 或 benzyl 2-chloro-4-trifluoromethylthiazole-5-carboxylate。美国化学文摘（CA）系统名称 phenylmethyl 2-chloro-4-(trifluoromethyl)-5-thiazolecarboxylate。CA 主题索引名称 5-thiazolecarboxylic acid—, 2-chloro-4-(trifluoromethyl)-phenylmethyl ester。

理化性质　原药为黄色或棕色固体，纯度为 98%。无色结晶，带有轻微的甜味，熔点 51～53℃，闪点 392℃（闭杯），相对密度 0.96，蒸气压 3.9×10^{-2} mPa（25℃），Henry 常数 2.51×10^{-2} Pa·m³/mol。水中溶解度（25℃）0.5 mg/L，溶于酮类、醇类、苯类等有机溶剂。93℃以下稳定。

毒性　大鼠急性经口 $LD_{50}>5000$ mg/kg，兔急性经皮 $LD_{50}>5010$ mg/kg。对兔的皮肤无刺激性作用，对眼睛有轻微刺激性作用。对豚鼠皮肤无致敏性。职业接触无明显不良健康影响。狗 90 d 饲喂试验的无作用剂量≤300 mg/(kg·d)，大鼠 90 d 饲喂试验的无作用剂量为≤5000 mg/(kg·d)。

生态效应　山齿鹑急性经口 $LD_{50}>2510$ mg/kg，山齿鹑和野鸭饲喂 LC_{50}（5 d）>5620 mg/L。鱼 LC_{50}（mg/L，96 h）：鲤鱼 1.7、虹鳟 8.5、大翻车鱼 11。水蚤 LC_{50}（48 h）>6.3 mg/L。

环境行为　在土壤中迅速降解，形成水溶性代谢物。主要是由微生物进行分解，几乎没有化学分解。

应用　属噻唑羧酸类除草剂安全剂，以 2.5 g/kg 种子剂量处理，可保护高粱等免受甲草胺、异丙甲草胺损害。

专利概况

专利名称　2,4-Disubstituted-5-thiazolecarboxylic acids and their derivatives useful as protectants against herbicide damage

专利号　DE 2919511　　　优先权日　1978-05-15

专利申请人　Monsanto Co

在其他国家申请的专利　AR 224362、AR 227557、AT A354779、AU 4702979、BE 876245、BR 7902962、CA 1126736、DD 144498、DK 197379、EG 14637、ES 484811、ES 8100799、FR 2433296、FR 2433519、GB 2020662、IL 57262、JP S54148785、KE 3341、MY 8400313、NL 7903721、NZ 190439、PH 18876、PL 215572、PT 69608、RO 77554、TR 20394、US 4199506、YU 113079、YU 12584、ZA 792311 等。

其他相关专利　US 4437875、US 4251261 等。

合成方法　经如下反应制得解草胺：

参考文献

[1] The e-Pesticide Manual 6.0.

[2] Howe Robert Kenneth, Lee Len Fang. DE2919511, 1979.

肟草胺（fluxofenim）

$C_{12}H_{11}ClF_3NO_3$，309.7，88485-37-4

肟草胺（试验代号：CGA133205，商品名称：Concep Ⅲ）是由 Ciba Geigy 公司（现先正达公司）开发的肟醚类安全剂。

化学名称 4′-氯-2,2,2-三氟乙酰苯 O-(1,3-二噁戊环-2-基甲基)肟。英文化学名称 4′-chloro-2,2,2-trifluoroacetophenone (EZ)-O-(1,3-dioxolan-2-ylmethyl)oxime。美国化学文摘（CA）系统名称 1-(4-chlorophenyl)-2,2,2-trifluoroethanone O-(1,3-dioxolan-2-ylmethyl)oxime。CA 主题索引名称 ethanone—, 1-(4-chlorophenyl)-2,2,2-trifluoro-O-(1,3-dioxolan-2-ylmethyl)oxime。

理化性质 无色油状物，有顺反两种异构体。沸点 94℃（13.3 Pa），闪点＞93℃，蒸气压 38 mPa（20℃），分配系数 $\lg K_{ow}$=2.9，Henry 常数 0.392 Pa·m³/mol，相对密度 1.36（20~25℃）。溶解度（20~25℃）：水中 30 mg/L，与多数有机溶剂互溶（丙酮、甲醇、甲苯、己烷、辛醇）。200℃以上稳定。在水中稳定（＞300 d，pH 5~9，50℃）。

毒性 大鼠急性经口 LD_{50} 669 mg/kg。大鼠急性经皮 LD_{50} 1544 mg/kg。对皮肤和眼睛无刺激性作用。对皮肤无致敏性。大鼠急性吸入 LC_{50}（4 h）＞1.2 mg/L。NOEL（饲喂 90 d）：大鼠 10 mg/L［1 mg/(kg·d)］，狗 20 mg/(kg·d)。

生态效应 山齿鹑和野鸭急性经口 LD_{50}＞2000 mg/kg，山齿鹑饲喂 LC_{50}（8 d）＞5620 mg/L。鱼类 LC_{50}（96 h，mg/L）：虹鳟鱼 0.86，大翻车鱼 2.5。水蚤 LC_{50}（48 h）0.22 mg/L。

环境行为 动物。大鼠体内可快速吸收并通过尿液和粪便迅速排出，在组织内有很少残留。新陈代谢主要是通过二氧戊环的水解以及随后的氧化进行，随后是肟醚的裂解。

剂型 乳油。

主要生产商 Syngenta。

应用 肟醚类除草剂安全剂。该安全剂保护高粱不受异丙甲草胺的危害，以 0.3~0.4 g (a.i.)/kg 作种子处理，可迅速渗入种子，其作用是加速异丙甲草胺的代谢，可保持高粱对异丙甲草胺的耐药性，若混剂中存在 1,3,5-三嗪类，可增加防除阔叶杂草的活性。

专利概况

专利名称 Oxime ethers, process for their preparation, compositions containing the oxime ethers and their use

专利号 EP 89313　　　　　专利申请日 1983-03-09

专利申请人 Ciba Geigy AG

其他相关专利 US 4530716。

合成方法 4-三氟乙酰基氯苯与盐酸羟胺反应，生成相应的肟化合物，该肟化合物与 2-(溴甲基)-1,3-二氧戊烷反应，即制得肟草胺。反应式如下：

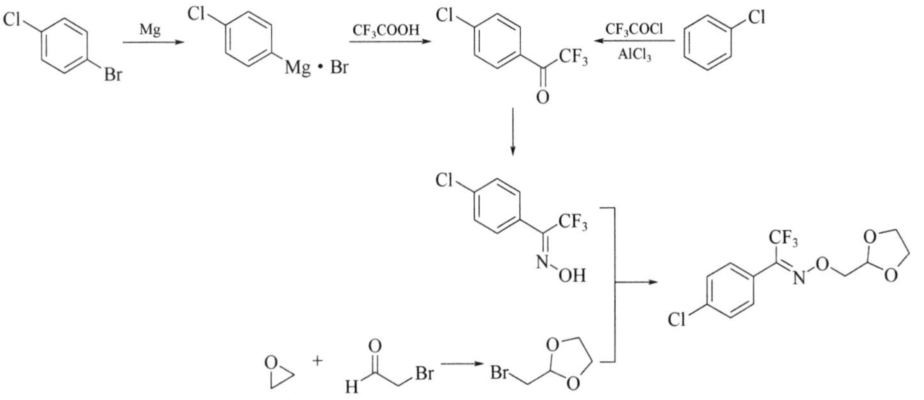

参考文献

[1] The Pesticide Manual.17 th edition: 552.

呋喃解草唑（furilazole）

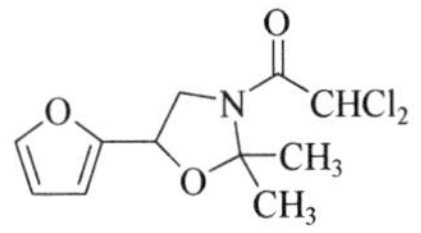

C₁₁H₁₃Cl₂NO₃，278.1，121776-33-8

$C_{11}H_{13}Cl_2NO_3$，278.1，121776-33-8

　　呋喃解草唑（试验代号：MON 13900，其他名称：解草恶唑、解草噁唑）是由孟山都公司 1995 年开发的氯乙酰胺类安全剂。

　　化学名称　(RS)-3-二氯乙酰基-5-(2-呋喃基)-2,2-二甲基噁唑烷。英文化学名称(RS)-3-dichloroacetyl-5-(2-furyl)-2,2-dimethyloxazolidine。美国化学文摘（CA）系统名称 3-(2,2-dichloroacetyl)-5-(2-furanyl)-2,2-dimethyloxazolidine。CA 主题索引名称 oxazolidine—, 3-(2,2-dichloroacetyl)-5-(2-furanyl)-2,2-dimethyl-。

　　理化性质　原药为浅棕色粉状固体。沸点 96.6～97.6℃，闪点 135℃，蒸气压 0.88 mPa（20℃），分配系数 lgK_{ow}=2.12，Henry 常数 1.24×10⁻³ Pa·m³/mol。水中溶解度 197 mg/L（20～25℃）。

　　毒性　大鼠急性经口 LD₅₀ 869 mg/kg。大鼠急性经皮 LD₅₀＞5000 mg/kg。对兔的皮肤无刺激性，对兔的眼睛有轻微刺激性，对豚鼠皮肤无致敏性。大鼠急性吸入 LC₅₀＞2.3 mg/L 空气。NOEL（90 d）：大鼠 100 mg/L（5 mg/kg），狗 15 mg/kg。ADI/RfD（EPA）aRfD 0.1mg/kg，cRfD 0.0009 mg/kg（2005）。

　　生态效应　山齿鹑急性经口 LD₅₀＞2000 mg/kg，山齿鹑和野鸭饲喂 LC₅₀（5 d）＞5620 mg/L。鱼类 LC₅₀（96 h，mg/L）：虹鳟鱼 6.2，大翻车鱼 4.6。水蚤 LC₅₀（48 h）26 mg/L。月牙藻 E$_r$C₅₀（72 h）85 mg/L，E$_b$C₅₀（72 h）34.8 mg/L。蜜蜂 LD₅₀（48 h，接触）＞100 μg/只。

　　环境行为　①动物。在大鼠体内形成水溶性代谢物或络合物，代谢广泛。消除很快，在 48 h 内，超过 80%的剂量被排出。②植物。玉米和高粱的代谢途径涉及转换成草氨酸、(±)-2-[5-(2-呋喃基)-2,2-二甲基-1,3-噁唑烷-3-基]-2-乙醛酸和/或酒精，酸与酒精的相互作用，以及由于酒精的共轭作用产生 2-[5-(2-呋喃基)-2,2-二甲基-1,3-噁唑烷酮-3-基]-2-乙氧羰基 β-D-葡萄糖苷。葡萄糖/果糖和其他天然植物成分的结合是进一步代谢的结果。③土壤/环境。

在有氧土壤 DT_{50} 33～53 d，在厌氧环境 13～15 d。在腐植酸敏感性水中 DT_{50} 为 8 d；在土壤光解 DT_{50} 为 9 d。

剂型 可湿性粉剂。

主要生产商 Monsanto。

作用机理与特点 用于玉米等的磺酰脲类、咪唑啉酮类除草剂的安全剂。其作用是基于除草剂可被作物快速代谢，使作物免于伤害。

应用

（1）适宜作物与安全性 玉米、高粱等。同磺酰脲类、咪唑啉酮类除草剂一同使用可使作物玉米等免于伤害。对环境安全。

（2）使用方法 除草剂安全剂。可用于多种禾本科作物的除草剂安全剂。特别是与氯吡嘧磺隆一起使用，可减少氯吡嘧磺隆对玉米可能产生的药害。

专利概况

专利名称 5-Heterocyclic-substituted oxazolidine haloacetamides

专利号 EP 304409　　　　专利申请日 1988-08-12

专利申请人 Monsanto Co.

其他相关专利 EP 648768、US 5225570。

合成方法 呋喃解草唑合成方法主要有三种，主要原料为呋喃甲醛、氰化钠、硝基甲烷及二氯乙酰氯：

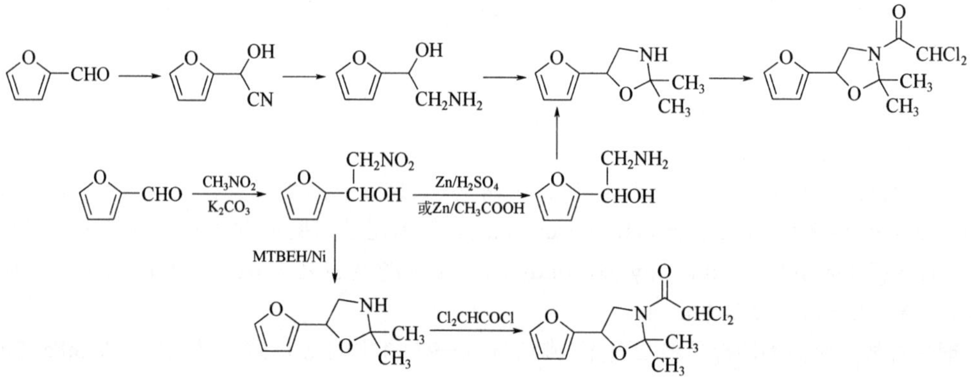

参考文献

[1] The Pesticide Manual.17 th edition: 571-572.

[2] 丁一, 等. 科技创新导报, 2013(16):138-139.

双苯噁唑酸乙酯（isoxadifen-ethyl）

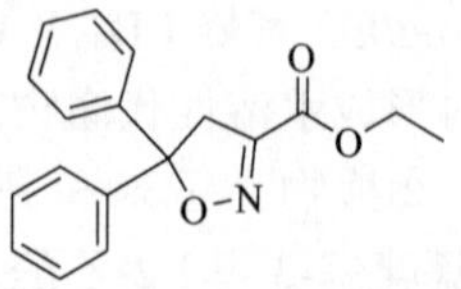

$C_{18}H_{17}NO_3$，295.3，163520-33-0，209866-92-2(羧酸)

双苯噁唑酸乙酯［试验代号：AE F122006、AE F129431（羧酸），商品名称：Laudis、

MaisTer、Soberan]是由拜耳公司 1996 年上市的异噁唑类安全剂。

化学名称　4,5-二氢-5,5-二苯基-1,2-噁唑-3-羧酸乙酯。英文化学名称 ethyl 4,5-dihydro-5,5-diphenylisoxazole-3-carboxylate。美国化学文摘（CA）系统名称 ethyl 4,5-dihydro-5,5-diphenyl-3-isoxazolecarboxylate。CA 主题索引名称 3-isoxazolecarboxylic acid—, 4,5-dihydro-5,5-diphenyl-ethyl ester。

毒性　ADI/RfD（BfR）0.03 mg/kg（2002）。

主要生产商　Bayer CropScience。

作用机理与特点　通过减少母体除草剂的传导性来增加甲酰胺磺隆在玉米田的安全性。

应用　用于玉米和水稻田的除草剂安全剂。

专利概况

专利名称　Substituted isoxazolines, process for their preparation, compositions containing them and their use as safeners

专利号　DE 4331448　　　　**专利申请日**　1993-09-16

专利申请人　Bayer AG。

合成方法　经如下反应制得目的物：

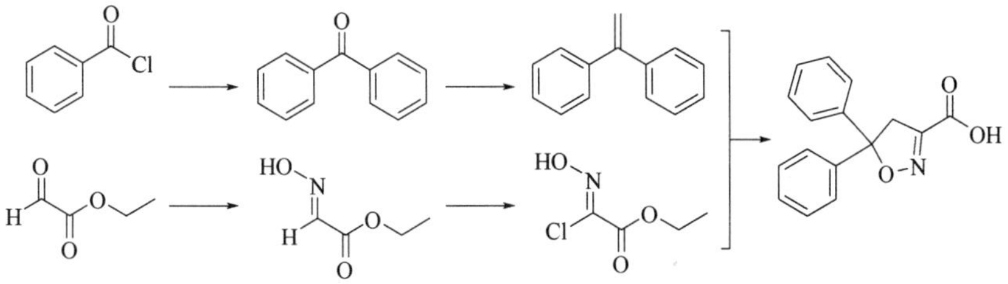

参考文献

[1] The Pesticide Manual.17 th edition: 666.

[2] 张建, 黄生建, 陈炯明, 等. 今日农药,2015(4): 28-29.

吡唑解草酯（mefenpyr-diethyl）

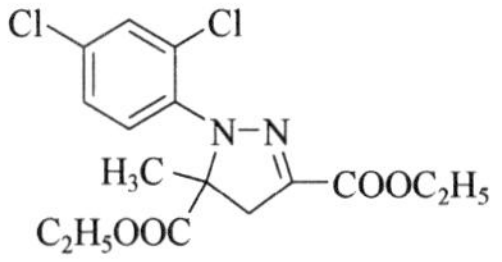

$C_{16}H_{18}Cl_2N_2O_4$，373.2，135590-91-9

吡唑解草酯（试验代号：AE F107892、Hoe 107892，商品名称：Husar、Huskie、Hussar、Infinity、Mesomaxx、Precept、Puma、Puma Super）是由安万特公司（现拜耳公司）开发的吡唑类安全剂。

化学名称　(RS)-1-(2,4-二氯苯基)-5-甲基-2-吡唑啉-3,5-二羧酸二乙酯。英文化学名称 diethyl (RS)-1-(2,4-dichlorophenyl)-5-methyl-2-pyrazoline-3,5-dicarboxylate。美国化学文摘（CA）系统名称 diethyl 1-(2,4-dichlorophenyl)-4,5-dihydro-5-methyl-1H-pyrazole-3,5-dicarboxylate。CA 主题索引名称 1H-pyrazole-3,5-dicarboxylic acid—, 1-(2,4-dichlorophenyl)-4,5-dihydro-5-methyl-diethyl ester。

理化性质　白色至浅米黄色晶体粉末。熔点 50~52℃，蒸气压 $6.3×10^{-3}$ mPa（20℃），$1.4×10^{-2}$ mPa（25℃），分配系数 $\lg K_{ow}$=3.83（pH 6.3），Henry 常数 $1.18×10^{-4}$ Pa·m^3/mol（计算值），相对密度约 1.31（20~25℃）。溶解度（20~25℃，pH 6.2）：水中 20 mg/kg。其他溶剂中溶解度（g/L）：丙酮＞500，乙酸乙酯、甲苯、甲醇＞400。酸碱中易水解。

毒性　大、小鼠急性经口 LD_{50}＞5000 mg/kg，大鼠急性经皮 LD_{50}＞4000 mg/kg。对兔的眼睛和皮肤无刺激。对豚鼠皮肤无致敏性。大鼠急性吸入 LC_{50}（4 h）＞1.32 mg/L。NOEL［2 年，mg/(kg·d)］：大鼠 49，小鼠 71。ADI/RfD（BfR）0.03 mg/kg。体内和体外试验均无致诱变性。

生态效应　日本鹌鹑急性经口 LD_{50}＞2000mg/kg。鱼类 LC_{50}（96 h，mg/L）：虹鳟鱼 4.2，鲤鱼 2.4。水蚤 LC_{50}（48 h）5.9 mg/L。藻类 E_bC_{50}（mg/L）：舟形藻 1.65（96 h），栅藻 5.8（72 h）。浮萍 EC_{50}＞12 mg/L。蜜蜂 LD_{50}（µg/只）：经口＞900，接触＞700。蚯蚓 LC_{50}（14 d）＞1000 mg/kg 土。

环境行为　土壤/环境。非生物水解 DT_{50}＞365 d（pH 5），40.9 d（pH 7），0.35 d（pH 9）（25℃）。光降解 DT_{50} 2.9 d。通过水解作用、微生物作用和光降解作用，在土壤中被完全矿化；DT_{50}＜10 d。不渗滤（在浓度＞0.1 µg/L 时，渗滤液中不含单一组分残留物）。

剂型　悬浮剂、悬乳剂、水乳剂。

主要生产商　Bayer CropScience。

应用　噁唑禾草灵用于小麦、大麦等的安全剂。即与噁唑禾草灵一同使用可使作物小麦、大麦等免于伤害。也是除草剂碘甲磺隆钠盐（iodosulfuron-methyl sodium）的解毒剂，可用于禾谷类作物如小麦、大麦、燕麦等，吡唑解草酯与碘甲磺隆钠盐（1∶3）的使用剂量为 40 g (a.i.)/hm^2。

专利概况

专利名称　New pyrazolines protection of cultivated plantsopposite herbicidal

专利号　DE 3939503　　　　　　**专利申请日**　1989-11-30

专利申请人　Bayer AG。

合成方法　在低温下，将 2,4-二氯苯胺与水和盐酸混合，然后滴加亚硝酸钠溶液，生成的重氮盐溶液滴加到 α-氯乙酰乙酸乙酯、水、醋酸钠和乙醇的混合液中，搅拌 3 h，生成 α-氯-α-(2,4-二氯苯亚联氨基)乙酸乙酯，再与甲基丙烯酸乙酯反应得到产品。

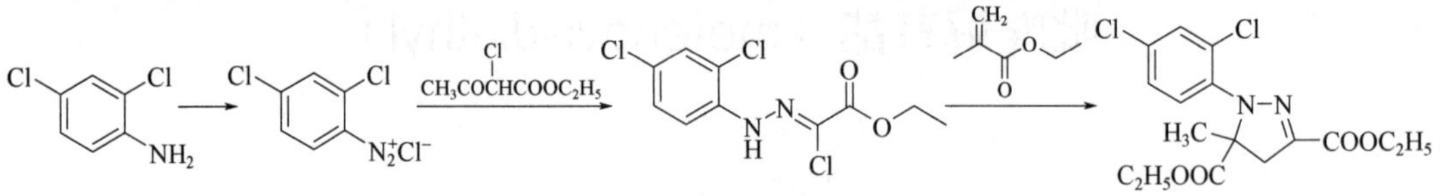

参考文献

[1]　The Pesticide Manual.17 th edition: 711.

metcamifen

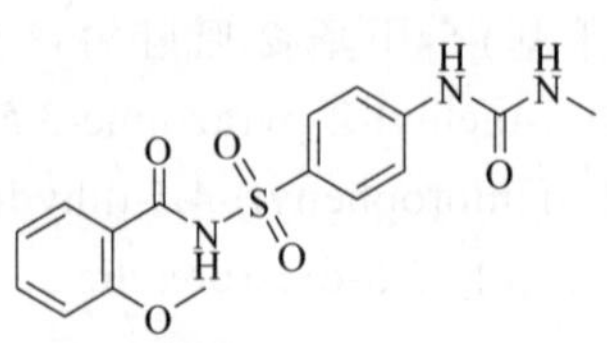

$C_{16}H_{17}N_3O_5S$，363.4，129531-12-0

metcamifen（试验代号：CGA246783）是由 Ciba Geigy 公司（现先正达公司）开发的新型磺酰胺类除草剂安全剂。

化学名称　N-4-[(甲基脲基)苯基磺酰基]-邻甲氧基苯甲酰胺。英文化学名称 N-{[4-(3-me-thylureido)phenyl]sulfonyl}-o-anisamide 或 2-methoxy-N-{[4-(3-methylureido)phenyl]sulfonyl}benzamide。美国化学文摘（CA）系统名称 2-methoxy-N-[[4-[[(methylamino)carbonyl]amino]phenyl]sulfonyl]benzamide。CA 主题索引名称 benzamide—, 2-methoxy-N-[[4-[[(methylamino)carbonyl]amino]phenyl]sulfonyl]-。

理化性质　无色固体，熔点 197~198℃，相对密度 1.369（20~25℃，预测），pK_a=4.90（预测）。

作用机理　可以快速地诱导谷胱甘肽 S-转移酶加速炔草酯的分解。

应用　适用于玉米、水稻等。可以减轻炔草酯对作物的伤害。

专利概况

专利名称　Preparation of N-[(aroylsulfamoyl)phenyl]ureas and analogs ureas as herbicide safeners

专利号　EP 365484　　　　　专利申请日　1989-10-11

专利申请人　Ciba Geigy AG。

合成方法　以对氨基苯磺酰胺为原料，先后与氯甲酰胺和 2-甲氧基苯甲酰氯反应得到：

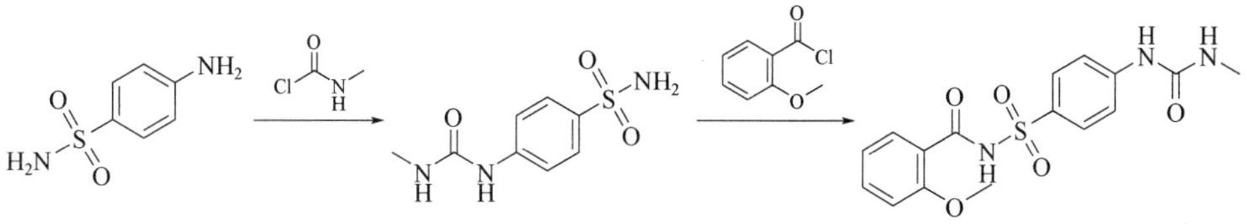

参考文献

[1] 芦志成, 李慧超, 关爱莹, 等. 农药, 2020, 59(2): 79-90.

解草腈（oxabetrinil）

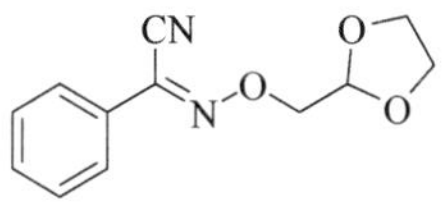

$C_{12}H_{12}N_2O_3$，232.2，1099049-62-3，74782-23-3(外消旋体)

解草腈（试验代号：CGA92194，商品名称：Concep Ⅱ）是由 Ciba Geigy 公司（现先正达公司）1982 年开发的肟醚类安全剂。

化学名称　(Z)-[(1,3-二氧杂戊环-2-基甲氧基)亚氨基](苯基)乙腈。英文化学名称(Z)-[(1,3-dioxolan-2-ylmethoxy)imino](phenyl)acetonitrile。美国化学文摘（CA）系统名称(αZ)-α-[(1,3-dioxolan-2-ylmethoxy)imino]benzeneacetonitrile。CA 主题索引名称 benzeneacetonitrile—, α-[(1,3-dioxolan-2-ylmethoxy)imino]-(αZ)-。

理化性质　无色晶体。熔点 77.7℃，蒸气压 0.53 mPa（20℃），分配系数 $\lg K_{ow}$=2.76，Henry 常数 6.15×10^{-3} Pa·m³/mol，相对密度 1.33（20~25℃）。溶解度（20~25℃）：水中 20 mg/L，有机溶剂中溶解度（g/L）：丙酮 200，环己酮 280，甲苯 190，甲醇 24，己烷 3.7，正辛醇 9.9，

二甲苯 130，二氯甲烷 600。240℃以上稳定。在水中稳定存在＞30 d（pH 5～9）。

毒性 大鼠、小鼠急性经口 LD_{50}＞5000 mg/kg，家兔急性经口 LD_{50}＞2000 mg/kg。大鼠急性经皮 LD_{50}＞5000mg/kg。对兔的皮肤和眼睛有轻微刺激，对皮肤无致敏性。大鼠急性吸入 LC_{50}（4 h）＞1.42 mg/L。NOEL（90 d）：大鼠 1500 mg/L［118 mg/(kg •d)］，狗 250 mg/L（9.4 mg/kg）。ADI/RfD 0.0047 mg/kg 体重。

生态效应 日本鹌鹑 LD_{50}＞2500 mg/kg，山齿鹑和野鸭 LD_{50}＞2000 mg/kg，北京鸭 LD_{50}＞1000 mg/kg。日本鹌鹑 LC_{50}（8 d）＞3000 mg/kg，山齿鹑和野鸭 LC_{50}（8 d）＞5000 mg/kg，北京鸭 LC_{50}（8 d）＞1000 mg/kg。鱼 LC_{50}（96 h）：鳟鱼 7.1 mg/L，大翻车鱼 12 mg/L。水蚤 LC_{50}（48 h）8.5 mg/L。羊角月牙藻 EC_{50}（96 h）10.7 mg/L。蜜蜂 LD_{50}（经口，24 h）＞20 μg/只。

环境行为 ①动物。摄入后，在大鼠体内可快速吸收并通过粪便迅速地排出。②植物。主要是通过二氧戊环的水解以及随后的氧化进行的，随后是肟醚的裂解。

剂型 可湿性粉剂。

主要生产商 Agro-Chemie、Syngenta。

应用 通过诱导谷胱甘肽 S-转移酶刺激异丙甲草胺代谢。作为除草剂安全剂（种子处理）使用。可保护高粱杂交种，以及各种黄色胚乳、甜高粱和苏丹草品种，免受异丙甲草胺的伤害。用作种子处理时，每千克种子 1～2 g，可安全地使用异丙甲草胺控制各种杂草。当异丙甲草胺与 1,3,5-三嗪类除草剂（莠去津、扑灭津、特丁津、特丁净）配合施用时，可增强对阔叶杂草的防治，且能保持高粱的耐受性。

专利概况

专利名称 Oxime derivatives to protect cultivated plants

专利号 EP 11047　　　　专利申请日 1980-05-14

专利申请人 Ciba Geigy AG

其他相关专利 EP 122231。

合成方法 苯乙腈与亚硝酸异戊酯反应，生成相应的肟化合物，该肟化合物与 2-(溴甲基)-1,3-二氧戊烷反应，即制得解草腈。反应式如下：

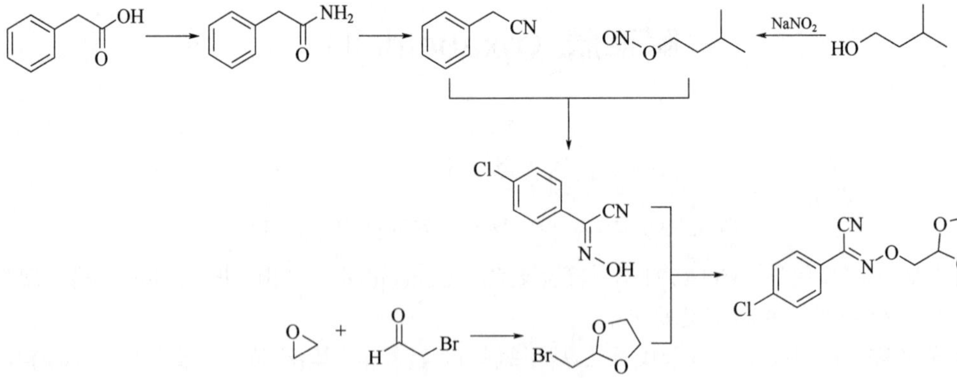

参考文献

[1] The Pesticide Manual.17 th edition: 818-819.

第五章
植物生长调节剂

第一节
概述

　　植物生长调节剂（plant growth regulator，PGRs）是指通过化学合成或微生物发酵等方式研究并生产出的一些与天然植物激素有类似生理和生物学效应的化学物质。天然植物激素称为植物内源激素（plant endogenous hormones），植物生长调节剂则称为植物外源激素（plant exogenous hormones），统称为植物生长物质（plant growth substance）。两者既有区别又有联系，一方面植物生长调节剂是以调控植物内源激素平衡而起作用；另一方面植物激素的化学结构和生物学效应对植物生长调节剂的开发具有重要指导意义，植物生长调节剂的发展离不开植物内源激素的发现。

　　"一场化学革命正推动农业发展，以前任何一次重大的农业革命连生物学领域中最先进的革命也不能与之相比，人类第一次能够改变、控制或加速植物的生长发育。这只不过是开始。"这是1947年出版的《激素与园艺学》序言中对植物生长调节剂的评价，其重要性不言而喻。人们对植物生长物质的认识最早可追溯到18世纪，1758年法国科学家杜阿梅尔和蒙塞奥最先提出植物体内汁液的流动会对植物生长发育产生影响；1880年达尔文（C. Darwin）出版了《植物运动的本领》一书，提出了某种刺激物质从顶端向下运输到生长区域，从而对植物生长产生某种特殊的影响；直到1928年温特（Went）通过对胚芽鞘向光性的研究实验，发现了胚芽鞘能产生促进植物生长的化学物质，并命名为"生长素"，从此正式推开了植物生长调节剂研究的大门。科学家们前赴后继，在随后的四十余年中，世界公认的五大经典植物内源激素：生长素（IAA）、赤霉素（GA）、细胞分裂素（CTK）、脱落酸（ABA）和乙烯（ETH）相继被发现和证明。

　　1934年郭葛（F. Kogl）等人第一次分离出生长素——吲哚乙酸，是从人尿和根霉菌的培养基中分离出来并获得结晶，它是发现最早、研究最多的一种激素；继生长素之后，1938年日本薮田教授从水稻恶苗病的代谢物质中发现了赤霉素，到目前为止世界各国已分离和鉴定出的赤霉素多达 136 种之多；1955 年斯库格（F. Skoog）等人发现了 6-呋喃甲基腺嘌呤具有促进细胞分裂的作用，并把它称之为激动素（KT）；1963 年人们从未成熟的玉米种子中提取并结晶出一种天然的细胞分裂素称之为玉米素（zeatin），至此细胞分裂素逐渐被发现合成；1964 年美国的艾迪科特（F. T. Addicott）等人在研究棉花幼铃时分离出一种能促使棉桃脱落的物质，命名为脱落酸Ⅱ，同时英国的韦尔林（P. F. Wareing）从槭树休眠芽中分离出一种促进芽休眠的激素，命名为休眠素，经研究证明脱落酸Ⅱ和休眠素是同一物质，1967 年被统一命名为脱落酸；乙烯是最早被运用到农业生产中的植物激素，但由于乙烯无色无味无法察觉，所以一直未有定论，直到气相色谱技术的应用，才能从植物体中测出微量的乙烯，1966 年乙烯被正式确定为植物激素。植物内源激素结构和性质的确认，为植物生长调节剂的研发提供了有利的基础。

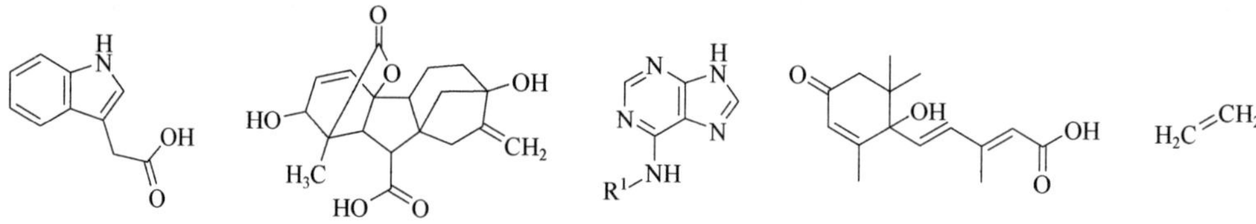

图 5-1　常见五大类植物内源激素

　　20 世纪 40 年代，科学家们受到内源激素的启发，首次发现了苯酚类化合物具有调节植物生长的活性，将植物生长物质的活性成分种类进一步扩大。1944 年，马尔斯（P. C. Marth）提出将 2,4-二氯苯氧乙酸（2,4-D）作为农业除草剂使用，开启了植物生长调节剂在农业生产上应用的新篇章。60 年代初期赤霉素和季铵盐类植物生长调节剂矮壮素（2-氯乙基三甲基氯化铵，CCC）被广泛使用，并且应用作物范围不断扩大，同期中国在棉花、高粱和果蔬上也都有相应的应用。60 年代末期，乙烯的代替品——乙烯利开始应用于农业生产，打破了乙烯气体在使用上的限制。1971 年中国引入并开始了应用研究，至今乙烯利依然在中国农业生产中发挥着不可替代的作用。

　　20 世纪 70 年代，国际上继续开发出多种类型的植物生长调节剂，包括巴斯夫公司推出的植物生长延缓剂甲哌鎓（N, N-二甲基哌啶鎓氯化物又叫缩节胺，Mepiquate chloride）和油菜素内酯（BR）。诸多研究表明，BR 在多种作物上具有促进生长、提高抗逆性和减轻农药药害等作用。但是 BR 在植物组织中含量较低，提取成本较高，一时间限制其在生产上的推广使用，目前已经实现了油菜素内酯的人工合成和天然发酵获取的工艺。1975 年，三十烷醇（TRIA）在美国被开发，在很低的浓度下对植物生长有显著的促进效果。进入 80 年代新型三唑类植物生长调节剂被广泛开发。1979 年英国 ICI 公司推出了多效唑（PP$_{333}$），1981 年日本住友化学推出烯效唑，1984 年巴斯夫公司和拜耳公司分别推出抑芽唑和缩株唑。该类化合物主要是通过抑制赤霉素的生物合成从而达到降低植株高度、延缓种子萌发等作用。80 年代末中国引入多效唑、三十烷醇、油菜素内酯、甲哌鎓等植物生长调节剂，在多个作物上得到广泛的研究。多效唑被大面积地应用到小麦、水稻生产上抗倒伏；油菜素内酯被运用到小麦上增加千粒重；甲哌鎓用于棉花抗倒伏、促早熟等。近十年，植物生长调节剂的开发进入了缓慢发展阶段，新品种开发数量下降，但植物生长调节剂的市场却越发壮大，增速远高于农药的增长率，达到 14%以上，主要因为应用面积和使用范围不断扩大。现植物生长调节剂在我国的主要应用作物有：水稻、小麦、棉花、玉米、蔬菜和水果等，有效地解决了生产中常规技术难以应对的问题，取得了巨大的经济效益和社会效益。

目前世界研制的植物生长调节剂共有 100 余种，不同的国家和地区登记的种类和数量不尽一致。面对几十种结构不同的植物生长调节剂，生理效益各异，因此按照一定的标准将调节剂进行分类显得格外的重要。现按照不同种类对常见的植物生长调节剂进行分类,见表 5-1。

表 5-1　常见植物生长调节剂分类一览表

种类		名称	性质与用途
生长素类	吲哚乙酸类化合物	吲哚乙酸	生长素具有两重性，低浓度促进生长，高浓度抑制生长。促进细胞分裂、伸长和分化；也可疏花疏果；延迟器官脱落；形成无子果实等
		吲哚丁酸	
		α-萘乙酸	
	萘乙酸类化合物	萘氧乙酸	
		萘乙酰胺	
	苯酚类化合物	1-萘酚	
		2,4-滴	
		2,4,5-涕	
		2,4,5-涕丙酸	
		4-氯苯氧乙酸	
		复硝酚钠（钾）	
赤霉素类		赤霉酸 A_3	打破种子休眠，促进幼苗生长（休眠幼苗）；抑制花芽形成；提高坐果率，诱导单性结实；促进无核葡萄增大；改变果形等
		赤霉酸 A_4+A_7	
细胞分裂素类		玉米素	促进坐果，防止落果，调节果形；促进侧芽萌发；促进果实增大；疏果；延缓叶片衰老；诱导分化
		糠氨基嘌呤	
		苄氨基嘌呤	
		烯腺嘌呤	
		噻苯隆	
乙烯	乙烯发生剂	乙烯利	抑制细胞伸长生长，促进侧芽萌发；促进成熟上色；促进器官脱落
		乙烯硅	
		ACC	
	乙烯发生抑制剂	AVG	可以抑制乙烯发生，通过抑制氨基环丙烷羧酸合成酶活性来抑制乙烯合成前体 ACC 的合成
		1-甲基环丙烯	
脱落酸		S-诱抗素	脱落酸与 GA 有拮抗作用。能够促果实成熟、提高着色、改善品质以及提高作物抗逆性等
生长延缓剂和抑制剂	生长延缓剂	矮壮素	降低顶端分生组织细胞分裂和伸长，减缓新梢延长生长，有暂时性的抑制作用，可被 GA 逆转
		多效唑	
		烯效唑	
		丁酰肼	
	生长抑制剂	三碘苯甲酸	完全抑制新梢顶端生长，具有永久性抑制作用，不能被 GA 逆转
		甲哌鎓	
		抑芽丹	
		仲丁灵	
		氟节胺	
		整形醇	

种类		名称	性质与用途
其他	芸苔素内酯类	芸苔素内酯	具有 IAA、GA、CTK 的部分生理作用，改善植物生理代谢，提高品质和产量的作用，提高抗逆性
		丙酰芸苔素内酯	
		三十烷醇	影响酶活和质膜特性，促进植物的生长，增加干物质的积累
		杀雄啉	去除小麦雄蕊，促进杂交

　　植物生长调节剂作为农药中一种特殊的种类，不仅对作物具有调节作用，更为重要的是具有较好的增产功效。通过大面积推广和应用，使农作物按照人们的意愿生长、发育、开花、结果，对植物生长进行有效控制，大幅度增强作物对不良环境的抗性，提高农作物的产量，减轻劳动强度，改善农作物的品质。从这些方面来讲，这是其他农药所不具备的，因此其具有巨大的增长潜力和经济效益。截止到 2020 年 9 月，据中国农药信息网登记信息统计显示，获准中国农业部（现农业农村部）登记的植物生长调节剂的有效成分共有 51 种，相关销售产品共计 1121 个（包括相同产品的不同剂型、混配和重复登记），占农药品种比例非常小，不超过 3%，距世界发达国家比例 5% 还有差距。并且我国大部分的商品化品种仍然以进口或者仿制为主，从事植物生长调节剂研究的公司也主要位于欧美和日本。不过随着科技的发展和研究的深入，中国越来越重视相关的研发和应用，我国具有巨大的发展空间和潜力，后来居上，向着高效、安全、多样化的方向发展，有信心做到更好更强。

参考文献

[1] 徐志平. 农业化学调控技术. 科学与文化, 1994(4): 17-18.

[2] 高岩. 植物生长调节剂的由来及发展. 现代情报, 1993(6):11-12.

[3] Hartwig L, Claussen M, Michael B. Growth: progress in auxin research. Progress in Botany. Springer Berlin Heidelberg, 1999.

[4] Tukey H B. Plant regulators in agriculture. Soil Science, 1955, 79(1): 79.

[5] Weaver R. Plant growth substances in agriculture. W. H. Freeman, 1972.

[6] Morgan P W. Agricultural uses of plant growth substances: historical perspective. Plant Growth Substances 1979: Proceedings of the 10th International Conference on Plant Growth Substances, 1979: 373-376.

[7] Gibberellins G A, Tsuji J. Biochemistry&molecular biology of plants(book review). 2000.

[8] 蔡光容. 1,2,4-三唑类植物生长调节剂的研制及其作用机理研究. 大庆: 黑龙江八一农垦大学, 2019.

[9] Miller C O, Skoog F, Saltza M H V, et al. KINETIN, A cell division factor from deoxyribonucleic acid. Journal of the American Chemical Society, 1955, 77(5): 1392.

[10] Laureys F, Dewitte W, Witters E, et al. Zeatin is indispensable for the G2-M transition in tobacco BY-2 cells. Febs Letters, 1998, 426(1):29-32.

[11] JosE H M, Siegrid S, Horst V, et al. Abscisic acid determines arbuscule development and functionality in the tomato arbuscular mycorrhiza. New Phytologist, 2007:554-564.

[12] Giraudat J, Parcy F, Bertauche N, et al. Current advances in abscisic acid action and signalling. Signals and Signal Transduction Pathways in Plants, 1994.

[13] Fabrega F M, Rossi J S, D'Angelo J V H. Exergetic analysis of the refrigeration system in ethylene and propylene production process. Energy, 2010, 35(3): 1224-1231.

[14] Braun P，Wild A.The influence of brassinosteroid on growth and parameters of photosynthesis of wheat and mustard plants. Journal of Plant Physiology, 1984, 116(3): 189-196.

[15] Sairam R K. Effects of homobrassinolide application on plant metabolism and grain yield under irrigated and moisture-stress

conditions of two wheat varieties. Plant Growth Regulation, 1994, 14(2): 173-181.

[16] Mitchell J W, Mandava N B, Worley J F. Brassins-A new family of plant hormones from pollen. Nature, 1970, 22(5): 1065.

[17] 杨新美, 王道本. 赤霉素的生产及应用. 华中农学院学报, 1959(3): 222-229.

[18] "矮壮素"应用效果简报. 新农业, 1972(10): 31.

[19] 上海植物生理研究所激素室. 乙烯利在农作物上的应用. 植物学杂志, 1975(1): 26-28.

[20] Braun P, Wild A. The influence of brassinosteroids on growth and parameters of photosynthesis of wheat and mustard plants . Plant Physiol, 1984, 116: 189-196.

[21] 奇妙的植物生长促进剂——三十烷醇. 辽宁化工, 1978(2): 47.

[22] 尚尔才, 杜英娟. 三唑类农药的发展. 化工进展, 1995(1): 11-17.

[23] 傅华龙, 何天久, 吴巧玉. 植物生长调节剂的研究与应用. 生物加工过程, 2008(4): 7-12.

[24] 周欣欣, 张宏军, 白孟卿, 等. 植物生长调节剂产业发展现状及前景. 农药科学与管理, 2017, 38(11): 14-19.

[25] 王献平. 我国植物生长调节剂生产现状及发展趋势分析浅议. 农药市场信息, 2013(12): 4-6.

第二节　主要品种介绍

近年来植物生长调节剂的市场不断扩大，申请登记的植物生长调节剂的品种数量变化不大，多数为相同产品，但其应用范围和面积在不断扩展。据 2020 年 9 月的统计资料，目前在我国取得登记的农药产品中，植物生长调节剂有 1121 个，占农药登记总数的 2.70%。在我国取得登记的植物生长调节剂，共有 51 个有效成分，以常规品种登记居多，其中赤霉酸（A_3 和 A_4+A_7）有 151 个，占植物生长调节剂登记总量的 13.87%；乙烯利有 120 个，占 11.02%；噻苯隆有 118 个，占 10.83%；多效唑有 97 个，占 8.91%；芸苔素内酯类（包括 BR、24-表芸、三表芸、丙酰芸、28-表芸）有 82 个，占 7.53%；甲哌鎓有 71 个，占 6.52%；萘乙酸有 57 个，占 5.23%；苄氨基嘌呤 46 个，占 4.22%；矮壮素有 36 个。以上品种的登记产品数量共占植物生长调节剂产品登记总量的 70%左右。

目前获得 ISO 通用名称的植物生长调节剂有 109 个，还有未获得通用名称但在国内登记使用的共 10 余个。在这 120 多个品种中，由于一部分化合物未在国内进行登记且部分登记品种应用范围有限，或由于毒性等问题被淘汰的品种，在此不予介绍。对兼具除草活性和植物生长调节作用的品种（如 2,4-D、仲丁灵、二甲戊灵、乙氧氟草醚、吡草醚）已在除草剂部分提及。本章仅对以下 56 个品种进行介绍。

S-诱抗素（abscisic acid）

$C_{15}H_{20}O_4$，264.3，21293-29-8

S-诱抗素［商品名称：Con Tego、Pro Tone、福施壮、创值，其他名称：脱落酸、ABA、(+)-(*S*)-*cis*-*trans*-abscisic acid］为植物生长调节剂中生长抑制剂。Valent BioSciences 公司于 2008 年首次在美国商品化。

化学名称 (2Z,4E)-5-[(1S)-1-羟基-2,6,6-三甲基-4-氧代环己-2-烯-1-基]-3-甲基戊-2,4-二烯酸。化学英文名称(2Z,4E)-5-[(1S)-1-hydroxy-2,6,6-trimethyl-4-oxocyclohex-2-en-1-yl]-3-methylpenta-2,4-dienoic acid。美国化学文摘（CA）系统名称(2Z,4E)-5-[(1S)-1-hydroxy-2,6,6-trimethyl-4-oxo-2-cyclohexen-1-yl]-3-methyl-2,4-pentadienoic acid。CA 主题索引名称 2,4-pentadienoic acid—, 5-[(1S)-1-hydroxy-2,6,6-trimethyl-4-oxo-2-cyclohexen-1-yl]-3-methyl-(2Z,4E)-。

理化性质 白色无味晶体。熔点 159.2～162.2℃（分解），分配系数 $\lg K_{ow}$=1.8（电中性形式），0.94（离子形式），相对密度 1.21（20～25℃），pK_a(20～25℃)=4.61。在水中的溶解度 3102 mg/L（pH 4.0）。旋光率$[\alpha]_D^{20}$=+409.97°（在乙醇中，1.01 mg/mL）。

毒性 大鼠急性经口 LD_{50}>5000 mg/kg。大鼠急性经皮 LD_{50}>5000 mg/kg。大鼠吸入 LC_{50}（4 h）>5.10 mg/L。NOEL：（90 d）大鼠每天 20000 mg/L；（3 周）大鼠经皮 1000 mg/kg；胚胎发育 NOAEL1000 mg/(kg·d)。ADI/RfD（EPA）RfD 未设置，从耐受要求中被豁免。

生态效应 山齿鹑 LC_{50}>2250 mg/kg，虹鳟鱼 LC_{50}（96 h）>121 mg/L。水蚤 EC_{50}（48 h）>116 mg/L。蜜蜂 LD_{50}（48 h，μg/只）：经口>108，接触>100。蚯蚓 LC_{50}（14 d）>1000 mg/kg 干土。

环境行为 ①动物。作为自然界中植物含有的天然物质很容易被代谢。②植物。作为植物生长调节剂，植物合成、利用和代谢这种物质。③土壤/环境。在土壤中容易降解。

剂型 水剂，可溶液剂，可溶粉剂。

主要生产商 江西新瑞丰生化股份有限公司、四川龙蟒福生科技有限责任公司、四川润尔科技有限公司。

作用机理与特点 S-诱抗素主要功能是在植物的生长发育过程中诱导植物产生对不良生长环境（逆境）的抗性，在观赏植物和林木中的主要生理效应有：①促进侧芽、块茎、鳞茎等贮藏器官的休眠；②抑制种子萌发和植株的生长；③促进叶片、花及果实的脱落；④促进气孔的关闭；⑤提高植物的抗性。如诱导植物产生抗旱性、抗寒性、抗病性、耐盐性等，S-诱抗素是植物的"抗逆诱导因子"，其被称为是植物的"胁迫激素"。具体体现在逆境胁迫时，S-诱抗素在细胞间传递逆境信息，诱导植物机体产生各种对应的抵损能力。

在土壤干旱胁迫下，S-诱抗素启动叶片细胞质膜上的信号传导，诱导叶面气孔不均匀关闭，减少植物体内水分蒸腾散失，提高植物抗干旱的能力。

在寒冷胁迫下，S-诱抗素启动细胞抗冷基因的表达，诱导植物产生抗寒能力。一般而言，抗寒性强的植物品种，其内源 S-诱抗素含量高于抗寒性弱的品种。

在某些病虫害胁迫下，S-诱抗素诱导植物叶片细胞 Pin 基因（马铃薯蛋白酶抑制剂基因）活化，产生蛋白酶抑制物阻碍病原或害虫进一步侵害，减轻植物机体的受害程度。

在土壤盐渍胁迫下，S-诱抗素诱导植物增强细胞膜渗透调节能力，降低每克干物质 Na^+ 含量，提高 PEP 羧化酶活性，增强植株的耐盐能力。

应用 从 S-诱抗素的试验看，它有如下应用效果：外源施用低浓度 S-诱抗素，可诱导植物产生抗逆性，提高植株的生理素质，促进种子、果实的贮藏蛋白和糖分的积累，最终改善作物品质，提高作物产量。

（1）用 S-诱抗素浸种、拌种、包衣等方法处理水稻种子，能提高发芽率，促进秧苗根系发达，增加有效分蘖数，促进灌浆，增强秧苗抗病和抗春寒的能力，稻谷品质提高一个等级以上，产量提高 5%～15%。

（2）S-诱抗素拌棉种，能缩短种子发芽时间，促进棉苗根系发达，增强棉苗抗寒、抗旱、抗病、抗风灾的能力，使棉株提前半个月开花、吐絮，产量提高 5%～20%。

（3）在烟草移栽期施用 S-诱抗素，可使烟苗提前 3 d 返青，须根数较对照多 1 倍，烟草花叶病毒病染病率减少 30%～40%，烟叶蛋白质含量降低 10%～20%，烟叶产量提高 8%～15%。

（4）油菜移栽期施用 S-诱抗素，可增强越冬期的抗寒能力，根茎粗壮，抗倒伏，结荚饱满，产量提高 10%～20%；蔬菜、瓜果、玉米、棉花、药材、花卉、树苗等在移栽期施用 S-诱抗素，都能提高抗逆性，改善品质，提高结实率。

（5）如在干旱来临前施用 S-诱抗素，可使玉米苗、小麦苗、蔬菜苗、树苗等渡过短期干旱（10～20 d）而保持苗株鲜活；在寒潮来临前施用 S-诱抗素可使蔬菜、棉花、果树等安全度过低温期；在植物病害大面积发生前施用 S-诱抗素，可不同程度地减轻病害的发生或减轻染病的程度。

另外，高浓度的 S-诱抗素则表现为抑制生长的活性。外源应用高浓度 S-诱抗素喷施丹参、三七、马铃薯等植物的叶茎，可抑制地上部分茎叶的生长，提高地下块根部分的产量和品质；人工喷施 S-诱抗素，可显著降低杂交水稻制种时的穗发芽和白皮小麦的穗发芽；抑制马铃薯在储存期发芽；抑制茎端新芽的生长等。

此外，S-诱抗素还具有控制花芽分化，调节花期，控制株型等生理活性，在花卉园艺上有很大的应用潜力。

S-诱抗素与其他生长调节剂混合使用有协同或增效作用。如 S-诱抗素与吲哚乙酸或萘乙酸混合（1～5 mg/L＋5～25 mg/L）使用，对豌豆、番茄、葡萄和杨树等的插枝生根或根的生长有促进作用。但如果 S-诱抗素浓度过高，则抑制生根。

S-诱抗素与赤霉酸混用促进幼苗生长。赤霉酸促进幼苗地上部分的生长，S-诱抗素有利于地下部分根系的生长发育，故二者混用有促进幼苗生长、促使苗壮的功能。如以 5～10 mg/L 的赤霉酸与同样浓度的 S-诱抗素混合使用，对萝卜等一年生作物幼苗生长有明显促进作用。在雪松等林木上也有促进生长的作用，若在混合液中添加 N、P、K 肥，其促进效果更为明显。

S-诱抗素与乙烯利混合使用对小麦有明显矮化作用。在小麦伸长生长阶段，用 150 mg/L S-诱抗素与 150 mg/L 乙烯利混合液喷洒，对小麦有明显矮化和增产作用，混用比二者单用有明显增效作用。

专利概况

专利名称　Sugar esters

专利号　DD 119574　　　　　专利申请日　1975-04-08

专利申请人　Lehmann, Hanno

其他相关专利　NL 6604832、DE 1593354、FR 1475463、GB 1073882 等。

工艺专利　JP 5851895、JP 81160996、JP 63296697、WO 912728 等。

登记情况　S-诱抗素在中国登记了 90% 原药 3 个，相关制剂 25 个，用于水稻、番茄和葡萄等调节生长。部分登记情况见表 5-2。

表 5-2　S-诱抗素在中国部分登记情况

登记证号	农药名称	剂型	含量	登记作物	用途	亩用药量（制剂）	施用方法	登记证持有人
PD20190238	S-诱抗素	可溶粉剂	0.1%	水稻	调节生长	750～1000 倍液	喷雾	鹤壁全丰生物科技有限公司
PD20190070	赤霉·诱抗素	可溶液剂	1%	番茄	调节生长	1200～1600 倍液	喷雾	湖南泽丰农化有限公司

登记证号	农药名称	剂型	含量	登记作物	用途	亩用药量（制剂）	施用方法	登记证持有人
PD20190067	S-诱抗素	可溶液剂	10%	葡萄	促进着色	330～500 倍液	喷果穗	四川润尔科技有限公司
PD20140946	S-诱抗素	水剂	0.25%	花生	调节生长	1000～2000 倍液	喷雾	四川龙蟒福生科技有限责任公司
				棉花		1000～1500 倍液	茎叶喷雾	
PD20152643	S-诱抗素	原药	90%					江西新瑞丰生化股份有限公司
PD20110292	S-诱抗素	原药	90%					四川润尔科技有限公司
PD20050201	S-诱抗素	原药	90%					四川龙蟒福生科技有限责任公司

合成方法　通过如下反应制得目的物：

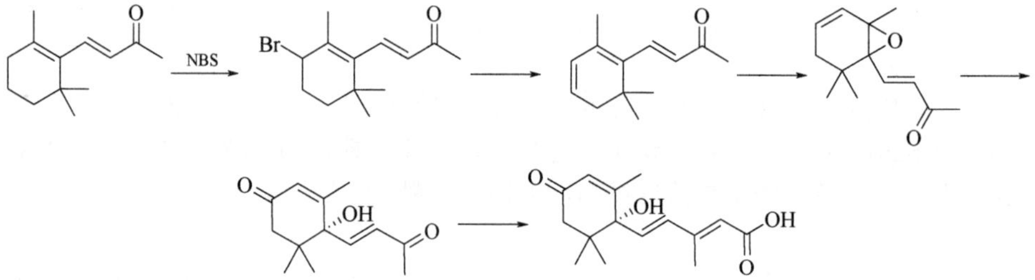

参考文献

[1]　The Pesticide Manual. 17th edition: 5-6.

[2]　解艳玲，杜军，沈振荣，等. 安徽农业科学, 2013, 41(4): 1517-1518+1554.

环丙嘧啶醇（ancymidol）

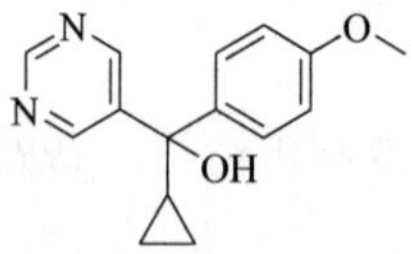

$C_{15}H_{16}N_2O_2$，256.3，12771-68-5

　　环丙嘧啶醇（试验代号：EL-531、69231，商品名称：A-Rest，1973 年 M. Snel & J. V. Gramlich 报道其植物生长调节活性）是 Eli Lilly & Co.（现科迪华）开发的植物生长调节剂，现由 SePRO Corp.进行生产销售。

　　化学名称　α-环丙基-4-甲氧基-α-(嘧啶-5-基)苯甲醇。英文化学名称(RS)-α-cyclopropyl-4-methoxy-α-(pyrimidin-5-yl)benzyl alcohol。美国化学文摘（CA）系统名称 α-cyclopropyl-α-(4-methoxyphenyl)-5-pyrimidinemethanol。CA 主题索引名称 5-pyrimidinemethanol—, α-cyclopropyl-α-(4-methoxyphenyl)-。

　　理化性质　白色、晶状固体。熔点 111～112℃，蒸气压＜0.13 mPa（50℃），分配系数 $\lg K_{ow}$=1.9（pH 6.5）。溶解度（g/L，20～25℃）：水中约 0.65，甲醇＞250，乙烷 37，易溶于

丙酮、乙醇、乙酸乙酯、氯仿、乙腈，可溶解在芳烃中，微溶于饱和烃。水溶液中稳定，$DT_{50}>$ 30 d（pH 5～9，25℃），在强酸性（pH＜4）和强碱性条件下易分解，52℃下对紫外线稳定。

毒性 大鼠急性经口 LD_{50}1721 mg/kg，家兔急性经皮 $LD_{50}>$5000 mg/kg。对兔的眼睛有刺激，对皮肤无刺激性。大鼠急性吸入 LC_{50}（4 h）＞0.59 mg/L 空气。NOEL：在 90 天 8000 mg/kg 饲喂试验中，大鼠和狗均未发现负面作用。无致突变、致癌或致畸性。

生态效应 家鸡经口 $LD_{50}>$500 mg/kg。山齿鹑饲喂 $LC_{50}>$5192 mg/kg。幼虹鳟 LC_{50} 55 mg/L、大翻车鱼 146 mg/L、金鱼＞100 mg/L。水蚤 $LC_{50}>$100 mg/L。对蜜蜂无毒。

环境行为 土壤环境。土壤中被微生物分解。

剂型 可溶液剂。

主要生产商 SePRO。

作用机理与特点 赤霉素合成抑制剂。通过叶面和根系吸收，传导至韧皮部。抑制节间部延长。

应用 减少节间部延长，形成更紧凑植株。作用范围广，可以叶面喷洒也可以土壤处理。花坛植物的叶面喷洒剂量为 6～66 mg/L，小盆 3～35 mg/L，花卉和观叶植物 20～50 mg/L，球茎植物 25～50 mg/L。

专利概况

专利名称 Susbtituted-5-pyrimidine compounds

专利号 GB 1218623　　　　专利申请日 1968-04-26

专利申请人 Eli Lilly & Co.。

合成方法 经如下两种反应方法制得目的物：

方法（1）：

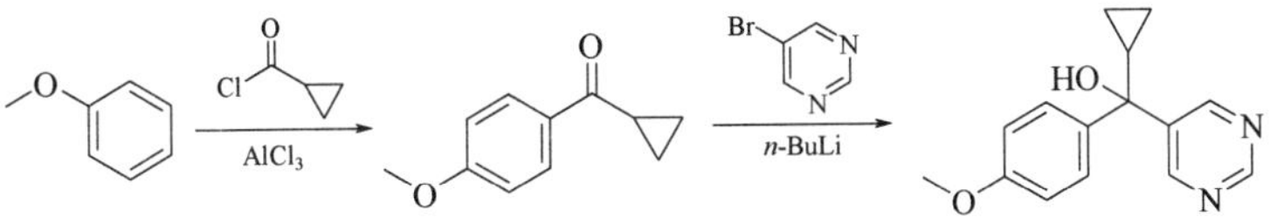

方法（2）：

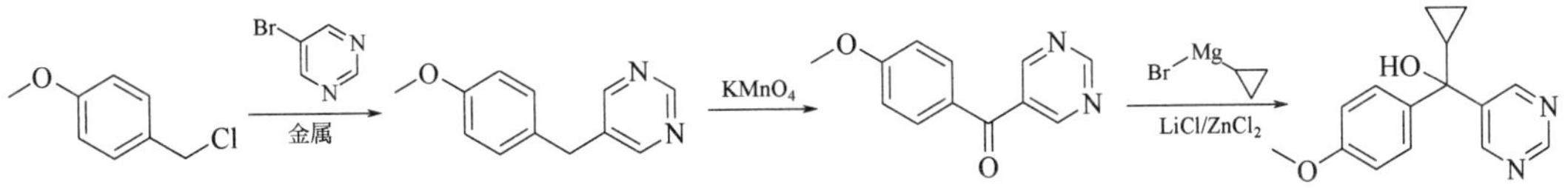

参考文献

[1] The Pesticide Manual. 17th edition: 48-49.

anisiflupurin

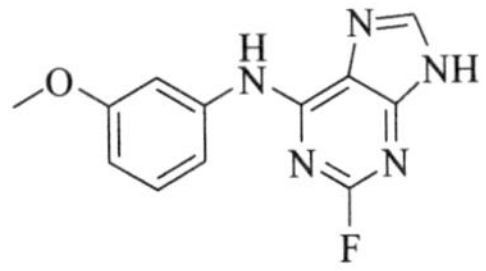

$C_{12}H_{10}FN_5O$，259.2，1089014-47-0

anisiflupurin 是细胞分裂素类植物生长调节剂。

化学名称 2-氟-N-(3-甲氧基苯基)-9H-嘌呤-6-胺。英文化学名称 2-fluoro-N-(3-methoxy-phenyl)-9H-purin-6-amine。美国化学文摘（CA）系统名称 2-fluoro-N-(3-methoxyphenyl)-9H-purin-6-amine。CA 主题索引名称 9H-purin-6-amine—, 2-fluoro-N-(3-methoxyphenyl)-。

应用 用于提高水稻对热胁迫的耐受性。

专利概况

专利名称 Substituted 6-anilinopurine derivatives as inhibitors of cytokinin oxidase/dehydrogenase and preparations containing these derivatives

专利号 WO 2009003428　　　　　　**专利申请日** 2007-07-04

专利申请人 Univerzita Palackeho V Olomouci；Freie Universitat Berlin

在其他国家申请的专利 AU 2008271800、BR PI0812865、CA 2691625、EP 2173173、JP 2010531818、US 2010190806、US 8222260 等。

合成方法 合成反应式如下：

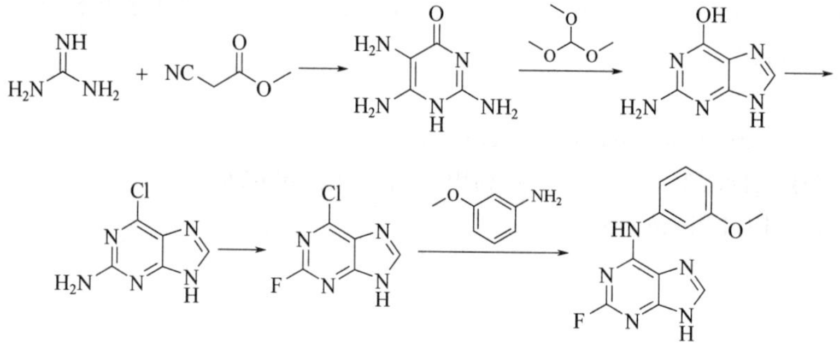

aviglycine

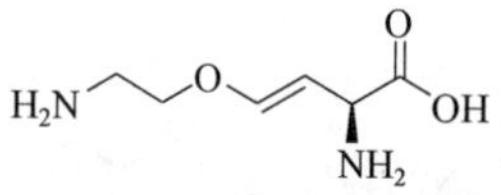

$C_6H_{12}N_2O_3$，160.2，49669-74-1，55720-26-8(盐酸盐)

aviglycine［试验代号：ABG-3097、Ro4468，商品名称：ReTain，其他名称：aminoethoxy-vinylglycine、氨乙氧基乙烯基甘氨酸、AVG、四烯雌酮，主要以盐酸盐（aviglycine hydrochloride）形式商品化］由 Abbott Laboratories（现 Valent BioSciences 公司）于 1997 年发现。

化学名称 (2S,3E)-2-氨基-4-(2-氨乙氧基)-3-丁烯酸。英文化学名称(2S,3E)-2-amino-4-(2-aminoethoxy)but-3-enoic acid。美国化学文摘（CA）系统名称(2S,3E)-2-amino-4-(2-aminoethoxy)-3-butenoic acid。CA 主题索引名称 3-butenoic acid—, 2-amino-4-(2-aminoethoxy)-(2S,3E)-。

理化性质 盐酸盐 原药含量≥80%，灰白色至棕褐色无味粉末。熔点 178～183℃（分解）。相对密度 0.30～0.49（20～25℃）。分配系数 $\lg K_{ow}$=-4.36，pK_a（20～25℃）：2.84、8.81、9.95。水中溶解度（20～25℃，g/L）：660（pH 5），690（pH 9）。应避光储存。旋光率 $[\alpha]_D^{25}$=+89.2°（c=1，0.1 mol/L 磷酸酸钠缓冲液 pH 等于 7）。

毒性　盐酸盐　大鼠急性经口 $LD_{50}>5000$ mg/kg，大鼠急性经皮 $LD_{50}>2000$ mg/kg，大鼠吸入 LC_{50}（4 h）>1.13 mg/L。大鼠 NOEL（90 d）2.2mg/(kg·d)，ADI/RfD 0.002 mg/kg（1997）。

生态效应　盐酸盐　北美山齿鹑急性经口 LD_{50}121 mg/kg，饲喂 LC_{50}（5 d）230 mg/L。虹鳟鱼 LC_{50}（96 h）>139 mg/L，NOEL（96 h）139 mg/L；水蚤 EC_{50}（48 h）>135 mg/L，NOEL（96 h）135 mg/L；月牙藻 E_rC_{50}（72 h）53.3 μg/L，NOEL 5.9 μg/L；浮萍 IC_{50}（7 d）102 μg/L，NOAEC 24 μg/L，蜜蜂 LD_{50}（48 h，经口和接触）>100 μg/只。蚯蚓 $LC_{50}>1000$ mg/L。

环境行为　在环境中迅速降解。

主要生产商　Valent BioSciences。

作用机理与特点　通过竞争性抑制 1-环丙胺-1-羧酸合酶（ACC 合酶），抑制乙烯的生物合成。ACC 合酶是乙烯生物合成的关键酶。

应用　在苹果、梨、核果树和核桃中使用的植物生长调节剂。可获得的效益取决于品种、果园条件和种植者的目标，包括：减少落果、延迟果实成熟、延迟或延长收获、改善收获管理、维持果实质量（例如果实硬度）、提高大小和颜色（延迟收获使果实能够长到大小和颜色合适）、降低水孔和表面烫伤的发生率和/或严重程度、增强贮藏潜力，通过雌花败育增加核桃品种的结实率。

专利概况

专利名称　Herbicidal composition containing L-*trans*-2-amino-4-(2-aminoethoxy)-3-butenoic acid or acid addition salts

专利号　US 3869277　　　　**专利申请日**　1973-05-16

专利申请人　Abbott Laboratories

其他相关专利　US 3751459、BE 800816、DE 2327639。

参考文献

[1] The Pesticide Manual. 17th edition: 55-56.

苄氨基嘌呤（6-benzylaminopurine）

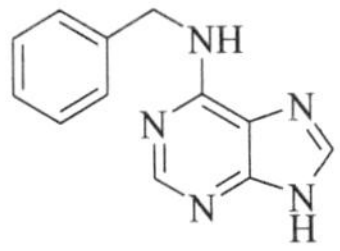

$C_{12}H_{11}N_5$，225.3，1214-39-7

苄氨基嘌呤（商品名称：BA、Beanin、MaxCel、Paturyl，其他名称：6-BA、6-BAP、保美灵、苄胺赤霉酸、6-苄基腺嘌呤、BAP、benzyladenine、苄腺嘌呤）是由日本组合化学公司 1975 年开发的嘌呤类植物生长调节剂。

化学名称　6-(N-苄基)氨基嘌呤或 6-苄基腺嘌呤。英文化学名称 N-benzyl-7H-purin-6-amine。美国化学文摘（CA）系统名称 N-(phenylmethyl)-1H-purin-6-amine。CA 主题索引名称 1H-purin-6-amine—，N-(phenylmethyl)-。

理化性质　原药纯度$>99\%$，为白色或淡黄色粉末，纯品为无色无味针状结晶。熔点

232.4℃，沸点 306.2℃（1333 Pa），蒸气压 0.148 mPa（20℃）。分配系数 lgK_{ow}=2.13（pH 5）、2.19（pH 7）。pK_a(20~25℃)=9.89（碱性）、3.86（弱碱性），相对密度 1.374（20~25℃）。溶解度（mg/L，20~25℃）：水中 62.2、苯＞1000、丙酮 1390、二氯甲烷 251、乙酸乙酯 722、甲醇 671、甲苯 21.4、正己烷＜10。在酸、碱和中性介质中稳定，水解半衰期 DT_{50}＞1 年（pH 4、7 和 9，25℃）。水相光解 DT_{50}：天然水 2.5 d，蒸馏水 12.8 d（400 W/m^2，300~800 nm，25℃）。150℃以下稳定，400℃以上分解。

毒性 急性经口 LD_{50}（mg/kg）：雄性大鼠 2125，雌性大鼠 2130，小鼠 1300。大鼠急性经皮 LD_{50}＞5000 mg/kg。对兔的眼睛、皮肤无刺激性，对皮肤无致敏性。雄大鼠吸入 LC_{50}＞4.77 mg/L。NOEL［mg/(kg·d)，2 年］：雄性大鼠 5.2，雌性大鼠 6.5，雄性小鼠 11.6，雌性小鼠 15.1。ADI/RfD 0.05 mg/kg。对鼠和兔无诱变、致畸作用。

生态效应 山齿鹑饲喂 LD_{50}（14 d）＞2250 mg/L，鲤鱼 LC_{50}（96 h）＞38.5（mg/L）。水蚤 LC_{50}（24 h）＞40 mg/L，EC_{50}（48 h）＞19.6 mg/L，羊角月牙藻 EC_{50}（72 h）48.7 mg/L。蜜蜂急性经口 LD_{50}（μg/只）：100。蚯蚓 LC_{50}＞1000 mg/kg。NOEL（48 h）：家蚕 6000 mg/L，南方小花蝽、智利小植绥螨和草蛉＞1200 mg/L。

环境行为 ①动物。在动物体内主要通过尿和粪便排出。②植物。在大豆、葡萄、玉米和苍耳中代谢物不少于 9 种，尿素是最终的代谢物。③土壤/环境。在 22℃条件下，施于土壤 16 d（22℃）后，降解到 5.3%（沙壤土）、7.85%（黏壤土），DT_{50} 7~9 周。

剂型 水分散粒剂、可溶液剂、可溶粉剂。

主要生产商 CCA Biochemical、Green Plantchem、Interchem、JIE、Reanal、重庆依尔双丰科技有限公司、江苏丰源生物工程有限公司、四川润尔科技有限公司、四川省兰月科技有限公司、台州市大鹏药业有限公司以及郑州先利达化工有限公司。

作用机理与特点 广谱性植物生长调节剂，可促进植物细胞生长。苄氨基嘌呤可经由发芽的种子、根、嫩枝、叶片吸收，进入体内移动性小。苄氨基嘌呤有多种生理作用：促进细胞分裂；促进非分化组织分化；促进细胞增大、增长；促进种子发芽；诱导休眠芽生长；抑制或促进茎、叶的伸长生长；抑制或促进根的生长；抑制叶的老化；打破顶端优势，促进侧芽生长；促进花芽形成和开花；诱发雌性性状；促进坐果；促进果实生长；诱导块茎形成；物质调运、积累；抑制或促进呼吸；促进蒸发和气孔开放；提高抗伤害能力；抑制叶绿素的分解；促进或抑制酶的活性。

应用 促进侧芽萌发。春秋季在蔷薇腋芽萌发时使用，在下位枝腋芽的上下方各 0.5 cm 处划伤口，涂适量 0.5%膏剂。在苹果幼树生长旺盛情况下，叶面喷施处理，刺激侧芽萌发，形成侧枝。如富士苹果品种用 3%液剂稀释 75~100 倍喷洒，可增加苹果果径、重量和提高产量。促进葡萄和瓜类的坐果用 100 mg/L 液处理葡萄花序，防止落花落果。瓜类开花时用 10 g/L 涂瓜柄，可以提高坐果率。

促进花卉植物的开花和保鲜。对莴苣、甘蓝、花茎甘蓝、花椰菜、芹菜、石刁柏、双孢蘑菇等切花蔬菜和石竹、玫瑰、菊花、紫罗兰、百子莲等具有保鲜作用，在采收前或采收后用 100~500 mg/L 液作喷洒或浸泡，如以 10 mg/L 的药液喷于采摘下的芹菜、香菜，可抑制叶子变黄，抑制叶绿素的降解和提高氨基酸含量。并且能有效地保持它们的颜色、风味、香气等。

在日本，用 10~20 mg/L 药液，在 1~1.5 叶期，处理水稻苗的茎叶，能抑制下部叶片变黄，还可保持根的活力，从而提高稻苗的成活率。水稻产量可提高 10%~15%。

专利概况

专利名称　*6-N-Substituted aminopurines*

专利号　JP 34008526　　　　专利申请日　1959-09-22

专利申请人　Okumura, Shigeo。

登记情况　苄氨基嘌呤在中国登记了97%、98.5%、99%的原药6个，相关制剂42个，用于柑橘、白菜、苹果树等。部分登记情况见表5-3。

表5-3　苄氨基嘌呤在中国部分登记情况

登记证号	农药名称	剂型	含量	登记作物	用途	亩用药量（制剂）	施用方法	登记证持有人
PD20200236	苄氨基嘌呤	可溶液剂	2%	柑橘树	调节生长	400~600 倍液	喷雾	江西新瑞丰生化股份有限公司
PD20200157	苄氨基嘌呤	悬浮剂	30%	芹菜	调节生长	4000~6000 倍液	喷雾	浙江大鹏药业股份有限公司
PD20190120	苄氨基嘌呤	可溶粉剂	1%	芹菜	调节生长	250~500 倍液	喷雾	重庆依尔双丰科技有限公司
PD20184127	苄氨·赤霉酸	水分散粒剂	4%	葡萄	调节生长	1500~2000 倍液	喷果穗	陕西韦尔奇作物保护有限公司
PD20180444	苄氨基嘌呤	原药	99%					重庆依尔双丰科技有限公司
PD20170919	苄氨基嘌呤	原药	99%					郑州先利达化工有限公司

合成方法　苄氨基嘌呤的合成反应式如下：

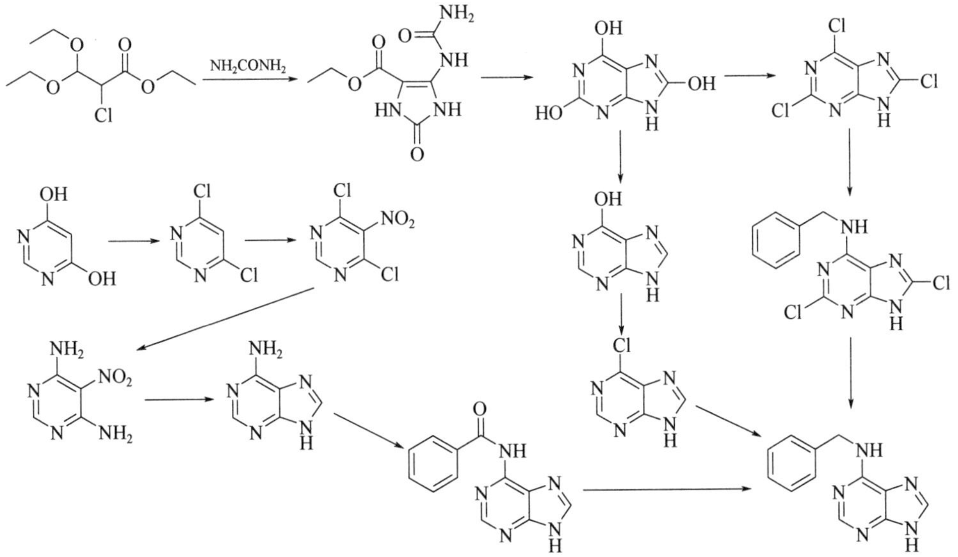

参考文献

[1] The Pesticide Manual. 17th edition: 95-96.

芸苔素内酯（brassinolide）

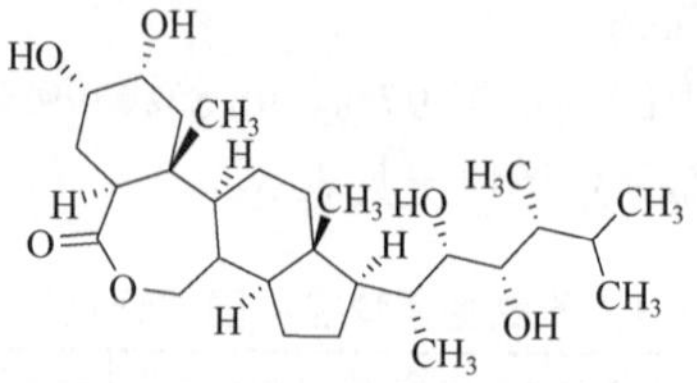

$C_{28}H_{48}O_6$，480.7，72962-43-7

芸苔素内酯（商品名称：BR，其他名称：益丰素、天丰素、芸薹素内酯、油菜素内酯）是 1970 年 J. W. Mitchell 等从油菜（*Brassica napus*）花粉中发现的一种甾醇类植物生长调节剂。

化学名称 $2\alpha,3\alpha,22(R),23(R)$-四羟基-24(S)-甲基-$\beta$-高-7-氧杂-5$\alpha$-胆甾烷-6-酮。英文化学名称(22R,23R,24S)-$2\alpha,3\alpha,22,23$-tetrahydroxy-7-oxa-7a-homo-5α-ergostan-6-one。美国化学文摘（CA）系统名称(1R,3aS,3bS,6aS,8S,9R,10aR,10bS,12aS)-1-[(1S,2R,3R,4S)-2,3-dihydroxy-1,4,5-trimethylhexyl]hexadecahydro-8,9-dihydroxy-10a,12a-dimethyl-6H-benz[c]indeno[5,4-e]oxepin-6-one。CA 主题索引名称 6H-benz[c]indeno[5,4-e]oxepin-6-one—, 1-[(1S,2R,3R,4S)-2,3-dihydroxy-1,4,5-trimethylhexyl]hexadecahydro-8,9-dihydroxy-10a,12a-dimethyl-(1R,3aS,3bS,6aS,8S,9R,10aR,10bS,12aS)-。

理化性质 白色结晶粉末，熔点 256～258℃（另有文献报道为 274～275℃）。水中溶解度 5 mg/L，溶于甲醇、乙醇、四氢呋喃和丙酮等多种有机溶剂。

毒性 急性经口 LD_{50}（mg/kg）：大鼠>2000，小鼠>1000。大鼠急性经皮 LD_{50}>2000 mg/kg。Ames 试验表明无致突变作用。

生态效应 鲤鱼 LC_{50}（96 h）>10 mg/L。

剂型 水分散粒剂、乳油、可溶液剂、可溶粉剂、水剂等。

作用机理与特点 芸苔素内酯是一种具有高生理活性，可促进植物生长作用的甾体化合物，具有广谱的促进生长作用和用量极低等特点。作物吸收后，能促进根系发育，使植株对水、肥等营养成分的吸收利用率提高；可增加叶绿素含量，增强光合作用，协调植物体内对其他内源激素的相对水平，刺激多种酶系活力，促进作物均衡苗壮生长，增强作物对病害及其他不利自然条件的抗逆能力。处理作物后，也可促进生长、增加营养体收获量；提高坐果率，促进果实肥大；提高结实率，增加千粒重；提高作物耐寒性，减轻药害，增强抗病的目的。

应用

（1）小麦 用 0.05～0.5 mg/L 的芸苔素内酯对小麦浸种 24 h，对根系（包括根长、根数）和株高有明显促进作用。分蘖期以此浓度进行叶面处理，可使分蘖数增加。如在小麦孕穗期用 0.01～0.05 mg/L 的药剂进行叶面喷雾处理，对小麦生理过程、光合作用有良好的调节和促进作用，并能加速光合产物向穗部输送。处理后两周，茎叶的叶绿素含量高于对照，穗粒数、穗重、千粒重均有明显增加，一般增产 7%～15%。经芸苔素内酯处理的小麦幼苗耐冬季低温的能力增强，小麦的抗逆性增加，植株下部功能叶长势好，从而减少青枯病等病害侵染的机会。

（2）玉米　用 0.01 mg/L 的芸苔素内酯对玉米进行全株喷雾处理，能明显减少玉米穗顶端籽粒的败育率，可增产 20%左右。抽雄前处理的效果优于吐丝后施药。喷施玉米穗的次数增加，虽然能减少败育率，但效果不如全株喷施。处理后的玉米植株叶色变深，叶片变厚，比叶重和叶绿素含量增高，光合作用的速率增强。果穗顶端籽粒的活性增强（即相对电导率下降）。另外，吐丝后处理也有增加千粒重的效果。用芸苔素内酯 0.33 mg/L 浸泡玉米种子，可使陈年玉米种子发芽率由 30%提高到 85%，且幼苗整齐健壮。在喇叭口至吐丝初期喷施 0.15 mg/L 药液，每穗粒数增加 41 粒，减少秃顶 0.7 cm 和百粒重增加 2.38 g，增产 21.1%。

（3）水稻　用 0.15 mg/L 芸苔素内酯对水稻浸种，可明显提高幼苗素质，出苗整齐，叶色深绿，茎基宽，带蘖苗多，白根多。秧苗移栽前后喷施 0.15 mg/L 芸苔素内酯，可使移栽秧苗新根生长快，迅速返青不败苗，秧苗健壮，增加分蘖。在始穗初期喷施芸苔素内酯，可有效预防纹枯病的发生和大面积蔓延。单用芸苔素内酯可降低发病指数 35.1%～75.1%，增加产量 9.7%～18.2%。若与井冈霉素混合使用，对纹枯病防效可达 45%～95%，增加产量 11%～37.3%。

（4）烟叶　烟叶移栽后 30 d 喷施芸苔素内酯，主要增大增厚下部叶片。移栽后 45 d，主要增大增厚上部叶片，同时增强烟株抗旱能力，对叶斑病、花叶病也有明显预防作用，后期落黄好，增产 20%～40%。同时可使烟叶所含的化学成分中该高的有所升高，该低的有所降低，更趋协调状态。

（5）甘蔗　在苗期喷雾 5000 倍液 0.15%芸苔素内酯一次，或苗期、生长期各喷一次（共二次），可以促进甘蔗生长。增加亩有效基数 1.37%，增加茎长 6.75%，增加茎粗 2.9%，增加茎重 9.72%，增加产量 525 kg/hm²，且含蔗糖量也明显增加。

（6）蔬菜　芸苔素内酯广泛使用于各种蔬菜，增产幅度达 30%～150%，对黄瓜霜霉病、番茄疫病、番茄病毒病等多种病害有理想的防除效果。此外还可促进作物茁壮生长、早熟，品质也得到改善。

（7）橙　以 0.01～0.1 mg/L 于开花盛期和第一次生理落果后进行叶面喷洒。50 d 后，坐果率：0.01 mg/L 的增加 2.5 倍，0.1 mg/L 的增加 5 倍，还有一定增甜作用。

（8）棉花　初花期用 0.3～1.8 mg/L 芸苔素内酯喷雾，茎粗叶厚，但叶面积不增大。对黄萎病防效达 21.2%～54.5%，增产 20.6%。

（9）花生　应用芸苔素内酯后，既可增强植株活力，又可提高抗逆性能，使叶片功能优势继续得到发挥。结果是不早衰、增荚、增粒、增重，增产率为 22.6%。

（10）甜菜　用 0.15 mg/L 芸苔素内酯喷施于甜菜，不仅能促进植株生长，叶色浓绿，促进块根膨大、增产，而且还能调节光合产物的分配，使含糖量增至 17.49%。

（11）枸杞　芸苔素内酯能促进枸杞根系生长，增强抗旱、涝、盐碱、病害的能力，同时还可提高枸杞的品质。

（12）黄瓜　以 0.01 mg/L 于苗期处理，可提高黄瓜苗抗夜间 7～10℃低温的能力。

（13）番茄　以 0.1 mg/L 于果实肥大期叶面喷洒，能明显增加果的重量。

（14）茄子　以 0.1 mg/L 处理低于 17℃开花的茄子花，或浸花房，可促进正常结果。

专利和登记

专利名称　5-Alpha-ergosta-6-one derivative

专利号　JP 57070900　　　　专利申请日　1980-10-17

专利申请人　Suntory KK。

登记情况　芸苔素内酯在中国登记了水分散粒剂、乳油、可溶液剂、可溶粉剂、水剂等 20 个制剂，用于小麦、棉花、水稻、黄瓜、苹果、白菜、辣椒等作物。部分登记情况见表 5-4。

表 5-4　芸苔素内酯在中国部分登记情况

登记证号	农药名称	剂型	含量	登记作物	用途	亩用药量（制剂）	施用方法	登记证持有人
PD20142067	芸苔素内酯	水剂	0.0075%	小白菜	调节生长	1000～1500 倍液	喷雾	济南仕邦农化有限公司
				小麦		2000～3000 倍液		
PD20140562	芸苔素内酯	水剂	0.01%	黄瓜	调节生长	2000～33300 倍液	喷雾	山西奇星农药有限公司
PD20132693	芸苔素内酯	水分散粒剂	0.1%	苹果树	调节生长，增产	40000～60000 倍液	喷雾	陕西美邦药业集团股份有限公司
PD20131720	芸苔素内酯	乳油	0.01%	棉花	调节生长	2500～3700 倍液	喷雾	广东科峰生物技术有限公司
PD20130042	芸苔素内酯	可溶液剂	0.01%	大豆	调节生长	2500～3333 倍液	喷雾	上海绿泽生物科技有限责任公司
				番茄		2500～3333 倍液	喷雾	
				甘蔗		2000～3000 倍液	喷雾	
				柑橘树		2500～3333 倍液	茎叶喷雾	
				花生		2500～3333 倍液	喷雾	
				黄瓜		2000～2500 倍液	喷雾	
				辣椒		1500～2000 倍液	喷雾	
				荔枝树		2500～3333 倍液	喷雾	
				棉花		2500～3333 倍液	茎叶喷雾	
				苹果树		2000～3000 倍液	喷雾	
				葡萄		2500～3333 倍液	喷雾	
				水稻		2000～3000 倍液	喷雾	
				西瓜		1500～2000 倍液	喷雾	
				香蕉		2500～3333 倍液	喷雾	
				向日葵		1500～2000 倍液	喷雾	
				小白菜		2500～3333 倍液	喷雾	
				小麦		1500～2000 倍液	喷雾	
				烟草		2500～3333 倍液	喷雾	
				玉米		1250～1667 倍液	茎叶喷雾	
				枣树		2000～3000 倍液	喷雾	
				芝麻		1500～2000 倍液	喷雾	

合成方法　获得芸苔素内酯的主要方法有两种：①以天然产物为原料，萃取或经皂化后萃取、处理得到。②通过化学法直接合成。具体操作见参考文献。

参考文献

[1] 吴俊颖, 余平, 杜曼, 等. 农药, 2019, 58(11): 781-787+791.

整形醇（chlorflurenol-methyl）

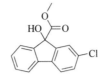

C₁₅H₁₁ClO₃，274.7，2536-31-4，2464-37-1(酸)

整形醇（试验代号：CME 109、SAG 109、IT 3456，商品名称：Maintain、Reap-Thru，其他名称：整形素。）是 E. Merck（现 BASF SE）开发的植物生长调节剂，后由 Nita Industries 和 Repar Corp 进行销售。

化学名称　(RS)-2-氯-9-羟基芴-9-羧酸甲酯。英文化学名称 methyl (RS)-2-chloro-9-hydroxyfluorene-9-carboxylate。美国化学文摘（CA）系统名称 methyl 2-chloro-9-hydroxy-9H-fluorene-9-carboxylate。CA 主题索引名称 9H-fluorene-9-carboxylic acid—, 2-chloro-9-hydroxy-methyl ester。

理化性质　纯品为白色结晶，原药为黄色或棕色固体，含量为97%［含有 2-氯-9-羟基芴-9-羧酸甲酯（65%～70%）、2,7-二氯-9-羟基芴-9-羧酸甲酯（10%～15%）和 9-羟基芴-9-羧酸甲酯（15%～20%）］。熔点 155℃，蒸气压 0.13 mPa（25℃），分配系数 lgK_{ow}=1.6，Henry 常数 $7.9×10^{-4}$ Pa·m³/mol，相对密度 1.496（20～25℃）。溶解度（20～25℃，g/L）：水 26.0（pH 5）、四氯化碳 38、丙酮 204、苯 61、乙醇 63、环己烷 2.4、异丙醇 19、甲醇 119。水解 DT_{50}<1 d（pH 9，22℃）。水溶液光解 DT_{50} 4～20 h。高于熔点温度不稳定。

毒性　大鼠急性经口 LD_{50}>12800 mg/kg，狗急性经口 LD_{50}>6400 mg/kg。大鼠和家兔急性经皮 LD_{50}>10000 mg/kg。对兔的皮肤和眼睛无刺激性。大鼠急性吸入 LC_{50}（48 h）>101.5 mg/L。NOEL（mg/L）：大鼠（2 年）3000，狗（2 年）300。ADI/RfD（EPA）cRfD 0.10 mg/kg（2007）。急性经皮大鼠 LD_{50} 1417 mg/kg，小鼠 LD_{50} 1670 mg/kg。

生态效应　鹌鹑急性经口 LD_{50}>10000 mg/kg。鱼 LC_{50}（mg/L，96 h）：彩虹鳟鱼 3.2，大翻车鱼 7.2，鲤鱼约 9。水蚤 EC_{50}（48 h）5.1 mg/L。

环境行为　①动物。大鼠经口给予整形醇后，24 h 内几乎完全代谢。②植物。植物中整形醇的 DT_{50} 2 d。③土壤/环境。在光、空气、水和土壤中迅速降解；土壤 DT_{50} 1.5 d，水中 DT_{50} 2 d。主要代谢物为相应的羧酸，次级代谢物为 2-氯-8-羟基芴和 2-氯-9-羟基芴。

剂型　乳油、颗粒剂。

主要生产商　Repar。

作用机理与特点　生长素抑制剂。使用后被叶和根吸收，向上和向下都有传导。在芽和根的生长端积累，在芽中也有一定程度的积累，促进生长。

应用　用作植物生长延缓剂，用量为 2～4 kg/hm²。杂草抑制。土壤施用，用量为 0.5～1.5 kg/hm²，用于路旁、铁路、沟渠堤岸等。同时也是一种生长调节剂，用于提高黄瓜的产量，并诱导菠萝增加营养成分。

专利概况

专利名称　Means for the fight against unwanted plant stature

专利号　DE 1301173　　　　　专利申请日　1962-09-22

专利申请人　E. Merck AG

其他相关专利　GB 1051653、GB 1051654。

合成方法　经如下反应制得目的物：

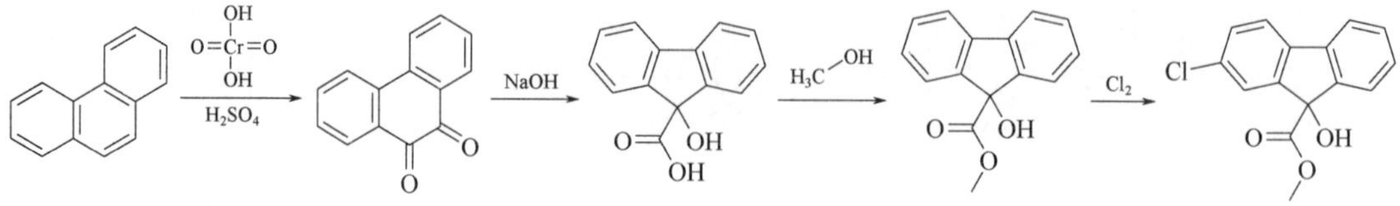

参考文献

[1] The Pesticide Manual. 17th edition: 183-184.

[2] Mandava Naga Bhushan. US10351504, 2019.

矮壮素（chlormequat chloride）

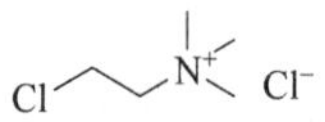

$C_5H_{13}Cl_2N$，158.1，999-81-5

矮壮素（试验代号：AC38555、BAS 062W，其他名称：chlorocholine chloride、Cycocel、CCC、稻麦立）是由 N. E. Tolbert 于 1960 年报道，Michigan State University、American Cyanamid Co. 和 BASF AG（均属于 BASF SE）1966 年开发的一种优良的植物生长调节剂。

化学名称　2-氯乙基三甲基氯化铵。英文化学名称　2-chloroethyltrimethylammonium chloride。美国化学文摘（CA）系统名称 2-chloro-*N*, *N*, *N*-trimethylethanaminium chloride。CA 主题索引名称 ethanaminium—, 2-chloro-*N*, *N*, *N*-trimethyl-chloride(1∶1)。

理化性质　原药含量≥96%，灰白色至黄色结晶，有鱼腥味，纯品为无色晶体，吸湿性极强，稍有气味，一般以水溶液形式存在。熔点 235℃，蒸气压＜0.001 mPa（25℃），分配系数 lgK_{ow}=-1.59（pH 7），Henry 常数 $1.58×10^{-9}$ Pa·m³/mol（计算值），相对密度 1.141（20～25℃）。溶解度（g/L，20～25℃）：水中＞1000、甲醇＞20、二氯甲烷＜1.3、乙酸乙酯＜0.9、正庚烷＜0.7、丙酮＜0.8、氯仿 0.4。稳定性：水溶液稳定，230℃以上分解。

毒性　大鼠急性经口 LD_{50}（mg/kg）：雄性 966，雌性 807。急性经皮 LD_{50}（mg/kg）：大鼠＞4000，兔＞2000。对皮肤和眼睛无刺激，对皮肤无致敏。大鼠吸入 LC_{50}（4 h）＞5.2 mg/L 空气。两年无作用剂量（mg/kg）：大鼠 50，雄性小鼠 336，雌性小鼠 23。ADI/RfD（JMPR）0.05 mg/kg（1999，1997）；（EC）0.04 mg/kg（2008）。通过添加氯化胆碱可减低对哺乳动物的毒性，无繁殖毒性，无致癌性。

生态效应　LD_{50}（mg/kg）：日本鹌鹑 441，野鸡 261，鸡 920。镜鲤和虹鳟鱼 LC_{50}（96 h）＞100 mg/L。水蚤 LC_{50}（48 h）31.7 mg/L，羊角月牙藻 EC_{50}（72 h）＞100 mg/L，小球藻的 EC_{50} 5656 mg/L。其他生物 LC_{50}（96 h，mg/L）：招潮蟹≥1000，虾 804，牡蛎 67。对蜜蜂无毒。蚯蚓 LC_{50}（14 d）2111 mg/kg 土壤。

环境行为　①动物。山羊体内，97%的矮壮素会在 24 h 内以原药的形式消除。②植物。多数植物中研究表明，矮壮素会转化为氯化胆碱。③土壤/环境。土壤中通过微生物活性迅速降解。对土壤微生物群落或动物没有影响。4 种土壤平均 DT_{50} 32 d（10℃）、1～28 d（22℃），在土壤中迁移性低至中等。K_{oc} 203。

剂型　水剂，可溶粉剂。

主要生产商　Adama、BASF、Nufarm GmbH、河北省衡水北方农药化工有限公司、河北省黄骅市鸿承企业有限公司、绍兴市东湖高科股份有限公司、四川润尔科技有限公司以及郑州先利达化工有限公司等。

作用机理与特点　抑制作物细胞伸长，但不抑制细胞分裂，能使植株变矮，茎秆变粗，叶色变绿，可使作物耐旱耐涝，防止作物徒长倒伏，抗盐碱，又能防止棉花落铃，可使马铃薯块茎增大。其生理功能是控制植株的营养生长（即根茎叶的生长），促进植株的生殖生长（即花和果实的生长），使植株的节间缩短、植株矮壮并抗倒伏，促进叶片颜色加深，光合作用加强，提高植株的坐果率、抗旱性、抗寒性和抗盐碱的能力。

应用

（1）适用作物　棉花、小麦、水稻、玉米、烟草、番茄、果树和各种块根作物上。

（2）使用方法　①在辣椒和马铃薯开始有徒长趋势时，在现蕾至开花期，马铃薯用 1600～2500 mg/L 的矮壮素喷洒叶面，可控制地面生长并促进增产，辣椒用 20～25 mg/L 的矮壮素喷洒茎叶，可控制徒长和提高坐果率。②用浓度为 4000～5000 mg/L 矮壮素药液在甘蓝（莲花白）和芹菜的生长点喷洒，可有效控制抽薹和开花。③番茄苗期用 50 mg/L 的矮壮素水剂进行土表淋洒，可使番茄株型紧凑并且提早开花。如果番茄定植移栽后发现有徒长现象时，可用 500 mg/L 的矮壮素稀释液按每株 100～150 mL 浇施，5～7 d 便会显示出药效，20～30 d 后药效消失，恢复正常。④黄瓜于 15 片叶时用 62.5 mg/L 的水剂进行全株喷雾，可以促进坐果。

（3）注意事项　①使用矮壮素时，水肥条件要好，群体有徒长趋势时效果好。若地力条件差，长势不旺时，勿用矮壮素。②严格按照说明书用药，未经试验不得随意增减用量，以免造成药害。初次使用，要先小面积试验。③矮壮素遇碱分解，不能与碱性农药或碱性化肥混用。使用矮壮素时，应穿戴好个人防护用品，使用后，应及时清洗。④矮壮素低毒，切忌入口和长时间皮肤接触。对中毒者可采用一般急救措施和对症处理。

专利概况

专利名称　Method of controlling relative stem growth of plants

专利号　US 3156554　　　　　**专利申请日**　1963-01-31

专利申请人　Research Corp

其他相关专利　US 3395009、GB 1092138、DE 1199048。

登记情况　矮壮素在中国登记了 98%、97%、95%原药 9 个，相关制剂 27 个，用于棉花、玉米、小麦等。部分登记情况见表 5-5。

表 5-5　矮壮素在中国部分登记情况

登记证号	农药名称	剂型	含量	登记作物	用途	亩用药量（制剂）	施用方法	登记证持有人
PD86123-10	矮壮素	水剂	50%	棉花	防治疯长	25000 倍液	喷顶	河南省周口市先达化工有限公司
					防止徒长化学整枝	10000 倍液	喷顶，后期喷全株	
					提高产量植株紧凑	①10000 倍液；②0.3%～0.5%药液	①喷雾；②浸种	

续表

登记证号	农药名称	剂型	含量	登记作物	用途	亩用药量（制剂）	施用方法	登记证持有人
PD86123-10	矮壮素	水剂	50%	小麦	防止倒伏提高产量	①3%～5%药液；②100～400药液	①拌种；②返青、拔节期喷雾	河南省周口市先达化工有限公司
				玉米	增产	0.5%药液	浸种	
PD20183501	矮壮素	水剂	50%	玉米	调节生长	200倍液	浸种	济南约克农化有限公司
PD20110211	矮壮素	可溶粉剂	80%	棉花	调节生长	12000～14000倍液	茎叶喷雾	山东省德州祥龙生化有限公司
PD20101868	矮壮·甲哌鎓	水剂	25%	棉花	调节生长、增产	/	茎叶喷雾	宁夏垦原生物化工科技有限公司
PD20183501	矮壮素	原药	98%					河南省郑州农达生化制品有限公司
PD20182035	矮壮素	原药	98%					重庆依尔双丰科技有限公司
PD20098407	矮壮素	原药	97%					鹤壁全丰生物科技有限公司

合成方法　由二氯乙烷和三甲胺合成。

参考文献

[1] The Pesticide Manual. 17th. edition: 189-190.

氯苯胺灵（chlorpropham）

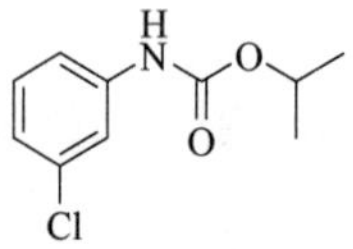

$C_{10}H_{12}ClNO_2$，213.7，101-21-3

氯苯胺灵（试验代号：ENT18060，商品名称：Gro-Stop、Pro-Long、Sprout Nip，其他名称：chloro-IPC、CIPC、戴科）是1951年由Columbia-Southern Chemical Corp开发的植物生长调节剂。

化学名称　3-氯苯基氨基甲酸异丙酯。英文化学名称isopropyl 3-chlorophenyl carbamate。美国化学文摘（CA）系统名称1-methylethyl-N-(3-chlorophenyl)carbamate。CA主题索引名称carbamic acid—,N-(3-chlorophenyl)-1-methylethyl ester。

理化性质　原药纯度为98%，纯品为乳白色晶体。熔点41.4℃，沸点256～258℃（1.01×10^5 Pa），蒸气压24.0 mPa（20℃）。分配系数$\lg K_{ow}$=3.79（pH 4），Henry常数0.047 Pa·m^3/mol。相对密度1.180（30℃）。溶解度（20～25℃）：水中89 mg/L，溶于乙醇、芳烃、卤代烃、酯、酮和煤油（溶解度80 g/L）。对紫外线稳定，150℃以上分解。在酸和碱性介质中缓慢分解。

毒性　大鼠急性经口LD_{50} 4200 mg/kg，大鼠急性经皮LD_{50}＞2000 mg/kg，对兔的皮肤和眼睛无刺激，对豚鼠皮肤无致敏性。大鼠急性吸入LC_{50}（4 h）＞0.5 mg/L。NOEL [mg/(kg·d)]：

狗经口 NOAEL（60 周）5，大鼠 NOAEL（28 d）30，小鼠 LOAEL（78 周）33，大鼠 LOAEL（2 年）24。ADI/RfD（JMPR）0.05 mg/kg（2005）；（EC）0.05 mg/kg（2004）；（EPA）aRfD 2.5 mg/kg，cRfD 0.05 mg/kg（2002）。

生态效应　野鸭急性经口 LD_{50}＞2000 mg/kg，饲喂 LC_{50}＞5170 mg/kg 饲料，繁殖毒性 NOEC＞1000 mg/kg 饲料。鱼 LC_{50}（mg/L）：（48 h）大翻车鱼 12，巴司鱼 10；（96 h）虹鳟鱼 7.5。水蚤 EC_{50}（48 h）4 mg/L，羊角月牙藻 EC_{50}（96 h）3.3 mg/L，舟形藻 E_bC_{50} 1.0 mg/L。浮萍 E_bC_{50} 1.67 mg/L。对蜜蜂毒性低，LD_{50}（μg/只）：经口 466，接触 89。蚯蚓 LC_{50} 66 mg/kg，在 4.8 kg/hm^2 剂量下导致有益节肢动物 100%死亡。

环境行为　①动物。动物经口后主要代谢途径是氯苯胺灵对位羟基化，然后生成氯苯胺灵硫酸酯和一些氯苯胺灵的异丙基羟基化物。②土壤/环境。在土壤中经微生物分解为 3-氯苯胺，最后分解为二氧化碳，DT_{50} 约 65 d（15℃），30 d（29℃）。

剂型　粉剂、热雾剂、熏蒸剂、颗粒剂、乳油。

主要生产商　Aceto、Aolunda、CABB、Hodogaya、Isochem、Schirm、United Phosphorus Ltd、迈克斯（如东）化工有限公司、美国仙农有限公司、南通泰禾化工股份有限公司及四川润尔科技有限公司等。

作用机理与特点　一种植物生长调节剂，通过马铃薯表皮或芽眼吸收，在薯块内传导，强烈抑制 β-淀粉酶活性，抑制植物 RNA、蛋白质合成，干扰氧化磷酸化和光合作用，破坏细胞分裂；同时氯苯胺灵也是一种高度选择性苗前或苗后早期除草剂，能被禾本科杂草芽鞘吸收，以根部吸收为主，也可以被叶片吸收，在体内可向上、向下双向传导。

应用

（1）适用作物　马铃薯、果树、小麦、玉米、大豆、向日葵、水稻、胡萝卜、菠菜、甜菜等。

（2）使用方法　用于马铃薯抑芽时，在收获的马铃薯损伤自然愈合后，出芽前（不论是否过了休眠期）的任何时间均可施用于成熟、健康、表面干燥的马铃薯上，或把药混细土均匀撒于马铃薯上，用量为 0.7%氯苯胺灵粉剂 1.4～2.1 kg/t 马铃薯。

专利概况

专利名称　Herbicidal compositions

专利号　US 2695225　　　　　专利申请日　1954-05-21

专利申请人　Columbia-Southern Chemical Corp。

登记情况　氯苯胺灵在中国登记了 99%原药 5 个，相关制剂 7 个。登记作物为马铃薯，登记用于抑制出芽等。部分登记情况见表 5-6。

表 5-6　氯苯胺灵在中国部分登记情况

登记证号	农药名称	剂型	含量	登记作物	用途	用药量	施用方法	登记证持有人
PD20181773	氯苯胺灵	热雾剂	99%	马铃薯	抑制出芽	30～40 g/t 马铃薯	热雾机喷雾	迈克斯（如东）化工有限公司
PD20160437	氯苯胺灵	熏蒸剂	99%	马铃薯	抑制出芽	16～40 g/t 马铃薯	熏蒸	美国阿塞托农化有限公司
PD20131814	氯苯胺灵	热雾剂	50%	贮藏的马铃薯	抑制出芽	60～80 mL/t 马铃薯	热雾	美国阿塞托农化有限公司
PD20151022	氯苯胺灵	原药	99%					迈克斯（如东）化工有限公司

登记证号	农药名称	剂型	含量	登记作物	用途	用药量	施用方法	登记证持有人
PD20131190	氯苯胺灵	原药	99%					美国阿塞托农化有限公司
PD20081114	氯苯胺灵	原药	99%					美国仙农有限公司

合成方法　由间氯苯胺与氯甲酸异丙酯或异丙醇与间氯苯基异氰酸酯反应制得：

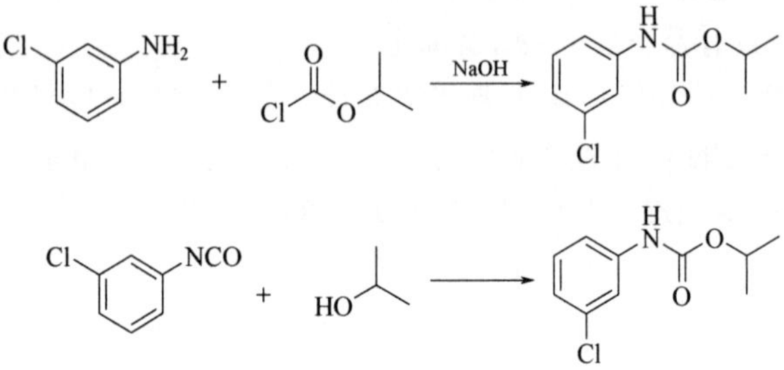

参考文献

[1] The Pesticide Manual. 17th edition: 201-202.

[2] 李守强, 田世龙, 陆磊, 等. 甘肃科学学报, 2009(2): 61-63.

几丁聚糖（chltosan）

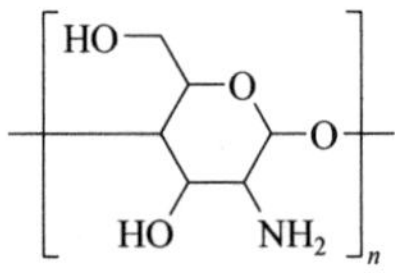

$[C_6H_{11}NO_4]_n$，$(161.1)_n$，9012-76-4

几丁聚糖又称甲壳胺、壳聚糖，广泛分布在自然界的动植物及菌类中。早在 1811 年法国科学家 Braconnot 就从霉菌中发现了甲壳素，1859 年 Rouget 将甲壳素与浓 KOH 共煮，得到了几丁聚糖，但直到 1960～1961 年才由 Dweftz 真正确定结构。

化学名称　β-(1→4)-2 氨基-2-脱氧-D-葡聚糖。英文化学名称 chitosan。

理化性质　几丁聚糖广泛分布在自然界，例如甲壳动物的甲壳，如虾、蟹、爬虾（约含甲壳素 15%～20%）；昆虫的表皮内甲壳，如鞘翅目、双翅目昆虫（含甲壳质 5%～8%）；真菌的细胞壁，以及酵母菌、多种霉菌和植物的细胞壁。纯品为白色或灰白色无定形片状或粉末，无嗅无味。几丁聚糖可以溶解在许多稀酸中，如水杨酸、酒石酸、乳酸、琥珀酸、乙二酸、苹果酸、抗坏血酸等。其分子越小、脱乙酰度越大，溶解度就越大。几丁聚糖有吸湿性，几丁聚糖的吸湿性大于 500%。几丁聚糖在盐酸水溶液中加热到 100℃，能完全水解成氨基葡萄糖盐酸盐；几丁质在强碱水溶液中可脱去乙酰成为几丁聚糖；几丁聚糖在碱性溶液或在乙醇、异丙醇中可与环氧乙烷、氯乙醇、环氧丙烷生成羟乙基化或羟丙基化的衍生物，从而更易溶于水；几丁聚糖在碱性条件下与氯乙酸生成羧甲基甲壳质，可制造人造红细胞；几丁聚糖和丙烯蜡有加成反应，这种加成作用在 20℃发生在羟基上，在 60～80℃发生在氨基上，几丁聚糖还可与甲酸、乙酸、草酸、乳酸等有机酸生成盐。它在化学上不活泼，水溶液稳定，对组织不引起异物反应。且具有耐高温性，经高温消毒后不变性。

毒性　大鼠和小鼠急性经口毒性 $LD_{50}>15$ g/kg，大鼠和小鼠急性经皮毒性 $LD_{50}>10$ g/kg，小鼠腹腔注射 LD_{50} 5.2 g/kg，大鼠腹腔注射 LD_{50} 3.0 g/kg，无诱变性、皮肤刺激性、眼黏膜刺激性、皮肤过敏和光敏性。

制剂　微乳剂、可溶液剂、悬浮种衣剂、水剂。

主要生产商　康欣生物科技有限公司等。

作用机理与特点　几丁聚糖分子中的游离氨基对各种蛋白质的亲和力非常强，因此可以用来作酶、抗原抗体等生理活性物质的固定化载体，使酶、细胞保持高度的活力；几丁聚糖可被甲壳酶、甲壳胶酶、溶菌酶、蜗牛酶水解，其分解产物是氨基葡萄糖及 CO_2，前者是生物体内大量存在的一种成分，故对生物无毒；几丁聚糖分子中含有羟基、氨基可以与金属离子形成整合物，在 pH 2～6 范围内，整合最多的是 Cu^{2+}，其次是 Fe^{2+}，且随 pH 增大而螯合量增多，它还可以与带负电荷的有机物，如蛋白质、氨基酸、核酸起吸附作用。值得一提的是几丁聚糖和甘氨酸的交联物可使螯合 Cu^{2+} 的能力提高 22 倍。

应用

（1）几丁聚糖广泛用于处理种子，在作物种子外包衣一层，不但可以抑制种子周围病原体的生长，增强作物对病菌的抵抗力，而且还有生长调节剂作用，可使许多作物增加产量。如将几丁聚糖的弱酸稀溶液用作种子包衣剂的黏附剂，具有使种子透气、抗菌及促进生长等多种作用，是种子现配现用优良的生物多功能吸附性包衣剂。例如，用 11.2 g 几丁聚糖和 11.2 g 谷氨酸混合物处理 22.8 kg 作物种子，增产可达 28.9%；又如用 1%几丁聚糖+0.25%乳酸处理大豆种子，促进早发芽。

（2）由于几丁聚糖的氨基与细菌细胞壁结合，从而使它有抑制一般细菌生长的作用。低分子量的几丁聚糖（分子量<3000）可有效控制梨叶斑病、苜蓿花叶病毒。如用 0.05%浓度的几丁聚糖可抑制尖孢镰刀菌的生长。

（3）几丁聚糖以 25 μg/g 土壤剂量的药液加入土壤，可以改进土壤的团粒结构，减少水分蒸发，减少土壤盐渍作用。梨树用 50 mL 几丁聚糖、300 g 锯末混合施用，有改良土壤作用。此外几丁聚糖的 Fe^{2+}、Mn^{2+}、Zn^{2+}、Cu^{2+}、Mo^{2+} 液肥可作无土栽培用的液体肥料。

（4）用 N-乙酰几丁聚糖可使许多农药起缓释作用，一般时间延长 50～100 倍。

（5）在苹果采收时，用 1%几丁聚糖水剂包衣后晾干，在室温下贮存 5 个月后，苹果表面仍保持亮绿色没有皱缩，含水量和维生素 C 含量明显高于对照，好果率达 98%；用 2%几丁聚糖 600～800 倍液（25～33.3 mg/L）喷洒黄瓜，可增加产量，提高抗病能力。

几丁聚糖水溶液也可在鸡蛋上应用，延长存放期。

专利概况

专利名称　Chitosan

专利号　JP 45013599　　　　专利申请日　1967-05-16

专利申请人　Nippon Suisan Kaisha, Ltd.。

登记情况　用作植物生长调节剂，国内登记情况见表 5-7。

表 5-7　几丁聚糖在中国登记情况

登记证号	登记名称	剂型	含量	登记作物	防治对象	亩用药量（制剂）	施用方法	登记证持有人
PD20200165	几丁聚糖·氯吡脲	微乳剂	4.5%	葡萄	调节生长	500～1000 倍液	喷果穗	海南正业中农高科股份有限公司

续表

登记证号	登记名称	剂型	含量	登记作物	防治对象	亩用药量（制剂）	施用方法	登记证持有人
PD20190081	几丁聚糖·氯化胆碱	可溶液剂	23%	马铃薯	调节生长	30～50 mL	喷雾	海南正业中农高科股份有限公司
PD20151777	几丁聚糖	悬浮种衣剂	0.5%	春大豆 冬小麦 棉花 玉米	调节生长	1∶30～1∶40（药种比）	种子包衣	康欣生物科技有限公司

合成方法 将甲壳素用强碱在加热条件下脱去乙酰基即可得到可溶性几丁聚糖。

参考文献

[1] 孟庆忠, 刘志恒, 张华峰, 等. 沈阳农业大学学报, 2001(6): 459-464.

[2] 严俊, 徐荣南. 日用化学工业, 1987(2): 15-19.

氯化胆碱（choline chloride）

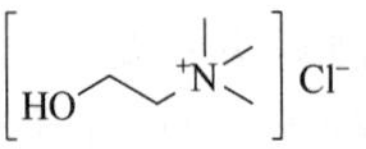

$$\left[HO\diagdown\diagup N^+\diagup\diagdown \right] Cl^-$$

$C_5H_{14}ClNO$，139.6，67-48-1

氯化胆碱（其他名称：高利达、好瑞）1964 年由日本农林水产省农业技术所开发，后日本三菱瓦斯化学公司、北兴化学公司注册作为胆碱类植物生长调节剂。

化学名称 (2-羟乙基)三甲基氯化铵。英文化学名称(2-hydroxyethyl)trimethylammonium chloride。美国化学文摘（CA）系统名称 2-hydroxy-N, N, N-trimethylethanaminium chloride (1∶1)。CA 主题索引名称 ethanaminium—, 2-hydroxy- N, N, N-trimethyl-chloride(1∶1)。

理化性质 白色结晶，易溶于水，有吸湿性。熔点 240℃。

毒性 急性经口 LD_{50}（mg/kg）：雄大鼠 2692，雌大鼠 2884，雄小鼠 4169，雌小鼠 3548。

生态效应 鲤鱼（48 h）LC_{50}＞5100 mg/L。

环境行为 进入土壤易被微生物分解，无环境污染。

剂型 水剂。

主要生产商 重庆市诺意农药有限公司、重庆依尔双丰科技有限公司、广东茂名绿银农化有限公司、陕西亿田丰作物科技有限公司及四川省兰月科技有限公司。

作用机理与特点 氯化胆碱可经由植物茎、叶、根吸收，然后较快地传导到起作用的部位，其生理作用可抑制 C_3 植物的光呼吸，促进根系发育，可使光合产物尽可能多地累积到块茎、块根中去，从而增加产量、改善品质。有关它的作用机理尚不清楚，有待进一步研究。

应用 氯化胆碱是一个较为广谱的植物生长调节剂。甘薯在移栽时，在 20 mg/L 药液中，将切口浸泡 24 h，促进甘薯发根和早期块根膨大；水稻种子在 1000 mg/L 药液中浸 12～24 h，可促进生根、壮苗；白菜和甘蓝种子以 50～100 mg/L 浸 12～24 h，明显增加营养体产量；萝卜以 100～200 mg/L 药液浸种 12～24 h，促进生长；在北方冬春茬棚室栽培黄瓜，大部分生长期处在低温情况下，长时间低温严重影响了黄瓜产量。用 1000 mg/L，药液在 10～12 片真叶期喷施叶面，不仅起到控长作用，而且提高叶面光合作用，使更多光合产物运送到果实中，促进增产。苹果、柑橘、桃在收获前 15～60 d，以 200～500 mg/L 药液作叶面喷洒，可增加果实大小，提高含糖量；巨峰葡萄在采收前 30 d 以 1000 mg/L 药液作叶面喷洒，提前着色，增加甜度；大豆、玉米分别在开花期和 2～3 叶期及 11 叶期以 1000～1500 mg/L 药液进行叶面喷施，矮化植株，增加产量。以 1000～2000 mg/L 药液处理马铃薯、甘薯，可增加产量。此外它与某些激动素、类生长素混用，可加快其移动，更有效发挥激动素、类生长素的作用。

氯化胆碱与矮壮素混合作为一种复合型植物生长调节剂，应用于燕麦、小麦等谷类作物，有矮化和增产作用。另外，在葡萄发芽后 20 d 左右，新枝 6～10 片叶时，用氯化胆碱与矮壮素（100 mg/L+500 mg/L）混合液喷洒新枝及花序，可以明显控制葡萄新枝旺长提高坐果率，对落粒率高的巨峰葡萄品种尤为有效。

氯化胆碱与抑芽丹混合制成一种复合型植物生长调节剂嗪酮羟季铵合剂，该混剂可以经由植物茎、叶等部位吸收，传导至分生组织，阻抑细胞有丝分裂，抑制腋芽或侧芽萌发。可以用于抑制烟草、马铃薯、洋葱、大蒜等发芽；也可以在柑橘夏梢发生时喷洒，控制夏梢。促进坐果，在萝卜、菠菜抽薹前喷洒，可以抑制抽薹。

氯化胆碱还可以与萘乙酸或苄氨基嘌呤复配，对植物块根或块茎有明显的膨大作用。主要用于马铃薯、甘薯、洋葱、大蒜、人参等经济作物，在生长旺盛期喷施，可以促进这些植物块根、块茎增大，提高产量。氯化胆碱分别与吲哚乙酸、赤霉酸复配，结果不仅促进果实膨大的效果比单用氯化胆碱明显，还改善了瓜果的品质。

注意事项

（1）作为植物生长调节剂大范围应用时间较短，应用技术还有待完善。

（2）本品勿与碱性药物混用。

专利概况

专利名称　Production of choline chloride

专利号　US 2623901　　　　专利申请日　1952-12-30

专利申请人　Nopco Chemical. Co.。

登记情况　氯化胆碱在中国登记有 60%、21%、20% 的水剂 7 个和氯化·萘乙酸可湿性粉剂 3 个，用于番茄、白菜、玉米、棉花、大白菜等作物。部分登记情况见表 5-8。

表 5-8　氯化胆碱在中国部分登记情况

登记证号	农药名称	剂型	含量	登记作物	用途	亩用药量（制剂）	施用方法	登记证持有人
PD20200167	氯胆·萘乙酸	可溶液剂	21%	马铃薯	调节生长	40～60 mL	茎叶喷雾	广东省佛山市盈辉作物科学有限公司
PD20184172	氯化胆碱	水剂	60%	甘薯	调节生长	15～20 mL	茎叶喷雾	广东茂名绿银农化有限公司
PD20184129	氯化·萘乙酸	可湿性粉剂	18%	姜	调节生长	50～70 g	喷雾	陕西汤普森生物科技有限公司
PD20184128	氯化胆碱	水剂	60%	甘薯	调节生长	15～20 mL	茎叶喷雾	陕西亿田丰作物科技有限公司
PD20183959	氯化·萘乙酸	水剂	20%	姜	调节生长	45～60 mL	喷雾	四川省兰月科技有限公司

登记证号	农药名称	剂型	含量	登记作物	用途	亩用药量（制剂）	施用方法	登记证持有人
PD20101578	氯化胆碱	水剂	60%	白术 大蒜 甘薯 花生 姜 萝卜 马铃薯 山药 甜菜 莴笋	调节生长	15～20 mL	茎叶喷雾	重庆依尔双丰科技有限公司

合成方法 ①环氧乙烷法，三甲胺盐与环氧己烷反应，反应 1～1.5 h 后生成的液体即是氯化胆碱。②氯乙醇法，先将 100 份氯乙醇加入反应釜，从液面下加入 130 份三甲胺，同时通入 1.7 份环氧乙烷以引发反应。加完后于 32～38℃保温搅拌 4 h，收率 84%（以氯乙醇计）。

方法（1）：

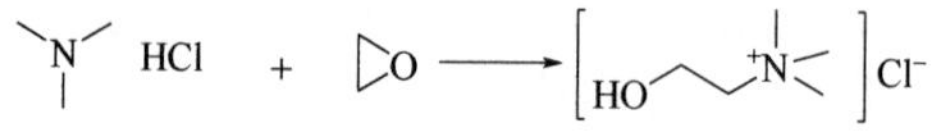

方法（2）：

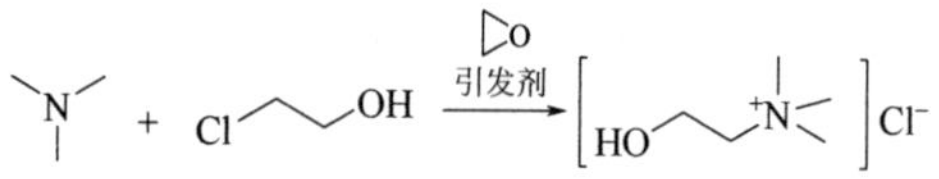

参考文献

[1] 褚海燕. 饲料博览, 2018(11): 88.

苯哒嗪酸（clofencet）

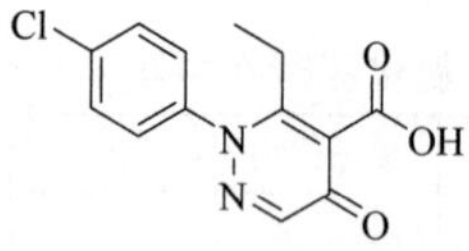

$C_{13}H_{11}ClN_2O_3$，278.7，129025-54-3

苯哒嗪酸［试验代号：MON 21200；MON 21233、RH 754、RH0754、ICIS 0754、FC 4001（钾盐），商品名称：Detasselor、Genesis，其他名称：杀雄嗪酸、金麦斯，其钾盐又称苯哒嗪钾］是 Rohm & Haas 公司发现，孟山都公司 1997 年开发的哒嗪类小麦用杀雄剂。

化学名称 2-(4-氯苯基)-3-乙基-2,5-二氢-5-氧哒嗪-4-羧酸。英文化学名称 2-(4-chlorophenyl)-3-ethyl-2,5-dihydro-5-oxopyridazine-4-carboxylic acid。美国化学文摘（CA）系统名称 2-(4-chlorophenyl)-3-ethyl-2,5-dihydro-5-oxo-4-pyridazinecarboxylic acid。CA 主题索引名称 4-pyridazinecarboxylic acid—, 2-(4-chlorophenyl)-3-ethyl-2,5-dihydro-5-oxo-。

理化性质 固体，熔点 269℃（分解）。蒸气压 $<1 \times 10^{-2}$ mPa（25℃）。分配系数 $\lg K_{ow}$=-2.2

（25℃）。Henry 常数＜5.7×10⁻⁹ Pa·m³/mol。pK_a(20℃)=3.6。相对密度 1.44（20℃）。水中溶解度（g/L，23℃）：＞552、＞655（pH 5）、＞658（pH 9）。其他溶剂中溶解度（g/L，24℃）：甲醇 16，丙酮＜0.5，二氯甲烷＜0.4，甲苯＜0.4，乙酸乙酯＜0.5。稳定性：在 54℃可稳定保存 14 d 以上，其在 pH 5、7、9 的缓冲溶液中稳定，水溶液对光中等稳定，DT_{50} 值随着 pH 值增大而变大。

毒性　其钾盐急性经口 LD_{50}：雄大鼠 3437 mg/kg，雌大鼠 3150 mg/kg。大鼠急性经皮 LD_{50}＞5000 mg/kg。对兔的皮肤无刺激性，对兔的眼睛有刺激性作用，对豚鼠无致敏性。大鼠急性吸入 EC_{50} 3.8 mg/L 空气。NOEL 数据：狗（1 年）5.0 mg/(kg·d)。ADI（EPA）cRfD 0.05 mg/kg（1997）。

生态效应　野鸭急性经口 LD_{50}＞2000 mg/kg，鹌鹑急性经口 LD_{50}＞1414 mg/kg。野鸭和鹌鹑饲喂 LC_{50}（5 d）＞4818 mg/L。鱼 LC_{50}（96 h，mg/L）：虹鳟鱼 0.99，大翻车鱼＞1.07。水蚤 EC_{50}＞1193 mg/L。海藻 EC_{50}（96 h）141 mg/L，水蚤 IC_{50}（14 d）＞6.1 mg/L。蜜蜂 LD_{50}（接触和经口）＞100 μg/只。蚯蚓 EC_{50}＞1000 mg/L。

环境行为　用 ¹⁴C 跟踪，进入大鼠体内的本品被迅速吸收，在 24 h 内 78% 以上的代谢物通过尿排出体外，未被代谢的本品也主要残留在尿中。7 d 后，本品在组织里的残留量小于 1%。本品在小麦中代谢很少，80% 以上的残留物在小麦种子里，70% 以上在麦秆里。本品在土壤中代谢很慢，在壤沙土（pH 6.0，4.5% 有机质）和粉沙壤土（pH 7.7，2.4% 有机质）中，1 年后，约 70% 的本品还残留在土壤中；本品对光稳定，光照 30～32 d 后 4%～81% 未分解，其水溶液（pH 5、7、9）DT_{50} 20～28 d。

制剂　水剂。

作用机理与特点　内吸传导性化学杀雄剂，抑制花粉的形成。

应用　小麦用杀雄剂，使用剂量为 3～5 kg (a.i.)/hm²。

专利概况

专利名称　A method of preparing pyridazinone derivatives

专利号　WO 9103463　　　　优先权日　1989-08-30

专利申请人　Imperial Chemical Indurstries PLC

在其他国家申请的专利　AU 634291、AU 6404290、CA 2065333、DE 69028922D、DE 69028922T、EP 0489845、ES 2092511T、JP 2959840B2、JP 5500065T 等。

合成方法　以对氯苯肼为起始原料，首先与乙醛酸缩合，制成酰氯。再与丙酰乙酸乙酯环合即得目的物。反应式如下：

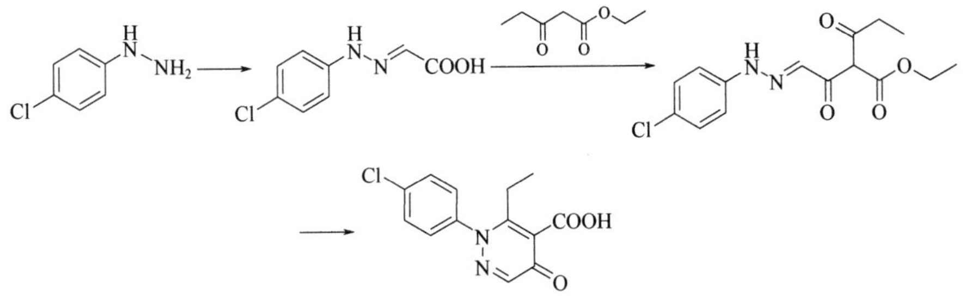

参考文献

[1]　The e-Pesticide Manual 6.0.

[2]　Cox Brian Geoffrey, Howarth Michael Scott. WO9103463, 1991.

调果酸（cloprop）

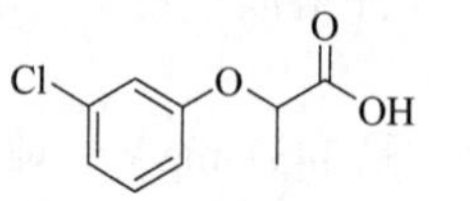

$C_9H_9ClO_3$，200.6，101-10-0

调果酸（商品名称：Fruitone，其他名称：3-CPA、Fruitone-CPA、Peachthim、坐果安）是由 Amchem Chemical Co.（现为安万特公司）开发的芳氧基链烷酸类植物生长调节剂。

化学名称 (RS)-2-(3-氯苯氧基)丙酸。英文化学名称(RS)-2-(3-chlorophenoxy)propionic acid。美国化学文摘（CA）系统名称 2-(3-chlorophenoxy)propanoic acid。CA 主题索引名称 propionic acid—, 2-(3-chlorophenoxy)-。

理化性质 无色结晶固体。溶解度（20~25℃，g/L）：水 1.2，丙酮 790.9，二甲基亚砜 2685，乙醇 710.8，甲醇 716.5，异辛醇 247.3，苯 24.2，甲苯 17.6，氯苯 17.1，二甘醇 390.6，二甲基甲酰胺 2354.5，二噁烷 789.2。本品相当稳定。

毒性 急性经口 LD_{50}（mg/kg）：雄大鼠 3360，雌大鼠 2140。兔急性经皮 LD_{50}>2000 mg/kg。对兔的眼睛有刺激性，对皮肤无刺激性。大鼠于 1 h 内吸入 200 mg/L 空气无中毒现象。NOEL 数据：狗（90 d）500 mg/L（12.5 mg/kg），大鼠（2 年）8000 mg/kg 饲料，小鼠（1.88 年）6000 mg/kg 饲料。ADI（EPA）0.0125 mg/kg。

生态效应 野鸭和小齿鹑饲喂 LC_{50}（8 d）>5620 mg/(kg·d)，无致突变作用。鱼 LC_{50}（96 h，mg/L）：虹鳟鱼约 21、大翻车鱼约 118。

作用机理与特点 被叶片吸收的，不易转移。

应用 以 240~700 g (a.i.)/hm² 剂量使用，不仅可增加菠萝（凤梨）果实大小，并延缓果实成熟。而且可使李属果实皮变薄。

专利概况

专利名称 Process for thinning stone fruits with alpha-(3-chlorophenoxy)-propionic acid and its salts and esters

专利号 US 2957760　　　　优先权日 1957-11-19

专利申请人 Amchem Prod.。

合成方法 间氯苯酚与 α-氯代丙酸在碱水中回流 13 h，处理即制得本产品。反应式如下：

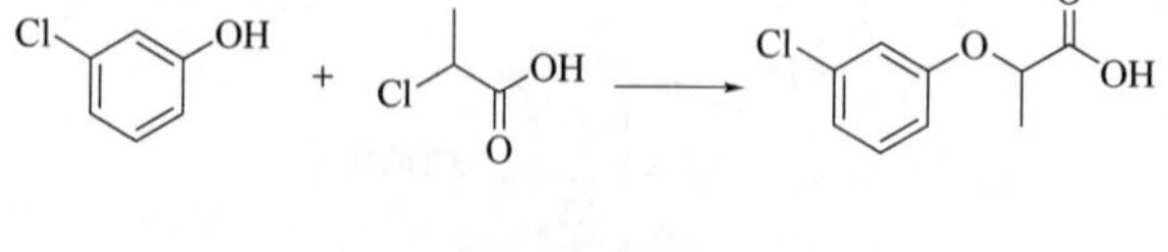

参考文献

[1] The e-Pesticide Manual 6.0.

[2] Tafuro Anthony J., Bishop John R. US2957760, 1960.

坐果酸（cloxyfonac）

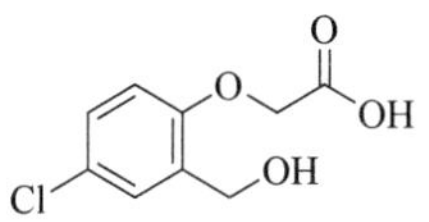

$C_9H_9ClO_4$，216.6，6386-63-6，32791-87-0(钠盐)

坐果酸［试验代号：RP-7194（钠盐），其他名称：CHPA、PCHPA、CHPA-Na］日本盐野义制药公司（现拜耳公司）2001 年开发的植物生长调节剂。

化学名称　4-氯-α-羟基-邻-甲苯氧基乙酸。英文化学名称[(4-chloro-α-hydroxy-o-tolyl)oxy]acetic acid。美国化学文摘（CA）系统名称 2-[4-chloro-2-(hydroxymethyl)phenoxy]acetic acid。CA 主题索引名称 acetic acid—, 2-[4-chloro-2-(hydroxymethyl)phenoxy]-。

理化性质　无色结晶。熔点 140.5～142.7℃，蒸气压 0.089 mPa（25℃）。溶解度（g/L，20～25℃）：水 2，丙酮 100，二氧六环 125，乙醇 91，甲醇 125，不溶于苯和氯仿。在 40℃时稳定，在弱酸、弱碱性介质中稳定，对光稳定。

毒性　坐果酸　雄性和雌性大小鼠急性经口 $LD_{50}>5000$ mg/kg，雄性和雌性大鼠急性经皮 $LD_{50}>5000$ mg/kg，对兔的皮肤无刺激性。坐果酸钠盐　雌雄大小鼠急性经口 $LD_{50}>5000$ mg/kg，雌雄大鼠急性经皮 $LD_{50}>5000$ mg/kg，对大鼠皮肤无刺激。

生态效应　坐果酸钠盐　鲤鱼 LC_{50}（48 h）320 mg/L（9.8%液剂）。

环境行为　土壤 $DT_{50}<7$ d。

剂型　液剂。

作用机理　属芳氧基乙酸类植物生长调节剂，具有生长素作用。

应用　在番茄和茄子花期施用，有利于坐果，并使果实大小均匀。

专利概况

专利名称　New derivatives phenoxycarboxylic

专利号　FR 1153396　　　　　专利申请日　1956-06-09

专利申请人　Rhone Poulenc SA。

合成方法　2-甲基-4-氯苯氧乙酸在硫酸存在下，在苯中用乙醇酯化，然后进行溴化，生成2-溴甲基-4-氯苯氧乙酸乙酯，最后用氢氧化钠水溶液进行水解，即制得本产品。反应式如下：

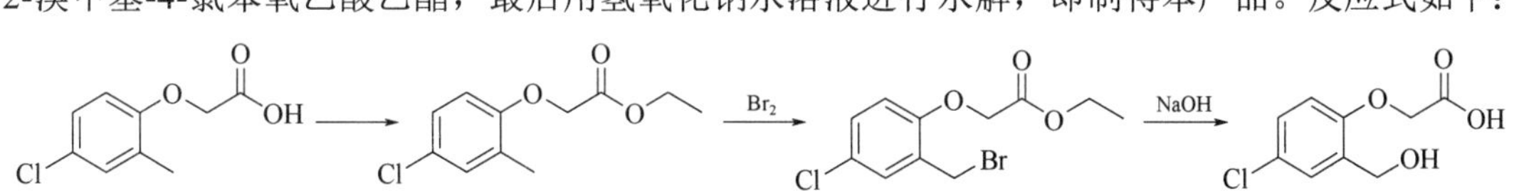

参考文献

[1] The Pesticide Manual. 17th edition: 231-232.

对氯苯氧乙酸（4-CPA）

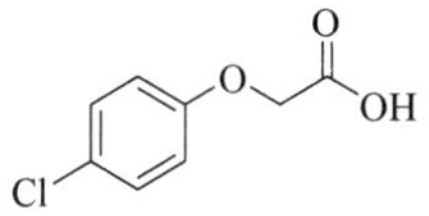

$C_8H_7ClO_3$，186.6，122-88-3，53404-23-2(二乙醇胺盐)，67433-96-9(钾盐)

对氯苯氧乙酸（商品名：Tomatotone，其他名称：4-ChFU、防落素、番茄灵、坐果灵）由 Dow Chemical Co.（现属科迪华公司）开发的苯酚类植物生长调节剂。

化学名称　4-氯苯氧基乙酸。英文化学名称(4-chlorophenoxy)acetic acid。美国化学文摘（CA）系统名称 2-(4-chlorophenoxy)acetic acid。CA 主题索引名称 acetic acid—,2-(4-chlorophenoxy)-。

理化性质　无色晶体。熔点 163～165℃，沸点 323.7℃（1.01×10^5 Pa），蒸气压＜0.024 mPa（25℃），分配系数 lgK_{ow}=2.52，pK_a(20～25℃)=3.18，密度 1.52 g/cm^3（20～25℃）。不溶于水，溶于大部分有机溶剂。

毒性　大鼠急性经口 LD$_{50}$ 2200 mg/kg，皮肤和眼睛急性经皮 LD$_{50}$＞2000 mg/kg。对皮肤无刺激，吸入 LC$_{50}$ 10.6 mg/L。大鼠 NOEL 2.2 mg (a.i.)/kg（EPA RED）。ADI/RfD（EC）0.01 mg/kg，（EPA）cRfD 0.006 mg/kg（2003）。

生态效应　鸟类急性经口 LD$_{50}$ 936.5 mg/kg，鲤鱼 LC$_{50}$（96 h）100 mg/L。水蚤 LD$_{50}$＞100 mg/kg，藻类 E$_r$C$_{50}$＞100 mg/kg，蜜蜂 LD$_{50}$＞100 μg/只。

剂型　可溶粉剂、可溶液剂。

主要生产商　CCA Biochemical、Green Plantchem、Ishihara Sangyo 及四川润尔科技有限公司。

作用机理与特点　属内吸性植物生长调节剂，能调节植株内激素的平衡。对氯苯氧乙酸可经由植株的根、茎、叶、花、果吸收，生物活性持续时间较长，其生理作用类似内源生长素，刺激细胞分裂和组织分化，刺激子房膨大，诱导单性结实，形成无籽果实，促进坐果及果实膨大。

应用　对氯苯氧乙酸是一个较为广谱的植物生长调节剂。主要用途是促进坐果、形成无籽果实。番茄、茄子、瓠瓜，在蕾期以 20～30 mg/L 药液浸或喷蕾，可在低温下形成无籽果实；在花期（授粉后）以 20～30 mg/L 药液浸或喷花序，可促进在低温下坐果；在正常温度下以 15～25 mg/L 药液浸或喷蕾或花，不仅可形成无籽果促进坐果，还加速果实膨大、植株矮化，使果实生长快，提早成熟。葡萄、柑橘、荔枝、龙眼、苹果，在花期以 25～35 mg/L 药液整株喷洒，可防止落花促进坐果增加产量。南瓜、西瓜、黄瓜等瓜类作物以 20～25 mg/L 药液浸或喷花，防止落瓜促进坐果。辣椒以 10～15 mg/L 药液喷花，四季豆等以 1～5 mg/L 药液喷洒全株，均可促进坐果结荚，明显提高产量。氯苯氧乙酸可抑制柑橘果蒂叶绿素的降解，从而有柑橘保鲜的作用。氯苯氧乙酸再与 0.1%磷酸二氢钾混用，以上效果更佳。用 30 mg/L 药在盛花末期喷洒可以提高果梅、金丝小枣的坐果率。

登记情况　四川润尔科技有限公司在国内主要登记了对氯苯氧乙酸钠 96%的原药和 8%的可溶粉剂，用于荔枝树和番茄等调节生长。登记情况见表 5-9。

表 5-9　对氯苯氧乙酸钠在中国登记情况

登记证号	农药名称	剂型	含量	登记作物	用途	亩用药量（制剂）	施用方法	登记证持有人
PD20151570	对氯苯氧乙酸钠	可溶粉剂	10%	番茄	调节生长	3200～5000 倍液	喷花	四川润尔科技有限公司
				荔枝树		5000～8000 倍液	喷雾	
PD20151572	对氯苯氧乙酸钠	原药	96%					四川润尔科技有限公司

合成方法　以苯氧乙酸、浓盐酸和 36.05%双氧水为原料，在三氯化铁催化作用下反应生成对氯苯氧乙酸。

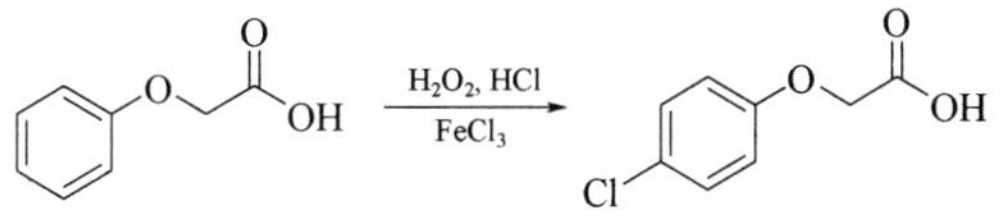

$$\text{（反应式：苯氧乙酸）} \xrightarrow[\text{FeCl}_3]{\text{H}_2\text{O}_2, \text{HCl}} \text{（4-氯苯氧乙酸）}$$

参考文献

[1] The Pesticide Manual. 17th edition: 243.

[2] 丁元生. 吉林化工学院学报, 2007(4): 11-13.

单氰胺（cyanamide）

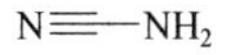

$$N\!\!\equiv\!\!-NH_2$$

CH_2N_2，42.0，420-04-2

单氰胺商品名称：Fermex，其他名称：carbamic acid nitrile、amidocyanogen、cyanoamine、cyanogenamide。

化学名称　氨基氰。英文化学名称 cyanamide。美国化学文摘（CA）系统名称 cyanamide。CA 主题索引名称 cyanamide。

理化性质　无色结晶固体，易吸潮。熔点 45～46℃，沸点 83℃（66.7 Pa），蒸气压 500.0 mPa（20℃），分配系数 lgK_{ow}=-0.82，Henry 系数 4.58×10^{-6} Pa•m³/mol（计算值），相对密度 1.282（20～25℃），溶解度（g/L，20～25℃）：水中 4590、甲基乙基酮 407、乙酸乙酯 382、正丁醇 233、氯仿 3.5。溶于醇、酚和醚，少量溶于苯和卤代烃，几乎不溶于环己烷。对光稳定。碱分解形成双氰胺并聚合，酸分解形成尿素。加热到 180℃时，形成双氰胺，并开始聚合。

毒性　小鼠急性经口 LD$_{50}$ 223 mg/kg。家兔皮肤和眼睛急性经皮 LD$_{50}$ 848 mg/kg。对皮肤和眼睛具有严重刺激性。大鼠吸入 LC$_{50}$（4 h）>1 mg/L 空气。NOEL（91 周）1 mg/(kg•d)。ADI/RfD（BfR）0.002 mg/kg（2003）；（EPA）0.002 mg/kg（1993）。在处理或使用单氰胺时与酒精结合可能发生血管舒缩反应。

生态效应　鹌鹑急性经口 LD$_{50}$ 350mg/kg，鹌鹑和绿头鸭 LC$_{50}$（5 d）>5000 mg/L；鱼 LC$_{50}$（mg/L，96 h）：大翻车鱼 44、鲤鱼 87、虹鳟鱼 90；水蚤 LC$_{50}$（48 h）3.2 mg/L；羊角月牙藻 EC$_{50}$（96 h）13.5 mg/L；对蜜蜂有毒。其他有益的假单胞菌 EC$_{10}$（16 h）24 mg/L。

环境行为　①动物。大鼠、兔和狗的主要尿代谢物是乙酰氰胺。②植物。植物体内，转化成含氮化合物，迅速被吸收。③土壤/环境。在土壤中迅速转化为可吸收的含氮化合物。没有残留问题。

剂型　水剂、乳油。

主要生产商　Alzchem、Fertiagro、Tide、宁夏大荣化工冶金有限公司、陕西喷得绿生物科技有限公司、浙江龙游东方阿纳萨克作物科技有限公司、浙江泰达作物科技有限公司。

作用机理与特点　过氧化氢酶抑制剂，需要植物通过其他途径分解过氧化氢，从而影响磷酸戊糖氧化途径。反过来又导致核苷酸产量的减少，最终影响到发芽。

应用　单氰胺可以打破葡萄类和落叶类水果作物的休眠期，促使其提前发芽、开花、结果、成熟，提高单果重和亩产量。也用于促进猕猴桃和苹果的花蕾破裂和开花，以及去除副枝和抑制啤酒花的发芽。

登记情况　国内登记了 50%水剂，用于葡萄和樱桃树调节生长。登记情况见表 5-10。

表 5-10　单氰胺在中国登记情况

登记证号	农药名称	剂型	含量	登记作物	用途	亩用药量（制剂）	施用方法	登记证持有人
PD20173234	单氰胺	水剂	50%	葡萄	调节生长	20～40 倍液	喷雾	陕西喷得绿生物科技有限公司
PD20150666	单氰胺	水剂	50%	葡萄	调节生长	25～50 倍液	喷雾	浙江泰达作物科技有限公司
PD20140438	单氰胺	水剂	50%	葡萄	调节生长	20～30 倍液	喷雾	浙江龙游东方阿纳萨克作物科技有限公司
				樱桃树	调节生长	60～80 倍液		
PD20110304	单氰胺	水剂	50%	葡萄	调节生长	20～50 倍液	喷雾 2 次	宁夏大荣化工冶金有限公司

合成方法　由于单氰胺的化学性质比较活泼，容易水解生成尿素或聚合生成双氰胺，很难生产。现代工业商品单氰胺均采用氰氨化钙与水、CO_2 工艺路线生产。反应式如下：

$$CaNCN + H_2O + CO_2 \longrightarrow N\equiv\!\!-NH_2 + CaCO_3$$

参考文献

[1]　The Pesticide Manual. 17th edition: 247-248.

[2]　张福举, 丁爱华. 精细与专用化学品, 2002(13): 17-18.

环丙酰草胺（cyclanilide）

$C_{11}H_9Cl_2NO_3$，274.1，113136-77-9

环丙酰草胺（试验代号：RPA-090946，商品名称：Finish）是由 Fritz 报道其植物生长调节活性，由罗纳普朗克公司（现拜耳）于 1995 年开发的酰胺类植物生长调节剂。

化学名称　1-(2,4-二氯苯胺羰基)环丙甲酸。英文化学名称 1-(2,4-dichloroanilinocarbonyl)cyclopropanecarboxylic acid。美国化学文摘（CA）系统名称 1-[[(2,4-dichlorophenyl)amino]carbonyl]cyclopropanecarboxylic acid。CA 主题索引名称 cyclopropanecarboxylic acid—, 1-[[(2,4-dichlorophenyl)amino]carbonyl]-。

理化性质　原药含量≥96%，内含≤0.1%的 2,4-二氯苯胺，为白色粉末状固体。熔点195.5℃，蒸气压＜0.008 mPa(50℃)，分配系数 $\lg K_{ow}=3.25$，Henry 常数＜7.41×10^{-5} Pa·m³/mol（计算值），相对密度 1.47（20～25℃），pK_a(20～25℃)=3.2。溶解度（g/L，20～25℃）：水中 0.037（pH 5.2）、0.048（pH 7）、0.048（pH 9），丙酮 52.9、乙腈 5.0、二氯甲烷 1.7、乙酸乙酯 31.8、己烷＜0.001、甲醇 59.1、正辛醇 67.2、异丙醇 68.2。稳定性：对光相对稳定，pH 5～7（25℃）条件下不水解。

毒性　急性经口 LD_{50}（mg/kg）：雄大鼠 208，雌大鼠 315。兔急性经皮 LD_{50}＞2000 mg/kg。对兔的皮肤有轻微刺激性，无致敏现象。大鼠吸入 LC_{50}（4 h）＞5.15 mg/L。NOEL（2 年）大鼠 7.5 mg/kg（150 mg/L），ADI/RfD（EC）0.0075 mg/kg（2005）；（EPA）RfD 0.007 mg/kg（1997）。沙门氏菌回复突变和 CHO/HGPRT 试验为阴性。

生态效应　急性经口 LD_{50}：山齿鹑 216 mg/kg，野鸭＞215 mg/kg。饲喂 LC_{50}（8 d）：山

齿鹑 2849 mg/L（饲料），野鸭 1240 mg/L（饲料），大翻车鱼 LC_{50}（96 h）>16 mg/L，虹鳟鱼>11 mg/L，羊头原鲷 49 mg/L。水蚤 EC_{50}（48 h）>13 mg/L。羊角月牙藻 EC_{50} 1.7 mg/L（EU Rev. Rep.）。东方牡蛎 EC_{50}（96 h）19 mg/L。糠虾 LC_{50}（96 h）5 mg/L。浮萍 EC_{50}（14 d）0.22 mg/L。水华鱼腥藻 EC_{50}（120 h）0.08 mg/L。蜜蜂 LD_{50}：（接触）>100 μg/只；（经口）89.5 μg/只。蚯蚓 LC_{50} 469 mg/kg 干土（EU Rev. Rep.）。

环境效应　①动物。动物体内主要以环丙酰草胺快速排出体外。②植物。在植物体内几乎不发生降解，环丙酰草胺为主要残留物。③土壤/环境。低到中度的持久性，好氧条件下 DT_{50} 为 15～49 d。田间研究中，DT_{50} 11～45 d（欧洲，春季施用），33～114 d（美国南部，秋季施用），主要通过微生物降解，形成 2,4-二氯苯胺。中度至低度迁移性（平均 K_{oc} 346），因此很少渗滤。在田间研究中，残留物主要局限于 15 cm 厚的土中。

剂型　悬浮剂。

主要生产商　拜耳公司。

作用机理与特点　抑制极性生长素输送，用于棉花的生长调节剂。

应用　在每季末与乙烯利混用，可以促进开铃吐絮、落叶并抑制终端叶片再生。

专利概况

专利名称　Process for the production of malonic acid derivative compounds

专利号　US 4736056　　　　**专利申请日**　1986-12-15

专利申请人　Smith, et al.。

合成方法　环丙酰草胺的制备路线：

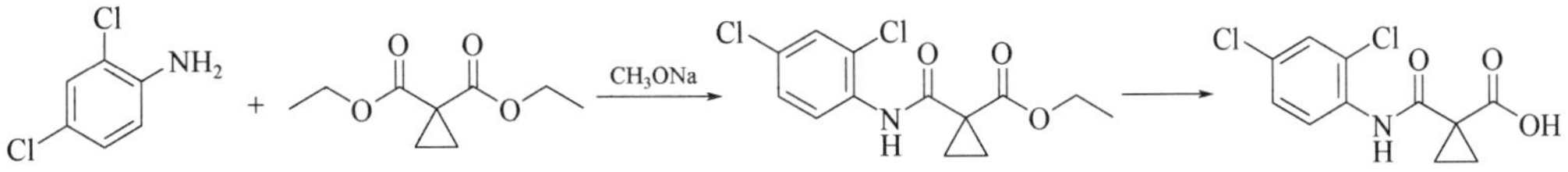

参考文献

[1] The Pesticide Manual. 17th edition: 253-254.

胺鲜酯（DA-6）

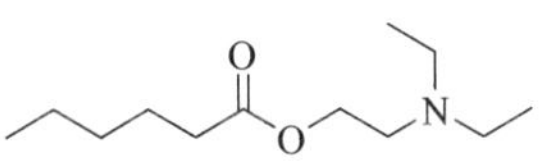

$C_{12}H_{25}NO_2$，215.3，10369-83-2

胺鲜酯（其他名称：DTA-6、增效胺、胺鲜脂、增效灵）是由 Nitto Baion K. K.公司首先报道的植物生长调节剂。

化学名称　己酸二乙氨基乙醇酯。英文化学名称 diethyl aminoethyl hexanoate。美国化学文摘（CA）系统名称 2-diethylaminoethyl hexanoate。

理化性质　原药含量≥90%，为淡黄色至棕色油状透明液体,纯品为无色液体。沸点 138～139℃，相对密度 0.88（20～25℃）。微溶于水，溶于醇类、苯类等有机溶剂，在中性或弱酸性介质中稳定。

毒性　急性经口 LD_{50}（mg/kg）：雄大鼠 3690，雌大鼠 3160。急性经皮 LD_{50}>2150 mg/kg。对眼睛有轻微刺激，对皮肤有强烈刺激性；对皮肤有弱致敏，无致突变性。大鼠 90 天饲喂试验无作用剂量 34.2 mg/(kg·d)。

生态效应 鹌鹑急性经口 LD_{50}（7 d）＞550 mg/kg；斑马鱼 LC_{50}（96 h）50 mg/L；蜜蜂 LC_{50}（48 h）＞1000 mg/L；家蚕经口 LC_{50}（48 h）＞500 mg/kg。

剂型 水剂、可溶粉剂、可溶粒剂。

主要生产商 广东植物龙生物技术股份有限公司、鹤壁全丰生物科技有限公司、河南省郑州农达生化制品有限公司、四川润尔科技有限公司及郑州郑氏化工产品有限公司。

应用

（1）抗逆能力。能增强作物抗寒、抗旱、抗涝、抗倒伏、抗病、抗药害等抗逆能力，能使作物增产 25% 以上，早熟 5～20 天，能提高产品蛋白质、氨基酸、维生素、糖分、胡萝卜素等营养成分含量。

（2）促进光合，高效增产。提升光合效率，增加叶绿素、蛋白质、核酸的含量，提高过氧化物酶及硝酸还原酶的活性，增加植物对二氧化碳的吸收，调节植物的碳氮比，增强植株对水肥的吸收和干物质的积累，调节体内水分平衡，延缓植株衰老，增强植株抗病能力，使植株整体长势好、叶色绿、产量高，效果显著。

（3）吸收迅速，药效持久。施用后可被作物迅速吸收，药效持久，适用作物、地域、方法广泛。同时具有缓释作用。

（4）复配增效，效果突出。胺鲜酯与肥料（氮、磷、钾等）、微量元素（铜、锌、锰、铁、钼、硼等）都具有良好的相容性，因此可与杀菌剂、杀虫剂、叶面肥、水溶肥混配使用，效果突出。

专利概况

专利名称 Plant growth promoter and production thereof

专利号 JP 01290606　　　　　**专利申请日** 1988-05-17

专利申请人 Nitto Baion KK。

登记情况 胺鲜酯在中国登记有 98% 的原药 5 个和相关制剂 40 个，用于番茄、白菜、玉米、棉花、大白菜等作物。部分登记情况见表 5-11。

表 5-11　胺鲜酯在中国部分登记情况

登记证号	农药名称	剂型	含量	登记作物	用途	亩用药量（制剂）	施用方法	登记证持有人
PD20183834	胺鲜·乙烯利	水剂	30%	玉米	调节生长	20～25 mL	喷雾	山东碧奥生物科技有限公司
PD20183528	胺鲜酯	可溶粒剂	10%	番茄	调节生长	5000～6000 倍液	喷雾	陕西美邦药业集团股份有限公司
PD20170960	胺鲜酯	水剂	5%	小白菜	调节生长	2000～2500 倍液	喷雾	孟州广农汇泽生物科技有限公司
PD20170598	胺鲜酯	可溶粉剂	8%	大白菜	调节生长	/	喷雾	河南波尔森农业科技有限公司
PD20184001	胺鲜酯	原药	98%					鹤壁全丰生物科技有限公司
PD20172592	胺鲜酯	原药	98%					河南省郑州农达生化制品有限公司
PD20101572	胺鲜酯	原药	98%					四川润尔科技有限公司

合成方法　胺鲜酯的制备路线：

参考文献

[1] 佚名. 农药科学与管理. 2003, 24(12): 44-45.

丁酰肼（daminozide）

$C_6H_{12}N_2O_3$，160.2，1596-84-5

丁酰肼（试验代号：B-995，其他名称：SADH、比久、B_9）是 1965 年由 Uniroyal Chemical Co., Inc.（现 Chemtura Corp）开发的植物生长延缓剂。

化学名称　N-二甲氨基琥珀酰胺。英文化学名称 N-(dimethylamino)succinamic acid。美国化学文摘（CA）系统名称 butanedioic acid mono(2,2-dimethylhydrazide)。CA 主题索引名称 butanedioic acid, hydrazides 1-(2,2-dimethylhydrazide)。

理化性质　带有微臭的白色结晶。熔点 156～158℃，蒸气压 1.5 mPa（25℃），分配系数 $\lg K_{ow}=-1.51$（pH 7）、-1.49（pH 5）、-1.48（pH 9），pK_a（20～25℃）=4.68，Henry 常数 1.43×10^{-2} Pa·m^3/mol，密度（20～25℃）1.302 g/cm^3。溶解度（g/L，20～25℃）：水中 180，丙酮 1.47，甲醇 50，不溶于低级脂肪烃类。在 pH 5、7 和 9 条件下可稳定 30 d 以上，在加热或在强酸强碱中水解，溶液会被光慢慢分解。

毒性　大鼠急性经口 $LD_{50}>5000$ mg/kg。家兔急性经皮 $LD_{50}>5000$ mg/kg。大鼠吸入 LC_{50}（4 h）>2.1 mg/L。狗（1 年）NOAEL 80.5 mg/(kg·d)。大鼠生殖 NOAEL 为 500 mg/(kg·d)。大鼠在 500 mg/(kg·d)的剂量下未观察到致癌作用；小鼠在 1500 mg/(kg·d)（试验最高剂量）下未观察到致癌作用。家兔致畸性和胚胎毒性的 NOAEL 300 mg/(kg·d)。活体试验中无致突变性。ADI/RfD（EC）0.45 mg/kg（2005），（JMPR）0.5 mg/kg（1991），（EPA）cRfD 2.0 mg/kg（1993）。

生态效应　鹌鹑和鸭子 LC_{50}（8 d）>10000 mg/kg，鱼 LC_{50}（96 h）：虹鳟鱼 149 mg/L，蓝鳃翻车鱼 423 mg/L。水蚤 LC_{50}（96 h）76 mg/L。藻类 EC_{50}（96 h）180 mg/L；浮萍 NOEC>127 mg/L。对蜜蜂无毒，$LD_{50}>200$ μg/只。蚯蚓 $LC_{50}>632$ mg/L。

环境行为　①动物。从胃肠道迅速吸收，体内分布广泛均匀。通过尿液和粪便可完全地代谢和排泄，实验没有体内积蓄现象。②植物。代谢产物包括 1,1-二甲基肼。③土壤/环境。丁酰肼在土壤中迅速分解，形成 CO_2。在好氧条件中，50%的丁酰肼在 17 h 后分解。未检测到 1,1-二甲基肼或 N-亚硝基二甲胺。在厌氧条件下，50%的丁酰肼在 7.5 d 内分解。主要产物为结合残渣和 CO_2。

剂型　可溶粉剂。

主要生产商　CCA Biochemical、Chemtura、Fine、爱利思达生物化学品有限公司和西安航天动力试验技术研究所。

作用机理与特点　在叶片中，可使叶片栅栏组织伸长，海绵组织疏松，提高叶绿素含量，增强叶片的光合作用。在植株顶部可抑制顶端分生组织的有丝分裂。在茎枝内可缩短节间距离，抑制枝条的伸长。丁酰肼的作用机制尚未肯定，它既影响内源赤霉素的生物合成，也抑制其他内源生长素的生物合成。

应用　可以作矮化剂、坐果剂、生根剂及保鲜剂等。苹果在盛花后三周用 1000～2000 mg/L 药液喷洒全株一次，可抑制新梢旺长，有益于坐果，促进果实着色；在采前 45～60 天以 2000～4000 mg/L 药液喷洒全株一次，可防采前落果，延长贮存期。葡萄在新梢 6～7 片叶时以 1000～2000 mg/L 药液喷洒一次，可抑制新梢旺长，促进坐果；采收后以 1000～2000 mg/L 药液浸泡 3～5 min，可防止落粒延长贮存期。桃在成熟前以 1000～2000 mg/L 药液喷洒一次，增加着色、促进早熟。梨盛花后两周和采前三周各用 1000～2000 mg/L 药液喷洒一次，可防止幼果及采前落果。马铃薯盛花后两周以 3000 mg/L 药液喷洒一次，可抑制地上部徒长，促进块茎膨大。樱桃盛花后两周以 2000～4000 mg/L 药液喷洒一次，可促进着色、早熟且果实均匀。花生在扎针期以 1000～1500 mg/L 药液喷洒一次，可矮化植株，增加产量。草莓移植后用 1000 mg/L 药液喷 2～3 次，可促进坐果增加产量。菊花移栽后用 3000 mg/L 药液喷 2～3 次，可矮化植株，增大花朵。生长 2～3 年人参，在生长期以 2000～3000 mg/L 药液喷洒一次，促进地下部分生长。菊花、一品红、石竹、茶花、葡萄等插枝基部在 5000～10000 mg/L 药液中浸泡 15～20s，可促进插枝生根。

专利概况

专利名称　Substances regulating plant growth

专利号　BE 613799　　　　　专利申请日　1961-02-16

专利申请人　Uniroyal Inc

其他相关专利　US 4089654、GB 954102、DE 1518411。

登记情况　丁酰肼在中国登记了 98%、99%原药 2 个，相关制剂 3 个，用于观赏菊花。登记情况见表 5-12。

表 5-12　丁酰肼在中国登记情况

登记证号	农药名称	剂型	含量	登记作物	用途	亩用药量（制剂）	施用方法	登记证持有人
PD20120786	丁酰肼	可溶粉剂	50%	观赏菊花	促矮化	125～200 倍液	喷雾	四川省兰月科技有限公司
PD20102040	丁酰肼	可溶粉剂	50%	观赏菊花	调节生长	125～200 倍液	喷雾	四川润尔科技有限公司
PD20096469	丁酰肼	可溶粉剂	92%	观赏菊花	调节生长	307～368 倍液	喷雾	西安航天动力试验技术研究所
PD20160786	丁酰肼	原药	99%					西安航天动力试验技术研究所
PD20120882	丁酰肼	原药	99%					爱利思达生物化学品有限公司

合成方法　由丁二酸酐和 1,1-二甲基肼合成。

参考文献

[1]　The Pesticide Manual. 17th edition: 292-294.

调呋酸（dikegulac）

C₁₂H₁₈O₇，274.3，18467-77-1，52508-35-7(钠盐)

调呋酸［试验代号：Ro 07-6145（钠盐），商品名称：Atrimmec］由 P. Bocion 于 1975 年报道其植物生长调节活性，由 F. Hoffman-La Roche & Co.作为除草剂和植物生长调节剂开发上市，调呋酸钠盐由 Dr RMaag Ltd.上市。1991 年 PBI/Gordon 购得该产品业务。

化学名称　2,3:4,6-二-O-亚异丙基-α-L-木糖-2-呋喃甜酸。英文化学名称 2,3:4,6-di-O-isopropylidene-α-L-xylo-2-hexulofuranosonic acid。美国化学文摘（CA）系统名称 2,3:4,6-bis-O-(1-methylethylidene)-α-L-xylo-2-hexulofuranosonic acid。CA 主题索引名称 α-L-xylo-2-hexulo-furanosonic acid—，2,3:4,6-bis-O-(1-methylethylidene)-。

理化性质　调呋酸　熔点 74℃，闪点＞100℃。蒸气压 4.0×10^3 mPa（25℃），分配系数 $\lg K_{ow}$=1.35（pH 1.9），溶解度（g/L，20～25℃）：乙醇、丙酮＞200，二氯甲烷 100～200，甲苯 2～5，正己烷 0.1～1。

调呋酸钠盐　无色晶体，熔点＞300℃，蒸气压＜1.3×10^{-3} mPa（25℃），Henry 常数＜6.53×10^{-10} Pa·m³/mol（计算值）。溶解度（g/L，20～25℃）：水中 590；有机溶剂中：甲醇 310，乙醇 180，氯仿 92，丙酮＜8，二甲基甲酰胺、环己酮、二氧六环＜10，己烷＜7。干燥状态下稳定，中性和碱性水溶液中稳定，酸性溶液中不稳定。加热至 50℃时分解。对光稳定。

毒性　调呋酸钠盐　急性经口 LD_{50}（mg/kg）：雄大鼠 31000，雌大鼠 18000，小鼠 19500；急性经皮 LD_{50}（mg/kg）：兔＞1000，大鼠＞2000。水溶液不刺激豚鼠皮肤和兔的眼睛。NOEL：90 d 饲喂试验中，大鼠 2000 mg/(kg·d)，狗 3000 mg/(kg·d)剂量下无致病作用。

生态效应　调呋酸钠盐　绿头野鸭、日本鹌、鸡饲喂 LC_{50}（5 d）＞50000 mg/kg（饲料）。大翻车鱼 LC_{50}（96 h）＞10000 mg/L，虹鳟、金鱼、小丑鱼＞5000 mg/L。蜜蜂 LD_{50}（经口或接触）100 μg/只。

环境行为　土壤/环境。调呋酸钠盐水解为 2, 3-O-亚异丙基-2-酮-L-葡糖酸钠盐，酸性条件下形成相应的酸。

剂型　可溶液剂。

主要生产商　PBI/Gordon。

作用机理与特点　被叶面和根部吸收，传导至植株全身。

应用　用于杜鹃和倒挂金钟等观赏植物，减少向顶生长，增加侧枝和花蕾形成，以及延迟树篱和观赏灌木的暂时性纵向生长。也用于树干注射来延迟树木生长。不能与肥料或其他农药混合。

专利概况

专利名称　(−)-Di-O-isopropylidene-2-keto-L-gulonates

专利号　US 3904632　　　　　专利申请日　1975-09-09

专利申请人　F. Hoffman-La Roche & Co.。

参考文献

[1] The Pesticide Manual. 17th edition: 354-355.

噻节因（dimethipin）

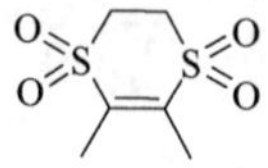

$C_6H_{10}O_4S_2$，210.3，55290-64-7

噻节因（试验代号：N 252，商品名称：Harvade、Oxydimethin）是由 Uniroyal Chemical Co.开发的植物生长调节剂。

化学名称 2,3-二氢-5,6-二甲基-1,4-二噻因-1,1,4,4-四氧化物。英文化学名称 2,3-dihydro-5,6-dimethyl-1,4-dithi-ine 1,1,4,4-tetraoxide。美国化学文摘（CA）系统名称 2,3-dihydro-5,6-dimethyl-1,4-dithiin 1,1,4,4-tetraoxide。CA 主题索引名称 1,4-dithiin—, 2,3-dihydro-5,6-dimethyl-1,1,4,4-tetraoxide。

理化性质 无色结晶固体，熔点 167～169℃，蒸气压 0.051 mPa（25℃）。分配系数 lgK_{ow}=-0.17，Henry 常数 2.33×10^{-6} Pa•m^3/mol（计算值）。密度 1.59 g/cm^3（23℃），pK_a=10.88，弱酸。溶解度（25℃，g/L）：水 4.6，乙腈 180，二甲苯 8.979，甲醇 10.7，甲苯 8.979。稳定性：1 年（20℃），14 d（55℃），在 pH 3、6 和 9 条件下（25℃）稳定，光照（25℃）≥7 d。

毒性 大鼠急性经口 LD$_{50}$ 500 mg/kg，兔急性经皮 LC$_{50}$ 5000 mg/kg。对兔的眼睛刺激性严重。大鼠吸入 LC$_{50}$（4 h）1.2 mg/L。NOEL 数据（mg/kg 饲料）：大鼠（2 年）2，狗（2 年）25，对这些动物无致癌作用。ADI 值 0.02 mg/kg。

生态效应 野鸭和山齿鹑饲喂 LC$_{50}$（8 d）＞5000 mg/L。虹鳟鱼 LC$_{50}$（96 h）52.8 mg/L。蜜蜂 LD$_{50}$＞100 μg/只（25%制剂），蚯蚓 LC$_{50}$（14 d）＞39.4 mg/kg 土壤（25%制剂）。

制剂 悬浮剂、可湿性粉剂。

作用机理与特点 脱叶剂和干燥剂。

应用 作为脱叶剂和干燥剂时的用量一般为 0.84～1.34 kg (a.i.)/hm^2。若用于棉花脱叶，施药时间为收获前 7～14 d，棉铃 80%开裂时进行，用量 0.28～0.56 kg (a.i.)/hm^2。若用于苹果树脱叶，在收获前 7 d 进行。若用于水稻和向日葵种子的干燥，宜在收获前 14～21 d 进行。用于马铃薯干燥剂，用量为 0.48～0.72 kg/hm^2。降低玉米、水稻、油菜、亚麻和向日葵收获时的种子含水量，0.24～0.72 kg/hm^2。

专利概况

专利名称 Plant growth regulators containing substituted

专利号 FR 2228429　　　　专利申请日 1973-05-07

专利申请人 Uniroyal Inc

工艺专利 DE 2626063、PL 129495、US 3997323、US 4026906、US 4094988 等。

制剂专利：DE 3222622 等。

合成方法 通过如下反应制得目的物：

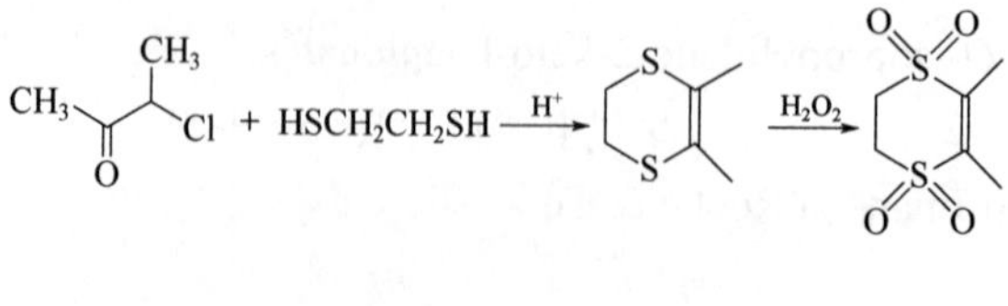

参考文献

[1] The e-Pesticide Manual 6.0.

[2] Brewer Arthur D, Neidermyer Robert W, McIntire William S. FR2228429, 1974.

烯腺嘌呤（enadenine）

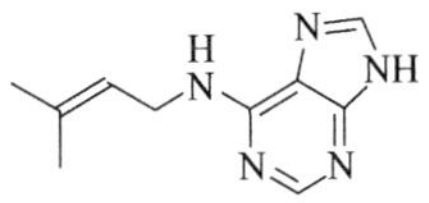

$C_{10}H_{13}N_5$，203.2，2365-40-4

烯腺嘌呤（常与羟烯腺嘌呤混用，其他名称：2iP、5406 细胞分裂素、异戊烯腺嘌呤，商品名称：Boot、富滋、万帅）为链霉素通过深层发酵而制成的腺嘌呤细胞分裂素植物生长调节剂。

化学名称　异戊烯基腺嘌呤或 6-(γ,γ-二甲基烯丙基氨基)嘌呤。英文化学名称 *N*-(3-methylbut-2-enyl)adenine。美国化学文摘（CA）系统名称 *N*-(3-methyl-2-buten-1-yl)-1*H*-purin-6-amine。CA 主题索引名称 1*H*-purin-6-amine—, *N*-(3-methyl-2-buten-1-yl)-。

理化性质　暗棕色到黑色液体，密度 1.07 g/cm³（20～25℃），能溶于水。

毒性　急性经口 LD_{50}（mg/kg）：雄、雌性大鼠 4640。大鼠急性经皮 $LD_{50}>2150$ mg/kg。对兔的眼睛、皮肤无刺激性，弱致敏物。

剂型　水剂、可溶粉剂、可湿性粉剂等。

主要生产商　高碑店市田星生物工程有限公司、河北中保绿农作物科技有限公司以及浙江惠光生化有限公司。

作用机理与特点　促进植物细胞分裂，促进叶绿素形成，加速植物新陈代谢和蛋白质的合成，从而使有机体迅速增长，促进作物早熟丰产，提高植物抗病、抗衰、抗寒能力。

应用

（1）用于促进大豆和甘蓝生长，促进光合作用，在大豆初花至结荚期间或甘蓝定植缓苗后至结球期间，用 0.0002%烯腺嘌呤·羟烯腺嘌呤水剂稀释 800～1000 倍，喷雾施药 2～3 次，每次间隔 7～10 天。

（2）柑橘　谢花期和第一次生理落果后期，用 1 mg/L 烯腺嘌呤均匀喷施，具有显著增加坐果率的效果，在果实着色期（7 月下旬到 9 月下旬）用 1 mg/L 烯腺嘌呤均匀喷施，可以使果实外观色泽橙红，含糖量高。

（3）西瓜　开花期用 1 mg/L 烯腺嘌呤·羟烯腺嘌呤喷施，每隔 10 天喷施一次，共喷 3 次，可使西瓜藤势早期健壮，中后期不衰，含糖量和产量增加。

（4）大白菜　用 1 mg/L 烯腺嘌呤·羟烯腺嘌呤药液喷施 3 次，间隔 10 天，可实现增产。

（5）茄子　用 1 mg/L 烯腺嘌呤·羟烯腺嘌呤喷施 6 次间隔 10 天，可实现保花保果，增产。

（6）番茄　用 1 mg/L 烯腺嘌呤·羟烯腺嘌呤喷施 5 次，间隔 10 天，可实现保花保果，增产。

（7）茶叶　用 1 mg/L 烯腺嘌呤·羟烯腺嘌呤喷施 3 次，间隔 7 天，可增加咖啡碱、茶多酚，提高品质。

（8）烟叶　用 1 mg/L 烯腺嘌呤·羟烯腺嘌呤喷施 3 次，间隔 7 天，可促进增产，减少花叶病。

（9）水稻　用 1 mg/L 烯腺嘌呤·羟烯腺嘌呤喷施 3 次，间隔 7～10 天，可实现增产。

（10）人参　用 1 mg/L 烯腺嘌呤·羟烯腺嘌呤喷施 3 次，间隔 10 天，可实现抗病、增产。

登记情况　中国登记有 0.1%的烯腺嘌呤母药，0.006%、0.02%烯腺·羟烯腺的母药，其他相关制剂 9 个，可用于葡萄、柑橘树等调节生长，增加大豆、甘蓝产量。部分登记情况见表 5-13。

表 5-13　烯腺嘌呤在中国部分登记情况

登记证号	农药名称	剂型	含量	登记作物	用途	亩用药量（制剂）	施用方法	登记证持有人
PD20180918	烯腺·羟烯腺	水剂	0.002%	葡萄	调节生长	600～800 倍液	喷雾	河北上瑞生物科技有限公司
PD20131516	烯腺·羟烯腺	可溶粉剂	0.001%	柑橘树	调节生长	2000～3000 倍液	喷雾	海南博士威农用化学有限公司
PD20091085	烯腺·羟烯腺	水剂	0.002%	大豆	调节生长，增产	800～1000 倍液	喷雾	黑龙江省齐齐哈尔四友化工有限公司
				甘蓝				
PD20097723	烯腺·羟烯腺	母药	0.02%					河北中保绿农作物科技有限公司
PD20081119	烯腺嘌呤	母药	0.1%					浙江惠光生化有限公司

合成方法　烯腺嘌呤可通过发酵方法制备，烯腺嘌呤的合成反应式如下：

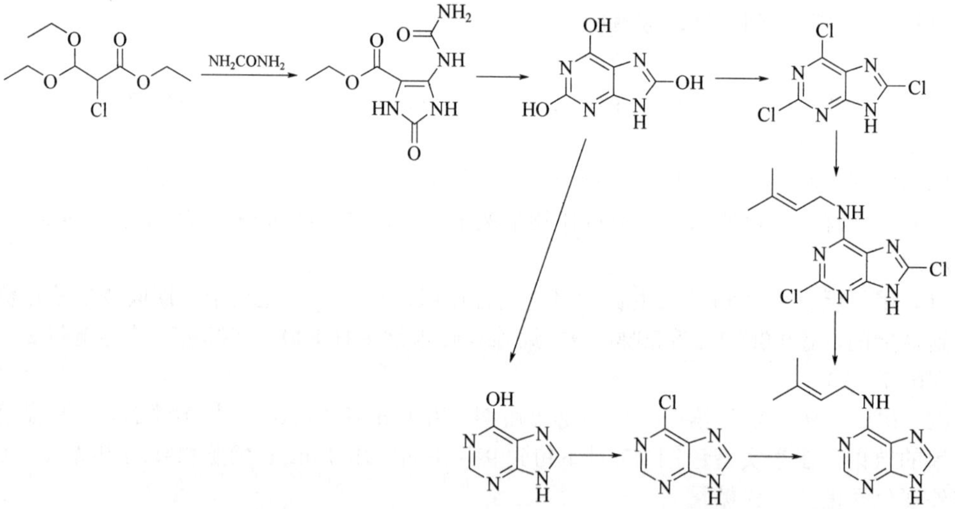

参考文献

[1] 张元元, 周安飞, 孙永辉, 等. CN106883233, 2017.

[2] 何永梅, 胡为. 农药市场信息, 2009(24): 38.

乙烯利（ethephon）

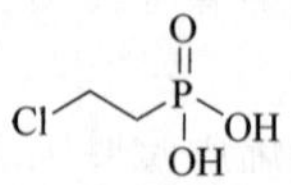

$C_2H_6ClO_3P$，144.5，16672-87-0

乙烯利（商品名称：Cerafon、Cerone、Eteroc、Ethrel、Sierra、Sunthephon、Super Boll）由 Amchem Products Inc.（现 Bayer AG）开发。

化学名称　2-氯乙基膦酸。英文化学名称 2-chloroethylphosphonic acid。美国化学文摘（CA）系统名称(*P*)-(2-chloroethyl)phosphonic acid。CA 主题索引名称 phosphonic acid—, *P*-(2-chloroethyl)-。

理化性质　原药为澄清液体，纯品为白色结晶性粉末。熔点 74～75℃，沸点约 265℃（分解）。蒸气压<0.01 mPa（20℃），分配系数 lgK_{ow}<−2.2，Henry 常数<$1.55×10^{-9}$ Pa·m³/mol，pK_a(20～25℃)=2.5，原药相对密度 1.409（20～25℃）。溶解度（g/L，20～25℃）：水中 800（pH 4），易溶于甲醇、乙醇、异丙醇、丙酮、乙醚及其他极性有机溶剂，难溶于苯和甲苯等非极性有机溶剂，不溶于煤油和柴油。稳定性：水溶液中 pH<5 时稳定；在较高 pH 值下分解释放出乙烯。DT$_{50}$ 2.4 d（pH 7，25℃）。紫外线照射下敏感。

毒性　急性经口 LD$_{50}$ 1564 mg/kg。兔急性经皮 LD$_{50}$ 1560 mg/kg，对皮肤和眼睛有刺激性。大鼠吸入 LC$_{50}$（4 h）4.52 mg/kg，大鼠（2 年）NDEL 为 13 mg/(kg·d)。LOAEL（28 d）人类 1.8 mg/kg，NOAEL（16 d）0.5 mg/(kg·d)（EPA RED）。ADI/RfD（EC）0.03 mg/kg（2006），（JMPR）0.05 mg/kg（1997，2002），（EPA）RfD 0.06 mg/kg（2006）（EPA TRED）。

生态效应　山齿鹑急性经口 LD$_{50}$ 1072 mg/kg。山齿鹑吸入 LC$_{50}$（8 d）>5000 mg/L。鱼类 LC$_{50}$（96 h，mg/L）：鲤鱼>140，虹鳟鱼 720。水蚤 EC$_{50}$（48 h）1000 mg/L。小球藻 EC$_{50}$（24～48 h）32 mg/L。对其他水生菌低毒，对蜜蜂无害，对蚯蚓无毒。

环境行为　①动物。快速地通过尿液排出乙烯利，通过呼气排出乙烯。②植物。在植物体内乙烯利快速降解为乙烯。③土壤/环境。在土壤中快速降解，迁移性低，不渗滤。

剂型　水剂、颗粒剂、可溶粉剂、膏剂、超低容量液剂。

主要生产商　Agrochem、AgroDragon、Anpon、Bayer CropScience、CAC、CCA Biochemical、Fertiagro、Sharda、安道麦安邦（江苏）有限公司、河北省黄骅市鸿承企业有限公司、鹤壁全丰生物科技有限公司、江苏禾裕泰化学有限公司、江苏省常熟市农药厂有限公司、江苏健谷化工有限公司、江苏蓝丰生物化工股份有限公司、连云港立本作物科技有限公司、内蒙古润辉生物科技有限公司、山东大成生物化工有限公司、上海华谊集团华原化工有限公司、石家庄瑞凯化工有限公司以及苏农（广德）生物科技有限公司等。

作用机理与特点　乙烯利与乙烯相同，主要是增强细胞中核糖核酸合成的能力，促进蛋白质的合成。在植物离层区如叶柄、果柄、花瓣基部，由于蛋白质的合成增加，促使离层去纤维素酶重新合成，因为加速了离层形成，导致器官脱落。乙烯利能增强酶的活性，在果实成熟时还能活化磷酸酯酶及其他与果实成熟有关的酶，促进果实成熟。在衰老或感病植物中，乙烯利能促进蛋白质合成而引起过氧化物酶的变化。乙烯能抑制内源生长素的合成，延缓植物生长。

应用

（1）适用作物　番茄、黄瓜、西葫芦等。

（2）防治对象　用作农用植物生长刺激剂。乙烯利是优质高效植物生长调节剂，一分子乙烯利可以释放出一分子的乙烯，可促进果实成熟，刺激伤流，调节性别转化等。

（3）使用方法　①黄瓜苗龄在 1 叶 1 心时各喷 1 次药液，浓度为 200～300 mg/kg，增产效果相当显著，浓度在 200 mg/kg 以下时，增产效果不显著，高于 300 mg/kg，则幼苗生长发育受抑制的程度过高，对于提高幼苗的素质不利。经处理后的秧苗，雌花增多，节间变短，坐瓜率高。据统计，植株在 20 节以内，几乎节节出现雌花。此时植株需要充足的养分方可使瓜坐住，长大，故要加强肥水管理。一般当气温在 15℃以上时要勤浇水多施肥，不蹲苗，一促到底，施肥量要比不处理的增加 30%～40%。同时在中后期用 0.3%磷酸二氢钾进行 3～5 次叶面喷施，用以保证植株营养生长和生殖生长对养分的需要，防止植株老化。秋黄瓜雌花着生节位高，在 3～4 片真叶时用 150 mg/kg 乙烯利处理，效果尤为显著。但应注意，用 50 mg/kg 浓度乙烯利溶液处理黄瓜幼苗，会促进雌花发生，减少雌花。②西葫芦 3 叶期用 150～200 mg/kg 乙烯利液喷洒植株，以后每隔 10～15 天喷 1 次，共喷 3 次，可增加雌花，提早 7～10 d 成熟，增加早期产量 15%～20%。南瓜可参照西葫芦进行，3～4 叶期叶面喷洒，可大大增加雌花的产生，抑制雄花发育，增加产量，尤其是早熟的产量。但处理效果因品种而有差异。③番茄催熟，可采用涂花梗、浸果和涂果的方法。涂花梗：番茄果实在白熟期，用 300 mg/kg 的乙烯利涂于花梗上即可。涂果：用 400 mg/kg 的乙烯利涂在白熟果实花的萼片及其附近果面即可。浸果：转色期采收后放在 200 mg/kg 乙烯利溶液中浸泡 1 min，再捞出于 25℃下催红。大田喷果催熟：后期一次性采收时，用 1000 mg/kg 乙烯利溶液在植株上重点喷果实即可。④西瓜用 100～300 mg/kg 乙烯利溶液喷洒已经长足的西瓜，可以提早 5～7 d 成熟，增加可溶性固形物 1%～3%，增加西瓜的甜度，促进种子成熟，减少白籽瓜。

专利概况

专利名称　Growth regulation process

专利号　US 3879188　　　　专利申请日　1972-01-20

专利申请人　Amchem Products Inc.。

登记情况　乙烯利在中国登记了 75%、85%、89%、90%、91%、94%原药 17 个，相关制剂 110 个，用于各类水果作物的催熟增产。部分登记情况见表 5-14。

表 5-14　乙烯利在中国部分登记情况

登记证号	农药名称	剂型	含量	登记作物	用途	亩用药量（制剂）	施用方法	登记证持有人
PD84125-3	乙烯利	水剂	40%	番茄	催熟	800～1000 倍液	喷雾或浸渍	安道麦安邦（江苏）有限公司
				棉花	催熟增产	330～500 倍液	喷雾	
				柿子树	催熟	400 倍液	喷雾或浸渍	
				水稻	催熟增产	800 倍液	喷雾	
				香蕉	催熟	400 倍液	喷雾或浸渍	
				橡胶树	增产	5～10 倍液	涂布	
				烟草	催熟	1000～2000 倍液	喷雾	
PD20200156	乙烯利	膏剂	2.5%	橡胶树	增产	2～3 g/株	涂抹	绍兴东湖高科股份有限公司
PD20183834	胺鲜·乙烯利	水剂	30%	玉米	调节生长	20～25 mL	喷雾	山东碧奥生物科技有限公司
PD94106	乙烯利	原药	89%					安道麦安邦（江苏）有限公司
PD20173024	乙烯利	原药	91%					江苏禾裕泰化学有限公司
PD20171894	乙烯利	原药	94%					江苏健谷化工有限公司

合成方法　亚磷酸二乙酯加热至 90℃，通氮 30 min。加入少许引发剂，通入氯乙烯，控制加成反应温度，得 2-氯乙基亚膦酸二乙酯。然后将加成产物加入浓盐酸水解，于 120～130℃，回流 24 h，制得乙烯利，蒸出部分水分，即得粗品，可配制相应剂型。

参考文献

[1] The Pesticide Manual. 17th edition: 420-421.

吲熟酯（ethychlozate）

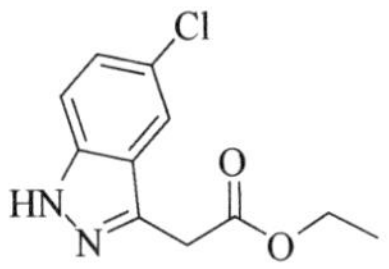

C_{11}H_{11}ClN_2O_2，238.7，27512-72-7

吲熟酯（试验代号：J-455，商品名称：Figaron，其他名称：吲唑酯）1981 年由 Nissan Chemical Industries Ltd 在日本推广。

化学名称　5-氯-3-(1H)-吲哚基乙酸乙酯。英文化学名称 ethyl 5-chloro-3(1H)-indazoly-lacetate。美国化学文摘（CA）系统名称 ethyl 5-chloro-1H-3-indazole-3-acetate。CA 主题索引名称 1H-3-indazole-3-acetate—, 5-chloro-ethyl ester。

理化性质　黄色晶体。熔点 76.6～78.1℃，沸点 240℃（分解），蒸气压 $6.09×10^{-2}$ mPa（25℃），分配系数 $\lg K_{ow}$=2.5，Henry 常数 $6.46×10^{-5}$ Pa·m³/mol（计算值）。溶解度（20～25℃，g/L）：水 0.225，丙酮 673、乙酸乙酯 496、乙醇 512、己烷 0.213、煤油 2.19、甲醇 691、异丙醇 381，250℃以下稳定。

毒性　急性经口 LD_{50}（mg/kg）：雄大鼠 4800，雌大鼠 5210，雄小鼠 1580，雌小鼠 2740。大鼠急性经皮 LD_{50}＞10000 mg/kg。对兔的皮肤和眼睛无刺激。大鼠吸入 LC_{50}(4 h)＞1.5 mg/L。NOEL（全生命周期）小鼠 265 mg/(kg·d)。无致畸性和致突变性。ADI/RfD 0.17 mg/(kg·d)。

环境效应　①动物。在 24 h 内通过大鼠尿液快速排出。②土壤/环境。在土壤中快速分解，DT_{50} 1～4 d。

剂型　乳油。

主要生产商　Nissan。

作用机理与特点　具有类似生长素的活性，刺激产生乙烯并在幼果上形成脱离层。快速传导至根系，提高根活性。

应用　用于稀疏幼果，增加柑橘类水果色彩，提高柑橘果品质量，尤其是温州蜜橘。苹果施用剂量 500～1000 g/hm²。

专利概况

专利名称　Plant growth regulating 1H-indazoles

专利号　FR 1580215　　　　　**专利申请日**　1968-04-12

专利申请人　Nissan Chemical Industries Ltd.。

合成方法　引熟酯的制备路线：

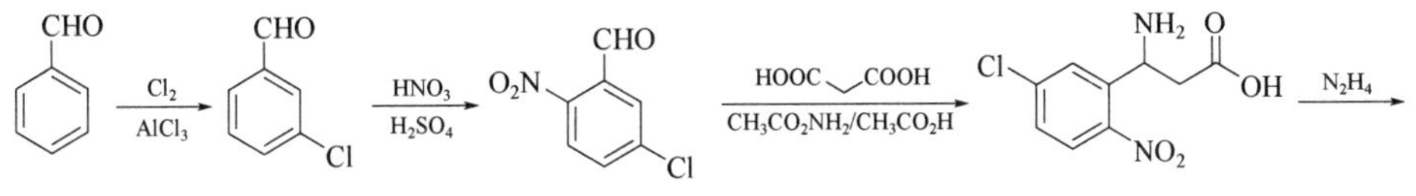

参考文献

[1] The Pesticide Manual. 17th edition: 431.

氟节胺（flumetralin）

$C_{16}H_{12}ClF_4N_3O_4$，421.7，62924-70-3

氟节胺（试验代号：CGA41065，商品名称：Brotal、Prime+，其他名称：抑芽敏）是由 Ciba Geigy AG（现先正达公司）1983 年开发上市的植物生长调节剂。

化学名称 N-(2-氯-6-氟苄基)-N-乙基-α,α,α-三氟-2,6-二硝基对甲苯胺。英文化学名称 N-(2-chloro-6-fluorobenzyl)-N-ethyl-α,α,α-trifluoro-2,6-dinitro-p-toluidine。美国化学文摘（CA）系统名称 2-chloro-N-[2,6-dinitro-4-(trifluoromethyl)phenyl]-N-ethyl-6-fluorobenzenemethanamine。CA 主题索引名称 benzenemethanamine—, 2-chloro-N-[2,6-dinitro-4-(trifluoromethyl)phenyl]-N-ethyl-6-fluoro-。

理化性质 黄色至橙色无味晶体。熔点 101～103℃，蒸气压 3.2×10^{-2} mPa（25℃），分配系数 $\lg K_{ow}=5.45$，Henry 常数 0.19 Pa·m^3/mol，相对密度 1.54（20～25℃）。溶解度（20～25℃）：水中 0.07 mg/L，有机溶剂中溶解度（g/L）：甲苯 400，丙酮 560，乙醇 18，辛醇 6.8，正己烷 14。在高于 250℃时分解，在 pH 5～9 时不易水解，水中易光解。在强碱和温度升高条件下水解。

毒性 大鼠急性经口 $LD_{50}>5000$ mg/kg，大鼠急性经皮 $LD_{50}>2000$ mg/kg。对兔的皮肤无刺激，对兔的眼睛有刺激，对小鼠无皮肤致敏性。大鼠急性吸入 $LC_{50}>2.41$ mg/L，NOEL 数据［2 年，mg/(kg·d)］：大鼠 17（300 mg/L），小鼠 45（300 mg/L）。ADI/RfD（EPA）aRfD 0.5 mg/kg（2007）；0.17 mg/(kg·d)（先正达）。

生态效应 山齿鹑和野鸭急性经口 $LD_{50}>2000$ mg/kg。山齿鹑和野鸭急性饲喂 $LC_{50}>5000$ mg/L。对鱼有毒，大翻车鱼 LC_{50} 23 μg/L。水蚤 EC_{50}（48 h）>160 μg/L，月牙藻 $EC_{50}>0.85$ mg/L，浮萍 E_bC_{50} 0.15 mg/L。对蜜蜂无毒，LD_{50}（48 h，μg/只）：经口>300，接触>100。蚯蚓 $LC_{50}>1000$ mg/kg。

环境行为 ①动物。在动物体内，代谢包括硝基还原、氨基乙酰化和苯环羟基化。②植物。本品在烟草中代谢很快，主要是还原或取代基的离去。③土壤/环境。在土壤中有很强的吸附性，K_d 42（沙地，pH 5.2，o.c. 0.3%）～2655（沙壤土，pH 6.5，o.c. 1.4%），降解缓慢，DT_{50} 708 d（沙质黏壤土，pH 4.8，o.c. 2.3%）～1738 d（沙地，pH 5.2，o.c. 0.3%）（20℃±2℃，湿度 40% MWHC）。氟节胺和其代谢物在土壤中不会渗滤，主要靠光解降解，在 pH 5、7 和 9 时稳定。土壤中光解主要在表层，其消散也主要发生在土壤表层。

剂型 乳油、可分散油悬浮剂。

主要生产商　Adama Brasil、AGROFINA、Syngenta、安徽富田农化有限公司、江苏辉丰生物农业股份有限公司、江西农大锐特化工科技有限公司、连云港禾田化工有限公司、美国默赛技术公司、张掖市大弓农化有限公司及浙江禾田化工有限公司等。

作用机理与特点　高效烟草侧芽抑制剂。在去梢后 24 h 内处理效果最好，且在整个生长季节均有效。具有局部内吸活性，作用迅速，吸收快，施药后只要两小时无雨即可奏效，雨季中施药方便。药剂接触完全伸展的烟叶不产生药害，对预防花叶病有一定作用。

应用　在生产上，当烟草生长发育到花蕾伸长期至始花期时，便要进行人工摘除顶芽（打顶），但不久各叶腋的侧芽会大量发生，通常须进行人工摘侧芽 2～3 次，以免消耗养分，影响烟叶的产量与品质。氟节胺可以代替人工摘除侧芽，在打顶 24 h 后，每亩用 25%乳油 80～100 mL 稀释 300～400 倍，可采用整株喷雾法、杯淋法或涂抹法进行处理，都会有良好的控侧芽效果。从简便、省工角度来看，顺主茎往下淋为好，从省药和控侧芽效果来看，用毛笔蘸药液涂抹到侧芽上效果好。

专利概况

专利名称　The *N*-(benzyl substituted ortho-substituted)-dinitrotrifluoromethyl-aniline compounds and compositions containing them as agents for the regulation of plant growth

专利号　BE 891327　　　　**专利申请日**　1981-12-02

专利申请人　Ciba Geigy AG

其他相关专利　GB 1531260。

登记情况　氟节胺在中国登记了 95%、96%、97%、98%原药 7 个，相关制剂 21 个。登记作物为烟草，用于抑制腋芽生长等。部分登记情况见表 5-15。

表 5-15　氟节胺在中国部分登记情况

登记证号	农药名称	剂型	含量	登记作物	用途	亩用药量（制剂）	施用方法	登记证持有人
PD20183314	氟节胺	乳油	125 g/L	烟草	抑制腋芽生长	0.06～0.1 mL/株	杯淋法	浙江世佳科技股份有限公司
PD20182724	氟节胺	悬浮剂	25%	棉花	调节生长	60～80 mL	喷雾	郑州郑氏化工产品有限公司
PD20172924	氟节胺	水乳剂	12%	烟草	抑制腋芽生长	0.06～0.09 mL/株	杯淋法	江苏辉丰生物农业股份有限公司
PD20172172	氟节胺	悬浮剂	40%	棉花	调节生长	40～50 mL	喷雾	沧州志诚有机生物科技有限公司
				烟草	抑制腋芽生长	800～1000 倍液	杯淋法	
PD20170849	氟节胺	原药	98%					江西农大锐特化工科技有限公司
PD20150216	氟节胺	原药	96%					张掖市大弓农化有限公司
PD20141774	氟节胺	原药	98%					美国默赛技术公司

合成方法　通过如下反应制得目的物：

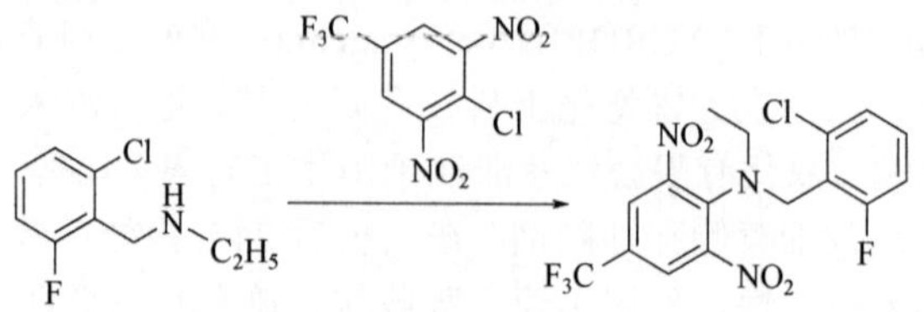

参考文献

[1] The Pesticide Manual. 17th edition: 510-511.

调嘧醇（flurprimidol）

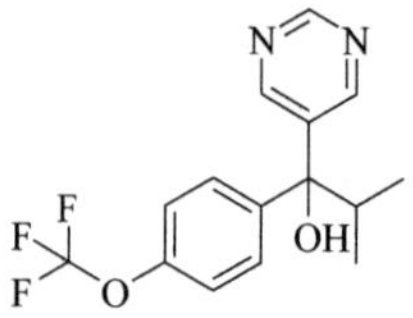

$C_{15}H_{15}F_3N_2O_2$，312.3，56425-91-3

调嘧醇（试验代号：EL-500、Compound 72500，商品名称：Cutless，其他名称：氟嘧醇、呋嘧醇）由 R. Cooper 等报道，由 Eli Lilly & Co.（现科迪华）开发，1989 年在美国投产，2001 年由 SePRO 公司收购。

化学名称 (RS)-2-甲基-1-嘧啶-5-基-1-(4-三氟甲氧基苯基)丙-1-醇。英文化学名称 (RS)-2-methyl-1-pyrimidin-5-yl-1-(4-trifluoromethoxyphenyl)propan-1-ol。美国化学文摘（CA）系统名称 α-(1-methylethyl)-α-[4-(trifluoromethoxy)phenyl]-5-pyrimidinemethanol。CA 主题索引名称 5-pyrimidinemethanol—, α-(1-methylethyl)-α-[4-(trifluoromethoxy)phenyl]-。

理化性质 白色至浅黄色晶体。熔点 93~95℃，沸点 264℃（1.01×10⁵ Pa），蒸气压 0.0485 mPa（25℃），分配系数 lgK_{ow}=3.34（pH 7），相对密度 1.34（20~25℃）。溶解度（20~25℃）：水中（mg/L）：102.0（pH 9）、104.0（pH 5）、114.0（pH 7）、114.0（蒸馏水）；有机溶剂中（g/L）：正己烷 1.26，甲苯 144，二氯甲烷 1810，甲醇 1990，丙酮 1530，乙酸乙酯 1200。pH 4、7、9（50℃）5 d 后水解＜10%，温室下保存至少 14 个月，其水溶液遇光分解，DT_{50} 约 3 h。

毒性 急性经口 LD_{50}（mg/kg）：雄大鼠 914，雌大鼠 709，雄小鼠 602，雌小鼠 702。兔急性经皮 LD_{50}＞5000 mg/kg。对兔的皮肤和眼睛有轻度到中度刺激性，对豚鼠皮肤无致敏性。大鼠急性吸入 LC_{50}（4 h）＞5 mg/L。NOEL[mg/(kg·d)]：狗（1 年）7，大鼠（2 年）4，小鼠（2 年）1.4。ADI/RfD（EC）0.003 mg/kg（2008），（BfR）0.02 mg/kg（1996），（EPA）cRfD 0.02 mg/kg（1990）。兔给药剂量 45 mg/(kg·d)无致畸表现。Ames 试验、DNA 修复、鼠肝细胞和其他活体外试验呈阴性。

生态效应 鹌鹑和野鸭急性经口 LD_{50}＞2000 mg/kg。饲喂 LC_{50}（mg/kg，5 d）：鹌鹑 560，野鸭 1800。鱼 LC_{50}（mg/L，96 h）：虹鳟鱼 18.3，大翻车鱼 17.2。水蚤 LC_{50}（mg/kg，48 h）11.8 mg/L，羊角月牙藻 EC_{50} 0.84 mg/L，蜜蜂 LD_{50}（接触，48 h）＞100 μg/只。

环境行为 ①动物。哺乳动物中，皮肤是阻碍吸收的重要屏障。经口给药后，48 h 内经过尿液和粪便排出，可以确认的有 30 多种代谢物，无累计风险。②土壤/环境。在有氧条件下土壤中降解成 30 多种代谢物。沙壤土 K_d 1.7。

剂型　可湿性粉剂、乳油、悬浮剂、颗粒剂。

主要生产商　SePRO。

作用机理与特点　嘧啶醇类植物生长调节剂，赤霉素合成抑制剂。通过根、茎吸收传输到植物顶部，其最大抑制作用在性繁殖阶段。

应用　①以 0.5～1.5 kg/hm² 施用，可改善冷季和暖季草皮的质量，也可注射树干，减缓生长速率和减少观赏植物的修剪次数。以 0.4 kg/hm² 喷于土壤，可抑制大豆、禾本科植物、菊科植物的生长，以 0.84 kg 调嘧醇+0.07 kg 伏草胺每公顷桶混施药，可减少早熟禾混合草皮的生长，与未处理对照相比，效果达 72%。②本品用于 2 年生火炬松、湿地松的叶面表皮部，能降低高度，而且无毒性。③当以水剂作叶面喷洒时，或以油剂涂于树皮上时，均能使 1 年的生长量降低到对照树的一半左右。对水稻具有生根和抗倒伏作用，在分蘖期施药，主要通过根吸收，然后转移至水稻植株顶部，使植株高度降低，诱发分蘖，增进根的生长，在抽穗前 40 天施药，提高水稻的抗倒伏能力，不会延迟抽穗或影响产量。

专利概况

专利名称　Novel fluoroalkoxyphenyl-substituted nitrogen heterocycles

专利号　US 4002628　　　　专利申请日　1975-12-17

专利申请人　Eli Lilly & Co.。

合成方法　将对溴苯基三氟甲基醚转化为格氏试剂，与异丁腈反应，生成异丙苯基对三氟甲氧基苯基酮，再与 5-溴代嘧啶在四氢呋喃-乙醚溶液中，氮气保护下冷却至−70℃，并加丁基锂反应即得调嘧醇：

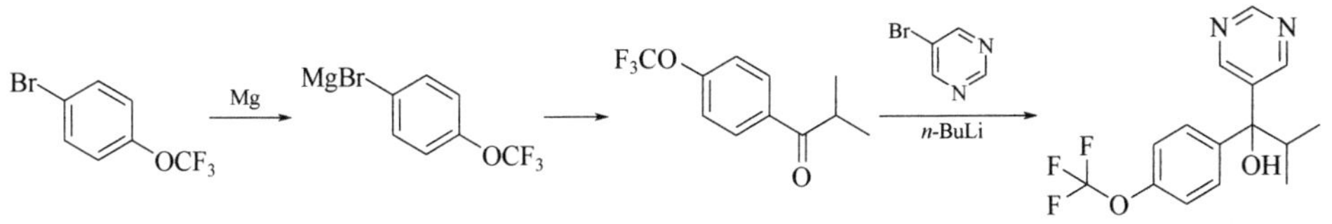

参考文献

[1] The Pesticide Manual. 17th edition: 540-541.

氯吡脲（forchlorfenuron）

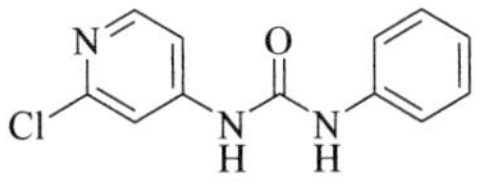

$C_{12}H_{10}ClN_3O$，247.7，68157-60-8

氯吡脲（试验代号：4PU-30、CN-11-3183、KT-30、SKW 20010、V-3183，商品名称：Sitofex，其他名称：施特优、吡效隆、调吡脲）是由 Kyowa Hakko Kogyo Co. Ltd.和 Sandoz Crop Protection Corp 共同开发的植物生长调节剂。

化学名称　1-(2-氯-4-吡啶基)-3-苯基脲。英文化学名称 1-(2-chloro-4-pyridyl)-3-phenylurea。美国化学文摘（CA）系统名称 N-(2-chloro-4-pyridinyl)-N'-phenylurea。CA 主题索引名称 urea—, N-(2-chloro-4-pyridinyl)-N'-phenyl-。

理化性质　原药纯度≥97.8%，白色至灰白色结晶粉末。熔点 165～170℃，蒸气压 4.6×

10^{-5} mPa（25℃），分配系数 lgK_{ow}=3.2，Henry 常数 2.9×10^{-7} Pa·m^3/mol，相对密度 1.3839（20～25℃），pK_{a_1}=2.5，pK_{a_2}=12.25（20～25℃）。溶解度（20～25℃）：水中 39 mg/L（pH 6.4），其他溶剂中溶解度（g/L）：甲醇 119，乙醇 149，丙酮 127，氯仿 2.7。对光和热稳定。在 25℃ 时 pH 值为 5、7 和 9，30 天也不水解。

毒性 急性经口 LD$_{50}$（mg/kg）：雄大鼠 2787，雌大鼠 1568，雄小鼠 2218，雌小鼠 2783。兔急性经皮 LD$_{50}$＞2000 mg/kg。对眼睛有中等程度刺激，对皮肤无刺激，对皮肤无致敏。大鼠吸入 LC$_{50}$（4 h）＞3.0（4 h）。NOEL：大鼠（2 年）7.5 mg/(kg·d)，兔发育过程≥100 mg/kg。ADI/RfD（EC）0.05 mg/kg（2006）；（EPA）aRfD 1.0 mg/kg，cRfD 0.07 mg/kg（2004）。

生态效应 山齿鹑急性经口 LD$_{50}$＞2250 mg/kg。山齿鹑饲喂（5 d）LC$_{50}$＞5600 mg/L。鱼毒 LC$_{50}$（mg/L）：虹鳟鱼（96 h）9.2，鲤鱼（48 h）8.6，金鱼（48 h）10～40。水蚤 LC$_{50}$（48 h）8.0 mg/L，月牙藻 E$_b$C$_{50}$（72 h）3.3 mg/L，浮萍 IC$_{50}$16.35 mg/L，蜜蜂接触 LD$_{50}$＞25 μg/只。蚯蚓 LC$_{50}$＞1000 mg/kg。

环境行为 ①动物。在大鼠体内氯吡脲迅速吸收和代谢，16 h 内一半的标记化合物通过尿和粪便排出体外。标记的代谢物中有一部分是母体化合物，大部分是键合物，形成硫酸盐。②土壤/环境。除了在水中光解外在其他消散途径中均稳定。沙壤土黑暗中 DT$_{50}$ 578 d，在沉积物/水体系中稳定，在土壤中无流动性或中度流动性，K_{ads} 2～20，K_{oc} 852～3320（平均 1763，4 种土壤）；K_d 5.79～39.84。

剂型 可溶液剂。

主要生产商 CCC Biochemical、Green Plantchem、Kyowa、Tide、重庆依尔双丰科技有限公司、鹤壁全丰生物科技有限公司、四川润尔科技有限公司、四川省兰月科技有限公司、四川施特优化工有限公司及台州市大鹏药业有限公司。

作用机理与特点 新型植物生长调节剂，具有高活性的苯脲类细胞分裂素物质。它可促进植物生长、早熟、延缓作物后期叶片的衰老，增加产量。

应用 氯吡脲可以影响植物芽的发育，能加速细胞有丝分裂，促进细胞增大和分化，防止果实和花的脱落，主要表现在以下几个方面。

（1）促进植物的生长。氯比脲可增加新芽数量，并加速芽的形成。同时促进茎、叶、根、果的生长功能。用于烟草种植可以使叶片肥大而增产。

（2）能促进结果。可以增加番茄、茄子、苹果等水果和蔬菜的产量。脐橙于生理落果期用 500 倍液喷施树冠或用 100 倍液涂果梗密盘。猕猴桃谢花后 20～25 d 用 50～100 倍液浸渍幼果。葡萄于谢花后 10～15 d 用 10～100 倍液浸渍幼果，可提高坐果率，果实膨大，单果重增加。

（3）改善蔬果和加速落叶作用。可增加蔬果产量，提高质量，使果实大小均匀。就棉花和大豆而言，落叶可以使收获易行。

（4）浓度高时可以作除草剂。

（5）其他作用。促进棉花干枯，增加甜菜和甘蔗糖分等。

专利概况

专利名称　Brassinosteroid derivatives and plant growth regulator containing the same

专利号　JP 54081275　　　　　专利申请日　1977-10-08

专利申请人　Okamoto Toshihiko

其他相关专利　DE 2843722、US 4193788。

登记情况 氯吡脲在中国登记有 97%、98%和 98.5%的原药 6 个和相关制剂 19 个，用于葡萄、棉花、水稻、黄瓜、花生等作物。部分登记情况见表 5-16。

表 5-16　氯吡脲在中国登记情况

登记证号	农药名称	剂型	含量	登记作物	用途	亩用药量（制剂）	施用方法	登记证持有人
PD20183161	赤霉·氯吡脲	可溶液剂	0.3%	葡萄	调节生长	150～200 倍液	浸果穗	郑州郑氏化工产品有限公司
PD20182809	氯吡脲	可溶液剂	0.1%	葡萄	调节生长	50～75 倍液	浸果穗	陕西美邦药业集团股份有限公司
PD20171226	赤霉·氯吡脲	可溶液剂	0.5%	黄瓜	提高产量	125～250 倍液	喷瓜胎	四川润尔科技有限公司
PD20082370	氯吡脲	可溶液剂	0.1%	黄瓜	调节生长	60～100 倍液	浸瓜胎	四川润尔科技有限公司
				葡萄	果实增大、增产	50～100 倍液	浸幼果穗	
				脐橙	调节生长	60～100 倍液	涂抹幼果果柄蜜盘	
				甜瓜	调节生长	100～200 倍液	涂抹瓜胎	
				西瓜	调节生长	30～40 倍液	涂瓜柄	
				猕猴桃	调节生长、增产	50～200 倍液	浸幼果	
PD20184313	氯吡脲	原药	98%					鹤壁全丰生物科技有限公司
PD20183304	氯吡脲	原药	98.5%					浙江大鹏药业股份有限公司
PD20094483	氯吡脲	原药	97%					重庆依尔双丰科技有限公司

合成方法　氯吡脲的制备大致有以下几条路线：

（1）2-氯-4-氨基吡啶与苯基异氰酸酯反应。

（2）2-氯-4-吡啶基异氰酸酯与苯胺反应。

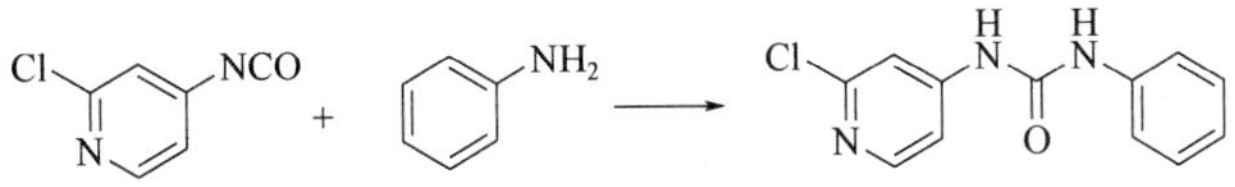

（3）2-氯异烟酸叠氮化合物与苯胺在干燥器皿中反应。

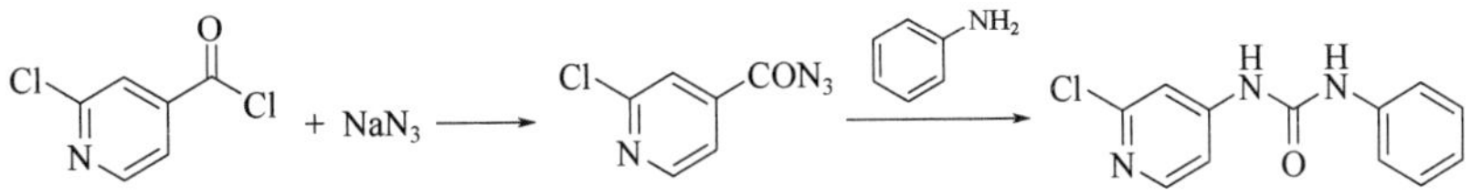

上述三条路线中以第一条最为实用，该路线的关键是制备中间体 2-氯-4-氨基吡啶：

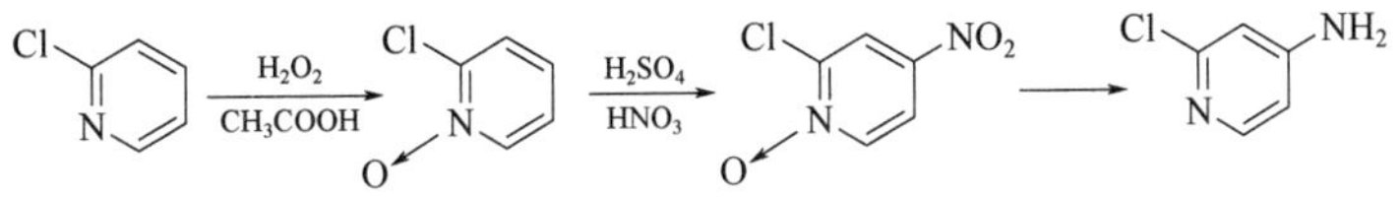

681

参考文献

[1] The Pesticide Manual. 17th edition: 557-558.
[2] 庄文明，尤洪星，朱孔杰. 山东化工，2016, 45(15): 73-74.

赤霉酸 A_3（gibberellic acid）

$C_{19}H_{22}O_6$，346.4，77-06-5

赤霉酸 A_3（其他名称：九二〇、赤霉素）是 20 世纪 50 年代，美国阿尔伯特实验室、英国帝国化学公司（ICI）和日本协和发酵、明治制药等先后开发应用的植物生长调节剂。

化学名称　2,4a,7-三羟基-1-甲基-8-亚甲基赤霉-3-烯-1,10-二羧酸-1,4a-内酯。英文化学名称 (3S,3aS,4S,4aS,7S,9aR,9bR,12S)-7,12-dihydroxy-3-methyl-6-methylene-2-oxoperhydro-4a,7-me-thano-9b,3-propenoazuleno[1,2-b]furan-4-carboxylic acid。美国化学文摘（CA）系统名称 (1S,2S,4aR,4bR,7S,9aS,10S,10aR)-1,2,4b,5,6,7,8,9,10,10a-decahydro-2,7-dihydroxy-1-methyl-8-me-thylene-13-oxo-4a,1-(epoxymethano)-7,9a-methanobenz[a]azulene-10-carboxylic acid。CA 主题索引名称 4a,1-(epoxymethano)-7,9a-methanobenz[a]azulene-10-carboxylic acid—, 1,2,4b,5,6,7,8,9,10,10a-decahydro-2,7-dihydroxy-1-methyl-8-methylene-13-oxo-(1S,2S,4aR,4bR,7S,9aS,10S,10aR)-。

理化性质　白色晶体，原药含量≥85%。熔点 233～235℃，溶于乙醇、丙酮、乙酸乙酯及 pH 6 的磷酸缓冲液，难溶于醚、煤油、氯仿、苯，其钾、钠盐易溶于水，高温遇碱加速分解。

毒性　大鼠急性经口 LD_{50}＞5000 mg/kg，急性经皮 LD_{50}＞2000 mg/kg。对皮肤无刺激，对眼睛（兔子）无刺激。大鼠饲喂无作用剂量＞10000 mg/kg；未见致畸、致突变和致癌作用，对鱼、鸟低毒。

剂型　乳油、可溶粉剂、可溶粒剂、泡腾片剂。

主要生产商　江苏丰源生物工程有限公司、江西新瑞丰生化股份有限公司、四川龙蟒福生科技有限责任公司、台州市大鹏药业有限公司、浙江拜克生物科技有限公司、浙江天丰生物科学有限公司及郑州先利达化工有限公司等。

作用机理与特点　赤霉酸在植物的萌发种子、幼芽、生长着的叶、盛开的花、雄蕊、花粉粒、果实及根中合成，根部合成的向上移动，而顶端合成的则向下移动，运输部位是在韧皮部，其快慢与光合产物移动速度相仿。人工生产的赤霉酸主要经由叶、嫩枝、花、种子或果实吸收，然后移动到起作用的部位。它有多种生理作用：改变某些植物雌、雄花的比例，诱导单性结实，加速某些植物果实生长，促进坐果；打破种子休眠，提早发芽时间，加快茎的伸长生长及有些植物的抽薹；扩大叶面积，加快侧枝生长，有利于代谢产物在韧皮部内积累，活化形成层；抑制成熟、衰老、侧芽休眠及块茎的形成。它的作用机制：可促进 DNA、RNA 的合成，提高 DNA 的模板活性，增加 DNA、RNA 聚合酶的活性和染色体酸性蛋白质，诱导 α-淀粉酶、脂肪合成酶、朊酶等酶的活性，抑制过氧化酶、吲哚乙酸氧化酶，增加自由生长素含量，延缓叶绿体分解，提高细胞膜透性，促进细胞分裂和伸长，加快同化物和贮藏物的流动。多效唑、矮壮素等生长抑制剂可抑制植株体内赤霉素的生物合成，它也是这些调节剂有效的拮抗剂。

　　应用　赤霉酸可广泛用于：①促进坐果及无籽果的形成。番茄、茄子、梨及葡萄，在花或幼果期以 10～50 mg/L 喷或浸花、果，促进坐果，花前处理形成无籽果。黄瓜、玫瑰香葡萄在花或幼果期，以 50～200 mg/L 喷花或幼果，促进坐果增加产量。②增加营养体生长。菠菜、花叶生菜、苋菜，在营养体生长期以 10～20 mg/L 药液喷洒 1～2 次，叶片肥大，增加叶菜类产量。矮生玉米、柑橘、葡萄、落叶松苗和芹菜，在生长初期以 50～100 mg/L 药液喷洒 2～3 次，可促进植株生长。③打破休眠促进发芽。马铃薯、大麦、豌豆、扁豆、凤仙花、人参及一些木本树种子，在播种前以 1～300 mg/L 药液浸种或拌种，时间 6～24 h，可打破休眠，促进发芽，使出苗齐而壮。④延缓衰老和保鲜。蒜薹在采收后，其基部浸在 50 mg/L 药液中 10～30 min，延缓衰老；柑橘、柠檬、脐橙和樱桃，在绿果后期以 5～100 mg/L 药液喷洒一次，延缓衰老保鲜耐贮存；西瓜、黄瓜和香蕉在采收前喷洒 10～50 mg/L 药液或采收后浸泡，皆有明显保鲜作用，延长贮藏期。⑤调节开花。菊花在春化阶段，以 1000 mg/L 药液喷洒 1～2 次，可代替春化阶段，促进早开花。草莓在花芽分化前两周以 25～50 mg/L 喷洒一次，促进花芽分化，开花前两周以 10～20 mg/L 药液喷 1～2 次，花梗伸长，提早开花。黄瓜一叶期以 50～100 mg/L 药液喷洒 1～2 次，诱导开雌花。⑥提高三系杂交水稻制种的结实率。在水稻三系杂交制种中，它可以调节花期，促进父母本抽穗，减少包颈，提高柱头外露率，增加有效穗数、粒数，从而明显提高结实率。一般从抽穗15%开始喷母本，一直喷到25%抽穗为止，处理浓度为 25～55 mg/L，1～3 次，先用低浓度，后用较高浓度。赤霉酸用于刺激生长时，一定要水肥充足，有时与生长抑制剂混用，效果才更为理想。

　　专利概况

　　专利名称　Gibberellic acid and derivatives thereof

　　专利号　GB 783611　　　　　　专利申请日　1954-06-30

　　专利申请人　ICI LTD。

　　登记情况　赤霉酸 A_3 在国内主要登记了 90%、91%、95%的原药 14 个，85%和75%的结晶粉 10 个，相关制剂 92 个，用于葡萄、棉花、菠萝、水稻等调节生长。部分登记情况见表 5-17。

表 5-17　赤霉酸 A_3 在中国部分登记情况

登记证号	农药名称	剂型	含量	登记作物	用途	亩用药量（制剂）	施用方法	登记证持有人
PD86183	赤霉酸	结晶粉	75%	菠萝	增加鲜重	30000～75000 倍液	叶面处理 1～3 次	上海悦联化工有限公司
					果实增大、增重	9375～18750 倍液	喷花	
							喷花	
				柑橘树	果实增大、增重	18750～37500 倍液	喷花	
				花卉	提前开花	1071 倍液	叶面处理涂抹花芽	
				绿肥	增产	37500～75000 倍液	喷雾	
				马铃薯	苗齐、增产	750000～1500000 倍液	浸薯块 10～30 min	

登记证号	农药名称	剂型	含量	登记作物	用途	亩用药量（制剂）	施用方法	登记证持有人
PD86183	赤霉酸	结晶粉	75%	棉花	提高结铃率、增产	37500~75000 倍液	点喷、点涂或喷雾	上海悦联化工有限公司
				葡萄	无核、增产	3750~75000 倍液	花后一周处理果穗	
				芹菜	增加鲜重	7500~37500 倍液	叶面处理 1 次	
				人参	增加发芽率	37500 倍液	播种前浸种 15 min	
				水稻	增加千粒重	25000~37500 倍液	喷雾	
					制种			
PD86101	赤霉酸	乳油	3%	菠萝	增加鲜重	1600~4000 倍液	叶面处理 1~3 次	上海同瑞生物科技有限公司
					果实增大、增重	500~1000 倍液	喷花	
				柑橘树	果实增大、增重	1000~2000 倍液	喷花	
				花卉	提前开花	57 倍液	叶面处理涂抹花芽	
				绿肥	增产	2000~4000 倍液	喷雾	
				马铃薯	苗齐、增产	40000~80000 倍液	浸薯块 10~30 min	
				棉花	提高结铃率、增产	2000~4000 倍液	点喷、点涂或喷雾	
				葡萄	无核、增产	200~800 倍液	花后一周处理果穗	
				芹菜	增加鲜重	400~2000 倍液	叶面处理 1 次	
				人参	增加发芽率	2000 倍液	播种前浸种 15 min	
				水稻	增加千粒重	1333~2000 倍液	喷雾	
					制种			
PD20182844	赤霉酸	原药	95%					内蒙古拜克生物有限公司
PD20182189	赤霉酸	原药	91%					浙江大鹏药业股份有限公司
PD20085757	赤霉酸	原药	90%					澳大利亚纽发姆有限公司

合成方法 采用发酵法制取。发酵液经过离子交换树脂，水洗至干净后，以 90%丙酮的水溶液洗脱，收集洗脱液并且浓缩干燥，成品中赤霉酸含量 90%以上。

参考文献

[1] 卢春霞，罗小玲，陈霞. 世界科技研究与发展, 2012, 34(1): 45-49.

赤霉酸 A₄+A₇（gibberellin A₄ with A₇）

gibberellin A₄ 　　　　　gibberellin A₇

gibberellinA₄ C₁₉H₂₄O₅，332.4，468-44-0；gibberellinA₇ C₁₉H₂₂O₅，330.4，510-75-8；gibberellin A₄+A₇，8030-53-3

赤霉酸 A₄+A₇（两种赤霉酸的混合物，商品名称：Gistar、ProVide、Regulex）是由 ICI Plant Protection Division（现先正达）开发的植物生长调节剂。

化学名称　赤霉酸 A₄：2,4a-二羟基-1-甲基-8-亚甲基赤霉-1,10-二羧酸-1,4a-内酯。英文化学名称(3S,3aR,4S,4aR,7R,9aR,9bR,12S)-12-hydroxy-3-methyl-6-methylene-2-oxoperhydro-4a,7-methano-3,9b-propanoazuleno[1,2-b]furan-4-carboxylic acid。美国化学文摘（CA）系统名称(1α,2β,4aα,4bβ,10β)-2,4a-dihydroxy-1-methyl-8-methylenegibbane-1,10-dicarboxylic acid 1,4a-lactone。

赤霉酸 A₇：2,4a-二羟基-1-甲基-8-亚甲基赤霉-3-烯-1,10-二羧酸-1,4a-内酯。英文化学名称(3S,3aR,4S,4aR,7R,9aR,9bR,12S)-12-hydroxy-3-methyl-6-methylene-2-oxoperhydro-4a,7-methano-9b,3-propenoazuleno[1,2-b]furan-4-carboxylic acid。美国化学文摘（CA）系统名称(1α,2β,4aα,4bβ,10β)-2,4a-dihydroxy-1-methyl-8-methylenegibb-3-ene-1,10-dicarboxylic acid 1,4a-lactone。

理化性质　赤霉酸 A₄+A₇ 晶状固体。熔点 223～225℃，溶于甲醇、乙醇、丙酮，微溶于乙酸乙酯和乙醚，不溶于氯仿，在水中溶解度 5 g/L，其钾盐在水中溶解度 50 g/L，干燥的赤霉酸在室温下稳定，在水溶液或醇溶液中分解，遇碱失活，遇热分解。

毒性　大鼠急性经口 LD_{50}＞5000 mg/kg，急性经皮 LD_{50}＞2000 mg/kg。对皮肤无刺激，中毒敏感；对眼睛中度刺激。大鼠吸入 LC_{50}＞2.98 mg/L。兔子 NOEL300 mg/(kg·d)。

生态效应　参考 EU Rev. Rep. SANCO/2614/08（2008）。

剂型　脂膏、可溶粉剂、水分散粒剂。

主要生产商　CCA Biochemical、Sharda、Valent BioSciences、江苏丰源生物工程有限公司、江西新瑞丰生化股份有限公司、浙江拜克生物科技有限公司及浙江钱江生物化学股份有限公司。

作用机理与特点　同赤霉素 A₃ 作用机理类似。

应用　减少苹果树落果，促进梨树发芽、坐果增加产量。

登记情况　赤霉酸 A₄+A₇ 在国内主要登记了 90%的原药 4 个，相关制剂 36 个，用于苹果树和梨树调节生长。部分登记情况见表 5-18。

表 5-18　赤霉酸 A₄+A₇ 在中国登记情况

登记证号	农药名称	剂型	含量	登记作物	用途	亩用药量（制剂）	施用方法	登记证持有人
PD380-2002	苄氨·赤霉酸	液剂	3.6%	苹果树	调节果形	139～209 mL	喷雾	美商华仑生物科学公司
				葡萄	提高坐果率	5000～10000 倍液		
				枣树		5000～10000 倍液		

登记证号	农药名称	剂型	含量	登记作物	用途	亩用药量（制剂）	施用方法	登记证持有人
PD20190171	赤霉酸 A$_4$+A$_7$	可溶粉剂	10%	苹果树	调节生长	4000～5000 倍液	喷雾	浙江钱江生物化学股份有限公司
PD20181752	赤霉酸 A$_4$+A$_7$	膏剂	2%	梨树	调节生长	20～25 mL	涂抹果柄	浙江钱江生物化学股份有限公司
PD20200168	28-高芸·赤霉酸	可溶液剂	0.5%	水稻	调节生长	1500～2000 倍液	喷雾	江西威敌生物科技有限公司
PD20095955	赤霉酸 A$_4$+A$_7$	原药	90%					江西新瑞丰生化股份有限公司
PD20086033	赤霉酸 A$_4$+A$_7$	原药	90%					浙江拜克生物科技有限公司

合成方法 采用发酵法制取。

参考文献

[1] The Pesticide Manual. 17th edition: 577-578.

超敏蛋白（harpin protein）

超敏蛋白（又叫 Harpin 蛋白、脱乙酰壳多糖，商品名称：Mesager、康壮素）是由美国伊甸生物技术公司（EDEN）开发的安全、高效的新型植物生长调节剂。

结构与性质 HarpinEa、HarpinPss、HarpinEch、HarpinEcc 分别由 385、341、340 和 365 个氨基残基组成，它们的氨基酸序列可从 Gene Bank 中获得。从现有分离到的 Harpin 蛋白来看均富含甘氨酸，缺少半胱氨酸，热稳定，对蛋白酶敏感。

它是一种来源于微生物的天然蛋白，区别于传统农药、肥料、杀菌剂的作用机制，是集植物生长调节剂、生物农药和生物肥料为一体的多功效产品。它基于细胞信号转导途径，从转变传统作用机制着手，作为植物细胞外的一类神奇的特种细胞外信号，它能够通过植物受体（主要是植株叶片受体）的信号传导，激活植物细胞内的信号物质，诱导植物自身多条信号通道的基因高效表达，激发和提升植物共有功能机制和潜能（生长发育、系统抗性、自我修复、营养输送）的高效表达。而又主要体现在提高植株自身的病害防御能力和生长能力，能在促进作物产量和质量提高的同时，大量减少农药、杀菌剂和肥料的施用量。

作用机理与特点 Harpin 蛋白并不直接作用于靶标作物，而是刺激作物产生天然的免疫机制，使得植物能抵抗一系列的细菌、真菌和病毒病害。其作用机理是黏结在植物叶子的特殊受体上，产生植物防御的信号。激发子受体识别是植物抗病防卫反应产生的第一步，然后通过构型变化激活胞内有关酶的活性和蛋白质磷酸化，形成第二信使，信号得到放大，最终通过对特殊基因的调节而激发植物产生防卫反应。

Harpin 能诱导多种植物的多个品种产生 HR，如诱导烟草、马铃薯、番茄、矮牵牛、大豆、黄瓜、辣椒以及拟南芥菜产生过敏反应。Harpin 蛋白能诱导非寄主植物产生过敏反应，其本身又是寄主的一种致病因子，从病原菌中清除它们的基因，会降低或完全消除其对寄主的致病力，且能诱导非寄主产生过敏反应。激发子 HarpinPss 可以激活拟南属（*Arabidopis*）

植物中两种介导适应性反应的酶 A_tMPK4 和 A_tMPK6，Harpin 还具有调节离子通道、引起防卫反应和细胞死亡的功能。此外，Harpin 还能激发细胞悬浮培养中活性氧的产生。已证明活性氧有三方面的抗病功能：①传递诱导防卫反应的互作信号；②修饰寄主的细胞壁以抵御病原菌的侵染；③直接抑制病原菌的侵入。对 Harpin 受体的研究报道不多，已报道烟草细胞壁上存在 Harpin 的结合位点。

美国 EDEN 生物科学公司报道从一种拟南芥属植物中发现了 Harpin 的结合蛋白I（Harpin binding proteinl，HrBP Ⅰ）。HrBP Ⅰ是一种与现有任何已报道的蛋白质不相似的新蛋白，由 284 个氨基酸残基组成，分子质量约为 30 kD，对 12 种植物的研究表明，不同植物中存在类 HrBP Ⅰ基因。HrBP Ⅰ与类 HrBP Ⅰ蛋白质序列比较表明，类 HrBP Ⅰ蛋白与 HrBP Ⅰ间存在高度相似性，保守的相似区可能包含与 Harpin 相结合的蛋白部分。HrBP Ⅰ在植物中的广泛存在，有助于解释 Hapin 在多种不同作物上均有效果的现象。

Harpin 与 HrBP Ⅰ结合后，会激活多种防卫反应信号传导，从而使植物产生防卫反应。其激活植物防卫反应的途径主要有三种：①一种未知途径激活植物抗细菌反应；②水杨酸途径激活植物的抗细菌/真菌/病毒反应；③乙烯和茉莉酸途径激活抗真菌反应。

超敏蛋白微粒剂对粮经、林果、花卉等作物具有很好的诱导效果，主要表现：

① 诱导抗病、抗虫效果良好。据统计，3%超敏蛋白微粒剂能对病毒病、霜霉病、灰霉病、蚜虫、粉虱、斜纹夜蛾等 70 余种病、虫有明显的防控作用。

② 减轻采后病害，延长农产品货架保鲜期。试验表明，使用 3%超敏蛋白微粒剂后，农产品保鲜期可延长 5～13 天。

③ 能促进作物生长。3%超敏蛋白微粒剂能促进根系、茎叶、果实生长。

④ 能增强作物光合作用活性，提高光合速率和效率。

⑤ 能加快植物生长发育进程，促进作物提前开花和成熟。

⑥ 能提高作物产量、改善作物品质。

应用

（1）使用方法

① 超敏蛋白微粒剂兑成的水溶液可直接喷雾在叶片的正面或反面，均能产生很好效果，特别对作物顶端、新叶、新梢重点喷雾；

② 可与任何非离子态助剂、酸性农药、碱性农药混合使用，不影响效果；

③ 先溶解 1～2 min，再混合其他物质，效果更好。

（2）使用数量

① 粮经、花卉及蔬菜等作物，在作物苗期或快速生长期，每亩每次使用数量 10 g，共喷 2～3 次，每次兑水 5～20 kg 喷雾；

② 林果、橡胶等作物从新叶舒展期开始使用，直到收获前每隔 15～20 天喷洒 1 次，共喷 3～5 次，每亩每次使用数量 20 g，兑水 10～40 kg 喷雾。

（3）注意事项

① 使用后 30 min 内遇雨，不需补喷；

② 兑成的水溶液必须在 4 h 内用完；

③ 对氯气敏感，使用时请勿用新鲜自来水稀释；

④ 避免与氯气、强酸、强碱、强氧化剂、离子态药肥等混合使用，避免强紫外线照射，以免影响药效。

专利概况

专利名称　Receptors for hypersensitive response elicitors and uses thereof

专利号　US 20020007501　　　　　专利申请日　2001-03-16

专利申请人　EDEN Bioscience Corporation。

登记情况　中国登记情况见表 5-19。

表 5-19　超敏蛋白在中国登记情况

登记证号	登记名称	剂型	含量	登记作物	防治对象	亩用药量（制剂）	施用方法	登记证持有人
PD20070120	超敏蛋白	微粒剂	3%	番茄	调节生长、增产、抗病	500～1000 倍液	喷雾	美国伊甸生物技术公司
				辣椒				
				烟草				
				水稻	调节生长、增产	/		

合成方法　通过基因工程构建工程菌株，通过发酵转化生产超敏蛋白。

参考文献

[1] 汤承, 李士丹. 草业与畜牧, 2006(10): 1-4.

[2] 谭放军, 徐泽安, 尹文雅, 等. 湖南农业科学, 2003(6): 38-40.

抗倒胺（inabenfide）

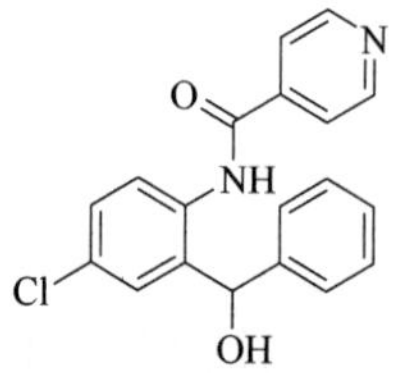

$C_{19}H_{15}ClN_2O_2$，338.8，82211-24-3

抗倒胺（试验代号：CGR-811，商品名称：Seritard、依纳素）是由日本中外制药公司 1986 年开发的植物生长调节剂。

化学名称　4'-氯-2'-(α-羟基苄基)异烟酰苯胺。英文化学名称　4'-chloro-2'-(α-hydroxybenzyl)isonicotinanilide。美国化学文摘（CA）系统名称　N-[4-chloro-2-(hydroxyphenylmethyl)phenyl]-4-pyridinecarboxamide。CA 主题索引名称 4-pyridinecarboxamide—, N-[4-chloro-2-(hydroxyphenylmethyl)phenyl]-。

理化性质　淡黄色至棕色晶体，熔点 210～212℃，蒸气压 0.063 mPa（20℃）。分配系数 $\lg K_{ow}$=3.13，水中溶解度（30℃）1 mg/L，其他溶剂中溶解度（30℃，g/L）：丙酮中 3.6，乙酸乙酯 1.43，乙腈和二甲苯 0.58，氯仿 0.59，二甲基甲酰胺 6.72，乙醇 1.61，甲醇 2.35，己烷 0.0008，四氢呋喃 1.61。对光和热稳定，对碱稳定性较差。分解率（2 周，40℃）：16.2%（pH 2）、49.5%（pH 5）、83.9%（pH 7）、100%（pH 11）。

毒性　大鼠及小鼠急性经口 LD_{50}＞15000 mg/kg，大鼠及小鼠急性经皮 LD_{50}＞5000 mg/kg。对兔的皮肤和眼睛无刺激性，对豚鼠皮肤无过敏反应。大鼠吸入 LC_{50}（4 h）＞0.46 mg/L 空气。NOEL 数据：兔和大鼠的 3 代试验表明无致畸作用，狗和大鼠 2 年 6 个月试验表明无副作用。Ames 试验表明无诱变性。

生态效应 鲤鱼 LC_{50}（48 h）>30 mg/L，鲻鱼 LC_{50}（48 h）11 mg/L，水蚤 LC_{50}（3 h）>30 mg/L。

环境行为 ①动物。大鼠尿液中的主要代谢物是 4-羟基苯甲酸。②植物。代谢生成不活泼的酮。③土壤/环境，DT_{50}（日本稻田）约 4 个月。

制剂 颗粒剂、可湿性粉剂。

作用机理与特点 抑制赤霉素的生物合成。

应用 在漫灌条件下，以 1.5～2.4 kg/hm² 施用于土表，能极好地缩短稻秆长度，通过缩短节间和上部叶长度，从而提高其抗倒伏能力。对水稻无植物毒性。应用后，虽每穗谷粒数减少，但谷粒成熟率提高，千粒重和每平方米穗数增加，使实际产量增加。

专利概况

专利名称 Isonicotinanilide derivatives and plant growth regulators containing them

专利号 EP 48998   优先权日 1980-09-30

专利申请人 Chugai Pharmacetical Co.,Ltd.

工艺专利 JP 60112771、JP 61109769、JP 62153272、JP 6363663 等。

制剂专利 JP 6032703、JP 58164502、JP 0140406 等。

合成方法 制备方法主要有下述 2 种：

（1）以异烟酸、2-氨基-5-氯二苯甲酮为原料，经下列反应制得抗倒胺。

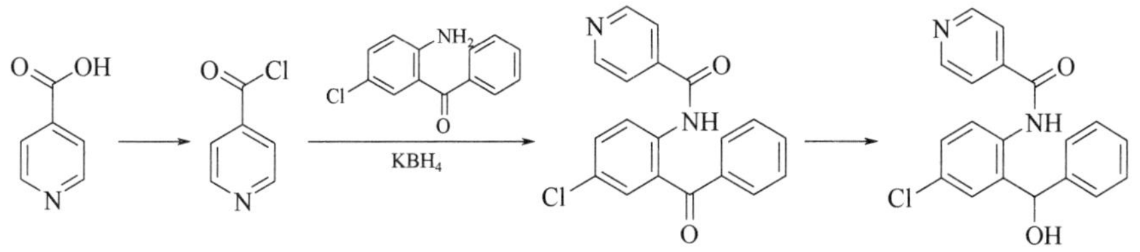

（2）以二氯甲烷为溶剂，在三乙胺存在下，对氯苯胺与苯甲醛在室温下搅拌反应 4 h，加入氢氧化钠水溶液，再搅拌 1 h，制得 2-氨基-5-氯-二苯甲醇。将异烟酸制成酰氯，与上述 2-氨基-5-氯-二苯甲醇搅拌反应 2 h，制得抗倒胺。或先将异烟酸变成异烟酸酯，而后与 2-氨基-5-氯-二苯甲醇进行氨解反应，即制得抗倒胺。反应式如下：

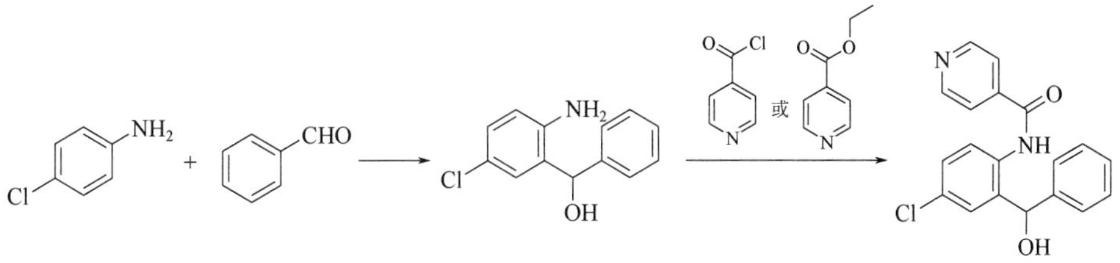

参考文献

[1] The e-Pesticide Manual 6.0.

[2] Shirakawa Norio, Tomioka Hiromi, Koizumi Masuo, et al. EP48998, 1982.

吲哚乙酸（indol-3-ylacetic acid）

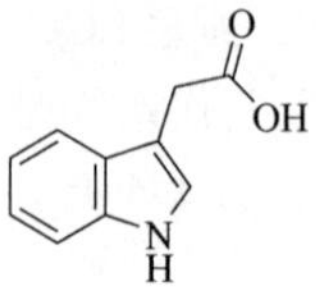

$C_{10}H_9NO_2$，175.2，87-51-4

吲哚乙酸 [商品名称：Rhizopon A，其他名称：IAA、苗长素、生长素、异生长素（heteroauxin）] 属吲哚类化合物，是一种植物体内普遍存在的内源生长素。1934 年荷兰人郭葛（F. Kogl）首先从酵母培养液中提纯并确定。

化学名称　吲哚-3-基乙酸。英文化学名称 1*H*-indol-3-ylacetic acid。美国化学文摘（CA）系统名称 1*H*-indole-3-acetic acid。CA 主题索引名称 1*H*-indole-3-acetic acid。

理化性质　无色叶状晶体或结晶性粉末。熔点 168～170℃，蒸气压＜0.02 mPa（60℃），pK_a（20～25℃）=4.75。溶解度（g/L，20～25℃）：水中 1.5；乙醇 100～1000，丙酮 30～100，乙醚 30～100，氯仿 10～30。稳定性：在中性和碱性溶液中非常稳定，光照下不稳定。

毒性　小鼠急性经皮 LD_{50}1000 mg/kg。

生态效应　对蜜蜂无毒。

环境行为　土壤中迅速降解。

剂型　粉剂、水剂。

主要生产商　Anpon、CCA Biochemical、Green Plantchem、Interchem、北京艾比蒂生物科技有限公司以及河北兴柏农业科技有限公司。

作用机理与特点　吲哚乙酸在茎的顶端、生长着的叶、发芽的种子、盛开的花、柱头和子房中合成。人工合成的可经由茎、叶和根系吸收。它有多种生理作用：诱导雌花和单性结实，使子房壁伸长，刺激种子的分化形成，加快果实生长，提高坐果率；使叶片扩大，加快茎的伸长和维管束分化，使叶呈偏上性，活化形成层，伤口愈合快，防止落花落果落叶，抑制侧枝生长；促进种子发芽和不定根、侧根及根瘤的形成，但抑制块根的形成。它能促进细胞的分裂、伸长、扩大，诱发组织的分化，促进 RNA 合成，提高细胞膜透性，使细胞壁松弛，加快原生质流动。低浓度与赤霉素、激动素协同作用促进植物生长发育，高浓度则是诱导内源乙烯生成，促进植物成熟和衰老。吲哚乙酸在植物体内易被吲哚乙酸氧化酶所分解，故人工合成的在生产上应用受到了限制。

应用　可用于诱导番茄单性结实和坐果，在盛花期以 3000 mg/L 药液浸泡花，形成无籽番茄果，提高坐果率；也可促进插枝生根，以 100～1000 mg/L 药液浸泡插枝的基部，可促进茶树、胶树、柞树、水杉、胡椒等作物不定根的形成，加快营养繁殖速度。1～10 mg/L 吲哚乙酸和 10 mg/L 噁霉灵混用，促进水稻秧苗生根。25～400 mg/L 药液喷洒一次菊花（在 9 h 光周期下），可抑制花芽的出现，延迟开花。生长在长日照下秋海棠以 10^{-5} mol/L 浓度喷洒一次，可增加雌花。处理甜菜种子可促进发芽，增加块根产量和含糖量。

吲哚乙酸常与萘乙酸混合使用，有明显促进生根的作用，如 50%吲乙·萘合剂，商品名生根粉，是含有 30%吲哚乙酸和 20%萘乙酸组成的可溶粉剂。混合使用比各组分单用的生根效果更加明显。可以由植物的根、茎、叶吸收，既可诱导不定根的生成，又可以刺激根系的生长发育，使根系明显增多且发达。用于小麦、花生拌种，可以促进根系发育。用于浸渍树木等插枝，可以促进根的形成和发育，提高插枝成活率。二者混用处理花生或向日葵，提高其产量和含油量。

另外，吲哚乙酸等生长素类与噁霉灵混合使用，可以促进抛秧水稻生根，提高对某些除草剂的耐药性。生长素与邻苯二酚混用（10 mg/L IAA+500 mmol/L 邻苯二酚）处理西洋常春藤切枝，促进插枝生根。

登记情况 吲哚乙酸国内主要登记了97%、98%原药2个，3.423%母药1个，相关制剂4个，用于大豆、番茄、黄瓜、瓜类、水稻、小麦以及玉米等促进生长以达到增产效果。登记情况见表5-20。

表5-20 吲哚乙酸在中国登记情况

登记证号	农药名称	剂型	含量	登记作物	用途	亩用药量（制剂）	施用方法	登记证持有人
PD20183552	吲哚乙酸	水剂	0.11%	番茄	调节生长	0.4～0.8 mL	喷雾	广东省佛山市盈辉作物科学有限公司
PD20096813	赤·吲乙·芸苔	可湿性粉剂	0.136%	茶叶	调节生长	3.5～7 g	喷雾	德国阿格福莱农林环境生物技术股份有限公司
				黄瓜（保护地）		7～14 g		
				苹果树		5～7 g		
				水稻		3～6 g		
				烟草		3500～5000 倍液		
				小麦		7～14 g	茎叶喷雾	
PD20081125	吲乙·萘乙酸	可溶粉剂	50%	花生	调节生长	0.2 g	拌种	北京艾比蒂生物科技有限公司
				小麦	调节生长	0.1 g	拌种	
				沙棘	调节生长，提高成活率	3000～6000 个/g	浸插条基部	
PD20096812	赤·吲乙·芸苔	母药	3.423%					德国阿格福莱农林环境生物技术股份有限公司
PD20151892	吲哚乙酸	原药	98%					河北兴柏农业科技有限公司
PD20081124	吲哚乙酸	原药	97%					北京艾比蒂生物科技有限公司

合成方法 由吲哚、甲醛与氰化钾在150℃，0.9～1 MPa下反应生成3-吲哚乙腈，再在氢氧化钾作用下水解生成。或由吲哚与羟基乙酸反应得到。

参考文献

[1] The Pesticide Manual. 17th edition: 637-638.

吲哚丁酸（4-indol-3-ylbutyric acid）

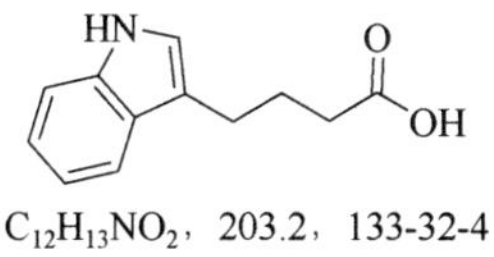

$C_{12}H_{13}NO_2$，203.2，133-32-4

吲哚丁酸（商品名称：Seradix，其他名称：IBA）由 Union Carbide Corp.和 May & Baker Ltd（现均属 Bayer AG 公司）开发。

化学名称 4-(吲哚-3-基)丁酸。英文化学名称 4-(1*H*-indol-3-yl)butyric acid。美国化学文摘（CA）系统名称 1*H*-indole-3-butanoic acid。CA 主题索引名称 1*H*-indole-3-butanoic acid。

理化性质 无色或浅黄色晶体。熔点 123～125℃，不易燃，蒸气压<0.01 mPa（25℃）。溶解度（g/L，20～25℃）：水中 0.25；苯>1000，丙酮、乙醇、乙醚 30～100，氯仿 0.01～0.1。酸性和碱性介质中很稳定。

毒性 小鼠急性经口 LD_{50}100 mg/kg，急性腹腔注射 LD_{50}>100 mg/kg。

生态效应 对蜜蜂无毒。

环境行为 土壤中迅速降解。

剂型 水剂、粉剂、可溶液剂、可湿性粉剂。

主要生产商 Anpon、Bayer CropScience、CCA Biochemical、Green Plantchem、Interchem、重庆依尔双丰科技有限公司、四川龙蟠福生科技有限责任公司、四川省兰月科技有限公司、四川润尔科技有限公司、台州市大鹏药业有限公司、浙江泰达作物科技有限公司、浙江天丰生物科学有限公司及郑州先利达化工有限公司。

作用机理与特点 吲哚丁酸是内源生长素，能促进细胞分裂与细胞生长，诱导形成不定根，增加坐果，防止落果，改变雌、雄花比率等。可经由叶片、树枝的嫩表皮、种子进入到植物体内，随营养流输导到起作用的部位。促进植物主根生长，提高发芽率、成活率。用于促使插条生根。

应用 主要用作插条生根剂，也可用于冲施、滴灌，作为冲施肥增效剂、叶面肥增效剂、植物生长调节剂，用于细胞分裂和细胞增生，促进草木和木本植物根的分生。①浸渍法：根据插条难易生根的不同情况，用 50～300 mg/L 浸插条基部 6～24 h。浸根移植时，草本植物要求浓度 10～20 mg/L、木本植物 50 mg/L；秆插时的浸渍浓度为 50～100 mg/L；浸种、拌种浓度则为 100 mg/L（木本植物）、10～20 mg/L（草本植物）。②快浸法：根据插条难易生根的不同情况，用 500～1000 mg/L 浸插条基部 5～8 s。③蘸粉法：将吲哚丁酸钾与滑石粉等助剂拌匀后，将插条基部浸湿，蘸粉，扦插。冲施肥每亩 3～6 g，滴灌 1.0～1.5 g，拌种为 0.05 g 原药拌 30 kg 种子。

专利概况

专利名称 Synthesis of 3-indolealkanoic acid compounds

专利号 US 3051723　　　　专利申请日 1961-06-27

专利申请人 Union Carbide Corp。

登记情况 吲哚丁酸在国内主要登记了 95%、98%原药 8 个，相关制剂 19 个，用于水稻、黄瓜等促进生长以达到增产效果。部分登记情况见表 5-21。

表 5-21　吲哚丁酸在中国部分登记情况

登记证号	农药名称	剂型	含量	登记场所/作物	用途	亩用药量（制剂）	施用方法	登记证持有人
PD20200158	吲丁·萘乙酸	可溶液剂	1%	黄瓜	促进生根	120～140 mL	灌根	山东海利尔化工有限公司
PD20184103	吲丁·萘乙酸	可湿性粉剂	0.075%	月季	促进生根	6～7.5 倍液	浸泡插条基部	新乡市莱恩坪安园林有限公司

续表

登记证号	农药名称	剂型	含量	登记场所/作物	用途	亩用药量（制剂）	施用方法	登记证持有人
PD20150152	吲哚丁酸	水剂	1.2%	大豆	调节生长	1200～2000 倍液	喷雾	湖北省天门易普乐农化有限公司
				甘蔗				
				花生				
				辣椒				
				马铃薯				
				棉花				
				葡萄				
				三七				
				小麦				
				烟草				
				玉米				
				水稻		500～1000 倍液		
PD20100501	吲丁·诱抗素	可湿性粉剂	1%	水稻秧田	促进新根生长	500～1000 倍液	喷雾	四川龙蟒福生科技有限责任公司
				小麦		3000～4000 倍液		
PD20171671	吲哚丁酸	原药	98%					郑州先利达化工有限公司
PD20100321	吲哚丁酸	原药	95%					四川润尔科技有限公司
PD20097069	吲哚丁酸	原药	95%					重庆依尔双丰科技有限公司

合成方法　由吲哚与 γ-丁内酯，在氢氧化钾作用下于 280～290℃反应生成产品。

参考文献

[1] The Pesticide Manual. 17th edition: 638-639.

玉雄杀（chloretazate）

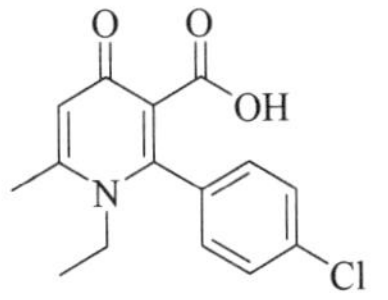

C$_{15}$H$_{14}$ClNO$_3$，291.73，81051-65-2，81052-29-1(钾盐)

　　玉雄杀（试验代号：ICI-A0748、RH-0748，商品名称：Detasselor，其他名称：karetazan）是由 Rhom & Hass 公司研制的、捷利康公司开发的玉米用杀雄剂。

　　化学名称　2-(4-氯苯基)-1-乙基-1,4-二氢-6-甲基-4-氧烟酸。英文化学名称 2-(4-chlorophenyl)-1-ethyl-1,4-dihydro-6-methyl-4-oxonicotinic acid。美国化学文摘（CA）系统名称 2-(4-chloropheny)-1-ethyl-1,4-dihydro-6- methyl-4-oxo-3-pyridinecarboxylic acid。CA 主题索引名称 3-pyridinecarboxylic acid—, 2-(4-chloropheny)-1-ethyl-1,4-dihydro-6- methyl-4-oxo-。

　　理化性质　纯品为固体，熔点为 235～237℃。

应用 玉米用杀雄剂。

专利概况

专利名称 Novel substituted oxonicotinates，their use as plant growth negulators and plant growth regulating compositions containing them

专利号 EP 40082   **优先权日** 1980-05-12

专利申请人 Rohm & Haas

在其他国家申请的专利 AT 7195E、AU 539399、AU 7024181、BR 81/02912A、CA 1207325A1、DE 3163277D、EG 15674、ES 502155A1、ES 8304404、IL 62855、JP 1516641C、JP 57114573、JP 63066314B、NZ 197027、US 148079、ZA 8103029 等。

工艺专利 EP 40082 等。

合成方法

方法（1）：

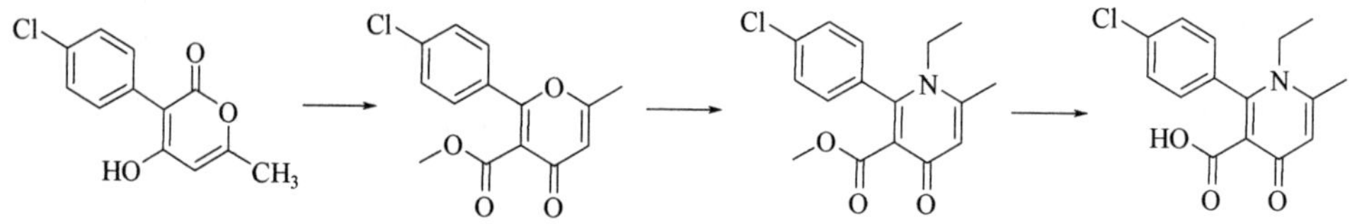

方法（2）：

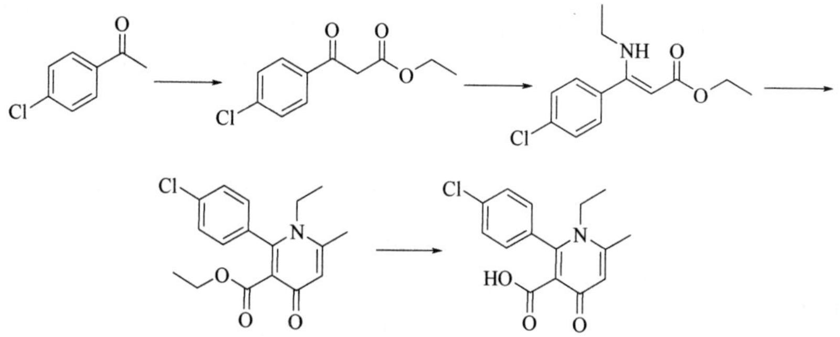

参考文献

[1] Carlson Glenn Richard. EP40082, 1981.

糠氨基嘌呤（kinetin）

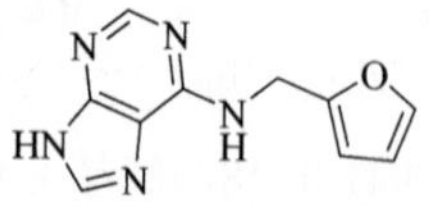

$C_{10}H_9N_5O$，215.2，525-79-1

糠氨基嘌呤［其他名称：激动素、KT、凯尼汀、糠基腺嘌呤、6-(furfurylamino)purine、6-furfuryladenine、synthetic cytokinin］是由 I.Shapiro 和 B.Kilin 于 1955 年对其化学结构做了鉴定，并进行了合成。

化学名称 N-(2-呋喃甲基)-6-氨基嘌呤。英文化学名称 N-(furan-2-ylmethyl)-7H-purin-6-amine。美国化学文摘（CA）系统名称 N-(2-furanylmethyl)-1H-purin-6-amine。CA 主题索引

名称 1*H*-purin-6-amine—, *N*-(2-furanylmethyl)-。

理化性质　白色无味晶体。熔点 266~267℃，在密闭管中 220℃时升华，相对密度 1.4374（20~25℃）。pK_{a_1}=2.7，pK_{a_2}=9.9（20~25℃）。水中溶解度 51.0 mg/L（20~25℃）。微溶于甲醇和乙醇。易溶于强酸、碱和冰醋酸。

毒性　大鼠及小鼠急性经口 LD_{50}>5000 mg/kg，兔子急性经皮 LD_{50}>2000 mg/kg，对其皮肤和眼睛有轻微刺激。

剂型　水剂。

主要生产商　湖北荆洪生物科技股份有限公司。

作用机理与特点　糠氨基嘌呤是一类和 6-苄氨基嘌呤类似的低毒植物生长调节剂。具有促进细胞分裂、诱导芽的分化、解除顶端优势、延缓衰老等作用。

应用　以 10~20 mg/L 喷洒花椰菜、芹菜、菠菜、莴苣、芥菜、萝卜、胡萝卜等植株或在收获后浸蘸植株，能延缓绿色组织中蛋白质和叶绿素的降解，防止蔬菜产品的变质和衰老，能延迟运输和贮藏时间，起到保鲜的作用。结球白菜、甘蓝等可加大浓度至 40 mg/L 进行处理。

专利概况

专利名称　*6-N-Substituted aminopurines*

专利号　JP 34008526　　　　专利申请日　1959-09-22

专利申请人　Okumura, Shigeo。

登记情况　糠氨基嘌呤在中国登记了 99%的原药和 0.4%的水剂，用于菜豆、茶树、柑橘树、花生、棉花、水稻、小麦等作物。登记情况见表 5-22。

表 5-22　糠氨基嘌呤在中国登记情况

登记证号	农药名称	剂型	含量	登记作物	用途	亩用药量（制剂）	施用方法	登记证持有人
PD20170016	糠氨基嘌呤	水剂	0.4%	菜豆 茶树 柑橘树 花生 棉花 苹果树 水稻 小麦 油菜 玉米	调节生长	600~1000 倍液	喷雾	湖北省天门易普乐农化有限公司
PD20170011	糠氨基嘌呤	原药	99%					湖北荆洪生物科技股份有限公司

合成方法　通过如下两种方法反应制得：

方法（1）：

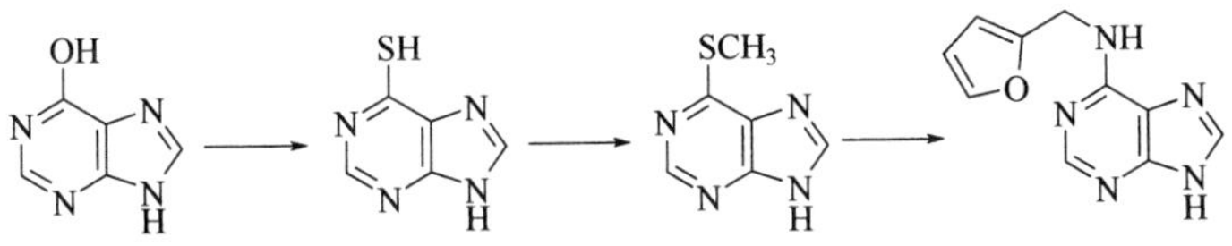

方法（2）：

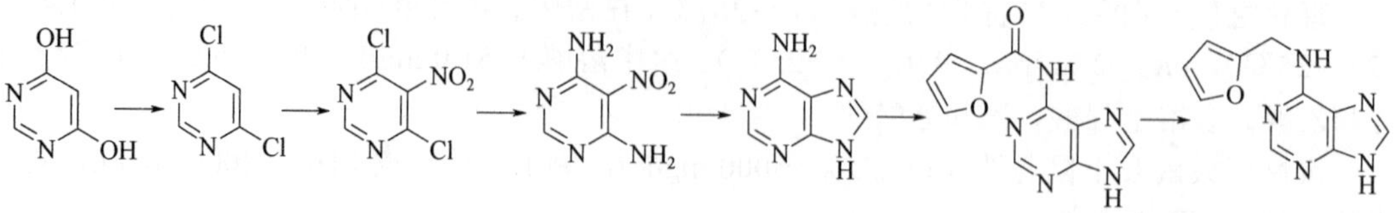

参考文献

[1] 佚名. 农药科学与管理, 2018, 39(5): 64-65.

抑芽丹（maleic hydrazide）

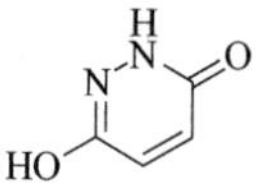

$C_4H_4N_2O_2$，112.1，123-33-1，28330-26-9(钾盐)，30681-31-3(钠盐)

抑芽丹（商品名称：Fazor、Royal MH、Royal MH 180、Royal MH-30、Royal MH 30、Royal MH 60G，其他名称：MH、K-MH、马来酰肼、青鲜素、芽敌）1949 年由 D.L.Schoene 和 O.L.Hoffmann 报道其植物生长调节活性，由 U.S. Rubber Co.（现 Chemtura Corp.）推出。

化学名称　6-羟基-2H-哒嗪-3-酮或 1,2-二氢哒嗪-3,6-二酮。英文化学名称 6-hydroxy-2H-pyridazin-3-one 或 1,2-dihydropyridazine-3,6-dione。美国化学文摘（CA）系统名称 1,2-dihydro-3,6-pyridazinedione。CA 主题索引名称 3,6-pyridazinedione—, 1,2-dihydro-。

理化性质　抑芽丹　原药含量≥97%，白色结晶固体。熔点 298～299℃，沸点 310～340℃（分解），蒸气压 3.1×10^{-3} mPa（25℃），分配系数 lgK_{ow}=-2.01（pH 7），-0.56（非离子化），Henry 常数 4.05×10^{-8} Pa·m^3/mol（计算值），pK_a（20～25℃）=5.62，相对密度 1.61（20～25℃）。溶解度（20～25℃，g/L）：水中 3.80（蒸馏水），4.56（pH 5），50.20（pH 7）。有机溶剂溶解度（20～25℃，g/L）：甲醇 3.83，1-辛醇 0.308，丙酮 0.175，乙酸乙酯、二氯甲烷、正庚烷和甲苯<0.001。pH 5 和 7 下，放置 30 d 几乎不光解，DT$_{50}$ 15.9 d（pH 9）。50℃时，pH 4、7、9 条件下不水解。

抑芽丹钾盐　Henry 常数 3.3×10^{-7} Pa·m^3/mol。水中溶解度 400 g/L（20～25℃）。

抑芽丹钠盐　水中溶解度 200 g/L（20～25℃）。

毒性　抑芽丹　大鼠急性经口 LD$_{50}$>5000 mg/kg。兔急性经皮 LD$_{50}$>5000 mg/kg。对兔的眼睛有中度刺激，对皮肤有轻微刺激，对豚鼠皮肤无致敏性。大鼠吸入 LC$_{50}$（4 h）3.2 mg/L。ADI/RfD（JMPR）0.3 mg/kg（1996）；（EC）0.25 mg/kg（2003）；（EPA）cRfD 0.25 mg/kg（1994）。

抑芽丹钾盐　大鼠急性经口 LD$_{50}$ 3900 mg/kg。对豚鼠皮肤无致敏性。大鼠吸入 LC$_{50}$（4 h）>4.03 mg/L。NOEL［mg/(kg·d)］：大鼠（2 年）25，狗（1 年）25。对啮齿类动物无致癌性，对大鼠或兔无致畸性。ADI/RfD（JMPR）5 mg/kg（1984）；（EC）0.25 mg/kg（2003）。

抑芽丹钠盐　大鼠急性经口 LD$_{50}$ 1770 mg/kg。兔急性经皮 LD$_{50}$>5000 mg/kg。对眼睛有严重刺激，对皮肤有中度刺激。大鼠吸入 LC$_{50}$（4 h）>2.07 mg/L。ADI/RfD 值参考钾盐。

生态效应　抑芽丹　野鸭急性经口 LD$_{50}$>4640 mg/kg。野鸭和山齿鹑饲喂 LC$_{50}$（8 d）>10000 mg/L。鱼 LC$_{50}$（96 h，mg/L）：虹鳟鱼>1435，大翻车鱼 1608。水蚤 LC$_{50}$（48 h）108 mg/L。

小球藻 IC_{50}（96 h）＞100 mg/L。

抑芽丹钾盐　鸟急性经口 LD_{50}（mg/kg）：野鸭＞2250，山齿鹑＞2000。野鸭饲喂 LC_{50}（8 d）＞5620 mg/kg。鱼 LC_{50}（96 h，mg/L）：虹鳟鱼＞1000，鲈鱼＞104。水蚤 LC_{50}（48 h）＞1000 mg/L。月牙藻 IC_{50}/NOEC（5 d）＞9.84 mg/L，其他藻类 IC_{50}（5 d，mg/L）：菱形藻＞97.8，鱼腥藻＞95，骨条藻＞102。糠虾 LC_{50}（96 h）＞103 mg/L，牡蛎 EC_{50}（96 h）＞111 mg/L。对蜜蜂无毒，LD_{50}（经口或接触）＞100 μg/只。蚯蚓 LC_{50}（14 d）＞1000 mg/L。

800 g/kg 可溶粒剂抑芽丹钾盐对草蛉、隐翅蛾、星豹蛛无害，钾盐使用剂量为 4 kg/hm² 时对烟蚜茧蜂、螨虫有害。扩展实验研究表明，在该剂量下，对暴露在天然植物底物中的烟蚜茧蜂和梨盲走螨的死亡率无影响，但对梨盲走螨的繁殖有明显的影响。对梨盲走螨长时间残留的研究表明，使用制剂 7 d 以后对死亡率和繁殖没有影响，这表明大田观察到的任何影响在本质上是短暂的，而且会快速恢复。钾盐使用剂量 4 kg/hm² 和 20 kg/hm² 时，制剂对土壤微生物的呼吸、氨化和硝化均无影响。

环境行为　①动物。大鼠快速吸收且 90%药物通过尿液和胆汁排出。分布广泛且无积累。温和代谢，45%～58%以母体形式排出，其余以共轭物形式排出。②植物。抑芽丹的葡萄糖苷共轭物是在洋葱和马铃薯中的代谢物，马来酸、富马酸和马来酰亚胺是在马铃薯中生成的代谢物。③土壤/环境。土壤 DT_{50}：（实验室，20℃）11 h～4 d，（大田）2～17 d；土壤 DT_{90}：（实验室，20℃）7～13 d，（大田）7～14 d。四种土壤中 K_{oc} 分别为 19.8、51.7、30.2 和 78.9。大田渗透研究表明，在使用剂量＞0.1 μg/L 时没有证据证明渗透到地下水。整个系统 DT_{50}：（河水/沉积物研究）226 d，（池塘水/沉积物研究）320 d。

剂型　水剂、可溶粒剂。

主要生产商　Chemtura、CCA Biochemical、Drexel、Laboratorios Agrochem、Fair、爱利思达生物化学品有限公司、邯郸市赵都精细化工有限公司及连云港市金囤农化有限公司。

作用机理与特点　抑芽丹主要经由植物的叶片、嫩枝、芽、根吸收，然后经过木质部、韧皮部传导到植株生长活跃的部位积累起来，进入到顶芽里。可以抑制顶端优势，抑制顶部旺长，使光合作用的产物向下输送，进入到腋芽、侧芽或块茎块根的芽里，可控制这些芽的萌发或延长这些芽的萌发期。其作用机理是抑制生长活跃部位中分生组织的细胞分裂。抑制分生区细胞分裂，但不抑制细胞扩展。

应用　抑芽丹作为植物生长调节剂也具有一定的除草活性，可以抑制草坪、路边、河堤、城市绿化地带的杂草生长，抑制灌木和树木生长，与 2,4-滴混合可用作除草剂。可以用在烟草上防止烟草根系生长，防治腋芽生长消耗烟株的养分，也可用来防止贮藏期的马铃薯、圆葱、大蒜、萝卜等发芽，还可促使柑橘休眠。

抑芽丹抑芽使用技术　打顶 7 d 以后，待顶叶长到 25 cm 左右时，全面实行化学抑芽。每亩用 500 mL 兑水 20 kg，现将烟株上至 2 cm 长的腋芽全部抹除，然后用喷雾器均匀喷洒在中上部叶 7～8 片，药效在 20 d 以上。施药浓度高时 1 次施药可抑制烟株腋芽至采收结束不再生长，在施药后烟叶容易出现假熟现象，叶片提前落黄，宜等到叶脉变白时再采收。抑芽丹的使用方法与其他抑芽剂不同，由于它是内吸性药剂，故采用叶面喷雾施药。在使用方面应注意以下几个要点。①使用时期过早将稍微抑制顶叶生长，在有条件的地方可打顶后先人工抹芽 1 次，封顶 2 星期左右视顶叶生长情况再使用抑芽丹。②标准用量为每亩烟田使用 30.2%抑芽丹 500 mL，加水 20 kg，可只喷洒至烟株上部叶片。由于抑芽丹水剂密度比水大，故喷施前应混合搅拌均匀。③如果施药后 6 h 降雨，要重新进行喷施。气温超过 37℃或低于－10℃不宜施药。上午施用要等烟叶上露水干后方可施药。最好在阴天但不下雨的中午施用。晴天施用应在阳光辐射不强的下午进行，曝晒施药效果不理想。

专利概况

专利名称　Preparation of 1, 2-dihydropyridazine-3, 6-dione

专利号　US 2575954　　　　　　专利申请日　1950-01-25

专利申请人　US Rubber Co.

其他相关专利　US 2614916、US 2614917、US 2805926。

登记情况　抑芽丹在中国登记了 99.6%原药 2 个，相关制剂 3 个。用于烟草，抑制腋芽生长。部分登记情况见表 5-23。

表 5-23　抑芽丹在中国部分登记情况

登记证号	农药名称	剂型	含量	登记作物	用途	亩用药量（制剂）	施用方法	登记证持有人
PD20183377	抑芽丹	水剂	23%	烟草	抑制腋芽生长	350～550 mL	喷雾	潍坊中农联合化工有限公司
PD20160731	抑芽丹	水剂	30.2%	烟草	抑制腋芽生长	40～50 倍液	杯淋法	重庆依尔双丰科技有限公司
PD20101272	抑芽丹	水剂	30.2%	烟草	抑制腋芽生长	50～60 倍液每株20～25 mL	茎叶喷雾	潍坊中农联合化工有限公司
PD20150753	抑芽丹	原药	99.6%					邯郸市赵都精细化工有限公司
PD20121675	抑芽丹	原药	99.6%					爱利思达生物化学品有限公司

合成方法　抑芽丹主要通过顺丁烯二酸酐和水合肼在酸性介质中反应得到。

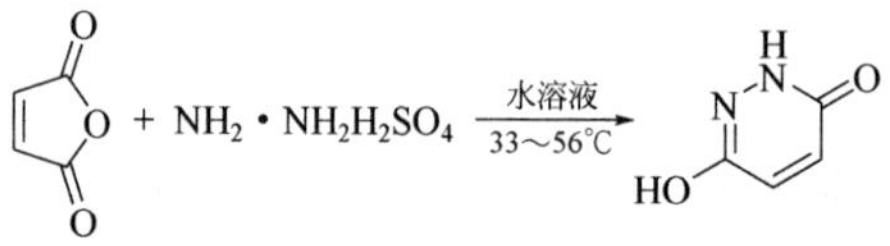

参考文献

[1] The Pesticide Manual. 17th edition: 687-689.

氟磺酰草胺（mefluidide）

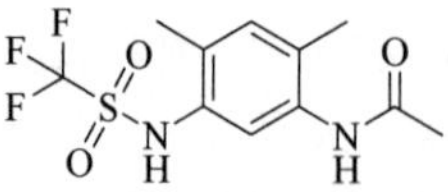

$C_{11}H_{13}F_3N_2O_3S$，310.3，53780-34-0，53780-36-2(二乙醇胺盐)

氟磺酰草胺［试验代号：MBR 12325，商品名称：Embark（二乙醇胺盐）］由 3M 公司引进，1989 年由 PBI/Gordon 公司收购该产品。

化学名称　5′-(1, 1, 1-三氟甲磺酰氨基)乙酰基-2′, 4′-二甲基苯胺。英文化学名称 5′-(1,1,1-trifluoromethanesulfonamido)aceto-2′,4′-xylidide。美国化学文摘（CA）系统名称 *N*-[2,4-dimethyl-5-[[(trifluoromethyl)sulfonyl]amino]phenyl]acetamide。CA 主题索引名称 acetamide—, *N*-[2,4-dimethyl-5-[[(trifluoromethyl)sulfonyl]amino]phenyl]-。

理化性质　无色无味结晶状固体。熔点 183～185℃，蒸气压＜10.0 mPa（25℃），分配系数 lgK_{ow}=2.02（非离子化），Henry 常数＜0.172 Pa·m³/mol（计算值），pK_a(20～25℃)=4.6。溶解度（g/L，20～25℃）：水中 0.18、丙酮 350、甲醇 310、乙腈 64、乙酸乙酯 50、正辛醇 17、二乙醚 3.9、二氯甲烷 2.1、苯 0.31、二甲苯 0.12。稳定性：高温稳定，在酸性或碱性溶液中加热回流，可导致氟磺酰草胺乙酰氨基部分水解，水溶液在紫外线照射下分解。

毒性　急性经口 LD_{50}（mg/kg）：大鼠＞4000，小鼠 1920。兔急性经皮 LD_{50}＞4000 mg/kg。对兔的眼睛有中度刺激性，对皮肤无刺激作用。狗 NOEL1.5 mg/(kg·d)。无诱变性，无致畸性。ADI/RfD（EPA）aRfD 0.58 mg/kg，cRfD 0.015 mg/kg（2007）。在鼠伤寒沙门氏菌中没有观察到诱变作用。

生态效应　野鸭和山齿鹑急性经口 LD_{50}＞4620 mg/kg。野鸭和山齿鹑饲喂 LC_{50}（5 d）＞10000 mg/kg 饲料（第 8 天观察），虹鳟、蓝鳃翻车鱼 LC_{50}（96 h）＞100 mg/L。对蜜蜂无毒。

环境行为　①动物。在哺乳动物体内，经口摄入，氟磺酰草胺残留物可以完全排出体外。②土壤。土壤中快速降解，DT_{50}＜1 周。代谢物为 5-氨基-2,4-二甲基三氟甲烷磺酰苯胺。

剂型　可溶液剂。

主要生产商　PBI/Gordon。

作用机理与特点　植物生长调节剂和除草剂，可抑制分生组织的增长和发展。

应用　抑制生长，抑制草皮、草坪、草地、工业区、美化市容地带及人工割草很难的区域（如路边缘和路堤）的多年生牧草生成种子。抑制观赏性乔木和灌木的生长，提高甘蔗的蔗糖含量。防止大豆及其他作物田的杂草生长及种子产生（尤其是假高粱和自生谷类植物），使用剂量范围 0.3～1.1 kg/hm²，与生长调节剂型除草剂相容，与自然界中酸性的液体肥料不相容。

专利概况

专利名称　5-Acetamido-2,4-dimethyltrifluoromethanesulfonanilide

专利号　US 3894078　　　　　专利申请日　1973-02-12

专利申请人　PBI/Gordon。

合成方法

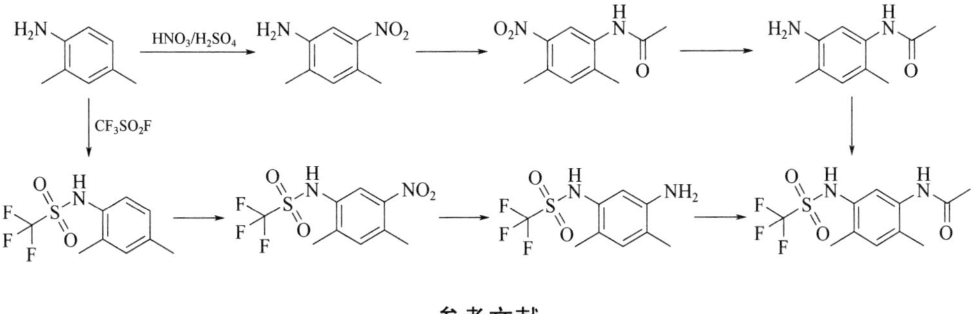

参考文献

[1] The Pesticide Manual. 17th edition: 712-713.

甲哌鎓（mepiquat chloride）

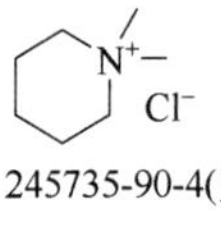

C₇H₁₆ClN，149.7，24307-26-4，245735-90-4(五硼酸盐)，15302-91-7(鎓离子)

甲哌鎓（试验代号：BAS 083 W，商品名称：Bonvinot、Mepex、Pix、Roquat，其他名称：助壮素、甲哌啶、调节啶、壮棉素、皮克斯、缩节胺）1974 年由 B. Zeeh 等报道其植物生长调节活性，1980 年由 BASF AG（现 BASF SE）在美国推出。

化学名称　1,1-二甲基哌啶鎓氯化物。英文化学名称 1,1-dimethylpiperidinium。美国化学文摘（CA）系统名称 1,1-dimethylpiperidinium。CA 主题索引名称 piperidinium—, 1,1-dimethyl-。

理化性质　无色无味吸湿性晶体。熔点＞300℃，蒸气压＜$1×10^{-11}$ mPa（20℃），相对密度 1.166（20～25℃），分配系数 $\lg K_{ow}$=-3.55（pH 7），Henry 常数 $3×10^{-17}$ Pa·m^3/mol。溶解度（g/L，20～25℃）：水中＞500，其五硼酸盐水中 250；有机溶剂中：甲醇 487，正辛醇 9.62，乙腈 2.80，二氯甲烷 0.51，丙酮 0.02，甲苯、正庚烷和乙酸乙酯＜0.01。水解稳定（30 d，pH 值 3、5、7、9，25℃）。光照下稳定。

毒性　甲哌鎓　大鼠急性经口 LD_{50} 270 mg/kg，大鼠急性经皮 LD_{50}＞1160 mg/kg，对兔的眼睛和皮肤无刺激，大鼠吸入 LC_{50}（7 h）＞2.84 mg/L 空气。狗 NOEL（1 年）19.9 mg/kg。ADI/RfD（EC）0.2 mg/kg（2008）；（BfR）0.3 mg/kg（2003）；（EPA）cRfD 0.6 mg/kg（1996）。

甲哌鎓五硼酸盐　大鼠急性经口 LD_{50} 500～1000 mg/kg，大鼠急性经皮 LD_{50}＞2000 mg/kg，对兔的眼中度刺激，对兔的皮肤无刺激，对豚鼠皮肤无致敏性。大鼠吸入 LC_{50}（4 h）＞2.84 mg/kg。

生态效应　山齿鹑急性经口 LD_{50} 2000 mg/kg，野鸭和山齿鹑饲喂 LC_{50}＞5637 mg/kg。虹鳟鱼 LC_{50}（96 h）＞100 mg/L。水蚤 LC_{50}（48 h）106 mg/L。藻类 E_bC_{50} 和 E_rC_{50}（72 h）＞1000 mg/L。恶臭假单胞菌 EC_{10}（18 h）1630 mg/L。蜜蜂 LD_{50}（48 h）：＞107 μg/只（经口），＞100 μg/只（接触）。蚯蚓 LC_{50}（14 d）319.5 mg/kg 干土。

环境行为　①动物。大鼠经口摄入甲哌鎓后，约48%通过尿液排出，38%通过粪便排出，＜1%留在组织中。每个案例中未代谢物含量约占 90%。②土壤/环境。土壤中含水量 40%时甲哌鎓 DT_{50}11～40 d（20℃）。

剂型　水剂、可溶粉剂、泡腾片剂。

主要生产商　Anpon、BASF、CCA Biochemical、Gharda、JIE、Rotam、Sharda、成都新朝阳作物科学有限公司、江苏省常熟市农药厂有限公司、江苏润泽农化有限公司、江苏省激素研究所股份有限公司、江苏省南通金陵农化有限公司、江苏省南通施壮化工有限公司、上虞颖泰精细化工有限公司以及四川润尔科技有限公司等。

作用机理与特点　甲哌鎓对植物营养生长有延缓作用，甲哌鎓可通过植株叶片和根部吸收，传导至全株，可降低植株体内赤霉素的活性，从而抑制细胞伸长，顶芽长势减弱，控制植株纵横生长，使植株节间缩短，株型紧凑，叶色深厚，叶面积减少，并增强叶绿素的合成，可防止植株旺长，推迟封行等。甲哌鎓能提高细胞膜的稳定性，增加植株抗逆性。具有内吸性，根据用量和植物不同生长期喷洒，可调节植物生长，使植株坚实抗倒伏，改进色泽，增加产量。是一种与赤霉素拮抗的植物生长调节素，用于棉花等植物上。棉花使用甲哌鎓能促进根系发育，叶色发绿、变厚，防止徒长，抗倒伏，提高成铃率，增加霜前花，并使棉花品级提高；同时，使株型紧凑、赘芽大大减少，节省整枝用工。

应用

（1）适用作物　棉花、小麦、水稻、花生、玉米、马铃薯、葡萄、蔬菜、豆类、花卉等农作物。

（2）防治对象　能促进植物的生殖生长；抑制茎叶疯长、控制侧枝、塑造理想株型，提高根系数量和活力，使果实增重，品质提高。

（3）使用方法　将甲哌鎓对水稀释成一定浓度的药液后，喷洒植株。①在甜椒定植后的

40 天及 70 天时，用 100 mg/L 的药液，各喷 1 次。②在番茄定植前及初花期，用 100 mg/L 的药液，各喷 1 次。③在黄瓜的花期，用 100～120 mg/L 的药液喷洒，均可促早坐果，提高早期产量。④在花椰菜花球直径为 6 cm 时，喷洒 105 mg/L 的甲哌鎓（用 96%含量的甲哌鎓）药液，可提高花椰菜采收一致性和产量。可在棉花早期开花阶段（田间出现 8～10 朵白色或黄色花朵）时用 180～240 g/hm^2 药液喷洒。

　　（4）注意事项　①施用甲哌鎓要根据作物生长情况而定，对土壤肥力条件差、水源不足、长势差的地块，要加强田间肥水管理，防止干旱或缺肥。对易早衰的作物品种，应在生长后期喷洒尿素进行根外追肥。②在施用本剂后，要加强水肥管理，方能达到预期效果。应严格掌握使用浓度、用药量及使用时期，避免产生不良影响。若作物被抑制过度，可喷洒 30～500 mg/L 的赤霉素药液。③在低温下，水溶液中易析出结晶体，当温度升高时，结晶又会溶解，不影响使用效果。

　　专利概况

　　专利名称　Triazoles and imidazoles useful as plant fungicides and growth regulating agents

　　专利号　DE 2207575　　　　　　专利申请日　1976-08-19

　　专利申请人　ICI Agrochemicals

　　其他相关专利　US 3905798。

　　登记情况　甲哌鎓在中国登记了 96%、98%、99%原药 12 个，相关制剂 59 个。可用于调节棉花、玉米、大豆、甘薯生长。部分登记情况见表 5-24。

表 5-24　甲哌鎓在中国部分登记情况

登记证号	农药名称	剂型	含量	登记作物	用途	亩用药量（制剂）	施用方法	登记证持有人
PDN39-96	甲哌鎓	可溶粉剂	98%	棉花	调节生长	3.1～4.1 g	喷雾	张家口长城农药有限公司
PD20160920	甲哌鎓	水剂	250 g/L	棉花	调节生长	5000～6667 溶液	喷雾	河南省郑州农达生化制品有限公司
PD20160843	甲哌鎓	泡腾片剂	40%	棉花	调节生长	7.5～10 g	喷雾	中棉小康生物科技有限公司
PD20152117	甲哌鎓	可溶粉剂	10%	甘薯	调节生长	333～500 倍液	茎叶喷雾	郑州郑氏化工产品有限公司
PD20151008	胺鲜·甲哌鎓	水剂	27.5%	大豆	调节生长	15～25 mL	茎叶喷雾	郑州郑氏化工产品有限公司
PD20170664	甲哌鎓	原药	98%					江苏省常熟市农药厂有限公司
PD20131597	甲哌鎓	原药	98%					江苏省激素研究所股份有限公司
PD20095757	甲哌鎓	原药	98%					上虞颖泰精细化工有限公司

　　合成方法　由哌啶和一氯甲烷合成而得。

参考文献

[1] The Pesticide Manual. 17th edition: 715-716.

1-甲基环丙烯（1-methylcyclopropene）

C₄H₆，54.1，3100-04-7

1-甲基环丙烯（商品名称：EthylBloc，其他名称：1-MCP）由 Rohm &Haas 公司（现科迪华）开发，1999 年在美国首次登记。

化学名称 1-甲基环丙烯。英文化学名称 1-methylcyclopropene。美国化学文摘（CA）系统名称 1-methylcyclopropene。CA 主题索引名称 cyclopropene—, 1-methyl-。

理化性质 原药纯度≥96%，纯品为气体。沸点 4.7℃（$1.01×10^5$ Pa）（计算值），蒸气压 $2×10^8$ mPa（25℃，计算值），分配系数 $\lg K_{ow}$=2.4（pH 7）。溶解度（g/L，20～25℃）：水中 0.137（pH 7），正庚烷 2.45，二甲苯 2.25，乙酸乙酯 12.5，甲醇 11，丙酮 2.40，二氯甲烷 2.0。20℃稳定 28 d，在水和高温条件下不稳定，2.4 h 内降解 70%以上（pH 4～9，50℃）。

毒性 大鼠急性经口 LD_{50}＞5000 mg/kg。兔急性经皮 LD_{50}＞2000 mg/kg。吸入 LC_{50}＞2.5 mg/L。大鼠吸入 NOEL（90 d）9 mg/kg（空气 23.5 mg/L）。ADI/RfD（EC）0.0009 mg/kg，aRfD 0.07 mg/kg（2006）。

剂型 粉剂、片剂、微囊粒剂、发气剂。

主要生产商 福阿母韩农株式会社、黑龙江省大地丰农业科技开发有限公司、江苏省农药研究所股份有限公司、龙杏生技制药股份有限公司、美国阿格洛法士公司、山东奥维特生物科技有限公司、陕西北农华绿色生物技术有限公司、西安鼎盛生物化工有限公司以及张家口长城农药有限公司。

作用机理与特点 它通过与乙烯受体优先结合的方式，不可逆地作用于乙烯受体，阻止内源乙烯和外源乙烯与乙烯受体的结合，从而抑制花卉、蔬果等园艺作物后熟或衰老。可很好地延缓成熟、衰老，很好地保持产品的硬度、脆度，保持颜色、风味、香味和营养成分，能有效地保持植物的抗病性，减轻微生物引起的腐烂和减轻生理病害，并可减少水分蒸发、防止萎蔫。果蔬、花卉使用其处理，保鲜期大大地延长。

应用 1-甲基环丙烯使用剂量很小，通常以 μg/m 计算，一般是熏蒸，只要把空间密封 6～12 h，然后通风换气，就可以达到储藏保鲜的效果。尤其是呼吸跃变型水果、蔬菜，在采摘后 1～14 d 进行熏蒸处理，可以延长保鲜期至少一倍的时间。可使用在多种贮藏方式中，如七条库、冷藏车、简易库以及土库等，且还能强烈抑制苹果的虎皮病和梨黑星病等。适用水果类：苹果、梨、猕猴桃、桃、柿子、葡萄、李、杏、樱桃、草莓、哈密瓜、枣（呼吸跃变型的品种，如大荔园枣、陕北狗头枣、灵武长枣）、酸枣；南方的香蕉、番荔枝、芒果、枇杷、杨梅、木瓜、番石榴、杨桃等水果。适用蔬菜类：番茄、西兰花、蒜薹、辣椒、青菜、韭薹、茄子、黄瓜、竹笋、油豆角、小白菜、苦瓜、香菜、马铃薯、莴苣、甘蓝、芥蓝、青花菜、芹菜、青椒、胡萝卜等。适用花卉类：郁金香、六出花属、康乃馨、唐菖蒲、金鱼草、兰花、香石竹、满天星、玫瑰、百合属、风铃草等。

专利概况

专利名称 Method of counteracting an ethylene response in plants

专利号 US 5518988　　　　专利申请日 1994-06-03

专利申请人 Univ North Carolina State。

登记情况　国内登记了粉剂、片剂、微囊粒剂、发气剂等 16 个相关制剂，用于各种水果的保鲜。部分登记情况见表 5-25。

表 5-25　1-甲基环丙烯在中国部分登记情况

登记证号	农药名称	剂型	含量	登记作物	用途	亩用药量（制剂）	施用方法	登记证持有人
PD20200163	1-甲基环丙烯	粉剂	0.03%	苹果	保鲜	15～25 g/m³	密闭熏蒸	黑龙江省大地丰农业科技开发有限公司
				猕猴桃		2～4 g/m³		
PD20190198	1-甲基环丙烯	片剂	2%	苹果	保鲜	56～112 mg/m³	密闭熏蒸	山东奥维特生物科技有限公司
				猕猴桃		28～56 mg/m³		
PD20182677	1-甲基环丙烯	发气剂	12%	番茄	保鲜	20～30 g/m³	密闭熏蒸	株式会社福阿母韩农
				梨				
				苹果				
				柿子				
				香瓜				
				猕猴桃				
PD20182516	1-甲基环丙烯	微囊粒剂	0.014%	番茄	保鲜	12～16 g/m³	密闭熏蒸	陕西北农华绿色生物技术有限公司
				苹果		12～16 g/m³		
				猕猴桃		6～12 g/m³		
PD20131624	1-甲基环丙烯	微囊粒剂	0.014%	番茄	保鲜	30～92.5 g/m³	密闭熏蒸	美国阿格洛法士公司
				梨		30～62.5 g/m³		
				苹果		30～62.5 g/m³		
				花椰菜		62.5～92.5 g/m³		
				香甜瓜		30～62.5 g/m³		
				康乃馨		60～100 g/m³		
				李子		30～92.5 g/m³		

合成方法　由 3-氯-2-甲基丙烯在氨基钠的条件下合成得到 1-甲基环丙烯。

参考文献

[1] The Pesticide Manual. 17th edition: 756-757.

萘乙酰胺（naphthaleneacetamide）

$C_{12}H_{11}NO$，185.2，86-86-2

萘乙酰胺（商品名：Amid-Thin、Asultran，其他名称：NAAm、NAD、α-naphthaleneacetamide）是由 Amchem Products, Inc.（现属 Bayer AG 公司）开发的萘类植物生长调节剂。

化学名称　2-(1-萘基)乙酰胺。英文化学名称 2-(1-naphthyl)acetamide。美国化学文摘（CA）系统名称 1-naphthaleneacetamide。CA 主题索引名称 1-naphthaleneacetamide。

理化性质　纯品为无色晶体。熔点184℃，不易燃，蒸气压＜0.01 mPa（25℃）。溶解度（20～25℃）：水中39.0 mg/L（40℃），溶于丙酮、乙醇、异丙醇，不溶于煤油。常规条件下储存稳定。

毒性　大鼠急性经口 LD$_{50}$ 约1690 mg/kg，家兔急性经皮 LD$_{50}$＞2000 mg/kg。对皮肤轻度刺激；对眼睛（兔子）严重刺激。NOEL AOEL 0.07 mg/(kg·d)；ADI/RfD（EU）0.1 mg/(kg·d)。（EPA）见萘乙酸。

生态效应　参考 EFSA Jou. 2011, 9(2), 2020(58pp.), EU Rev. Rep. SANCO/11271/2011, June 2011.

剂型　可湿性粉剂。

主要生产商　Amvac、CCA Biochemical、Green Plantchem、Sharda。

作用机理与特点　通过诱导在花序梗中形成脱落区而起作用。萘乙酰胺可经由植物的茎、叶吸收，传导性慢，可引起花序梗离层的形成，从而作苹果、梨的疏果剂，同时也有促进生根的作用。

应用　用于多种苹果和梨树疏花疏果，防止苹果和樱桃过早落果。

（1）苹果　以25～50 mg/L 浓度，在盛花后2～2.5周（花瓣脱落时）进行全株喷洒。

（2）梨　以25～50 mg/L 浓度，在花瓣落花至花瓣落后5～7 d 进行全株喷洒。

（3）萘乙酰胺与有关生根物质混用可促进苹果、梨、桃、葡萄及观赏作物生根，所用配方如下：①萘乙酰胺0.018%+萘乙酸0.002%+硫脲0.093%；②萘乙酰胺与吲哚丁酸、萘乙酸、福美双等混用。

专利概况

专利名称　Method of preparing alphanaphthylacetamide

专利号　US 2331711　　　　　**专利申请日**　1942-03-28

专利申请人　American Cyanamid Company。

合成方法　由萘乙酸氨化得到。

参考文献

[1] The Pesticide Manual. 17th edition: 786.

萘乙酸（1-naphthylacetic acid）

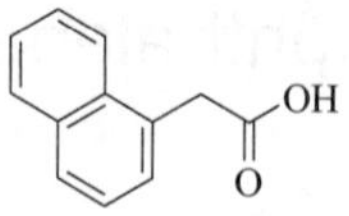

C$_{12}$H$_{10}$O$_2$，186.2，86-87-3，61-31-4(钠盐)

萘乙酸［商品名：Acimone、Fixor、Ormoroc、Rhizopon B、Duoduoshou（钠盐）、Fruit Fix（铵盐）、Tre-Hold（乙酯），其他名称：NAA、α-naphthaleneacetic acids］是由 Amchem Products, Inc.（现 Bayer AG 公司）开发的萘类植物生长调节剂。

化学名称　2-(1-萘基)乙酸。英文化学名称 1-naphthylacetic acid。美国化学文摘（CA）系统名称 1-naphthaleneacetic acid。CA 主题索引名称 1-naphthaleneacetic acid。

理化性质　萘乙酸　无色晶体。熔点134～135℃，蒸气压＜0.01 mPa（25℃），分配系

数 $\lg K_{ow}$=2.6，pK_a（20～25℃）=4.2。溶解度（g/L，20～25℃）：水中 0.42，四氯化碳 10.6，二甲苯 55，易溶于丙酮、乙醇、氯仿、乙醚。储藏非常稳定。

　　萘乙酸乙酯　无色液体。熔点 175℃（1.01×10^5 Pa），相对密度 1.106（20～25℃）。溶解度（g/L，20～25℃）：不溶于水，易溶于丙酮、乙醇、二硫化碳、异丙醇，微溶于煤油、柴油。正常条件下稳定。

　　毒性　萘乙酸　大鼠急性经口 LD_{50} 1000～5900 mg/kg，小鼠急性经口 LD_{50} 700 mg/kg（钠盐）。兔急性经皮 LD_{50}＞5000 mg/kg。对兔的皮肤轻度到中度刺激；对兔的眼睛严重刺激。吸入 LC_{50}＞150 mg/L。NOEL：狗 NOAEL 15 mg/kg，ANOEL（EU）0.07 mg/(kg·d)。ADI/RfD（EPA）aRfD 0.5 mg/kg，cRfD 0.15 mg/kg（2007）（也适用于其盐、酯和萘乙酰胺），（EU）0.1 mg/(kg·d)。

　　萘乙酸乙酯　大鼠急性经口 LD_{50} 约 3580 mg/kg，兔急性经皮 LD_{50}＞2000 mg/kg。对兔的皮肤轻度到中度刺激；对兔的眼睛无刺激性。大鼠吸入 LC_{50}＞206.5 mg/L。

　　生态效应　野鸭和山齿鹑 LC_{50}（8 d）＞10000 mg/kg。鱼 LC_{50}（mg/L，96 h）：虹鳟 57，大翻车鱼 82。水蚤 LC_{50}（48 h）360 mg/L。

　　剂型　水剂、可溶粉剂、泡腾片剂、气雾剂、乳油、可溶液剂、粉剂。

　　主要生产商　Amvac、Bayer CropScience、CCA Biochemical、Green Plantchem、Interchem、Sharda、四川省兰月科技有限公司、四川润尔科技有限公司、台州市大鹏药业有限公司、浙江泰达作物科技有限公司、浙江天丰生物科学有限公司、郑州先利达化工有限公司及郑州郑氏化工产品有限公司等。

　　作用机理与特点　萘乙酸可经由茎、叶、根吸收，然后传导到作用部位，其生理作用和作用机制类似吲哚乙酸：刺激细胞分裂和组织分化，诱导单性结实，形成无籽果实，促进开花。在一定浓度范围内抑制纤维素酶，防止落花落果落叶。诱发枝条不定根的形成，加速树木的扦插生根。低浓度促进植物的生长发育，高浓度引起内源乙烯的生成，从而有催熟增产的作用，还可提高某些作物的抗寒、抗旱、抗涝及抗盐的能力。

　　应用　萘乙酸广谱多用途。促进坐果：番茄在盛花期以 50 mg/L 浸花，促进坐果，授精前处理形成无籽果；西瓜在花期以 20～30 mg/L 浸花或喷花，促进坐果，授精前处理形成无籽西瓜。菠萝在植株营养生长完成后，从株心处注入 15～20 mg/L 药液 30 mL，促进早开花。棉花从盛花期开始，每 15 天以 10～20 mg/L 喷洒一次，共 3 次，防止棉铃脱落，提高产量。疏花疏果、防采前落果：苹果大年花多、果密，在花期用 10～20 mg/L 药液喷洒一次，可代替人工疏花疏果。有些苹果、梨的品种，在采收前易落果，采前 2～3 周以 20 mg/L 喷洒一次，可有效地防止采前落果。诱导不定根：桑、茶、油桐、柠檬、柞树、侧柏、杉、甘薯等以 10～200 mg/L 浓度浸泡插枝基部 12～24 h，可促进扦插枝条生根。壮苗：小麦以 20 mg/L 浸种 12 h，水稻以 10 mg/L 浸种 2 h，可使种子早萌发，根多苗健，增加产量。对其他大田作物及某些蔬菜如玉米、谷子、白菜、萝卜等也有壮苗作用。还可提高某些作物抗寒、抗盐能力。催熟：用 0.1%药液喷洒柠檬树冠，可加速果实成熟，提高产量。豆类作物以 100 mg/L 药液喷洒一次，也有加快成熟增加粒重的作用。在甘薯的结薯期，每亩用 20 mg/L 药液 50 L 喷洒，可促进薯块生成。在金丝小枣的生理幼果期使用浓度为 20 mg/L 可防止生理落果。在萝卜采收前 4 d，用 1000～5000 mg/L 药液叶面喷洒，于较低温度下储藏，可抑制储藏期间萌芽。收获前 20～30 d 在甜樱桃品上，果实浸蘸 1 mg/L 药液可减少裂果 20%～30%。用 100 mg/L 药液浸泡葡萄枝条 8～12 h 既能促进生根，又抑制插条芽过早萌发，提高扦插成活率。用 50～100 mL/L

药液在芒果谢花后和果实似豌豆大小喷洒可减少生理落果，有保果效果。在荔枝谢花后 30 d 用 40～100 mg/L 药液喷洒可使荔枝落果减少，果实增大，提高产量。当秋海棠花芽在叶腋中出现时，用 12.5 mg/L 药液喷洒，可减少花的脱落，延长观花时间。用 50 mg/L 药液在叶子花期喷离层部，可延长盆栽叶子花的花期达 20 d。用 50 mg/L 药液或 0.02～2 mg/L 的 2,4-滴药液在香豌豆蕾期喷离层部位，可防止香豌豆落花，延长观花期。用浓度为 50 mg/L 药液在兰花蕾期喷离层部位，可延长观花期。在文竹花谢后 7 d 喷浓度为 10 mg/L 药液 1 次，10～15 d 后再喷 1 次，可减少落果。将牡丹枝条剪成带 2～3 个芽的插穗，插前用浓度为 500 mg/L 的萘乙酸或 300 mg/L 的吲哚丁酸速浸基部，可提高生根率和成活率。剪取一年生大叶黄杨健条为插穗，长 10～12 cm，插前用 500～1000 mg/L 药液快蘸插穗基部 3～10 s 或用浓度 50～100 mg/L 吲哚丁酸浸 3 h，都可促进生根和提高成活率。此外，月季、广玉兰、橡皮树、蜡梅、宝贵籽、金叶女贞、山茶、黄刺玫、樱花、大绣球、金鱼草、金丝桃、彩纹海棠、金丝纳、龙柏、佛手、无花果、石榴红松、银新杨、银杏等均可用上述的方法促进观赏植物和林木插穗生根。

萘乙酸和吲哚丁酸以 2:3 混合，可作生根剂促进西瓜生根。还对其他瓜类有良好的促长、壮苗的作用。用 100 mg/L 的吲哚丁酸和萘乙酸混合可提高柑橘的生根率。5 mg/L 的萘乙酸和 0.5% 的氯化钙混合可防治番茄的疫病。在蚕豆蕾、花、荚大量脱落时期：喷洒浓度为 10 mg/L 的萘乙酸和 1000 mg/L 的硼酸，每亩用药量 30 L 可显著减少花荚的脱落，且可每亩增产 15～20 kg。

萘乙酸可以与复硝酚钠混合使用，商品有 2.85% 硝·萘合剂（1.2% α-萘乙酸+1.65% 复硝酚钠），主要在小麦、水稻齐穗期至灌浆期使用，可以增加产量；在花生、大豆结荚期使用，也有明显增产作用。

萘乙酸、萘乙酰胺和硫脲混用，开发出一种广泛适应于木本植物插枝生根的生长调节剂产品，如 0.113%（0.002% 萘乙酸+0.018% 萘乙酰胺+0.093% 硫脲）可湿性粉剂是欧洲等广泛使用的一种插枝生根剂。适用于苹果、梨、桃、葡萄、玫瑰、天竺葵以及灌木和多种木本花卉植物扦插生根。

另外，萘乙酸与水杨酸和复合维生素类混合使用，对木兰属植物的插枝生根有明显的加合或增效作用。

专利概况

专利名称　1-naphthaleneacetic acid

专利号　US 2166554　　　　　　专利申请日　1938-06-30

专利申请人　American Cyanamid Company。

登记情况　萘乙酸在国内主要登记了 80%、81%、95%、98% 的原药 5 个，85.8% 和 87% 的萘乙酸钠原药 2 个，80% 萘乙酸母药 1 个，相关制剂 51 个，用于马铃薯、黄瓜、番茄等调节生长。部分登记情况见表 5-26。

表 5-26　萘乙酸在中国部分登记情况

登记证号	农药名称	剂型	含量	登记作物	用途	亩用药量（制剂）	施用方法	登记证持有人
PD20200167	氯胆·萘乙酸	可溶液剂	21%	马铃薯	调节生长	40～60 mL	茎叶喷雾	广东省佛山市盈辉作物科学有限公司
PD20200158	吲丁·萘乙酸	可溶液剂	1%	黄瓜	促进生根	120～140 mL	灌根	山东海利尔化工有限公司

登记证号	农药名称	剂型	含量	登记作物	用途	亩用药量（制剂）	施用方法	登记证持有人
PD20182160	萘乙酸钠	可溶粒剂	10%	番茄	调节生长	5000～10000 倍液	喷雾	陕西美邦药业集团股份有限公司
PD20181536	萘乙酸	水剂	5%	番茄	调节生长	4000～5000 倍液	喷花	郑州郑氏化工产品有限公司
PD20150029	萘乙酸	泡腾片剂	10%	番茄	调节生长	5000～10000 倍液	茎叶喷雾	鹤壁全丰生物科技有限公司
PD86124-3	萘乙酸	原药	80%					四川润尔科技有限公司
PD20170954	萘乙酸	原药	98%					浙江泰达作物科技有限公司

合成方法 萘与一氯乙酸在铝粉、溴化钾等催化剂存在下，于 185～210℃反应，经中和、酸化、过滤得粗品，经重结晶得精制萘乙酸。

参考文献

[1] The Pesticide Manual. 17th edition: 787-789.

2-萘氧乙酸（2-naphthyloxyacetic acid）

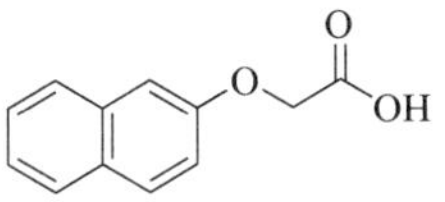

$C_{12}H_{10}O_3$，202.2，120-23-0

2-萘氧乙酸（商品名：ViTNQ，其他名称：BNOA）是由 S. C. Bausor 报道可以增加坐果，Synchemicals 公司开发的萘类植物生长调节剂。

化学名称 2-(2-萘氧)乙酸。英文化学名称(2-naphthyloxy)acetic acid。美国化学文摘（CA）系统名称 2-(2-naphthalenyloxy)acetic acid。CA 主题索引名称 acetic acid—, 2-(2-naphthalenyloxy)-。

理化性质 纯品为无色晶体（原药为绿色晶体）。熔点 156℃，溶解性（20～25℃）：不溶于水，溶于乙醇、醋酸和乙醚。可形成水溶性碱金属盐和铵盐。

毒性 大鼠急性经口 LD_{50} 1000 mg/kg。ADI/RfD（EPA）0.0012 mg/kg（1987）。

生态效应 对蜜蜂无害。

环境行为 植物。先降解为 2-萘酚，然后水解开环。

剂型 悬浮剂、可溶液剂。

主要生产商 CCA Biochemical、Green Plantchem、Hockley、Interchem、Sharda。

作用机理与特点 植物生长调节剂，可通过叶和根吸收。

应用 用于番茄、草莓、黑莓、辣椒、茄子、葡萄和菠萝的坐果剂，喷雾施用。用法是在开花早期以 40～60 mg/L 剂量喷到花上，和 GA_3 混用这种作用更明显。当番茄开花时以 25～30 mg/L 药液喷花，促坐果，增产。在番茄初花期，用 50～100 mg/L 药液喷花，可刺激子房膨大，果实生长快。当和吲哚丁酸（IBA）及萘乙酸（NAA）混用时可作为生根剂。

专利概况

专利名称　Compositions and methods for stimulating plant growth

专利号　US 2763540　　　　　　专利申请日　1954-12-03

专利申请人　Steward Frederick C;Caplin Samuel M。

合成方法　由 2-萘酚与 2-氯乙酸反应得到。

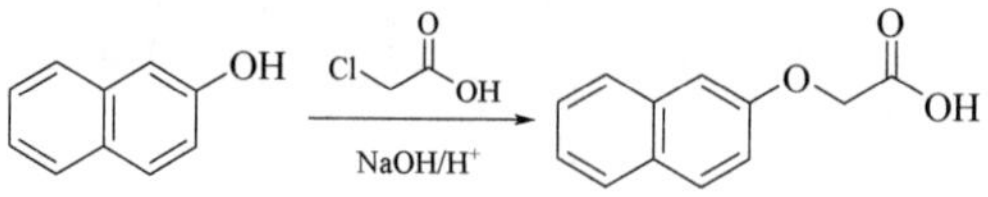

参考文献

[1]　The Pesticide Manual. 17th edition: 789.

羟烯腺嘌呤（oxyenadenine）

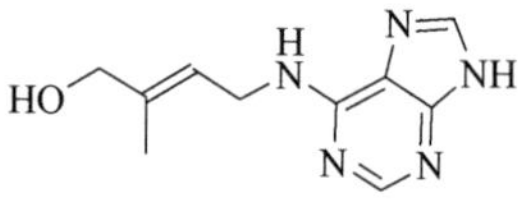

$C_{10}H_{13}N_5O$，219.2，1174290-12-0

羟烯腺嘌呤（常与烯腺嘌呤混用，其他名称：玉米素，商品名称：Boot、富滋、万帅）是嘌呤类植物生长调节剂。

化学名称　4-羟基异戊烯基腺嘌呤。英文化学名称　N-(4-hydroxy-3-methylbut-2-enyl)adenine。美国化学文摘（CA）系统名称　N-(4-hydroxy-3-methyl-2-buten-1-yl)-1H-purin-6-amine。CA 主题索引名称 1H-purin-6-amine—, N-(4-hydroxy-3-methyl-2-buten-1-yl)-。

理化性质　原药熔点 209.5～213℃，溶于甲醇、乙醇，不溶于水和丙酮，在 0～100℃时热稳定性良好。

毒性　大鼠急性经口 LD_{50} 10000 mg/kg。对其他生物无害。

剂型　水剂、可溶粉剂、可湿性粉剂、颗粒剂等。

主要生产商　高碑店市田星生物工程有限公司、河北中保绿农作物科技有限公司以及浙江惠光生化有限公司。

作用机理与特点　羟烯腺嘌呤可由植物的茎叶和果实吸收，其活性高于糠氨基嘌呤。通过喷施该制剂，能使植株矮化，茎秆增粗，根系发达，叶夹角变小，绿叶功能期延长，光合效率高，从而达到提高产量的目的。

应用　适宜作物　玉米、柑橘、黄瓜、胡椒、凤梨、马铃薯、番茄等。

用 3 mg 羟烯腺嘌呤和 30 mL 40%乙烯利，兑水 20 kg 喷施玉米田，能使玉米增产。主要是适当增加相对密度来发挥群体优势而得高产。

0.01%羟烯腺嘌呤水剂，以 600～2500 mL 制剂/hm² 喷雾或浸根，可使番茄和棉花增产。

更多详细应用见烯腺嘌呤。

登记情况　中国登记有 0.5%的羟烯腺嘌呤母药，0.006%、0.02%烯腺·羟烯腺的母药，其他相关制剂 12 个，可用于葡萄、水稻、大豆、玉米、甘蔗等调节生长，增加产量。部分登记情况见表 5-27。

表 5-27　羟烯腺嘌呤在中国部分登记情况

登记证号	农药名称	剂型	含量	登记作物	用途	亩用药量（制剂）	施用方法	登记证持有人
PD20180918	烯腺·羟烯腺	水剂	0.002%	葡萄	调节生长	600～800 倍液	喷雾	河北上瑞生物科技有限公司
PD20171262	羟烯腺嘌呤	颗粒剂	0.0001%	水稻	调节生长	1000～3000 g	喷雾	上海惠光环境科技有限公司
PD20081298	羟烯腺嘌呤	可湿性粉剂	0.0001%	大豆	调节生长	588 倍液	喷雾	浙江惠光生化有限公司
				甘蔗		200～250 倍液	喷雾	
				水稻		①588 倍液；②100～150 倍液	①喷雾；②浸种	
				玉米				
PD20097723	烯腺·羟烯腺	母药	0.02%					河北中保绿农作物科技有限公司
PD20081120	羟烯腺嘌呤	母药	0.5%					浙江惠光生化有限公司

合成方法　羟烯腺嘌呤可通过发酵方法制备，也可通过如下方法合成：

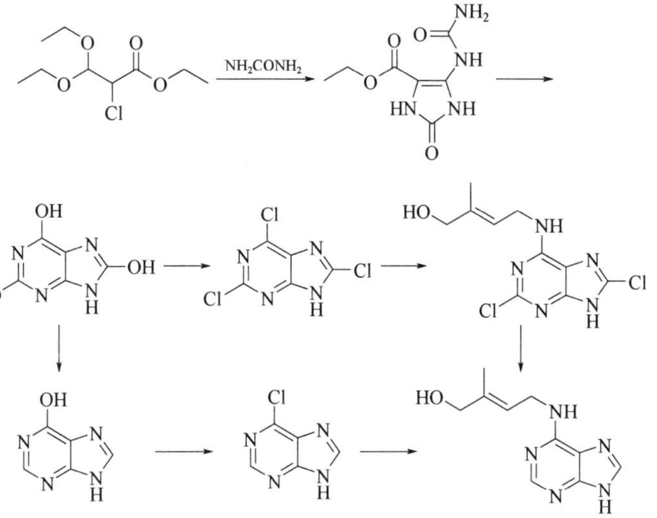

参考文献

[1] 张元元, 周安飞, 孙永辉, 等. CN106883233, 2017.

[2] 何永梅, 胡为. 农药市场信息, 2009(24): 38.

多效唑（paclobutrazol）

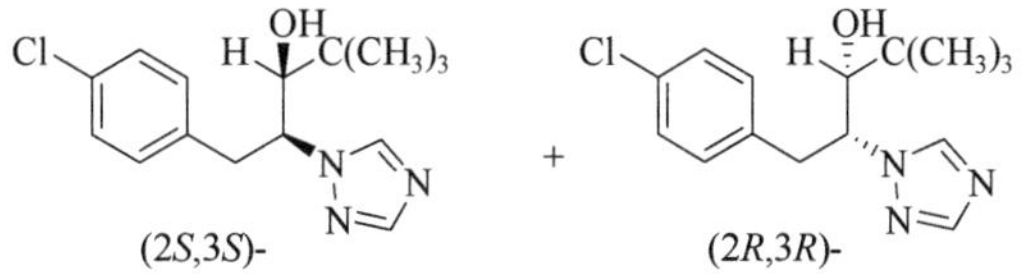

(2S,3S)- + (2R,3R)-
$C_{15}H_{20}ClN_3O$，293.8，76738-62-0

多效唑（试验代号：PP333，商品名称：Bonzi、Cultar、Paclo、Paclot、Padosun、Piccolo、Profile）是由 ICI Agrochemicals（现 Syngenta AG 公司）开发的植物生长调节剂，1986 年首次上市。

化学名称 (2RS,3RS)-1-(4-氯苯基)-4,4-二甲基-2-(1H-1,2,4-三唑-1-基)戊-3-醇。英文化学名称(2RS,3RS)-1-(4-chlorophenyl)-4,4-dimethyl-2-(1H-1,2,4-triazol-1-yl)pentan-3-ol。美国化学文摘（CA）系统名称(αR,βR)-rel-β-[(4-chlorophenyl)methyl]-α-(1,1-dimethylethyl)-1H-1,2,4-triazole-1-ethanol。CA 主题索引名称 1H-1,2,4-triazole-1-ethanol—,β-[(4-chlorophenyl)methyl]-α-(1,1-dimethylethyl)-(αR,βR)-rel-。

理化性质 原药纯度为 90%，白色无味粒状固体。熔点 164℃，沸点 384℃（$1.01×10^5$ Pa）。蒸气压 $1.9×10^{-3}$ mPa（20℃）。分配系数 lgK_{ow}=3.2。Henry 系数 $2.3×10^{-5}$ Pa•m³/mol。相对密度 1.23（20～25℃）。溶解度（20～25℃）：水中 22.9 mg/L，其他溶剂中（g/L）：二甲苯 5.67，正庚烷 0.199，丙酮 72.4，乙酸乙酯 45.1，辛醇 29.4，甲醇 115，1, 2-二氯乙烷 51.9。在 20℃时稳定储存多于 2 年，在 50℃时稳定储存多于六个月。在水中稳定（pH 4～9），在紫外线的照射下没有降解（pH 7，10 d）。

毒性 急性经口 LD_{50}（mg/kg）：雌性大鼠＞2000，雄小鼠 490，雌小鼠 1219，大鼠急性经皮 LD_{50}＞2000 mg/kg，对兔的皮肤和眼睛无刺激，对豚鼠无皮肤致敏性。大鼠吸入 LC_{50}（4 h，mg/L 空气）：雄性 4.79，雌性 3.13。NOEL 大鼠（2 年）250 mg/kg 饲料，狗（1 年）75 mg/(kg•d)。ADI/RfD（mg/kg）：（JMPR）0.1（1998），（EPA）cRfD 0.013（1992）。无致突变。

生态效应 急性经口 LD_{50}（mg/kg）：野鸭＞7913，鹌鹑 2100。野鸭和山齿鹑 LC_{50}（5 d）20000 mg/kg 饲料。鱼 LC_{50}（96 h，mg/mL）：虹鳟鱼 27.8，大翻车鱼 23.6。水蚤 EC_{50}（48 h）＞29.0 mg/L。月牙藻 EC_{50}（96 h）39.7 mg/L。糠虾 LC_{50}（96 h）9.0 mg/L；太平洋牡蛎 EC_{50}（48 h）＞10 mg/L；浮萍 EC_{50}（7 d）8.2 μg/L。蜜蜂 LD_{50}（μg/只）：经口＞2，接触＞40。蚯蚓 LC_{50}（14 d）＞1000 mg/kg。

环境行为 ①动物。动物经口摄入后，大部分以尿液形式排出体外。体内保留的是最小的剂量。在高剂量下很少的多效唑在体内组织消除。②植物。在植物体内大部分多效唑代谢为三唑丙氨酸。③土壤/环境。在土壤中，多效唑快速降解。DT_{50} 27～618 d（实验室），14～389 d（田地）。没有潜在的积累和浸出。土壤吸附 K_{oc} 210 mL/g（n=13），耐水解，在环境中光解不是主要的降解途径。

剂型 悬浮剂、可湿性粉剂、乳油、颗粒剂。

主要生产商 CCA Biochemcial、Sharda、Sundat、鹤壁全丰生物科技有限公司、黄龙生物科技（辽宁）有限公司、江苏景宏生物科技有限公司、江苏七洲绿色化工股份有限公司、江苏苏滨生物农化有限公司、江苏托球农化股份有限公司、江苏中旗科技股份有限公司、江西农大锐特化工科技有限公司、辽宁升联生物科技有限公司、内蒙古润辉生物科技有限公司、山东潍坊润丰化工股份有限公司、沈阳科创化学品有限公司、四川省化学工业研究设计院及榆林成泰恒生物科技有限公司等。

作用机理与特点 三唑类植物生长调节剂，是内源赤霉素合成抑制剂，可提高稻吲哚乙酸氧化酶的活性，降低稻苗内源 IAA（吲哚乙酸）的水平，从而明显减弱稻苗顶端生长优势，促进侧芽分蘖、防止败苗、抑制稗草生长。使用后表现矮壮多蘖，叶色浓绿，根系发达，特别适用于连作晚稻田。如水稻田施颗粒剂，在通常施肥条件下，可提高根系呼吸强度，降低地上部分呼吸强度，提高叶片气孔抗阻，降低叶面蒸腾作用，从而增加易倒伏品种产量，改变水稻对氮肥的吸收，进一步提高产量。还可以减少植物细胞分裂和伸长，易被根、茎、叶吸收，通过植物的木质部进行传导，并转移至接近顶点的分生组织，控制节间生长，矮化植株。具有向顶输导性，故不会残留在果实中，对果实大小影响甚微。多效唑也是一种杀菌剂，能防除病害，其杀菌活力是抑制菌体内羊毛甾醇 C-14 脱甲基，阻碍麦角甾醇的生物合成，最终达到杀死真菌的效果。

　　应用　可用于盆栽观赏植物（鳞茎、菊花、一品红和秋海棠）和果树，施药方法有茎叶喷雾或与肥料混施、拌土处理。既改善坐果率和品质，又缩短植物生长期。对禾本科植物有广泛活性，能使植物节间变得短壮，以减少倒伏、增加产量。施用较高剂量时，可抑制叶片生长，而对繁殖器官无妨碍。还能促进油菜壮苗，防止高脚苗，增加亩产量。也能调整大豆株形，提高结荚率。当需要抑制植物结籽时，可与抑制植物结籽的药剂混用，效果良好。以200 mg/L 喷洒一次，立即对生长旺盛的果树产生影响，并在整个生长期间延迟生长。此外，对油菜菌核病、小麦白粉病、水稻纹枯病、苹果炭疽病等 10 多种病原菌有抑制活性的作用。既有广谱抑菌活性，还可以控制草害，使杂草矮化、延缓生长，减轻危害。

　　（1）水稻　始穗期每亩喷洒 10 mg/L 药液 50 L，可抑制单穗间的顶端优势，增加每穗粒数，提高结实率和千粒重。在拔节前用 150～200 mg/L 药液进行茎叶喷洒，可使节间细短，茎壁增厚，机械组织发达，能有效防止倒伏。二季晚稻秧苗，300 mg/L 药液于稻背叶 1 心前，落水后淋洒，施后 12～24 h 后灌水；早稻用 187 mg/L 药液于稻苗 1 叶 1 心前落水后淋洒，12～24 h 后灌水。达到控苗促蘖、"带蘖壮秧"、矮化防倒、增加产量的功效。低温下用多效唑处理的秧苗，根系发达，成活率显著提高，对解决早稻烂秧具有重要意义。早季杂交稻在3 叶 1 心期、中季杂交稻晚季杂交稻和晚粳稻在 1 叶 1 心期用 300 mg/L 药液喷雾即可。

　　培育水稻壮秧：于水稻 1 叶 1 心期时放干秧田水，每亩喷湿 100 mg/L 的多效唑药液 100 kg，即可收到控长、促蘖、防败苗的效果。切忌药后大水灌溉和过量施用氮肥，播种量过高（每亩大于 30～40 kg）时，也将降低效果。

　　控制机插秧苗徒长：以 100 mg/L 多效唑药液 150 kg，将 100 kg 水稻种子浸泡 36 h，催芽播种。35 d 秧龄，苗高不超过 25 cm。适合我国当前推广的插秧机机栽。

　　防止水稻倒伏：于抽穗前 30 d（约为水稻拔节期），每亩均匀喷雾 300 mg/L 的多效唑药液 60 kg，即可收到理想的防止倒伏的效果。

　　（2）小麦　播前用 200 mg/L 药液浸种 10～12 h，可促进根系生长，壮苗增蘖，增强抗逆性。在 3～5 叶期，每亩叶面喷洒 100～150 mg/L 药液 50 L，可以增强分蘖力，提高成穗率，增加有效穗，降低株高，减轻倒伏。在小麦拔节期用 200～300 mg/L 药液喷雾，可明显降低株高，抗倒能力增强。或在大播量高密度有倒伏危险的高水肥麦田小麦 2 叶 1 心期，用 120～200 mg/L 药液喷洒，可降低株高，减少倒伏。拔节或孕穗期喷洒 150 mg/L 药液 40 L/亩，并与锌、镁、硼等微量元素肥混用，可增产，并有利于改善品质。如小麦冬前应用多效唑，可促进氮素向籽粒中输送，提高籽粒蛋白质含量和赖氨酸含量。在小麦分蘖末期和旗叶出现阶段，使用 15%多效唑可湿性粉剂 8～12 g/亩，加水 30～50 L 喷洒，可有效缩短麦科节间长度，提高抗倒伏能力，同时提高抗霜冻能力。

　　（3）大麦　在大麦 1 叶 1 心期使用 300 mg/L 药液进行叶面喷洒，可明显促进分蘖、控长壮秆、增穗增粒，达到抗倒增产的目的。在大麦拔节期每亩叶面喷洒 50L 600～800 mg/L 药液，可减轻早春低温的危害，提高产量。

　　（4）玉米　用 200 mg/L 药液浸种 12 h（1 kg 药液浸种 0.8～1 kg 玉米种子），或在玉米 5～6 片叶时喷洒叶面，可防止麦套玉米苗弱易倒，达到增产目的。

　　（5）谷子　在拔节期或抽穗期，叶面喷洒 300 mg/L 药液 50 L，可延缓叶片衰老，增加后期叶片的光合生产率，促进灌浆精粒的干物质积累量，比对照增产 10%左右。

（6）油菜 以 200 mg/L 浓度于油菜 3 叶期进行叶面喷雾，每亩喷药液 100 L，可抑制油菜根茎伸长、茎秆矮化，使得叶色深绿、叶片厚实，促使根茎增粗、培育壮苗，用 200 mg/L 药液浸种 10 h，用于直播，出苗率高，苗齐苗壮，中后期仍能维持明显的生长优势；用于移栽，则可提高成活率 30%以上，茎增粗 5 mm，根长和根数明显增多。

（7）大豆 以 100~200 mg/L，药液于大豆 4~6 叶期叶面喷雾，植株矮化、茎秆变粗、叶柄短粗，叶柄与主茎夹角变小，绿叶数增加，光合作用增强，防落花落荚，增加产量。用 200 mg/L 药液拌种（药液与种子=1：10），阴干种皮不皱缩即可播种，也有好的效果。在大豆开花后的第 7 天，每亩喷 50~100 L 100~200mg/L 药液，可以调节大豆株形，显著地降低大豆株高和抑制叶柄伸长，使茎秆增粗，叶柄变短，株形紧凑。我国南方的大多数土壤中数量元素硼和钼都十分缺乏，可用 1%钼酸铵+2%稀土元素肥料+0.5%硼砂混合拌种，再在盛花期喷洒 100 mg/L 药液，具有较好的增产效果。另一种增产作用较好的配方与前一种配方基本相同，只是在喷洒多效唑时，药液中加入了微量元素，即每亩喷洒浓度为 100 mg/L 多效唑+0.02%钼酸铵+0.03%稀土+0.02%硼砂的混合液 50 L，春大豆于封行期、夏大豆于盛花期用 100~200 mg/L 药液，能降低株高、提高产量。另在北京、新疆、辽宁等地试验，于大豆初花期叶面喷洒 100~200 mg/L 药液，可增加籽粒中的蛋白质含量。另据丹东试验，在大豆生长 60 d 或初花期喷 200 mg/L 药液，脂肪含量比对照提高 11%~18%。多效唑可与镁、硫、磷等元素的肥料混合施用，比多效唑单独处理的成本更低，增产效果更显著。

（8）甘薯 在薯块膨大初期，用 50~150 mg/L 药液喷洒，可提高产量和淀粉含量，并可促使甘薯提早成熟。另据贵州试验表明，在甘薯套玉米模式中，于甘薯的花蕾期每亩用 90~120 mg/L 药液 50 L 喷洒，则甘薯和玉米都能增产。

（9）马铃薯 株高 25~30 cm 时，使用 250~300 mg/L 药液，每亩喷洒 50 L 药液，可抑制茎秆伸长，促进光合作用，改善光合产物在植株器官的分配比例，起到控上促下的作用，促进块茎膨大，增加产量。但该药剂适用于旺长田块。

（10）辣椒、茄子 苗高 6~7 cm 时用 10~20 mg/L 药液进行叶面喷施，每亩用药液量 20~30L 喷施 1 次，切不可超量重复喷洒。

（11）西瓜 育苗时为防止出真叶前徒长，下胚轴过长，可对子叶喷 50~100 mg/L 药液。伸蔓至 60 cm 左右，对生长过旺植株用 200~500 mg/L 药液全株喷洒，每次相隔 10 d，喷 2~3 次，可控制蔓长，提高坐瓜率。

（12）西葫芦 苗期采用 4~20 mg/L 药液淋苗，可使瓜苗节间缩短、叶片增厚、增绿、抗寒、抗旱。

（13）杏树 对于杏的幼树，在 5 月中下旬短枝叶片长成以后，喷洒 1000 mg/L 药液，或者花后 3 周在土壤中每平方米树冠投影面积使用 15%可湿性粉剂 0.5~0.8 g 的水溶液，可以控长促花。对于盛果期大树，当新梢长到 10 cm 时，叶面喷洒 100~300 mg/L 药液；果实采收完毕接棚后，在秋梢旺长初期再喷洒 200~500 mg/L 药液，达到控长促花的目的。

（14）樱桃树 按每株 0.5~1.6 g (a.i.)的剂量土施，或 200~2000 mg/L 药液进行叶面喷洒，可以明显抑制樱桃树的营养生长，并有利于生殖器官的形成，且药效期长。用 200 mg/L 药液在落花后喷洒于叶面，使具有花芽的短果枝数明显增加。

（15）苹果、梨 土壤施用（树四周沟施或穴施）15%可湿性粉剂 15 g/株，使用时间为春季萌芽前至正当萌芽时，叶面喷雾。在植株旺盛生长前，处理浓度为 500 mg/L 控制营养生长，促进生殖生长，促进坐果，可明显增加果实数量。库尔勒香梨在花蕾露红期喷洒 600 mg/L

药液，能使秃顶果由 83.8%降至 8.7%，果形指数由 1.25 降至 1.05，多数果实由纺锤形变为宽卵形，多效唑控制梨和罐梨秃顶果也有类似的效果。

（16）柑橘　小年树花蕾期喷洒 1000 mg/L 药液，可明显提高着果率，增加产量。5 月 24日（夏梢前 1 周），以 10 mg (a.i.)株土壤施用，6 月 15 日（夏梢发生后 2 周）以 30 mg (a.i.)株土壤施用，8 月 11 日(秋梢发生前)以 10 mg (a.i.)株土壤施用，伸长生长明显得到控制。柑橘增甜，色泽好。在 5 月 24 日和 6 月 15 日分别叶面喷洒 500 mg/L 药液，梢的伸长生长也明显得到抑制，同样有增甜着色作用。用 100 mg/L 药液可使盆栽"代代"生长缓慢而粗壮，对叶片中氮磷钾钙铁及锰等元素含量无影响，可抑制根系生长。

（17）桃　在新梢旺盛生长前，以 15%可湿性粉剂 15 mg (a.i.)株土壤施用，或用 500 mg/L药液进行叶面喷雾，抑制新梢伸长，促进坐果，促进着色，增加产量；在花期喷洒 500～1000 m/L 药液，亦有显著的疏除效果，因抑制了花粉萌发和幼果膨大，成熟时处理果的重量高于对照。大棚栽培中，为了抑制生长，减少修剪次数，使树冠矮小紧凑和长势中庸，可应用多效唑调节，施用方法有三种：一是叶面喷洒，二是土施，三是树干涂抹法。

（18）枇杷　在果实采收后的夏梢抽生期喷洒 500～700 mg/L 药液，对夏梢生长有明显的抑制效果，有利于营养的积累。同时对花芽分化、延迟花期和减少冻害均有好处。

（19）龙眼　多效唑是一种生长延缓剂，它通过抑制赤霉酸的生物合成而起作用。龙眼叶片喷施多效唑，使节间变短、叶片增厚，提高叶绿素含量使叶片光合速率加快。在秋末冬初花芽生理分化期处理明显促进花穗形成，500～2000 mg/L 范围内随着使用浓度的提高，龙眼的抽穗率及成穗率均较高。花穗发生"冲梢"初期，可采用 300 mg/L 药液喷施，也可以抑制红叶的长大。龙眼控梢 11 号药（主要成分为多效唑）也能有效控制龙眼花穗小叶，防止"冲梢"，促进花穗正常发育。该药由华南农业大学园艺系化学调控中心多年研制而成，生产上已大面积使用。

（20）荔枝　用华南农业大学园艺系生产的荔枝控梢促花素 11 号药（主要成分为多效唑）喷洒，可有效控制荔枝花穗上的小叶。

（21）芒果　促进芒果开花：12 月～次年 2 月份是芒果花芽生理分化时期，如果此时植株仍在萌芽抽梢，就必须将嫩梢摘去或用药剂将嫩梢杀除，最好喷施专用芒果控梢促花剂（华南农业大学园艺系生产，主要成分为多效唑），此药比较安全可靠。对于 12 月～次年 2 月份虽然未长冬梢，但是树势较旺的树可用多效唑在 11 月～次年 1 月份，在树冠滴水线下挖 10 cm深的浅沟，均匀撒下 15%可湿性粉剂 2 g，并保持土壤湿润，能有效促使芒果成花。但是多效唑在土壤中残留时间长，不能连年使用。推迟芒果开花：唐晶等人在广州试验认为，在 11～12 月份芒果花芽分化前连喷 2～3 次 100～200 mg/L 的赤霉酸，到次年 2～3 月份间土壤施用15～30 g 15%可湿性粉剂可将芒果的开花期推迟至 6 月以后，收果期在 9～11 月，产量和品质与正常季节收果相比并无差异。

（22）杨梅　多效唑适用于生长势旺盛的未投产树、进入结果期的幼年树、生长势偏旺结果数量少的成年树及旺长无产树。施用方法分土壤施用和叶面喷施两种。土壤施用量视树势和品种而异，东魁杨梅以有效成分每平方米施 0.35 g 为宜，荸荠种杨梅 0.15～0.2 g、晚稻杨梅和深红杨梅 0.2～0.25 g、水梅类 0.1g。叶面喷洒时，未结果的旺长树在春梢或夏梢将停止生长时，即花芽分化前喷洒 1000 mg/L 药液为宜，喷至叶面滴水为止。多效唑抑梢促花效果明显，一般 5 年生以下的幼树不能使用；土施后要隔 1～5 年才能再施，叶面喷洒 1 次后的也要隔 1～2 年再喷。施用多效唑后还需配合人工拉大主枝和副主枝的角度，才能发挥更大的效应。若多效唑过度抑制了杨梅生长，首先在年梢 2～3 cm 长时，喷洒浓度为 40～50 mg/L 的赤霉酸，促使春梢伸长生长；其次在结果期疏去所有幼果，至下一年可以适量挂果。

（23）葡萄　土壤施用和叶面喷洒多效唑都能起到抑旺、促壮，提高坐果率，增加树体抗逆性，改善果实品质等作用。土施应在秋季落叶后至春季发芽前，叶喷时间在新梢（结果处）长达 65 cm 时进行。用 15%可湿性粉剂 600 倍液喷雾。

（24）花生　喷洒多效唑后，可抑制花生主茎和侧枝的伸长，节间缩短，抗倒伏，地上部分干重明显减少，而根部干重略微增高，叶面积减少，气孔面积也小，蒸腾速率下降，从而提高了植物抗旱能力。花生应用多效唑的浓度和药液量由花生植株长势而定，用 50～100 mg/L 药液拌种，用量以浸湿种子为度，闷种 1 h 后晾干播种于大田，可以调控花生苗期的生长发育。

（25）油橄榄　在落叶前，用 200 mg/L 的多效唑或苄氨基嘌呤，能提高叶片 SOD（超氧化物歧化酶）活性，降低了叶片超氧自由基的产生速率，延缓叶片衰老，把叶片脱落始期和脱落高峰期都推迟了 15 d，从而有利于开花和果实发育。

（26）烟草　在烟草幼苗 3 叶 1 心期，多效唑使用浓度为 150～200 mg/L，烯效唑使用浓度 20 mg/L，每亩幼苗喷洒 60～80 L 药液，可降低烟苗高度，使茎粗壮，叶片较绿，光合效率增加，烟苗素质提高，抗逆性增强。

（27）枸杞　在枸杞树冠范围地面外缘挖对称环状沟，沟深 15 cm，长 30～50 cm，将定量的多效唑（1～4 年幼枸杞树每株树 0.15 g，5 年以上成龄树 0.3 g）与清水按 1∶10000 比例稀释后，均匀撒入沟内后覆土，可控制徒长，促进生殖生长，达到早期丰产、稳产和产品优质的目的。

（28）人参　在出苗末期，用 200～336 mg/L，药液喷洒或用 0.03～0.05 g/m^2 施入土壤，每年喷洒或土施两次（间隔 15 d），可控制人参的营养消耗，加快生殖生长，增加叶绿素含量，减轻病害，控制杂草、提高产量和优质率。

（29）水仙　在 9 月下旬地栽前两天，用 20～50 mg/L 药液浸泡 36～48 h 后，待鳞茎的根盘上长出有半粒米长短的白根时，捞出鳞茎在清水中浸泡 5～8 h，再进行播种，成苗率高，出苗整齐，且叶绿花大，花期可延长 1～2 周。

（30）马缨丹　用 40%可湿性粉剂（0.5～1.0 g/盆）对盆栽马缨丹进行土壤处理，可使植株生长量降低，枝条缩短，而不处理的植株则需要进一步修剪。

（31）盆栽柑橘　用 125～250 mg/L 药液浇施观赏盆栽柑橘，可有效控制其枝梢生长、增加短枝比例，提高当年坐果率和第二年花芽分化率。

（32）丁香　在丁香扦插定植 1 周后，用 40%多效唑可湿性粉剂每盆 20 mg 浇灌土壤，1 个月后浇灌第二次，可矮化植株，并促进侧枝生长。

此外，多效唑还可矮化草皮，减少修剪次数；还可矮化菊花、一品红等许多观赏植物使之早开花，花朵大。多效唑与尿素混合使用有协同增效作用。每平方米早熟禾草坪用 5.9 g 尿素+0.007～0.054 g 多效唑混合喷洒，可使早熟禾叶片绿而宽、侧枝多，明显改善草坪质量，而多效唑单用仅有矮化作用，单用尿素则促进草坪长高而叶色淡。多效唑与多种其他植物生长调节剂混合使用具有协调作用。如多效唑与烯效唑混合组成多效·烯效合剂，是一种增强矮化作用的复合型生长调节剂，为 80%赛多可湿性粉剂（多效唑与烯效唑比例为 7∶1），主要应用于水稻、小麦、油菜等作物，可以抑制其营养生长，促进生殖生长，促进生根，提高抗旱、抗寒和抗倒伏能力。

专利概况

专利名称　Triazoles and imidazoles useful as plant fungicides and growth regulating agents

专利号　GB 1595696　　　　专利申请日　1976-08-19

专利申请人　ICI Agrochemicals

其他相关专利　US 4243405、DE 2737489、JP 61056105。

登记情况　多效唑在中国登记了94%、95%、96%原药16个，相关制剂81个。登记作物为花生、水稻、荔枝树等。部分登记情况见表5-28。

表 5-28　多效唑在中国部分登记情况

登记证号	农药名称	剂型	含量	登记作物	用途	亩用药量（制剂）	施用方法	登记证持有人
PD20190098	多效唑	可湿性粉剂	15%	水稻	控制生长	500～750 倍液	喷雾	江苏百灵农化有限公司
PD20184288	多效唑	悬浮剂	25%	荔枝树	控梢	650～800 倍液	喷雾	江苏托球农化股份有限公司
PD20183927	多唑·甲哌鎓	悬浮剂	30%	花生	调节生长	20～30 mL	喷雾	四川润尔科技有限公司
PD20181698	多效唑	悬浮剂	25%	水稻	调节生长	1600～2000 倍液	喷雾	英国捷利诺华有限公司
PD20183792	多效唑	原药	95%					江苏苏滨生物农化有限公司
PD20170863	多效唑	原药	96%					江西农大锐特化工科技有限公司
PD20085249	多效唑	原药	95%					沈阳科创化学品有限公司

合成方法　多效唑的制备方法主要有两种。

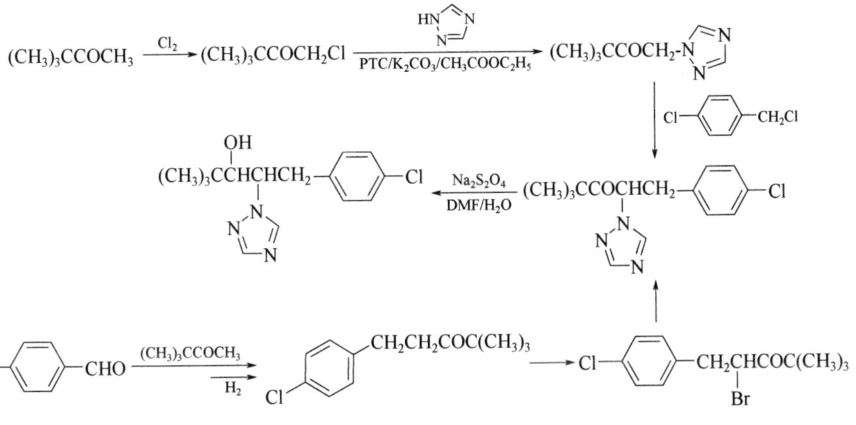

参考文献

[1] The Pesticide Manual. 17th edition: 837-838.

[2] 陈云生, 赵康. 河南化工, 2019, 36(6): 18-20.

苯肽胺酸（phthalanilic acid）

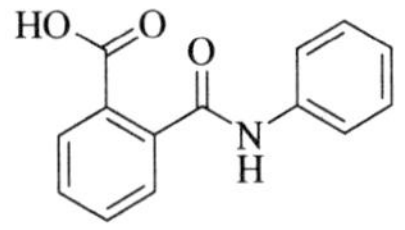

$C_{14}H_{11}NO_3$，241.2，4727-29-1

苯肽胺酸（商品名称：宝赢、Nevirol）是由瑞士 Geigy（现先正达）最先报道的植物生长调节剂。

化学名称　*N*-苯基邻苯二甲酸单酰胺或 2-(苯氨基羰基)苯甲酸。英文化学名称　*N*-phenylphthalamic acid。美国化学文摘（CA）系统名称 2-([phenylamino]carbonyl)-benzoic acid。

理化性质　原药纯度≥97%，无味的白色粉末。熔点 169℃（分解），相对密度 0.39（20～25℃）。水中溶解度 20 mg/L（20～25℃），易溶于甲醇、乙醇、丙酮和乙腈。在中性条件下稳定，强酸条件下水解。在 100℃ 以上或者紫外线照射条件下能缓慢地分解成 *N*-苯基邻苯二甲酰亚胺。

毒性　雄性和雌性大、小鼠急性经口 LD_{50}＞5000 mg/kg。鼠、兔急性经皮 LD_{50}＞2000 mg/kg。对兔的眼睛有轻度刺激性，对兔的皮肤无刺激性。对豚鼠皮肤无致敏性。大鼠急性吸入 LC_{50}（4 h）5.3 mg/L。急性腹腔注射 LD_{50}（mg/kg）：雄性大鼠 1821.0，雌性大鼠 1993.7。

生态效应　雄性日本鹌鹑和野鸭急性经口 LD_{50}＞10700 mg/kg。鱼 LC_{50}（96 h，mg/L）：鲤鱼 650，金鱼 1000，梭子鱼 360。水蚤 EC_{50}（96 h）42 mg/L。水藻 EC_{50}（96 h）74 mg/L。蜜蜂经口 LD_{50}＞1000 μg/只。

剂型　可溶液剂。

作用机理与特点　属内吸性植物生长调节剂，通过叶面喷施，可迅速被植物吸收，促进营养物质向花的生长点移动，即使在不利的气候条件下也利于授精授粉，具有诱发花蕾成花结果、提高坐果率，并能使果实增大、成熟期提前。

应用　适用作物　番茄、辣椒、菜豆、豌豆、大豆、油菜、苜蓿、扁豆、向日葵、水稻、苹果、葡萄、樱桃等。一般在花期施药，使用剂量为 10～30 g (a.i.)/hm²。

专利概况

专利名称　Process for producing *N*-aryl-phtalaminic acides

专利号　HU 176582　　　　　专利申请日　1977-07-02

专利申请人　Nehezvegyipari Kutato Intezet

其他相关专利　CH 637630。

登记情况　苯肽胺酸在中国登记有98%原药和20%可溶液剂，用于大豆和枣树。登记情况见表 5-29。

表 5-29　苯肽胺酸在中国登记情况

登记证号	农药名称	剂型	含量	登记作物	用途	亩用药量（制剂）	施用方法	登记证持有人
PD20181616	苯肽胺酸	可溶液剂	20%	大豆	调节生长	300～400 倍液	喷雾	陕西上格之路生物科学有限公司
				枣树		1000～1500 倍液		
PD20181617	苯肽胺酸	原药	98%					陕西上格之路生物科学有限公司

合成方法　以邻苯二甲酸酐和苯胺为起始原料，一步即得目的物。反应式如下：

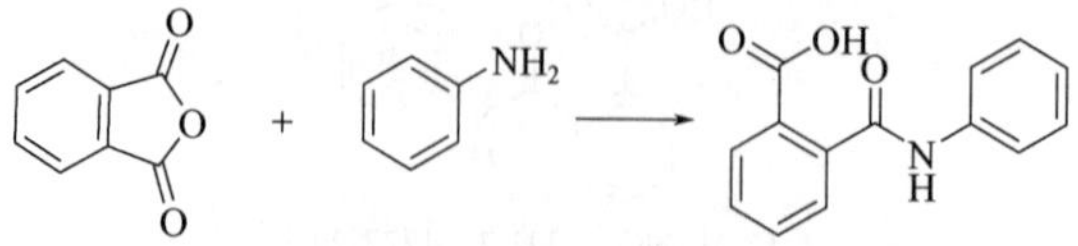

参考文献

[1] Besan J, Kovacs M, Ravasz O, et al. HU176582, 1980.

pironetin

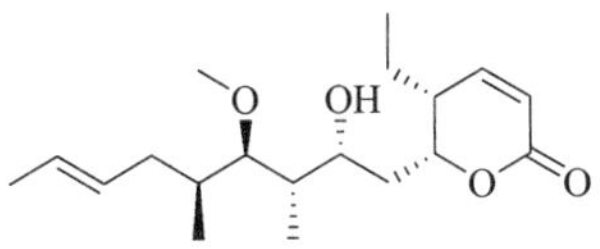

$C_{19}H_{32}O_4$，324.5；151519-02-7

pironetin 试验代号：PA-48153c，日本化药公司于 1990 年进行了以生物培养物作为筛选对象的研究探索时，发现链霉菌属放线菌 NKIO958 菌株的培养液具有植物生长抑制活性，由此发现了 pironetin。

化学名称　(5R,6R)-5-乙基-5,6-二氢-6-[(E)-(2R,3S,4R,5S)-2-羟基-4-甲氧基-3,5-二甲基-7-壬烯基]-2H-吡喃-2-酮。英文化学名称 (5R,6R)-5-ethyl-5,6-dihydro-6-[(E)-(2R,3S,4R,5S)-2-hydroxy-4-methoxy-3,5-dimethy-(7-noneyl)]-2H-pyran-2-one。

理化性质　无色针状结晶，熔点 78～79℃，可溶于甲醇、乙醇、二甲基亚砜、丙酮、乙酸乙酯等有机溶剂，不溶于水。

毒性　雄小鼠急性经口 LD_{50} 325 mg/kg。致突变试验（Ames 试验）呈阴性。

作用机理与特点　pironetin 与现有的生长抑制剂的作用机理不同，它并非抑制赤霉素的生化合成，而是通过抑制植物的细胞分裂而发挥抑制生长作用。具有抗倒伏作用，对产量影响小。

应用

水稻　以1000 g/hm² 剂量处理水稻,对其地面部分抑制程度为18%～23%,而以250 g/hm² 剂量处理，则对地面部分几乎无抑制作用，在出穗前 5～9 d 施用 pironetin 对产量无影响。

小麦　用125～1000 mg/L 的喷洒浓度处理旱田小麦,对株高呈现20%左右的生长抑制活性,但对小麦穗数并无影响。2000 mg/L 处理对小麦有药害，平均每穗重及千粒重减少 10%左右。

专利概况

专利名称　Antibiotic NK10958 manufacture with streptomyces as agrochemical

专利号　JP 05025189　　　　　专利申请日　1991-07-12

专利申请人　Nippon Kayaku KK。

合成方法

（1）通过从链霉素菌属放线菌 NK10958 菌株的培养液中分离、精制而得。

（2）通过如下反应制得目的物：

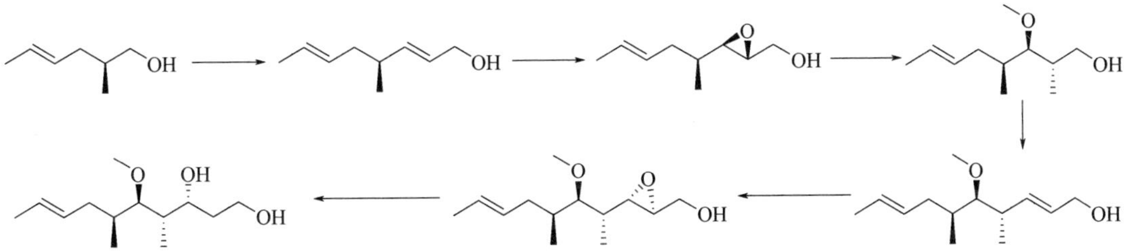

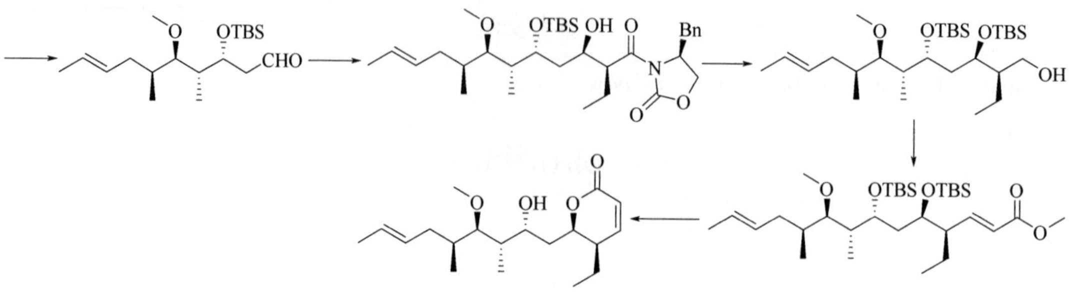

参考文献

[1] 冯化成. 农药译丛, 1998, 20(4): 25-30.

[2] Kurokawa T, Kobayashi K, Tsucha K, et al. JP05025189, 1993.

[3] Shinichi K, Kouichi T, Takashi H, et al. The Journal of antibiotics, 1994, 47(6): 697-702.

调环酸钙（prohexadione-calcium）

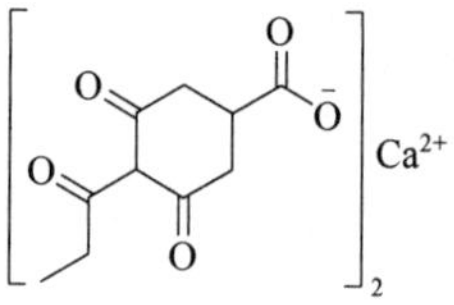

$C_{10}H_{22}CaO_{10}$，462.1，124537-28-6，88805-35-0(酸)

调环酸钙（试验代号：BAS 125W、BX-112、KIM-112、KUH-833，商品名称：Vivful、Viviful）是由日本组合化学工业公司 1994 年开发的植物生长调节剂。

化学名称　3,5-二氧代-4-丙酰基环己烷羧酸钙。英文化学名称 calcium 3-oxido-5-oxo-4-propionylcyclohex-3-enecarboxylate。美国化学文摘（CA）系统名称 calcium 3,5-dioxo-4-(1-oxopropyl)cyclohexanecarboxylate。CA 主题索引名称 cyclohexanecarboxylic acid—, 3,5-dioxo-4-(1-oxopropyl)-calcium salt(2:1)。

理化性质　无味白色粉末状固体。熔点＞360℃，蒸气压 $1.74×10^{-2}$ mPa（20℃），分配系数 $\lg K_{ow}=-2.9$，Henry 系数 $1.92×10^{-5}$ Pa·m³/mol，pK_a(20～25℃)=5.15，相对密度 1.435（20～25℃）。溶解度（20～25℃，mg/L）：水中 174，甲醇 1.11，丙酮 0.038，正己烷＜0.003，甲苯 0.004，乙酸乙酯＜0.01，异丙醇 0.105，二氯甲烷 0.004。在 180℃下稳定。水解 DT_{50}＜5 d（pH 4，20℃），21 d（pH 7，20℃），81 d（pH 9，25℃）。水中光解 DT_{50}（29～34℃，0.25 W/m²）：6.3 d（天然水），2.7 d（蒸馏水）。

毒性　大、小鼠急性经口 LD_{50}＞5000 mg/kg，大鼠急性经皮 LD_{50}＞2000 mg/kg。对兔的皮肤无刺激性，对兔的眼睛有轻微刺激性。大鼠急性吸入 LC_{50}（4 h）＞4.21 mg/L 空气。NOEL 为［mg/(kg·d)］：（2 年）雄大鼠 93.9，雌大鼠 114，雄小鼠 279，雌小鼠 351；（1 年）公狗和母狗 20；AOEL（EU）0.35。ADI/RfD（EU）0.2 mg/(kg·d)（2011）；（EPA）cRfD 0.80 mg/kg（2000）。对老鼠和兔子无致畸、致突变性。

生态效应　野鸭和山齿鹑急性经口 LD_{50}＞2000 mg/kg，野鸭和山齿鹑饲喂 LC_{50}（5 d）＞5200 mg/kg 饲料。鱼 LC_{50}（96 h，mg/L）：鲤鱼＞110，虹鳟和大翻车鱼＞100。水蚤 EC_{50}（48 h）＞100 mg/L，NOEC（21 d）＞100 mg/L。月牙藻 E_bC_{50}（72 h）＞100 mg/L。NOAEC/NOAEL （mg/L）：骨藻和月牙藻 1.1，鱼腥藻 1.2。EC_{50}（mg/L）值：东方牡蛎 117，浮萍和舟形藻 1.2。糠虾 NOAEC 125 mg/L。蜜蜂 LD_{50}（经口和接触）＞100 μg/只。蚯蚓 LC_{50}（14 d）＞1000 mg/kg 土。家蚕 NOEL＞800 mg/L。隐翅虫和普通草蛉 NOEL＞5000 g(10%水分散粒剂)/hm²。蚜茧蜂 LR_{50}＞5000 g(10%水分散粒剂)/hm²，梨盲走螨＞7500 g(10%水分散粒剂)/hm²。

环境行为　①动物。在老鼠、山羊和母鸡体内，大约 90%的被标记的 ^{14}C 的游离酸代谢物主要以尿液和粪便的形式排出体外。②植物。应用于植物的调环酸最终降解为天然物质。③土壤/环境。土壤 DT_{50}＜1～4 d（20℃），K_{oc} 82～307。

剂型　泡腾粒剂、水分散粒剂、可湿性粉剂、悬浮剂。

主要生产商　Kumiai、鹤壁全丰生物科技有限公司及湖北移栽灵农业科技股份有限公司。

作用机理与特点　赤霉素生物合成抑制剂。降低赤霉素的含量，控制作物旺长。

应用　主要用于禾谷类作物（如小麦、大麦、水稻）以及花生、花卉、草坪等控制旺长，使用剂量为 75～400 g (a.i.)/hm²。

专利概况

专利名称　New cyclohexane derivatives having plant-growth regulating activities, and uses of these derivatives

专利号　EP 123001　　　　　**专利申请日**　1983-09-23

专利申请人　Kumiai Chemical Industry Co Ltd;Ihara Chemical Industry Co Ltd

其他相关专利　US 4678496。

登记情况　调环酸钙在中国登记了 85%、88%原药 2 个，相关制剂 4 个。登记作物为花生、水稻和小麦。登记情况见表 5-30。

表 5-30　调环酸钙在中国登记情况

登记证号	农药名称	剂型	含量	登记作物	用途	亩用药量（制剂）	施用方法	登记证持有人
PD20200240	调环酸钙	悬浮剂	10%	花生	调节生长	30～40 mL	喷雾	上海悦联化工有限公司
PD20200161	调环酸钙·烯效唑	水分散粒剂	15%	水稻	调节生长	10～12 g	喷雾	山西浩之大生物科技有限公司
PD20180369	调环酸钙	泡腾粒剂	5%	小麦	调节生长	50～75 g	喷雾	鹤壁全丰生物科技有限公司
				花生		50～75 g		
				水稻		20～30 g		
PD20170012	调环酸钙	泡腾粒剂	5%	水稻	调节生长	20～30 g	喷雾	湖北移栽灵农业科技股份有限公司
PD20173212	调环酸钙	原药	88%					鹤壁全丰生物科技有限公司
PD20170013	调环酸钙	原药	85%					湖北移栽灵农业科技股份有限公司

合成方法　以丁烯二羧酸酯为原料，经加成、环化、酰化等反应即制得目的物：

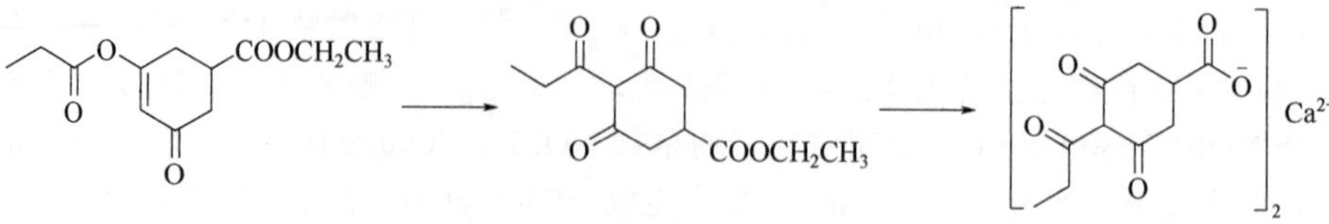

参考文献

[1] The Pesticide Manual. 17th edition: 912-913.

[2] 庄文明, 李素华, 于南树. 广州化工, 2017, 45(17): 1-2.

丙酰芸苔素内酯（propionyl brassinolide）

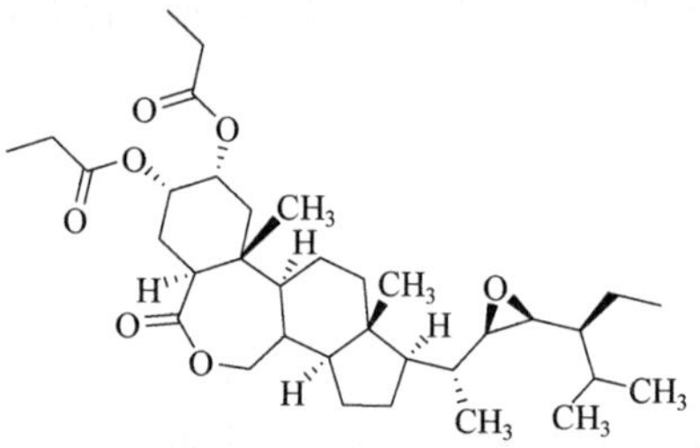

$C_{35}H_{56}O_7$，588.8，162922-31-8

丙酰芸苔素内酯（商品名称：金福来、爱增美，其他名称：Epocholeone、迟效芸苔素内酯、TS 303）是 1994 年日本 Tama Biochemical Co., Ltd.发现的一种植物生长调节剂。

化学名称 24(S)-2α,3α-二丙酰酯基-22(R),23(R)-环氧-β-高-7-氧杂-5α-豆甾-6-酮。英文化学名称(2α,3α,5α,22R,23R)-22,23-epoxy-2,3-bis(1-oxopropoxy)-β-homo-7-oxastigmastan-6-one。美国化学文摘（CA）系统名称(1R,3aS,3bS,6aS,8S,9R,10aR,10bS,12aS)-1-[(1S)-1-[(2R,3R)-3-[(1S)-1-ethyl-2-methylpropyl]oxiranyl]ethyl]hexadecahydro-10a,12-dimethyl-8,9-bis(1-oxopropoxy) - 6H-benz[c]indeno[5,4-e]oxepin-6-one。CA 主题索引名称6H-benz[c]indeno[5,4-e]oxepin-6-one—, 1-[(1S)-1-[(2R,3R)-3-[(1S)-1-ethyl-2-methylpropyl]oxiranyl]ethyl]hexadeca hydro-10a,12a-dimethyl-8,9-bis(1-oxopropoxy)-(1R,3aS,3bS,6aS,8S,9R,10aR,10bS,12aS)-。

理化性质 原药含量≥80%，白色结晶粉末状固体。熔点 155～158℃，溶于甲醇、乙醚、氯仿、乙酸乙酯，难溶于水。正常贮存条件下，具有良好的稳定性，在弱酸、中性介质中稳定，在强碱介质中分解。

毒性 该原药和水剂大鼠急性经口 LD_{50}>4640 mg/kg，大鼠急性经皮 LD_{50}>2150 mg/kg，对皮肤、眼睛无刺激性，无致敏作用。原药致突变试验：Ames 试验、小鼠微核试验、小鼠精子畸形试验均为阴性，无致突变性。大鼠（90 d 经口饲喂）亚慢性试验，最大无作用剂量：雄性 77.2 mg/(kg•d)，雌性 88.9 mg/(kg•d)，属低毒植物生长调节剂。

生态效应 0.0016%丙酰芸苔素内酯水剂对斑马鱼（48 h）LC_{50}>273.4 μg/L；日本鹌鹑（7 d）经口 LD_{50}>0.077 mg/kg；蜜蜂 LC_{50}>10.67 mg/L；对家蚕胃毒 LC_{50}>16 mg/kg 桑叶。对鱼、蜂、家蚕为低毒。

剂型 水剂。

主要生产商 日本三菱化学食品株式会社和威海韩孚生化药业有限公司。

作用机理与特点 丙酰芸苔素内酯可促进植物三羧酸循环，提高蛋白质合成能力，促进细胞分裂和伸长、生长，促进花芽分化；提高叶绿素含量，提高光合效率，增加光合作用；

增加作物产量，改善作物品质，提高作物抗逆性。

应用　适应作物和使用方法与芸苔素内酯基本相同，但持效期略长。

专利概况

专利名称　Brassinosteroid derivatives and plant growth regulator containing the same

专利号　WO 9428011　　　**专利申请日**　1994-05-31

专利申请人　Tama Biochemical Co Ltd 等。

登记情况　丙酰芸苔素内酯在中国登记有95%原药2个和0.003%的水剂3个,用于葡萄、棉花、水稻、黄瓜、花生等作物。登记情况见表5-31。

表 5-31　丙酰芸苔素内酯在中国登记情况

登记证号	农药名称	剂型	含量	登记作物	用途	亩用药量（制剂）	施用方法	登记证持有人
PD20140309	丙酰芸苔素内酯	水剂	0.003%	葡萄	增产	3000～4000 倍液	喷雾	中农立华（天津）农用化学品有限公司
PD20110004	丙酰芸苔素内酯	水剂	0.003%	柑橘树	调节生长	2000～3000 倍液	喷雾	江苏龙灯化学有限公司
				花生				
				辣椒				
				芒果树				
				水稻				
				小麦				
				棉花		2000～4000 倍液		
				烟草				
				黄瓜		3000～5000 倍液		
				葡萄				
PD20096815	丙酰芸苔素内酯	水剂	0.003%	黄瓜	提高产量	3000～5000 倍液	兑水喷雾	日本三菱化学食品株式会社
				葡萄		3000～5000 倍液		
PD20172952	丙酰芸苔素内酯	原药	95%					威海韩孚生化药业有限公司
PD20096814	丙酰芸苔素内酯	原药	95%					日本三菱化学食品株式会社

合成方法　具体合成方法见参考文献。

参考文献

[1] 佚名. 农药科学与管理, 2002, 23(6): 44-45.

[2] Bristow James Timothy. GB 2555866, 2018.

杀雄啉（sintofen）

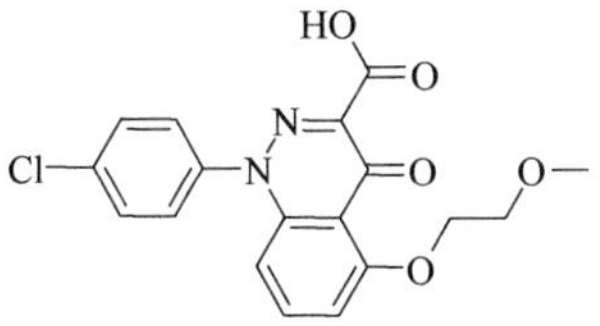

$C_{18}H_{15}ClN_2O_5$，374.8，130561-48-7

杀雄啉（试验代号：SC 2053，商品名称：Croisor，其他名称：cintofen、津奥啉）是由 Hybrinova S A（现科迪华）开发的苯并哒嗪类小麦用杀雄剂。2002 年售予 Saaten Union Recherche S.A.R.L.。

化学名称　1-(4-氯苯基)-1,4-二氢-5-(2-甲氧乙氧基)-4-酮喹啉-3-羧酸。英文化学名称 1-(4-chlorophenyl)-1,4-dihydro-5-(2-methoxyethoxy)-4-oxocinnoline-3-carboxylic acid。美国化学文摘（CA）系统名称 1-(4-chlorophenyl)-1,4-dihydro-5-(2-methoxyethoxy)-4-oxo-3-cinnoline-carboxylic acid。CA 主题索引名称 3-cinnolinecarboxylic acid—, 1-(4-chlorophenyl)-1,4-dihydro-5-(2-methoxyethoxy)-4-oxo-。

理化性质　原药纯度 98.0%，为淡黄色粉末。熔点 261.03℃。蒸气压 1.1×10^{-3} mPa（25℃），分配系数 $\lg K_{ow} = 1.44$，Henry 系数 7.49×10^{-5} Pa•m^3/mol，相对密度 1.461（20~25℃），pK_a（20~25℃）=7.6。溶解度（20~25℃）：水中＜5 mg/L；其他有机溶剂中（g/L）：甲醇、丙酮和甲苯＜0.005，1,2-二氯乙烷 0.01~0.1。在水溶液中稳定，DT_{50}＞365 d（50℃，pH 5、7 和 9）。

毒性　大鼠急性经口 LD_{50}＞5000 mg/kg。大鼠急性经皮 LD_{50}＞2000 mg/kg。大鼠急性吸入 LC_{50}（4 h）＞7.34 mg/L。大鼠 NOEL 值（2 年）12.6 mg/(kg•d)。ADI/RfD 0.126 mg/kg。

生态效应　野鸭和山齿鹑急性经口 LD_{50}＞2000 mg/kg。山齿鹑 LC_{50}（8 d）＞5000 mg/L。鱼 LC_{50}（96 h，mg/L）：虹鳟鱼 793，大翻车鱼 1162。水蚤 EC_{50}（48 h）331 mg/L。月牙藻 EC_{50}（96 h）11.4 mg/L。蜜蜂 LD_{50}（48 h，经口和接触）＞100 μg/只。蚯蚓 LC_{50}（14 d）＞1000 mg/L。

环境行为　①动物。在哺乳动物体内主要通过尿液快速排出体外。②植物。小麦代谢研究表明残留的代谢物为 1-(4′-氯苯基)-1,4 二氢-5-(2″-羟乙氧基)-4-酮喹啉-3-羧酸。③土壤/环境。在土壤中缓慢分解，DT_{50}（实验室）130~329 d（20℃）。不易浸出，K_{oc} 376~18848。在 pH 5、7 和 9 时，不易发生水解作用。在无菌水的沉淀系统中（实验室，20℃），它从水中快速消失；DT_{50} 6.7~20.1 d，主要以沉淀物的形式消散，在整个系统中 DT_{50}＞105 d。

剂型　水剂。

作用机理与特点　促进谷类杂交。杀雄啉能通过抑制孢粉素前体化合物的形成来阻滞小麦及小粒禾谷类作物的花粉发育，抑制其自花授粉，以便进行异花授粉，获取杂交种子。药剂由叶面吸收，并主要向上运输，部分存于穗状花序及地上部分，根部及分蘖极少。该化合物在叶内半衰期为 40 h，湿度大时，利于该物质吸收。

应用　小麦用杀雄剂。春小麦幼穗长到 0.6~1.0 cm，处于雌雄蕊原基分化至药隔分化期之间（5 月上旬，持续 5~7 d），为适宜用药期。用 33%水剂 0.7 kg (a.i.)/hm^2，加软化水 250~300 L，均匀喷雾，小麦叶面雾化均匀不得见水滴。冬小麦适宜在药隔期施药，即 4 月上旬，穗长 0.55~1 cm。用 33%水剂 0.5~0.7 kg (a.i.)/hm^2，加水 250~300 L，均匀喷雾。

专利概况

专利名称　Pollen suppressant comprising a 5-oxy- or amino-substituted cinnoline

专利号　US 5332716　　　　　**专利申请日**　1988-09-13

专利申请人　Labovitz 等。

合成方法　以 2,6-二氯苯甲酰氯、乙酰乙酸乙酯、对氯苯胺、乙二醇单甲醚为原料，经如下反应即得目的物：

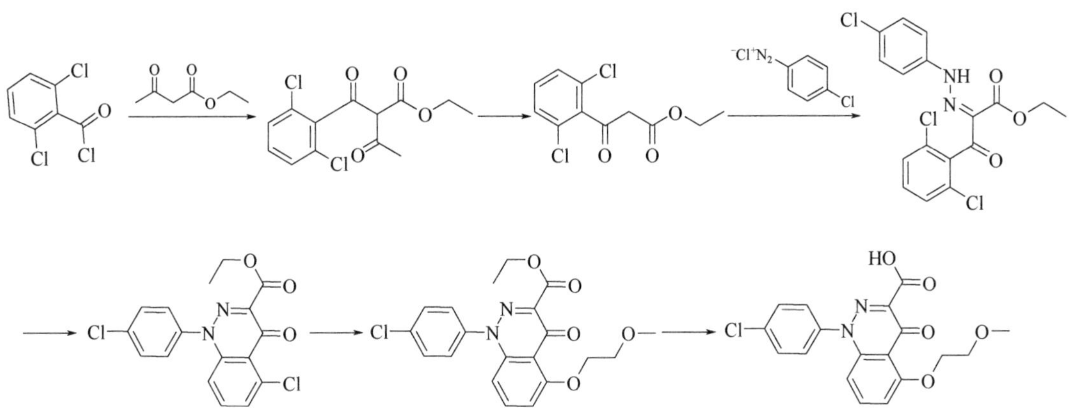

参考文献

[1] The Pesticide Manual. 17th edition: 1022-1023.

[2] 耿丽文, 王良清, 臧寿国, 等. 农药, 2001(6): 16-17.

复硝酚钠（sodium nitrophenolate）

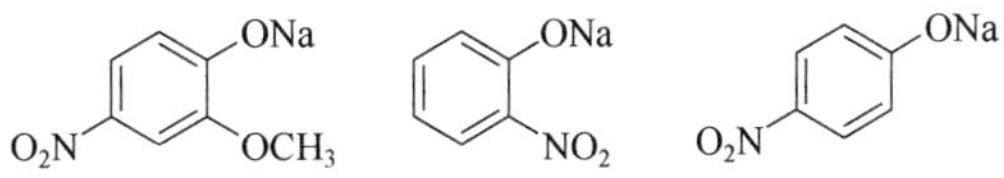

（Ⅰ）$C_7H_6NO_4Na$，191.1，67233-85-6；（Ⅱ）$C_6H_4NO_3Na$，161.1，824-39-5；

（Ⅲ）$C_6H_4NO_3Na$，161.1，824-78-2

复硝酚钠商品名：爱多收、爱丰收、Atonik，以其钠盐或钾盐销售形式。1952 年由日本旭化学（Asahi）工业株式会社开发的苯酚类植物生长调节剂。复硝酚钠是个混合物，由 2-甲氧基-5-硝基苯酚钠（Ⅰ）、邻硝基苯酚钠（Ⅱ）、对硝基苯酚钠（Ⅲ）按照 1：2：3 构成。

化学名称　2-甲氧基-5-硝基苯酚钠。英文化学名称 5-nitroguaiacol sodium salt。美国化学文摘（CA）系统名称 2-methoxy-5-nitrophenol sodium salt。邻硝基苯酚钠。英文化学名称 2-nitrophenol sodium salt。对硝基苯酚钠。英文化学名称 4-nitrophenol sodium salt。

理化性质　2-甲氧基-5-硝基苯酚钠：橘红色片状晶体，无味，熔点 105～106℃。邻硝基苯酚钠：红色晶体，具有特殊的芳香烃气味，熔点 44.9℃。对硝基苯酚钠：黄色晶体，无味，熔点 113～114℃；三者均易溶于水，可溶于甲醇、乙醇、丙酮等有机溶剂，常规条件下储存稳定。

毒性　复硝酚钠属于低毒。2-甲氧基-5-硝基苯酚钠对雌、雄大鼠急性经口 LD_{50} 分别为 482 mg/kg 和 1250 mg/kg，邻硝基苯酚钠对雌、雄大鼠急性经口 LD_{50} 分别为 1460 mg/kg 和 2050 mg/kg，对硝基苯酚钠对雌、雄大鼠急性经口 LD_{50} 分别为 3100 mg/kg 和 1270 mg/kg，三者对皮肤和眼睛均无刺激作用，无致突变作用。

剂型　水剂。

主要生产商　山东省德州祥龙生化有限公司、浙江天丰生物科学有限公司、郑州郑氏化工产品有限公司。

作用机理与特点 复硝酚钠为植物细胞赋活剂。能迅速渗透到植物体内，促进细胞原生质流动，加快植物发根速度，对生殖及结果有不同促进作用。尤其对花粉管伸长和受精作用有帮助。可促进植物生长发育、提早开花、打破休眠、促进发芽、防止落花落果、改进品质。复硝酚钠与植物激素不同，在植物播种至收获之间均可使用。

应用 广泛用于粮、棉、豆、果、蔬菜等作物作喷雾和浸种处理。①粮食作物：小麦、水稻播前浸种 12 h；在幼穗形成和出齐穗时叶面喷洒。浓度均为 3000 倍液。②棉花 2 叶、8～10 片叶、开第一朵花时，分别用 3000、2000、2000 倍药液喷雾。③大豆及其他豆类：幼苗期及开花前用 6000 倍药液处理叶片及花蕾。④甘蔗：插苗时用 8000 倍药液，浸苗 8 h。分蘖时，用 2500 药液叶面喷雾。⑤果树：在发新芽之后，花前 20 天至开花前夕、结果后，用 5000～6000 倍药液处理两次。此浓度范围适用于葡萄、李、柿、梅、龙眼、番石榴。但是，梨、桃、橙、荔枝则需 1500～2000 倍液。⑥蔬菜：多数蔬菜种子浸 6000 倍药液中 8～12 h。但大豆只能浸 3 h，马铃薯完整块茎浸种 5～12 h。

复硝酚钠浓度过高时，会对作物幼芽有抑制作用。结球性叶菜和烟草，应在结球前或采收烟叶前 1 个月停用，否则会推迟结球，或使烟草生殖生长过旺。

登记情况 复硝酚钠在国内主要登记了 98% 的原药 3 个，相关制剂 17 个，用于番茄、水稻和柑橘等调节生长。部分登记情况见表 5-32。

表 5-32 复硝酚钠在中国部分登记情况

登记证号	农药名称	剂型	含量	登记作物	用途	亩用药量（制剂）	施用方法	登记证持有人
PD20183544	硝钠·胺鲜酯	水剂	3%	番茄	调节生长	1500～3000 倍液	喷雾	广东植物龙生物技术股份有限公司
PD20181481	复硝酚钠	水剂	1.8%	番茄	调节生长	3000～4000 倍液	喷雾	江苏剑牌农化股份有限公司
PD20100120	复硝酚钠	水剂	1.4%	柑橘树	调节生长	5000～6000 倍液	喷雾	桂林桂开生物科技股份有限公司
PD20092927	硝钠·萘乙酸	水剂	2.85%	水稻	调节生长	3000～4000 倍液	喷雾	河南欣农化工有限公司
PD20151545	复硝酚钠	原药	98%					浙江天丰生物科学有限公司
PD20092648	复硝酚钠	原药	98%					山东省德州祥龙生化有限公司

合成方法 相应的酚和氢氧化钠反应即可。

参考文献

[1] 刘兴宇. 农药市场信息, 2007(14): 35+44.

三氟吲哚丁酸（TFIBA）

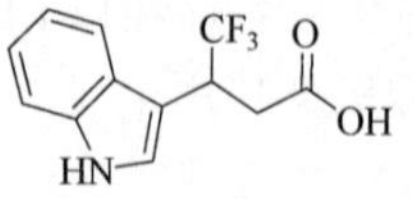

$C_{12}H_{10}F_3NO_2$，257.2，153233-36-4，164353-12-2(丙酯)

三氟吲哚丁酸是由日本工业研究公司开发的植物生长调节剂。

化学名称　β-三氟甲基-1H-吲哚-3-丙酸。英文化学名称 4,4,4-trifluoro-3-(3-indolyl)butyric acid。美国化学文摘（CA）系统名称 β-(trifluoromethyl)-1H-indole-3-propanoic acid。CA 主题索引名称 1-H-indole-3-propanoic acid,β-(trifluoromethyl)-。

三氟吲哚丁酸异丙酯　1H-吲哚-3-丙酸-β-三氟甲基-1-甲基乙基酯。英文化学名称 1H-indole-3-propanoic acid, β-(trifluoromethyl)-1-methylethyl ester。美国化学文摘（CA）系统名称 1-methylethyl β-(trifluoromethyl)-1H-indole-3-propanoate acid。CA 主题索引名称 1H-indole-3-propanoic acid, β-(trifluoromethyl)-1-methylethyl ester。

应用　植物生长调节剂，能促进作物根系发达，从而达到增产目的，主要用于水稻、豆类、马铃薯等。此外，还能提高水果甜度，降低水果中的含酸量，且对人安全。

专利概况

专利名称　Fluorine-containing beta-indole butyric acid compounds

专利号　JP 05279331　　　专利申请日　1991-03-19

专利申请人　Agency of Ind Science amp;Technol;Nippon Kayaku Co Ltd

工艺专利　JP 07267803 等。

制剂专利　EP 747487 等。

合成方法　通过如下反应制得目的物：

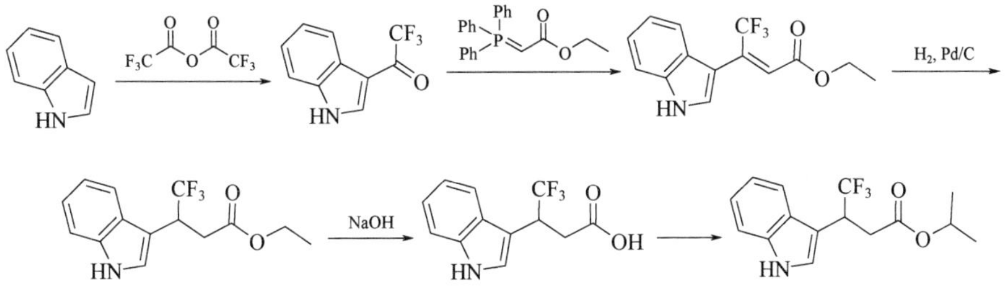

参考文献

[1] Kato K, Hibino T, Fujii S, et al. Nagoya Kogyo Gijutsu Kenkyusho Hokoku, 1997, 46(2): 53-60.

[2] Yamamoto T, Kataoka M, Terakoshi K, et al. JP05279331, 2005.

[3] 于超, 孙肇昱, 刘冉, 等. 化学研究与应用, 2018, 30(5): 808-812.

噻苯隆（thidiazuron）

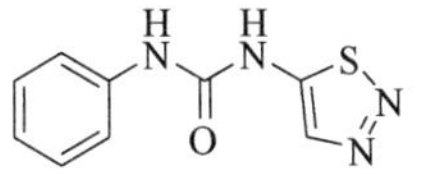

$C_9H_8N_4OS$，220.2，51707-55-2

噻苯隆（试验代号：SN 49537，商品名称：Abridor、Dropp，其他名称：脱叶灵、脱落宝、脱叶脲）是由 Schering AG（现 Bayer AG）开发的植物生长调节剂。

化学名称　1-苯基-3-(1,2,3-噻二唑-5-基)脲。英文化学名称 1-phenyl-3-(1,2,3-thiadiazol-5-yl)urea。美国化学文摘（CA）系统名称 N-phenyl-N'-1,2,3-thiadiazol-5-ylurea。CA 主题索引名称 urea—, N-phenyl-N'-1,2,3-thiadiazol-5-yl-。

理化性质　无色无味晶体。熔点 210.5～212.5℃（分解），蒸气压 $4×10^{-6}$ mPa（25℃），分

配系数 lgK_{ow}=1.77（pH 7.3），Henry 常数 2.84×10^{-8} Pa·m^3/mol，pK_a(20~25℃)=8.86。溶解度（20~25℃）：水中 31 mg/L（pH 7），其他溶剂中（g/L）：甲醇 4.20，二氯甲烷 0.003，甲苯 0.400，丙酮 6.67，乙酸乙酯 1.1，己烷 0.002。光照下能迅速转化成光异构体 1-苯基-3-(1,2,5-噻二唑-3-基)脲。在室温条件下，pH 5~9 不易水解，54℃/14 d 贮存不分解。

毒性 急性经口 LD_{50}（mg/kg）：大鼠＞4000，小鼠＞5000。急性经皮 LD_{50}（mg/kg）：大鼠＞1000，兔＞4000。大鼠急性吸入 LC_{50}（4 h）＞2.3 mg/L 空气。对兔的眼睛有中度刺激性，对兔的皮肤无刺激性作用，对豚鼠皮肤无致敏性。NOEL（mg/kg）：NOAEL：狗（1 年）3.93，大鼠（2 年）8；在大鼠 2 年致畸和三代繁殖的研究试验中无明显影响。ADI/RfD（EPA）cRfD 0.0393 mg/kg（2005），大鼠急性腹腔注射 LD_{50} 4200 mg/kg。无致突变性。

生态效应 日本鹌鹑急性经口 LD_{50}＞3160 mg/kg。山齿鹑和野鸭饲喂 LC_{50}（8 d）＞5000 mg/kg。鱼 LC_{50}（96 h，mg/L）：虹鳟鱼＞19，大翻车鱼＞32。水蚤 LC_{50}（48 h）＞10 mg/L。对蜜蜂无毒。蚯蚓 LC_{50}（14 d）＞1400 mg/kg。

环境行为 ①动物。在老鼠和山羊体内，代谢主要是通过苯环的羟基化和水溶性共轭物形成进行的。经口摄入后，代谢物在 96 h 内通过尿液和粪便排出体外。②植物。只有少量的残留物（通常＜0.1 mg/kg）存在于棉籽里。③土壤/环境。极易被土壤吸附。在土壤中 DT_{50}：26~144 d（需氧），28 d（厌氧）。在土壤中微生物降解过程受部分影响。

剂型 可湿性粉剂、悬浮剂、可溶液剂、乳油。

主要生产商 AGROFINA、Anpon、Bayer CropScience、安道麦安邦（江苏）有限公司、河北省衡水北方农药化工有限公司、鹤壁全丰生物科技有限公司、江苏辉丰农化股份有限公司、江苏瑞邦农化股份有限公司、江苏省激素研究所股份有限公司、江苏优嘉植物保护有限公司、迈克斯（如东）化工有限公司、陕西省咸阳德丰有限责任公司及四川润尔科技有限公司等。

作用机理与特点 该产品是一种新型高效植物生长调节剂，具有极强的细胞分裂活性，能促进植物的光合作用，提高作物产量，改善果实品质，增加果品耐贮性。在棉花种植上作脱落剂使用，被棉株叶片吸收后，可及早促使叶柄与茎之间的分离组织自然形成而落叶，有利于机械收棉花并可使棉花收获提前 10 d 左右，有助于提高棉花等级。

应用 噻苯隆主要作棉花脱叶剂，但也是良好的细胞激动素，在促进坐果及叶片保绿上其生物活性比苄氨基嘌呤还高。可促进坐果，延长叶片衰老，还在不少植物的组织培养中可以很好地诱导愈伤组织分化长出幼芽来。噻苯隆的落叶效果取决于一系列因素及其相互作用。主要因素是温度、空气、相对湿度以及施药后降雨情况。气温高、湿度大时效果好。使用剂量与植株高矮和相对密度有关。我国中部地区春播棉花，在 9 月末施药前 5 d 至施药后 15 d，平均气温 21.9~14.5℃，空气相对湿度 78%~89%，棉桃开裂 70%，每亩 5000 株的条件下，每亩施用 50%噻苯隆可湿性粉剂 100 g（有效成分 50 g），进行全株叶面处理。施药后 10 d 开始落叶，吐絮增多，15 d 达到高峰，20 d 有所下降。上述处理剂量有利于作物提前收获和早播冬小麦，而且对后茬作物生长无影响。葡萄在开花期开始施药，亩喷药液 75 kg（稀释 175~250 倍），均匀喷雾。在黄瓜采收后，用 2 mg/L 药液喷洒雌花花托，可达到促进坐果、增加单果重的效果。芹菜用 1~10 mg/L 药液喷洒绿叶叶片，可保持较长时间的绿色。

专利概况

专利名称　Agents for the defoliation of plants

专利号　DE 2506690　　　　专利申请日　1975-02-14

专利申请人　Bayer AG

其他相关专利　DE 221463。

登记情况　噻苯隆在中国登记了 97%、98% 原药 12 个，相关制剂 110 个，登记作物为棉花、黄瓜、甜瓜、葡萄。部分登记情况见表 5-33。

表 5-33　噻苯隆在中国部分登记情况

登记证号	农药名称	剂型	含量	登记作物	用途	亩用药量（制剂）	施用方法	登记证持有人
PD20200238	噻苯隆	可溶液剂	0.1%	小麦	调节生长	40～80 mL	喷雾	江苏辉丰生物农业股份有限公司
PD20200164	噻苯·敌草隆	悬浮剂	540 g/L	棉花	脱叶	9～12 mL	茎叶喷雾	河北中天邦正生物科技股份有限公司
PD20184194	噻苯隆	悬浮剂	50%	棉花	脱叶	30～40 mL	茎叶喷雾	山东奥坤作物科学股份有限公司
PD20090444	噻苯·敌草隆	悬浮剂	540 g/L	棉花	脱叶	9～12 mL	茎叶喷雾	拜耳股份公司
PD20181157	噻苯隆	原药	98%					江苏优嘉植物保护有限公司
PD20141152	噻苯隆	原药	98%					安道麦安邦（江苏）有限公司
PD20050146	噻苯隆	原药	98%					拜耳股份公司

合成方法　目前常用的有如下两种方法：

方法（1）：

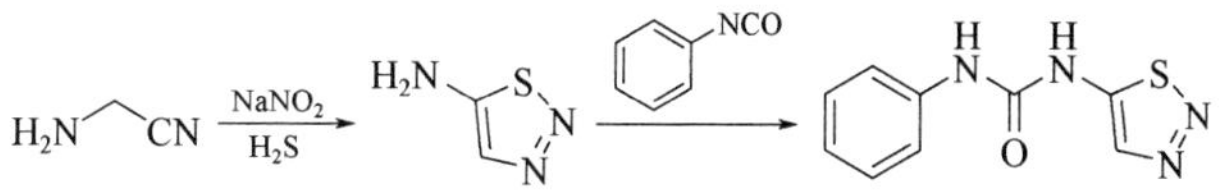

方法（2）：

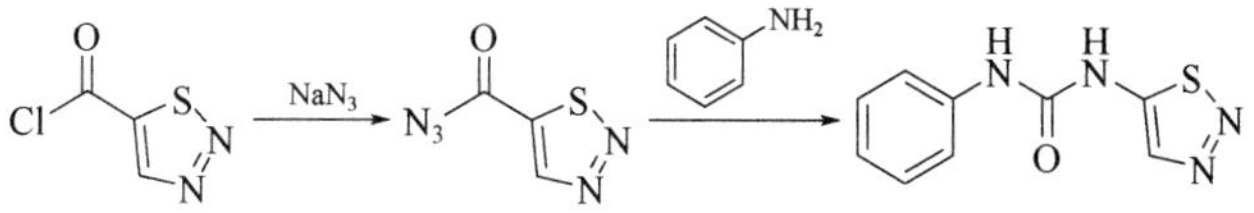

参考文献

[1] The Pesticide Manual. 17th edition: 1095-1096.

[2] 于春红，王凤潮. 现代农药，2014, 13(6): 25-26.

三十烷醇（triacontanol）

$$CH_3(CH_2)_{29}OH$$

$$C_{30}H_{62}O，438.8，593-50-0$$

三十烷醇（其他名称：TA、melissyl alcohol、myricyl alcohol）1977 年由密歇根州立大学（Michigan State University）首次报道作为植物生长调节剂。

化学名称　正三十烷醇。英文化学名称 triacontan-1-ol。美国化学文摘（CA）系统名称 1-triacontanol。CA 主题索引名称为 1-triacontanol。

理化性质 白色结晶固体或蜡质粉或片状。熔点 87℃，闪点＞24.5℃（闭杯），相对密度 0.777（20～25℃）。几乎不溶于水，可溶解于苯和乙醚，微溶于乙醇。在常规条件下稳定。

毒性 急性经口 LD_{50}（mg/kg）：雌小鼠 1500，雄小鼠 8000。以 18.75 mg/kg 的剂量给 10 只体重 17～20 g 小白鼠灌胃，7 d 后正常存活。

剂型 可溶液剂、微乳剂。

主要生产商 Bahar、CCA Biochemical、Sharda、广西桂林市宏田生化有限责任公司及四川润尔科技有限公司。

作用机理与特点 具有多种生理调节功能，包括：促进种子发芽，提高发芽率和发芽势；促进植物细胞的分裂和伸长；促进根、茎、叶的生长；促进发芽分化，增加开花数；提高结实率和千粒重；促进作物早熟，改善品质；促进植物组织吸水，促进矿质元素的吸收；增加叶绿素含量，提高光合强度；增加能量贮存，促进干物质积累；提高某些酶的活性，增强呼吸强度；改善细胞透性，提高作物的抗逆性。

应用 用于海带、紫菜、裙带菜等经济海藻促进生长，以及花生、玉米、小麦、烟草等多种作物提高产量。

专利概况

专利名称 Plant growth regulator

专利号 BE 854587　　　　　　　　**专利申请日** 1977-05-13

专利申请人 Standard Oil Co.。

登记情况 三十烷醇在中国登记有 90%、95% 原药 2 个和相关制剂 15 个，用于花生、平菇、小麦、柑橘等。部分登记情况见表 5-34。

表 5-34　三十烷醇在中国部分登记情况

登记证号	农药名称	剂型	含量	登记作物	用途	亩用药量（制剂）	施用方法	登记证持有人
PD20200159	三十烷醇	微乳剂	0.1%	柑橘树	调节生长	1500～2000 倍液	喷雾	重庆依尔双丰科技有限公司
				花生		1000～2000 倍液		
PD20183534	苄氨·烷醇	水分散粒剂	10%	番茄	调节生长	4000～6000 倍液	喷雾	陕西韦尔奇作物保护有限公司
PD20110794	烷醇·硫酸铜	乳油	0.5%	番茄	防治病毒病	50～73 mL	喷雾	山东省曲阜市尔福农药厂
PD20101422	三十烷醇	微乳剂	0.1%	小麦	调节生长增产	2500～5000 倍液	喷雾 2 次	广西桂林市宏田生化有限责任公司
PD20097863	三十烷醇	原药	95%					广西桂林市宏田生化有限责任公司
PD20070173	三十烷醇	原药	90%					四川润尔科技有限公司

合成方法 获得 1-三十烷醇有两种方法，可从植物蜡中提取，或者通过有机合成法制备。具体见参考文献。

参考文献

[1] 向洋, 杨浩, 吴信, 等. 中国蜂业, 2012, 63(Z1): 55-57.

[2] 李明, 张勇, 王秋艳, 等. 河北师范大学学报(自然科学版), 2017, 41(4): 334-338.

抑芽唑（triapenthenol）

$C_{15}H_{25}N_3O$，263.4，76608-88-3

抑芽唑（试验代号：RSW-0411、NTN-820、NTN-821、LEA 19393、RSW 0411，商品名称：Baronet，其他名称：抑高唑）是由德国拜耳公司（Bayer AG）开发的植物生长调节剂。

化学名称　(E)-(RS)-1-环己基-4,4-二甲基-2-(1H-1,2,4-三唑-1-基)戊-1-烯-3-醇。英文化学名称(E)-(RS)-1-cyclohexyl-4,4-dimethyl-2-(1H-1,2,4-triazol-1-yl)pent-1-en-3-ol。美国化学文摘（CA）系统名称(βE)-β-(cyclohexylmethylene)-α-(1,1-dimethylethyl)-1H-1,2,4-triazole-1-ethanol。CA 主题索引名称 1H-1,2,4-triazole-1-ethanol—，β-(cyclohexylmethylene)-α-(1,1-dimethylethyl)-(βE)-。

理化性质　无色晶体，熔点 135.5℃，蒸气压 0.0044 mPa（20℃），分配系数 lgK_{ow}=2.274。溶解度（20℃）：水 68 mg/L，甲醇 433 g/L，丙酮 150 g/L，二氯甲烷＞200 g/L，己烷 5～10 g/L，异丙醇 100～200 g/L，二甲基甲酰胺 468 g/L，甲苯 20～50 g/L。

毒性　大鼠急性经口 LD$_{50}$＞5000 mg/kg，小鼠急性经口 LD$_{50}$ 约 4000 mg/kg。狗急性经口 LD$_{50}$ 约 5000 mg/kg。大鼠急性经皮 LD$_{50}$＞5000 mg/kg。NOEL 数据：大鼠（2 年）100 mg/kg饲料。

生态效应　母鸡和日本鹌鹑急性经口 LD$_{50}$（14 d）＞5000 mg/kg，金丝雀急性经口 LD$_{50}$（7 d）＞1000 mg/kg。鱼 LC$_{50}$（mg/L，96 h）：金色圆腹雅罗鱼 34.4、鲤鱼 18、鳟鱼 37、孔雀鱼 18.8。水蚤 LC$_{50}$（48 h）＞70 mg(a.i.)/L（70%可湿性粉剂）。对蜜蜂无害。

制剂　水分散粒剂、可湿性粉剂。

作用机理与特点　为三唑类植物生长调节剂，是赤霉素生物合成抑制剂，主要抑制茎秆生长，并能提高作物产量。在正常剂量下，不抑制根部生长，无论通过叶或根吸收，都能达到抑制双子叶作物生长的目的，而单子叶作物必须通过根吸收，叶面处理不能产生抑制作用。此外，还可使大麦的耗水量降低，单位叶面积蒸发量减少。如施药时间与感染时间一致时，也具有杀菌作用。(S)-(+)-对映体是赤霉素生物合成抑制剂和植物生长调节剂，(R)-(+)-对映体抑制甾醇脱甲基化，是杀菌剂。

应用　主要用于水稻抗倒伏，在穗前 12～15 d 使用剂量为 210～350 g (a.i.)/hm^2。以 147～371 g (a.i.)/hm^2 用于油菜，防倒伏。用于其他禾本科植物，剂量为 490～980 g (a.i.)/hm^2。

专利概况

专利名称　1-Vinyltriazole compounds and plant growth and fungicidal compositions

专利号　JP 55111477　　　　优先权日　1979-02-16

专利申请人　Bayer AG

工艺专利　DE 3302120、DE 3302122、DE 3703971 等。

制剂专利　JP 0269405、DE 19517840 等。

合成方法　频哪酮经氯化，制得一氯频哪酮，然后在碱存在下，与 1,2,4-三唑反应，生成 α-三唑基频哪酮，再与环己基甲醛缩合，得到 E 和 Z-酮混合物，Z-酮通过胺催化剂异构化

成 *E*-异构体（*E*-酮），然后用硼氢化钠还原，即得抑芽唑。反应式如下：

参考文献

[1] The e-Pesticide Manual 6.0.

[2] Proc.Br.Crop Prot.Conf.Weeds, 1985, 121.

[3] 姜雅君. 农药, 1988(1): 54-55.

抗倒酯（trinexapac-ethyl）

$C_{13}H_{16}O_5$, 252.3, 95266-40-3, 104273-73-6(酸)

抗倒酯［试验代号：CGA 163935、CGA 179500（抗倒酸），商品名称：Clipless、Moddus、Palisade、Primo Maxx，其他名称：cimetacarb-ethyl］是汽巴-嘉基（现先正达公司）1992 年开发的植物生长调节剂。

化学名称 4-环丙基(羟基)亚甲基-3,5-二氧代环己烷羧酸乙酯。英文化学名称 ethyl 4-cyclopropyl(hydroxy)methylene-3,5-dioxocyclohexanecarboxylate。美国化学文摘（CA）系统名称 ethyl 4-(cyclopropylhydroxymethylene)-3,5-dioxocyclohexanecarboxylate。CA 主题索引名称 cyclohexanecarboxylic acid—, 4-(cyclopropylhydroxymethylene)-3,5-dioxo-ethyl ester。

理化性质 抗倒酯 原药纯度≥95%，黄色至红棕色的有轻微甜味的液体（30℃）或固液混合物（20℃），纯品为白色无味固体。熔点 36～36.6℃，沸点＞270℃（$1.01×10^5$ Pa），闪点 133℃。蒸气压 2.16 mPa（25℃），分配系数 $\lg K_{ow}$=1.5（pH 5）、−0.29（pH 6.9）、−2.1（pH 8.9），Henry 常数 $5.4×10^{-4}$ Pa·m³/mol，相对密度 1.215（20～25℃），pK_a(20～25℃)=4.57。溶解度（20～25℃，g/L）：水中 1.1（pH 3.5）、2.8（pH 4.9）、10.2（pH 5.5）、21.1（pH 8.2），乙醇、丙酮、甲苯、正辛醇 1000，正己烷 50。在沸点时仍稳定，在正常的环境条件下（pH 6～7，25℃）对光解和水解稳定。在碱性条件下不太稳定。

抗倒酸 熔点 144.4℃，沸点 220℃（$1.01×10^5$ Pa），蒸气压 $2.3×10^{-3}$ mPa（25℃），分配系数 $\lg K_{ow}$=1.8（pH 2），相对密度 1.41（20～25℃），pK_{a1}=5.32，pK_{a2}=3.93（20～25℃）。溶解度（20～25℃，g/L）：水中 13（pH 5.0）、200（pH 6.8）、260（pH 8.4）；有机溶剂中：丙酮 95，乙酸乙酯 37，甲醇 84，正辛醇 17。

毒性 大鼠急性经口 LD_{50}＞2000 mg/kg。大鼠急性经皮 LD_{50}＞2000 mg/kg。对兔的皮肤和眼睛无刺激性，对豚鼠皮肤无致敏性。大鼠急性吸入 LC_{50}（48 h）＞5.69 mg/L。NOEL［mg/(kg·d)］：大鼠（2 年）115，小鼠（1.5 年）912，狗（1 年）31.6。ADI/RfD（EC）0.32 mg/kg（2006）。

生态效应 野鸭和山齿鹑急性经口 LD_{50}＞2000 mg/kg。野鸭和山齿鹑饲养饲喂 LC_{50}（5 d）＞5200 mg/kg 饲料。鱼 LC_{50}（96 h，mg/L）：虹鳟鱼 68，鲤鱼 57，大翻车鱼＞130，鲶鱼 35。

水蚤 EC_{50}（48 h）＞142 mg/L。藻类 EC_{50}（mg/L）：月牙藻（72 h）27，鱼腥藻（96 h）26.4。浮萍 E_bC_{50}（7 d）8.8 mg/L。蜜蜂急性经口和接触 LD_{50}＞200 μg/只。蚯蚓 LC_{50}＞93 mg/kg。其他有益生物：对前角隐翅虫属、步甲、七星瓢虫、小花蝽、烟蚜和盲走螨属无负面影响。

环境行为　①动物。在老鼠、山羊和鸡体内，90%的酸类代谢物在 24 h 内排出体外。②植物。快速分解为相应的酸类代谢物。③土壤/环境。在土壤中，抗倒酯快速分解为酸。DT_{50}＜1 d（需氧，20℃）。进一步的代谢过程快速进行，DT_{50} 40 d（20℃）；在 4～8 周内，50%的代谢物降解为二氧化碳。抗倒酯吸附于土壤：K_d 1.5～16，K_{oc} 140～600。抗倒酯在 pH 5～7 条件下耐水解，在 pH 9（DT_{50} 8 d）时不稳定；抗倒酸在 pH 7 和 9 下耐水解，在 pH 5（DT_{50} 27 d，25℃）中等稳定。两者均易光降解，在中性条件下 DT_{50}：酯 10 d，酸 16 d。在实验室的水系中，DT_{50}：酯约为 5 d，酸 13 d。

剂型　乳油、可湿性粉剂、微乳剂、可溶液剂。

主要生产商　Cheminova、Syngenta、鹤壁全丰生物科技有限公司、淮安国瑞化工有限公司、江苏辉丰生物农业股份有限公司、江苏建农植物保护有限公司、江苏优嘉植物保护有限公司、迈克斯（如东）化工有限公司及山东潍坊润丰化工股份有限公司等。

作用机理与特点　赤霉素生物合成抑制剂。通过降低赤霉素的含量，控制作物生长。

应用　植物生长调节剂。施于叶部，可转移到生长的枝条上，可减少节间的伸长。在禾谷类作物（如水稻）、甘蔗、油菜、蓖麻、向日葵和草坪上施用，明显抑制生长。使用剂量通常为 100～500 g (a.i.)/hm²。以 100～300 g (a.i.)/hm² 用于禾谷类作物和冬油菜，苗后施用可防止倒伏和改善收获效率。以 150～500 g (a.i.)/hm² 用于草坪，减少修剪次数。以 100～250 g (a.i.)/hm² 用于甘蔗，作为成熟促进剂。

专利概况

专利名称　Cyclohexanedione-carboxylic-acid derivatives having a herbicidal and plant growth regulating activity

专利号　EP 126713　　　　　　**专利申请日**　1984-05-14

专利申请人　Ciba Geigy AG

其他相关专利　US 4693745。

登记情况　抗倒酯在中国登记了 96%、97%、98%原药 10 个，相关制剂 11 个。登记用于小麦、玉米、高羊茅草坪。部分登记情况见表 5-35。

表 5-35　抗倒酯在中国部分登记情况

登记证号	农药名称	剂型	含量	登记作物/场所	用途	亩用药量（制剂）	施用方法	登记证持有人
PD20182695	抗倒酯	微乳剂	25%	玉米	防止倒伏	20～30 mL	喷雾	安徽丰乐农化有限责任公司
PD20182346	抗倒酯	可湿性粉剂	25%	小麦	防止倒伏	20～30 g	喷雾	浙江天丰生物科学有限公司
PD20160171	抗倒酯	乳油	250 g/L	冬小麦田	防止倒伏	20～33.3 mL	喷雾	迈克斯（如东）化工有限公司
				高羊茅草坪	调节生长	70～100 mL		
PD20184314	抗倒酯	原药	97%					鹤壁全丰生物科技有限公司
PD20183223	抗倒酯	原药	96%					山东潍坊润丰化工股份有限公司
PD20102202	抗倒酯	原药	94%					瑞士先正达作物保护有限公司

合成方法 经如下反应制得目的物：

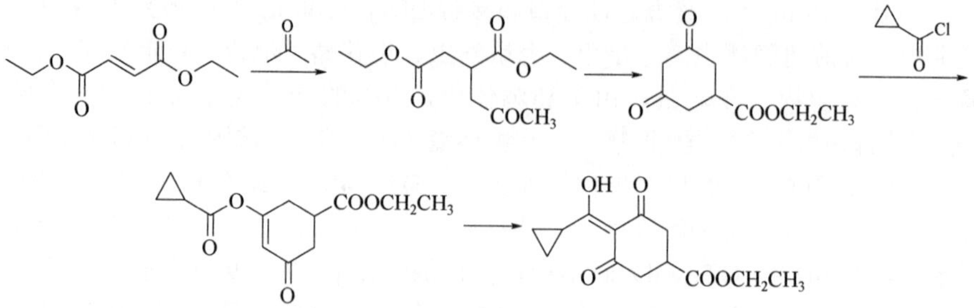

参考文献

[1] The Pesticide Manual. 17th edition: 1162-1164.

[2] 田帅, 高中良, 谢振东. 化学世界, 2018, 59(11): 749-753.

烯效唑（uniconazole）

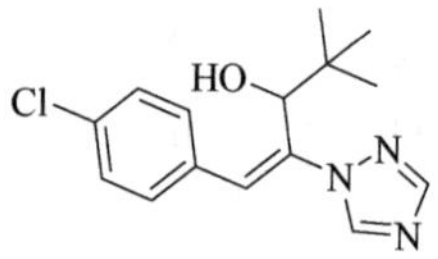

C₁₅H₁₈ClN₃O，291.8，83657-22-1

　　烯效唑［试验代号：S-07、S-327、XE-1019。烯效唑-P（uniconazole-P），试验代号：S-3307 D，商品名称：Lomica、Sumagic、Sumiseven］是 1985 年日本住友化学工业公司和 Valent 开发的植物生长调节剂。

　　化学名称 烯效唑 (E)-(RS)-1-(4-氯苯基)-4,4-二甲基-2-(1H-1,2,4-三唑-1-基)戊-1-烯-3-醇。英文化学名称(E)-(RS)-1-(4-chlorophenyl)-4,4-dimethyl-2-(1H-1,2,4-triazol-1-yl)pent-1-en-3-ol。美国化学文摘（CA）系统名称(βE)-β-[(4-chlorophenyl)methylene]-α-(1,1-dimethylethyl)-1H-1,2,4-triazole-1-ethanol。CA 主题索引名称 1H-1,2,4-triazole-1-ethanol—, β-[(4-chlorophenyl)methylene]-α-(1,1-dimethylethyl)-(βE)-。

　　烯效唑-P (E)-(S)-1-(4-氯苯基)-4,4-二甲基-2-(1H-1,2,4-三唑-1-基)戊-1-烯-3-醇。英文化学名称(E)-(S)-1-(4-chlorophenyl)-4,4-dimethyl-2-(1H-1,2,4-triazol-1-yl)pent-1-en-3-ol。美国化学文摘（CA）系统名称(αS,βE)-β-[(4-chlorophenyl)methylene]-α-(1,1-dimethylethyl)-1H-1,2,4-triazole-1-ethanol。CA 主题索引名称 1H-1,2,4-triazole-1-ethanol—, β-[(4-chlorophenyl)methylene]-α-(1,1-dimethylethyl)-(αS,βE)-。

　　理化性质 烯效唑 白色结晶。熔点 147～164℃，蒸气压 8.9 mPa（20℃），分配系数 lgK_ow=3.67，相对密度 1.28（20～25℃）。溶解度（20～25℃）：水中 8.41 mg/L，有机溶剂中（g/L）：己烷 0.2，甲醇 70，二甲苯 6，易溶于丙酮、乙酸乙酯、氯仿和二甲基甲酰胺。在正常贮存条件下稳定。

　　烯效唑-P 白色结晶。熔点 152.1～155.0℃，闪点 195℃，蒸气压 5.3 mPa（20℃），相对密度 1.28（20～25℃）。溶解度（20～25℃）：水中 8.41 mg/L，有机溶剂中（g/L）：己烷 0.2，甲醇 72。在正常贮存条件下稳定。

毒性 烯效唑 狗 NOEL（1 年）2 mg/kg，ADI/RfD（EPA）0.02 mg/kg（1990）。

烯效唑-P 急性经口 LD_{50}（mg/kg）：雄大鼠 2020，雌大鼠 1790。大鼠急性经皮 LD_{50}＞2000 mg/kg，大鼠吸入 LC_{50}（4 h）＞2.75 mg/L。对兔的皮肤无刺激性，对兔的眼睛有轻微刺激性。Ames 试验无诱变性。

生态效应 烯效唑-P 鱼 LC_{50}（96 h，mg/L）：虹鳟鱼 14.8，鲤鱼 7.64。蜜蜂急性接触 LD_{50}＞20 μg/只。

剂型 悬浮剂、可湿性粉剂、可溶液剂、颗粒剂。

主要生产商 鹤壁全丰生物科技有限公司、江苏剑牌农化股份有限公司、江苏七洲绿色化工股份有限公司、日本住友化学株式会社及四川省化学工业研究设计院等。

作用机理与特点 三唑类广谱植物生长调节剂，是赤霉素合成抑制剂。对草本或木本单子叶或双子叶植物均有强烈的抑制生长作用。主要抑制节间细胞的伸长，延缓植物生长。药液被植物的根吸收，在植物体内进行传导。茎叶喷雾时，可向上内吸传导，但没有向下传导的作用。此外，还是麦角甾醇生物合成抑制剂，它有四种立体异构体。现已证实，E 型异构体活性最高，它的结构与多效唑类似，只是烯效唑有碳双链，而多效唑没有，这是烯效唑比多效唑持效期短的一个原因。同时烯效唑 E 型结构的活性是多效唑的 10 倍以上。若烯效唑的四种异构体混合在一起，则活性大大降低。

应用 烯效唑适用于大田作物、蔬菜、观赏植物、果树和草坪等，可喷雾和土壤处理，具有矮化植株作用，通常不会产生畸形。此外，还用于观赏植物降低植株高度，促进花芽形成，增加开花。用于树和灌木，减少营养生长。用于水稻，降低植株高度和抗倒伏。

（1）观赏植物 以 10～200 mg/L 喷雾，以 0.1～0.2 mg/盆浇灌，或于种植前以 10～100 mg/L 浸根（球茎、鳞茎）数小时。水稻：以 10～100 mg/L 喷雾，以 10～50 mg/L 进行土壤处理。小麦、大麦以 10～100 mg/L 溶液喷雾。草坪以 0.1～1.0 kg/hm² 进行喷雾或浇灌。施药方法有根施、喷施及种芽浸渍等。

（2）水稻 经烯效唑处理的水稻具有控长促蘖效应和增穗增产效果。早稻浸种浓度以 500～1000 倍液为宜；晚稻的常规粳稻、糯稻等杂交稻浸种以 833～1000 倍液为宜，种子量和药液量比为 1 :（1～1.2）。浸种 36～48 h，杂交稻为 24 h，或间歇浸种，整个浸种过程中要搅拌二次，以便使种子受药均匀。

（3）小麦 烯效唑拌（闷）种，可使分蘖提早，年前分蘖增多（单株增蘖 0.5～1 个），成穗率高。一般按每公顷播种量 150 kg 计算，用 5%烯效唑可湿性粉剂 4.5 g，加水 22.5 L，用喷雾器喷施到麦粒上，边喷雾边搅拌，手感潮湿而无水流，经稍摊晾后直接播种，或置于容器内堆闷 3 h 后播种。如播种前遇雨，未能及时播种，即摊晾后伺机播种无不良影响，但不能耽误过久。播种后注意浅覆土。也可在小麦拔节前 10～15 d，或抽穗前 10～15 d，每公顷用 5%烯效唑可湿性粉剂 400～600 g，加水 400～600 L，均匀喷雾。

（4）大豆 于大豆始花期喷雾，每公顷用 5%可湿性粉剂 450～750 g，加水 450～750 L 均匀喷雾，对降低大豆花期株高、增加结荚数、提高产量有一定效果。

专利概况

专利名称 1-Phenyl-2-azolyl-4, 4-dimethyl-1-penten-3-ols and the fungicidal use thereof

专利号 US 4203995 专利申请日 1978-08-28

专利申请人 Sumitomo Chemical Co

其他相关专利 GB 2004276、US 4435203。

登记情况 烯效唑在中国登记了 90%、95%原药 4 个，相关制剂 17 个。登记作物为水稻、草坪、烟草、油菜、花生、小麦。部分登记情况见表 5-36。

表 5-36 烯效唑在中国部分登记情况

登记证号	农药名称	剂型	含量	登记作物	用途	亩用药量（制剂）	施用方法	登记证持有人
PD20172989	烯效唑	悬浮剂	10%	柑橘树	控梢	1000～1500 倍液	喷雾	陕西汤普森生物科技有限公司
PD20170302	烯效唑	悬浮剂	10%	柑橘树	控梢	1000～1500 倍液	喷雾	江苏剑牌农化股份有限公司
				水稻	控制生长	15～20 mL		
PD20101494	烯效唑	可湿性粉剂	5%	水稻	增加分蘖	333～500 倍液	喷雾	四川省化学工业研究设计院
PD20184315	烯效唑	原药	95%					鹤壁全丰生物科技有限公司
PD20094667	烯效唑	原药	90%					四川省化学工业研究设计院

合成方法 烯效唑制备方法较多，最佳方法如下：以频哪酮为起始原料，经氯化或溴化，制得一氯/溴频哪酮，然后在碱存在下，与 1,2,4-三唑反应，生成 α-三唑基频哪酮，再与对氯苯甲醛缩合，得到 E-和 Z-酮混合物；Z-酮通过胺催化剂异构化成 E-异构体（E-酮），然后用硼氢化钠还原，即得烯效唑。反应式如下：

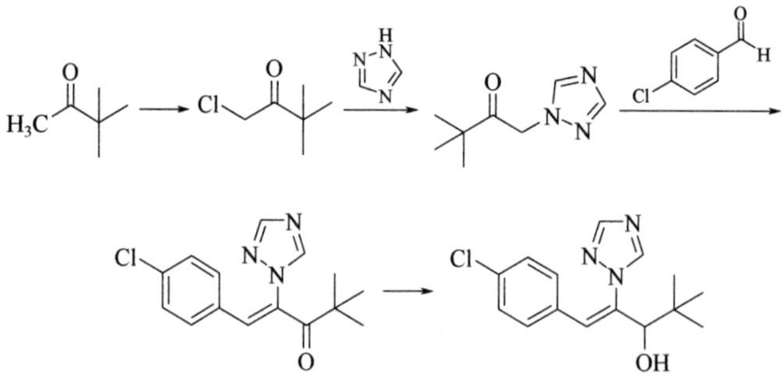

参考文献

[1] The Pesticide Manual. 17th edition: 1167-1168.

附录

2020 年 HRAC 公布的除草剂作用机理分类表

HRAC & WSSA 类别	作用机理	结构类型	除草剂品种	传统 HRAC 类别
1	乙酰辅酶 A 羧化酶（ACCase）抑制剂（inhibition of acetyl coa carboxylase）	芳氧苯氧羧酸类（aryloxyphenoxy-propionates，FOPs）	炔草酯（clodinafop-propargyl） clofop 氰氟草酯（cyhalofop-butyl） 禾草灵（diclofop-methyl） 噁唑禾草灵（fenoxaprop-ethyl） fenthiaprop 吡氟禾草灵（fluazifop-butyl） 氟吡甲禾灵（haloxyfop-methyl） 异噁草醚（isoxapyrifop） 噁唑酰草胺（metamifop） 喹禾灵（quizalofop-ethyl）	A
		环己烯酮类（cyclohexanediones，DIMs）	禾草灭（alloxydim） 丁苯草酮（butroxydim） 烯草酮（clethodim） cloproxydim 噻草酮（cycloxydim） 环苯草酮（profoxydim） 烯禾啶（sethoxydim） 吡喃草酮（tepraloxydim） 三甲苯草酮（tralkoxydim）	
		苯基吡唑啉类（phenylpyrazoline）	唑啉草酯（pinoxaden）	

HRAC & WSSA 类别	作用机理	结构类型	除草剂品种	传统 HRAC 类别
2	乙酰乳酸合成酶（ALS）抑制剂（inhibition of acetolactate synthase）	咪唑啉酮类（imidazolinones）	咪草酸甲酯（imazamethabenz-methyl） 甲氧咪草烟（imazamox） 甲咪唑烟酸（imazapic） 咪唑烟酸（imazapyr） 咪唑喹啉酸（imazaquin） 咪唑乙烟酸（imazethapyr）	B
		嘧啶苯甲酸类（pyrimidinyl benzoates）	双草醚（bispyribac-sodium） 嘧啶肟草醚 [pyribenzoxim（prodrug of bispyribac）] 环酯草醚（pyriftalid） 嘧草醚（pyriminobac-methyl） 嘧草硫醚（pyrithiobac-sodium）	
		磺酰苯胺类（sulfonanilides）	pyrimisulfan 氟酮磺草胺（triafamone）	
		磺酰脲类（sulfonylureas）	酰嘧磺隆（amidosulfuron） 四唑嘧磺隆（azimsulfuron） 苄嘧磺隆（bensulfuron-methyl） 氯嘧磺隆（chlorimuron-ethyl） chlorsulfuron 醚磺隆（cinosulfuron） 环丙嘧磺隆（cyclosulfamuron） ethametsulfuron-methyl 乙氧磺隆（ethoxysulfuron） 啶嘧磺隆（flazasulfuron） 氟吡磺隆（flucetosulfuron） 氟啶嘧磺隆（flupyrsulfuron-methyl-Na） 甲酰氨基嘧磺隆（foramsulfuron） 氯吡嘧磺隆（halosulfuron-methyl） 唑吡嘧磺隆（imazosulfuron） 碘甲磺隆钠盐（iodosulfuron-methyl-Na） 甲基二磺隆（mesosulfuron-methyl） 嗪吡嘧磺隆（metazosulfuron） 烟嘧磺隆（nicosulfuron） 嘧苯胺磺隆（orthosulfamuron） 环氧嘧磺隆（oxasulfuron） 氟嘧磺隆（primisulfuron-methyl） 丙嗪嘧磺隆（propyrisulfuron） 吡嘧磺隆（pyrazosulfuron-ethyl） 砜嘧磺隆（rimsulfuron） 甲嘧磺隆（sulfometuron-methyl） 磺酰磺隆（sulfosulfuron） 噻吩磺隆（thifensulfuron-methyl） 醚苯磺隆（triasulfuron） 苯磺隆（tribenuron-methyl） 三氟啶磺隆钠盐（trifloxysulfuron-Na） 氟胺磺隆（triflusulfuron-methyl） 三氟甲磺隆（tritosulfuron）	

HRAC & WSSA 类别	作用机理	结构类型	除草剂品种	传统 HRAC 类别
2	乙酰乳酸合成酶 （ALS）抑制剂 （inhibition of acetolactate synthase）	三唑啉酮类 （triazolinones）	氟唑磺隆（flucarbazone-Na） 丙苯磺隆（propoxycarbazone-Na） 噻酮磺隆（thiencarbazone-methyl）	B
		三唑并嘧啶-1 （triazolopyrimidine-type 1）	氯酯磺草胺（cloransulam-methyl） 双氯磺草胺（diclosulam） 双氟磺草胺（florasulam） 唑嘧磺草胺（flumetsulam） 磺草唑胺（metosulam）	
		三唑并嘧啶-2 （triazolopyrimidine-type 2）	五氟磺草胺（penoxsulam） 啶磺草胺（pyroxsulam）	
3	抑制微管组装 （inhibition of microtubule assembly）	苯甲酰胺类 （benzamides）	炔苯酰草胺（propyzamide=pronamide）	K1
		苯甲酸 （benzoic acid）	氯酞酸甲酯（chlorthal-dimethyl=DCPA）	
		二硝基苯胺类 （dinitroanilines）	乙丁氟灵（benefin=benfluralin） 仲丁灵（butralin） 氨氟灵（dinitramine） 乙丁烯氟灵（ethalfluralin） 氯乙氟灵（fluchloralin） 异丙乐灵（isopropalin） 甲磺乐灵（nitralin） 氨磺乐灵（oryzalin） 二甲戊灵（pendimethalin） 氨氟乐灵（prodiamine） 环丙氟灵（profluralin） 氟乐灵（trifluralin）	
		磷酰胺酯类 （phosphoramidates）	抑草磷（butamifos） DMPA	
		吡啶类 （pyridines）	氟硫草定（dithiopyr） 噻草啶（thiazopyr）	
4	生长素模拟物 （auxin mimics）	苯甲酸类 （benzoates）	草灭畏（chloramben） 麦草畏（dicamba） TBA	O
		其他 （other）	草除灵乙酯（benazolin-ethyl）	
		苯氧羧酸类 （phenoxy-carboxylates）	2,4,5-涕（2,4,5-T） 2,4-滴（2,4-D） 2,4-滴丁酸（2,4-DB） 伐草克（chlorfenac=fenac） chlorfenprop 氯甲酰草胺（clomeprop） 2,4-滴丙酸（dichlorprop） fenoprop 2 甲 4 氯（MCPA） 2 甲 4 氯丁酸（MCPB） 2 甲 4 氯丙酸（mecoprop）	

续表

HRAC & WSSA 类别	作用机理	结构类型	除草剂品种	传统 HRAC 类别
4	生长素模拟物（auxin mimics）	吡啶羧酸类（pyridine-carboxylates）	氯丙嘧啶酸（aminocyclopyrachlor） 氯氨吡啶酸（aminopyralid） 二氯吡啶酸（clopyralid） 氯氟吡啶酸（florpyrauxifen） 氯氟吡氧乙酸（fluroxypyr） 氟氯吡啶酸（halauxifen） 氨氯吡啶酸（picloram） 三氯吡氧乙酸（triclopyr）	O
		喹啉羧酸类（quinoline-carboxylates）	二氯喹啉酸（quinclorac） 喹草酸（quinmerac）	
5	光合作用抑制剂，作用于光系统Ⅱ-264（inhibition of photo-synthesis at psⅡ-serine 264 binders）	酰胺类（amides）	丁酰草胺（chloranocryl=dicryl） 甲氯酰草胺（pentanochlor） 敌稗（propanil）	C1,2
		氨基甲酸酯类（phenlcarbamates）	chlorprocarb 甜菜安（desmedipham） 棉胺宁（phenisopham） 甜菜宁（phenmedipham）	
		哒嗪酮类（pyridazinone）	溴莠敏（brompyrazon） 氯草敏（chloridazon=pyrazon）	
		三嗪类（triazines）	莠灭净（ametryne） 氨唑草酮（amicarbazone） atraton 莠去津（atrazine） aziprotryne=aziprotryn chlorazine CP 17029 氰草津（cyanazine） 环丙津（cyprazine） 敌草净（desmetryne） 异戊乙净（dimethametryn） 异丙净（dipropetryn） eglinazine-ethyl 乙嗪草酮（ethiozin） 环嗪酮（hexazinone） ipazine 丁嗪草酮（isomethiozin） 苯嗪草酮（metamitron） 甲氧丙净（methoprotryne= methoprotryn） 嗪草酮（metribuzin） procyazine 甘扑津乙酯（proglinazine-ethyl） 扑灭通（prometon） 扑草净（prometryne） 扑灭津（propazine） sebuthylazine 仲丁通（secbumeton） 西玛津（simazine） 西草净（simetryne）	

续表

HRAC & WSSA 类别	作用机理	结构类型	除草剂品种	传统 HRAC 类别
5	光合作用抑制剂，作用于光系统 II -264（inhibition of photo-synthesis at ps II -serine 264 binders）	三嗪类（triazines）	terbumeton 特丁津（terbuthylazine） 特丁净（terbutryne） 草达津（trietazine）	C1,2
		尿嘧啶类（uracils）	除草定（bromacil） 异草定（isocil） 环草定（lenacil） 特草定（terbacil）	
		脲类（ureas）	苯噻隆（benzthiazuron） bromuron 炔草隆（buturon） 氯溴隆（chlorbromuron） 绿麦隆（chlorotoluron） chloroxuron 枯莠隆（difenoxuron） 噁唑隆（dimefuron） 敌草隆（diuron） 磺噻隆（ethidimuron） 氯吡脲（fenuron） 氟草隆（fluometuron） 氟硫隆（fluothiuron） 异丙隆（isoproturon） 异噁隆（isouron） 利谷隆（linuron） 甲基苯噻隆（methabenzthiazuron） 吡喃隆（metobenzuron） 溴谷隆（metobromuron） 甲氧隆（metoxuron） 绿谷隆（monolinuron） 灭草隆（monuron） 草不隆（neburon） parafluron 环草隆（siduron） 丁噻隆（tebuthiuron） 噻氟隆（thiazafluron）	
6	光合作用抑制剂，作用于光系统 II -215（inhibition of photo-synthesis at ps II -histidine 215）	苯并噻二嗪酮类（benzothiadiazinone）	灭草松（bentazon）	C3
		腈类（nitriles）	溴酚肟（bromofenoxim） 溴苯腈（bromoxynil） 碘苯腈（ioxynil）	
		苯基哒嗪类（phenyl-pyridazines）	哒草特（pyridate）	
9	烯醇丙酮莽草酸磷酸（EPSP）合成酶抑制剂（inhibition of enolpyruvyl shikimate phosphate synthase）	甘氨酸（glycine）	草甘膦（glyphosate）	G

739

HRAC & WSSA 类别	作用机理	结构类型	除草剂品种	传统 HRAC 类别
10	谷氨酰胺合成酶抑制剂（inhibition of glutamine synthetase）	次膦酸类（phosphinic acids）	双丙氨酰膦（bialaphos/bilanafos） 草铵膦（glufosinate-ammonium）	H
12	抑制八氢番茄红素脱氢酶（inhibition of phytoene desaturase）	二苯基杂环类（diphenyl heterocycles）	氟啶草酮（fluridone） 呋草酮（flurtamone）	F1
		N-苯基杂环类（N-phenyl heterocycles）	氟咯草酮（flurochloridone） 氟草敏（norflurazon）	
		苯基醚类（phenyl ethers）	氟丁酰草胺（beflubutamid） 吡氟酰草胺（diflufenican） 氟吡酰草胺（picolinafen）	
13	脱氧-D-氧果糖磷酸（DOXP）合成抑制剂（inhibition of deoxy-D-xyulose phosphate synthase）	异噁唑啉酮（isoxazolidinone）	bixlozone 异噁草松（clomazone）	F4
14	原卟啉原氧化酶（PPO）抑制剂（inhibition of protoporphyrinogen oxidase）	二苯醚类（diphenyl ethers）	三氟羧草醚（acifluorfen） 甲羧除草醚（bifenox） 甲氧除草醚（chlomethoxyfen） 草枯醚（chlornitrofen） 三氟硝草醚（fluorodifen） 乙羧氟草醚（fluoroglycofen-ethyl） 氟除草醚（fluoronitrofen） 氟磺胺草醚（fomesafen） 乳氟禾草灵（lactofen） 除草醚（nitrofen） 乙氧氟草醚（oxyfluorfen）	E
		N-苯基亚胺类（N-phenyl-imides）	唑啶草酮（azafenidin） 氟丙嘧草酯（butafenacil） chlorphthalim 吲哚酮草酯（cinidon-ethyl） 氟烯草酯（flumiclorac-pentyl） 丙炔氟草胺（flumioxazin） flumipropyn 嗪草酸甲酯（fluthiacet-methyl） 丙炔噁草酮（oxadiargyl） 噁草酮（oxadiazon） 环戊噁草酮（pentoxazone） 苯嘧磺草胺（saflufenacil） 氟嘧硫草酯（tiafenacil） 三氟草嗪（trifludimoxazin）	
		N-苯基三唑啉酮类（N-phenyl-triazolinones）	唑草酮（carfentrazone-ethyl） 甲磺草胺（sulfentrazone）	
		其他（other）	双唑草腈（pyraclonil）	
		苯基吡唑类 phenylpyrazoles	吡草醚（pyraflufen-ethyl）	

HRAC & WSSA 类别	作用机理	结构类型	除草剂品种	传统 HRAC 类别
15	超长链脂肪酸合成抑制剂（inhibition of very long-chain fatty acid synthesis）	唑基甲酰胺（azolyl-carboxamides）	唑草胺（cafenstrole） 四唑酰草胺（fentrazamide） ipfencarbazone	K3
		苯并呋喃类（benzofurans）	呋草黄（benfuresate） 乙氧呋草黄（ethofumesate）	
		异噁唑啉（isoxazolines）	fenoxasulfone 砜吡草唑（pyroxasulfone）	
		环氧乙烷类（oxiranes）	茚草酮（indanofan） 灭草环（tridiphane）	
		硫代氨基甲酸酯类（thiocarbamates）	丁草敌（butylate） 环草敌（cycloate） 哌草丹（dimepiperate） 茵草敌（EPTC） 禾草畏（esprocarb） 禾草敌（molinate） 坪草丹（orbencarb） 克草敌（pebulate） 苄草丹（prosulfocarb） 禾草丹（thiobencarb=benthiocarb） 仲草丹（tiocarbazil） 野燕畏（tri-allate） 灭草敌（vernolate）	
		α-氯乙酰胺类（α-chloroacetamides）	乙草胺（acetochlor） 甲草胺（alachlor） 二丙烯草胺（allidochlor=CDAA） 莎稗磷（anilofos） 丁草胺（butachlor） 丁烯草胺（butenachlor） 异丁草胺（delachlor） 乙酰甲草胺（diethatyl-ethyl） 二甲草胺（dimethachlor） 二甲吩草胺（dimethenamid） 氟噻草胺（flufenacet） 苯噻酰草胺（mefenacet） 吡唑草胺（metazachlor） 异丙甲草胺（metolachlor） 烯草胺（pethoxamid） 哌草磷（piperophos） 丙草胺（pretilachlor） 毒草胺（propachlor） 异丙草胺（propisochlor） 丙炔草胺（prynachlor） 甲氧噻草胺（thenylchlor）	
18	二氢叶酸合成酶（DHP）抑制剂（inhibition of dihydropteroate synthase）	氨基甲酸酯（carbamate）	磺草灵（asulam）	I

HRAC & WSSA 类别	作用机理	结构类型	除草剂品种	传统 HRAC 类别
19	生长素运输抑制剂（auxin transport inhibitor）	芳基甲酸类（aryl-carboxylates）	氟吡草腙钠盐（diflufenzopyr-sodium） 萘草胺（naptalam）	P
22	光系统 I -电子转移抑制剂（Ps I electron diversion）	吡啶鎓类（pyridiniums）	cyperquat 敌草快（diquat） 伐草快（morfamquat）	D
23	抑制微管组织（inhibition of micro-tubule organization）	氨基甲酸酯类（carbamates）	燕麦灵（barban） 双酰草胺（carbetamide） 氯炔灵（chlorbufam） 氯苯胺灵（chlorpropham） 苯胺灵（propham） 灭草灵（swep）	K2
24	解偶联剂（uncouplers）	二硝基苯酚类（dinitrophenols）	二硝酚（DNOC） 戊硝酚（dinosam） 地乐酚（dinoseb） 特乐酚（dinoterb） etinofen medinoterb	M
27	对羟基苯基丙酮酸酯双氧化酶（HPPD）抑制剂（inhibition of hy-droxyphenyl pyruvate dioxygenase）	异噁唑类（isoxazoles）	异噁唑草酮（isoxaflutole）	F2
		吡唑类（pyrazoles）	吡草酮（benzofenap） pyrasulfotole 吡唑特（pyrazolynate） 苄草唑（pyrazoxyfen） tolpyralate 苯唑草酮（topramezone）	
		三酮类（triketones）	双环磺草酮（benzobicyclon） 氟吡草酮（bicyclopyrone） fenquinotrione 硝磺草酮（mesotrione） 磺草酮（sulcotrione） 磺苯呋草酮（tefuryltrione） 环磺酮（tembotrione）	
29	纤维素合成抑制剂（inhibition of cellu-lose synthesis）	烷基三嗪类（alkylazines）	茚嗪氟草胺（indaziflam） 三嗪氟草胺（triaziflam）	L
		苯甲酰胺类（benzamides）	异噁酰草胺（isoxaben）	
		腈类（nitriles）	氯硫酰草胺（chlorthiamid） 敌草腈（dichlobenil）	
		三唑甲酰胺（triazolocarboxamide）	氟胺草唑（flupoxam）	
30	抑制脂肪酸硫酯酶（inhibition of fatty acid thioesterase）	苄基醚（benzyl ether）	环庚草醚（cinmethylin） 甲硫唑草啉（methiozolin）	Q

HRAC & WSSA 类别	作用机理	结构类型	除草剂品种	传统 HRAC 类别
31	抑制丝氨酸-苏氨酸蛋白磷酸酶（inhibition of serine-threonine protein phosphatase）	其他（other）	茵多酸（endothal）	R
32	inhibition of solanesyl diphosphate synthase	二苯醚（diphenyl ether）	苯草醚（aclonifen）	S
33	抑制尿黑酸茄尼酯转移酶（inhibition of homogentisate solane-syltransferase）	苯氧哒嗪（phenoxypyridazine）	cyclopyrimorate	T
34	番茄红素环化酶抑制剂（inhibition of lycopene cyclase）	三唑（triazole）	杀草强（amitrole）	F3
0	未知（unknown）	乙酰胺类（acetamides）	双苯酰草胺（diphenamid） 萘丙胺（naproanilide） 敌草胺（napropamide）	Z
		芳胺丙酸（arylaminopropionic acid）	高效麦草伏（flamprop-M）	
		苯甲酰胺（benzamide）	牧草胺（tebutam）	
		氯代羧酸类（chlorocarbonic acids）	茅草枯（dalapon） 四氟丙酸（flupropanate） 三氯乙酸（TCA）	
		其他（other）	溴丁酰草胺（bromobutide） 苄草隆（cumyluron） 野燕枯（difenzoquat） DSMA 杀草隆（dymron=daimuron） 乙氧苯草胺（etobenzanid） 杀木膦（fosamine） 甲基杀草隆（methyldymron） 庚酰草胺（monalide） 甲基砷酸钠（MSMA） oleic acid 噁嗪草酮（oxaziclomefone） 壬酸（pelargonic acid） 稗草畏（pyributicarb） 灭藻醌（quinoclamine）	
		二硫代磷酸酯（phosphorodithioate）	地散磷（bensulide）	
		三氟甲基磺酰胺（trifluoromethanesulfonanilides）	氟磺酰草胺（mefluidide） perfluidone	

注：HRAC 分类法是由 HRAC 和 WSSA 合作完成的，并在不断更新和完善中，目前 HRAC 分类法采用数字进行分类。

索　引

一、农药中文通用名称索引

二、农药英文通用名称索引

农药专业图书书讯

分类	五位书号	书号	书名	定价	作者
农药手册性工具图书	22028	9787122220288	农药手册(原著第16版)	480	[英]马克比恩
	38670	9787122386700	手性农药手册	88	王鹏
	29795	9787122297952	现代农药手册	580	刘长令
	31232	9787122312327	现代植物生长调节剂技术手册	198	李玲
	27929	9787122279293	农药商品信息手册	360	康卓
	31490	9787122314901	现代落叶果树病虫害诊断与防控原色图鉴	398	王江柱
	22115	9787122221155	新编农药品种手册	288	孙家隆
	22393	9787122223937	FAO/WHO农药产品标准手册	180	农业部农药检定所
	15528	9787122155283	农药品种手册精编	128	张敏恒
	40271	9787122402714	世界农药大全——杀虫剂卷（第二版）	298	刘长令
	39871	9787122398710	世界农药大全——杀菌剂卷（第二版）	298	刘长令
	41227	9787122412270	世界农药大全——除草剂卷（第二版）	298	刘长令
	11396	9787122113962	抗菌防霉技术手册	80	顾学斌
	33892	9787122338921	中国农药研究与应用全书.农药创新	168	李忠
	33967	9787122339676	中国农药研究与应用全书.农药管理与国际贸易	168	单炜力
	34016	9787122340160	中国农药研究与应用全书.农药使用装备与施药技术	150	何雄奎
	34196	9787122341969	中国农药研究与应用全书.农药残留与分析	120	郑永权
	34219	9787122342195	中国农药研究与应用全书.农药产业	228	吴剑
	34353	9787122343536	中国农药研究与应用全书.农药制剂与加工	180	任天瑞
	33830	9787122338303	中国农药研究与应用全书.农药生态环境风险评估	128	林荣华
	34475	9787122344755	中国农药研究与应用全书.农药科学合理使用	138	欧晓明
农药分析与合成专业图书	15415	9787122154156	农药分析手册	298	陈铁春
	11206	9787122112064	现代农药合成技术	268	孙家隆
	21298	9787122212986	农药合成与分析技术	168	孙克
	33028	9787122330284	农药化学合成基础（第三版）	60	孙家隆
	21908	9787122219084	农药残留风险评估与毒理学应用基础	78	李倩

分类	五位书号	书号	书名	定价	作者
农药分析与合成 专业图书	09825	9787122098252	农药质量与残留实用检测技术	48	刘丰茂
	40832	9787122408327	农药分析化学	98	潘灿平
	17305	9787122173058	新农药创制与合成	128	刘长令
	39005	9787122390059	农药残留分析原理与方法（第二版）	128	刘丰茂
农药剂型加工 专业图书	15164	9787122151643	现代农药剂型加工技术	380	刘广文
	30783	9787122307835	现代农药剂型加工丛书—— 农药液体制剂	188	徐妍
	30866	9787122308665	现代农药剂型加工丛书——农药助剂	138	张小军
	30624	9787122306241	现代农药剂型加工丛书—— 农药固体制剂	168	刘广文
	31148	9787122311481	现代农药剂型加工丛书—— 农药制剂工程技术	180	刘广文
	31565	9787122315656	农药剂型加工新进展	68	陈福良
	23912	9787122239129	农药干悬浮剂	98	刘广文
	20103	9787122201034	农药制剂加工实验（第二版）	48	吴学民
	22433	9787122224330	农药新剂型加工与应用	88	陈福良
	23913	9787122239136	农药制剂加工技术	49	骆焱平
农药专利、贸易 与管理专业图书	18414	9787122184146	世界重要农药品种与专利分析	198	刘长令
	38643	9787122386434	农药专业英语（第二版）	68	骆焱平
	24028	9787122240286	农资经营实用手册	98	骆焱平
	26958	9787122269584	农药生物活性测试标准操作规范—— 杀菌剂卷	60	康卓
	26957	9787122269577	农药生物活性测试标准操作规范—— 除草剂卷	60	刘学
	26959	9787122269591	农药生物活性测试标准操作规范—— 杀虫剂卷	60	顾宝根
	20592	9787122205926	农药国际贸易与质量管理	80	申继忠
	21445	9787122214454	专利过期重要农药品种手册：2012-2016	128	柏亚罗
	21715	9787122217158	吡啶类化合物及其应用	80	申桂英
	09494	9787122094940	农药出口登记实用指南	80	申继忠
农药研发、进展 与理论专著	16497	9787122164971	现代农药化学	198	杨华铮
	37097	9787122370976	中国植物源农药研究与应用	360	吴文君
	38482	9787122384829	农药环境毒理学基础	128	万树青
	26220	9787122262202	农药立体化学	88	王鸣华
	30240	9787122302403	世界农药新进展（四）	80	张一宾
	18588	9787122185884	世界农药新进展（三）	118	张一宾
	40818	9787122408181	农药雾滴雾化沉积飘失理论与实践	188	何雄奎
	33258	9787122332585	药用植物山蒟杀虫活性研究与应用	80	董存柱
农药使用类 实用图书	37714	9787122377142	农药问答（第六版）	88	曹坳程
	38448	9787122384485	烟草农药精准科学施用技术指南	55	丁伟
	31512	9787122315120	杀菌剂使用技术	28	唐
	25396	9787122253965	生物农药使用与营销	49	唐韵

分类	五位书号	书号	书名	定价	作者
农药使用类实用图书	29263	9787122292636	农药问答精编（第二版）	60	曹坳程
	29650	9787122296504	农药知识读本	36	骆焱平
	29720	9787122297204	50种常见农药使用手册	36	王迪轩
	30103	9787122301031	农药安全使用百问百答	39	石明旺
	26988	9787122269881	新编简明农药使用手册	60	骆焱平
	26312	9787122263124	绿色蔬菜科学使用农药指南	39	王迪轩
	24041	9787122240415	植物生长调节剂科学使用指南（第三版）	48	张宗俭
	28073	9787122280732	生物农药科学使指南	50	吴文君
	25700	9787122257000	果树病虫草害管控优质农药158种	28	王江柱
	39263	9787122392633	现代农药应用技术丛书——除草剂卷（第二版）	38	孙家隆
	38742	9787122387424	现代农药应用技术丛书——植物生长调节剂	38	孙家隆
	39148	9787122391483	现代农药应用技术丛书——杀菌剂卷（第二版）	39	孙家隆
	38981	9787122389817	现代农药应用技术丛书——杀虫剂卷（第二版）	58	郑桂玲
	11678	9787122116789	农药使用技术指南（第二版）	75	袁会珠
	21262	9787122212627	农民安全科学使用农药必读（第三版）	18	梁帝允
	21548	9787122215482	蔬菜常用农药100种	28	王迪轩
	14661	9787122146618	南方果园农药应用技术	29	卢植新
	27745	9787122277459	植物生长调节剂在果树上的应用（第三版）	48	叶明儿
	41233	9787122412331	植物生长调节剂常见药害症状及解决方案	60	谭伟明
	27882	9787122278821	果园新农药手册	26	侯慧锋
	27411	9787122274113	菜园新农药手册	23	王丽君
	18387	9787122183873	杂草化学防除实用技术（第二版）	38	陶波
	33400	9787122334008	新编农药科学使用技术	58	纪明山
	33957	9787122339577	农药科学使用技术（第二版）	48	董向丽
	35028	9787122350282	地球磷资源流与肥料跨界融合	128	许秀成
	34798	9787122347985	中间体衍生化法与新农药创制	168	刘长令
	35505	9787122355058	肥料施用技术问答	30	马星竹
	36893	9787122368935	农业物质循环新技术	60	李瑞波

邮购地址：北京市东城区青年湖13号，化学工业出版社；邮编：100011；当当、京东、天猫网店均可销售，输入书号或书名搜索。也可联系出版社相关人员（电话：010-64519154/17610529386）。约稿出书请联系（电话：010-64519457/13810683813）。